Mußchelischwili · Einige Grundaufgaben zur mathematischen Elastizitätstheorie

N. I. Mußchelischwili

Einige Grundaufgaben zur mathematischen Elastizitätstheorie

Mit 75 Bildern

CARL HANSER VERLAG MÜNCHEN 1971

Übersetzung aus dem Russischen

Originaltitel: „Некоторые основные задачи математической теории упругости“

Übersetzt und für die deutschsprachigen Leser bearbeitet von:

Prof. Dr.-Ing. habil. W. Vocke, TH Karl-Marx-Stadt

Dr. rer. nat. J. Beyreuther, TH Karl-Marx-Stadt

ISBN 3-446-10089-X

Library of Congress Catalog Card Number 77-140069

Lizenzausgabe für den Carl Hanser Verlag München

Satz und Druck: Leipziger Druckhaus · Grafischer Großbetrieb · III/18/203 DDR

Redaktionsschluß: 31. 1. 1971

Vorwort zur deutschsprachigen Ausgabe

Die Elastizitätstheorie spielt in zahlreichen Gebieten der Technik eine wichtige Rolle. Aus ökonomischen und anderen Gründen fordert die moderne Industrie immer höhere Genauigkeit der Methoden und bessere Übereinstimmung der Ergebnisse mit der Wirklichkeit. Dem wird durch Weiterentwicklung der Theorie, Anwendung moderner mathematischer Verfahren und Einsatz elektronischer Datenverarbeitungsanlagen Rechnung getragen.
Das vorliegende Buch zählt zu den Standardwerken der ebenen linearen Elastizitätstheorie. Die Methoden des Verfassers bilden den Ausgangspunkt für umfangreiche Forschungsarbeiten auf diesem sowie auf angrenzenden Gebieten (Plastizitätstheorie, Viskoelastizitätstheorie usw.). Es wurde daher als eine lohnenswerte Aufgabe empfunden, dieses Buch dem deutschsprachigen Leser zugänglich zu machen.
Die neueste (fünfte) russische Auflage, die der Übersetzung zugrunde liegt, enthält neben zahlreichen Ergänzungen ein zusätzliches Kapitel, das einen Überblick über moderne Arbeiten im Zusammenhang mit den im Buch dargelegten Methoden vermittelt.
Bei der Bearbeitung wurden die Bezeichnungen und Symbole des russischen Originals weitgehend durch die in der modernen deutschsprachigen Literatur üblichen ersetzt; anstelle der Einteilung in Kapitel und Paragraphen wurde die bei uns übliche Zehnernumerierung benutzt.

Wolfgang Vocke

Aus dem Vorwort zur ersten Auflage

Dieses Buch gibt in stark überarbeiteter und ergänzter Form den Inhalt eines Vorlesungszyklus wieder, den ich im Frühjahr 1931 auf Einladung des Seismologischen Institutes der Akademie der Wissenschaften der UdSSR vor den wissenschaftlichen Mitarbeitern des Institutes hielt, sowie von Vorlesungen aus dem Jahre 1932 für Aspiranten des Physikalisch-mathematischen Institutes der Akademie der Wissenschaften und des Institutes für Mathematik und Mechanik an der Leningrader Universität. Die Vorlesungen waren für Hörer bestimmt, die in der Mehrzahl schon mit den Grundlagen der Elastizitätstheorie vertraut waren, und sollten einzelnen Grundfragen gewidmet sein, deren Auswahl weitgehend mir

selbst überlassen blieb. Ich ging natürlich auf Probleme ein, die auf meinem eigenen Arbeitsgebiet lagen. Aus diesem Grunde werden im vorliegenden Buch nur einige Kapitel der Elastizitätstheorie behandelt, jedoch stellt jedes einzelne davon ein ziemlich abgeschlossenes Ganzes dar.
Ohne hier auf den Inhalt des Buches eingehen zu wollen (den man aus dem Inhaltsverzeichnis entnehmen kann), erachte ich es für erforderlich, folgendes zu bemerken: Angesichts der Tatsache, daß die im Buch behandelten Fragen – wie ich hoffe – für einen größeren Personenkreis, insbesondere für wissenschaftlich Arbeitende auf dem Gebiet der technischen Anwendung der Elastizitätstheorie, von gewissem Interesse sein können, habe ich mich bemüht, die Darlegung nach Möglichkeit auch für Leser zugänglich zu machen, die nur mit den Grundlagen der Differential- und Integralrechnung und den Elementen der komplexen Funktionentheorie vertraut sind. So wurden beispielsweise Fragen, die die Anwendung von Integralgleichungen erfordern, in selbständige Abschnitte eingeordnet, die man ohne Beeinträchtigung für das Verständnis des weiteren beim Lesen übergehen kann.
Der Hauptabschnitt 1. enthält die Grundlagen der mathematischen Elastizitätstheorie in einem Umfang, der zum Verstehen des Haupttextes ausreicht (und sogar etwas darüber hinausgeht); er ist für Leser geschrieben, die nicht auf dem Gebiet der Elastizitätstheorie spezialisiert sind. Um die Darlegung leicht verständlich zu halten, habe ich von der Verwendung der Tensorschreibweise abgesehen, deren ich mich in meinen Vorlesungen am Seismologischen Institut bediente. Die einfachsten Angaben über Tensoren findet der Leser in Anhang I.
Anhang II. und III. sind einigen grundlegenden Fragen der Mathematik gewidmet, die für das Verständnis der Darlegungen im Buch notwendig sind und in elementaren Lehrbüchern der Analysis gewöhnlich nicht ausführlich genug behandelt werden.

Leningrad, Frühjahr 1933 N. Mußchelischwili

Aus dem Vorwort zur dritten Auflage

Die im Jahre 1935 fast unmittelbar nach der ersten (1933) erschienene zweite Auflage des vorliegenden Buches ist seit langem vergriffen. Da ich jedoch durch andere Arbeiten in Anspruch genommen war, konnte ich lange Zeit nicht mit der Vorbereitung einer Neuauflage beginnen. Die dem Buch erwiesene freundliche Aufnahme und die von ihm erlangte hohe Wertschätzung verpflichteten mich, eine Neuauflage desselben mit besonderer Sorgfalt vorzubereiten. Dazu kam noch der – für mich zwar sehr erfreuliche – Umstand, daß schon bald nach dem Erscheinen der ersten Auflage zahlreiche Arbeiten entstanden, in denen die von mir dargelegten Methoden auf verschiedene konkrete Probleme angewendet sowie wesentlich ergänzt und erweitert wurden. Es ist natürlich notwendig, in einer neuen Auflage wenigstens die wichtigsten Ergebnisse dieser Arbeiten sowie auch einige von mir selbst erhaltene Resultate aufzunehmen. Ich habe mich bemüht, dem zu entsprechen, jedoch befürchte ich, daß mir doch einige Arbeiten unbekannt geblieben sind, und ich möchte deren Verfasser im Voraus um Entschuldigung bitten.
Der allgemeine Charakter der Darlegung blieb in dieser Auflage in der bis erigen Form

erhalten. Jedoch wurde der Text des Buches mit Ausnahme der beiden ersten und des letzten[1]) Kapitels gründlich überarbeitet und wesentlich ergänzt. Außerdem habe ich zwei neue Kapitel, und zwar das vierte und das sechste, eingefügt. Der Inhalt des vierten entstammt nur zu einem unwesentlichen Teil aus der vorigen Auflage. Im sechsten sind Ergebnisse[2]) enthalten, die von mir sowie anderen Autoren nach dem Erscheinen der letzten Auflage gefunden wurden, wenn man von einigen Problemen absieht, deren Lösung zwar in der letzten Auflage enthalten ist, jedoch dort mit Hilfe anderer Methoden gewonnen wurde.
Meiner Meinung nach ist es weder möglich noch notwendig, all die zahlreichen Änderungen und Ergänzungen des Textes der vorigen Auflagen anzuführen; ich halte es jedoch für erforderlich, die Aufmerksamkeit des Lesers auf die geänderte Darlegung der Abschnitte 5.1. bis 5.3. (der Abschnitt 5.4. ist neu) zu lenken. Dort sind zwar im Vergleich zu den früheren Auflagen keine neuen Resultate aufgenommen worden, aber ihre Herleitung entspricht jetzt (meiner Meinung nach) dem Wesen der Sache besser. Das neue Herleitungsverfahren beruht auf den funktionentheoretischen Arbeiten von I. Plemelj, diese wurden lange vor dem Erscheinen der ersten Auflage meines Buches veröffentlicht, waren mir damals aber leider nicht bekannt. Es führt nebenbei bemerkt auf die gleichen Rechenvorgänge wie das von mir früher verwendete. Deswegen und vielleicht auch weil das neue Verfahren weniger elementar ist, bin ich nicht völlig überzeugt, ob ich recht daran tat, die genannte Abänderung vorzunehmen. Wie dem auch sei, kann die Gegenüberstellung des alten und des neuen Verfahrens nur von Nutzen sein.
Zum Abschluß möchte ich bemerken, daß ich die Autoren der verschiedenen von mir dargelegten fremden Resultate im Rahmen des Möglichen sorgfältig angegeben habe. In gleicher Weise verfuhr ich auch mit meinen eigenen (bisweilen sogar zweitrangigen) Ergebnissen, die als Beispiele angeführt wurden. Letzteres tat ich nicht, um diesen Ergebnissen übertrieben große Bedeutung beizumessen, sondern nur um ein Befremden des Lesers zu vermeiden, der die früheren Auflagen meines Buches nicht kennt und der daraus entnommene Stellen ohne ausreichende Quellenangaben in verschiedenen anderen (hauptsächlich ausländischen) Veröffentlichungen antrifft.
Zur Vereinfachung der Literaturangaben sind die zitierten Veröffentlichungen in einem besonderen Verzeichnis am Ende des Buches in alphabetischen Reihen zusammengestellt. Bei Hinweisen wird der Autor und in eckigen Klammern die Nummer seines Werkes in diesem Verzeichnis angegeben.
Auch in der vorliegenden Auflage konnte ich den von A. N. Krylow geäußerten Wunsch nach Entwicklung numerischer Methoden nicht erfüllen, und zwar natürlich nicht etwa, weil ich die Wichtigkeit derselben unterschätze, sondern ganz einfach deshalb, weil ich zu meinem großen Bedauern nicht in der Lage bin, das hinreichend gut zustande zu bringen. Statt dessen wurde aber der Wunsch A. N. Krylows von anderen Autoren mit Erfolg verwirklicht, worauf im Text des Buches hingewiesen wird.

Tbilissi, November 1948 I. N. Mußchelischwili

---

[1]) Im übrigen wurde auch der Abschnitt 7.4. bedeutend ergänzt. Die Theorie der Zug-Druck- und Biegeprobleme für Verbundstäbe liegt damit in abgeschlossener Form vor.

[2]) Der größte Teil dieser Ergebnisse wurde von mir in dem Buch „Singuläre Integralgleichungen" (1946) dargelegt. Doch ich bin jetzt der Meinung, daß ihr eigentlicher Platz im vorliegenden Buch ist (sie werden aus der folgenden Auflage der „Singulären Integralgleichungen" herausgenommen). Eine Überarbeitung war erforderlich, um die Darstellung unabhängig vom genannten Buch zu machen.

Vorwort zur fünften Auflage

Die Vorbereitung der vorliegenden (fünften) Auflage verzögerte sich hauptsächlich deshalb, weil es erforderlich wurde, hierin die Ergebnisse vieler Arbeiten, die mit dem Inhalt dieses Buches in engem Zusammenhang stehen und nach dem Erscheinen der vierten Auflage und der ersten Auflage in englischer Sprache (Groningen, 1953) veröffentlicht wurden, zu berücksichtigen. Selbst eine nur kurze Erwähnung dieser Ergebnisse im Haupttext des Buches hätte eine große Umgestaltung der Darlegung und eine Änderung der Numerierung der Paragraphen zur Folge gehabt. Letzteres erwies sich jedoch als nicht wünschenswert, da es den Lesern das Auffinden der entsprechenden Stellen erschwert hätte, auf die sich die Autoren verschiedener Arbeiten beziehen, die die vorhergehenden Auflagen verwendeten.
Deshalb habe ich mich entschlossen, den Text der vierten Auflage fast unverändert zu belassen und ein neues achtes Kapitel hinzuzufügen, das einer kurzen Übersicht der oben erwähnten Resultate gewidmet ist.
Die Ausarbeitung dieses Kapitels übernahmen freundlicherweise meine Kollegen G. I. Barenblatt (Moskau), A. I. Kalandija (Tbilissi) und G. F. Mandschawidse (Tbilissi), die aktiv auf diesem Gebiet arbeiten und durch ihre hervorragenden Ergebnisse weithin bekannt sind. Sie haben selbstlos diese mühevolle Arbeit auf sich genommen (s. Einführung in Hauptabschnitt 8.), und es fehlt mir an Worten, ihnen meinen tiefen Dank auszudrücken. Auch Prof. I. R. M. Radok (Australien) spreche ich meinen aufrichtigen Dank aus, er hat die dritte und vierte Auflage dieses Buches ins Englische übertragen und mich auf eine Reihe von Druckfehlern aufmerksam gemacht, die sich in die früheren Auflagen eingeschlichen hatten.
Wie bereits gesagt, wurde die vierte Auflage (die in den ersten sieben Kapiteln der vorliegenden entspricht) keinen wesentlichen Veränderungen unterzogen. Es wurden lediglich einige kurze Bemerkungen und sehr wenige Hinweise auf einige neue Arbeiten, hauptsächlich monographischen Charakters, hinzugefügt.
Neu ist auch der Anhang IV am Ende des Buches, der eine Herleitung für die Formeln der allgemeinen Darstellung der Lösung der Gleichungen der linearen Elastizitätstheorie enthält, die auch den Fall vorhandener Volumenkräfte einschließt.
Ursprünglich hatte ich vor, Anhang I bis III wegen des elementaren Charakters wegzulassen. Das gilt besonders für den Anhang I, der vor über dreißig Jahren geschrieben wurde, als der Tensorbegriff in den Arbeiten angewandten Charakters noch nicht allgemein Eingang gefunden hatte. Auf Anraten einiger Kollegen jedoch, die mit Ingenieuren zusammenarbeiten, welche mit den Forschungsarbeiten erst beginnen, habe ich beschlossen, diesen Anhang beizubehalten.
Bei der Vorbereitung der vorliegenden Auflage für den Druck sowie beim Korrekturlesen erwies mir G. I. Barenblatt große Hilfe. Ich danke ihm hiermit sehr herzlich.

Tbilissi, Januar 1966 N. Mußchelischwili

Inhaltsverzeichnis

1. Grundgleichungen der Mechanik des elastischen Körpers

In diesem einführenden Abschnitt bringen wir die Grundbegriffe der mathematischen Elastizitätstheorie in Erinnerung. Wir leiten ein vollständiges System von Gleichungen der Mechanik des elastischen isotropen Körpers her und beweisen einige grundlegende Sätze über diese Gleichungen.

Es wird vorausgesetzt, daß der Leser wenigstens bis zu einem gewissen Grade mit den physikalischen Grundlagen der Elastizitätstheorie vertraut ist, wir gehen deshalb in dieser Richtung nicht auf Einzelheiten ein[1]).

In 1.1. und 1.2. bezieht sich alles Gesagte auf jede Art von Körpern, die man in hinreichender Näherung als „Kontinuum" betrachten kann (Flüssigkeiten, elastische und plastische Körper usw.). Erst von 1.3. an werden Voraussetzungen eingeführt, die den (idealen) elastischen Körper als solchen charakterisieren.

Im gesamten Abschnitt 1. setzen wir die Koordinaten als kartesisch voraus.

1.1. Spannungszustand

1.1.1. Volumenkräfte

In der Mechanik der Kontinua unterscheidet man zwei Arten von Kräften: *Volumenkräfte*, die sich auf die Volumen- (oder Massen-)elemente des Körpers beziehen, und *Spannungskräfte*, die an Flächenelementen wirken, welche man sich im Inneren des Körpers eingeführt

---

[1]) Eine ausführlichere Darlegung der physikalischen Grundlagen sowie eine Reihe allgemeiner theoretischer und praktischer Fragen, die in diesem Buch nicht berührt werden, findet der Leser in den Lehrbüchern der Elastizitätstheorie, von denen wir folgende anführen: Love [1] (dieses Buch erschien in seiner ersten Auflage 1892/93 und ist in vieler Hinsicht bedeutend veraltet, trotzdem ist es noch sehr nützlich wegen seiner Materialfülle), Papkowitsch [1], Leibenson [1], Timoschenko [1], Grammel [1], Burgatti [1], Sokolnikow [1], Timoschenko und Goodier [1], Green und Zerna [1], s. a. Sneddon und Berry [1]. Wir nennen ferner die Lehrbücher der theoretischen Mechanik von Kirchhoff [1] und Webster [1], welche eine Darlegung der Grundlagen der Elastizitätstheorie enthalten. Das erste von beiden verlor ungeachtet seines mehr als achtzigjährigen Alters bis heute nicht an Interesse.
Ein kurzer, doch ziemlich eingehender Abriß der Entwicklung der Elastizitätstheorie ist im Buch von Love [1] enthalten. Eine sehr ausführliche Geschichte der Elastizitätstheorie bis 1893 mit einer detaillierten Analyse verschiedener Artikel und Bücher wird von Todhunter und Pearson [1] gegeben. Im Buch Timoschenko [1] über die Geschichte der Festigkeitslehre ist ebenfalls eine kurze Abhandlung über die Geschichte der Elastizitätstheorie enthalten.

oder auf seiner Oberfläche abgeteilt denkt. Um das ausführlicher zu erläutern, stellen wir uns vor, daß aus dem betrachteten Kontinuum ein beliebiges Teilchen V mit der Oberfläche S herausgeschnitten wurde, und setzen voraus, daß sich die äußeren, auf den Teil V wirkenden Kräfte aus *Volumenkräften* (Beispiel: Schwerkraft) und *Flächenkräften* (Beispiel: Druck) zusammensetzen lassen.

Wir betrachten zunächst die Volumenkräfte etwas eingehender. Sie wirken auf verschiedene Volumenelemente des Körpers, genauer gesagt, auf die in diesen Elementen enthaltene Masse. Dabei nimmt man an, daß die auf das unendlich kleine Volumenelement $\mathrm{d}V$ wirkende Kraft die Gestalt $\boldsymbol{\Phi}\,\mathrm{d}V$ hat, wobei $\boldsymbol{\Phi}$ ein endlicher Vektor[1]) ist. Als Angriffspunkt kann ein beliebiger Punkt (x, y, z) des Elementes gelten.

Den Vektor $\boldsymbol{\Phi}$ bezeichnen wir als die auf die Volumeneinheit bezogene *Volumenkraft*. Wenn wir unter ϱ die Dichte (Masse je Volumen) an der betreffenden Stelle des Körpers verstehen, so gibt der Vektor $\boldsymbol{\Phi}/\varrho$ die auf die Masseneinheit bezogene Volumenkraft an. Im Falle der Schwerkraft ist $\boldsymbol{\Phi}$ senkrecht nach unten gerichtet und hat den Betrag ϱg, wobei g die Erdbeschleunigung ist.

Im allgemeinen ist der Vektor $\boldsymbol{\Phi}$ von der Lage des zugehörigen Volumenelementes im Körper abhängig, mit anderen Worten, er ist eine Funktion des Punktes (x, y, z), um den das unendlich klein gedachte Element herausgeschnitten wurde. Außerdem hängt $\boldsymbol{\Phi}$ im dynamischen Falle noch von der Zeit ab.

Bemerkung:

Die Feststellung, daß die auf $\mathrm{d}V$ wirkende Volumenkraft durch den an einem gewissen Punkt des Elementes angreifenden Vektor $\boldsymbol{\Phi}\,\mathrm{d}V$ dargestellt werden kann, ist mathematisch in dem Sinne zu verstehen, daß sich der resultierende Vektor $\boldsymbol{\Psi}$ der auf ein beliebiges endliches Volumen V wirkenden Volumenkräfte aus dem Dreifachintegral

$$\boldsymbol{\Psi} = \iiint\limits_V \boldsymbol{\Phi}\,\mathrm{d}V \tag{1}$$

berechnen läßt, während die resultierenden Momente eben dieser Kräfte bezüglich der Koordinatenachsen durch die Dreifachintegrale

$$\left.\begin{aligned} M_x &= \iiint\limits_V (yZ - zY)\,\mathrm{d}x\,\mathrm{d}y\,\mathrm{d}z \\ M_y &= \iiint\limits_V (zX - xZ)\,\mathrm{d}x\,\mathrm{d}y\,\mathrm{d}z \\ M_z &= \iiint\limits_V (xY - yX)\,\mathrm{d}x\,\mathrm{d}y\,\mathrm{d}z \end{aligned}\right\} \tag{2}$$

ausgedrückt werden (mit X, Y, Z sind die Komponenten[2]) des Vektors $\boldsymbol{\Phi}$ bezeichnet).

1.1.2. Spannung

Die Flächenkräfte wirken auf die Oberfläche S des herausgeschnitten gedachten Teils V (s. 1.1.1.). Es wird angenommen, daß die auf das unendlich kleine Flächenelement $\mathrm{d}S$ wir-

---

[1]) Vektoren bezeichnen wir mit halbfetten Buchstaben, z. B. $\boldsymbol{P}$, oder mit zwei Buchstaben in gewöhnlicher Schrift mit einem Querstrich darüber, z. B. $\overline{AB}$ (A ist der Anfangspunkt des Vektors, B der Endpunkt). Den Betrag (die Länge) der Vektoren $\boldsymbol{P}$ oder $\overline{AB}$ bezeichnen wir mit P bzw. $|AB|$.

[2]) Unter Komponenten eines Vektors verstehen wir stets skalare Größen. Viele Autoren, z. B. Love [1] bezeichnen mit X, Y, Z die auf die Masseneinheit bezogenen Komponenten der Volumenkraft. Die Komponenten des Vektors $\boldsymbol{\Phi}$ heißen dann ϱX, ϱY, ϱZ, wobei ϱ die Dichte ist.

kende Kraft die Gestalt $\boldsymbol{\sigma}\, dS$ hat, wobei $\boldsymbol{\sigma}$ ein endlicher Vektor ist. Als Angriffspunkt des Vektors $\boldsymbol{\sigma}\, dS$ kann ein beliebiger zum Element dS gehöriger Punkt gelten. Der genaue mathematische Inhalt dieser Annahme ist vollkommen analog dem in der Bemerkung zu 1.1.1. Gesagten definiert.

Die Größe $\boldsymbol{\sigma}\, dS$ heißt *Spannungskraft* oder auf das Element dS wirkende Kraft, während der Vektor $\boldsymbol{\sigma}$ als auf die Flächeneinheit bezogene Kraft oder als *Spannungsvektor* bezeichnet wird.

Die Größe $\boldsymbol{\sigma}\, dS$ drückt die Reaktionskraft der Teilchen des Kontinuums aus, die das Flächenelement dS von beiden Seiten berühren. Dabei ist $\boldsymbol{\sigma}\, dS$ die Kraft, mit der der außerhalb V befindliche Teil auf den zu V gehörigen Teil wirkt, während die Kraft, die der innen befindliche Teil auf den außerhalb V liegenden ausübt, nach dem Prinzip der Gleichheit von Kraft und Gegenkraft gleich $-\boldsymbol{\sigma}\, dS$ ist.

Im allgemeinen begrenzt jedes im Inneren des Körpers liegende Flächenstück (d. h. Flächenelement) zwei Elemente des Körpers, die das Flächenstück von beiden Seiten berühren. Um diese Elemente zu unterscheiden, führen wir die Normale n zum betreffenden Flächenstück ein und schreiben ihr eine bestimmte positive Richtung zu (Bild 1). *Unter der auf das Flächen-*

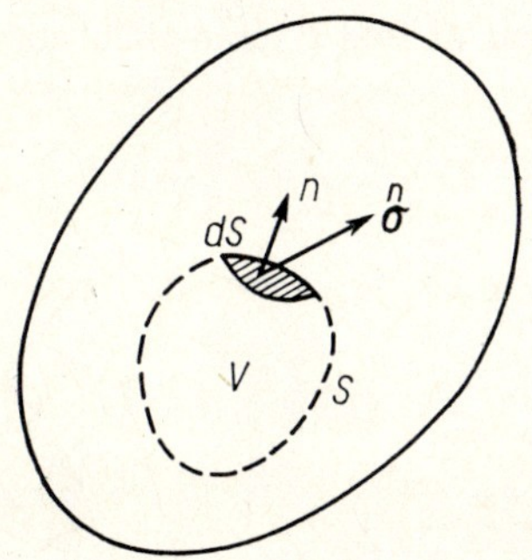

Bild 1

stück wirkenden Kraft verstehen wir stets die von dem auf der positiven Seite befindlichen Teil ausgeübte Kraft (das gleiche gilt auch für die Spannung, d. h. für die auf die Fläche bezogene Kraft). Wenn wir also die von dem umgebenden Körper auf die Oberfläche S des Teilchens V wirkende Kraft angeben wollen, so müssen wir die äußere Normale bezüglich V verwenden. Wie die Volumenkraft ist auch der Vektor $\boldsymbol{\sigma}$ von der Lage des Elementes dS und (im dynamischen Falle) von der Zeit abhängig. Doch hängt er offensichtlich außerdem noch von der *Orientierung* des Flächenelementes im Körper, d. h. von der *Richtung der Normalen n* ab. Wenn darauf hingewiesen werden soll, daß sich die Spannung $\boldsymbol{\sigma}$ auf ein Flächenelement mit der Normalen n bezieht, werden wir deshalb $\overset{n}{\boldsymbol{\sigma}}$ schreiben. Die Komponenten dieses Vektors bezeichnen wir mit $\overset{n}{\sigma}_x$, $\overset{n}{\sigma}_y$, $\overset{n}{\sigma}_z$.

1.1.3. Spannungskomponenten. Abhängigkeit der Spannung von der Orientierung des Flächenstückes

Es sei M ein vorgegebener, auf unserem Flächenstück liegender Punkt. Offenbar brauchen wir nur die Spannungen für drei aufeinander senkrecht stehende, durch M gehende Flächen zu kennen, um die Spannungen für ein in beliebiger Weise orientiertes (und durch denselben Punkt gehendes) Flächenelement ausrechnen zu können. Wir wählen als Ausgangsflächen

die zu den Koordinatenachsen senkrechten, und als *positive Normalenrichtung* definieren wir die *positive Richtung der entsprechenden Achsen.*
Nun führen wir folgende Bezeichnungen ein, (die auch im weiteren Gültigkeit haben). Die Komponenten des Spannungsvektors auf dem zur x-Achse senkrechten Flächenstück nennen wir σ_x, τ_{xy}, τ_{xz}. Der Index x weist darauf hin, daß das betrachtete Flächenstück senkrecht auf der x-Achse steht, während der zweite Index bei τ_{xy} und τ_{xz} besagt, daß die entsprechende Komponente in y- bzw. z-Richtung vorliegt. σ_x gibt die auf unserem Flächenstück wirkende *Normalspannungskomponente* an, und τ_{xy} sowie τ_{xz} sind *Tangential-* oder *Schubspannungskomponenten.* Analog bezeichnen wir die Spannungskomponenten auf dem zur y-Achse senkrechten Flächenstück mit σ_y, τ_{yx}, τ_{yz} und die auf dem zur z-Achse senkrechten mit σ_z, τ_{zx}, τ_{zy}. Die Größen

$$\left.\begin{matrix} \sigma_x & \tau_{xy} & \tau_{xz} \\ \tau_{yx} & \sigma_y & \tau_{yz} \\ \tau_{zx} & \tau_{zy} & \sigma_z \end{matrix}\right\} \qquad (1)$$

charakterisieren den Spannungszustand in der Umgebung des betrachteten Punktes vollständig. Deshalb nennt man sie *Spannungskomponenten* (für den gegebenen Punkt und für den gegebenen Augenblick). Diese Komponenten sind in Bild 2 veranschaulicht. Sie sind

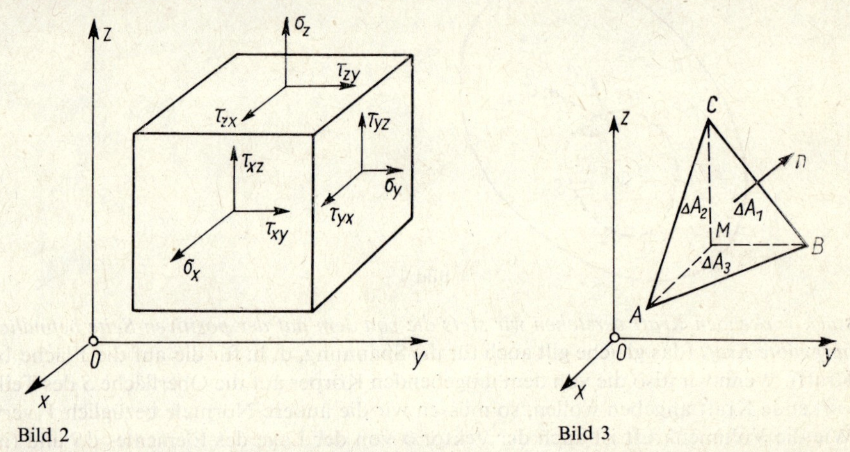

Bild 2 Bild 3

nach unserer Definition *Skalare.* So ist z. B. in Bild 2 nicht die Größe σ_x selbst, sondern ein Vektor eingezeichnet, dessen mit Vorzeichen versehener Betrag gleich σ_x ist.
Um eine Beziehung zwischen den Größen (1) und den Spannungskomponenten für eine durch M gehende Schnittfläche mit der Normalen n zu entwickeln, bedienen wir uns folgender Methode: Wir legen durch den Punkt M drei zu den Koordinatenebenen parallele Schnittflächen, außerdem führen wir eine Ebene mit der Normalen n ein, die von M den Abstand h hat. Die genannten vier Ebenen bilden ein Tetraeder, dessen Seitenfläche ABC parallel zur betrachteten Schnittfläche ist (Bild 3).
Von nun an setzen wir voraus (wenn nicht ausdrücklich anders vereinbart), daß sich die Volumenkräfte und die Spannungen mit der Lage ihres Bezugspunktes stetig ändern. Außerdem fordern wir, daß am Gesamtkörper *Gleichgewicht* herrscht. Nach einem bekannten Prinzip der Mechanik verschwindet somit der resultierende Vektor aller auf das Tetraeder wirkenden Kräfte.

Im Sinne des Grenzüberganges $h \to 0$ fassen wir die Ausmaße des Tetraeders als unendlich klein auf.

Nun berechnen wir die x-Komponente des resultierenden Vektors aller auf das Tetraeder wirkenden äußeren Kräfte. Unsere Überlegungen gelten zunächst nur unter der Voraussetzung, daß die Abschnitte MA, MB, MC wie die jeweils entsprechenden Achsen gerichtet sind. Der Leser kann sich jedoch leicht davon überzeugen, daß die Ergebnisse auch für alle anderen Fälle richtig bleiben.

Die Projektion der Volumenkraft beträgt $(X + \varepsilon)\,\Delta V$, dabei gibt ΔV den Rauminhalt des Tetraeders an, der Wert X bezieht sich auf den Punkt M, und ε stellt (auf Grund der Stetigkeit von X) eine unendlich kleine Größe dar. Weiterhin ist die Projektion der auf die Fläche ABC wirkenden Kraft gleich $(\overset{n}{\sigma}_x + \varepsilon')\,\Delta A$, wobei ΔA den Flächeninhalt des Dreiecks ABC bezeichnet, und ε' eine unendlich kleine Größe ist; $\overset{n}{\sigma}_x$, $\overset{n}{\sigma}_y$, $\overset{n}{\sigma}_z$ sind bekanntlich die Komponenten des Spannungsvektors der durch den Punkt M gehenden Schnittfläche mit der Normalen n.

Schließlich ist die x-Komponente der auf die Schnittfläche MBC wirkenden äußeren Kraft gleich $(-\sigma_x + \varepsilon_1)\,\Delta A_1$, wobei ΔA_1 den Flächeninhalt des Dreiecks MBC bezeichnet, während ε_1 eine unendlich kleine Größe darstellt. Hier mußte $-\sigma_x$ statt $+\sigma_x$ genommen werden, da die Kraft von der negativen Seite auf das Flächenelement wirkt.

Für die Schnittflächen MCA und MAB erhalten wir völlig analog die Größen $(-\sigma_y + \varepsilon_2)\,\Delta A_2$ und $(-\sigma_z + \varepsilon_3)\,\Delta A_3$.

Unter Berücksichtigung von $\Delta V = \dfrac{1}{3} h\,\Delta A$

$$\Delta A_1 = \Delta A \cos(n, x); \quad \Delta A_2 = \Delta A \cos(n, y); \quad \Delta A_3 = \Delta A \cos(n, z)$$

ergibt sich

$$(X + \varepsilon)\frac{1}{3} h\,\Delta A + (\overset{n}{\sigma}_x + \varepsilon')\,\Delta A + (-\sigma_x + \varepsilon_1)\,\Delta A \cos(n, x)$$
$$+ (-\tau_{yx} - \varepsilon_2)\,\Delta A \cos(n, y) + (-\tau_{zx} - \varepsilon_3)\,\Delta A \cos(n, z) = 0.$$

Durch Grenzübergang $h \to 0$ und Division durch ΔA bekommen wir schließlich folgende Formeln, von denen die beiden letzten analog zur ersten aufgeschrieben wurden[1]):

$$\left.\begin{aligned} \overset{n}{\sigma}_x &= \sigma_x \cos(n, x) + \tau_{yx} \cos(n, y) + \tau_{zx} \cos(n, z), \\ \overset{n}{\sigma}_y &= \tau_{xy} \cos(n, x) + \sigma_y \cos(n, y) + \tau_{zy} \cos(n, z), \\ \overset{n}{\sigma}_z &= \tau_{xz} \cos(n, x) + \tau_{yz} \cos(n, y) + \sigma_z \cos(n, z). \end{aligned}\right\} \quad (2)$$

1.1.4. Beziehungen zwischen den Spannungskomponenten

Im Falle des Gleichgewichtes verschwinden bekanntlich der resultierende Vektor und das resultierende Moment der *äußeren*, auf einen beliebigen Teil des Körpers wirkenden Kräfte. Für einen *starren* Körper erhalten wir somit ein System von sechs Gleichungen, die den Gleichgewichtszustand des Körpers vollständig beschreiben. Beim deformierbaren Körper hingegen ergeben die genannten Bedingungen bei weitem nicht alle den Gleichgewichts-

[1]) Die Gl. (2) sowie alle anderen in 1.1.4. hergeleiteten Beziehungen wurden erstmalig von A. L. CAUCHY (1789 bis 1857) in einer Denkschrift angegeben, die er 1822 der Pariser Akademie vorlegte. Sie wurde in Teilen von 1823 bis 1828 veröffentlicht.

zustand charakterisierenden Elemente. Doch kann man aus ihnen auch im letzten Fall Gleichungen herleiten, die in Verbindung mit der Beziehung zwischen den Spannungen und Verzerrungen alle notwendigen Gleichungen liefern.
Die genannten Bedingungen werden dabei nicht nur auf den Gesamtkörper, sondern auf jeden herausgeschnitten gedachten Teil angewendet.
Im weiteren wollen wir stets voraussetzen (wenn nicht ausdrücklich anders vereinbart), daß die Spannungskomponenten stetig sind und stetige partielle Ableitungen 1. Ordnung im gesamten vom Körper eingenommenen Gebiet haben.
Es sei V ein beliebiges Teilchen des betrachteten Körpers (der sich nach Voraussetzung im Gleichgewicht befindet) mit der geschlossenen Fläche S als Begrenzung.
Wir formulieren nun zunächst die Bedingung, daß der resultierende Vektor aller auf V wirkenden *äußeren* Kräfte verschwindet. Die Projektion des resultierenden Vektors der Volumenkräfte auf die x-Achse ist gleich

$$\iiint_V X \, \mathrm{d}V,$$

während die Projektion des resultierenden Vektors der auf die Fläche S wirkenden Kräfte gleich

$$\iint_S \overset{n}{\sigma}_x \, \mathrm{d}S$$

ist.
Wenn wir hier für $\overset{n}{\sigma}_x$ den entsprechenden Ausdruck aus (2) in 1.1.3. schreiben und die Summe der Projektionen gleich Null setzen, ergibt sich

$$\iiint_V X \, \mathrm{d}V + \iint_S [\sigma_x \cos(n, x) + \tau_{yx} \cos(n, y) + \tau_{zx} \cos(n, z)] \, \mathrm{d}S = 0,$$

wobei n die äußere Normale bezeichnet.
Auf Grund der bekannten Formel von OSTROGRADSKI-GREEN gilt:

$$\iint_S [\sigma_x \cos(n,x) + \tau_{yx} \cos(n,y) + \tau_{zx} \cos(n,z)] \, \mathrm{d}S = \iiint_V \left(\frac{\partial \sigma_x}{\partial x} + \frac{\partial \tau_{yx}}{\partial y} + \frac{\partial \tau_{zx}}{\partial z} \right) \mathrm{d}V$$

und damit

$$\iiint_V \left(X + \frac{\partial \sigma_x}{\partial x} + \frac{\partial \tau_{yx}}{\partial y} + \frac{\partial \tau_{zx}}{\partial z} \right) \mathrm{d}V = 0.$$

Diese Gleichung soll für *jedes beliebige* Gebiet gelten, das ist aber nur dann möglich, wenn der Integrand in jedem Punkt des Körpers verschwindet[1]). Somit ergeben sich folgende Gleichungen (die beiden letzten erhält man analog zur ersten).

---

[1]) Wenn $F(x, y, z)$ eine im gegebenen Gebiet stetige Funktion ist und

$$\iiint_V F(x, y, z) \, \mathrm{d}V = 0$$

für ein beliebiges Teilgebiet V gilt, so ist $F(x, y, z) = 0$ im gesamten Gebiet. Das läßt sich wie folgt zeigen: Angenommen in einem Punkt (x_0, y_0, z_0) ist $F(x, y, z) > 0$, dann läßt sich auf Grund der Stetigkeit der Funktion F um den Punkt (x_0, y_0, z_0) ein Gebiet V derart abteilen, daß dort $F(x, y, z) > \varepsilon$ ist, wobei ε eine positive Konstante darstellt. Somit gilt

$$\iiint_V F \, \mathrm{d}V > \varepsilon V > 0,$$

und das widerspricht der Voraussetzung.

$$\left.\begin{aligned}\frac{\partial \sigma_x}{\partial x}+\frac{\partial \tau_{yx}}{\partial y}+\frac{\partial \tau_{zx}}{\partial z}+X=0,\\ \frac{\partial \tau_{xy}}{\partial x}+\frac{\partial \sigma_y}{\partial y}+\frac{\partial \tau_{zy}}{\partial z}+Y=0,\\ \frac{\partial \tau_{xz}}{\partial x}+\frac{\partial \tau_{yz}}{\partial y}+\frac{\partial \sigma_z}{\partial z}+Z=0.\end{aligned}\right\} \tag{1}$$

Diese Gleichungen, auf die wir uns häufig beziehen müssen, bezeichnen wir der Kürze halber als *Gleichgewichtsbedingungen.*
Weiterhin verschwindet das resultierende Moment der äußeren Kräfte, bezogen auf den Koordinatenursprung, oder, was dasselbe besagt, bezogen auf jede der Koordinatenachse. Wenn wir z. B. das auf die x-Achse bezogene resultierende Moment der Volumenkräfte und der auf S wirkenden Spannungen gleich Null setzen, ergibt sich

$$\iiint_V (yZ - zY)\,\mathrm{d}V + \iint_S \left(y\overset{n}{\sigma}_z - z\overset{n}{\sigma}_y\right) \mathrm{d}S = 0. \tag{a}$$

Gemäß (2) in 1.1.3. ist

$$\iint_S \left(y\overset{n}{\sigma}_z - z\overset{n}{\sigma}_y \,\mathrm{d}S\right) = \iint_S \{(y\tau_{xz} - z\tau_{xy}) \cos(n, x)$$
$$+ (y\tau_{yz} - z\sigma_y)\cos(n, y) + (y\tau_{xz} - z\tau_{zy})\cos(n, z)\}\,\mathrm{d}S,$$

und wenn wir das letzte Integral nach der Formel von OSTROGRADSKI-GREEN umformen erhalten wir

$$\iint_S \left(y\overset{n}{\sigma}_z - z\overset{n}{\sigma}_y\right)\mathrm{d}S = \iiint_V \left\{ y\left(\frac{\partial \tau_{xz}}{\partial x}+\frac{\partial \tau_{yz}}{\partial y}+\frac{\partial \sigma_z}{\partial z}\right)\right.$$
$$\left. - z\left(\frac{\partial \tau_{xy}}{\partial x}+\frac{\partial \sigma_y}{\partial y}+\frac{\partial \tau_{zy}}{\partial z}\right) + \tau_{yz} - \tau_{zy}\right\}\mathrm{d}V.$$

Durch Einsetzen dieses Wertes in (a) und unter Berücksichtigung der Gln. (1) bekommen wir

$$\iiint_V (\tau_{yz} - \tau_{zy})\,\mathrm{d}V = 0.$$

Da das Gebiet V beliebig ist, folgt daraus (s. Bemerkung auf der vorhergehenden Seite):

$$\tau_{yz} = \tau_{zy}, \quad \tau_{xz} = \tau_{zx}, \quad \tau_{yx} = \tau_{xy}. \tag{2}$$

Die beiden letzten Gleichungen gehen aus der ersten durch zyklische Vertauschung der Buchstaben hervor (wir hätten sie auch unmittelbar ausgehend von den Achsen y und z erhalten können).
Im Schema der Spannungskomponenten

$$\left.\begin{matrix}\sigma_x & \tau_{yx} & \tau_{zx}\\ \tau_{xy} & \sigma_y & \tau_{zy}\\ \tau_{xz} & \tau_{yz} & \sigma_z\end{matrix}\right\} \tag{A}$$

sind also die zur Hauptdiagonalen symmetrischen Elemente paarweise gleich (die Hauptdiagonale führt von der linken oberen zur rechten unteren Ecke), mit anderen Worten, das Schema (A) ist *symmetrisch.*

Der Spannungszustand in einem gegebenen Punkt wird also durch die sechs Größen (A) charakterisiert.

Die Gln. (2) kann man durch folgenden Satz ausdrücken: Es seien zwei durch einen Punkt gehende Schnittflächen gegeben. Dann ist die *Projektion der auf die erste Fläche wirkenden Spannung auf die Normale der zweiten gleich der Projektion der auf die zweite Fläche wirkenden Spannung auf die Normale der ersten.* Genaugenommen beweisen die Gln. (2) diesen Satz nur für senkrecht aufeinanderstehende Flächen (parallel zu zwei Koordinatenebenen). Das Ergebnis läßt sich jedoch leicht auf den Fall beliebiger Schnittflächen verallgemeinern; denn wenn n' und n'' die Normalen der ersten bzw. zweiten Schnittfläche und α'; β'; γ' bzw. α''; β''; γ'' die Richtungskosinus dieser Normalen sind, dann ergeben sich die Komponenten der auf die erste Schnittfläche wirkenden Spannung $\overset{n'}{\sigma}$ gemäß (2) in 1.1.3. zu

$$\overset{n'}{\sigma}_x = \sigma_x\alpha' + \tau_{yx}\beta' + \tau_{zx}\gamma', \quad \overset{n'}{\sigma}_y = \tau_{xy}\alpha' + \sigma_y\beta' + \tau_{zy}\gamma', \quad \overset{n'}{\sigma}_z = \tau_{xz}\alpha' + \tau_{yz}\beta' + \sigma_z\gamma'.$$

Unter Berücksichtigung der Gln. (2) erhalten wir für die Projektion dieser Spannung auf die Normale n''

$$\begin{aligned}\mathrm{proj}_{n''}\overset{n'}{\sigma} &= \overset{n'}{\sigma}_x\alpha'' + \overset{n'}{\sigma}_y\beta'' + \overset{n'}{\sigma}_z\gamma'' = \sigma_x\alpha'\alpha'' + \sigma_y\beta'\beta'' + \sigma_z\gamma'\gamma'' \\ &\quad + \tau_{zy}(\beta'\gamma'' + \beta''\gamma') + \tau_{xz}(\gamma'\alpha'' + \alpha'\gamma'') + \tau_{yx}(\alpha'\beta'' + \beta'\alpha''). \qquad (3)\end{aligned}$$

Dieser Ausdruck enthält die Größen α', β', γ' und α'', β'', γ'' vollkommen symmetrisch, er ändert sich also nicht, wenn wir die Rollen der beiden Flächen vertauschen. Damit ist der Satz bewiesen.

1.1.5. Koordinatentransformation. Invariante quadratische Form. Spannungstensor

Die Gl. (3) in 1.1.4. gestattet es, die Projektion des zu einer gegebenen Schnittfläche gehörenden Spannungsvektors auf eine beliebige Richtung zu berechnen. Insbesondere können wir diese Gleichungen benutzen, um Formeln für den Übergang von einem Koordinatensystem x, y, z zu einem neuen System x', y', z' herzuleiten. Die Richtungskosinus der Achsen des „neuen" Systems x', y', z' bezüglich der Achsen des „alten" Systems x, y, z seien durch folgende Tabelle gegeben:

	x	y	z
x'	α_1	β_1	γ_1
y'	α_2	β_2	γ_2
z'	α_3	β_3	γ_3

Es stellen also beispielsweise α_1; β_1; γ_1 die Richtungskosinus der x'-Achse bezüglich der Achsen x, y, z dar, d. h., es ist

$$\alpha_1 = \cos(x', x) \quad \beta_1 = \cos(x', y) \quad \gamma_1 = \cos(x', z).$$

Wir bezeichnen die auf das neue System bezogenen Spannungskomponenten mit $\sigma_{x'}$, $\sigma_{y'}$, $\sigma_{z'}$, $\tau_{x'y'}$, $\tau_{y'z'}$, $\tau_{x'z'}$ und ermitteln Formeln, die diese neuen Komponenten durch die σ_x, σ_y, σ_z, τ_{xy}, τ_{yz}, τ_{xz} ausdrücken.

Die Gl. (3) in 1.1.4. liefert sofort die gesuchten Beziehungen. So erhalten wir beispielsweise

$$\sigma_{x'} = \mathrm{proj}_{x'}\overset{x'}{\sigma},$$

dabei ist $\overset{x'}{\boldsymbol{\sigma}}$ der Spannungsvektor, der auf die zur x'-Achse senkrechte Schnittfläche wirkt. Folglich muß in Gl. (3) in 1.1.4.

$$\alpha' = \alpha'' = \alpha_1; \quad \beta' = \beta'' = \beta_1; \quad \gamma' = \gamma'' = \gamma_1$$

gesetzt werden. Damit bekommen wir die erste der folgenden Gleichungen (die übrigen ergeben sich völlig analog):

$$\begin{aligned}
\sigma_{x'} &= \sigma_x\alpha_1^2 + \sigma_y\beta_1^2 + \sigma_z\gamma_1^2 + 2\tau_{zy}\beta_1\gamma_1 + 2\tau_{xz}\gamma_1\alpha_1 + 2\tau_{yx}\alpha_1\beta_1\\
\sigma_{y'} &= \sigma_x\alpha_2^2 + \sigma_y\beta_2^2 + \sigma_z\gamma_2^2 + 2\tau_{zy}\beta_2\gamma_2 + 2\tau_{xz}\gamma_2\alpha_2 + 2\tau_{yx}\alpha_2\beta_2\\
\sigma_{z'} &= \sigma_x\alpha_3^2 + \sigma_y\beta_3^2 + \sigma_z\gamma_3^2 + 2\tau_{zy}\beta_3\gamma_3 + 2\tau_{xz}\gamma_3\alpha_3 + 2\tau_{yx}\alpha_3\beta_3 \qquad (1)\\
\tau_{z'y'} &= \sigma_x\alpha_2\alpha_3 + \sigma_y\beta_2\beta_3 + \sigma_z\gamma_2\gamma_3 + \tau_{zy}(\beta_2\gamma_3 + \beta_3\gamma_2) + \tau_{xz}(\gamma_2\alpha_3 + \alpha_2\gamma_3) + \tau_{yx}(\alpha_2\beta_3 + \beta_2\alpha_3)\\
\tau_{x'z'} &= \sigma_x\alpha_3\alpha_1 + \sigma_y\beta_3\beta_1 + \sigma_z\gamma_3\gamma_1 + \tau_{zy}(\beta_3\gamma_1 + \beta_1\gamma_3) + \tau_{xz}(\gamma_3\alpha_1 + \alpha_3\gamma_1) + \tau_{yx}(\alpha_3\beta_1 + \beta_3\alpha_1)\\
\tau_{y'x'} &= \sigma_x\alpha_1\alpha_2 + \sigma_y\beta_1\beta_2 + \sigma_z\gamma_1\gamma_2 + \tau_{zy}(\beta_1\gamma_2 + \beta_2\gamma_1) + \tau_{xz}(\gamma_1\alpha_2 + \alpha_1\gamma_2) + \tau_{yx}(\alpha_1\beta_2 + \beta_1\alpha_2).
\end{aligned}$$

Aus diesen Formeln läßt sich eine wichtige Beziehung herleiten. Und zwar erhalten wir durch Addition der drei ersten Gleichungen unter Beachtung der bekannten Formeln

$$\alpha_1^2 + \alpha_2^2 + \alpha_3^2 = \beta_1^2 + \beta_2^2 + \beta_3^2 = \gamma_1^2 + \gamma_2^2 + \gamma_3^2 = 1,$$
$$\beta_1\gamma_1 + \beta_2\gamma_2 + \beta_3\gamma_3 = \gamma_1\alpha_1 + \gamma_2\alpha_2 + \gamma_3\alpha_3 = \alpha_1\beta_1 + \alpha_2\beta_2 + \alpha_3\beta_3 = 0$$

die Beziehung

$$\sigma_{x'} + \sigma_{y'} + \sigma_{z'} = \sigma_x + \sigma_y + \sigma_z.$$

Sie besagt, daß *der Ausdruck*

$$\theta = \sigma_x + \sigma_y + \sigma_z$$

invariant gegenüber Koordinatentransformation (*kartesischer Koordinaten*) *ist*, oder anders formuliert, daß die Summe der Normalspannungskomponenten, die auf drei zueinander senkrechten Schnittflächen wirken, nicht von der Orientierung dieses Flächentripels abhängt.

Wir berechnen nun die Normalspannungskomponente σ_n des zum Flächenelement mit der Normalen n gehörenden Spannungsvektors $\overset{n}{\boldsymbol{\sigma}}$, d. h., $\sigma_n = \mathrm{proj}_n\overset{n}{\boldsymbol{\sigma}}$. Falls $\sigma_n > 0$ ist, liegt eine *Zugspannung* vor, für $\sigma_n < 0$ eine *Druckspannung*.

Mit α, β, γ als Richtungskosinus der Normalen n liefert die Gl. (3) in 1.1.4. die wichtige Formel

$$\sigma_n = \sigma_x\alpha^2 + \sigma_y\beta^2 + \sigma_z\gamma^2 + 2\tau_{zy}\beta\gamma + 2\tau_{xz}\gamma\alpha + 2\tau_{yx}\alpha\beta. \qquad (2)$$

Wir führen nun die Funktion

$$2\Omega(\xi, \eta, \zeta) = \sigma_x\xi^2 + \sigma_y\eta^2 + \sigma_z\zeta^2 + 2\tau_{zy}\eta\zeta + 2\tau_{xz}\zeta\xi + 2\tau_{xy}\xi\eta \qquad (3)$$

ein. Sie stellt eine homogene ganze rationale Funktion zweiter Ordnung von ξ, η, ζ dar. $\Omega(\xi, \eta, \zeta)$ ist also eine *quadratische Form* der Veränderlichen ξ, η, ζ und läßt sich ziemlich einfach geometrisch veranschaulichen: Es sei $\boldsymbol{P} = (\xi, \eta, \zeta)$ ein Vektor[1]), der in Richtung der positiven Normalen n zeigt. Dann gilt

$$\alpha = \frac{\xi}{P}, \qquad \beta = \frac{\eta}{P}, \qquad \gamma = \frac{\zeta}{P},$$

---

[1]) (ξ, η, ζ) bezeichnet entweder einen Vektor mit den Komponenten ξ, η, ζ oder einen Punkt mit den Koordinaten ξ, η, ζ; eine Verwechslung ist nicht möglich.

wobei P die Länge des Vektors $\boldsymbol{P}$ bedeutet, und die Gl. (2) liefert

$$\sigma_n P^2 = 2\Omega(\xi, \eta, \zeta). \tag{4}$$

Nach unserer Definition hat σ_n einen unmittelbaren physikalischen Sinn und darf deshalb nicht von der Wahl der Koordinatenachsen abhängen. Genauso ist die Größe P^2 (das Quadrat der Vektorlänge) koordinatenunabhängig. Folglich muß dasselbe auch für die quadratische Form $\Omega(\xi, \eta, \zeta)$ zutreffen, d. h., sie muß invariant gegenüber Koordinatentransformation (kartesischer Koordinaten) sein. Mit anderen Worten, wenn wir mit ξ', η', ζ' die Komponenten des Vektors $\boldsymbol{P}$ bezüglich der neuen Achsen bezeichnen, und wenn $\Omega'(\xi', \eta', \zeta')$ eine quadratische Form ist, die aus ξ', η', ζ' und $\sigma_{x'}, \sigma_{y'}, \sigma_{z'}, \tau_{x'y'}, \tau_{y'z'}, \tau_{x'z'}$ in derselben Weise gebildet wird wie $\Omega(\xi, \eta, \zeta)$ aus $\xi, \eta, \zeta, \sigma_x, \sigma_y, \ldots, \tau_{xy}$, so ist

$$\Omega'(\xi', \eta', \zeta') = \Omega(\xi, \eta, \zeta) \tag{5}$$

oder ausführlicher

$$\begin{aligned} &\sigma_{x'}\xi'^2 + \sigma_{y'}\eta'^2 + \sigma_{z'}\zeta'^2 + 2\tau_{z'y'}\eta'\zeta' + 2\tau_{x'z'}\xi'\zeta' + 2\tau_{x'y'}\xi'\eta' \\ &= \sigma_x\xi^2 + \sigma_y\eta^2 + \sigma_z\zeta^2 + 2\tau_{zy}\eta\zeta + 2\tau_{xz}\xi\zeta + 2\tau_{xy}\xi\eta. \end{aligned} \tag{5'}$$

Wenn wir auf der linken Seite für $\sigma_{x'}, \ldots, \tau_{x'z'}$ die entsprechenden Werte (1) substituieren und auf der rechten Seite für ξ, η, ζ die Ausdrücke in den neuen Komponenten schreiben, d. h. nach den bekannten Formeln der analytischen Geometrie

$$\left.\begin{aligned} \xi &= \alpha_1\xi' + \alpha_2\eta' + \alpha_3\zeta', \\ \eta &= \beta_1\xi' + \beta_2\eta' + \beta_3\zeta', \\ \zeta &= \gamma_1\xi' + \gamma_2\eta' + \gamma_3\zeta' \end{aligned}\right\} \tag{6}$$

setzen, muß die Gl. (5) zur Identität werden. Durch unmittelbares Nachrechnen kann man sich leicht davon überzeugen, daß dies tatsächlich zutrifft. Dazu brauchen wir nur die Ausdrücke (6) auf der rechten Seiten von (5') einzuführen und die Koeffizienten bei $\xi'^2, \eta'^2, \zeta'^2, \xi'\eta', \eta'\zeta', \xi'\zeta'$ zu vergleichen. Dann ergeben sich für $\sigma_{x'}, \sigma_{y'}$ usw. gerade die Ausdrücke (1). Zur Herleitung der Gln. (1) können wir somit die eben genannte, für die Praxis sehr bequeme Regel benutzen und auf der rechten Seite der Gl. (5') die Größen ξ, η, ζ durch ξ', η', ζ' ausdrücken. Durch Koeffizientenvergleich bei den Quadraten und Produkten der Veränderlichen ξ', η', ζ' ergeben sich die gesuchten Beziehungen.

In analoger Weise erhalten wir die Formeln für den Übergang von den neuen Spannungskomponenten zu den alten.

Die Invarianz der quadratischen Form $\Omega(\xi, \eta, \zeta)$ zeigt, daß die Spannungskomponenten $\sigma_x, \ldots, \tau_{xz}$ Komponenten eines (symmetrischen) *Tensors* zweiter Stufe[1]) sind; wir bezeichnen ihn als *Spannungstensor*.

[1]) Im Haupttext des vorliegenden Buches setzen wir beim Leser die Kenntnis der Tensorrechnung nicht voraus. Zum Verständnis einiger Bemerkungen in den Fußnoten verweisen wir auf den Anhang I am Ende des Buches. Um das im Haupttext des Buches Gesagte zu verstehen, braucht man nur folgendes zu wissen: Gegeben sei eine quadratische Form

$$2\Omega(\xi, \eta, \zeta) = \tau_{xx}\xi^2 + \tau_{yy}\eta^2 + \tau_{zz}\zeta^2 + 2\tau_{xy}\xi\eta + 2\tau_{yz}\eta\zeta + 2\tau_{xz}\xi\zeta,$$

wobei ξ, η, ζ Komponenten eine (beliebigen) Vektors sind, während die Koeffizienten $\tau_{xx}, \cdots, \tau_{xz}$ Größen darstellen, die nicht von ξ, η, ζ, wohl aber von der Richtung der (kartesischen) Koordinaten abhängen. Wenn sich die Koeffizienten $\tau_{xx}, \cdots, \tau_{xz}$ beim Übergang von einem Koordinatensystem zu einem anderen so ändern, daß die quadratische Form invariant bleibt, dann sagt man, die Gesamtheit der (von zwei Indizes abhängigen) Größen $\tau_{xx}, \cdots, \tau_{xz}$ bildet einen symmetrischen Tensor zweiter Stufe (nach der Zahl der Indizes). Mit den Bezeichnungen aus dem Haupttext gilt $\tau_{xx} = \sigma_x$ usw. (s. Bemerkung zu 1.1.4.). Zur Definition eines unsymmetrischen Tensors zweiter Stufe s. Anhang I.

1.1.6. Spannungsfläche. Hauptspannungen

Die eben eingeführte quadratische Form $\Omega(\xi, \eta, \zeta)$ gestattet es, die Abhängigkeit des Spannungsvektors von der Orientierung des zugehörigen Flächenstückes sehr einfach und anschaulich geometrisch darzustellen.
Zur Vereinfachung der Schreibweise legen wir den Koordinatenursprung in den zu betrachtenden Punkt. Nach Gl. (4) in 1.1.5.

$$\sigma_n P^2 = 2\Omega(\xi, \eta, \zeta)$$

berechnen wir die Normalspannungskomponente für das Flächenstück, dessen Normale in Richtung des Vektors $\boldsymbol{P} = (\xi, \eta, \zeta)$ zeigt. Die Länge P kann vollkommen beliebig gewählt werden.
Im weiteren setzen wir voraus, daß die Form $\Omega(\xi, \eta, \zeta)$ nicht identisch verschwindet; denn dann tritt offensichtlich (im gegebenen Punkt) überhaupt keine Spannung auf. Nun wählen wir die Länge des Vektors $\boldsymbol{P}$ so, daß $\sigma_n P^2 = \pm c^2$ ist, wobei c eine beliebige, doch ein für allemal festgelegte von Null verschiedene Konstante[1]) darstellt. Wir schließen nicht aus, daß σ_n bei bestimmter Orientierung der Fläche verschwinden kann; in diesem Falle nehmen wir an, daß $P = \infty$ ist.
Damit ergibt sich

$$P = \sqrt{\frac{\pm c^2}{\sigma_n}}, \qquad \sigma_n = \frac{\pm c^2}{P^2}, \tag{1}$$

hierbei wählen wir das Vorzeichen von c^2 so, daß σ_n und $\pm c^2$ gleiches Vorzeichen haben (also $+c^2$ bei Zug- und $-c^2$ bei Druckspannung). Legen wir den Angriffspunkt des Vektors $\boldsymbol{P} = \overrightarrow{OH}$ in den Koordinatenursprung, dann endet seine Spitze $H(\xi, \eta, \zeta)$ auf der Fläche

$$2\Omega(\xi, \eta, \zeta) = \pm c^2 \tag{2}$$

oder ausführlich geschrieben

$$\sigma_x \xi^2 + \sigma_y \eta^2 + \cdots + 2\tau_{xy}\xi\eta = \pm c^2. \tag{3}$$

Dabei ist das Vorzeichen auf der rechten Seite in Abhängigkeit vom Vorzeichen bei σ_n entsprechend dem oben Gesagten eindeutig bestimmt, und die Fläche (2) oder (3) stellt offensichtlich eine Zentralfläche zweiter Ordnung dar (mit dem Mittelpunkt im Koordinatenursprung). Sie heißt die zum gegebenen Punkt gehörende *Spannungsfläche* (CAUCHYsche Spannungsquadrik).
Hierbei müssen wir zwei Fälle unterscheiden: Im ersten kann das Vorzeichen auf der rechten Seite der Gl. (2) oder (3) für alle möglichen Neigungen des Flächenstückes unverändert bleiben. Im anderen Falle muß es je nach der Orientierung des Flächenstückes geändert werden, dann haben wir es also nicht mit einer, sondern mit zwei Flächen zweiter Ordnung[2])

$$2\Omega = c^2, \quad 2\Omega = -c^2$$

zu tun. Diese haben offenbar gemeinsame Achsen (s. u.).
Wenn die Spannungsfläche konstruiert ist, läßt sich die auf die gegebene Fläche wirkende Normalspannung ohne Schwierigkeiten bestimmen: Wir brauchen nur den Schnittpunkt H

[1]) c^2 hat die Dimension einer Kraft.

[2]) Wir könnten das Vorzeichen von c^2 ein für allemal festlegen und hätten dann stets nur eine Fläche vorliegen, dabei müßten jedoch imaginäre geometrische Elemente eingeführt werden.

der zum Flächenelement gehörenden Normalen n mit der Fläche (3) zu finden (bei definierter Wahl des Vorzeichens auf der rechten Seite existiert stets ein solcher Punkt). Mit $P = |\overrightarrow{OH}|$ wird dann die Normalspannung nach Gl. (1) berechnet.
Weiterhin läßt sich auch die *Richtung* des auf das Flächenelement wirkenden Spannungsvektors leicht ermitteln. Dazu formen wir die Gln. (2) in 1.1.3. unter Berücksichtigung von $\cos(n, x) = \frac{\xi}{P}$ usw. folgendermaßen um:

$$\left.\begin{aligned} \overset{n}{\sigma}_x &= \frac{1}{P}(\sigma_x \xi + \tau_{yx}\eta + \tau_{xz}\zeta) = \frac{1}{P}\frac{\partial \Omega}{\partial \xi}, \\ \overset{n}{\sigma}_y &= \frac{1}{P}\frac{\partial \Omega}{\partial \eta}, \quad \overset{n}{\sigma}_z = \frac{1}{P}\frac{\partial \Omega}{\partial \zeta}. \end{aligned}\right\} \tag{4}$$

Diese Formeln zeigen, daß der Vektor $\overset{n}{\sigma}$ parallel zu der im Punkt $H(\xi, \eta, \zeta)$ errichteten Normalen der Fläche (2) ist.
Um die Richtung von $\overset{n}{\sigma}$ zu ermitteln, legen wir deshalb im Punkt H die Tangentialebene an die Spannungsfläche und fällen auf sie vom Koordinatenursprung aus das Lot. Auf diesem Lot liegt der Vektor $\overset{n}{\sigma}$ (Bild 4). Da dessen Projektion auf die Flächennormale schon bekannt ist, kann der Vektor $\overset{n}{\sigma}$ selbst leicht bestimmt werden.

Wenn der Radiusvektor $\overrightarrow{OH}$ im Punkt H senkrecht auf der Tangentialebene steht, haben $\overset{n}{\sigma}$ und n gleiche Richtung; auf das Flächenelement wirkt in diesem Falle lediglich eine Normalspannung, Schubspannungen sind nicht vorhanden. Bekanntlich kann der Radiusvektor $\overrightarrow{OH}$ nur dann im Punkt H senkrecht auf der Tangentialebene stehen, wenn $\overrightarrow{OH}$ und folglich auch die Normale n in die Richtung einer Hauptachse der Fläche (3) zeigen, wenn also das Flächenelement in einer der Hauptachsenebenen liegt.
Es gibt im allgemeinen drei Hauptachsen, sie stehen senkrecht aufeinander. Nur wenn die Spannungsfläche eine Rotationsfläche darstellt, existieren unendlich viele: Eine von ihnen fällt mit der Rotationsachse zusammen, und alle anderen stehen senkrecht auf ihr. Im Sonderfall der Kugel schließlich ist jeder Durchmesser Hauptachse.
Eine Richtung heißt *Spannungshauptrichtung* oder *Spannungshauptachse*, wenn auf das zu ihr senkrechte Flächenelement nur eine Normalspannung, und keine Schubspannung wirkt. Die entsprechende Normalspannung nennen wir *Hauptspannung*. Wie wir eben sahen, existieren stets drei solche Richtungen (im allgemeinen nur drei), und sie stehen senkrecht aufeinander; im Sonderfalle kann ihre Zahl unendlich groß sein, doch ist es auch dann immer möglich, drei aufeinander senkrecht stehende auszuwählen.
Wenn wir die drei Spannungshauptrichtungen, d. h. die Achsen der Fläche (3), als Koordinatenachsen wählen, verschwinden bekanntlich die Produkte der Veränderlichen in der Flächengleichung, und sie lautet dann

$$\sigma_1 \xi^2 + \sigma_2 \eta^2 + \sigma_3 \zeta^2 = \pm c^2. \tag{5}$$

Hierbei sind σ_1, σ_2, σ_3 die Werte der Größen σ_x, σ_y, σ_z in den neuen Koordinaten.

Aus dieser Gleichung (und auch aus der Definition der Spannungshauptachsen selbst) ist ersichtlich, daß die Komponenten τ_{xy}, τ_{yz}, τ_{xz} bezüglich der neuen Koordinatenachsen zu Null werden, d. h. daß auf ein in den Koordinatenebenen liegendes Flächenelement keine

Schubspannungen wirken[1]). Nach Definition stellen also σ_1, σ_2, σ_3 (im gegebenen Punkt) Hauptspannungen dar. Die Spannungsverteilung um den Punkt O hängt vom Vorzeichen dieser Größen ab.

Wir setzen zunächst voraus, daß alle drei verschieden von Null sind und betrachten zuerst den Fall $\sigma_1 > 0$, $\sigma_2 > 0$, $\sigma_3 > 0$. Hier muß offensichtlich auf der rechten Seite der Gl. (5) das Vorzeichen + stehen:

$$\sigma_1\xi^2 + \sigma_2\eta^2 + \sigma_3\zeta^2 = +c^2. \tag{5a}$$

Die durch diese Gleichung beschriebene Fläche stellt ein Ellipsoid dar. Nach (1) ist $\sigma_n = +\dfrac{c^2}{|\overrightarrow{OH}|^2}$. Daraus folgt, daß als Normalspannungskomponenten nur *Zugspannungen* auftreten.

Falls alle Hauptspannungen negativ sind ($\sigma_1 < 0$, $\sigma_2 < 0$, $\sigma_3 < 0$) muß in Gl. (5) das Minuszeichen gewählt werden, und sie lautet

$$\sigma_1\xi^2 + \sigma_2\eta^2 + \sigma_3\zeta^2 = -c^2. \tag{5b}$$

Die Spannungsfläche ist wiederum ein Ellipsoid, doch die Normalspannung wird jetzt nach der Gleichung $\sigma_n = -\dfrac{c^2}{|\overrightarrow{OH}|^2}$ berechnet, und diese zeigt, daß im Gegensatz zum vorigen Fall auf alle Flächenelemente *Druckspannungen* wirken.

Schließlich nehmen wir an, daß die Hauptspannungen verschiedene Vorzeichen haben, z. B. $\sigma_1 > 0$, $\sigma_2 > 0$, $\sigma_3 < 0$. Dann lautet die Gl. (5)

$$\sigma_1\xi^2 + \sigma_2\eta^2 - |\sigma_3|\zeta^2 = c^2 \tag{5c}$$

oder

$$\sigma_1\xi^2 + \sigma_2\eta^2 - |\sigma_3|\zeta^2 = -c^2. \tag{5d}$$

Die Fläche (5c) stellt ein einschaliges Hyperboloid dar, die Fläche (5d) ein zweischaliges. Beide Flächen sind durch den gemeinsamen Asymptotenkegel

$$\sigma_1\xi^2 + \sigma_2\eta^2 - |\sigma_3|\zeta^2 = 0 \tag{6}$$

voneinander getrennt (s. Bild 5, wo die Fläche (5c) mit $+c^2$, und die Fläche (5d) mit $-c^2$ gekennzeichnet ist).

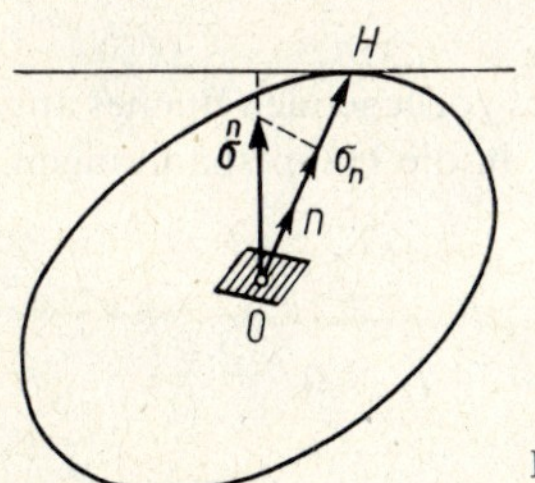

Bild 4

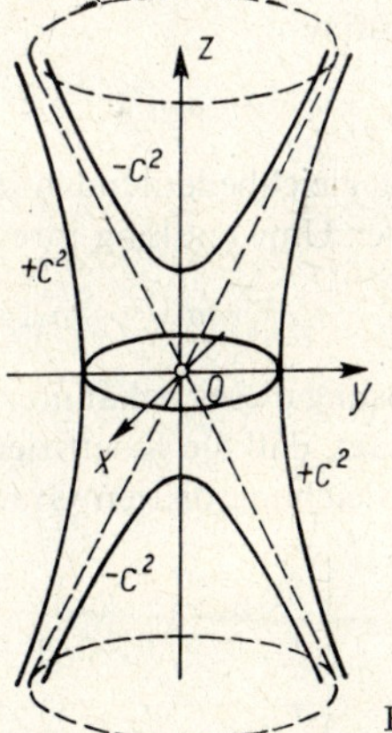

Bild 5

[1]) Selbstverständlich ist stets von Flächen die Rede, die durch den gegebenen Punkt (in unserem Falle durch den Koordinatenursprung) hindurchgehen. Beim Übergang von einem Punkt des Körpers zu einem anderen ändern sich die Hauptrichtungen im allgemeinen.

Wenn die Normale des Flächenelementes außerhalb des Asymptotenkegels liegt, schneidet sie die Fläche (5c); dann gilt für die Normalspannung die Gleichung

$$\sigma_n = + \frac{c^2}{|\overrightarrow{OH}|^2},$$

und es handelt sich um eine Zugspannung. Falls jedoch die Normale im Inneren des Asymptotenkegels verläuft, trifft sie die Fläche (5d); folglich ergibt sich die Normalspannung

$$\sigma_n = - \frac{c^2}{|\overrightarrow{OH}|^2}$$

d. h., σ_n stellt eine Druckspannung dar. Wenn schließlich die Normale des Flächenelementes mit einer Erzeugenden des Asymptotenkegels zusammenfällt, gilt $|\overrightarrow{OH}| = \infty$ und damit $\sigma_n = 0$, dann wirken nur Schubspannungen auf das entsprechende Flächenelement.
Der Fall $\sigma_1 < 0$, $\sigma_2 < 0$, $\sigma_3 > 0$ unterscheidet sich von dem vorigen lediglich dadurch, daß die Zonen mit Zug- und Druckspannung vertauscht sind.
Die übrigen Fälle erhalten wir durch Vertauschung der Koordinatenachsen.
Bisher nahmen wir an, daß keiner der Werte σ_1, σ_2, σ_3 verschwindet[1]). Diese Voraussetzung lassen wir nun fallen. Falls eine der Hauptspannungen zu Null wird, entartet die Spannungsfläche in einen Zylinder, und im gegebenen Punkt liegt der sogenannte *ebene Spannungszustand* vor (den wir in 1.1.8. eingehend behandeln). Wenn schließlich zwei Hauptspannungen verschwinden, entartet die Spannungsfläche in zwei parallele Ebenen (einachsiger Zug bzw. Druck).

1.1.7. Bestimmung der Hauptspannungen und der Hauptachsen

Um die Hauptspannungen und die entsprechenden Hauptachsen zu ermitteln, müssen wir ein Koordinatensystem finden, in dem die quadratische Form $\Omega(\xi, \eta, \zeta)$ „kanonische" Gestalt annimmt:

$$\sigma_1\xi^2 + \sigma_2\eta^2 + \sigma_3\zeta^2.$$

Das ist gleichbedeutend mit einer Hauptachsentransformation der Spannungsfläche, d. h. mit einer Umwandlung ihrer Gleichung in

$$\sigma_1\xi^2 + \sigma_2\eta^2 + \sigma_3\zeta^2 = \pm c^2. \tag{1}$$

Die Lösung dieses bekannten Problems ist im Anhang I des vorliegenden Buches angegeben.[2]) Sie besagt, daß die Koeffizienten σ_1, σ_2, σ_3 der Gl. (1), d. h. die Hauptspannungen, Wurzeln einer Gleichung dritten Grades in σ sind:[3])

$$\begin{vmatrix} \sigma_x - \sigma & \tau_{yx} & \tau_{zx} \\ \tau_{xy} & \sigma_y - \sigma & \tau_{zy} \\ \tau_{xz} & \tau_{yz} & \sigma_z - \sigma \end{vmatrix} = -\sigma^3 + I_1\sigma^2 + I_2\sigma + I_3 = 0, \tag{2}$$

[1]) $\sigma_1 = \sigma_2 = \sigma_3 = 0$ entspricht dem Trivialfall fehlender Spannungen.
[2]) In 1.1.8. wird die Lösung für den ebenen Spannungszustand angegeben.
[3]) Siehe Anhang I

wo zur Abkürzung folgende Bezeichnungen eingeführt wurden:

$$I_1 = \sigma_x + \sigma_y + \sigma_z = \theta,$$

$$I_2 = \tau_{zy}^2 + \tau_{xz}^2 + \tau_{yx}^2 - \sigma_y\sigma_z - \sigma_z\sigma_x - \sigma_x\sigma_y,$$

$$I_3 = \begin{vmatrix} \sigma_x & \tau_{yx} & \tau_{zx} \\ \tau_{xy} & \sigma_y & \tau_{zy} \\ \tau_{xz} & \tau_{yz} & \sigma_z \end{vmatrix},$$

oder ausführlich geschrieben

$$I_3 = \sigma_x\sigma_y\sigma_z + 2\tau_{zy}\tau_{xz}\tau_{yz} - \sigma_x\tau_{zy}^2 - \sigma_y\tau_{xz}^2 - \sigma_z\tau_{yx}^2.$$

Da die Wurzeln σ_1, σ_2, σ_3 nicht von der Wahl der Koordinatenachsen abhängen, sind die Koeffizienten der Gl. (2), d. h. die Größen $I_1 = \theta$, I_2, I_3, ebenfalls koordinatenunabhängig; mit anderen Worten, diese Ausdrücke sind invariant gegenüber Transformation kartesischer Koordinaten. Die Invarianz der Größe

$$\theta = \sigma_x + \sigma_y + \sigma_z \tag{3}$$

wurde schon früher durch unmittelbares Nachrechnen bewiesen. Sie wird auch dadurch offensichtlich, daß die Summe der Wurzeln von (2) gleich dem Koeffizienten I_1 sein muß, und daraus folgt

$$\sigma_1 + \sigma_2 + \sigma_3 = \sigma_x + \sigma_y + \sigma_z. \tag{4}$$

1.1.8. Der ebene Spannungszustand

Der Spannungszustand eines Körpers heißt *eben* (parallel zur Ebene Π), wenn für alle Punkte des Körpers (mit Π als x, y-Ebene)

$$\tau_{zx} = \tau_{zy} = \sigma_z = 0 \tag{1}$$

gilt. In diesem Falle sind nur die drei Komponenten

$$\sigma_x, \sigma_y, \tau_{xy}$$

von Null verschieden. Wenn die Beziehung (1) nicht im gesamten Körper, sondern nur in einem gegebenen Punkt gilt, sprechen wir vom ebenen Spannungszustand im *gegebenen Punkt.*

Nach (2) in 1.1.3. gilt für die Komponenten des Spannungsvektors auf einem beliebigen, durch den betrachteten Punkt gehenden Flächenelement:

$$\left.\begin{aligned} \overset{n}{\sigma}_z &= 0, \\ \overset{n}{\sigma}_x &= \sigma_x \cos(n, x) + \tau_{yx} \cos(n, y), \\ \overset{n}{\sigma}_y &= \tau_{xy} \cos(n, x) + \sigma_y \cos(n, y). \end{aligned}\right\} \tag{2}$$

Aus der Gleichung $\overset{n}{\sigma}_z = 0$ folgt, daß der auftretende Spannungsvektor bei beliebig orientiertem Flächenelement parallel zur x, y-Ebene verläuft.

Die quadratische Form $2\Omega(\xi, \eta, \zeta)$ nimmt in unserem Falle die Gestalt

$$2\Omega(\xi, n) = \sigma_x\xi^2 + 2\tau_{xy}\xi\eta + \sigma_y\eta^2 \tag{3}$$

an. Die Gleichung der Spannungsfläche lautet

$$\sigma_x\xi^2 + \sigma_y\eta^2 + 2\tau_{xy}\xi\eta = \pm c^2. \tag{4}$$

Das ist eine Zylinderfläche mit der Kurve zweiter Ordnung (4) als Spur in der x, y-Ebene.

Wenn wir zur x, y-Ebene senkrechte Flächenelemente betrachten, können wir uns bei allen in 1.1.7. angeführten Berechnungen auf diese Kurve beschränken und brauchen nicht die gesamte Zylinderfläche heranzuziehen.

Nun entwickeln wir die Gleichungen, die die Spannungskomponenten

$$\sigma_x, \ \sigma_y, \ \tau_{xy}$$

mit den Komponenten

$$\sigma_{x'}, \ \sigma_{y'}, \ \tau_{x'y'}$$

verknüpfen, wobei sich letztere auf ein neues Koordinatensystem beziehen, das aus dem alten durch Drehung des x, y-Achsenkreuzes in seiner Ebene um den Winkel α hervorgeht. Dabei wird α in der x, y-Ebene zwischen der x- und der x'-Achse in positiver Richtung (d. h. entsprechend dem kürzesten Weg von der x-Achse zur y-Achse) gemessen (Bild 6).

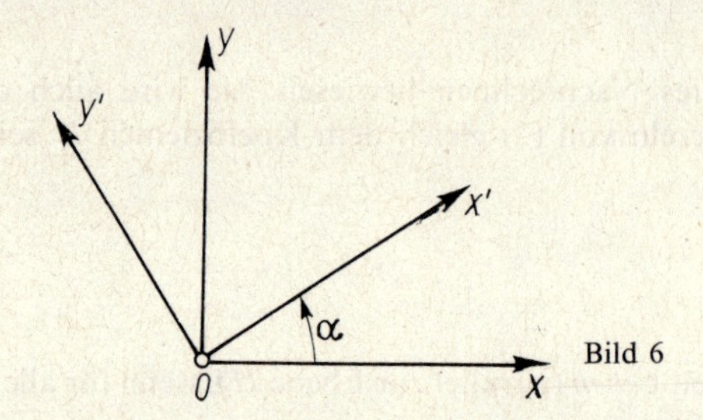

Bild 6

Diese Formeln könnten wir aus den Gln. (1) in 1.1.5. gewinnen. Wir ziehen es jedoch vor, sie unter Verwendung der Invarianzeigenschaft der quadratischen Form $\Omega(\xi, \eta)$ (s. 1.1.5.) erneut herzuleiten. Zwischen den Komponenten des Vektors (ξ, η) und den Komponenten ξ', η' desselben Vektors bezüglich des neuen Systems gelten die bekannten Beziehungen

$$\begin{aligned} \xi &= \xi' \cos \alpha - \eta' \sin \alpha, \\ \eta &= \xi' \sin \alpha + \eta' \cos \alpha. \end{aligned} \tag{5}$$

Wenn wir diese Ausdrücke auf der rechten Seite der Gleichung

$$\sigma_{x'}\xi'^2 + 2\tau_{x'y'}\xi'\eta' + \sigma_y\eta'^2 = \sigma_x\xi^2 + 2\tau_{xy}\xi\eta + \sigma_y\eta^2 \tag{a}$$

einsetzen, erhalten wir

$$\begin{aligned} \sigma_{x'}\xi'^2 + 2\tau_{x'y'}\xi'\eta' + \sigma_{y'}\eta'^2 &= \sigma_x(\xi' \cos \alpha - \eta' \sin \alpha)^2 \\ &+ 2\tau_{xy}(\xi' \cos \alpha - \eta' \sin \alpha)(\xi' \sin \alpha + \eta' \cos \alpha) + \sigma_y(\xi' \sin \alpha + \eta' \cos \alpha)^2. \end{aligned}$$

Durch Koeffizientenvergleich bei ξ'^2; η'^2; ζ'^2 ergibt sich daraus

$$\left.\begin{aligned} \sigma_{x'} &= \sigma_x \cos^2 \alpha + \sigma_y \sin^2 \alpha + 2\tau_{xy} \sin \alpha \cos \alpha, \\ \sigma_{y'} &= \sigma_x \sin^2 \alpha + \sigma_y \cos^2 \alpha - 2\tau_{xy} \sin \alpha \cos \alpha, \\ \tau_{x'y'} &= (-\sigma_x + \sigma_y) \sin \alpha \cos \alpha + \tau_{xy}(\cos^2 \alpha - \sin^2 \alpha). \end{aligned}\right\} \tag{6}$$

Nach einer leicht überschaubaren Umformung lauten diese Gleichungen

$$\left.\begin{aligned}\sigma_{x'} &= \frac{\sigma_x + \sigma_y}{2} + \frac{\sigma_x - \sigma_y}{2} \cos 2\alpha + \tau_{xy} \sin 2\alpha, \\ \sigma_{y'} &= \frac{\sigma_x + \sigma_y}{2} - \frac{\sigma_x - \sigma_y}{2} \cos 2\alpha - \tau_{xy} \sin 2\alpha, \\ \tau_{x'y'} &= -\frac{\sigma_x - \sigma_y}{2} \sin 2\alpha + \tau_{xy} \cos 2\alpha.\end{aligned}\right\} \tag{7}$$

Durch unmittelbares Nachprüfen läßt sich zeigen, daß daraus

$$\begin{aligned}&\sigma_{x'} + \sigma_{y'} = \sigma_x + \sigma_y, \\ &\sigma_{y'} - \sigma_{x'} + 2\mathrm{i}\tau_{y'x'} = (\sigma_y - \sigma_x + 2\mathrm{i}\tau_{yx})\, \mathrm{e}^{2\mathrm{i}\alpha}\end{aligned} \tag{8}$$

folgt.

Die erste dieser Formeln ist bekannt, sie wurde oben für einen allgemeineren Fall bewiesen [s. (2) in 1.1.5.]. Die zweite sehr wichtige und bequeme Gleichung hat zuerst Michell [3] und unabhängig von ihm später G. W. Kolosow [1] gefunden. Wenn wir in dieser Gleichung $\mathrm{e}^{2\mathrm{i}\alpha} = \cos 2\alpha + \mathrm{i} \sin 2\alpha$ setzen und Real- und Imaginärteil trennen, bekommen wir Ausdrücke für $\sigma_{y'} - \sigma_{x'}$ und $\tau_{x'y'}$ in den alten Komponenten. Diese kombinieren wir mit der ersten Gleichung aus (8) und erhalten Ausdrücke für $\sigma_{x'}$, $\sigma_{y'}$ und $\tau_{x'y'}$ im einzelnen, die sich, wie man leicht sieht, mit den Gln. (7) decken. Erwähnt sei noch eine Beziehung, die man durch Subtraktion der beiden vorigen erhält:

$$2(\sigma_{x'} - \mathrm{i}\tau_{x'y'}) = \sigma_x + \sigma_y - (\sigma_y - \sigma_x + 2\mathrm{i}\tau_{xy})\, \mathrm{e}^{2\mathrm{i}\alpha}. \tag{8'}$$

Wir wenden uns nun wieder den Gln. (7) zu. Sie ermöglichen es, die Spannungshauptrichtungen und die Hauptspannungen auf sehr einfache Weise zu finden; denn wenn x' und y' die gesuchten Hauptachsen[1]) sind, muß $\tau_{x'y'} = 0$ sein, und daraus folgt nach (7)

$$\tan 2\alpha = \frac{2\tau_{xy}}{\sigma_x - \sigma_y}. \tag{9}$$

Hier bezeichnet α den nach der oben angeführten Regel gemessenen Winkel zwischen der Hauptachse x' und der x-Achse. Wir schließen den Fall aus, daß gleichzeitig $\sigma_x = \sigma_y$ und $\tau_{xy} = 0$ gilt; denn dann ist offensichtlich jede Richtung in der x, y-Ebene Hauptachsenrichtung.

Die vorige Formel liefert für α zwei Werte. Bezeichnen wir den einen von beiden mit α_0, so wird der andere zu $\alpha_0 + \frac{\pi}{2}$, alle übrigen Werte unterscheiden sich von den letzteren um ein Vielfaches von π.

Wenn wir für α einen dieser Werte in die beiden ersten Gln. (7) einsetzen, erhalten wir die Hauptspannungen σ_1 und σ_2. Im einzelnen liefert die erste Gleichung die zum Winkel α_0 gehörende Hauptspannung σ_1, und die zweite den zu $\alpha_0 + \frac{\pi}{2}$ gehörenden Wert σ_2. Wir wählen nun die Hauptachsen als Ausgangskoordinatenachsen, dann gilt

$$\sigma_x = \sigma_1, \quad \sigma_y = \sigma_2, \quad \tau_{xy} = 0,$$

[1]) Die dritte Hauptachse ist offensichtlich die z-Achse.

und die Gln. (7) nehmen die einfachere Gestalt

$$\left.\begin{aligned}\sigma_{x'} &= \frac{\sigma_1 + \sigma_2}{2} + \frac{\sigma_1 - \sigma_2}{2}\cos 2\alpha,\\ \sigma_{y'} &= \frac{\sigma_1 + \sigma_2}{2} - \frac{\sigma_1 - \sigma_2}{2}\cos 2\alpha,\\ \tau_{x'y'} &= -\frac{\sigma_1 - \sigma_2}{2}\sin 2\alpha\end{aligned}\right\} \tag{10}$$

an.
Die letzte Gleichung zeigt, daß die dem absoluten Wert nach maximale Schubspannung gleich

$$|\tau_{x'y'}|_{\max} = \frac{|\sigma_1 - \sigma_2|}{2},$$

d. h. gleich dem absoluten Wert der *halben Hauptspannungsdifferenz* ist. Sie wird in zwei zueinander senkrechten Flächenelementen erreicht, die den Winkel zwischen den Hauptachsen halbieren (gemeint sind zur x, y-Ebene senkrechte Schnittflächen).
Zum Schluß geben wir noch die folgenden Formeln für die Berechnung der Größen σ_x, σ_y und τ_{xy} aus den gegebenen Hauptspannungen σ_1 und σ_2 und dem Winkel α zwischen der x-Achse und der zu σ_1 gehörenden Hauptachse an. Diese Gleichungen erhalten wir aus (10), wenn wir dort die alten und die neuen Koordinaten vertauschen und den Winkel durch $-\alpha$ ersetzen:

$$\left.\begin{aligned}\sigma_x &= \frac{\sigma_1 + \sigma_2}{2} + \frac{\sigma_1 - \sigma_2}{2}\cos 2\alpha,\\ \sigma_y &= \frac{\sigma_1 + \sigma_2}{2} - \frac{\sigma_1 - \sigma_2}{2}\cos 2\alpha,\\ \tau_{xy} &= \frac{\sigma_1 - \sigma_2}{2}\sin 2\alpha.\end{aligned}\right\} \tag{11}$$

Sie sind gleichwertig mit folgenden Beziehungen [die man auch aus (8) herleiten kann]:

$$\begin{aligned}\sigma_x + \sigma_y &= \sigma_1 + \sigma_2,\\ \sigma_y - \sigma_x + 2\mathrm{i}\tau_{xy} &= -(\sigma_1 - \sigma_2)\,\mathrm{e}^{-2\mathrm{i}\alpha}.\end{aligned} \tag{12}$$

Bemerkung:
Wenn ein allgemeiner (nicht ebener) Spannungszustand vorliegt, und die z-Achse (im betrachteten Punkt) eine Spannungshauptachse darstellt, behalten die oben angeführten Formeln für den Übergang von den Spannungskomponenten σ_x, σ_y, τ_{xy} zu den Komponenten $\sigma_{x'}$, $\sigma_{y'}$, $\tau_{x'y'}$ bei einer Drehung des xy-Achsenkreuzes in seiner Ebene ihre Gültigkeit, denn in diesem Falle ist

$$\tau_{zx} = \tau_{zy} = \tau_{z'x'} = \tau_{z'y'} = 0,$$

und die Identität (5′) in 1.1.5. lautet

$$\sigma_x\xi^2 + 2\tau_{xy}\xi\eta + \sigma_y\eta^2 + \sigma_3\zeta^2 = \sigma_{x'}\xi'^2 + 2\tau_{x'y'}\xi'\eta' + \sigma_{y'}\eta'^2 + \sigma_3\zeta^2,$$

da nach Voraussetzung $\zeta' = \zeta$ und $\sigma_3 = \sigma_z = \sigma_{z'}$ ist. Damit erhalten wir die Gl. (a), aus der die genannten Formeln hergeleitet wurden.

1.2. Deformation

1.2.1. Allgemeine Bemerkungen

Unter der *Deformation* (Verformung, Formänderung) eines Kontinuums verstehen wir eine Verschiebung der Punkte des Körpers, bei der sich ihre gegenseitigen Abstände verändern. Wir legen den betrachteten Körper in ein kartesisches x, y, z-System und bezeichnen mit x, y, z die Koordinaten eines beliebigen Punktes des Körpers vor der Verformung, und mit x^*, y^*, z^* die Koordinaten desselben Punktes nach der Verformung. V sei das vom Körper vor der Verformung eingenommene Gebiet.

Unsere grundlegende Voraussetzung besagt, daß ein Punkt des Körpers, der vor der Deformation an der Stelle (x, y, z) im Gebiet V lag, danach die wohldefinierte Lage (x^*, y^*, z^*) einnimmt. Auf diese Weise müssen die Koordinaten x^*, y^*, z^* bestimmte Funktionen der Koordinaten x, y, z sein:

$$x^* = f_1(x, y, z), \quad y^* = f_2(x, y, z), \quad z^* = f_3(x, y, z). \tag{1}$$

Wir setzen voraus, daß die Funktionen f_1, f_2, f_3 im Gebiet V stetig sind (d. h. daß die Formänderung ohne Sprünge erfolgt). Die den Punkten (x, y, z) des Gebietes V entsprechenden Punkte (x^*, y^*, z^*) erfüllen ein gewisses Gebiet V^*, dieses stellt das vom Körper nach der Verformung eingenommene Gebiet dar. Weiterhin fordern wir, daß umgekehrt auch die Koordinaten x, y, z bestimmte Funktionen der x^*, y^*, z^* sind (mit anderen Worten, daß sich die Gln. (1) eindeutig nach x, y, z auflösen lassen), und daß x, y, z ebenfalls stetige Funktionen der x^*, y^*, z^* im Gebiet V^* sind.

Vom geometrischen Gesichtspunkt betrachtet, charakterisieren die Gln. (1) eine Transformation des Körpers V in den Körper V^*. Erwähnt sei, daß nicht jede Transformation, d. h. nicht jede Beziehung vom Typ (1), eine Deformation des Körpers im eigentlichen Sinne dieses Wortes definiert, denn wenn wir den betrachteten Körper als starres Ganzes verrücken, sind zwar die Koordinaten x^*, y^*, z^* bestimmte Funktionen von x, y, z, doch haben wir es hier nicht mit einer *Formänderung*, d. h. mit einer *relativen* Verschiebung der Punkte des Körpers untereinander zu tun. Im weiteren ist es bei gegebener Gl. (1) sehr wichtig, die eigentliche Deformation von der starren Verschiebung trennen zu können, mit anderen Worten, es ist wichtig, die Größen zu finden, die die *Deformation an sich* charakterisieren.

1.2.2. Affine Transformation

Eine Transformation vom Typ (1) in 1.2.1. heißt *affin*, wenn die Koordinaten x^*, y^*, z^* lineare Funktionen der Koordinaten x, y, z sind, wenn also die Gln. (1) in 1.2.1. folgende Gestalt haben:

$$\left.\begin{aligned} x^* &= (1 + a_{11})x + a_{12}y + a_{13}z + a, \\ y^* &= a_{21}x + (1 + a_{22})y + a_{23}z + b, \\ z^* &= a_{31}x + a_{32}y + (1 + a_{33})z + c, \end{aligned}\right\} \tag{1}$$

wobei $a_{11}, a_{12}, \ldots, a, b, c$ Konstanten sind (aus Erwägungen, die im weiteren klar werden, bezeichnen wir die Koeffizienten der Diagonalelemente mit $1 + a_{11}, 1 + a_{22}, 1 + a_{33}$ und nicht einfach mit $a_{11}, \ldots$). Gemäß den in 1.2.1. angenommenen Bedingungen müssen wir voraussetzen, daß sich diese Gleichungen eindeutig nach x, y, z auflösen lassen, d. h., daß die Determinante

$$D = \begin{vmatrix} 1 + a_{11} & a_{12} & a_{13} \\ a_{21} & 1 + a_{22} & a_{23} \\ a_{31} & a_{32} & 1 + a_{33} \end{vmatrix} \tag{2}$$

verschieden von Null ist.

Die affine Transformation hat viele einfache und wichtige Eigenschaften, von denen wir nur einige anführen wollen. Vor allem ist offensichtlich auch die Umkehrtransformation eine affine, denn bei der Auflösung der Gl. (1) nach x, y, z erhalten wir offenbar die in x^*, y^*, z^* linearen Ausdrücke

$$\left.\begin{aligned} x &= (1 + b_{11})x^* + b_{12}y^* + b_{13}z^* + a', \\ y &= b_{21}x^* + (1 + b_{22})y^* + b_{23}z^* + b', \\ z &= b_{31}x^* + b_{32}y^* + (1 + b_{33})z^* + c', \end{aligned}\right\} \tag{3}$$

wobei $b_{11}, b_{12}, \ldots, a', b', c'$ Konstanten sind. Weiterhin läßt sich leicht zeigen, daß Punkte, die vor der Transformation in einer Ebene Π lagen, auch nach der Transformation eine gewisse Ebene Π^*[1]) ausfüllen; denn wenn $Ax + Bx + Cz + D = 0$ die Gleichung der Ebene Π ist, und wir x, y, z durch die Ausdrücke (3) ersetzen, wird diese in eine bezüglich x^*, y^*, z^* lineare Gleichung, d. h. in eine Gleichung vom Typ $A^*x^* + B^*y^* + C^*z^* + D^* = 0$ transformiert. Wir erhalten also wiederum die Gleichung einer Ebene und bezeichnen diese mit Π^*. In ihr liegen die Punkte, die sich vor der Transformation in der Ebene Π befanden.

Aus der genannten Eigenschaft folgt leicht, daß Punkte, die vor der Transformation auf einer Geraden Δ lagen, in die Punkte einer gewissen Geraden Δ^* übergehen. Von hier aus kann man weiter schließen, daß ein beliebiger (geradliniger) Streckenabschnitt wieder in einen Streckenabschnitt und ein beliebiger Vektor in einen Vektor übergeht.

Der Vektor $\boldsymbol{P} = (\xi, \eta, \zeta)$ werde in den Vektor

$$\boldsymbol{P}^* = (\xi^*, \eta^*, \zeta^*)$$

transformiert. Ferner seien mit (x_0, y_0, z_0) und (x, y, z) Anfangs- und Endpunkt des Vektors $\boldsymbol{P}$ bezeichnet, so daß

$$\xi = x - x_0, \quad \eta = y - y_0, \quad \zeta = z - z_0$$

gilt. Dann hat der Vektor $\boldsymbol{P}^*$ die Komponenten

$$\xi^* = x^* - x_0^*, \quad \eta^* = y^* - y_0^*, \quad \zeta^* = z^* - z_0^*,$$

wobei nach Gl. (1) beispielsweise

$$x^* = (1 + a_{11})x + a_{12}y + a_{13}z + a,$$

$$x_0^* = (1 + a_{11})x_0 + a_{12}y_0 + a_{13}z + a$$

[1]) Es läßt sich zeigen, daß diese Eigenschaft in Verbindung mit der Stetigkeit der Transformation (d. h. daß Punkten mit endlichem Abstand Punkte mit endlichem Abstand, und zwei unendlich benachbarten Punkten wieder zwei unendlich benachbarte entsprechen) charakteristisch für die affine Transformation ist, folglich st jede Transformation mit dieser Eigenschaft affin.

ist. Durch Subtraktion der beiden Gleichungen erhalten wir die erste der folgenden Formeln (die beiden anderen ergeben sich analog)

$$\left.\begin{aligned} \xi^* &= (1 + a_{11})\xi + a_{12}\eta + a_{13}\zeta, \\ \eta^* &= a_{21}\xi + (1 + a_{22})\eta + a_{23}\zeta, \\ \zeta^* &= a_{31}\xi + a_{32}\eta + (1 + a_{33})\zeta. \end{aligned}\right\} \tag{4}$$

Daraus folgt unmittelbar[1]), daß zwei gleiche Vektoren (d. h. solche mit gleichen Komponenten ξ, η, ζ nach der Transformation in zwei gleiche Vektoren übergehen, und daß zwei parallele Vektoren in parallele übergehen, wobei das Verhältnis ihrer Längen unverändert bleibt[2]).

Aus der oben angeführten Eigenschaft folgt weiterhin, daß zwei gleiche und gleichgerichtete, aus geraden Strecken zusammengesetzte Figuren (die in verschiedenen Teilen des Raumes liegen) ebenfalls in zwei gleiche und gleichgerichtete Figuren transformiert werden. Da jedoch jede geometrische Figur als Grenzfall einer aus geraden Strecken zusammengesetzten Figur betrachtet werden kann, gilt die genannte Eigenschaft für beliebige Figuren. Dies besagt, daß alle Teile des Körpers unabhängig von ihrer Lage in gleicher Weise deformiert werden. Deshalb bezeichnet man die durch eine affine Transformation hervorgerufene Verformung häufig als *homogen.*

Bemerkung 1:

Aus den Transformationsformeln für Vektorkomponenten vom Typ (4) gehen offenbar die Gln. (1) für die Koordinatentransformation eines Punktes hervor, d. h. die Gln. (4) charakterisieren die affine Transformation im Sinne der zu Anfang gegebenen Definition.

Bemerkung 2:

Wir hatten vereinbart, die Koordinaten stets als orthogonal und geradlinig (kartesisch) vorauszusetzen, jedoch behält offensichtlich alles hier Gesagte seine Gültigkeit, wenn geradlinige schiefwinklige Koordinaten zugelassen werden. Das folgt unmittelbar aus der Linearität der Transformationsformeln.

1.2.3. Unendlich kleine affine Transformation

Eine durch die Gln. (1) in 1.2.2. beschriebene Transformation nennen wir unendlich klein, wenn $a_{11}, \ldots, a_{33}, a, b, c$ unendlich kleine Größen darstellen, deren Quadrate und Produkte im Vergleich mit den Größen selbst vernachlässigt werden können. Damit folgt aus den angeführten Formeln, daß die Differenzen

$$\begin{aligned} x^* - x &= a_{11}x + a_{12}y + a_{13}z + a, \\ y^* - y &= a_{21}x + a_{22}y + a_{23}z + b, \\ z^* - z &= a_{31}x + a_{32}y + a_{33}z + c \end{aligned}$$

der Koordinaten ein und desselben Punktes vor und nach der Deformation unendlich kleine Größen sind.

---

[1]) Die Gln. (4) bringen zum Ausdruck (s. Anhang I.5.), daß der Vektor (ξ^*, η^*, ζ^*) eine lineare Vektorfunktion von ξ, η, ζ ist. Folglich (s. ebenda) sind die Größen $1 + a_{11}, a_{12}, a_{23}, a_{21}, 1 + a_{22}$ usw. oder kürzer $a_{ij} + \delta_{ij}$ Komponenten eines gewissen Tensors. Da (δ_{ij}) ein Tensor ist, muß auch (a_{ij}) einen Tensor darstellen. Er ergibt sich aus dem vorigen durch Subtraktion des Tensors (δ_{ij}).

[2]) Das Längenverhältnis nicht paralleler Vektoren ändert sich im allgemeinen.

Wir betrachten nun das Ergebnis zweier aufeinander folgender Transformationen. Zunächst führen wir die unendlich kleine affine Transformation

$$\left.\begin{aligned} x^* &= (1 + a_{11})x + a_{12}y + a_{13}z + a, \\ y^* &= a_{21}x + (1 + a_{22})y + a_{23}z + b, \\ z^* &= a_{31}x + a_{32}y + (1 + a_{33})z + c \end{aligned}\right\} \quad (1)$$

aus. Danach unterwerfen wir die erhaltenen Koordinaten x^*, y^*, z^* einer zweiten unendlich kleinen Transformation

$$\left.\begin{aligned} x^{**} &= (1 + b_{11})x^* + b_{12}y^* + b_{13}z^* + a', \\ y^{**} &= b_{21}x^* + (1 + b_{22})y^* + b_{23}z^* + b', \\ z^{**} &= b_{31}x^* + b_{32}y^* + (1 + b_{33})z^* + c'. \end{aligned}\right\} \quad (2)$$

Es wird also der Punkt (x, y, z) in den Punkt (x^{**}, y^{**}, z^{**}) überführt. Wenn wir die Gln. (1) in (2) einsetzen und die Produkte der Größen b_{ij}, a_{ij}, a, b, c weglassen, erhalten wir als Verknüpfung zwischen den Koordinaten der beiden Punkte

$$\left.\begin{aligned} x^{**} &= (1 + c_{11})x + c_{12}y + c_{13}z + a'', \\ y^{**} &= c_{21}x + (1 + c_{22})y + c_{23}z + b'', \\ z^{**} &= c_{31}x + c_{32}y + (1 + c_{33})z + c'' \end{aligned}\right\} \quad (3)$$

mit

$$c_{ij} = a_{ij} + b_{ij} \ (i, j = 1, 2, 3); \ a'' = a + a', b'' = b + b', c'' = c + c'. \quad (4)$$

Diese Gleichungen zeigen, daß das Ergebnis zweier affiner Transformationen wiederum eine affine Transformation ist (die wir die resultierende nennen).
Diese Eigenschaft haben, wie der Leser selbst nachprüfen kann, alle affinen Transformationen (nicht nur die unendlich kleinen). *Zwei Eigenschaften jedoch, die unmittelbar aus den Gln. (3) und (4) hervorgehen, gelten im allgemeinen nur für unendlich kleine Transformationen.* Es sind dies folgende: a) Die resultierende Transformation hängt nicht von der Reihenfolge der Einzeltransformationen ab. b) Die Koeffizienten c_{ij}, a'', b'', c'' sind die Summe der entsprechenden Koeffizienten der einzelnen Transformationen.
Wir sagen deshalb, die resultierende Transformation entsteht durch *Überlagerung* zweier gegebener Einzeltransformationen. Alle bisher formulierten Sätze lassen sich unmittelbar auf die Überlagerung beliebig vieler Transformationen verallgemeinern.

1.2.4. Zerlegung einer unendlich kleinen Transformation in eine reine Deformation und eine starre Verschiebung

Da uns nur die Frage der Deformation interessiert, können wir uns im weiteren auf die Betrachtung der Transformationsformeln (4) in 1.2.2. für Vektorkomponenten beschränken. Wenn wir diese Gleichungen, d. h. die Größen $a_{11}, \ldots, a_{33}$ vorgeben, sind die Transformationsformeln (1) in 1.2.2. für die Koordinaten eines Punktes noch nicht vollständig definiert; denn es fehlen die Größen a, b, c. Jedoch haben diese offenbar keinerlei Einfluß auf die Formänderung, sondern sie bewirken lediglich eine starre *translative* Verschiebung des Körpers als Ganzes. Die Gln. (4) in 1.2.2. wandeln wir um in

$$\left.\begin{aligned} \delta\xi &= a_{11}\xi + a_{12}\eta + a_{13}\zeta, \\ \delta\eta &= a_{21}\xi + a_{22}\eta + a_{23}\zeta, \\ \delta\zeta &= a_{31}\xi + a_{32}\eta + a_{33}\zeta, \end{aligned}\right\} \quad (1)$$

dabei sind

$$\delta\xi = \xi^* - \xi, \quad \delta\eta = \eta^* - \eta, \quad \delta\zeta = \zeta^* - \zeta \tag{2}$$

die Komponenten der Vektordifferenz $\boldsymbol{P}^* - \boldsymbol{P} = \delta\boldsymbol{P}$, d. h. des durch die Transformation hervorgerufenen *Zuwachses* des Vektors $\boldsymbol{P}$. Die Größen

$$\left.\begin{matrix} a_{11} & a_{12} & a_{13} \\ a_{21} & a_{22} & a_{23} \\ a_{31} & a_{32} & a_{33} \end{matrix}\right\} \tag{3}$$

bezeichnen wir als *Koeffizienten* der betrachteten *Transformation*[1]).

Wir untersuchen nun, welchen Bedingungen die Größen a_{ij} unterworfen werden müssen, damit die Transformation (1) keinerlei Deformation hervorruft und somit eine starre Verschiebung darstellt. Notwendig und hinreichend dafür ist, daß sich die Länge P des beliebigen Vektors $\boldsymbol{P}$ oder, was das gleiche besagt, das Quadrat dieser Länge

$$P^2 = \xi^2 + \eta^2 + \zeta^2$$

bei der Transformation nicht verändert.

Im weiterem beschränken wir uns auf die unendlich kleine Transformation und berechnen für diesen Fall den Zuwachs der Länge P. Die letzte Gleichung liefert zusammen mit (1) bei Vernachlässigung von Größen höherer Ordnung

$$\begin{aligned} P\delta P &= \xi\delta\xi + \eta\delta\eta + \zeta\delta\zeta \\ &= a_{11}\xi^2 + a_{22}\eta^2 + a_{33}\zeta^2 + (a_{12} + a_{21})\xi\eta + (a_{23} + a_{32})\eta\zeta + (a_{13} + a_{31})\xi\zeta. \end{aligned} \tag{4}$$

Notwendig und hinreichend dafür, daß $\delta P = 0$ für beliebige ξ, η, ζ gilt, sind die Bedingungen

$$a_{11} = a_{22} = a_{33} = 0, \; a_{12} + a_{21} = a_{23} + a_{32} = a_{13} + a_{31} = 0. \tag{5}$$

Sie gewährleisten, daß die Transformation (1) eine starre Verschiebung darstellt. In kürzerer Schreibweise lauten diese Bedingungen[2])

$$a_{ij} = -a_{ij} \quad (i, j = 1, 2, 3), \tag{5'}$$

denn für $i \neq j$ erhalten wir die zweite Gruppe der Gln. (5), und für $i = j$ ergibt sich $a_{jj} = -a_{jj}$ und damit $a_{jj} = 0$, das entspricht der ersten Gleichungsgruppe aus (5).

Die Gln. (1) lauten unter diesen Bedingungen

$$\delta\xi = q\zeta - r\eta; \; \delta\eta = r\xi - p\zeta; \; \delta\zeta = p\eta - q\xi \tag{6}$$

mit

$$p = a_{32} = -a_{23}; \; q = a_{13} = -a_{31}, \; r = a_{21} = -a_{12}. \tag{7}$$

Es sind dies die aus der Kinematik wohlbekannten Formeln zur Beschreibung einer starren unendlich kleinen Verschiebung des Körpers. Die Größen p, q, r stellen die unendlich kleinen Drehwinkel um die Koordinatenachsen dar und heißen *Drehungskomponenten*[3]).

In diesen Gleichungen sind keine Glieder zur Beschreibung einer translativen Verschiebung enthalten, da wir Vektorenkomponenten benutzt haben, die von einer solchen nicht beein-

---

[1]) Sie stellen, wie schon gesagt, Komponenten eines Tensors zweiter Stufe dar (s. Fußnote in 1.2.2.).

[2]) Die Bedingung (5′) besagt bekanntlich, daß der Tensor (a_{ij}) antisymmetrisch ist (s. Anhang I.2.).

[3]) Die Gesamtheit der Größen (p, q, r) kann man als Vektor auffassen (s. Anhang I.3.). In der Kinematik wird er als Vektor einer (unendlich kleinen) Drehung bezeichnet.

flußt werden. Um die Transformationsformeln für die Koordinaten eines *Punktes* zu bekommen, der sich vor der Deformation an der Stelle $M(x, y, z)$ befand, brauchen wir nur die vorigen Formeln auf den Vektor

$$\overrightarrow{M_0M} = (x - x_0; y - y_0; z - z_0)$$

anzuwenden. Dabei sei $M_0(x_0, y_0, z_0)$ ein beliebiger Punkt des Körpers. Nun ersetzen wir in (6) ξ, η, ζ durch $x - x_0$, $y - y_0$, $z - z_0$ und erhalten die ebenfalls aus der Kinematik bekannten Formeln

$$\left.\begin{aligned} \delta x &= a + q(z - z_0) - r(y - y_0), \\ \delta y &= b + r(x - x_0) - p(z - z_0), \\ \delta z &= c + p(y - y_0) - q(x - x_0). \end{aligned}\right\} \tag{8}$$

Hierbei wurde

$$a = \delta x_0, \quad b = \delta y_0, \quad c = \delta z_0$$

gesetzt. Der Vektor (a, b, c) beschreibt also die Verschiebung des Punktes (x_0, y_0, z_0). Wenn wir M_0 als Koordinatenursprung wählen, vereinfachen sich die Gln. (8) etwas und lauten

$$\delta x = a + qz - ry, \quad \delta y = b + rx - pz, \quad \delta z = c + py - qx, \tag{8'}$$

wobei der Vektor (a, b, c) die Verschiebung des Koordinatenursprunges angibt.

Wir wenden uns nun wieder den Gln. (4) zu und stellen fest, daß die *Längenänderung* des Vektors $\boldsymbol{P}$ durch die Größen

$$a_{11}, a_{22}, a_{33}, \quad a_{12} + a_{21}, \; a_{23} + a_{32}, \; a_{13} + a_{31}$$

charakterisiert wird. Für diese Größen führen wir nun die Bezeichnung

$$\begin{aligned} &a_{11} = \varepsilon_x, \; a_{22} = \varepsilon_y, \; a_{33} = \varepsilon_z, \\ &a_{12} + a_{21} = \gamma_{xy} = \gamma_{yx}, \; a_{23} + a_{32} = \gamma_{yz} = \gamma_{zy}, \; a_{13} + a_{31} = \gamma_{xz} = \gamma_{zx} \end{aligned} \tag{9}$$

ein. Durch die Änderung des Abstandes zwischen den Punkten, d. h. durch die Längenänderung der Vektoren, wird die *eigentliche Deformation* charakterisiert. Sie ist also durch die sechs Größen ε_x, ε_y, ε_z, γ_{xy}, γ_{yz}, γ_{xz} definiert, die wir deshalb auch als *Deformations-* oder *Verzerrungskomponenten*[1]) bezeichnen. Weiterhin führen wir die Bezeichnung[2])

$$p = \tfrac{1}{2}(a_{32} - a_{23}), \; q = \tfrac{1}{2}(a_{13} - a_{31}), \; r = \tfrac{1}{2}(a_{21} - a_{12}) \tag{10}$$

ein. Damit ergibt sich offensichtlich[3])

$$\begin{aligned} a_{12} &= \tfrac{1}{2}\gamma_{xy} - r, \; a_{23} = \tfrac{1}{2}\gamma_{yz} - p, \; a_{31} = \tfrac{1}{2}\gamma_{xz} - q, \\ a_{21} &= \tfrac{1}{2}\gamma_{xy} + r, \; a_{32} = \tfrac{1}{2}\gamma_{yz} + p, \; a_{13} = \tfrac{1}{2}\gamma_{xz} + q, \end{aligned} \tag{11}$$

[1]) Da die Größen a_{ij} Komponenten eines Tensors zweiter Stufe sind, stellen nach dem in Anhang I.3. Gesagten auch die Größen $\varepsilon_x, \ldots, \gamma_{xz}$ Komponenten eines symmetrischen Tensors zweiter Stufe dar. Dieser Sachverhalt wird später unmittelbar bewiesen.

[2]) Die Größen $\frac{1}{2}(a_{ij} - a_{ji})$ sind Komponenten eines antisymmetrischen Tensors zweiter Stufe, den wir durch den Vektor (p, q, r) ausdrücken (s. Anhang I.).

[3]) Durch die Gln. (11) wird der Tensor (a_{ij}) als Summe eines symmetrischen und eines antisymmetrischen Tensors dargestellt.

und die Gln. (1) lauten

$$\left.\begin{aligned}\delta\xi &= \varepsilon_x\xi + \tfrac{1}{2}\gamma_{xy}\eta + \tfrac{1}{2}\gamma_{xz}\zeta + q\zeta - r\eta,\\ \delta\eta &= \tfrac{1}{2}\gamma_{xy}\xi + \varepsilon_y\eta + \tfrac{1}{2}\gamma_{yz}\zeta + r\xi - p\zeta,\\ \delta\zeta &= \tfrac{1}{2}\gamma_{xz}\xi + \tfrac{1}{2}\gamma_{yz}\eta + \varepsilon_z\zeta + p\eta - q\xi.\end{aligned}\right\} \quad (12)$$

Diese Formeln zeigen, daß unsere affine Transformation in zwei Anteile zerlegt werden kann: in eine Transformation vom Typ

$$\left.\begin{aligned}\delta\xi &= \varepsilon_x\xi + \tfrac{1}{2}\gamma_{xy}\eta + \tfrac{1}{2}\gamma_{xz}\zeta,\\ \delta\eta &= \tfrac{1}{2}\gamma_{xy}\xi + \varepsilon_y\eta + \tfrac{1}{2}\gamma_{yz}\zeta,\\ \delta\zeta &= \tfrac{1}{2}\gamma_{xz}\xi + \tfrac{1}{2}\gamma_{yz}\eta + \varepsilon_z\zeta\end{aligned}\right\} \quad (13)$$

und eine Transformation vom Typ (6), die eine starre Verschiebung beschreibt. Eine Transformation vom Typ (13), die nur Verzerrungskomponenten enthält, bezeichnen wir als *eigentliche Deformation* oder als *reine* (und zudem *homogene*) *Deformation.*
Die charakteristische Besonderheit der Gln. (13) besteht darin, daß das *Koeffizientenschema*

$$\begin{matrix}\varepsilon_x & \tfrac{1}{2}\gamma_{xy} & \tfrac{1}{2}\gamma_{xz}\\ \tfrac{1}{2}\gamma_{xy} & \varepsilon_y & \tfrac{1}{2}\gamma_{yz}\\ \tfrac{1}{2}\gamma_{xz} & \tfrac{1}{2}\gamma_{yz} & \varepsilon_z\end{matrix}$$

symmetrisch ist. Jede Verzerrungskomponente hat eine sehr einfache geometrische Bedeutung. Für ε_x, ε_y, ε_z geht diese unmittelbar aus Gl. (4) hervor, die mit unseren neuen Bezeichnungen wie folgt lautet:

$$P\delta P = \varepsilon_x\xi^2 + \varepsilon_y\eta^2 + \varepsilon_z\zeta^2 + \gamma_{xy}\xi\eta + \gamma_{xz}\xi\zeta + \gamma_{yz}\eta\zeta. \quad (4')$$

Wir betrachten den vor der Verformung zur x-Achse parallelen Vektor $\boldsymbol{P}(\xi, 0, 0)$. Dann gilt

$$P\delta P = \varepsilon_x\xi^2,$$

und, wenn wir berücksichtigen, daß in unserem Falle $\xi^2 = P^2$ ist, bekommen wir

$$\varepsilon_x = \frac{\delta P}{P}. \quad (14)$$

Also stellt ε_x die relative Verlängerung eines ursprünglich zur x-Achse parallelen Vektors (oder Streckenabschnittes) dar. Analoge Bedeutung haben die Verzerrungen ε_y und ε_z. Wenn alle Verzerrungskomponenten mit Ausnahme von ε_x verschwinden, ergibt sich aus den Gln. (13) für eine reine Deformation (d. h. für $p = q = r = 0$)

$$\delta\xi = \varepsilon_x\xi, \quad \delta\eta = \delta\zeta = 0.$$

Folglich werden in unserem Falle alle zur x-Achse parallelen Vektoren in ein und demselben Verhältnis gedehnt (die relative Längenänderung ist $\delta\xi/\xi = \varepsilon_x$), während senkrecht auf dieser Achse stehende Vektoren weder ihre Richtung noch ihre Länge ändern. Wir haben es also mit einem *einfachen* und *homogenen Zug* in x-Richtung zu tun. Analoge Ergebnisse erhalten wir, wenn als einzige Komponente ε_y bzw. ε_z von Null verschieden ist.
Um die Bedeutung der Komponente γ_{yz} zu erläutern, berechnen wir die Änderung des ursprünglich rechten Winkels zwischen den beiden Vektoren $\boldsymbol{P}_1(0, \eta_1, 0)$ und $\boldsymbol{P}_2(0, 0, \zeta_2)$, die vor der Verformung in Richtung der x- bzw. z-Achse zeigen. Den Winkel zwischen den besagten Vektoren nach der Verformung bezeichnen wir mit $\dfrac{\pi}{2} - \varepsilon_{yz}$ (d. h., es ist $\varepsilon_{yz} > 0$,

wenn sich der Winkel verringert, und $\varepsilon_{yz} < 0$, wenn er zunimmt). Nach der bekannten Formel für den Kosinus des Winkels zwischen den Vektoren

$$(\delta\xi_1, \eta_1 + \delta\eta_1, \delta\zeta_1) \quad \text{und} \quad (\delta\xi_2, \delta\eta_2, \zeta_2 + \delta\zeta_2)$$

erhalten wir

$$\cos\left(\frac{\pi}{2} - \varepsilon_{yz}\right) = \frac{\delta\xi_1\delta\xi_2 + (\eta_1 + \delta\eta_1)\,\delta\eta_2 + \delta\zeta_1(\zeta_2 + \delta\zeta_2)}{\sqrt{[\delta\xi_1^2 + (\eta_1 + \delta\eta_1)^2 + \delta\zeta_1^2][\delta\xi_2^2 + \delta\eta_2^2 + (\zeta_2 + \delta\zeta_2)^2]}}.$$

Nun gilt bis auf unendlich kleine Größen höherer Ordnung

$$\cos\left(\frac{\pi}{2} - \varepsilon_{yz}\right) = \varepsilon_{yz}.$$

Wenn wir auf der rechten Seite ebenfalls die unendlich kleinen Größen höherer Ordnung vernachlässigen, ergibt sich

$$\varepsilon_{yz} = \frac{\eta_1\delta\eta_2 + \zeta_2\delta\zeta_1}{\eta_1\zeta_2} = \frac{\delta\zeta_1}{\eta_1} + \frac{\delta\eta_2}{\zeta_2}.$$

Die Gln. (12) liefern, der Reihe nach auf die Vektoren $\boldsymbol{P}_1(0, \eta_1, 0)$ und $\boldsymbol{P}_2(0, 0, \zeta_2)$ angewandt,

$$\delta\zeta_1 = \tfrac{1}{2}\gamma_{yz}\eta_1 + p\eta_1, \quad \delta\eta_2 = \tfrac{1}{2}\gamma_{yz}\zeta_2 - p\zeta_2.$$

Durch Einsetzen dieser Werte in die vorhergehende Gleichung erhalten wir

$$\varepsilon_{yz} = \tfrac{1}{2}\gamma_{zy} + \tfrac{1}{2}\gamma_{yz} = \gamma_{yz}. \tag{15}$$

Also stellt die Größe γ_{yz} die Verminderung des rechten Winkels zwischen den beiden ursprünglich in Richtung der positiven y- bzw. z-Achse zeigenden Vektoren dar. Analoge Bedeutung haben die Größen γ_{xy} und γ_{xz}.

Nun betrachten wir eine reine Deformation, bei der nur die Komponente γ_{yz} von Null verschieden ist. Es seien $\overrightarrow{OB}$ und $\overrightarrow{OC}$ zwei Vektoren, die der Anschaulichkeit halber vom Koordinatenursprung ausgehen und in y- bzw. z-Richtung zeigen sollen. Mit $OBKC$ bezeichnen wir das über diesen beiden Vektoren gebildete Rechteck (Bild 7). Nach der Verformung verwandelt sich dieses Rechteck in das Parallelogramm $OB'K'C'$ (wir setzen voraus, daß der Koordinatenursprung nicht verschoben[1]) wird). Gemäß (13) geht der Punkt B in den Punkt B' auf der Geraden BK, und der Punkt C in den Punkt C' auf CK über, und dabei ist

$$\overline{BB'} = \tfrac{1}{2}\gamma_{yz}\overline{OB}, \; \overline{CC'} = \tfrac{1}{2}\gamma_{yz}\overline{OC}.$$

Da bis auf unendlich kleine Größen höherer Ordnung

$$\frac{\overline{BB'}}{\overline{OB}} = \tan(\sphericalangle\, BOB') = \sphericalangle\, BOB', \quad \frac{\overline{CC'}}{\overline{OC}} = \tan(\sphericalangle\, COC') = \sphericalangle\, COC'$$

gilt, ergeben die vorhergehenden Beziehungen

$$BOB' = \sphericalangle\, COC' = \tfrac{1}{2}\gamma_{yz},$$

und daraus erhalten wir nochmals

$$\varepsilon_{yz} = \sphericalangle\, BOB' + \sphericalangle\, COC' = \gamma_{yz}.$$

---

1) Im anderen Falle können wir den Koordinatenursprung durch eine starre Verschiebung an seine alte Stelle zurückbringen.

Wenn wir die Abschnitte $\overline{OB'}$ und $\overline{OB}$ mit Hilfe einer starren Drehung um die x-Achse zur Deckung bringen (ihre Längendifferenz ist offensichtlich eine unendlich kleine Größe höherer Ordnung), nimmt das Parallelogramm $OB'K'C'$ die Lage $OBK''C''$ ein (Bild 8), wobei

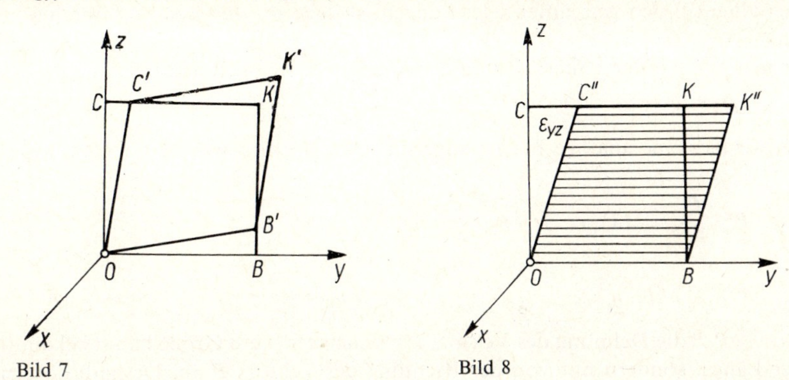

Bild 7 Bild 8

der Winkel COC'' gleich γ_{yz} ist (wir nehmen an, daß der Punkt C'' auf der Geraden CK liegt, da dies offensichtlich bis auf unendlich kleine Größen höherer Ordnung genau zutrifft). Unsere Formänderung stellt also eine Verschiebung der zur x, y-Ebene parallelen Ebenen proportional ihrem Abstand von dieser in Richtung der y-Achse dar. Die Größe $\overline{CC''}$ mißt die „absolute Verschiebung" und die Größe $\dfrac{\overline{CC''}}{\overline{OC}} = \gamma_{yz}$ die „relative Verschiebung" oder den *Schubwinkel*. Die betrachtete Verformung nennen wir *reinen* (und homogenen) *Schub*.

1.2.5. Invariante quadratische Form des Verzerrungszustandes. Verzerrungsfläche. Hauptachsen. Koordinatentransformation

Die Gl. (4') in 1.2.4. kann wie folgt geschrieben werden:

$$P\delta P = 2F(\xi, \eta, \zeta) \tag{1}$$

mit

$$2F(\xi, \eta, \zeta) = \varepsilon_x\xi^2 + \varepsilon_y\eta^2 + \varepsilon_z\zeta^2 + \gamma_{xy}\xi\eta + \gamma_{yz}\eta\zeta + \gamma_{xz}\xi\zeta. \tag{2}$$

F ist eine quadratische Form der Veränderlichen ξ, η, ζ. Da die auf der linken Seite von (1) stehende Größe $P\delta P$ von der Wahl der Koordinatenachsen unabhängig ist, muß die quadratische Form $F(\xi, \eta, \zeta)$ invariant gegenüber Koordinatentransformation sein. Mit anderen Worten, wenn $\varepsilon_{x'}, \ldots, \gamma_{x'y'}$ die Verzerrungen im neuen Koordinatensystem bezeichnen und ξ', η', ζ' die Komponenten des Vektors $\boldsymbol{P}$ in eben diesem neuen System darstellen, gilt

$$\varepsilon_{x'}\xi'^2 + \varepsilon_{y'}\eta'^2 + \cdots + \gamma_{x'z'}\xi'\zeta' = \varepsilon_x\xi^2 + \varepsilon_y\eta^2 + \cdots + \gamma_{xz}\xi\zeta. \tag{3}$$

Diese Gleichung wird zur Identität, wenn man auf der rechten Seiten die Größen ξ, η, ζ durch ihre Ausdrücke in ξ', η', ζ' ersetzt. Das bedeutet aber, daß die Verzerrungen

$$\begin{matrix} \varepsilon_x & \gamma_{xy} & \gamma_{xz} \\ \gamma_{yx} & \varepsilon_y & \gamma_{yz} \\ \gamma_{zx} & \gamma_{zy} & \varepsilon_z \end{matrix}$$

einen symmetrischen Tensor zweiter Stufe bilden (s. 1.1.5., Bem.). Daraus folgt insbesondere (s. Ende 1.1.5.), daß die Verzerrungskomponenten im neuen Koordinatensystem mit den alten über dieselben Gln. (17) in 1.1.5. verknüpft sind, wie die neuen Spannungskomponenten mit den alten (in den genannten Gleichungen ist dabei σ_x durch ε_x, τ_{xy} durch $\frac{1}{2}\gamma_{xy}$ usw. zu ersetzen).

Zu der in 1.1.6. bei der Untersuchung der Spannungen eingeführten Spannungsfläche

$$2\Omega(\xi, \eta, \zeta) = \pm c^2$$

können wir hier eine analoge Fläche angeben. Dazu formen wir die Gl. (1) folgendermaßen um:

$$P^2 \frac{\delta P}{P} = 2F(\xi, \eta, \zeta)$$

oder

$$P^2 \varepsilon = 2F(\xi, \eta, \zeta),$$

wobei $\varepsilon = \delta P/P$ die Dehnung des Vektors $\boldsymbol{P}$ bezeichnet. Diese Größe hängt bekanntlich nicht von der Länge, sondern nur von der Richtung des Vektors $\boldsymbol{P}$ ab. Deshalb können wir für jede Richtung die Länge P so wählen, daß $P^2\varepsilon = \pm c^2$ ist, wobei c eine beliebige jedoch ein für allemal festgelegte von Null verschiedene Konstante mit der Dimension einer Länge ist. Wenn wir den Anfangspunkt des Vektors $\boldsymbol{P}$ als Koordinatenursprung wählen, liegt das Ende H dieses Vektors auf der Fläche

$$2F(\xi, \eta, \zeta) = \pm c^2 \quad \text{oder} \quad \varepsilon_x\xi^2 + \cdots + \gamma_{xz}\xi\zeta = \pm c^2, \tag{4}$$

die wir als *Verzerrungsfläche* (Deformationsquadrik von CAUCHY) bezeichnen.

Mit Hilfe dieser Fläche kann man sofort die Dehnung ε eines beliebigen Vektors bestimmen. Dazu genügt es, die zu ihm parallele Halbgerade OH mit unserer Fläche zum Schnitt zu bringen. Damit der Schnittpunkt H existiert (d. h. reell ist), muß das Vorzeichen von c^2 auf der rechten Seite in bestimmter Weise gewählt werden. Die Dehnung des betrachteten Vektors lautet

$$\varepsilon = \pm \frac{c^2}{|OH|^2}.$$

Das alles verläuft vollkommen analog zu der Berechnung der Normalspannungskomponente σ_n in 1.1.6., und wir verzichten deshalb hier auf eine Wiederholung der Einzelheiten. Wenn wir die Hauptachsen der Fläche (4) als Koordinatenachsen wählen, lautet ihre Gleichung

$$\varepsilon_1\xi^2 + \varepsilon_2\eta^2 + \varepsilon_3\zeta^2 = \pm c^2, \tag{4'}$$

mit $\varepsilon_1, \varepsilon_2, \varepsilon_3$ wurden dabei die Werte $\varepsilon_x, \varepsilon_y, \varepsilon_z$ für das neue System bezeichnet. Die entsprechenden Schubwinkel $\gamma_{xy}, \gamma_{yz}, \gamma_{xz}$ verschwinden. Folglich hat das neue System die Eigenschaft, daß seine Achsen auch nach der Verformung orthogonal bleiben. Das heißt, es existieren stets drei aufeinander senkrecht stehende Geraden, die auch nach der Verformung rechte Winkel einschließen. Diese drei Geraden nennen wir *Hauptachsen der Verzerrung*. Die Größen $\varepsilon_1, \varepsilon_2, \varepsilon_3$ heißen *Hauptdehnungen*. Im allgemeinen Fall existiert nur ein derartiges Dreibein. Falls (4) jedoch eine Rotationsfläche darstellt (das trifft zu, wenn zwei der Größen $\varepsilon_1, \varepsilon_2, \varepsilon_3$ untereinander gleich sind), so gibt es unendlich viele solcher Dreibeine. Mit den Verzerrungshauptachsen als Koordinatenachsen lauten die Gln. (13) in 1.2.4.

$$\delta\xi = \varepsilon_1\xi, \quad \delta\eta = \varepsilon_2\eta, \quad \delta\zeta = \varepsilon_3\zeta.$$

Folglich kann man sich jede reine Deformation als Ergebnis dreier einfacher Dehnungen in drei zueinander senkrechten Richtungen vorstellen. Diese Richtungen stimmen mit den Verzerrungshauptrichtungen überein.
Wir bemerken zum Schluß, daß die Hauptdehnungen $\varepsilon_1, \varepsilon_2, \varepsilon_3$ Wurzeln folgender Gleichung dritten Grades in ε sind:

$$\begin{vmatrix} \varepsilon_x - \varepsilon & \frac{1}{2}\gamma_{xy} & \frac{1}{2}\gamma_{xz} \\ \frac{1}{2}\gamma_{yx} & \varepsilon_y - \varepsilon & \frac{1}{2}\gamma_{yz} \\ \frac{1}{2}\gamma_{zx} & \frac{1}{2}\gamma_{zy} & \varepsilon_z - \varepsilon \end{vmatrix} = -\varepsilon^3 + e\varepsilon^2 + b\varepsilon + c = 0, \tag{6}$$

wobei in Sonderheit

$$e = \varepsilon_x + \varepsilon_y + \varepsilon_z \tag{7}$$

gilt. Da die Koeffizienten der Gl. (6) invariant sein müssen (vgl. 1.1.7.), ist insbesondere e invariant. Es stellt bekanntermaßen die Summe der Wurzeln der Gl. (6) dar, d. h., es ist

$$e = \varepsilon_x + \varepsilon_y + \varepsilon_z = \varepsilon_1 + \varepsilon_2 + \varepsilon_3. \tag{8}$$

Die Größe e hat eine sehr einfache geometrische Bedeutung. Das läßt sich wie folgt zeigen: Wir betrachten den über den Hauptachsenabschnitten OA, OB, OC errichteten Quader mit dem Volumen

$$V = l_1 l_2 l_3,$$

wobei

$$l_1 = OA, \quad l_2 = OB, \quad l_3 = OC$$

gesetzt wurde. Nach der Verformung stellt derselbe einen Quader mit den Seiten

$$l_1(1 + \varepsilon_1), \quad l_2(1 + \varepsilon_2), \quad l_3(1 + \varepsilon_3)$$

dar, dessen Volumen gleich

$$V' = l_1 l_2 l_3 (1 + \varepsilon_1)(1 + \varepsilon_2)(1 + \varepsilon_3) = V(1 + \varepsilon_1 + \varepsilon_2 + \varepsilon_3)$$

ist. Hierbei wurden unendlich kleine Größen höherer Ordnung vernachlässigt. Folglich ist

$$\frac{V' - V}{V} = \varepsilon_1 + \varepsilon_2 + \varepsilon_3, \tag{9}$$

d. h., die Größe e gibt die *Volumendehnung* an.

1.2.6. Verschiebungen

Der Punkt M des Körpers habe vor der Verformung die Koordinaten x, y, z und gehe infolge der Deformation in

$$M^*(x^*, y^*, z^*)$$

über. Wir setzen

$$x^* = x + u, \quad y^* = y + v, \quad z^* = z + w, \tag{1}$$

dabei sind u, v, w die Komponenten des Vektors $\overrightarrow{MM^*}$, der die als Folge der Verformung auftretende Lageänderung des Punktes M beschreibt. Diesen Vektor bezeichnen wir als *Verschiebungsvektor* oder einfach als *Verschiebung*, die Größen u, v, w heißen *Verschiebungskomponenten*.

Da verschiedene Punkte des Körpers im allgemeinen verschiedene Verschiebungen haben, sind die Komponenten u, v, w Funktionen der Koordinaten x, y, z der ursprünglichen Lage des betrachteten Punktes[1]):

$$u = u(x, y, z), \quad v = v(x, y, z), \quad w = w(x, y, z). \tag{2}$$

Im weiteren setzen wir voraus (wenn nicht ausdrücklich anders vereinbart), daß die Funktionen u, v, w nicht nur eindeutig und stetig sind, sondern auch stetige Ableitungen bis einschließlich dritter Ordnung haben.

Nun trennen wir um einen beliebigen Punkt M des betrachteten Körpers ein unendlich kleines Volumenelement heraus und untersuchen, wie es sich infolge der Deformation verzerrt. Dazu brauchen wir nun die Änderung derjenigen unendlich kleinen Vektoren zu ermitteln, die ihren Anfangspunkt (vor der Verformung) im Punkt M hatten.

Es sei

$$\overrightarrow{MN} = \boldsymbol{P} = (\xi, \eta, \zeta)$$

einer dieser Vektoren. Infolge der Deformation geht der Punkt M in den Punkt M^* und der Punkt N in N^* über, so daß sich der Vektor $\boldsymbol{P}$ in den Vektor $\overrightarrow{M^*N^*} = \boldsymbol{P}^*$ verwandelt. Nun berechnen wir den Zuwachs $\delta\boldsymbol{P}$ des Vektors $\boldsymbol{P}$; d. h. die Differenz $\delta\boldsymbol{P} = \boldsymbol{P}^* - \boldsymbol{P}$. Die Koordinaten des Punktes M^* sind:

$$x + u(x, y, z), \quad y + v(x, y, z), \quad z + w(x, y, z).$$

Der Punkt N^* (mit den Koordinaten $x + \xi$, $y + \eta$, $z + \zeta$, vor der Verformung) hat die Koordinaten

$$x + \xi + u(x + \xi, y + \eta, z + \zeta), y + \eta + v(x + \xi, y + \eta, z + \zeta),$$
$$z + \zeta + w(x + \xi, y + \eta, z + \zeta);$$

somit lauten die Komponenten des Vektors $\boldsymbol{P}^*$

$$\xi + u(x + \xi, y + \eta, z + \zeta) - u(x, y, z),$$
$$\eta + v(x + \xi, y + \eta, z + \zeta) - v(x, y, z),$$
$$\zeta + w(x + \xi, y + \eta, z + \zeta) - w(x, y, z),$$

und für die Komponenten $\delta\xi, \delta\eta, \delta\zeta$ des Vektors $\delta\boldsymbol{P}$ ergibt sich

$$u(x + \xi, y + \eta, z + \zeta) - u(x, y, z); \quad v(x + \xi, y + \eta, z + \zeta) - v(x, y, z);$$
$$w(x + \xi, y + \eta, z + \zeta) - w(x, y, z).$$

Nach einer bekannten Formel der Differentialrechnung gilt:

$$u(x + \xi, y + \eta, z + \zeta) - u(x, y, z) = \frac{\partial u}{\partial x}\xi + \frac{\partial u}{\partial y}\eta + \frac{\partial u}{\partial z}\zeta + k,$$

dabei bezeichnet k eine im Vergleich zu ξ, η, ζ unendlich kleine Größe höherer Ordnung. Wenn wir sie weglassen und mit den restlichen Komponenten analog vorgehen, erhalten wir schließlich:

[1]) Die Verschiebungen können auch von der Zeit abhängen; wir betrachten hier den Verzerrungszustand in einem bestimmten Augenblick.

$$\left.\begin{aligned}\delta\xi &= \frac{\partial u}{\partial x}\xi + \frac{\partial u}{\partial y}\eta + \frac{\partial u}{\partial z}\zeta,\\ \delta\eta &= \frac{\partial v}{\partial x}\xi + \frac{\partial v}{\partial y}\eta + \frac{\partial v}{\partial z}\zeta,\\ \delta\zeta &= \frac{\partial w}{\partial x}\xi + \frac{\partial w}{\partial y}\eta + \frac{\partial w}{\partial z}\zeta.\end{aligned}\right\} \tag{3}$$

In diesen Formeln sind die Werte $\frac{\partial u}{\partial x}$ usw. an der Stelle (x, y, z) zu bilden; sie hängen also nicht von ξ, η, ζ ab. Diese Formeln zeigen, daß die Verzerrungen des herausgeschnittenen Elementes bis auf unendlich kleine Größen höherer Ordnung (bezüglich der linearen Dimensionen des betrachteten Körperelementes) durch eine affine Transformation mit den Koeffizienten $a_{11} = \frac{\partial u}{\partial x}$, $a_{12} = \frac{\partial u}{\partial y}$ usw. beschrieben wird.

Bisher haben wir keinerlei einschränkende Voraussetzungen gemacht, von welcher Ordnung die Verschiebungskomponenten u, v, w klein sein sollen. Wir legen nun fest (und *diese Bedingung gilt ein für allemal*), daß die Verschiebungskomponenten u, v, w sowie ihre Ableitungen nach x, y, z unendlich kleine Größen sein sollen, deren Quadrate und Produkte im Vergleich mit diesen Größen selbst vernachlässigt werden können. Damit ist (3) eine unendlich kleine Transformation, auf die alles in den vorhergehenden Abschnitten Gesagte anwendbar ist. Eine *reine Deformation* des betrachteten Elementes wird durch die Gln. (12) (s. 1.2.4.)

$$\left.\begin{aligned}\delta\xi &= \varepsilon_x\xi + \tfrac{1}{2}\gamma_{xy}\eta + \tfrac{1}{2}\gamma_{xz}\zeta\\ \delta\eta &= \tfrac{1}{2}\gamma_{yx}\xi + \varepsilon_y\eta + \tfrac{1}{2}\gamma_{yz}\zeta\\ \delta\zeta &= \tfrac{1}{2}\gamma_{zx}\xi + \tfrac{1}{2}\gamma_{zy}\eta + \varepsilon_z\zeta\end{aligned}\right\} \tag{4}$$

beschrieben, wobei $\varepsilon_x, \ldots, \gamma_{xz}$ Verzerrungskomponenten darstellen und durch die Formeln

$$\begin{aligned}&\varepsilon_x = \frac{\partial u}{\partial x}, \quad \varepsilon_y = \frac{\partial v}{\partial y}, \quad \varepsilon_z = \frac{\partial w}{\partial z},\\ &\gamma_{xy} = \frac{\partial v}{\partial x} + \frac{\partial u}{\partial y}, \quad \gamma_{yz} = \frac{\partial w}{\partial y} + \frac{\partial v}{\partial z}, \quad \gamma_{xz} = \frac{\partial u}{\partial z} + \frac{\partial w}{\partial x}\end{aligned} \tag{5}$$

definiert sind.

Im allgemeinen kommt zur reinen Deformation noch eine starre Verschiebung des betrachteten Elementes, welche aus einer unendlich kleinen Drehung mit den Komponenten

$$p = \frac{1}{2}\left(\frac{\partial w}{\partial y} - \frac{\partial v}{\partial z}\right), \quad q = \frac{1}{2}\left(\frac{\partial u}{\partial z} - \frac{\partial w}{\partial x}\right), \quad r = \frac{1}{2}\left(\frac{\partial v}{\partial x} - \frac{\partial u}{\partial y}\right) \tag{6}$$

und einer translativen Verschiebung (der Verschiebung des Punktes M selbst) besteht.

Der wesentliche Unterschied zwischen der hier betrachteten und der homogenen Deformation 1.2.2. besteht darin, daß jetzt die Verzerrungen $\varepsilon_x, \ldots, \gamma_{xz}$ von der Lage des betrachteten Körperelementes, d. h. von den Koordinaten x, y, z abhängen. Insbesondere ändert sich die Richtung der Verzerrungshauptachsen beim Übergang von einem Punkt zum anderen. Ebenso hängen selbstverständlich die Drehungskomponenten im allgemeinen von x, y, z ab.

Wir erinnern schließlich daran, daß die Größe

$$e = \varepsilon_1 + \varepsilon_2 + \varepsilon_3 = \frac{\partial u}{\partial x} + \frac{\partial v}{\partial y} + \frac{\partial w}{\partial z}$$

invariant gegenüber einer Transformation rechtwinkliger Koordinaten ist und die Volumendehnung darstellt. Da wir es jetzt mit einer inhomogenen Deformation zu tun haben, ist selbstverständlich die Dehnung des Volumenelementes gemeint, das in der Umgebung des betrachteten Punktes herausgeschnitten wurde.
Der wesentliche Teil der oben dargelegten Eigenschaften der Verzerrungen wurde erstmalig von CAUCHY angegeben.[1])

1.2.7. Bestimmung der Verschiebung aus den Verzerrungskomponenten. Verträglichkeitsbedingungen von Saint-Venant

In 1.2.6. haben wir Formeln hergeleitet, die es gestatten, die Verzerrungskomponenten aus den als Funktionen von x, y, z gegebenen Verschiebungen zu berechnen. Wir stellen nun die *umgekehrte Aufgabe*, nämlich die *Verschiebungskomponenten u, v, w aus den als Funktionen von x, y, z vorgegebenen Verzerrungen $\varepsilon_x, \ldots, \gamma_{xz}$ zu ermitteln.* Bevor wir jedoch dieses Problem lösen, wollen wir durch vorbereitende Überlegungen einige allgemeine Ergebnisse gewinnen.
Wie wir sahen, bestimmen die Verzerrungskomponenten die Formänderung eines unendlich kleinen Körperelementes, das den betreffenden Punkt enthält. Auf diese Weise wird die Verformung eines jeden unendlich kleinen Körperelementes durch die als Funktionen der Koordinaten x, y, z vorgegebenen Verzerrungen festgelegt, und damit erhalten wir offensichtlich auch die Deformation des Körpers als Ganzes, d. h. die Werte der Verschiebung u, v, w als Funktionen von x, y, z. Es ist weiterhin klar, daß die Größen u, v, w nicht eindeutig bestimmt sein können; denn wenn man Verschiebungen gefunden hat, die zu den gegebenen Verzerrungskomponenten gehören, und fügt eine beliebige (unendlich kleine) Verschiebung des gesamten Körpers als starres Ganzes hinzu, so erhält man andere Werte für die Verschiebungen, die den gleichen Verzerrungen entsprechen, da ja eine starre Verschiebung des Gesamtkörpers keinen Einfluß auf die Deformation hat. Um die Eindeutigkeit der Aufgabe zu gewährleisten, kann man beispielsweise zusätzlich für einen beliebig gewählten Punkt M_0 des Körpers die Verschiebungen und die Drehung vorgeben.
Weiterhin ist folgendes zu bemerken: Nach der oben (1.2.6.) eingeführten Bedingung sind die Komponenten u, v, w eindeutig und haben stetige Ableitungen bis zur dritten Ordnung, d. h., die vorgegebenen Verzerrungen $\varepsilon_x, \ldots, \gamma_{xz}$ müssen ebenfalls eindeutig sein und stetige Ableitungen bis zur zweiten Ordnung haben, was wir hiermit voraussetzen wollen. Man kann sich jedoch leicht davon überzeugen, daß die Größen $\varepsilon_x, \ldots, \gamma_{xz}$ noch gewissen Beziehungen genügen müssen, damit unsere Aufgabe eine Lösung hat. Dies wird aus folgender Überlegung klar: Wir stellen uns den Körper in unendlich kleine Elemente, etwa (abgesehen von Elementen am Rand) in Würfel, zerschnitten vor. Wenn wir jeden dieser Würfel in vorgegebener Weise verformen, dann ist es im allgemeinen unmöglich, die erhaltenen unendlich kleinen Parallelepipede so zusammenzufügen, daß alle Punkte ihrer Begrenzungsflächen, die sich vor der Deformation berührten, wieder aufeinanderfallen. Beim Versuch, die einzelnen Elemente zusammenzulegen, entstehen zwischen ihnen Spalte, oder die Grenzflächen, die

[1]) In der oben (1.1.3. Fußnote) angeführten Denkschrift 1822.

sich decken müßten, sind gegeneinander verschoben, oder für gewisse Elemente ist nicht genügend Platz vorhanden. Folglich müssen die Verzerrungen gewissen Bedingungen genügen, damit eine Deformation ohne Unstetigkeiten möglich wird.
Das alles werden wir nun streng beweisen, indem wir die gestellte Aufgabe lösen. Wir suchen also Funktionen u, v, w, die den Gleichungen

$$\frac{\partial u}{\partial x} = \varepsilon_x, \quad \frac{\partial v}{\partial y} = \varepsilon_y, \quad \frac{\partial w}{\partial z} = \varepsilon_z,$$

$$\frac{\partial v}{\partial x} + \frac{\partial u}{\partial y} = \gamma_{xy}, \quad \frac{\partial w}{\partial y} + \frac{\partial v}{\partial z} = \gamma_{yz}, \quad \frac{\partial u}{\partial z} + \frac{\partial w}{\partial x} = \gamma_{xz}$$

genügen, wobei $\varepsilon_x, \ldots, \gamma_{xz}$ vorgegebene eindeutige Funktionen von x, y, z mit stetigen Ableitungen bis zur zweiten Ordnung sind. Es liegen somit *sechs* Gleichungen zur Bestimmung von *drei* unbekannten Funktionen vor. Das weist nochmals darauf hin, daß das Problem nur dann eine Lösung hat, wenn man den Funktionen $\varepsilon_x, \ldots, \gamma_{xz}$ gewisse zusätzliche Bedingungen auferlegt.
Mit V bezeichnen wir das vom Körper ursprünglich eingenommene Gebiet, in dem die Funktionen $\varepsilon_x, \ldots, \gamma_{xz}$ vorgegeben sind und für das die Funktionen u, v, w gesucht werden.
Wir setzen zunächst voraus, daß das Gebiet V *einfach zusammenhängend* ist, d. h., daß jede im Inneren des Gebietes liegende geschlossene Kurve durch stetige Änderung auf einen Punkt zusammengezogen werden kann, ohne aus dem Gebiet herauszuführen. Beispiele für solche Gebiete sind die Kugel, der Würfel usw. (Näheres s. Anhang II).
Nun sei $M_0(x_0, y_0, z_0)$ ein (beliebiger) Punkt unseres Gebietes mit den Verschiebungen u_0, v_0, w_0 und den Drehungskomponenten p_0, q_0, r_0; weiterhin sei $M_1(x_1, y_1, z_1)$ ein anderer Punkt des Gebietes V, dessen Verschiebungen zu ermitteln sind. Mit M_0M_1 bezeichnen wir eine Kurve, die die Punkte M_0 und M_1 verbindet und ganz in V verläuft.
Wenn die partiellen Ableitungen $\frac{\partial u}{\partial x}, \frac{\partial u}{\partial y}, \frac{\partial u}{\partial z}$ im Gebiet V bekannt wären, könnte man den Wert der Funktion u im Punkt M_1 nach der Gleichung

$$u_1 = u_0 + \int\limits_{M_0M_1} \left(\frac{\partial u}{\partial x} \mathrm{d}x + \frac{\partial u}{\partial y} \mathrm{d}y + \frac{\partial u}{\partial z} \mathrm{d}z \right) \tag{2}$$

berechnen, wobei das Integral über die Kurve M_0M_1 zu erstrecken ist. Nun gilt aber

$$\frac{\partial u}{\partial x} = \varepsilon_x, \quad \frac{\partial u}{\partial y} = \frac{1}{2}\gamma_{xy} - r, \quad \frac{\partial u}{\partial z} = \frac{1}{2}\gamma_{xz} + q, \tag{3}$$

und q sowie r sind durch Gl. (6) in 1.2.6. definiert. Folglich ist

$$u_1 = u_0 + \int\limits_{M_0M_1} (\varepsilon_x \mathrm{d}x + \tfrac{1}{2}\gamma_{xy}\mathrm{d}y + \tfrac{1}{2}\gamma_{xz}\mathrm{d}z) + \int\limits_{M_0M_1} (q\,\mathrm{d}z - r\,\mathrm{d}y). \tag{a}$$

Unter dem ersten Integral stehen ausschließlich gegebene Funktionen. Beim zweiten ist

$$\int\limits_{M_0M_1} (q\,\mathrm{d}z - r\,\mathrm{d}y) = \int\limits_{M_0M_1} \{r\,\mathrm{d}(y_1 - y) - q\,\mathrm{d}(z_1 - z)\},$$

und damit ergibt sich durch partielle Integration

$$\int\limits_{M_0M_1} (q\,\mathrm{d}z - r\,\mathrm{d}y) = q_0(z_1 - z_0) - r_0(y_1 - y_0) - \int\limits_{M_0M_1} \{(y_1 - y_0)\,\mathrm{d}r - (z_1 - z_0)\,\mathrm{d}q\}. \tag{b}$$

Das letzte Integral läßt sich berechnen, wenn dr und dq, oder, was dasselbe besagt, die partiellen Ableitungen erster Ordnung der Funktionen r und q bekannt sind. Nun gilt aber, wie man durch unmittelbares Nachprüfen zeigen kann

$$\frac{\partial r}{\partial x} = \frac{1}{2}\frac{\partial \gamma_{xy}}{\partial x} - \frac{\partial \varepsilon_x}{\partial y}, \quad \frac{\partial r}{\partial y} = \frac{\partial \varepsilon_y}{\partial x} - \frac{1}{2}\frac{\partial \gamma_{xy}}{\partial y}, \quad \frac{\partial r}{\partial z} = \frac{1}{2}\left(\frac{\partial \gamma_{yz}}{\partial x} - \frac{\partial \gamma_{xz}}{\partial y}\right),$$

$$\frac{\partial q}{\partial x} = \frac{\partial \varepsilon_x}{\partial z} - \frac{1}{2}\frac{\partial \gamma_{xz}}{\partial x}, \quad \frac{\partial q}{\partial y} = \frac{1}{2}\left(\frac{\partial \gamma_{xy}}{\partial z} - \frac{\partial \gamma_{yz}}{\partial x}\right), \quad \frac{\partial q}{\partial z} = \frac{1}{2}\frac{\partial \gamma_{xz}}{\partial z} - \frac{\partial \varepsilon_z}{\partial x}.$$

Wenn wir diese Werte in die Ausdrücke

$$\mathrm{d}r = \frac{\partial r}{\partial x}\mathrm{d}x + \frac{\partial r}{\partial y}\mathrm{d}y + \frac{\partial r}{\partial z}\mathrm{d}z,$$

$$\mathrm{d}q = \frac{\partial q}{\partial x}\mathrm{d}x + \frac{\partial q}{\partial y}\mathrm{d}y + \frac{\partial q}{\partial z}\mathrm{d}z$$

einsetzen, erhalten wir gemäß (a) und (b) die erste der folgenden Formeln (die beiden anderen ergeben sich durch zyklische Vertauschung):

$$\left.\begin{aligned} u(x_1, y_1, z_1) &= u_0 + q_0(z_1 - z_0) - r_0(y_1 - y_0) + \int_{M_0 M_1} (U_x\mathrm{d}x + U_y\mathrm{d}y + U_z\mathrm{d}z), \\ v(x_1, y_1, z_1) &= v_0 + r_0(x_1 - x_0) - p_0(z_1 - z_0) + \int_{M_0 M_1} (V_x\mathrm{d}x + V_y\mathrm{d}y + V_z\mathrm{d}z), \\ w(x_1, y_1, z_1) &= w_0 + p_0(y_1 - y_0) - q_0(x_1 - x_0) + \int_{M_0 M_1} (W_x\mathrm{d}x + W_y\mathrm{d}y + W_z\mathrm{d}z), \end{aligned}\right\} \quad (4)$$

dabei wurde der Kürze halber die Bezeichnung

$$\left.\begin{aligned} U_x &= \varepsilon_x + (y_1 - y)\left(\frac{\partial \varepsilon_x}{\partial y} - \frac{1}{2}\frac{\partial \gamma_{xy}}{\partial x}\right) + (z_1 - z)\left(\frac{\partial \varepsilon_x}{\partial z} - \frac{1}{2}\frac{\partial \gamma_{xz}}{\partial x}\right), \\ U_y &= \frac{1}{2}\gamma_{xy} + (y_1 - y)\left(\frac{1}{2}\frac{\partial \gamma_{xy}}{\partial y} - \frac{\partial \varepsilon_y}{\partial x}\right) + (z_1 - z)\left(\frac{1}{2}\frac{\partial \gamma_{xy}}{\partial z} - \frac{1}{2}\frac{\partial \gamma_{yz}}{\partial x}\right), \\ U_z &= \frac{1}{2}\gamma_{xz} + (y_1 - y)\left(\frac{1}{2}\frac{\partial \gamma_{xz}}{\partial y} - \frac{1}{2}\frac{\partial \gamma_{yz}}{\partial x}\right) + (z_1 - z)\frac{1}{2}\frac{\partial \gamma_{xz}}{\partial z} - \frac{\partial \varepsilon_z}{\partial x}\Big) \end{aligned}\right\} \quad (5)$$

eingeführt. Die Werte V_x, V_y, V_z und W_x, W_y, W_z entstehen hieraus ebenfalls durch zyklische Vertauschung (es werden gleichzeitig jeweils die Buchstaben U, V, W und x, y, z vertauscht).

Die Gln. (4) decken sich im wesentlichen mit den Formeln, die VOLTERRA[1]) durch Umformung der von KIRCHHOFF[2]) angegebenen Ausdrücke erhielt. Die hier durchgeführte Herleitung geht auf CESARO[3]) zurück, der die VOLTERRAschen Gleichungen in symmetrischer Form darstellte.

Die Gln. (4) gestatten es, die Verschiebungskomponenten u_1, v_1, w_1 für einen beliebigen Punkt $M_1(x_1, y_1, z_1)$ des Körpers zu berechnen, wenn die Verschiebungen u_0, v_0, w_0 und die Drehungskomponenten p_0, q_0, r_0 in einem beliebigen, doch ein für allemal festgelegten

---

[1]) VOLTERRA [1], S. 406

[2]) KIRCHHOFF [1], XXVII Vorl. § 4

[3]) Rendiconti d. R. Accademia di Napoli, 1906 (ich zitiere nach der Denkschrift von VOLTERRA [1], in der auf den Seiten 416 und 417 der Herleitung von CESARO angegeben ist)

Punkt $M_0(x_0, y_0, z_0)$ vorgegeben sind. Die entstandenen Ausdrücke enthalten Integrale über eine gewisse Kurve, die die Punkte M_1 und M_0 verbindet. Die Größen u, v, w sind ausschließlich Funktionen von x_1, y_1, z_1 und dürfen nicht vom Integrationsweg abhängen. Folglich ist für die Lösbarkeit unseres Problems notwendig, daß die in den Gln. (4) auftretenden Integrale wegunabhängig sind. Die notwendige und hinreichende Bedingung dafür, daß

$$\int_{M_0 M_1} (U_x \mathrm{d}x + U_y \mathrm{d}y + U_z \mathrm{d}z)$$

von der Wahl des Integrationsweges unabhängig ist, lautet bekanntlich[1])

$$\frac{\partial U_y}{\partial x} = \frac{\partial U_x}{\partial y}, \quad \frac{\partial U_y}{\partial z} = \frac{\partial U_z}{\partial y}, \quad \frac{\partial U_x}{\partial z} = \frac{\partial U_z}{\partial x}.$$

Für die beiden anderen Integrale erhalten wir durch zyklische Vertauschung analoge Bedingungen. Diese müssen in allen Punkten x, y, z des Gebietes V und für alle Werte x_1, y_1, z_1 im selben Gebiet erfüllt sein.

Alle diese Bedingungen führen auf folgende sechs Gleichungen

$$\left.\begin{aligned}
&\frac{\partial^2 \varepsilon_x}{\partial y^2} + \frac{\partial^2 \varepsilon_y}{\partial x^2} = \frac{\partial^2 \gamma_{xy}}{\partial x \partial y}, \quad \frac{\partial^2 \varepsilon_x}{\partial y \partial z} = \frac{1}{2} \frac{\partial}{\partial x}\left(\frac{\partial \gamma_{xy}}{\partial z} - \frac{\partial \gamma_{yz}}{\partial x} + \frac{\partial \gamma_{xz}}{\partial y}\right),\\
&\frac{\partial^2 \varepsilon_y}{\partial z^2} + \frac{\partial^2 \varepsilon_z}{\partial y^2} = \frac{\partial^2 \gamma_{yz}}{\partial y \partial z}, \quad \frac{\partial^2 \varepsilon_y}{\partial x \partial z} = \frac{1}{2} \frac{\partial}{\partial y}\left(\frac{\partial \gamma_{xy}}{\partial z} + \frac{\partial \gamma_{yz}}{\partial x} - \frac{\partial \gamma_{xz}}{\partial y}\right),\\
&\frac{\partial^2 \varepsilon_z}{\partial x^2} + \frac{\partial^2 \varepsilon_x}{\partial z^2} = \frac{\partial^2 \gamma_{xz}}{\partial x \partial z}, \quad \frac{\partial^2 \varepsilon_z}{\partial x \partial y} = \frac{1}{2} \frac{\partial}{\partial z}\left(-\frac{\partial \gamma_{xy}}{\partial z} + \frac{\partial \gamma_{yz}}{\partial x} + \frac{\partial \gamma_{xz}}{\partial y}\right).
\end{aligned}\right\} \quad (6)$$

Zum Beispiel liefert

$$\frac{\partial U_y}{\partial z} = \frac{\partial U_z}{\partial y}$$

gemäß (5) nach einigen Vereinfachungen

$$(y_1 - y)\left(\frac{\partial^2 \gamma_{xy}}{\partial y \partial z} - 2\frac{\partial^2 \varepsilon_y}{\partial x \partial y}\right) + (z_1 - z)\left(\frac{\partial^2 \gamma_{xy}}{\partial z^2} - \frac{\partial \gamma_{yz}}{\partial x \partial z}\right)$$

$$= (y_1 - y)\left(\frac{\partial^2 \gamma_{xz}}{\partial y^2} - \frac{\partial \gamma_{yz}}{\partial x \partial y}\right) + (z_1 - z)\left(\frac{\partial^2 \gamma_{xz}}{\partial y \partial z} - 2\frac{\partial^2 \varepsilon_z}{\partial x \partial y}\right).$$

Da diese Gleichungen für alle y_1, z_1 im gegebenen Gebiet gelten sollen, muß

$$\frac{\partial^2 \gamma_{xy}}{\partial y \partial z} - 2\frac{\partial^2 \varepsilon_y}{\partial x \partial z} = \frac{\partial^2 \gamma_{xz}}{\partial y^2} - \frac{\partial^2 \gamma_{yz}}{\partial x \partial y}, \quad \frac{\partial^2 \gamma_{xy}}{\partial z^2} - \frac{\partial^2 \gamma_{yz}}{\partial x \partial y} = \frac{\partial^2 \gamma_{xz}}{\partial y \partial z}$$

sein.

Diese Beziehungen decken sich mit den beiden letzten Gleichungen der rechten Spalte von (6). Auf die gleiche Weise erhält man auch die übrigen Bedingungsgleichungen. Erwähnt sei, daß die in der zweiten und dritten Zeile von (6) stehenden Formeln aus denen der ersten Zeile durch zyklische Vertauschung entstehen.

Die Gln. (6) heißen SAINT-VENANT*sche Verträglichkeitsbedingung* nach BARRÉ DE SAINT-VENANT (1797–1886), der sie als erster angegeben hat[2]). Sie stellen die mathematische For-

[1]) Siehe Anhang II

[2]) 1860 der Societé Philomathique vorgelegt, veröffentlicht 1861

mulierung der Bedingungen dar, denen die Verzerrungskomponenten genügen müssen, damit bei der Verformung keine Risse auftreten. Sie werden deshalb bisweilen auch als *Kompatibilitätsbedingungen* bezeichnet.

Unter Berücksichtigung dieser Bedingungen liefern die Gln. (4) vollständig bestimmte Ausdrücke für u, v, w, die nicht von der Wahl des Integrationsweges abhängen.

Es läßt sich leicht verifizieren, daß die auf diese Weise gewonnenen Verschiebungen tatsächlich den Gln. (1) genügen; die Konstanten

$$u_0, v_0, w_0, p_0, q_0, r_0$$

bleiben völlig willkürlich, das hatten wir schon oben vorausgesehen. Bei Änderung dieser Konstanten unterliegt der Körper lediglich einer starren Verschiebung, wie aus den Gln. (8) in 1.2.4. ersichtlich ist.

Wenn insbesondere im gesamten Gebiet

$$\varepsilon_x = \varepsilon_y = \cdots = \gamma_{xz} = 0$$

gilt und wir der Einfachheit halber $x_0 = y_0 = z_0 = 0$ setzen und die Indizes bei x_1, y_1, z_1 weglassen, so ist

$$u = u_0 + q_0 z - r_0 y, \quad v = v_0 + r_0 x - p_0 z, \quad w = w_0 + p_0 y - q_0 x,$$

d. h., es liegt lediglich eine starre Verschiebung des Gesamtkörpers vor.

Bis jetzt hatten wir vorausgesetzt, daß das Gebiet V einfach zusammenhängend ist. Nun betrachten wir ein *mehrfach zusammenhängendes* Gebiet, in dem also geschlossene Kurven existieren, die sich nicht auf einen Punkt zusammenziehen lassen, ohne sie zu trennen oder aus dem Gebiet herauszuführen. Als Beispiel kann der *Torus* dienen (Bild 9).

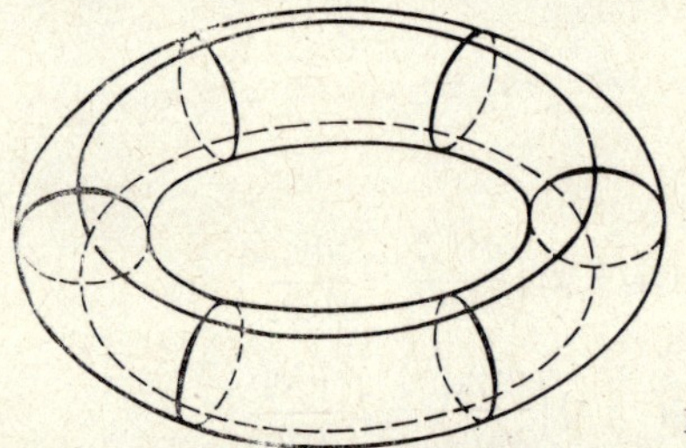

Bild 9

Einen mehrfach zusammenhängenden Körper kann man stets durch geeignete Schnitte in einen einfach zusammenhängenden verwandeln[1]). Im Falle des Torus genügt es z. B., den Schnitt durch einen der in Bild 9 eingezeichneten Meridiankreise zu legen. Auf das in dieser Weise aufgeschnittene Gebiet läßt sich alles oben Gesagte anwenden, d. h., unter Berücksichtigung der SAINT-VENANTschen Verträglichkeitsbedingungen sind die durch die Gln. (4) definierten Komponenten u, v, w eindeutige Funktionen des Punktes $M_1(x_1, y_1, z_1)$; dabei setzen wir selbstverständlich voraus, daß der Integrationsweg M_0M_1 nicht aus dem *aufgeschnittenen* Gebiet herausführt (und demnach nirgends die Schnittfläche durchdringt).

Wenn nun M_1 einem Punkt der Schnittfläche zustrebt, werden die Größen u, v, w im allgemeinen verschiedene Werte annehmen, je nachdem, von welcher Seite sich der Punkt M_1 der Schnittfläche nähert.

---

[1]) Genaueres s. Anhang II

Es seien u^+, v^+, w^+ und u^-, v^-, w^- die Werte von u, v, w für einen Punkt der Schnittfläche bei der Näherung von den entsprechenden Seiten her. Die Kompatibilitätsbedingung für den *Gesamtkörper als Ganzes* ist jedoch nur dann erfüllt, wenn neben den Gln. (6) noch die zusätzlichen Bedingungen

$$u^+ = u^-, \quad v^+ = v^-, \quad w^+ = w^- \tag{7}$$

an allen Schnitten gelten.
Wenn die Gln. (7) nicht erfüllt sind, treten an den genannten Schnitten Spalte auf oder es kommt zur Durchdringung von Teilen des Körpers an diesen Stellen.
Aus dem Gesagten geht hervor, daß sich die Größen u, v, w als mehrdeutige Funktionen von x_1, y_1, z_1 erweisen können, wenn die Gln. (7) nicht berücksichtigt oder wenn die Funktionen u, v, w nach (4) im unaufgeschnittenen Körper bestimmt werden, mit anderen Worten, wenn wir gestatten, daß der Integrationsweg die Schnittflächen durchstoßen kann. Beim Durchlaufen gewisser geschlossener Wege kehren die Funktionen u, v, w nicht zu ihren Ausgangswerten zurück. Das kann, wie man leicht sieht, nur für solche Kurven eintreten, die sich nicht durch stetige Änderung auf einen Punkt zusammenziehen lassen (s. auch Anhang II).
Auf diesen Umstand wies MICHELL [1] als erster hin. TIMPE zeigte für das ebene Problem der Elastizitätstheorie eine Möglichkeit der physikalischen Interpretation dieser Mehrdeutigkeit.
Für den allgemeinen dreidimensionalen Fall wurde die Frage der mehrdeutigen Verschiebungen von VOLTERRA in einer Reihe von Artikeln eingehend untersucht. Eine Zusammenfassung dieser Arbeiten ist in seiner schon genannten Denkschrift enthalten[1]). Für den zweidimensionalen Fall behandeln wir diese Frage ausführlich in 2.3.

1.3. Grundgesetze der Elastizitätstheorie. Grundgleichungen

Alles bisher Gesagte bezieht sich auf beliebige Kontinua. Um Gleichungen zu erhalten, die den *elastischen* (genauer *ideal elastischen*) Körper charakterisieren, benötigen wir noch ein Gesetz, das den Zusammenhang zwischen dem Spannungszustand im Körper und den von ihm hervorgerufenen Verformungen zum Ausdruck bringt.

1.3.1. Grundgesetz der Elastizitätstheorie (verallgemeinertes Hookesches Gesetz)

Die erste (sehr unvollständige) Formulierung eines Gesetzes, das die Spannungen mit den Verformungen verknüpft, stammt von Robert HOOKE (1635–1702). Das nach ihm benannte Gesetz wurde von ihm 1660 gefunden. Er veröffentlichte es 1676 als Anagramm und 1678 im Wortlaut.
Übersetzt in die moderne Sprache lautet das von HOOKE gefundene Gesetz etwa so: Die Verformung des elastischen Körpers ist der auf ihn wirkenden Kraft proportional.
Diese Formulierung ist nur dann sinnvoll, wenn die auf den Körper wirkende Belastung und die von ihr hervorgerufene Verformung jeweils durch *eine* Größe charakterisiert werden können. Zum Beispiel im Falle eines langen und schlanken zylindrischen Stabes, der an den Enden von Längskräften gezogen wird, kann man annehmen, daß die auf den Körper wirkende Kraft durch die Vorgabe der Größe F und die Deformation durch die Verlängerung

[1]) Eine kurze Darlegung der Ergebnisse von VOLTERRA ist in der letzten Auflage des Lehrbuches von LOVE [1] (Ergänzungen zu den Abschnitten VIII und XI) und im Buch von BURGATTI [1] enthalten.

Δl des Stabes charakterisiert werden. Dann liefert das HOOKEsche Gesetz $\Delta l = CF$, wobei C eine Konstante ist, die nur von der ursprünglichen Stablänge l, von der Form und den Ausmaßen des Querschnittes und vom Material des Stabes abhängt[1]).
In ähnlicher Art lassen sich noch zahlreiche Beispiele anführen. Experimente bestätigen, daß das HOOKEsche Gesetz für viele feste Körper gut mit der Wirklichkeit übereinstimmt. Jedoch von einem bestimmten Verformungsgrad an gilt das Proportionalitätsgesetz nicht einmal mehr näherungsweise. Aber auch im Falle kleiner Deformationen, wenn das Proportionalitätsgesetz als gültig angesehen werden kann, liefert das oben angeführte HOOKEsche Gesetz kein vollständiges Bild dessen, was in Wirklichkeit im verformten Körper vorgeht. Der Verzerrungszustand und der Spannungszustand werden, wie wir sahen, jeweils durch 6 Größen charakterisiert. Dabei ändern sich diese Größen von einem Punkt zum anderen, so daß wir es in Wirklichkeit mit einer unendlichen Menge charakterisierender Größen zu tun haben. In dem oben angeführten Falle sprachen wir von Zugkräften F, die an den Enden des zylindrischen Stabes angreifen. Tatsächlich drückt die Kraft F nur den summarischen Effekt der in der Nähe der Stabenden wirkenden äußeren Spannungen aus. Diese können in sehr verschiedener Weise über die Grundfläche oder über Gebiete der Mantelfläche in der Nähe der Stabenden gleichmäßig oder ungleichmäßig verteilt sein. Es ist klar, daß von der Art der Verteilung der äußeren Spannungen wesentlich die Verteilung der Spannungen und Verzerrungen im Inneren des Stabes abhängen. Nur wenn die Abmessungen des Stabquerschnittes im Vergleich zur Länge klein sind, wirkt sich die Art der Krafteinleitung in der Nähe der Enden nicht merklich auf den Zustand des Stabes aus (und zwar auch nur in Teilen, die nicht sehr nahe an den Enden liegen). In diesem Falle genügt es, die summarische Kraft F zu betrachten. Wenn wir uns nicht auf eine grobe primitive Beschreibung der Erscheinungen beschränken wollen, müssen wir das HOOKEsche Gesetz durch ein allgemeineres, tiefer in das Wesen der Sache eindringendes ersetzen.
Als natürlichste Verallgemeinerung der einfachen Proportionalität zweier Größen ist die *lineare Abhängigkeit* zwischen mehreren Größen anzusehen. Damit erhalten wir das folgende *Grundgesetz der Elastizitätstheorie* oder *verallgemeinerte Hookesche Gesetz:*
Die Spannungskomponenten im gegebenen Punkt des Körpers sind lineare und homogene Funktionen der Verzerrungskomponenten im selben Punkt (*und umgekehrt*). Hierbei ist selbstverständlich von kleinen Verformungen die Rede[2]).
Im wesentlichen wurde das Gesetz in dieser Form von CAUCHY in der schon mehrfach zitierten, 1822 der Pariser Akademie vorgelegten Denkschrift angegeben (S. 19). In einer 1828 veröffentlichten Arbeit leitete CAUCHY dieses Gesetz auf der Grundlage der Molekulartheorie her. Es machte dabei sehr einfache Voraussetzungen bezüglich der Wechselwirkungskräfte zwischen den Molekülen, die er als Massenpunkte betrachtete. Zum selben Ergebnis kam POISSON mit Hilfe einer analogen Methode in einer 1828 der Pariser Akademie vorgelegten und 1829 veröffentlichten Denkschrift. Wir verzichten hier auf eine Widergabe der Herleitungen von CAUCHY und POISSON, zumal sie sich als unzulänglich erwiesen (s. u.), und betrachten stattdessen das verallgemeinerte HOOKEsche Gesetz als Ausgangspunkt unserer Theorie. Dabei stützen wir uns auf die Tatsache, daß dieses Gesetz bei kleinen Verformungen für sehr viele Werkstoffe hinreichend gut mit der Wirklichkeit übereinstimmt.
Zunächst ist noch folgende Bemerkung notwendig:

---

[1]) Später wird gezeigt, daß im Falle eines langen schlanken Stabes $C = l/EA$ ist, dabei bezeichnet l die Stablänge, A den Flächeninhalt des Querschnittes und E eine Konstante, die nur von den Eigenschaften des (homogenen und isotropen) Stabmaterials abhängt.
[2]) Über die Gültigkeitsgrenzen des HOOKEschen Gesetzes s. beispielsweise GRAMMEL [1]

Da im allgemeinen die Spannungen und Verzerrungen an jeder Stelle des Körpers verschieden sind, kann man nur von ihren Komponenten im gegebenen *Punkte* sprechen. So sind wir auch früher vorgegangen.

Der Ausdruck „im gegebenen Punkte“ hat für die Verzerrungs- und Spannungskomponenten jeweils verschiedene Bedeutung. Wenn wir z. B. sagen, ε_x ist eine Funktion der Koordinaten x, y, z, so verstehen wir unter x, y, z die Lage des Punktes *vor der Verformung*. Das gleiche gilt auch für die Verschiebungskomponenten u, v, w. Wenn es jedoch beispielsweise heißt, σ_x ist eine Funktion von x, y, z, so ist mit x, y, z die Lage des Punktes im Endzustand des Körpers (bei vorhandenen Spannungen und Deformationen) gemeint.

Im Falle der von uns betrachteten kleinen Verformungen ist dieser Unterschied jedoch unwesentlich, da sich z. B. die Werte der Größe σ_x in den Punkten (x_1, y_1, z_1) und (x, y, z) (x, y, z ist die Lage des Punktes x_1, y_1, z_1 vor der Verformung) nur um eine im Vergleich zu σ_x kleine Größe unterscheiden. Somit kann man den Wert der Funktion σ_x im gegebenen Punkte x_1, y_1, z_1 durch den Wert dieser Funktion im Punkte x, y, z ersetzen.

Im weiteren wollen wir die Werte aller betrachteten Funktionen stets auf die ursprüngliche Lage der Punkte des deformierten Körpers beziehen, und wenn wir von dem *vom Körper eingenommenen Gebiet V und seinem Rand S* sprechen, so meinen wir dementsprechend immer das *vom Körper vor der Deformation eingenommene Gebiet und seinen Rand.*

Das verallgemeinerte HOOKEsche Gesetz, dem wir uns nun wieder zuwenden, lautet mathematisch formuliert (mit $\sigma_x, \sigma_y, \sigma_z, \tau_{xy}, \tau_{yz}, \tau_{xz}$ als Spannungskomponenten und $\varepsilon_x, \varepsilon_y, \varepsilon_z, \gamma_{xy}, \gamma_{yz}, \gamma_{xz}$ als Verzerrungen im gegebenen Punkte des Körpers):

$$\left.\begin{aligned}
\sigma_x &= c_{11}\varepsilon_x + c_{12}\varepsilon_y + c_{13}\varepsilon_z + c_{14}\gamma_{yz} + c_{15}\gamma_{xz} + c_{16}\gamma_{xy},\\
\sigma_y &= c_{21}\varepsilon_x + c_{22}\varepsilon_y + c_{23}\varepsilon_z + c_{24}\gamma_{yz} + c_{25}\gamma_{xz} + c_{26}\gamma_{xy},\\
\sigma_z &= c_{31}\varepsilon_x + c_{32}\varepsilon_y + c_{33}\varepsilon_z + c_{34}\gamma_{yz} + c_{35}\gamma_{xz} + c_{36}\gamma_{xy},\\
\tau_{yz} &= c_{41}\varepsilon_x + c_{42}\varepsilon_y + c_{43}\varepsilon_z + c_{44}\gamma_{yz} + c_{45}\gamma_{xz} + c_{46}\gamma_{xy},\\
\tau_{xz} &= c_{51}\varepsilon_x + c_{52}\varepsilon_y + c_{53}\varepsilon_z + c_{54}\gamma_{yz} + c_{55}\gamma_{xz} + c_{56}\gamma_{xy},\\
\tau_{xy} &= c_{61}\varepsilon_x + c_{62}\varepsilon_y + c_{63}\varepsilon_z + c_{64}\gamma_{yz} + c_{65}\gamma_{xz} + c_{66}\gamma_{xy}.
\end{aligned}\right\} \tag{1}$$

Da die Verzerrungskomponenten gemäß dem angenommenen Grundgesetz ihrerseits bestimmte lineare Funktionen der Spannungskomponenten sind, müssen die vorigen Gleichungen eindeutig nach $\varepsilon_x, \ldots, \gamma_{xy}$ auflösbar sein, d. h., die aus den Koeffizienten c_{ij} gebildete Determinante muß verschieden von Null sein.

Die Größen $c_{11}, c_{12}, \ldots, c_{66}$ sind konstant. Sie charakterisieren die elastischen Eigenschaften des Körpers im gegebenen Punkt. Sie heißen deshalb *Elastizitätskonstanten.* Das Wort konstant bedeutet hier, daß diese Größen nicht von den Verzerrungs- und Spannungskomponenten im gegebenen Punkte abhängen. Sie können jedoch in verschiedenen Punkten des Körpers verschiedene Werte annehmen. In diesem Falle sagen wir: Der Körper ist (im Sinne der elastischen Eigenschaften) *inhomogen.* Wenn die Elastizitätskonstanten überall im Körper gleich sind, heißt der Körper *homogen.*

Die Gln. (1) enthalten 36 Konstanten. Mit Hilfe von Überlegungen, die auf dem Gesetz von der Erhaltung der Energie und auf Betrachtungen über die (potentielle) Formänderungsenergie beruhen, läßt sich jedoch zeigen, daß zwischen diesen Konstanten die Beziehungen

$$c_{ij} = c_{ji} \; (i, j = 1, 2, \ldots, 6)$$

gelten müssen, mit anderen Worten, daß das Schema der Koeffizienten c_{ij} symmetrisch[1]) ist.
Somit ist die Zahl der Elastizitätskonstanten im allgemeinsten Falle gleich 21. Im Falle des *isotropen* Körpers vermindert sie sich, wie wir sehen werden, auf zwei.
Nach der von den Molekularkräften ausgehenden CAUCHYschen Theorie ist die Zahl der Elastizitätskonstanten im allgemeinsten Falle nicht 21, sondern 15. Der isotrope Körper hat nach dieser Theorie nur eine einzige Konstante[2]). Zum gleichen Ergebnis gelangte auch POISSON. Dies bestätigte sich jedoch nicht in der Praxis. Man darf nun nicht denken, daß die Molekulartheorie zu falschen Ergebnissen führt und daß es nicht möglich ist, auf ihrer Grundlage die richtige Zahl von Konstanten zu erhalten. Es ist vielmehr so, daß CAUCHY und POISSON diese Theorie zu stark vereinfachten. Auf der Basis einer modernen Auffassung vom Bau der Materie ist es durchaus möglich, ein vollständiges Resultat, d. h. alle 21 Konstanten zu bekommen, wie vor verhältnismäßig kurzer Zeit von MAX BORN[3]) bestätigt wurde. Wir gehen darauf nicht näher ein, da wir im weiteren nur isotrope Körper betrachten werden, für die sich die endgültigen Formeln mit Hilfe sehr einfacher Überlegungen gewinnen lassen.

1.3.2. Isotrope Körper

Bekanntlich heißt ein Körper *isotrop*, wenn seine Eigenschaften richtungsunabhängig sind, d. h. wenn sich ein aus dem Körper herausgeschnittenes Volumenelement von bestimmter Form (etwa eines Würfels) nicht von jedem anderen an der gleichen Stelle, jedoch mit anderer Orientierung herausgetrennten Element derselben Form unterscheidet. Zum Beispiel ist Holz kein isotroper Körper, da ein in Längsrichtung (parallel zu den Fasern) herausgeschnittener Block zumindest im Sinne der Bruchfestigkeit stark von einem in Querrichtung herausgeschnittenen abweicht. Anisotrop sind auch alle kristallinen Körper. In der Natur existieren keine ideal isotropen Materialien. Es gibt jedoch viele technisch bedeutsame Werkstoffe, die man in bekannter Näherung als isotrop betrachten kann. Einige von ihnen (z. B. die Metalle) bestehen aus kleinen anisotropen Teilchen (Kristallen), die ungeordnet eingelagert sind; infolgedessen verhalten sich (nicht zu kleine) Körper aus diesem Material im Mittel wie isotrope.
Weiterhin heißt ein Körper *isotrop und homogen*, wenn außerdem Volumenelemente, die an verschiedenen Stellen des Körpers herausgeschnitten wurden, gleiche Eigenschaften haben. Zu bemerken ist noch, daß ein Körper, der in bezug auf die eine Eigenschaft isotrop und homogen ist, anisotrop und inhomogen bezüglich anderer sein kann.
Im weiteren werden wir nur isotrope und homogene Körper betrachten, und zwar wollen wir darunter *Isotropie und Homogenität im Sinne der elastischen Eigenschaften verstehen.* Mathematisch drückt sich dieser Umstand offensichtlich dadurch aus, daß die *Koeffizienten* $c_{11}, \ldots, c_{66}$ *in den Gln. (1) in 1.3.1. nicht von der Orientierung der Koordinatenachsen relativ zum Körper und nicht von der Lage des betrachteten Punktes im Körper abhängen.* Dank dieser Eigenschaft nehmen die angeführten Formeln eine sehr einfache Gestalt an.

---

[1]) Diese Überlegungen gehen auf GREEN zurück, von ihm stammen auch die angeführten Ergebnisse (1837). Er veröffentlichte sie in einer Denkschrift 1838. Eine vollständige Begründung gab KELVIN (W. THOMSON) im Jahre 1855 mit Hilfe des ersten und zweiten Hauptsatzes der Thermodynamik. Genaueres S. LOVE [1].
[2]) In der erstgenannten Denkschrift, in der CAUCHY nicht von der Molekulartheorie ausgeht, erhält er zwei Konstanten für den isotropen Körper.
[3]) BORN [1], s. a. LOVE [1] (Note B am Ende des Buches)

Zunächst wollen wir zeigen, daß die *Verzerrungshauptachsen in jedem Punkt eines isotropen Körpers mit den Spannungshauptachsen zusammenfallen.* Dazu wählen wir vorübergehend die Verzerrungshauptachsen im gegebenen Punkte als Koordinatenachsen, so daß

$$\gamma_{xy} = \gamma_{yz} = \gamma_{xz} = 0$$

ist. Nach dem verallgemeinerten HOOKEschen Gesetz gilt

$$\tau_{yz} = A\varepsilon_x + B\varepsilon_y + C\varepsilon_z, \tag{a}$$

wobei A, B, C Konstanten sind. Wir führen nun ein neues Koordinatensystem x', y', z' ein, das aus dem alten durch eine Drehung von 180° um die z-Achse hervorgeht. Die z'-Achse des neuen Systems fällt demnach mit der alten z-Achse zusammen. Während die x'- und die y'-Achse eine der x- bzw. y-Achse direkt entgegengesetzte Richtung haben.
Da die Koeffizienten A, B, C von der Wahl der Achsen unabhängig sind, erhalten wir im neuen System

$$\tau_{y'z'} = A\varepsilon_{x'} + B\varepsilon_{y'} + C\varepsilon_{z'}. \tag{b}$$

Weiterhin gilt offensichtlich

$$\varepsilon_{x'} = \varepsilon_x, \quad \varepsilon_{y'} = \varepsilon_y, \quad \varepsilon_{z'} = \varepsilon_z, \quad \tau_{y'z'} = -\tau_{yz},$$

und durch Gegenüberstellung der Gln. (a) und (b) ergibt sich

$$A\varepsilon_x + B\varepsilon_y + C\varepsilon_z = -A\varepsilon_x - B\varepsilon_y - C\varepsilon_z$$

und damit[1])

$$A = B = C = 0,$$

d. h.

$$\tau_{yz} = 0.$$

Auf gleiche Weise läßt sich zeigen, daß $\tau_{xy} = \tau_{xz} = 0$ ist. Das besagt aber gerade, daß die Koordinatenachsen Spannungshauptachsen sind, was zu beweisen war.
Im weiteren können wir also darauf verzichten, zwischen Verzerrungs- und Spannungshauptachsen zu unterscheiden und bezeichnen beide einfach als *Hauptachsen*.
Als Koordinatenachsen seien im folgenden wiederum die Hauptachsen gewählt. Auf Grund des verallgemeinerten HOOKEschen Gesetzes können wir insbesondere

$$\sigma_x = a\varepsilon_x + b\varepsilon_y + c\varepsilon_z$$

schreiben, wobei a, b, c Konstanten sind.
Nun betrachten wir ein x', y', z'-Achsensystem, das aus dem alten durch eine Drehung von 90° um die x-Achse hervorgeht. Im neuen System gilt

$$\sigma_{x'} = a\varepsilon_{x'} + b\varepsilon_{y'} + c\varepsilon_{z'},$$

und es ist offensichtlich

$$\sigma_x = \sigma_{x'}, \quad \varepsilon_{x'} = \varepsilon_x, \quad \varepsilon_{y'} = \varepsilon_z, \quad \varepsilon_{z'} = \varepsilon_y.$$

Damit ergibt sich

$$\sigma_x = a\varepsilon_x + b\varepsilon_z + c\varepsilon_y.$$

[1]) Wir gehen hier von folgendem Sachverhalt aus (den wir als offensichtlich oder experimentell bestätigt betrachten): Die Verzerrungskomponenten $\varepsilon_x, \ldots, \gamma_{xz}$ im gegebenen Punkt können bei geeigneter Wahl der äußeren Kräfte beliebige (selbstverständlich hinreichend kleine) Werte annehmen.

Durch Vergleich dieser Beziehung mit der vorhergehenden wird ersichtlich, daß $b = c$ sein muß und folglich ist

$$\sigma_x = a\varepsilon_x + b(\varepsilon_y + \varepsilon_z) = b(\varepsilon_x + \varepsilon_y + \varepsilon_z) + (a - b)\varepsilon_x.$$

Nun führen wir noch die Bezeichnung

$$b = \lambda, \quad a - b = 2\mu$$

ein, dann lautet die vorige Gleichung

$$\sigma_x = \lambda(\varepsilon_x + \varepsilon_y + \varepsilon_z) + 2\mu\varepsilon_x = \lambda e + 2\mu\varepsilon_x$$

mit

$$e = \varepsilon_x + \varepsilon_y + \varepsilon_z.$$

Auf Grund der Isotropie ergeben sich die entsprechenden Formeln für σ_y und σ_z, indem man x durch y bzw. z ersetzt. Somit erhalten wir schließlich

$$\sigma_1 = \lambda e + 2\mu\varepsilon_1, \quad \sigma_2 = \lambda e + 2\mu\varepsilon_2, \quad \sigma_3 = \lambda e + 2\mu\varepsilon_3, \tag{c}$$

wobei σ_1, σ_2, σ_3 die Hauptspannungen und ε_1, ε_2, ε_3 die Hauptdehnungen darstellen und die gewählten Koordinatenachsen x', y', z' nach Voraussetzung Hauptachsen sind.
Um nun Beziehungen zu finden, welche die Spannungskomponenten σ_x, ..., τ_{xz} in einem beliebigen Koordinantensystem x, y, z mit den Verzerrungen verknüpfen, können wir die Größen σ_x, ..., τ_{xz} (mit Hilfe der bekannten Transformationsformeln) durch σ_1, σ_2, σ_3 ausdrücken, dann mittels der Gln. (b) die Spannungen σ_1, σ_2, σ_3 als Funktionen von ε_1, ε_2, ε_3 schreiben und schließlich die Größen ε_1, ε_2, ε_3 durch ε_x, ..., γ_{xz} ausdrücken.
Die praktische Durchführung dieses Verfahrens erfordert jedoch ziemlich umfangreiche Rechnungen, die sich leicht mit Hilfe der folgenden einfachen Methode umgehen lassen. Die Gln. (c) kann man durch eine einzige ersetzen, indem man sie entsprechend mit ξ'^2, η'^2, ζ'^2 multipliziert, wobei ξ', η', ζ' Komponenten eines beliebigen Vektors $\boldsymbol{P}$ in bezug auf die Achsen x', y', z' sind, und addiert:

$$\sigma_1\xi'^2 + \sigma_2\eta'^2 + \sigma_3\zeta'^2 = \lambda e(\xi'^2 + \eta'^2 + \zeta'^2) + 2\mu(\varepsilon_1\xi'^2 + \varepsilon_2\eta'^2 + \varepsilon_3\zeta'^2). \tag{d}$$

Beim Übergang vom $x'\xi$, $y'\xi$, z'-System zu den Achsen x, y, z verwandelt sich bekanntlich die quadratische Form $\sigma_1\xi'^2 + \sigma_2\eta'^2 + \sigma_3\zeta'^2$ in die quadratische Form (s. 1.1.5.)

$$\sigma_x\xi^2 + \sigma_y\eta^2 + \sigma_z\zeta^2 + 2\tau_{xy}\xi\eta + 2\tau_{yz}\eta\zeta + 2\tau_{xz}\xi\zeta$$

und die quadratische Form $\varepsilon_1\xi'^2 + \varepsilon_2\eta'^2 + \varepsilon_3\zeta'^2$ in die quadratische Form (s. 1.2.5.)

$$\varepsilon_x\xi^2 + \varepsilon_y\eta^2 + \varepsilon_z\zeta^2 + \gamma_{xy}\xi\eta + \gamma_{yz}\eta\zeta + \gamma_{xz}\xi\zeta.$$

Dabei sind ξ, η, ζ die Komponenten des Vektors $\boldsymbol{P}$ bezüglich der Achsen x, y, z. Weiterhin gilt offensichtlich

$$\xi'^2 + \eta'^2 + \zeta'^2 = \xi^2 + \eta^2 + \zeta^2.$$

Die Größe $e = \varepsilon_1 + \varepsilon_2 + \varepsilon_3$ ergibt sich, ausgedrückt durch die Komponenten bezüglich der neuen Achsen, zu

$$e = \varepsilon_x + \varepsilon_y + \varepsilon_z$$

(s. 1.2.6.). Folglich lautet die Gl. (d) im neuen Koordinatensystem

$$\sigma_x\xi^2 + \sigma_y\eta^2 + \sigma_z\zeta^2 + 2\tau_{xy}\xi\eta + 2\tau_{yz}\eta\zeta + 2\tau_{xz}\xi\zeta$$
$$= \lambda e(\xi^2 + \eta^2 + \zeta^2) + 2\mu(\varepsilon_x\xi^2 + \varepsilon_y\eta^2 + \varepsilon_z\zeta^2 + \gamma_{xy}\xi\eta + \gamma_{yz}\eta\zeta + \gamma_{xz}\xi\zeta).$$

Da diese Gleichung für die Komponenten eines beliebigen Vektors $\boldsymbol{P}$, d. h. für beliebige Werte ξ, η, ζ gilt, müssen die Koeffizienten bei $\xi^2, \ldots, \xi\zeta$ auf beiden Seiten gleich sein. Hiernach ergibt sich

$$\begin{aligned} &\sigma_x = \lambda e + 2\mu\varepsilon_x, \quad \sigma_y = \lambda e + 2\mu\varepsilon_y, \quad \sigma_z = \lambda e + 2\mu\varepsilon_z, \\ &\tau_{xy} = \mu\gamma_{xy}, \quad \tau_{yz} = \mu\gamma_{yz}, \quad \tau_{xz} = \mu\gamma_{xz}, \end{aligned} \tag{1}$$

wobei mit

$$e = \varepsilon_x + \varepsilon_y + \varepsilon_z \tag{2}$$

die Volumendehnung bezeichnet wurde.

Die Gln. (1) stellen die gesuchten Beziehungen zwischen den Spannungs- und Verzerrungskomponenten im isotropen Körper dar. Die Größen λ, μ sind Konstanten, die die elastischen Eigenschaften des gegebenen Körpers charakterisieren[1]). Sie wurden von G. LAMÉ (1795 bis 1870) eingeführt[2]) und heißen deshalb *Lamésche Konstanten.* Sie müssen für einen gegebenen Werkstoff jeweils experimentell bestimmt werden[3]).

Nach der bei der Formulierung des verallgemeinerten HOOKEschen Gesetzes genannten Bedingung sollen die Gln. (1) nach $\varepsilon_x, \ldots, \gamma_{xz}$ auflösbar sein. Wir wollen nun untersuchen, welchen Forderungen λ und μ genügen müssen, damit dies ermöglicht wird. Zu diesem Zwecke versuchen wir, die Gln. (1) tatsächlich nach den Verzerrungen aufzulösen.

Durch Addition der drei ersten Gln. von (1) erhalten wir

$$\sigma_x + \sigma_y + \sigma_z = (3\lambda + 2\mu)e = (3\lambda + 2\mu)(\varepsilon_x + \varepsilon_y + \varepsilon_z). \tag{3}$$

Diese Gleichung ist nur dann nach $\varepsilon_x + \varepsilon_y + \varepsilon_z$ auflösbar, wenn $3\lambda + 2\mu \neq 0$ ist. Die drei letzten Gleichungen von (1) lassen sich nach $\gamma_{xy}, \gamma_{yz}, \gamma_{xz}$ auflösen, wenn $\mu \neq 0$[4]) ist. Wir nehmen an, daß die genannten Bedingungen erfüllt sind und erhalten dann durch Einführung des aus Gl. (3) gewonnenen Wertes für e in die Gln. (1) folgende Beziehungen, die die Verzerrungen durch die Spannungskomponenten ausdrücken:

$$\left.\begin{aligned} \varepsilon_x &= \frac{\lambda + \mu}{\mu(3\lambda + 2\mu)}\sigma_x - \frac{\lambda}{2\mu(3\lambda + 2\mu)}(\sigma_y + \sigma_z), \\ \varepsilon_y &= \frac{\lambda + \mu}{\mu(3\lambda + 2\mu)}\sigma_y - \frac{\lambda}{2\mu(3\lambda + 2\mu)}(\sigma_x + \sigma_z), \\ \varepsilon_z &= \frac{\lambda + \mu}{\mu(3\lambda + 2\mu)}\sigma_z - \frac{\lambda}{2\mu(3\lambda + 2\mu)}(\sigma_x + \sigma_y), \\ \gamma_{xy} &= \frac{1}{\mu}\tau_{xy}, \quad \gamma_{yz} = \frac{1}{\mu}\tau_{yz}, \quad \gamma_{xz} = \frac{1}{\mu}\tau_{xz}. \end{aligned}\right\} \tag{4}$$

1.3.3. Elastostatische Grundgleichungen

Wir haben nun die Möglichkeit, ein vollständiges System von Gleichungen der Statik des isotropen elastischen Körpers aufzuschreiben. Dieses besteht aus den „Gleichgewichts-

---

[1]) Die Gln. (1) bleiben offenbar auch dann gültig, wenn der betrachtete Körper zwar isotrop aber inhomogen ist. In diesem Falle stellen die Größen λ und μ Funktionen der Koordinaten x, y, z des betrachteten Punktes dar. Einige der im weiteren hergeleiteten Formeln und Sätze bleiben ebenfalls für den inhomogenen Körper gültig, doch davon kann sich der Leser leicht selbst überzeugen.

[2]) LAMÉ [1]

[3]) Experimentell ermittelt man nicht die Werte λ und μ selbst, sondern gewisse andere Größen, die unmittelbar gemessen werden können und eine Berechnung von λ und μ ermöglichen.

[4]) In 1.3.4. wird gezeigt, daß für alle realen Körper $\lambda > 0$, $\mu > 0$ gilt.

bedingungen“ für die Spannungskomponenten (1.1.4.) und aus den Gln. (1) in 1.3.2., die die Spannungen mit den Verzerrungen verknüpfen. Somit lautet das vollständige System[1])

$$\left.\begin{aligned}
&\frac{\partial \sigma_x}{\partial x} + \frac{\partial \tau_{xy}}{\partial y} + \frac{\partial \tau_{xz}}{\partial z} + X = 0,\\
&\frac{\partial \tau_{xy}}{\partial x} + \frac{\partial \sigma_y}{\partial y} + \frac{\partial \tau_{yz}}{\partial z} + Y = 0,\\
&\frac{\partial \tau_{xz}}{\partial x} + \frac{\partial \tau_{yz}}{\partial y} + \frac{\partial \sigma_z}{\partial z} + Z = 0,
\end{aligned}\right\} \tag{1}$$

$$\begin{aligned}
&\sigma_x = \lambda e + 2\mu\varepsilon_x, \quad \sigma_y = \lambda e + 2\mu\varepsilon_y, \sigma_z = \lambda e + 2\mu\varepsilon_z,\\
&\tau_{xy} = \mu\gamma_{xy}, \quad \tau_{yz} = \mu\gamma_{yz}, \quad \tau_{xz} = \mu\gamma_{xz}
\end{aligned} \tag{2}$$

mit

$$\begin{aligned}
&\varepsilon_x = \frac{\partial u}{\partial x}, \quad \varepsilon_y = \frac{\partial v}{\partial y}, \quad \varepsilon_z = \frac{\partial w}{\partial z},\\
&\gamma_{xy} = \frac{\partial u}{\partial y} + \frac{\partial v}{\partial x}, \quad \gamma_{yz} = \frac{\partial v}{\partial z} + \frac{\partial w}{\partial y}, \quad \gamma_{xz} = \frac{\partial w}{\partial x} + \frac{\partial u}{\partial z}.
\end{aligned} \tag{3}$$

Hierbei sind u, v, w die Verschiebungskomponenten. Zur Abkürzung wurde

$$e = \varepsilon_x + \varepsilon_y + \varepsilon_z = \frac{\partial u}{\partial x} + \frac{\partial v}{\partial y} + \frac{\partial w}{\partial z} \tag{4}$$

gesetzt.

Zu diesen Gleichungen müssen wir noch folgende Formeln für die Komponenten des auf das Flächenelement mit der Normalen n wirkenden Spannungsvektors (1.1.3.) hinzunehmen:

$$\left.\begin{aligned}
\overset{n}{\sigma}_x &= \sigma_x \cos(n, x) + \tau_{xy} \cos(n, y) + \tau_{xz} \cos(n, z),\\
\overset{n}{\sigma}_y &= \tau_{xy} \cos(n, x) + \sigma_y \cos(n, y) + \tau_{yz} \cos(n, z),\\
\overset{n}{\sigma}_z &= \tau_{xz} \cos(n, x) + \tau_{yz} \cos(n, y) + \sigma_z \cos(n, z).
\end{aligned}\right\} \tag{5}$$

Die Gln. (1) und (2) sind linear und homogen in den Verschiebungen u, v, w, den Spannungen σ_x, ..., τ_{xz} und den Komponenten der Volumenkräfte X, Y, Z. Daraus ergibt sich folgender Sachverhalt: Wenn

$$u' \; v', w', \sigma_x', \ldots, \tau_{xz}' \quad \text{und} \quad u'', v'', w'', \sigma_x'', \ldots, \tau_{xz}''$$

zwei Lösungen der Gln. (1) und (2) mit den Volumenkräften X', Y', Z' bzw. X'', Y'', Z'' darstellen, so sind die Ausdrücke

$$\begin{aligned}
&u = u' + u'', \quad v = v' + v'', \quad w = w' + w'',\\
&\sigma_x = \sigma_x' + \sigma_x'', \ldots, \quad \tau_{xz} = \tau_{xz}' + \tau_{xz}''
\end{aligned} \tag{6}$$

eine Lösung für das gleiche System mit den Volumenkräften

$$X = X' + X'', \quad Y = Y' + Y'', \quad Z = Z' + Z'', \tag{7}$$

d. h., die Lösung (6) entsteht durch *Superposition* zweier gegebener Lösungen.

[1]) In 1.3.5. wird gezeigt, daß es sich wirklich um ein vollständiges System handelt.

Auf Grund der Gln. (5) sind die der letzten Lösung entsprechenden an der Oberfläche des Körpers angreifenden äußeren Spannungen gleich der Summe der zu den vorgegebenen Lösungen gehörenden Spannungen (wobei n jeweils die äußere Normale bedeutet).
Wenn insbesondere u'', v'', w'', σ_x'', ..., τ_{xz}'' eine Lösung für verschwindende Volumenkräfte ($X'' = Y'' = Z'' = 0$) darstellt, so genügt die Lösung (6) denselben Gleichungen (mit denselben Volumenkräften) wie die Lösung u', v', w', σ_x', ..., τ_{xz}'.

1.3.4. Einfachste Fälle des elastischen Gleichgewichts. Elastische Konstanten

Wir gehen zunächst auf einige einfache Fälle des elastischen Gleichgewichts ein, um den physikalischen Sinn der elastischen Konstanten zu bestimmen.
Bei fehlenden Volumenkräften, d. h. für

$$X = Y = Z = 0, \tag{1}$$

lassen sich die elastostatischen Gleichungen befriedigen, indem man die Verzerrungen ε_x, ..., γ_{xz} als (beliebige) Konstanten vorgibt, d. h. indem man die Deformation als homogen auffaßt.
Das läßt sich wie folgt zeigen: Gemäß (2) in 1.3.3. ergeben sich konstante Spannungskomponenten; die Gln. (1) in 1.3.3. werden somit identisch befriedigt (da nach Voraussetzung $X = Y = Z = 0$ ist). Weiterhin sind offensichtlich die SAINT-VENANTschen Verträglichkeitsbedingungen (1.2.7.) erfüllt, so daß man stets Verschiebungen u, v, w finden kann, die den gegebenen Verzerrungen entsprechen.
In unserem einfachen Falle befriedigen die Verschiebungen

$$\left.\begin{aligned} u &= \varepsilon_x x + \tfrac{1}{2}\gamma_{xy} y + \tfrac{1}{2}\gamma_{xz} z + qz - ry + a, \\ v &= \tfrac{1}{2}\gamma_{xy} x + \varepsilon_y y + \tfrac{1}{2}\gamma_{yz} z + rx - pz + b, \\ w &= \tfrac{1}{2}\gamma_{xz} x + \tfrac{1}{2}\gamma_{yz} y + \varepsilon_z z + py - qx + c \end{aligned}\right\} \tag{2}$$

bei konstanten ε_x, ..., γ_{xz} die Gln. (3) in 1.3.3., wie man durch Einsetzen leicht verifizieren kann[1]). Hierbei stellen a, b, c, p, q, r willkürliche Konstanten dar. Alle Glieder, die solche Konstanten enthalten, drücken deshalb eine starre Verschiebung des Gesamtkörpers aus.
Gemäß dem in 1.2.7. Gesagten ist die Lösung (2) bei vorgegebenen ε_x, ..., γ_{xz} die einzig mögliche.
Ebenso kann man offenbar die elastostatischen Gleichungen befriedigen, indem man die Spannungskomponenten als beliebige Konstanten vorgibt; denn mit Hilfe der Gln. (2) in 1.3.3. erhält man damit für die Verzerrungen bestimmte konstante Werte und gelangt so zum vorhergehenden Fall.
Wir betrachten nun einige einfache Sonderfälle. Mit

$$\sigma_x = \sigma_0 = \text{const}, \sigma_y = \sigma_z = \tau_{xy} = \tau_{yz} = \tau_{xz} = 0 \tag{3}$$

erhalten wir aus (2) in 1.3.3. oder, was dasselbe besagt, aus (4) in 1.3.2.

$$\varepsilon_x = \frac{\lambda + \mu}{\mu(3\lambda + 2\mu)}\sigma_0, \varepsilon_y = \varepsilon_z = -\frac{\lambda}{2\mu(3\lambda + 2\mu)}\sigma_0, \tag{4}$$

$$\gamma_{xy} = \gamma_{yz} = \gamma_{xz} = 0. \tag{5}$$

Als elastischen Körper wählen wir jetzt ein Prisma oder einen Zylinder, dessen Mantellinien parallel zur x-Achse laufen und dessen Grundflächen senkrecht auf dieser stehen.

[1]) Die Formeln (2) kann man auch aus den Gln. (12) in 1.2.4. herleiten.

Gemäß (5) in 1.3.3. gilt auf der Mantelfläche offensichtlich $\overset{n}{\sigma}_x = \overset{n}{\sigma}_y = \overset{n}{\sigma}_z = 0$, d. h., sie ist frei von äußeren Spannungen. Auf der der positiven x-Richtung zugewandten Grundfläche ergibt sich $\overset{n}{\sigma}_y = \overset{n}{\sigma}_z = 0$, $\overset{n}{\sigma}_x = \sigma_0$, auf der entgegengesetzten $\overset{n}{\sigma}_y = \overset{n}{\sigma}_z = 0$, $\overset{n}{\sigma}_x = -\sigma_0$. Folglich stellen die auf den Zylinder wirkenden äußeren Kräfte gleichmäßig über die Grundflächen verteilte Zugspannungen ($\sigma_0 > 0$) oder Druckspannungen ($\sigma_0 < 0$) dar. σ_0 gibt die auf die Flächeneinheit bezogene Zug- bzw. Druckkraft an.
Wir betrachten es als offensichtlich (und als experimentell bewiesen), daß der Zylinder unter diesen Voraussetzungen bei $\sigma_0 > 0$ in Achsenrichtung gedehnt und quer zur Achse verkürzt wird, daß also $\varepsilon_x > 0$, $\varepsilon_y < 0$, $\varepsilon_z < 0$ gilt. Nach (4) ergibt sich damit

$$\frac{\lambda + \mu}{\mu(3\lambda + 2\mu)} > 0, \qquad \frac{\lambda}{2\mu(3\lambda + 2\mu)} > 0, \tag{6}$$

d. h., insbesondere ist $\lambda + \mu \neq 0$. Außerdem folgt aus diesen Ungleichungen (wenn man die eine linke Seite durch die andere dividiert)

$$\frac{\lambda}{2(\lambda + \mu)} > 0.$$

Wir führen nun die Konstanten

$$E = \frac{\mu(3\lambda + 2\mu)}{\lambda + \mu}, \qquad \nu = \frac{\lambda}{2(\lambda + \mu)} \tag{7}$$

ein, sie sind auf Grund des eben Gesagten für alle Werkstoffe positiv. Die Konstante E heißt *Elastizitätsmodul* oder YOUNGscher Modul, während ν als POISSON-Zahl bezeichnet wird. Die physikalische Bedeutung der Größe E geht aus der ersten Gl. von (4)

$$\sigma_0 = E\varepsilon_x$$

hervor, d. h., E ist das Verhältnis aus der Zugspannung und der von ihr hervorgerufenen Längsdehnung (bzw. aus Druckspannung und Verkürzung).
Die physikalische Bedeutung der Größe ν ist ebenfalls aus (4) ersichtlich, wonach

$$\frac{|\varepsilon_y|}{|\varepsilon_x|} = \frac{|\varepsilon_z|}{|\varepsilon_x|} = \nu$$

ist. Das Verhältnis aus Querkontraktion und Längsdehnung (bzw. für $\sigma_0 < 0$ aus Querdehnung und Stauchung) stellt also eine konstante Größe dar, die weder von der Form des Stabquerschnittes, noch von der Größe der Zug- (bzw. Druck-)Kraft abhängt.
Weiterhin betrachten wir nun den Sonderfall

$$\tau_{yz} = \tau_0 = \text{const}, \quad \sigma_x = \sigma_y = \sigma_z = \gamma_{xy} = \gamma_{xz} = 0. \tag{10}$$

Die Gln. (2) in 1.3.3. ergeben hierbei

$$\gamma_{yz} = \frac{1}{\mu}\tau_0, \quad \varepsilon_x = \varepsilon_y = \varepsilon_z = \gamma_{xy} = \gamma_{xz} = 0, \tag{11}$$

d. h., die entsprechende Verformung stellt einen einfachen Schub dar.
Wenn der betrachtete Körper im unverformten Zustand ein rechtwinkliges Parallelepiped bildet, dessen Seitenflächen paarweise zu den Koordinatenebenen parallel liegen, so sind die zur x-Achse senkrechten Seitenflächen gemäß (10) frei von äußeren Spannungen. Die

an den übrigen Flächen aufgebrachten Kräfte führen auf Schubbeanspruchungen, die für $\tau_0 > 0$ wie in Bild 10 gezeigt angreifen (in Bild 10 ist nur ein zur xy-Ebene paralleler Schnitt durch den Körper dargestellt).

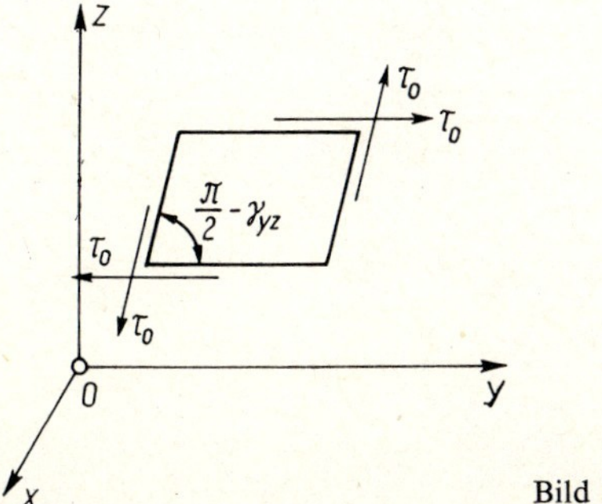

Bild 10

Der in der Abbildung eingezeichnete ursprünglich rechte Winkel zwischen den ursprünglich zu den Ebenen xy und xz parallelen Seitenflächen wird um die Größe γ_{yz} vermindert (s. 1.2.4.). Folglich erhalten wir gemäß (11)

$$\tau_0 = \mu \gamma_{yz}, \tag{12}$$

d. h., μ gibt das Verhältnis aus der Schubbeanspruchung τ_0 und dem Scherungswinkel an und wird deshalb als *Schubmodul* bezeichnet.
Abschließend betrachten wir den Fall

$$\sigma_x = \sigma_y = \sigma_z = -p = \text{const}, \quad \tau_{xy} = \tau_{yz} = \tau_{xz} = 0. \tag{13}$$

Nach (5) in 1.3.3. ergeben sich die an einem beliebigen Flächenelement mit der Normalen n angreifenden Spannungen zu

$$\overset{n}{\sigma}_x = -p \cos(n, x), \quad \overset{n}{\sigma}_y = -p \cos(n, y), \quad \overset{n}{\sigma}_z = -p \cos(n, z).$$

Diese Gleichungen besagen, daß der Spannungsvektor parallel zur Normalen ist und den konstanten Betrag $|p|$ hat. Folglich wirkt auf jedes Flächenelement lediglich eine Normalspannung (für $p > 0$ handelt es sich um eine Druckspannung). Die Oberfläche eines beliebigen Volumenelements des betrachteten Körpers wird demnach durch eine gleichmäßige äußere Normalspannung (hydrostatischer Druck) beansprucht. Die Addition der drei ersten Gleichungen aus (2) in 1.3.3. führt auf

$$p = -\left(\lambda + \frac{2}{3}\mu\right) e.$$

Dabei ist e die Volumendehnung (und folglich $-e$ die Volumenverringerung), und die Größe

$$k = \lambda + \frac{2}{3}\mu \tag{14}$$

heißt *Kompressionsmodul*.

Wir betrachten als offensichtlich bzw. durch Experiment bewiesen, daß für $p > 0$ tatsächlich eine Volumenverringerung eintritt, d. h. daß für alle Werkstoffe $k > 0$ ist.

Die LAMÉschen Konstanten λ und μ sind folgendermaßen mit den im vorliegenden Abschnitt genannten Größen verknüpft: Aus (7) ergibt sich

$$\lambda = \frac{E\nu}{(1+\nu)(1-2\nu)}, \quad \mu = \frac{E}{2(1+\nu)}, \tag{15}$$

und durch Substitution dieser Werte in (14) erhalten wir

$$k = \frac{E}{3(1-2\nu)}. \tag{16}$$

Die letzte Beziehung zeigt, daß für alle Werkstoffe

$$\nu < \frac{1}{2} \tag{17}$$

sein muß, während nach (15)

$$\lambda > 0, \quad \mu > 0$$

gilt[1]).

Erwähnt sei, daß nach der Theorie von CAUCHY und POISSON für alle Körper $\nu = \frac{1}{4}$ oder, was dasselbe besagt, $\lambda = \mu$ sein müßte. Das bestätigte sich jedoch nicht in der Praxis. Wenn wir in den Gln. (4) in 1.3.2. die Größen λ, μ durch E, ν ersetzen, nehmen diese folgende einfache Gestalt an

$$\left.\begin{aligned} \varepsilon_x &= \frac{1}{E}[\sigma_x - \nu(\sigma_y + \sigma_z)], \\ \varepsilon_y &= \frac{1}{E}[\sigma_y - \nu(\sigma_x + \sigma_z)], \\ \varepsilon_z &= \frac{1}{E}[\sigma_z - \nu(\sigma_x + \sigma_y)], \\ \gamma_{xy} &= \frac{2(1+\nu)}{E}\tau_{xy}, \quad \gamma_{yz} = \frac{2(1+\nu)}{E}\tau_{yz}, \quad \gamma_{xz} = \frac{2(1+\nu)}{E}\tau_{xz}. \end{aligned}\right\} \tag{18}$$

Bemerkung:

In der Literatur[2]) versteht man oft unter POISSON-Zahl die Größe $\frac{1}{\nu} = m$. Der Schubmodul μ wird häufig mit G bezeichnet. Neueste Zahlenangaben über die Elastizitätskonstanten für verschiedene Werkstoffe kann man z. B. im Buch von GRAMMEL [1] finden.

1.3.5. Randwertprobleme der Elastostatik. Eindeutigkeit der Lösungen

Wir wenden uns nun wieder den elastostatischen Gleichungen (1.3.3.) zu, die wir jetzt wie folgt schreiben

---

[1]) Die Tatsache, daß $\mu > 0$ ist, kann man auch auf Grund der physikalischen Bedeutung dieser Größe (Schubmodul) als offensichtlich betrachten.

[2]) Siehe beispielsweise GRAMMEL [1]

$$\left.\begin{aligned}
&\frac{\partial \sigma_x}{\partial x} + \frac{\partial \tau_{xy}}{\partial y} + \frac{\partial \tau_{xz}}{\partial z} + X = 0,\\
&\frac{\partial \tau_{xy}}{\partial x} + \frac{\partial \sigma_y}{\partial y} + \frac{\partial \tau_{yz}}{\partial z} + Y = 0,\\
&\frac{\partial \tau_{xz}}{\partial x} + \frac{\partial \tau_{yz}}{\partial y} + \frac{\partial \sigma_z}{\partial z} + Z = 0,
\end{aligned}\right\} \tag{1}$$

$$\left.\begin{aligned}
&\sigma_x = \lambda e + 2\mu \frac{\partial u}{\partial x}, \quad \sigma_y = \lambda e + 2\mu \frac{\partial v}{\partial y}, \quad \sigma_z = \lambda e + 2\mu \frac{\partial w}{\partial z},\\
&\tau_{xy} = \mu\left(\frac{\partial v}{\partial x} + \frac{\partial u}{\partial y}\right), \quad \tau_{yz} = \mu\left(\frac{\partial w}{\partial y} + \frac{\partial v}{\partial z}\right), \quad \tau_{xz} = \mu\left(\frac{\partial u}{\partial z} + \frac{\partial w}{\partial x}\right)
\end{aligned}\right\} \tag{2}$$

mit

$$e = \frac{\partial u}{\partial x} + \frac{\partial v}{\partial y} + \frac{\partial w}{\partial z}.$$

Die neun Gln. (1) und (2) enthalten neun unbekannte Funktionen $u, v, w, \sigma_x, \ldots, \tau_{xz}$. Oben nannten wir das System (1), (2) ein vollständiges System von Gleichungen der Statik des elastischen Körpers. Dazu muß noch bewiesen werden, daß das System (1), (2) das elastische Gleichgewicht des Körpers vollständig bestimmt[1]), wenn die äußere Belastung und die inneren[2]) Volumenkräfte bekannt sind.

Die äußere Belastung besteht erstens aus den äußeren Volumenkräften und zweitens aus den an der Oberfläche des Körpers angreifenden äußeren Kräften.

Im Zusammenhang damit formulieren wir das folgende **I. Randwertproblem**:

Gesucht ist der elastische Gleichgewichtszustand des Körpers, wenn die an der Oberfläche des Körpers angreifenden äußeren Kräfte vorgegeben sind. Hierbei und überall im weiteren setzen wir voraus, daß die Volumenkräfte[3]) *bekannt sind.*

Im Hinblick auf die Gln. (1), (2) lautet diese Problemstellung: Es sind Funktionen $u, v, w, \sigma_x, \ldots, \tau_{xz}$ gesucht, die in V[4]) die Gln. (1) befriedigen und außerdem auf dem Rand (der Oberfläche) S des Körpers folgenden Bedingungen [s. Gln. (5) in 1.3.3.] genügen

$$\left.\begin{aligned}
&\sigma_x \cos(n, x) + \tau_{xy} \cos(n, y) + \tau_{xz} \cos(n, z) = f_1,\\
&\tau_{xy} \cos(n, x) + \sigma_y \cos(n, y) + \tau_{yz} \cos(n, z) = f_2,\\
&\tau_{xz} \cos(n, x) + \tau_{yz} \cos(n, y) + \sigma_z \cos(n, z) = f_3,
\end{aligned}\right\} \tag{3}$$

[1]) Der elastische Gleichgewichtszustand des Körpers wird als bekannt betrachtet, wenn die Spannungskomponenten oder, was gemäß (2) dasselbe besagt, die Verzerrungen in jedem Punkt des Körpers bekannt sind.

[2]) Man darf nicht denken, daß die Volumenkräfte ausschließlich äußere Kräfte sind, z. B. die Anziehungskräfte zwischen den Teilen des elastischen Körpers sind innere Volumenkräfte.

[3]) In der Praxis liegen die Dinge folgendermaßen: Die auf ein Volumenelement wirkenden Volumenkräfte hängen gewöhnlich von der in dem Element eingeschlossenen Masse und von der Lage dieses Elementes in bezug auf die anderen Massen ab (konkrete Beispiele: Schwerkraft, Fliehkraft bei der Rotation eines Körpers usw.). Nach der Verformung ändert sich sowohl die Lage des Elementes als auch seine Dichte, so daß sich die auf die Volumeneinheit bezogenen Volumenkräfte (X, Y, Z) im allgemeinen bei der Deformation etwas ändern. Jedoch angesichts der Kleinheit der Verzerrungen und Verschiebungen sind diese Änderungen sehr klein, und man kann sie vernachlässigen.

[4]) Unter V verstehen wir das vom Körper ursprünglich eingenommene Gebiet (s. 1.3.1.) und unter S den Rand desselben.

wobei n die äußere Normale an die Oberfläche S bezeichnet und f_1, f_2, f_3 auf der Oberfläche vorgegebene Funktionen (Komponenten des auf der Randfläche wirkenden Spannungsvektors) sind.

Neben dem eben genannten I. ist das folgende **II. Randwertproblem** von bedeutendem Interesse:

Gesucht ist der elastische Gleichgewichtszustand des Körpers, wenn die Verschiebungen der Randpunkte vorgegeben sind.

Physikalisch entspricht dies dem Fall, daß den Randpunkten durch geeignete an der Oberfläche des Körpers angreifende Belastungen vorgegebene Verschiebungen mitgeteilt werden und die Oberfläche in dieser Gestalt festgehalten wird.

Im Hinblick auf die Gln. (1), (2) führt das II. Problem auf die Ermittlung einer Lösung, die auf dem Rand S den Bedingungen

$$u = g_1, \quad v = g_2, \quad w = g_3$$

genügt, wobei g_1, g_2, g_3 auf der Randfläche vorgegebene Funktionen sind.

Schließlich spielt in vielen Fragen das **gemischte Problem** eine große Rolle, wo auf einem Teil des Randes die Verschiebungen und auf dem übrigen die äußeren Spannungen vorgegeben sind.

Außer den angeführten Problemen kann man noch zahlreiche andere formulieren, die nicht weniger bedeutsam für die Praxis sind. Einige davon werden wir später in Anwendung auf den ebenen Fall betrachten.

Überall im weiteren wollen wir voraussetzen (wenn nicht anders vereinbart), daß u, v, w *eindeutige* Funktionen sind, die im Inneren des vom Körper eingenommenen Gebietes V stetige Ableitungen bis einschließlich dritter Ordnung haben. Unter diesen Bedingungen sind die Verzerrungs- und Spannungskomponenten eindeutige stetige Funktionen mit stetigen Ableitungen bis zur zweiten Ordnung im Inneren des Gebietes V. Außerdem nehmen wir an, daß die Verschiebungen und die Spannungskomponenten stetig bis hin zum Rand des Gebietes V sind. Diese Forderung hatten wir schon früher bei der Formulierung der Bedingungen (3) und (4) stillschweigend vorausgesetzt.

Bezüglich der Randfläche S stellen wir die üblichen Bedingungen, die die Gültigkeit der im weiteren benutzten Formeln der Integralrechnung gewährleisten.

Bevor wir zum Beweis des *Eindeutigkeitssatzes* für die genannten Randwertprobleme übergehen, leiten wir zunächst eine wichtige Formel her.

Dazu betrachten wir das Doppelintegral über die Fläche S

$$I = \iint\limits_S \left(\overset{n}{\sigma}_x u + \overset{n}{\sigma}_y v + \overset{n}{\sigma}_z w\right) \mathrm{d}S, \tag{5}$$

wobei $\overset{n}{\sigma}_x, \overset{n}{\sigma}_y, \overset{n}{\sigma}_z$ nach (5) in 1.3.3. definiert sind und unter n die äußere Normale an die Fläche zu verstehen ist.

Durch Einsetzen der genannten Ausdrücke in (5) ergibt sich

$$I = \iint\limits_S [P \cos(n, x) + Q \cos(n, y) + R \cos(n, z)] \, \mathrm{d}S$$

mit

$$P = \sigma_x u + \tau_{xy} v + \tau_{xz} w, \quad Q = \tau_{xy} u + \sigma_y v + \tau_{yz} w, \quad R = \tau_{xz} u + \tau_{yz} v + \sigma_z w.$$

Nach den Formeln von Ostrogradski-Green ist

$$I = \iiint\limits_V \left(\frac{\partial P}{\partial x} + \frac{\partial Q}{\partial y} + \frac{\partial R}{\partial z}\right) \mathrm{d}x \, \mathrm{d}y \, \mathrm{d}z.$$

Nun gilt aber in unserem Falle

$$\frac{\partial P}{\partial x} + \frac{\partial Q}{\partial y} + \frac{\partial R}{\partial z} = u\left(\frac{\partial \sigma_x}{\partial x} + \frac{\partial \tau_{xy}}{\partial y} + \frac{\partial \tau_{xz}}{\partial z}\right) + v\left(\frac{\partial \tau_{xy}}{\partial x} + \frac{\partial \sigma_y}{\partial y} + \frac{\partial \tau_{yz}}{\partial z}\right)$$

$$+ w\left(\frac{\partial \tau_{xz}}{\partial x} + \frac{\partial \tau_{yz}}{\partial y} + \frac{\partial \sigma_z}{\partial z}\right) + \sigma_x \frac{\partial u}{\partial x} + \sigma_y \frac{\partial v}{\partial y} + \sigma_z \frac{\partial w}{\partial z} + \tau_{xy}\left(\frac{\partial v}{\partial x} + \frac{\partial u}{\partial y}\right)$$

$$+ \tau_{yz}\left(\frac{\partial w}{\partial y} + \frac{\partial v}{\partial z}\right) + \tau_{xz}\left(\frac{\partial u}{\partial z} + \frac{\partial w}{\partial x}\right)$$

oder gemäß (1)

$$\frac{\partial P}{\partial x} + \frac{\partial Q}{\partial y} + \frac{\partial R}{\partial z} = -(Xu + Yv + Zw) + 2W$$

mit

$$2W = \sigma_x \varepsilon_x + \sigma_y \varepsilon_y + \sigma_z \varepsilon_z + \tau_{xy}\gamma_{xy} + \tau_{yz}\gamma_{yz} + \tau_{xz}\gamma_{xz}. \tag{6}$$

Auf diese Weise erhalten wir schließlich

$$\iint\limits_S (\overset{n}{\sigma}_x u + \overset{n}{\sigma}_y v + \overset{n}{\sigma}_z w)\,\mathrm{d}S + \iiint\limits_V (Xu + Yv + Zw)\,\mathrm{d}x\,\mathrm{d}y\,\mathrm{d}z = 2\iiint\limits_V W\,\mathrm{d}x\,\mathrm{d}y\,\mathrm{d}z. \tag{7}$$

Der in diese Gleichung eingehende Ausdruck W stellt die *auf die Volumeneinheit bezogene potentielle Formänderungsenergie* des Körpers dar (s. 1.3.9.).
Wenn wir auf der rechten Seite der Gl. (6) für die Spannungskomponenten die Ausdrücke (2) in 1.1.3. einsetzen, erhalten wir nach einigen Vereinfachungen

$$2W = \lambda(\varepsilon_x + \varepsilon_y + \varepsilon_z)^2 + 2\mu(\varepsilon_x^2 + \varepsilon_y^2 + \varepsilon_z^2 + \tfrac{1}{2}\gamma_{xy}^2 + \tfrac{1}{2}\gamma_{yz}^2 + \tfrac{1}{2}\gamma_{xz}^2). \tag{6'}$$

Diese Gleichung zeigt, daß W eine *positiv definite* quadratische Form der Verzerrungskomponenten ist, d. h., sie wird nur dann zu Null, wenn alle Verzerrungen verschwinden. Dies folgt aus der Tatsache, daß λ und μ positive Größen sind. Ebenso einfach läßt sich W durch die Spannungskomponenten ausdrücken. W ist offensichtlich ebenfalls eine positiv definite quadratische Form dieser Komponenten.
Wir gehen nun zum Beweis des Eindeutigkeitssatzes über und nehmen an, daß eines der oben aufgestellten Probleme zwei Lösungen hat. Die den beiden Lösungen entsprechenden Verschiebungs- und Spannungskomponenten bezeichnen wir mit u', v', w', σ_x', ..., τ_{xz}' bzw. u'', v'', w'', σ_x'', ..., τ_{xz}''. Nun bilden wir die Differenz dieser Lösungen

$$u = u'' - u', \; \ldots, \quad \tau_{xz} = \tau_{xz}'' - \tau_{xz}'.$$

Offensichtlich befriedigen die Funktionen $u, v, w, \sigma_x, \ldots, \tau_{xz}$ dasselbe System (1), (2) (s. 1.3.3.), in dem lediglich jetzt

$$X = Y = Z = 0$$

zu setzen ist, mit anderen Worten, unsere Lösungsdifferenz befriedigt die statischen Grundgleichungen des elastischen Körpers bei fehlenden Volumenkräften. Für die Größen $u, v, w, \sigma_x, \ldots, \tau_{xz}$ erhalten wir somit nach (7) (mit $X = Y = Z = 0$)

$$\iint\limits_S (\overset{n}{\sigma}_x u + \overset{n}{\sigma}_y v + \overset{n}{\sigma}_z w)\,\mathrm{d}S = 2\iiint\limits_V W\,\mathrm{d}x\,\mathrm{d}y\,\mathrm{d}z.$$

Im Falle des I. Problems verschwinden die für die Differenz zweier Lösungen gebildeten Größen $\overset{n}{\sigma}_x$, $\overset{n}{\sigma}_y$, $\overset{n}{\sigma}_z$ auf S, da nach Voraussetzung beide Lösungen den Bedingungen (3) bei ein und denselben Werten f_1, f_2, f_3 genügen und folglich für die Differenz

$$\overset{n}{\sigma}_x = \sigma_x \cos(n, x) + \tau_{xy} \cos(n, y) + \tau_{xz} \cos(n, z) = 0, \quad \overset{n}{\sigma}_y = \overset{n}{\sigma}_z = 0$$

gilt.

Im Falle des II. Problems erhalten wir in ähnlicher Weise $u = v = w = 0$ auf S, und schließlich verschwinden beim gemischten Problem auf einem Teil der Oberfläche die Größen u, v, w und auf den anderen $\overset{n}{\sigma}_x, \overset{n}{\sigma}_y, \overset{n}{\sigma}_z$. In allen drei Fällen ist der Ausdruck $\overset{n}{\sigma}_x u + \overset{n}{\sigma}_y v + \overset{n}{\sigma}_z w$ auf $S = 0$, d. h., die Gl. (7′) lautet

$$\iiint_V W \, dx \, dy \, dz = 0.$$

Da $W \geqq 0$ ist, kann diese Gleichung nur dann befriedigt werden, wenn $W = 0$ für alle Punkte des Gebietes gilt. Auf Grund des oben Gesagten ist dies aber nur unter der Bedingung möglich, daß im gesamten Körper $\varepsilon_x = \varepsilon_y = \varepsilon_z = \gamma_{xy} = \gamma_{yz} = \gamma_{xz} = 0$ ist. Weiterhin gilt $\varepsilon_x = \varepsilon_x'' - \varepsilon_x'$ usw., wobei $\varepsilon_x'', \ldots, \gamma_{xz}''; \varepsilon_x', \ldots, \gamma_{xz}'$ die den beiden betrachtenden Lösungen entsprechenden Verzerrungen darstellen. Beide Lösungen führen somit auf gleiche Verzerrungskomponenten und folglich auch auf gleiche Spannungen. Sie sind demnach in dem Sinne identisch, daß sie gleiche Spannungs- und Verzerrungszustände beschreiben. Damit ist der Eindeutigkeitssatz bewiesen[1]).

Erwähnt sei noch, daß die Verschiebungen nicht völlig identisch zu sein brauchen; denn aus dem Verschwinden der $\varepsilon_x, \ldots, \gamma_{xz}$ folgt nicht $u = v = w = 0$, sondern lediglich

$$u = a + qz - ry, \quad v = b + rx - pz, \quad w = c + py - qx,$$

wobei a, b, c, p, q, r Konstanten sind, die eine starre Verschiebung des Gesamtkörpers beschreiben.

Bei der Lösung des I. Problems erhalten wir demnach zwar stets eindeutige Spannungen und Verzerrungen, doch die Verschiebungskomponenten können unterschiedliche Werte annehmen, die sich durch eine starre Verschiebung des Gesamtkörpers voneinander unterscheiden.

Das alles war selbstverständlich vorauszusehen, da eine starre Verschiebung keinerlei Einfluß auf die Spannungen und Verzerrungen hat. Diese Unbestimmtheit der Lösung wollen wir als unwesentlich betrachten.

Im Falle des II. und des gemischten Problems kann diese Unbestimmtheit nicht auftreten, da die Verschiebungen auf der gesamten Oberfläche oder einem Teil derselben vorgegeben sind.

Zum Schluß sei noch erwähnt, daß nach dem bewiesenen Eindeutigkeitssatz als Sonderfall folgender Satz gilt: Wenn bei fehlenden Volumenkräften a) entweder die äußeren Spannungen oder b) die Verschiebungen der Randpunkte oder schließlich c) die äußeren Spannungen auf dem einen Teil der Oberfläche und die Verschiebungen auf dem anderen identisch Null sind, so verschwinden im gesamten Körper die Spannungen (und folglich auch die Verzerrungen).

Der angeführte Eindeutigkeitsbeweis ist sowohl für einfach zusammenhängende als auch für mehrfach zusammenhängende Körper gültig, da wir die Voraussetzung des einfachen Zusammenhanges[2]) nirgends benutzt haben. Beim Beweis ist die Forderung nach Eindeutigkeit der Verschiebungen als Funktionen der Koordinaten sehr wesentlich.

[1]) Dieser Satz und der hier angeführte Beweis stammen von Kirchhoff (1858).

[2]) Dieser Beweis gilt ohne jede Änderung auch im Falle inhomogener Körper, d. h. wenn λ und μ Funktionen der Koordinaten x, y, z sind (s. Fußnote auf S. 57).

Wie wir schon sagten, kann man im Falle mehrfach zusammenhängender Körper auch die Existenz von nicht eindeutigen Verschiebungen zulassen. Bei dieser verallgemeinerten Betrachtungsweise der Frage verliert der oben angeführte Eindeutigkeitsbeweis seine Richtigkeit und der Satz selbst wird ungültig (über die physikalische Interpretation des angeführten Falles s. 2.).

Wir haben bisher lediglich bewiesen, daß eine vorhandene Lösung unseres Grundproblems stets eindeutig ist. Doch damit wird selbstverständlich noch nichts über die Existenz einer solchen ausgesagt. Der Existenzbeweis für die Lösung bietet bedeutend mehr Schwierigkeiten als der Beweis des Eindeutigkeitssatzes und erfordert die Anwendung der schärfsten Mittel der modernen Analysis. Damit erklärt sich die Tatsache, daß der Existenzbeweis für Lösungen der Grundprobleme erst vor verhältnismäßig kurzer Zeit gefunden wurde.

Rahmen und Charakter des vorliegenden Buches erlauben uns nicht, auf diese Fragen näher einzugehen[1]). Deshalb beschränken wir uns auf den Hinweis, daß die Existenz einer Lösung des I. und II. Randwertproblems heute in voller mathematischer Strenge bei hinreichend allgemeinen Voraussetzungen bewiesen ist. Dabei muß im Falle des I. Problems offensichtlich folgende Bedingung berücksichtigt werden: Der resultierende Vektor und das resultierende Moment aller Volumenkräfte und der (vorgegebenen) an den Oberflächen angreifenden äußeren Spannungen müssen gleich Null sein. Diese Bedingung geht aus dem Grundprinzip der Statik hervor, sie kann auch aus den Gln. (1) selbst hergeleitet werden. Und zwar ist die Projektion des resultierenden Vektors der genannten Kräfte, z. B. auf die x-Achse gleich

$$\iiint\limits_V X \,\mathrm{d}x\,\mathrm{d}y\,\mathrm{d}z + \iint\limits_S \overset{n}{\sigma}_x \,\mathrm{d}S.$$

Für den letzten Ausdruck können wir

$$\iiint\limits_V \left(X + \frac{\partial \sigma_x}{\partial x} + \frac{\partial \tau_{xy}}{\partial y} + \frac{\partial \tau_{xz}}{\partial z}\right) \mathrm{d}x\,\mathrm{d}y\,\mathrm{d}z$$

schreiben (s. 1.1.4.). Dieses Dreifachintegral verschwindet gemäß (1). Weiterhin ist das resultierende Moment der genannten Kräfte z. B. bezüglich der x-Achse gleich

$$\iiint\limits_V (yZ - zY)\,\mathrm{d}x\,\mathrm{d}y\,\mathrm{d}z + \iint\limits_S \left(y\overset{n}{\sigma}_z - z\overset{n}{\sigma}_y\right) \mathrm{d}S.$$

Dieser Ausdruck ist, wie in 1.1.4. gezeigt wurde, unter Berücksichtigung der Gln. (1) gleich

$$\iiint\limits_V (\tau_{zy} - \tau_{yz})\,\mathrm{d}x\,\mathrm{d}y\,\mathrm{d}z,$$

d. h., er verschwindet ebenfalls, da $\tau_{zy} = \tau_{yz}$ ist.

1.3.6. Grundgleichungen in Verschiebungskomponenten

Das Gleichungssystem (1), (2) in 1.3.5. enthält sowohl Verschiebungs- als auch Spannungskomponenten. Man kann daraus jedoch Systeme herleiten, in denen jeweils nur eine Art von

[1]) Den interessierten Leser verweisen wir auf die entsprechenden Originalarbeiten, in denen die genannten Beweise zu finden sind. Von der Vielzahl dieser Arbeiten nennen wir für das II. Problem: Fredholm [1], Lauricella [1, 2], Korn [1, 2], Lichtenstein [1], Scherman [21]; für das I. Problem: Korn [3], Weyl [1]. Der Beweis für den ebenen Fall ist im Hauptabschnitt 5. angegeben. Erwähnt sei noch, daß in der Literatur oft unter dem I. Problem das von uns als II. bezeichnete verstanden wird und umgekehrt. Wir bemerken ferner, daß nach dem Erscheinen der vierten Auflage des vorliegenden Buches folgende Arbeiten veröffentlicht wurden: Kupradse [1], Gegelija [1], Michlin [14], in denen räumliche Probleme mit Hilfe mehrdimensionaler Integralgleichungen untersucht werden.

Komponenten auftritt. Am einfachsten gelingt dies für ein System, das nur Verschiebungen enthält. Dazu brauchen wir nur die Ausdrücke von (2) aus 1.3.5. in die Gln. (1) in 1.3.5. einzusetzen, dann ergibt sich nach einigen leicht überschaubaren Umformungen

$$\left.\begin{aligned}(\lambda + \mu)\frac{\partial e}{\partial x} + \mu\Delta u + X = 0,\\ (\lambda + \mu)\frac{\partial e}{\partial y} + \mu\Delta v + Y = 0,\\ (\lambda + \mu)\frac{\partial e}{\partial z} + \mu\Delta w + Z = 0,\end{aligned}\right\} \tag{1}$$

wobei wie bisher

$$e = \frac{\partial u}{\partial x} + \frac{\partial v}{\partial y} + \frac{\partial w}{\partial z}$$

ist, während das Symbol Δ den Laplace-Operator bezeichnet, d. h., es gilt beispielsweise

$$\Delta u = \frac{\partial^2 u}{\partial x^2} + \frac{\partial^2 u}{\partial y^2} + \frac{\partial^2 u}{\partial z^2}.$$

Diese Verschiebungsgleichungen stellte NAVIER im Jahre 1821[1]) sowohl für den dynamischen als auch für den statischen Fall auf; er ging dabei von der Darstellung des elastischen Körpers als System von Massenpunkten aus. Im statischen Fall decken sich seine Gleichungen im wesentlichen mit den Gln. (1) für $\lambda = \mu$.

Das Auffinden dieser Gleichungen war eine der wichtigsten Etappen in der Entwicklung der Elastizitätstheorie. Deshalb wird NAVIER mit vollem Recht als einer ihrer Begründer betrachtet. Die Gln. (1) sind sehr bequem, einmal wegen ihrer Symmetrie, zum anderen weil sie nur drei Unbekannte enthalten.

1.3.7. Gleichungen in Spannungskomponenten

Häufig ist es zweckmäßig, Gleichungen zu benutzen, die nur Spannungskomponenten enthalten. Dabei kann man sich allerdings nicht auf die Gleichgewichtsbedingungen

$$\begin{aligned}\frac{\partial \sigma_x}{\partial x} + \frac{\partial \tau_{xy}}{\partial y} + \frac{\partial \tau_{xz}}{\partial z} + X = 0,\\ \frac{\partial \tau_{xy}}{\partial x} + \frac{\partial \sigma_y}{\partial y} + \frac{\partial \tau_{yz}}{\partial z} + Y = 0,\\ \frac{\partial \tau_{xz}}{\partial x} + \frac{\partial \tau_{yz}}{\partial y} + \frac{\partial \sigma_z}{\partial z} + Z = 0\end{aligned}$$

beschränken; denn wenn die Größen $\sigma_x, \ldots, \tau_{xz}$ diese Gleichungen befriedigen, so bedeutet das noch nicht, daß sie einen wirklich möglichen Spannungszustand beschreiben. Es ist außerdem erforderlich, daß man Verschiebungen u, v, w finden kann, die mit diesen Spannungen durch die Beziehungen (2) in 1.3.5. verknüpft sind. Notwendig und hinreichend[2])

---

[1]) Die von NAVIER im Jahre 1821 der Pariser Akademie vorgelegte Denkschrift wurde 1827 gedruckt.

[2]) Mit einer gewissen Absprache im Falle mehrfach zusammenhängender Körper (s. Ende des vorigen Abschnittes)

dafür ist, daß die durch die Gln. (18) in 1.3.4. definierten Verzerrungen

$$\varepsilon_x = \frac{1+\nu}{E}\sigma_x - \frac{\nu}{E}\theta, \quad \varepsilon_y = \frac{1+\nu}{E}\sigma_y - \frac{\nu}{E}\theta, \quad \varepsilon_z = \frac{1+\nu}{E}\sigma_z - \frac{\nu}{E}\theta,$$
$$\gamma_{xy} = \frac{2(1+\nu)}{E}\tau_{xy}, \quad \gamma_{yz} = \frac{2(1+\nu)}{E}\tau_{yz}, \quad \gamma_{xz} = \frac{2(1+\nu)}{E}\tau_{xz} \tag{2}$$

mit $\theta = \sigma_x + \sigma_y + \sigma_z$ den SAINT-VENANTschen Verträglichkeitsbedingungen (6) in 1.2.7. genügen.

Durch Einsetzen der Werte (2) in die Gln. (6) in 1.2.7. erhalten wir nach einigen Vereinfachungen aus den beiden ersten Bedingungen

$$\frac{\partial^2\sigma_y}{\partial z^2} + \frac{\partial^2\sigma_z}{\partial y^2} - \frac{\nu}{1+\nu}\left(\frac{\partial^2\theta}{\partial y^2} - \frac{\partial^2\theta}{\partial z^2}\right) = 2\frac{\partial^2\tau_{yz}}{\partial y\,\partial z}, \tag{3}$$

$$\frac{\partial^2\sigma_x}{\partial y\,\partial z} - \frac{\nu}{1+\nu}\frac{\partial^2\theta}{\partial y\,\partial z} = \frac{\partial}{\partial x}\left(-\frac{\partial\tau_{yz}}{\partial x} + \frac{\partial\tau_{xz}}{\partial y} + \frac{\partial\tau_{xy}}{\partial z}\right). \tag{4}$$

Durch zyklische Vertauschung ergeben sich noch vier analoge Beziehungen, die die übrigen Verträglichkeitsbedingungen zum Ausdruck bringen. Die Gln. (3) und (4) kann man unter Benutzung von (1) noch vereinfachen. Wenn wir nämlich die zweite Gleichung aus (1) nach y und die dritte nach z differenzieren und addieren, erhalten wir

$$2\frac{\partial^2\tau_{yz}}{\partial y\,\partial z} + \frac{\partial^2\sigma_y}{\partial y^2} + \frac{\partial^2\sigma_z}{\partial z^2} + \frac{\partial}{\partial x}\left(\frac{\partial\tau_{xy}}{\partial y} + \frac{\partial\tau_{xz}}{\partial z}\right) = -\left(\frac{\partial Y}{\partial y} + \frac{\partial Z}{\partial z}\right).$$

Nach der ersten Gleichung aus (1) ist

$$\frac{\partial}{\partial x}\left(\frac{\partial\tau_{xy}}{\partial y} + \frac{\partial\tau_{xz}}{\partial z}\right) = -\frac{\partial X}{\partial x} - \frac{\partial^2\sigma_x}{\partial x^2}.$$

Wir setzen diesen Wert in die vorhergehende Gleichung ein und bekommen so

$$2\frac{\partial^2\tau_{yz}}{\partial y\,\partial z} = \frac{\partial^2\sigma_x}{\partial x^2} - \frac{\partial^2\sigma_y}{\partial y^2} - \frac{\partial^2\sigma_z}{\partial z^2} - \left(\frac{\partial X}{\partial x} + \frac{\partial Y}{\partial y} + \frac{\partial Z}{\partial z}\right) + 2\frac{\partial X}{\partial x}.$$

Damit ergibt sich aus (3) nach einigen einfachen Umformungen

$$-\frac{\nu}{1+\nu}\left(\frac{\partial^2\theta}{\partial y^2} + \frac{\partial^2\theta}{\partial z^2}\right) + \frac{\partial^2(\sigma_y+\sigma_z)}{\partial z^2} + \frac{\partial^2(\sigma_y+\sigma_z)}{\partial y^2} - \frac{\partial^2\sigma_x}{\partial x^2}$$
$$= -\left(\frac{\partial X}{\partial x} + \frac{\partial Y}{\partial y} + \frac{\partial Z}{\partial z}\right) + 2\frac{\partial X}{\partial x}.$$

Schließlich erhalten wir unter Berücksichtigung von $\sigma_y + \sigma_z = \theta - \sigma_x$ nach kurzer Rechnung

$$\frac{1}{1+\nu}\Delta\theta - \Delta\sigma_x - \frac{1}{1+\nu}\frac{\partial^2\theta}{\partial x^2} = -\left(\frac{\partial X}{\partial x} + \frac{\partial Y}{\partial y} + \frac{\partial Z}{\partial z}\right) + 2\frac{\partial X}{\partial x}. \tag{a}$$

Durch Addition der letzten Gleichung und der beiden analogen durch zyklische Vertauschung entstehenden finden wir die wichtige Beziehung

$$\Delta\theta = -\left(\frac{\partial X}{\partial x} + \frac{\partial Y}{\partial y} + \frac{\partial Z}{\partial z}\right)\frac{1+\nu}{1-\nu}, \tag{5}$$

und durch Substitution in (a) ergibt sich schließlich

$$\triangle\sigma_x + \frac{1}{1+\nu}\frac{\partial^2\theta}{\partial x^2} = -\frac{\nu}{1-\nu}\left(\frac{\partial X}{\partial x} + \frac{\partial Y}{\partial y} + \frac{\partial Z}{\partial z}\right) - 2\frac{\partial X}{\partial x}. \tag{6}$$

Dies ist eine der gesuchten Gleichungen, zwei weitere analoge entstehen aus dieser durch zyklische Vertauschung.

Nun wenden wir uns der Gl. (4) zu. Wenn wir die zweite Gleichung aus (1) nach z und die dritte nach y differenzieren und addieren, erhalten wir

$$\frac{\partial^2\tau_{xy}}{\partial x\,\partial z} + \frac{\partial^2\tau_{yz}}{\partial z^2} + \frac{\partial^2\sigma_y}{\partial y\,\partial z} + \frac{\partial^2\tau_{xz}}{\partial x\,\partial y} + \frac{\partial^2\tau_{yz}}{\partial y^2} + \frac{\partial^2\sigma_z}{\partial y\,\partial z} = -\left(\frac{\partial Z}{\partial y} + \frac{\partial Y}{\partial z}\right).$$

Durch Addition dieser Gleichung und der Gl. (4) in der Gestalt

$$\frac{\partial^2\sigma_x}{\partial y\,\partial z} + \frac{\partial^2\tau_{yz}}{\partial x^2} - \frac{\partial^2\tau_{xz}}{\partial x\,\partial y} - \frac{\partial^2\tau_{xy}}{\partial x\,\partial z} - \frac{\nu}{1+\nu}\frac{\partial^2\theta}{\partial y\,\partial z} = 0$$

ergibt sich nach einigen einfachen Umformungen

$$\triangle\tau_{yz} + \frac{1}{1+\nu}\frac{\partial^2\theta}{\partial y\,\partial z} = -\left(\frac{\partial Z}{\partial y} + \frac{\partial Y}{\partial z}\right). \tag{7}$$

Die übrigen Gleichungen dieses Typs entstehen durch zyklische Vertauschung.

Die Spannungskomponenten müssen also neun Gleichungen genügen: Den Gln. (1), der Gl. (6) und zwei analogen sowie der Gl. (7) und zwei analogen.

Die Gln. (6) und (7) wurden erstmals von MICHELL [1] angegeben. BELTRAMI (1892) gab sie jedoch schon vorher für den Fall fehlender Volumenkräfte an. Deshalb werden die Gln. (6) und (7) zusammen mit den vier analogen als *Verträglichkeitsbedingungen* von BELTRAMI-MICHELL bezeichnet.

Wenn die Spannungskomponenten die Gln. (1) befriedigen und die zugehörigen Verzerrungen den Gln. (6) und (7) sowie den vier analogen Bedingungen genügen, so sind, wie aus der angeführten Herleitung selbst hervorgeht, die SAINT-VENANTschen Verträglichkeitsbedingungen ebenfalls erfüllt. Die Gln. (1) sind demnach zusammen mit den Gleichungen vom Typ (6) und (7) nicht nur notwendig, sondern auch *hinreichend.*

Eine gewisse Absprache ist nur im Falle mehrfach zusammenhängender Körper erforderlich, wo die den Spannungskomponenten entsprechenden Verschiebungen mehrdeutig sein können. In diesem Falle muß entweder eine zusätzliche Eindeutigkeitsbedingung für die Verschiebungen angegeben werden, oder man muß die Existenz mehrdeutiger Verschiebungen zulassen, denen man, wie schon gesagt, einen bestimmten physikalischen Sinn zuschreiben kann.

1.3.8. Bemerkung über die konkrete Lösung der Grundprobleme. Prinzip von Saint-Venant

Die Lösung der oben angeführten Randwertprobleme bietet im allgemeinen Falle große Schwierigkeiten, wenn es um die *tatsächliche Verwirklichung* der Rechnung geht. Die sogenannten allgemeinen Methoden liefern (im allgemeinen) nur eine theoretische Lösung, d. h., sie beweisen lediglich deren Existenz.[1])

[1]) Zu den allgemeinen Methoden s. Fußnote S. 67

Die Lösung zahlreicher Aufgaben wird durch Anwendung des *Saint-Venantschen Prinzips*[1]) bedeutend vereinfacht. Dieses kann man wie folgt formulieren: Wenn ein *kleines Teilstück* der Körperoberfläche durch eine Gleichgewichtsgruppe[2]) belastet wird, so zeigt dieses System von Kräften keinen merklichen Einfluß auf Teile des Körpers, die in hinreichender Entfernung vom Flächenstück liegen. Eine andere Formulierung des SAINT-VENANTschen Prinzips lautet: Wenn die Gesamtheit der auf ein kleines Teilstück der Körperoberfläche wirkenden Belastung durch eine statisch äquivalente Belastung (an demselben Teilstück) ersetzt wird, so bewirkt dies keine merkliche Änderung im elastischen Gleichgewichtszustand der Teile des Körpers, die sich nicht in der Nähe des genannten Teilstückes befinden.
Beide Formulierungen des SAINT-VENANTschen Prinzips sind gleichbedeutend.
Mit Hilfe dieses Prinzips kann man die auf der Körperoberfläche vorgegebenen Spannungen (unter der oben genannten Bedingung) abwandeln und damit das Problem vereinfachen. Wir werden von dieser Möglichkeit später (Abschnitt 7.) mehrfach Gebrauch machen.

1.3.9. Dynamische Gleichungen. Die Grundprobleme der Dynamik des elastischen Körpers

Obwohl wir uns in diesem Buch nur mit statischen Gleichgewichtsproblemen befassen werden, gehen wir trotzdem kurz auf die dynamischen Gleichungen des elastischen Körpers ein und geben die einfachsten Problemstellungen dazu an. Ferner zeigen wir die Eindeutigkeit der Lösung dieser Probleme. Hierbei erhalten wir einen Ausdruck für die potentielle Energie des deformierten Körpers.
Die Herleitung der dynamischen Gleichungen des elastischen Körpers ergibt sich ohne weiteres mit Hilfe des D'ALEMBERTschen Prinzips aus den Gleichungen der Statik, wenn wir dort bei den Volumenkräften die *Trägheitskräfte* hinzunehmen.
Die Verschiebungs-, Verzerrungs- und Spannungskomponenten sind jetzt nicht nur Funktionen der Koordinaten x, y, z, sondern hängen auch von der Zeit t ab.
Die Beschleunigungskomponenten eines Punktes, der im unverformten Zustand die Lage x, y, z einnimmt, lauten

$$\frac{\partial^2 u(x, y, z, t)}{\partial t^2}, \qquad \frac{\partial^2 v(x, y, z, t)}{\partial t^2}, \qquad \frac{\partial^2 w(x, y, z, t)}{\partial t^2}.$$

Die Komponenten der an einem Massenelement $\mathrm{d}m$ angreifenden Trägheitskraft heißen

$$-\frac{\partial^2 u}{\partial t^2}\,\mathrm{d}m, \quad -\frac{\partial^2 v}{\partial t^2}\,\mathrm{d}m, \quad -\frac{\partial^2 w}{\partial t^2}\,\mathrm{d}m.$$

Mit ϱ als Dichte[3]) gilt $\mathrm{d}m = \varrho\,\mathrm{d}V$. Damit erhalten wir für die Komponenten der auf die

---

[1]) Siehe SAINT-VENANT [1] (1855). Das Prinzip von SAINT-VENANT stimmt sehr gut mit der Wirklichkeit überein. Jedoch eine mathematische Begründung desselben (die in der Abschätzung des Einflusses einer Gleichgewichtsgruppe von Kräften bestehen muß) ist zumindest im allgemeinen Falle ziemlich schwierig.

[2]) Unter einer Gleichgewichtsgruppe verstehen wir ein System von Kräften, das im Sinne der Statik des starren Körpers äquivalent Null ist, d. h. ein System, dessen resultierender Vektor und dessen resultierendes Moment verschwinden. Statisch äquivalente Systeme sind Systeme mit gleichen resultierenden Vektoren und Momenten.

[3]) Wie schon gesagt (1.3.1.), verstehen wir unter V das vom Körper vor der Verformung eingenommene Gebiet. Dementsprechend bezeichnet $\mathrm{d}V$ den ursprünglichen Inhalt des Volumenelementes mit der Masse $\mathrm{d}m$, und ϱ ist die Dichte vor der Deformation. Diese Dichte darf von den Koordinaten x, y, z des betrachteten Punktes, nicht aber von der Zeit abhängen.

Volumeneinheit bezogenen Trägheitskraft

$$-\varrho\frac{\partial^2 u}{\partial t^2}, \quad -\varrho\frac{\partial^2 v}{\partial t^2}, \quad -\varrho\frac{\partial^2 w}{\partial t^2}.$$

Nun fügen wir die Trägheitskraft zur Volumenkraft hinzu, d. h., wir ersetzen X, Y, Z durch

$$X-\varrho\frac{\partial^2 u}{\partial t^2}, \quad Y-\varrho\frac{\partial^2 v}{\partial t^2}, \quad Z-\varrho\frac{\partial^2 w}{\partial t^2}.$$

Diese Werte führen wir in die Gln. (1) aus 1.3.3. ein und erhalten damit anstelle der Gleichgewichtsbedingungen

$$\left.\begin{aligned}
\frac{\partial\sigma_x}{\partial x}+\frac{\partial\tau_{xy}}{\partial y}+\frac{\partial\tau_{xz}}{\partial z}+X&=\varrho\frac{\partial^2 u}{\partial t^2},\\
\frac{\partial\tau_{xy}}{\partial x}+\frac{\partial\sigma_y}{\partial y}+\frac{\partial\tau_{yz}}{\partial z}+Y&=\varrho\frac{\partial^2 v}{\partial t^2},\\
\frac{\partial\tau_{xz}}{\partial x}+\frac{\partial\tau_{yz}}{\partial y}+\frac{\partial\sigma_z}{\partial z}+Z&=\varrho\frac{\partial^2 w}{\partial t^2}.
\end{aligned}\right\} \tag{1}$$

Die Beziehungen zwischen den Spannungen und Verzerrungen (verallgemeinertes HOOKEsches Gesetz) bleiben unverändert, da die Volumenkräfte in ihnen nicht auftreten. Im Falle des isotropen Körpers sind dies die Gln. (2) und (3) in 1.3.3. Unverändert bleiben auch die Gln. (5) in 1.3.3.

Man bedient sich am besten der Verschiebungsgleichungen, die man auf gleichem Wege wie in 1.3.6. gewinnt und die beim isotropen Körper folgende Gestalt haben:

$$\left.\begin{aligned}
(\lambda+\mu)\frac{\partial e}{\partial x}+\mu\Delta u+X&=\varrho\frac{\partial^2 u}{\partial t^2},\\
(\lambda+\mu)\frac{\partial e}{\partial y}+\mu\Delta v+Y&=\varrho\frac{\partial^2 v}{\partial t^2},\\
(\lambda+\mu)\frac{\partial e}{\partial z}+\mu\Delta w+Z&=\varrho\frac{\partial^2 w}{\partial t^2}.
\end{aligned}\right\} \tag{2}$$

Diese Gleichungen unterscheiden sich von den Beziehungen, die NAVIER 1821 erhielt (siehe 1.3.5.), lediglich dadurch, daß dort nur eine Elastizitätskonstante ($\lambda = \mu$) auftritt.

Für die dynamischen Gleichungen lassen sich Probleme formulieren, die zu den oben (1.3.5.) im statischen Fall angegebenen analog sind.

Der wesentliche Unterschied besteht darin, daß zu den Randbedingungen noch Anfangsbedingungen hinzukommen, d. h., es sind die Verschiebungen und Geschwindigkeiten der Punkte des Körpers zu einer bestimmten Anfangszeit t_0 vorgegeben.

Mathematisch werden diese Aufgaben folgendermaßen formuliert. **I. Problem:** *Gesucht sind Funktionen $u(x, y, z, t)$, $v(x, y, z, t)$, $w(x, y, z, t)$, die den Gln. (2) und folgenden zusätzlichen Bedingungen genügen:* Auf der Körperoberfläche S muß für alle Zeitpunkte, beginnend mit t_0,

$$\overset{n}{\sigma}_x = f_1, \quad \overset{n}{\sigma}_y = f_2, \quad \overset{n}{\sigma}_z = f_3 \tag{3}$$

gelten, und in dem vom Körper eingenommenen Gebiet V muß zum Zeitpunkt $t = t_0$

$$u = u_0, \quad v = v_0, \quad w = w_0, \quad \frac{\partial u}{\partial t} = \dot{u}_0, \quad \frac{\partial v}{\partial t} = \dot{v}_0, \quad \frac{\partial w}{\partial t} = \dot{w}_0 \tag{4}$$

sein. Hierbei sind f_1, f_2, f_3 auf der Körperoberfläche S vorgegebene Funktionen, die im allgemeinen von der Zeit abhängen. Weiterhin sind u_0, v_0, w_0, $\dot{u}_0$, $\dot{v}_0$, $\dot{w}_0$ vorgegebene Funktionen von x, y, z. Die Gln. (3) geben die Randbedingungen und die Gln. (4) die Anfangsbedingungen an. Das **II. Problem** unterscheidet sich vom I. lediglich dadurch, daß die Randbedingungen (3) durch

$$u = g_1, \quad v = g_2, \quad w = g_3 \tag{5}$$

ersetzt werden, wobei g_1, g_2, g_3 auf S vorgegebene Funktionen bezeichnen, die im allgemeinen von der Zeit abhängen. Beim **gemischten Problem** sind auf einem Teil der Oberfläche die Bedingungen (3) und auf dem anderen die Bedingungen (5) zu erfüllen. Neben den genannten haben einige weitere Probleme große Bedeutung. Doch darauf wollen wir nicht näher eingehen.

In den aufgezählten Fällen nahmen wir an, daß die Volumenkräfte für alle Punkte des Körpers und für alle Zeitpunkte beginnend mit t_0 vorgegeben sind. Wir werden hier die schwierige Frage des mathematischen Existenzbeweises für Lösungen dieser Probleme nicht berühren, sondern beweisen nur, daß *die Lösung eindeutig ist, falls eine existiert.*

Bevor wir mit der Beweisführung beginnen, leiten wir eine wichtige Formel her, die das Gesetz von der Erhaltung der Energie in Anwendung auf unseren Fall ausdrückt. Dazu betrachten wir eine beliebige Bewegung des gegebenen elastischen Körpers und wählen als Anfangszeitpunkt t_0 den Augenblick, zu dem sich der Körper im unbelasteten Zustand befindet, d. h. also wo weder Volumenkräfte noch Spannungen und folglich auch keine Verformungen auftreten. Es sei $R(t)$ die von den äußeren Spannungen und Volumenkräften von t_0 an bis zum betrachtenden Zeitpunkt t aufgewendete Arbeit. Um diese zu ermitteln, bestimmen wir zunächst die Arbeit $\mathrm{d}R$ der genannten Kräfte im Zeitabschnitt $(t,\ t + \mathrm{d}t)$. Ein Punkt, der sich vor der Verformung im Punkte (x, y, z) befindet, nimmt zum Zeitpunkt t die durch die Koordinaten

$$x + u(x, y, z, t), \quad y + v(x, y, z, t), \quad z + w(x, y, z, t)$$

charakterisierte Lage ein. Die Verschiebung dieses Punktes während des Zeitabschnittes $(t,\ t + \mathrm{d}t)$ hat offensichtlich die Komponenten

$$\dot{u}\,\mathrm{d}t, \quad \dot{v}\,\mathrm{d}t, \quad \dot{w}\,\mathrm{d}t.$$

Zur Abkürzung bezeichnen wir die partielle Ableitung nach der Zeit durch einen Punkt, so daß zum Beispiel

$$\dot{u} = \frac{\partial u}{\partial t}, \quad \ddot{u} = \frac{\partial^2 u}{\partial t^2} \text{ usw.}$$

bedeutet. Die im Zeitabschnitt $(t,\ t + \mathrm{d}t)$ verrichtete Arbeit der am Element $\mathrm{d}S$ angreifenden äußeren Spannungen ist gleich

$$\left(\overset{n}{\sigma}_x\dot{u} + \overset{n}{\sigma}_y\dot{v} + \overset{n}{\sigma}_z\dot{w}\right) \mathrm{d}S\,\mathrm{d}t,$$

während die Arbeit der am Volumenelement $\mathrm{d}V$ wirkenden Volumenkräfte gleich

$$(X\dot{u} + Y\dot{v} + Z\dot{w})\,\mathrm{d}V\,\mathrm{d}t$$

ist, d. h., die Arbeit $\mathrm{d}R$ aller genannten Kräfte im Zeitabschnitt $\mathrm{d}t$ ergibt sich aus der Gleichung

$$\frac{\mathrm{d}R}{\mathrm{d}t} = \iint\limits_S \left(\overset{n}{\sigma}_x\dot{u} + \overset{n}{\sigma}_y\dot{v} + \overset{n}{\sigma}_z\dot{w}\right) \mathrm{d}S + \iiint\limits_V (X\dot{u} + Y\dot{v} + Z\dot{w})\,\mathrm{d}V. \tag{a}$$

Wenn wir im ersten Integral $\overset{n}{\sigma}_x$, $\overset{n}{\sigma}_y$, $\overset{n}{\sigma}_z$ durch die Ausdrücke (5) in 1.3.3. ersetzen und es analog zum Integral J in 1.3.5. umformen, erhalten wir unter Berücksichtigung der Gl. (1)

$$\frac{\mathrm{d}R}{\mathrm{d}t} = \iiint_V \varrho(\ddot{u}\dot{u} + \ddot{v}\dot{v} + \ddot{w}\dot{w})\,\mathrm{d}V + \iiint_V (\sigma_x\dot{\varepsilon}_x + \sigma_y\dot{\varepsilon}_y + \sigma_z\dot{\varepsilon}_z + \tau_{xy}\dot{\gamma}_{xy} + \tau_{yz}\dot{\gamma}_{yz} + \tau_{xz}\dot{\gamma}_{xz})\,\mathrm{d}V. \tag{b}$$

Nun ist ferner

$$\iiint_V \varrho(\ddot{u}\dot{u} + \ddot{v}\dot{v} + \ddot{w}\dot{w})\,\mathrm{d}V = \iiint_V \frac{1}{2}\varrho\frac{\partial}{\partial t}(\dot{u}^2 + \dot{v}^2 + \dot{w}^2)\,\mathrm{d}V = \frac{\mathrm{d}T}{\mathrm{d}t}$$

mit

$$T = \frac{1}{2}\iiint_V \varrho(\dot{u}^2 + \dot{v}^2 + \dot{w}^2)\,\mathrm{d}V. \tag{6}$$

Wie man leicht sieht, stellt T die *kinetische Energie* des betrachteten Körpers dar; denn nach Definition ist die kinetische Energie eines Massenelementes $\mathrm{d}m = \varrho\mathrm{d}V$ gleich

$$\tfrac{1}{2}\mathrm{d}m(\dot{u}^2 + \dot{v}^2 + \dot{w}^2) = \tfrac{1}{2}\varrho(\dot{u}^2 + \dot{v}^2 + \dot{w}^2)\,\mathrm{d}V.$$

Nun formen wir das zweite Glied auf der rechten Seite der Gl. (b) um. Für isotrope[1]) Körper gilt mit

$$W = \tfrac{1}{2}\lambda(\varepsilon_x + \varepsilon_y + \varepsilon_z)^2 + \mu(\varepsilon_x^2 + \varepsilon_y^2 + \varepsilon_z^2 + \tfrac{1}{2}\gamma_{xy}^2 + \tfrac{1}{2}\gamma_{yz}^2 + \tfrac{1}{2}\gamma_{xz}^2) \tag{7}$$

offenbar

$$\sigma_x = \frac{\partial W}{\partial \varepsilon_x}, \quad \sigma_y = \frac{\partial W}{\partial \varepsilon_y}, \quad \sigma_z = \frac{\partial W}{\partial \varepsilon_z},$$
$$\tau_{xy} = \frac{\partial W}{\partial \gamma_{xy}}, \quad \tau_{yz} = \frac{\partial W}{\partial \gamma_{yz}}, \quad \tau_{xz} = \frac{\partial W}{\partial \gamma_{xz}}. \tag{8}$$

Daraus folgt, daß der Ausdruck unter dem zweiten Integralzeichen in Gl. (b) gleich $\dfrac{\partial W}{\partial t}$ und das Integral selbst gleich

$$\iiint_V \frac{\partial W}{\partial t}\,\mathrm{d}V = \frac{\mathrm{d}}{\mathrm{d}t}\iiint_V W\,\mathrm{d}V$$

ist. Somit lautet die Gl. (b) jetzt:

$$\frac{\mathrm{d}R}{\mathrm{d}t} = \frac{\mathrm{d}T}{\mathrm{d}t} + \frac{\mathrm{d}}{\mathrm{d}t}\iiint_V W\,\mathrm{d}V. \tag{9}$$

Durch Integration beider Seiten dieser Gleichung in den Grenzen t_0 bis t und unter Berücksichtigung der Tatsache, daß sich der Körper zum Anfangszeitpunkt im lastfreien Zustand (Ruhe) befand (d. h., daß zu diesem Zeitpunkt $T = W = 0$ galt), erhalten wir für die von den äußeren Spannungen und Volumenkräften im Zeitabschnitt (t_0, t) verrichtete Arbeit die Beziehung

$$R = T + U \tag{10}$$

[1]) Bei der Herleitung der Gl. (b) braucht der Körper nicht als isotrop vorausgesetzt zu werden.

mit
$$U = \iiint\limits_V W \, \mathrm{d}V. \tag{11}$$

Die Gl. (7) zeigt, daß W ausschließlich vom Formänderungszustand im gegebenen Augenblick und im gegebenen Punkte abhängig ist. Folglich ist U ebenfalls vom Formänderungszustand des betrachteten Körpers im gegebenen Augenblick t abhängig. Die Größe U stellt die *potentielle Formänderungsenergie des Körpers dar*, d. h. die Arbeit, welche die äußeren Spannungen und Volumenkräfte verrichten müssen, um den gegebenen Deformationszustand hervorzurufen.

Denn wenn der Körper unter der Einwirkung dieser Kräfte aus dem lastfreien Zustand der Ruhe in einen neuen Ruhezustand übergeht, erhalten wir gemäß (10) $R = U$, da $T = 0$ ist.

Die Gl. (10) zeigt, daß die Arbeit der äußeren Spannungen und Volumenkräfte zur Gewinnung der kinetischen Energie T und der potentiellen Formänderungsenergie verbraucht wird; damit ist aber gerade das Gesetz von der Erhaltung der Energie formuliert.

Die in Gl. (7) definierte Größe W stellt die auf die Volumeneinheit bezogene potentielle Formänderungsenergie dar; denn nach (11) ist die auf das Volumenelement $\mathrm{d}V$ entfallende potentielle Energie gleich $W\mathrm{d}V$. Die Bezeichnung W wurde von uns schon in 1.3.5. eingeführt. Wir erinnern, daß W eine positiv definite quadratische Form der Verzerrungen ist. Das folgt unmittelbar aus (7).

Wir wenden uns nun dem Beweis des Eindeutigkeitssatzes für die Lösung der Grundprobleme zu und nehmen an, eines dieser Probleme habe zwei Lösungen mit gleichen Rand- und Anfangsbedingungen sowie gleichen Volumenkräften. Aus beiden Lösungen bilden wir die „Differenz“ (vgl. 1.3.5.). Dann befriedigt die neue Lösung u, v, w dieselben Gleichungen wie die beiden gegebenen Lösungen, jedoch bei *verschwindenden Volumenkräften*.

Außerdem gilt für das I. Problem

$$\overset{n}{\sigma}_x = \overset{n}{\sigma}_y = \overset{n}{\sigma}_z = 0 \text{ auf } S \tag{3'}$$

und für das II.

$$u = v = w = 0 \text{ auf } S. \tag{5'}$$

Im Falle des gemischten Problems wird auf einem Teil der Oberfläche die Bedingung (3′) und auf dem anderen die Bedingung (5′) befriedigt. In allen genannten Fällen erhalten wir

$$\overset{n}{\sigma}_x \dot{u} + \overset{n}{\sigma}_y \dot{v} + \overset{n}{\sigma}_z \dot{w} = 0 \text{ auf S};$$

denn für (3′) gilt $\overset{n}{\sigma}_x = \overset{n}{\sigma}_y = \overset{n}{\sigma}_z = 0$, für (5′) $u = v = w = 0$ (auf S) für alle Zeiten von t_0 an, und folglich ist auch

$$\frac{\partial u}{\partial t} = \frac{\partial v}{\partial t} = \frac{\partial w}{\partial t} = 0 \text{ auf } S.$$

Entsprechendes gilt für das gemischte Problem.

Weiterhin muß zum Anfangszeitpunkt offensichtlich

$$u = v = w = \dot{u} = \dot{v} = \dot{w} = 0$$

sein, denn beide vorgegebenen Lösungen genügen den gleichen Anfangsbedingungen. Aus dem Gesagten folgt, daß die für die Lösung u, v, w berechnete Arbeit R gleich Null ist und daß somit gemäß (10)

$$T + U = 0$$

gilt. Das ist jedoch offensichtlich nur dann möglich, wenn $T = 0$, $U = 0$ ist und demnach erhalten wir für alle Zeitpunkte von t_0 an

$$\dot{u} = \dot{v} = \dot{w} = 0, \quad \varepsilon_x = \varepsilon_y = \varepsilon_z = \gamma_{xy} = \gamma_{yz} = \gamma_{xz} = 0.$$

Die erste Gruppe dieser Gleichungen zeigt, daß die Verschiebung nicht von der Zeit abhängt, d. h., daß wir es mit einem statischen Fall zu tun haben. Aus der zweiten folgt, daß die Verzerrungen gleich Null sind, und daß die Lösungen u, v, w durch eine starre Verschiebung des Körpers ausgedrückt werden kann, die aber gemäß der Bedingung, daß im Anfangszeitpunkt alle Verschiebungen verschwinden, identisch Null sein muß. Somit gilt für alle Punkte des Körpers und für alle Zeiten $u = v = w = 0$. Demnach stimmen die beiden angenommenen Lösungen vollständig überein, was zu beweisen war.

Bemerkung:

Aus der Gl. (7) in 1.3.5. geht hervor, daß die *potentielle Energie*

$$U = \iiint_V W \, \mathrm{d}x \, \mathrm{d}y \, \mathrm{d}z$$

des im Gleichgewicht befindlichen deformierten Körpers aus der Gleichung

$$U = \tfrac{1}{2} \iint_S \left(\overset{n}{\sigma}_x u + \overset{n}{\sigma}_y v + \overset{n}{\sigma}_z w\right) \mathrm{d}S + \tfrac{1}{2} \iiint_V (Xu + Yv + Zw) \, \mathrm{d}V \tag{12}$$

und bei fehlenden Volumenkräften aus

$$U = \tfrac{1}{2} \iint_S \left(\overset{n}{\sigma}_x u + \overset{n}{\sigma}_y v + \overset{n}{\sigma}_z w\right) \mathrm{d}S$$

berechnet werden kann, wobei das Doppelintegral über die gesamte Oberfläche des Körpers zu erstrecken ist. Wir erinnern, daß gemäß (11) und (7) *bei von Null verschiedenen Verzerrungen stets* $U > 0$ ist.

2. Allgemeine Gesetze der ebenen Elastizitätstheorie

Bedeutende Schwierigkeiten praktischen Charakters treten bei der Lösung der Randwertprobleme der Elastizitätstheorie auf, wenn man effektive Lösungsmethoden für mehr oder weniger große Klassen praktisch bedeutsamer Sonderfälle sucht. Eine der wichtigsten unter diesen bildet die sogenannte ebene Elastizitätstheorie, der die Kapitel 2. bis 6. dieses Buches gewidmet sind. Unsere Darlegungen beruhen hauptsächlich auf der komplexen Darstellung der allgemeinen Lösungen der Gleichungen der ebenen Elastizitätstheorie. Das Hauptverdienst bei der Einführung dieser Lösungsform gebührt zweifellos G. W. Kolosow.[1])
Die komplexe Darstellung erwies sich als außerordentlich fruchtbar für die effektive Lösung der Randwertprobleme sowie für allgemeinere Untersuchungen. Dies wird durch zahlreiche bei uns in letzter Zeit veröffentlichte wichtige Arbeiten unterstrichen[2]), die im weiteren an den entsprechenden Stellen erwähnt oder behandelt werden. Hier beschränken wir uns auf den Hinweis, daß sich einige der genannten Methoden mit Erfolg auf den Fall anisotroper Körper verallgemeinern lassen (s. 5.4.9.). Abschließend sei bemerkt, daß die wesentlichste Seite der im folgenden dargelegten Ergebnisse aus dem Bereich der ebenen Elastizitätstheorie (Kapitel 2. bis 6.) selbstverständlich nicht in der neuartigen Herleitung der Formeln von Kolosow[3]) und analoger zu sehen ist, sondern in der Anwendung dieser Formeln auf die

---

[1]) Die grundlegenden Ergebnisse von G. W. Kolosow sind in seinen Arbeiten [1, 2] sowie in seinem später erschienenen Buch [6] enthalten. Im Nachlaß S. A. Tschapligins fanden sich Manuskripte und handschriftliche Aufzeichnungen über Elastizitätstheorie aus dem Jahre 1900, in denen einige später von G. W. Kolosow sowie anderen Autoren erhaltene Resultate enthalten sind (s. Tschapligin [1] Artikel von N. W. Swolinski und D. J. Panow).

[2]) Von der ausländischen Literatur kann man das nicht sagen; denn dort erscheinen von Zeit zu Zeit Arbeiten, in denen die komplexe Darstellung der Lösung (teilweise in sehr unvollkommener Form) verwendet wird und Ergebnisse hergeleitet werden, die zum großen Teil entweder in den Arbeiten unserer Autoren schon enthalten sind oder aber aus den Resultaten der letzteren folgen. Dazu gehören beispielsweise die umfangreichen Artikel von Stevenson [1] und Poritzki [2]; s. a. Fußnote auf S. 100.
Der vorhergehende Text wurde unverändert aus der dritten und vierten Auflage des Buches übernommen. In der letzten Zeit erschienen in der ausländischen Literatur zahlreiche sehr interessante Arbeiten, in denen mit wenigen Ausnahmen unsere Autoren gebührend gewürdigt werden. Zu den Ausnahmen gehört das Buch von Milne-Thomson [1].

[3]) Diese Formeln lassen sich auf viele, darunter sehr einfache Arten herleiten. Obzwar das von uns ausgewählte Verfahren völlig elementar ist, erfordert es etwas längere Rechnungen, als einige andere Herleitungen. Wir haben es beibehalten, weil es nebenbei verschiedene Formeln liefert, die für das weitere nützlich sind, ferner weil es die volle Allgemeinheit der Lösung garantiert und die Analytizität derselben nicht von vornherein voraussetzt (s. a. Anhang IV am Ende des Buches).

Lösungen der Grundprobleme und in der systematischen Heranziehung der CAUCHY-Integrale und der konformen Abbildung besteht[1]).

2.1. Grundgleichungen der ebenen Elastizitätstheorie

Die Gleichungen der ebenen Elastizitätstheorie lassen sich unmittelbar auf zwei Gleichgewichtszustände elastischer Körper anwenden, die von großem Interesse für die Praxis sind; und zwar sind dies der *ebene Verzerrungszustand* und der *ebene Spannungszustand*[2]). Diese beiden Fälle werden in den folgenden Abschnitten ausführlich behandelt.

2.1.1. Ebener Verzerrungszustand

Der *ebene Verzerrungszustand* eines Körpers (parallel zur x, y-Ebene) ist durch die beiden folgenden Bedingungen definiert: Die Verschiebungskomponente w ist gleich Null, die Komponenten u und v hängen nur von x, y, nicht aber von z ab.
In diesem Falle gilt

$$e = \frac{\partial u}{\partial x} + \frac{\partial v}{\partial y},$$

und nach (2) in 1.3.5. ergeben sich die Spannungen aus

$$\sigma_x = \lambda e + 2\mu \frac{\partial u}{\partial x}, \quad \sigma_y = \lambda e + 2\mu \frac{\partial v}{\partial y}, \quad \tau_{xy} = \mu \left(\frac{\partial v}{\partial x} + \frac{\partial u}{\partial y} \right)$$

$$\sigma_z = \lambda e, \quad \tau_{xz} = \tau_{yz} = 0.$$

Die letzten Gleichungen zeigen, daß die Spannungskomponenten ebenfalls nicht von z abhängen.
Die Gln. (1) in 1.3.5. lauten jetzt

$$\frac{\partial \sigma_x}{\partial x} + \frac{\partial \tau_{xy}}{\partial y} + X = 0, \quad \frac{\partial \tau_{xy}}{\partial x} + \frac{\partial \sigma_y}{\partial y} + Y = 0,$$

und $Z = 0$. Daraus ist ersichtlich, daß die zur Deformationsebene senkrechte Volumenkraftkomponente im ebenen Verzerrungszustand verschwinden muß, und daß die Komponenten X, Y nicht von z abhängen dürfen.
Die elastostatischen Gleichungen führen somit im Falle des ebenen Verzerrungszustandes parallel zur x, y-Ebene auf

$$\frac{\partial \sigma_x}{\partial x} + \frac{\partial \tau_{xy}}{\partial y} + X = 0, \quad \frac{\partial \tau_{xy}}{\partial x} + \frac{\partial \sigma_y}{\partial y} + Y = 0, \tag{1}$$

$$\sigma_x = \lambda e + 2\mu \frac{\partial u}{\partial x}, \quad \sigma_y = \lambda e + 2\mu \frac{\partial v}{\partial y}, \quad \tau_{xy} = \mu \left(\frac{\partial v}{\partial x} + \frac{\partial u}{\partial y} \right), \tag{2}$$

---

[1]) Erwähnt sei, daß schon vor G. W. KOLOSOW einige Autoren (z. B. L. N. G. FILON) komplexe Darstellungen der Lösung angegeben haben, sie zogen daraus jedoch keinen (oder fast keinen) Nutzen.

[2]) Die mit den Gleichungen der ebenen Elastizitätstheorie verknüpften Ergebnisse lassen sich auf Plattenprobleme (Belastung senkrecht zur Mittelebene) anwenden; s. Hauptabschnitt 5. Unlängst zeigte I. N. WEKUA [6], daß diese Ergebnisse auch zur effektiven Lösung von Randwertproblemen der Schalentheorie benutzt werden können.

wobei alle auftretenden Größen unabhängig von der Koordinate z sind. Die (ebenfalls von z unabhängige) Komponente σ_z ergibt sich aus $\sigma_z = \lambda e$ oder unter Berücksichtigung von

$$\sigma_x + \sigma_y = 2(\lambda + \mu)\, e, \qquad e = \frac{1}{2(\lambda + \mu)} (\sigma_x + \sigma_y)$$

aus der Gleichung

$$\sigma_z = \lambda e = \frac{\lambda}{2(\lambda + \mu)} (\sigma_x + \sigma_y) = \nu(\sigma_x + \sigma_y) \tag{3}$$

mit ν als POISSON-Zahl.

Wir haben die Bestimmungsgleichung (3) für σ_z absichtlich gesondert aufgeschrieben, da die Lösung des Systems (1), (2) das *Grundproblem* darstellt, während σ_z aus (3) berechnet werden kann.

Als Beispiel für den ebenen Verzerrungszustand betrachten wir einen zylindrischen (prismatischen) Körper, dessen Mantel eine parallel zur z-Achse verlaufende Erzeugende hat, und der von beiden Seiten durch senkrecht auf dieser Achse stehende Ebenen (Grundflächen) begrenzt wird (Bild 11). Wir setzen voraus, daß die an der Mantelfläche angreifenden äußeren Spannungen sowie die Volumenkräfte parallel zur x, y-Ebene gerichtet sind und nicht von z abhängen. Die Volumenkräfte und die äußeren Spannungen an der Mantelfläche betrachten wir als vorgegeben.

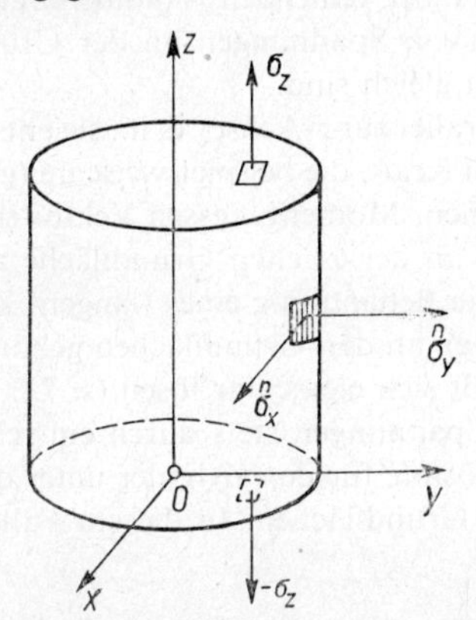

Bild 11

Unter diesen Bedingungen ist für das Auftreten des ebenen Verzerrungszustandes in unserem Zylinder notwendig und hinreichend, daß die Gln. (1), (2) eine Lösung $u, v, \sigma_x, \sigma_y, \tau_{xy}$ haben, die auf der Mantelfläche des Zylinders den Randbedingungen

$$\begin{aligned} \sigma_x \cos(n, x) + \tau_{xy} \cos(n, y) &= \overset{n}{\sigma}_x, \\ \tau_{yx} \cos(n, x) + \sigma_y \cos(n, y) &= \overset{n}{\sigma}_y \end{aligned} \tag{4}$$

genügt, wobei $\overset{n}{\sigma}_x$, $\overset{n}{\sigma}_y$ die vorgegebenen Vektorkomponenten der an der Mantelfläche angreifenden äußeren Spannungen sind und n die äußere Normale bezeichnet. Die Bedingungen (4) erhält man aus den Gln. (2) in 1.3.3.[1]).

[1]) Die dritte Formel liefert eine Identität, da nach Voraussetzung auf der Mantelfläche $\overset{n}{\sigma}_z = 0$, $\tau_{xz} = \tau_{yz} = 0$ und $\cos(n, z) = 0$ gilt.

Die erhaltene Aufgabenstellung ist völlig analog zum I. Randwertproblem der Elastizitätstheorie für den allgemeinen Fall (1.3.5.). Allerdings liegt hier ein einfacheres Problem vor, da die unbekannten Funktionen u, v, σ_x, σ_y, τ_{xy} nur von den zwei Veränderlichen x, y abhängen.

Unter gewissen allgemeinen Bedingungen kann man zeigen (s. 5.), daß das zweidimensionale Problem stets eine (bis auf starre Verschiebungen des Gesamtkörpers parallel zur x, y-Ebene) eindeutige Lösung hat, wenn die Volumenkräfte und die an der Mantelfläche angreifenden Belastungen jeweils eine Gleichgewichtsgruppe bilden.

Es sei u, v, σ_x, σ_y, τ_{xy} eine Lösung unseres zweidimensionalen Problems. Wenn wir σ_z nach (3) berechnen und $w = \tau_{zx} = \tau_{zy} = 0$ setzen, erhalten wir eine Lösung, die allen gestellten Anforderungen genügt. Die Grundflächen des Zylinders sind dabei offensichtlich nicht spannungsfrei: an der oberen[1]) wirkt die durch (3) definierte Normalspannung σ_z und an der unteren $(-\sigma_z)$. Das Aufbringen dieser Spannungen ist notwendig, um den Verzerrungszustand eben zu erhalten. Die an den Grundflächen angreifenden Spannungen können also nicht beliebig gewählt werden.

Dieser Nachteil vermindert auf den ersten Blick die Bedeutung des ebenen Verzerrungszustandes. Er läßt sich jedoch im Falle eines *langen* Zylinders (dessen Höhe groß ist im Vergleich zu den Maßen des Querschnittes) sehr leicht beheben; denn zur Beseitigung der genannten Spannungen an den Grundflächen brauchen wir nur die gefundene Lösung mit Größen zu überlagern, die das Gleichgewicht unseres Zylinders bei fehlenden Volumenkräften und spannungsfreier Mantelfläche unter der Einwirkung von Spannungen an der Grundfläche beschreiben, die den zu beseitigenden entgegengesetzt gleich sind.

Die zuletzt genannten Spannungen sind sämtlich parallel zur z-Achse, d. h., sie entsprechen in ihrer Wirkung einer ebenfalls zur z-Achse parallelen Kraft, die beispielsweise im (geometrischen) Schwerpunkt der Grundfläche angreift und einem Moment, dessen Vektor senkrecht auf der z-Achse steht. Analoge Größen können wir an der zweiten Grundfläche angeben, sie müssen den ersteren das Gleichgewicht halten. Die Behandlung eines (langen) Zylinders unter dem Einfluß von Zugkräften und Biegemomenten an den Grundflächen gehört zu den einfachsten Problemen der Elastizitätstheorie und läßt sich elementar lösen (s. 7.). Deshalb können wir die an den Grundflächen angreifenden Spannungen stets durch ein sehr einfaches Verfahren beseitigen. Damit erhalten wir eine Lösung für den Zylinder unter dem Einfluß der obengenannten Kräfte bei spannungsfreien Grundflächen. In diesem Falle ist der Verzerrungszustand im allgemeinen nicht mehr eben.

2.1.2. Ebener Spannungszustand

Die Gleichungen der ebenen Elastizitätstheorie lassen sich bei bestimmter Belastung auf eine dünne Scheibe anwenden.

Unter einer dünnen Scheibe verstehen wir einen Zylinder mit sehr geringer Höhe (Scheibendicke), die wir mit $2h$ bezeichnen. Die zu den Grundflächen parallele und in halber Höhe liegende Scheibenmittelebene wählen wir als x, y-Ebene (Bild 12).

Wir setzen voraus, daß die Grundflächen frei von äußeren Spannungen sind und daß die an der Mantelfläche angreifenden äußeren Spannungen sowie die Volumenkräfte parallel zu den Grundflächen sind und symmetrisch zur Mittelfläche liegen. Aus praktischen Gesichts-

[1]) Die der positiven z-Richtung zugewandte Seite bezeichnen wir der Kürze halber als „obere" Grundfläche.

punkten brauchen wir über die auf der Mantelfläche wirkende äußere Belastung nur voraussetzen, daß die an einem beliebigen zwischen zwei Erzeugenden eingeschlossenen Mantelflächenelement angreifenden Spannungen durch eine in der Mitte angreifende Kraft ersetzt werden kann; denn auf Grund des SAINT-VENANTschen Prinzips ist ein solcher Ersatz zulässig (s. 1.3.8.).

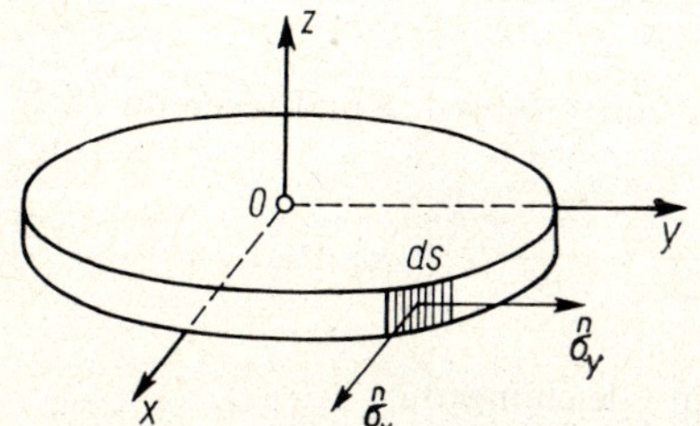

Bild 12

Die Punkte der Mittelfläche verbleiben offenbar aus Symmetriegründen auch nach der Verformung in ihrer Ebene[1]), demnach ist die Verschiebungskomponente w klein, und die Größen u und v ändern sich nur wenig über die Scheibendicke.
Man gewinnt somit eine durchaus hinreichende Vorstellung vom elastischen Gleichgewichtszustand der Scheibe, wenn man die Mittelwerte der Größen u und v über die Dicke betrachtet.
Diese Mittelwerte u^*, v^* sind durch die Gleichungen

$$u^*(x, y) = \frac{1}{2h} \int_{-h}^{+h} u(x, y, z)\,\mathrm{d}z, \quad v^*(x, y) = \frac{1}{2h} \int_{-h}^{+h} v(x, y, z)\,\mathrm{d}z$$

definiert.

Nach Voraussetzung verschwinden die Funktionen $\tau_{xz}(x, y, z)$, $\tau_{yz}(x, y, z)$, $\sigma_z(x, y, z)$ auf den Grundflächen, d. h. für $z = \pm h$. Aus der Gleichung

$$\frac{\partial \tau_{zx}}{\partial x} + \frac{\partial \tau_{zy}}{\partial y} + \frac{\partial \sigma_z}{\partial z} = 0$$

folgt deshalb

$$\frac{\partial \sigma_z}{\partial z} = 0$$

für $z = \pm h$; denn wegen $\tau_{zx}(x, y, \pm h) = 0$ ist

$$\frac{\partial \tau_{zx}(x, y, \pm h)}{\partial x} = 0$$

und analog

$$\frac{\partial \tau_{zy}(x, y, \pm h)}{\partial y} = 0.$$

[1]) Wir sehen von einer starren Verschiebung ab, die man dem gesamten Körper erteilen kann.

Somit verschwindet nicht nur die Größe $\sigma_z(x, y, z)$ selbst, sondern auch ihre Ableitung nach z für $z = \pm h$. Offensichlich unterscheidet sich also σ_z auch für andere z-Werte nur wenig von Null, und wir können mit guter Näherung überall $\sigma_z = 0$ setzen. Nun bilden wir die Mittelwerte in den Gleichungen

$$\frac{\partial \sigma_x}{\partial x} + \frac{\partial \tau_{xy}}{\partial y} + \frac{\partial \tau_{xz}}{\partial z} + X = 0, \quad \frac{\partial \tau_{yx}}{\partial x} + \frac{\partial \sigma_y}{\partial y} + \frac{\partial \tau_{yz}}{\partial z} + Y = 0$$

d. h., wir integrieren auf beiden Seiten über z von $-h$ bis $+h$ und teilen durch $2h$:

$$\frac{1}{2h} \int\limits_{-h}^{+h} \frac{\partial \tau_{xz}}{\partial z} \, \mathrm{d}z = \frac{1}{2h} [\tau_{xz}]_{-h}^{+h} = 0, \quad \frac{1}{2h} \int\limits_{-h}^{+h} \frac{\partial \tau_{yz}}{\partial z} \, \mathrm{d}z = \frac{1}{2h} [\tau_{yz}]_{-h}^{+h} = 0.$$

Folglich erhalten wir aus den vorhergehenden Gleichungen

$$\frac{\partial \sigma_x^*}{\partial x} + \frac{\partial \tau_{xy}^*}{\partial y} + X^* = 0, \quad \frac{\partial \tau_{yx}^*}{\partial x} + \frac{\partial \sigma_y^*}{\partial y} + Y^* = 0 \tag{1}$$

(Stern bedeutet wie oben den Mittelwert über die Dicke).
Aus der Beziehung

$$\lambda \left(\frac{\partial u}{\partial x} + \frac{\partial v}{\partial y} + \frac{\partial w}{\partial z} \right) + 2\mu \frac{\partial w}{\partial z} = \sigma_z = 0$$

folgt

$$\frac{\partial w}{\partial z} = -\frac{\lambda}{\lambda + 2\mu} \left(\frac{\partial u}{\partial x} + \frac{\partial v}{\partial y} \right).$$

Wenn wir diesen Wert in die Gleichungen

$$\sigma_x = \lambda \left(\frac{\partial u}{\partial x} + \frac{\partial v}{\partial y} + \frac{\partial w}{\partial z} \right) + 2\mu \frac{\partial u}{\partial x}; \quad \sigma_y = \lambda \left(\frac{\partial u}{\partial x} + \frac{\partial v}{\partial y} + \frac{\partial w}{\partial z} \right) + 2\mu \frac{\partial v}{\partial y}$$

einsetzen, ergibt sich

$$\sigma_x = \frac{2\lambda\mu}{\lambda + 2\mu} \left(\frac{\partial u}{\partial x} + \frac{\partial v}{\partial y} \right) + 2\mu \frac{\partial u}{\partial x}; \quad \sigma_y = \frac{2\lambda\mu}{\lambda + 2\mu} \left(\frac{\partial u}{\partial x} + \frac{\partial v}{\partial y} \right) + 2\mu \frac{\partial v}{\partial y}.$$

Durch Mittelwertbildung in den entsprechenden Gleichungen bekommen wir schließlich

$$\sigma_x^* = \lambda^* e^* + 2\mu \frac{\partial u^*}{\partial x}, \quad \sigma_y^* = \lambda^* e^* + 2\mu \frac{\partial v^*}{\partial y}, \quad \tau_{xy}^* = \mu \left(\frac{\partial u^*}{\partial y} + \frac{\partial v^*}{\partial x} \right) \tag{2}$$

mit

$$\lambda^* = \frac{2\lambda\mu}{\lambda + 2\mu} = \frac{E\sigma}{(1 + \sigma)(1 - \sigma)} \tag{3}$$

$$e^* = \frac{\partial u^*}{\partial x} + \frac{\partial v^*}{\partial y}.$$

Ein Vergleich des Systems (1), (2) mit den Gln. (1), (2) aus dem vorhergehenden Abschnitt zeigt, daß die Mittelwerte der Verschiebungen u, v und der Spannungen σ_x, σ_y, τ_{xy} denselben

Gleichungen wie im Falle des ebenen Verzerrungszustandes genügen müssen, lediglich die LAMÉsche Konstante ist dabei durch die in (3) definierte Konstante λ zu ersetzen.
Wenn in einer Scheibe überall $\sigma_z = 0$ gilt und τ_{zx}, τ_{zy} auf den Grundflächen verschwinden, sprechen wir (nach LOVE) vom ebenen Spannungszustand[1]). Dieser wurde erstmalig von FILON[2]) untersucht, der auch die eben hergeleiteten Gleichungen für die Mittelwerte aufstellte.
Wir betrachten nun ein Flächenelement des Scheibenrandes, das senkrecht auf der x, y-Ebene steht und die Höhe $2h$ hat. Seine Spur in der x, y-Ebene bezeichnen wir als Linienelement ds. Wenn wir den Mittelwert der auf dieses Flächenelement wirkenden Spannung auf die x- bzw. y-Achse projizieren, erhalten wir

$$\overset{n}{\sigma}{}_x^*, \; \overset{n}{\sigma}{}_y^*$$

$$\overset{n}{\sigma}{}_x^* = \sigma_x^* \cos(n, x) + \tau_{xy}^* \cos(n, y); \qquad \overset{n}{\sigma}{}_y^* = \tau_{yx}^* \cos(n, x) + \sigma_y^* \cos(n, y), \tag{4}$$

wobei n die positive Normale bezeichnet. Die Projektionen der an diesem Flächenelement angreifenden Kräfte sind gleich $2h\overset{n}{\sigma}{}_x^*\,\mathrm{d}s$, $2h\overset{n}{\sigma}{}_y^*\,\mathrm{d}s$. Die Größen $\overset{n}{\sigma}{}_x^*\,\mathrm{d}s$, $\overset{n}{\sigma}{}_y^*\,\mathrm{d}s$ stellen die auf die Dickeneinheit bezogenen Projektionen des Kraftmittelwertes dar, der von der Seite der positiven Normalen n her auf das Element ds wirkt.

2.1.3. Grundgleichungen der ebenen Elastizitätstheorie

Die beiden in den letzten Abschnitten angeführten Fälle führten jeweils auf das Gleichungssystem

$$\frac{\partial \sigma_x}{\partial x} + \frac{\partial \tau_{xy}}{\partial y} + X = 0; \quad \frac{\partial \tau_{yx}}{\partial x} + \frac{\partial \sigma_y}{\partial y} + Y = 0 \tag{1}$$

$$\sigma_x = \lambda e + 2\mu \frac{\partial u}{\partial x}; \quad \sigma_y = \lambda e + 2\mu \frac{\partial v}{\partial y}; \quad \tau_{xy} = \mu\left(\frac{\partial v}{\partial x} + \frac{\partial u}{\partial y}\right) \tag{2}$$

mit

$$e = \frac{\partial u}{\partial x} + \frac{\partial v}{\partial y}. \tag{3}$$

Im Falle des ebenen Spannungszustandes (2.1.2.) sind die Verschiebungs- und Spannungskomponenten sowie die Volumenkräfte durch ihre Mittelwerte über die Scheibendicke, und die Konstante λ durch die nach (3) in 2.1.2. definierte Größe λ^* zu ersetzen.
Alles im weiteren Gesagte bezieht sich auf diese beiden Fälle.
Da sämtliche auftretenden Größen nur von x und y abhängen, können wir uns selbstverständlich auf die Betrachtung der in der x, y-Ebene liegenden Punkte beschränken. Als x, y-Ebene wählen wir die Mittelebene. Weiterhin wollen wir aus dem gleichen Grund beispielsweise unter dem vom Körper eingenommenen Gebiet den (zweidimensionalen) Schnitt S des Körpers mit der x, y-Ebene verstehen.
Statt von Kräften zu sprechen, die an senkrecht auf der x, y-Ebene stehenden Flächenelementen angreifen, werden wir im weiteren sagen, die Kräfte greifen am Linienelement ds der

[1]) LOVE [1], § 94 und § 146
[2]) FILON [1], s. a. FILON [2] und COKER und FILON [1]
Die Begründung der Tatsache, daß man in unserem Falle für eine dünne Scheibe mit hinreichender Genauigkeit $\sigma_z = 0$ setzen kann, haben wir aus MICHELL [1] übernommen, dort werden weitere Überlegungen zu diesem Gegenstand angestellt.

Schnittkurve an, d. h., daß in 2.1.1. beispielsweise am Linienelement ds eine Kraft mit den Komponenten $\overset{n}{\sigma}_x \, ds$, $\overset{n}{\sigma}_y \, ds$ aufgebracht wird, wobei n die Normale des Elementes ds ist. Gemeint ist damit die x- bzw. y-Komponente der Kraft, die an einem senkrecht auf der x, y-Ebene stehenden rechteckigen Flächenstück mit der Grundlinie ds und der Höhe 1 angreift (die zugehörige Komponente in z-Richtung ist gleich Null). Im ebenen Spannungszustand verstehen wir unter $\overset{n}{\sigma}_x \, ds$, $\overset{n}{\sigma}_y \, ds$ die am Ende des Abschnittes 2.1.2. mit $\overset{n}{\sigma}{}^*_x \, ds$, $\overset{n}{\sigma}{}^*_y \, ds$ bezeichneten Größen.

Wie in 1. nehmen wir an, daß die Verschiebungen im Inneren des vom Körper eingenommenen Gebietes eindeutige stetige Funktionen mit stetigen Ableitungen bis einschließlich dritter Ordnung sind. Gemäß (2) sind dann die Spannungen eindeutige Funktionen mit stetigen Ableitungen bis zur zweiten Ordnung. Wie im allgemeinen Falle (1.3.6.) können wir das System (1), (2) durch Gleichungen ersetzen, die nur die Verschiebungen enthalten. Dazu brauchen wir lediglich in den Gln. aus 1.3.6. $w = 0$ zu setzen; oder wir können die Werte (2) in (1) einsetzen und erhalten wie in 1.3.6.

$$(\lambda + \mu) \frac{\partial e}{\partial x} + \mu \triangle u + X = 0, \quad (\lambda + \mu) \frac{\partial e}{\partial y} + \mu \triangle v + Y = 0, \tag{4}$$

wobei $\triangle$ den Laplace-Operator für zwei Veränderliche bezeichnet, so daß beispielsweise

$$\triangle u = \frac{\partial^2 u}{\partial x^2} + \frac{\partial^2 u}{\partial y^2}$$

ist. Bei bekannter Lösung dieses Systems lassen sich die zugehörigen Spannungen nach (2) durch Differenzieren ermitteln.

Ohne Schwierigkeiten kann man auch *Gleichungen* aufstellen, die nur die *Spannungskomponenten* enthalten. Diese bestehen aus dem System (1) und einer zusätzlichen Gleichung, die in unserem Falle die sechs Verträglichkeitsbedingungen von BELTRAMI-MICHELL ersetzt. Diese Bedingung gewährleistet, daß die zu den Funktionen σ_x, σ_y, τ_{xy} gehörenden Verschiebungen u, v die Gln. (2) befriedigen. Diese Bedingung könnten wir selbstverständlich als Sonderfall aus den angeführten Verträglichkeitsbedingungen erhalten, doch wir ziehen es vor, sie erneut herzuleiten.

Wir geben zwei Herleitungen an. Die erste beruht wie die Herleitung der Bedingungen von BELTRAMI-MICHELL für den allgemeinen Fall auf den Verträglichkeitsbedingungen von SAINT-VENANT. Im Falle des ebenen Verzerrungszustandes führen diese auf [vgl. (6) in 1.2.7.]

$$\frac{\partial^2 \varepsilon_x}{\partial x^2} + \frac{\partial^2 \varepsilon_y}{\partial y^2} = \frac{\partial^2 \gamma_{xy}}{\partial x \, \partial y}.$$

Durch Einsetzen der aus (2) gewonnenen Werte

$$\left.\begin{aligned} \varepsilon_x &= \frac{1}{2\mu} \left\{ \sigma_x - \frac{\lambda}{2(\mu + \lambda)} (\sigma_x + \sigma_y) \right\}, \\ \varepsilon_y &= \frac{1}{2\mu} \left\{ \sigma_y - \frac{\lambda}{2(\mu + \lambda)} (\sigma_x + \sigma_y) \right\}, \\ \gamma_{xy} &= \frac{\tau_{xy}}{\mu} \end{aligned}\right\} \tag{5}$$

ergibt sich für die gesuchte Bedingung

$$\frac{\partial^2 \sigma_x}{\partial y^2} + \frac{\partial^2 \sigma_y}{\partial x^2} - \frac{\lambda}{2(\lambda + \mu)} \triangle(\sigma_x + \sigma_y) - 2\frac{\partial^2 \tau_{xy}}{\partial x\, \partial y} = 0. \tag{6}$$

Da die Größen σ_x, σ_y, τ_{xy} die Gln. (1) befriedigen, können wir die letzte Beziehung folgendermaßen vereinfachen: Wenn wir die erste Gleichung aus (1) nach x und die zweite nach y differenzieren und addieren, erhalten wir

$$-2\frac{\partial^2 \tau_{xy}}{\partial x\, \partial y} = \frac{\partial^2 \sigma_x}{\partial x^2} + \frac{\partial^2 \sigma_y}{\partial y^2} + \frac{\partial X}{\partial x} + \frac{\partial Y}{\partial y}.$$

Durch Einsetzen dieses Ausdruckes in die vorhergehende Gleichung ergibt sich nach leicht überschaubaren Vereinfachungen

$$\triangle(\sigma_x + \sigma_y) = -\frac{2(\lambda + \mu)}{\lambda + 2\mu}\left(\frac{\partial X}{\partial x} + \frac{\partial Y}{\partial y}\right). \tag{7}$$

Damit ist die zum System (1) hinzuzufügende Gleichung gewonnen, sie stellt die Verträglichkeitsbedingung der ebenen Elastizitätstheorie dar.
Wir führen nun noch eine unmittelbar auf den Gln. (1), (2) der ebenen Elastizitätstheorie beruhende Herleitung für diese Bedingung an.
Dabei erhalten wir eine Methode zur Berechnung der Verschiebungen aus den vorgegebenen Spannungen (bzw. Verzerrungen), die elementarer und praktisch bequemer als die in 1.2.7. für den allgemeinen Fall angeführte ist.
Um eine Bedingung für die Existenz der Verschiebungen zu gewinnen, versuchen wir, ausgehend von den Gln. (2), Formeln zur Berechnung von u, v aufzustellen, und setzen hierbei voraus, daß die Spannungen σ_x, σ_y, τ_{xy} eine bekannte Lösung des Systems (1) darstellen.
Die beiden ersten Gleichungen von (2) können wir wie folgt umformen

$$\left.\begin{aligned} 2\mu \frac{\partial u}{\partial x} &= \sigma_x - \frac{\lambda}{2(\lambda + \mu)}(\sigma_x + \sigma_y) \\ 2\mu \frac{\partial v}{\partial y} &= \sigma_y - \frac{\lambda}{2(\lambda + \mu)}(\sigma_x + \sigma_y). \end{aligned}\right\} \tag{5'}$$

Nun sei (a, b) ein beliebiger Punkt des Körpers. Wir betrachten zunächst nur Punkte (x, y) im Inneren eines gewissen Rechtecks mit dem Mittelpunkt (a, b), das nicht über die Grenzen des Körpers hinausreicht. Die Gln. (5) liefern mit $P = \sigma_x + \sigma_y$:

$$\left.\begin{aligned} 2\mu u\,(x, y) &= \int\limits_a^x \left\{\sigma_x - \frac{\lambda P}{2(\lambda + \mu)}\right\} \mathrm{d}x + f_1(y), \\ 2\mu v\,(x, y) &= \int\limits_b^y \left\{\sigma_y - \frac{\lambda P}{2(\lambda + \mu)}\right\} \mathrm{d}y + f_2(x), \end{aligned}\right\} \tag{8}$$

wobei $f_1(y)$, $f_2(x)$ zunächst noch unbekannte Funktionen der angeführten Argumente sind. Nun müssen wir dafür sorgen, daß die gefundenen Ausdrücke die dritte Beziehung aus (2) befriedigen. Durch Einsetzen und Differenzieren unter dem Integral ergibt sich

$$\int_a^x \left\{\frac{\partial \sigma_x}{\partial y} - \frac{\lambda}{2(\lambda+\mu)}\frac{\partial P}{\partial y}\right\} dx + \int_b^y \left\{\frac{\partial \sigma_y}{\partial x} - \frac{\lambda}{2(\lambda+\mu)}\frac{\partial P}{\partial x}\right\} dy - 2\tau_{xy} = f_1'(y) - f_2'(x). \quad (9)$$

Diese Gleichung ist nur dann erfüllt, wenn ihre linke Seite als Summe zweier Funktionen geschrieben werden kann, von denen eine nur von x und die andere nur von y abhängt. Dazu wiederum ist notwendig und hinreichend, daß die zweite Ableitung der linken Seite identisch verschwindet[1]).

Wenn wir die linke Seite zunächst nach x und dann nach y differenzieren und das Ergebnis gleich Null setzen, erhalten wir gerade die Gln. (6), woraus erneut die Bedingung (7) folgt. Unter Berücksichtigung von (7) hat die linke Seite der Gl. (9) die Gestalt

$$F_1(y) + F_2(x),$$

und damit ergibt sich

$$F_2(x) + f_2'(x) = -F_1(y) - f_1'(y).$$

Beide Seiten dieser Gleichung müssen folglich gleich einer Konstanten sein, die wir mit $2\mu\delta$ bezeichnen. Auf diese Weise erhalten wir

$$f_1(y) = -\int_b^y F_1(y)\,dy - 2\mu y\delta + 2\mu\alpha,$$

$$f_2(x) = -\int_a^x F_2(x)\,dx + 2\mu x\delta + 2\mu\beta$$

mit α, β als willkürliche Konstanten.

Durch Einsetzen dieser Ausdrücke in (8) finden wir Formeln für u und v, die bis auf Terme der Gestalt

$$u' = -y\delta + \alpha, \qquad v' = x\delta + \beta$$

bestimmt sind, wobei α, β, δ beliebige Konstanten darstellen. Diese Terme beschreiben lediglich eine starre Verschiebung des Körpers (in seiner Ebene) und haben keinen Einfluß auf die Verzerrungen und Spannungen. Sie nehmen wohldefinierte Werte an, wenn wir die Verschiebungen u, v und die Drehungskomponente

$$r = \frac{1}{2}\left(\frac{\partial v}{\partial x} - \frac{\partial u}{\partial y}\right)$$

in einem Punkt des betrachteten Gebietes, etwa in (a, b), vorgeben.

Wir haben uns bisher auf die Punkte eines ganz in S liegenden Rechteckes mit dem Mittelpunkt (a, b) beschränkt. Um die Werte u, v für andere Punkte des Gebietes zu finden, wählen wir einen innerhalb dieses Rechtecks in der Nähe des Randes liegenden Punkt (a', b') und konstruieren von dort aus ein zweites Rechteck, das teilweise über den Rand des ersten hinausreicht, jedoch noch ganz im Gebiet S liegt. Dann können wir die Werte u, v für alle

---

[1]) Wenn $F(x, y) = F_1(x) + F_2(y)$ ist, gilt

$$\frac{\partial^2 F}{\partial x\,\partial y} = 0$$

und umgekehrt. Unter Beachtung dieser Bedingung gilt offenbar

$$F(x, y) = F(x, b) + F(a, y) - F(a, b).$$

Punkte des zweiten Rechtecks nach der oben angeführten Methode finden, indem wir den Punkt (a, b) durch (a', b') ersetzen. Damit die auf diese Weise erhaltenen Werte u, v in dem von beiden Rechtecken überdeckten Gebiet eindeutig sind, müssen die in der Formel für das zweite Rechteck auftretenden willkürlichen Konstanten so gewählt werden, daß die Werte u, v und r im Punkte (a', b') mit den aus den Gleichungen für das erste Rechteck erhaltenen Werten dieser Größen zusammenfallen. Die Formeln für das zweite Rechteck enthalten somit keine neuen willkürlichen Konstanten. Wenn man dieses Verfahren hinreichend oft wiederholt, kann man die Verschiebungen u, v für jeden beliebigen Punkt (x_1, y_1) des Körpers berechnen[1]).

Dabei erhält man eine Folge sich teilweise überdeckender Rechtecke, deren erstes Glied das Rechteck mit dem Mittelpunkt (a, b) und deren letztes das (x_1, y_1) enthaltende Rechteck ist. Solche Folgen kann man jedoch auf unendlich viele verschiedene Arten konstruieren. Es entsteht also hier die Frage, ob die Werte u, v im Punkt (x_1, y_1) durch die Wahl der Folge beeinflußt werden, mit anderen Worten, ob u, v *eindeutige* Funktionen des Punktes (x_1, y_1) sind.

Bei der Beantwortung dieser Frage gehen wir nicht von den im vorliegenden Abschnitt entwickelten Formeln aus, sondern wir benutzen die Beziehungen (4) in 1.2.7. (Gleichungen von VOLTERRA), wo die Verschiebungen u, v mit Hilfe von Kurvenintegralen, erstreckt über beliebige Verbindungslinien der Punkte (a, b) und (x_1, y_1), durch die Spannungen σ_x, σ_y, τ_{xy} ausgedrückt werden. In diesen Beziehungen berücksichtigen wir, daß $w = \gamma_{yz} = \gamma_{zx} = \varepsilon_z = 0$ ist, und weiterhin ersetzen wir die Verzerrungen ε_x, ε_y, γ_{xy} nach (5) durch die Spannungskomponenten. Analog zu dem in 1.2.7. Gesagten kann man sich davon überzeugen, daß u, v notwendig eindeutige Funktionen sind, wenn das vom Körper eingenommene Gebiet *einfach zusammenhängend* ist.

Jedoch im Falle eines mehrfach zusammenhängenden Gebietes können sich die Verschiebungen u, v selbst bei Erfüllung der Bedingung (7) als mehrdeutig erweisen. Daher muß in diesem Falle noch eine *Bedingung über die Eindeutigkeit der Verschiebungen*[2]) angegeben werden. Auf diese Frage gehen wir später noch genauer ein.

Bemerkung: Die Notwendigkeit der Bedingung (7) läßt sich auch folgendermaßen zeigen: Wenn wir die erste Gl. aus (4) nach x und die zweite nach y differenzieren und addieren erhalten wir

$$(\lambda + 2\mu)\Delta e + \left(\frac{\partial X}{\partial x} + \frac{\partial Y}{\partial y}\right) = 0 .$$

Unter Berücksichtigung des aus (2) folgenden Wertes

$$e = \frac{\sigma_x + \sigma_y}{2(\lambda + \mu)}$$

ergibt sich daraus erneut die Gl. (7).

2.1.4. Zurückführung auf den Fall verschwindender Volumenkräfte

Die Lösung der Gleichungen der ebenen Elastizitätstheorie ist im Falle verschwindender Volumenkräfte, d. h. für $X = Y = 0$, besonders einfach. Der allgemeine Fall läßt sich stets

[1]) Vgl. den wohl bekannten Prozeß der analytischen Fortsetzung einer komplexen Funktion.

[2]) Wir nehmen selbstverständlich an, daß die Spannungskomponenten stets eindeutige Funktionen darstellen.

auf diesen Sonderfall zurückführen, wenn eine *partikuläre* Lösung des Systems (1), (2) in 2.1.3. bekannt ist; denn wenn $\sigma_x^{(0)}$, $\sigma_y^{(0)}$, $\tau_{xy}^{(0)}$, $u^{(0)}$, $v^{(0)}$ eine derartige partikuläre Lösung ist, können wir

$$\sigma_x = \sigma_x^{(1)} + \sigma_x^{(0)} \text{ usw.,} \qquad u = u^{(1)} + u^{(0)} \text{ usw.}$$

setzen, dann genügen die Funktionen $\sigma_x^{(1)}, \ldots, v^{(1)}$ denselben Gleichungen wie $\sigma_x, \ldots, v$ jedoch für

$$X = Y = 0.$$

In der Praxis kommen am häufigsten zwei Arten von Volumenkräften vor: die *Schwerkraft* und die *Fliehkraft* bei gleichmäßiger Drehung. Für diese beiden Fälle wollen wir jetzt noch die oben erwähnte partikuläre Lösung ermitteln[1]). Dabei können wir entweder von den Gln. (1), (7) in 2.1.3. für die Spannungen oder von den Verschiebungsgleichungen (4) in 2.1.3. ausgehen. Wir benutzen die ersteren im Falle der Schwerkraft und die anderen im Falle der Fliehkraft. Für die Schwerkraft erhalten wir unter der Annahme, daß die y-Achse senkrecht nach oben zeigt $X = 0$, $Y = -g\varrho$, wobei g die Erdbeschleunigung und ϱ die (als konstant vorausgesetzte) Dichte bezeichnet. Somit lauten die Gln. (1) und (7) in 2.1.3.

$$\frac{\partial \sigma_x}{\partial x} + \frac{\partial \tau_{xy}}{\partial y} = 0; \quad \frac{\partial \tau_{yx}}{\partial x} + \frac{\partial \sigma_y}{\partial y} = g\varrho, \quad \triangle(\sigma_x + \sigma_y) = 0.$$

Diese Gleichungen haben die partikuläre Lösung

$$\sigma_x = \tau_{xy} = 0; \quad \sigma_y = g\varrho y. \tag{2}$$

Die entsprechenden Verschiebungen ergeben sich nach der oben angeführten Regel aus (8) in 2.1.3. zu

$$2\mu u = \int -\frac{\lambda g \varrho y}{2(\lambda + \mu)}\,\mathrm{d}x = -\frac{\lambda \varrho g}{2(\lambda + \mu)}\,xy + f_1(y),$$

$$2\mu v = \int \frac{\lambda + 2\mu}{2(\lambda + \mu)}\,\varrho g y\,\mathrm{d}y = \frac{\lambda + 2\mu}{4(\lambda + \mu)}\,\varrho g y^2 + f_2(x).$$

Wenn wir die gewonnenen Werte in

$$\mu\left(\frac{\partial v}{\partial x} + \frac{\partial u}{\partial y}\right) = \tau_{xy} = 0$$

einsetzen, erhalten wir

$$-\frac{\lambda \varrho g}{2(\lambda + \mu)}\,x + f_1'(y) + f_2'(x) = 0.$$

Diese Gleichung wird z. B. durch

$$f_1(y) = 0, \quad f_2(x) = \frac{\lambda \varrho g}{4(\lambda + \mu)}\,x^2$$

befriedigt. Damit bekommen wir für die Verschiebungen

$$u = -\frac{\lambda}{4\mu(\lambda + \mu)}\,\varrho g x y, \quad v = \frac{\lambda + 2\mu}{8\mu(\lambda + \mu)}\,\varrho g y^2 + \frac{\lambda}{8(\lambda + \mu)}\,\varrho g x^2. \tag{3}$$

[1]) Das Auffinden einer partikulären Lösung für beliebig vorgegebene Volumenkräfte bietet ebenfalls keine prinzipiellen Schwierigkeiten, s. 3.2.6. und Anhang IV am Ende des Buches.

Im Falle der Fliehkraft nehmen wir an, daß sich der Körper gleichmäßig um eine senkrecht auf der x, y-Ebene stehende, durch O gehende Achse dreht, dann ergibt sich die auf die Volumeneinheit bezogene Trägheitskraft aus den Gleichungen

$$X = \varrho\omega^2 x, \quad Y = \varrho\omega^2 y,$$

wobei ω die Winkelgeschwindigkeit bezeichnet. Damit lautet das System (4) in 2.1.3.

$$(\lambda + \mu)\frac{\partial e}{\partial x} + \mu\Delta u + \varrho\omega^2 x = 0, \quad (\lambda + \mu)\frac{\partial e}{\partial y} + \mu\Delta v + \varrho\omega^2 y = 0.$$

Man sieht leicht, daß diese Gleichungen durch Ausdrücke der Gestalt

$$u = ax^3 + bxy^2, \quad v = ay^3 + bx^2 y$$

befriedigt werden. Dazu braucht man nur

$$2(3a + b)(\lambda + 2\mu) + \varrho\omega^2 = 0$$

oder

$$3a + b = -\frac{\varrho\omega^2}{2(\lambda + 2\mu)}$$

zu setzen. Hieraus ist ersichtlich, daß eine der Größen a, b noch frei verfügbar bleibt. Wir setzen[1])

$$a = b = -\frac{\varrho\omega^2}{8(\lambda + 2\mu)}$$

und erhalten damit

$$u = -\frac{\varrho\omega^2}{8(\lambda + 2\mu)}(x^2 + y^2)x, \quad v = -\frac{\varrho\omega^2}{8(\lambda + 2\mu)}(x^2 + y^2)y. \tag{5}$$

Die entsprechenden Spannungen lauten

$$\sigma_x = -\frac{2\lambda + \mu}{4(\lambda + 2\mu)}\varrho\omega^2(x^2 + y^2) - \frac{\mu}{2(\lambda + 2\mu)}\varrho\omega^2 x^2,$$

$$\sigma_y = -\frac{2\lambda + \mu}{4(\lambda + 2\mu)}\varrho\omega^2(x^2 + y^2) - \frac{\mu}{2(\lambda + 2\mu)}\varrho\omega^2 y^2,$$

$$\tau_{xy} = -\frac{\mu\varrho\omega^2}{2(\lambda + 2\mu)}xy.$$

2.2. Spannungsfunktion. Komplexe Darstellung der allgemeinen Lösung

2.2.1. Einige Bezeichnungen und Lehrsätze

Wir gehen nun zu der für uns grundlegenden Frage der komplexen Darstellung der allgemeinen Lösung der Gleichungen der ebenen Elastizitätstheorie über und präzisieren zunächst einige Bezeichnungen, die wir im weiteren benötigen (und die wir teilweise schon benutzt haben), außerdem bringen wir einige einfache Lehrsätze in Erinnerung.

[1]) Dabei treten reine Radialverschiebungen auf.

2.2.1.1. Wenn wir im weiteren von *Kurven* (*Bogen*, *Konturen*) sprechen, so werden wir darunter (wenn nicht ausdrücklich anders vereinbart) *einfache* (d. h. sich nicht überschneidende) geschlossene oder offene stetige Kurven verstehen. Weiterhin nehmen wir an, daß die betrachteten Kurven *glatt* oder allgemeiner *stückweise glatt* sind. Eine Kurve heißt bekanntlich glatt, wenn sie eine stetig veränderliche Tangente hat, und stückweise glatt, wenn sie aus endlich vielen glatten Kurvenstücken besteht[1]).

2.2.1.2. Weiterhin setzen wir voraus (wenn nicht ausdrücklich etwas anderes vereinbart wird), daß das vom Körper eingenommene Gebiet einen zusammenhängenden endlichen oder unendlichen Teil S der Ebene ausfüllt, der durch eine oder mehrere (einfache glatte oder stückweise glatte) geschlossene Kurven begrenzt wird. Der Rand des endlichen Gebietes S besteht somit aus endlich vielen geschlossenen Kurven $L_1, L_2, \ldots, L_m, L_{m+1}$, die keinen gemeinsamen Punkt haben, und von denen eine, etwa L_{m+1}, alle anderen umschließt, während sich die übrigen nicht gegenseitig umfassen (Scheibe mit Löchern, Bild 13). Für $m = 0$ besteht der Rand aus einer einzigen geschlossenen Kurve, und das Gebiet S ist einfach zusammenhängend.

Für $m \geqq 1$ ist das Gebiet mehrfach, genauer $(m + 1)$-fach zusammenhängend[2]). Im Falle eines unendlichen Gebietes verschwindet die äußere Kurve L_{m+1} (oder, wie wir häufig sagen, liegt L_{m+1} im Unendlichen); dann stellt das Gebiet S die unendliche Ebene mit Löchern dar[3]). Allgemein verstehen wir überall im weiteren (wenn nicht ausdrücklich etwas anderes vereinbart wird) unter einem *Gebiet* ein (endliches oder unendliches) Gebiet des eben genannten Typs.

Den Rand L des Gebietes S betrachten wir nicht als zu S gehörig. Falls eine Eigenschaft nicht nur für die Punkte des Gebietes S, sondern auch für die Punkte des Randes L oder eines Teiles L' gilt, so sagen wir, die Eigenschaft trifft für $S + L$ bzw. für $S + L'$ zu. Unter einem *Randteil* verstehen wir stets einen Teil, der aus einem oder mehreren stetigen Kurvenstücken (Bogen) besteht.

2.2.1.3. Es sei $F(x, y)$ eine im Gebiet S (jedoch nicht auf dem Rand L) vorgegebene stetige Funktion. Wir sagen, die Funktion $F(x, y)$ ist auf einen Teil L' des Randes L (L' kann mit L zusammenfallen) *stetig fortsetzbar*, wenn man der Funktion $F(x, y)$ solche Werte auf L' zuschreiben kann, daß die dadurch entstehende Funktion stetig auf $S + L'$ ist. In diesem Falle sprechen wir auch häufig einfach von einer Funktion $F(x, y)$, die stetig auf $S + L'$ oder *stetig im Gebiet S bis hin zu L'* ist.

Weiterhin führen wir noch folgende Bezeichnung ein: Es sei (x_0, y_0) ein gewisser Punkt des Randes L, und $F(x, y)$ nähere sich einem bestimmten Grenzwert, wenn der Punkt (x, y) gegen den Punkt (x_0, y_0) strebt und dabei im Inneren von S bleibt, ansonsten aber beliebig ist[4]). Dann sagen wir: $F(x, y)$ hat im Punkte (x_0, y_0) einen bestimmten Randwert, oder $F(x, y)$ ist *auf den Punkt* (x_0, y_0) *stetig fortsetzbar*, und verstehen dabei unter Randwert den obengenannten Grenzwert.

---

[1]) Wir halten es für überflüssig, hier eine eingehende Definition dieser wohl bekannten Begriffe zu geben.

[2]) Die Definition des einfach und mehrfach zusammenhängenden Gebietes ist in 1.2.7. angegeben, genaueres s. Anhang II.

[3]) Das von einer einfachen geschlossenen Kurve begrenzte unendliche Gebiet S (unendliche Ebene mit Loch) kann man mit gleicher Berechtigung als einfach oder als mehrfach (zweifach) zusammenhängend auffassen, je nachdem, ob man den unendlich fernen Punkt zu S zählt oder nicht.

[4]) Dies drückt man häufig dadurch aus, daß man sagt, der Punkt (x, y) strebt auf beliebigem Wege in S gegen den Punkt (x_0, y_0), dabei braucht man jedoch nicht anzunehmen, daß der „Weg" unbedingt eine stetige Kurve sein muß; er kann beispielsweise auch aus einer Folge einzelner Punkte bestehen.

Wenn die Funktion $F(x, y)$ auf alle Punkte (x_0, y_0) eines Teils L' des Randes L (L' kann mit L zusammenfallen) stetig fortsetzbar ist und wenn weiterhin mit $F(x_0, y_0)$ der Randwert der Funktion $F(x, y)$ im Punkte (x_0, y_0) bezeichnet wird, so ist $F(x_0, y_0)$ offenbar stetig im Punkte (x_0, y_0) auf L'. Wenn $F(x, y)$ auf alle Punkte des Teilstückes L' des Randes L stetig fortsetzbar ist, so ist $F(x, y)$ nach Definition stetig auf $S + L'$, d. h. stetig in S bis hin zu L', wobei unter $F(x, y)$ für (x, y) auf L' der entsprechende Randwert zu verstehen ist.
Im weiteren sagen wir, $F(x_0, y_0)$ stellt einen *Randwert* der Funktion $F(x, y)$ dar, oder $F(x, y)$ *nimmt den Randwert* $F(x_0, y_0)$ *an*, und meinen damit stets, daß $F(x_0, y_0)$ gleich dem Grenzwert ist, dem sich $F(x, y)$ nähert, wenn der Punkt (x, y) auf beliebigem Wege ohne das Gebiet S zu verlassen gegen den Punkt (x_0, y_0) strebt; mit anderen Worten, die Bezeichnung *Randwert im gegebenen Punkt* oder *auf einem gegebenen Teil des Randes* beinhaltet *stets*, daß die betrachtete Funktion auf den gegebenen Punkt oder auf den gegebenen Teil des Randes stetig fortsetzbar ist.

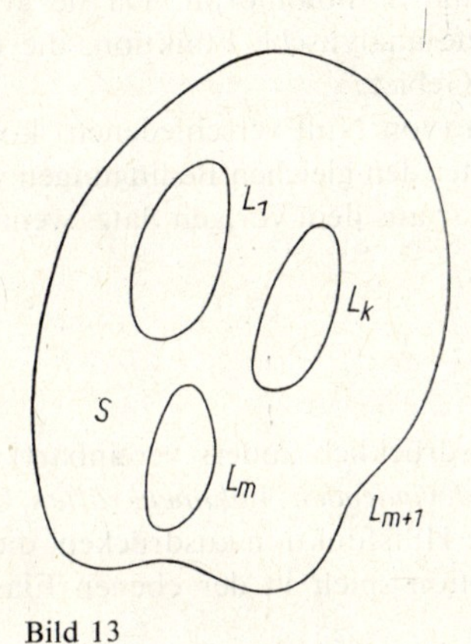

Bild 13

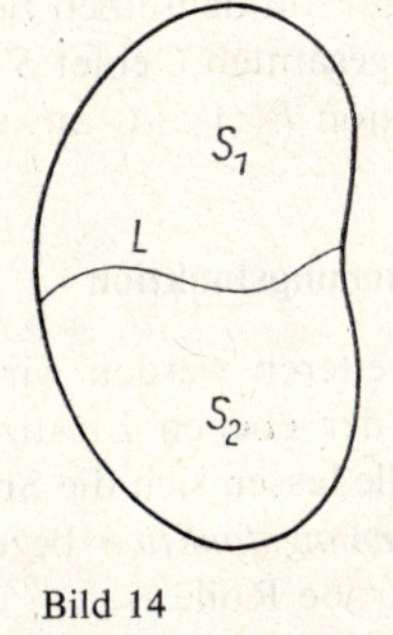

Bild 14

2.2.1.4. Die Ränder zweier sich nicht überschneidender Gebiete S_1 und S_2 mögen einen gemeinsamen Teil L besitzen, der aus einem einfachen glatten (oder stückweise glatten) Kurvenstück oder einer geschlossenen Kurve besteht, ferner seien $F_1(z)$, $F_2(z)$ Funktionen der komplexen Veränderlichen $z = x + iy$, die in S_1 bzw. S_2 holomorph[1]) und stetig bis

[1]) Eine für das Verständnis des weiteren ausreichende Darlegung der komplexen Funktionentheorie findet der Leser beispielsweise im Lehrbuch von W. I. Smirnow [1] Bd. III. Die Bezeichnung „holomorph“ ist gleichbedeutend mit dem dort verwendeten Terminus „regulär“.
Eine im gegebenen (einfach oder mehrfach zusammenhängenden) Gebiet holomorphe Funktion wird stets als eindeutig vorausgesetzt. Unter einer im gegebenen Gebiet analytischen Funktion der komplexen Veränderlichen z verstehen wir im weiteren eine Funktion, die mehrdeutig sein kann, wir fordern aber, daß jeder stetige Zweig derselben in einem beliebigen endlichen einfach zusammenhängenden Teilgebiet von S holomorph (und folglich eindeutig) ist. Das Wort „analytisch“ besagt bekanntlich, daß sich eine solche Funktion (besser jeder Zweig derselben) in der Umgebung eines beliebigen Punktes a aus dem Gebiet S in eine Reihe

$$A_0 + A_1(z - a) + A_2(z - a)^2 + \cdots$$

entwickeln läßt. Unter einer im Gebiet S analytischen Funktion verstehen wir bisweilen eine Funktion die in einem aus S durch Ausschluß einzelner Punkte entstandenen Gebiet (im oben genannten Sinne) analytisch ist. In solchen Fällen treffen wir stets eine diesbezügliche Absprache.

hin zu L sind (Bild 14); weiterhin gelte $F_1(z) = F_2(z)$ auf L, dann ist die Funktion $F(z)$ definiert durch

$$F(z) = \begin{cases} F_1(z) \text{ für } z \text{ in } S_1 \text{ und auf } L \\ F_2(z) \text{ für } z \text{ in } S_2 \text{ und auf } L, \end{cases}$$

holomorph im Gebiet S, der Vereinigungsmenge von S_1, S_2 und L. Den Beweis dieses Satzes findet man in den Lehrbüchern der komplexen Funktionentheorie.

Aus diesem Satz folgt insbesondere, daß die Funktion $F(z)$ in einem Gebiet S identisch verschwindet, wenn sie in diesem Gebiet holomorph ist und auf einem gewissen Teil L' des Randes einen verschwindenden Randwert hat.

Um das zu zeigen, fügen wir zum Gebiet S einen gewissen Teil S' der Ebene hinzu, der L' von der anderen Seite berührt, und setzen $F(z) = 0$ in S'. Dann ist die Funktion nach dem vorhergehenden Satz im Vereinigungsgebiet von S und S' holomorph. Da sie aber in S' identisch Null ist, verschwindet sie überall; denn eine analytische Funktion, die in einem Teilgebiet gleich Null ist, verschwindet im gesamten Gebiet.

Für eine Funktion $F(z)$, deren Randwert auf L' den (von Null verschiedenen) konstanten Wert C hat, gilt mit denselben Bezeichnungen und unter den gleichen Bedingungen wie oben $F(z) = C$ im gesamten Gebiet S. Dies folgt unmittelbar aus dem vorigen Satz, wenn wir ihn auf die Funktion $F(z) - C$ anwenden.

2.2.2. Spannungsfunktion

2.2.2.1. Im weiteren werden wir uns (wenn nicht ausdrücklich anders vereinbart) mit den Gleichungen der ebenen Elastizitätstheorie *bei verschwindenden Volumenkräften* befassen. In diesem Falle lassen sich die Spannungen durch eine Hilfsfunktion ausdrücken, die wir als *Airysche Spannungsfunktion* bezeichnen. Diese Funktion spielt in der ebenen Elastizitätstheorie eine große Rolle.

Im betrachteten Falle gilt

$$\frac{\partial \sigma_x}{\partial x} + \frac{\partial \tau_{xy}}{\partial y} = 0, \quad \frac{\partial \tau_{xy}}{\partial x} + \frac{\partial \sigma_y}{\partial y} = 0. \tag{1}$$

Die erste dieser Gleichungen stellt die notwendige und hinreichende Bedingung dafür dar, daß eine gewisse Funktion $B(x, y)$ existiert, die die Gleichungen

$$\frac{\partial B}{\partial x} = -\tau_{xy}; \quad \frac{\partial B}{\partial y} = \sigma_x$$

befriedigt, die zweite Gleichung aus (1) ist notwendig und hinreichend für die Existenz einer gewissen Funktion $A(x, y)$, die den Bedingungen

$$\frac{\partial A}{\partial x} = \sigma_y, \quad \frac{\partial A}{\partial y} = -\tau_{xy}$$

genügt. Der Vergleich der beiden Ausdrücke für τ_{xy} zeigt, daß

$$\frac{\partial A}{\partial y} = \frac{\partial B}{\partial x}$$

gelten muß. Hieraus folgt die Existenz einer gewissen Funktion $U(x, y)$ mit

$$A = \frac{\partial U}{\partial x}, \qquad B = \frac{\partial U}{\partial y}.$$

Durch Einsetzen dieser Werte A und B in die vorherigen Beziehungen überzeugen wir uns, daß (bei verschwindenden Volumenkräften) stets eine Funktion $U(x, y)$ existiert, durch die sich die Spannungen wie folgt ausdrücken lassen

$$\sigma_x = \frac{\partial^2 U}{\partial x^2}, \qquad \tau_{xy} = -\frac{\partial^2 U}{\partial x \, \partial y}, \qquad \sigma_y = \frac{\partial^2 U}{\partial y^2}. \tag{2}$$

Auf diese Tatsache wurde erstmalig von AIRY 1862 hingewiesen.
Die Funktion U stellt die als *Airysche Spannungsfunktion* bezeichnete Hilfsfunktion dar. Da die Größen σ_x, σ_y, τ_{xy} nach den von uns früher angenommenen Bedingungen (2.1.3.) zusammen mit ihren Ableitungen bis einschließlich zweiter Ordnung eindeutig und stetig sein sollen, muß die Funktion U stetige Ableitungen bis zur vierten Ordnung haben, wobei diese Ableitungen von der zweiten an im gesamten vom Körper eingenommenen Gebiet eindeutig sein müssen.
Offensichtlich gilt auch das Umgekehrte: Wenn die Funktion U die genannten Eigenschaften besitzt, befriedigen die durch (2) definierten Größen σ_x, σ_y, τ_{xy} die Gln. (1). Das besagt jedoch bekanntermaßen noch nicht, daß diesen Spannungen ein wirklicher Formänderungszustand entspricht; denn dazu muß zusätzlich die Gl. (7) in 2.1.3. befriedigt werden. Diese lautet im Falle fehlender Volumenkräfte

$$\triangle(\sigma_x + \sigma_y) = 0 \tag{3}$$

und führt unter Berücksichtigung der Gleichung

$$\sigma_x + \sigma_y = \triangle U$$

auf die Beziehung

$$\triangle \triangle U = 0 \tag{4}$$

oder ausführlich geschrieben

$$\frac{\partial^4 U}{\partial x^4} + 2 \frac{\partial^4 U}{\partial x^2 \, \partial y^2} + \frac{\partial^4 U}{\partial y^4} = 0. \tag{4}$$

Diese wird als *biharmonische Gleichung*[1]) bezeichnet, und jede ihrer Lösungen heißt *biharmonische Funktion.*
Im weiteren wollen wir jedoch unter *biharmonischen Funktionen* nur solche Lösungen der biharmonischen Gleichung verstehen, *deren Ableitungen bis zur vierten Ordnung stetig und von der zweiten Ordnung an eindeutig im gesamten betrachteten Gebiet sind.*
Wenn das Gebiet einfach zusammenhängend ist, zieht die Eindeutigkeit der zweiten Ableitungen die Eindeutigkeit der Funktion selbst nach sich. In einem mehrfach zusammenhängenden Gebiet braucht das nicht der Fall zu sein, wie wir später sehen werden.
2.2.2.2. In 2.1.3. haben wir den betrachteten Verschiebungen und Spannungen von vornherein gewisse einschränkende Bedingungen auferlegt, und zwar nahmen wir an, daß die

[1]) Die Tatsache, daß die Spannungsfunktion die Gl. (4) befriedigt, wurde erstmals von MAXWELL angegeben.

Funktionen u, v eindeutig sein und stetige Ableitungen bis zur dritten Ordnung haben sollen. Die Stetigkeit und Eindeutigkeit der Spannungskomponenten und ihrer Ableitungen bis zur zweiten Ordnung sind dabei unmittelbare Folgen der Gleichungen

$$\sigma_x = \lambda e + 2\mu \frac{\partial u}{\partial x}, \quad \sigma_y = \lambda e + 2\mu \frac{\partial v}{\partial y}, \quad \tau_{xy} = \mu\left(\frac{\partial v}{\partial x} + \frac{\partial u}{\partial y}\right). \tag{5}$$

Aus bestimmten Gründen ist es jedoch für uns zweckmäßig, diese Bedingungen etwas abzuändern und durch weniger einschränkende zu ersetzen. Alles Gesagte bleibt weiterhin gültig, wenn wir von jetzt an voraussetzen, daß in dem vom Körper eingenommenen Gebiet S folgende Bedingungen erfüllt sind:

a) *Bedingung für die Spannungen.* Die Komponenten σ_x, σ_y, τ_{xy} sind eindeutige stetige Funktionen mit stetigen Ableitungen bis zur zweiten Ordnung und befriedigen die Gln. (1), (3). Infolge dieser Bedingung ist die Funktion U biharmonisch.

b) *Bedignung für die Verschiebungen.* Die Komponenten u, v sind stetige eindeutige Funktionen und haben partielle Ableitungen erster Ordnung, die mit den Spannungskomponenten über die Beziehung (5) verknüpft sind.

Im weiteren wird sich herausstellen, daß die Bedingung a) die Existenz beliebig hoher Ableitungen der Funktionen σ_x, σ_y, τ_{xy} gewährleistet und daß diese Funktionen analytisch sind (s. 2.2.4.). Genauso garantiert die Bedingung b) zusammen mit a) die Existenz beliebig hoher Ableitungen (sowie die Analytizität) der Funktionen u, v (s. 2.2.4.).

Es sei noch bemerkt, daß man sich in vielen Fällen auf die zuletzt genannten Bedingungen beschränken und die Forderung nach Eindeutigkeit der Funktionen u, v weglassen kann. Zum Beispiel im Falle eines einfach zusammenhängenden Gebietes ist diese Eindeutigkeit notwendige Folge der übrigen unter a) und b) aufgezählten Bedingungen. Dies geht aus dem im nächsten Abschnitt Gesagten hervor.

2.2.2.3. Bei vorgegebener (biharmonischer) Spannungsfunktion U erhält man die zugehörigen Spannungen aus den Gln. (2). Die diesen Spannungen entsprechenden Verschiebungen könnten wir nach der in 2.1.3. angegebenen Regel berechnen, doch wollen wir hier andere Formeln anführen, die bedeutend bequemer als die genannten sind, und auf die erstmalig Love [1] hinwies, der sie auf etwas anderem Wege als wir herleitete.

Das vom Körper eingenommene Gebiet S setzen wir zunächst (bis 2.2.7.) *als einfach zusammenhängend voraus.*

Aus den Gleichungen

$$\lambda e + 2\mu \frac{\partial u}{\partial x} = \frac{\partial^2 U}{\partial y^2}, \quad \lambda e + 2\mu \frac{\partial v}{\partial y} = \frac{\partial^2 U}{\partial x^2}, \quad \mu\left(\frac{\partial v}{\partial x} + \frac{\partial u}{\partial y}\right) = -\frac{\partial^2 U}{\partial x\, \partial y} \tag{6}$$

sollen die Funktionen u, v ermittelt werden. Aufgelöst nach $\frac{\partial u}{\partial x}$, $\frac{\partial v}{\partial y}$ lauten die beiden ersten Gleichungen

$$2\mu \frac{\partial u}{\partial x} = \frac{\partial^2 U}{\partial y^2} - \frac{\lambda}{2(\mu + \lambda)} \Delta U, \quad 2\mu \frac{\partial v}{\partial y} = \frac{\partial^2 U}{\partial x} - \frac{\lambda}{2(\mu + \lambda)} \Delta U.$$

Mit der Bezeichnung

$$\Delta U = P \tag{7}$$

erhalten wir, wenn wir in der ersten Gleichung $\frac{\partial^2 U}{\partial y^2}$ durch $P - \frac{\partial^2 U}{\partial x^2}$ ersetzen und analog mit der zweiten verfahren

$$2\mu \frac{\partial u}{\partial x} = -\frac{\partial^2 U}{\partial x^2} + \frac{\lambda + 2\mu}{2(\lambda + \mu)} P, \quad 2\mu \frac{\partial v}{\partial y} = -\frac{\partial^2 U}{\partial y^2} + \frac{\lambda + 2\mu}{2(\lambda + \mu)} P. \tag{8}$$

Nach Gl. (3) ist die Funktion P harmonisch; denn es gilt

$$\triangle P = \triangle\triangle U = 0.$$

Mit Q sei die zu P konjugierte, d. h. die die CAUCHY-RIEMANNschen Bedingungen

$$\frac{\partial P}{\partial x} = \frac{\partial Q}{\partial y}, \quad \frac{\partial P}{\partial y} = -\frac{\partial Q}{\partial x}$$

befriedigende Funktion bezeichnet. Sie ist bei vorgegebenem P bis auf eine willkürliche additive Konstante bestimmt[1]). Der Ausdruck

$$f(z) = P(x, y) + iQ(x, y) \tag{9}$$

stellt somit eine im Gebiet S holomorphe Funktion der komplexen Veränderlichen $z = x + iy$ dar.

Setzen wir weiterhin

$$\varphi(z) = p + iq = \frac{1}{4}\int f(z)\,dz, \tag{10}$$

so gilt offensichtlich

$$\varphi'(z) = \frac{\partial p}{\partial x} + i\frac{\partial q}{\partial x} = \frac{1}{4}(P + iQ).$$

Nach den CAUCHY-RIEMANNschen Bedingungen ist

$$\frac{\partial p}{\partial x} = \frac{\partial q}{\partial y}, \quad \frac{\partial p}{\partial y} = -\frac{\partial q}{\partial x},$$

demnach erhalten wir

$$\frac{\partial p}{\partial x} = \frac{\partial q}{\partial y} = \frac{1}{4}P, \quad \frac{\partial p}{\partial y} = -\frac{\partial q}{\partial x} = -\frac{1}{4}Q. \tag{11}$$

Also ist

$$P = 4\frac{\partial p}{\partial x} = 4\frac{\partial q}{\partial y},$$

und nach Substitution dieser Ausdrücke in (8) entstehen die Gleichungen

$$2\mu\frac{\partial u}{\partial x} = -\frac{\partial^2 U}{\partial x^2} + \frac{2(\lambda + 2\mu)}{\lambda + \mu}\frac{\partial p}{\partial x}, \quad 2\mu\frac{\partial v}{\partial y} = -\frac{\partial^2 U}{\partial y^2} + \frac{2(\lambda + 2\mu)}{\lambda + \mu}\frac{\partial q}{\partial y}.$$

Durch Integration ergibt sich daraus

$$2\mu u = -\frac{\partial U}{\partial x} + \frac{2(\lambda + 2\mu)}{\lambda + \mu}p + f_1(y),$$

$$2\mu v = -\frac{\partial U}{\partial y} + \frac{2(\lambda + 2\mu)}{\lambda + \mu}q + f_2(x),$$

wobei $f_1(y)$ und $f_2(x)$ Funktionen von y bzw. x allein sind.

Wenn wir diese Werte in die dritte Gleichung aus (6) einsetzen und beachten, daß

$$\frac{\partial p}{\partial y} + \frac{\partial q}{\partial x} = 0$$

---

[1]) Siehe Anhang III

ist, erhalten wir

$$f_1'(y) + f_2'(x) = 0.$$

Demnach (vgl. 2.1.3.) haben die Funktionen $f_1(y)$ und $f_2(x)$ die Gestalt

$$f_1 = 2\mu(-y\delta + \alpha), \quad f_2 = 2\mu(x\delta + \beta),$$

wobei α, β, δ beliebige Konstanten sind (der Faktor 2μ wurde der Bequemlichkeit halber eingeführt).

Unter Vernachlässigung dieser Funktionen, die lediglich eine starre Verschiebung beschreiben, bekommen wir folgende Formeln, die im wesentlichen mit den von Love [1] erhaltenen übereinstimmen

$$2\mu u = -\frac{\partial U}{\partial x} + \frac{2(\lambda + 2\mu)}{\lambda + \mu} p, \quad 2\mu v = -\frac{\partial U}{\partial y} + \frac{2(\lambda + 2\mu)}{\lambda + \mu} q. \tag{12}$$

Die durch (10) definierte Funktion $\varphi(z)$ ist in dem (einfach zusammenhängenden) Gebiet S offensichtlich holomorph[1]). Folglich sind u und v im gesamten Gebiet eindeutig. Jede biharmonische Funktion[2]) definiert somit eine gewisse Deformation, die allen geforderten Bedingungen genügt.

Abschließend sei noch bemerkt, daß wir durch Weglassen der kinematischen Größen auf der rechten Seite von (12) nicht an Allgemeinheit eingebüßt haben, denn die dort auftretenden Funktionen werden offenbar durch die vorgegebenen Spannungskomponenten nur bis auf Glieder bestimmt, die eine starre Verschiebung des gesamten Körpers beschreiben (s. a. 2.2.6.).

2.2.3. Komplexe Darstellung der biharmonischen Funktion

Jede biharmonische Funktion $U(x, y)$ läßt sich sehr einfach mit Hilfe zweier Funktionen der komplexen Veränderlichen $z = x + iy$ darstellen. Diese Tatsache ist von großer Bedeutung für die Theorie der biharmonischen Funktionen und insbesondere für die ebene Elastizitätstheorie, da die Eigenschaften der komplexen Funktionen sehr weitgehend erforscht sind.

Schon in 2.2.2. wurde mit Hilfe von Gl. (10) die komplexe Funktion

$$\varphi(z) = p + iq$$

eingeführt. Unter Berücksichtigung der Gl. (11) in 2.2.2. kann man leicht unmittelbar nachprüfen, daß die Funktion $U - px - qy$ harmonisch ist, d. h. daß

$$\Delta(U - px - qy) = 0$$

gilt. Deshalb ist

$$U = px + qy + p_1,$$

wobei p_1 eine im betrachteten Gebiet S harmonische Funktion bezeichnet.

---

[1]) Siehe Anhang III.

[2]) Die die oben genannten, überall im weiteren vorausgesetzten Bedingungen befriedigt.

Nun sei $\chi(z)$ eine analytische Funktion der komplexen Veränderlichen z mit dem Realteil p_1[1]). Wenn das Gebiet S einfach zusammenhängend ist, wie wir vorübergehend annehmen, so stellt $\chi(z)$ eine in diesem Gebiet holomorphe Funktion dar, und es gilt

$$U = \operatorname{Re}\{\bar{z}\varphi(z) + \chi(z)\} \tag{1}$$

mit $\bar{z} = x - \mathrm{i}y$. Wie üblich wollen wir die zu $A = a + \mathrm{i}b$ konjugierte komplexe Zahl $a - \mathrm{i}b$ mit $\bar{A}$ bezeichnen, so daß z. B.

$$\overline{\varphi(z)} = p - \mathrm{i}q$$

ist. Auf diese Weise können wir die Gl. (1) wie folgt schreiben

$$2U = \bar{z}\varphi(z) + z\overline{\varphi(z)} + \chi(z) + \overline{\chi(z)}. \tag{2}$$

Damit haben wir den gesuchten Ausdruck gefunden. Er wurde in etwas anderer Gestalt erstmalig von GOURSAT [2] angegeben, der ihn auf völlig anderem Wege erhielt[2]).

Im weiteren benötigen wir jedoch nicht diesen Ausdruck für U, sondern Ausdrücke für die partiellen Ableitungen der Funktion U, da diese eine unmittelbare physikalische Bedeutung haben.

Wie man leicht nachrechnet, gilt

$$\begin{aligned} 2\frac{\partial U}{\partial x} &= \varphi(z) + \bar{z}\varphi'(z) + \overline{\varphi(z)} + z\overline{\varphi'(z)} + \chi'(z) + \overline{\chi'(z)}, \\ 2\frac{\partial U}{\partial y} &= \mathrm{i}\left[-\varphi(z) + \bar{z}\varphi'(z) + \overline{\varphi(z)} - z\,\overline{\varphi'(z)} + \chi'(z) - \overline{\chi'(z)}\right]. \end{aligned} \tag{3}$$

Es ist sehr zweckmäßig, statt dieser Ausdrücke für

$$\frac{\partial U}{\partial x}, \quad \frac{\partial U}{\partial y}$$

die komplexe Kombination

$$f(x, y) = \frac{\partial U}{\partial x} + \mathrm{i}\frac{\partial U}{\partial y} = \varphi(z) + z\overline{\varphi'(z)} + \overline{\psi(z)} \tag{4}$$

---

[1]) Bei der Bestimmung von $\chi(z)$ muß man die zu p_1 konjugierte harmonische Funktion q_1 berechnen. Dann gilt $p_1 + \mathrm{i}q_1 = \chi(z)$.

[2]) Die Herleitung von GOURSAT besteht in folgendem: Gegeben sei die Gleichung

$$\triangle\triangle U = 0.$$

Anstelle von x und y führt man die neuen Veränderlichen $z = x + \mathrm{i}y$ und $\bar{z} = x - \mathrm{i}y$ ein. Dann lautet die vorige Gleichung

$$\frac{\partial^4 U}{\partial z^2\,\partial \bar{z}^2} = 0,$$

und daraus folgt unmittelbar

$$U = \varphi_1(z) + \varphi_2(\bar{z}) + \bar{z}\chi_1(z) + z\chi_2(\bar{z}),$$

wobei φ_1, φ_2, χ_1, χ_2 beliebige Funktionen ihrer Argumente sind. Zur Begründung dieser formalen Herleitung sind zusätzliche (im übrigen ziemlich einfache) Überlegungen erforderlich; vgl. Anhang IV. Wenn U eine reelle Funktion ist, muß man offenbar

$$\varphi_2(\bar{z}) = \overline{\varphi_1(z)}, \quad \chi_2(\bar{z}) = \overline{\chi_1(z)}$$

setzen, dann ergibt sich die Gl. (2). Der im Text angeführte Beweis entstammt der Arbeit des Autors [4].

zu betrachten, wo zur Abkürzung

$$\psi(z) = \frac{\partial \chi}{\partial z} \tag{5}$$

gesetzt wurde.
Wir wenden uns nun wieder der Gl. (2) zu und stellen fest, daß umgekehrt jeder Ausdruck vom Typ (2) eine biharmonische Funktion darstellt, wenn $\varphi(z)$, $\chi(z)$ holomorphe Funktionen der komplexen Veränderlichen z sind.
Um das zu zeigen, differenzieren wir die erste Gleichung aus (3) nach x und die zweite nach y und addieren, dann erhalten wir sofort

$$\triangle U = 2[\varphi'(z) + \overline{\varphi'(z)}] = 4 \operatorname{Re}[\varphi'(z)]. \tag{6}$$

Demnach ist $\triangle U$ eine harmonische Funktion und folglich gilt

$$\triangle\triangle U = 0.$$

Die Gl. (6) zeigt außerdem, daß der Realteil der Funktion $\varphi'(z)$ durch Vorgabe von $\triangle U$ eindeutig bestimmt ist.

2.2.4. Komplexe Darstellung der Verschiebungen und Spannungen

Wenn wir die zweite Gl. aus (12) in 2.2.2. mit i multiplizieren und zur ersten addieren, erhalten wir

$$2\mu(u + \mathrm{i}v) = -\left(\frac{\partial U}{\partial x} + \mathrm{i}\,\frac{\partial U}{\partial y}\right) + \frac{2(\lambda + 2\mu)}{\lambda + \mu}\,\varphi(z).$$

Daraus folgt gemäß (4) in 2.2.3.

$$2\mu(u + \mathrm{i}v) = \varkappa\varphi(z) - z\overline{\varphi'(z)} - \overline{\psi(z)}. \tag{1}$$

Diese sehr wichtige und bequeme Beziehung deckt sich im wesentlichen mit einer Gleichung, auf die G. W. Kolosow [1] als erster hinwies und die er auf anderem Wege gewann. Hierbei wurde die Bezeichnung

$$\varkappa = \frac{\lambda + 3\mu}{\lambda + \mu} = 3 - 4\nu \tag{2}$$

eingeführt. Im Falle einer dünnen Scheibe (ebener Spannungszustand 2.1.2.) ist $\varkappa$ durch die Größe

$$\varkappa^* = \frac{\lambda^* + 3\mu}{\lambda^* + \mu} = \frac{3 - \nu}{1 + \nu} \tag{2'}$$

zu ersetzen. Offenbar gilt $\varkappa > 1$, $\varkappa^* > 1$.
Wir gehen nun zur Darstellung der Spannungskomponenten mit Hilfe der Funktionen φ, ψ über.
Zu diesem Zwecke drücken wir die an einem beliebigen Kurvenelement in der x, y-Ebene angreifende Kraft durch φ und ψ aus.
Wir betrachten in dieser Ebene ein Kurvenstück AB und wählen der Bestimmtheit halber die von A nach B zeigende Richtung als positive; weiterhin führen wir die Normale n so ein, daß sie in positiver Kurvenrichtung gesehen nach rechts zeigt. Mit anderen Worten: die Normale und die Tangente entsprechen in ihrer Orientierung der x- und y-Achse (Bild 15).

Unter der auf das Linienelement ds wirkenden Kraft $\left(\overset{n}{\sigma}_x \, ds, \overset{n}{\sigma}_y \, ds\right)$ wollen wir wie bisher die Kraft verstehen, die von der Seite der positiven Normalen her wirkt. Es gilt also

$$\overset{n}{\sigma}_x = \sigma_x \cos(n, x) + \tau_{xy} \cos(n, y) = \frac{\partial^2 U}{\partial y^2} \cos(n, x) - \frac{\partial^2 U}{\partial x \, \partial y} \cos(n, y),$$

$$\overset{n}{\sigma}_y = \tau_{xy} \cos(n, x) + \sigma_y \cos(n, y) = \frac{\partial^2 U}{\partial x^2} \cos(n, y) - \frac{\partial^2 U}{\partial x \, \partial y} \cos(n, x),$$

weiterhin ist offenbar

$$\cos(n, x) = \cos(t, y) = \frac{dy}{ds}, \quad \cos(n, y) = -\cos(t, x) = -\frac{dx}{ds},$$

wobei t die positive Tangente bedeutet.

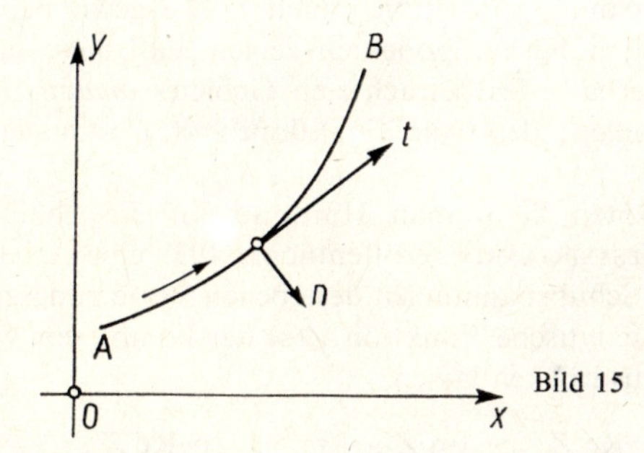

Bild 15

Durch Einsetzen dieser Werte in die vorhergehenden Gleichungen erhalten wir

$$\overset{n}{\sigma}_x = \frac{d}{ds}\left(\frac{\partial U}{\partial y}\right), \quad \overset{n}{\sigma}_y = -\frac{d}{ds}\left(\frac{\partial U}{\partial x}\right) \tag{3}$$

oder in komplexer Form

$$\overset{n}{\sigma}_x + i\overset{n}{\sigma}_y = \frac{d}{ds}\left(\frac{\partial U}{\partial y} - i\frac{\partial U}{\partial x}\right) = -i\frac{d}{ds}\left(\frac{\partial U}{\partial x} + i\frac{\partial U}{\partial y}\right) \tag{4}$$

und damit

$$\left(\overset{n}{\sigma}_x + i\overset{n}{\sigma}_y\right) ds = i\, d\left(\frac{\partial U}{\partial x} + i\frac{\partial U}{\partial y}\right). \tag{5}$$

Unter Berücksichtigung von Gl. (4) in 2.2.3. ergibt sich schließlich

$$\left(\overset{n}{\sigma}_x + i\overset{n}{\sigma}_y\right) ds = i\, d\left\{\varphi(z) + z\overline{\varphi'(z)} + \overline{\psi(z)}\right\}. \tag{6}$$

Wir nehmen nun an, daß das Element ds auf der y-Achse liegt. Dann gilt

$$ds = dy, \quad dz = i\,dy, \quad d\bar{z} = -i\,dy, \quad \overset{n}{\sigma}_x = \sigma_x, \quad \overset{n}{\sigma}_y = \tau_{xy},$$

und aus der letzten Gleichung folgt

$$\sigma_x + i\tau_{xy} = \varphi'(z) + \overline{\varphi'(z)} - z\overline{\varphi''(z)} - \overline{\psi'(z)}. \tag{7}$$

Liegt ds auf der x-Achse, so gilt

$$ds = dx, \quad dz = d\bar{z} = dx, \quad \overset{n}{\sigma}_x = -\tau_{xy}, \quad \overset{n}{\sigma}_y = -\sigma_y,$$

und aus (5) ergibt sich durch Multiplikation mit i

$$\sigma_y - i\tau_{xy} = \varphi'(z) + \overline{\varphi'(z)} + z\overline{\varphi''(z)} + \overline{\psi'(z)}. \qquad (8)$$

Die Gln. (7) und (8) stellen die gesuchten Ausdrücke für die Spannungskomponenten dar. Sie lassen sich noch vereinfachen, indem man die Gln. (7) und (8) addiert bzw. subtrahiert und im zweiten Ergebnis i durch $-$i ersetzt:

$$\sigma_x + \sigma_y = 2[\varphi'(z) + \overline{\varphi'(z)}] = 4 \operatorname{Re} \varphi'(z) = 4 \operatorname{Re} \Phi(z) = 2[\Phi(z) + \overline{\Phi(z)}], \qquad (9)$$

$$\sigma_y - \sigma_x + 2i\tau_{xy} = 2[\bar{z}\varphi''(z) + \psi'(z)] = 2[\bar{z}\Phi'(z) + \Psi(z)] \qquad (10)$$

mit

$$\Phi(z) = \varphi'(z), \quad \Psi(z) = \psi'(z). \qquad (11)$$

Die überaus nützlichen Gln. (9) und (10) stammen ebenfalls von KOLOSOW, der sie auf anderem Wege ohne Benutzung der Spannungsfunktion erhielt[1]). Die gewonnenen Ausdrücke für die Verschiebungs- und Spannungskomponenten zeigen, daß diese unter den oben angenommenen Bedingungen innerhalb des betrachteten Gebietes *analytische Funktionen*[2]) der Veränderlichen x, y darstellen; denn die Funktionen $\varphi(z)$, $\psi(z)$, $\Phi(z)$, $\Psi(z)$ haben diese Eigenschaft einzeln.

Bemerkung: In einer Reihe von Arbeiten kann man Hinweise auf die „halbinverse" Methode von WESTERGAARD finden. WESTERGAARD veröffentlichte 1939 eine Arbeit [1], in der er zeigte, daß sich die Normal- und Schubspannungen des ebenen Verzerrungszustandes in einer Reihe von Fällen durch eine analytische Funktion $Z(z)$ der komplexen Veränderlichen $z = x + iy$ auf folgende Weise ausdrücken lassen

$$\sigma_x = \operatorname{Re} Z - y \operatorname{Im} Z', \quad \sigma_y = \operatorname{Re} Z + y \operatorname{Im} Z', \quad \tau_{xy} = -y \operatorname{Re} Z'. \qquad (12)$$

---

[1]) In dem unlängst veröffentlichten Artikel STEVENSON [1] werden Formeln hergeleitet, die sich im wesentlichen mit den bedeutend früher (nicht nur bei uns, sondern auch in sehr verbreiteten ausländischen Zeitschriften) veröffentlichten Formeln von G. W. KOLOSOW und mir decken. Der Autor gibt jedoch keinerlei Hinweise auf diese Arbeiten. In dem noch später erschienenen Artikel von PORITZKY [2] werden im wesentlichen Beziehungen verwendet, die sich nur der Form nach von den oben hergeleiteten unterscheiden. In einem ziemlich unklaren Hinweis schreibt der Autor einen Teil dieser Formeln mir zu und zitiert meine Arbeit [8] aus dem Jahre 1933. Auf meine früheren Artikel und auf die Arbeiten von G. W. KOLOSOW verweist der Autor überhaupt nicht, obwohl diese von mir in dem zitierten Artikel [8] angeführt sind (und die genannten Formeln enthalten).
Der bisherige Text der Fußnote wurde unverändert aus der dritten und vierten Auflage übernommen. Dazu ist folgendes zu ergänzen: In dem Zeitraum zwischen dem Einreichen des Artikels von STEVENSON [1] (1940) und seiner Veröffentlichung (1945) erschien eine andere Arbeit desselben Autors, in der er KOLOSOWS und meine Arbeiten anführt und sehr hoch einschätzt. Es war selbstverständlich ein Versäumnis, daß ich nicht rechtzeitig in diese Arbeit Einsicht nahm. Zu meiner Entschuldigung mag der Umstand dienen, daß der 1945 veröffentlichte Artikel von STEVENSON keinerlei Hinweis (etwa in Form einer kurzen Bemerkung beim Lesen der Korrektur) auf seinen Artikel aus dem Jahre 1943 oder auf Arbeiten, mit denen der Autor nach dem Einreichen des ersten Artikels bekannt wurde, enthält.

[2]) Wir erinnern, daß eine Funktion der reellen Veränderlichen x, y im gegebenen Gebiet S analytisch heißt, wenn sie in der Umgebung eines jeden Punktes x_0, y_0 im Inneren dieses Gebietes in eine (Doppel)Reihe nach ganzen, nicht negativen Potenzen von $(x - x_0)$, $(y - y_0)$, d. h. in eine Reihe $\sum_{p,q} a_{pq}(x - x_0)^p (y - y_0)^q$ entwickelt werden kann (diese Definition läßt sich auf beliebig viele Veränderliche verallgemeinern).
Jede im gegebenen Gebiet holomorphe Funktion der komplexen Veränderlichen $z = x + iy$ ist bekanntlich in dem Sinne analytisch, daß sie sich in der Umgebung eines beliebigen Punktes $z_0 = x_0 + iy_0$ des Gebietes in eine Reihe nach ganzen nicht negativen Potenzen von $(z - z_0)$ entwickeln läßt. Andererseits kann man leicht zeigen (s. z. B. GOURSAT [1]), daß jede analytische Funktion der komplexen Veränderlichen $z = x + iy$ eine analytische Funktion der Variablen x, y ist.

Durch geeignete Wahl der Funktion Z gelang es WESTERGAARD, eine Anzahl von Problemen zu lösen (z. B. Ebene mit Schlitz unter Zug, Eindrücken eines Stempels usw.). Wie man leicht sieht, stellt die Lösung WESTERGAARDS einen sehr einfachen Sonderfall der oben angeführten allgemeinen Lösung dar, der

$$\Phi(z) = \tfrac{1}{2} Z, \quad \Psi = -\tfrac{1}{2} zZ' \tag{13}$$

entspricht. Alle Lösungen, die man nach der Methode von WESTERGAARD erhalten kann, müssen auf der Geraden $y = 0$ den Bedingungen $\sigma_x = \sigma_y$, $\tau_{xy} = 0$ genügen. In 6.2.1. bis 6.2.12. werden viele ähnliche und allgemeinere Probleme behandelt. Erwähnt sei, daß die Lösungen dieser Probleme schon in der 1935 veröffentlichten zweiten Auflage des vorliegenden Buches enthalten waren, aber offenbar WESTERGAARD unbekannt blieben.

2.2.5. Mechanische Bedeutung der Funktion f. Ausdrücke für den resultierenden Vektor und das resultierende Moment

2.2.5.1. Die in 2.2.3. eingeführte Funktion

$$f(x, y) = \frac{\partial U}{\partial x} + \mathrm{i}\frac{\partial U}{\partial y} = \varphi(z) + z\overline{\varphi'(z)} + \overline{\psi(z)} \tag{1}$$

hat eine sehr einfache mechanische Bedeutung, die sich aus dem Ausdruck für den resultierenden Vektor der am Kurvenstück AB angreifenden Kräfte ergibt. Wir nehmen an, daß AB in dem vom Körper eingenommenen Gebiet S liegt und daß die Kräfte von der Seite der positiven Normalen her wirken, die so wie im vorigen Abschnitt (Bild 15) definiert ist. Mit (X, Y) bezeichnen wir den erwähnten resultierenden Vektor. Dann folgt aus (5), (6) in 2.2.4.

$$X + \mathrm{i}Y = \int_{AB} \left(\overset{n}{\sigma}_x + \mathrm{i}\overset{n}{\sigma}_y\right) \mathrm{d}s = -\mathrm{i}\left[\frac{\partial U}{\partial x} + \mathrm{i}\frac{\partial U}{\partial y}\right]_A^B = -\mathrm{i}\left[\varphi(z) + z\overline{\varphi'(z)} + \overline{\psi(z)}\right]_A^B. \tag{2}$$

Das Symbol $[\;]_A^B$ bezeichnet wie üblich den Zuwachs des in Klammern stehenden Ausdruckes beim Durchlaufen des Kurvenstückes von A nach B.
Wenn wir in der letzten Gleichung A festhalten und B als veränderlichen Punkt mit der komplexen Koordinate $z = x + \mathrm{i}y$ betrachten, so erhalten wir

$$f(x, y) = \varphi(z) + z\overline{\varphi'(z)} + \overline{\psi(z)} = \mathrm{i}\int_{AB} \left(\overset{n}{\sigma}_x + \mathrm{i}\overset{n}{\sigma}_y\right) \mathrm{d}s + \text{const} = \mathrm{i}(X + \mathrm{i}Y) + \text{const}, \tag{3}$$

wobei (X, Y) den resultierenden Vektor der von der Seite der positiven Normalen her auf eine beliebige Verbindungslinie zwischen A und B wirkenden Kräfte bezeichnet. Dieser resultierende Vektor hängt offenbar nicht von der Form dieses Kurvenstückes AB ab, solange dieses nicht aus dem Gebiet S herausführt. Durch Gl. (3) ist die mechanische Bedeutung der Funktion $f(x, y)$ definiert.
2.2.5.2. Wir führen nun eine zu (2) analoge Formel für das resultierende Moment der betrachteten Kräfte bezüglich des Koordinatenursprunges ein. Es gilt

$$M = \int_{AB} \left(x\overset{n}{\sigma}_y - y\overset{n}{\sigma}_x\right) \mathrm{d}s\,.$$

Nach (3) in 2.2.4. kann man diese Gleichung wie folgt schreiben

$$M = -\int_{AB} \left\{x\,\mathrm{d}\frac{\partial U}{\partial x} + y\,\mathrm{d}\frac{\partial U}{\partial y}\right\}.$$

Durch partielle Integration ergibt sich daraus

$$M = -\left[x\frac{\partial U}{\partial x} + y\frac{\partial U}{\partial y}\right]_A^B + \int\limits_{AB}\left\{\frac{\partial U}{\partial x}\,\mathrm{d}x + \frac{\partial U}{\partial y}\,\mathrm{d}y\right\}$$

oder schließlich

$$M = -\left[x\frac{\partial U}{\partial x} + y\frac{\partial U}{\partial y}\right]_A^B + \left[U\right]_A^B. \tag{4}$$

Nun ist aber

$$x\frac{\partial U}{\partial x} + y\frac{\partial U}{\partial y} = \mathrm{Re}\left\{z\left(\frac{\partial U}{\partial x} - \mathrm{i}\frac{\partial U}{\partial y}\right)\right\},$$

und gemäß Gl. (4) in 2.2.3. gilt

$$\frac{\partial U}{\partial x} - \mathrm{i}\frac{\partial U}{\partial y} = \overline{\varphi(z)} + \bar{z}\varphi'(z) + \psi(z).$$

Wenn wir diesen Ausdruck in die vorhergehende Gleichung einsetzen, erhalten wir mit

$$U = \mathrm{Re}\left[\bar{z}\varphi(z) + \chi(z)\right]$$

zum Schluß

$$M = \mathrm{Re}\left[\chi(z) - z\psi(z) - z\bar{z}\varphi'(z)\right]_A^B. \tag{5}$$

Auf diese Beziehung wurde erstmals in meiner Arbeit [11] hingewiesen.

2.2.5.3. In dem bisher betrachteten einfach zusammenhängenden Gebiet S sind die Funktionen $\varphi(z)$, $\psi(z)$, $\chi(z)$ eindeutig. Wenn also B mit A zusammenfällt, d. h., wenn die betrachtete Kurve geschlossen ist, haben diese Funktionen in den Punkten A und B gleiche Werte, und es gilt, wie zu erwarten war,

$$X = Y = M = 0. \tag{6}$$

Diese Gleichungen bringen die bekannte Tatsache zum Ausdruck, daß bei einem im Gleichgewicht befindlichen Körper auch die auf einen Teil mit geschlossener Randkurve wirkenden Kräfte eine Gleichgewichtsgruppe bilden.

2.2.6. Unbestimmtheitsgrad der eingeführten Funktionen

Wir untersuchen nun die wichtige Frage, inwieweit die Funktionen Φ, Ψ, φ, ψ durch die Vorgabe des Spannungszustandes bzw. der Verschiebungen der Punkte des Körpers bestimmt sind.

Zunächst betrachten wir die *Spannungen* σ_x, σ_y, τ_{xy} *als vorgegeben*. Wie in 2.2.4. gezeigt wurde, existieren zwei Funktionen $\Phi(z)$, $\Psi(z)$ die mit den Größen σ_x, σ_y, τ_{xy} durch die Beziehungen

$$\sigma_x + \sigma_y = 4\,\mathrm{Re}\,\Phi(z), \tag{1}$$

$$\sigma_y - \sigma_x + 2\mathrm{i}\tau_{xy} = 2[\bar{z}\Phi'(z) + \Psi(z)] \tag{2}$$

verknüpft sind. Wir fragen nun nach dem Unbestimmtheitsgrad der Funktionen $\Phi(z)$, $\Psi(z)$ sowie

$$\varphi(z) = \int \Phi(z)\,\mathrm{d}z, \quad \psi(z) = \int \Psi(z)\,\mathrm{d}z. \tag{3}$$

Die Antwort bietet keinerlei Schwierigkeiten. Es sei Φ_1, Ψ_1, φ_1, ψ_1 ein beliebiges System von Funktionen, die mit den Spannungen σ_x, σ_y, τ_{xy} und untereinander wie die Funktionen

Φ, Ψ, φ, ψ durch die Gln. (1), (2), (3) verknüpft sind:

$$\sigma_x + \sigma_y = 4 \operatorname{Re} \Phi_1(z), \tag{1'}$$

$$\sigma_y - \sigma_x + 2i\tau_{xy} = 2[\bar{z}\Phi_1'(z) + \Psi_1(z)], \tag{2'}$$

$$\varphi_1(z) = \int \Phi_1(z)\,dz, \quad \psi_1(z) = \int \Psi_1(z)\,dz. \tag{3'}$$

Wir untersuchen nun, wodurch sich die Funktionen Φ_1, Ψ_1, φ_1, ψ_1 von den Funktionen Φ, Ψ, φ, ψ unterscheiden können.

Durch Gegenüberstellung der Gln. (1) und (1′) wird ersichtlich, daß $\Phi_1(z)$ und $\Phi(z)$ gleiche Realteile haben. Diese Funktionen können sich also lediglich durch eine beliebige rein imaginäre Konstante Ci[1]) unterscheiden, d. h., es gilt

$$\Phi_1(z) = \Phi(z) + Ci \tag{4}$$

mit C als willkürlicher reeller Konstanten.

Hieraus folgt gemäß (3) und (3′)

$$\varphi_1(z) = \varphi(z) + Ciz + \gamma, \tag{5}$$

wobei $\gamma = \alpha + i\beta$ eine beliebige komplexe Konstante ist. Wenn wir beachten, daß gemäß (4) $\Phi_1'(z) = \Phi'(z)$ ist, erhalten wir durch Vergleich der Beziehungen (2) und (2′)

$$\Psi_1(z) = \Psi(z) \tag{6}$$

und schließlich auf Grund von (3) und (3′)

$$\psi_1(z) = \psi(z) + \gamma', \tag{7}$$

wobei $\gamma' = \alpha' + i\beta'$ eine beliebige komplexe Konstante bezeichnet. Damit ergibt sich folgendes Resultat: *Bei vorgegebenem Spannungszustand* ist die Funktion $\Psi(z)$ eindeutig, die Funktion $\Phi(z)$ bis auf die additive Konstante Ci, die Funktion $\varphi(z)$ bis auf den Term $Ciz + \gamma$ und die Funktion $\psi(z)$ bis auf γ' bestimmt, hierbei ist C eine reelle, und γ', γ sind komplexe Konstanten.

Umgekehrt ändert sich der Spannungszustand offenbar nicht, wenn man

$$\begin{aligned} &\varphi(z) \ \text{durch} \ \varphi(z) + Ciz + \gamma \\ &\psi(z) \ \text{durch} \ \psi(z) + \gamma' \end{aligned} \tag{A}$$

ersetzt. Anstelle von $\Phi(z) = \varphi'(z)$ erhält man dabei $\Phi(z) + C$i, und $\Psi(z) = \psi'(z)$ bleibt unverändert.

Wir untersuchen nun, in welchem Maße sich die Zahl der willkürlichen Konstanten in den betrachteten Funktionen *bei vorgegebenen Verschiebungen u, v* vermindert.

Durch die Vorgabe der Verschiebungskomponenten sind die Spannungskomponenten eindeutig bestimmt, deshalb können in diesem Falle keine anderen willkürlichen Glieder als in (A) auftreten. Nun erhebt sich noch die Frage, ob diese willkürlichen Terme Einfluß auf die Verschiebungskomponenten haben, die, wie wir aus 2.2.4. wissen, durch die Gleichungen

$$2\mu(u + iv) = \varkappa\varphi(z) - z\overline{\varphi'(z)} - \overline{\psi(z)}$$

definiert sind. Durch Einsetzen zeigt sich, daß

$$2\mu(u + iv) \ \text{übergeht in} \ 2\mu(u_1 + iv_1)$$

[1]) Siehe Anhang III

mit

$$2\mu(u_1 + iv_1) = 2\mu(u + iv) + (\varkappa + 1)\, Ciz + \varkappa\gamma - \overline{\gamma'}. \tag{8}$$

Wenn wir $\gamma = \alpha + i\beta$, $\gamma' = \alpha' + i\beta'$ setzen, ist folglich

$$u_1 = u_0 + u, \quad v_1 = v + v_0 \tag{9}$$

mit

$$u_0 = -\frac{(\varkappa + 1)\, C}{2\mu} y + \frac{\varkappa\alpha - \alpha'}{2\mu}, \quad v_0 = \frac{(\varkappa + 1)\, C}{2\mu} x + \frac{\varkappa\beta + \beta'}{2\mu}. \tag{10}$$

Wir sehen also, daß die zusätzlichen Glieder die Gestalt

$$u_0 = -y\delta + \alpha_0, \quad v_0 = x\delta + \beta_0 \tag{11}$$

mit

$$\delta = \frac{(\varkappa + 1)\, C}{2\mu}, \quad \alpha_0 = \frac{\varkappa\alpha - \alpha'}{2\mu}, \quad \beta_0 = \frac{\varkappa\beta + \beta'}{2\mu} \tag{12}$$

haben, und einfach eine starre Verschiebung des Gesamtkörpers ausdrücken. Dieses Ergebnis war selbstverständlich von vornherein zu erwarten, da die dem gegebenen Spannungszustand entsprechenden Verschiebungskomponenten bis auf starre Verschiebungen des Gesamtkörpers bestimmt sind. Die Gl. (8) zeigt, daß eine Substitution vom Typ (A) nur dann ohne Veränderung der Verschiebungen durchgeführt werden kann, wenn

$$C = 0, \quad \varkappa\gamma - \overline{\gamma'} = 0 \tag{13}$$

gilt. Folglich können die Konstanten C, γ, γ' *bei vorgegebenen Verschiebungen* nicht willkürlich gewählt werden. Wenn beispielsweise eine der Konstanten γ, γ' vorgegeben wird, so ist damit die Willkür erschöpft.

Die in unsere Funktionen eingehenden frei wählbaren Konstanten dürfen wir je nach Zweckmäßigkeit vorgeben.

Nehmen wir der Bestimmtheit halber an, daß der Koordinatenursprung in dem vom Körper eingenommenen Gebiet liegt, so können wir diese willkürlichen Konstanten beispielsweise wie folgt wählen. *Bei vorgegebenen Spannungen* legen wir C, γ, γ' so fest, daß

$$\varphi(0) = 0, \quad \operatorname{Im} \varphi'(0) = 0, \quad \psi(0) = 0 \tag{14}$$

gilt. Durch die erste Gleichung wird γ, durch die zweite C, durch die dritte γ' bestimmt. Die Bedingungen (14) lassen offensichtlich keine weitere Möglichkeit für die willkürliche Festlegung der Funktionen φ und ψ offen.

Bei vorgegebenen Verschiebungen können wir durch geeignete Wahl der Konstanten γ und γ' erreichen, daß

$$\varphi(0) = 0 \quad \text{oder} \quad \psi(0) = 0 \tag{15}$$

gilt. Jede dieser beiden Bedingungen führt einzeln zur völligen Bestimmung der Funktionen φ und ψ.

Erwähnt sei noch folgendes: Durch Vorgabe des Ausdruckes

$$f(x, y) = \frac{\partial U}{\partial x} + i\frac{\partial U}{\partial y} = \varphi(z) + z\overline{\varphi'(z)} + \overline{\psi(z)} \tag{16}$$

ist der Spannungszustand des Körpers offensichtlich eindeutig definiert.[1]) Es entsteht nun die Frage, welcher Bedingung die Konstanten C, γ, γ' genügen müssen, damit sich bei einer

[1]) In der Tat sind damit die Größen $\frac{\partial U}{\partial x}$, $\frac{\partial U}{\partial y}$ und folglich die zweiten Ableitungen von U, die die Spannungskomponenten charakterisieren, vollständig bestimmt.

Substitution (A) weder der Spannungszustand, noch der Wert des Ausdruckes (16) ändert. Wie man sich leicht überzeugt, geht (16) durch (A) in

$$\frac{\partial U}{\partial x} + \mathrm{i}\frac{\partial U}{\partial y} + \gamma + \gamma'$$

über. Wenn der Ausdruck $\frac{\partial U}{\partial x} + \mathrm{i}\frac{\partial U}{\partial y}$ vorgegeben ist, muß folglich $\gamma + \gamma' = 0$ sein. Also können wir C und eine der Größen γ, γ' willkürlich wählen, d. h., wir können beispielsweise

$$\varphi(0) = 0 \quad \text{oder} \quad \psi(0) = 0 \quad \text{und} \quad \operatorname{Im} \varphi'(0) = 0 \tag{17}$$

setzen, und damit sind die Funktionen φ und ψ eindeutig bestimmt.

2.2.7. Allgemeine Gleichungen für das mehrfach zusammenhängende endliche Gebiet

Wir wenden uns nun dem Fall zu, daß das vom Körper eingenommene Gebiet *mehrfach zusammenhängend* ist, und beginnen mit der Betrachtung des endlichen Gebietes. Gemäß dem in 2.2.1.2. Gesagten setzen wir voraus, daß das Gebiet von mehreren doppelpunktfreien geschlossenen Kurven $L_1, L_2, \ldots, L_m, L_{m+1}$ begrenzt wird, von denen die letztere alle vorhergehenden umschließt (Scheibe mit Löchern, s. Bild 16). Es wird vorausgesetzt, daß diese Kurven keine gemeinsamen Punkte haben[1]).

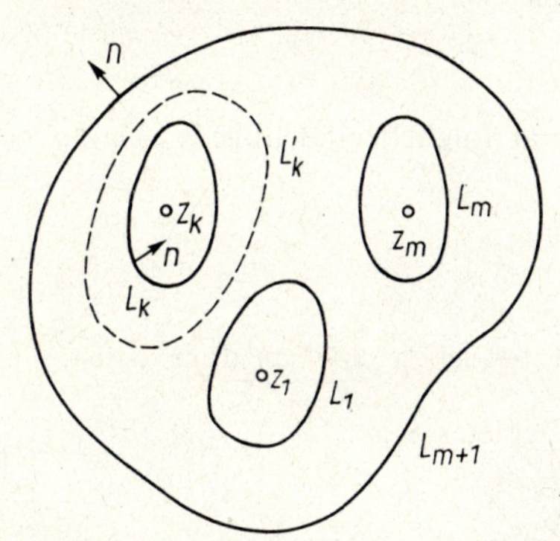

Bild 16

Wir erinnern, daß die Spannungs- und Verschiebungskomponenten nach Voraussetzung eindeutige Funktionen sind. Ungeachtet dessen können sich aber die Funktionen φ, ψ in unserem Falle als mehrdeutig erweisen. Dabei muß allerdings erwähnt werden, daß diese Funktionen auf Grund des in den vorhergehenden Paragraphen Gesagten in jedem beliebigen aus S herausgetrennten Teilgebiet holomorph und folglich eindeutig sind[2]), d. h., die Funktionen φ, ψ stellen im Gebiet S analytische Funktionen dar (s. 2.2.1.4.).

[1]) Gemäß der in 2.2.1. angenommenen Bedingung setzen wir voraus, daß diese Kurven glatt oder stückweise glatt sind.

[2]) Wir wollen dies etwas genauer erläutern: Es sei S' ein beliebiger einfach zusammenhängender Teil des Körpers S. Nun können wir die dem gegebenen elastischen Gleichgewichtszustand entsprechenden Funktionen φ, ψ in S' bestimmen, indem wir die in diese Funktionen eingehenden unbestimmten Konstanten (2.2.6.) beliebig festlegen. Bei einer analytischen Fortsetzung dieser Funktionen über das Gebiet S' hinaus (selbstverständlich ohne das Gebiet S zu verlassen) gelangt man nach Durchlaufen eines geschlossenen Weges bei der Rückkehr nach S' nicht zu den Ausgangswerten von φ, ψ zurück. Die neuen Werte dieser Funktionen können sich jedoch von den alten nur durch Glieder der in 2.2.6. angeführten Art unterscheiden, denn beide entsprechen ein und demselben elastischen Zustand. Dasselbe folgt auch aus den Gln. (10) und (11) des vorliegenden Abschnittes.

Wir untersuchen nun den Charakter der Mehrdeutigkeit der genannten Funktionen. Zunächst zeigt die Gleichung

$$\sigma_x + \sigma_y = 4 \operatorname{Re} \Phi(z),$$

daß der Realteil der Funktion $\Phi(z)$ eindeutig ist (da dies nach Voraussetzung für die linke Seite der Gleichung zutrifft). Der Imaginärteil braucht jedoch nicht eindeutig zu sein, denn er kann bei einem einmaligen Umfahren einer geschlossenen Kurve L'_k, die eine der Kurven L_k umschlingt, einen Zuwachs $2\pi i A_k$ erfahren, wobei A_k eine reelle Konstante ist[1]). Wir betrachten nun die Funktion

$$\Phi^*(z) = \Phi(z) - \sum_{k=1}^{m} A_k \ln (z - z_k), \tag{1}$$

wobei $z_1, z_2, \ldots, z_m$ konstante Punkte bezeichnen, die im Inneren der Kurven $L_1, L_2, \ldots, L_m$ (d. h. außerhalb des Gebiets S, Bild 16) beliebig gewählt wurden. Da $\ln (z - z_k)$ beim Umfahren der Kurve L_k (entgegen dem Uhrzeigersinn) den Zuwachs $2\pi i$ erfährt, wächst der Ausdruck $A_k \ln (z - z_k)$ gerade um die Größe $2\pi i A_k$ an. Die übrigen Glieder unter dem Summenzeichen der Gl. (1) kehren zu ihren Ausgangswerten zurück. Folglich nimmt die Funktion $\Phi^*(z)$ nach dem Umfahren einer beliebigen geschlossenen Kurve im Gebiet S wieder ihren ursprünglichen Wert an. Somit ist

$$\Phi(z) = \sum_{k=1}^{m} A_k \ln (z - z_k) + \Phi^*(z), \tag{2}$$

wobei $\Phi^*(z)$ eine im Gebiet S holomorphe und folglich eindeutige Funktion bezeichnet. Weiterhin erhalten wir

$$\begin{aligned} \varphi(z) &= \int_{z_0}^{z} \Phi(z)\, \mathrm{d}z + \text{const} \\ &= \sum_{k=1}^{m} A_k \{(z - z_k) \ln (z - z_k) - (z - z_k)\} + \int_{z_0}^{z} \Phi^*(z)\, \mathrm{d}z + \text{const}, \end{aligned}$$

wobei z_0 ein beliebiger konstanter Punkt des Gebietes S ist.
Das Integral

$$\int_{z_0}^{z} \Phi^*(z)\, \mathrm{d}z$$

stellt eine komplexe Funktion dar, die beim Umfahren einer der Kurven L_k einen Zuwachs von $2\pi i c_k$ haben kann, wobei c_k eine im allgemeinen komplexe Konstante ist (der Faktor $2\pi i$ wurde der Bequemlichkeit halber eingeführt). Analog zum Vorhergehenden schreiben wir

$$\int_{z_0}^{z} \Phi^*(z)\, \mathrm{d}z = \sum_{k=1}^{m} c_k \ln (z - z_k) + \text{eindeutige Funktion.}$$

Damit erhalten wir

$$\varphi(z) = z \sum_{k=1}^{m} A_k \ln (z - z_k) + \sum_{k=1}^{m} \gamma_k \ln (z - z_k) + \varphi^*(z), \tag{3}$$

wobei $\varphi^*(z)$ eine im Gebiet S holomorphe Funktion ist, und γ_k gewisse (im allgemeinen komplexe) Konstanten bezeichnen.

[1]) Siehe Anhang III

Schließlich überzeugen wir uns unter Benutzung der Gleichung

$$\sigma_y - \sigma_x + 2i\tau_{xy} = 2[\bar{z}\Phi'(z) + \Psi(z)],$$

davon, daß $\Psi(z)$ eine holomorphe Funktion ist. Hieraus folgt für die Funktion

$$\psi(z) = \int \Psi(z)\,dz$$

analog zum Vorhergehenden, daß

$$\psi(z) = \sum_{k=1}^{m} \gamma_k' \ln(z - z_k) + \psi^*(z) \qquad (4)$$

gilt, wobei γ_k' gewisse (im allgemeinen komplexe) Konstanten darstellen, und $\psi^*(z)$ eine holomorphe Funktion ist.

Wir schreiben nun noch die Formel für

$$\chi(z) = \int \psi(z)\,dz$$

auf. Völlig analog zum Vorigen gilt

$$\chi(z) = z\sum_{k=1}^{m} \gamma_k' \ln(z - z_k) + \sum_{k=1}^{m} \gamma_k'' \ln(z - z_k) + \chi^*(z), \qquad (5)$$

wobei γ_k'' im allgemeinen komplexe Konstanten sind, und $\chi^*(z)$ eine im Gebiet S holomorphe Funktion ist.

Bis jetzt haben wir die *Eindeutigkeit der Verschiebungen* noch nicht berücksichtigt. Nach Gl. (1) in 2.2.4. ist

$$2\mu(u + iv) = \varkappa\varphi(z) - z\overline{\varphi'(z)} - \overline{\psi(z)}.$$

Durch Einsetzen der oben gefundenen Ausdrücke für $\varphi(z)$ und $\psi(z)$ wird unmittelbar ersichtlich, daß

$$2\mu[u + iv]_{L_k'} = 2\pi i\,\{(\varkappa + 1)\,A_k z + \varkappa\gamma_k + \overline{\gamma_k'}\} \qquad (6)$$

gilt, wobei das Symbol $[\;]_{L_k'}$ den Zuwachs des in Klammern stehenden Ausdruckes beim Umfahren der Kurve L_k' entgegen dem Uhrzeigersinn bezeichnet.

Also ist für die Eindeutigkeit der Verschiebungen notwendig und hinreichend, daß in den Gln. (1) bis (5)

$$A_k = 0, \quad \varkappa\gamma_k + \overline{\gamma_k'} = 0 \quad (k = 1, 2, \dots, m)$$

gilt. Wir zeigen nun, daß sich die Größen γ_k, γ_k' sehr einfach durch die Größen X_k, Y_k ausdrücken lassen, wobei (X_k, Y_k) den resultierenden Vektor der am Rand L_k $(k = 1, 2, \dots, m)$ angreifenden Belastung bezeichnet (die von der Seite der bezüglich S äußeren Normalen her wirkt, Bild 16).

Wir berechnen diesen resultierenden Vektor unter Benutzung der Gl. (2) in 2.2.5., die offenbar unter der Voraussetzung, daß die dort auftretende Kurve AB ganz in S verläuft, auch in dem hier betrachteten Falle des mehrfach zusammenhängenden Gebietes gültig ist.

Unter gewissen Voraussetzungen über das Verhalten der Funktionen $\varphi(z)$, $\psi(z)$ in der Nähe des Randes (darauf wird in 2.2.15. näher eingegangen) sind diese Gleichungen auch dann noch anwendbar, wenn die Kurve AB ganz oder teilweise dem Rand des Gebietes angehört.

Wir können jedoch hier ohne zusätzliche Voraussetzungen auskommen, indem wir statt der auf L_k wirkenden Belastung die an einer beliebigen in S gelegenen Kurve L_k von der dem Rand zugewandten Seite her angreifenden Kräfte betrachten. Dabei soll die Kurve L_k' den Rand L_k, aber keine weitere zum Rand gehörige Kurve umschließen (Bild 16).

Der resultierende Vektor (X_k, Y_k) dieser Kräfte hängt unter den genannten Bedingungen nicht von der Wahl der Kurve L_k' ab. Das ist auf Grund mechanischer Überlegungen offensichtlich und geht auch aus der weiter unten angeführten Gl. (8) hervor. Insbesondere kann die Kurve L_k' in beliebiger Nähe des Randes verlaufen. Dabei liegt es nahe, unter Verzicht auf weitere Bedingungen für das Verhalten der Funktionen $\varphi(z)$, $\psi(z)$ in der Umgebung des Randes anzunehmen, daß der resultierende Vektor der an L_k angreifenden äußeren Kräfte nach Definition gleich dem resultierenden Vektor der von einer geeigneten Seite her an L_k' angreifenden Kräfte ist. Eine analoge Definition kann man auch für das resultierende Moment angeben. In Anwendung auf die geschlossene Kurve L_k' liefert die Gl. (2) in 2.2.5.

$$X_k + \mathrm{i} Y_k = -\mathrm{i} \, [\varphi(z) + z\overline{\varphi'(z)} + \overline{\psi(z)}]_{L_k'},$$

wobei diesmal die Kurve L_k' im Uhrzeigersinn zu durchlaufen ist, da der Umfahrungssinn so gewählt werden muß, daß die betrachteten Kräfte von rechts an L_k' angreifen. Damit erhalten wir leicht aus (3) und (4)

$$X_k + \mathrm{i} Y_k = -2\pi(\gamma_k - \overline{\gamma_k'}). \tag{8}$$

Der resultierende Vektor (X_k, Y_k) hängt also, wie zu erwarten war, nicht von der Wahl der Kurve L_k' ab, wenn diese die Randkurve L_k, aber keine weiteren zum Rand des Gebietes S gehörigen Kurven umschließt. Aus (7) und (8) ergibt sich

$$\gamma_k = -\frac{X_k + \mathrm{i} Y_k}{2\pi\,(1 + \varkappa)}, \quad \gamma_k' = \frac{\varkappa(X_k - \mathrm{i} Y_k)}{2\pi\,(1 + \varkappa)}. \tag{9}$$

Unter Beachtung dieser Formeln (sowie der Tatsache, daß $A_k = 0$ ist) können wir die Gln. (3) und (4) in folgender endgültiger Gestalt schreiben

$$\varphi(z) = -\frac{1}{2\pi\,(1 + \varkappa)} \sum_{k=1}^{m} (X_k + \mathrm{i} Y_k) \ln (z - z_k) + \varphi^*(z), \tag{10}$$

$$\psi(z) = \frac{\varkappa}{2\pi\,(1 + \varkappa)} \sum_{k=1}^{m} (X_k - \mathrm{i} Y_k) \ln (z - z_k) + \psi^*(z). \tag{11}$$

2.2.8. Unendliches Gebiet

Aus praktischen Gründen verdient auch die Betrachtung unendlicher Gebiete großes Interesse. Wir beschränken uns zunächst auf die Untersuchung eines Gebietes S, das die gesamte x, y-Ebene darstellt, aus der endliche, von einfachen geschlossenen Kurven begrenzte Teile entfernt sind (unendliche Scheibe mit Löchern). Der Rand dieses Gebietes besteht aus einer oder aus mehreren einfachen geschlossenen Kurven $L_1, L_2, \ldots, L_m$. Es handelt sich hier um den Grenzfall der im vorigen Abschnitt betrachteten Gebiete, wenn nämlich die Kurve L_{m+1} vollständig im Unendlichen liegt. Die im vorigen Abschnitt hergeleiteten Formeln gelten selbstverständlich für jedes beliebige endliche Teilgebiet von S. Wir brauchen also nur noch das Verhalten unserer Funktionen in der Umgebung des unendlich fernen Punktes zu untersuchen.

Dazu schlagen wir um den Koordinatenursprung einen Kreis L_R mit dem Radius R, der hinreichend groß ist, so daß sich alle Kurven L_k im Inneren von L_R befinden. Für jeden außerhalb L_R befindlichen Punkt z gilt offensichtlich $|z| > |z_k|$ und folglich

$$\begin{aligned} \ln (z - z_k) &= \ln z + \ln\left(1 - \frac{z_k}{z}\right) = \ln z - \frac{z_k}{z} - \frac{1}{2}\left(\frac{z_k}{z}\right)^2 - \cdots \\ &= \ln z + \text{außerhalb } L_R \text{ holomorphe Funktion.} \end{aligned}$$

Deshalb erhalten wir aus den Gln. (10) und (11) in 2.2.7.

$$\varphi(z) = -\frac{X + \mathrm{i}Y}{2\pi(1 + \varkappa)} \ln z + \varphi^{**}(z), \quad \psi(z) = \frac{\varkappa(X - \mathrm{i}Y)}{2\pi(1 + \varkappa)} \ln z + \psi^{**}(z) \tag{1}$$

mit

$$X = \sum_{k=1}^{m} X_k, \quad Y = \sum_{k=1}^{m} Y_k, \tag{2}$$

wobei $\varphi^{**}(z)$ und $\psi^{**}(z)$ Funktionen bezeichnen, die außerhalb L_R, möglicherweise mit Ausnahme des unendlich fernen Punktes, holomorph sind[1]). Die Größen X und Y stellen offensichtlich die Komponenten des resultierenden Vektors aller am Rand des Gebietes S, d. h. an den Kurven $L_1, L_2, \ldots, L_m$ angreifenden äußeren Kräfte dar.
Nach dem Satz von Laurent[2]) können die Funktionen $\varphi^{**}(z)$ und $\psi^{**}(z)$ außerhalb L_R durch die Reihen

$$\varphi^{**}(z) = \sum_{-\infty}^{\infty} a_n z^n, \quad \psi^{**}(z) = \sum_{-\infty}^{\infty} a'_n z^n \tag{3}$$

dargestellt werden, und diese Reihen konvergieren in jedem endlichen außerhalb L_R gelegenen Gebiet gleichmäßig. Das ist alles, was man über die Funktionen φ und ψ aussagen kann, wenn nicht zusätzliche Bedingungen über die Spannungsverteilung in den unendlich weit entfernten Teilen der Ebene angegeben werden.
Wir fordern nun, daß *die Spannungskomponenten im gesamten Gebiet S beschränkt bleiben*, und untersuchen, wie die Funktionen φ und ψ aussehen müssen, damit diese Bedingung befriedigt wird. Nach (9) und (10) in 2.2.4. gilt

$$\sigma_x + \sigma_y = 2[\varphi'(z) + \overline{\varphi'(z)}], \tag{a}$$

$$\sigma_y - \sigma_x + 2\mathrm{i}\tau_{xy} = 2[\bar{z}\varphi''(z) + \psi'(z)]. \tag{b}$$

Wenn wir in die erste Gleichung für $\varphi(z)$ den Ausdruck aus (1) und für $\varphi^{**}(z)$ die Reihe (3) einsetzen, erhalten wir

$$\sigma_x + \sigma_y = 2\left\{-\frac{X + \mathrm{i}Y}{2\pi(1 + \varkappa)}\frac{1}{z} - \frac{X - \mathrm{i}Y}{2\pi(1 + \varkappa)}\frac{1}{\bar{z}} + \sum_{-\infty}^{\infty} n(a_n z^{n-1} + \bar{a}_n \bar{z}^{n-1})\right\}.$$

Die einzigen Glieder, die mit $|z|$ unbeschränkt wachsen können, stammen aus der Reihe

$$\sum_{n=2}^{\infty} n(a_n z^{n-1} + \bar{a}_n \bar{z}^{n-1}) = \sum_{n=2}^{\infty} n r^{n-1} [a_n e^{(n-1)\mathrm{i}\vartheta} + \bar{a}_n e^{-(n-1)\mathrm{i}\vartheta}],$$

[1]) Eine Funktion heißt holomorph im Punkt $z = \infty$, wenn sie sich in der Umgebung dieses Punktes (d. h. für hinreichend große $|z|$) in eine Reihe

$$a_0 + \frac{a_1}{z} + \frac{a_2}{z^2} + \ldots$$

entwickeln läßt.

[2]) Der Satz von Laurent lautet folgendermaßen: Wenn die Funktion $f(z)$ im Inneren eines von zwei konzentrischen Kreisen L_1 und L_2 begrenzten Gebietes holomorph ist, dann läßt sie sich dort in eine Reihe

$$f(z) = \sum_{-\infty}^{+\infty} a_k z^k$$

entwickeln. Wir nehmen dabei an, daß der Koordinatenursprung im Mittelpunkt der Kreise liegt. Insbesondere kann der Kreis L_1 auf einen Punkt zusammengezogen und der Kreis L_2 unendlich groß werden. Im Text haben wir es gerade mit dem letzteren Fall zu tun: Dem Kreis L_1 entspricht L_R, und zu L_2 gehört ein unendlich großer Kreis. Einen Beweis des Laurentschen Satzes findet der Leser beispielsweise in dem Buch von W. I. Smirnow [1], Bd. III.

wobei die Bezeichnung $z = re^{i\vartheta}$ eingeführt wurde. Hieraus folgt offenbar, daß

$$a_n = \bar{a}_n = 0 \quad (n \geqq 2)$$

gelten muß, damit die Summe $\sigma_x + \sigma_y$ beschränkt bleibt, wenn r gegen Unendlich strebt. Wenn diese Bedingung als erfüllt betrachtet wird, so ist nach Gl. (b) für die Beschränktheit des Ausdruckes

$$\sigma_y - \sigma_x + 2i\tau_{xy}$$

notwendig und hinreichend, daß die Reihe

$$\sum_{n=2}^{\infty} nr^{n-1} a_n' e^{(n-1)i\vartheta}$$

beschränkt bleibt. Daraus folgt

$$a_n' = 0 \quad (n \geqq 2).$$

Umgekehrt sind die Spannungen σ_x, σ_y, τ_{xy} offensichtlich beschränkt, wenn diese Bedingungen erfüllt sind. Folglich erhalten wir schließlich

$$\varphi(z) = -\frac{X + iY}{2\pi(1+\varkappa)} \ln z + \Gamma z + \varphi_0(z), \tag{4}$$

$$\psi(z) = \frac{\varkappa(X - iY)}{2\pi(1+\varkappa)} \ln z + \Gamma' z + \psi_0(z), \tag{5}$$

wobei

$$\Gamma = B + iC, \quad \Gamma' = B' + iC' \tag{6}$$

im allgemeinen komplexe Konstanten[1]) sind, und $\varphi_0(z)$, $\psi_0(z)$ Funktionen darstellen, die außerhalb L_R *einschließlich des unendlich fernen Punktes* holomorph sind, d. h. für hinreichend große $|z|$ eine Entwicklung der Gestalt[2])

$$\varphi_0(z) = a_0 + \frac{a_1}{z} + \frac{a_2}{z^2} + \cdots, \quad \psi_0(z) = a_0' + \frac{a_1'}{z} + \frac{a_2'}{z^2} + \cdots \tag{7}$$

gestatten. Nach dem in 2.2.6. Gesagten können wir stets ohne den Spannungszustand zu ändern

$$a_0 = a_0' = 0,$$

d. h.

$$\varphi_0(\infty) = \psi_0(\infty) = 0$$

und außerdem $C = 0$ setzen. Die in (4) und (5) über Γ, Γ' eingehenden reellen Konstanten B, B', C' haben einen sehr einfachen physikalischen Sinn. Und zwar folgt aus den Gln. (a) und (b) unmittelbar, daß für $|z| \to \infty$

$$\lim(\sigma_x + \sigma_y) = 4 \operatorname{Re} \Gamma = 4B, \quad \lim(\sigma_y - \sigma_x + 2i\tau_{xy}) = 2\Gamma' = 2(B' + iC') \tag{8}$$

ist. Die Spannungen σ_x, σ_y, τ_{xy} streben also gegen die Grenzwerte

$$\sigma_x^{(\infty)} = 2B - B', \quad \sigma_y^{(\infty)} = 2B + B', \quad \tau_{xy}^{(\infty)} = C', \tag{9}$$

---

[1]) Wir führten die Bezeichnung

$$a_1 = \Gamma = B + iC, \quad a_1' = \Gamma' = B' + iC'$$

ein.

[2]) Anstelle von a_{-1}, a_{-2} usw. schreiben wir nun a_1, a_2 usw.

und somit liegt in den unendlich weit entfernten Teilen der Ebene eine gleichmäßige Spannungsverteilung vor (genauer, die Verteilung unterscheidet sich unendlich wenig von einer gleichmäßigen). Nun seien σ_1, σ_2 die Hauptspannungen im Unendlichen und α sei der Winkel zwischen der zu σ_1 gehörenden Hauptachse und der x-Achse.
Durch Vergleich der Gln. (8) mit den Gln. (12) aus 1.1.8. erhalten wir

$$\begin{aligned} \operatorname{Re} \Gamma &= B = \frac{1}{4}(\sigma_1 + \sigma_2) \\ \Gamma' &= B' + \mathrm{i}C' = -\frac{1}{2}(\sigma_1 - \sigma_2)\,\mathrm{e}^{-2\mathrm{i}\alpha}. \end{aligned} \tag{10}$$

Die Konstante C, die keinen Einfluß auf die Spannungen hat, kann durch die *Drehungskomponente* des unendlich fernen Teiles der Ebene ausgedrückt werden. Das läßt sich wie folgt zeigen: Die Drehungskomponente δ[1]) ist durch die Gleichung

$$\delta = \frac{1}{2}\left(\frac{\partial v}{\partial x} - \frac{\partial u}{\partial y}\right) \tag{11}$$

definiert, damit ergibt sich nach (12) in 2.2.2.[2])

$$\delta = \frac{\lambda + 2\mu}{2\mu(\lambda + \mu)}\left(\frac{\partial q}{\partial x} - \frac{\partial p}{\partial y}\right) = \frac{1 + \varkappa}{4\mu}\left(\frac{\partial q}{\partial x} - \frac{\partial p}{\partial y}\right) = \frac{1 + \varkappa}{2\mu}\,\frac{\varphi'(z) - \overline{\varphi'(z)}}{2\mathrm{i}}. \tag{11'}$$

Hieraus erhalten wir unter Beachtung von (4) und (7) den Grenzwert für $z \to \infty$:

$$\delta_\infty = \frac{1 + \varkappa}{2\mu}\,C,$$

und folglich ist

$$C = \frac{2\mu\delta_\infty}{1 + \varkappa}. \tag{12}$$

Erwähnt sei, daß der durch die linearen Funktionen

$$\varphi(z) = (B + \mathrm{i}C)\,z + \text{const}, \qquad \psi(z) = (B' + \mathrm{i}C')\,z + \text{const}$$

charakterisierte Spannungszustand *homogen* ist: Die Spannungen sind gleichmäßig verteilt, d. h., die Spannungen (und folglich auch die Verzerrungen) sind konstante Größen, sie können nach (9) berechnet werden, wenn man dort das Zeichen ∞ wegläßt.

---

[1]) Mit δ bezeichnen wir nun die in 1.2.6. mit r benannte Größe.

[2]) Wir erinnern, daß

$$\frac{\partial p}{\partial y} = -\frac{\partial q}{\partial x}$$

und

$$\frac{\partial p}{\partial x} + \mathrm{i}\,\frac{\partial q}{\partial x} = \varphi'(z)$$

ist. Daraus folgt

$$\frac{\partial p}{\partial x} - \mathrm{i}\,\frac{\partial q}{\partial x} = \overline{\varphi'(z)},$$

$$\frac{\partial q}{\partial x} = \frac{1}{2\mathrm{i}}\,[\varphi'(z) - \overline{\varphi'(z)}].$$

Wir kehren nun zum allgemeinen Fall zurück und untersuchen die Verschiebungen im Unendlichen unter den von uns angenommenen Bedingungen. Dazu benutzen wir die Gl. (1) in 2.2.4.; sie liefert unter Berücksichtigung von (4) und (5)

$$2\mu (u + iv) = - \frac{\varkappa(X + iY)}{2\pi (1 + \varkappa)} \ln (z\bar{z}) + (\varkappa\Gamma - \bar{\Gamma}) z - \bar{\Gamma}'\bar{z} + \cdots, \tag{13}$$

hierbei wurden Größen weggelassen, die für beliebig große Werte $|z|$ beschränkt bleiben. *Damit die Verschiebungen im Unendlichen beschränkt bleiben, müssen offensichtlich die Bedingungen*

$$X = Y = 0, \quad \Gamma = \Gamma' = 0 \tag{14}$$

erfüllt sein. Dabei besagt die erste Gleichungsgruppe, daß der resultierende Vektor aller am Rand des Gebietes angreifenden äußeren Kräfte verschwindet. Die zweite Gruppe fordert, daß die Spannungen im Unendlichen gleich Null sind und daß der unendlich ferne Teil der Ebene keine Drehung erfährt.

Es ist zu beachten, daß die Verschiebungen trotz verschwindender Spannungen und Drehung ($C = 0$) im Unendlichen wie $\ln (z\bar{z}) = 2 \ln r$ wachsen, wenn der resultierende Vektor (X, Y) von Null verschieden ist.

Bemerkung 1: In den Gln. (4) und (5) sind die Funktionen $\varphi_0(z)$, $\psi_0(z)$ außerhalb *eines* alle Kurven $L_1, L_2, \ldots, L_m$ umschließenden beliebigen Kreises holomorph.

Falls nur eine Randkurve vorhanden ist (Ebene mit einem Loch), sind $\varphi_0(z)$, $\psi_0(z)$ offenbar in dem gesamten Gebiet S holomorph, wenn der Koordinatenursprung außerhalb des Gebietes S (d. h. im Inneren des Loches) liegt; denn in diesem Falle stimmen die Gln. (10) und (11) in 2.2.7. mit den Gln. (1) überein (dabei ist in den ersteren $z_1 = 0$ zu setzen, und anstelle von $\varphi^*(z)$, $\psi^*(z)$ muß entsprechend $\varphi^{**}(z)$, $\psi^{**}(z)$ geschrieben werden).

Die Funktionen $\varphi^{**}(z)$, $\psi^{**}(z)$ aus 2.2.7. sind aber bekanntlich im gesamten Gebiet S, möglicherweise mit Ausnahme des unendlich fernen Punktes holomorph, und daraus folgt leicht unsere Behauptung.

Bemerkung 2: Selbstverständlich stellen die von uns betrachteten unendlichen Körper nur eine *mathematische Abstraktion* dar. Dieses Abstraktionsverfahren wird jedoch häufig und mit Erfolg in der Praxis benutzt, um die (näherungsweise) Lösung konkreter Probleme für endliche Körper (wie sie vom physikalischen Gesichtspunkt aus nur denkbar sind) wesentlich zu vereinfachen.

In diesem Zusammenhang ist es beispielsweise auch erklärlich, daß die Verschiebungen im Unendlichen unbeschränkt sind, wenn die Bedingungen (14) nicht erfüllt werden. Diese Tatsache zeigt lediglich, daß die für das unendliche Gebiet erhaltenen Gleichungen in der Praxis nur für den Teil des Gebietes angewendet werden dürfen, in dem die Verschiebungen hinreichend klein sind. Vergleiche die analoge Bemerkung in 3.2.5.

2.2.9. Einige Eigenschaften, die sich aus dem analytischen Charakter der Lösung ergeben. Analytische Fortsetzung über eine vorgegebene Randkurve hinaus

Die Funktionen $\varphi(z)$, $\psi(z)$, $\Phi(z)$, $\Psi(z)$, durch welche die allgemeine Lösung der Gleichungen der ebenen Elastizitätstheorie ausgedrückt wird, sind im gesamten vom Körper eingenommenen Gebiet analytische Funktionen von z, und zwar auch dann, wenn dieses Gebiet mehrfach zusammenhängend ist. Dies folgt aus den oben hergeleiteten Ausdrücken für die genannten Funktionen. Der Unterschied zum Fall des einfach zusammenhängenden Gebietes besteht lediglich darin, daß die Funktionen $\varphi(z)$ und $\psi(z)$ infolge des Auftretens logarithmischer Glieder mehrdeutig sein können[1]). Da eine analytische Funktion der komplexen Veränderlichen $z = x + iy$ gleichzeitig auch eine analytische Funktion der reellen Veränderlichen x, y darstellt (s. 2.2.4., Bemerkung), sind die Spannungen σ_x, σ_y, τ_{xy} und die Verschiebungen u, v, wie im Fall des einfach zusammenhängenden Gebietes analytische Funktionen der Veränderlichen x, y im gesamten vom Körper eingenommenen Gebiet. Aus dieser Eigenschaft der Lösungen folgt unmittelbar ein Satz, der auf den ersten Blick etwas unerwartet erscheinen mag: Wenn irgendein (beliebig kleiner) Teil des Körpers spannungsfrei ist, so verschwinden die Spannungen im gesamten Körper.

Wenn nämlich in irgendeinem Teil[2]) *des vom Körper eingenommenen Gebietes S* $\sigma_x = \sigma_y = \tau_{xy} = 0$ *ist, so gilt dies im gesamten Körper*; denn eine analytische Funktion kann nicht in einem Teil eines Gebietes verschwinden, ohne im gesamten Gebiet zu Null zu werden.

Wir wenden uns nun dem Beweis eines einfachen wichtigen Satzes zu, der die analytische Fortsetzung der Lösung über die gegebene Randkurve hinaus betrifft.

Es seien zwei Gebiete S^+ und S^- gegeben, die einander nicht überdecken, die jedoch eine gewisse (offene oder geschlossene) glatte Kurve L als gemeinsamen Rand haben. Wir setzen voraus, daß die Verschiebungen und Spannungen in jedem der Gebiete S^+ und S^- den in 2.1.3. angenommenen Bedingungen genügen, dann stellen diese Komponenten bekanntermaßen in jedem der Gebiete S^+ und S^- einzeln analytische Funktionen dar. Wir geben nun die notwendigen und hinreichenden Bedingungen dafür an, daß sie in dem durch Vereinigung von S^+, S^- und L entstehenden Gebiet S analytisch sind.

Wenn die Verschiebungs- bzw. Spannungskomponenten u, v, σ_x, σ_y, τ_{xy} in dem gesamten Gebiet S analytisch sind, so sind sie offenbar sowohl von S^+ als auch von S^- aus auf den Rand L stetig fortsetzbar, und ihre Randwerte sind von beiden Seiten her gleich. Wir kennzeichnen die durch Grenzübergang von S^+ und S^- aus entstehenden Randwerte entsprechend mit dem Zeichen (+) bzw. (−) und erhalten insbesondere die *notwendigen Bedingungen*

$$u^+ = u^-, \quad v^+ = v^-, \quad \overset{n}{\sigma}{}_x^+ = \overset{n}{\sigma}{}_x^-, \quad \overset{n}{\sigma}{}_y^+ = \overset{n}{\sigma}{}_y^- \quad \text{auf } L, \tag{1}$$

hierbei bezeichnen $(\overset{n}{\sigma}{}_x^+, \overset{n}{\sigma}{}_y^+)$ bzw. $(\overset{n}{\sigma}{}_x^-, \overset{n}{\sigma}{}_y^-)$ die Vektoren der am Kurvenelement angreifenden Spannung unter der Voraussetzung, daß das Element dem Teil S^+ bzw. S^- angehört. Es gilt also

$$\overset{n}{\sigma}{}_x^+ = \sigma_x^+ \cos(n, x) + \tau_{xy}^+ \cos(n, y), \quad \overset{n}{\sigma}{}_y^+ = \tau_{xy}^+ \cos(n, x) + \sigma_y^+ \cos(n, y) \tag{2}$$

und analog für $\overset{n}{\sigma}{}_x^-$, $\overset{n}{\sigma}{}_y^-$. Dabei bezeichnet n die Normale an L im gegebenen Punkt mit einer bestimmten (beliebig gewählten) positiven Richtung.

Wir zeigen nun, daß die Bedingung (1) *hinreichend*[3]) ist (unter der Voraussetzung, daß die Randwerte der Verschiebungs- und Spannungskomponenten auf beiden Seiten existieren). Aus den beiden ersten Gleichungen von (1) geht hervor, daß der Ausdruck

$$2\mu(u + iv) = \varkappa\varphi(z) - z\overline{\varphi'(z)} - \overline{\psi(z)} \tag{3}$$

von beiden Seiten her auf L stetig fortsetzbar ist und daß die entsprechenden Randwerte gleich sind.

---

[1]) Wenn mehrdeutige Verschiebungen zugelassen werden, kann sich auch die Funktion $\varphi(z)$ als mehrdeutig erweisen.

[2]) Unter Teil verstehen wir ein Gebiet.

[3]) Die Bedingung besagt, daß die Verschiebung beim Überqueren der Trennlinie stetig bleibt, während die an den Elementen dieser Linie von beiden Seiten angreifenden Spannungen dem Prinzip der Gleichheit von Wirkung und Gegenwirkung gehorchen.

Dasselbe gilt bei geeigneter Wahl der willkürlichen Konstanten, die man in den Gebieten S^+ bzw. S^- ohne Änderung der Verschiebungen zu den Funktionen φ und ψ addieren kann, auf Grund der beiden letzten Gleichungen von (1) für den Ausdruck

$$f(x, y) = \frac{\partial U}{\partial x} + i\frac{\partial U}{\partial y} = \varphi(z) + z\,\overline{\varphi'(z)} + \overline{\psi(z)}. \tag{4}$$

Dies wird aus (3) in 2.2.5. offensichtlich, wonach diese Funktion bei geeigneter Wahl der besagten Konstanten sowohl in S^+ als auch in S^- in der Gestalt

$$\frac{\partial U}{\partial x} + i\frac{\partial U}{\partial y} = i\int_a^z \left(\overset{n}{\sigma}_x + i\overset{n}{\sigma}_y\right) ds \tag{5}$$

dargestellt werden kann. Die Integration erfolgt dabei über eine beliebige Kurve l, die den festen Punkt a auf L mit dem Punkt z in S^+ bzw. S^- verbindet und (bis auf den Punkt a) ganz in S^+ bzw. S^- verläuft.

Wenn sich der Punkt z von S^+ bzw. S^- aus einem beliebigen Punkt t auf L nähert, können wir die Kurve l so nahe[1]) an L wählen, daß das Integral auf der rechten Seite von (5) (bei geeigneter Wahl der Normalenrichtung) durch das Integral

$$i\int_a^t \left(\overset{n}{\sigma}{}_x^+ + i\overset{n}{\sigma}{}_y^+\right) ds = i\int_a^t \left(\overset{n}{\sigma}{}_x^- + \overset{n}{\sigma}{}_y^-\right) ds,$$

erstreckt über den zwischen a und t liegenden Teil der Kurve L, beliebig genau angenähert wird.

Durch Addition der Ausdrücke (3) und (4) läßt sich unmittelbar verifizieren, daß die Funktion $\varphi(z)$ von S^+ und S^- aus auf L stetig fortsetzbar ist und daß ihre Randwerte auf beiden Seiten gleich sind. Folglich ist die Funktion $\varphi(z)$ gemäß dem in 2.2.1.4. Gesagten analytisch in S und das gleiche gilt für $\varphi'(z)$. Demnach ist offensichtlich auch die Funktion $\psi(z)$ von beiden Seiten her auf L stetig fortsetzbar und die entsprechenden Randwerte sind gleich. Also ist $\psi(z)$ ebenso wie $\varphi(z)$ im gesamten Gebiet S analytisch. Damit ist unsere Behauptung bewiesen.

Aus dem oben Gesagten geht folgender Satz hervor: *Wenn auf einem beliebigen (noch so kleinen) Teil der Randkurve eines Körpers*

$$\overset{n}{\sigma}_x = \overset{n}{\sigma}_y = u = v = 0 \tag{6}$$

gilt, so verschwinden die Spannungen im gesamten Körper.[2]) Das läßt sich wie folgt zeigen: Es sei S das vom Körper eingenommene Gebiet und L' der Teil des Randes, auf dem die Bedingung (6) erfüllt ist. Wir wählen nun ein beliebiges außerhalb S liegendes Gebiet S', das L' berührt. Auf Grund des oben Gesagten und nach (6) können wir die Funktionen σ_x, σ_y, τ_{xy}, u, v aus dem Gebiet S in das Gebiet S' analytisch fortsetzen, wobei wir der Einfachheit halber σ_x, σ_y, τ_{xy}, u, v in S' gleich Null setzen. Dann gilt $\sigma_x = \sigma_y = \tau_{xy} = u = v = 0$; denn diese Funktionen sind in dem durch Vereinigung von S und S' erhaltenen Gebiet analytisch und verschwinden in dem Teil S'.

Bemerkung: Den oben bewiesenen Satz zur analytischen Fortsetzung über den gegebenen Rand hinaus kann man noch etwas verallgemeinern. Unter Beibehaltung der Voraussetzung,

[1]) Nahe ist nicht nur im Hinblick auf die Entfernung, sondern auch auf die Tangentenrichtung zu verstehen.

[2]) Dieser Satz stammt von Almansi [3], der ihn auf anderem Wege für den allgemeinen dreidimensionalen Fall bewies.

daß die Verschiebungskomponenten sowohl von S^+ als auch von S^- her stetig auf L fortsetzbar sind, können wir für die Spannungskomponenten die weniger starke und vom physikalischen Gesichtspunkt näherliegende Forderung aufstellen, daß der Ausdruck (2) auf den Rand L stetig fortsetzbar ist. Dies führt offenbar zu folgendem: Wir wählen ein beliebiges (glattes) Kurvenstück l^+ (bzw. l^-), das ganz in S^+ (bzw. in S^-) liegt und in der Nähe der Kurve L verläuft, weiterhin nehmen wir an, daß dieses Kurvenstück einem gewissen Bogen l der Randkurve L zustrebt.

Nun sei (X, Y) der resultierende Vektor der an l^+ (bzw. l^-) von S^+ (bzw. S^-) her angreifenden Kräfte. Dann strebt dieser resultierende Vektor bei einer Annäherung von l^+ (bzw. l^-) an l einem bestimmten Vektor (X^+, Y^+) bzw. (X^-, Y^-) zu, der nach Definition gleich dem resultierenden Vektor der von S^+ (bzw. S^-) her an l angreifenden Kräfte ist.

Wenn die genannten Forderungen erfüllt sind, kann man die Bedingung (1) offensichtlich durch

$$u^+ = u^-, \quad v^+ = v^-, \quad X^+ + X^- = 0, \quad Y^+ + Y^- = 0 \tag{1'}$$

ersetzen, wobei (X^+, Y^+) und (X^-, Y^-) die entsprechenden Vektoren der von S^+ bzw. S^- her an dem beliebigen Kurvenstück l der Trennlinie L angreifenden Kräfte bezeichnen. In gleicher Weise kann (6) durch

$$X = Y = u = v = 0 \tag{6'}$$

ersetzt werden, wobei (X, Y) der resultierende Vektor der an einem beliebigen Kurvenstück des betrachteten Randteiles angreifenden Kräfte ist.

2.2.10. Transformation kartesischer Koordinaten

Wir untersuchen nun, in welcher Weise sich die von uns eingeführten, *dem gegebenen Spannungszustand des Körpers entsprechenden* Funktionen beim Übergang von einem kartesischen Koordinatensystem zu anderen ändern.

Wir beginnen mit der Verschiebung des Ursprunges in einen Punkt (x_0, y_0). Es seien (x, y) und (x_1, y_1) die Koordinaten ein und desselben Punktes in bezug auf das alte und auf das neue System. Dann gilt für

$$z = x + iy, \quad z_1 = x_1 + iy_1$$

offensichtlich

$$z = z_1 + z_0 \tag{1}$$

mit

$$z_0 = x_0 + iy_0.$$

Wir gehen bei unseren Untersuchungen von den Gleichungen

$$\sigma_x + \sigma_y = 4\operatorname{Re}\Phi(z), \quad \sigma_y - \sigma_x + 2i\tau_{xy} = 2[\bar{z}\Phi'(z) + \Psi(z)] \tag{2}$$

aus. Mit $\Phi_1(z_1)$ und $\Psi_1(z_1)$ bezeichnen wir diejenigen Funktionen, die im neuen System die gleiche Rolle spielen wie die Funktionen $\Phi(z)$ und $\Psi(z)$ im alten.

Da sich die Spannungskomponenten bei einer Verschiebung des Ursprunges nicht ändern, muß gemäß der ersten Gleichung aus (2)

$$\operatorname{Re}\Phi(z) = \operatorname{Re}\Phi_1(z_1) = \operatorname{Re}\Phi_1(z - z_0)$$

und damit

$$\Phi(z) = \Phi_1(z - z_0) \tag{3}$$

gelten.

Auf der rechten Seite kann man eine beliebige rein imaginäre Konstante hinzufügen, da eine solche keinerlei Einfluß auf die Spannungsverteilung hat. Weiterhin ergibt sich gemäß der zweiten Gleichung aus (2)

$$\bar{z}\Phi'(z) + \Psi(z) = \bar{z}_1\Phi_1'(z_1) + \Psi_1(z_1) = (\bar{z} - \bar{z}_0)\,\Phi_1'(z - z_0) + \Psi_1(z - z_0) = \bar{z}\Phi_1'(z - z_0) + \Psi_1(z - z_0) - \bar{z}_0\Phi_1'(z - z_0).$$

Unter Beachtung der Gl. (3) folgt daraus

$$\Psi(z) = \Psi_1(z - z_0) - \bar{z}_0\Phi_1'(z - z_0). \tag{4}$$

Durch Integration der Gln. (3) und (4) über z erhalten wir außerdem

$$\varphi(z) = \varphi_1(z - z_0), \quad \psi(z) = \psi_1(z - z_0) - \bar{z}_0\varphi_1'(z - z_0). \tag{5}$$

In der letzten Gleichung wurden die willkürlichen Konstanten weggelassen, da sie keinen Einfluß auf die Spannungsverteilung haben. Die Funktion $\psi(z)$ ist also gegenüber einer Verschiebung des Ursprunges *nicht invariant*, d. h., den Wert für die alten Koordinaten erhält man nicht einfach, indem man in $\psi_1(z_1)$ die Veränderliche z_1 durch $z - z_0$ ersetzt. Hingegen ist die Funktion $\varphi(z)$ invariant bei einer Verschiebung des Ursprunges.
Wir betrachten nun eine Achsendrehung ohne Verschiebung des Ursprunges. Wenn die neue x_1-Achse um den Winkel α gegen die alte x-Achse gedreht ist, so gilt

$$x = x_1 \cos\alpha - y_1 \sin\alpha$$
$$y = x_1 \sin\alpha + y_1 \cos\alpha$$

und damit

$$x + \mathrm{i}y = (x_1 + \mathrm{i}y_1)\,\mathrm{e}^{\mathrm{i}\alpha}$$

d. h.

$$z = z_1\mathrm{e}^{\mathrm{i}\alpha}, \quad z_1 = z\mathrm{e}^{-\mathrm{i}\alpha}. \tag{6}$$

Wegen der Invarianz der Summe $\sigma_x + \sigma_y$ erhalten wir nach der ersten Gleichung aus (2)

$$\operatorname{Re}\Phi(z) = \operatorname{Re}\Phi_1(z_1) = \operatorname{Re}\Phi_1(z\mathrm{e}^{-\mathrm{i}\alpha})$$

und wenn wir die rein imaginäre additive Konstante weglassen

$$\Phi(z) = \Phi_1(z\mathrm{e}^{-\mathrm{i}\alpha}). \tag{7}$$

Weiterhin wird der zu $\sigma_y - \sigma_x + 2\mathrm{i}\tau_{xy}$ analoge, jedoch für das neue Koordinatensystem aufgestellte Ausdruck nach (8) in 1.1.8. zu

$$(\sigma_y - \sigma_x + 2\mathrm{i}\tau_{xy})\,\mathrm{e}^{2\mathrm{i}\alpha}.$$

Also folgt aus der zur zweiten Gleichung aus (2) analogen, für das neue System aufgestellten Formel

$$\bar{z}_1\Phi_1'(z_1) + \Psi_1(z_1) = [\bar{z}\Phi'(z) + \Psi(z)]\,\mathrm{e}^{2\mathrm{i}\alpha}$$

und damit

$$\bar{z}\Phi'(z) + \Psi(z) = [\bar{z}\mathrm{e}^{\mathrm{i}\alpha}\Phi_1'(z\mathrm{e}^{-\mathrm{i}\alpha}) + \Psi_1(z\mathrm{e}^{-\mathrm{i}\alpha})]\,\mathrm{e}^{-2\mathrm{i}\alpha}.$$

Unter Berücksichtigung von $\Phi'(z) = \mathrm{e}^{-\mathrm{i}\alpha}\Phi_1'(z\mathrm{e}^{-\mathrm{i}\alpha})$ bekommen wir weiterhin

$$\Psi(z) = \Psi_1(z\mathrm{e}^{-\mathrm{i}\alpha})\,\mathrm{e}^{-2\mathrm{i}\alpha}. \tag{8}$$

Wenn wir beide Seiten der Gln. (7) und (8) über z integrieren und die willkürlichen Konstanten weglassen, die keinen Einfluß auf die Spannungsverteilung haben, erhalten wir außerdem

$$\varphi(z) = \varphi_1(z\mathrm{e}^{-\mathrm{i}\alpha})\,\mathrm{e}^{\mathrm{i}\alpha}, \quad \psi(z) = \psi_1(z\mathrm{e}^{-\mathrm{i}\alpha})\,\mathrm{e}^{-\mathrm{i}\alpha}. \tag{9}$$

Schließlich ergibt sich durch Integration der zweiten Gleichungen

$$\chi(z) = \chi_1(ze^{-i\alpha}), \tag{10}$$

wobei wiederum die willkürliche Konstante weggelassen wurde.
Bemerkung: Unter Berücksichtigung der Konstanten hätten wir anstelle der Gln. (9) die Beziehungen

$$\varphi(z) = \varphi_1(ze^{-i\alpha})\, e^{i\alpha} + Ciz + a + ib, \qquad \psi(z) = \psi_1(ze^{-i\alpha})\, e^{-i\alpha} + a' + ib'$$

erhalten, wobei C, a, b, a', b' willkürliche reelle Konstanten sind, die keinen Einfluß auf die Spannungsverteilung haben. Wir haben oben

$$C = a = b = a' = b' = 0$$

gesetzt. Dank dieser Wahl der Konstanten stimmen nicht nur die den neuen und alten Funktionen entsprechenden Spannungen, sondern auch die Verschiebungen überein (letztere hätten sich durch eine starre Verschiebung unterscheiden können). Da wir die willkürliche Konstante in Gl. (10) ebenfalls weggelassen haben, decken sich auch die mit Hilfe der neuen und der alten Funktionen gebildeten Spannungsfunktionen U. Dies trifft im allgemeinen nicht zu, da sich die ein und demselben Spannungszustand entsprechenden Spannungsfunktionen durch einen beliebigen Term $Ax + By + C$ unterscheiden können.

2.2.11. Polarkoordinaten

In vielen Fällen ist es zweckmäßig, die Spannungen und Verschiebungen in Polarkoordinaten darzustellen. Wir wählen den Ursprung O des x, y-Systems als Pol und die x-Achse als Polstrahl. Dann erhalten wir, wenn r und ϑ die (ebenen) Polarkoordinaten eines beliebigen Punktes $M(x, y)$ sind,

$$z = x + iy = re^{i\vartheta}. \tag{1}$$

Wir legen durch den Punkt M zwei Achsen; die r-Achse als Fortsetzung des Radiusvektors (in Richtung wachsender r) und die ϑ-Achse senkrecht zur ersten (in Richtung wachsender ϑ) (Bild 17). Mit v_r und v_ϑ bezeichnen wir die Projektion der Verschiebung im Punkte M auf

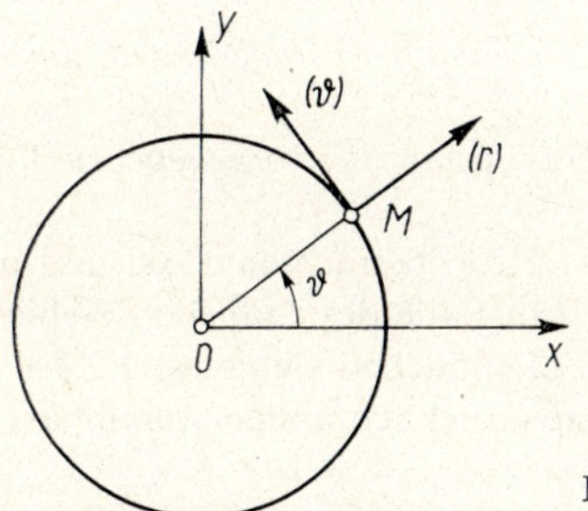

Bild 17

die r- bzw. ϑ-Achse und nennen diese Größen Verschiebungskomponenten in Polarkoordinaten. Nach den bekannten Formeln der analytischen Geometrie

$$u = v_r \cos\vartheta - v_\vartheta \sin\vartheta, \qquad v = v_r \sin\vartheta + v_\vartheta \cos\vartheta,$$

wobei (u, v) die Verschiebung in kartesischen Koordinaten sind, erhalten wir offensichtlich

$$u + iv = (v_r + iv_\vartheta)\, e^{i\vartheta}, \qquad v_r + iv_\vartheta = (u + iv)\, e^{-i\vartheta} \tag{2}$$

und damit gemäß (1) in 2 2.4.

$$2\mu(v_r + iv_\vartheta) = e^{-i\vartheta}\left[\varkappa\varphi(x) - z\overline{\varphi'(z)} - \overline{\psi(z)}\right]. \quad (3)$$

Wenn auf der rechten Seite dieser Gleichung z durch $re^{i\vartheta}$ ersetzt wird, ergeben sich damit durch Trennung von Real- und Imaginärteil Ausdrücke für v_r und v in Polarkoordinaten.
Die Spannungskomponenten in Polarkoordinaten werden analog zu den bisherigen definiert, wobei die kartesischen Koordinatenachsen durch die r- und ϑ-Achse im betreffenden Punkt M ersetzt werden.
Wir wählen für sie die Bezeichnungen σ_r, σ_ϑ, $\tau_{r\vartheta}$. Auf diese Weise bezeichnet σ_r die Projektion der an einem zur r-Achse senkrechten Flächenelement angreifenden Spannung auf die r-Achse, σ_ϑ ist die Projektion der an einem senkrecht auf der ϑ-Achse stehenden Flächenelement wirkenden Spannung auf die ϑ-Achse, und schließlich ist $\tau_{r\vartheta}$ die Projektion der auf ein zur r-Achse senkrechtes Flächenstück wirkenden Spannung auf die ϑ-Achse oder die Projektion der an einem zur ϑ-Achse senkrechten Flächenstück wirkenden Spannung auf die r-Achse. Nach (8) in 1.1.8. gilt

$$\begin{aligned} \sigma_r + \sigma_\vartheta &= 4\operatorname{Re}\Phi(z) = 2\left[\Phi(z) + \overline{\Phi(z)}\right], \\ \sigma_\vartheta - \sigma_r + 2i\tau_{r\vartheta} &= 2[\bar{z}\Phi'(z) + \Psi(z)]\, e^{2i\vartheta}. \end{aligned} \quad (4)$$

Aus diesen Gleichungen können die Spannungskomponenten in Polarkoordinaten berechnet werden. Aus (4) erhalten wir durch Subtraktion noch die nützliche Beziehung

$$\sigma_r - i\tau_{r\vartheta} = \Phi(z) + \overline{\Phi(z)} - e^{2i\vartheta}[\bar{z}\Phi(z) + \Psi(z)], \quad (5)$$

welche die an einem Bogen des Kreises $r = \text{const}$ von der dem Mittelpunkt abgewandten Seite her angreifenden Spannungen angibt.
Diese Gleichungen stimmen sinngemäß mit den von G. W. Kolosow angegebenen Beziehungen überein.

2.2.12. Randwertprobleme. Eindeutigkeit der Lösung

2.2.12.1. Wir betrachten nun folgende analog zum dreidimensionalen Fall (s. 1.3.5.) formulierte Grundprobleme¹):
I. Problem: *Gesucht ist der elastische Gleichgewichtszustand bei vorgegebenen, am Rand L des Gebietes S angreifenden äußeren Spannungen.*
II. Problem: *Gesucht ist der elastische Gleichgewichtszustand bei vorgegebenen Verschiebungen der Punkte des Randes L.*
Wir verstehen unter S ein Gebiet der in 2.2.7. bzw. 2.2.8. betrachteten Art und unter L die Gesamtheit der Randkurven $L_1, L_2, \ldots, L_m, L_{m+1}$ (im Falle des endlichen Gebietes, 2.2.7.) oder der Randkurven $L_1, L_2, \ldots, L_m$ (im Falle des unendlichen Gebietes, 2.2.8.).
Überall im weiteren nehmen wir an (wenn nicht ausdrücklich anders vereinbart), daß alle betrachteten *Randkurven glatt* sind.
Wenn das Gebiet S unendlich ist, fordern wir, daß die Spannungen im unendlich fernen Teil der Ebene den Bedingungen aus 2.2.8. genügen, dort also beschränkt bleiben. Außerdem betrachten wir die Spannungen im Unendlichen als gegeben, das führt auf Grund des in 2.2.8. Gesagten zur Vorgabe folgender Konstanten:

$$\operatorname{Re}\Gamma = B, \quad \Gamma' = B' + iC'. \quad (1)$$

¹) Wir nehmen wiederum an, daß keine Volumenkräfte auftreten.

Da die Konstante C (mit $\Gamma = B + iC$) keinen Einfluß auf die Spannungsverteilung hat, setzen wir gewöhnlich $C = 0$. Im Falle des II. Problems für das unendliche Gebiet fordern wir, daß die Größen

$$\Gamma = B + iC, \; \Gamma' = B' + iC', \; X, Y \tag{2}$$

vorgegeben sind, daß also nicht nur die Spannungen, sondern auch die Drehung im Unendlichen (s. 2.2.8.) und der resultierende Vektor (X, Y) *aller* am Rand des Gebietes angreifenden äußeren Kräfte bekannt sind[1]).
Außer den genannten Aufgaben spielt noch das gemischte Problem eine wichtige Rolle, bei dem auf einem Teil des Randes die Verschiebungen und auf dem anderen die Spannungen vorgegeben sind.
Im Falle des gemischten Problems setzen wir voraus, daß für das unendliche Gebiet wie beim II. Problem zusätzlich die Werte X, Y, Γ, Γ' vorgegeben sind. In 6. behandeln wir noch weitere Aufgabenstellungen.
Wir beweisen nun die Eindeutigkeit der Lösung der genannten Probleme. Für das endliche Gebiet ist der Beweis völlig analog zu dem im allgemeinen dreidimensionalen Falle geführten; für das unendliche Gebiet machen sich allerdings einige Zusätze erforderlich (ein solches wurde von uns im dreidimensionalen Falle nicht betrachtet). Beim Beweis nehmen wir an, daß die der betrachteten Lösung entsprechenden Spannungs- und Verschiebungskomponenten stetig bis hin zum Rand L sind (s. a. Bem. zu 2.2.12.3.).
2.2.12.2. Wir beginnen mit dem Fall eines endlichen (einfach oder mehrfach zusammenhängenden) Gebietes und betrachten das Integral (vgl. 1.3.5.)

$$J = \int_L (\overset{n}{\sigma}_x u + \overset{n}{\sigma}_y v)\, ds,$$

dabei sind

$$\overset{n}{\sigma}_x = \sigma_x \cos(n, x) + \tau_{xy} \cos(n, y), \quad \overset{n}{\sigma}_y = \tau_{xy} \cos(n, x) + \sigma_y \cos(n, y) \tag{3}$$

die am Rand L angreifenden Spannungskomponenten und n ist die äußere Normale.
Nach der Gleichung von OSTROGRADSKI-GREEN erhalten wir

$$J = \int_L [(\sigma_x u + \tau_{xy} v) \cos(n, x) + (\tau_{xy} u + \sigma_y v) \cos(n, y)]\, ds$$
$$= \iint_S \left\{ u \left(\frac{\partial \sigma_x}{\partial x} + \frac{\partial \tau_{xy}}{\partial y} \right) + v \left(\frac{\partial \tau_{xy}}{\partial x} + \frac{\partial \sigma_y}{\partial y} \right) + \sigma_x \frac{\partial u}{\partial x} + \tau_{xy} \left(\frac{\partial v}{\partial x} + \frac{\partial u}{\partial y} \right) + \sigma_y \frac{\partial v}{\partial y} \right\} dx\, dy.$$

Gemäß (1) in 2.2.2. ist

$$\frac{\partial \sigma_x}{\partial x} + \frac{\partial \tau_{xy}}{\partial y} = 0, \quad \frac{\partial \tau_{xy}}{\partial x} + \frac{\partial \sigma_y}{\partial y} = 0,$$

und entsprechend unseren Bezeichnungen gilt

$$\frac{\partial u}{\partial x} = \varepsilon_x, \quad \frac{\partial v}{\partial y} = \varepsilon_y, \quad \frac{\partial v}{\partial x} + \frac{\partial u}{\partial y} = \gamma_{xy}.$$

[1]) Auf den ersten Blick erscheint es überflüssig, die letzte Größe vorzugeben. Tatsächlich bleibt aber das Problem ohne diese Vorgabe unbestimmt, d. h., es hat unendlich viele Lösungen.

Schließlich ist

$$\sigma_x = \lambda e + 2\mu\varepsilon_x, \quad \sigma_y = \lambda e + 2\mu\varepsilon_y, \quad \tau_{xy} = \mu\gamma_{xy}.$$

Damit erhalten wir

$$\int_L \left(\overset{n}{\sigma}_x u + \overset{n}{\sigma}_y v\right) \mathrm{d}s = \iint_S \{\lambda e^2 + 2\mu(\varepsilon_x^2 + \varepsilon_y^2 + \tfrac{1}{2}\gamma_{xy}^2)\} \,\mathrm{d}x\,\mathrm{d}y. \tag{4}$$

Wenn sich $u, v, \overset{n}{\sigma}_x, \overset{n}{\sigma}_y, \varepsilon_x, \varepsilon_y, \gamma_{xy}$ auf die Differenz zweier Lösungen des I., II. oder gemischten Problems beziehen, so verschwindet der Ausdruck $\overset{n}{\sigma}_x u + \overset{n}{\sigma}_y v$ auf dem Rand L (s. 1.3.5.). Hieraus schließen wir, daß das Doppelintegral auf der rechten Seite gleich Null ist. Da jedoch der Integrand eine positiv definierte quadratische Form darstellt, muß

$$\varepsilon_x = \varepsilon_y = \gamma_{xy} = 0$$

gelten. Also sind die für die Differenz zweier Lösungen gebildeten Werte σ_x, σ_y, τ_{xy} gleich Null, d. h., beide Lösungen sind in dem Sinne identisch, daß sie gleiche Spannungen und Verzerrungen liefern. Die Verschiebungen können sich jedoch durch Ausdrücke der Gestalt

$$u_0 = -y\delta + \alpha, \qquad v_0 = x\delta + \beta$$

unterscheiden, die eine beliebige starre Verschiebung des Körpers in der x, y-Ebene beschreiben. Im Falle des II. und des gemischten Problems kann selbst dieser Unterschied nicht auftreten, da die Verschiebungen in beiden Lösungen längs des gesamten Randes oder eines Teiles gleich sein müssen.

2.2.12.3. Wenden wir uns nun dem Fall des unendlichen Gebietes zu. Wir setzen wie oben voraus, daß das I., II. oder gemischte Problem zwei Lösungen hat, und bilden die Differenz derselben. Die Größen $u, v, \overset{n}{\sigma}_x, \overset{n}{\sigma}_y$ usw. sollen sich auf diese Differenz beziehen. Im Falle des I. Problems erhalten wir auf dem Rand $\overset{n}{\sigma}_x = \overset{n}{\sigma}_y = 0$. Also ist der resultierende Vektor (X, Y) aller am Rand wirkenden Kräfte gleich Null. Im Falle des II. sowie des gemischten Problems ist dieser Vektor nach Voraussetzung für beide Lösungen vorgegeben. Deshalb verschwindet er auch hier für die Differenz zweier Lösungen.

Somit gilt in allen betrachteten Fällen $X = Y = 0$. Außerdem sind die der Differenz zweier Lösungen entsprechenden Größen Γ, Γ' gleich Null, so daß sie nach Voraussetzung für beide Lösungen gleich sind. Im Falle des I. Problems muß dabei $\operatorname{Im} \Gamma = 0$ gesetzt werden (dazu sind wir berechtigt, da dieser Imaginärteil auf die Spannung keinen Einfluß hat).

Wir wenden nun die Gl. (4) auf das endliche Gebiet an, das von den Randkurven $L_1, \ldots, L_m$ und dem alle diese Randkurven umschließenden Kreis L_R mit dem Radius R und dem Mittelpunkt 0 begrenzt wird, und zeigen, daß

$$\int_{L_R} \left(\overset{n}{\sigma}_x u + \overset{n}{\sigma}_y v\right) \mathrm{d}s \tag{5}$$

gegen Null strebt, wenn der Radius R des Kreises L_R gegen Unendlich geht.

Nach den Gln. (4), (5), (7) in 2.2.8. erhalten wir mit

$$X = Y = \Gamma = \Gamma' = 0$$

für $|z| \geqq R$:

$$\varphi(z) = a_0 + \frac{a_1}{z} + \cdots, \quad \psi(z) = a_0' + \frac{a_1'}{z} + \cdots$$

$$\Phi(z) = \varphi'(z) = -\frac{a_1}{z^2} + \cdots, \quad \Psi(z) = \psi'(z) = -\frac{a_1'}{z^2} + \cdots$$

Die Gleichung

$$2\mu(u + iv) = \varkappa\varphi(z) - z\overline{\varphi'(z)} - \overline{\psi(z)}$$

besagt, daß die Verschiebungen u, v unter diesen Bedingungen beschränkt bleiben. Weiterhin ist aus der Gleichung

$$\sigma_x + \sigma_y = 2[\Phi(z) + \overline{\Phi(z)}], \quad \sigma_y - \sigma_x + 2i\tau_{xy} = \bar{z}\Phi'(z) + \Psi(z)$$

ersichtlich, daß die Größen σ_x, σ_y, τ_{xy} bei wachsendem $|z|$ (mindestens) wie $\left|\frac{1}{z^2}\right|$ gegen Null streben. Also hat der Ausdruck $\overset{n}{\sigma}_x u + \overset{n}{\sigma}_y v$ auf dem Kreis L_R die Ordnung $\frac{1}{R^2}$. Da andererseits der Integrationsweg im Integral (5) die Länge $2\pi R$ hat, hat das Integral (5) die Ordnung $\frac{1}{R}$ und strebt somit für $R \to \infty$ gegen Null.

Wenn wir also die Gl. (4) zuerst auf das zwischen L und L_R eingeschlossene Gebiet anwenden und dann R unbegrenzt wachsen lassen, so strebt das Integral auf der rechten Seite gegen das über L erstreckte Integral. Demnach wird das Integral der rechten Seite ebenfalls einen Grenzwert annehmen, der nach der üblichen Definition das über das unendliche Gebiet S erstreckte Integral darstellt. Somit gilt die Gl. (4) für das gesamte unendliche Gebiet S, und unsere Schlußfolgerung über die Eindeutigkeit der Lösung bleibt auch in diesem Falle gültig.

Bemerkung: In 2.2.12.2. und 2.2.12.3. setzten wir beim Beweis voraus, daß die Verschiebungs- und Spannungskomponenten stetig bis hin zum Rand sind. Diese Forderung kann man durch eine bedeutend allgemeinere ersetzen. Wir beschränken uns hier auf folgende Bemerkung: Der angeführte Beweis bleibt offensichtlich richtig, wenn wir annehmen, daß die der Differenz zweier Lösungen entsprechenden Verschiebungs- und Spannungskomponenten stetig fortsetzbar auf alle Punkte des Randes mit Ausnahme endlich vieler Punkte c_k sind, in deren Nähe sie sich so verhalten, daß die Integrale

$$\int_{\gamma_k} (\overset{n}{\sigma}_x u + \overset{n}{\sigma}_y v) \, ds$$

mit γ_k gegen Null streben, wobei γ_k der in S liegende Bogen eines kleinen Kreises um c_k ist. In 2.2.15. werden die Eindeutigkeitssätze für das I. und II. Problem unter etwas anderen Voraussetzungen als im vorliegenden Abschnitt bewiesen.

2.2.12.4. Zur Frage der Existenz einer Lösung sei zunächst folgendes bemerkt. Vom mathematischen Gesichtspunkt ist das I. Problem, zumindest für das endliche einfach zusammenhängende Gebiet[1]), völlig äquivalent dem *Problem einer am Rand eingespannten dünnen Platte bei Belastung senkrecht zu ihrer Ebene*; denn letzteres läßt sich ebenso wie unser I. Randwertproblem auf das sogenannte *biharmonische Grundproblem*, d. h. auf die Ermittlung einer biharmonischen Funktion U aus den auf dem Rand des Gebietes vorgegebenen Werten der Ableitungen

$$\frac{\partial U}{\partial x}, \quad \frac{\partial U}{\partial y}$$

[1]) Über mehrfach zusammenhängende Gebiete s. 2.2.14.1.

zurückführen[1]). Letzteres war Gegenstand zahlreicher Untersuchungen, besonders seit 1907 die Pariser Akademie der Wissenschaft einen Preis für seine Lösung ausschrieb. Den Preis erhielten HADAMARD [1], LAURICELLA [3], KORN [4] und BOGGIO. Von den genannten Autoren wurde die Frage vollständig gelöst, und zwar für ein *endliches* Gebiet, das durch einfache geschlossene Randkurven begrenzt ist, welche gewissen allgemeinen Bedingungen genügen müssen[2]).

In der letzten Zeit wurde durch Anwendung komplexer Funktionen die Lösung des I. sowie des II. Problems für Gebiete gewonnen, die durch beliebig viele geschlossene Kurven begrenzt sind. Das gemischte Problem sowie eine Reihe anderer wichtiger Aufgaben wurde ebenfalls gelöst.

Einige der genannten allgemeinen Ergebnisse sind in 5. dargelegt, auf andere wird kurz hingewiesen. Hier erwähnen wir nur, daß das I. Problem im Falle eines endlichen Gebietes selbstverständlich nur dann eine Lösung hat, wenn der resultierende Vektor und das resultierende Moment der am Rand L des Gebietes angreifenden äußeren Kräfte verschwinden. Jedoch im Falle eines unendlichen Gebietes existiert die Lösung auch dann noch, wenn diese Bedingung nicht erfüllt ist, obwohl man fordert, daß die Spannungen im Unendlichen verschwinden.

Um das zu klären, denken wir uns den zwischen L und einem Kreis (der L umfaßt) eingeschlossenen Teil des Körpers herausgeschnitten. Die auf den Kreis wirkenden äußeren Spannungen können in ihrer Gesamtheit einen endlichen resultierenden Vektor und ein endliches resultierendes Moment haben, obwohl sie bei unbeschränkt wachsendem Radius gegen Null streben, denn sie sind über einen Kreisumfang verteilt, dessen Länge gegen Unendlich strebt. Der resultierende Vektor und das resultierende Moment der an L und am Kreis insgesamt angreifenden äußeren Kräfte sind stets gleich Null.

Über die genannten allgemeinen Lösungen der Grundprobleme ist zu sagen, daß sie gerade auf Grund ihrer Allgemeinheit bei der praktischen Anwendung viel zu wünschen übrig lassen. Es macht sich erforderlich, spezielle Methoden zu suchen, die eine praktische Berechnung der Lösung für mehr oder weniger allgemeine Klassen von Gebieten ermöglichen. Diesen Methoden ist der größte Teil der Abschnitte 3. bis 6. dieses Buches gewidmet.

2.2.13. Zurückführung auf Probleme der Funktionentheorie

2.2.13.1. Da sich die Spannungen und Verschiebungen durch zwei komplexe Funktionen $\varphi(z)$ und $\psi(z)$ ausdrücken lassen, führen die im vorigen Abschnitt formulierten Probleme auf die Ermittlung dieser Funktionen aus gewissen Randbedingungen. Wir nehmen an, daß die

---

[1]) Siehe die im Literaturverzeichnis genannten Lehrbücher. Gewöhnlich führt man das Problem auf die Bestimmung der Größe U aus den gegebenen Randwerten von U und der Normalableitung $\mathrm{d}U/\mathrm{d}n$ zurück. Aus diesen vorgegebenen Größen lassen sich jedoch sofort die Randwerte von

$$\frac{\partial U}{\partial x}, \ \frac{\partial U}{\partial y}$$

ermitteln, denn es gilt

$$\frac{\partial U}{\partial x} = \frac{\mathrm{d}U}{\mathrm{d}s}\cos(t, x) + \frac{\mathrm{d}U}{\mathrm{d}n}\cos(n, x), \qquad \frac{\partial U}{\partial y} = \frac{\mathrm{d}U}{\mathrm{d}s}\cos(t, y) + \frac{\mathrm{d}U}{\mathrm{d}n}\cos(n, y),$$

dabei ist s die Bogenlänge der Kurve, und t gibt die Tangentenrichtung an. Auf diese Weise gelangen wir zu dem im Text angeführten Problem.

[2]) Das biharmonische Grundproblem wurde von S. L. SOBOLJEW [1] in sehr allgemeiner Aufgabenstellung gelöst.

Verschiebungs- und Spannungskomponenten wie bisher stetig bis hin zum Rand L des Gebietes S sind. Mit t bezeichnen wir einen Punkt des Randes L sowie dessen komplexe Koordinate. Es gilt also $t = x + \mathrm{i}y$, wobei x und y die Koordinaten des betrachteten Punktes sind. Wenn keine Unklarheiten entstehen können, werden wir jedoch häufig die Randpunkte ebenso wie die übrigen Punkte der Ebene (d. h. gewöhnlich mit z) benennen.

Es sei $f(t)$ eine (reelle oder komplexe) Funktion des Punktes t auf dem Rand L. Da die Lage des Punktes t auf jeder Einzelkurve von L durch die in bestimmter Richtung und von einem festgelegten Punkt aus gemessene Bogenlänge s völlig bestimmt ist, kann $f(t)$ auch als Funktion der reellen Veränderlichen s aufgefaßt werden. Deshalb schreiben wir gelegentlich $f(s)$ statt $f(t)$, ohne ein neues Symbol für f einzuführen. Weiterhin bezeichnen wir Integrale der Gestalt

$$\int\limits_{t_0 t} f(s)\,\mathrm{d}s,$$

erstreckt über ein Kurvenstück $t_0 t$ des Randes, mit

$$\int\limits_{t_0}^{t} f(t)\,\mathrm{d}s$$

wie wir das auch gelegentlich schon bisher taten.

2.2.13.2. Der größeren Klarheit halber betrachten wir zunächst *ein endliches Gebiet S, das durch eine einfache geschlossene Kurve L begrenzt wird.*

Die Randbedingung des II. Problems lautet jetzt offenbar

$$\varkappa\varphi(t) - t\,\overline{\varphi'(t)} - \overline{\psi(t)} = 2\mu(g_1 + \mathrm{i}g_2) \quad \text{auf} \quad L, \tag{1}$$

wobei $g_1 = g_1(s) = g_1(t)$ und $g_2 = g_2(s) = g_2(t)$ die Werte der auf L vorgegebenen Verschiebungskomponenten sind. Gemäß den oben angenommenen Bedingungen sind sie stetige Funktionen des Randpunktes t oder der entsprechenden Bogenlänge s. Die positive Richtung auf L kann dabei beliebig gewählt werden.

Die Schreibweise (1) ist in *folgendem Sinne* zu verstehen: Die linke Seite der Gl. (1) stellt den Grenzwert des Ausdruckes

$$\varkappa\varphi(z) - z\overline{\varphi'(z)} - \overline{\psi(z)}$$

dar, wenn z gegen den Punkt t auf dem Rand L strebt und dabei stets in S verbleibt. Dieser Grenzwert existiert, da der vorige Ausdruck gleich $2\mu(u + \mathrm{i}v)$ ist und u, v nach Voraussetzung stetig bis hin zum Rand sind.

Im Falle des I. Problems haben wir zwei Möglichkeiten zur Formulierung der Randbedingung, deren wir uns je nach Zweckmäßigkeit bedienen.

Wir zeigen zunächst nur eine davon, die andere wird in 2.2.13.6. behandelt.

Es seien $\overset{n}{\sigma}_x(t)$, $\overset{n}{\sigma}_y(t)$ oder mit anderen Bezeichnungen $\overset{n}{\sigma}_x(s)$, $\overset{n}{\sigma}_y(s)$ die vorgegebenen Spannungskomponenten im gegebenen Punkt t auf L. Mit s bezeichnen wir wie bisher die dem Punkt t entsprechende Bogenlänge der Randkurve, gemessen von einem festgelegten Punkt t_0 aus. Die positive Richtung auf L wählen wir jetzt so, daß das Gebiet S von ihr aus zur Linken liegt.

Gemäß Gl. (3) in 2.2.5. gilt

$$\varphi(t) + t\,\overline{\varphi'(t)} + \overline{\psi(t)} = f_1 + \mathrm{i}f_2 + \text{const} \tag{2}$$

mit

$$f_1 + \mathrm{i}f_2 = f_1(t) + \mathrm{i}f_2(t) = f_1(s) + \mathrm{i}f_2(s) = \mathrm{i}\int\limits_{t_0}^{t} \left(\overset{n}{\sigma}_x + \mathrm{i}\overset{n}{\sigma}_y\right)\mathrm{d}s = \mathrm{i}\int\limits_{0}^{s} \left(\overset{n}{\sigma}_x + \mathrm{i}\overset{n}{\sigma}_y\right)\mathrm{d}s\,. \tag{3}$$

Die linke Seite der Gl. (2) stellt den Grenzwert des Ausdruckes

$$\varphi(z) + z\overline{\varphi'(z)} + \overline{\psi(z)}$$

dar, wenn z gegen den Punkt t auf L strebt. Dieser Grenzwert existiert, wie man leicht sieht, da die Spannungskomponenten nach Voraussetzung stetig bis hin zum Rand L sind.
Wir weisen darauf hin, daß die Beziehung (2) auf Gl. (3) in 2.2.5. beruht, welche unter der Voraussetzung hergeleitet wurde, daß das in 2.2.5. mit AB bezeichnete Kurvenstück ganz in S verläuft. Die letztgenannte Gleichung ist jedoch offensichtlich in unserem Falle auch dann anwendbar, wenn das Kurvenstück AB auf dem Rand L liegt, da die Spannungen als stetig bis hin zum Rand vorausgesetzt wurden.
Nun sei noch folgendes bemerkt: Wie wir aus den vorhergehenden Abschnitten wissen, ist der Spannungszustand durch die Vorgabe der $\overset{n}{\sigma}_x(s)$, $\overset{n}{\sigma}_y(s)$ vollständig bestimmt. Dabei sind jedoch die Funktionen $\varphi(z)$, $\psi(z)$ nicht eindeutig definiert, denn wir sahen in 2.2.6., daß der Spannungszustand beim Ersetzen von

$$\begin{aligned} &\varphi(z) \quad \text{durch} \quad \varphi(z) + Ciz + \gamma \\ &\psi(z) \quad \text{durch} \quad \psi(z) + \gamma' \end{aligned} \tag{A}$$

nicht verändert wird, wenn C reell ist, während $\gamma = \alpha + i\beta$ und $\gamma' = \alpha' + i\beta'$ komplexe Konstanten sind, und daß umgekehrt jede Substitution, die den Spannungszustand unverändert läßt, die Gestalt (A) haben muß. Dabei wird

$$\varphi(z) + z\overline{\varphi'(z)} + \overline{\psi(z)} \quad \text{durch} \quad \varphi(z) + z\overline{\varphi'(z)} + \overline{\psi(z)} + \gamma + \overline{\gamma'} \tag{B}$$

ersetzt. Hieraus folgt, daß die in (2) auftretende Konstante bei geeigneter Wahl von γ und γ' einen beliebigen Wert annimmt. Diese Konstante können wir somit willkürlich festlegen.
Im Falle des II. Problems werden die Verschiebungen in allen Punkten des Körpers durch die vorgegebenen Randwerte vollständig bestimmt. Deshalb können wir gemäß dem in 2.2.6. Gesagten von vornherein nur eine der Größen $\varphi(0)$ oder $\psi(0)$ beliebig festlegen. (Wir nehmen dabei an, daß der Koordinatenursprung zum Gebiet S gehört). Je nach Zweckmäßigkeit werden wir gewöhnlich

$$\varphi(0) = 0 \quad \text{oder} \quad \psi(0) = 0 \tag{4}$$

setzen.
Im Falle des I. Problems, wo der Spannungszustand des Körpers (jedoch nicht die Verschiebungen)[1]) durch die Randbedingungen vollständig bestimmt ist, können wir (s. 2.2.6.) die beiden Größen $\varphi(0)$, $\psi(0)$ sowie den Imaginärteil der Größe $\varphi'(0)$ beliebig festlegen.
Wenn wir jedoch die auf der rechten Seite von (2) auftretende Konstante in bestimmter Weise fixieren, dürfen wir von den Größen $\varphi(0)$ und $\psi(0)$ nur eine beliebig wählen[2]). Im Falle des I. Problems können wir dann beispielsweise

$$\varphi(0) = 0 \quad \text{oder} \quad \psi(0) = 0, \quad \operatorname{Im} \varphi'(0) = 0 \tag{5}$$

festlegen.

[1]) Die Verschiebungskomponenten sind bis auf eine starre Verschiebung des gesamten Körpers bestimmt.
[2]) Wenn φ und ψ beliebige Lösungen des I. Problems darstellen, so lösen die durch die Substitution (A) entstehenden Funktionen dasselbe Problem. Gemäß (B) müssen wir der Größe $\gamma + \overline{\gamma'}$ einen wohl bestimmten Wert zuordnen, um zu erreichen, daß die Bedingung (2) bei einem von vornherein vorgegebenen Wert der auf der rechten Seite auftretenden Konstanten befriedigt wird. Wenn wir beispielsweise γ vorgeben, ist damit auch γ' festgelegt.

Die zusätzlichen Bedingungen (4) und (5) bestimmen die Funktionen $\varphi(z)$ und $\psi(z)$ eindeutig, vorausgesetzt, im Falle des I. Problems ist die Konstante auf der rechten Seite der Gl. (2) festgelegt.

Das I. Problem hat bekanntlich nur dann eine Lösung, wenn der resultierende Vektor und das resultierende Moment der am Rand des Gebietes S[1]) angreifenden Kräfte gleich Null sind. Das Verschwinden des resultierenden Vektors kann offensichtlich durch die Gleichung

$$\int_L \left(\overset{n}{\sigma}_x + \mathrm{i}\overset{n}{\sigma}_y\right) \mathrm{d}s = 0 \tag{6}$$

ausgedrückt werden. Nach (3) ist *diese Bedingung gleichbedeutend mit der Stetigkeitsforderung für die auf L vorgegebene Funktion $f_1 + \mathrm{i}f_2$.* Wenn nämlich die Gl. (6) befriedigt wird, kehrt die Funktion $f_1 + \mathrm{i}f_2$ beim Umfahren des gesamten Randes L offensichtlich zu ihrem Ausgangswert zurück und umgekehrt.

Das Verschwinden des resultierenden Momentes etwa in bezug auf den Koordinatenursprung wird durch die Gleichung

$$\int_L \left(x\overset{n}{\sigma}_y - y\overset{n}{\sigma}_x\right) \mathrm{d}s = 0 \tag{7}$$

ausgedrückt. Nach (3) gilt

$$\overset{n}{\sigma}_x \,\mathrm{d}s = \mathrm{d}f_2, \quad \overset{n}{\sigma}_y \,\mathrm{d}s = -\mathrm{d}f_1 .$$

Durch partielle Integration ergibt sich damit

$$\int_L \left(x\overset{n}{\sigma}_y - y\overset{n}{\sigma}_x\right) \mathrm{d}s = -\int_L (x\,\mathrm{d}f_1 + y\,\mathrm{d}f_2) = -[xf_1 + yf_2]_L + \int_L (f_1\,\mathrm{d}x + f_2\,\mathrm{d}y),$$

wobei das Symbol $[\;]_L$ den Zuwachs des in Klammern stehenden Ausdruckes beim Durchlaufen der Randkurve L bezeichnet. Wenn der resultierende Vektor der an L angreifenden Kräfte verschwindet, sind die Funktionen f_1 und f_2 auf L stetig, und deshalb gilt

$$[xf_1 + yf_2]_L = 0.$$

Bei *verschwindendem resultierendem Vektor lautet also die Bedingung für das Verschwinden des resultierenden Momentes*

$$\int_L (f_1\,\mathrm{d}x + f_2\,\mathrm{d}y) = 0. \tag{8}$$

2.2.13.3. Wir betrachten nun ein *unendliches Gebiet S, das von einer einfachen geschlossenen Randkurve L begrenzt wird* (unendliche Ebene mit Loch). Auch hier werden die Randbedingungen des I. und II. Problems durch (1) bzw. (2) beschrieben. Die Funktion $f_1 + \mathrm{i}f_2$ aus (2) wird auf L wiederum durch (3) definiert, wobei wie bisher die positive Richtung der Kurve so zu wählen ist, daß das Gebiet S von ihr aus zur Linken liegt[2]).

Zwischen dem hier betrachteten und dem vorigen Falle besteht jedoch ein ziemlich wesentlicher Unterschied: Die Funktionen $\varphi(z)$ und $\psi(z)$ sind im endlichen einfach zusammenhängenden Gebiet überall holomorph (und folglich eindeutig). Dies trifft in unserem Falle im allgemeinen nicht mehr zu; denn nach den Gleichungen aus 2.2.8. gilt, wenn wir der Bestimmtheit halber annehmen, daß der Koordinatenursprung im Inneren der Kurve L (d. h.

---

[1]) Wir erinnern, daß wir hier ein endliches Gebiet betrachten.

[2]) Das heißt, der positive Umlaufsinn auf L entspricht in unserem Falle dem Uhrzeigersinn, hingegen in 2.2.13.2. der dem Uhrzeiger entgegengesetzten Drehrichtung.

außerhalb des Gebietes S) liegt,

$$\varphi(z) = -\frac{X + \mathrm{i}Y}{2\pi(1+\varkappa)} \ln z + \Gamma z + \varphi_0(z)$$
$$\psi(z) = \frac{\varkappa(x - \mathrm{i}Y)}{2\pi(1+\varkappa)} \ln z + \Gamma' z + \psi_0(z), \tag{9}$$

wobei φ_0, ψ_0 in S *einschließlich des unendlich fernen Punktes* holomorphe Funktionen sind. Wir erinnern, daß X und Y die Komponenten des resultierenden Vektors der an L angreifenden äußeren Kräfte bezeichnen, während Γ und Γ' (im allgemeinen komplexe) Konstanten sind, die die Spannungsverteilung sowie die Drehung im Unendlichen bestimmen.
Die Konstanten X und Y sind als vorgegeben zu betrachten, und zwar im Falle des II. Problems nach Voraussetzung (2.2.12.1.) und im Falle des I. Problems auf Grund der Tatsache, daß sie aus den vorgegebenen äußeren Spannungen mit Hilfe der Gleichung

$$X + \mathrm{i}Y = \int_L \left(\overset{n}{\sigma}_x + \mathrm{i}\overset{n}{\sigma}_y\right) \mathrm{d}s \tag{10}$$

berechnet werden können.
Weiterhin werden nach der in 2.2.12.1. angenommenen Bedingung folgende Größen als vorgegeben betrachtet: Im Falle des II. Problems die Konstanten Γ und Γ' und im Falle des I. Problems die Konstanten $\mathrm{Re}\,\Gamma$ und Γ', der Imaginärteil von Γ hat auf die Spannungsverteilung keinen Einfluß.
Unter Benutzung der Gl. (9) lassen sich die betrachteten Probleme auf die Bestimmung der in S holomorphen (und folglich eindeutigen) Funktionen $\varphi_0(z)$, $\psi_0(z)$ zurückführen, und zwar können wir die Randbedingung des II. Problems nach (1) und (9) wie folgt schreiben:

$$\varkappa\varphi_0(t) - t\overline{\varphi'(t)} - \overline{\psi_0(t)} = 2\mu(g_1^0 + \mathrm{i}g_2^0) \quad \text{auf} \quad L \tag{11}$$

mit

$$2\mu(g_1^0 + \mathrm{i}g_2^0) = 2\mu(g_1 + \mathrm{i}g_2) + \frac{\varkappa(X + \mathrm{i}Y)}{2\pi(1+\varkappa)} \ln(t\bar{t})$$
$$- \frac{X - \mathrm{i}Y}{2\pi(1+\varkappa)} \frac{t}{\bar{t}} - (\varkappa\Gamma - \bar{\Gamma})\, t + \bar{\Gamma}'\bar{t}. \tag{12}$$

Die Funktion auf der rechten Seite von (11) ist auf L eindeutig und stetig, da dies für alle Glieder auf der rechten Seite von (12), insbesondere für die Funktion

$$\ln(t\bar{t}) = 2\ln|t|$$

zutrifft.
Im Falle des I. Problems erhalten wir analog

$$\varphi_0(t) + t\overline{\varphi_0'(t)} + \overline{\psi_0(t)} = f_1^0 + \mathrm{i}f_2^0 + \text{const} \quad \text{auf} \quad L \tag{13}$$

mit

$$f_1^0 + \mathrm{i}f_2^0 = f_1 + \mathrm{i}f_2 + \frac{X + \mathrm{i}Y}{2\pi(1+\varkappa)} (\ln t - \varkappa \ln \bar{t})$$
$$+ \frac{X - \mathrm{i}Y}{2\pi(1+\varkappa)} \frac{t}{\bar{t}} - (\Gamma + \bar{\Gamma})\, t - \bar{\Gamma}'\bar{t}. \tag{14}$$

Aus der letzten Gleichung ist ersichtlich, daß die rechte Seite von (13) eine eindeutige und stetige Funktion des Randpunktes t darstellt; denn wenn t die gesamte Randkurve L in positiver Richtung durchläuft, so wächst der Ausdruck

$$f_1 + \mathrm{i} f_2$$

um

$$\mathrm{i} \int_L \left(\overset{n}{\sigma}_x + \mathrm{i}\overset{n}{\sigma}_y\right) \mathrm{d}s = \mathrm{i}(X + \mathrm{i}Y).$$

Derselbe Zuwachs mit umgekehrtem Vorzeichen ergibt sich dabei für den Ausdruck[1])

$$\frac{X + \mathrm{i}Y}{2\pi(1 + \varkappa)} (\ln t - \varkappa \ln \bar{t}),$$

und folglich kehrt die Funktion $f_1^0 + \mathrm{i} f_2^0$ zu ihrem ursprünglichen Wert zurück.
Wir sehen außerdem, daß die rechte Seite der Gl. (14) den Imaginärteil der Konstanten Γ, wie zu erwarten war, faktisch nicht enthält ($\Gamma + \bar{\Gamma} = 2 \operatorname{Re} \Gamma$), da dieser keinen Einfluß auf die Spannungsverteilung hat.
Im Falle des II. Problems können wir (willkürlich)

$$\varphi_0(\infty) = 0 \quad \text{oder} \quad \psi_0(\infty) = 0 \tag{15}$$

setzen; denn wie aus 2.2.6. bekannt ist, dürfen wir zu einer der Funktionen $\varphi(z)$, $\psi(z)$ eine willkürliche Konstante addieren, ohne die Verschiebungen zu ändern.
Im Falle des I. Problems können wir bei vorher festgelegter willkürlicher Konstanten auf der rechten Seite der Gl. (13) (vgl. Fall des endlichen Gebietes)

$$\varphi_0(\infty) = 0 \quad \text{oder} \quad \psi_0(\infty) = 0, \qquad \operatorname{Im} \Gamma = 0 \tag{16}$$

setzen.
Die gesuchten Funktionen $\varphi_0(z)$, $\psi_0(z)$ werden durch die zusätzlichen Bedingungen (15) bzw. (16) vollständig bestimmt, wenn die Konstante auf der rechten Seite der Gl. (13) im Falle des I. Problems festgelegt wird.
2.2.13.4. Wir gehen nun zum *allgemeinen Fall* über, wo der Rand aus mehreren Kurven $L_1, L_2, \ldots, L_m, L_{m+1}$ (endliches Gebiet) oder $L_1, L_2, \ldots, L_m$ (unendliches Gebiet) besteht, und betrachten zunächst das endliche Gebiet.
Die gesuchten Funktionen sind hier ebenso wie im Falle des vorigen Punktes im allgemeinen mehrdeutig; nach (10) und (11) in 2.2.7. gilt

$$\begin{aligned} \varphi(z) &= -\frac{1}{2\pi(1+\varkappa)} \sum_{k=1}^{m} (X_k + \mathrm{i}Y_k) \ln(z - z_k) + \varphi_0(z), \\ \psi(z) &= \frac{\varkappa}{2\pi(1+\varkappa)} \sum_{k=1}^{m} (X_k - \mathrm{i}Y_k) \ln(z - z_k) + \psi_0(z), \end{aligned} \tag{17}$$

wobei $\varphi_0(z)$, $\psi_0(z)$ im Gebiet S holomorphe und folglich eindeutige Funktionen darstellen, während z_k im Inneren der Kurven L_k ($k = 1, 2, \ldots, m$) liegende, willkürlich festgelegte Punkte sind.
Mit (X_k, Y_k) bezeichnen wir den resultierenden Vektor der am Rand L_k angreifenden äußeren Kräfte. Im Falle des I. Problems sind die Größen X_k, Y_k von vornherein bekannt, da sie aus den vorgegebenen äußeren Spannungen unmittelbar berechnet werden können.

---

[1]) Beim Umfahren der Kurve L in positiver Richtung (d. h. in unserem Falle im Uhrzeigersinn) hat $\ln t$ einen Zuwachs von $(-2\pi\mathrm{i})$ und $\ln \bar{t}$ den Zuwachs $(+2\pi\mathrm{i})$.

Im Falle des II. Problems werden diese Größen zusammen mit den Funktionen $\varphi_0(z)$, $\psi_0(z)$ bestimmt. Die Randbedingung dieses Problems wird durch die Gl. (1) formuliert, wo jetzt unter L die Gesamtheit der Kurven $L_1, L_2, \ldots, L_m, L_{m+1}$ zu verstehen ist. Die Randbedingung des I. Problems lautet in unserem Falle offenbar

$$\varphi(t) + t\overline{\varphi'(t)} + \overline{\psi(t)} = f_1 + \mathrm{i}f_2 + C_k \quad \text{auf} \quad L_k \quad (k = 1, 2, \ldots, m + 1), \tag{18}$$

wobei C_k Konstanten sind und

$$f_1 + \mathrm{i}f_2 = \mathrm{i}\int\limits_{t_k}^{t} \left(\overset{n}{\sigma}_x + \mathrm{i}\overset{n}{\sigma}_y\right) \mathrm{d}s \quad \text{auf} \quad L_k \tag{19}$$

ist. In der letzten Formel bezeichnet t_k einen auf L_k willkürlich festgelegten Punkt, und die positive Richtung der Bogenlänge wird so gewählt, daß das Gebiet S von ihr aus zur Linken liegt. Die Konstanten C_k sind zunächst noch unbekannt, jedoch eine von ihnen, z. B. C_{m+1}, können wir willkürlich festlegen, da der Ausdruck $\varphi(z) + z\overline{\varphi'(z)} + \overline{\psi(z)}$ bei vorgegebenen Spannungen nur bis auf eine willkürliche additive Konstante bestimmt ist (s. 2.2.13.2.). Die übrigen Konstanten $C_1, C_2, \ldots, C_m$ werden zusammen mit den Funktionen $\varphi_0(z)$, $\psi_0(z)$ ermittelt.

Wenn wir die den logarithmischen Gliedern aus (17) entsprechenden Terme auf die rechte Seite bringen, können wir die Randbedingung (18) durch folgende ersetzen:

$$\varphi_0(t) + t\overline{\varphi_0'(t)} + \overline{\psi_0(t)} = f_1^0 + \mathrm{i}f_2^0 + C_k \quad \text{auf} \quad L_k \quad (k = 1, 2, \ldots, m + 1), \tag{20}$$

wobei $f_1^0 + \mathrm{i}f_2^0$ eine auf den Kurven $L_1, L_2, \ldots, L_{m+1}$ vorgegebene eindeutige stetige Funktion darstellt, die wir hier nicht ausführlich aufschreiben wollen[1]). Erwähnt sei jedoch, daß die Eindeutigkeit und Stetigkeit des Ausdruckes $f_1^0 + \mathrm{i}f_2^0$ auf dem äußeren Rand L_{m+1} aus der Tatsache folgt, daß der resultierende Vektor aller am Rand L angreifenden äußeren Kräfte verschwindet, was wir als erfüllt betrachten. Wir überlassen es dem Leser, dies zu verifizieren.

Die gesuchten Funktionen $\varphi_0(z)$, $\psi_0(z)$ lassen sich mit Hilfe zusätzlicher Bedingungen analog zu den in Punkt 2 genannten vollständig festlegen. Unter der Annahme, daß der Koordinatenursprung im Gebiet S liegt, können wir nämlich im Falle des II. Problems

$$\varphi_0(0) = 0 \quad \text{oder} \quad \psi_0(0) = 0 \tag{21}$$

und im Falle des I. Problems bei festgelegtem C_{m+1}

$$\psi_0(0) = 0 \quad \text{oder} \quad \varphi_0(0) = 0, \quad \operatorname{Im} \varphi_0'(0) = 0 \tag{22}$$

setzen.

Der Fall des unendlichen Gebietes wird analog zum bisherigen behandelt. Wir gehen deshalb nicht näher darauf ein.

2.2.13.5. Die Randbedingungen des gemischten Problems lassen sich ebenfalls analog zum Vorhergehenden darstellen. Auf dem Teil des Randes mit vorgegebenen Verschiebungen erhalten wir eine Bedingung vom Typ (1) und auf dem Teil mit vorgegebenen Spannungen eine Bedingung vom Typ (2). Genauer wollen wir darauf nicht eingehen.

2.2.13.6. Zum Abschluß zeigen wir noch eine weitere Möglichkeit zur Formulierung der Randbedingung des I. Problems. Die Normalspannung σ_n und die Schubspannung τ_n seien auf dem Rand L[2]) vorgegeben. Dabei nehmen wir an, daß σ_n die Projektion der an der Rand-

[1]) Dieser Ausdruck wird in 5.4.3. hergeleitet.

[2]) Wenn $\overset{n}{\sigma}_x$, $\overset{n}{\sigma}_y$ vorgegeben sind, kennen wir damit auch σ_n, τ_n und umgekehrt.

kurve angreifenden Spannung auf die *äußere Normale* n darstellt, während τ_n die Projektion derselben Spannung auf die positive Tangente an die Randkurve ist (die positive Tangentenrichtung zeigt von n aus gesehen nach links). Dann gilt

$$2(\sigma_n - \mathrm{i}\tau_n) = \sigma_x + \sigma_y - (\sigma_y - \sigma_x + 2\mathrm{i}\tau_{xy})\,\mathrm{e}^{2\mathrm{i}\alpha} \quad \text{auf} \quad L,$$

hierbei bezeichnet α den Winkel zwischen n und der x-Achse, gemessen von der letzteren aus.

Um diese Formel herzuleiten, fassen wir vorübergehend die Normale n als x'-Achse und die Tangente als y'-Achse auf; dann erhalten wir

$$\sigma_n = \sigma_{x'}, \quad \tau_n = \tau_{x'y'}.$$

Diese Gleichung stimmt mit Gl. (8′) in 1.1.8. überein.

Durch Einsetzen der Ausdrücke (9) und (10) aus 2.2.4. in die vorige Gleichung ergibt sich

$$\Phi(t) + \overline{\Phi(t)} - \mathrm{e}^{2\mathrm{i}\alpha}\{\bar{t}\Phi'(t) + \Psi(t)\} = \sigma_n - \mathrm{i}\tau_n \quad \text{auf} \quad L, \tag{23}$$

wobei auf der rechten Seite Funktionen stehen, die auf den Rand vorgegeben sind.

Diese Form der Randbedingung wurde von G. W. Kolosow [1, 2] eingeführt. Sie ist häufig zweckmäßiger als die oben angeführte, da die Funktionen $\Phi(z)$ und $\Psi(z)$ auch im Falle des mehrfach zusammenhängenden Gebietes eindeutig sind.

Die in den vorhergehenden Punkten angeführte Darstellung der Randbedingung hat jedoch in gewissen Fällen große Vorzüge. Einer der wichtigsten besteht darin, daß dort die Formulierungen der Randbedingung des I. und II. Problems große Ähnlichkeit besitzen. Demzufolge stimmen auch die Lösungsmethoden dieser Probleme weitgehend überein.

Außerdem läßt sich die Randbedingung (2) für das endliche einfach zusammenhängende Gebiet bei der Behandlung der am Rand eingespannten Platte (biharmonisches Grundproblem) verwenden. Im Falle eines mehrfach zusammenhängenden Gebietes besteht allerdings zwischen diesen beiden Problemen ein gewisser Unterschied, auf den wir im folgenden Abschnitt (2.2.14.1.) näher eingehen.

2.2.14. Zusätzliche Bemerkungen

2.2.14.1. Der Unterschied zwischen dem biharmonischen Grundproblem und dem I. Randwertproblem der ebenen Elastizitätstheorie im Falle mehrfach zusammenhängender Gebiete ist nicht sehr wesentlich; er besteht in folgendem (wir betrachten zunächst das endliche Gebiet): Beim biharmonischen Problem ist der Ausdruck

$$\frac{\partial U}{\partial x} + \mathrm{i}\frac{\partial U}{\partial y} = f_1 + \mathrm{i}f_2$$

auf den Kurven L_k *vollständig* vorgegeben, während er im Falle des I. Randwertproblems der ebenen Elastizitätstheorie auf jeder Randkurve L_k nur bis auf die (zunächst noch unbekannte) Konstante C_k vorgegeben ist (dabei kann eine dieser Konstanten willkürlich festgelegt werden).

Außerdem besteht ein Unterschied in den Bedingungen, die der gesuchten Funktion $U(x, y)$ auferlegt werden. Beim biharmonischen Problem wird gewöhnlich gefordert, daß die partiellen Ableitungen $\dfrac{\partial U}{\partial x}$, $\dfrac{\partial U}{\partial y}$ bzw. (wie im Beispiel der fest eingespannten Platte) die Spannungsfunktion U selbst eindeutig in S sind. Im Falle des I. Problems der ebenen Elastizitätstheorie hingegen wird von der Funktion $U(x, y)$ lediglich gefordert, daß die ihr entsprechenden

Spannungen und Verschiebungen eindeutig sind, und nur im Falle des einfach zusammenhängenden Gebietes folgt daraus die Eindeutigkeit der Funktion $U(x, y)$ selbst.
Weiterhin unterscheiden sich die beiden betrachteten Probleme im Falle des unendlichen Gebietes durch das geforderte Verhalten der Lösungen in der Umgebung des unendlich fernen Punktes.

2.2.14.2. Die Lösung der Randwertprobleme bietet zwar im allgemeinen Falle große praktische Schwierigkeiten, in einigen Sonderfällen läßt sich jedoch die Lösung sehr leicht aus der Gestalt der Randbedingung selbst erraten.

Wir setzen z. B. voraus, daß am Rand eines endlichen (im allgemeinen mehrfach zusammenhängenden) Körpers eine gleichmäßig verteilte Normalspannung σ_n angreift. Mit n als äußerer Normalen an die Randkurve erhalten wir dann

$$\overset{n}{\sigma}_x + \mathrm{i}\overset{n}{\sigma}_y = \sigma_n[\cos(n, x) + \mathrm{i}\sin(n, x)] = -\sigma_n \mathrm{i}\left[\frac{\partial x}{\partial s} + \mathrm{i}\frac{\partial y}{\partial s}\right] = \sigma_n \mathrm{i}\frac{\partial t}{\partial s},$$

und gemäß (19) in 2.2.13. gilt auf jeder zum Rand gehörenden Kurve L_k $f_1 + \mathrm{i}f_2 = \sigma_n t + \mathrm{const}$. Die Randbedingung (18) in 2.2.13. lautet deshalb

$$\varphi(t) + t\overline{\varphi'(t)} + \overline{\psi(t)} = \sigma_n t + C_k \quad \text{auf } L_k \quad (k = 1, 2, \dots, m + 1).$$

Diese Gleichung wird offenbar durch

$$\varphi(z) = \tfrac{1}{2}\sigma_n z, \quad \psi(z) = 0, \quad C_1 = C_2 = \cdots = C_{m+1} = 0$$

befriedigt. Alle anderen Lösungen können sich von dieser nach dem Eindeutigkeitssatz nur durch eine starre Verschiebung unterscheiden. Die zugehörigen Spannungen ergeben sich aus den Gleichungen (s. 2.2.4.)

$$\sigma_x = \sigma_y = \sigma_n, \quad \tau_{xy} = 0.$$

Auch im folgenden interessanten Fall läßt sich das Randwertproblem unmittelbar fast ohne jede Rechnung lösen: Wir betrachten das I. Problem für einen endlichen (mehrfach zusammenhängenden) Körper und setzen voraus, daß die aus (19) in 2.2.13. durch Übergang zu den konjugierten Werten entstandene Funktion $f_1 - \mathrm{i}f_2$ auf jeder der Kurven L_k bis auf konstante Glieder mit dem Randwert einer in S holomorphen Funktion $F(z)$ übereinstimmt. Dann lautet die Randbedingung (18) in 2.2.13. (nach Übergang zu den konjugierten Werten)

$$\overline{\varphi(t)} + \bar{t}\varphi'(t) + \psi(t) = F(t) + C_k \quad \text{auf } L_k,$$

und offensichtlich liefert der Ansatz

$$\varphi(z) = 0, \quad \psi(z) = F(z), \quad C_1 = C_2 = \cdots = C_{m+1} = 0$$

eine Lösung des Problems. Andere Lösungen können sich von dieser nach dem Eindeutigkeitssatz nur durch eine starre Verschiebung unterscheiden.

Völlig analog läßt sich das II. Problem behandeln, und auch im Falle des unendlichen Gebietes gelten analoge Sachverhalte. Als einfachstes Beispiel betrachten wir einen beliebigen (einfach oder mehrfach zusammenhängenden) Körper und setzen $F(z) = Qz$, wobei Q eine reelle Konstante ist. Das entspricht dem Fall

$$\overset{n}{\sigma}_x - \mathrm{i}\overset{n}{\sigma}_y = Q\mathrm{i}\frac{\mathrm{d}t}{\mathrm{d}s} = Q\mathrm{i}\left[\frac{\partial x}{\partial s} + \mathrm{i}\frac{\partial y}{\partial s}\right],$$

d. h.

$$\overset{n}{\sigma}_x = -Q\cos(n, x), \quad \overset{n}{\sigma}_y = Q\cos(n, y).$$

Am Rand des Körpers greifen also gleichmäßig verteilte äußere Spannungen an, die der Größe nach gleich Q sind und in die Richtung der an der y-Achse gespiegelten äußeren Normalen zeigen.
Die Lösung des Problems hat in diesem Falle die Gestalt

$$\varphi(z) = 0, \quad \psi(z) = Qz,$$

und die Spannungen ergeben sich nach 2.2.4. zu

$$\sigma_x = -Q, \quad \sigma_y = Q, \quad \tau_{xy} = 0.$$

Für ein Rechteck, dessen Seiten parallel zu den Koordinatenachsen sind, erhalten wir damit die Lösung des Problems für den Fall, daß die zur x-Achse parallelen Seiten gleichmäßig verteilte Zugspannungen und die zur y-Achse parallelen Seiten gleich große Druckspannungen aufnehmen.

2.2.15. Begriff der regulären Lösung. Eindeutigkeit der regulären Lösung

2.2.15.1. Beim Aufstellen der Randwertprobleme und beim Beweis des Eindeutigkeitssatzes in 2.2.12. haben wir vorausgesetzt, daß die Verschiebungen u, v und die Spannungen σ_x, σ_y, τ_{xy} stetig bis hin zum Rand L des Gebietes S sind. Die gleiche Voraussetzung machten wir in 2.2.13.
Sind die Verschiebungskomponenten stetig bis hin zum Rand, so ist dies gleichbedeutend mit der stetigen Fortsetzbarkeit von

$$2\mu(u + \mathrm{i}v) = \varkappa\varphi(z) - z\overline{\varphi'(z)} - \overline{\psi(z)} \tag{1}$$

auf den Rand. Und wenn die Spannungskomponenten stetig bis hin zum Rand sind, so gilt dies auch für den Ausdruck

$$\frac{\partial U}{\partial x} + \mathrm{i}\,\frac{\partial U}{\partial y} = \varphi(z) + z\overline{\varphi'(z)} + \overline{\psi(z)}, \tag{2}$$

jedoch nicht umgekehrt: Aus der stetigen Fortsetzbarkeit des Ausdruckes (2) auf den Rand folgt nicht, daß auch die Spannungskomponenten stetig bis hin zum Rand sind.
Nun wird aber bei der Formulierung der Randwertprobleme nach 2.2.13. mit Ausnahme von 2.2.13.6. lediglich gefordert, daß die Ausdrücke (1) und (2) und nicht die Spannungen selbst stetig bis hin zum Rand sind. Es liegt deshalb nahe, im weiteren mit der weniger einschränkenden Forderung nach stetiger Fortsetzbarkeit des Ausdruckes (2) auf alle Punkte des Randes L zu arbeiten (s. 2.2.1.3.). Eine solche Aufgabenstellung ist auch vom mechanischen Standpunkt durchaus sinnvoll.
Bei der Anwendung der im weiteren zu behandelnden effektiven Lösungsmethoden erweist es sich jedoch als zweckmäßig (zur Vereinfachung der Betrachtungen), den gesuchten Funktionen stärker einschränkende Bedingungen aufzuerlegen. Und zwar fordern wir, daß *die Funktionen $\varphi(z)$, $\varphi'(z)$ und $\psi(z)$ auf alle Punkte des Randes L stetig fortsetzbar sind.* Eine Lösung, die diese Eigenschaft besitzt, bezeichnen wir als *regulär*. Wenn eine Lösung regulär in dem eben genannten Sinne ist, so sind die Ausdrücke (1) und (2) offensichtlich stetig fortsetzbar auf L. Die Umkehrung ist jedoch im allgemeinen nicht richtig. Aus der stetigen Fortsetzbarkeit der Ausdrücke (1) und (2) auf den Rand L folgt zwar, daß $\varphi(z)$ und die Kombi-

nation $z\overline{\varphi'(z)} + \overline{\psi(z)}$ oder, was dasselbe besagt, $\bar{z}\varphi'(z) + \psi(z)$, jedoch nicht, daß $\varphi'(z)$, $\psi(z)$ einzeln stetig bis hin zu L sind[1]).

Im weiteren wollen wir stets annehmen (wenn nicht ausdrücklich etwas anderes vereinbart wird), daß die betrachteten Lösungen regulär sind.

2.2.15.2. In 2.2.12. wurde der Eindeutigkeitssatz für die Lösung der Randwertprobleme unter der Voraussetzung bewiesen, daß die Spannungen und Verschiebungen stetig bis hin zum Rand sind. Für das I. und II. Problem läßt sich dieser Satz leicht auch für *reguläre Lösungen*[2]) beweisen.

Dazu betrachten wir ein endliches Gebiet S (eine Ausdehnung des Beweises auf den Fall eines unendlichen Gebietes ist ohne Schwierigkeiten möglich) und beginnen mit dem I. Problem. Die der Differenz zweier vorausgesetzter Lösungen entsprechenden Funktionen $\varphi(z)$ und $\psi(z)$ sind im gesamten Gebiet S holomorph, da sich die logarithmischen Glieder der Gln. (17) in 2.2.13. bei der Subtraktion aufheben. Die Randbedingungen für diese Funktionen lauten

$$\frac{\partial U}{\partial x} + \mathrm{i}\,\frac{\partial U}{\partial y} = \varphi(t) + t\overline{\varphi'(t)} + \overline{\psi(t)} + C_k \quad \text{auf} \quad L_k \quad (k = 1, 2, \ldots, m+1). \tag{3}$$

Hierbei ist $t = x + \mathrm{i}y$ ein Punkt des Randes, und C_k stellt (zunächst noch unbekannte) Konstanten dar. Unter

$$\frac{\partial U}{\partial x},\ \frac{\partial U}{\partial y},\ \varphi(t),\ \varphi'(t),\ \psi(t)$$

sind die entsprechenden Randwerte zu verstehen.

Wir betrachten das Integral

$$J = \int\limits_L \left(Q\,\frac{\partial U}{\partial x} - P\,\frac{\partial U}{\partial y}\right)\mathrm{d}x + \left(P\,\frac{\partial U}{\partial x} + Q\,\frac{\partial U}{\partial y}\right)\mathrm{d}y \tag{4}$$

erstreckt über den gesamten Rand des Gebietes (in positiver Richtung). Mit P bzw. Q bezeichnen wir den Real- und Imaginärteil der Funktion $4\varphi'(z)$, so daß

$$4\varphi'(z) = P + \mathrm{i}Q$$

gilt, wobei $P = \triangle U$ ist (s. 2.2.2.3.).

Nach (3) ergibt sich

$$\frac{\partial U}{\partial x} = \alpha_k,\quad \frac{\partial U}{\partial y} = \beta_k$$

auf L_k, wobei α_k, β_k reelle Konstanten sind. Somit ist

$$J = \sum_{k=1}^{m+1} \alpha_k \int\limits_{L_k} (Q\mathrm{d}x + P\mathrm{d}y) - \sum_{k=1}^{m+1} \beta_k \int\limits_{L_k} (P\mathrm{d}x - Q\mathrm{d}y).$$

---

[1]) Die Regularitätsbedingung für die Lösung ist in bekannter Weise bedeutend weniger einschränkend als die Stetigkeit der Spannungskomponenten bis hin zum Rand, sie folgt jedoch nicht aus der letzteren. Andererseits ergibt sich aus der Regularität der Lösung ebenso wenig die Stetigkeit der Spannungen bis hin zum Rand.

[2]) Im weiteren wird der in meiner Arbeit [1] angeführte Beweis wiedergegeben. Unter etwas allgemeineren Bedingungen wurde der Eindeutigkeitssatz für das biharmonische Grundproblem von S. G. Michlin [6] bewiesen. Ein Beweis des Eindeutigkeitssatzes für das gemischte Problem unter analogen Bedingungen findet sich in der Arbeit von G. F. Mandschawidse [2].

Weiterhin ist

$$4\varphi(z) = \int_{z_0}^{z} (P + iQ)\, dz + \text{const} = \int_{z_0}^{z} (P dx - Q dy) + i \int_{z_0}^{z} (Q dx + P dy) + \text{const}.$$

Dabei wird über einen Weg integriert, der ganz in S verläuft und den willkürlich festgelegten Punkt z_0 mit dem veränderlichen Punkt z verbindet.
Da die Funktion $\varphi(z)$ in S holomorph (und somit eindeutig) ist, folgt aus der letzten Gleichung

$$\int_{L_k} (P dx - Q dy) = \int_{L_k} (Q dx + P dy) = 0 \qquad (k = 1, 2, \ldots, m + 1)$$

und demnach $J = 0$. Wenn wir das Kurvenintegral (4) mit Hilfe der Formeln von OSTROGRADSKI-GREEN in ein Doppelintegral umwandeln, erhalten wir nach einigen elementaren Rechnungen

$$J = \iint_S (\triangle U)^2\, dx\, dy, \tag{5}$$

und wegen $J = 0$ muß $P = \triangle U = 0$ gelten. Folglich ist $\varphi'(z) = C i$, wobei C eine reelle Konstante bezeichnet, und $\varphi(z) = C i z + \gamma$ mit γ als Konstante. Aus (2) ergibt sich damit

$$\frac{\partial U}{\partial x} - i \frac{\partial U}{\partial y} = \psi(z) + \bar{\gamma},$$

und gemäß (3) nimmt die in S holomorphe Funktion $\psi(z)$ auf den Randkurven L_k konstante Werte an.
Nach dem in 2.2.1.4. Gesagten ist dies nur dann möglich, wenn im gesamten Gebiet S $\psi(z) = \text{const}$ gilt. Also ist

$$\varphi(z) = C i z + \gamma, \qquad \psi(z) = \gamma',$$

wobei γ' eine gewisse Konstante darstellt. Damit wurde gezeigt, daß die Differenz zweier vorausgesetzten Lösungen nur eine starre Verschiebung des Gesamtkörpers liefert, was zu beweisen war.
Die Eindeutigkeit der regulären Lösung des II. Problems läßt sich analog durch Betrachtung des Integrals

$$J^* = \int_L \{(Qu - Pv)\, dx + (Pu + Qv)\, dy\} \tag{6}$$

zeigen. Dieses Integral ergibt sich aus (4), wenn man $\frac{\partial U}{\partial x}, \frac{\partial U}{\partial y}$ durch u, v ersetzt, wobei sich die Werte selbstverständlich ebenfalls wiederum auf die Differenz zweier möglicher Lösungen beziehen.
Durch Umwandlung des genannten Integrals in ein Doppelintegral erhält man unter Benutzung der Gl. (12) in 2.2.2.

$$2\mu(\lambda + \mu)\, J^* = \iint_S [\mu P^2 + (\lambda + 2\mu)\, Q^2]\, dx\, dy \tag{7}$$

Nun ist aber nach Voraussetzung $u = v = 0$ auf L. Im Gebiet S gilt demnach gemäß (6) $J^* = 0$ und nach (7) $P = Q = 0$. Hieraus folgt $\varphi(z) = \text{const} = \gamma$. Aus (1) ergibt sich damit $2\mu\,(u - iv) = -\psi(z) + \varkappa\bar{\gamma}$. Da jedoch auf L $u = v = 0$ gilt, ist auch der Randwert der

Funktion $-\psi(z) + \varkappa\bar{y}$ auf L gleich Null. Demnach gilt im gesamten Gebiet S $-\psi(z) + \varkappa\bar{y} = 0$ und folglich $u = v = 0$. Damit ist der Eindeutigkeitssatz für das II. Problem bewiesen.
Bemerkung: Die angeführten Beweise des Eindeutigkeitssatzes lassen sich offensichtlich auf die in 2.2.12.3. genannten allgemeineren Fälle erweitern[1]).

2.2.16. Am Rand angreifende Einzelkräfte

Bisher haben wir den Lösungen der Gleichungen der ebenen Elastizitätstheorie verschiedene Bedingungen auferlegt, die insbesondere gewährleisten, daß die Funktion

$$f(x, y) = \frac{\partial U}{\partial x} + \mathrm{i}\frac{\partial U}{\partial y} = \varphi(z) + z\overline{\varphi'(z)} + \overline{\psi(z)} \tag{1}$$

stetig bis hin zum Rand L des Gebietes ist.
Diese Stetigkeitsbedingung für den Ausdruck (1) stellt durchaus nicht etwa nur eine rein mathematische Forderung dar, wie man sie üblicherweise zur Vereinfachung der Betrachtungen annimmt, sondern die genannte Bedingung hat eine wesentliche mechanische Bedeutung: Sie besagt, daß der resultierende Vektor der von einer bestimmten Seite an einem gegebenen Kurvenstück angreifenden Kräfte zusammen mit der Länge dieses Kurvenstückes gegen Null strebt. An einem einfachen Beispiel wollen wir nun untersuchen, wie sich eine Verletzung dieser Bedingung auswirkt.
Es sei AB ein zum Rand L gehöriges Kurvenstück und der Ausdruck (1) sei stetig fortsetzbar auf alle Punkte des Kurvenstückes AB mit alleiniger Ausnahme des Punktes C auf diesem Kurvenstück. Bekanntlich (s. 2.2.1.3.) sind die Randwerte des Ausdruckes (1) unter dieser Bedingung stetig auf AB, möglicherweise mit Ausnahme des Punktes C.
Der Einfachheit halber nehmen wir an, daß der Punkt C eine Unstetigkeitsstelle erster Ordnung für die Randwerte des Ausdruckes (1) darstellt und daß die Funktion $U(x, y)$ selbst stetig fortsetzbar auf alle Punkte des Kurvenstückes AB einschließlich C ist[2]).
Es bezeichne

$$\left[\frac{\partial U}{\partial x} + \mathrm{i}\frac{\partial U}{\partial y}\right]_C = \left[\frac{\partial U}{\partial x}\right]_C + \mathrm{i}\left[\frac{\partial U}{\partial y}\right]_C$$

den Sprung des Randwertes von (1) beim Überschreiten von C in positiver Richtung auf AB (mit dem Gebiet S zur Linken).
Nun denken wir uns aus dem Körper ein unendlich kleines Teilstück $C'DC''$ herausgeschnitten, und berechnen den resultierenden Vektor (X, Y) der an dem Kurvenstück $C'DC''$ auf den übrigen Körper wirkenden Kräfte (Bild 18). Er ergibt sich nach (2) in 2.2.5. aus der

[1]) In dem unlängst veröffentlichten Artikel von TIFFEN [2] gibt der Autor einige (leicht überschaubare) Verallgemeinerungen der hergeleiteten Eindeutigkeitssätze an, er verwendet dabei die gleiche Methode, jedoch mit etwas anderen Bezeichnungen. Die Grundformeln und Sätze für die komplexe Darstellung der Lösung schreibt der Autor aus unbekannten Gründen STEVENSON zu, dessen Arbeiten weitaus später veröffentlicht wurden als die von G. W. KOLOSOW und mir (das betrifft insbesondere meine von ihm zitierte Arbeit [11]), die all die genannten Ergebnisse enthalten. Dasselbe gilt für die Arbeiten [2, 3] des gleichen Verfassers.

[2]) Diese Bedingung für die Funktion $U(x, y)$ ist sicher erfüllt, wenn der Ausdruck (1) und damit die partiellen Ableitungen

$$\frac{\partial U}{\partial x}, \quad \frac{\partial U}{\partial y}$$

in der Umgebung von C beschränkt bleiben. Diese Forderung liegt aber vom mechanischen Gesichtspunkt aus nahe, denn sie besagt, daß der resultierende Vektor der an einem endlichen Kurvenstück angreifenden Kräfte beschränkt bleibt, unabhängig davon, wie nahe das Kurvenstück am Rand liegt.

Gleichung

$$X + \mathrm{i}Y = -\mathrm{i}\left[\frac{\partial U}{\partial x} + \mathrm{i}\frac{\partial U}{\partial y}\right]_{C'}^{C''}.$$

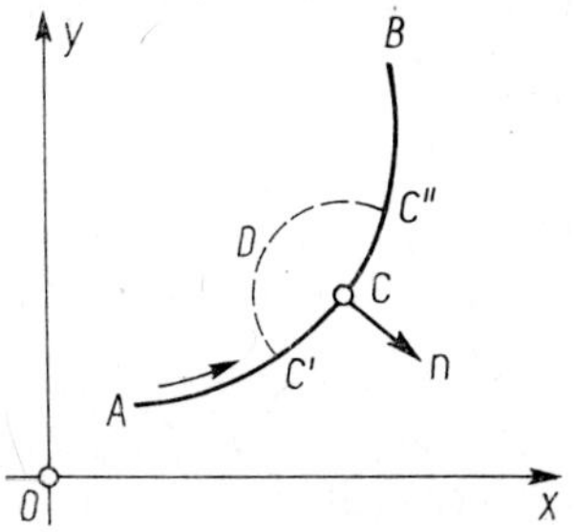

Bild 18

Durch Annäherung der Punkte C' und C'' erhalten wir als Grenzwert

$$X + \mathrm{i}Y = -\mathrm{i}\left[\frac{\partial U}{\partial x} + \mathrm{i}\frac{\partial U}{\partial y}\right]_C, \quad X = \left[\frac{\partial U}{\partial y}\right]_C, \quad Y = -\left[\frac{\partial U}{\partial x}\right]_C. \tag{2}$$

Das resultierende Moment derselben Kräfte in bezug auf den Koordinatenursprung ist nach Gl. (4) in 2.2.5. im Grenzwert[1]) gleich

$$M = -x\left[\frac{\partial U}{\partial x}\right]_C - y\left[\frac{\partial U}{\partial y}\right]_C = xY - yX,$$

wobei x, y die Koordinaten des Punktes C bezeichnen. Also ist die auf das unendlich kleine Kurvenstück $C'DC''$ wirkende Kraft einer im Punkt C angreifenden endlichen Kraft (X, Y) äquivalent, und die Unstetigkeitsstelle C des Ausdruckes (1) stellt unter den oben angeführten Bedingungen den Angriffspunkt der durch die Gl. (2) definierten *Einzelkraft* (X, Y) dar. Über Einzelkräfte im allgemeinen s. a. 3.2.5.

2.2.17. Abhängigkeit des Spannungszustandes von den elastischen Konstanten

Wir leiten nun eine wichtige Eigenschaft der Lösung des I. Problems her und betrachten zunächst ein *endliches einfach zusammenhängendes Gebiet*. In diesem Falle sind die gesuchten Funktionen φ, ψ im Gebiet S holomorph. Da die Randbedingung (2) in 2.2.13. nicht von den elastischen Konstanten abhängt, liefern die der Lösung des I. Randwertproblems entsprechenden Funktionen φ, ψ auch für einen aus beliebigem anderem (homogenem, isotropem) Werkstoff bestehenden Körper der gleichen Form eine Lösung dieses Problems (bei denselben vorgegebenen äußeren Spannungen).

Der Spannungszustand eines einfach zusammenhängenden (endlichen) Körpers hängt also bei gegebenen äußeren Spannungen nur von dessen Form und nicht vom Material ab[2]). Die Ver-

[1]) Denn nach dieser Voraussetzung gilt $\lim\left[U\right]_{C'}^{C''} = 0$.

[2]) Bei der exakten Lösung des Problems der ebenen Deformation gilt diese Voraussetzung selbstverständlich nur für die Komponenten σ_x, σ_y, τ_{xy}; denn die Komponente σ_z hängt von λ und μ (genauer vom Verhältnis dieser Größen) ab. Jedoch im Falle einer dünnen Scheibe (ebener Spannungszustand, 2.1.2.) ist die Voraussetzung voll gültig, denn in diesem Falle ist $\sigma_z = 0$. Den eben bewiesenen Satz über die Unabhängigkeit des Spannungszustandes von den elastischen Konstanten (gemeint sind stets die Spannungen σ_x, σ_y, τ_{xy}) kann man wohl kaum als Satz von LEVY bezeichnen, wie das G. W. KOLOSOW [3, 4] tut. LEVY [1] hat zwar die Tatsache herausgestellt, daß die Gleichungen für σ_x, σ_y, τ_{xy} die elastischen Konstanten nicht enthalten; jedoch daraus folgt im allgemeinen noch nicht die Unabhängigkeit des Spannungszustandes von den Elastizitätskonstanten (s. u.).

zerrungen und Verschiebungen sind selbstverständlich materialabhängig, da die Konstanten λ und μ in die Formel zur Berechnung der Verschiebungen aus φ und ψ eingehen.
Auch im Falle eines *mehrfach zusammenhängenden Körpers* treten die Konstanten λ und μ in den Randbedingungen nicht auf. Sie sind aber (mittelbar über $\varkappa$) in den Gln. (10), (11) aus 2.2.7. enthalten:

$$\begin{aligned} \varphi(z) &= -\frac{1}{2\pi(1+\varkappa)}\sum_{k=1}^{m}(X_k+\mathrm{i}Y_k)\ln(z-z_k)+\varphi^*(z), \\ \psi(z) &= \frac{\varkappa}{2\pi(1+\varkappa)}\sum_{k=1}^{m}(X_k-\mathrm{i}Y_k)\ln(z-z_k)+\psi^*(z). \end{aligned} \tag{1}$$

Angenommen das I. Problem sei für einen Körper aus gegebenem Material gelöst, d. h., die entsprechenden Funktionen φ, ψ seien bekannt. Nun entsteht die Frage, ob diese Funktionen eine Lösung desselben Problems bei den gleichen gegebenen Randspannungen für einen gleichartigen Körper aus anderem Material (mit den Konstanten λ', μ') liefern. Den entsprechenden Wert $\varkappa$ bezeichnen wir mit $\varkappa'$.
Die Funktionen φ und ψ befriedigen selbstverständlich die gegebenen Randbedingungen auch für den zweiten Körper, denn die elastischen Konstanten treten in diesen Bedingungen nicht auf. Die genannten Funktionen können sich jedoch als mehrdeutig erweisen.
Wenn wir in Gl. (7) aus 2.2.7. $\varkappa$ durch $\varkappa'$ und γ_k bzw. $\bar{\gamma}'_k$ durch

$$-\frac{X_k+\mathrm{i}Y_k}{2\pi(1+\varkappa)} \quad \text{und} \quad \frac{\varkappa(X_k+\mathrm{i}Y_k)}{2\pi(1+\varkappa)}$$

ersetzen, erhalten wir als Bedingung für die Eindeutigkeit der Verschiebungen

$$-\varkappa'\frac{X_k+\mathrm{i}Y_k}{2\pi(1+\varkappa)}+\varkappa\frac{X_k+\mathrm{i}Y_k}{2\pi(1+\varkappa)}=0,$$

oder

$$(\varkappa-\varkappa')\frac{X_k+\mathrm{i}Y_k}{2\pi(1+\varkappa)}=0.$$

Diese Gleichungen gelten für $\varkappa' \neq \varkappa$ nur, wenn $X_k = Y_k = 0$ ist.
Also liefern φ und ψ dann und nur dann die Lösung für Körper aus verschiedenen Werkstoffen (mit unterschiedlichen Konstanten $\varkappa$), wenn die resultierenden Vektoren der an *jeder Kurve L_k angreifenden äußeren Kräfte einzeln verschwinden.* In diesem und nur in diesem Falle ist der Spannungszustand von den elastischen Konstanten unabhängig. Andernfalls hängt er von $\varkappa$ oder, was dasselbe besagt, von dem Verhältnis λ/μ ab. Dieses Ergebnis stammt von MICHELL [1]. Es ist beim Experimentieren an Modellen von großer Bedeutung, wenn das Modellmaterial nicht mit dem der Hauptausführung übereinstimmt und durch das experimentelle Verfahren vorgeschrieben ist. Aus dem genannten Ergebnis ist ersichtlich, unter welchen Bedingungen die Wahl des Werkstoffes keinen Einfluß auf das Resultat hat[1]). Ausführliche praktische Hinweise dazu findet der Leser in dem Artikel von FILON [3] oder auch in dem Buch von COKER und FILON [1]. Erwähnt sei jedoch, daß sich die Herleitungen der FILONschen Ergebnisse wesentlich vereinfachen lassen, wenn man von den oben angeführten Gleichungen ausgeht.

[1]) G. W. KOLOSOW gab Formeln an, die den Einfluß der elastischen Konstanten auch bei vorhandenen Volumenkräften beschreiben, wenn diese analytische Funktionen der Koordinaten sind. Jedoch erfordern die Ergebnisse von G. W. KOLOSOW zusätzliche Untersuchungen im Falle eines mehrfach zusammenhängenden Gebietes.

2.3. Mehrdeutige Verschiebungen. Temperaturspannungen

2.3.1. Mehrdeutige Verschiebungen. Dislokationen

Die Forderung nach Eindeutigkeit der Verschiebungen, die wir bisher stets als erfüllt betrachtet haben, scheint auf den ersten Blick völlig unvermeidlich zu sein. Wir werden jedoch sehen, daß man auch die mehrdeutigen Verschiebungen sehr einfach physikalisch interpretieren kann.

Wir nehmen wie bisher an, daß die Spannungen und folglich auch die Verzerrungen in dem vom Körper eingenommenen Gebiet eindeutige Funktionen darstellen. Genauer gesagt, wir setzen voraus, daß alle in 2.2.2.2. angeführten Bedingungen mit *Ausnahme der Eindeutigkeit der Verschiebungen* erfüllt sind.

Im Falle eines einfach zusammenhängenden Gebietes ist die Eindeutigkeit der Verschiebungen bekanntlich eine notwendige Folge der übrigen von uns angenommenen Bedingungen (s. 2.2.2.), deshalb brauchen wir nur mehrfach zusammenhängende Gebiete zu betrachten.

Wie in 2.2.7. nehmen wir an, daß das vom Körper eingenommene Gebiet S durch mehrere einfache geschlossene Kurven $L_1, L_2, \ldots, L_m, L_{m+1}$ begrenzt wird, von denen die letztere alle übrigen umschließt.

In 2.2.7. haben wir die Eindeutigkeit der Verschiebungen bei der Herleitung der Gln. (1) bis (6) nicht gefordert; deshalb behalten insbesondere die Gln. (3) und (4) in 2.2.7. auch jetzt noch ihre Gültigkeit.

Um den Charakter der Mehrdeutigkeit der Verschiebungen zu untersuchen, denken wir uns das Gebiet S durch m Schnitte $a_1b_1, \ldots, a_mb_m$ in ein einfach zusammenhängendes verwandelt. Die Schnittlinien sollen dabei die Kurven $L_1, L_2, \ldots, L_m$ mit dem äußeren Rand L_{m+1} verbinden und sich gegenseitig nicht überschneiden (Bild 19). Man könnte diese Schnitte auch

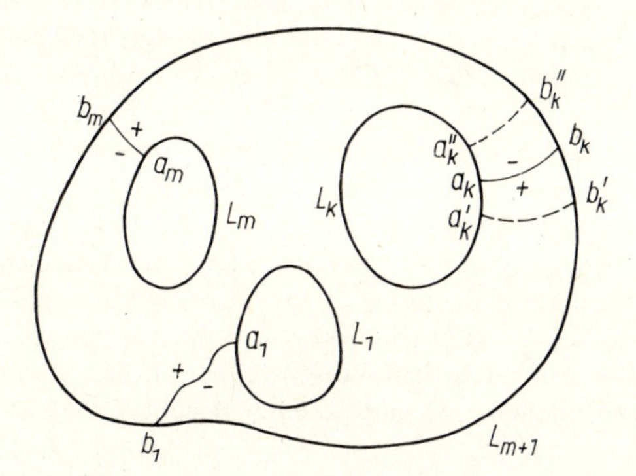

Bild 19

in anderer Weise führen, z. B. indem man einen beliebigen Punkt der Kurve L_1 mit einem Punkt auf L_2, dann einen Punkt der Kurve L_2 mit einem auf L_3 usw. verbindet, bis man schließlich zum Rand L_{m+1} gelangt. Der Einfachheit halber wollen wir jedoch die Schnitte wie oben angegeben wählen.

In dem auf diese Weise aufgeschnittenen Gebiet sind die Funktionen φ, ψ und folglich auch die Verschiebungen eindeutig.

An jeder Schnittkurve unterscheiden wir zwei Schnittufer, die wir durch (+) und (−) kennzeichnen. Dabei wird die Bezeichnung so gewählt, daß die Kurve L_k entgegen dem Uhrzeigersinn umfahren wird, wenn wir (in dem aufgeschnittenen Gebiet verbleibend) von einem Punkt x, y des Ufers $(-)$ auf $a_k b_k$ zum entsprechenden Punkt des Ufers $(+)$ (d. h. zum Punkt mit denselben Koordinaten x, y) wandern. Beim Umfahren gilt gemäß Gl. (6) in 2.2.7.

$$u^+ - u^- + \mathrm{i}(v^+ - v^-) = \frac{\pi \mathrm{i}}{\mu} \{(\varkappa + 1) A_k(x + \mathrm{i}y) + \varkappa\gamma_k + \bar{\gamma}'_k\}, \tag{1}$$

wobei A_k reelle und $\gamma_k = \alpha_k + \mathrm{i}\beta_k$, $\gamma'_k = \alpha'_k + \mathrm{i}\beta'_k$ komplexe Konstanten sind, die in den Gln. (3) und (4) aus 2.2.7. auftreten. u^+, v^+ und u^-, v^- sind die Verschiebungen der Punkte des Schnittufers $(+)$ bzw. $(-)$, die in dem geometrischen Punkte x, y vereinigt sind. Aus Gl. (1) erhält man

$$u^+ - u^- = -\delta_k y + \alpha_k^0, \quad v^+ - v^- = \delta_k x + \beta_k^0 \tag{2}$$

mit

$$\delta_k = \frac{\pi(\varkappa + 1) A_k}{\mu}, \quad \alpha_k^0 = \frac{\pi(-\varkappa\beta_k + \beta'_k)}{\mu}, \quad \beta_k^0 = \frac{\pi(\varkappa\alpha_k + \alpha'_k)}{\mu}. \tag{3}$$

Die physikalische Interpretation der gewonnenen mehrdeutigen Verschiebungen bietet keinerlei Schwierigkeiten[1]). Zu diesem Zwecke stellen wir uns vor, daß längs eines jeden Schnittes $a_k b_k$ vor der Verformung ein sehr schmaler Streifen mit den Schnittufern $a'_k b'_k$ und $a''_k b''_k$ (Bild 19) herausgeschnitten wurde. Die Kurven $a'_k b'_k$ und $a''_k b''_k$ seien kongruent und so gelegen, daß eine aus der anderen durch eine starre Verschiebung, und zwar eine Drehung δ_k um den Koordinatenursprung, und eine Translation α_k, β_k, hervorgeht.

Weiterhin nehmen wir an, daß die durch das Herausschneiden der Streifen entstandenen Schnittufer des Körpers verschweißt werden und daß dabei diejenigen Punkte zusammenfallen, die bei der eben angeführten starren Verschiebung einander entsprechen. Die Bezeichnungen wurden von uns so gewählt, daß die Kurve $a''_k b''_k$ nach der Verformung in das Ufer $(-)$ der Schnittkurve $a_k b_k$ und die Kurve $a'_k b'_k$ in das Ufer $(+)$ übergeht[2]).

Der Einfachheit halber sprachen wir oben vom *Herausschneiden* eines Streifens. Doch bei gewissen Werten δ_k, α_k, β_k kann es geschehen, daß das Ufer $a'_k b'_k$ (vor der Verformung) über das Ufer $a''_k b''_k$ hinausreicht, so daß der Streifen faktisch nicht entfernt, sondern hinzugefügt werden muß. Es ist sogar möglich, daß das Ufer $a'_k b'_k$ nur teilweise über das Ufer $a''_k b''_k$ hinausragt, dann muß an der einen Stelle herausgeschnitten und an der anderen eingesetzt werden. Der Kürze halber wollen wir jedoch im weiteren nur von Herausschneiden sprechen.

Die Endpunkte der Kurven $a'_k b'_k$ und $a''_k b''_k$ fallen möglicherweise beim Zusammenlegen der Schnittufer nicht völlig aufeinander, so daß nach dem Verschweißen an den Rändern des Gebietes (kleine) Scharten entstehen, denen wir aber keine Beachtung zu schenken brauchen.

---

[1]) Wir betrachten bekanntlich nur sehr kleine Verformungen des Körpers, dementsprechend müssen die Größen δ_k, α_k^0, β_k^0 ebenfalls sehr klein sein.

[2]) Um näher zu erläutern, wie man dabei die Gln. (2) erhält, stellen wir uns vor, daß die im Text angeführte Verschweißung beispielsweise folgendermaßen verwirklicht wird: Den Rand $a''_k b''_k$ hält man fest, und den Rand $a'_k b'_k$ verschiebt man als starres Ganzes, bis er mit $a''_k b''_k$ zusammenfällt. Dann ist $u^- = v^- = 0$, $u^+ = \delta_k y + \alpha_k^0$, $v^+ = \delta_k x + \beta_k^0$, und folglich gilt (2). Wenn man danach die Ränder verschweißt und den Körper sich selbst überläßt, werden die Beziehungen (2) bei einer beliebigen Deformation nicht verletzt, denn die sich berührenden Punkte der verschweißten Ränder verschieben sich in gleicher Weise, und zwischen (u^+, v^+) und (u^-, v^-) tritt kein zusätzlicher Unterschied auf. Es ist klar, daß sich dabei im allgemeinen die Kurve $a_k b_k$ im Endzustand von $a'_k b'_k$ und $a''_k b''_k$ unterscheidet.

Auf die angeführte Interpretation der mehrdeutigen Verschiebungen wurde im Sonderfall des Kreisringes[1]) erstmals von TIMPE [1] hingewiesen. Etwas später erhielt VOLTERRA[2]) allgemeinere Ergebnisse, die sich auf mehrfach zusammenhängende Körper beliebiger Art beziehen. Er bezeichnet die von uns beschriebene Art der Deformation als Distorsion. LOVE [1] schlug dafür die Bezeichnung Dislokation vor, deren auch wir uns bedienen wollen. Erwähnt sei folgende wichtige Eigenschaft der Dislokationen, auf die VOLTERRA hinwies: Wenn wir die Lage und die Form der Schnitte $a_k b_k$ derart ändern, daß die Punkte a_k und b_k entsprechend auf den Kurven L_k und L_{m+1} verbleiben und daß sich die Schnittkurven nirgends gegenseitig überschneiden, so bleiben die durch die Gln. (3) definierten Größen δ_k, α_k^0, β_k^0 offensichtlich unverändert. Mit anderen Worten, diese Größen ändern sich beim Ersetzen eines Systems von Schnitten durch ein ihm topologisch äquivalentes nicht.
Wie wir sahen, sind die Spannungen im Inneren eines Körpers unter der Bedingung eindeutiger Verschiebungen bei vorgegebenen äußeren Belastungen vollständig definiert. Diese Bedingung ist gleichbedeutend mit der Forderung

$$\delta_k = \alpha_k^0 = \beta_k^0 = 0 \quad (k = 1, 2, \dots, m).$$

Es ist leicht einzusehen, daß die Spannungen auch bei Vorgabe der äußeren Belastung und beliebiger (kleiner) Größen δ_k, α_k^0, β_k^0 eindeutig bestimmt sind; denn die Differenz zweier Lösungen liefert (falls solche existieren) offensichtlich eine Lösung für verschwindende äußere Belastung und

$$\delta_k = \alpha_k^0 = \beta_k^0 = 0,$$

d. h. für die die Verschiebungen eindeutig sind. Unter diesen Bedingungen sind die Spannungen bekanntlich überall gleich Null. Die 3m Größen δ_k, α_k^0, β_k^0 bezeichnen wir als *Dislokationscharakteristika* (caractéristiques de la distorsion nach VOLTERRA).
Bemerkung: Es liegt natürlich die Frage nahe, warum Dislokationen in einem *einfach zusammenhängenden* Körper ausgeschlossen sind. Man könnte doch z. B. aus einer Kreisscheibe einen radialen Keil ausschneiden und die freien Ränder verschweißen, dann treten selbstverständlich in der Scheibe Spannungen auf, und wir haben offenbar den gleichen Fall wie für mehrfach zusammenhängende Körper vor uns. Der Unterschied besteht jedoch darin, daß die Spannungen in diesem Falle nicht den oben (2.2.2.) angenommenen Stetigkeitsbedingungen genügen; denn wir sahen, daß die Verschiebungen im Falle des einfach zusammenhängenden Körpers bei Befriedigung dieser Bedingungen nicht mehrdeutig sein können. Völlig analog lautet die Antwort auf die Frage, warum wir uns bei der Betrachtung von Dislokationen auf das Herausschneiden (oder Hinzufügen) von Streifen mit *kongruenten* Rändern und das Verschweißen der Schnittufer nach der genannten Vorschrift beschränken.

2.3.2. Temperaturspannungen

Zwischen den oben betrachteten Dislokationen und den im Körper durch ungleichmäßige Temperaturverteilung hervorgerufenen Spannungen besteht ein wichtiger Zusammenhang,

[1]) Der Fall des Kreisringes wird in 3.3.3. als Beispiel ausführlich behandelt.
[2]) S. Denkschrift VOLTERRA [1], die eine Zusammenfassung seiner Ergebnisse enthält. S. a. seine Bücher [2, 3]. Der Fall der ebenen Deformation wird auch in dem Artikel FILON [3] behandelt. Er enthält interessante Resultate über die experimentelle Untersuchung des Spannungszustandes an Modellen aus verschiedenen Werkstoffen (s. a. COKER und FILON [1]).

den wir nun erläutern wollen. Zunächst ist es jedoch notwendig, das Gesetz über die Wirkung einer ungleichmäßigen Temperaturverteilung auf den elastischen Körper anzugeben. Die bisher benutzten Gleichungen der Elastizitätstheorie bezogen sich auf den Fall, daß die Temperatur in allen Punkten des Körpers gleich ist. Nach einem von DUHAMEL und F. NEUMANN formulierten Gesetz[1]) besteht im Falle ungleichmäßiger Erwärmung zwischen den Verzerrungs- und Spannungskomponenten folgender Zusammenhang

$$\left.\begin{aligned} &\sigma_x = -\alpha T + \lambda e + 2\mu \frac{\partial u}{\partial x}, \qquad \sigma_y = -\alpha T + \lambda e + 2\mu \frac{\partial v}{\partial y}, \\ &\sigma_z = -\alpha T + \lambda e + 2\mu \frac{\partial w}{\partial z}, \\ &\tau_{xy} = \mu\left(\frac{\partial u}{\partial y} + \frac{\partial v}{\partial x}\right), \quad \tau_{yz} = \mu\left(\frac{\partial v}{\partial z} + \frac{\partial w}{\partial y}\right), \quad \tau_{xz} = \mu\left(\frac{\partial w}{\partial x} + \frac{\partial u}{\partial z}\right). \end{aligned}\right\} \tag{1}$$

Hier bezeichnet T die Temperatur im gegebenen Punkte, wobei die Temperatur des Körpers im spannungsfreien Zustand als Null der Temperaturskale genommen wird. α ist eine gewisse positive Konstante, die vom Material des Körpers abhängt[2]).

Die Gln. (1) ersetzen in unserem Falle das verallgemeinerte HOOKEsche Gesetz. Sie unterscheiden sich von letzterem nur durch den Summanden $-\alpha T$ auf der rechten Seite der ersten drei Gleichungen in (1). Die Spannungen müssen selbstverständlich den Gln. (1) in 1.3.3. genügen, da bei deren Herleitung keine Voraussetzungen über die Temperatur gemacht wurden.

Wir betrachten nun den ebenen Verzerrungszustand des in 2.1.1. angeführten zylindrischen Körpers ($w = 0$; u, v unabhängig von z) und nehmen an, daß T nicht von der Koordinate z abhängt. Außerdem setzen wir voraus, daß keine Volumenkräfte auftreten. Dann gilt

$$\tau_{xz} = \tau_{yz} = 0, \quad \frac{\partial \sigma_x}{\partial x} + \frac{\partial \tau_{xy}}{\partial y} = 0, \quad \frac{\partial \tau_{xy}}{\partial x} + \frac{\partial \sigma_y}{\partial y} = 0, \tag{2}$$

$$\left.\begin{aligned} &\sigma_x = -\alpha T + \lambda e + 2\mu \frac{\partial u}{\partial x}, \quad \sigma_y = -\alpha T + \lambda e + 2\mu \frac{\partial v}{\partial y}, \\ &\tau_{xy} = \mu\left(\frac{\partial v}{\partial x} + \frac{\partial u}{\partial y}\right), \quad e = \frac{\partial u}{\partial x} + \frac{\partial v}{\partial y}, \end{aligned}\right\} \tag{3}$$

wobei σ_z aus

$$\sigma_z = \lambda e - \alpha T \tag{4}$$

zu berechnen ist. Wenn wir beachten, daß gemäß (3)

$$\sigma_x + \sigma_y = -2\alpha T + 2(\lambda + \mu)\, e, \quad e = \frac{\sigma_x + \sigma_y}{2(\lambda + \mu)} + \frac{\alpha T}{\lambda + \mu}$$

gilt, erhalten wir somit

$$\sigma_z = -\frac{\alpha \mu}{\lambda + \mu} T + \frac{\lambda}{2(\lambda + \mu)} (\sigma_x + \sigma_y). \tag{4'}$$

---

[1]) S. beispielsweise LOVE [1] Kap. III.

[2]) Dieses Gesetz ist nur bei nicht allzu großen Temperaturunterschieden anwendbar, denn die Koeffizienten sind temperaturabhängig. Diese Tatsache kann man bei großen Temperaturunterschieden nicht mehr vernachlässigen.

Im Falle eines *stationären Wärmestromes*, wo T nur von x, y und nicht von der Zeit abhängt, gilt bekanntlich

$$\triangle T = 0, \tag{5}$$

d. h., T ist eine harmonische Funktion der Veränderlichen x, y.

Nun sei $F(z)$ eine analytische Funktion der komplexen Veränderlichen[1] $z = x + iy$ mit dem Realteil $T(x, y)$.

Dann gilt mit

$$u^*(x, y) + iv^*(x, y) = \int F(z)\, dz \tag{6}$$

offenbar

$$\frac{\partial u^*}{\partial x} = \frac{\partial v^*}{\partial y} = T, \quad \frac{\partial u^*}{\partial y} = -\frac{\partial v^*}{\partial x}. \tag{7}$$

Weiterhin setzen wir

$$u = u' + \frac{\alpha u^*}{2(\lambda + \mu)}, \quad v = v' + \frac{\alpha v^*}{2(\lambda + \mu)}, \tag{8}$$

wobei u', v' zwei neue Funktionen sind. Damit erhalten wir aus (3) unter Beachtung der Gl. (7)

$$\sigma_x = \lambda e' + 2\mu \frac{\partial u'}{\partial x}, \quad \sigma_y = \lambda e' + 2\mu \frac{\partial v'}{\partial y}, \quad \tau_{xy} = \mu \left(\frac{\partial v'}{\partial x} + \frac{\partial u'}{\partial y} \right) \tag{9}$$

mit

$$e' = \frac{\partial u'}{\partial x} + \frac{\partial v'}{\partial y}.$$

Die Funktionen σ_x, σ_y, τ_{xy}, u', v' befriedigen also die uns wohlbekannten Gleichungen der ebenen Elastizitätstheorie gerade so, als ob der Körper (bei $T = 0$) gleichmäßig erwärmt wäre, wobei u', v' die Rolle von Verschiebungen spielen[2]). Auf diese Weise läßt sich die Ermittlung der durch einen stationären Wärmestrom hervorgerufenen Spannungen eines zylindrischen Körpers im Falle der ebenen Deformation auf das gewöhnliche Problem (mit $T = 0$) für den gleichen Körper bei der gleichen äußeren Belastung auf der Mantelfläche zurückführen. Das letztere (d. h. σ_x, σ_y, τ_{xy}, u', v' betreffende) Problem bezeichnen wir als *Hilfsproblem*. Bemerkenswert ist, daß die *Spannungen σ_x, σ_y, τ_{xy} sowohl für das Ausgangs- als auch für das Hilfsproblem gleich sind.*

Wir betrachten zunächst einen *einfach zusammenhängenden* Körper und setzen voraus, daß keine äußere Belastung (auf der Mantelfläche) auftritt. Dann hat das Hilfsproblem bekanntlich nur folgende Lösung (wenn wir die bedeutungslose starre Verschiebung weglassen):

$$\sigma_x = \sigma_y = \tau_{xy} = 0, \quad u' = v' = 0.$$

---

[1]) Eine Verwechslung mit der Koordinate z ist hierbei nicht zu befürchten.

[2]) Auf diese Eigenschaft wurde in meinem Artikel [1] und mit einigen Ergänzungen in [2] hingewiesen. Eine kurze Darlegung der Ergebnisse enthält auch meine Mitteilung [3]. Viel später veröffentlichte PORITSKY [1] analoge Resultate.

Also ruft ein stationärer Wärmestrom (der nur von den Koordinaten x, y abhängt) in einem einfach zusammenhängenden Zylinder keine Spannungen σ_x, σ_y, τ_{xy} hervor. Die Verschiebungen ergeben sich nach (8) aus den Gleichungen

$$u = \frac{\alpha u^*}{2(\lambda + \mu)}, \quad v = \frac{\alpha v^*}{2(\lambda + \mu)}, \tag{10}$$

wobei u^*, v^* nach Gl. (6) aus $T(x, y)$ bestimmt werden.
Es wäre falsch anzunehmen, daß überhaupt keine Spannungen auftreten; denn die Komponente σ_z ist im allgemeinen von Null verschieden und ergibt sich aus (4) (wo jetzt $\sigma_x = \sigma_y = 0$ zu setzen ist) zu

$$\sigma_z = -\frac{\alpha\mu}{\lambda + \mu} T(x, y). \tag{11}$$

An den Grundflächen des Zylinders müssen also die durch die letzte Gleichung gegebenen Normalspannungen angelegt werden (diese Spannungen sind notwendig, um eine ebene Deformation zu gewährleisten).
Um eine Lösung für spannungsfreie Grundflächen zu gewinnen, können wir im Falle des langen Zylinders wie folgt vorgehen (vgl. 2.1.1.): Die durch die Gl. (11) definierten, beispielsweise an der oberen Grundfläche angreifenden Spannungen sind statisch einer zu den Mantellinien parallel gerichteten Kraft und einem senkrecht dazu stehenden Moment äquivalent. Als Angriffspunkt der Kraft können wir z. B. den Schwerpunkt der Grundfläche wählen. Die an der unteren Grundfläche wirkenden Spannungen führen auf Größen, die zu den letztgenannten entgegengesetzt sind.
Die oben gewonnene Lösung überlagern wir nun mit der Lösung des Zug- und Biegeproblems des Zylinders unter entsprechend entgegengesetzten Kräften und Momenten[1]). Auf diese Weise erhalten wir eine (Näherungs-) Lösung des Ausgangsproblems; denn die an den Grundflächen angreifenden Spannungen bilden nun eine Gleichgewichtsgruppe; also können wir sie nach dem Prinzip von SAINT-VENANT (1.3.8.) vernachlässigen (wenn die Ausmaße der Grundfläche klein sind im Vergleich zur Länge des Zylinders). Die so gewonnene Lösung unterscheidet sich nur in der Nähe der Grundflächen merklich von der exakten.
Erwähnt sei noch, daß die Komponenten σ_x, σ_y, τ_{xy} bei dem genannten Zug- und Biegeproblem verschwinden (s. 7.). Demnach gilt auch in der endgültigen Lösung $\sigma_x = \sigma_y = \tau_{xy} = 0$. Nur die Komponente σ_z ist von Null verschieden.
Wenn die Ausmaße der Grundfläche nicht klein im Vergleich zur Länge sind, kann man eine genauere Lösung ermitteln, indem man nicht nur die resultierenden Vektoren und Momente der an den Grundflächen angreifenden Kräfte, sondern die tatsächliche Spannungsverteilung berücksichtigt.
Im Falle eines *mehrfach zusammenhängenden* Gebietes der im vorigen Abschnitt behandelten Art ist die Funktion $F(z)$ mit der (eindeutigen) Funktion $T(x, y)$ (Temperatur im gegebenen Punkt) als Realteil möglicherweise mehrdeutig.
Auf die gleiche Weise wie in 2.2.7. schließen wir, daß

$$F(z) = \sum_{k=1}^{m} B_k \ln (z - z_k) + \text{holomorphe Funktion} \tag{12}$$

---

[1]) In Hauptabschnitt 7. wird gezeigt, daß sich diese Lösung für einen beliebig langen Zylinder auf völlig analogem Wege ergibt.

gilt, wobei B_k ($k = 1, 2, \ldots, m$) reelle Konstanten und z_k beliebige feste Punkte im Innengebiet der Kurven L_k sind. Weiterhin ist[1])

$$u^* + \mathrm{i}v^* = \int F(z)\,\mathrm{d}z = z \sum_{k=1}^{m} B_k \ln(z - z_k)$$

$$+ \sum_{k=1}^{m} (\alpha_k^* + \mathrm{i}\beta_k^*) \ln(z - z_k) + \text{holomorphe Funktion}, \tag{13}$$

wobei $\alpha_k^* \beta_k^*$ reelle Konstanten[2]) sind.

Beim Umfahren einer den Rand L_k umschließenden Kurve (entgegen dem Uhrzeigersinn) erhält dieser Ausdruck einen Zuwachs von (vgl. die Bezeichnungen des vorigen Abschnittes)

$$u^{*+} - u^{*-} + \mathrm{i}(v^{*+} - v^{*-}) = 2\pi\mathrm{i}(zB_k + \alpha_k^* + \mathrm{i}\beta_k^*). \tag{14}$$

Wir nehmen an, daß im betrachteten Körper keine Dislokation auftritt, d. h., daß *die Verschiebungen u, v des Ausgangsproblems eindeutig sind.* Dann gilt gemäß (8)

$$0 = (u'^+ - u'^-) + \mathrm{i}(v'^+ - v'^-) + \{(u^{*+} - u^{*-}) + \mathrm{i}(v^{*+} - v^{*-})\} \frac{\alpha}{2(\lambda + \mu)}.$$

Hieraus ergibt sich unter Beachtung von (14)

$$(u'^+ - u'^-) + \mathrm{i}(v'^+ - v'^-) = -\frac{\pi\mathrm{i}\alpha}{\lambda + \mu}(B_k z + \alpha_k^* + \mathrm{i}\beta_k^*). \tag{15}$$

Diese Gleichung zeigt, daß *die Verschiebungen u', v' des Hilfsproblems so geartet sind, als ob der nicht erwärmte Körper einer Dislokation mit den Charakteristika*

$$\delta_k = -\frac{\pi\alpha}{\lambda + \mu} B_k,$$

$$\alpha_k^0 = \frac{\pi\alpha}{\lambda + \mu}\beta_k^*, \qquad \beta_k^0 = -\frac{\pi\alpha}{\lambda + \mu}\alpha_k^* \tag{16}$$

unterworfen wird [vgl. Gl. (2) in 2.3.1.]. Also besteht das Hilfsproblem hier in der Bestimmung des elastischen Gleichgewichtszustandes bei gleichmäßig verteilter Temperatur ($T = 0$) und vorgegebenen Dislokationscharakteristika.

Wenn die Mantelfläche des Zylinders in beliebiger Weise belastet ist, muß noch die Lösung des gewöhnlichen Problems der ebenen Elastizitätstheorie mit am Rand vorgegebenen äußeren Spannungen überlagert werden. Was die an den Grundflächen angreifenden Spannungen betrifft, so gilt hier alles bezüglich des einfach zusammenhängenden Gebietes Gesagte mit dem einzigen Unterschied, daß die Spannung σ_z nicht aus (11), sondern aus der allgemeinen Gl. (4) zu ermitteln ist; denn in unserem Falle ist die Größe $\sigma_x + \sigma_y$ im allgemeinen von Null verschieden.

---

[1]) Vgl. die Herleitung der Gl. (3) in 2.2.7.

[2]) Die Konstanten B_k, α_k^*, β_k^* sind als vorgegeben zu betrachten, wenn die Temperatur $T(x, y)$ in jedem Punkt bekannt ist.

2.4. Transformation der Grundgleichung bei konformer Abbildung

2.4.1. Konforme Abbildung[1])

Es seien z und ζ zwei komplexe Veränderliche, die durch die Beziehung

$$z = \omega(\zeta) \tag{1}$$

verknüpft sind, wobei $\omega(\zeta)$ eine in einem gewissen Gebiet Σ der ζ-Ebene eindeutige analytische Funktion ist. Die Beziehung (1) ordnet jedem Punkt ζ des Gebietes Σ einen wohldefinierten Punkt z in der z-Ebene zu. Diese Punkte bedecken dort ein bestimmtes Gebiet S. Wir setzen voraus, daß auch umgekehrt jedem Punkt z des Gebietes S gemäß (1) ein wohldefinierter Punkt des Gebietes Σ entspricht. In diesem Falle sagt man, die Beziehung (1) definiert eine umkehrbar[2]) eindeutige *konforme Abbildung* des Gebietes S auf das Gebiet Σ und umgekehrt.

Die Abbildung heißt konform wegen folgender Eigenschaft: Wenn im Gebiet Σ zwei Linienelemente von einem Punkt ζ ausgehen und einen gewissen Winkel α einschließen, so bilden die ihnen entsprechenden Elemente im Gebiet S den gleichen Winkel α, und der Richtungssinn des Winkels bleibt erhalten.

Im weiteren werden wir (wenn nicht ausdrücklich etwas anderes vereinbart wird) stets Gebiete betrachten, die durch eine oder mehrere einfache geschlossene Kurven begrenzt werden. Die Gebiete S und Σ dürfen sowohl endlich als auch unendlich sein (wobei insbesondere eines von ihnen endlich und das andere unendlich sein kann).

Wenn z. B. das Gebiet Σ endlich und das Gebiet S unendlich ist, so muß die Funktion $\omega(\zeta)$ in einem gewissen Punkt des Gebietes Σ unendlich werden (anderenfalls hätten wir im Gebiet Σ keinen Punkt, der dem unendlich fernen Punkt des Gebietes S entspricht). Es läßt sich leicht zeigen, daß die Funktion $\omega(\zeta)$ in diesem Punkt einen einfachen Pol haben muß, d. h., wenn wir der Bestimmtheit halber annehmen, daß dem Punkt $z = \infty$ der Punkt $\zeta = 0$ entspricht, so muß die Funktion $\omega(\zeta)$ die Gestalt

$$\omega(\zeta) = \frac{c}{\zeta} + \text{holomorphe Funktion} \tag{2}$$

haben, wobei c eine Konstante ist. Andere Singularitäten können im Gebiet Σ nicht auftreten; denn sonst wäre die Abbildung nicht umkehrbar eindeutig.

Wenn die Gebiete Σ und S beide unendlich sind und die unendlich fernen Punkte einander entsprechen, muß die Funktion $\omega(\zeta)$ aus dem gleichen Grund die Gestalt

$$\omega(\zeta) = R\zeta + \text{holomorphe Funktion} \tag{2'}$$

haben, wobei R eine Konstante ist.

Eine Funktion heißt bekanntlich in einem unendlichen Gebiet holomorph, wenn sie in jedem beliebigen endlichen Teilgebiet holomorph ist und sich für hinreichend große $|\zeta|$ in eine Reihe

$$a_0 + \frac{a_1}{\zeta} + \frac{a_2}{\zeta^2} + \cdots$$

entwickeln läßt.

---

[1]) In diesem Abschnitt bringen wir die einfachsten Eigenschaften der konformen Abbildung in Erinnerung, ohne auf Beweise einzugehen. Eine elementare Darlegung der Theorie der konformen Abbildung findet der Leser in den Lehrbüchern W. I. Smirnow [1], Bd. III und S. A. Jantschewski [1]. Eine ausführliche Behandlung theoretischer Fragen enthalten die Bücher von I. I. Priwalow [1] und A. I. Markuschewitsch [1]. Ferner empfehlen wir das Buch von M. A. Laurentjew und B. W. Schabat [1].

[2]) Unter konformer Abbildung verstehen wir im weiteren stets eine umkehrbare eindeutige Abbildung.

Weiterhin kann man zeigen, daß die Ableitung $\omega'(\zeta)$ im Gebiet Σ nicht verschwindet, da sonst die Abbildung nicht umkehrbar eindeutig wäre.

Es entsteht nun folgende Frage: Kann man zu zwei beliebig vorgegebenen Gebieten Σ und S stets eine Funktion $\omega(\zeta)$ derart finden, daß die Beziehung (1) eine konforme Abbildung von S auf Σ vermittelt und umgekehrt? Diese Frage ist gegenwärtig in außerordentlich großer Allgemeinheit gelöst. Wir beschränken uns hier nur auf einige allgemeine Hinweise.

Zunächst ist es offensichtlich unmöglich, eine (umkehrbar eindeutige) Abbildung eines einfach zusammenhängenden Gebietes auf ein mehrfach zusammenhängendes anzugeben. Falls beide Gebiete einfach zusammenhängend und durch eine einfache geschlossene Kurve begrenzt sind, läßt sich stets eine Beziehung vom Typ (1) finden, die das eine Gebiet auf das andere abbildet, wobei die Abbildung stetig bis hin zum Rand ist. Außerdem kann man die Funktion $\omega(\zeta)$ stets so wählen, daß einem beliebig vorgegebenen Punkt ζ_0 des Gebietes Σ ein beliebig vorgegebener Punkt z_0 des Gebietes S entspricht und daß dic Richtungen beliebig vorgegebener Linienelemente durch ζ_0 und z_0 einander entsprechen. Die zusätzlichen Bedingungen definieren die Funktion $\omega(\zeta)$ eindeutig. Wir nehmen der Einfachheit halber an, daß das Gebiet Σ einen Kreis mit dem Radius 1 um den Koordinatenursprung darstellt. Die Peripherie dieses Kreises bezeichnen wir mit γ. Auf γ gilt somit $|\zeta| = 1$. Da die Abbildung stetig bis hin zum Rand ist, läßt sich die Funktion $\omega(\zeta)$ auf γ stetig fortsetzen. Ihre Randwerte bezeichnen wir mit $\omega(\sigma)$, wobei $\sigma = e^{i\vartheta}$ ein Punkt der Peripherie γ ist.

Im weiteren interessiert uns außerdem das Verhalten der Ableitung $\omega'(\zeta)$ in der Nähe von γ sowie auf γ, insbesondere die Frage, ob $\omega'(\zeta)$ in einem Randpunkt verschwinden kann. Die Antwort darauf gibt folgender Satz[1]):

Wenn die Koordinaten der Randkurve des Gebietes S stetige Ableitungen bis zur zweiten Ordnung nach der Bogenlänge haben, (d. h. wenn die Randkurve eine stetig veränderliche Krümmung besitzt), ist die Funktion $\omega'(\zeta)$ stetig fortsetzbar auf γ, und wenn wir ihre Randwerte mit $\omega'(\sigma)$ bezeichnen, gilt

$$\omega'(\sigma) = \frac{d\omega(\sigma)}{d\sigma} \tag{3}$$

und

$$\omega'(\sigma) \neq 0 \quad \text{überall auf } \gamma \tag{4}$$

(bisher wußten wir nur, daß überall im Inneren von γ $\omega'(\zeta) \neq 0$ ist).

Falls die Koordinaten der Randkurvenpunkte des Gebietes S außerdem stetige Ableitungen 3. Ordnung nach der Bogenlänge haben, so ist auch die zweite Ableitung $\omega''(\zeta)$ stetig fortsetzbar auf γ und für ihre Randwerte gilt

$$\omega''(\sigma) = \frac{d\omega'(\sigma)}{d\sigma}. \tag{3'}$$

Im weiteren setzen wir voraus (wenn nicht ausdrücklich etwas anderes vereinbart wird), daß die betrachteten Randkurven den eben genannten Bedingungen genügen.

Erwähnt sei noch folgender Sachverhalt: Falls es gelingt, das Gebiet S auf den Einheitskreis abzubilden, kann man vermittels der Substitution

$$\zeta = \frac{1}{\zeta_1}$$

[1]) W. I. Smirnow [2]; der Einfachheit halber formulieren wir den Satz unter weniger allgemeinen Voraussetzungen als der genannte Autor. Das gleiche gilt auch für den folgenden Satz im Text für die zweite Ableitung.

eine Abbildung desselben Gebietes auf die unendliche Ebene mit Kreisloch gewinnen; denn wenn ζ ein Punkt des Kreises $|\zeta| < 1$ ist, liegt ζ_1 im Gebiet $|\zeta_1| > 1$, und somit liefert z, als Funktion von ζ_1 betrachtet, die gewünschte Abbildung.
Im weiteren werden wir endliche einfach zusammenhängende Gebiete meist auf den Kreis $|\zeta| < 1$ und unendliche einfach zusammenhängende Gebiete auf das Gebiet $|\zeta| > 1$, d. h. auf die unendliche Ebene mit Kreisloch, abbilden.
Man könnte sich in beiden Fällen auf die Abbildung auf den Kreis $|\zeta| = 1$ beschränken. Jedoch ist das angeführte Verfahren in praktischer Hinsicht etwas günstiger.
Mehrfach zusammenhängende Gebiete kann man offenbar nur dann aufeinander abbilden, wenn beide die gleiche Zusammenhangszahl haben. Zum Beispiel läßt sich ein zweifach zusammenhängendes Gebiet S (ein Gebiet, das durch zwei geschlossene Kurven begrenzt wird, Gebiete allgemeinerer Art werden wir nicht betrachten) stets auf einen Kreisring abbilden. Jedoch kann dieser Kreisring im Gegensatz zum Fall einfach zusammenhängender Gebiete nicht völlig beliebig gewählt werden; das Verhältnis der beiden Kreisradien muß eine bestimmte Größe haben, die von der Gestalt des Gebietes S abhängt.

Wir führen nun zwei einfache, für die Praxis sehr nützliche Sätze an.

a) *Es sei Σ ein endliches oder unendliches Gebiet in der Ebene der komplexen Veränderlichen ζ, das durch die einfache geschlossene*[1] *Kurve γ begrenzt wird, und $\omega(\zeta)$ sei eine im Gebiet Σ*[2] *holomorphe und bis hin zum Rand stetige Funktion. Weiterhin beschreibe der durch die Gleichung $z = \omega(\zeta)$ bestimmte Punkt in der z-Ebene eine gewisse einfache geschlossene Kurve L, wenn ζ die Kurve γ*[3] *durchläuft (und sich dabei immer in ein und derselben Richtung bewegt). Dann vermittelt die Beziehung $z = \omega(\zeta)$ eine konforme Abbildung des im Inneren von L eingeschlossenen Gebietes S auf das Gebiet Σ und umgekehrt*[4].
Diesen Satz kann man in folgender Weise auf den Fall mehrfach zusammenhängender Gebiete verallgemeinern[5].

b) *Es sei Σ ein endliches oder unendliches (zusammenhängendes) Gebiet, das durch mehrere einfache geschlossene Kurven $\gamma_1, \gamma_2, \ldots, \gamma_k$ (ohne gemeinsame Punkte) begrenzt wird, weiterhin sei $\omega(\zeta)$ eine in Σ holomorphe und bis hin zum Rand stetige Funktion, und wenn ζ die Kurven $\gamma_1, \gamma_2, \ldots, \gamma_k$ durchläuft, beschreibe der durch die Beziehung $z = \omega(\zeta)$ definierte Punkt z in der z-Ebene einfache zusammenhängende Kurven $L_1, L_2, \ldots, L_k$ (ohne gemeinsame Punkte), die ein (zusammenhängendes) Gebiet S begrenzen. Dabei wird vorausgesetzt, daß der Punkt z den Rand des Gebietes S in positiver Richtung umfährt, wenn der entsprechende Punkt ζ den Rand des Gebietes Σ in positiver Richtung (d. h. mit dem Gebiet zur Linken) durchläuft. Unter diesen Bedingungen vermittelt die Beziehung $z = \omega(\zeta)$ eine konforme Abbildung des Gebietes Σ auf S, und umgekehrt.*

Die genannten Sätze lassen sich in verschiedener Hinsicht verallgemeinern (z. B. auf den Fall, daß zum Rand offene Kurven gehören), doch darauf wollen wir nicht näher eingehen.
Bemerkung: Wenn die Gebiete Σ und S durch eine Beziehung vom Typ (1) konform aufeinander abgebildet werden und der Rand des Gebietes Σ in positiver Richtung (mit dem

[1]) Weiter wird in bezug auf die Randkurve nichts vorausgesetzt.
[2]) Einschließlich des unendlich fernen Punktes im Falle des unendlichen Gebietes.
[3]) Es wird vorausgesetzt, daß verschiedenen Punkten auf γ verschiedene Punkte auf L entsprechen.
[4]) Osgood [1] S. 337. Bei dem (völlig elementaren) Beweis wird vorausgesetzt, daß die Kurven γ und L stückweise glatt sind.
[5]) Der Beweis unterscheidet sich fast nicht von dem bei Osgood für den vorigen Satz angegebenen.

Gebiet zur Linken) umfahren wird, so durchläuft der entsprechende Punkt z den Rand des Gebietes S ebenfalls in positiver Richtung[1]).
Wir haben diese Bedingung in die Formulierung des Satzes a) nicht aufgenommen, da sie für den Beweis nicht benötigt wird. Die dort genannten Bedingungen sind bereits hinreichend, um den Satz zu beweisen. Der Umfahrungssinn des Randes von S hat also zwangsläufig die oben angegebene Eigenschaft. Jedoch bei der Formulierung des Satzes b) war es notwendig, diese Bedingung einzuführen, da sich der Satz sonst als falsch erweist.

2.4.2. Einfachste Beispiele der konformen Abbildung

2.4.2.1. Die gebrochen lineare Substitution

Es sei z eine *gebrochen lineare Funktion von* ζ:

$$z = \frac{a\zeta + b}{c\zeta + d}, \tag{1}$$

wobei a, b, c, d (im allgemeinen komplexe) Konstanten mit $ad - bc \neq 0$[2]) sind. In diesem Falle sagt man, daß z aus ζ durch eine gebrochen lineare Substitution (oder Abbildung) entsteht. Durch Auflösen der Beziehung (1) nach ζ erhalten wir die ebenfalls gebrochen lineare Umkehrtransformation

$$\zeta = \frac{-dz + b}{cz - a}. \tag{1'}$$

Also entspricht jedem Punkt der ζ-Ebene ein wohldefinierter Punkt der z-Ebene und umgekehrt. Wir schließen auch den unendlich fernen Punkt nicht aus, und zwar entspricht der Punkt $z = \infty$ dem Punkt $\zeta = -\frac{d}{c}$ und der Punkt $\zeta = \infty$ dem Punkt $z = \frac{a}{c}$. Auf diese Weise erhalten wir eine umkehrbar eindeutige Abbildung der unbegrenzten z- und ζ-Ebenen aufeinander[3]). Die gebrochen lineare Substitution hat die bemerkenswerte Eigenschaft der *Kreistreue*, d. h., sie führt einen beliebigen Kreis der ζ-Ebene in einen Kreis der z-Ebene über und umgekehrt. Dabei ist die Gerade als Sonderfall eines Kreises aufzufassen. Am einfachsten läßt sich das folgendermaßen zeigen: Die Gleichung eines beliebigen Kreises in der z-Ebene hat bekanntlich die Gestalt

$$A(x^2 + y^2) + Bx + Cy + D = 0, \tag{a}$$

wobei A, B, C, D reelle Konstanten sind (für $A = 0$ erhalten wir eine Gerade). Wenn wir beachten, daß $x = \frac{z + \bar{z}}{2}$, $y = \frac{z - \bar{z}}{2i}$, $x^2 + y^2 = z\bar{z}$ gilt, können wir diese Gleichung wie folgt schreiben:

$$Az\bar{z} + Mz + \overline{Mz} + D = 0, \tag{b}$$

[1]) Wenn $\tilde{n}$ die nach innen gerichtete Normale der Randkurve von Σ ist, und $\tilde{t}$ die in positiver Umlaufrichtung zeigende Tangente darstellt, dann zeigt $\tilde{n}$ nach Voraussetzung von $\tilde{t}$ aus gesehen nach links. Dieselbe Beziehung muß zwischen den entsprechenden Richtungen der Normalen n und der Tangente t in den Randpunkten des Gebietes S bestehen, da bei der konformen Abbildung nicht nur der Winkel, sondern auch die Drehrichtung erhalten bleibt. Hierbei setzen wir voraus, daß die Abbildung konform bis hin zum Rand ist. Die im Text angegebene Eigenschaft läßt sich jedoch auch leicht für den allgemeinen Fall beweisen.

[2]) Für $ad - bc = 0$ wäre die rechte Seite von (1) konstant, also unabhängig von ζ.

[3]) Man kann zeigen, daß die Beziehung (1) die einzige ist, die die angeführte Eigenschaft hat.

wobei A, D reelle und M, $\bar{M}$ konjugiert-komplexe Konstanten sind. Umgekehrt läßt sich offenbar eine Gleichung der letzteren Art stets auf die Gestalt (a) bringen, wenn man zu den reellen Veränderlichen x und y zurückkehrt. Um nun die Gleichung der unserem Kreis entsprechenden Kurve in der ζ-Ebene zu erhalten, brauchen wir nur den Ausdruck (1) in (b) einzusetzen. Nach Beseitigung des Nenners und einigen elementaren Umformungen erhalten wir die Gleichung

$$A_0\zeta\bar{\zeta} + M_0\zeta + \overline{M_0\zeta} + D_0 = 0,$$

wobei A_0, D_0 reelle und M_0, $\bar{M}_0$ konjugiert-komplexe Konstanten sind. Folglich bekommen wir wiederum die Gleichung eines Kreises, was zu beweisen war.

Einer der einfachsten Sonderfälle der Substitution (1) ist

$$z = \frac{R^2}{\zeta}, \quad \zeta = \frac{R^2}{z}, \tag{2}$$

wobei $R > 0$ eine reelle Konstante ist. Um eine anschauliche Vorstellung von dieser Abbildung zu geben, betrachten wir die *Spiegelung eines Punktes an einem Kreis*. Es sei Γ ein Kreis in der z-Ebene mit dem Radius R und dem Mittelpunkt 0. Einem gegebenen Punkt z ordnen wir in folgender Weise einen Punkt z' zu:

$$z\bar{z}' = R^2. \tag{3}$$

Mit $z = r\,e^{i\vartheta}$ gilt offensichtlich $z' = r'\,e^{i\vartheta}$, wobei $r = |z|$ und $r' = |z'|$ die Abstände der Punkte z bzw. z' von 0 bezeichnen, die über die Beziehung

$$r\,r' = R^2 \tag{3'}$$

verknüpft sind. Die Punkte z und z' liegen somit auf ein und derselben Geraden durch 0, und ihre Abstände von 0 unterliegen der Bedingung (3'). Der dem Punkt z in der genannten Weise zugeordnete Punkt z' heißt die Spiegelung des Punktes z an dem Kreis Γ. Es ist klar, daß z seinerseits die Spiegelung von z' im selben Sinne darstellt.

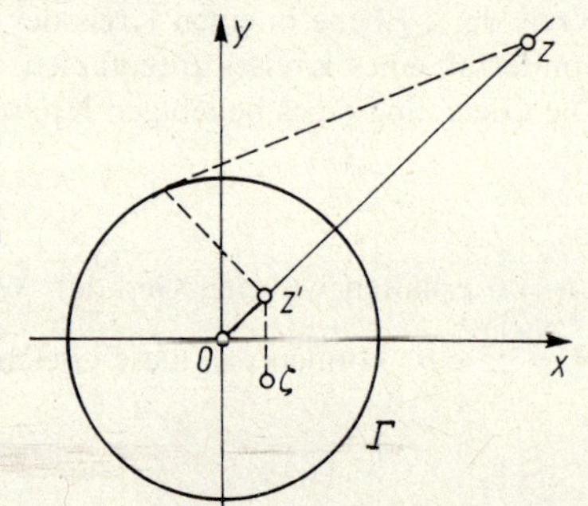

Bild 20

Die z und z' verknüpfende Beziehung (3) wird als *Inversion* bezeichnet. Die Punkte z und z' heißen konjugiert in bezug auf den Kreis Γ. Wenn einer von ihnen vorgegeben ist, kann der andere leicht mit Hilfe von Zirkel und Lineal konstruiert werden: Liegt beispielsweise der gegebene Punkt z außerhalb Γ, so brauchen wir zur Konstruktion des entsprechenden Punktes z' nur die Tangente von z aus an Γ zu legen und vom Berührungspunkt das Lot auf den Strahl $0z$ zu fällen (Bild 20).

Bei der Inversion entsprechen die Punkte des Kreises Γ offensichtlich sich selbst, der Punkt $z' = 0$ wird auf den Punkt $z = \infty$ abgebildet, außerhalb von Γ liegende Punkte gehen in innere über und umgekehrt.

Wir wenden uns nun wieder der Substitution (2) zu und nehmen der größeren Anschaulichkeit halber an, daß die ζ-Ebene und die z-Ebene so übereinander liegen, daß der Ursprung und die Koordinatenachsen zusammenfallen. Dann wird offensichtlich der dem Punkt $z = r\,\mathrm{e}^{\mathrm{i}\vartheta}$ entsprechende Punkt ζ durch

$$\zeta = r'\mathrm{e}^{-\mathrm{i}\vartheta} = \bar{z}'$$

definiert. Zur Konstruktion des Punktes ζ spiegeln wir zunächst den Punkt z am Kreis Γ und dann das erhaltene Spiegelbild z' (Bild 20) an der reellen Achse.

Nun betrachten wir noch die gebrochen lineare Substitution

$$z = \frac{\zeta}{1 - a\zeta}, \quad \zeta = \frac{z}{1 + az}, \tag{4}$$

wobei a eine positive reelle Konstante ist. Sie überführt die Punkte $\zeta = 0$ und $\zeta = 1/a$ der ζ-Ebene in die Punkte $z = 0$ bzw. $z = \infty$ der z-Ebene, der Punkt $\zeta = \infty$ wird auf den Punkt $z = -1/a$ abgebildet. Also entsprechen den durch den Punkt $\zeta = 0$ gehenden Geraden in der z-Ebene Kreise, die sich in den Punkten 0 $(z = 0)$ und $0'$ $(z = -1/a)$ schneiden (Bild 21a, 21b). Weiterhin werden konzentrische Kreise mit dem Mittelpunkt $\zeta = 0$ auf Kreise in der z-Ebene abgebildet, die die ebengenannten (auf Grund der Konformität der Abbildung) im rechten Winkel schneiden. Die Mittelpunkte dieser Kreise liegen auf der x-Achse. Nun betrachten wir in der ζ-Ebene einen Kreis γ mit dem Radius ϱ und dem Mittelpunkt $\zeta = 0$. Den Punkten $\zeta = +\varrho$ und $\zeta = -\varrho$ entsprechen in der z-Ebene die auf der x-Achse liegenden Punkte

$$b' = \frac{\varrho}{1 - a\varrho}, \quad b'' = -\frac{\varrho}{1 + a\varrho} < 0. \tag{5}$$

Der Mittelpunkt des γ entsprechenden Kreises L habe die Abszisse c, sein Radius sei r. Diese beiden Größen lassen sich aus den Gleichungen

$$c = \frac{1}{2}(b' + b'') = \frac{a\varrho^2}{1 - a^2\varrho^2}, \quad r = \frac{1}{2}(b' - b'') = \frac{\varrho}{1 - a^2\varrho^2} \tag{6}$$

bestimmen, dabei legen wir fest, daß $r < 0$ ist, falls der Punkt b' links von b'' liegt. Für $\varrho < 1/a$ gilt $b' > 0$ und $r > 0$. Wenn ϱ gegen $1/a$ strebt, wachsen r und c unbeschränkt, und der Kreis L verwandelt sich in eine Gerade, die senkrecht auf der x-Achse steht und durch den Punkt K mit der Abszisse $-1/2a$ geht. Wenn $\varrho > 1/a$ ist, liegt der entsprechende Kreis in der z-Ebene auf der anderen Seite der genannten Geraden.[1])

Nun betrachten wir die beiden Kreise L_1 und L_2 in der z-Ebene, die den Kreisen γ_1 bzw. γ_2 mit den Radien ϱ_1 und ϱ_2 in der ζ-Ebene entsprechen, und nehmen an, daß $\varrho_1 < \varrho_2 < 1/a$ ist. Dann liefert die Beziehung (4) offensichtlich eine konforme Abbildung des zwischen den exzentrischen Kreisen L_1 und L_2 eingeschlossenen Gebietes auf den von γ_1 und γ_2 berandeten Ring. Wenn die Radien r_1, r_2 $(r_2 > r_1)$ der Kreise L_1 bzw. L_2 und der Abstand l zwischen

---

[1]) Die Gerade steht senkrecht auf der x-Achse und halbiert die Strecke zwischen 0 und 0'; sie bildet offenbar die gemeinsame Radialachse aller Kreise L.

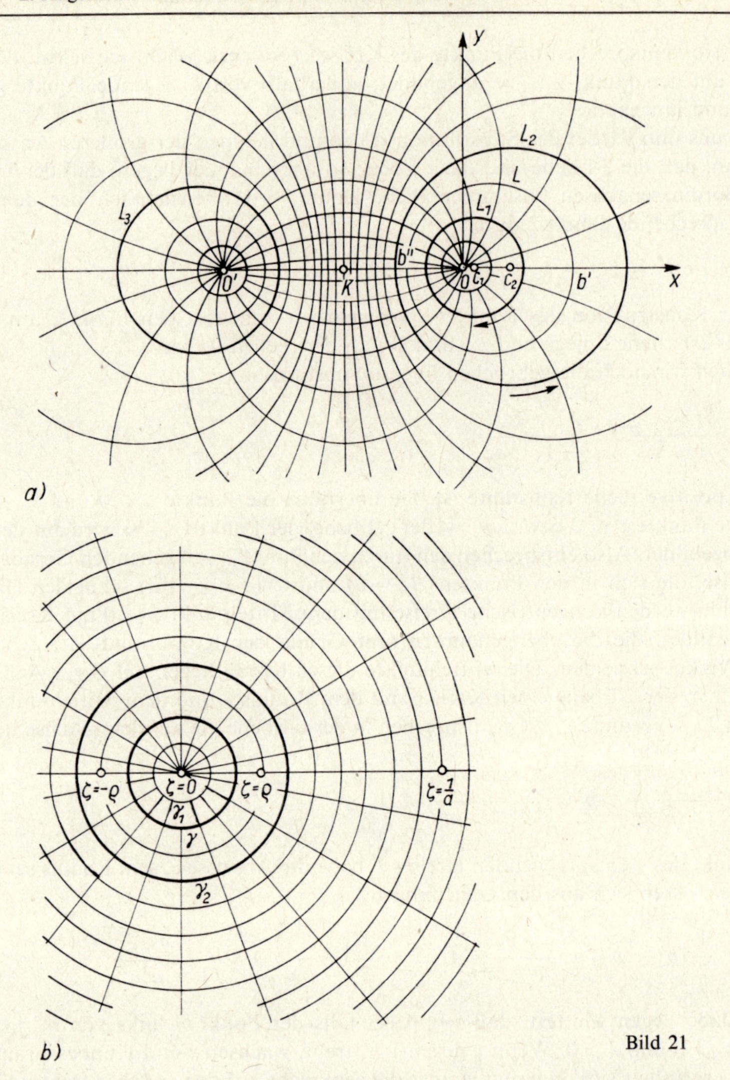

Bild 21

den Mittelpunkten ($l < r_2 - r_1$) gegeben sind, lassen sich die in Gl. (4) auftretende Größe a und die Radien ϱ_1 sowie ϱ_2 der Kreise γ_1 bzw. γ_2 leicht aus den Gleichungen

$$r_1 = \frac{\varrho_1}{1 - a^2\varrho_1^2}, \quad r_2 = \frac{\varrho_2}{1 - a^2\varrho_2^2}, \quad \frac{a\varrho_2^2}{1 - a^2\varrho_2^2} - \frac{a\varrho_1^2}{1 - a^2\varrho_1^2} = l \tag{7}$$

ermitteln. Nach einigen einfachen Umformungen ergibt sich daraus[1])

[1]) Die Größen a, ϱ_1, ϱ_2 lassen sich sehr einfach mit Zirkel und Lineal konstruieren. Zum Beispiel sind die Punkte $z = 0$ und $z = -1/a$ offenbar konjugiert in bezug auf die beiden Kreise L_1 und L_2. Diese Eigenschaft kann zur Konstruktion benutzt werden; dadurch findet man den Abstand $1/a$ der beiden Punkte.

$$a = \frac{l}{\sqrt{(r_1^2 - r_2^2)^2 - 2l^2(r_1^2 + r_2^2) + l^4}},$$
$$\varrho_1 = \frac{\sqrt{1 + 4a^2r_1^2} - 1}{2a^2r_1}, \quad \varrho_2 = \frac{\sqrt{1 + 4a^2r_2^2} - 1}{2a^2r_2}. \tag{8}$$

In gleicher Weise kann man die Abbildung eines von zwei gegebenen Kreisen L_1 und L_3 begrenzten unendlichen Gebietes (Bild 21a) auf den zwischen zwei konzentrischen Kreisen γ_1 und γ_3 mit den Radien ϱ_1 bzw. ϱ_3 eingeschlossenen Ring (Bild 21a) gewinnen. In diesem Falle gilt $\varrho_3 > \frac{1}{a}$.

2.4.2.2. Die Pascalsche Schnecke

Wir setzen

$$z = \omega(\zeta) = R(\zeta + m\zeta^2), \quad R > 0, \quad 0 \leqq m \leqq \tfrac{1}{2}. \tag{9}$$

Mit $z = x + iy$, $\zeta = \varrho\, e^{i\vartheta}$ erhalten wir

$$x + iy = R(\varrho\, e^{i\vartheta} + m\varrho^2 e^{2i\vartheta})$$

und damit

$$x = R(\varrho \cos\vartheta + m\varrho^2 \cos 2\vartheta), \quad y = R(\varrho \sin\vartheta + m\varrho^2 \sin 2\vartheta). \tag{10}$$

Wenn der Punkt ζ den Einheitskreis γ durchläuft, beschreibt der Punkt (x, y) in der z-Ebene die Kurve L mit der Parameterdarstellung

$$x = R(\cos\vartheta + m\cos 2\vartheta), \quad y = R(\sin\vartheta + m\sin 2\vartheta). \tag{11}$$

Diese Kurve heißt *Pascalsche Schnecke*[1]). Falls, wie vorausgesetzt, $0 \leqq m \leqq \frac{1}{2}$ ist, überschneidet sich diese Kurve nicht selbst. Wenn ζ die Werte von 0 bis 2π durchläuft, so umfährt der Punkt z die Kurve in einer Richtung. Also liefert die Beziehung (9) gemäß dem am Ende des vorigen Abschnittes Gesagten eine konforme Abbildung des im Inneren der Pascalschen Schnecke eingeschlossenen Gebietes auf den Einheitskreis. Für $m = 1$ verwandelt sich die Pascalsche Schnecke in einen Kreis, für $m = \frac{1}{2}$ in eine *Kardioide.*
Im letzteren Falle hat die Kurve einen Umkehrpunkt, der dem Wert $\zeta = -1$ entspricht. An dieser Stelle ist $\omega'(\zeta) = 0$[2]).
Kreisen mit den Radien $\varrho < 1$ in der ζ-Ebene entsprechen ebenfalls Pascalsche Schnecken, deren Parameterdarstellung sich aus (10) für $\varrho = \text{const}$ ergibt. Den Radien des Kreises γ entsprechen in der z-Ebene Kurven, deren Parameterdarstellung wir erhalten, wenn wir in den Gln. (10) $\vartheta = \text{const}$ setzen (als Parameter tritt ϱ mit $0 \leqq \varrho \leqq 1$ auf). Diese Kurven stellen offensichtlich Parabeln dar. In Bild 22a sind Kurven eingezeichnet, die den in Bild 22b angegebenen Kreisen $\varrho = \text{const}$ und Strahlen $\vartheta = \text{const}$ entsprechen. Diese Kurven schneiden sich wegen der Konformität der Abbildung unter rechten Winkeln.

2.4.2.3. Epitrochoide

Wir setzen

$$z = \omega(\zeta) = R(\zeta + m\zeta^n), \quad R > 0, \quad 0 \leqq m \leqq \frac{1}{n}, \tag{12}$$

---

[1]) Die Pascalsche Schnecke stellt einen Sonderfall der Epitrochoide dar, die im folgenden behandelt wird.
[2]) Die Tatsache, daß $\omega'(\zeta)$ auf γ verschwindet, widerspricht nicht dem im vorigen Abschnitt Gesagten, da in unserem Falle (der Kardioide) der Rand des abzubildenden Gebietes einen singulären Punkt (Umkehrpunkt) hat.

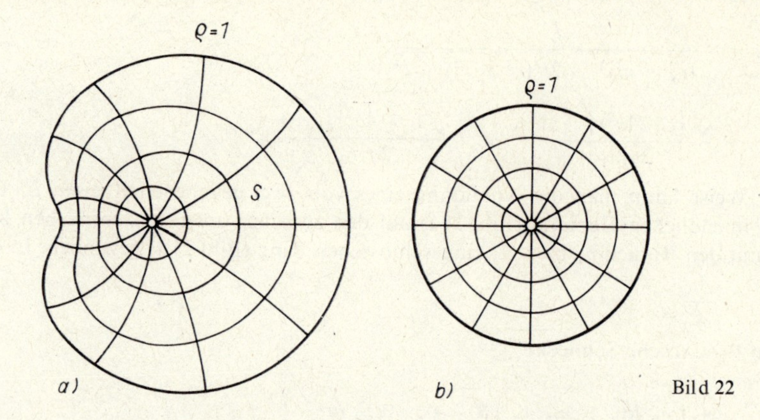

Bild 22

wobei $n > 1$ eine ganze Zahl ist. Mit $z = x + iy$, $\zeta = \varrho\, e^{i\vartheta}$ gilt

$$x = R(\varrho \cos \vartheta + m\varrho^n \cos n\vartheta), \quad y = R(\varrho \sin \vartheta + m\varrho^n \sin n\vartheta). \tag{13}$$

Dem Kreis $|\zeta| = \varrho = 1$ der ζ-Ebene entspricht in der z-Ebene eine Kurve mit der Parameterdarstellung

$$x = R(\cos \vartheta + m \cos n\vartheta), \quad y = R(\sin \vartheta + m \sin n\vartheta). \tag{14}$$

Diese Kurve stellt eine *Epitrochoide* dar; denn wenn ein Kreis mit dem Radius r_1 (in der z-Ebene) ohne zu gleiten auf einem Kreis mit dem Radius r_2 abrollt und ihn dabei von außen berührt, so beschreibt der mit dem beweglichen Kreis verbundene und im Abstand l von seinem Mittelpunkt befindliche Punkt M die Kurve

$$x = (r_1 + r_2) \cos \vartheta + l \cos n\vartheta, \quad y = (r_1 + r_2) \sin \vartheta + l \sin n\vartheta, \tag{14'}$$

wobei ϑ den Polwinkel des Berührungspunktes der beiden Kreise bezeichnet und $n = (r_1 + r_2)/r_1$ ist. Für

$$r_1 = \frac{R}{n}, \quad r_2 = R\,\frac{n-1}{n}, \quad l = mR,$$

ist die Kurve (14′) mit der Kurve (14) identisch. Da nach Voraussetzung $m \leqq \frac{1}{n}$ ist, gilt $l \leqq r_1$. Für $m < \frac{1}{n}$ befindet sich der Punkt M im Inneren des abrollenden Kreises, und deshalb überschneidet sich die Kurve nicht selbst. Im Grenzfalle $m = \frac{1}{n}$ liegt der Punkt M auf der Peripherie, und unsere Kurve verwandelt sich in eine *Epizykloide* mit $n - 1$ Umkehrpunkten. In Bild 23 ist der Fall $n = \frac{1}{m} = 4$ dargestellt.

Auf Grund des in 2.4.1. angeführten Satzes kann man leicht schließen, daß die Beziehung (12) das im Inneren der Kurve L eingeschlossene Gebiet S auf das Gebiet $|\zeta| < 1$ abbildet. Den Kreisen $\varrho = \text{const}$ der ζ-Ebene entsprechen in der z-Ebene Epitrochoiden, deren Parameterdarstellung wir erhalten, wenn wir in den Gln. (13) $\varrho = \text{const}$ setzen. Für $n = 2$ verwandelt sich die Kurve L in eine PASCALsche Schnecke.

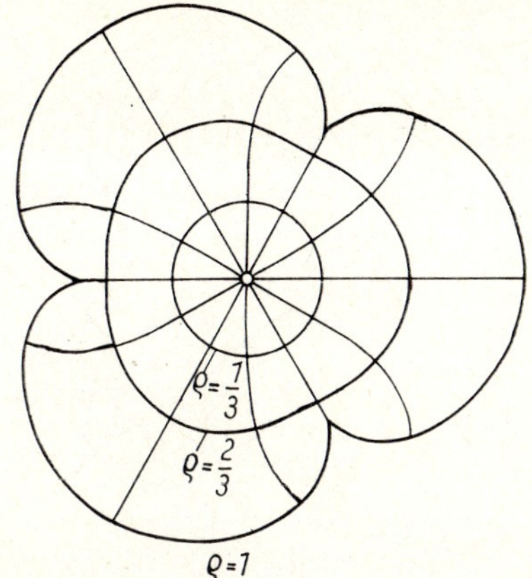

Bild 23

2.4.2.4. *Hypotrochoide*

Wir setzen

$$z = \omega(\zeta) = R\left(\zeta + \frac{m}{\zeta^n}\right),$$

$$R > 0, \quad 0 \leqq m \leqq \frac{1}{n}, \tag{15}$$

wobei n eine positive ganze Zahl ist. In diesem Falle stellt die dem Kreis $|\zeta| = 1$ entsprechende Kurve L offensichtlich eine *Hypotrochoide* dar, die sich nicht selbst überschneidet und von einem Punkt M des Kreises mit dem Radius r_1 beschrieben wird, wenn dieser ohne zu gleiten auf dem Kreis mit dem Radius r_2 abrollt und diesen von innen berührt. Mit l als Abstand des Punktes M vom Mittelpunkt des abrollenden Kreises gilt

$$r_1 = \frac{R}{n}, \quad r_2 = R\,\frac{n+1}{n}, \quad l = mR.$$

Die Beziehung (15) bildet offenbar den außerhalb L befindlichen Teil der z-Ebene auf das Gebiet $|\zeta| > 1$ der ζ-Ebene ab. Den Kreisen $|\zeta| = \varrho = \text{const} > 1$ der ζ-Ebene entsprechen in der z-Ebene Hypotrochoiden. Im Falle $n = 1$ verwandelt sich die Kurve L in eine Ellipse. Darüber mehr in 2.4.2.5. Für $m = 1/n$ verwandelt sich L in eine *Hypozykloide* mit $n + 1$ Umkehrpunkten. Für $n = 1/m = 2$ bzw. $n = 1/m = 3$ hat die Kurve L 3 bzw. 4 Umkehrpunkte und nähert sich in ihrer Form einem Dreieck bzw. einem Quadrat. Kreisen mit Radien $\varrho > 1$ in der ζ-Ebene entsprechen in der z-Ebene Hypotrochoiden, die sich, wenn ϱ ungefähr gleich 1 ist, ebenfalls in ihrer Form einem Dreieck oder Quadrat mit abgerundeten Ecken nähern[1]). In den Bildern 24 und 25 sind die Fälle $n = 1/m = 2$ und $n = 1/m = 3$ dargestellt. Wenn wir in Gl. (15) ζ durch $1/\zeta$ ersetzen, erhalten wir die Abbildung des betrachteten Gebietes auf den Kreis $|\zeta| < 1$.

In diesem Falle gilt

$$z = \omega(\zeta) = R\left(\frac{1}{\zeta} + m\zeta^n\right). \tag{15'}$$

[1]) Die Beziehung (15) vermittelt offenbar eine Abbildung der unendlichen Ebene mit einem Loch der angegebenen Gestalt auf die Ebene mit einem Kreisloch vom Radius ϱ. Mit Hilfe der Substitution $\zeta = \varrho\zeta'$ kann man erreichen, daß der Radius gleich 1 wird.

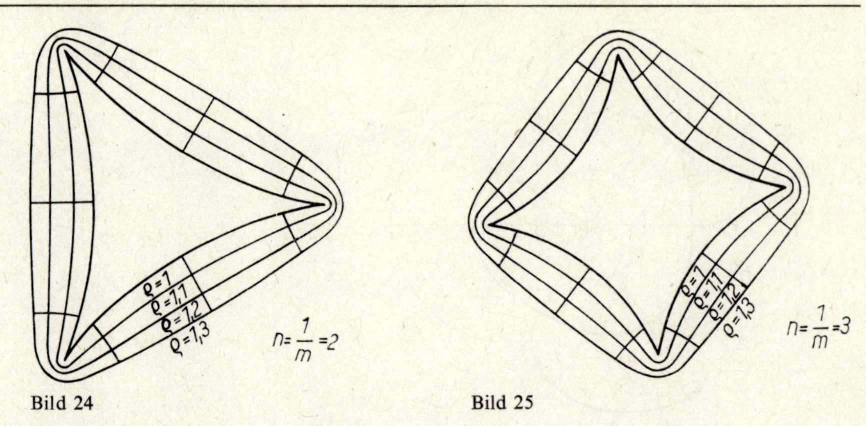

Bild 24 Bild 25

2.4.2.5. Der elliptische Ring

Wir setzen

$$z = \omega(\zeta) = R\left(\zeta + \frac{m}{\zeta}\right), \quad R > 0, \quad m \geqq 0, \tag{16}$$

oder mit den bisherigen Bezeichnungen

$$x = R\left(\zeta + \frac{m}{\varrho}\right)\cos\vartheta, \quad y = R\left(\varrho - \frac{m}{\varrho}\right)\sin\vartheta. \tag{17}$$

Einem Kreis mit dem Radius $\varrho = \varrho_1$ entspricht in der z-Ebene eine Ellipse mit der Parameterdarstellung

$$x = R\left(\varrho_1 + \frac{m}{\varrho_1}\right)\cos\vartheta, \quad y = R\left(\varrho_1 - \frac{m}{\varrho_1}\right)\sin\vartheta.$$

Für $\varrho_1^2 \geqq m$ ergeben sich die Halbachsen der Ellipse aus den Formeln

$$a_1 = R\left(\varrho_1 + \frac{m}{\varrho_1}\right), \quad b_1 = R\left(\varrho_1 - \frac{m}{\varrho_1}\right). \tag{18}$$

Der Punkt z durchläuft die Kurve entgegen dem Uhrzeigersinn, wenn sich ζ auf dem Kreis $\varrho = \varrho_1$ ebenfalls entgegen dem Uhrzeigersinn bewegt.

Wählt man also in der ζ-Ebene zwei Kreise γ_1 und γ_2 mit den Radien ϱ_1 bzw. ϱ_2, wobei $\varrho_2 > \varrho_1 \geqq \sqrt{m}$ ist, so ergibt sich gemäß dem am Ende von 2.4.1. Gesagten eine Abbildung des zwischen den Ellipsen L_1 und L_2 eingeschlossenen Gebietes auf den von γ_1 und γ_2 berandeten Kreisring. Unsere Ellipsen sind konfokal; denn der Abstand c der Brennpunkte der Ellipse L_1 vom Koordinatenursprung läßt sich aus der Gleichung $c^2 = a^2 - b^2 = 4mR^2$ berechnen und hängt nicht von ϱ_1 ab.

Die zu verschiedenen Werten $\varrho\,(\varrho_1 < \varrho < \varrho_2)$ gehörenden Kreise führen auf Ellipsen, die zwischen L_1 und L_2 liegen und zu diesen konfokal sind. Den Strahlen $\vartheta = \text{const}$ der ζ-Ebene entsprechen konfokale Hyperbeln mit den gleichen Brennpunkten wie die Ellipsen. Beide Kurvenscharen schneiden sich selbstverständlich unter rechten Winkeln (Bild 26).

Wir können ϱ_2 bis ins Unendliche vergrößern, dann erhalten wir eine Abbildung des außerhalb γ_1 liegenden unendlichen Gebietes. In diesem Falle setzen wir stets der Einfachheit halber $\varrho_1 = 1$ und folglich $m \leqq 1$. Für $m = 1$ verwandelt sich die Ellipse in einen geradlinigen Spalt, für $m = 0$ erhalten wir einen Kreis.

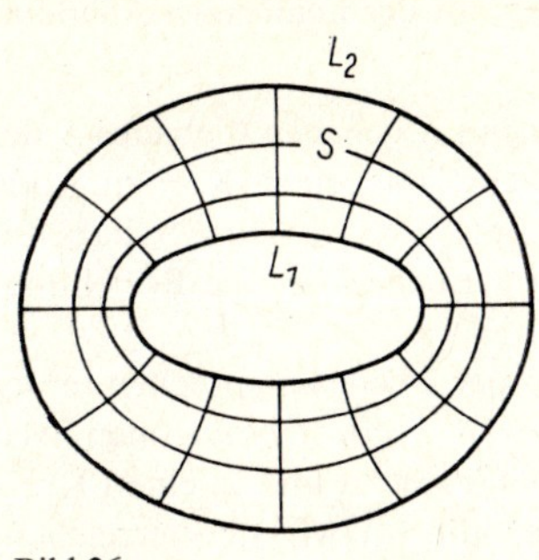

Bild 26

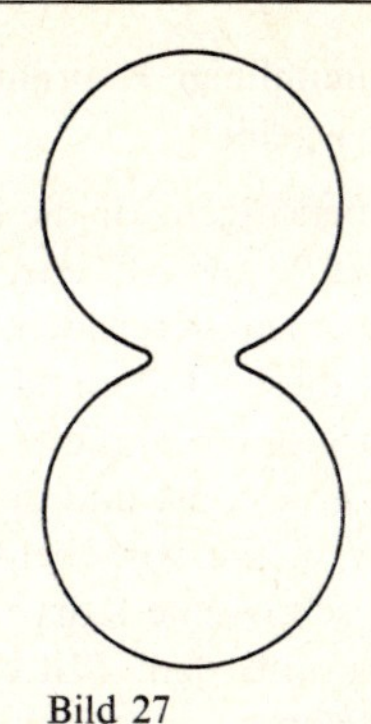

Bild 27

Wenn wir in Gl. (16) ζ durch $1/\zeta$ ersetzen, ergibt sich

$$z = \omega(\zeta) = R(1/\zeta + m\zeta), \quad R > 0, \quad 0 \leqq m \leqq 1. \tag{16'}$$

Diese Funktion bildet die Ebene mit elliptischem Loch auf den Kreis $|\zeta| < 1$ ab.

2.4.2.6. Wie eben gesagt, vermittelt die Beziehung

$$z_1 = x_1 + iy_1 = \omega_1(\zeta) = R(1/\zeta + m\zeta), \quad R > 0, \quad 0 \leqq m \leqq 1 \tag{19}$$

eine Abbildung der unendlichen z_1-Ebene mit elliptischem Loch auf den Kreis $|\zeta| < 1$. Die Gleichung des Lochrandes lautet

$$\frac{x_1^2}{R^2(1+m)^2} + \frac{y_1^2}{R^2(1-m)^2} = 1. \tag{20}$$

Für $m = 1$ verwandelt sich die Ellipse, wie gesagt, in einen geradlinigen Spalt. Durch die Substitution

$$z = \frac{1}{z_1} \tag{21}$$

erhalten wir

$$z = \omega(\zeta) = \frac{\zeta}{R(1 + m\zeta^2)}, \tag{22}$$

vermittels dieser Beziehung wird das durch die sogenannte BOOTHsche Lemniskate begrenzte endliche Gebiet auf den Kreis $|\zeta| < 1$ abgebildet.

Wenn m nahe bei 1 liegt, unterscheidet sich dieses Gebiet wenig von einer aus zwei sich berührenden Kreisen bestehenden Figur. In Bild 27 ist die dem Wert $m = 0{,}8$ entsprechende Kurve dargestellt.

Wenn wir jedoch anstelle von (21)

$$z - c = \frac{1}{z_1 - c}$$

setzen, wobei c einen außerhalb der Ellipse (20) liegenden Punkt bezeichnet, wird ein Gebiet auf den Kreis $|\zeta| < 1$ abgebildet, das sich für $m = 1$ in die längs eines Kreisbogens aufgeschnittene unendliche Ebene verwandelt[1]).

[1]) Für $m = 1$ verwandelt sich die Ellipse in einen Geradenabschnitt und die entsprechende Randkurve in einen Kreisbogen; denn bei einer gebrochen-linearen Substitution geht die Gerade in einen Kreis über (im Sonderfall bleibt sie eine Gerade).

2.4.3. Krummlinige Koordinaten im Zusammenhang mit der konformen Abbildung auf das Kreisgebiet

Im weiteren benötigen wir die konforme Abbildung eines gegebenen Gebietes S der z-Ebene auf ein Gebiet Σ der ζ-Ebene, wobei Σ entweder einen Kreis, einen Kreisring oder die unendliche Ebene mit Kreisloch darstellt. Den Ursprung $\zeta = 0$ wählen wir dabei als Mittelpunkt. In all diesen Fällen ist es zweckmäßig, in der ζ-Ebene über die Beziehung $\zeta = \varrho\, e^{i\vartheta}$ die Polarkoordinaten ϱ und ϑ einzuführen.

Den Kreisen $\varrho = \text{const}$ und den Radien $\vartheta = \text{const}$ in der Ebene entsprechen in der z-Ebene gewisse Kurven, die wir ebenfalls mit $\varrho = \text{const}$ bzw $\vartheta = \text{const}$ bezeichnen. Wenn S ein durch eine geschlossene Kurve L begrenztes endliches Gebiet ist und Σ einen Kreis mit dem Radius $\varrho = 1$ und dem Mittelpunkt $\zeta = 0$ darstellt, können wir stets erreichen, daß die Punkte $z = 0$ und $\zeta = 0$ einander entsprechen. Dann bilden die Kurven $\varrho = \text{const}$ in der z-Ebene einfache geschlossene Linien, die den Punkt $z = 0$ umschließen, während die Kurven $\vartheta = \text{const}$ vom Punkt $z = 0$ ausgehen und auf dem Rand L enden. Die Randkurve L selbst gehört zu $\varrho = 1$.

Falls S ein von einer einfachen geschlossenen Kurve L begrenztes unendliches Gebiet ist und Σ die unendliche Ebene mit Kreisloch darstellt, wobei die Punkte $\zeta = \infty$ und $z = \infty$ einander entsprechen (das kann man bekanntlich stets erreichen), bilden die Kurven $\varrho = \text{const}$ geschlossene Linien, die die Randkurve L umschließen, während die Kurven $\vartheta = \text{const}$ von der Randkurve L ausgehen und nach Unendlich streben. Denselben Verlauf haben die Kurven $\varrho = \text{const}$ und $\vartheta = \text{const}$, wenn das unendliche Gebiet S auf den Kreis $|\zeta| < 1$ abgebildet wird. Auch bei der Abbildung eines durch zwei geschlossene Kurven begrenztes Gebietes S auf einen Kreisring Σ kann man sich leicht den Verlauf der Kurven $\varrho = \text{const}$ und $\vartheta = \text{const}$ veranschaulichen.

Die Größen ϱ und ϑ können als krummlinige Koordinaten der Punkte (x, y) in der z-Ebene aufgefaßt werden. Die Größen x und y sind mit ϱ und ϑ (unter Beibehaltung der Bezeichnungen des vorhergehenden Abschnittes) durch die Beziehungen

$$x + iy = \omega(\zeta) = \omega(\varrho\, e^{i\vartheta}) \tag{1}$$

verknüpft. Die Kurven $\varrho = \text{const}$ und $\vartheta = \text{const}$ werden zu Koordinatenlinien. Sie sind auf Grund der Konformität der Abbildung zueinander orthogonal.

Wir betrachten nun einen beliebig vorgegebenen Punkt der z-Ebene und legen durch ihn die Kurven $\varrho = \text{const}$ und $\vartheta = \text{const}$. Mit (ϱ) bezeichnen wir die nach der Seite wachsender ϱ zeigende Tangente an die Kurve $\vartheta = \text{const}$ und mit (ϑ) die nach der Seite wachsender ϑ zeigende Tangente an die Kurve $\varrho = \text{const}$. Diese Tangenten nennen wir zum Punkt (ϱ, ϑ) gehörende Achsen der krummlinigen Koordinaten.

Das Achsensystem (ϱ), (ϑ) ist wie das x, y-System orientiert, d. h., wenn wir in Richtung der (ϱ)-Achse schauen, zeigt die (ϑ)-Achse nach links. Dies folgt aus der Tatsache, daß sich der Drehsinn der Winkel bei unserer konformen Abbildung nicht ändert.

Es sei nun A ein Vektor in der z-Ebene mit dem Angriffspunkt $z = \omega(\varrho\, e^{i\vartheta})$ (Bild 28). Die Projektionen dieses Vektors auf die x- bzw. y-Achse bezeichnen wir mit A_x und A_y, diejenigen auf die Achsen (ϱ) und (ϑ) mit A_ϱ und A_ϑ. Diese Größen sind offensichtlich durch die Beziehungen

$$A_\varrho + iA_\vartheta = e^{i\alpha}(A_x + iA_y) \tag{2}$$

verknüpft, wobei α der von der (ϱ)- und der x-Achse eingeschlossene Winkel ist und von der letzteren aus in positiver Richtung gemessen wird.

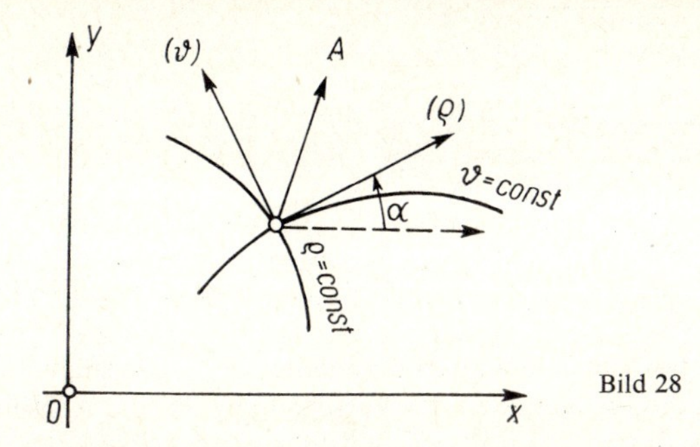

Bild 28

Um $e^{i\alpha}$ zu berechnen, verschieben wir den Punkt z um dz in Richtung der Tangente (ϱ). Dabei wird der entsprechende Punkt ζ um $d\zeta$ in radialer Richtung verschoben. Es gilt deshalb

$$dz = e^{i\alpha}|dz|, \quad d\zeta = e^{i\vartheta}|d\zeta|,$$

und damit

$$e^{i\alpha} = \frac{dz}{|dz|} = \frac{\omega'(\zeta)d\zeta}{|\omega'(\zeta)|\,|d\zeta|} = e^{i\vartheta}\frac{\omega'(\zeta)}{|\omega'(\zeta)|} = \frac{\zeta}{\varrho}\frac{\omega'(\zeta)}{|\omega'(\zeta)|}, \tag{3}$$

$$e^{-i\alpha} = e^{-i\vartheta}\frac{\overline{\omega'(\zeta)}}{|\omega'(\zeta)|} = \frac{\bar{\zeta}}{\varrho}\frac{\overline{\omega'(\zeta)}}{|\omega'(\zeta)|}$$

und schließlich

$$A_\varrho + iA_\vartheta = \frac{\bar{\zeta}}{\varrho}\frac{\overline{\omega'(\zeta)}}{|\omega'(\zeta)|}(A_x + iA_y). \tag{4}$$

2.4.4. Transformation der Gleichungen der ebenen Elastizitätstheorie

Im weiteren benötigen wir Ausdrücke für die Größen

$$\frac{\partial U}{\partial x}, \quad \frac{\partial U}{\partial y}$$

(die Ableitungen der Airyschen Spannungsfunktion) sowie für die Verschiebungs- und Spannungskomponenten in Abhängigkeit von der neuen, durch die Beziehung

$$z = \omega(\zeta) \tag{1}$$

eingeführten Veränderlichen ζ. Mit

$$\varphi_1(z),\ \psi_1(z),\ \Phi_1(z),\ \Psi_1(z)$$

bezeichnen wir die Funktionen, welche früher entsprechend

$$\varphi(z),\ \psi(z),\ \Phi(z),\ \Psi(z)$$

hießen. Weiterhin führen wir folgende neue Bezeichnungen ein:

$$\varphi(\zeta) = \varphi_1(z) = \varphi_1(\omega(\zeta)), \quad \psi(\zeta) = \psi_1(z) = \psi_1(\omega(\zeta)), \tag{2}$$

$$\Phi(\zeta) = \Phi_1(z) = \frac{d\varphi_1}{dz} = \frac{\varphi'(\zeta)}{\omega'(\zeta)}, \quad \Psi(\zeta) = \Psi_1(z) = \frac{\psi'(\zeta)}{\omega'(\zeta)}. \tag{3}$$

Damit lautet die Gl. (4) in 2.2.3.

$$\frac{\partial U}{\partial x} + \mathrm{i}\,\frac{\partial U}{\partial y} = \varphi(\zeta) + \frac{\omega(\zeta)}{\overline{\omega'(\zeta)}}\,\overline{\varphi'(\zeta)} + \overline{\psi(\zeta)}, \tag{4}$$

und die Gl. (1) in 2.2.4.

$$2\mu(u + \mathrm{i}v) = \varkappa\varphi(\zeta) - \frac{\omega(\zeta)}{\overline{\omega'(\zeta)}}\,\overline{\varphi'(\zeta)} - \overline{\psi(\zeta)}\,. \tag{5}$$

Ebenso leicht lassen sich auch die Verschiebungskomponenten v_ϱ, v_ϑ bezüglich unserer krummlinigen Koordinaten, d. h. die Projektionen der Verschiebung auf die Achsen (ϱ), (ϑ) finden, und zwar gilt gemäß (4) in 2.4.3.

$$v_\varrho + \mathrm{i}v_\vartheta = \frac{\bar\zeta}{\varrho}\,\frac{\overline{\omega'(\zeta)}}{|\omega'(\zeta)|}\,(u + \mathrm{i}v) \tag{6}$$

und damit

$$2\mu|\omega'(\zeta)|\,(v_\varrho + \mathrm{i}v_\vartheta) = \frac{\bar\zeta}{\varrho}\,\overline{\omega'(\zeta)}\left\{\varkappa\varphi(\zeta) - \frac{\omega(\zeta)}{\overline{\omega'(\zeta)}}\,\overline{\varphi'(\zeta)} - \overline{\psi(\zeta)}\right\}. \tag{7}$$

Zum Schluß geben wir die Spannungskomponenten in krummlinigen Koordinaten an. Wir bezeichnen sie mit σ_ϱ, σ_ϑ, $\tau_{\varrho\vartheta}$ und verstehen darunter folgendes: Wenn die kartesischen Koordinaten x', y' so gewählt werden, daß die x'-Achse mit der (ϱ)-Achse und die y'-Achse mit der (ϑ)-Achse zusammenfällt, so gilt

$$\sigma_\varrho = \sigma_{x'}, \quad \sigma_\vartheta = \sigma_{y'}, \quad \tau_{\varrho\vartheta} = \tau_{x'y'}$$

(vgl. 2.2.11.). Gemäß (8) in 1.1.8. ergibt sich

$$\sigma_\varrho + \sigma_\vartheta = \sigma_x + \sigma_y, \qquad \sigma_\varrho - \sigma_\vartheta + 2\mathrm{i}\tau_{\varrho\vartheta} = (\sigma_y - \sigma_x + 2\mathrm{i}\tau_{xy})\,\mathrm{e}^{2\mathrm{i}\alpha}. \tag{8}$$

Nach (9) und (10) in 2.2.4. und (3) in 2.4.3., d. h.

$$\mathrm{e}^{2\mathrm{i}\alpha} = \frac{\zeta^2}{\varrho^2}\,\frac{\big(\omega'(\zeta)\big)^2}{|\omega'(\zeta)|^2} = \frac{\zeta^2}{\varrho^2}\,\frac{\big(\omega'(\zeta)\big)^2}{\omega'(\zeta)\,\overline{\omega'(\zeta)}} = \frac{\zeta^2\omega'(\zeta)}{\varrho^2\,\overline{\omega'(\zeta)}},$$

erhalten wir somit

$$\sigma_\varrho + \sigma_\vartheta = 4\,\mathrm{Re}\,\Phi(\zeta) = 2\big(\Phi(\zeta) + \overline{\Phi(\zeta)}\big), \tag{9}$$

$$\sigma_\vartheta - \sigma_\varrho + 2\mathrm{i}\tau_{\varrho\vartheta} = \frac{2\zeta^2}{\varrho^2\,\overline{\omega'(\zeta)}}\left\{\overline{\omega(\zeta)}\,\Phi'(\zeta) + \omega'(\zeta)\,\psi(\zeta)\right\}. \tag{10}$$

Schließlich gewinnen wir aus (9) und (10) durch Subtraktion noch die Gleichung

$$\sigma_\varrho - \mathrm{i}\tau_{\varrho\vartheta} = \Phi(\zeta) + \overline{\Phi(\zeta)} - \frac{\zeta^2}{\varrho^2\,\overline{\omega'(\zeta)}}\left\{\overline{\omega(\zeta)}\,\Phi'(\zeta) + \omega'(\zeta)\,\psi(\zeta)\right\}. \tag{11}$$

Sie gibt die auf die Kurve $\varrho = \text{const}$ von der Seite wachsender ϱ her wirkende Spannung an. Die Gln. (7), (9) bis (11) stimmen im wesentlichen mit den von G. W. Kolosow [1, 2] angegebenen Beziehungen überein.

Die folgende Formel bezieht sich auf ein unendliches Gebiet S, das auf das unendliche Gebiet Σ derart abgebildet wird, daß der Punkt $z = \infty$ dem Punkt $\zeta = \infty$ entspricht. In diesem

Falle erhalten wir nach den Gln. (4) und (5) in 2.2.8. für große $|z|$

$$\begin{aligned} \varphi_1(z) &= -\frac{X + \mathrm{i}Y}{2\pi(1+\varkappa)} \ln z + \Gamma z + \varphi_1^0(z), \\ \psi_1(z) &= \frac{\varkappa(X - \mathrm{i}Y)}{2\pi(1+\varkappa)} \ln z + \Gamma' z + \psi_1^0(z), \end{aligned} \tag{12}$$

wobei φ_1^0, ψ_1^0 im Punkt $z = \infty$ holomorphe Funktionen sind. Weiterhin gilt für hinreichend große $|\zeta|$ und $|z|$ [s. (2) in 2.4.1.]

$$z = \omega(\zeta) = R\zeta + C_0 + \frac{C_1}{\zeta} + \frac{C_2}{\zeta^2} + \cdots \tag{13}$$

Durch Einsetzen dieses Ausdruckes in (12) ergibt sich

$$\varphi(\zeta) = -\frac{X + \mathrm{i}Y}{2\pi(1+\varkappa)} \ln \zeta + R\Gamma\zeta + \varphi_0(\zeta), \tag{14}$$

$$\psi(\zeta) = \frac{\varkappa(X - \mathrm{i}Y)}{2\pi(1+\varkappa)} \ln \zeta + R\Gamma'\zeta + \psi_0(\zeta), \tag{15}$$

wobei $\varphi_0(\zeta)$, $\psi_0(\zeta)$ im Punkt $\zeta = \infty$ holomorphe Funktionen sind.

2.4.5. Randbedingungen im transformierten Gebiet

Wir betrachten zunächst ein (endliches oder unendliches) Gebiet S, das durch eine einfache geschlossene Kurve L begrenzt wird, und bilden es auf den Einheitskreis oder auf das unendliche Außengebiet desselben ab (prinzipiell ist es gleichgültig, welche der beiden Abbildungen wir benutzen; jedoch im allgemeinen ist es aus praktischen Gründen zweckmäßig, die erste im Falle des endlichen und die zweite im Falle eines unendlichen Gebietes S zu wählen).

Die Randbedingung des I. Problems läßt sich auf zwei Arten formulieren: Erstens können wir von den Gln. (2) in 2.2.13. ausgehen. Diese lauten mit den neuen Bezeichnungen

$$\frac{\partial U}{\partial x} + \mathrm{i}\frac{\partial U}{\partial y} = \varphi_1(t) + t\overline{\varphi_1'(t)} + \overline{\psi_1(t)} = f_1 + \mathrm{i}f_2 + \text{const} \quad \text{auf } L.$$

Wenn wir hier die Veränderliche ζ über die Beziehung $z = \omega(\zeta)$ einführen und mit $\sigma = \mathrm{e}^{\mathrm{i}\vartheta}$ einen beliebigen Punkt auf dem der Kurve L entsprechenden Kreis γ bezeichnen, so nimmt diese Bedingung folgende Gestalt an [s. Gl. (4) in 2.2.4.]

$$\varphi(\sigma) + \frac{\omega(\sigma)}{\overline{\omega'(\sigma)}} \overline{\varphi'(\sigma)} + \overline{\psi(\sigma)} = f_1 + \mathrm{i}f_2 + \text{const} \quad \text{auf } \gamma. \tag{1}$$

Der Ausdruck $f_1 + \mathrm{i}f_2$ auf der rechten Seite dieser Gleichung muß selbstverständlich jetzt als gegebene Funktion des Punktes $\sigma = \mathrm{e}^{\mathrm{i}\vartheta}$ auf dem Kreis γ oder, was auf dasselbe führt, als Funktion der Bogenlänge ϑ aufgefaßt werden.

Die Funktion $f_1 + \mathrm{i}f_2$ wird auf γ folgendermaßen bestimmt: Gemäß Gl. (3) in 2.2.13. ist

$$f_1 + \mathrm{i}f_2 = \mathrm{i}\int_{t_0}^{t} \left(\overset{n}{\sigma}_x + \mathrm{i}\overset{n}{\sigma}_y\right) \mathrm{d}s \tag{2}$$

eine vorgegebene Funktion des Punktes t auf dem Rand L. Da jedoch zwischen den Punkten t und σ auf den Randkurven L bzw. γ die umkehrbar eindeutige Verknüpfung $t = \omega(\sigma)$ besteht, ist $f_1 + \mathrm{i}f_2$ eine bestimmte Funktion des Punktes σ, die wir als gegeben betrachten können.

Die Randbedingung des I. Problems läßt sich auch mit Hilfe der Funktionen Φ und Ψ ausdrücken. Dazu gehen wir von Gl. (11) in 2.2.4. aus; diese lautet (für $\varrho = 1$)

$$\Phi(\sigma) + \overline{\Phi(\sigma)} - \frac{\sigma^2}{\overline{\omega'(\sigma)}} \left\{\overline{\omega(\sigma)}\,\Phi'(\sigma) + \omega'(\sigma)\,\Psi(\sigma)\right\} = \sigma_\varrho - \mathrm{i}\tau_{\varrho\vartheta} \quad \text{auf } \gamma, \tag{3}$$

wobei σ_ϱ und $\tau_{\varrho\vartheta}$ gegebene Funktionen des Punktes σ auf γ oder, was dasselbe besagt, der Bogenlänge ϑ sind.

Die Randbedingung des II. Problems läßt sich gemäß (5) in 2.4.4. wie folgt formulieren

$$\varkappa\varphi(\sigma) - \frac{\omega(\sigma)}{\overline{\omega'(\sigma)}}\,\overline{\varphi'(\sigma)} - \overline{\psi(\sigma)} = 2\mu(g_1 + \mathrm{i}g_2) \quad \text{auf } \gamma, \tag{4}$$

wobei g_1, g_2 die Randwerte der Verschiebungskomponenten u und v (in bezug auf die alten Koordinatenachsen x, y) bezeichnen und auf γ vorgegebene Funktionen von σ oder ϑ sind.

Völlig analog kann man im Falle eines *zweifach zusammenhängenden* Gebietes vorgehen, das durch zwei einfache geschlossene Kurven L_1 und L_2 begrenzt ist und auf einen Kreisring abgebildet wird (vgl. 2.2.13.).

3. Lösung einiger Probleme der ebenen Elastizitätstheorie mit Hilfe von Potenzreihen

Das zu behandelnde Lösungsverfahren ist unmittelbar auf Gebiete anwendbar, die durch einen Kreis oder zwei konzentrische Kreise begrenzt werden. Mit Hilfe der konformen Abbildung läßt sich das Verfahren auf Gebiete allgemeinerer Art übertragen.

3.1. Fourierreihen

3.1.1. Fourierreihen in komplexer Darstellung

Im weiteren werden wir uns der Entwicklung gegebener Funktionen nach FOURIER-Reihen bedienen. Dabei ist es zweckmäßig, die komplexe Form zu verwenden, auf die wir nun etwas näher eingehen wollen.
Eine im Intervall $0 \leqq \vartheta \leqq 2\pi$ vorgegebene reelle Funktion $f(\vartheta)$ läßt sich bekanntlich unter sehr allgemeinen Voraussetzungen[1]) in Gestalt einer *Fourierreihe*

$$f(\vartheta) = \frac{1}{2}\alpha_0 + \sum_{k=1}^{\infty} (\alpha_k \cos k\vartheta + \beta_k \sin k\vartheta) \tag{1}$$

---

[1]) Hinreichend ist beispielsweise, daß die Funktion $f(\vartheta)$ im Intervall $(0, 2\pi)$ den sogenannten DIRICHLETschen Bedingungen genügt. Diese bestehen in folgendem: Die Funktion ist im betrachteten Intervall stetig, möglicherweise mit Ausnahme endlich vieler Unstetigkeitsstellen erster Ordnung, und sie hat endlich viele Maxima und Minima. Eine Unstetigkeitsstelle erster Ordnung wird durch folgende Eigenschaft charakterisiert: Bei einer Annäherung des Argumentes ϑ an die Unstetigkeitsstelle ϑ_0 von rechts oder links strebt die Funktion gegen endliche (unterschiedliche) Grenzwerte (rechter und linker Grenzwert), sie werden gewöhnlich mit $f(\vartheta_0 - 0)$ bzw. $f(\vartheta_0 + 0)$ bezeichnet. Die DIRICHLETschen Bedingungen setzen weiterhin voraus, daß $f(\vartheta)$ an den Endpunkten des Intervalles $(0, 2\pi)$ bestimmte Grenzwerte hat, diese werden mit $f(+0)$ bzw. $f(2\pi - 0)$ bezeichnet. Bei Erfüllung der DIRICHLETschen Bedingungen strebt die Reihe (1) in allen Punkten des Intervalles $(0, 2\pi)$ gegen die Funktion

$$\frac{f(\vartheta_0 - 0) + f(\vartheta_0 + 0)}{2},$$

d. h., in stetigen Punkten stimmt sie mit $f(\vartheta_0)$ überein. In den Endpunkten 0 und 2π ergibt sich die Größe

$$\frac{f(+0) + f(2\pi - 0)}{2}.$$

Fortsetzung der Fußnote umseitig

darstellen, wobei

$$\alpha_k = \frac{1}{\pi} \int_0^{2\pi} f(\vartheta) \cos k\vartheta \, d\vartheta, \quad \beta_k = \frac{1}{\pi} \int_0^{2\pi} f(\vartheta) \sin k\vartheta \, d\vartheta \; (k = 0, 1, 2, \ldots) \tag{2}$$

ist. Durch Einsetzen der bekannten Ausdrücke

$$\cos k\vartheta = \frac{e^{ik\vartheta} + e^{-ik\vartheta}}{2}, \quad \sin k\vartheta = \frac{e^{ik\vartheta} - e^{-ik\vartheta}}{2i}$$

in die Gl. (1) entsteht die Entwicklung

$$f(\vartheta) = \frac{\alpha_0}{2} + \sum_{k=1}^{\infty} \left\{ \frac{\alpha_k - i\beta_k}{2} e^{ik\vartheta} + \frac{\alpha_k + i\beta_k}{2} e^{-ik\vartheta} \right\}, \tag{1'}$$

oder mit

$$\frac{\alpha_0}{2} = a_0, \quad \frac{\alpha_k - i\beta_k}{2} = a_k, \quad \frac{\alpha_k + i\beta_k}{2} = a_{-k} \tag{2'}$$

$$f(\vartheta) = a_0 + \sum_{k=1}^{\infty} (a_k e^{ik\vartheta} + a_{-k} e^{-ik\vartheta}). \tag{3}$$

Diese Gleichung kann man offensichtlich auch wie folgt schreiben

$$f(\vartheta) = \sum_{-\infty}^{+\infty} a_k e^{ik\vartheta}, \tag{4}$$

wobei der Summationsindex alle ganzen Zahlen von $-\infty$ bis $+\infty$ durchläuft[1]).

Wir ermitteln nun Ausdrücke für die Koeffizienten a_k. Bekanntlich gilt für ganzzahliges n

$$\int_0^{2\pi} e^{in\vartheta} \, d\vartheta = \begin{cases} 0, & \text{wenn } n \neq 0 \text{ ist}, \\ 2\pi, & \text{wenn } n = 0 \text{ ist}. \end{cases} \tag{5}$$

Durch Multiplikation der Gl. (4) mit $e^{-in\vartheta}$ und Integration über ϑ von 0 bis 2π ergibt sich

$$\int_0^{2\pi} e^{-in\vartheta} f(\vartheta) \, d\vartheta = \sum_{k=-\infty}^{+\infty} a_k \int_0^{2\pi} e^{i(k-n)\vartheta} \, d\vartheta.$$

---

[1]) In voller Strenge ist (4) als abgekürzte Schreibweise der Reihe (3), d. h. als

$$\lim_{N\to\infty} \sum_{k=-N}^{k=+N} a_k e^{ik\vartheta}$$

aufzufassen.

Fortsetzung der Fußnote [1]) von Seite 161

Wenn $f(\vartheta)$ nicht nur den DIRICHLETschen Bedingungen genügt, sondern auch im gesamten Intervall $0 \leqq \vartheta \leqq 2\pi$ stetig ist, und wenn außerdem $f(0) = f(2\pi)$ gilt, dann liefert die FOURIER-Reihe die Werte $f(\vartheta)$ in allen Punkten des Intervalles einschließlich der Endpunkte; in diesem Falle konvergiert die Reihe gleichmäßig.

Die Beweise der eben angeführten Sätze findet der Leser z. B. im Lehrbuch von W. I. SMIRNOW [1] Bd. II.

Zum Schluß sei erwähnt, daß eine Funktion, die den DIRICHLETschen Bedingungen genügt, einen Sonderfall der sogenannten Funktionen mit beschränkter Schwankung darstellt. Alles im Text (sowohl hier als auch im weiteren) Gesagte bleibt richtig, wenn man die DIRICHLETschen Bedingungen durch die weniger einschränkende Forderung ersetzt, daß die Funktion beschränkte Schwankung hat.

Gemäß Gl. (5) ist das einzige von Null verschiedene Glied auf der rechten Seite (für $k = n$) gleich $2\pi a_n$; folglich ist

$$a_n = \frac{1}{2\pi} \int_0^{2\pi} f(\vartheta)\, e^{-in\vartheta}\, d\vartheta. \tag{6}$$

Diese Darstellung ist immer möglich, wenn die Funktion $f(\vartheta)$ in eine gewöhnliche FOURIER-Reihe entwickelt werden kann. Um das zu zeigen, braucht man nur zu beachten, daß man das Ergebnis (6) unmittelbar erhält, wenn man in den Gln. (2′) α_k und β_k durch die Ausdrücke (2) ersetzt.

Wir betrachten nun die Funktion $f_1(\vartheta) + if_2(\vartheta)$, wobei f_1 und f_2 reelle Funktionen sind, die sich im Intervall $(0, 2\pi)$ in gewöhnliche FOURIER-Reihen und folglich auch in Reihen vom Typ (4) entwickeln lassen. Wenn wir die zweite Reihe mit i multiplizieren und zur ersten addieren, erhalten wir die Entwicklung

$$f_1(\vartheta) + if_2(\vartheta) = \sum_{k=-\infty}^{+\infty} a_k\, e^{ik\vartheta}, \tag{7}$$

mit

$$a_n = \frac{1}{2\pi} \int_0^{2\pi} (f_1 + if_2)\, e^{-in\vartheta}\, d\vartheta \qquad (n = 0, 1, -1, 2, -2, \ldots). \tag{8}$$

Der Unterschied zum ersten Fall besteht lediglich darin, daß dort die Größen a_n, a_{-n}, wie aus (2) oder aus (6) zu ersehen ist, konjugiert-komplexe Zahlen sind, während das im allgemeinen Falle nicht zutrifft.

Aus (7) lassen sich durch Trennung von Real- und Imaginärteil umgekehrt die gewöhnlichen FOURIER-Reihen für die Funktionen $f_1(\vartheta)$ und $f_2(\vartheta)$ im einzelnen ermitteln. Und zwar erhalten wir mit $a_k = \alpha_k + i\beta_k$ (α_k, β_k reell)

$$\begin{aligned} f_1 + if_2 &= \sum_{k=-\infty}^{+\infty} (\alpha_k + i\beta_k)(\cos k\vartheta + i \sin k\vartheta) \\ &= \sum_{k=-\infty}^{+\infty} (\alpha_k \cos k\vartheta - \beta_k \sin k\vartheta) + i \sum_{k=-\infty}^{+\infty} (\beta_k \cos k\vartheta + \alpha_k \sin k\vartheta) \\ &= \alpha_0 + \sum_{k=1}^{\infty} \{(\alpha_k + \alpha_{-k}) \cos k\vartheta - (\beta_k - \beta_{-k}) \sin k\vartheta\} \\ &\quad + i\beta_0 + i \sum_{k=1}^{\infty} \{(\beta_k + \beta_{-k}) \cos k\vartheta + (\alpha_k - \alpha_{-k}) \sin k\vartheta\} \end{aligned}$$

und demnach

$$f_1(\vartheta) = \frac{1}{2} A_0 + \sum_{k=1}^{\infty} (A_k \cos k\vartheta + B_k \sin k\vartheta),$$

$$f_2(\vartheta) = \frac{1}{2} A_0' + \sum_{k=1}^{\infty} (A_k' \cos k\vartheta + B_k' \sin k\vartheta)$$

mit

$$\frac{1}{2} A_0 = \alpha_0, \quad A_k = \alpha_k + \alpha_{-k}, \quad B_k = -\beta_k + \beta_{-k},$$

$$\frac{1}{2} A_0' = \beta_0, \quad A_k' = \beta_k + \beta_{-k}, \quad B_k' = \alpha_k - \alpha_{-k} \quad (k = 1, 2, 3, \ldots).$$

Hieraus folgt nebenbei bemerkt, daß die Entwicklung vom Typ (7) nur in einer Weise möglich ist, denn das gilt bekanntlich für gewöhnliche FOURIER-Reihen (durch Vorgabe der gewöhnlichen FOURIER-Koeffizienten sind, wie aus den vorigen Gleichungen ersichtlich ist, alle Koeffizienten α_k, β_k eindeutig bestimmt).

3.1.2. Konvergenzcharakter der Fourierreihen

Wir bringen zunächst einen einfachen Satz über die Konvergenz der FOURIER-Reihen in Erinnerung:

Wenn die Funktion $f(\vartheta)$ im Intervall $0 \leqq \vartheta \leqq 2\pi$ stetig[1]) ist und stetige Ableitungen bis zur Ordnung $\nu - 1$ hat, während die ν-te Ableitung im selben Intervall den DIRICHLETschen Bedingungen[2]) genügt, so gelten für die Koeffizienten α_k, β_k der FOURIER-Reihe (1) in 3.1.1. die Ungleichungen

$$|\alpha_k| < \frac{C}{k^{\nu+1}}, \quad |\beta_k| < \frac{C}{k^{\nu+1}} \quad (k = 1, 2, \ldots), \tag{1}$$

wobei C eine positive Konstante ist[3]).

Daraus folgt offensichtlich, daß die Koeffizienten a_k der komplexen FOURIER-Reihe (7) in 3.1.1. den Ungleichungen

$$|a_k| < \frac{C}{|k|^{\nu+1}} \quad (k = \pm 1, \pm 2, \ldots) \tag{2}$$

genügen, wenn $f_1(\vartheta)$ und $f_2(\vartheta)$ die oben genannten Bedingungen befriedigen. Schon für $\nu = 1$, d. h., wenn die erste Ableitung der Funktion den DIRICHLETschen Bedingungen genügt, ergibt sich

$$|\alpha_k| < \frac{C}{k^2}, \quad |\beta_k| < \frac{C}{k^2}.$$

Hieraus folgt, daß die FOURIER-Reihe für $f(\vartheta)$ absolut und gleichmäßig konvergiert[4]); denn es gilt

$$|\alpha_k \cos k\vartheta + \beta_k \sin k\vartheta| \leqq |\alpha_k| + |\beta_k| < \frac{2C}{k^2};$$

und demnach sind die Glieder der Reihe (1) dem absoluten Betrage nach kleiner als die positiven, von ϑ unabhängigen Glieder der konvergenten Reihe

$$\sum_{k=1}^{\infty} \frac{2C}{k^2} = 2C \sum_{k=1}^{\infty} \frac{1}{k^2}.$$

---

[1]) Wenn wir sagen, daß die Funktion im Intervall $0 \leqq \vartheta \leqq 2\pi$ stetig ist, dann wollen wir darunter auch verstehen (zur Abkürzung der Sprechweise), daß ihre Werte in den Endpunkten des Intervalles übereinstimmen.

[2]) Das im weiteren Gesagte bleibt richtig, wenn die ν-te Ableitung lediglich von beschränkter Schwankung ist.

[3]) Beweis s. beispielsweise im Lehrbuch von W. I. SMIRNOW [1] Bd. II.

[4]) Die gleichmäßige Konvergenz wird schon durch die Stetigkeit und die beschränkte Schwankung der Funktion $f(\vartheta)$ gewährleistet (die beschränkte Schwankung kann durch die DIRICHLETschen Bedingungen ersetzt werden).

3.2. Lösung für Gebiete mit Kreisrand

3.2.1. Lösung des I. Problems für den Kreis [1])

Wir wählen als Koordinatenursprung den Mittelpunkt eines Kreises mit dem Radius R. Es seien $\overset{n}{\sigma}_x$, $\overset{n}{\sigma}_y$ die vorgegebenen Komponenten der an der Peripherie L dieses Kreises angreifenden äußeren Spannungen. Wir setzen diese Komponenten als stetig (und eindeutig) auf L voraus und fassen sie als Funktionen des Polwinkels ϑ auf, der wie die Bogenlänge s von der positiven x-Achse aus gemessen wird.
Gemäß (3) in 2.2.13. setzen wir

$$f_1 + \mathrm{i}f_2 = \mathrm{i}\int_0^s \left(\overset{n}{\sigma}_x + \mathrm{i}\overset{n}{\sigma}_y\right) \mathrm{d}s = \mathrm{i}R\int_0^\vartheta \left(\overset{n}{\sigma}_x + \mathrm{i}\overset{n}{\sigma}_y\right) \mathrm{d}\vartheta. \tag{1}$$

Bekanntlich ist für die Existenz einer regulären Lösung notwendig, daß die Funktionen f_1 und f_2 auf L stetig und eindeutig sind (s. 2.2.13.2.), d. h., es muß

$$\int_0^{2\pi} \left(\overset{n}{\sigma}_x + \mathrm{i}\overset{n}{\sigma}_y\right) \mathrm{d}\vartheta = 0 \tag{2}$$

(Bedingung für das Verschwinden des resultierenden Vektors) gelten.
Die Bedingung für das Verschwinden des resultierenden Momentes (2.2.13.)

$$\int_L (f_1 \mathrm{d}x + f_2 \mathrm{d}y) = 0$$

lautet in unserem Falle

$$\int_0^{2\pi} (-f_1 \sin\vartheta + f_2 \cos\vartheta)\, \mathrm{d}\vartheta = 0. \tag{3}$$

Die Gln. (2) und (3) betrachten wir als erfüllt.
Die Randbedingung (2) in 2.2.13. läßt sich mit const = 0 wie folgt schreiben

$$\varphi(z) + z\overline{\varphi'(z)} + \overline{\psi(z)} = f_1 + \mathrm{i}f_2 \text{ auf } L. \tag{4}$$

Wir wählen hier für die Randpunkte auf L dieselbe Bezeichnung z wie für die inneren Punkte des Gebiets.
Den Ausdruck $f_1 + \mathrm{i}f_2$ können wir in die Reihe

$$f_1 + \mathrm{i}f_2 = \sum_{-\infty}^{+\infty} A_n \mathrm{e}^{\mathrm{i}n\vartheta} \tag{5}$$

entwickeln, deren Koeffizienten nach der Regel aus 3.1.1. zu berechnen sind und als gegeben betrachtet werden. Die Funktionen $\varphi(z)$, $\psi(z)$ müssen bekanntlich im Inneren von L holomorph sein, wobei wir gemäß dem in 2.2.13. Gesagten $\varphi(0) = 0$ setzen können. Also lassen sich die Funktionen $\varphi(z)$ und $\psi(z)$ für $|z| < R$ in Potenzreihen der Gestalt

$$\varphi(z) = \sum_{k=1}^{\infty} a_k z^k, \quad \psi(z) = \sum_{k=0}^{\infty} a_k' z^k \tag{6}$$

entwickeln. In der ersten Reihe fehlt das konstante Glied, da $\varphi(0) = 0$ gesetzt wurde.

---

[1]) Lösungen dieses Problems werden von verschiedenen Autoren angegeben. In 5.2.1. wird eine einfachere, jedoch weniger elementare Lösung gezeigt.

Weiterhin gilt

$$\overline{\varphi'(z)} = \sum_{k=1}^{\infty} k\bar{a}_k \bar{z}^{k-1}, \quad \overline{\psi(z)} = \sum_{k=0}^{\infty} \bar{a}_k' \bar{z}^k. \tag{6'}$$

Unter der Voraussetzung, daß die angeführten Reihen nicht nur innerhalb, sondern auch auf L konvergieren, bekommen wir durch Einsetzen in (4)

$$\sum_{k=1}^{\infty} a_k z^k + z \sum_{k=1}^{\infty} k\bar{a}_k \bar{z}^{k-1} + \sum_{k=0}^{\infty} \bar{a}_k' \bar{z}^k = f_1 + \mathrm{i} f_2 \quad \text{auf } L.$$

Auf der Kreisperipherie L gilt $z = R\mathrm{e}^{\mathrm{i}\vartheta}$, $\bar{z} = R\,\mathrm{e}^{-\mathrm{i}\vartheta}$. Wenn wir diese Ausdrücke in die letzte Gleichung substituieren und berücksichtigen, daß

$$z \sum_{k=1}^{\infty} k\bar{a}_k \bar{z}^{k-1} = \sum_{k=1}^{\infty} k\bar{a}_k R^k \mathrm{e}^{-(k-2)\mathrm{i}\vartheta} = \bar{a}_1 R\mathrm{e}^{\mathrm{i}\vartheta} + \sum_{k=0}^{\infty} (k+2)\,\bar{a}_{k+2} R^{k+2} \mathrm{e}^{-k\mathrm{i}\vartheta}$$

ist, erhalten wir unter Beachtung von (5)

$$\sum_{k=1}^{\infty} a_k R^k \mathrm{e}^{\mathrm{i}k\vartheta} + \bar{a}_1 R\,\mathrm{e}^{\mathrm{i}\vartheta} + \sum_{k=0}^{\infty} (k+2)\,\bar{a}_{k+2} R^{k+2}\,\mathrm{e}^{-\mathrm{i}k\vartheta} + \sum_{k=0}^{\infty} \bar{a}_k' R^k\,\mathrm{e}^{-\mathrm{i}k\vartheta} = \sum_{-\infty}^{+\infty} A_k \mathrm{e}^{\mathrm{i}k\vartheta}.$$

Daraus ergibt sich durch Koeffizientenvergleich bei $\mathrm{e}^{\mathrm{i}\vartheta}$

$$a_1 R + \bar{a}_1 R = A_1, \quad a_1 + \bar{a}_1 = \frac{A_1}{R}, \tag{7}$$

bei $\mathrm{e}^{\mathrm{i}n\vartheta}$ $(n > 1)$

$$a_n R^n = A_n \; (n > 1) \tag{7'}$$

und bei $\mathrm{e}^{-\mathrm{i}n\vartheta}$ $(n \geqq 0)$

$$(n+2)\,\bar{a}_{n+2} R^{n+2} + R^n \bar{a}_n' = A_{-n} \; (n \geqq 0). \tag{8}$$

Die Gl. (7) gilt wegen $a_1 + \bar{a}_1 = 2 \operatorname{Re} a_1$ nur, wenn A_1 reell ist. Für die Existenz einer Lösung unseres Problems ist also notwendig, daß

$$A_1 = \text{reelle Größe} \tag{9}$$

ist. Die Bedeutung dieser Bedingung erläutern wir später.
Wenn diese Bedingung erfüllt ist, läßt sich der Realteil des Koeffizienten a_1 aus der Gleichung

$$\operatorname{Re} a_1 = \alpha_1 = \frac{A_1}{2R} \tag{10}$$

ermitteln. Der Imaginärteil des Koeffizienten a_1 bleibt, wie zu erwarten war, unbestimmt, denn er stellt den Imaginärteil von $\varphi'(0)$ dar, den wir willkürlich festlegen, also z. B. Null setzen können (s. 2.2.13.).
Weiterhin ergibt sich für die Koeffizienten $a_n (n > 1)$ nach (7′)

$$a_n = \frac{A_n}{R^n} \quad (n > 1), \tag{11}$$

und für die Koeffizienten $a_n' (n \geqq 0)$ nach Gl. (8) (in der alle Größen durch ihre konjugierten zu ersetzen sind)

$$a_n' = \frac{A_{-n}}{R^n} - (n+2)\,a_{n+2} R^2 = \frac{\bar{A}_{-n}}{R^n} - (n+2)\frac{A_{n+2}}{R^n} \quad (n \geqq 0). \tag{12}$$

Damit haben wir sämtliche Koeffizienten der Entwicklung (6) bestimmt. Nun ist noch zu zeigen, daß die gefundenen Reihen für $\varphi(z)$, $\psi(z)$ tatsächlich den Bedingungen der Aufgabe genügen.

Bevor wir uns dieser Frage zuwenden, erläutern wir noch den Sinn der Bedingung (9): Es gilt (s. 3.1.1.)

$$2\pi A_1 = \int_0^{2\pi} (f_1 + \mathrm{i} f_2) \mathrm{e}^{-\mathrm{i}\vartheta} \mathrm{d}\vartheta = \int_0^{2\pi} (f_1 \cos\vartheta + f_2 \sin\vartheta) \,\mathrm{d}\vartheta + \mathrm{i} \int_0^{2\pi} (f_2 \cos\vartheta - f_1 \sin\vartheta) \,\mathrm{d}\vartheta .$$

Demnach führt (9) auf die Gl. (3) und besagt, daß das resultierende Moment der äußeren Kräfte verschwinden muß. Es bleibt noch zu klären, ob die gefundenen Reihen für $\varphi(z)$ und $\psi(z)$ tatsächlich alle Bedingungen des Problems befriedigen. Wir geben auf diese Frage eine positive Antwort und beschränken uns der Einfachheit halber auf den Fall, daß die Funktionen $\overset{n}{\sigma}_x$ und $\overset{n}{\sigma}_y$ stetig sind und daß ihre ersten Ableitungen den DIRICHLETschen Bedingungen[1]) genügen.

Es läßt sich leicht zeigen, daß die Reihen

$$\varphi(z) = \sum_{k=1}^{\infty} a_k z^k, \quad \varphi'(z) = \sum_{k=1}^{\infty} k a_k z^{k-1}, \quad \psi(z) = \sum_{k=0}^{\infty} a_k' z^k$$

unter diesen Voraussetzungen auf dem Kreis L und folglich im Inneren von L absolut und gleichmäßig konvergieren.

Demnach sind die Funktionen φ, ψ, φ' stetig bis hin zum Rand, und die gefundene Lösung ist regulär.

Um die Konvergenz der ebengenannten Reihen auf L nachzuweisen, betrachten wir die aus den Moduln ihrer Glieder für $|z| = R$ gebildeten Reihen

$$\Sigma \, |a_k| \, R^k, \quad \Sigma \, k \, |a_k| \, R^{k-1}, \quad \Sigma \, |a_k'| \, R^k. \tag{a}$$

Da die ersten Ableitungen von $\overset{n}{\sigma}_x$ und $\overset{n}{\sigma}_y$ den DIRICHLETschen Bedingungen genügen, haben die Funktionen f_1 und f_2 zweite Ableitungen, für die ebenfalls die DIRICHLETschen Bedingungen erfüllt sind. Somit ergibt sich nach dem in 3.1.2. Gesagten

$$|A_k| < \frac{C}{k^3}, \quad |A_{-k}| < \frac{C}{k^3} \quad (k = 1, 2, \ldots),$$

wobei C eine gewisse Konstante bezeichnet.

Unter Benutzung dieser Ungleichung erhalten wir gemäß (11) und (12)

$$|a_k| \, R^k < \frac{C}{k^3}, \quad k \, |a_k| \, R^{k-1} = \frac{C'}{k^2}, \quad |a_k'| \, R^k < \frac{C''}{k^2},$$

wobei C' und C'' gewisse Konstanten sind. Hieraus folgt unmittelbar die Konvergenz der Reihen (a) und folglich die absolute und gleichmäßige Konvergenz der Reihen für φ, φ', ψ.

Bemerkung

Bei der Formulierung der Randbedingung hätten wir statt von (2) in 2.2.13. von (23) in 2.2.13. ausgehen können. Wir überlassen es dem Leser, dies nachzuprüfen (vgl. 3.2.3., wo das analoge Problem in dieser Weise gelöst wird).

---

[1]) Die Brauchbarkeit der Lösung läßt sich auch unter etwas allgemeineren Voraussetzungen zeigen. Wir wollen aber darauf nicht näher eingehen.

3.2.2. Lösung des II. Problems für den Kreis [1])

Aus Bedingung (1) in 2.2.13. erhalten wir

$$\varkappa\varphi(z) - z\overline{\varphi'(z)} - \overline{\psi(z)} = 2\mu(g_1 + ig_2) \quad \text{auf } L. \tag{1}$$

Wenn wir den gegebenen Ausdruck $2\mu(g_1 + ig_2)$ in eine komplexe FOURIER-Reihe

$$2\mu(g_1 + ig_2) = \sum_{k=-\infty}^{+\infty} A_k e^{ik\vartheta} \tag{2}$$

entwickeln und die Reihen (6) des vorigen Abschnittes in (1) einsetzen, ergibt sich

$$\varkappa \sum_{k=1}^{\infty} a_k R^k e^{ik\vartheta} - \bar{a}_1 R e^{i\vartheta} - \sum_{k=0}^{\infty} (k+2)\, \bar{a}_{k+2} R^{k+2} e^{-ik\vartheta} - \sum_{k=0}^{\infty} \bar{a}'_k R^k e^{-ik\vartheta} = \sum_{-\infty}^{+\infty} A_k e^{ik\vartheta}$$

und damit (vgl. den vorigen Abschnitt)

$$R(\varkappa a_1 - \bar{a}_1) = A_1, \tag{3}$$

$$\varkappa a_n R^n = A_n \quad (n > 1), \qquad -(n+2)\, \bar{a}_{n+2} R^{n+2} - \bar{a}'_n R^n = A_{-n} \quad (n \geqq 0). \tag{4}$$

Durch diese Formeln werden alle Koeffizienten bestimmt; a_1 läßt sich im Gegensatz zum vorigen Abschnitt aus Gl. (3) eindeutig ermitteln[2]); denn aus dieser Gleichung und der durch Übergang zu den konjugierten Werten entstehenden folgt

$$\varkappa a_1 - \bar{a}_1 = \frac{A_1}{R}, \quad \varkappa \bar{a}_1 - a_1 = \frac{\bar{A}_1}{R}$$

und damit

$$a_1 = \frac{\varkappa A_1 + \bar{A}_1}{(\varkappa^2 - 1) R}$$

(wir erinnern, daß stets $\varkappa > 1$ ist).

Wie im vorigen Abschnitt kann man leicht zeigen, daß die gefundenen Reihen tatsächlich die Bedingungen des Problems befriedigen, wenn die Funktionen g_1 und g_2 Ableitungen zweiter Ordnung haben, die den DIRICHLETschen Bedingungen genügen.

3.2.3. Lösung des I. Problems für die unendliche Ebene mit Kreisloch [3])

Wir könnten hier analog zu 3.2.1. vorgehen, doch der Abwechslung halber benutzen wir diesmal die Randbedingung (23) in 2.2.13.

Den Koordinatenursprung legen wir in den Mittelpunkt des Kreisloches mit dem Radius R. Dann erhalten wir mit den Bezeichnungen aus 2.2.11.[4])

$$\sigma_r - i\tau_{r\vartheta} = \sigma_n - i\tau_n \quad \text{auf dem Lochrand,} \tag{1}$$

---

[1]) In 5.2.3. wird eine andere Lösung angegeben.

[2]) Dies war zu erwarten, da der Imaginärteil von $\varphi'(0)$ beim II. Problem nicht willkürlich festgelegt werden darf.

[3]) In 5.2.4. wird dieses Problem mit einer anderen Methode für den allgemeineren Fall des elliptischen Loches gelöst. S. a. 5.2.12.

[4]) Die Richtigkeit der Gl. (1), d. h. der Gleichungen

$$\sigma_r = \sigma_n, \quad \tau_{r\vartheta} = \tau_n,$$

läßt sich leichter nachweisen. Die Definition der Spannungen σ_r und $\tau_{r\vartheta}$ ist in 2.2.11. angegeben. Es ist zu beachten, daß die Achsen (r) und (ϑ) die entgegengesetzte Richtung von n und t haben, dafür beziehen sich jedoch σ_r und $\tau_{r\vartheta}$ auf die der positiven n-Richtung entgegengesetzte Seite.

dabei sind σ_n und τ_n (s. 2.2.13.6.) die Projektionen der an L angreifenden äußeren Spannungen auf die äußere (d. h. zum Mittelpunkt des Loches gerichtete) Normale bzw. auf die von der positiven Normalenrichtung aus nach links zeigende Tangente t.
Die Bedingung (23) in 2.2.13. kann unmittelbar aus Gl. (5) in 2.2.11. gewonnen werden und lautet[1])

$$\Phi(z) + \overline{\Phi(z)} - e^{2i\vartheta}\big(\bar{z}\Phi'(z) + \Psi(z)\big) = \sigma_n - i\tau_n \quad \text{auf } L. \tag{2}$$

Wir wenden uns nun den Gln. (4), (5) und (7) in 2.2.8. zu. In unserem Falle ist die Entwicklung (7) aus 2.2.8. im gesamten Gebiet S, d. h. außerhalb des Kreises L möglich (vgl. Bemerkung zu 2.2.8.).
Durch Differentiation der genannten Formeln erhalten wir für $\Phi(z) = \varphi'(z)$ und $\Psi(z) = \psi'(z)$ folgende Reihen:

$$\Phi(z) = \sum_{k=0}^{\infty} a_k z^{-k}, \quad \Psi(z) = \sum_{k=0}^{\infty} a'_k z^{-k}. \tag{3}$$

Hierbei haben die Koeffizienten eine von der in 2.2.8. abweichende Bedeutung, insbesondere ist

$$a_0 = \Gamma = B, \quad a'_0 = \Gamma' = B' + iC' \tag{4}$$

$$a_1 = -\frac{X + iY}{2\pi(1 + \varkappa)}, \quad a'_1 = \frac{\varkappa(X - iY)}{2\pi(1 + \varkappa)}. \tag{5}$$

Wir setzen Im $\Gamma = 0$, wozu wir berechtigt sind. Die Gln. (5) benötigen wir für die Lösung des Problems nicht. Statt dessen benutzen wir die Eindeutigkeitsbedingung für die Verschiebungen, sie lautet in unserem Falle[2])

$$\varkappa a_1 + \bar{a}'_1 = 0. \tag{6}$$

Durch Einsetzen der Reihen (3) in (2) erhalten wir nach einfachen Umformungen (vgl. 3.2.1.) unter der Annahme, daß die Reihen auf L konvergieren,

$$\sum_{k=0}^{\infty} \frac{1+k}{R^k} a_k e^{-ik\vartheta} + \sum_{k=0}^{\infty} \frac{a_k}{R^k} e^{ik\vartheta} - a'_0 e^{2i\vartheta} - \frac{a'_1}{R} e^{i\vartheta} - \sum_{k=0}^{\infty} \frac{a'_{k+2}}{R^{k+2}} e^{-ik\vartheta} = \sigma_n - i\tau_n \quad \text{auf } L. \tag{7}$$

Die auf L vorgegebene Funktion $\sigma_n - i\tau_n$ entwickeln wir in die komplexe Fourier-Reihe

$$\sigma_n - i\tau_n = \sum_{k=-\infty}^{+\infty} A_k e^{ik\vartheta} \tag{8}$$

und setzen diese in (7) ein.
Damit erhalten wir durch Vergleich der konstanten Glieder und der Koeffizienten bei $e^{i\vartheta}$, $e^{2i\vartheta}$

$$2a_0 - \frac{a'_2}{R^2} = A_0, \quad \frac{\bar{a}_1}{R} - \frac{a'_1}{R} = A_1, \quad \frac{\bar{a}_2}{R^2} - a'_0 = A_2, \tag{9}$$

bei $e^{in\vartheta}$ $(n \geqq 3)$

$$\frac{\bar{a}_n}{R^n} = A_n \quad (n \geqq 3) \tag{10}$$

---

[1]) In Gl. (23) aus 2.2.13. steht $e^{2i\alpha}$ statt $e^{2i\vartheta}$, wobei $\alpha = \vartheta \pm \pi$ der Winkel zwischen n und der x-Achse ist. Es gilt jedoch $e^{2i\vartheta} = e^{2i\alpha}$, da $e^{\pm 2\pi i} = 1$ ist.

[2]) S. Gl. (7) in 2.2.7. Die dort mit γ_k und γ'_k bezeichneten Größen beziehen sich auf die Kurve L_k. Wir haben jedoch jetzt nur eine Kurve $L = L_1$ vorliegen. Die Größen γ_1 und γ'_1 sind hier mit a_1 und a'_1 bezeichnet.

und schließlich bei $e^{-in\vartheta}$ $(n \geqq 1)$

$$\frac{1+n}{R^n} a^n - \frac{a'_{n+2}}{R^{n+2}} = A_{-n} \quad (n \geqq 1). \tag{11}$$

Aus Gl. (10) werden die Koeffizienten a_n (von a_3 an) bestimmt:

$$\bar{a}_n = A_n R^n \quad (n \geqq 3). \tag{12}$$

Weiterhin wissen wir, daß

$$a_0 = \Gamma, \quad a'_0 = \Gamma' \tag{4'}$$

ist, wobei Γ, Γ' vorgegebene Größen sind, die die Spannungsverteilung im Unendlichen charakterisieren. Also wird a_2 durch die letzte Gleichung aus (9) definiert:

$$a_2 = \bar{\Gamma}' R^2 + \bar{A}_2 R^2. \tag{13}$$

Zur Bestimmung von a_1 und a'_1 benutzen wir die Gl. (6), sie liefert zusammen mit der zweiten Gleichung aus (9)

$$a_1 = \frac{\bar{A}_1 R}{1+\varkappa}, \quad a'_1 = -\frac{\varkappa A_1 R}{1+\varkappa}. \tag{14}$$

Nach der ersten Gleichung aus (9) gilt

$$a'_2 = 2\Gamma R^2 - A_0 R^2, \tag{15}$$

und schließlich erhalten wir nach (11) die Koeffizienten a'_n von a'_3 an:

$$a'_n = (n-1) R^2 a_{n-2} - R^n A_{-n+2} \; (n \geqq 3). \tag{16}$$

Damit sind alle Koeffizienten bestimmt.

Mit Hilfe elementarer Überlegungen läßt sich wie in 3.2.1. zeigen, daß die für $\Phi(z)$, $\Phi'(z)$, $\Psi(z)$ erhaltenen Reihen auf L (und folglich auch außerhalb von L) absolut und gleichmäßig konvergieren, wenn die zweiten Ableitungen der Funktionen σ_n und τ_n den DIRICHLETschen Bedingungen genügen. Daraus folgt unmittelbar, daß sie eine Lösung des Problems liefern.

Bemerkung:

Wenn wir nicht von der Randbedingung (2), sondern von der Bedingung (2) in 2.2.13. ausgegangen wären, hätten wir für $\varphi(z)$, $\psi(z)$ Reihen erhalten, die, wie sich analog zu 3.2.1. zeigen läßt, das Problem lösen, falls die *ersten* Ableitungen von $\overset{n}{\sigma}_x$ und $\overset{n}{\sigma}_y$ den DIRICHLETschen Bedingungen genügen. Demnach müssen wir den gegebenen Funktionen bei Benutzung der Randbedingung (23) in 2.2.13. [Gl. (2) des vorliegenden Abschnittes] stärker einschränkende Bedingungen auferlegen als bei Verwendung der Bedingung (2) in 2.2.13. Jedoch ist diese zusätzliche Beschränkung offenbar nicht im Wesen der Sache, sondern in der elementaren Beweismethode für die Brauchbarkeit der Lösung begründet. In der Tat läßt sich leicht verifizieren, daß sich ausgehend von den Bedingungen (2) in 2.2.13. Reihen für $\varphi(z)$, $\psi(z)$ finden lassen, die einer gliedweisen Integration der im vorliegenden Abschnitt gewonnenen Reihen für $\Phi(z)$, $\Psi(z)$ entsprechen.

Da aber $\varphi(z)$, $\psi(z)$ die Bedingungen des Problems befriedigen, liefern offensichtlich auch die Funktionen $\Phi(z) = \varphi'(z)$, $\Psi(z) = \psi'(z)$ eine Lösung.

3.2.4. Beispiele

3.2.4.1. Ebene mit Kreisloch unter einachsigem Zug

Der Rand des Kreisloches sei frei von äußeren Spannungen, und im Unendlichen wirke die Zugspannung p in Richtung der x-Achse:

$$\sigma_x^{(\infty)} = p, \ \sigma_y^{(\infty)} = \tau_{xy}^{(\infty)} = 0,$$

dann gilt gemäß (10) in 2.2.8. (nach Voraussetzung ist $C = 0$)

$$\Gamma = \frac{p}{4}, \quad \Gamma' = -\frac{p}{2}. \tag{1}$$

Auf dem Rand ist $\sigma_n - \mathrm{i}\tau_n = 0$. Demnach müssen wir in den Gleichungen aus 3.2.3. für alle k $A_k = 0$ setzen. Auf diese Weise ergibt sich aus (12) und (16) in 3.2.3.

$$a_n = 0 \quad (n \geqq 3); \quad a_n' = 0 \quad (n \geqq 5).$$

Weiterhin folgt aus den Gln. (4), (13), (14), (15), (16) in 3.2.3.

$$a_0 = \frac{p}{4}, \quad a_0' = -\frac{p}{2}, \quad a_1 = a_1' = 0, \quad a_2 = -\frac{p}{2}R^2,$$

$$a_2' = \frac{p}{2}R^2, \quad a_3' = 0, \quad a_4' = -\frac{3pR^2}{2}$$

und schließlich

$$\Phi(z) = \frac{p}{4}\left(1 - \frac{2R^2}{z^2}\right), \quad \Psi(z) = -\frac{p}{2}\left(1 - \frac{R^2}{z^2} + \frac{3R^4}{z^4}\right). \tag{2}$$

Damit ist das Problem gelöst[1]).

Wir geben nun noch die entsprechenden Spannungskomponenten in Polarkoordinaten an. Die Gl. (4) in 2.2.11. liefert mit $z = r\,\mathrm{e}^{\mathrm{i}\vartheta}$:

$$\begin{aligned}
\sigma_r + \sigma_\vartheta &= 4\mathrm{Re}\Phi(z) = p\mathrm{Re}\left(1 - \frac{2R^2}{r^2}\mathrm{e}^{-2\mathrm{i}\vartheta}\right) = p\left(1 - \frac{2R^2}{r^2}\cos 2\vartheta\right),\\
\sigma_\vartheta - \sigma_r + 2\mathrm{i}\tau_{r\vartheta} &= 2[\bar{z}\Phi'(z) + \Psi(z)]\,\mathrm{e}^{2\mathrm{i}\vartheta}\\
&= p\left\{\frac{2R^2}{r^2}\mathrm{e}^{-2\mathrm{i}\vartheta} - \mathrm{e}^{2\mathrm{i}\vartheta} + \frac{R^2}{r^2} - \frac{3R^4}{r^4}\mathrm{e}^{-2\mathrm{i}\vartheta}\right\}.
\end{aligned} \tag{3}$$

Hieraus ergibt sich durch Trennung von Real- und Imaginärteil

$$\left.\begin{aligned}
\sigma_r &= \frac{p}{2}\left(1 - \frac{R^2}{r^2}\right) + \frac{p}{2}\left(1 - \frac{4R^2}{r^2} + 3\frac{R^4}{r^4}\right)\cos 2\vartheta,\\
\sigma_\vartheta &= \frac{p}{2}\left(1 + \frac{R^2}{r^2}\right) - \frac{p}{2}\left(1 + \frac{3R^4}{r^4}\right)\cos 2\vartheta,\\
\tau_{r\vartheta} &= -\frac{p}{2}\left(1 + \frac{2R^2}{r^2} - 3\frac{R^4}{r^4}\right)\sin 2\vartheta.
\end{aligned}\right\} \tag{4}$$

---

[1]) Dieses Problem wurde erstmalig von KIRSCH (Zeitschr. d. Verein. dt. Ing. 1898) auf völlig anderem Wege gelöst. S. a. die Lösung von KOLOSOW [1] S. 20 bis 24. In 5.2.5. geben wir die Lösung für das elliptische Loch an.

Auf dem Lochrand (d. h. für $r = R$) gilt, wie zu erwarten war,

$$\sigma_r = \tau_{r\vartheta} = 0$$

und weiterhin

$$\sigma_\vartheta = p(1 - 2\cos 2\vartheta) \quad \text{auf } L.$$

Die Maximalwerte von σ_ϑ treten bei $\cos 2\vartheta = -1$, d. h. für $\vartheta = \pm\pi/2$ auf. Sie sind gleich

$$\sigma_{\vartheta\,\max} = 3p,$$

also gleich dem *dreifachen Werte der Zugspannung im Unendlichen.* Um die Verschiebungen zu ermitteln, berechnen wir zunächst die Funktionen

$$\varphi(z) = \int \Phi(z)\,\mathrm{d}z, \quad \psi(z) = \int \Psi(z)\,\mathrm{d}z.$$

Nach Weglassen der unwesentlichen Konstanten bekommen wir

$$\varphi(z) = \frac{p}{4}\left(z + \frac{2R^2}{z}\right), \quad \psi(z) = -\frac{p}{2}\left(z + \frac{R^2}{z} - \frac{R^4}{z^3}\right). \tag{2'}$$

Damit ergibt sich nach (3) in 2.2.11.

$$2\mu(v_r + \mathrm{i}v_\vartheta) = \mathrm{e}^{-\mathrm{i}\vartheta}\left[\varkappa\varphi(z) - z\overline{\varphi'(z)} - \overline{\psi(z)}\right]$$

$$= \frac{p}{4}\left\{(\varkappa - 1)\,r + \varkappa\frac{2R^2}{r}\mathrm{e}^{-2\mathrm{i}\vartheta} + \frac{2R^2}{r}\mathrm{e}^{2\mathrm{i}\vartheta} + 2r\,\mathrm{e}^{-2\mathrm{i}\vartheta} + \frac{2R^2}{r} - \frac{2R^4}{r^3}\mathrm{e}^{2\mathrm{i}\vartheta}\right\},$$

und durch Trennung von Real- und Imaginärteil

$$v_r = \frac{p}{8\mu r}\left\{(\varkappa - 1)\,r^2 + 2R^2 + 2\left[R^2(\varkappa + 1) + r^2 - \frac{R^4}{r^2}\right]\cos 2\vartheta\right\},$$

$$v_\vartheta = -\frac{p}{4\mu r}\left\{R^2(\varkappa - 1) + r^2 + \frac{R^4}{r^2}\right\}\sin 2\vartheta.$$

3.2.4.2. Allseitiger Zug

Noch einfacher läßt sich das Problem für die Ebene mit Kreisloch unter allseitigem Zug lösen, wenn also im Unendlichen

$$\sigma_x^{(\infty)} = \sigma_y^{(\infty)} = p, \quad \tau_{xy}^{(\infty)} = 0$$

gilt. In diesem Falle erhalten wir nach (10) in 2.2.8.

$$\Gamma = \frac{p}{2}, \quad \Gamma' = 0.$$

Analog zum vorigen Beispiel ist

$$a_0 = \frac{p}{2}, \quad a_2' = pR^2,$$

während alle übrigen Koeffizienten der Reihenentwicklung von $\Phi(z)$, $\Psi(z)$ verschwinden. Damit ist

$$\Phi(z) = \frac{p}{2}, \quad \Psi(z) = \frac{pR^2}{z^2} \tag{5}$$

und

$$\varphi(z) = \frac{p}{2} z, \quad \psi(z) = -\frac{pR^2}{z}. \tag{5'}$$

Die Spannungen und Verschiebungen werden analog zum vorigen Beispiel nach den Gln. (3) und (4) in 2.2.11. berechnet:

$$\sigma_r = p\left(1 - \frac{R^2}{r^2}\right), \quad \sigma_\vartheta = p\left(1 + \frac{R^2}{r^2}\right), \quad \tau_{r\vartheta} = 0, \tag{6}$$

$$v_r = \frac{p}{4\mu r}\left[(\varkappa - 1) r^2 + 2R^2\right], \quad v_\vartheta = 0. \tag{6'}$$

Diese Lösung hätten wir unmittelbar aus der des vorigen Beispiels durch Überlagerung eines einachsigen Zuges in x-Richtung und eines in y-Richtung gewinnen können.

3.2.4.3. Kreisloch unter gleichmäßiger Normalspannung

Wir betrachten nun den Fall, daß der Lochrand unter einem gleichmäßigen Druck p steht, während die Spannungen im Unendlichen verschwinden. Hierbei gilt

$$\sigma_n = -p, \quad \tau_n = 0, \quad \Gamma = \Gamma' = 0.$$

In Gl. (8) aus 3.2.3. ist

$$A_0 = -p, \quad A_k = 0 \quad (k \neq 0).$$

Damit erhalten wir nach den Gleichungen aus 3.2.3.

$$a_2' = pR^2.$$

Alle übrigen Koeffizienten der Reihen für Φ und Ψ verschwinden. Also gilt

$$\Phi(z) = 0, \ \Psi(z) = \frac{pR^2}{z^2}, \quad \varphi(z) = 0, \quad \psi(z) = -\frac{pR^2}{z}, \tag{7}$$

und folglich ist

$$\sigma_r = -\frac{pR^2}{r^2}, \quad \sigma_\vartheta = \frac{pR^2}{r^2}, \quad \tau_{r\vartheta} = 0,$$
$$v_r = \frac{pR^2}{2\mu r}, \quad v_\vartheta = 0. \tag{7'}$$

3.2.4.4. Unendliche Ebene mit Einzelkraft

Im Unendlichen seien die Spannungen gleich Null ($\Gamma = \Gamma' = 0$).
Die am Rand des Kreisloches angreifenden Spannungen seien nach Größe und Richtung konstant:

$$\overset{n}{\sigma}_x = \frac{X}{2\pi R}, \quad \overset{n}{\sigma}_y = \frac{Y}{2\pi R}. \tag{8}$$

Dabei stellt $(X, Y) = \text{const}$ den resultierenden Vektor der äußeren Kräfte dar.
Unter diesen Voraussetzungen lassen sich die Normalspannung σ_n und die Schubspannung τ_n aus den Gleichungen[1])

$$\sigma_n = -\frac{1}{2\pi R}(X \cos\vartheta + Y \sin\vartheta), \quad \tau_n = -\frac{1}{2\pi R}(-X \sin\vartheta + Y \cos\vartheta)$$

[1]) Es ist zu beachten, daß die Normale n an die Randkurve zum Mittelpunkt zeigt, sie bildet also mit der x-Achse den Winkel $\vartheta \pm \pi$.

bestimmen, und es gilt

$$\sigma_r - \mathrm{i}\,\tau_{r\vartheta} = \sigma_n - \mathrm{i}\tau_n = -\frac{1}{2\pi R}(X - \mathrm{i}Y)\,\mathrm{e}^{\mathrm{i}\vartheta} \quad \text{auf dem Rand.}$$

Also ist in Gl. (8) aus 3.2.3. nur ein Koeffizient verschieden von Null:

$$A_1 = -\frac{X - \mathrm{i}Y}{2\pi R},$$

und nach den Gln. (14) und (16) in 3.2.3. (für $n = 3$) erhalten wir

$$a_1 = -\frac{X + \mathrm{i}Y}{2\pi(1 + \varkappa)}, \quad a_1' = \frac{\varkappa(X - \mathrm{i}Y)}{2\pi(1 + \varkappa)}, \quad a_3' = -R^2\,\frac{X + \mathrm{i}Y}{\pi(1 + \varkappa)}.$$

Alle anderen Koeffizienten a_n und a_n' verschwinden. Unser Problem wird also durch die Funktionen

$$\Phi(z) = -\frac{X + \mathrm{i}Y}{2\pi(1 + \varkappa)}\,\frac{1}{z}, \quad \Psi(z) = \frac{\varkappa(X - \mathrm{i}Y)}{2\pi(1 + \varkappa)}\,\frac{1}{z} - \frac{X - \mathrm{i}Y}{\pi(1 + \varkappa)}\,\frac{R^2}{z^3}.$$

gelöst.

Wir lassen nun den Radius des Loches gegen Null streben, dabei soll die Spannung $(\overset{n}{\sigma}_x, \overset{n}{\sigma}_y)$ derart unbeschränkt wachsen, daß der resultierende Vektor (X, Y) unverändert bleibt. Die vorigen Gleichungen lauten dann

$$\Phi(z) = -\frac{X + \mathrm{i}Y}{2\pi(1 + \varkappa)}\,\frac{1}{z}, \quad \Psi(z) = \frac{\varkappa(X - \mathrm{i}Y)}{2\pi(1 + \varkappa)}\,\frac{1}{z}. \tag{9}$$

In diesem Falle sagen wir: Im Punkt 0 greift die *Einzelkraft* (X, Y) an. Der entsprechende Spannungszustand läßt sich mit Hilfe der Funktionen Φ und Ψ nach Gl. (9) ermitteln. Die Berechnung der Spannungs- und Verschiebungskomponenten bietet keinerlei Schwierigkeiten. Zum Beispiel ergeben sich die Spannungskomponenten in Polarkoordinaten (analog zu den bisherigen Beispielen) aus den Gleichungen

$$\sigma_r = -\frac{\varkappa + 3}{2\pi(\varkappa + 1)}\,\frac{X\cos\vartheta + Y\sin\vartheta}{r}, \quad \sigma_\vartheta = \frac{\varkappa - 1}{2\pi(\varkappa + 1)}\,\frac{X\cos\vartheta + Y\sin\vartheta}{r},$$

$$\tau_{r\vartheta} = \frac{\varkappa - 1}{2\pi(\varkappa + 1)}\,\frac{X\sin\vartheta - Y\cos\vartheta}{r}. \tag{9'}$$

Bemerkung:

Im Falle einer dünnen Scheibe (ebener Spannungszustand) müssen wir in den genannten Gleichungen $\varkappa$ durch

$$\varkappa^* = \frac{3 - \nu}{1 + \nu}$$

ersetzen (s. 2.2.4.), außerdem sind hier unter X, Y die Größen

$$\frac{X^{(0)}}{2h}, \quad \frac{Y^{(0)}}{2h}$$

zu verstehen, wobei $X^{(0)}$ und $Y^{(0)}$ die Komponenten der an der Scheibe angreifenden Einzelkraft sind, während $2h$ die Scheibendicke bezeichnet.

3.2.4.5. Konzentriertes Moment

Wir betrachten nun den Fall, daß am Lochrand eine konstante Schubspannung angreift, während die Spannungen im Unendlichen verschwinden. Dann gilt

$$\sigma_r = 0, \quad \tau_{r\vartheta} = \tau_n \quad \text{auf dem Rand,}$$

und in der Reihe (8) tritt nur $A_0 = -\mathrm{i}\tau_n$ als von Null verschiedener Koeffizient auf. Die Gleichungen aus 3.2.3. liefern

$$a_2' = -A_0 R^2 = \mathrm{i}\tau_n R^2 .$$

Alle anderen Größen a_n und a_n' verschwinden.
Mit

$$\tau_n R^2 = -\frac{M}{2\pi}$$

erhalten wir folglich

$$\Phi(z) = 0, \quad \Psi(z) = -\frac{\mathrm{i}M}{2\pi}\frac{1}{z^2}. \tag{10}$$

M bezeichnet das resultierende Moment der am Lochrand angreifenden äußeren Kräfte in bezug auf den Mittelpunkt.
Wir lassen nun R gegen Null streben, dabei soll τ_n derart unbeschränkt wachsen, daß das Moment M konstant bleibt. In diesem Grenzfalle behalten die Gln. (10) ihre Gültigkeit und beschreiben die Wirkung eines im Koordinatenursprung angreifenden *konzentrierten Momentes* M auf die unendliche Ebene.
Nach einer einfachen Rechnung ergeben sich die Spannungskomponenten zu

$$\sigma_r = \sigma_\vartheta = 0, \quad \tau_{r\vartheta} = -\frac{M}{2\pi r^2}, \tag{11}$$

s. a. die Bemerkung am Ende des vorigen Beispiels.

3.2.5. Einzelkräfte im allgemeinen Falle

In 3.2.4.4. fanden wir die Funktionen Φ und Ψ für eine (im Koordinatenursprung) an einem unbegrenzten Körper angreifende Einzelkraft.
Das Gebiet S möge nun eine beliebige Gestalt haben. Außer Kräften von gewöhnlichem Typ, denen in S holomorphe Funktionen Φ und Ψ entsprechen, soll auf den Körper eine Einzelkraft (X, Y) wirken, die beispielsweise im Punkte $z = 0$ angreift.
Durch Überlagerung erhalten wir für Φ und Ψ in der Nähe des Punktes $z = 0$ [s. Gln. (9) in 3.2.4.]

$$\Phi(z) = -\frac{X + \mathrm{i}Y}{2\pi(1 + \varkappa)}\frac{1}{z} + \Phi_0(z), \quad \Psi(z) = \frac{\varkappa(X - \mathrm{i}Y)}{2\pi(1 + \varkappa)}\frac{1}{z} + \Psi_0(z), \tag{1}$$

wobei Φ_0 und Ψ_0 in der Umgebung des Punktes $z = 0$ holomorphe Funktionen sind.
Wenn die Einzelkraft nicht im Punkte $z = 0$, sondern in dem beliebigen Punkte $z = z_0$ angreift, können wir vorübergehend $z = z_0$ als Ursprung eines Hilfskoordinatensystems wählen; anstelle der Gl. (1) gilt dann

$$\Phi_1(z_1) = -\frac{X + \mathrm{i}Y}{2\pi(1 + \varkappa)}\frac{1}{z_1} + \Phi_1^0(z_1), \quad \Psi_1(z_1) = \frac{\varkappa(X - \mathrm{i}Y)}{2\pi(1 + \varkappa)}\frac{1}{z_1} + \Psi_1^0(z_1),$$

wobei $z_1 = z - z_0$ ist. Wenn wir zum alten System zurückkehren, ergibt sich nach (3) und (4) in 2.2.10.

$$\begin{aligned} \Phi(z) &= -\frac{X + \mathrm{i}Y}{2\pi(1+\varkappa)} \frac{1}{z - z_0} + \Phi_0(z), \\ \Psi(z) &= \frac{\varkappa(X - \mathrm{i}Y)}{2\pi(1+\varkappa)} \frac{1}{z - z_0} - \frac{\bar{z}_0(X + \mathrm{i}Y)}{2\pi(1+\varkappa)} \frac{1}{(z - z_0)^2} + \Psi_0(z). \end{aligned} \tag{2}$$

Mit dem Index 0 sind in der Umgebung des Punktes $z = z_0$ holomorphe Funktionen gekennzeichnet.

Für φ und ψ erhalten wir durch Integration

$$\begin{aligned} \varphi(z) &= -\frac{X + \mathrm{i}Y}{2\pi(1+\varkappa)} \ln(z - z_0) + \varphi_0(z), \\ \psi(z) &= \frac{\varkappa(X - \mathrm{i}Y)}{2\pi(1+\varkappa)} \ln(z - z_0) + \frac{\bar{z}_0(X + \mathrm{i}Y)}{2\pi(1+\varkappa)} \frac{1}{z - z_0} + \psi_0(z). \end{aligned} \tag{3}$$

Auf völlig analoge Weise bekommen wir für ein im Punkt $z = z_0$ angreifendes konzentriertes Moment nach (10) in 3.2.4.

$$\Phi(z) = \Phi_0(z), \quad \Psi(z) = -\frac{\mathrm{i}M}{2\pi} \frac{1}{(z - z_0)^2} + \Psi_0(z), \tag{4}$$

$$\varphi(z) = \varphi_0(z), \quad \psi(z) = \frac{\mathrm{i}M}{2\pi} \frac{1}{z - z_0} + \psi_0(z). \tag{5}$$

Der Angriffspunkt einer isolierten Einzelkraft oder eines konzentrierten Momentes stellt also einen isolierten singulären Punkt der Funktionen φ, ψ, Φ, Ψ dar. Umgekehrt kann man jeden isolierten singulären Punkt $z_0 = x_0 + \mathrm{i}y_0$ dieser Funktionen (wenn wir überhaupt die Existenz solcher Punkte zulassen) als Angriffspunkte konzentrierter Kräfte oder Momente deuten. Um den analytischen Charakter der Funktionen φ und ψ in der Umgebung dieses Punktes zu untersuchen, brauchen wir nur die Überlegungen aus 2.2.7. zu wiederholen, d. h., wir trennen den Punkt durch eine hinreichend kleine geschlossene Kurve L_0 aus dem Gebiet heraus und betrachten diese Kurve als zum Rand des Gebietes S gehörig. Dann gilt nach 2.2.7. in der Umgebung des Punktes $z = z_0$

$$\begin{aligned} \varphi(z) &= -\frac{X + \mathrm{i}Y}{2\pi(1+\varkappa)} \ln(z - z_0) + \varphi^*(z), \\ \psi(z) &= \frac{\varkappa(X - \mathrm{i}Y)}{2\pi(1+\varkappa)} \ln(z - z_0) + \psi^*(z), \end{aligned} \tag{6}$$

wobei die Funktionen φ^* und ψ^* in der Nähe des Punktes z_0 eindeutig sind. X, Y sind die Komponenten des resultierenden Vektors der am Rand L_0 (oder an einer beliebigen anderen, den Punkt z_0 umschließenden Kurve) angreifenden äußeren Kräfte.

Die in der Umgebung des isolierten singulären Punktes z_0 eindeutigen Funktionen φ^*, ψ^* können dort in *Laurentreihen* entwickelt werden

$$\varphi^* = \sum_{-\infty}^{+\infty} (\alpha_n + \mathrm{i}\beta_n)(z - z_0)^n, \quad \psi^* = \sum_{-\infty}^{+\infty} (\alpha'_n + \mathrm{i}\beta'_n)(z - z_0)^n. \tag{7}$$

Eine auf Gl. (5) in 2.2.5. aufbauende einfache Rechnung zeigt, daß das resultierende Moment der an L_0 (von innen) angreifenden Kräfte, bezogen auf den Koordinatenursprung, (bei unendlich kleiner Randkurve) gleich

$$M_0 = 2\pi\beta'_{-1} + \frac{\varkappa(x_0 Y - y_0 X)}{1 + \varkappa} = 2\pi\beta'_{-1} - \frac{x_0 Y - y_0 X}{1 + \varkappa} + x_0 Y - y_0 X \tag{8}$$

ist.

Mit (X, Y) als resultierenden Vektor dieser Kräfte erhalten wir für das resultierende Moment in bezug auf den Punkt z_0 nach einer bekannten Gleichung der Mechanik

$$M = M_0 - (x_0 Y - y_0 X) = 2\pi\beta'_{-1} - \frac{x_0 Y - y_0 X}{1 + \varkappa}. \tag{9}$$

Also stellt z_0 den Angriffspunkt der Einzelkraft (X, Y) und des konzentrierten Moments M dar.

Die Singularität der Funktionen φ und ψ ist jedoch durch Vorgabe der Größen X, Y, M noch nicht voll bestimmt; denn die Koeffizienten der negativen Potenzen von $z - z_0$ in der Reihe (7), die die Singularität der Funktionen φ und ψ charakterisieren, können mit Ausnahme des durch (9) festgelegten Imaginärteils von $\alpha'_{-1} + i\beta'_{-1}$ ganz beliebig sein (wenn nur die Reihen konvergieren).

Somit bleiben die durch Einzelkräfte und konzentrierte Momente hervorgerufenen Singularitäten weitgehend unbestimmt, wenn wir nicht zusätzliche Bedingungen angeben. Wir haben oben bestimmte Ausdrücke für diese Singularitäten erhalten [s. Gln. (2) bis (5)], indem wir die Einzelkraft und das konzentrierte Moment durch einen bestimmten Grenzübergang einführten.

Solche Ausdrücke ergeben sich auch bei einer Reihe anderer Grenzübergänge. Von den verschiedenen Möglichkeiten geben wir folgendes einfache Beispiel an: In ein Kreisloch der unendlichen Ebene denken wir uns eine starre Scheibe mit gleichem Radius eingesetzt und längs des Randes mit der Ebene verschweißt. Diese Scheibe sei durch eine gewisse Kraft und durch ein Moment belastet (die Lösung des so entstehenden Problems wird später angegeben)[1]). Wenn wir den Scheibenradius unbegrenzt verringern, ohne die Kraft und das Moment zu verändern, erhalten wir aus der entsprechenden Lösung im Grenzfall ein Resultat, das mit dem oben angegebenen übereinstimmt.

Wenn wir im weiteren von Einzelkräften und konzentrierten Momenten sprechen, die in inneren Punkten angreifen, so betrachten wir die zugehörigen Singularitäten als durch die Gln. (2) bis (5) gegeben. Analog verstehen wir unter am Rand angreifenden Einzelkräften den in 2.2.16. beschriebenen Fall.

Bemerkung:

In der Umgebung der Angriffspunkte von Einzelkräften sind die Spannungen und Verschiebungen nicht beschränkt. Das ist vom physikalischen Standpunkt aus nicht zulässig; außerdem verlieren die Gleichungen der Elastizitätstheorie für diese Umgebungen ihre Gültigkeit. Jedoch die für solche Fälle erhaltenen Lösungen lassen sich durchaus erfolgreich in der Praxis verwerten, wenn nämlich die zu untersuchenden Teile des Körpers nicht zu nahe an den Angriffspunkten liegen. Außerdem ist zu beachten, daß sich am Angriffspunkt einer

[1]) S. 5.2.7.3. und 4., dort wird die Lösung für den allgemeineren Fall der elliptischen Scheibe angegeben.

Einzelkraft (genauer einer auf ein sehr kleines Flächenstück wirkenden Kraft) eine Plastifizierungszone bilden kann; das führt zur Umverteilung der Spannungen in dieser Zone und bringt die Singularität zum Verschwinden.
Analoges trifft für konzentrierte Momente zu.

3.2.6. Anwendung auf den Fall vorhandener Volumenkräfte

Die oben hergeleiteten Gleichungen kann man zur Ermittlung partikulärer Lösungen der Gleichungen der ebenen Elastizitätstheorie bei vorhandenen Volumenkräften benutzen. Dadurch wird es möglich, diese Gleichungen auf den Fall verschwindender Volumenkräfte zurückzuführen (2.1.4.).
Hierbei kann man beispielsweise folgendermaßen vorgehen: Durch Weglassen der Glieder Φ_0, Ψ_0, φ_0, ψ_0 in den Gln. (2) und (3) aus 3.2.5. erhalten wir eine partikuläre Lösung (für verschwindende Volumenkräfte), die einer im Punkt $z_0 = x_0 + \mathrm{i}y_0$ angreifenden Einzelkraft (X, Y) entspricht. Die zugehörigen Verschiebungen ergeben sich nach (1) in 2.2.4. und (3) in 3.2.5. aus der Gleichung

$$2\mu\,(u + \mathrm{i}v) = \frac{-\varkappa(X + \mathrm{i}Y)}{2\pi\,(1 + \varkappa)} \ln\,[(z - z_0)\,(\bar{z} - \bar{z}_0)] + \frac{X - \mathrm{i}Y}{2\pi\,(1 + \varkappa)}\,\frac{z - z_0}{\bar{z} - \bar{z}_0}. \qquad (1)$$

Analog können wir die Spannungen aus (9), (10) in 2.2.4. und (2) in 3.2.5. berechnen.
Nun ersetzen wir X, Y durch die Größen $X(x_0, y_0)\,\mathrm{d}S_0$, $Y(x_0, y_0)\,\mathrm{d}S_0$, wobei $X(x_0, y_0)$ und $Y(x_0, y_0)$ gewisse (reelle) Funktionen des Punktes (x_0, y_0) bezeichnen, während $\mathrm{d}S_0 = \mathrm{d}x_0\,\mathrm{d}y_0$ ein (unendlich kleines) Flächenelement darstellt, das diesen Punkt enthält. Damit gewinnen wir Verschiebungs- und Spannungskomponenten, die (näherungsweise) die Wirkung einer Volumenkraft mit den Komponenten $X(x_0, y_0)$, $Y(x_0, y_0)$ auf das Element $\mathrm{d}S_0$ wiedergeben.
Durch Summation über alle Elemente $\mathrm{d}S_0$ bekommen wir eine partikuläre Lösung, die der Wirkung der Volumenkräfte (X, Y) auf den betrachteten Körper entspricht.
Auf diese Weise erhalten wir z. B. für die Verschiebungen folgende Gleichungen

$$\begin{aligned} 2\mu\,(u + \mathrm{i}v) = &- \frac{\varkappa}{2\pi\,(1 + \varkappa)} \iint\limits_S (X + \mathrm{i}Y) \ln\,[(z - z_0)\,(\bar{z} - \bar{z}_0)]\,\mathrm{d}x_0\,\mathrm{d}y_0 \\ &+ \frac{1}{2\pi\,(1 + \varkappa)} \iint\limits_S (X - \mathrm{i}Y)\,\frac{z - z_0}{\bar{z} - \bar{z}_0}\,\mathrm{d}x_0\,\mathrm{d}y_0\,. \end{aligned} \qquad (2)$$

Die zugehörigen Spannungen können entweder analog zum eben genannten Verfahren oder mit Hilfe der aus (2) entstehenden Beziehungen zwischen den Verschiebungen und den Spannungen (s. a. Anhang IV) ermittelt werden. Es läßt sich leicht verifizieren, daß damit unter hinreichend allgemeinen Voraussetzungen für die Funktionen $X(x_0, y_0)$, $Y(x_0, y_0)$ tatsächlich eine partikuläre Lösung der betrachteten Gleichung vorliegt.

3.2.7. Unendliche Ebene mit eingesetzter Kreisscheibe aus anderem Material[1])

Durch geringfügige Abwandlung der in 3.2.4. gewonnenen Beziehungen gelingt es, eine Reihe technisch bedeutsamer Probleme zu lösen. Es handelt sich dabei um den elastischen Gleich-

[1]) Die hier betrachteten Aufgaben sind Sonderfälle von Problemen des elastischen Gleichgewichtszustandes homogener Körper aus verschiedenartigen Werkstoffen mit konzentrischen Kreisrändern. Hinweise auf diesbezügliche Arbeiten geben wir in 3.3.2.3.

gewichtszustand der unendlichen Ebene mit einem Kreisloch, das durch eine Scheibe aus gleichem oder andersartigem (aber ebenfalls homogenem und isotropem) Material ausgefüllt ist.

Einige solche Probleme lassen sich mit Hilfe der Lösung für die elastische Kreisscheibe unter gleichmäßig über den Rand verteilter Normalspannung behandeln. Diese Lösung wurde schon in 2.2.14.2. für eine beliebig geformte Scheibe angegeben. In unserem Fall kann man sie selbstverständlich sofort aus den Gleichungen in 3.2.1. gewinnen, doch einfacher kommt man zum Ziel, indem man (in der gesamten Scheibe)

$$\sigma_x = -p, \quad \sigma_y = -p, \quad \tau_{xy} = 0 \tag{1}$$

setzt; denn wenn p die Größe des am Rand angreifenden konstanten Druckes bezeichnet, werden mit diesem Ansatz offenbar alle Bedingungen des Problems befriedigt[1]).

Die dem Spannungszustand (1) entsprechenden Funktionen lauten (bei Vernachlässigung unwesentlicher willkürlicher Glieder, die nur eine starre Verschiebung hervorrufen)

$$\Phi(z) = -\frac{p}{2}, \quad \Psi(z) = 0, \quad \varphi(z) = -\frac{pz}{2}, \quad \psi(z) = 0. \tag{2}$$

Die Spannungen und Verschiebungen in Polarkoordinaten lassen sich leicht nach (3) und (4) in 2.2.11. berechnen:

$$\sigma_r = \sigma_\vartheta = -p, \quad \tau_{r\vartheta} = 0; \tag{3}$$

$$v_r = -\frac{p(\varkappa - 1)\,r}{4\mu}, \quad v_\vartheta = 0. \tag{3'}$$

Wir gehen nun zur Lösung der angeführten Probleme über.

3.2.7.1. Kreisloch in der unendlichen Ebene mit eingesetzter elastischer Kreisscheibe, deren Radius vor der Verformung etwas größer als der Lochradius ist

Wir setzen voraus, daß zwischen Scheibe und Lochrand keine Reibung auftritt, so daß sich die Wechselwirkung auf die Normalspannung am Lochrand beschränkt. Angesichts der vollständigen Symmetrie muß der Druck längs der Randkurve konstant sein. Die Lösung unseres Problems läßt sich deshalb offenbar aus der Lösung des Beispiels 3.2.4.3. für die Ebene mit Kreisloch und aus der eben erhaltenen Lösung (3) für die Scheibe zusammensetzen, falls es gelingt, die Größe des Druckes p zwischen Ebene und Scheibe zu bestimmen.

Die Scheibe möge im unverformten Zustand den Radius $R + \varepsilon$ haben[2]), wobei R der Radius des Loches in der Ebene vor der Deformation ist. Mit Index 0 kennzeichnen wir alle Scheibenelemente (elastische Konstanten, Spannungskomponenten usw.). Zum Beispiel ist v_r^0 die radiale Verschiebung eines Scheibenpunktes, während v_r die radiale Verschiebung der Punkte der umgebenden Ebene bezeichnet.

Aus der Aufgabenstellung geht hervor, daß nach dem Einsetzen der Scheibe in das Loch auf dem gemeinsamen Rand

$$v_r - v_r^0 = \varepsilon \tag{4}$$

[1]) Bei einer solchen Spannungsverteilung lassen sich die an einem beliebig orientierten Element angreifenden Spannungen auf einen Druck p zurückführen. Dies ergibt sich unmittelbar aus den Gln. (8) in 1.1.8. Folglich wirkt insbesondere auf die Randkurve ein Druck p. Das alles gilt auch für eine Scheibe beliebiger Form.

[2]) Wir betrachten selbstverständlich ε als kleine Größe derselben Ordnung wie die zulässigen Verschiebungen.

gelten muß[1]). Nach Gl. (7) in 3.2.4. und Gl. (3) des vorliegenden Abschnittes erhalten wir

$$v_r = \frac{pR^2}{2\mu r}, \quad v_r^0 = -\frac{p(\varkappa_0 - 1)\, r}{4\mu_0}.$$

Durch Einsetzen dieser Ausdrücke (für $r = R$)[2]) in Gl. (4) finden wir

$$\frac{pR}{2\mu} + \frac{p(\varkappa_0 - 1)\, R}{4\mu_0} = \varepsilon,$$

und hieraus ergibt sich der Wert

$$p = \frac{4\varepsilon\mu\mu_0}{R[2\mu_0 + \mu(\varkappa_0 - 1)]}. \tag{5}$$

Damit ist das Problem gelöst.

Im Falle einer *starren Scheibe* erhalten wir statt (4) die Bedingung

$$v_r = \varepsilon \tag{4'}$$

und somit

$$p = \frac{2\mu\varepsilon}{R}. \tag{5'}$$

Den gleichen Wert p hätten wir aus Gl. (5) mit $\mu_0 = \infty$ und $\varkappa_0$ als endlicher Größe bekommen.

In diesem Falle gilt nach (7′) in 3.2.4. für die Ebene

$$\left.\begin{aligned} \sigma_r &= -\frac{2\mu R\varepsilon}{r^2}, \quad \sigma_\vartheta = \frac{2\mu R\varepsilon}{r^2}, \quad \tau_{r\vartheta} = 0, \\ v_r &= \frac{\varepsilon R}{r}, \quad v_\vartheta = 0. \end{aligned}\right. \tag{6}$$

3.2.7.2. Ebene mit eingesetzter oder eingeschweißter Scheibe unter Zug

In 3.2.4.1. ermittelten wir die Lösung für die unendliche Ebene mit Kreisloch unter Zug. Die entsprechenden Funktionen $\varphi(z)$ und $\psi(z)$ können wir wie folgt schreiben:

$$\varphi(z) = \frac{p}{4}\left(z + \frac{\beta R^2}{z}\right), \quad \psi(z) = -\frac{p}{2}\left(z + \frac{\gamma R^2}{z} + \frac{\delta R^4}{z^3}\right), \tag{7}$$

dabei ist

$$\beta = 2, \quad \gamma = 1, \quad \delta = -1. \tag{8}$$

Die diesen Funktionen $\varphi(z)$ und $\psi(z)$ entsprechenden Spannungen und Verschiebungen lassen sich für beliebige reelle Konstanten β, γ, δ aus den Gln. (4) und (3) in 2.2.11. berechnen (vgl. die analoge Rechnung in 3.2.4.):

---

[1]) Die Radialverschiebung v_r^0 des Scheibenrandes kann man sich zusammengesetzt denken aus der Radialverschiebung $-\varepsilon$, die für die Verringerung des Scheibenrandes auf die Größe R erforderlich ist, und aus der Verschiebung v_r des mit der Scheibe in Berührung stehenden Lochrandes. Also ist $v_r^0 = -\varepsilon + v_r$, und hieraus ergibt sich die Gl. (4).

[2]) Eigentlich müßte für Punkte des Scheibenrandes $r = R + \varepsilon$ stehen, da jedoch ε klein ist, hat dies keine Bedeutung.

$$\left.\begin{aligned}
\sigma_r &= \frac{p}{2}\left[1 - \frac{\gamma R^2}{r^2} + \left(1 - \frac{2\beta R^2}{r^2} - \frac{3\delta R^4}{r^4}\right)\cos 2\vartheta\right], \\
\sigma_\vartheta &= \frac{p}{2}\left[1 + \frac{\gamma R^2}{r^2} - \left(1 - \frac{3\delta R^4}{r^4}\right)\cos 2\vartheta\right], \\
\tau_{r\vartheta} &= -\frac{p}{2}\left(1 + \frac{\beta R^2}{r^2} + \frac{3\delta R^4}{r^4}\right)\sin 2\vartheta,
\end{aligned}\right\} \tag{9}$$

und

$$\left.\begin{aligned}
v_r &= \frac{p}{8\mu r}\left\{(\varkappa - 1)\, r^2 + 2\gamma R^2 + \left[\beta(\varkappa + 1)\, R^2 + 2r^2 + \frac{2\delta R^4}{r^2}\right]\cos 2\vartheta\right\}, \\
v_\vartheta &= -\frac{p}{8\mu r}\left\{\beta(\varkappa - 1)\, R^2 + 2r^2 - \frac{2\delta R^4}{r^2}\right\}\sin 2\vartheta.
\end{aligned}\right\} \tag{10}$$

Mit den eben angeführten Werten (8) für β, γ, δ erhalten wir die früher gefundene Lösung für die Ebene mit Kreisloch unter Zug. Mit anderen (reellen) Werten bekommen wir die Lösung weiterer interessanter Probleme, z. B. das der gezogenen Ebene mit Kreisloch, in das vor der Verformung eine starre Scheibe mit gleichem Radius R eingesetzt wurde. Auf dieses Problem wollen wir jetzt näher eingehen.

Zunächst betrachten wir den Fall, daß die starre Scheibe längs des Randes mit der umgebenden Ebene *verschweißt* ist. Wir können annehmen, daß sich die starre Scheibe auch nach der Verformung an ihrer alten Stelle befindet; denn anderenfalls brauchten wir dem gesamten System nur eine starre Verschiebung zu erteilen, um die Scheibe dorthin zurückzubringen. Die Randbedingung lautet somit

$$v_r = 0, \quad v_\vartheta = 0 \quad \text{bei } r = R. \tag{11}$$

Das Problem ist gelöst, wenn es gelingt, die in den Gln. (9) und (10) auftretenden Konstanten so zu bestimmen, daß die Gln. (11) befriedigt werden. Nach Gl. (10) folgt aus diesen Bedingungen

$$\varkappa - 1 + 2\gamma = 0, \quad (\varkappa + 1)\,\beta + 2 + 2\delta = 0, \quad (\varkappa - 1)\,\beta + 2 - 2\delta = 0.$$

Hieraus erhalten wir

$$\beta = -\frac{2}{\varkappa}, \quad \gamma = -\frac{\varkappa - 1}{2}, \quad \delta = \frac{1}{\varkappa}, \tag{12}$$

und mit $\varkappa = (\lambda + 3\mu)/(\lambda + \mu)$ ergibt sich

$$\beta = -\frac{2(\lambda + \mu)}{\lambda + 3\mu}, \quad \gamma = -\frac{\mu}{\lambda + \mu}, \quad \delta = \frac{\lambda + \mu}{\lambda + 3\mu}. \tag{12'}$$

Damit ist das Problem gelöst[1]).

Ebenso leicht läßt sich das Problem behandeln, wenn die Scheibe nicht in die Öffnung eingeschweißt, sondern nur *eingesetzt* ist und zwischen Scheibe und Lochrand keine Reibung auftritt. In diesem Falle ist (11) durch[2])

$$v_r = 0, \quad \tau_{r\vartheta} = 0 \quad \text{bei } r = R \tag{13}$$

---

[1]) Auch unter der Voraussetzung, daß an der eingeschweißten starren Scheibe beliebige Kräfte und Momente angreifen, läßt sich das Problem ohne Mühe lösen. S. 5.2.7., wo das Problem für die elliptische Scheibe behandelt wird.

[2]) In diesem Falle dürfen wir nicht behaupten, daß auf dem Rand $v_\vartheta = 0$ gilt, da die Randpunkte des Loches auf dem Rand der Scheibe frei gleiten können.

zu ersetzen. Auf dem gleichen Wege wie im vorigen Beispiel findet man für β, γ, δ die Werte

$$\beta = -\frac{4}{3\varkappa + 1}, \quad \gamma = -\frac{\varkappa - 1}{2}, \quad \delta = -\frac{\varkappa - 1}{3\varkappa + 1} \tag{14}$$

oder

$$\beta = -\frac{2(\lambda + \mu)}{2\lambda + 5\mu}, \quad \gamma = -\frac{\mu}{\lambda + \mu}, \quad \delta = -\frac{\mu}{2\lambda + 5\mu}, \tag{14'}$$

und damit ist das Problem gelöst.

Es muß jedoch dazu folgendes bemerkt werden: Die erste Gleichung aus (13) setzt voraus, daß die Ebene längs des gesamten Lochrandes dicht an der Scheibe anliegt. Anderenfalls wird das Problem bedeutend schwieriger[1]). Man kann sich leicht davon überzeugen, daß die Normalspannung σ_r bei den unter diesen Voraussetzungen gefundenen Werten (14) für β, γ, δ an einigen Stellen des Umfanges positive Werte annimmt, d. h., daß zwischen Scheibe und umgebendem Material an einigen Stellen Zugspannungen auftreten. Doch das ist physikalisch unmöglich, falls die Scheibe und die Ebene nicht verschweißt sind. Das Problem wird sinnvoll, wenn wir beispielsweise annehmen, daß der Radius der starren Scheibe etwas größer ist, als der Radius des Loches vor der Verformung der Ebene und bevor die Scheibe eingesetzt wurde. Die dieser Voraussetzung entsprechende Lösung ergibt sich durch Überlagerung der eben erhaltenen und der Lösung (6). In den auf diese Weise gewonnenen Gleichungen muß ε so groß gewählt werden, daß längs des gesamten Lochrandes $\sigma_r \leqq 0$ gilt.

3.2.7.3. Ebene mit eingesetzter oder eingeschweißter elastischer Scheibe unter Zug

Wir verallgemeinern jetzt die vorhergehenden Ergebnisse und nehmen an, daß die in der Ebene eingesetzte Scheibe ebenfalls elastisch ist. Die elastischen Konstanten des Scheibenmaterials sowie alle anderen auf die Scheibe bezogenen Größen versehen wir mit dem Index 0. In dem von der Ebene eingenommenen Gebiet (d. h. für $r > R$) setzen wir wie früher [Gln. (7)]

$$\varphi(z) = \frac{p}{4}\left(z + \frac{\beta R^2}{z}\right), \quad \psi(z) = -\frac{p}{2}\left(z + \frac{\gamma R^2}{z} + \frac{\delta R^4}{z^4}\right),$$

und in dem von der Scheibe eingenommenen Gebiete (d. h. für $r < R$)

$$\varphi_0(z) = \frac{p}{4}\left((\beta_0 z + \frac{\gamma_0 z^3}{R^2}\right), \quad \psi_0(z) = -\frac{p}{2}\delta_0 z, \tag{15}$$

wobei β, γ, δ, β_0, γ_0, δ_0 noch zu bestimmende reelle Konstanten sind[2]).

Die den Funktionen $\varphi(z)$ und $\psi(z)$ entsprechenden Spannungen und Verschiebungen werden aus den Gln. (9) und (10) und die den Funktionen $\varphi_0(z)$ und $\psi_0(z)$ entsprechenden Komponenten aus den Gleichungen in 2.2.11. berechnet. Nach einigen einfachen Umformungen

---

[1]) Ein solches Problem wird in dem Artikel von SCHEREMETJEW [1] behandelt.

[2]) Das dargelegte Lösungsverfahren des Problems trägt (rein äußerlich) künstlichen Charakter, da wir teilweise die Gestalt der Lösung schon von vornherein festlegen. Das läßt sich jedoch vermeiden, wenn man anstelle der Ausdrücke (7) und (15) unendliche Reihen wählt. Dann zeigt sich bei der Lösung, daß alle Koeffizienten der Reihen außer den im Text angeführten verschwinden. Dies trifft auch auf die übrigen Beispiele des Abschnittes zu.

erhalten wir

$$\left.\begin{aligned} \sigma_r^0 &= \frac{p}{2}\,[\beta_0 + \delta_0 \cos 2\vartheta]\,, \\ \sigma_\vartheta^0 &= \frac{p}{2}\left[\beta_0 + \left(\frac{6\gamma_0}{R^2}\,r^2 - \delta_0\right)\cos 2\vartheta\right], \\ \tau_{r\vartheta}^0 &= \frac{p}{2}\left(\frac{3\gamma_0}{R^2}\,r^2 - \delta_0\right)\sin 2\vartheta \end{aligned}\right\} \tag{16}$$

und

$$\begin{aligned} v_r^0 &= \frac{pr}{8\mu_0}\left\{\beta_0(\varkappa_0 - 1) + \left[\frac{\gamma_0(\varkappa_0 - 3)}{R^2}\,r^2 + 2\delta_0\right]\cos 2\vartheta\right\}, \\ v_\vartheta^0 &= \frac{pr}{8\mu_0}\left\{\frac{\gamma_0(\varkappa_0 + 3)}{R^2}\,r^2 - 2\delta_0\right\}\sin 2\vartheta . \end{aligned} \tag{17}$$

Wir setzen zunächst voraus, daß die Scheibe mit der Ebene *verschweißt* ist und daß die Radien der Scheibe und des Loches vor der Verformung gleich waren. Dann lauten die Randbedingungen

$$\sigma_r^0 = \sigma_r\,,\quad \tau_{r\vartheta}^0 = \tau_{r\vartheta}\,,\quad v_r^0 = v_r\,,\quad v_\vartheta^0 = v_\vartheta \quad \text{bei } r = R. \tag{18}$$

Wenn wir hier die aus (16), (17), (9), (10) gewonnenen Werte einsetzen, ergeben sich Gleichungen zur Bestimmung der Konstanten β, γ, δ, β_0, γ_0, δ_0

$$\beta = 1 - \gamma,\quad \delta_0 = 1 - 2\beta - 3\delta,\quad 3\gamma_0 - \delta_0 = -1 - \beta - 3\delta,$$

$$\frac{\beta_0(\varkappa_0 - 1)}{\mu_0} = \frac{\varkappa - 1 + 2\gamma}{\mu},\qquad \frac{\gamma_0(\varkappa_0 - 3) + 2\delta_0}{\mu_0} = \frac{(\varkappa + 1)\,\beta + 2 + 2\delta}{\mu},$$

$$\frac{\gamma_0(\varkappa_0 + 3) - 2\delta_0}{\mu_0} = -\frac{(\varkappa + 1)\,\beta + 2 - 2\delta}{\mu}.$$

Durch Auflösen dieses Systems erhalten wir

$$\begin{aligned} &\beta = -\frac{2(\mu_0 - \mu)}{\mu + \mu_0\varkappa},\quad \gamma = \frac{\mu(\varkappa_0 - 1) - \mu_0(\varkappa - 1)}{2\mu_0 + \mu(\varkappa_0 - 1)},\quad \delta = \frac{\mu_0 - \mu}{\mu + \mu_0\varkappa}, \\ &\beta_0 = \frac{\mu_0(\varkappa + 1)}{2\mu_0 + \mu(\varkappa_0 - 1)},\quad \gamma_0 = 0,\quad \delta_0 = \frac{\mu_0(\varkappa + 1)}{\mu + \mu_0\varkappa}. \end{aligned} \tag{19}$$

Bemerkenswert ist, daß die Funktionen $\varphi_0(z)$ und $\psi_0(z)$ wegen $\gamma_0 = 0$ linear sind:

$$\varphi_0(z) = \frac{p}{4}\,\beta_0 z\,,\quad \psi_0(z) = -\frac{p}{2}\,\delta_0 z\,. \tag{15'}$$

Die Scheibe unterliegt also einer homogenen Deformation. In geradlinigen Koordinaten sind die Spannungskomponenten konstante Größen, und zwar gilt, wie man leicht nachrechnet

$$\sigma_x^0 = p\,\frac{\beta_0 + \delta_0}{2}\,,\quad \sigma_y^0 = p\,\frac{\beta_0 - \delta_0}{2}\,,\quad \tau_{xy}^0 = 0\,. \tag{20}$$

In Richtung der x-Achse wird die Scheibe gezogen, in y-Richtung liegt je nach dem Vorzeichen der Differenz $\beta_0 - \delta_0$ Zug- oder Druckbeanspruchung vor.
Im Grenzfall $\mu_0 = \infty$ (starre Scheibe) erhalten wir für β, γ, δ die Werte (12) und im Grenzfalle $\mu_0 = 0$ (leeres Loch) die Werte (8). Im Falle $\mu = \mu_0$, $\varkappa = \varkappa_0$ haben wir es mit einer

kontinuierlichen homogenen Ebene zu tun. Hierbei gilt nach (19) $\beta = \gamma = \delta = \gamma_0 = 0$, $\beta_0 = \delta_0 = 1$. Die Funktionen $\varphi(z)$ und $\psi(z)$ charakterisieren sowohl den Gleichgewichtszustand der Scheibe als auch der Ebene und lauten

$$\varphi(z) = \frac{p}{4} z, \quad \psi(z) = -\frac{p}{2} z. \tag{15''}$$

Wir wenden uns nun dem Fall der in die Öffnung *eingesetzten* Scheibe zu und nehmen an, daß die Radien der Scheibe und des Loches vor der Verformung übereinstimmten und daß keine Reibung auftritt.
Dann lauten die Randbedingungen

$$\sigma_r^0 = \sigma_r, \quad \tau_{r\vartheta}^0 = 0, \quad \tau_{r\vartheta} = 0, \quad v_r^0 = v_r \quad \text{bei } r = R. \tag{21}$$

Mit den aus (16), (17) und (9), (10) gewonnenen Werten ergibt sich[1])

$$\beta_0 = 1 - \gamma, \quad \delta = 1 - 2\beta - 3\delta, \quad 3\gamma_0 - \delta_0 = 0, \quad 1 + \beta + 3\delta = 0,$$
$$\frac{\beta_0(\varkappa_0 - 1)}{\mu_0} = \frac{\varkappa - 1 + 2\gamma}{\mu}, \quad \frac{\gamma_0(\varkappa_0 - 3) + 2\delta_0}{\mu_0} = \frac{\beta(\varkappa + 1) + 2 + 2\delta}{\mu}.$$

Durch Auflösen dieser Gleichungen erhalten wir

$$\left.\begin{aligned}
\beta &= 2\,\frac{\mu(\varkappa_0 + 3) - 2\mu_0}{\mu(\varkappa_0 + 3) + \mu_0(3\varkappa + 1)}, & \gamma &= \frac{\mu(\varkappa_0 - 1) - \mu_0(\varkappa - 1)}{2\mu_0 + \mu(\varkappa_0 - 1)},\\
\delta &= -\frac{\mu(\varkappa_0 + 3) + \mu_0(\varkappa - 1)}{\mu(\varkappa_0 + 3) + \mu_0(3\varkappa + 1)}, & \beta_0 &= \frac{\mu_0(\varkappa + 1)}{2\mu_0 + \mu(\varkappa_0 - 1)},\\
\gamma_0 &= \frac{2\mu_0(\varkappa + 1)}{\mu(\varkappa_0 + 3) + \mu_0(3\varkappa + 1)}, & \delta_0 &= \frac{6\mu_0(\varkappa + 1)}{\mu(\varkappa_0 + 3) + \mu_0(3\varkappa + 1)}.
\end{aligned}\right\} \tag{22}$$

Wie man leicht sieht, sind σ_r^0 und σ_r auf gewissen Teilen des Randes positiv, was physikalisch unmöglich ist. Das Problem wird sinnvoll, wenn man die gewonnene Lösung mit einer Lösung des Beispiels 3.2.7.1. überlagert [s. 3.7.2.2.][2]). Mit $\mu_0 = 0$ oder $\mu_0 = \infty$ ergeben sich aus (22) die Werte (8) bzw. (14).

3.3. Lösung für den Kreisring

3.3.1. Lösung des I. Problems für den Kreisring[3])

Das vom Körper eingenommene Gebiet möge nun einen Kreisring bilden, dessen Rand aus den beiden konzentrischen Kreisen L_1 und L_2 mit den Radien R_1 bzw. R_2 ($R_1 < R_2$) besteht. Als Koordinatenursprung wählen wir den Mittelpunkt der Kreise. Die an L_1 und L_2 angreifenden äußeren Spannungen, d. h. die Werte des Ausdruckes $\sigma_r - \mathrm{i}\tau_{r\vartheta}$, seien auf L_1 und L_2 als Funktionen des Winkels ϑ vorgegeben. Wenn wir diesen Ausdruck sowohl auf L_1 als auch auf L_2 in eine komplexe FOURIER-Reihe entwickeln, erhalten wir

$$\sigma_r - \mathrm{i}\tau_{r\vartheta} = \sum_{k=-\infty}^{\infty} A_k' \mathrm{e}^{\mathrm{i}k\vartheta} \text{ auf } L_1, \quad \sigma_r - \mathrm{i}\tau_{r\vartheta} = \sum_{k=-\infty}^{\infty} A_k'' \mathrm{e}^{\mathrm{i}k\vartheta} \text{ auf } L_2. \tag{1}$$

[1]) Für die praktische Berechnung ist es zweckmäßig, folgende Gleichungen zu benutzen:

$$\beta_0 = 1 - \gamma, \quad \delta_0 = 3\gamma_0, \quad \beta = 2 - 3\gamma_0, \quad \delta = -1 + \gamma_0.$$

[2]) Der (schwierigere) Fall, daß die Scheibe vom umgebenden Material abstehen kann, wurde von M. P. SCHEREMETJEW in dem oben zitierten Artikel [1] behandelt.

[3]) Eine andere Lösung mit Hilfe bestimmter Integrale wurde von G. W. KOLOSOW [5] veröffentlicht.

Die Randbedingung lautet (vgl. 3.2.3.)

$$\Phi(z) + \overline{\Phi(z)} - e^{2i\vartheta}[\bar{z}\Phi'(z) + \Psi(z)] = \begin{cases} \sum_{-\infty}^{\infty} A'_k e^{ik\vartheta} & \text{für } r = R_1, \\ \sum_{-\infty}^{\infty} A''_k e^{ik\vartheta} & \text{für } r = R_2. \end{cases} \tag{2}$$

Gemäß (2) in 2.2.7. gilt

$$\Phi(z) = A \ln z + \Phi^*(z),$$

wobei A eine reelle Konstante bezeichnet, während $\Phi^*(z)$ eine im Inneren des Ringes holomorphe Funktion ist, die folglich in eine LAURENT-Reihe entwickelt werden kann. Die Funktion $\Psi(z)$ ist im betrachteten Gebiet holomorph (2.2.7.) und läßt sich demnach ebenfalls durch eine LAURENT-Reihe darstellen. Also gilt im Inneren von S

$$\Phi(z) = A \ln z + \sum_{-\infty}^{\infty} a_k z^k, \quad \Psi(z) = \sum_{-\infty}^{\infty} a'_k z^k. \tag{3}$$

Die Eindeutigkeit der Verschiebungen ist nach Gl. (7) in 2.2.7. gewährleistet, wenn[1])

$$A = 0, \quad \varkappa a_{-1} + \overline{a'_{-1}} = 0 \tag{4}$$

ist. Doch wir schenken diesen Bedingungen zunächst noch keine Beachtung und gewinnen auf diese Weise einige interessante Ergebnisse.
Insbesondere betrachten wir A zunächst als *willkürlich vorgegebene reelle Größe*. Durch Substitution von (3) in (2) erhalten wir nach einigen einfachen Umformungen

$$2A \ln r - A + \sum_{-\infty}^{\infty} (1-k) a_k r^k e^{ik\vartheta} + \sum_{-\infty}^{\infty} \bar{a}_k r^k e^{-ik\vartheta}$$
$$- \sum_{-\infty}^{\infty} a'_{k-2} r^{k-2} e^{ik\vartheta} = \begin{cases} \sum_{-\infty}^{\infty} A'_k e^{ik\vartheta} & \text{für } r = R_1, \\ \sum_{-\infty}^{\infty} A''_k e^{ik\vartheta} & \text{für } r = R_2. \end{cases} \tag{2'}$$

Beim Vergleich der nicht von ϑ abhängigen Glieder ergibt sich

$$\begin{aligned} 2A \ln R_1 - A + 2a_0 - a'_{-2} R_1^{-2} &= A'_0, \\ 2A \ln R_2 - A + 2a_0 - a'_{-2} R_2^{-2} &= A''_0. \end{aligned} \tag{5}$$

Wir setzten dabei voraus, daß $a_0 = \bar{a}_0$ ist, d. h., daß a_0 eine reelle Größe darstellt (dazu sind wir immer berechtigt)[2]). Durch Koeffizientenvergleich bei $e^{ik\vartheta}$ bekommen wir für $k = \pm 1, \pm 2, \ldots$

$$\begin{aligned} (1-k)\, a_k R_1^k + \bar{a}_{-k} R_1^{-k} - a'_{k-2} R_1^{k-2} &= A'_k, \\ (1-k)\, a_k R_2^k + \bar{a}_{-k} R_2^{-k} - a'_{k-2} R_2^{k-2} &= A''_k. \end{aligned} \tag{6}$$

Damit sind alle Bedingungen erschöpft.

---

[1]) In unserem Falle liegt nur *eine innere* Randkurve L_1 vor. Mit den Bezeichnungen aus 2.2.7. sind γ_k, γ'_k die Koeffizienten bei den Gliedern $a \ln z$ in den Entwicklungen der Funktionen

$$\varphi(z) = \int \Phi(z)\, dz \quad \text{und} \quad \psi(z) = \int \Psi(z)\, dz.$$

Bei unseren jetzigen Bezeichnungen entsprechen diesen Gliedern in den Funktionen φ und ψ die Glieder $a_{-1} \ln z$ und $a'_{-1} \ln z$.

[2]) Wie schon mehrfach gesagt, hat ein Glied Ci (mit reellem C) im Ausdruck für $\Phi(z)$ keinen Einfluß auf die Spannungsverteilung.

Durch Elimination von a'_{-2} aus den Gln. (5) erhalten wir

$$a_0 = \frac{A_0'' R_2^2 - A_0' R_1^2}{2(R_2^2 - R_1^2)} + \frac{A}{2} - \frac{A(R_2^2 \ln R_2 - R_1^2 \ln R_1)}{R_2^2 - R_1^2}. \tag{7}$$

Da a_0 eine reelle Größe[1]) ist, kann diese Gleichung nur gelten, wenn

$$\operatorname{Im}(A_0'' R_2^2 - A_0' R_1^2) = 0 \tag{8}$$

ist. Diese Bedingung besagt, wie eine einfache Rechnung zeigt, daß das resultierende Moment der äußeren Kräfte verschwinden muß.

Wir bestimmen nun die restlichen Koeffizienten a_k und a'_k. Wenn wir die erste Gleichung aus (6) durch R_1^{k-2} und die zweite durch R_2^{k-2} dividieren und eine von der anderen subtrahieren, erhalten wir die erste der folgenden Gleichungen

$$\begin{aligned} &(1-k)(R_2^2 - R_1^2)\, a_k + (R_2^{-2k+2} - R_1^{-2k+2})\, \bar{a}_{-k} = B_k, \\ &(R^{2k+2} - R_1^{2k+2})\, a_k + (1+k)(R_2^2 - R_1^2)\, \bar{a}_{-k} = \bar{B}_{-k} \end{aligned} \tag{9}$$

mit

$$B_k = A_k'' R_2^{-k+2} - A_k' R_1^{-k+2}. \tag{10}$$

Die zweite Beziehung ergibt sich aus der ersten, wenn wir k durch $-k$ ersetzen und zu den konjugierten Werten übergehen[2]).

Aus dem Gleichungssystem (9) können die Größen a_k, a_{-k} berechnet werden, vorausgesetzt, die Determinante

$$\begin{aligned} D &= \begin{vmatrix} (1-k)(R_2^2 - R_1^2) & R_2^{-2k+2} - R_1^{-2k+2} \\ R_2^{2k+2} - R_1^{2k+2} & (1+k)(R_2^2 - R_1^2) \end{vmatrix} \\ &= (1-k^2)(R_2^2 - R_1^2)^2 - (R_2^{2k+2} - R_1^{2k+2})(R_2^{-2k+2} - R_1^{-2k+2}) \end{aligned} \tag{11}$$

ist von Null verschieden.

Die Determinante D verschwindet für $k = 0, +1, -1$, für alle anderen Werte von k ist sie ungleich Null[3]). Der Wert $k = 0$ interessiert nicht; für $k = +1$ ergibt sich aus (9) das System

$$0 = B_1, \quad (R_2^4 - R_1^4)\, a_1 + 2(R_2^2 - R_1^2)\, \bar{a}_{-1} = \bar{B}_{-1}, \tag{12}$$

für $k = -1$ erhalten wir nichts Neues, wie zu erwarten war (es entsteht das vorige System mit den konjugierten Werten).

Damit eine Lösung des Problems existiert, muß also außer (8) noch $B_1 = 0$, d. h.

$$A_1'' R_2 - A_1' R_1 = 0 \tag{13}$$

---

[1]) Wenn wir a_0 nicht als reell vorausgesetzt hätten, müßte auf der linken Seite von (7) $\frac{1}{2}(a_0 + \bar{a}_0)$ anstelle von a_0 stehen, und unsere Schlußfolgerung bleibt richtig.

[2]) Wir brauchen das System (9) nur für $k = 1, 2, 3, \cdots$ zu betrachten, da wir für $k = -1, -2, -3, \ldots$ nichts Neues erhalten (es ergibt sich ein System, das aus dem vorigen durch Übergang zu den konjugierten Werten entsteht).

[3]) Es gilt

$$D = R_1^4 f(\xi)$$

mit

$$\xi = \left(\frac{R_2}{R_1}\right)^2 > 1 \quad \text{und} \quad f(\xi) = (1 - k^2)(\xi - 1)^2 + \xi^{k+1} + \xi^{-k+1} - \xi^2 - 1.$$

Offenbar ist

$$f(1) = f'(1) = f''(1) = f'''(1) = 0, \quad f^{IV}(\xi) = (k+1)\, k(k-1)\, [(k-2)\, \xi^{k-3} + (k+2)\, \xi^{-k-3}].$$

Für $|k| \geqq 2$ ist der letzte Ausdruck positiv bei $\xi > 0$. Somit ergibt sich für $\xi > 1$

$$f'''(\xi) > 0, \quad f''(\xi) > 0, \quad f'(\xi) > 0, \quad f(\xi) > 0.$$

gelten. Diese Bedingung besagt, wie eine einfache Rechnung zeigt, daß der resultierende Vektor der äußeren Kräfte verschwinden muß[1]). Wenn das gewährleistet ist, läßt sich das System (12) lösen.

Dabei bleiben jedoch die Koeffizienten a_1 und a_{-1} noch unbestimmt. Solange die Eindeutigkeit der Verschiebungen noch nicht gefordert wird, kann einer der beiden willkürlich gewählt werden. Alle übrigen Koeffizienten a_k ($k = \pm 2, \pm 3, \ldots$) lassen sich durch Auflösen der Gln. (9) ermitteln. Für ein gegebenes k erhalten wir gleichzeitig a_k und a_{-k}. Aus (9) ergibt sich

$$a_k = \frac{(1+k)(R_2^2 - R_1^2) B_k - (R_2^{-2k+2} - R_1^{-2k+2}) \bar{B}_{-k}}{(1-k^2)(R_2^2 - R_1^2)^2 - (R_2^{2k+2} - R_1^{2k+2})(R_2^{-2k+2} - R_1^{-2k+2})} \quad (k = \pm 2, \pm 3, \ldots). \tag{14}$$

Den Wert a_{-k} erhält man hieraus, indem man k durch $-k$ ersetzt und zu den konjugierten Werten übergeht. Die letzte Gleichung liefert alle gesuchten Koeffizienten a_k (für $k \neq 0, +1, -1$).

Schließlich werden die Koeffizienten a'_k aus einer der Gln. (6) berechnet; nur a'_{-2} ist aus (5) zu bestimmen. Da alle Koeffizienten a_k mit Ausnahme von a_1 und a_{-1} schon bekannt sind, erhalten wir für alle a'_k mit Ausnahme von a'_{-1} und a'_{-3} bestimmte Werte, die hier nicht aufgeschrieben werden sollen.

Wir fordern nun die Eindeutigkeit der Verschiebungen, d. h., wir betrachten die Gln. (4) als erfüllt; dann ergibt sich aus (7) für a_0 der Wert

$$a_0 = \frac{A_0'' R_2^2 - A_0' R_1^2}{2(R_2^2 - R_1^2)}. \tag{7'}$$

Die Größen a_{-1}, a'_{-1} bestimmen wir aus der zweiten Gleichung von (4) und (beispielsweise) der ersten Gleichung aus (6) für $k = +1$:

$$a_{-1} - \bar{a}'_{-1} = \bar{A}'_1 R_1. \tag{15}$$

Nach (4) und (15) ergibt sich

$$a_{-1} = \frac{\bar{A}'_1 R_1}{1+\varkappa}; \quad a'_{-1} = -\frac{\varkappa A'_1 R_1}{1+\varkappa}. \tag{16}$$

Schließlich erhalten wir für a_1 aus der zweiten Gleichung von (12)

$$a_1 = \frac{\bar{B}_{-1}}{R_2^4 - R_1^4} - \frac{2A'_1 R_1}{(1+\varkappa)(R_1^2 + R_2^2)}. \tag{16'}$$

Die Gln. (16) hätten wir auch aus (9) in 2.2.7. gewinnen können (s. a. Fußnote 1). Damit sind alle Koeffizienten der Reihen für Φ und Ψ gefunden. Insbesondere können wir nun a'_{-3} aus (6) berechnen, denn a_1 und a_{-1} sind uns jetzt bekannt.

---

[1]) Für Punkte auf der äußeren Peripherie gilt offensichtlich

$$\overset{n}{\sigma}_x + \mathrm{i}\overset{n}{\sigma}_y = (\sigma_r + \mathrm{i}\tau_{r\vartheta})\, \mathrm{e}^{\mathrm{i}\vartheta}, \quad \overset{n}{\sigma}_x - \mathrm{i}\overset{n}{\sigma}_y = (\sigma_r - \mathrm{i}\tau_{r\vartheta})\, \mathrm{e}^{-\mathrm{i}\vartheta}.$$

Mit (X'', Y'') als resultierendem Vektor der an der äußeren Peripherie angreifenden Kräfte gilt

$$X'' - \mathrm{i}Y'' = \int_0^{2\pi} (\overset{n}{\sigma}_x - \mathrm{i}\overset{n}{\sigma}_y)\, R_2\, \mathrm{d}\vartheta = R_2 \int_0^{2\pi} (\sigma_r - \mathrm{i}\tau_{r\vartheta})\, \mathrm{e}^{-\mathrm{i}\vartheta}\, \mathrm{d}\vartheta = 2\pi R_2 A_1''$$

nach Definition von A_1''. Für die innere Peripherie erhalten wir analog

$$X' - \mathrm{i}Y' = -2\pi R_1 A_1'.$$

Zur Konvergenz der gewonnenen Reihen ist folgendes zu bemerken: Die Reihen für $\Phi(z)$, $\Phi'(z)$, $\Psi(z)$ konvergieren offenbar innerhalb des Ringes (einschließlich der Ränder) absolut und gleichmäßig, falls die Reihen

$$\begin{gathered}\sum_{k=1}^{\infty} |a_k|\, R_2^k, \quad \sum_{k=1}^{\infty} k\, |a_k|\, R_2^{k-1}, \quad \sum_{k=1}^{\infty} |a_k'|\, R_2^k, \\ \sum_{k=1}^{\infty} |a_{-k}|\, R_1^{-k}, \quad \sum_{k=1}^{\infty} k\, |a_{-k}|\, R_1^{-k-1}, \quad \sum_{k=1}^{\infty} |a_{-k}'|\, R_1^{-k}\end{gathered} \tag{17}$$

konvergieren. Die Konvergenz der letzteren ist jedoch sicher gewährleistet, wenn wir voraussetzen, daß die zweiten Ableitungen der auf L_1 und L_2 vorgegebenen Größen σ_r und $\tau_{r\vartheta}$ den DIRICHLETschen Bedingungen genügen. In diesem Falle befriedigen die Koeffizienten A_k' und A_k'' der Reihen (1) Ungleichungen der Gestalt (3.1.2.)

$$|A_k'| < \frac{C}{|k^3|}, \quad |A_k''| < \frac{C}{|k^3|} \qquad (k = \pm 1, \pm 2, \ldots).$$

Hieraus können wir leicht auf Grund der Gln. (10), (14) und (6) schließen, daß (für $k = 1$, $2, \ldots$)

$$|a_k|\, R_2^k < \frac{C}{k^3}, \quad |a_k'|\, R_2^k < \frac{C}{k^2}, \quad |a_{-k}|\, R_1^{-k} < \frac{C}{k^3}, \quad |a_{-k}'|\, R_1^{-k} < \frac{C}{k^2}$$

gilt, woraus unmittelbar die Konvergenz der Reihen (17) folgt.[1])
Beim Vergleich der eben hergeleiteten Lösung mit der unter Anwendung der Airyschen Funktion gefundenen[2]) zeigen sich deutlich die Vorteile der eingeführten komplexen Funktionen.

3.3.2. Beispiele und Verallgemeinerungen

3.3.2.1. Rohr unter gleichmäßigem Außen- und Innendruck

Am inneren und äußeren Kreisrand mögen gleichmäßig verteilte Normalspannungen p_1 bzw. p_2 angreifen, so daß $\sigma_r = -p_1$ auf L_1, $\sigma_r = -p_2$ auf L_2 und $\tau_{r\vartheta} = 0$ auf L_1, L_2 ist. In diesem Falle gilt

$$A_0' = -p_1, \quad A_0'' = -p_2.$$

Alle anderen Koeffizienten A_k' und A_k'' verschwinden. Die Existenzbedingung für die Lösung ist offensichtlich erfüllt. Aus den Gln. (7′) und (5) in 3.3.1. folgt

$$a_0 = -\frac{p_2 R_2^2 - p_1 R_1^2}{2(R_2^2 - R_1^2)}, \quad a_{-2}' = \frac{(p_1 - p_2)\, R_1^2 R_2^2}{R_2^2 - R_1^2}. \tag{1}$$

Für alle übrigen Koeffizienten bekommen wir verschwindende Werte.

---

[1]) Ausgehend von den Randbedingungen in der Gestalt (18) aus 2.2.13., läßt sich die Brauchbarkeit der Lösung in gleicher Weise zeigen, wenn man annimmt, daß $\overset{n}{\sigma}_x$ und $\overset{n}{\sigma}_y$ auf L_1 und L_2 erste Ableitungen haben, die den DIRICHLETschen Bedingungen genügen (s. Bemerkung in 3.2.3.).

[2]) S. ALMANSI [2], MICHELL [1], TIMPE [1]. Bei TIMPE nimmt allein der durch die Gln. (2′) gegebene Ausdruck für die Randbedingungen ungefähr eine Seite ein. Dabei werden der Reihe nach jeweils acht Koeffizienten in einem Schritt aus einem System von acht Gleichungen mit acht Unbekannten bestimmt.

Somit gilt

$$\Phi(z) = -\frac{p_2 R_2^2 - p_1 R_1^2}{2(R_2^2 - R_1^2)}, \qquad \Psi(z) = -\frac{(p_2 - p_1) R_1^2 R_2^2}{R_2^2 - R_1^2}. \tag{2}$$

Für die polaren Spannungskomponenten erhalten wir

$$\left.\begin{aligned} \sigma_r &= -\frac{p_2 R_2^2 - p_1 R_1^2}{R_2^2 - R_1^2} + \frac{(p_2 - p_1) R_1^2 R_2^2}{R_2^2 - R_1^2} \frac{1}{r^2}, \\ \sigma_\vartheta &= -\frac{p_2 R_2^2 - p_1 R_1^2}{R_2^2 - R_1^2} - \frac{(p_2 - p_1) R_1^2 R_2^2}{R_2^2 - R_1^2} \frac{1}{r^2}, \\ \tau_{r\vartheta} &= 0. \end{aligned}\right\} \tag{3}$$

Dieses Problem wurde schon von LAMÉ gelöst.

3.3.2.2. Spannungsverteilung bei Rotation eines Ringes um seinen Mittelpunkt

Ein Ring drehe sich in seiner Ebene mit konstanter Winkelgeschwindigkeit ω um den Mittelpunkt 0. Das x, y-Achsensystem sei körperfest. Bei fehlenden äußeren Spannungen wirken lediglich Fliehkräfte, und unsere Aufgabe führt im genannten Achsensystem auf ein quasistatisches Problem.
Eine partikuläre Lösung gewinnt man aus den Gln. (8) in 2.1.4. Die dort angegebenen Spannungen haben, wie man leicht nachrechnet, folgende Komponenten in Polarkoordinaten

$$\sigma_r = -\frac{2\lambda + 3\mu}{4(\lambda + 2\mu)} \varrho\omega^2 r^2, \quad \sigma_\vartheta = -\frac{2\lambda + \mu}{4(\lambda + 2\mu)} \varrho\omega^2 r^2, \quad \tau_{r\vartheta} = 0. \tag{4}$$

Wenn wir unsere Lösung auf eine dünne Scheibe anwenden wollen (2.1.2.), müssen wir λ durch λ^* ersetzen. Damit ergibt sich

$$\frac{2\lambda^* + 3\mu}{4(\lambda^* + 2\mu)} = \frac{3 + \nu}{8}, \quad \frac{2\lambda^* + \mu}{4(\lambda^* + 2\mu)} = \frac{1 + 3\nu}{8}. \tag{5}$$

Die Spannungen (4) befriedigen die Randbedingungen der Scheibe nicht, denn auf den Rändern gilt zwar $\tau_{r\vartheta} = 0$, doch σ_r nimmt von Null verschiedene konstante Werte an, die wir mit p_1 und p_2 bezeichnen. Durch Überlagerung der Spannungen (4) und (3) für

$$p_1 = -\frac{2\lambda + 3\mu}{4(\lambda + 2\mu)} \varrho\omega^2 R_1^2, \quad p_2 = -\frac{2\lambda + 3\mu}{4(\lambda + 2\mu)} \varrho\omega^2 R_2^2 \tag{6}$$

erhalten wir die Lösung unseres Problems.
Im Falle einer dünnen Scheibe ist λ^* durch λ zu ersetzen. Die damit gewonnene Lösung liefert einen Spannungsmittelwert über die Dicke der Scheibe. Für nicht sehr dünne Scheiben ist dies nicht ausreichend. Es existieren genauere Lösungen (s. dazu z. B. LOVE [1], § 102).
Als Sonderfall ($R_1 = 0$) erhalten wir den Fall der rotierenden Vollscheibe.

3.3.2.3. Einige Verallgemeinerungen

Vom Gesichtspunkt der technischen Anwendung ist die Lösung allgemeinerer Probleme von Interesse, z. B. wenn der Körper aus mehreren konzentrischen Ringen mit verschiedenen Elastizitätskonstanten besteht, die entweder untereinander verschweißt sind oder einander

längs der Trennlinien berühren. Dabei kann der äußere Kreis im Unendlichen liegen und der innere Ring zur Vollscheibe werden.
Solche Aufgaben lassen sich, ähnlich wie im vorigen Abschnitt, mit Hilfe von Reihenentwicklungen lösen. Einen aus zwei miteinander verschweißten konzentrischen Ringen bestehenden Körper behandelte S. G. MICHLIN [8]. Allgemeinere Probleme vom oben genannten Typ werden in Arbeiten von G. N. SAWIN, D. W. WEINBERG und anderen Autoren gelöst. Eine Darlegung dieser Ergebnisse und entsprechende Literaturhinweise findet der Leser in den Monographien von G. N. SAWIN [8] und D. W. WEINBERG [1].

3.3.3. Mehrdeutige Verschiebungen im Falle des Kreisringes

Wir kehren nun zum allgemeinen Fall zurück und untersuchen, zu welchem Ergebnis uns die Gleichungen aus 3.3.1. führen, wenn wir auf die Eindeutigkeit der Verschiebungen, d. h. auf die Gln. (4) in 3.3.1.

$$A = 0, \quad \varkappa a_{-1} + \bar{a}'_{-1} = 0 \tag{1}$$

verzichten.
In diesem Falle sind die Randbedingungen (6) in 3.3.1. zur völligen Bestimmung der Funktionen Φ und Ψ nicht ausreichend. Einige Koeffizienten der entsprechenden Reihen enthalten willkürliche Konstanten. Wenn wir diese beliebig festlegen, bekommen wir bestimmte Ausdrücke für Φ und Ψ, die, abgesehen von der Eindeutigkeit der Verschiebungen, alle Bedingungen des Problems befriedigen.
Beim Umfahren eines geschlossenen Weges, der den Punkt z enthält und den inneren Rand entgegen dem Uhrzeigersinn umschließt, wächst der Ausdruck $u + iv$ nach Gl. (6) in 2.2.7. um

$$[u + iv]_{L'} = \frac{\pi i}{\mu} \{(\varkappa + 1) Az + \varkappa a_{-1} + \bar{a}'_{-1}\} \tag{2}$$

(hierbei wurden die Bezeichnungen aus 3.3.1. benutzt). Wie wir in 2.3.1. sahen, können wir unsere Lösung, ungeachtet der Mehrdeutigkeit der Verschiebungen, sehr einfach in bestimmter Weise physikalisch deuten.

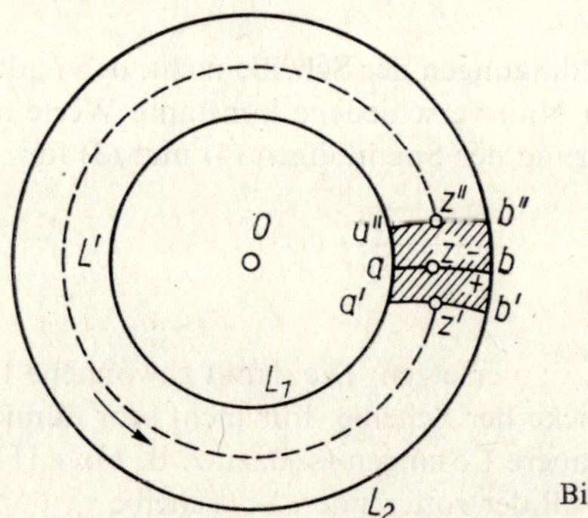

Bild 29

Zunächst ist diese Lösung im üblichen Sinne zu verstehen, wenn wir sie nicht auf den *gesamten Ring*, sondern auf einen durch Herausschneiden eines Streifens entstehenden Teil anwenden. Dabei soll der Streifen von zwei Kurven $a'b'$ und $a''b''$ begrenzt werden, die vom Innen- zum Außenrand führen (in Bild 29 ist der entfernte Teil schraffiert). Auf diese Weise

erhalten wir einen einfach zusammenhängenden Körper, einen „Kreisbogenträger", in dem die Funktionen u und v nunmehr eindeutig sind.
Die Funktionen Φ und Ψ entsprechen einem bestimmten elastischen Gleichgewichtszustand des Trägers, wobei die am Kreisrand angreifenden äußeren Spannungen die in den Randbedingungen für den Vollring (s. 3.3.1.) auftretenden vorgegebenen Werte haben, während die an den Rändern $a'b'$ und $a''b''$ angreifenden äußeren Spannungen aus den Funktionen Φ und Ψ mit Hilfe der schon mehrfach benutzten Formeln berechnet werden können (das Problem des Kreisbogenträgers wird im folgenden Abschnitt behandelt).
Wir wenden uns nun wieder dem geschlossenen Ring zu. Wie wir in 2.3.1. sahen, entspricht die betrachtete, auf mehrdeutige Verschiebungen führende Lösung einer besonderen Art von Deformation, die wir als Dislokation bezeichneten.
Wir beschreiben jetzt diese Deformation in Anwendung auf unseren Sonderfall (und wiederholen dabei teilweise das in 2.3.1. Gesagte). Dazu führen wir einen Schnitt vom inneren zum äußeren Kreis und unterscheiden die Schnittufer (+) und (−), wie in Bild 29 zu ersehen ist.
Die Verschiebungskomponenten wachsen beim Umfahren der geschlossenen Kurve L', die von einem Punkt (x, y) auf dem Rand (−) zum selben Punkt auf dem Rand (+) führt, gemäß (2) um

$$u^+ - u^- = -\delta y + \alpha, \quad v^+ - v^- = \delta x + \beta, \tag{3}$$

wobei

$$\delta = \frac{\pi A (1 + \varkappa)}{\mu}, \qquad \alpha + i\beta = \frac{\pi i}{\mu} (\varkappa a_{-1} + \bar{a}'_{-1}) \tag{4}$$

gesetzt wurde, während (u^+, v^+) und (u^-, v^-) die Verschiebungen des zum Rand (+) bzw. (−) gehörenden Punktes (x, y) bezeichnen.
Gemäß dem in 2.3.1. Gesagten kann die Mehrdeutigkeit der Verschiebungen in unserer Lösung durch die Annahme interpretiert werden, daß aus dem Ring vor seiner Verformung ein (schmaler) Querstreifen mit den Rändern $a'b'$, $a''b''$ herausgeschnitten wird (Bild 29) und die dabei entstehenden Ränder verschweißt sind.
Wir setzen voraus, daß die Ränder $a'b'$ und $a''b''$ vor der Verformung kongruent waren und so lagen, daß $a'b'$ aus $a''b''$ durch eine starre Drehung der letzteren (um den Koordinatenursprung) um den Winkel δ und durch die starre translative Verschiebung α, β entsteht. Beim Verschweißen müssen diejenigen Punkte des Randes vereinigt werden, die bei der eben genannten starren Verschiebung zusammenfallen. Wir erinnern, daß die Größen δ, α, β weder von der Form des Schnittes noch von seiner Lage im Ring abhängen (s. 2.3.1.). In unserem Falle folgt dies unmittelbar aus (4). Also darf der Querstreifen an einer beliebigen Stelle des Ringes herausgeschnitten werden. Eine Randkurve, etwa $a'b'$, kann in beliebiger Form und an beliebiger Stelle gewählt werden. Die Lage des anderen Randes ist dann durch die Größen δ, α, β bestimmt.
Erinnert sei noch, daß wir von Herausschneiden nur bedingt sprechen können, da wir tatsächlich bisweilen einsetzen oder an der einen Stelle herausschneiden und an der anderen hinzufügen müssen.
Die Größen δ, α, β stellen gemäß der in 2.3.1. benutzten Terminologie die Dislokationscharakteristika dar. Nach dem im genannten Abschnitt Gesagten ist die Deformation des betrachteten Körpers durch die Vorgabe dieser Größen und der an den Rändern L_1 und L_2

angreifenden äußeren Spannungen eindeutig bestimmt. Das kann man in unserem Falle unmittelbar nachprüfen: Aus den vorgegebenen Größen lassen sich zunächst alle Koeffizienten der Reihenentwicklungen von $\Phi(z)$ und $\Psi(z)$ eindeutig ermitteln[1]); dabei ist wie in 3.3.1. zu verfahren, allerdings mit dem Unterschied, daß die Bedingung der Eindeutigkeit der Verschiebungen (4) in 3.3.1.

$$A = 0, \quad \varkappa a_{-1} + \bar{a}'_{-1} = 0$$

durch die allgemeinere Bedingung (4) bei vorgegebenen δ, α, β ersetzt wird.

Wir geben die genannten Koeffizienten für den Sonderfall *fehlender äußerer Belastung* (d. h. für $\sigma_n = \tau_n = 0$ auf L_1 und L_2) an; hierbei sind alle Größen A'_k und A''_k gleich Null[2]). Die Gln. (4) liefern

$$A = \frac{\mu\varepsilon}{\pi(1+\varkappa)}, \quad \varkappa a_{-1} + \bar{a}'_{-1} = \frac{\mu}{\pi \mathrm{i}}(\alpha + \mathrm{i}\beta). \tag{4'}$$

In Verbindung mit der aus (15) in 3.3.1. hervorgegangenen Gleichung $a_{-1} - \overline{a'_{-1}} = 0$ ergibt sich

$$a_{-1} = -\frac{\mu(\alpha + \mathrm{i}\beta)}{\pi(1+\varkappa)}, \quad a'_{-1} = \frac{\mu(\alpha - \mathrm{i}\beta)\,\mathrm{i}}{\pi(1+\varkappa)}. \tag{5}$$

Nach (7) in 3.3.1. ist

$$a_0 = \frac{\mu\delta}{2\pi\,(1+\varkappa)} - \frac{\mu\delta\,(R_2^2 \ln R_2 - R_1^2 \ln R_1)}{\pi(1+\varkappa)\,(R_2^2 - R_1^2)}, \tag{6}$$

und schließlich folgt aus der zweiten Gleichung von (12) sowie nach (5) und (6) in 3.3.1. (für $k = 1$)

$$\begin{aligned} a_1 &= -\frac{2\mu(\alpha - \mathrm{i}\beta)\,\mathrm{i}}{\pi(1+\varkappa)(R_1^2 + R_2^2)}, \quad a'_{-2} = \frac{2\mu\delta\, R_1^2 R_2^2}{\pi(1+\varkappa)\,(R_2^2 - R_1^2)} \ln \frac{R_2}{R_1}, \\ a'_{-3} &= -\frac{2\mu\,(\alpha + \mathrm{i}\beta)\,\mathrm{i}}{\pi(1+\varkappa)} \frac{R_1^2 R_2^2}{R_1^2 + R_2^2}. \end{aligned} \tag{7}$$

Alle übrigen Koeffizienten verschwinden. Somit gilt

$$\Phi(z) = A \ln z + a_0 + a_1 z + \frac{a_{-1}}{z}, \quad \Psi(z) = \frac{a'_{-1}}{z} + \frac{a'_{-2}}{z^2} + \frac{a'_{-3}}{z^3}, \tag{8}$$

dabei haben die Koeffizienten A, a_0, a_1, a_{-1}, a'_{-1}, a'_{-2}, a'_{-3} die eben angeführten Werte.

Im Sonderfalle $\delta = \alpha = \beta = 0$ (eindeutige Verschiebungen) erhalten wir, wie zu erwarten war, $\Phi(z) = \Psi(z) = 0$; denn wenn die Verschiebungen eindeutig sind, können bekanntlich (2.2.12.) bei fehlender äußerer Belastung keine Spannungen im Körper auftreten.

Bei vorhandener äußerer Belastung überlagern wir die Lösung (8) mit der in 3.3.1. unter der Voraussetzung eindeutiger Verschiebungen ermittelten Lösung.

Wie schon in 2.3.1. gesagt, stammt die Interpretation der mehrdeutigen Verschiebungen im Falle des Kreisringes von Timpe [1]. Er gab Formeln an, die den von uns hergeleiteten äquivalent sind.

Wir wenden uns nun wieder den zu (8) gehörenden Dislokationen zu und teilen sie in folgende drei Fälle ein:

---

[1]) Mit Ausnahme des Im a_0, der ohne Bedeutung ist.

[2]) Wir benutzen hier die Bezeichnungen aus 3.3.1.

a) $\delta \neq 0$, $\alpha = \beta = 0$. Diese Dislokation entsteht, wenn man beispielsweise aus dem Ring einen radialen Keil mit geradlinigen Rändern und dem Öffnungswinkel δ herausschneidet und den Ring danach verschweißt.

b) $\delta = 0$, $\alpha \neq 0$, $\beta = 0$. Diese Dislokation entsteht, wenn man beispielsweise den Ring längs der positiven x-Achse aufschneidet und die Ränder vor dem Verschweißen um die Größe α gegeneinander verschiebt. Dasselbe Ergebnis erhält man, indem man längs der positiven y-Achse einen Streifen der Breite α herausschneidet[1]) und die Ränder verschweißt, nachdem man sie durch eine starre translative Verschiebung parallel zur x-Achse in Berührung gebracht hat.

c) $\delta = 0$, $\alpha = 0$, $\beta \neq 0$. Diesen Fall erhält man aus dem vorigen durch Vertauschung der x- und y-Achse.

Somit genügt es, die Berechnungsformeln für a) und einen der Fälle b) oder c) herzuleiten. Wir führen die Funktionen $\Phi(z)$ und $\Psi(z)$ sowie die Spannungen in Polarkoordinaten für a) und c) an. Sie ergeben sich leicht durch elementare Rechnungen aus den Gln. (4) bis (8)[2]) $\left(\text{anstelle von } \varkappa \text{ schreiben wir dabei } \frac{\lambda + 3\mu}{\lambda + \mu}\right)$.

a) $\delta \neq 0, \quad \alpha = \beta = 0,$

$$\left.\begin{aligned} \Phi(z) &= \frac{\delta\mu\,(\lambda+\mu)}{2\pi\,(\lambda+2\mu)}\left\{\frac{1}{2} - \frac{R_2^2 \ln R_2 - R_1^2 \ln R_1}{R_2^2 - R_1^2}\right\} + \frac{\delta\mu\,(\lambda+\mu)}{2\pi\,(\lambda+2\mu)} \ln z, \\ \Psi(z) &= \frac{-\delta\mu\,(\lambda+\mu)\,R_1^2R_2^2}{\pi(\lambda+2\mu)(R_2^2-R_1^2)} \ln\frac{R_2}{R_1}\,\frac{1}{z^2}, \end{aligned}\right\} \tag{9}$$

$$\left.\begin{aligned} \sigma_r &= \frac{\delta\mu\,(\lambda+\mu)}{\pi(\lambda+2\mu)}\left\{\ln r + \frac{R_1^2R_2^2}{r^2(R_2^2-R_1^2)}\ln\frac{R_2}{R_1} - \frac{R_2^2 \ln R_2 - R_1^2 \ln R_1}{R_2^2 - R_1^2}\right\}, \\ \sigma_\vartheta &= \frac{\delta\mu(\lambda+\mu)}{\pi(\lambda+2\mu)}\left\{\ln r - \frac{R_1^2R_2^2}{r^2(R_2^2-R_1^2)}\ln\frac{R_2}{R_1} - \frac{R_2^2 \ln R_2 - R_1^2 \ln R_1}{R_2^2 - R_1^2} + 1\right\}, \\ \tau_{r\vartheta} &= 0. \end{aligned}\right\} \tag{10}$$

b) $\delta = 0, \quad \alpha = 0, \quad \beta \neq 0,$

$$\left.\begin{aligned} \Phi(z) &= -\frac{\beta\mu\,(\lambda+\mu)}{2\pi\,(\lambda+2\mu)}\left\{\frac{2z}{R_1^2+R_2^2} - \frac{1}{z}\right\}, \\ \Psi(z) &= \frac{\beta\mu}{2\pi\,(\lambda+2\mu)}\left\{\frac{1}{z} + \frac{R_1^2R_2^2}{R_1^2+R_2^2}\,\frac{1}{z^3}\right\}, \end{aligned}\right\} \tag{11}$$

$$\left.\begin{aligned} \sigma_r &= \frac{\beta\mu\,(\lambda+\mu)}{\pi(\lambda+2\mu)}\left\{-\frac{r}{R_1^2+R_2^2} + \frac{1}{r} - \frac{R_1^2R_2^2}{R_1^2+R_2^2}\,\frac{1}{r^3}\right\}\cos\vartheta, \\ \sigma_\vartheta &= \frac{\beta\mu\,(\lambda+\mu)}{\pi(\lambda+2\mu)}\left\{-\frac{3r}{R_1^2+R_2^2} + \frac{1}{r} + \frac{R_1^2R_2^2}{R_1^2+R_2^2}\,\frac{1}{r^3}\right\}\cos\vartheta, \\ \tau_{r\vartheta} &= \frac{\beta\mu\,(\lambda+\mu)}{\pi(\lambda+2\mu)}\left\{-\frac{r}{R_1^2+R_2^2} + \frac{1}{r} - \frac{R_1^2R_2^2}{R_1^2+R_2^2}\,\frac{1}{r^3}\right\}\sin\vartheta. \end{aligned}\right\} \tag{12}$$

[1]) Für $\alpha > 0$ muß der Streifen hinzugefügt werden.

[2]) Die angeführten Formeln für die Spannungen stimmen mit den von Timpe auf anderem Wege gefundenen überein. Der hier gezeigte Weg entstammt dem Artikel des Autors [1].

Im Falle einer dünnen Scheibe (2.1.2.) ist λ durch λ^* zu ersetzen. Bisher nahmen wir an, daß keine äußeren Kräfte auf den Körper wirken. Bei beliebiger äußerer Belastung überlagern wir die oben genannte Lösung mit einer entsprechenden für eindeutige Verschiebungen (3.3.1.).

3.3.4. Anwendung. Biegung eines Kreisbogenträgers

Wir betrachten nun einen durch zwei Radien begrenzten Teil des Kreisringes (Kreisbogenträger) und nehmen zunächst an, daß die Kreisränder frei von äußeren Spannungen sind. Die in 3.3.3. gewonnene Lösung genügt selbstverständlich den elastostatischen Gleichungen und liefert verschwindende äußere Spannungen an den Kreisrändern. Die Verschiebungen sind in unserem Gebiet eindeutig (denn es gibt hier keine geschlossene Kurve, die den Kreis L_1 umschließt). Die an den geradlinigen Rändern (Enden) des Trägers angreifenden Spannungen sind verschieden von Null und hängen von den drei Konstanten δ, α, β ab.
Im allgemeinen ist es nicht möglich, diese drei Konstanten so zu wählen, daß man an den Enden eine vorgegebene Spannungsverteilung erhält. Man kann jedoch stets erreichen, daß die an einem Ende wirkenden Spannungen einer Kraft und einem Moment statisch äquivalent sind, d. h., daß sie einen vorgegebenen resultierenden Vektor und ein vorgegebenes resultierendes Moment haben. Die am anderen Ende angreifende Belastung entspricht dann der entgegengesetzten Kraft und dem entgegengesetzten Moment.
Falls die Länge des Trägers groß im Vergleich zur Breite ist, kann man die tatsächlich vorhandene Lastverteilung am Trägerende nach dem Prinzip von SAINT-VENANT (1.3.8.) durch den resultierenden Vektor und das resultierende Moment ersetzen.
Wenn wir im weiteren sagen, am Ende des Trägers greifen eine Kraft und ein Moment an, so wollen wir darunter stets eine beliebige Spannungsverteilung verstehen, die in ihrer Gesamtheit der angeführten Kraft und dem angeführten Moment statisch äquivalent ist. Wir können also beispielsweise annehmen, daß ein Ende des Trägers fest eingespannt ist; dann stellen sich an der Einspannstelle Reaktionen ein, die der am anderen Ende wirkenden Kraft und dem entsprechenden Moment das Gleichgewicht halten.
Wir betrachten nun einen Teil des Ringes, der den Werten ϑ im Intervall $\vartheta_1 \leqq \vartheta \leqq \vartheta_2$ entspricht, und wenden uns zunächst der Lösung a) in 3.3.3. zu. In diesem Falle verschwindet der resultierende Vektor der am Trägerende angreifenden Spannungen; denn offenbar gilt, wenn σ_ϑ aus (10) in 3.3.3. berechnet wird,

$$\int_{R_1}^{R_2} \sigma_\vartheta \, \mathrm{d}r = 0.$$

Das resultierende Moment der am Rand $\vartheta = \vartheta_2$ wirkenden (auf die Einheitsdicke bezogenen) Belastung lautet

$$M = \int_{R_1}^{R_2} \sigma_\vartheta r \, \mathrm{d}r = \frac{(R_2^2 - R_1^2)^2 - 4R_1^2R_2^2\left(\ln \dfrac{R_2}{R_1}\right)^2}{4(R_2^2 - R_1^2)} \, \frac{\delta\mu\,(\lambda + \mu)}{\pi(\lambda + 2\mu)}. \tag{1}$$

Also erhalten wir die Lösung für das Biegeproblem des Kreisbogenträgers mit einem Moment M an jedem Ende, indem wir in den Gln. (10) aus 3.3.3.

$$\frac{\delta\mu\,(\lambda + \mu)}{\pi(\lambda + 2\mu)} = \frac{4M\,(R_2^2 - R_1^2)}{(R_2^2 - R_1^2)^2 - 4R_1^2R_2^2\left(\ln \dfrac{R_2}{R_1}\right)^2} \tag{2}$$

setzen. Der Nenner auf der rechten Seite ist offenbar stets positiv[1]).

Wir betrachten nun die Lösung c) in 3.3.3. und wählen die Koordinatenachsen so, daß $\vartheta_2 = \pi/2$ ist. Im Querschnitt $\vartheta = \vartheta_2$ gilt nach (12) in 3.3.3. $\sigma_\vartheta = 0$. Somit ist die an diesem Ende angreifende (auf die Einheitsdicke bezogene) äußere Belastung einer zur y-Achse parallelen, durch 0 gehenden Kraft äquivalent, deren Projektion auf die y-Achse gleich

$$P = \int_{R_1}^{R_2} \tau_{r\vartheta}\, dr = \frac{(R_1^2 + R_2^2) \ln \dfrac{R_2}{R_1} - R_2^2 + R_1^2}{R_1^2 + R_2^2} \frac{\beta\mu(\lambda + \mu)}{\pi(\lambda + 2\mu)} \tag{3}$$

ist. Die Lösung für das Biegeproblem des Kreisbogenträgers mit einer am Ende $\vartheta = \vartheta_2$ angreifenden Querkraft ergibt sich demnach aus (12) in 3.3.3. mit

$$\frac{\beta\mu(\lambda + \mu)}{\pi(\lambda + 2\mu)} = \frac{P(R_1^2 + R_2^2)}{(R_1^2 + R_2^2) \ln \dfrac{R_2}{R_1} - R_2^2 + R_1^2}. \tag{4}$$

Der Nenner auf der rechten Seite ist offenbar stets positiv[2]).

In gleicher Weise läßt sich das Problem lösen, wenn die Kraft am Trägerende senkrecht auf der Randfläche steht. Die Lösung kann entweder unmittelbar – wie im vorigen Falle – oder ausgehend vom vorigen Beispiel gewonnen werden. Um das zu zeigen, betrachten wir den zwischen den Radien $\vartheta = 0$ und $\vartheta = \pi/2$ eingeschlossenen Teil des Ringes. Nach der vorigen Lösung erhalten wir am Ende $\vartheta = \pi/2$ als Resultierende eine durch 0 gehende, zur y-Achse parallele Kraft; folglich ist die am Ende $\vartheta = 0$ angreifende Belastung einer dem Betrag nach gleichen, der vorigen entgegengerichteten Kraft, d. h. einer auf dem geradlinigen Rand $\vartheta = 0$ senkrecht stehenden Kraft, äquivalent, deren Wirkungslinie durch 0 geht.

Durch Überlagerung mit der oben angegebenen Lösung für das Biegeproblem bei geeignet gewähltem Moment M können wir stets erreichen, daß die Wirkungslinie der angreifenden Kraft durch einen beliebigen Punkt geht[3]). Damit erhalten wir die vollständige Lösung unseres Problems für den Fall, daß die Kreisränder frei von äußeren Spannungen sind. Bei beliebiger Belastung dieser Ränder können wir die Lösung in folgender Weise gewinnen: Wir denken uns den Träger zum Vollring ergänzt und geben auf den Kreisrändern des hinzugefügten Teils willkürliche äußere Spannungen vor, die jedoch zusammen mit der vorgegebe-

---

[1]) Es gilt

$$(R_2^2 - R_1^2)^2 - 4R_1^2R_2^2 \left(\ln \frac{R_2}{R_1}\right)^2 = R_1^4 f(x)$$

mit

$$x = \frac{R_2^2}{R_1^2} > 1, \quad f(x) = (x - 1)^2 - x(\ln x)^2,$$

und offenbar ist

$$f(1) = f'(1) = f''(1) = f'''(1) = 0, \quad f'''(x) = \frac{2 \ln x}{x^2}.$$

Also gilt $f'''(x) > 0$ für $x > 1$, hieraus folgt $f''(x) > 0, f'(x) > 0, f(x) > 0$ für $x > 1$.

[2]) S. vorige Bemerkung.

[3]) Die genannten Lösungen des Biegeproblems für einen Kreisbogenträger mit Kräften und Momenten am Ende (sowie bei einigen anderen Belastungsfällen) wurden von Ch. Golowin [1] gefunden. Diese Arbeit blieb jedoch im Ausland unbekannt, und die Golowinschen Lösungen wurden später von mehreren Autoren unabhängig von ihm erneut gewonnen.

nen Belastung auf den Kreisrändern unseres ursprünglichen Trägers eine Gleichgewichtsgruppe bilden. Danach lösen wir das Problem (für den Vollring) mit Hilfe der Methoden aus 3.3.1. Diese Lösung befriedigt auf den Kreisrändern des ursprünglichen Trägers die vorgegebenen Bedingungen. Wir brauchen nun nur noch die eben angeführte Lösung derart zu wählen, daß nach der Überlagerung an den geradlinigen Enden eine Belastung entsteht, die die vorgegebenen Kräfte und Momente liefert (selbstverständlich müssen letztere den auf den Kreisrändern vorgegebenen Kräften das Gleichgewicht halten). Erwähnt sei noch folgendes: Wenn wir die auf den Kreisrändern des ergänzten Teils gewählten Spannungen abändern, erhalten wir unterschiedliche Lösungen. Das steht nicht im Widerspruch zum Eindeutigkeitssatz; denn wir geben ja die Spannungsverteilung auf den geradlinigen Rändern nicht vollständig vor, sondern legen nur ihre resultierenden Vektoren und Momente fest. Alle diese unterschiedlichen Lösungen entsprechen verschiedenen Spannungsverteilungen an den Enden (jedoch mit gleichen resultierenden Vektoren und Momenten). In den nicht zu nahe am Trägerende liegenden Teilen des Körpers unterscheiden sich die genannten Lösungen nach dem Prinzip von SAINT-VENANT wenig voneinander, wenn die Breite des Trägers klein ist im Vergleich zur Länge.

Bemerkung:

Wir erinnern, daß in den zur x, y-Ebene parallelen ebenen Rändern des Trägers beim ebenen Verzerrungszustand (2.1.1.) Normalspannungen auftreten, die nicht willkürlich festgelegt werden können. Falls die Dicke des Trägers (senkrecht zur x, y-Ebene) klein ist, kann man das Problem als ebenen Spannungszustand (2.1.2.) auffassen. Die angeführten Ränder sind dann frei von äußeren Spannungen. Es ist zu beachten, daß die Konstante λ in diesem Falle durch λ^* ersetzt werden muß.

3.3.5. Temperaturspannungen in einem dickwandigen Rohr

Nachdem wir das Problem der Dislokation eines Kreisringes (3.3.3.) gelöst haben, können wir die Verformung eines Hohlzylinders mit Kreisringquerschnitt durch einen ebenen stationären Wärmestrom auf Grund der Ergebnisse aus 2.3.2. ebenfalls als bekannt betrachten.
Wir gehen deshalb nur kurz auf ein einfaches Beispiel ein (dabei benutzen wir die Bezeichnungen aus 2.3.2.). Das betrachtete Gebiet S werde durch zwei konzentrische Kreise L_1, L_2 mit den Radien R_1, R_2 ($R_1 < R_2$) begrenzt (Hohlzylinder). Im Körper fließe ein stationärer Wärmestrom, und es sei $T = T_1$ für $r = R_1$ und $T = T_2$ für $r = R_2$, wobei r den Abstand des Punktes x, y vom Koordinatenursprung angibt, während T_1 und T_2 konstante Werte sind. Dann gilt, wie man leicht nachprüft (s. Bem. am Ende des Abschnittes),

$$T = \frac{T_2 - T_1}{\ln R_2 - \ln R_1} \ln r + \frac{T_1 \ln R_2 - T_2 \ln R_1}{\ln R_2 - \ln R_1}. \tag{1}$$

Mit den Bezeichnungen aus 2.3.2. erhalten wir, wenn wir die rein imaginäre willkürliche Konstante weglassen,

$$F(z) = \frac{T_2 - T_1}{\ln R_2 - \ln R_1} \ln z + \frac{T_1 \ln R_2 - T_2 \ln R_1}{\ln R_2 - \ln R_1}. \tag{2}$$

Also ergibt sich in unserem Falle gemäß Gl. (6) in 2.3.2. (wobei wiederum auf die Konstante verzichtet wird)

$$u^* + iv^* = \frac{T_2 - T_1}{\ln R_2 - \ln R_1} z \ln z + \frac{T_1(\ln R_2 + 1) - T_2(\ln R_1 + 1)}{\ln R_2 - \ln R_1} z. \tag{3}$$

Damit bekommen wir

$$B_1 = \frac{T_2 - T_1}{\ln R_2 - \ln R_1}, \quad \alpha_1^* = \beta_1^* = 0 \tag{4}$$

(nach den Bezeichnungen aus 2.3.2. ist nur *eine* innere Randkurve L_1 vorhanden).
Zur Lösung des Hilfsproblems (2.3.2.) müssen wir demnach in (9) und (10) aus 3.3.3. [vgl. (16) in 2.3.2.]

$$\delta = -\frac{\pi\alpha}{\lambda + \mu} \frac{T_2 - T_1}{\ln R_2 - \ln R_1} \tag{5}$$

setzen. Da die Spannungen σ_x, σ_y, τ_{xy} des Hilfsproblems den gleichen Wert wie beim Ausgangsproblem haben, können wir die mit dem eben genannten δ aus (10) in 3.3.3. gewonnenen Größen benutzen. Auf diese Weise erhalten wir die bekannten Lösungsformeln für unser Problem[1]).
Nachdem die Verschiebungen u', v' des Hilfsproblems ermittelt sind (dazu bedarf es nur einfachster Rechnungen), gewinnen wir u und v aus den Gln. (8) in 2.3.2. und Gl. (3) des vorliegenden Abschnittes.
Bemerkung:
Wenn die Temperatur T selbst nicht bekannt ist (und nur ihre Werte auf den Kreisen L_1 und L_2 vorgegeben sind), können wir sie wie folgt berechnen[2]). Nach Definition ist

$$2T = F(z) + \overline{F(z)}, \tag{6}$$

und gemäß Gl. (12) in 2.3.2. gilt für $z_1 = 0$

$$F(z) = A \ln z + \sum_{-\infty}^{+\infty} a_k z^k \tag{7}$$

mit A als reeller Konstante. Die Funktion $F(z)$ ist aus den Randbedingungen

$$F(z) + \overline{F(z)} = 2f_1(\vartheta) \quad \text{für} \quad r = R_1,$$
$$F(z) + \overline{F(z)} = 2f_2(\vartheta) \quad \text{für} \quad r = R_2$$

zu bestimmen, wobei $f_1(\vartheta)$, $f_2(\vartheta)$ vorgegebene Werte der Temperatur T auf den Rändern L_1 und L_2 sind.
Diese Funktionen entwickeln wir in komplexe FOURIER-Reihen[3])

$$f_1(\vartheta) = \sum_{-\infty}^{+\infty} A_k' e^{ik\vartheta}, \quad f_2(\vartheta) = \sum_{-\infty}^{+\infty} A_k'' e^{ik\vartheta}. \tag{8}$$

---

[1]) S. beispielsweise A. FÖPPL [1].
[2]) Die Ermittlung von T stellt einen Sonderfall des sogenannten ersten Grundproblems der Theorie des logarithmischen Potentials (DIRICHLETsches Problem) dar. Dieses besteht im Auffinden einer in einem gewissen Gebiet analytischen Funktion (in unserem Falle T) aus ihren vorgegebenen Randwerten. Man kann zeigen, daß dieses Problem (unter sehr allgemeinen Voraussetzungen) stets eine und nur eine Lösung hat. Im Text wird die allgemeine Lösung dieser Aufgabe für den Fall eines Kreisringgebietes angegeben.
[3]) Da die Funktionen $f_1(\vartheta)$ und $f_2(\vartheta)$ reell sind, gilt (3.1.1.)

$$A_k' = \bar{A}_{-k}', \quad A_k'' = \bar{A}_{-k}''$$

und insbesondere

$$A_0' = \bar{A}_0', \quad A_0'' = \bar{A}_0'',$$

d. h., A_0' und A_0'' sind reelle Größen.

Dann lauten die Randbedingungen

$$2A \ln r + \sum_{-\infty}^{+\infty} a_k r^k e^{ik\vartheta} + \sum_{-\infty}^{+\infty} \bar{a}_k r^k e^{-ik\vartheta} = \begin{cases} 2\sum\limits_{-\infty}^{+\infty} A_k' e^{ik\vartheta} & \text{für} \quad r = R_1, \\ 2\sum\limits_{-\infty}^{+\infty} A_k'' e^{ik\vartheta} & \text{für} \quad r = R_2. \end{cases}$$

Also gilt

$$2A \ln R_1 + a_0 + \bar{a}_0 = 2A_0', \quad 2A \ln R_2 + a_0 + \bar{a}_0 = 2A_0'', \tag{9}$$

$$a_k R_1^k + \bar{a}_{-k} R_1^{-k} = 2A_k', \quad a_k R_2^k + \bar{a}_{-k} R_2^{-k} = 2A_k'' \quad (k \neq 0). \tag{10}$$

Aus den Gln. (9) wird A und $a_0 + \bar{a}_0 = 2\mathrm{Re}\, a_0$ berechnet. Jedes Gleichungspaar (10) liefert jeweils einen Wert a_k und a_{-k} (um alle Koeffizienten zu ermitteln, lassen wir k die Zahlen $+1, +2, +3, \ldots$ durchlaufen).

Wie zu erwarten war, bleibt der Imaginärteil von a_0 unbestimmt, d. h., wir können ihn willkürlich vorgeben.

In unserem Beispiel erhalten wir mit $T = T_1$ für $r = R_1$ und $T = T_2$ für $r = R_2$ (T_1, T_2 konstant)

$$A_0' = T_1, \quad A_0'' = T_2, \quad A_k' = A_k'' = 0 \quad (k \neq 0).$$

Für $F(z)$ ergibt sich damit der Ausdruck (2).

Erwähnt sei noch folgender Sachverhalt: Die mehrdeutigen Glieder der Funktion $\int F(z)\,dz$ können nur von $A \ln z$ bzw. $a_{-1} z^{-1}$ in (7) herrühren. Die Konstanten A bzw. a_{-1} werden aber, wie die Gln. (9) und (10) zeigen, ausschließlich von den Größen A_0', A_0'', A_1', A_1'' bestimmt. Folglich hängen die Dislokationscharakteristika des Hilfsproblems und damit auch die Spannungen σ_x, σ_y, τ_{xy} des Ausgangsproblems nur von den Größen

$$A_0' = \frac{1}{2\pi} \int_0^{2\pi} f_1(\vartheta)\, d\vartheta, \quad A_0'' = \frac{1}{2\pi} \int_0^{2\pi} f_2(\vartheta)\, d\vartheta,$$

$$A_1' = \frac{1}{2\pi} \int_0^{2\pi} f_1(\vartheta)\, e^{-i\vartheta}\, d\vartheta, \quad A_1'' = \frac{1}{2\pi} \int_0^{2\pi} f_2(\vartheta)\, e^{-i\vartheta}\, d\vartheta$$

oder, was dasselbe besagt, von

$$\int_0^{2\pi} f_1(\vartheta)\, d\vartheta, \quad \int_0^{2\pi} f_2(\vartheta)\, d\vartheta, \quad \int_0^{2\pi} f_1(\vartheta) \cos\vartheta\, d\vartheta,$$

$$\int_0^{2\pi} f_2(\vartheta) \cos\vartheta\, d\vartheta, \quad \int_0^{2\pi} f_1(\vartheta) \sin\vartheta\, d\vartheta, \quad \int_0^{2\pi} f_2(\vartheta) \sin\vartheta\, d\vartheta$$

ab.

3.4. Anwendung der konformen Abbildung

In vielen Fällen kann man durch konforme Abbildung des gegebenen einfach oder zweifach zusammenhängenden Gebietes auf den Kreis bzw. den Kreisring und Entwicklung der unbekannten Funktionen in Potenzreihen effektive Ergebnisse gewinnen. Dieser Problematik ist der vorliegende Abschnitt gewidmet[1]).

---

[1]) Jedoch der effektivste Einsatz der konformen Abbildung wird auf anderem Wege erreicht. S. Hauptabschnitte 5. und 6.

3.4.1. Konforme Abbildung des einfach zusammenhängenden Gebietes

3.4.1.1. Wir betrachten ein endliches einfach zusammenhängendes Gebiet S mit einer einfachen geschlossenen Randkurve L und nehmen an, daß dieses Gebiet durch die Beziehung $z = \omega(\zeta)$ auf den Kreis $|\zeta| < 1$ abgebildet wird. Die Peripherie $|\zeta| = 1$ dieses Kreises bezeichnen wir mit γ. Da die Funktionen $\varphi_1(z)$ und $\psi_1(z)$ (Bezeichnungen wie in 2.4.4.) in S holomorph sind, muß dies im Inneren von γ auch auf die Funktionen $\varphi(\zeta)$, $\psi(\zeta)$ zutreffen, d. h., dort gelten folgende Entwicklungen

$$\varphi(\zeta) = \sum_0^\infty a_k \zeta^k, \quad \psi(\zeta) = \sum_0^\infty a_k' \zeta^k; \quad \varphi'(\zeta) = \sum_0^\infty k a_k \zeta^{k-1}. \tag{1}$$

Zur Lösung der Randwertprobleme setzen wir diese Reihen (unter der Voraussetzung, daß sie auch auf γ, d. h. für $\zeta = \sigma = e^{i\vartheta}$ konvergieren) in die Gln. (1) oder (4) aus 2.4.5. ein und erhalten auf diese Weise ein Gleichungssystem zur Bestimmung der Koeffizienten a_k und a_k'.

Zum Beispiel im Falle des I. Problems gehen wir dabei wie folgt vor: Die Randbedingung (1) in 2.4.5. lautet, wenn wir die willkürliche Konstante auf der rechten Seite weglassen,

$$\varphi(\sigma) + \frac{\omega(\sigma)}{\overline{\omega'(\sigma)}} \overline{\varphi'(\sigma)} + \overline{\psi(\sigma)} = f_1 + i f_2. \tag{2}$$

Es läßt sich weiterhin stets erreichen, daß der Punkt $z = 0$ dem Punkt $\zeta = 0$ entspricht, d. h. daß $\omega(0) = 0$ ist. Bekanntlich können wir die Größe $\varphi_1(0)$ und den Imaginärteil von $\varphi_1'(0)$ oder aber, wenn wir zur Funktion $\varphi(\zeta) = \varphi_1[\omega(\zeta)]$ übergehen, die Größe $\varphi(0) = a_0$ und den Imaginärteil von $\varphi_1'(0)/\omega'(0)$ willkürlich festlegen. Deshalb setzen wir im weiteren $a_0 = 0$, während der Imaginärteil der Größe $a_1/\omega'(0)$ zunächst unbestimmt bleibt.

Weiterhin nehmen wir an, daß sich der Ausdruck $\omega(\sigma)/\overline{\omega'(\sigma)}$ (für $\sigma = e^{i\vartheta}$) als komplexe Fourier-Reihe

$$\frac{\omega(\sigma)}{\overline{\omega'(\sigma)}} = \sum_{-\infty}^{+\infty} b_k e^{ik\vartheta} = \sum_{-\infty}^{+\infty} b_k \sigma^k \tag{3}$$

darstellen läßt und daß diese Reihe absolut konvergiert. Das alles ist sicher gewährleistet, sofern die Kurve L den in 2.4.1. genannten Bedingungen genügt[1]).

Nun entwickeln wir den Ausdruck $f_1 + i f_2$ (unter der Voraussetzung, daß dies möglich ist) in eine komplexe Fourier-Reihe

$$f_1 + i f_2 = \sum_{-\infty}^{+\infty} A_k e^{ik\vartheta} = \sum_{-\infty}^{+\infty} A_k \sigma^k \tag{4}$$

und setzen die Ausdrücke (1), (3), (4) in die Gl. (2) ein. Damit ergibt sich

$$\sum_{k=1}^{\infty} a_k \sigma^k + \sum_{l=-\infty}^{\infty} b_l \sigma^l \sum_{k=1}^{\infty} k \bar{a}_k \sigma^{-k+1} + \sum_{k=0}^{\infty} \bar{a}_k' \sigma^{-k} = \sum_{k=-\infty}^{+\infty} A_k \sigma^k. \tag{5}$$

---

[1]) Dies folgt aus einem bekannten Satz von S. N. Bernstein [1]. Dieser lautet: Wenn die Funktion $f(\vartheta)$ einer Hölder-Bedingung mit dem Exponenten $\alpha > \frac{1}{2}$ (Bezeichnungen s. 4.1.1.3.) genügt, so konvergiert die Reihe der Fourier-Koeffizienten dieser Funktionen absolut.

In unserem Falle hat die Funktion $\omega(\sigma)/\overline{\omega'(\sigma)}$ eine stetige erste Ableitung und genügt folglich einer Hölder-Bedingung bei $\alpha = 1$.

Nach Ausmultiplizieren der Reihen im mittleren Glied auf der linken Seite (diese Operation ist zulässig, wenn die Reihen für $\varphi'(\sigma)$ und $\omega(\sigma)/\overline{\omega'(\sigma)}$ absolut konvergieren) erhalten wir durch Koeffizientenvergleich bei σ^m $(m = 1, 2, \ldots)$

$$a_m + \sum_{k=1}^{\infty} k\bar{a}_k b_{m+k-1} = A_m \quad (m = 1, 2, \ldots) \tag{6}$$

und bei σ^{-m} $(m = 0, 1, 2, \ldots)$

$$\bar{a}'_m + \sum_{k=1}^{\infty} k\bar{a}_k b_{-m+k-1} = A_{-m} \quad (m = 0, 1, 2, \ldots). \tag{7}$$

In (6) haben wir ein unendliches Gleichungssystem für unendlich viele unbekannte Koeffizienten a_k vor uns. Jede einzelne Beziehung ist als System zweier reeller Gleichungen zur Bestimmung der Größen α_k, β_k aufzufassen, wobei

$$\alpha_k + \mathrm{i}\beta_k = a_k, \quad \alpha_k - \mathrm{i}\beta_k = \bar{a}_k$$

ist.

Wenn es uns gelingt, dieses System zu lösen, so können wir die Funktion $\varphi(\zeta)$ als bekannt betrachten. Danach lassen sich die Koeffizienten a'_m der Reihe für $\psi(\zeta)$ aus (7) ermitteln. Somit besteht das Hauptproblem im Lösen des Systems (6), d. h. im Auffinden der Funktion $\varphi(\zeta)$. Wenn ferner die auf diese Weise gewonnenen Reihen für $\varphi(\zeta)$, $\psi(\zeta)$, $\varphi'(\zeta)$ bei $|\zeta| = 1$ gleichmäßig konvergent[1]) sind und die Reihe für $\varphi'(\zeta)$ außerdem absolut konvergiert, werden alle Bedingungen unseres Problems befriedigt[2]).

Die praktische Lösung des erhaltenen Gleichungssystems gelingt in vielen Fällen ohne Schwierigkeiten[3]).

Wir beschränken uns im folgenden auf einige allgemeine Bemerkungen und betrachten zunächst den einfachen Fall, daß $\omega(\zeta)$ ein Polynom ist:

$$\omega(\zeta) = c_1\zeta + c_2\zeta^2 + \cdots + c_n\zeta^n \quad (c_1 \neq 0, \; c_n \neq 0). \tag{8}$$

Wir vereinbaren nun folgende Bezeichnungsweise[4]): Aus einem Polynom

$$f(\zeta) = a_0 + a_1\zeta + \cdots + a_n\zeta^n$$

bilden wir durch Konjugation der Koeffizienten eine neue Funktion $\bar{f}(\zeta)$ (wobei der Querstrich nur über dem f steht), so daß nach Definition

$$\bar{f}(\zeta) = \bar{a}_0 + \bar{a}_1\zeta + \cdots + \bar{a}_n\zeta^n$$

ist.

---

[1]) Die gleichmäßige Konvergenz bei $|\zeta| = 1$ zieht offenbar die gleichmäßige Konvergenz bei $|\zeta| \leqq 1$ nach sich. Folglich sind dann die Funktionen φ, φ', ψ stetig bis hin zum Rand, d. h., die Lösung ist regulär (2.2.15.).

[2]) Wenn die Funktion $\varphi(\zeta)$ berechnet ist, kann man die Funktion $\psi(\zeta)$ unmittelbar ohne Benutzung der Gln. (7) ermitteln. Denn bei bekannter Funktion $\varphi(\zeta)$ ergeben sich die Randwerte der Funktion $\psi(\zeta)$ auf dem Kreis $|\zeta| = 1$ gemäß (2) aus der Formel

$$\psi(\sigma) = f_1 - \mathrm{i}f_2 - \overline{\varphi(\sigma)} - \frac{\overline{\omega(\sigma)}}{\omega'(\sigma)}\varphi'(\sigma).$$

Folglich läßt sich die Funktion $\psi(\zeta)$ unmittelbar nach der CAUCHYschen Formel berechnen.

[3]) Ein analoges System ergab sich für ein spezielles Beispiel von D. M. WOLKOW und A. A. NASAROW [1, 2], es wird dort durch schrittweise Näherung gelöst. Noch früher gab P. SOKOLOW [1] die Lösung für einige technisch wichtige Sonderfälle mit analogen Verfahren an.

[4]) Diese Bezeichnungsweise stellt einen Sonderfall einer etwas allgemeineren Art dar, die in 4.2.4. erläutert wird und deren wir uns häufig bedienen werden.

Auf diese Weise gilt (mit $\sigma = e^{i\vartheta}$, $\bar{\sigma} = e^{-i\vartheta} = \sigma^{-1}$)

$$\overline{f(\sigma)} = \bar{a}_0 + \bar{a}_1\bar{\sigma} + \cdots + \bar{a}_n\bar{\sigma}^n = \bar{a}_0 + \bar{a}_1\sigma^{-1} + \cdots + \bar{a}_n\sigma^{-n} = \bar{f}\left(\frac{1}{\sigma}\right).$$

Gemäß (2) ergibt sich

$$\frac{\omega(\sigma)}{\overline{\omega'(\sigma)}} = \frac{\omega(\sigma)}{\bar{\omega}'\left(\frac{1}{\sigma}\right)} = \frac{c_1\sigma + c_2\sigma^2 + \cdots + c_n\sigma^n}{\bar{c}_1 + 2\bar{c}_2\sigma^{-1} + \cdots + n\bar{c}_n\sigma^{-n+1}}$$

$$= \sigma^n \frac{c_1 + c_2\sigma + \cdots + c_n\sigma^{n-1}}{\bar{c}_1\sigma^{n-1} + 2\bar{c}_2\sigma^{n-2} + \cdots + n\bar{c}_n}.$$

Die rechte Seite hat als rationale Funktion der komplexen Veränderlichen σ mit Ausnahme des Punktes $\sigma = \infty$ außerhalb und auf γ keine Pole; denn $\omega'(\zeta)$ verschwindet nirgends innerhalb und auf γ[1]) (2.4.1.), und folglich verschwindet $\bar{\omega}'(1/\zeta)$ weder außerhalb noch auf γ. Demnach ergibt sich für $|\sigma| \geqq 1$ und insbesondere für $\sigma = e^{i\vartheta}$ die Entwicklung

$$\frac{\omega(\sigma)}{\bar{\omega}'\left(\frac{1}{\sigma}\right)} = b_n\sigma^n + b_{n-1}\sigma^{n-1} + \cdots + b_1\sigma + b_0 + \sum_{k=1}^{\infty} b_{-k}\sigma^{-k}.$$

Die Reihe (3) besteht also in unserem Falle nur aus endlich vielen Gliedern mit positiven Potenzen von σ, und zwar ist

$$b_k = 0 \quad (k \geqq n + 1). \tag{9}$$

Die Gln. (6) und (7) lauten jetzt

$$a_m = A_m \quad (m \geqq n + 1) \tag{6'}$$

$$\left.\begin{aligned} a_1 + \bar{a}_1 b_1 + 2\bar{a}_2 b_2 + \cdots + n\bar{a}_n b_n &= A_1, \\ a_2 + \bar{a}_1 b_2 + 2\bar{a}_2 b_3 + \cdots + (n-1)\bar{a}_{n-1} b_n &= A_2, \\ \cdots\cdots\cdots\cdots\cdots\cdots & \\ a_n + \bar{a}_1 b_n &= A_n; \end{aligned}\right\} \tag{6''}$$

$$\bar{a}'_m + \sum_{k=1}^{m+n+1} k\bar{a}_k b_{-m+k-1} = A_{-m} \quad (m = 0, 1, 2, \ldots). \tag{7'}$$

Zur Bestimmung der Größen $a_1, \ldots, a_n$ stehen die Gln. (6″) zur Verfügung. Sie stellen $2n$ reelle Gleichungen für die $2n$ reellen Unbekannten α_k, β_k ($k = 1, \ldots, n$) mit $\alpha_k + i\beta_k = a_k$ dar.

Nach Auflösen des Systems (6″) lassen sich die übrigen Koeffizienten aus (6′) und (7′) berechnen, und man kann leicht unmittelbar zeigen, daß die damit gewonnenen Reihen für $\varphi(\zeta)$ und $\psi(\zeta)$ alle Bedingungen des Problems befriedigen, falls die vorgegebenen Funktionen

[1]) Wenn bei $|\zeta_0| \geqq 1$ in einem Punkt $\bar{\omega}'(1/\zeta_0) = 0$ wäre, so würden wir durch Übergang zu den konjugierten Werten $\omega'(1/\bar{\zeta}_0) = 0$, d. h. $\omega'(\zeta_1) = 0$ mit $\zeta_1 = 1/\bar{\zeta}_0$ erhalten, das ist jedoch nicht möglich.

f_1 und f_2 hinreichend regulär sind, wenn also z. B. ihre zweiten Ableitungen nach ϑ den DIRICHLETschen Bedingungen genügen[1]).

Das Ausgangsproblem hat somit stets eine Lösung, wenn das System (6″) lösbar ist. Es ist jedoch klar, daß das System (6″) nicht für alle Größen $\alpha_1, \beta_1, \ldots, \alpha_n, \beta_n$ bestimmte Werte liefern kann; denn wir wissen im voraus, daß der Imaginärteil von $a_1/\omega'(0) = (\alpha_1 + i\beta_1)/\omega'(0)$ stets völlig willkürlich bleibt. Demnach muß die Determinante des Systems (6″) verschwinden, d. h., eine Lösung existiert nur, wenn die Größen $A_1, \ldots, A_n$ einer zusätzlichen Bedingung genügen, die sich aus (6″) durch Elimination der Unbekannten ergibt und zum Ausdruck bringt, daß das resultierende Moment der äußeren Kräfte verschwinden muß[2]); denn unter dieser (und nur unter dieser) zusätzlichen Bedingung hat unser Problem eine Lösung[3]).

Aus dem Satz über die Eindeutigkeit der Lösung folgt, daß alle Koeffizienten $a_1, a_2, \ldots, a_n$ vollständig bestimmt sind, wenn der Imaginärteil des Ausdruckes $a_1/\omega'(0)$ (willkürlich) festgelegt wird. Auf das System (6″) gehen wir in 5.2.8. (Bemerkung 2) näher ein.

3.4.1.2. Als Beispiel betrachten wir das von einer *Pascalschen Schnecke* begrenzte Gebiet. In diesem Falle können wir gemäß 2.4.2.2. (mit a anstelle von m)

$$z = \omega(\zeta) = R(\zeta + a\zeta^2), \quad R > 0, \quad 0 \leqq a < \tfrac{1}{2}$$

setzen, und es gilt

$$\frac{\omega(\sigma)}{\overline{\omega'(\sigma)}} = \frac{\sigma + a\sigma^2}{1 + 2a\bar{\sigma}} = a\sigma^2 + (1 - 2a^2)\,\sigma - \frac{2a(1 - 2a^2)}{1 + \dfrac{2a}{\sigma}}$$

$$= a\sigma^2 + (1 - 2a^2)\,\sigma - 2a(1 - 2a^2) \sum_{k=0}^{\infty} (-1)^k \left(\frac{2a}{\sigma}\right)^k,$$

also für $n = 2$

$$b_2 = a, \quad b_1 = 1 - 2a^2,$$

$$b_{-k} = (-1)^{k+1}\,(2a)^{k+1}\,(1 - 2a^2) \qquad (k = 0, 1, 2, \ldots).$$

Das System (6″) lautet jetzt

$$a_1 + \bar{a}_1(1 - 2a^2) + 2\bar{a}_2 a = A_1, \quad a_2 + \bar{a}_1 a = A_2.$$

---

[1]) In diesem Falle ergeben sich Ungleichungen der Gestalt

$$|A_m| < \frac{C}{|m|^3} \quad (m = \pm 1, \pm 2, \ldots), \tag{a}$$

hieraus folgt gemäß (6′) die gleichmäßige und absolute Konvergenz der Reihen für $\varphi(\zeta)$, $\varphi'(\zeta)$ bei $|\zeta| \leqq 1$. Ferner zeigt die Gl. (7′), daß $a'_m = -\bar{c}_m + \bar{A}_{-m}$ mit

$$c_m = \sum_{k=1}^{m+n+1} k\bar{a}_k b_{-m+k-1}$$

ist. Die Reihe $\sum A_{-m}$ ist jedoch gemäß Bedingung (a) absolut konvergent, dasselbe trifft auf die Reihe $\sum c_m$ zu; denn ihre Glieder entstehen durch Multiplikation der absolut konvergenten Reihen $\sum k\bar{a}_k$, $\sum b_k$. Hieraus folgt unmittelbar die absolute und gleichmäßige Konvergenz der Reihe für $\psi(\zeta)$ bei $|\zeta| \leqq 1$.

[2]) Das Verschwinden des resultierenden Vektors ist gewährleistet, da der Ausdruck $f_1 + if_2$ auf dem Rand als stetig vorausgesetzt wird.

[3]) S. u. Beweis des Existenzsatzes (Hauptabschnitt 5.)

Wenn wir den aus der zweiten Gleichung gewonnenen Wert $\bar{a}_2 = -aa_1 + \bar{A}_2$ in die erste einsetzen, ergibt sich

$$a_1 + \bar{a}_1 = \frac{A_1 - 2a\bar{A}_2}{1 - 2a^2},$$

damit ist der Realteil von a_1 bestimmt.
Für die Existenz einer Lösung des Problems muß also $\operatorname{Im}\{A_1 - 2a\bar{A}_2\} = 0$ gelten. Es läßt sich leicht unmittelbar nachprüfen, daß dies die Bedingung für das Verschwinden des resultierenden Momentes der äußeren Kräfte ist.
Wenn wir der Bestimmtheit halber $\operatorname{Im} a_1 = 0$ setzen, erhalten wir

$$a_1 = \frac{A_1 - 2a\bar{A}_2}{2(1 - 2a^2)}, \quad a_2 = A_2 - \bar{a}_1 a = A_2 - a_1 a.$$

Dann ergeben sich alle übrigen Koeffizienten aus den Gleichungen

$$a_m = A_m \quad (m \geqq 3), \quad \bar{a}'_m = -\sum_{k=1}^{m+3} k\bar{a}_k b_{-m+k-1} + A_{-m} \quad (m \geqq 0),$$

und das Problem ist gelöst.
Die für $\varphi(\zeta)$ und $\psi(\zeta)$ gewonnenen Reihen lassen sich leicht summieren und durch CAUCHYsche Integrale ausdrücken. Doch darauf gehen wir hier nicht näher ein, da die entsprechenden Formeln auf andere Weise (s. 5.2.8.) leichter hergeleitet werden können.
3.4.1.3. Falls $\omega(\zeta)$ kein Polynom darstellt, können wir wie folgt vorgehen: Wir lassen in der Entwicklung

$$\omega(\zeta) = c_1\zeta + c_2\zeta^2 + \cdots + c_n\zeta^n + c_{n+1}\zeta^{n+1} + \cdots$$

alle Glieder, beginnend mit $c_{n+1}\zeta^{n+1}$, weg und erhalten anstelle von $\omega(\zeta)$ ein Polynom $\omega_n(\zeta)$, welches zwar nicht das vorgegebene Gebiet S, aber ein ihm angenähertes Gebiet S_n auf den Kreis $|\zeta| < 1$ abbildet. Die Näherung ist um so besser, je größer n ist.
Für das Gebiet S_n ist die Lösung des Problems ohne prinzipielle Schwierigkeiten möglich. Beim Ersetzen von $\omega(\zeta)$ durch $\omega_n(\zeta)$ vernachlässigen wir im System (6), (7) alle Glieder b_k für $k \geqq n + 1$. Wie wir oben sahen, führt das Problem in diesem Falle auf ein endliches lineares Gleichungssystem mit endlich vielen Unbekannten. Nach dem Auflösen des Systems (6″) werden die übrigen Koeffizienten aus (6′) und (7′) berechnet.
Damit haben wir ein Verfahren zur näherungsweisen Lösung des unendlichen Systems (6), (7), d. h. des ursprünglichen Problems gewonnen.
Wenn wir n unbeschränkt wachsen lassen, strebt das Gebiet S_n gegen das Gebiet S, und die gefundene Näherungslösung kommt der exakten beliebig nahe, d. h., die für das Gebiet S_n gefundenen Funktionen φ und ψ streben gegen gewisse Funktionen, die der exakten Lösung für das Gebiet S entsprechen. Das alles läßt sich unter bekannten allgemeinen Voraussetzungen in bezug auf den Rand des Gebietes S und in bezug auf die auf dem Rand vorgegebenen Funktionen f_1 und f_2 streng beweisen[1]).

3.4.1.4. Im Hinblick auf die Lösung des II. Grundproblems gelten völlig analoge Betrachtungen. Sie ist sogar einfacher, da der Koeffizient a_1 bei vorgegebenen Verschiebungen eindeutig bestimmt wird und somit keinerlei zusätzliche Bedingungen erforderlich sind. Das System (6″) hat also hier stets eine wohldefinierte Lösung.

---

[1]) Etwas ausführlicher wird darauf in 5.2.14. eingegangen.

3.4.1.5. Für ein unendliches Gebiet, das durch eine Funktion

$$\omega(\zeta) = \frac{c}{\zeta} + c_1\zeta + c_2\zeta^2 + \cdots + c_n\zeta^n \tag{8'}$$

auf den Kreis $|\zeta| < 1$ abgebildet wird, ergeben sich ebenso einfache Resultate wie für das oben betrachtete endliche Gebiet im Falle eines Polynoms $\omega_n(\zeta)$. Wir wollen darauf nicht näher eingehen, da sich die Lösung dieser (sowie allgemeinerer) Probleme auf anderem Wege leichter gewinnen läßt (s. 4.). Das eben dargelegte (und ohne wesentliche Änderung aus den früheren Auflagen des Buches übernommene) Lösungsverfahren wird im Buch von L. W. Kantorowitsch und W. I. Krylow [1], Kapitel IV ausführlicher und mit einigen interessanten Ergänzungen behandelt.

3.4.2. Abbildung auf den Kreisring. Lösung der Grundprobleme für die Vollellipse

Es liegt nahe, das im vorigen Abschnitt dargelegte Verfahren unter Benutzung der Abbildung auf den Kreisring auf zweifach zusammenhängende Gebiete zu verallgemeinern. Aber schon für einfachste Gebiete führt die unmittelbare Anwendung dieser Methode auf komplizierte Ergebnisse[1]). Wir gehen deshalb auf diese Frage nicht näher ein. Statt dessen zeigen wir, wie die Abbildung auf den Kreisring zur Lösung der Grundprobleme für die *Vollellipse*[2]) herangezogen werden kann. Das von einer Ellipse begrenzte endliche Gebiet kann zwar wie jedes andere von einer geschlossenen Kurve berandete Gebiet auf den Kreis abgebildet werden. Die entsprechende Abbildungsfunktion ist jedoch kompliziert und unbequem. Deshalb ziehen wir das genannte Verfahren vor. Wir denken uns die Ellipse längs der Verbindungsgeraden der Brennpunkte aufgeschnitten und fassen die Schnittlinie als (zur ersten konfokale) Ellipse mit verschwindender kleiner Halbachse auf. Dadurch erhalten wir den Grenzfall eines zwischen zwei konfokalen Ellipsen eingeschlossenen Gebietes, das wir auf den zwischen zwei konzentrischen Kreisen γ_1 und γ_2 eingeschlossenen Ring abbilden, indem wir (s. 2.4.2.5.)

$$z = \omega(\zeta) = R\left(\zeta + \frac{1}{\zeta}\right), \quad R > 0 \tag{1}$$

[1]) Das I. Problem für das durch zwei exzentrische Kreise begrenzte Gebiet wurde von Jeffery [1] durch ein Verfahren gelöst, das im wesentlichen mit unserem übereinstimmt. Die Lösung für das durch zwei konfokale Ellipsen begrenzte Gebiet wurde unlängst von M. P. Scheremetjew [2] und A. I. Kalandia [5] angegeben. Die früher von Timpe [2] gefundene Lösung erwies sich bei genauerer Prüfung als fehlerhaft. Timpe gewinnt die Lösung des Problems durch Entwicklung der entsprechenden Airyschen Spannungsfunktion in eine Reihe aus gewissen partikulären Lösungen der biharmonischen Gleichung. Man kann jedoch unschwer zeigen, daß das von ihm benutzte System partikulärer Lösungen unvollständig ist. Das vollständige System läßt sich leicht mit Hilfe der konformen Abbildung auf den Kreisring konstruieren. Einige Hinweise auf andere Arbeiten über ähnliche Probleme findet der Leser in der Monografie von G. N. Sawin [8].

[2]) Diese Probleme wurden von Tedone [1] und Boggio [3] auf anderem (schwierigerem) Wege gelöst. Die hier angeführte Lösung stammt aus meinem Artikel [16] und den früheren Auflagen des Buches. Später gab D. I. Scherman [18] eine Lösung an, die auf den Integralgleichungen von Lauricella beruht. Die Endergebnisse von D. I. Scherman stimmen mit meinen Formeln überein, wenn man letztere etwas umformt. Früher wurde zur Berechnung der Größen c_k aus (23) von mir lediglich die Formeln (21) und (21') angegeben, wenn man jedoch von den Koeffizienten der Entwicklung (24) ausgeht, so ergeben sich unmittelbar aus den genannten Formeln sofort die Gln. (27). Durch Einsetzen der dabei entstehenden Ausdrücke für c_k in Gl. (19) erhalten wir Formeln, die abgesehen von der Bezeichnung mit den Schermanschen übereinstimmen.

setzen. Dem Kreis mit dem Radius ϱ in der ζ-Ebene entspricht in der z-Ebene eine Ellipse mit der Parameterdarstellung

$$x = R\left(\varrho + \frac{1}{\varrho}\right)\cos\vartheta, \quad y = R\left(\varrho - \frac{1}{\varrho}\right)\sin\vartheta, \tag{2}$$

während der Kreis $\varrho = 1$ in der ζ-Ebene auf den zwischen

$$x = -2R \quad \text{und} \quad x = +2R$$

eingeschlossenen Abschnitt AB der x-Achse abgebildet wird. Wenn ζ den Kreis $\varrho = 1$ umfährt, durchläuft der entsprechende Punkt z zweimal den genannten Abschnitt nach dem Gesetz

$$z = x = 2R\cos\vartheta = R\left(\sigma + \frac{1}{\sigma}\right) \qquad (\sigma = e^{i\vartheta}), \tag{3}$$

so daß den Punkten $\sigma = e^{i\vartheta}$ und $\bar{\sigma} = e^{-i\vartheta}$ ein und derselbe Punkt auf dem Abschnitt AB entspricht.

Als Kurve γ_1 müssen wir demnach den Einheitskreis wählen, während γ_2 den Radius ϱ_0 mit $\varrho_0 > 1$ hat. Die Größe ϱ_0 wird durch die lineare Exzentrizität $2R$ und die große Halbachse $a = R\,(\varrho_0 + 1/\varrho_0)$ bestimmt:

$$\varrho_0 = \frac{a + \sqrt{a^2 - 4R^2}}{2R}. \tag{4}$$

(Das Minuszeichen vor der Wurzel ergäbe $\varrho_0 < 1$.) Die Funktionen $\varphi_1(z)$ und $\psi_1(z)$ (Bezeichnungen aus 2.4.4.) müssen im Inneren der nicht aufgeschnittenen Ellipse, erst recht also in der längs AB aufgeschnittenen Ellipse holomorph sein. Dasselbe gilt folglich für die Funktionen $\varphi(\zeta)$ und $\psi(\zeta)$ im Ring zwischen γ_1 und γ_2[1]. Somit erhalten wir die Reihen

$$\varphi(\zeta) = \sum_{-\infty}^{+\infty} a_k\zeta^k, \quad \psi(z) = \sum_{-\infty}^{\infty} a'_k\zeta^k, \tag{5}$$

die für $1 < |\zeta| < \varrho_0$ (und sogar für $1/\varrho_0 < |\zeta| < \varrho_0$)[2]) konvergieren.

Bei $\varrho = \varrho_0$ müssen diese Funktionen die Randbedingung

$$\overline{\varphi(\zeta)} + \frac{\overline{\omega(\zeta)}}{\omega'(\zeta)}\,\varphi'(\zeta) + \psi(\zeta) = f_1 - if_2 \tag{6}$$

befriedigen, wobei $f_1 - if_2$ eine vorgegebene Funktion von ϑ ist, vgl. (2) in 3.4.1. (Wir sind zu den konjugierten Werten übergegangen, um die Schreibweise zu vereinfachen.)

Auf dem Kreis γ_1 ist

$$\varphi(\sigma) = \varphi(\bar{\sigma}), \quad \psi(\sigma) = \psi(\bar{\sigma}); \tag{7}$$

denn den Punkten σ und $\bar{\sigma}$ entspricht ein und derselbe Punkt auf dem Abschnitt AB. Umgekehrt nehmen die Funktionen $\varphi_1(z)$ und $\psi_1(z)$ bei Annäherung von z an einen Punkt auf AB

---

[1]) Man kann leicht zeigen, daß die Funktionen $\varphi(\zeta)$ und $\psi(\zeta)$ ins Innere des Kreises γ_1 bis zum Kreis mit dem Radius $\varrho' = 1/\varrho_0$ analytisch fortsetzbar sein müssen. Dazu braucht man nur den Teil der zweiblättrigen RIEMANNschen Fläche in der z-Ebene mit den Verzweigungspunkten A und B zu betrachten, der im Inneren unserer Ellipse eingeschlossen ist. Die Beziehung (1) vermittelt die Abbildung dieser zweiblättrigen Figur auf den Ring $1/\varrho_0 < |\zeta| < \varrho_0$, und daraus läßt sich unsere Behauptung leicht ableiten.

[2]) S. vorige Fußnote

von dieser oder jener Seite her ein und denselben Wert an, falls die letztgenannte Bedingung erfüllt ist. Sie stellen also analytische Funktionen in der ungeschnittenen Ellipse dar. Aus (5) und (6) folgt

$$a_k = a_{-k}, \quad a'_k = a'_{-k}. \tag{8}$$

Nun setzen wir die Reihen (5) in (6) ein und beachten, daß für $\varrho = \varrho_0$

$$\omega'(\zeta) = R\left(1 - \frac{1}{\zeta^2}\right) = R\left(1 - \frac{\bar{\zeta}^2}{\varrho_0^4}\right),$$

$$\overline{\omega(\zeta)} = R\left(\bar{\zeta} + \frac{1}{\bar{\zeta}}\right) = R\left(\frac{\varrho_0^2}{\zeta} + \frac{\zeta}{\varrho_0^2}\right)$$

ist. Dann multiplizieren wir beide Seiten der Gl. (6) mit $1 - 1/\zeta^2$ und erhalten auf diese Weise

$$\left(1 - \frac{\zeta^2}{\varrho_0^4}\right)\sum_{-\infty}^{+\infty} \bar{a}_k \zeta^k + \left(\frac{\varrho_0^2}{\zeta} + \frac{\zeta}{\varrho_0^2}\right)\sum_{-\infty}^{+\infty} k a_k \zeta^{k-1} + \sum_{-\infty}^{+\infty} b_k \zeta^k = (f_1 - \mathrm{i} f_2)\left(1 - \frac{1}{\zeta^2}\right) \quad \text{für } \varrho = \varrho_0 \tag{9}$$

mit

$$\left(1 - \frac{1}{\zeta^2}\right)\psi(\zeta) = \left(1 - \frac{1}{\zeta^2}\right)\sum_{-\infty}^{+\infty} a'_k \zeta^k = \sum_{-\infty}^{+\infty} (a'_k - a'_{k+2})\,\zeta^k = \sum_{-\infty}^{+\infty} b_k \zeta^k, \tag{10}$$

d. h.,

$$b_k = a'_k - a'_{k+2}. \tag{11}$$

Wenn wir die rechte Seite der Gl. (9) als FOURIER-Reihe

$$(f_1 - \mathrm{i} f_2)\,(1 - \varrho_0^{-2} \mathrm{e}^{-2\mathrm{i}\vartheta}) = \sum_{-\infty}^{+\infty} A_k \mathrm{e}^{\mathrm{i}k\vartheta} \tag{12}$$

schreiben und $\zeta = \varrho_0 \mathrm{e}^{\mathrm{i}\vartheta}$ setzen, ergibt sich durch Koeffizientenvergleich bei $\mathrm{e}^{\mathrm{i}k\vartheta}$

$$\varrho_0^{-k}\,\bar{a}_{-k} - \varrho_0^{-k-4}\,\bar{a}_{-k-2} + (k + 2)\,\varrho_0^{k+2} a_{k+2} + k\varrho_0^{k-2} a_k + b_k \varrho_0^k = A_k,$$

oder mit $\bar{a}_{-k} = \bar{a}_k$, $\bar{a}_{-k-2} = \bar{a}_{k+2}$

$$(k + 2)\,\varrho_0^{k+2} a_{k+2} - \varrho_0^{-k-4}\,\bar{a}_{k+2} + k\varrho_0^{k-2} a_k + \varrho_0^{-k}\,\bar{a}_k + b_k \varrho_0^k = A_k. \tag{13}$$

Nun ersetzen wir k durch $-k - 2$ und beachten, daß gemäß (8) und (11)

$$b_{-k-2} = a'_{-k-2} - a'_{-k} = a'_{k+2} - a'_k = -b_k \tag{8'}$$

ist, dann bekommen wir

$$-(k + 2)\,\varrho_0^{-k-4} a_{k+2} + \varrho_0^{k+2}\,\bar{a}_{k+2} - k\varrho_0^{-k} a_k - \varrho_0^{k-2}\,\bar{a}_k - b_k \varrho_0^{-k-2} = A_{-k-2}. \tag{13'}$$

Durch Elimination der Größe b_k aus (13) und (13′) ergibt sich

$$(k + 2)\,(\varrho_0^2 - \varrho_0^{-2})\,a_{k+2} + (\varrho_0^{2k+4} - \varrho_0^{-2k-4})\,\bar{a}_{k+2} - k(\varrho_0^2 - \varrho_0^{-2})\,a_k - (\varrho_0^{2k} - \varrho_0^{-2k})\,\bar{a}_k = B_k \tag{14}$$

mit

$$B_k = A_k \varrho_0^{-k} + A_{-k-2} \varrho_0^{k+2}. \tag{15}$$

Die Gln. (14) ermöglichen es, die Koeffizienten a_k[1]) der Reihe nach zu bestimmen, wenn a_1 und a_0 bekannt sind. Die Größe a_0 darf beliebig vorgegeben werden, da wir zu $\varphi(\zeta)$ stets eine willkürliche Konstante addieren können.

Nach (14) ist a_2 (und folglich auch $a_4, a_6, \ldots$), wie zu erwarten war, nicht von a_0 abhängig; denn für $k = 0$ verschwinden in (14) alle Glieder, die a_0 enthalten. Um nun $a_1 = a_{-1}$ zu gewinnen, setzen wir in (14) $k = -1$; dann ergibt sich

$$a_1 + \bar{a}_1 = \frac{B_{-1}}{2(\varrho_0^2 - \varrho_0^{-2})} = \frac{A_{-1}\varrho_0}{\varrho_0^2 - \varrho_0^{-2}}. \tag{16}$$

Diese Beziehung dient zur Bestimmung von $\operatorname{Re} a_1$, sie zeigt außerdem, daß

$$A_{-1} = \text{reelle Zahl} \tag{17}$$

sein muß, damit das Problem eine Lösung hat. Wie eine einfache Rechnung zeigt, ist diese Bedingung gleichbedeutend damit, daß das resultierende Moment der äußeren Kräfte verschwindet (der resultierende Vektor ist von vornherein gleich Null, da f_1 und f_2 auf dem Rand der Ellipse als stetig vorausgesetzt wurden).

Der Imaginärteil von a_1 bleibt, wie zu erwarten war, willkürlich[2]). Es läßt sich leicht nachprüfen, daß $\operatorname{Im} a_1$ auf a_3, und folglich auf $a_5, a_7, \ldots$ keinen Einfluß hat.

Wenn wir a_0 und $\operatorname{Im} a_1$ beliebig festlegen und nacheinander alle übrigen Koeffizienten aus (14) berechnen, erhalten wir die Funktion $\varphi(\zeta)$. Danach lassen sich die Koeffizienten b_k nacheinander aus (13) bzw. (13') ermitteln. Auf diese Weise ergibt sich

$$\left(1 - \frac{1}{\zeta^2}\right)\psi(\zeta) = \sum_{k=-\infty}^{+\infty} b_k\zeta^k = \sum_{k=0}^{\infty} b_k\zeta^k + \sum_{k=1}^{\infty} b_{-k}\zeta^{-k}$$

oder mit $b_{-k} = -b_{k-2}$ (also insbesondere $b_{-1} = -b_{-1} = 0$)

$$\left(1 - \frac{1}{\zeta^2}\right)\psi(\zeta) = \sum_{k=0}^{\infty} b_k\left(\zeta^k - \frac{1}{\zeta^{k+2}}\right). \tag{18}$$

Wir werden später sehen, daß die gewonnenen Reihen unter bestimmten Bedingungen im betrachteten Gebiet konvergieren.

Die rechte Seite der Gl. (18) verschwindet für $\zeta = \pm 1$, und folglich hat die durch Division der rechten Seite mit $(1 - 1/\zeta^2)$ entstehende Funktion $\psi(\zeta)$ bei $\zeta = \pm 1$ keine Singularität[3]). Damit ist unser Problem gelöst.

Völlig analog läßt sich das II. Randwertproblem behandeln.

Bevor wir uns der Konvergenzfrage der gewonnenen Reihen zuwenden, weisen wir noch auf folgende Vereinfachung bei der Berechnung der Koeffizienten a_k ($k = 1, 3, \ldots$) hin. Mit

$$k(\varrho_0^2 - \varrho_0^{-2})\,a_k + (\varrho_0^{2k} - \varrho_0^{-2k})\,\bar{a}_k = c_k \tag{19}$$

---

[1]) Jede der Gln. (14) zerfällt nach Trennung von Real- und Imaginärteil in zwei reelle Gleichungen. Im Zusammenhang damit kann man jedoch auch jeder Gleichung aus (14) eine zweite gegenüberstellen, die man durch Übergang zu den konjugierten Werten erhält (s. u.).

[2]) Zur Funktion $\varphi_1(z)$ können wir stets den Ausdruck Ciz hinzufügen, wobei C eine beliebige reelle Konstante ist. Folglich kann man bei $\varphi(\zeta)$ den Ausdruck

$$Ciz = CiR\left(\zeta + \frac{1}{\zeta}\right)$$

ergänzen.

[3]) Bei bekannter Funktion $\varphi(\zeta)$ kann man die Funktion $\psi(\zeta)$ unmittelbar aus der Randbedingung mit Hilfe der CAUCHYschen Formel berechnen. S. vorigen Abschnitt 2. Fußnote auf S. 200.

ergibt sich aus (14)

$$c_{k+2} - c_k = B_k. \tag{20}$$

In diese Gleichung setzen wir nacheinander $k = 0, 2, \ldots, 2n - 2$ und addieren die Ergebnisse; dann erhalten wir unter Beachtung von $c_0 = 0$

$$c_{2n} = \sum_{k=0}^{n-1} B_{2k} = \sum_{k=0}^{n-1} (A_{2k}\varrho_0^{-2k} + A_{-2k-2}\,\varrho_0^{2k+2}). \tag{21}$$

Genauso bekommen wir, wenn wir in (20) der Reihe nach $k = 1, 3, \ldots, 2n - 1$ setzen und addieren,

$$c_{2n+1} = c_1 + \sum_{k=1}^{n} B_{2k-1} = c_1 + \sum_{k=1}^{n} (A_{2k-1}\varrho_0^{-2k+1} + A_{-2k-1}\,\varrho_0^{2k+1}), \tag{21'}$$

gemäß (19) und (16) ist dabei

$$c_1 = (\varrho_0^2 - \varrho_0^{-2})\,(a_1 + \bar{a}_1) = A_1\varrho_0. \tag{22}$$

Damit haben wir explizite Ausdrücke für die Größen c_k gefunden. Die Koeffizienten a_k lassen sich sehr einfach durch die c_k ausdrücken: Wenn wir (19) und die aus ihr durch Übergang zu den konjugierten Werten entstehende Gleichung addieren und nach a_k auflösen, ergibt sich

$$a_k = \frac{k(\varrho_0^2 - \varrho_0^{-2})c_k - (\varrho_0^{2k} - \varrho_0^{-2k})\,\bar{c}_k}{k^2(\varrho_0^2 - \varrho_0^{-2})^2 - (\varrho_0^{2k} - \varrho_0^{-2k})^2} \quad (k = 2, 3, \ldots). \tag{23}$$

Die Ausdrücke (21) und (21') für c_k lassen sich noch vereinfachen, indem man die Koeffizienten A_k aus (12) durch die Koeffizienten C_k der komplexen FOURIER-Reihe

$$f_1 - \mathrm{i}f_2 = \sum_{k=-\infty}^{+\infty} C_k \mathrm{e}^{\mathrm{i}k\vartheta} \tag{24}$$

ersetzt. Durch Vergleich der letzten Beziehung mit (12) ergibt sich

$$A_k = C_k - \varrho_0^{-2}C_{k+2}. \tag{25}$$

Der Ausdruck (22) für c_1 lautet jetzt

$$c_1 = C_{-1}\varrho_0 - C_1\varrho_0^{-1}. \tag{26}$$

Durch Einsetzen von (25) und (26) in (21) und (21') erhalten wir die sehr einfache Beziehung

$$c_k = C_{-k}\varrho_0^k - C_k\varrho_0^{-k} \quad (k = 1, 2, \ldots). \tag{27}$$

Nun wenden wir uns der Frage der Konvergenz der oben gefundenen Reihen zu und setzen voraus, daß die zweiten Abteilungen der Funktionen f_1 und f_2 einer DIRICHLETschen Bedingung genugen (oder allgemeiner, beschränkte Schwankung haben). Dann gelten für die Koeffizienten C_k der Reihe (24) die Ungleichungen

$$|C_k| < \frac{C}{|k|^3} \quad (k = \pm 1, \pm 2, \ldots).$$

Hieraus ergeben sich gemäß (23), (27) und (13) bzw. (13') leicht folgende Ungleichungen

$$|a_k|\,\varrho_0^k < \frac{C}{|k|^3}, \quad |b_k|\,\varrho_0^k < \frac{C}{k^2} \quad (k = \pm 1, \pm 2, \ldots), \tag{28}$$

aus welchen unmittelbar die absolute und gleichmäßige Konvergenz der Reihen von $\varphi(\zeta)$, $\varphi'(\zeta)$, $(1 - 1/\zeta^2)\,\psi(\zeta)$ für $1/\varrho_0 \leqq |\zeta| \leqq \varrho_0$ und damit die Brauchbarkeit der gefundenen Lösungen folgt.

4. Cauchysche Integrale

Im folgenden werden wir uns weitgehend der sogenannten Integrale vom CAUCHYschen Typ (*Cauchysche Integrale*) bedienen. Eine systematische Darlegung der Eigenschaften dieser Integrale findet der Leser im Buch [25] des Autors. Die für das Verständnis des weiteren notwendigen Kenntnisse sind in den folgenden Abschnitten zusammengestellt. Einige Sätze führen wir ohne Beweis an, den interessierten Leser verweisen wir dabei auf das angeführte Buch des Autors oder auf das Buch von I. I. PRIWALOW [1]. Außerdem wird im vorliegenden Hauptabschnitt eine Reihe elementarer Formeln und Sätze angegeben, die für die praktische Berechnung großen Wert haben und in den angeführten Büchern nicht enthalten sind.

4.1. Haupteigenschaften der Cauchyschen Integrale

4.1.1. Einige Bezeichnungen

4.1.1.1. Wenn nicht ausdrücklich anders vereinbart, verstehen wir im weiteren unter L entweder eine einfache glatte geschlossene Kurve in der x, y-Ebene, oder ein einfaches offenes endliches glattes Kurvenstück in dieser Ebene, oder schließlich die Gesamtheit endlich vieler getrennt

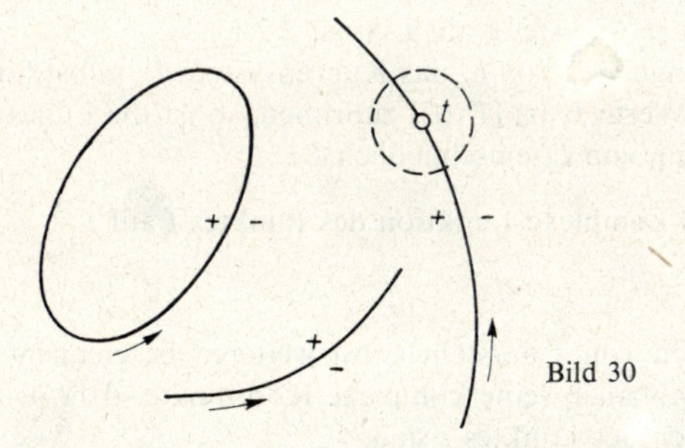

Bild 30

liegender solcher offener Kurvenstücke und geschlossener Kurven (Bild 30). Wir bezeichnen L als *einfaches glattes Kurvensystem*, wobei wir häufig die Wörter „einfach“ und „glatt“ weglassen, die sich dann stets von selbst verstehen. Wenn L offene Kurvenstücke enthält, so bezeichnen wir die Endpunkte dieser Kurvenstücke als *Endpunkte* (Enden) des Kurvensystems L.

Wir nehmen stets an, daß auf L eine bestimmte positive Richtung eingeführt ist. Falls L aus einzelnen Teilen besteht, so sei die positive Richtung auf jedem dieser Teile definiert. Wenn wir um einen nicht zu den Enden gehörenden Punkt auf L einen Kreis mit hinreichend kleinem Radius schlagen, so wird er durch L in zwei Teile zerlegt, und zwar liegt ein Teil links und der andere rechts von L (bezüglich der auf L gewählten positiven Richtung, Bild 30). Dementsprechend können wir eine linke und eine rechte Umgebung für jeden auf L liegenden, nicht mit den Enden von L zusammenfallenden Punkt t unterscheiden.
Die linke Umgebung des Punktes t beispielsweise besteht aus Punkten, die nicht auf L liegen und dem linken Teil eines Kreises mit hinreichend kleinem Radius und dem Mittelpunkt in t angehören. Analog hat ein beliebiger Teil von L, dessen Enden nicht mit den Endpunkten des Kurvensystems zusammenfallen, eine linke und eine rechte Umgebung. Unter einem *Teil* des Kurvensystems L verstehen wir wie bisher endlich viele zu L gehörende offene Kurvenstücke oder geschlossene Kurven. Die linke und die rechte Umgebung kennzeichnen wir durch die Symbole $(+)$ bzw. $(-)$.

4.1.1.2. Wir bringen nun das in 2.2.1. Gesagte in Erinnerung und ergänzen es teilweise.

Es sei $F(z)$ eine in der Umgebung von L, jedoch nicht auf dem Kurvensystem selbst beliebig vorgegebene stetige Funktion[1]). Weiterhin sei t ein Punkt des Kurvensystems L, der nicht mit den Endpunkten (falls solche vorhanden) zusammenfällt. Wir sagen, die Funktion $F(z)$ *ist auf den Punkt t von links* (*von rechts*) *her stetig fortsetzbar*, wenn $F(z)$ gegen einen bestimmten Grenzwert strebt, sobald sich z auf einem beliebigen Wege t nähert und dabei stets links (rechts) von L bleibt[2]). Die Grenzwerte der Funktion $F(z)$ für $z \to t$ von links oder rechts her bezeichnen wir entsprechend mit $F^+(t)$ und $F^-(t)$ und nennen sie links- bzw. rechtsseitigen *Randwert* der Funktion $F(z)$.
Diese Bezeichnung sowie den Begriff Randwert werden wir *nur dann* benutzen, wenn die entsprechenden Grenzwerte für $z \to t$ auf *beliebigem Wege* von links oder rechts her existieren; mit anderen Worten, wenn die Funktion $F(z)$ von links oder rechts her auf t stetig fortsetzbar ist.
Es sei L' ein gewisser Teil von L, dessen Endpunkte (falls vorhanden) nicht mit den Endpunkten von L zusammenfallen. Wir sagen, die Funktion $F(z)$ ist von links (rechts) her auf L' stetig fortsetzbar, wenn die Grenzwerte $F^+(t)$ [bzw. $F^-(t)$] für alle Punkte t auf L' existieren. In diesem Falle ist die Funktion $F^+(t)$ $[F^-(t)]$ stetig auf L' (vgl. 2.2.1.).
Wenn wir also zur rechten (linken) Umgebung von L' das Kurvensystem L' selbst hinzunehmen und der Funktion $F(z)$ dort die Werte $F^+(t)$ $[F^-(t)]$ zuordnen, so ist die Funktion $F(z)$ stetig in der linken (rechten) Umgebung von L' einschließlich L'.

4.1.1.3. Es sei $f(t)$ eine im allgemeinen komplexe Funktion des Punktes t auf L

$$f(t) = f_1(t) + \mathrm{i} f_2(t), \tag{1}$$

wobei $f_1(t)$ und $f_2(t)$ reelle Funktionen von t darstellen. Im weiteren bezeichnen wir wie bisher mit t sowohl den Punkt selbst als auch seine komplexe Koordinate, d. h., wir setzen $t = x + \mathrm{i}y$, wobei x, y die Koordinaten des Punktes t sind.

---

[1]) Mit $F(z)$ bezeichnen wir hier eine gewisse (nicht unbedingt analytische) Funktion von $z = x + \mathrm{i}y$. Anstelle von $F(z)$ könnten wir wie in 2.2.1. $F(x, y)$ schreiben.
[2]) Mit anderen Worten kann z bei der Annäherung an t beliebige Werte aus einer beliebigen linken (rechten) Umgebung des Punktes t annehmen.

Weiterhin sagen wir, $f(t)$ genügt auf L einer *Hölderbedingung*, kürzer *H-Bedingung*, wenn für alle Punktepaare t_1, t_2 der Kurve L folgende Ungleichung gilt

$$|f(t_2) - f(t_1)| \leqq A\,|t_2 - t_1|^\mu, \tag{2}$$

wobei A, μ gewisse positive Konstanten sind und $0 < \mu \leqq 1$ gilt. Dabei heißt A *Hölderkoeffizient* und μ *Hölderexponent*.
Wie man leicht sieht, ist (2) der Bedingung

$$|f(t_2) - f(t_1)| \leqq B s_{12}^\mu \tag{3}$$

äquivalent, wobei B eine positive Konstante ist und s_{12} die Länge des zwischen t_1 und t_2 eingeschlossenen Kurvenstückes angibt. Wenn t_1 und t_2 auf einer geschlossenen Kurve liegen, ist unter s_{12} der kürzere der beiden Bögen zwischen t_1 und t_2 zu verstehen. Falls L aus mehreren getrennten Teilen besteht, muß (3) jeweils für alle auf ein und demselben Teil liegenden Punktepaare gelten[1]).
Wenn in den Ungleichungen (2) oder (3) $\mu > 1$ ist, verschwindet offenbar die Ableitung der Funktion $f(t)$ nach der Bogenlänge s, und es gilt $f(t) = \text{const}$ auf L, oder, falls L aus mehreren einzelnen Teilen besteht, auf jedem dieser Teile. Da dieser Fall für uns uninteressant ist, beschränken wir uns im weiteren auf Werte $\mu \leqq 1$.

Bemerkung:

Wenn die Ungleichung

$$|f(t) - f(t_0)| \leqq A\,|t - t_0|^\mu$$

für alle hinreichend nahe bei t_0 liegenden Punkte t auf L gilt, so sagen wir, $f(t)$ genügt im *gegebenen Punkt* t_0 einer H-Bedingung. Das heißt jedoch nicht, daß $f(t)$ der H-Bedingung in der *Umgebung* des Punktes t_0 genügt, daß also die Ungleichung (2) für beliebige Punktepaare aus einer gewissen Umgebung des Punktes t_0 auf L erfüllt ist.

4.1.1.4. Im weiteren werden wir gelegentlich folgende bekannte Bezeichnung verwenden: Es sei ξ eine veränderliche Größe, die einen gewissen Wertevorrat durchläuft und gegen Null (Unendlich) strebt. Dann bezeichnet $O(\xi)$ eine Größe, für die das Verhältnis $O(\xi)/\xi$ für hinreichend kleine (große) Werte von $|\xi|$ beschränkt bleibt. Mit anderen Worten gilt für die angeführten Werte

$$|O(\xi)| \leqq C\,|\xi|,$$

wobei C eine endliche Konstante ist.
Weiterhin bezeichnet $o(\xi)$ eine Größe mit der Eigenschaft, daß das Verhältnis $o(\xi)/\xi$ (dem Betrage nach) beliebig klein wird, wenn $|\xi|$ hinreichend klein (groß) ist, genauer, es gilt also

$$|o(\xi)| \leqq c|\xi|,$$

[1]) Die Gleichwertigkeit der Bedingungen (2) und (3) ergibt sich aus folgenden leicht beweisbaren Sätzen: a) Wenn die Bedingung (2) für ein beliebiges Punktepaar gilt, dessen Verbindungsstrecke eine festgelegte Länge δ nicht überschreitet, so ist sie auch (möglicherweise mit einer anderen, größeren Konstanten A) auf der gesamten Kurve L erfüllt. b) Für ein beliebiges Punktepaar t_1, t_2, dessen Abstand eine festgelegte Zahl δ nicht überschreitet, gilt

$$k \leqq \frac{|t_2 - t_1|}{s_{12}} \leqq 1,$$

wobei k eine positive Konstante ist. Der Beweis dieser einfachen Sätze ist im Buch des Autors [25] zu finden.

wobei c eine positive Größe darstellt, die nur von $|\xi|$ abhängt und für $\xi \to 0$ $(\xi \to \infty)$ gegen Null strebt.

Wenn z. B. $f(t)$ in der Umgebung des Punktes t_0 einer H-Bedingung genügt, so lautet diese Bedingung mit den genannten Bezeichnungen

$$|f(t_2) - f(t_1)| = O(|t_2 - t_1|^{\mu})$$

für alle hinreichend nahe bei t_0 liegenden Punkte t_1, t_2.

Erwähnt sei noch folgender Sonderfall: Wir betrachten den Ausdruck $O(|\xi|^{\alpha})$ mit einer reellen Zahl α. Nach Definition bleibt das Verhältnis $O(|\xi|^{\alpha})/|\xi|^{\alpha}$ für $|\xi| \to 0$ $(|\xi| \to \infty)$ beschränkt. Bei $\alpha = 0$ wird der Ausdruck $O(|\xi|^{\alpha})$ zu $O(1)$ und bezeichnet eine Größe, die für hinreichend kleine (große) Werte von $|\xi|$ beschränkt bleibt. Analog ist $o(1)$ eine Größe, die für $|\xi| \to 0$ $(|\xi| \to \infty)$ gegen Null strebt, mit anderen Worten, es gilt $|o(1)| < \varepsilon$, wobei ε nur von $|\xi|$ abhängt und $\lim \varepsilon = 0$ für $|\xi| \to 0$ $(|\xi| \to \infty)$ ist.

Zum Beispiel kann man die Tatsache, daß die Funktion $f(t)$ auf L stetig ist, wie folgt schreiben

$$|f(t_2) - f(t_1)| = o(1)$$

für $|t_2 - t_1| \to 0$.

4.1.2. Cauchysche Integrale

Es sei L wie bisher ein Kurvensystem und $f(t) = f_1(t) + \mathrm{i} f_2(t)$ eine auf L vorgegebene im allgemeinen komplexe Funktion. Wenn nicht ausdrücklich anders vereinbart, setzen wir im weiteren stets voraus, daß die Funktion $f(t)$ im gewöhnlichen (Riemannschen) Sinne absolut integrierbar ist.

Als *Cauchysches Integral*, erstreckt über den Weg L, bezeichnen wir das Integral

$$\frac{1}{2\pi \mathrm{i}} \int_L \frac{f(t)\,\mathrm{d}t}{t - z}, \tag{a}$$

wobei z ein gewisser Punkt der komplexen Ebene ist[1]).

Wir nehmen zunächst an, daß der Punkt z nicht auf der Kurve L liegt. Dann hat das Integral (a) einen wohlbestimmten Sinn und stellt eine Funktion der komplexen Veränderlichen z dar, die in der gesamten Ebene – mit Ausnahme der Punkte der Kurve L – definiert ist. Wir bezeichnen diese Funktion mit $F(z)$:

$$F(z) = \frac{1}{2\pi \mathrm{i}} \int_L \frac{f(t)\,\mathrm{d}t}{t - z}. \tag{1}$$

Wie man leicht sieht, ist $F(z)$ in der gesamten Ebene, möglicherweise mit Ausnahme der Kurve L, holomorph.

Falls L wie in Bild 30 geschlossene Kurven enthält, ist $F(z)$ offenbar im Inneren eines jeden durch L in der z-Ebene abgegrenzten Teilgebietes holomorph[2]). Weiterhin läßt sich leicht verifizieren, daß $F(z)$ für $z \to \infty$ gegen Null strebt:

$$F(\infty) = 0. \tag{2}$$

---

[1]) Der Faktor $1/2\pi\mathrm{i}$ hat selbstverständlich keine wesentliche Bedeutung. Er wurde zur Vereinfachung einiger Formeln im Zusammenhang mit dem Cauchyschen Integral eingeführt.

[2]) Man darf nicht denken, daß $F(z)$ beim Übergang des Punktes von einem Teilgebiet zum anderen analytisch fortgesetzt wird. Das geht aus dem weiteren hervor.

4.1.3. Werte des Cauchyschen Integrals auf dem Integrationsweg. Hauptwert des Cauchyschen Integrals

Bisher haben wir vorausgesetzt, daß der Punkt t in der Formel (1) aus 4.1.2. nicht auf dem Integrationsweg liegt. Wir behandeln nun den Fall, daß z mit einem Punkt t auf L zusammenfällt. Dazu schreiben wir zunächst rein formal

$$\frac{1}{2\pi i} \int_L \frac{f(t)\,dt}{t - t_0}. \tag{1}$$

Wenn $f(t_0) \neq 0$ ist, strebt die unter dem Integral stehende Funktion für $t = t_0$ wie $|t - t_0|^{-1}$ gegen Unendlich. Deshalb hat das Integral auf der rechten Seite im Rahmen der gewöhnlichen Definition keinen Sinn. Man kann jedoch dem Integral (1) unter gewissen Voraussetzungen bezüglich der Funktion $f(t)$ einen wohlbestimmten Sinn zuschreiben. Und zwar nehmen wir an, daß der Punkt t_0 nicht mit einem der Endpunkte des Kurvensystems L (falls solche vorhanden sind) zusammenfällt, und schneiden aus L ein hinreichend kleines Kurvenstück $t_1 t_2$ heraus, das t_0 enthält, dabei sollen die Abstände der Punkte t_1 und t_2 von t_0 gleich sein, d. h., es soll

$$|t_1 - t_0| = |t_2 - t_0| \tag{2}$$

gelten.

Wir bezeichnen das Kurvenstück $t_1 t_2$ mit l, den restlichen Teil des Kurvensystems mit $L - l$ und betrachten das Integral

$$\frac{1}{2\pi i} \int_{L-l} \frac{f(t)\,dt}{t - t_0}. \tag{3}$$

Es ist im gewöhnlichen Sinne wohldefiniert; denn wenn t den Integrationsweg $L - l$ durchläuft, gilt stets $|t - t_0| \geqq \delta$, wobei δ eine positive Zahl ist.

Wir nehmen nun an, daß t_1 und t_2 derart gegen t_0 streben, daß stets die Bedingung (2) erfüllt bleibt. Wenn das Integral (3) dabei einen bestimmten Grenzwert hat, bezeichnen wir diesen als *Hauptwert des Cauchyschen Integrals* (1). Falls das Integral (1) im gewöhnlichen (RIEMANNschen) Sinne definiert ist, existiert offenbar auch sein Hauptwert[1]); doch die umgekehrte Behauptung ist im allgemeinen nicht richtig.

Den Hauptwert des Integrals bezeichnen wir, falls er existiert, mit dem gleichen Symbol wie das gewöhnliche Integral[2]), d. h. mit dem Symbol (1).

Wir halten uns nicht mit der Suche nach möglichst allgemeinen Existenzsätzen für den Hauptwert auf, sondern geben folgende sehr wichtige (für unsere Zwecke vollkommen ausreichende) Bedingung an: *Wenn die Funktion $f(t)$ in der Umgebung des Punktes t_0 einer H-Bedingung*, d. h. der Gleichung (s. 4.1.1.3.)

$$|f(t_2) - f(t_1)| \leqq A\,|t_2 - t_1|^\mu, \quad 0 < \mu \leqq 1 \tag{4}$$

genügt, so *existiert der Hauptwert des Integrals* (1).

Wir beweisen diese Behauptung, indem wir den Hauptwert des Integrals durch ein gewöhnliches Integral ausdrücken. Dazu wenden wir uns der Formel (3) zu und beginnen zunächst

---

[1]) Das Integral (1) ist im gewöhnlichen Sinne zu verstehen, wenn das Integral (3) für $t_1 \to t_0$ und $t_2 \to t_0$ auf beliebigem Wege gegen einen bestimmten Grenzwert strebt; es braucht also nicht unbedingt die Bedingung (2) erfüllt zu sein.

[2]) Einige Autoren versehen im Gegensatz zu uns den Hauptwert mit einem Zeichen, z. B. mit einem Strich (′) oder mit den Buchstaben VP (valeur principale).

mit dem Fall, daß L aus einem einfachen offenen Kurvenstück ab besteht (Bild 31), d. h., wir betrachten das Integral

$$\frac{1}{2\pi i} \int_{ab-l} \frac{f(t)\,dt}{t-t_0}. \tag{3'}$$

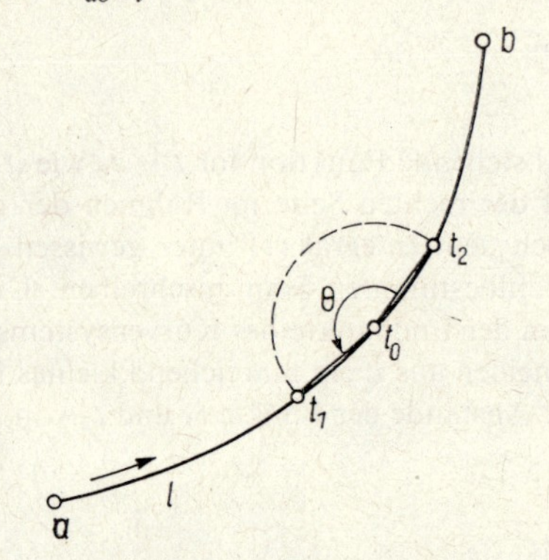

Bild 31

Die Bezeichnung sei so gewählt, daß die positive Richtung auf ab von a nach b führt. Das Integral (3′) können wir wie folgt schreiben:

$$\frac{1}{2\pi i} \int_{ab-l} \frac{f(t)\,dt}{t-t_0} = \frac{1}{2\pi i} \int_{ab-l} \frac{f(t)-f(t_0)}{t-t_0}\,dt - \frac{f(t_0)}{2\pi i} \int_{ab-l} \frac{dt}{t-t_0}. \tag{5}$$

Das erste Integral auf der rechten Seite strebt für $t_1 \to t_0$, $t_2 \to t_0$ gegen den wohlbestimmten Grenzwert

$$\frac{1}{2\pi i} \int_{ab} \frac{f(t)-f(t_0)}{t-t_0}\,dt;$$

denn es ist im gewöhnlichen (Riemannschen) Sinne konvergent. Auf Grund der Bedingung (4) gilt nämlich

$$\frac{|f(t)-f(t_0)|}{|t-t_0|} \leqq \frac{A}{|t-t_0|^{1-\mu}},$$

und da $1-\mu < 1$ ist, gewährleistet diese Ungleichung die Konvergenz unseres Integrals auf Grund eines wohlbekannten elementaren Konvergenzkriteriums.

Das zweite Integral auf der rechten Seite der Formel (5) läßt sich in folgender Gestalt darstellen:

$$\frac{1}{2\pi i} \int_{ab-l} \frac{dt}{t-t_0} = \frac{1}{2\pi i} [\ln(t-t_0)]_a^{t_1} + \frac{1}{2\pi i} [\ln(t-t_0)]_{t_2}^{b},$$

wobei auf den Teilstücken at_1 und t_2b der Kurve ab für $\ln(t-t_0)$ beliebige Zweige dieser Funktion genommen werden können, die sich zusammen mit t auf jedem der Teilstücke at_1 und t_2b einzeln stetig ändern. Der Bestimmtheit halber verknüpfen wir diese Zweige durch folgende Bedingung: Der Wert $\ln(t-t_0)$ für $t = t_2$ ergebe sich aus dem Wert $\ln(t-t_0)$ für $t = t_1$ durch stetige Änderung der Funktion $\ln(t-t_0)$ bei Bewegung des Punktes t von t_1 nach t_2 auf einem (unendlich kleinen) links von L liegenden Halbkreis (Bild 31, gestrichelte Linie). Dann ist der Zweig der Funktion $\ln(t - t_0)$ auf t_2b durch die Wahl des Zweiges auf at_1 eindeutig bestimmt, und wir können schreiben

$$\frac{1}{2\pi i} \int_{ab-l} \frac{dt}{t - t_0} = \frac{1}{2\pi i} \ln \frac{b - t_0}{a - t_0} + \frac{1}{2\pi i} \ln \frac{t_1 - t_0}{t_2 - t_0} \tag{6}$$

mit

$$\ln \frac{b - t_0}{a - t_0} = \ln(b - t_0) - \ln(a - t_0),$$

$$\ln \frac{t_1 - t_0}{t_2 - t_0} = \ln(t_1 - t_0) - \ln(t_2 - t_0)$$

(bei der eben angegebenen Wahl des Zweiges).
Da weiterhin nach Voraussetzung $|t_1 - t_0|/|t_2 - t_0| = 1$ ist, gilt

$$\ln \frac{t_1 - t_2}{t_2 - t_0} = i\theta, \tag{a}$$

wobei θ der in Bild 31 eingezeichnete Winkel ist. Ferner gilt für $t_1 \to t_0$, $t_2 \to t_0$ offenbar $\lim \theta = \pi$. Deshalb ergibt sich durch Grenzübergang in (6)

$$\lim \frac{1}{2\pi i} \int_{ab-l} \frac{dt}{t - t_0} = \frac{1}{2} + \frac{1}{2\pi i} \ln \frac{b - t_0}{a - t_0}.$$

Folglich strebt das Integral (3′) gegen einen bestimmten Grenzwert[1]), der nach Definition den Hauptwert des Integrals

$$\frac{1}{2\pi i} \int_{ab} \frac{f(t)\, dt}{t - t_0}$$

darstellt. Die Formel zur Berechnung des genannten Hauptwertes lautet

$$\frac{1}{2\pi i} \int_{ab} \frac{f(t)\, dt}{t - t_0} = \frac{1}{2} f(t_0) + \frac{1}{2\pi i} f(t_0) \ln \frac{b - t_0}{a - t_0} + \frac{1}{2\pi i} \int_{ab} \frac{f(t) - f(t_0)}{t - t_0}\, dt, \tag{7}$$

wobei das Integral auf der rechten Seite im gewöhnlichen (RIEMANNschen) Sinne zu verstehen ist.
Nun sei L ein beliebiges Kurvensystem der in 4.1.1.1. angeführten Art.
Wenn wir aus L ein kleines Kurvenstück ab herausschneiden, das den Punkt t_0 enthält (ohne daß a und b mit t_0 zusammenfallen), so lautet das Integral (3)

$$\frac{1}{2\pi i} \int_{L-l} \frac{f(t)\, dt}{t - t_0} = \frac{1}{2\pi i} \int_{ab-l} \frac{f(t)\, dt}{t - t_0} + \frac{1}{2\pi i} \int_{L-ab} \frac{f(t)\, dt}{t - t_0}.$$

---

[1]) Selbstverständlich bei Erfüllung der Bedingung (2). Wenn diese Gleichung nicht gelten würde, müßten wir anstelle von (*a*)

$$\ln \frac{t_1 - t_0}{t_2 - t_0} = \ln \frac{r_1}{r_2} + i\,\theta \tag{b}$$

mit $r_1 = |t_1 - t_0|$, $r_2 = |t_2 - t_0|$ schreiben. Die Größe (b) strebt jedoch gegen keinen bestimmten Grenzwert, wenn die Bedingung (2) unbeachtet bleibt.

Das erste Integral auf der rechten Seite hat bei Berücksichtigung von (2) für $t_1 \to t_0$, $t_2 \to t_0$ einen bestimmten Grenzwert. Das zweite Integral hängt nicht von t_1 und t_2 ab, folglich strebt das Integral (3) einem bestimmten Grenzwert zu, der nach Definition den Hauptwert des Integrals (1) darstellt und aus der Gleichung

$$\frac{1}{2\pi i}\int_L \frac{f(t)\,dt}{t-t_0} = \frac{1}{2}f(t_0) + \frac{1}{2\pi i}f(t_0)\ln\frac{b-t_0}{a-t_0} + \frac{1}{2\pi i}\int_{ab}\frac{f(t)-f(t_0)}{t-t_0}\,dt + \frac{1}{2\pi i}\int_{L-ab}\frac{f(t)\,dt}{t-t_0} \tag{8}$$

zu berechnen ist.

Die Gl. (8) werden wir im weiteren (wegen mangelnder Symmetrie) nicht benutzen. Wir leiteten sie nur her, um zu zeigen, daß der CAUCHYsche Hauptwert unter den oben angeführten Bedingungen für die Funktion $f(t)$ existiert und mit Hilfe gewöhnlicher Integrale ausgedrückt werden kann.

Bemerkung 1:

Die Gl. (8) vereinfacht sich stark, wenn L eine einfache geschlossene Kurve darstellt. Die entsprechende Gleichung können wir ausgehend von (7) gewinnen. Dazu stellen wir uns vor, daß die Endpunkte a, b des Kurvenstückes ab aufeinander zustreben, bis im Grenzfall eine geschlossene Kurve entsteht.
Die positive Richtung auf dieser Kurve sei so gewählt, daß der durch die Kurve L begrenzte endliche Teil der Ebene von ihr aus zur Linken liegt. Dann erhalten wir, wie man leicht sieht, im Grenzfall (für $b = a$):

$$\ln\frac{b-t_0}{a-t_0} = 0,$$

und die Gl. (7) lautet

$$\frac{1}{2\pi i}\int_L \frac{f(t)\,dt}{t-t_0} = \frac{1}{2}f(t_0) + \frac{1}{2\pi i}\int_L \frac{f(t)-f(t_0)}{t-t_0}\,dt. \tag{7'}$$

Bemerkung 2:

Falls $f(t)$ in den betrachteten Werten t einer H-Bedingung genügt, brauchen wir bei der Definition des CAUCHYschen Hauptwertes nicht vorauszusetzen, daß die Bedingung (2), d. h. die Gleichung $|t_2 - t_0| = |t_1 - t_0|$ exakt erfüllt wird, sondern es genügt die Forderung, daß für $t_2 \to t_0$, $t_1 \to t_0$

$$\lim\frac{|t_2-t_0|}{|t_1-t_0|} = 1$$

ist, d. h., daß $r_1 = |t_1 - t_0|$ und $r_2 = |t_2 - t_0|$ äquivalente unendlich kleine Größen sind; denn auch unter dieser Bedingung gilt[1])

$$\lim \ln\frac{t_1-t_0}{t_2-t_0} = i\pi,$$

[1]) S. Formel (b) in der vorigen Fußnote.

und damit bleiben alle unsere früheren Überlegungen und Gleichungen in Kraft. Insbesondere können wir (2) durch die Bedingung

$$s_1 = s_2$$

ersetzen, wobei s_1 und s_2 die Länge der Kurvenstücke $t_1 t_0$ bzw. $t_0 t_2$ angeben.

Bemerkung 3:

Offensichtlich bleiben alle Gleichungen und Überlegungen des vorliegenden Abschnittes gültig, wenn die Funktion $f(t)$ nur im gegebenen Punkt t_0 einer H-Bedingung [s. 4.1.1.3. Bemerkung] genügt, wenn also die Gleichung

$$|f(t) - f(t_0)| \leqq A\,|t - t_0|^{\mu}$$

für t hinreichend nahe bei t_0 erfüllt ist, ohne daß in der Umgebung von t_0 die H-Bedingung durch beliebige Punktepaare erfüllt wird. In diesem Falle gelten die Schlußfolgerungen und Formeln jedoch im allgemeinen nur für den gegebenen Wert t_0.

4.1.4. Randwerte des Cauchyschen Integrals. Formeln von Sochozki-Plemelj

Wir müssen unterscheiden zwischen dem in 4.1.3. betrachteten Wert des Cauchyschen Integrals

$$F(z) = \frac{1}{2\pi i} \int\limits_L \frac{f(t)\,dt}{t - z} \tag{1}$$

auf dem Integrationsweg und dessen Randwerten, d. h. den Grenzwerten der Funktion $F(z)$ für Punkte z, die von links oder rechts her gegen den Punkt t_0 auf L streben. In bezug auf diesen Randwert gilt folgender wichtiger Satz:

Wenn die auf L vorgegebene Funktion $f(t)$ in der Umgebung[1] *des nicht mit den Endpunkten zusammenfallenden Punktes t_0 auf L einer H-Bedingung genügt, so ist das Integral $F(z)$ sowohl von links als auch von rechts her stetig fortsetzbar*[2] *auf L. Mit anderen Worten: dann existieren die Randwerte $F^+(t_0)$ und $F^-(t_0)$. Sie werden durch die Gleichungen*

$$F^+(t_0) = \frac{1}{2} f(t_0) + \frac{1}{2\pi i} \int\limits_L \frac{f(t)\,dt}{t - t_0}, \tag{2}$$

$$F^-(t_0) = -\frac{1}{2} f(t_0) + \frac{1}{2\pi i} \int\limits_L \frac{f(t)\,dt}{t - t_0} \tag{3}$$

definiert, wobei auf den rechten Seiten die Hauptwerte der Integrale zu verstehen sind.

Die Gln. (2) und (3) kann man durch die äquivalenten Formeln

$$F^+(t_0) - F^-(t_0) = f(t_0), \tag{4}$$

$$F^+(t_0) + F^-(t_0) = \frac{1}{\pi i} \int\limits_L \frac{f(t)\,dt}{t - t_0} \tag{5}$$

ersetzen.

---

[1]) Selbstverständlich ist eine Umgebung aus Punkten der Kurve L gemeint, da die Funktion $f(t)$ für andere Punkte der Ebene nicht vorgegeben ist.

[2]) S. 4.1.1.2.

Diese Beziehungen wurden erstmals von J. W. SOCHOZKI [1] angegeben, der sich allerdings beim Beweis auf den Fall beschränkte, daß L ein geradliniger Abschnitt ist und z auf der Normalen gegen t_0 strebt. Später fand PLEMELJ unabhängig davon die Gln. (2) und (3), oder, was dasselbe besagt, (4), (5) und bewies sie in etwa unter den gleichen Voraussetzungen wie wir. Deshalb bezeichnen wir die Formeln (2) bis (5) als Formeln von SOCHOZKI-PLEMELJ. Weiterhin gilt folgender Satz: *Wenn die Funktion $f(t)$ auf einem gewissen Teil L' des Kurvensystems L einer H-Bedingung genügt, so befriedigen die Randwerte $F^+(t_0)$ und $F^-(t_0)$ auf L', möglicherweise mit Ausnahme beliebig kleiner Umgebungen der Endpunkte des Teils L' (falls solche vorhanden) eine H-Bedingung.* Dieser Satz wurde erstmals von PLEMELJ [1] angegeben und später von I. I. PRIWALOW präzisiert. Den Beweis der Formeln und Sätze des vorliegenden Abschnittes findet der Leser in den Büchern I. I. PRIWALOW [1], A. I. MARKUSCHEWITSCH [1] und im Buch des Autors [25].

Bemerkung 1:

Die Gl. (4) ist eine Folge der Gln. (2) und (3), die wir unter der Voraussetzung erhielten, daß $f(t)$ in der Umgebung des Punktes t_0 einer H-Bedingung genügt. Man kann sie (im bekannten Sinne) auf den Fall erweitern, daß $f(t)$ in der Umgebung des Punktes t_0 lediglich stetig ist. Dazu legen wir durch t_0 eine Gerade g, die nicht mit der Tangente an L zusammenfällt, und wählen auf dieser Geraden diesseits und jenseits von L zwei Punkte t' und t'', und zwar so, daß der Punkt t_0 in der Mitte des Abschnittes $t't''$ liegt. Wenn nun die Funktion $f(t)$ in der Umgebung des Punktes t_0 (auf L) stetig ist, so strebt die Differenz

$$F(t'') - F(t')$$

für $t' \to t_0$, $t'' \to t_0$ (unter der Voraussetzung, daß die Punkte t' und t'' stets gleichen Abstand von t_0 haben) gegen den Grenzwert $f(t_0)$. Damit können wir die Gl. (4) auch unter den oben genannten Bedingungen in bezug auf $f(t)$ als gültig betrachten. Dieser Sachverhalt wurde ebenfalls von PLEMELJ mitgeteilt. Den Beweis findet der Leser im Buch des Autors [25]. Weiterhin läßt sich zeigen, daß $F(t'') - F(t')$ gleichmäßig (in bezug auf die Lage des Punktes t_0 auf einem hinreichend kleinen Teil von L) gegen den Grenzwert $f(t_0)$ strebt, wenn der Winkel zwischen der Geraden g und der Tangente an L im Punkt t_0 größer als ein bestimmter spitzer Winkel ist (Beweis s. ebenda).

Bemerkung 2:

Aus dem in der vorigen Bemerkung Gesagten geht unmittelbar folgender Satz hervor: Wenn die Funktion $f(t)$ in der Umgebung des Punktes t_0 auf L stetig ist und der Randwert $F^+(t_0)$ [bzw. $F^-(t_0)$] existiert, so existiert auch der Randwert $F^-(t_0)$ [bzw. $F^+(t_0)$], und beide sind durch die Beziehung (4) verknüpft.

Bemerkung 3:

Für die Existenz der Randwerte $F^+(t_0)$ und $F^-(t_0)$ ist im Gegensatz zu dem in Bemerkung 3 in 4.1.3. Gesagten nicht hinreichend, daß $f(t)$ nur im gegebenen Punkte t_0 [vgl. 4.1.1.3. Bem.] und nicht in einer (beliebig kleinen) Umgebung desselben (auf L) einer H-Bedingung genügt.
Die Grenzwerte der Funktion $F(z)$ für $z \to t_0$ von links bzw. rechts her existieren jedoch auch unter der erstgenannten Voraussetzung, wenn man annimmt, daß z nicht auf einer beliebigen Kurve, sondern auf einem Wege wandert, der L im Punkte t_0 unter einem von Null verschiedenen Winkel schneidet.

Bemerkung 4:

Es sei L ein einfaches offenes Kurvenstück mit den Endpunkten a und b. Die positive Richtung auf L zeige dabei von a nach b. Unter der Annahme, daß $f(t)$ in der Umgebung des Endpunktes a einer H-Bedingung genügt, läßt sich das Verhalten der Funktion $F(z)$ in der Nähe des betrachteten Endpunktes leicht beschreiben. Dazu setzen wir zunächst $f(a) = 0$ voraus, dann können wir die Kurve L am Endpunkt a beispielsweise durch einen Tangentenabschnitt verlängern und auf dem angefügten Teilstück $f(t) = 0$ setzen. Auf diese Weise erreichen wir, daß a keinen Endpunkt mehr bildet, und gemäß dem oben Gesagten strebt $F(z)$ gegen einen bestimmten Grenzwert, wenn sich z auf beliebigem Wege dem Punkt a nähert[1]). Falls jedoch $f(a) \neq 0$ ist, schreiben wir (1) in der Gestalt

$$F(z) = \frac{1}{2\pi i} \int_{ab} \frac{f(a)\, dt}{t - z} + \frac{1}{2\pi i} \int_{ab} \frac{f(t) - f(a)}{t - z}\, dt = \frac{f(a)}{2\pi i} \ln \frac{b - z}{a - z} + \frac{1}{2\pi i} \int_{ab} \frac{f(t) - f(a)}{t - z}\, dt.$$

Dann gilt gemäß dem oben Gesagten in der Nähe des Punktes a

$$F(z) = \frac{f(a)}{2\pi i} \ln \frac{1}{z - a} + F^*(z), \tag{6}$$

wobei $F^*(z)$ für $z \to a$ gegen einen bestimmten Grenzwert strebt. Analog erhalten wir für den Endpunkt b

$$F(z) = -\frac{f(b)}{2\pi i} \ln \frac{1}{z - b} + F^{**}(z). \tag{7}$$

Das alles läßt sich unmittelbar auf ein Kurvensystem L mit beliebig vielen offenen Kurvenstücken $a_k b_k$ verallgemeinern.

4.1.5. Die Ableitung des Cauchyschen Integrals

4.1.5.1. Es sei wie bisher

$$F(z) = \frac{1}{2\pi i} \int_L \frac{f(t)\, dt}{t - z}, \tag{1}$$

wobei $f(t)$ und L die in 4.1.2. angegebene Bedeutung haben.
Falls der Punkt z nicht auf L liegt, ergeben sich die Ableitungen (beliebiger Ordnung) der Funktion $F(z)$ durch einfaches Differenzieren des Integrals auf der rechten Seite nach dem Parameter z, d. h.,

$$F'(z) = \frac{1}{2\pi i} \int_L \frac{f(t)\, dt}{(t - z)^2} \tag{2}$$

und allgemein

$$F^{(k)}(z) = \frac{k!}{2\pi i} \int_L \frac{f(t)\, dt}{(t - z)^{k+1}}. \tag{3}$$

[1]) Nach den Formeln von SOCHOZKI-PLEMELJ (2) und (3) gilt $F^+(a) = F^-(a)$, denn in unserem Falle ist $f(t_0) = f(a) = 0$.

Weiterhin interessiert uns das Verhalten der Ableitungen, wenn sich z von einer der beiden Seiten her der Kurve L nähert. Unter der Annahme, daß die auf L vorgegebene Funktion $f(t)$ gewissen Bedingungen genügt, läßt sich diese Frage leicht beantworten.
Wir setzen beispielsweise voraus, daß die erste Ableitung der Funktion $f(t)$ auf einem zu L gehörigen Kurvenstück ab einer H-Bedingung genügt. Dabei verstehen wir unter der Ableitung der Funktion $f(t)$ nach t selbstverständlich den Grenzwert

$$\lim \frac{f(t') - f(t)}{t' - t}$$

für $t \to t'$ auf beliebige Weise, jedoch ohne das Kurvenstück zu verlassen. Diese Ableitung bezeichnen wir wie üblich mit $f'(t)$ oder $\mathrm{d}f(t)/\mathrm{d}t$.
Nun spalten wir die rechte Seite der Gl. (2) in zwei Integrale auf, wobei sich das eine über das Kurvenstück ab und das andere über den restlichen Teil von L erstreckt.
Das zweite Integral ist als Funktion von z in der Umgebung eines beliebigen, nicht mit den Enden zusammenfallenden Punktes des Kurvenstückes ab holomorph.
Das erste Integral formen wir durch partielle Integration folgendermaßen um:

$$\frac{1}{2\pi i} \int\limits_{ab} \frac{f(t)\,\mathrm{d}t}{(t-z)^2} = -\frac{1}{2\pi i} \int\limits_{ab} f(t)\,\mathrm{d}\frac{1}{t-z} = -\frac{1}{2\pi i}\left[\frac{f(t)}{t-z}\right]_{t=a}^{t=b} + \frac{1}{2\pi i} \int\limits_{ab} \frac{f'(t)\,\mathrm{d}t}{t-z}.$$

Da nach Voraussetzung $f'(t)$ auf ab einer H-Bedingung genügt, ist die rechte Seite der letzten Gleichung auf das Kurvenstück ab mit der Ausnahme der Endpunkte a und b sowohl von links als auch von rechts her stetig fortsetzbar (s. 4.1.4.), und folglich gilt dasselbe auch für die Funktion $F'(z)$.
Wenn wir der Reihe nach zu den Ableitungen höherer Ordnung übergehen, läßt sich leicht beweisen, daß die Funktion $F^{(n)}(z)$ auf das Kurvenstück ab mit Ausnahme der Endpunkte sowohl von links als auch von rechts her stetig fortsetzbar ist, wenn die n-te Ableitung der Funktion $f(t)$ auf dem Kurvenstück ab einer H-Bedingung genügt.
Durch Anwendung des in 4.1.4. Gesagten können wir offensichtlich weiterhin feststellen, daß die Randwerte $[F^{(n)}(t)]^+$ und $[F^{(n)}(t)]^-$ unter der angeführten Bedingung auf ab, möglicherweise mit Ausnahme einer (beliebig kleinen) Umgebung der Endpunkte, einer H-Bedingung genügen.

4.1.5.2. Wir wenden uns wieder der ersten Ableitung $F'(z)$ zu. Wenn wir der Funktion $f(t)$ keine andere Beschränkung als die H-Bedingung auferlegen, können wir nicht behaupten, daß die Ableitung $F'(z)$ auf L stetig fortsetzbar ist. Sie kann sich sogar in der Nähe des Randes als unbeschränkt erweisen.
Folgende einfache Abschätzung des Betrages dieser Ableitung ist häufig von Nutzen: Es sei t_0 ein Punkt auf L mit endlichem Abstand von den Endpunkten (falls solche vorhanden sind), und $f(t)$ genüge in der Umgebung dieses Punktes einer H-Bedingung; dann gilt für hinreichend nahe bei t_0 liegende Punkte

$$|F'(z)| \leq \frac{\text{const}}{\delta^\alpha}, \tag{4}$$

wobei δ der kürzeste Abstand des Punktes z von der Kurve L ist und $\alpha < 1$ eine Konstante[1]) darstellt. Diese Ungleichung geht unmittelbar aus einer im Buch des Autors [25] hergeleiteten Abschätzung hervor.

[1]) Wenn μ der Hölder-Exponent für $f(t)$ ist, so kann man $\alpha = 1 - \mu$ setzen; denn μ ist stets kleiner als 1.

Bemerkung:

Wenn wir die Lage des Punktes t auf ab durch die Bogenlänge s, gemessen in positiver Richtung von einem festen Punkt auf L (etwa von a) aus, definieren, so gilt offensichtlich

$$\frac{\mathrm{d}f(t)}{\mathrm{d}s} = f'(t)\frac{\mathrm{d}t}{\mathrm{d}s} = \mathrm{e}^{\mathrm{i}\alpha}f'(t), \tag{5}$$

wobei α der Winkel zwischen der positiven Tangente an L im Punkt t und der x-Achse ist. Hieraus ergibt sich

$$f'(t) = \frac{\mathrm{d}f(t)}{\mathrm{d}s}\,\frac{\mathrm{d}s}{\mathrm{d}t} = \mathrm{e}^{-\mathrm{i}\alpha}\,\frac{\mathrm{d}f(t)}{\mathrm{d}s}. \tag{6}$$

Das Kurvensystem L wurde zwar als glatt vorausgesetzt, so daß sich der Winkel α zusammen mit t (bzw. s) stetig ändert; daraus folgt jedoch noch nicht, daß der Winkel α einer H-Bedingung genügt. Falls also $f'(t)$ einer H-Bedingung genügt, so braucht dies nicht notwendig auf $\mathrm{d}f(t)/\mathrm{d}s$ zutreffen. Erst unter der zusätzlichen Voraussetzung, daß α einer H-Bedingung genügt, gilt der Satz: Wenn $f'(t)$ einer H-Bedingung genügt, trifft dies auch auf $\mathrm{d}f(t)/\mathrm{d}s$ zu und umgekehrt.

Weiterhin zieht die Existenz der zweiten Ableitung

$$f''(t) = \frac{\mathrm{d}f'(t)}{\mathrm{d}t}$$

selbst unter der Annahme, daß α einer H-Bedingung genügt, noch nicht die Existenz von $\mathrm{d}^2f(t)/\mathrm{d}s^2$ nach sich, sondern dazu muß zusätzlich vorausgesetzt werden, daß die Ableitung $\mathrm{d}\alpha/\mathrm{d}s$ (die Krümmung der Kurve im Punkt t) existiert.

Gemäß (5) läßt sich die zweite Ableitung $\mathrm{d}^2f(t)/\mathrm{d}s^2$ aus der Gleichung

$$\frac{\mathrm{d}^2 f(t)}{\mathrm{d}s^2} = f''(t)\left(\frac{\mathrm{d}t}{\mathrm{d}s}\right)^2 + f'(t)\frac{\mathrm{d}^2 t}{\mathrm{d}s^2} = \mathrm{e}^{2\mathrm{i}\alpha}f''(t) + \mathrm{i}\,\mathrm{e}^{\mathrm{i}\alpha}\frac{\mathrm{d}\alpha}{\mathrm{d}s}f'(t) \tag{7}$$

berechnen, und sie genügt einer H-Bedingung, falls dies auch auf $f''(t)$ und $\mathrm{d}\alpha/\mathrm{d}s$ zutrifft. Analoge Sätze gelten für die Ableitungen höherer Ordnung.

4.1.6. Elementare Formeln zur Berechnung Cauchyscher Integrale

Wir geben nun eine Reihe einfacher Formeln an, die die Berechnung in vielen Fällen wesentlich erleichtern.

Es sei L eine *einfache geschlossene glatte Kurve*. Mit S^+ bezeichnen wir den von L begrenzten endlichen Teil der Ebene und mit S^- das außerhalb L liegende unendliche Gebiet. Die Kurve L zählen wir weder zu S^+ noch zu S^-. Das aus S^+ und den Punkten der Kurve L bestehende Gebiet bezeichnen wir wie üblich mit $S^+ + L$ und analog das aus S^- und L bestehende mit $S^- + L$. Die *positive Richtung auf L wählen wir so, daß das Gebiet S^+ von ihr aus gesehen zur Linken liegt*. Damit gelten folgende Sätze:

4.1.6.1. Es sei $f(z)$ eine in S^+ holomorphe und in $S^+ + L$ stetige Funktion, dann gilt

$$\frac{1}{2\pi\mathrm{i}}\int\limits_L \frac{f(t)\,\mathrm{d}t}{t-z} = -f(z) \qquad \text{für } z \text{ in } S^+, \tag{1}$$

$$\frac{1}{2\pi\mathrm{i}}\int\limits_L \frac{f(t)\,\mathrm{d}t}{t-z} = 0 \qquad \text{für } z \text{ in } S^-. \tag{2}$$

Die Gl. (1) stellt die bekannte *Cauchysche Formel* dar, und die Gl. (2) gibt eine unmittelbare Folgerung aus dem CAUCHYschen Satz an, denn in diesem Falle ist der Integrand $f(t)/(t-z)$ als Funktion von t betrachtet in S^+ holomorph und in $S^+ + L$ stetig.

4.1.6.2. Es sei $f(z)$ eine in S^- einschließlich des unendlich fernen Punktes[1]) holomorphe und in $S^- + L$ stetige Funktion, dann gilt

$$\frac{1}{2\pi i}\int_L \frac{f(t)\,dt}{t-z} = -f(z) + f(\infty) \quad \text{für } z \text{ in } S^-, \tag{1'}$$

$$\frac{1}{2\pi i}\int_L \frac{f(t)\,dt}{t-z} = f(\infty) \quad \text{für } z \text{ in } S^+. \tag{2'}$$

Die Gl. (1') bezeichnen wir als *Cauchysche Formel für das unendliche Gebiet* S^-. Die Vorzeichen auf der rechten Seite der Gln. (1') und (2') kehren sich um, wenn die positive Richtung auf L so gewählt wird, daß das Gebiet S^- (und nicht das Gebiet S^+) zur Linken liegt.
Zur Herleitung der Gln. (1') und (2') aus der CAUCHYschen Formel und dem CAUCHYschen Satz für das endliche Gebiet nehmen wir vorübergehend an, daß $f(\infty) = 0$ ist.
Es sei Γ ein Kreis mit dem Ursprung als Mittelpunkt und so großem Radius, daß die Kurve L und der Punkt z in seinem Inneren liegen. Dann gilt nach der CAUCHYschen Formel

$$f(z) = -\frac{1}{2\pi i}\int_{\Gamma+L} \frac{f(t)\,dt}{t-z} = -\frac{1}{2\pi i}\int_L \frac{f(t)\,dt}{t-z} - \frac{1}{2\pi i}\int_\Gamma \frac{f(t)\,dt}{t-z},$$

dabei ist unter $\Gamma + L$ die Gesamtheit der Kurven Γ und L zu verstehen, und als positive Richtung auf Γ wird der Uhrzeigersinn gewählt. Das Vorzeichen $(-)$ auf der rechten Seite rührt daher, daß das zwischen L und Γ eingeschlossene Gebiet von der positiven Richtung auf L bzw. Γ aus zur Rechten (und nicht wie üblicherweise in der CAUCHYschen Formel vorausgesetzt zur Linken) liegt.
Wir zeigen nun, daß das Integral

$$J = \frac{1}{2\pi i}\int_\Gamma \frac{f(t)\,dt}{t-z}$$

verschwindet. Der Wert J ändert sich nicht, wenn wir den Radius R des Kreises Γ beliebig vergrößern; denn die Funktion $f(t)$ ist außerhalb L holomorph. Da andererseits $f(\infty) = 0$ vorausgesetzt wurde, gilt für hinreichend große $|t|$ die Abschätzung

$$f(t) < \frac{C}{|t|},$$

wobei C eine positive Konstante[2]) ist. Mit

$$t = Re^{i\vartheta} \quad \text{und} \quad dt = iRe^{i\vartheta}\,d\vartheta, \quad |dt| = R|d\vartheta|$$

[1]) Das heißt bekanntlich, daß für große $|z|$ eine Entwicklung

$$f(z) = c_0 + \frac{c_1}{z} + \frac{c_2}{z^2} + \dots$$

mit $c_0 = f(\infty)$ möglich ist.
[2]) S. vorige Fußnote

ergibt sich

$$|J| \leqq \frac{1}{2\pi} \int_0^{2\pi} \frac{|f(t)| R\,\mathrm{d}\vartheta}{|t-z|} \leqq \frac{1}{2\pi} \int_0^{2\pi} \frac{CR\,\mathrm{d}\vartheta}{R|t-z|} \leqq \frac{C}{2\pi} \int_0^{2\pi} \frac{\mathrm{d}\vartheta}{R-r} = \frac{C}{R-r}.$$

Für $R \to \infty$ gilt folglich $J \to 0$. Da sich jedoch J mit wachsendem R nicht ändert, muß $J = 0$ sein. Damit haben wir die Richtigkeit der Formel (1′) zunächst für $f(\infty) = 0$ gezeigt.
Um die Gl. (2′) unter derselben Voraussetzung zu beweisen, nehmen wir an, daß der Punkt z in S^+ liegt, dann ist

$$\frac{f(t)}{t-z}$$

als Funktion von t betrachtet, holomorph in dem zwischen L und Γ eingeschlossenen Gebiet. Deshalb gilt nach dem *Cauchyschen Satz*

$$0 = \frac{1}{2\pi \mathrm{i}} \int_{L+\Gamma} \frac{f(t)\,\mathrm{d}t}{t-z} = \frac{1}{2\pi \mathrm{i}} \int_L \frac{f(t)\,\mathrm{d}t}{t-z} + \frac{1}{2\pi \mathrm{i}} \int_\Gamma \frac{f(t)\,\mathrm{d}t}{t-z}.$$

Das letzte (von uns oben mit J bezeichnete) Integral verschwindet jedoch, und damit ist die Gl. (2′) für $f(\infty) = 0$ bewiesen.
Falls nun $c_0 = f(\infty) \neq 0$ ist, wenden wir die hergeleiteten Formeln auf die im Unendlichen verschwindende Funktion $f(z) - c_0$ an und beachten, daß

$$\frac{1}{2\pi \mathrm{i}} \int_L \frac{c_0\,\mathrm{d}t}{t-z} = \begin{cases} 0 & \text{für } z \text{ in } S^-, \\ c_0 & \text{für } z \text{ in } S^+ \end{cases}$$

ist. Auf diese Weise erhalten wir die Gln. (1′) und (2′) für den allgemeinen Fall.
Zur weiteren Verallgemeinerung der genannten Formeln vereinbaren wir folgende Bezeichnungen: Es sei a ein endlicher Punkt in der z-Ebene; $f(z)$ habe in der Umgebung dieses Punktes die Gestalt

$$f(z) = G(z) + f_0(z), \tag{a}$$

wobei $f_0(z)$ eine in der betrachteten Umgebung[1]) holomorphe Funktion darstellt, während

$$G(z) = \frac{A_1}{z-a} + \frac{A_2}{(z-a)^2} + \cdots + \frac{A_l}{(z-a)^l} \tag{b}$$

ist ($A_1, A_2, \ldots, A_l$ sind Konstanten). Dann sagen wir: *$f(z)$ hat im Punkt a einen Pol l-ter Ordnung mit dem Hauptteil $G(z)$.*
Analog hat *$f(z)$ im Punkt $z = \infty$ einen Pol l-ter Ordnung mit dem Hauptteil $G(z)$*, wenn in der Umgebung des Punktes $z = \infty$, d. h. für hinreichend große $|z|$ die Gl. (a) gilt, wobei diesmal $f_0(z)$ eine in der Umgebung des Punktes $z = \infty$ holomorphe und *in diesem Punkt verschwindende Funktion* darstellt und

$$G(z) = A_0 + A_1 z + \cdots + A_l z^l \tag{c}$$

ist ($A_0, A_1, A_2, \ldots, A_l$ sind Konstanten).

---

[1]) Eine solche Funktion läßt sich in der Umgebung des Punktes a bekanntlich in eine Reihe

$$f_0(z) = c_0 + c_1(z-a) + c_2(z-a)^2 + \cdots$$

entwickeln.

Es ist zu beachten, daß wir A_0 *im Falle des unendlich fernen Punktes zum Hauptteil zählen*[1]). Wir beweisen nun folgende einfache Formeln:

4.1.6.3. Die Funktion $f(z)$ sei holomorph in S^+ und stetig in $S^+ + L$ möglicherweise mit Ausnahme der Punkte $a_1, a_2, \ldots, a_n$ des Gebietes S^+, wo sie Pole mit den Hauptteilen $G_1(z)$, $G_2(z), \ldots, G_n(z)$ haben kann, dann gilt

$$\frac{1}{2\pi i} \int_L \frac{f(t)\,dt}{t - z} = f(z) - G_1(z) - G_2(z) - \cdots - G_n(z) \quad \text{für } z \text{ in } S^+ \tag{3}$$

und

$$\frac{1}{2\pi i} \int_L \frac{f(t)\,dt}{t - z} = - G_1(z) - G_2(z) - \cdots - G_n(z) \quad \text{für } z \text{ in } S^-. \tag{4}$$

4.1.6.4. Die Funktion $f(z)$ sei holomorph in S^- und stetig in $S^- + L$ möglicherweise mit Ausnahme der endlichen Punkte $a_1, a_2, \ldots, a_n$ dieses Gebietes sowie des Punktes $z = \infty$, wo sie Pole mit den Hauptteilen $G_1(z), G_2(z), \ldots, G_n(z), G_\infty(z)$ haben kann, dann gilt

$$\frac{1}{2\pi i} \int_L \frac{f(t)\,dt}{t - z} = - f(z) + G_1(z) + \cdots + G_n(z) + G_\infty(z) \quad \text{für } z \text{ in } S^- \tag{3'}$$

und

$$\frac{1}{2\pi i} \int_L \frac{f(t)\,dt}{t - z} = G_1(z) + \cdots + G_n(z) + G_\infty(z) \quad \text{für } z \text{ in } S^+. \tag{4'}$$

Wegen der Gleichartigkeit der Beweise dieser Formeln beschränken wir uns auf die Gln. (3) und (3′) und beginnen mit (3). Wenn wir die CAUCHYsche Formel auf die in S holomorphe Funktion

$$f_0(z) = f(z) - G_1(z) - \cdots - G_n(z)$$

anwenden, erhalten wir (unter der Annahme, daß z in S^+ liegt)

$$f_0(z) = \frac{1}{2\pi i} \int_L \frac{f_0(t)\,dt}{t - z} = \frac{1}{2\pi i} \int_L \frac{f(t)\,dt}{t - z} - \frac{1}{2\pi i} \int_L \frac{G_1(t)\,dt}{t - z} - \cdots - \frac{1}{2\pi i} \int_L \frac{G_n(t)\,dt}{t - z}.$$

Die Funktionen $G_k(z)$ $(k = 1, \ldots, n)$ sind jedoch holomorph in S^- und verschwinden im Unendlichen, denn sie haben die Gestalt (b). Folglich gilt gemäß (2′)

$$\frac{1}{2\pi i} \int_L \frac{G_k(t)\,dt}{t - z} = 0 \quad (k = 1, 2, \ldots, n)$$

und damit

$$f_0(z) = \frac{1}{2\pi i} \int_L \frac{f(t)\,dt}{t - z}.$$

Hieraus ergibt sich die Gl. (3).

---

[1]) Wenn $f(z)$ in der Umgebung des unendlich fernen Punktes holomorph ist, d. h. wenn für hinreichend große $|z|$

$$f(z) = c_0 + \frac{c_1}{z} + \frac{c_2}{z^2} + \cdots$$

gilt, sagen wir, $f(z)$ hat im Punkt $z = \infty$ einen Pol nullter Ordnung mit dem Hauptteil c_0.

Nun gehen wir zum Beweis der Formel (3′) über. Es sei Γ ein Kreis mit dem Ursprung als Mittelpunkt und so großem Radius, daß die Kurve L und die Punkte $z, a_1, \ldots, a_n$ in seinem Inneren liegen. Durch Anwendung der CAUCHYschen Formel auf die im Gebiet zwischen L und Γ holomorphe Funktion

$$f_0(z) = f(z) - G_1(z) - \cdots - G_n(z) - G_\infty(z)$$

erhalten wir mit der bisher gewählten positiven Richtung auf L

$$f_0(z) = -\frac{1}{2\pi i}\int\limits_{L+\Gamma}\frac{f_0(t)\,dt}{t-z} = -\frac{1}{2\pi i}\int\limits_{L}\frac{f_0(t)\,dt}{t-z} - \frac{1}{2\pi i}\int\limits_{\Gamma}\frac{f_0(t)\,dt}{t-z}$$

(wir setzen selbstverständlich voraus, daß der Punkt z in S^- liegt). Das letzte Integral verschwindet gemäß (2′), da die Funktion $f_0(z)$ außerhalb Γ holomorph ist und im Unendlichen verschwindet. Folglich gilt

$$f_0(z) = -\frac{1}{2\pi i}\int\limits_{L}\frac{f_0(t)\,dt}{t-z} = -\frac{1}{2\pi i}\int\limits_{L}\frac{f(t)\,dt}{t-z}$$

$$+\frac{1}{2\pi i}\int\limits_{L}\frac{G_1(t)\,dt}{t-z} + \cdots + \frac{1}{2\pi i}\int\limits_{L}\frac{G_n(t)\,dt}{t-z} + \frac{1}{2\pi i}\int\limits_{L}\frac{G_\infty(t)\,dt}{t-z}.$$

Die die Funktionen $G_1, G_2, \ldots, G_n$ enthaltenden Integrale auf der rechten Seite sind gleich Null, da diese Funktionen in S^+ holomorph sind, und z in S^- liegt. Somit ist

$$f_0(z) = -\frac{1}{2\pi i}\int\limits_{L}\frac{f(t)\,dt}{t-z},$$

und hieraus folgt unmittelbar die Gl. (3′).

4.1.7. Cauchysche Integrale längs einer unendlichen Geraden

Bisher haben wir nur Integrale betrachtet, die sich über endliche Kurven erstreckten. Die Definition des CAUCHYschen Integrals läßt sich jedoch ohne Schwierigkeiten auf den Fall erweitern, daß der Integrationsweg ins Unendliche reicht; es muß lediglich eine Konvergenzbetrachtung wegen der im Unendlichen liegenden Grenzen angefügt werden.

Im weiteren werden wir es nur mit unendlichen Geraden als Integrationsweg zu tun haben. Ohne Verminderung der Allgemeinheit können wir die betreffende Gerade als reelle Achse wählen. Wir bezeichnen sie mit L und betrachten das CAUCHYsche Integral

$$\frac{1}{2\pi i}\int\limits_{L}\frac{f(t)\,dt}{t-z} = \frac{1}{2\pi i}\int\limits_{-\infty}^{\infty}\frac{f(t)\,dt}{t-z}, \tag{1}$$

wobei die Veränderliche t alle reellen Werte durchläuft und $f(t) = f_1(t) + if_2(t)$ eine (im allgemeinen) komplexe Funktion von t ist [$f_1(t)$ und $f_2(t)$ sind reelle Funktionen].

Wir setzen stets voraus (wenn nicht ausdrücklich etwas anderes vereinbart wird), daß $f(t)$ auf jedem endlichen Abschnitt der Geraden L im gewöhnlichen Sinne absolut integrierbar ist.

Zunächst nehmen wir an, daß der Punkt z nicht auf L liegt. Dann konvergiert das Integral (1), falls für hinreichend große $|t|$ die Ungleichung

$$|f(t)| < \frac{B}{|t|^{\mu}} \tag{2}$$

gilt, wobei B und μ positive Konstanten sind;[1]) denn in diesem Falle hat der Integrand für große $|t|$ die Ordnung $|t|^{-1-\mu}$ und damit wird unsere Behauptung offensichtlich auf Grund eines bekannten Konvergenzkriteriums für Integrale mit unendlichen Grenzen bestätigt.
Im weiteren werden wir es jedoch mit einem allgemeineren Fall zu tun haben, wo $f(t)$ sowohl für $t \to +\infty$ als auch für $t \to -\infty$ gegen den endlichen Grenzwert $c = f(\infty)$ strebt.
Falls für große $|t|$

$$f(t) = c + O\left(\frac{1}{|t|^{\mu}}\right) = f(\infty) + O\left(\frac{1}{|t|^{\mu}}\right), \quad \mu > 0 \tag{3}$$

gilt, ist das Integral (1) für $c \neq 0$ divergent, d. h., der Ausdruck

$$\int_{N'}^{N''} \frac{f(t)\,\mathrm{d}t}{t - z}$$

hat keinen bestimmten Grenzwert, wenn N' und N'' unabhängig voneinander gegen $-\infty$ bzw. $+\infty$ streben. Um das zu beweisen, betrachten wir die Gleichung

$$\int_{N'}^{N''} \frac{f(t)\,\mathrm{d}t}{t - z} = \int_{N'}^{N''} \frac{f(t) - c}{t - z}\,\mathrm{d}t + c \int_{N'}^{N''} \frac{\mathrm{d}t}{t - z}. \tag{a}$$

Eine elementare Überlegung zeigt, daß

$$\int_{N'}^{N''} \frac{\mathrm{d}t}{t - z} = \pm \alpha \mathrm{i} + \ln \frac{r''}{r'} \qquad (0 < \alpha < \pi)$$

ist, wobei α den Winkel zwischen den beiden Verbindungsgeraden von z und N' bzw. N'' bezeichnet (Bild 32), während r' und r'' die Abstände des Punktes z von N' bzw. N'' angeben.

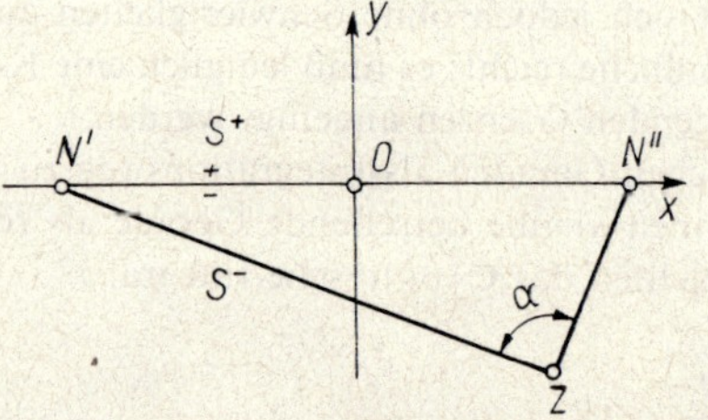

Bild 32

Das obere bzw. untere Vorzeichen gilt entsprechend für z in der oberen oder unteren Halbebene. Wenn N' und N'' (unabhängig voneinander) gegen $-\infty$ bzw. $+\infty$ streben, nähert sich α dem Wert π, während $\ln \frac{r'}{r''}$ keinen Grenzwert hat. Also strebt auch das Integral keinem

[1]) Diese Bedingung ist hinreichend, jedoch selbstverständlich nicht notwendig.

bestimmten Wert zu. Das gleiche gilt für die linke Seite von (a); denn das erste Integral auf der rechten Seite ist gemäß (3) konvergent.

Sobald wir jedoch N' und N'' nicht unabhängig voneinander vergrößern, sondern stets $N' = -N''$ voraussetzen, hat $\ln \frac{r'}{r''}$ den Grenzwert Null, und gemäß dem Vorhergehenden erhalten wir

$$\lim_{N\to\infty} \int_{-N}^{+N} \frac{f(t)\,\mathrm{d}t}{t-z} = \int_{-\infty}^{+\infty} \frac{f(t)-c}{t-z}\,\mathrm{d}t \pm \pi \mathrm{i} c. \tag{4}$$

Der auf der linken Seite stehende Ausdruck heißt *Cauchyscher Hauptwert* des Integrals

$$\int_{-\infty}^{+\infty} \frac{f(t)\,\mathrm{d}t}{t-z} \quad \text{oder} \quad \int_{L} \frac{f(t)\,\mathrm{d}t}{t-z}$$

mit unendlichen Grenzen.

Im weiteren wollen wir *unter einem Integral mit unendlichen Grenzen*, falls es nicht im gewöhnlichen Sinne existiert, *stets seinen Cauchyschen Hauptwert verstehen*, dessen Existenz durch die Bedingung (3)[1]) gewährleistet ist, dabei gilt

$$\frac{1}{2\pi \mathrm{i}} \int_{-\infty}^{+\infty} \frac{f(t)\,\mathrm{d}t}{t-z} = \frac{1}{2\pi \mathrm{i}} \int_{-\infty}^{+\infty} \frac{f(t)-f(\infty)}{t-z}\,\mathrm{d}t \pm \frac{1}{2} f(\infty) \tag{5}$$

(hier steht auf der linken Seite der Hauptwert und auf der rechten ein gewöhnliches Integral).

Wir verwenden also den Begriff Hauptwert in zweifacher, jedoch analoger Hinsicht, und zwar: erstens wenn der Integrand in einem Punkt unendlich wird (wie es im vorigen Abschnitt der Fall war) und zweitens bei unendlichen Integrationsgrenzen.

Wir nehmen nun an, daß der Punkt $z = t_0$ auf dem Integrationsweg, d. h. auf der reellen Achse L liegt. Dann verstehen wir unter dem Integral

$$\int_{L} \frac{f(t)\,\mathrm{d}t}{t-z} = \int_{-\infty}^{+\infty} \frac{f(t)\,\mathrm{d}t}{t-z}$$

den Hauptwert in doppelter Hinsicht, d. h., wir definieren als Hauptwert

$$\int_{-\infty}^{+\infty} \frac{f(t)\,\mathrm{d}t}{t-t_0} = \lim_{\substack{N\to\infty \\ \varepsilon\to 0}} \left\{ \int_{-N}^{t_0-\varepsilon} \frac{f(t)\,\mathrm{d}t}{t-t_0} + \int_{t_0+\varepsilon}^{+N} \frac{f(t)\,\mathrm{d}t}{t-t_0} \right\}, \tag{6}$$

vorausgesetzt der Grenzwert existiert (ε und N streben unabhängig voneinander gegen ihre Grenzen).

---

[1]) Bei der Definition des Hauptteiles braucht man dabei nicht anzunehmen, daß $N' = -N''$ exakt erfüllt ist. Es genügt, wenn

$$\lim \frac{N'}{-N''} = 1$$

ist.

Insbesondere gilt, wie man leicht sieht,

$$\int_{-\infty}^{+\infty} \frac{dt}{t - t_0} = 0. \tag{b}$$

Die Existenz des Hauptwertes (6) ist gewährleistet, wenn die Bedingung (3) erfüllt ist und $f(t)$ in der Umgebung des Punktes t_0 einer H-Bedingung genügt. Gemäß (6) kann er dann durch eine der folgenden Formeln dargestellt werden

$$\int_{-\infty}^{+\infty} \frac{f(t)\, dt}{t - t_0} = \int_{-\infty}^{+\infty} \frac{f(t) - f(\infty)}{t - t_0}\, dt \tag{6'}$$

oder

$$\int_{-\infty}^{+\infty} \frac{f(t)\, dt}{t - t_0} = \int_{-\infty}^{+\infty} \frac{f(t) - f(t_0)}{t - t_0}\, dt, \tag{6''}$$

wobei auf der rechten Seite jeweils der Hauptwert in einer Hinsicht zu verstehen ist, also im ersten Falle als Grenzwert

$$\lim_{\varepsilon \to 0} \left\{ \int_{-\infty}^{t_0 - \varepsilon} \frac{f(t) - f(\infty)}{t - t_0}\, dt + \int_{t_0 + \varepsilon}^{+\infty} \frac{f(t) - f(\infty)}{t - t_0}\, dt \right\}$$

(beide Integrale in der geschweiften Klammer konvergieren) und im zweiten Falle als Grenzwert des gewöhnlichen Integrals

$$\lim_{N \to \infty} \int_{-N}^{+N} \frac{f(t) - f(t_0)}{t - t_0}\, dt$$

(der Integrand ist in der Umgebung des Punktes t_0 im gewöhnlichen Sinne integrierbar).
Nun sei $f(t)$ eine Funktion, die die Gl. (3) und die von Anfang an geforderten Integrabilitätsbedingungen befriedigt, dann ist die Funktion $F(z)$, definiert durch die Gleichung

$$F(z) = \frac{1}{2\pi i} \int_L \frac{f(t)\, dt}{t - z} = \frac{1}{2\pi i} \int_{-\infty}^{+\infty} \frac{f(t)\, dt}{t - z} \tag{7}$$

offensichtlich sowohl in der oberen als auch in der unteren Halbebene (jedoch im allgemeinen nicht auf L) holomorph.
Die Halbebenen bezeichnen wir mit S^+ bzw. S^-, dabei wird der Rand L weder zu S^+ noch zu S^- gezählt.
Die in 4.1.4. angeführten Sätze über die Randwerte sowie die Formeln von Sochozki-Plemelj lassen sich ohne Schwierigkeiten auf den hier betrachteten Fall übertragen:
Wenn t_0 ein auf L liegender (endlicher) Punkt ist und $f(t)$ in der Umgebung dieses Punktes einer H-Bedingung genügt, so gilt

$$F^+(t_0) = \frac{1}{2} f(t_0) + \frac{1}{2\pi i} \int_{-\infty}^{+\infty} \frac{f(t)\, dt}{t - t_0}, \tag{8}$$

$$F^-(t_0) = -\frac{1}{2}f(t_0) + \frac{1}{2\pi i}\int_{-\infty}^{+\infty}\frac{f(t)\,dt}{t-t_0}. \tag{9}$$

Hierbei sind $F^+(t_0)$ und $F^-(t_0)$ wie bisher die Grenzwerte der Funktion $F(z)$ für $z \to t_0$ auf beliebigem Wege von links bzw. rechts her, d. h. in unserem Falle von S^+ bzw. S^- aus. Wenn $f(t)$ auf einem Abschnitt der Geraden L einer H-Bedingung genügt, so trifft dies, möglicherweise mit Ausnahme der Umgebung der Endpunkte des Abschnittes, auch auf $F^+(t_0)$ und $F^-(t_0)$ zu.

Weiterhin bleibt das in Bemerkung 4.1.4. Gesagte für unseren Fall in Kraft.

Um sich von der Gültigkeit der Gln. (8), (9) und des im Anschluß daran Gesagten zu überzeugen, stellen wir (7) in der Gestalt (5) dar und zerlegen das Integral auf der rechten Seite in zwei Anteile, indem wir über den t_0 enthaltenden Abschnitt und über den restlichen Teil der Geraden einzeln integrieren.

Nun untersuchen wir noch das Verhalten der Funktion $F(z)$ und ihrer Randwerte in der Nähe des unendlich fernen Punktes[1]). Dazu setzen wir

$$z = -\frac{1}{\zeta}. \tag{10}$$

Bei dieser Transformation geht der unendlich ferne Punkt der z-Ebene in den Punkt $\zeta = 0$ der ζ-Ebene über und umgekehrt. Die reelle Achse der z-Ebene wird auf die reelle Achse der ζ-Ebene abgebildet. Die obere und untere Halbebene werden jeweils in sich transformiert. Wenn der Punkt $z = t$ die reelle Achse in positiver Richtung von $t = -\infty$ nach $t = +\infty$ durchläuft, wandert der ihm entsprechende Punkt

$$\sigma = -\frac{1}{t} \tag{10'}$$

in der ζ-Ebene auf der reellen Achse von $\sigma = 0$ nach $\sigma = +\infty$, dann von $\sigma = -\infty$ nach $\sigma = 0$ ($\sigma = -\infty$ und $\sigma = +\infty$ stellen ein und denselben Punkt dar).

Mit der Bezeichnung

$$F(z) = F\left(-\frac{1}{\zeta}\right) = F^*(\zeta), \quad f(t) = f\left(-\frac{1}{\sigma}\right) = f^*(\sigma) \tag{11}$$

erhalten wir aus (7) unter Berücksichtigung von (10) und (10')

$$F(z) = F^*(\zeta) = \frac{\zeta}{2\pi i}\int_{-\infty}^{+\infty}\frac{f^*(\sigma)\,d\sigma}{\sigma(\sigma-\zeta)}. \tag{12}$$

Wenn wir zur Vereinfachung der Überlegungen vorübergehend annehmen, daß $f(t)$ im Punkte $t = 0$ einer H-Bedingung genügt, können wir die letzte Formel offenbar wie folgt schreiben:

$$F(z) = F^*(\zeta) = \frac{1}{2\pi i}\int_{-\infty}^{+\infty}\frac{f^*(\sigma)\,d\sigma}{\sigma-\zeta} - \frac{1}{2\pi i}\int_{-\infty}^{+\infty}\frac{f^*(\sigma)\,d\sigma}{\sigma}, \tag{13}$$

wobei die Integrale im Sinne der Hauptwerte[2]) zu verstehen sind.

---

[1]) Der unendlich ferne Punkt gehört in unserem Falle zum Rand L.

[2]) Diese Hauptwerte existieren, wenn – wie wir voraussetzen – die Funktion $f(t)$ für $t = 0$ einer H-Bedingung und für große $|t|$ der Bedingung (3) genügt.

Das zweite Integral auf der rechten Seite dieser Gleichung ist eine konstante Größe. Das Verhalten der Funktion $F(z)$ in der Nähe des Punktes $z = \infty$ können wir demnach aus dem Verhalten des Integrals

$$\frac{1}{2\pi i} \int_{-\infty}^{+\infty} \frac{f^*(\sigma)\, d\sigma}{\sigma - \zeta} \tag{13'}$$

in der Umgebung des Punktes $\zeta = 0$ entnehmen. Damit ist unsere Frage auf ein bekanntes Problem zurückgeführt[1]). Um die schon bekannten Ergebnisse unmittelbar benutzen zu können, fordern wir, daß $f(t)$ einer Bedingung genügt, die gewährleistet, daß die Funktion $f^*(\sigma)$ in der Umgebung des Punktes $\sigma = 0$ einer H-Bedingung, d. h. der Ungleichung

$$|f^*(\sigma_2) - f^*(\sigma_1)| \leqq B\,|\sigma_2 - \sigma_1|^\mu, \quad 0 < \mu \leqq 1$$

genügt.

Dies führt auf folgende Gleichung für $f(t)$:

$$|f(t_2) - f(t_1)| \leqq A \left| \frac{1}{t_2} - \frac{1}{t_1} \right|^\mu, \quad 0 < \mu \leqq 1 \tag{14}$$

für hinreichend große $|t_1|$, $|t_2|$. Die Gl. (14) nennen wir *H-Bedingung für die Umgebung des unendlich fernen Punktes.*

Erwähnt sei, daß die Bedingung (3) offensichtlich aus der Gl. (14) für den unendlich fernen Punkt folgt, jedoch nicht umgekehrt. Die Gl. (3) können wir als H-Bedingung für den unendlich fernen Punkt (aber nicht für seine Umgebung) bezeichnen.

Unter der Annahme, daß $f(t)$ der Gl. (14) genügt, läßt sich zeigen, daß die Grenzwerte der Funktion $F(z)$ existieren, wenn z auf beliebigem Wege gegen Unendlich strebt und dabei stets in der oberen bzw. unteren Halbebene bleibt. Diese Werte bezeichnen wir mit $F^+(\infty)$ und $F^-(\infty)$. Um ihre Existenz nachzuweisen und sie zu berechnen, gehen wir von Gl. (13) aus.

Für $z \to \infty$ in der oberen oder unteren Halbebene strebt $\zeta \to 0$ und verbleibt dabei ebenfalls in der oberen oder unteren Halbebene. Deshalb erhalten wir gemäß (8) aus dem ersten Integral auf der rechten Seite von (13)

$$F^+(\infty) = F^{*+}(0) = \frac{1}{2} f^*(0) + \frac{1}{2\pi i} \int_{-\infty}^{+\infty} \frac{f^*(\sigma)\, d\sigma}{\sigma} - \frac{1}{2\pi i} \int_{-\infty}^{+\infty} \frac{f^*(\sigma)\, d\sigma}{\sigma},$$

---

[1]) Wir könnten die Untersuchung des Integrals (1) überhaupt auf die eines solchen Integrals, erstreckt über eine endliche geschlossene Kurve – etwa einen Kreis – zurückführen. Dazu genügt beispielsweise die Substitution

$$z + i = -\frac{1}{\zeta + i}. \tag{A}$$

Hierbei geht die reelle Achse L der z-Ebene in einen Kreis l der ζ-Ebene über. Dieser berührt die reelle Achse im Ursprung und geht durch den Punkt $\zeta = -i$. Dann läßt sich das Integral (1) in der Gestalt

$$\frac{1}{2\pi i} \int_l \frac{f^*(\sigma)\, d\sigma}{\sigma - \zeta} - \frac{1}{2\pi i} \int_l \frac{f^*(\sigma)\, d\sigma}{\sigma + i}$$

mit

$$f^*(\sigma) = f\left(\frac{-i\sigma}{\sigma + i}\right)$$

darstellen. Die Beziehung (A) liefert eine konforme Abbildung der Halbebene S^+ auf den Kreis mit der Peripherie l.

und hieraus ergibt sich unmittelbar die erste der folgenden Gleichungen

$$F^+(\infty) = \frac{1}{2} f(\infty), \quad F^-(\infty) = -\frac{1}{2} f(\infty). \tag{15}$$

Die zweite läßt sich analog beweisen.

Die vorübergehend angenommene Voraussetzung bezüglich des Verhaltens der Funktion $f(t)$ in der Umgebung des Punktes $t = 0$ ist offensichtlich nicht erforderlich.

Erwähnt sei noch folgende Eigenschaft des durch (7) definierten Integrals $F(z)$: Unter der Voraussetzung, daß nicht nur die Funktion $f(t)$, sondern auch das Produkt $tf(t)$ in der Umgebung des unendlich fernen Punktes einer H-Bedingung[1]) genügt, hat das Produkt $zF(z)$ einen bestimmten Grenzwert, wenn z auf beliebigem Wege gegen Unendlich strebt und dabei stets in der oberen oder unteren Halbebene bleibt; denn mit

$$tf(t) = f_1(t) \tag{16}$$

gilt

$$zF(z) = \frac{1}{2\pi i} \int_{-\infty}^{+\infty} \frac{zf_1(t)\,dt}{t(t-z)} = \frac{1}{2\pi i} \int_{-\infty}^{+\infty} \frac{f_1(t)\,dt}{t-z} - \frac{1}{2\pi i} \int_{-\infty}^{+\infty} \frac{f_1(t)\,dt}{t}$$

und gemäß (15)

$$\lim_{z\to\infty} [zF(z)] = \pm \frac{1}{2} f_1(\infty) - \frac{1}{2\pi i} \int_{-\infty}^{+\infty} \frac{f_1(t)\,dt}{t} = \pm \frac{1}{2} f_1(\infty) - \frac{1}{2\pi i} \int_{-\infty}^{+\infty} f(t)\,dt, \tag{17}$$

wobei das obere und untere Vorzeichen entsprechend für die obere und untere Halbebene zu wählen ist. In jeder Halbebene ist also

$$F(z) = \frac{A}{z} + o\left(\frac{1}{z}\right), \tag{18}$$

wobei A eine Konstante darstellt (die in den verschiedenen Halbebenen unterschiedliche Werte haben kann), während $o(1/z)$ eine Größe bezeichnet, für die das Produkt $zo(1/z)$ bei unbeschränkt wachsendem $|z|$ gegen Null strebt.

Analog läßt sich folgendes zeigen: Wenn zusammen mit $tf(t)$ auch das Produkt

$$t^2 f'(t) = f_2(t) \tag{19}$$

in der Umgebung des unendlich fernen Punktes einer H-Bedingung genügt, dann gilt in beiden Halbebenen

$$F'(z) = -\frac{A}{z^2} + o\left(\frac{1}{z^2}\right), \tag{20}$$

wobei A die Konstante aus (18) ist.

Beim Beweis können wir uns offenbar auf den Fall beschränken, daß die Ableitung $f'(t)$ für alle Werte von t (und nicht nur in der Umgebung des unendlich fernen Punktes) existiert und

---

[1]) Wenn $tf(t)$ in der Umgebung des unendlich fernen Punktes einer H-Bedingung genügt, so trifft dies auch auf $f(t)$ zu, außerdem ist dabei offensichtlich $f(\infty) = 0$; denn gemäß (15) gilt $F^+(\infty) = F^-(\infty) = 0$.

stetig ist[1]). Durch partielle Integration bekommen wir

$$F'(z) = \frac{1}{2\pi i} \int_{-\infty}^{+\infty} \frac{f(t)\,dt}{(t-z)^2} = \frac{1}{2\pi i} \int_{-\infty}^{+\infty} \frac{f'(t)\,dt}{t-z}.$$

Unter Beachtung der Beziehung

$$\frac{1}{t-z} = \frac{t^2}{z^2(t-z)} - \frac{1}{z} - \frac{t}{z^2}$$

ergibt sich daraus

$$z^2F'(z) = \frac{1}{2\pi i} \int_{-\infty}^{+\infty} \frac{f_2(t)\,dt}{t-z} - \frac{1}{2\pi i} \int_{-\infty}^{+\infty} tf'(t)\,dt.$$

Durch Grenzübergang $z \to \infty$ erhalten wir gemäß (15)

$$\lim_{z\to\infty} [z^2F'(z)] = \pm \frac{1}{2} f_2(\infty) - \frac{1}{2\pi i} \int_{-\infty}^{+\infty} tf'(t)\,dt.$$

Es läßt sich leicht nachprüfen, daß die rechte Seite dieser Gleichung mit der von (17) bis auf das Vorzeichen übereinstimmt[2]).

Wenn außer den Produkten (16) und (19) auch

$$t^3f''(t) = f_3(t) \tag{21}$$

in der Umgebung des unendlich fernen Punktes einer H-Bedingung genügt, dann gilt, wie man leicht zeigt,

$$F''(z) = \frac{2A}{z^3} + o\left(\frac{1}{z^3}\right), \tag{22}$$

wobei A dieselbe Konstante wie oben bezeichnet.

Die gewonnenen Ergebnisse lassen sich wie folgt formulieren: Unter den genannten Bedingungen können wir beide Seiten der Gl. (18) differenzieren, und dabei ist die Differentiation unter dem Symbol o erlaubt.

Eine Verallgemeinerung auf Ableitungen beliebiger Ordnung wäre offensichtlich ohne weiteres möglich, doch wir benötigen solche von höherer als zweiter Ordnung nicht.

4.1.8. Fortsetzung

Zur Erleichterung der Berechnung CAUCHYscher Integrale längs einer unendlichen Geraden L kann man Formeln angeben, die zu den in 4.1.6. angeführten völlig analog sind. Wir beschränken uns auf die Herleitung der einfachsten unter ihnen und überlassen es dem Leser, diese zu verallgemeinern:

---

[1]) Im anderen Falle können wir $f(t)$ durch eine Funktion $f_0(t)$ ersetzen, die diese Eigenschaft besitzt und sich von $f(t)$ nur in einem endlichen Intervall $a \leqq t \leqq b$ unterscheidet. Die Abschätzung der Differenz der entsprechenden Integrale läßt sich völlig elementar durchführen.

[2]) Es läßt sich leicht zeigen, daß $f_2(\infty) = -f_1(\infty)$ ist, am einfachsten gelingt dies über die Substitution

$$t = -\frac{1}{\sigma}.$$

(a) Es sei $f(z)$ eine in S^+ holomorphe und in $S^+ + L$ einschließlich des unendlich fernen Punktes stetige Funktion mit $f(\infty) = a$, dann gilt

$$\frac{1}{2\pi i} \int_L \frac{f(t)\,dt}{t - z} = f(z) - \frac{1}{2} a \quad \text{für } z \text{ in } S^+, \tag{1}$$

$$\frac{1}{2\pi i} \int_L \frac{f(t)\,dt}{t - z} = -\frac{1}{2} a \quad \text{für } z \text{ in } S^-. \tag{2}$$

(b) Weiterhin sei $f(z)$ eine in S^- holomorphe und in $S^- + L$ einschließlich des unendlich fernen Punktes stetige Funktion mit $f(\infty) = a$, dann gilt

$$\frac{1}{2\pi i} \int_L \frac{f(t)\,dt}{t - z} = \frac{1}{2} a \quad \text{für } z \text{ in } S^+, \tag{1'}$$

$$\frac{1}{2\pi i} \int_L \frac{f(t)\,dt}{t - z} = -f(z) + \frac{1}{2} a \quad \text{für } z \text{ in } S^-. \tag{2'}$$

Die Stetigkeitsbedingung für die Funktion $f(z)$ in $S^+ + L$ (bzw. $S^- + L$) und im Punkt $z = \infty$ lautet[1]):

$$f(z) = f(\infty) + o(1) = a + o(1) \text{ für } z \to \infty \text{ in } S^+ + L \text{ (bzw. } S^- + L). \tag{3}$$

Die Gln. (1) und (2′) bezeichnen wir als *Cauchysche Formeln für* S^+ bzw. S^-. Um beispielsweise die Gl. (1) zu beweisen, schlagen wir um O einen Kreis mit so großem Radius, daß der Punkt z im Inneren dieses Kreises zu liegen kommt, und betrachten die geschlossene Kurve Γ, die aus dem vom Kreis eingeschlossenen Abschnitt AB der reellen Achse und dem in S^+ liegenden Halbkreis besteht. Die positive Richtung auf Γ wählen wir so, daß der Teil AB in Richtung der positiven x-Achse durchlaufen wird.
Da der Punkt z nach Voraussetzung im Inneren von Γ liegt, gilt nach der CAUCHYschen Formel

$$f(z) = \frac{1}{2\pi i} \int_\Gamma \frac{f(t)\,dt}{t - z} = \frac{1}{2\pi i} \int_{AB} \frac{f(t)\,dt}{t - z} + \frac{1}{2\pi i} \int_\gamma \frac{f(t)\,dt}{t - z},$$

wobei γ der zum Integrationsweg gehörende Halbkreis ist. Gemäß Gl. (3) strebt das zweite Integral auf der rechten Seite für $R \to \infty$ offenbar gegen

$$a \frac{\pi i}{2\pi i} = \frac{1}{2} a.$$

Folglich hat auch das erste Glied für $R \to \infty$ einen bestimmten Grenzwert, nämlich $f(z) - \frac{1}{2}a$. Nach Definition stellt jedoch

$$\lim_{R\to\infty} \frac{1}{2\pi i} \int_{AB} \frac{f(t)\,dt}{t - z} = \lim_{R\to\infty} \frac{1}{2\pi i} \int_{-R}^{+R} \frac{f(t)\,dt}{t - z}$$

[1]) In Gl. (3) ist mit $o(1)$ eine Größe bezeichnet, die für $|z| \to \infty$ gleichmäßig gegen Null strebt (s. 4.1.1.4.).

den Hauptwert des Integrals

$$\frac{1}{2\pi \mathrm{i}} \int\limits_L \frac{f(t)\,\mathrm{d}t}{t-z}$$

dar, und damit ist die Gl. (1) bewiesen.
Erwähnt sei, daß auf diese Weise auch die Existenz des genannten Hauptwertes nachgewiesen wurde. Sie war nicht von vornherein offensichtlich, da die Funktion $f(t)$ in unserem Falle lediglich der Bedingung $f(t) = a + o(1)$ und nicht der Bedingung $f(t) = a + O(|t|^{-\mu})$ unterworfen wurde, für die wir früher die Existenz des Hauptwertes gezeigt haben.
Völlig analog lassen sich auch die anderen oben angeführten Gleichungen beweisen.

4.2. Randwerte holomorpher Funktionen

4.2.1. Allgemeine Sätze

Es sei L eine einfache geschlossene Kurve, und mit S^+ bzw. S^- werde das von der Kurve L begrenzte endliche bzw. unendliche Teilgebiet der Ebene bezeichnet. Die positive Richtung auf L sei so gewählt, daß das Gebiet S^+ von ihr aus zur Linken liegt. Die Kurve L wird weder zu S^+ noch zu S^- gezählt. Schließlich sei

$$f(t) = f_1(t) + \mathrm{i} f_2(t)$$

eine auf L stetig vorgegebene Funktion.
Wir stellen nun die Frage, ob eine in S^+ holomorphe Funktion $F(z) = U(x, y) + \mathrm{i}\,V(x, y)$ existiert, die $f(t)$ als Randwert hat, wobei selbstverständlich der Randwert für $z \to t$ von S^+ aus gemeint ist.
Für eine auf L beliebig vorgegebene Funktion $f(t)$ trifft dies offenbar im allgemeinen nicht zu. Bekanntlich brauchen wir auf L nur den Randwert $f_1(t)$ der in S^+ harmonischen Funktion $U(x, y)$ vorzugeben, um diese vollständig zu bestimmen[1]). Damit ist dann aber auch die zu $U(x, y)$ konjugierte Funktion $V(x, y)$ bis auf eine willkürliche additive Konstante definiert, und dasselbe gilt für ihren Randwert $f_2(t)$, falls er existiert[2]). Ein analoges Resultat ergibt sich bei Vertauschung von $f_1(t)$ und $f_2(t)$.
Wenn wir fordern, daß die Funktion $f(t) = f_1(t) + \mathrm{i} f_2(t)$ Randwert einer gewissen in S^+ holomorphen Funktion ist, können wir folglich von den beiden reellen Funktionen $f_1(t)$ und $f_2(t)$ nur eine willkürlich vorgeben. Deshalb ist es von großem Interesse, notwendige und hinreichende Bedingungen dafür zu finden, daß eine auf L vorgegebene stetige Funktion $f(t)$ Randwert einer gewissen in S^+ holomorphen Funktion $F(z)$ ist. Eine analoge Frage besteht in bezug auf das Gebiet S^-. Die Anwort erhalten wir aus folgenden Sätzen:
(a) *Die notwendige und hinreichende Bedingung dafür, daß eine auf L vorgegebene stetige Funktion $f(t)$ Randwert einer in S^+ holomorphen Funktion ist, lautet*

$$\frac{1}{2\pi \mathrm{i}} \int\limits_L \frac{f(t)\,\mathrm{d}t}{t-z} = 0 \quad \text{für alle } z \text{ in } S^-. \tag{1}$$

---

[1]) Die Bestimmung einer harmonischen Funktion aus ihren Randwerten stellt das bekannte DIRICHLETsche Problem dar.
[2]) Aus der Existenz des Randwertes der Funktion $U(x, y)$ folgt noch nicht die Existenz des Randwertes der zu ihr konjugierten Funktion $V(x, y)$.

(b) *Die notwendige und hinreichende Bedingung dafür, daß eine auf L vorgegebene stetige Funktion $f(t)$ Randwert einer in S^-* (einschließlich des unendlich fernen Punktes) *holomorphen Funktion ist, lautet*

$$\frac{1}{2\pi i}\int_L \frac{f(t)\,dt}{t-z} = a \quad \text{für alle } z \text{ in } S^+, \tag{2}$$

wobei a eine gewisse Konstante ist, die den Wert der genannten Funktion im Unendlichen angibt.

Nach dem im vorigen Abschnitt Gesagten sind diese Sätze fast offensichtlich denn wenn $f(t)$ Randwert einer in S^+ holomorphen Funktion ist, so gilt die Bedingung (1) gemäß Gl. (2) in 4.1.6., folglich ist die Bedingung (1) notwendig. Sie ist auch hinreichend; denn wenn wir unter der Annahme, daß sie erfüllt ist,

$$F(z) = \frac{1}{2\pi i}\int_L \frac{f(t)\,dt}{t-z} \tag{3}$$

setzen und beachten, daß $F(z) = 0$ für z in S^- und folglich $F^-(t_0) = 0$ auf L gilt, so erhalten wir gemäß (4) in 4.1.4. und der Bemerkung 2 in 4.1.4.

$$F^+(t_0) = f(t_0).$$

Bei Erfüllung der Bedingung (1) stellt also die Funktion $f(t)$ den Randwert $F^+(t)$ der durch (3) definierten Funktion $F(z)$ dar.

Völlig analog läßt sich auch der zweite Satz beweisen: Wenn $f(t)$ Randwert einer in S^- holomorphen Funktion ist, so muß die Bedingung (2) gemäß Gl. (2′) in 4.1.6. notwendig gelten. Sie ist auch hinreichend; denn wenn sie erfüllt wird, ist die Funktion

$$F(z) = -\frac{1}{2\pi i}\int_L \frac{f(t)\,dt}{t-z} + a \tag{4}$$

holomorph in S^-, und sie nimmt den Randwert $F^-(t_0) = f(t_0)$ an. Das letztere folgt aus (2) sowie aus Gl. (4) in 4.1.4. und der Bemerkung 2 in 4.1.4.

Bisher haben wir lediglich vorausgesetzt, daß die Funktion $f(t)$ stetig ist. Unter der Annahme, daß $f(t)$ auf L einer H-Bedingung (4.1.1.) genügt, können wir die Gln. (1) und (2) auf folgende zweckmäßigere Gestalt bringen:

Wenn wir unter t_0 einen beliebigen Punkt auf L verstehen und in den Gln. (1) und (2) von S^- bzw. S^+ aus zur Grenze $z \to t_0$ übergehen, so erhalten wir nach den Formeln von Sochozki-Plemelj (4.1.4.)

$$-\frac{1}{2}f(t_0) + \frac{1}{2\pi i}\int_L \frac{f(t)\,dt}{t-t_0} = 0 \tag{1′}$$

bzw.

$$\frac{1}{2}f(t_0) + \frac{1}{2\pi i}\int_L \frac{f(t)\,dt}{t-t_0} = a \tag{2′}$$

(für alle t_0 auf L). Diese Bedingungen sind den Gln. (1) bzw. (2) äquivalent; denn (1′) besagt, daß der Randwert der in S^- holomorphen Funktion

$$F(z) = \frac{1}{2\pi i}\int_L \frac{f(t)\,dt}{t-z}$$

überall auf dem Rand L des Gebietes S^- verschwindet, folglich ist $F(z)$ in S^- identisch Null[1]), und das ist gerade die Bedingung (1). Analoges gilt für (2') und (2). Die Gln. (1') und (2') wurden von PLEMELJ [1] eingeführt.

Bisher setzten wir voraus, daß L eine einfache geschlossene Kurve ist. Wir betrachten nun den Fall, daß L eine unendliche Gerade darstellt, die wir als reelle Achse wählen. Wie in 4.1.7. bezeichnen wir die obere und untere Halbebene entsprechend mit S^+ und S^-. Analog zum vorigen lassen sich leicht folgende Sätze beweisen.

Es sei $f(t)$ eine auf L stetige Funktion mit

$$f(t) = a + O(|t|^{-\mu}) = f(\infty) + O(|t|^{-\mu})$$

für große $|t|$, wobei a und $\mu > 0$ Konstante sind; dann gilt:

(c) *Die notwendige und hinreichende Bedingung dafür, daß die Funktion* $f(t)$ *Randwert einer in* S^+ *holomorphen und in* $S^+ + L$ (einschließlich des unendlich fernen Punktes) *stetigen Funktion ist, lautet*

$$\frac{1}{2\pi i} \int_L \frac{f(t)\,dt}{t - z} = -\frac{1}{2} a \quad \text{für alle } z \text{ in } S^-. \tag{6}$$

(d) *Die notwendige und hinreichende Bedingung dafür, daß die Funktion* $f(t)$ *Randwert einer in* S^- *holomorphen und in* $S^- + L$ (einschließlich des unendlich fernen Punktes) *stetigen Funktion ist, lautet*

$$\frac{1}{2\pi i} \int_L \frac{f(t)\,dt}{t - z} = \frac{1}{2} a \quad \text{für alle } z \text{ in } S^+. \tag{7}$$

Wenn die Funktion $f(t)$ außerdem auf L einschließlich des unendlich fernen Punktes einer H-Bedingung genügt [s. (14) in 4.1.7.], so können wir (6) und (7) durch folgende Gleichungen ersetzen:

$$-\frac{1}{2} f(t_0) + \frac{1}{2\pi i} \int_L \frac{f(t)\,dt}{t - t_0} = -\frac{1}{2} a, \tag{6'}$$

$$\frac{1}{2} f(t_0) + \frac{1}{2\pi i} \int_L \frac{f(t)\,dt}{t - t_0} = \frac{1}{2} a \tag{7'}$$

für alle t_0 auf L. Den Beweis dieser Sätze überlassen wir dem Leser.

4.2.2. Verallgemeinerung

Die Gleichungen und Sätze des vorhergehenden Abschnittes bezogen sich auf ein Gebiet, das durch eine einfache geschlossene Kurve begrenzt wird. Sie lassen sich unmittelbar auf den Fall übertragen, daß der Rand aus mehreren solchen Kurven besteht. Wie man leicht sieht, bleiben die im vorigen Abschnitt dargelegten Ergebnisse, namentlich die Gln. (1), (2), (1'), (2') in Kraft, wenn unter S^+ ein endliches Gebiet verstanden wird, das durch die einfachen geschlossenen, sich gegenseitig nicht überschneidenden Kurven $L_1, L_2, \ldots, L_m, L_{m+1}$ begrenzt wird, von denen die letzte alle übrigen umschließt. Dabei bezeichnen wir mit L die

---

[1]) Dies folgt aus der CAUCHYschen Formel in Anwendung auf das Gebiet S^- oder aus dem in 2.2.1.4. Gesagten.

Gesamtheit dieser Kurven und mit S^- das Gebiet, das $S^+ + L$ zur vollen Ebene ergänzt. Der Teil S^- besteht somit aus den durch die entsprechenden Kurven $L_1, L_2, \ldots, L_m$ begrenzten endlichen Gebieten $S_1^-, S_2^-, \ldots, S_m^-$ und dem außerhalb von L_{m+1} liegenden unendlichen Gebiet S_{m+1}^-. Unter einer in S^- holomorphen Funktion $F(z)$ ist nun die Gesamtheit der entsprechend in den Gebieten $S_1^-, S_2^-, \ldots, S_{m+1}^-$ holomorphen Funktionen zu verstehen.

4.2.3. Satz von Harnack

Aus den Ergebnissen der vorigen Abschnitte geht fast unmittelbar ein Satz hervor, der von HARNACK [1] stammt und oft von Nutzen ist.

Es sei L eine einfache geschlossene Kurve. Mit S^+ und S^- werde das durch die Kurve in der Ebene abgeteilte endliche bzw. unendliche Gebiet bezeichnet (die Kurve selbst gehört weder zu S^+ noch zu S^-). *Ferner sei $f(t)$ eine auf L stetige reelle Funktion. Wenn nun*

$$\frac{1}{2\pi i}\int_L \frac{f(t)\,dt}{t-z} = 0 \quad \text{für alle } z \text{ in } S^+ \tag{1}$$

ist, so gilt $f(t) = 0$ überall auf L, und wenn

$$\frac{1}{2\pi i}\int_L \frac{f(t)\,dt}{t-z} = 0 \quad \text{für alle } z \text{ in } S^- \tag{2}$$

ist, so gilt $f(t) =$ const *auf L.*

Der Beweis des Satzes läßt sich wie folgt führen. Aus Gl. (1) ergibt sich nach dem in 4.2.1. Gesagten, daß $f(t)$ Randwert einer in S^- holomorphen Funktion $F(z) = U(x, y) + iV(x, y)$ ist, daß also $f(t) = U^- + iV^-$ gilt. Da jedoch $f(t)$ eine reelle Funktion darstellt, verschwindet der Randwert V^- der in S^- harmonischen Funktion $V(x, y)$ identisch auf L. Folglich gilt $V(x, y) = 0$ überall in S^-. Deshalb ist $U = C =$ const in S^- und damit $f(t) = U^- = C$ auf L. Durch Einsetzen dieses Wertes in (1) überzeugen wir uns unter Beachtung der Gleichung

$$\frac{1}{2\pi i}\int_L \frac{C\,dt}{t-z} = C$$

davon, daß $C = 0$ ist. Analog erhalten wir aus Gl. (2) $f(t) = C =$ const. Jedoch hier dürfen wir nun nicht mehr schließen, daß $C = 0$ ist; denn wenn wir $f(t) = C$ in (2) einsetzen, ergibt sich die Identität $0 = 0$. Damit ist der Satz bewiesen.

Wir überlassen es dem Leser, ihn auf die im vorigen Abschnitt betrachteten Gebiete zu verallgemeinern[1]). Auch für den Fall, daß L eine unendliche Gerade darstellt, läßt sich leicht ein analoger Satz formulieren.

Bemerkung 1:

Aus dem HARNACKschen Satz ergeben sich unmittelbar folgende Schlußfolgerungen (für den Fall, daß L eine einfache geschlossene Kurve ist): Es seien $f_1(t)$ und $f_2(t)$ zwei auf L vorgegebene stetige *reelle* Funktionen. Wenn dabei

$$\frac{1}{2\pi i}\int_L \frac{f_1(t)\,dt}{t-z} = \frac{1}{2\pi i}\int_L \frac{f_2(t)\,dt}{t-z} \quad \text{für alle } z \text{ in } S^+ \tag{3}$$

[1]) In diesem Falle folgt aus (1) $f(t) = C_k$ auf L_k $(k = 1, \ldots, m)$, $f(t) = 0$ auf L_{m+1} und aus (2) $f(t) = C$ auf L, dabei sind $C, C_1, \ldots, C_m$ Konstanten.

ist, so gilt $f_1(t) = f_2(t)$ auf L, und wenn

$$\frac{1}{2\pi i}\int_L \frac{f_1(t)\,dt}{t-z} = \frac{1}{2\pi i}\int_L \frac{f_2(t)\,dt}{t-z} \quad \text{für alle } z \text{ in } S^- \tag{4}$$

ist, so gilt $f_2(t) = f_1(t) + \text{const}$ auf L. Zum Beweis wird der HARNACKsche Satz auf die Differenz $f_2(t) - f_1(t)$ angewendet.

Bemerkung 2:

Es läßt sich leicht zeigen, daß der vorige Satz richtig bleibt, wenn die Funktion $f(t)$ endlich viele Unstetigkeitsstellen erster Ordnung hat. Ohne darauf näher eingehen zu wollen, sei erwähnt, daß der Satz, geeignet formuliert, noch unter sehr viel allgemeineren Bedingungen gültig ist.

4.2.4. Formeln für den Kreis und die Halbebene

Wenn die Kurve L einen Kreis oder eine Gerade darstellt, können wir die Gleichungen des vorigen Abschnittes auf eine für die weitere Anwendung sehr zweckmäßige Gestalt bringen:

4.2.4.1. Wir vereinbaren zunächst einige Bezeichnungen: Es sei

$$F(z) = U(x, y) + iV(x, y) \tag{1}$$

eine in einem gewissen Gebiet der z-Ebene definierte komplexe Funktion. Dann stelle $\bar{F}(z)$ (*der Querstrich steht hier nur über dem Symbol F*) eine Funktion dar, die in den Punkten $\bar{z}$ die zu $F(z)$ konjugierten Werte annimmt (dabei ist $\bar{z}$ der zu z konjugierte, d. h. an der reellen Achse gespiegelte Punkt in der z-Ebene, Bild 33). Somit gilt nach Definition

$$\bar{F}(z) = \overline{F(\bar{z})}, \tag{2}$$

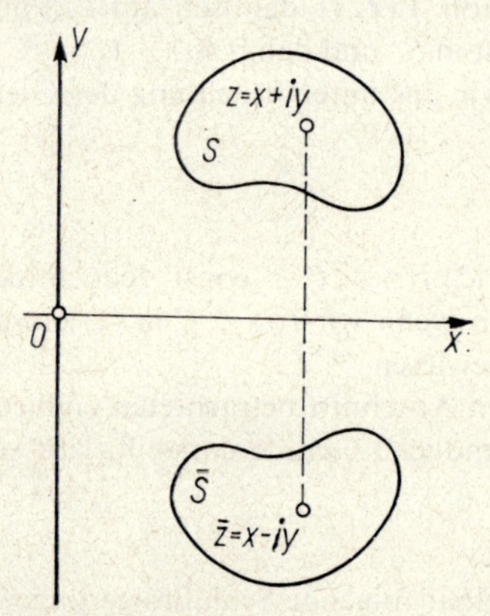

Bild 33

oder anders ausgedrückt

$$\bar{F}(z) = U(x, -y) - iV(x, -y). \tag{2'}$$

Ist $F(z)$ beispielsweise ein Polynom

$$F(z) = a_0 z^n + a_1 z^{n-1} + \cdots + a_n, \tag{3}$$

so erhalten wir offensichtlich gemäß (2)

$$\bar{F}(z) = \bar{a}_0 z^n + \bar{a}_1 z^{n-1} + \cdots + \bar{a}_n. \tag{3'}$$

Die Funktion $\bar{F}(z)$ ergibt sich also aus $F(z)$, indem man die Koeffizienten durch ihre konjugierten Werte ersetzt. Für eine rationale Funktion

$$F(z) = \frac{a_0 z^n + a_1 z^{n-1} + \cdots + a_n}{b_0 z^n + b_1 z^{n-1} + \cdots + b_n} \tag{4}$$

gilt in gleicher Weise

$$\bar{F}(z) = \frac{\bar{a}_0 z^n + \bar{a}_1 z^{n-1} + \cdots + \bar{a}_n}{\bar{b}_0 z^n + \bar{b}_1 z^{n-1} + \cdots + \bar{b}_n}. \tag{4'}$$

Stellt $F(z)$ eine in S holomorphe Funktion dar, so ist offenbar die Funktion $\bar{F}(z)$ holomorph in $\bar{S}$, wobei $\bar{S}$ die Spiegelung des Gebietes S an der reellen Achse bedeutet[1]) (Bild 33). Ist die Funktion $F(z)$ holomorph in S mit Ausnahme einiger Punkte, wo sie Pole hat, so hat $\bar{F}(z)$ die gleiche Eigenschaft in $\bar{S}$, und ihre Polstellen ergeben sich durch Spiegelung der entsprechenden Pole der Funktion $F(z)$ an der reellen Achse.

Erwähnt sei noch, daß die zu $F(z)$ konjugierte Funktion $\overline{F(z)}$ folgendermaßen dargestellt werden kann:

$$\overline{F(z)} = \bar{F}(\bar{z}); \tag{5}$$

dies folgt aus (2), wenn wir z durch $\bar{z}$ ersetzen.

Angenommen, die Funktion $F(z)$ ist in einer der durch die reelle Achse getrennten Halbebenen S^+, S^-, also beispielsweise in S^+, definiert, dann ist die Funktion $\bar{F}(z)$ in der entsprechenden anderen Halbebene, d. h. in unserem Beispiel im Gebiet S^-, definiert.

Wenn der Randwert $F^+(t)$ für einen beliebigen Punkt t der reellen Achse existiert, so hat die entsprechende Funktion $\bar{F}(z)$ gemäß Gl.(2) den Randwert $\bar{F}^-(t)$, und es gilt[2])

$$\bar{F}^-(t) = \overline{F^+(t)}. \tag{6}$$

Durch Vertauschen von S^+ und S^- ergibt sich analog

$$\bar{F}^+(t) = \overline{F^-(t)}. \tag{6'}$$

4.2.4.2. Mit γ werde der Einheitskreis um O in der ζ-Ebene bezeichnet. Die Punkte auf γ nennen wir σ, so daß

$$\sigma = e^{i\vartheta}, \quad 0 \leqq \vartheta \leqq 2\pi \tag{7}$$

ist. Weiterhin seien Σ^+ und Σ^- die Gebiete $|\zeta| < 1$ bzw. $|\zeta| > 1$. Die positive Richtung auf γ wählen wir so, daß das Gebiet Σ^+ von ihr aus zur Linken liegt.

---

[1]) Um dies zu zeigen, setzen wir

$$\bar{F}(z) = U_1(x, y) + i V_1(x, y),$$

dann gilt gemäß (2′)

$$U_1(x, y) = U(x, -y), \quad V_1(x, y) = -V(x, -y).$$

Wenn die Funktionen $U(x, y)$ und $V(x, y)$ im Gebiet S den CAUCHY-RIEMANNschen Bedingungen

$$\frac{\partial U}{\partial x} = \frac{\partial V}{\partial y}, \quad \frac{\partial U}{\partial y} = -\frac{\partial V}{\partial x}$$

genügen, so gilt dies auch für $U_1(x, y)$ und $V_1(x, y)$:

$$\frac{\partial U_1}{\partial x} = \frac{\partial V_1}{\partial y}, \quad \frac{\partial U_1}{\partial y} = -\frac{\partial V_1}{\partial x}$$

im Gebiet $\bar{S}$.

[2]) Wenn in Gl. (2) z aus dem Gebiet S^- gegen t strebt, so gilt $\bar{z} \to t$ aus S^+.

Schließlich sei $F(\zeta)$ eine im Gebiet Σ^+ (bzw. Σ^-) definierte Funktion. Nun betrachten wir die im Gebiet Σ^- (bzw. Σ^+) aus der letztgenannten hervorgehenden Funktion

$$F_*(\zeta) = \bar{F}\left(\frac{1}{\zeta}\right) \tag{8}$$

oder, wenn wir die Bedeutung des Symbols $\bar{F}$ berücksichtigen,

$$F_*(\zeta) = \overline{F\left(\frac{1}{\bar{\zeta}}\right)}. \tag{8'}$$

Nach der letzten Gleichung kann $F_*(\zeta)$ auch wie folgt definiert werden: Die Funktion $F_*(\zeta)$ nimmt die zu $F(\zeta)$ konjugierten Werte in dem am Kreis γ gespiegelten[1]) Punkte ζ an (Bild 34).

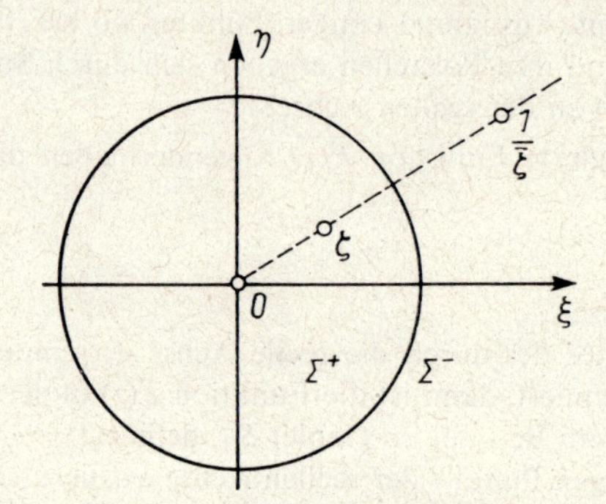

Bild 34

Wenn die Funktion $F(\zeta)$ in Σ^+ (bzw. Σ^-) holomorph ist, so trifft dasselbe offenbar auch für $F_*(\zeta)$ in Σ^- (bzw. Σ^+) zu, und umgekehrt. Ist beispielsweise die Funktion $F(\zeta)$ in Σ^+ holomorph, so können wir sie bekanntlich in die Reihe

$$F(\zeta) = a_0 + a_1\zeta + a_2\zeta^2 + \cdots \tag{9}$$

entwickelt, die in Σ^+, d. h. für $|\zeta| < 1$, absolut konvergiert. Dann läßt sich die Funktion $F_*(\zeta)$ durch die Reihe

$$F_*(\zeta) = \bar{F}\left(\frac{1}{\zeta}\right) = \bar{a}_0 + \frac{\bar{a}_1}{\zeta} + \frac{\bar{a}_2}{\zeta^2} + \cdots \tag{9'}$$

darstellen, und diese ist in Σ^-, d. h. für $|\zeta| > 1$, absolut konvergent.
Setzen wir nun voraus, daß die in Σ^+ definierte Funktion $F(\zeta)$ für $\zeta \to \sigma$ den Randwert $F^+(\sigma)$ hat, wobei σ ein Punkt auf γ ist, so hat die in Σ^- definierte Funktion $F_*(\zeta)$ gemäß (8) den Randwert $F_*^-(\sigma)$, und dabei gilt

$$F_*^-(\sigma) = \overline{F^+(\sigma)}. \tag{10}$$

Denn wenn ζ in (8) gegen σ strebt und dabei stets in Σ^- bleibt, so nähert sich $\zeta' = 1/\bar{\zeta}$ dem Punkt $1/\bar{\sigma} = \sigma$ und verbleibt dabei in Σ^+.
Durch Vertauschen von Σ^+ und Σ^- erhalten wir anstelle der Gl. (10)

$$F_*^+(\sigma) = \overline{F^-(\sigma)}. \tag{11}$$

[1]) Bekanntlich (2.4.2.1.) verstehen wir unter der Spiegelung des Punktes ζ am Kreis γ den Punkt

$$\zeta' = \frac{1}{\bar{\zeta}}$$

(denn in unserem Falle ist der Radius des Kreises gleich 1).

4.2.4.3. Unter Benutzung der Tatsache, daß jeder in Σ^+ (bzw. Σ^-) holomorphen Funktion $F(\zeta)$ eine in Σ^- (bzw. Σ^+) holomorphe Funktion $\bar{F}(1/\zeta)$ entspricht, können wir die Sätze (a) und (b) aus 4.2.1. für den Kreisrand wie folgt abändern:

(a′) *Die notwendige und hinreichende Bedingung dafür, daß die auf dem Kreis γ stetige Funktion $f(\sigma)$ Randwert einer im Inneren von γ holomorphen Funktion ist, lautet*

$$\frac{1}{2\pi i}\int_\gamma \frac{\overline{f(\sigma)}\,d\sigma}{\sigma-\zeta} = \bar{a} \quad \text{für alle } \zeta \text{ im Inneren von } \gamma, \tag{12}$$

wobei a eine Konstante ist, die den Wert der angeführten holomorphen Funktion im Punkte $\zeta = 0$ angibt.

(b′) *Die notwendige und hinreichende Bedingung dafür, daß die auf dem Kreis γ stetige Funktion $f(\sigma)$ Randwert einer außerhalb γ holomorphen Funktion ist, lautet*

$$\frac{1}{2\pi i}\int_\gamma \frac{\overline{f(\sigma)}\,d\sigma}{\sigma-\zeta} = 0 \quad \text{für alle } \zeta \text{ außerhalb } \gamma. \tag{13}$$

Die Gln. (12) und (13) sind unmittelbare Folgen der Bedingung (2) und (1) in 4.2.1. und des im vorliegenden Abschnitt Gesagten. Wenn beispielsweise die Funktion $f(\sigma)$ gleich dem Randwert $F^+(\sigma)$ der im Inneren von γ holomorphen Funktion $F(\zeta)$ sein soll, muß die Funktion $\overline{f(\sigma)}$ den Randwert $F_*^-(\sigma)$ der außerhalb γ holomorphen Funktion $F_*(\zeta) = \bar{F}(1/\zeta)$ darstellen. Dies folgt unmittelbar aus Gl. (10). Wir erhalten deshalb nach (2) in 4.2.1. sofort die Gl. (12), dabei gilt $\bar{a} = F_*(\infty) = \bar{F}(0) = \overline{F(0)}$.

Völlig analog läßt sich die Bedingung (13) beweisen. Hierbei ist jedoch der folgende Umstand zu beachten: Angenommen die Gl. (13) ist erfüllt, und die außerhalb γ holomorphe Funktion $F(\zeta)$ mit dem Randwert $f(\sigma)$ auf γ soll tatsächlich ausgerechnet werden, dann benötigen wir, um die CAUCHYsche Formel für das unendliche Gebiet Σ^- (4.1.6.)

$$F(\zeta) = -\frac{1}{2\pi i}\int_\gamma \frac{f(\sigma)\,d\sigma}{\sigma-\zeta} + F(\infty) \tag{14}$$

anwenden zu können, noch die Größe $F(\infty)$. Sie ergibt sich, wie man leicht sieht, aus der Gleichung[1])

$$F(\infty) = \frac{1}{2\pi i}\int_\gamma \frac{f(\sigma)}{\sigma}\,d\sigma. \tag{15}$$

Nach Einsetzen des Ausdruckes (15) in die Gl. (14) erhalten wir

$$F(\zeta) = -\frac{\zeta}{2\pi i}\int_\gamma \frac{f(\sigma)\,d\sigma}{\sigma(\sigma-\zeta)}. \tag{14′}$$

[1]) Für ζ innerhalb γ gilt gemäß (2′) in 4.1.6.

$$\frac{1}{2\pi i}\int_\gamma \frac{f(\sigma)\,d\sigma}{\sigma-\zeta} = F(\infty),$$

hieraus folgt für $\zeta = 0$ die Gl. (15). Diese kann offenbar durch folgende Gleichung ersetzt werden:

$$F(\infty) = \frac{1}{2\pi i}\int_\gamma \frac{f(\sigma)\,d\sigma}{\sigma-\zeta_0},$$

wobei ζ_0 ein beliebiger Punkt innerhalb γ ist.

Weiterhin sei

$$\varphi(\zeta) = a_0 + a_1\zeta + a_2\zeta^2 + \cdots = \varphi(0) + \zeta\varphi'(0) + \frac{\zeta^2}{1 \cdot 2}\varphi''(0) + \cdots \tag{16}$$

eine im Inneren von γ holomorphe und bis hin zu γ stetige Funktion, dann gilt

$$\frac{1}{2\pi i}\int_\gamma \frac{\sigma^k\overline{\varphi(\sigma)}\,d\sigma}{\sigma - \zeta} = \bar{a}_0\zeta^k + \bar{a}_1\zeta^{k-1} + \cdots + \bar{a}_k \qquad (k = 0, 1, 2, \ldots) \tag{17}$$

für alle ζ im Inneren von γ; denn $\sigma^k\overline{\varphi(\sigma)}$ stellt den Randwert der außerhalb γ mit Ausnahme des Punktes $\zeta = \infty$ holomorphen Funktion $\zeta^k\bar{\varphi}(1/\zeta)$ dar. In der Nähe des Punktes $\zeta = \infty$ hat diese Funktion die Gestalt

$$\zeta^k\bar{\varphi}\left(\frac{1}{\zeta}\right) = \zeta^k\left(\bar{a}_0 + \frac{\bar{a}_1}{\zeta} + \frac{\bar{a}_2}{\zeta^2} + \cdots\right) = \bar{a}_0\zeta^k + \bar{a}_1\zeta^{k-1} + \cdots + \bar{a}_k + O\left(\frac{1}{\zeta}\right),$$

und damit folgt die Gl. (17) unmittelbar aus Gl. (4) in 4.1.6.
Insbesondere gilt bei $k = 0$ für alle ζ innerhalb γ:

$$\frac{1}{2\pi i}\int_\gamma \frac{\overline{\varphi(\sigma)}\,d\sigma}{\sigma - \zeta} = \overline{\varphi(0)}. \tag{18}$$

4.2.4.4. Wenn wir berücksichtigen, daß jeder in der oberen (unteren) Halbebene S^+ (bzw. S^-) holomorphen Funktion $F(z)$ eine in der unteren (bzw. oberen) Halbebene S^- (bzw. S^+) holomorphe Funktion $\bar{F}(z)$ entspricht, können wir aus den Bedingungen (6), (7) in 4.2.1. analog zum vorigen folgende Sätze herleiten:
Es sei $f(t)$ wie in 4.2.1. eine auf der reellen Achse L stetig vorgegebene Funktion, die für große $|t|$ die Bedingung

$$f(t) = a + O(|t|^{-\mu}) = f(\infty) + O(|t|^{-\mu}), \quad \mu = \text{const} > 0 \tag{19}$$

erfüllt, dann gilt:

(c′) *Die notwendige und hinreichende Bedingung dafür, daß die Funktion $f(t)$ Randwert einer in S^+ holomorphen Funktion ist, lautet*

$$\frac{1}{2\pi i}\int_L \frac{\overline{f(t)}\,dt}{t - z} = \frac{1}{2}\bar{a} \quad \text{für alle } z \text{ in } S^+. \tag{20}$$

(d′) *Die notwendige und hinreichende Bedingung dafür, daß $f(t)$ Randwert einer in S^- holomorphen Funktion ist, lautet*

$$\frac{1}{2\pi i}\int_L \frac{\overline{f(t)}\,dt}{t - z} = -\frac{1}{2}\bar{a} \quad \text{für alle } z \text{ in } S^-. \tag{21}$$

4.2.5. Lösung der Grundprobleme der Potentialtheorie für den Kreis und die Halbebene

Als einfachste Anwendungsbeispiele der letzten Ergebnisse zeigen wir die Lösung der Grundprobleme der Theorie des logarithmischen Potentials für den Kreis und die Halbebene.
Unter dem **ersten Grundproblem** (DIRICHLETschen Problem) verstehen wir die Aufgabe, eine im gegebenen Gebiet harmonische Funktion aus ihren vorgegebenen Randwerten zu

bestimmen[1]). Das **zweite Grundproblem** (NEUMANNsches Problem) besteht im Auffinden einer im gegebenen Gebiet harmonischen Funktion aus den vorgegebenen Werten ihrer Normalableitung am Rand.

4.2.5.1. Das erste Grundproblem für den Kreis

Der Einfachheit halber betrachten wir den Einheitskreis mit dem Koordinatenursprung als Mittelpunkt. Wir bezeichnen wie bisher die Kreisperipherie mit γ, die Punkte auf γ mit $\sigma = e^{i\vartheta}$ und die Punkte der Ebene mit ζ. Die gesuchte harmonische Funktion nennen wir P und die dazu konjugierte harmonische Funktion Q. Letztere ist bekanntlich bei vorgegebenem P bis auf eine willkürliche Konstante bestimmt.
Wir setzen

$$F(\zeta) = P + iQ. \tag{1}$$

Die Funktion $F(\zeta)$ muß innerhalb γ holomorph sein.
Wenn ζ (von innen) gegen den Punkt σ auf γ strebt, muß die gesuchte Funktion P nach Voraussetzung einen bestimmten Grenzwert haben, der gleich dem Wert der auf γ vorgegebenen reellen Funktion f ist. Wir fassen f als Funktion von σ (bzw. ϑ) auf und setzen voraus, daß sie auf der gesamten Kreisperipherie γ stetig ist[2]). Damit lautet die Randbedingung des Problems

$$P = f(\vartheta), \tag{2}$$

wobei zur Vereinfachung P statt P^+ geschrieben wurde.
Weiterhin nehmen wir an, daß nicht nur die Funktion P, sondern auch die zu ihr konjugierte Funktion Q und folglich die Funktion $F(\zeta)$ auf γ bestimmte Randwerte annehmen[3]). Dann lautet die Randbedingung, wenn wir anstelle von $F^+(\sigma)$ einfach $F(\sigma)$ schreiben,

$$F(\sigma) + \overline{F(\sigma)} = 2f(\vartheta). \tag{3}$$

Nach Multiplikation dieser Gleichung mit $\dfrac{1}{2\pi i}\dfrac{d\sigma}{\sigma - \zeta}$, wobei ζ ein Punkt im Inneren von γ ist, erhalten wir durch Integration über γ

$$\frac{1}{2\pi i}\int\limits_{\gamma}\frac{F(\sigma)\,d\sigma}{\sigma - \zeta} + \frac{1}{2\pi i}\int\limits_{\gamma}\frac{\overline{F(\sigma)}\,d\sigma}{\sigma - \zeta} = \frac{1}{\pi i}\int\limits_{\gamma}\frac{f(\vartheta)\,d\sigma}{\sigma - \zeta}. \tag{4}$$

Nach dem HARNACKschen Satz (4.2.3.) ist die erhaltene Bedingung mit der vorigen völlig gleichwertig (s. Bemerkung 1 in 4.2.3.).
Das erste Integral auf der linken Seite ist nach dem CAUCHYschen Satz gleich $F(\zeta)$, während das zweite gemäß (18) in 4.2.4. gleich

$$\overline{F(0)} = \alpha_0 - i\beta_0$$

ist, wobei α_0 und β_0 reelle (zunächst noch unbekannte) Konstanten darstellen.
Somit gilt

$$F(\zeta) = \frac{1}{\pi i}\int\limits_{\gamma}\frac{f(\vartheta)\,d\sigma}{\sigma - \zeta} - \alpha_0 + i\beta_0. \tag{5}$$

---

[1]) In 3.3.5. (Bemerkung) wurde die Lösung des DIRICHLETschen Problems für den Kreisring mit Hilfe einer Reihenentwicklung angegeben.
[2]) Wenn wir fordern, daß P in allen Punkten auf γ (bestimmte endliche) Randwerte annimmt, dann muß die Funktion $f(\vartheta)$ notwendig stetig vorausgesetzt werden. Dies folgt aus dem in 2.2.1.3. Gesagten.
[3]) Diese Bedingung ist nicht notwendig, wir nehmen sie zur Abkürzung der Überlegungen an.

Um den Wert $\alpha_0 - i\beta_0$ zu bestimmen, setzen wir in der letzten Gleichung $\zeta = 0$ und erhalten somit

$$2\alpha_0 = \frac{1}{\pi i}\int_\gamma \frac{f(\vartheta)}{\sigma}\, d\sigma = \frac{1}{\pi}\int_0^{2\pi} f(\vartheta)\, d\vartheta. \tag{6}$$

Aus dieser Gleichung wird α_0 ermittelt, während β_0 völlig willkürlich bleibt; denn die zu P konjugierte Funktion Q ist nur bis auf einen beliebigen reellen Summanden bestimmt, und folglich ist $F(\zeta)$ bis auf eine rein imaginäre Konstante definiert.

Durch Einsetzen des Wertes α_0 in (5) erhalten wir

$$F(\zeta) = \frac{1}{\pi i}\int_\gamma \frac{f(\vartheta)\, d\sigma}{\sigma - \zeta} - \frac{1}{2\pi i}\int_\gamma \frac{f(\vartheta)}{\sigma}\, d\sigma + i\beta_0 = \frac{1}{2\pi i}\int_\gamma f(\vartheta)\frac{\sigma + \zeta}{\sigma - \zeta}\frac{d\sigma}{\sigma} + i\beta_0. \tag{7}$$

Das ist die bekannte SCHWARZsche Formel.

Die gesuchte harmonische Funktion P ergibt sich als Realteil der Funktion $F(\zeta)$ zu

$$P = \operatorname{Re} F(\zeta) = \operatorname{Re} \frac{1}{2\pi i}\int_\gamma f(\vartheta)\frac{\sigma + \zeta}{\sigma - \zeta}\frac{d\sigma}{\sigma}. \tag{7'}$$

Wir haben bisher nur bewiesen, daß die Lösung unseres Problems, falls eine solche existiert, in der Gestalt (7′) dargestellt werden kann. Es ist nun noch zu zeigen, daß die durch Gl. (7′) definierte Funktion tatsächlich unser Problem löst. Dazu setzen wir voraus, daß die vorgegebene Funktion $f(\vartheta)$ einer H-Bedingung genügt[1]). Dann nimmt die durch (7) definierte Funktion $F(\zeta)$ gemäß dem in 4.1.4. Gesagten bestimmte Randwerte an, die, wie aus der Herleitung selbst hervorgeht[2]), die Bedingung (3) befriedigen. Folglich genügt die Funktion P der Gl. (2).

Mit

$$\sigma = e^{i\vartheta}, \quad \zeta = \varrho\, e^{i\psi}, \quad d\sigma = i\, e^{i\vartheta}\, d\vartheta$$

erhalten wir aus (7′) leicht die bekannte POISSONsche Formel

$$P = \frac{1}{2\pi}\int_0^{2\pi} \frac{(1 - \varrho^2) f(\vartheta)\, d\vartheta}{1 - 2\varrho\cos(\vartheta - \psi) + \varrho^2}, \tag{8}$$

welche die gestellte Aufgabe ohne Verwendung komplexer Veränderlicher löst.

---

[1]) Die Existenz und Eindeutigkeit der Lösung kann man unter weitaus allgemeineren Voraussetzungen zeigen (hinreichend ist, daß die Funktion $f(\vartheta)$ stetig ist), doch hier gehen wir darauf nicht näher ein (s. Lehrbücher der Funktionen- oder Potentialtheorie).

[2]) U. zw. aus der Gleichwertigkeit der Bedingungen (3) und (4). Die Tatsache, daß $F(\zeta)$ die Bedingung (3) befriedigt, kann man auch unmittelbar mit Hilfe der Gl. (2) in 4.1.4. beweisen. Denn danach gilt, wenn wir mit $\sigma_0 = e^{i\vartheta_0}$ einen Punkt auf γ bezeichnen,

$$F^+(\sigma_0) = f(\vartheta_0) + \frac{1}{\pi i}\int_\gamma \frac{f(\vartheta)\, d\sigma}{\sigma - \sigma_0} - \frac{1}{2\pi i}\int_\gamma \frac{f(\vartheta)\, d\sigma}{\sigma} + i\beta_0 = f(\vartheta_0) + \frac{1}{2\pi i}\int_\gamma f(\vartheta)\frac{\sigma + \sigma_0}{\sigma - \sigma_0}\frac{d\sigma}{\sigma} + i\beta.$$

Durch Einsetzen von $\sigma = e^{i\vartheta}$, $\sigma_0 = e^{i\vartheta_0}$ unter dem Integralzeichen erhalten wir nach einfachen Umformungen

$$F^+(\sigma_0) = f(\vartheta_0) + \frac{1}{2\pi i}\int_0^{2\pi} f(\vartheta)\cot\frac{\vartheta - \vartheta_0}{2}\, d\vartheta + i\beta_0 = f(\vartheta_0) + \text{rein imaginäre Größe},$$

und daraus folgt

$$\operatorname{Re} F^+(\sigma_0) = f(\vartheta_0).$$

4.2.5.2. Zweite Grundaufgabe für den Kreis

Unter Beibehaltung der bisherigen Bezeichnungen setzen wir nun voraus, daß die Ableitung $F'(\zeta)$ bestimmte Randwerte $F'(\sigma)$ annimmt.
Aus der Gleichung

$$2P = F(\zeta) + \overline{F(\zeta)} = F(\varrho\,\mathrm{e}^{\mathrm{i}\vartheta}) + \overline{F(\varrho\,\mathrm{e}^{\mathrm{i}\vartheta})}$$

ergibt sich

$$2\,\frac{\partial P}{\partial \varrho} = \mathrm{e}^{\mathrm{i}\vartheta} F'(\varrho\,\mathrm{e}^{\mathrm{i}\vartheta}) + \overline{\mathrm{e}^{\mathrm{i}\vartheta} F'(\varrho\,\mathrm{e}^{\mathrm{i}\vartheta})} = \frac{\zeta}{\varrho}\,F'(\zeta) + \frac{\xi}{\varrho}\,\overline{F'(\zeta)}. \tag{9}$$

Die Randbedingung des betrachteten Problems lautet (mit n als äußerer Normale)

$$\frac{\mathrm{d}P}{\mathrm{d}n} = f(\vartheta) \text{ oder } \frac{\partial P}{\partial \varrho} = f(\vartheta) \text{ auf } \gamma, \tag{10}$$

wobei $f(\vartheta)$ eine stetig vorgegebene Funktion ist.
Gemäß (9) können wir die Randbedingung wie folgt schreiben:

$$\sigma F'(\sigma) + \overline{\sigma F'(\sigma)} = 2f(\vartheta) \text{ auf } \gamma. \tag{11}$$

Durch Anwendung des obigen Verfahrens ergibt sich

$$\frac{1}{2\pi\mathrm{i}} \int\limits_{\gamma} \frac{\sigma F'(\sigma)\,\mathrm{d}\sigma}{\sigma - \zeta} + \frac{1}{2\pi\mathrm{i}} \int\limits_{\gamma} \frac{\overline{\sigma F'(\sigma)}\,\mathrm{d}\sigma}{\sigma - \zeta} = \frac{1}{\pi\mathrm{i}} \int\limits_{\gamma} \frac{f(\vartheta)\,\mathrm{d}\vartheta}{\sigma - \zeta},$$

wobei ζ ein beliebiger Punkt innerhalb γ ist. Mit Hilfe der CAUCHYschen Formel und der Gl. (18) in 4.1.3. erhalten wir unter Berücksichtigung, daß $\sigma F'(\sigma)$ für $\sigma = 0$ verschwindet,

$$\zeta F'(\zeta) = \frac{1}{\pi\mathrm{i}} \int\limits_{\gamma} \frac{f(\vartheta)\,\mathrm{d}\sigma}{\sigma - \zeta}. \tag{12}$$

Aus dieser Gleichung läßt sich $F'(\zeta)$ berechnen, wenn die rechte Seite für $\zeta = 0$ gleich Null ist.
Die Lösbarkeitsbedingung des Problems lautet somit

$$\int\limits_{\gamma} \frac{f(\vartheta)\,\mathrm{d}\sigma}{\sigma} = 0 \text{ oder } \int\limits_{0}^{2\pi} f(\vartheta)\,\mathrm{d}\vartheta = 0. \tag{13}$$

Im Gegensatz zum DIRICHLETschen Problem hat also das NEUMANNsche nicht immer eine Lösung, sondern nur, wenn die Gl. (13) erfüllt ist.
Durch diese zusätzliche Bedingung wird gewährleistet, daß die durch (12) definierte Funktion $F'(\zeta)$ auch an der Stelle $\zeta = 0$ holomorph ist. Die Funktion $F(\zeta)$ ergibt sich aus (12) durch Integration:

$$F(\zeta) = \frac{1}{\pi\mathrm{i}} \int \frac{\mathrm{d}\zeta}{\zeta} \int\limits_{\gamma} \frac{f(\vartheta)\,\mathrm{d}\sigma}{\sigma - \zeta} + \text{const}, \tag{14}$$

dabei bezeichnet const eine willkürliche komplexe Konstante. Die gesuchte Funktion $P = \operatorname{Re} F(\zeta)$ ist also nur bis auf eine willkürliche (reelle) Konstante bestimmt. Das war vorauszusehen, denn wenn P eine Lösung des NEUMANNschen Problems ist, so stellt $P + \text{const}$ offensichtlich ebenfalls eine Lösung dar.

Es ist leicht einzusehen (vgl. den vorigen Fall), daß die gewonnenen Formeln tatsächlich das gestellte Randwertproblem lösen, wenn die vorgegebene Funktion $f(\vartheta)$ beispielsweise einer H-Bedingung genügt.
Durch Integration unter dem Integralzeichen in (14) erhalten wir mit

$$\int \frac{d\zeta}{\zeta(\sigma - \zeta)} = \frac{1}{\sigma} \ln \zeta - \frac{1}{\sigma} \ln (\sigma - \zeta) + \text{const}$$

und unter Berücksichtigung der Bedingung (13) die von Boggio [4] stammende Formel

$$F(\zeta) = -\frac{1}{\pi i} \int_{\gamma} f(\vartheta) \ln (\sigma - \zeta) \frac{d\sigma}{\sigma} + \text{const} = -\frac{1}{\pi} \int_{0}^{2\pi} f(\vartheta) \ln (\sigma - \zeta) \, d\vartheta + \text{const}. \tag{15}$$

Hieraus ergibt sich durch Trennung von Real- und Imaginärteil die Formel von Dini [1]:

$$P = -\frac{1}{\pi} \int_{0}^{2\pi} f(\vartheta) \ln r \, d\vartheta + \text{const}, \tag{16}$$

wobei $r = |\sigma - \zeta|$ ist und const eine willkürliche reelle Konstante bedeutet.
In den meisten Anwendungsbeispielen empfiehlt es sich jedoch, die Formeln (12) und (14) zu benutzen.

4.2.5.3. Das erste und zweite Grundproblem für die Halbebene läßt sich durch konforme Abbildung der Halbebene auf den Kreis[1]) auf die entsprechenden Probleme für den Kreis zurückführen. Es besteht aber auch die Möglichkeit, die beiden genannten Probleme unmittelbar mit Hilfe eines Verfahrens zu lösen, wie wir es eben bei der Lösung für den Kreis benutzt haben.
Angesichts der völligen Analogie zum Vorigen beschränken wir uns auf einige kurze Hinweise.
Es sei $f(t)$ eine auf der reellen Achse L vorgegebene reelle stetige Funktion. Gesucht ist eine in der oberen Halbebene S^+ harmonische Funktion $P(x, y)$, die auf L einschließlich des unendlich fernen Punktes die Randwerte $P^+ = f(t)$ annimmt. Für $z \to \infty$ (in $S^+ + L$) muß also $P \to a$ gelten, wobei

$$a = f(\infty) \tag{17}$$

eine reelle Konstante ist.
Wenn wir die in S^+ holomorphe komplexe Funktion $F(z) = P + iQ$ einführen und voraussetzen, daß diese Funktion für alle Punkte auf L einschließlich des unendlich fernen Punktes bestimmte Randwerte $F^+(t)$ annimmt, lautet die Randbedingung

$$F(t) + \overline{F(t)} = 2f(t) \quad \text{auf } L, \tag{18}$$

wobei anstelle von $F^+(t)$ einfach $F(t)$ geschrieben wurde.
Den Grenzwert der Funktion $F(t)$ im Unendlichen bezeichnen wir mit

$$F(\infty) = a + ib, \tag{19}$$

---

[1]) Eine solche Abbildung ist in 4.1.7. (s. Fußnote auf S. 230) angegeben.

dabei ist a die durch (17) definierte Größe, und b stellt eine reelle Konstante dar. Durch Multiplikation der letzten Gleichung mit $\frac{1}{2\pi i} \frac{dt}{t-z}$, wobei z ein beliebiger Punkt aus S^+ ist, und Integration über L erhalten wir

$$\frac{1}{2\pi i} \int_L \frac{F(t)\,dt}{t-z} + \frac{1}{2\pi i} \int_L \frac{\overline{F(t)}\,dt}{t-z} = \frac{1}{\pi i} \int_L \frac{f(t)\,dt}{t-z},$$

dabei ist $F(t)$ der Randwert der in der oberen Halbebene holomorphen Funktion $F(z)$ und $\overline{F(t)}$ der Randwert der in der unteren Halbebene holomorphen Funktion $\bar{F}(z)$, und es gilt $F(\infty) = a + ib$, $\bar{F}(\infty) = a - ib$. Damit ergibt sich unter Beachtung der Gln. (1), (1') in 4.1.8. für das erste Integral auf der linken Seite $F(z) - \frac{1}{2}(a + ib)$ und für das zweite $\frac{1}{2}(a - ib)$. Folglich ist

$$F(z) = \frac{1}{\pi i} \int_L \frac{f(t)\,dt}{t-z} + ib. \tag{20}$$

Die Größe b bleibt, wie zu erwarten war, willkürlich. Man kann leicht zeigen, daß die durch (20) definierte Funktion unser Problem tatsächlich löst, wenn die Funktion $f(t)$ beispielsweise (einschließlich im unendlich fernen Punkt, s. 4.1.7.) einer H-Bedingung genügt. Analog läßt sich das zweite Grundproblem lösen.

5. Anwendung der Cauchyschen Integrale zur Lösung der Randwertprobleme der ebenen Elastizitätstheorie

Wie schon gesagt, bietet die praktische Lösung der Randwertprobleme der Elastizitätstheorie für Gebiete allgemeiner Art große Schwierigkeiten. Für gewisse Klassen von Gebieten ist jedoch eine effektive Lösung mit verhältnismäßig einfachen Mitteln möglich. Dazu gehören in der ebenen Elastizitätstheorie Gebiete, die sich durch rationale Funktionen konform auf den Kreis abbilden lassen (mit einem Sonderfall hatten wir schon in 3.4.1. zu tun). Auf den ersten Blick mag diese Klasse sehr eng erscheinen; man kann jedoch damit, wie ausführlich in 5.2.14. erläutert wird, praktisch jedes einfach zusammenhängende Gebiet beliebig genau annähern.
Fast der gesamte vorliegende Hauptabschnitt ist der Lösung der Randwertprobleme für Gebiete der genannten Art gewidmet. Lediglich auf die Abschnitte 5.1.2. und 5.4.7. trifft dies nicht zu. In 5.1.2. behandeln wir die Lösung des I. und II. Problems für beliebige, von einer geschlossenen Kurve begrenzte Gebiete mit Hilfe einer Methode, die organisch aus der Lösungsmethode im Falle der oben genannten Gebiete erwächst. Und in 5.4.7. wird neben kurzen Hinweisen auf andere Verfahren eingehend eine von SCHERMAN angegebene Lösung der besagten Probleme für Gebiete behandelt, die durch beliebig viele geschlossene Kurven berandet sind. Wir werden sehen, daß die CAUCHYschen Integrale sowohl bei der theoretischen Lösung von Fragen im allgemeinen Falle als auch zur Gewinnung praktisch anwendbarer Ergebnisse mit großer Effektivität eingesetzt werden können.

5.1. Allgemeine Lösung der Grundprobleme für Gebiete, die durch eine geschlossene Kurve begrenzt sind

Im vorliegenden Abschnitt zeigen wir eine allgemeine Lösungsmethode des I. und II. Randwertproblems für Gebiete, die durch eine einfache geschlossene Kurve begrenzt werden (vgl. 5.1.2.). Die Lösung ergibt sich dabei aus Integralgleichungen, die ihrerseits aus gewissen in 5.1.1. hergeleiteten Funktionalgleichungen hervorgehen.
Die eben erwähnten Funktionalgleichungen bilden die Grundlage für die in den folgenden Abschnitten behandelten Methoden. Sie lassen sich auch unmittelbar ohne Zurückführung auf Integralgleichungen verwenden. Falls der Leser nicht mit den Elementen der Integralgleichungstheorie vertraut ist, kann er den Abschnitt 5.1.2. überschlagen, da die Kenntnis desselben für das Verständnis der im weiteren behandelten Sonderfälle nicht erforderlich ist.

5.1.1. Zurückführung der Grundprobleme auf Funktionalgleichungen

5.1.1.1. Es sei S ein endlicher oder unendlicher Teil der z-Ebene mit einer einfachen geschlossenen Randkurve L, die den Bedingungen aus 2.4.1. genügt. Wir bilden S mit Hilfe der Funktion

$$z = \omega(\zeta) \tag{1}$$

auf den Kreis $|\zeta| < 1$ ab. Die Peripherie des Kreises bezeichnen wir wie bisher mit γ. Dabei nehmen wir an, daß der Punkt $\zeta = 0$ im Falle des endlichen Gebietes dem Punkt $z = 0$ und im Falle des unendlichen Gebietes dem Punkt $z = \infty$ entspricht. Auf diese Weise gilt für das endliche Gebiet

$$\omega(0) = 0 \tag{2}$$

und für das unendliche Gebiet (s. 2.4.1.)

$$\omega(\zeta) = \frac{c}{\zeta} + \text{holomorphe Funktion.} \tag{3}$$

Es ist zu beachten, daß $\omega'(\zeta)$ weder innerhalb noch auf γ verschwindet (2.4.1.).
Wir setzen weiterhin (vorübergehend) voraus, daß beim unendlichen Gebiet sowohl die Spannungen als auch die Verschiebungen im Unendlichen beschränkt bleiben. Das ist gleichbedeutend mit der Forderung (s. 2.2.8.), daß die Spannungen sowie die Drehung im Unendlichen und der resultierende Vektor der am Rand angreifenden äußeren Kräfte verschwinden.
Unter diesen Bedingungen und mit den Bezeichnungen aus 2.4.4. sind die Funktionen $\varphi_1(z)$ und $\psi_1(z)$ im Gebiet S (einschließlich des Punktes $z = \infty$ im Falle des unendlichen Gebietes, s. 2.2.8.) holomorph. Folglich trifft dasselbe im Inneren des Kreises $|\zeta| < 1$ auch auf die Funktionen $\varphi(\zeta)$, $\psi(\zeta)$ zu. Wir nehmen an, daß die Funktionen $\varphi(\zeta)$, $\varphi'(\zeta)$, $\psi(\zeta)$ stetig bis hin zu γ sind[1]), d. h., wir interessieren uns nur für *reguläre* Lösungen (2.2.15.). Weiterhin dürfen wir (2.2.13.) für das endliche Gebiet $\psi_1(0) = 0$ und für das unendliche Gebiet $\psi_1(\infty) = 0$ also in beiden Fällen[2])

$$\psi(0) = 0 \tag{4}$$

setzen. Beim I. Problem für das endliche Gebiet läßt sich außerdem der Imaginärteil der Größe $\varphi_1'(0)$, d. h. $\varphi'(0)/\omega'(0)$ beliebig festlegen.

5.1.1.2. Die Randbedingung des **I. Problems** lautet (s. 2.4.5.)

$$\varphi(\sigma) + \frac{\omega(\sigma)}{\overline{\omega'(\sigma)}}\,\overline{\varphi'(\sigma)} + \overline{\psi(\sigma)} = f_1 + \mathrm{i}f_2 = f, \tag{5}$$

wobei wie bisher $\sigma = \mathrm{e}^{\mathrm{i}\vartheta}$ einen beliebigen Punkt auf γ bezeichnet und unter $\varphi(\sigma)$, $\varphi'(\sigma)$, $\psi(\sigma)$ die Randwerte für $\zeta \to \sigma$ von innen zu verstehen sind.
Durch Übergang zu den konjugierten Werten ergibt sich

$$\overline{\varphi(\sigma)} + \frac{\overline{\omega(\sigma)}}{\omega'(\sigma)}\,\varphi'(\sigma) + \psi(\sigma) = f_1 - \mathrm{i}f_2 = \bar{f}. \tag{6}$$

---

[1]) Mit anderen Worten, diese Funktion nimmt bestimmte Randwerte an, wenn ζ auf beliebigem Wege gegen einen Punkt auf γ strebt.

[2]) Anstelle der Gl. (4) kann man die Bedingung $\varphi(0) = 0$ wählen, wie das in den früheren Auflagen des vorliegenden Buches gemacht wurde. Jedoch die hier verwendete Bedingung verkürzt die Darstellung etwas.

Die Größe $f = f_1 + \mathrm{i}f_2$ ist auf dem Rand L durch die Gleichung (s. 2.2.13.)

$$f = f_1 + \mathrm{i}f_2 = \mathrm{i}\int_0^s \left(\overset{n}{\sigma}_x + \mathrm{i}\overset{n}{\sigma}_y\right) \mathrm{d}s + \mathrm{const} \tag{7}$$

definiert, wobei s die Bogenlänge der Kurve L bezeichnet und die Konstante auf der rechten Seite beliebig festgelegt werden kann. Den letzten Ausdruck fassen wir als gegebene Funktion von ϑ (denn s ist eine bekannte Funktion von ϑ) oder, was dasselbe besagt, von σ auf. Dabei nehmen wir an, daß f eindeutig und stetig[1]) ist und eine stetige Ableitung nach ϑ hat, die einer H-Bedingung genügt (4.1.1.3.). Dafür ist offensichtlich hinreichend, daß $\overset{n}{\sigma}_x$ und $\overset{n}{\sigma}_y$ einer H-Bedingung genügen.
Erwähnt sei noch folgendes: Wenn es uns irgendwie gelingt, $\varphi(\zeta)$ zu bestimmen, so können wir die Funktion $\psi(\zeta)$ unmittelbar ausgehend von der Randbedingung berechnen. Und zwar ergibt sich $\psi(\zeta)$ aus der Formel

$$\psi(\zeta) = \frac{1}{2\pi\mathrm{i}} \int_\gamma \frac{\psi(\sigma)\,\mathrm{d}\sigma}{\sigma - \zeta}.$$

Wenn wir hier den durch (6) definierten Randwert $\psi(\sigma)$ einsetzen und beachten, daß gemäß Gl. (18) in 4.2.4.

$$\frac{1}{2\pi\mathrm{i}} \int_\gamma \frac{\overline{\varphi(\sigma)}\,\mathrm{d}\sigma}{\sigma - \zeta} = \overline{\varphi(0)}$$

gilt, erhalten wir

$$\psi(\zeta) = \frac{1}{2\pi\mathrm{i}} \int_\gamma \frac{\bar{f}\,\mathrm{d}\sigma}{\sigma - \zeta} - \frac{1}{2\pi\mathrm{i}} \int_\gamma \frac{\overline{\omega(\sigma)}}{\omega'(\sigma)} \frac{\varphi'(\sigma)\,\mathrm{d}\sigma}{\sigma - \zeta} - \overline{\varphi(0)}. \tag{8}$$

Um unser Problem zu lösen, müssen wir also die Funktion $\varphi(\zeta)$ ermitteln. Zu diesem Zwecke stellen wir mit Hilfe der Randbedingung eine Funktionalgleichung auf, die nur $\varphi(\zeta)$ enthält. Wir schreiben die Gl. (5) in der Gestalt

$$\overline{\psi(\sigma)} = f - \varphi(\sigma) - \frac{\omega(\sigma)}{\overline{\omega'(\sigma)}} \overline{\varphi'(\sigma)} \tag{9}$$

und bezeichnen die rechte Seite vorübergehend mit $\overline{F(\sigma)}$. Dadurch soll zum Ausdruck gebracht werden, daß die Funktion $F(\sigma)$ den Randwert einer im Inneren von γ holomorphen und für $\zeta = 0$ verschwindenden Funktion $\psi(\zeta)$ darstellen muß.
Notwendig und hinreichend dafür ist jedoch bekanntlich (s. 4.2.4.3.), daß

$$\frac{1}{2\pi\mathrm{i}} \int_\gamma \frac{\overline{F(\sigma)}\,\mathrm{d}\sigma}{\sigma - \zeta} = 0 \quad \text{für alle } \zeta \text{ im Inneren von } \gamma$$

gilt. Die Konstante $\bar{a}$ auf der rechten Seite der Gl. (12) in 4.2.4. ist in unserem Falle gleich Null, da nach Voraussetzung $\psi(0) = 0$ ist.

[1]) Die Eindeutigkeit und Stetigkeit der Funktion wäre nicht zu verwirklichen, wenn der resultierende Vektor (X, Y) von Null verschieden ist; denn dann hätte die Größe $f_1 + \mathrm{i}f_2$ beim vollständigen Durchlaufen der Kurve L den Zuwachs $\mathrm{i}(X + \mathrm{i}Y)$, d. h., sie würde nicht zu ihrem ursprünglichen Wert zurückkehren.

Wenn wir in der letzten Gleichung $\overline{F(\sigma)}$ durch den Ausdruck (9) ersetzen, ergibt sich[1])

$$\frac{1}{2\pi i}\int_\gamma \frac{f\,d\sigma}{\sigma-\zeta} - \varphi(\zeta) - \frac{1}{2\pi i}\int_\gamma \frac{\omega(\sigma)}{\overline{\omega'(\sigma)}}\,\frac{\overline{\varphi'(\sigma)}\,d\sigma}{\sigma-\zeta} = 0$$

und schließlich

$$\varphi(\zeta) + \frac{1}{2\pi i}\int_\gamma \frac{\omega(\sigma)}{\overline{\omega'(\sigma)}}\,\frac{\overline{\varphi'(\sigma)}\,d\sigma}{\sigma-\zeta} = A(\zeta) \quad \text{für alle } \zeta \text{ innerhalb } \gamma, \tag{10}$$

wobei zur Abkürzung mit $A(\zeta)$ die vorgegebene Funktion

$$A(\zeta) = \frac{1}{2\pi i}\int_\gamma \frac{f\,d\sigma}{\sigma-\zeta} \tag{11}$$

bezeichnet wurde.

Damit haben wir die geforderte Funktionalgleichung für $\varphi(\zeta)$ gewonnen.

Wir werden im nächsten Abschnitt sehen, daß diese Gleichung die gesuchte Funktion vollständig bestimmt, wenn im Falle des unendlichen Gebietes der Imaginärteil des Verhältnisses $\varphi'(0)/\omega'(0)$ festgelegt wird.

Bisher haben wir im Falle des unendlichen Gebietes vorausgesetzt, daß der resultierende Vektor (X, Y) der am Rand L angreifenden äußeren Kräfte sowie die Spannungs- und Drehungskomponenten im Unendlichen verschwinden. Wir verzichten nun auf diese einschränkenden Bedingungen und betrachten den allgemeinen Fall.

Die Funktionen $\varphi_1(z)$, $\psi_1(z)$ für das unendliche Gebiet haben hier die Gestalt (s. 2.2.8.)

$$\varphi_1(z) = -\frac{X+iY}{2\pi(1+\varkappa)}\ln z + \Gamma z + \varphi_1^0(z), \quad \psi_1(z) = \frac{\varkappa(X-iY)}{2\pi(1+\varkappa)}\ln z + \Gamma' z + \psi_1^0(z), \tag{12}$$

wobei $\varphi_1^0(z)$, $\psi_1^0(z)$ in S (einschließlich des Punktes $z = \infty$) holomorphe Funktionen und $\mathrm{Re}\,\Gamma$ sowie Γ' gegebene Größen sind. Den Imaginärteil von Γ können wir willkürlich festlegen. Die Größen X und Y lassen sich im voraus berechnen, da die auf dem Rand wirkenden äußeren Spannungen bekannt sind.

Unter Beachtung von (3) erhalten wir[2])

$$\varphi(\zeta) = \frac{X+iY}{2\pi(1+\varkappa)}\ln\zeta + \frac{\Gamma c}{\zeta} + \varphi_0(\zeta), \quad \psi(\zeta) = -\frac{\varkappa(X-iY)}{2\pi(1+\varkappa)}\ln\zeta + \frac{\Gamma' c}{\zeta} + \psi_0(\zeta), \tag{13}$$

wobei $\varphi_0(\zeta)$, $\psi_0(\zeta)$ im Inneren von γ holomorphe und bis hin zu γ stetige Funktionen bezeichnen.

Im weiteren werden wir bei der Lösung des I. Problems stets $\mathrm{Im}\,\Gamma = 0$ setzen, so daß $\bar{\Gamma} = \Gamma$ ist. Mit anderen Worten, wir nehmen (offensichtlich ohne Einschränkung der Allgemeinheit) an, daß die *Drehung im Unendlichen verschwindet*.

---

[1]) Wir benutzen die Tatsache, daß

$$\frac{1}{2\pi i}\int_\gamma \frac{\varphi(\sigma)\,d\sigma}{\sigma-\zeta} = \varphi(\zeta)$$

ist.

[2]) Vgl. die Formeln (14), (15) in 2.4.4., dabei ist zu beachten, daß wir das Gebiet S dort auf das Außengebiet des Kreises und hier auf das Innere des Kreises abbilden.

Durch Substitution der Werte (13) in Gl. (5) wird ersichtlich, daß die Funktionen $\varphi_0(\zeta)$, $\psi_0(\zeta)$ dieselbe Bedingung (5) befriedigen müssen wie die Funktionen $\varphi(\zeta)$ und $\psi(\zeta)$, nur mit dem Unterschied, daß hier f durch f_0 zu ersetzen ist, wobei

$$f_0 = f - \frac{X + \mathrm{i}Y}{2\pi(1+\varkappa)} \ln \sigma - \frac{\Gamma c}{\sigma} - \frac{\omega(\sigma)}{\overline{\omega'(\sigma)}} \left\{ \frac{X - \mathrm{i}Y}{2\pi(1+\varkappa)} \frac{1}{\bar{\sigma}} - \frac{\Gamma \bar{c}}{\bar{\sigma}^2} \right\} + \frac{\varkappa(X + \mathrm{i}Y)}{2\pi(1+\varkappa)} \ln \bar{\sigma} - \frac{\overline{\Gamma'}\bar{c}}{\bar{\sigma}}$$

oder unter Beachtung von $\bar{\sigma} = 1/\sigma$

$$f_0 = f - \frac{X + \mathrm{i}Y}{2\pi} \ln \sigma - \frac{\Gamma c}{\sigma} - \frac{\omega(\sigma)}{\overline{\omega'(\sigma)}} \left\{ \frac{X - \mathrm{i}Y}{2\pi(1+\varkappa)} \sigma - \Gamma \bar{c} \sigma^2 \right\} - \overline{\Gamma'}\bar{c}\sigma \tag{14}$$

ist. Anstelle von $\ln \sigma$ können wir in diesen Ausdrücken einfach $\mathrm{i}\vartheta$ schreiben.
Wie man leicht sieht, ist die Funktion f_0 eindeutig und stetig auf γ und ihre Ableitung nach ϑ genügt einer H-Bedingung, wenn dasselbe für die vorgegebenen Funktionen $\overset{n}{\sigma}_x$, $\overset{n}{\sigma}_y$ zutrifft (wie wir voraussetzen).
Die Eindeutigkeit der Funktion f_0 folgt aus der Tatsache, daß f und $(X + \mathrm{i}Y) \ln \sigma/2\pi$ bei einem einmaligen Umfahren von γ um dieselbe Größe $\mathrm{i}(X + \mathrm{i}Y)$ anwachsen (dabei wurde die Umlaufrichtung auf γ entgegen dem Uhrzeigersinn gewählt, das entspricht einem Durchlaufen von L in Uhrzeigerrichtung, d. h. mit dem Gebiet zur Linken).
Somit erhalten wir zur Ermittlung von $\varphi_0(\zeta)$ und $\psi_0(\zeta)$ die gleichen Bedingungen wie für $\varphi(\zeta)$ und $\psi(\zeta)$. Der allgemeine Fall läßt sich also stets auf den vorigen zurückführen.

5.1.1.3. Wir wenden uns nun dem **II. Problem** zu. Die Randbedingung lautet in diesem Fall (2.4.5.)

$$\varkappa\varphi(\sigma) - \frac{\omega(\sigma)}{\overline{\omega'(\sigma)}} \overline{\varphi'(\sigma)} - \overline{\psi(\sigma)} = 2\mu(g_1 + \mathrm{i}g_2) = 2\mu g, \tag{15}$$

wobei g_1 und g_2 die vorgegebenen Randwerte der Verschiebungskomponenten u, v sind.
Wir gehen analog zum I. Problem vor und nehmen zunächst an, daß (im Falle des unendlichen Gebietes)

$$X = Y = 0, \quad \Gamma = \Gamma' = 0$$

gilt, d. h., wenn wir $\varphi(\zeta)$ und $\psi(\zeta)$ als holomorph betrachten, erhalten wir die zu (10) analoge Gleichung

$$\varkappa\varphi(\zeta) - \frac{1}{2\pi\mathrm{i}} \int_\gamma \frac{\omega(\sigma)}{\overline{\omega'(\sigma)}} \frac{\overline{\varphi'(\sigma)}}{\sigma - \zeta} \mathrm{d}\sigma = B(\zeta) \quad \text{für alle } \zeta \text{ im Inneren von } \gamma, \tag{16}$$

wobei

$$B(\zeta) = \frac{2\mu}{2\pi\mathrm{i}} \int \frac{g \, \mathrm{d}\sigma}{\sigma - \zeta} \tag{17}$$

eine vorgegebene Funktion ist.
Die Gl. (16) stellt die gesuchte Funktionalgleichung dar, durch die $\varphi(\zeta)$ vollständig bestimmt wird, wie wir im folgenden Abschnitt zeigen werden.
Bei bekannter Funktion $\varphi(\zeta)$ läßt sich $\psi(\zeta)$ aus der zu (8) analogen Formel

$$\psi(\zeta) = -\frac{\mu}{\pi\mathrm{i}} \int_\gamma \frac{\bar{g} \, \mathrm{d}\sigma}{\sigma - \zeta} - \frac{1}{2\pi\mathrm{i}} \int_\gamma \frac{\overline{\omega(\sigma)}}{\omega'(\sigma)} \frac{\varphi'(\sigma) \, \mathrm{d}\sigma}{\sigma - \zeta} + \varkappa \, \overline{\varphi(0)} \tag{18}$$

ermitteln.

Falls die Größen X, Y, Γ, Γ' nicht verschwinden, sondern beliebig vorgegeben sind, führen wir das Problem auf das vorige zurück (hierbei haben wir selbstverständlich das unendliche Gebiet im Auge).

5.1.1.4. In gleicher Weise gewinnt man die Funktionalgleichung zur Bestimmung von $\varphi(\zeta)$ für das **gemischte Problem**, wenn also auf einem Teil des Randes die äußeren Kräfte und auf dem anderen die Verschiebungen vorgegeben sind. In diesem Falle hat die Gleichung eine etwas kompliziertere Gestalt, wir wollen deshalb nicht näher darauf eingehen (s. a. 5.1.2.4.).

5.1.2. Zurückführung auf Fredholmsche Gleichungen. Existenzsätze[1])

5.1.2.1. Die Funktionalgln. (10) und (16) in 5.1.1. gehören zu einem etwas ungewöhnlichen Typ von Integralgleichungen. Sie lassen sich jedoch leicht auf gewöhnliche FREDHOLMsche Gleichungen (zweiter Art) zurückführen. Im Falle des unendlichen Gebietes setzen wir dabei (ohne Verminderung der Allgemeinheit, s. 5.1.1.)

$$X = Y = \Gamma = \Gamma' = 0$$

voraus.

5.1.2.2. Wir betrachten zunächst das **I. Problem**. Um die Gl. (10) aus 5.1.1. in eine FREDHOLMsche Gleichung umzuwandeln, schreiben wir sie in der Gestalt

$$\varphi(\zeta) + \frac{1}{2\pi i} \int\limits_{\gamma} \frac{\omega(\sigma) - \omega(\zeta)}{\overline{\omega'(\sigma)}\,(\sigma - \zeta)} \overline{\varphi'(\sigma)}\, d\sigma + k\omega(\zeta) = A(\zeta), \tag{1}$$

wobei zur Abkürzung

$$k = \frac{\overline{\varphi'(0)}}{\omega'(0)} \tag{2}$$

gesetzt wurde. Gemäß (18) in 4.2.4. ist die linke Seite der Gl. (1) mit der von Gl. (10) in 5.1.1. identisch. Im Falle des unendlichen Gebietes gilt $\omega'(0) = \infty$ und deshalb $k = 0$. Durch Differentiation der Gl. (1) nach ζ ergibt sich

$$\varphi'(\zeta) + \frac{1}{2\pi i} \int\limits_{\gamma} \frac{\partial}{\partial \zeta} \left\{ \frac{\omega(\sigma) - \omega(\zeta)}{\sigma - \zeta} \right\} \frac{\overline{\varphi'(\sigma)}}{\overline{\omega'(\sigma)}}\, d\sigma + k\omega'(\zeta) = A'(\zeta) \tag{3}$$

und damit, wenn wir ζ gegen den beliebigen Punkt σ_0 des Randes streben lassen,

$$\varphi'(\sigma_0) + \frac{1}{2\pi i} \int\limits_{\gamma} \frac{\partial}{\partial \sigma_0} \left\{ \frac{\omega(\sigma) - \omega(\sigma_0)}{\sigma - \sigma_0} \right\} \frac{\overline{\varphi'(\sigma)}}{\overline{\omega'(\sigma)}}\, d\sigma + k\omega'(\sigma_0) = A'(\sigma_0). \tag{4}$$

Es ist leicht einzusehen, daß der von uns durchgeführte Grenzübergang wegen der oben angenommenen Bedingungen in bezug auf die Funktion f und den Rand L durchaus zulässig ist.

---

[1]) Die im vorliegenden Abschnitt angeführten Existenzbeweise sind ohne wesentliche Änderung meinem Artikel [11] entnommen. Hier wurden jedoch einige Vereinfachungen vorgenommen und zwei elementare Fehler verbessert, die mir im genannten Artikel unterlaufen waren. Auf einen von ihnen machte mich seinerzeit S. G. MICHLIN aufmerksam, er wurde schon in der ersten Auflage des Buches berücksichtigt. Der andere blieb ungeachtet seiner Einfachheit und Elementarität (oder besser gesagt gerade deswegen) lange Zeit unbemerkt und wurde von mir erst bei der Vorbereitung der dritten Auflage entdeckt.
Eine kurze Darlegung dieser Beweise findet der Leser in meinen Mitteilungen [9, 10].

Und zwar haben wir vorausgesetzt, daß die erste Ableitung von f einer H-Bedingung genügt. Deshalb ist $A'(\zeta)$ im Inneren von γ stetig und auf γ stetig fortsetzbar (4.1.5.). In Gl. (4) bezeichnet $A'(\sigma_0)$ den Randwert dieser Funktion.

Weiterhin gewährleisten die bezüglich L angenommenen Voraussetzungen, daß die Funktionen $\omega(\zeta)$, $\omega'(\zeta)$, $\omega''(\zeta)$ stetig bis hin zum Rand sind (mit Ausnahme des Punktes $\zeta = 0$ im Falle des unendlichen Gebietes) und daß $\omega'(\zeta)$ nicht verschwindet. Daraus folgt die Stetigkeit der Funktion

$$K(\zeta, \sigma) = \frac{1}{\overline{\omega'(\sigma)}} \frac{\partial}{\partial \zeta} \frac{\omega(\sigma) - \omega(\zeta)}{\sigma - \zeta} = \frac{\omega(\sigma) - \omega(\zeta) - (\sigma - \zeta)\,\omega'(\zeta)}{\overline{\omega'(\sigma)}\,(\sigma - \zeta)^2} \tag{5}$$

für alle Werte σ und ζ innerhalb und auf γ[1]) mit Ausnahme von $\sigma = 0$ und $\zeta = 0$ im Falle des unendlichen Gebietes. Außerdem sind $\varphi(\zeta)$, $\varphi'(\zeta)$, $\psi(\zeta)$ nach Voraussetzung (s. 5.1.1.) stetig bis hin zum Rand.

Die Gl. (4) läßt sich auch leicht aus einer Gleichung herleiten, die W. A. Fok [1, 2] auf andere Weise erhielt. Er hat sich dabei allerdings auf die Betrachtung des endlichen Gebietes beschränkt[2]).

Die vorigen Formeln beziehen sich sowohl auf das endliche, als auch auf das unendliche Gebiet. Im letzteren Fall können wir sie jedoch auf eine für unsere Zwecke bequemere Gestalt bringen: Mit $k = 0$ lautet die Gl. (1)

$$\varphi(\zeta) + \frac{1}{2\pi i} \int_\gamma \frac{\omega(\sigma) - \omega(\zeta)}{\overline{\omega'(\sigma)}\,(\sigma - \zeta)}\, \overline{\varphi'(\sigma)}\, d\sigma = A(\zeta). \tag{1'}$$

Wenn wir beachten, daß gemäß unseren Bedingungen

$$\omega(\zeta) = \frac{c}{\zeta} + \omega_0(\zeta)$$

ist, wobei $\omega_0(\zeta)$ eine im Inneren von γ holomorphe Funktion bezeichnet, erhalten wir

$$\frac{\omega(\sigma) - \omega(\zeta)}{\sigma - \zeta} = \frac{\omega_0(\sigma) - \omega_0(\zeta)}{\sigma - \zeta} - \frac{c}{\sigma\zeta}.$$

Durch Einsetzen dieses Ausdruckes in die Gl. (1′) ergibt sich

$$\varphi(\zeta) + \frac{1}{2\pi i} \int_\gamma \frac{\omega_0(\sigma) - \omega_0(\zeta)}{\overline{\omega'(\sigma)}\,(\sigma - \zeta)}\, \overline{\varphi'(\sigma)}\, d\sigma = A(\zeta); \tag{1''}$$

---

[1]) Mit einem bestimmten Integral als Restglied gilt nach der Taylorschen Formel

$$\omega(\sigma) - \omega(\zeta) - \omega'(\zeta)(\sigma - \zeta) = \int_\zeta^\sigma \omega''(t)\,(\sigma - t)\, dt,$$

dabei kann das Integral über die Verbindungsgerade zwischen σ und ζ erstreckt werden. Durch Transformation der Integrationsvariablen $t = \sigma - \lambda(\sigma - \zeta)$ erhalten wir

$$\omega(\sigma) - \omega(\zeta) - \omega'(\zeta)(\sigma - \zeta) = (\sigma - \zeta)^2 \int_0^1 \omega''[\sigma - \lambda(\sigma - \zeta)]\,\lambda\, d\lambda,$$

und hieraus folgt unmittelbar unsere Behauptung.

[2]) S. die Mitteilung von W. A. Fok und N. I. Musschelischwili [1].

denn, wie man leicht sieht, ist

$$\frac{1}{2\pi i} \int_\gamma \frac{\overline{\varphi'(\sigma)}}{\overline{\omega'(\sigma)}} \frac{d\sigma}{\sigma} = \frac{1}{2\pi} \int_0^{2\pi} \frac{\overline{\varphi'(\sigma)}}{\overline{\omega'(\sigma)}} d\vartheta = 0 .$$

In der Tat verschwindet die zum Integral auf der rechten Seite konjugierte Größe

$$\frac{1}{2\pi} \int_0^{2\pi} \frac{\varphi'(\sigma)}{\omega'(\sigma)} d\vartheta = \frac{1}{2\pi i} \int_\gamma \frac{\varphi'(\sigma)}{\omega'(\sigma)} \frac{d\sigma}{\sigma},$$

da $\varphi'(\sigma)/\sigma\omega'(\sigma)$ Randwert einer im Inneren von γ holomorphen Funktion ist.
Aus Gl. (1'') ergibt sich durch Differentiation

$$\varphi'(\zeta) + \frac{1}{2\pi i} \int_\gamma \frac{\partial}{\partial \zeta} \left\{ \frac{\omega_0(\sigma) - \omega_0(\zeta)}{\overline{\omega'(\sigma)}\,(\sigma - \zeta)} \right\} \overline{\varphi'(\sigma)}\, d\sigma = A'(\zeta), \tag{1'''}$$

und durch Grenzübergang $\zeta \to \sigma_0$ erhalten wir völlig analog zum Vorhergehenden die Integralgleichung

$$\varphi'(\sigma_0) + \frac{1}{2\pi i} \int_\gamma \frac{\partial}{\partial \sigma_0} \left\{ \frac{\omega_0(\sigma) - \omega_0(\sigma_0)}{\sigma - \sigma_0} \right\} \frac{\overline{\varphi'(\sigma)}}{\overline{\omega'(\sigma)}} d\sigma = A'(\sigma_0) . \tag{4'}$$

Die Gl. (4), die wir nun in der für beide Fälle gültigen Gestalt

$$\varphi'(\sigma_0) + \frac{1}{2\pi i} \int_\gamma K(\sigma_0, \sigma)\, \overline{\varphi'(\sigma)}\, d\sigma + k\omega'(\sigma_0) = A'(\sigma_0) \tag{6}$$

schreiben, kann somit im Falle des unendlichen Gebietes durch die Gl. (4'), d. h. durch

$$\varphi'(\sigma_0) + \frac{1}{2\pi i} \int_\gamma K_0(\sigma_0, \sigma)\, \overline{\varphi'(\sigma)}\, d\sigma = A'(\sigma_0) \tag{6'}$$

mit der Abkürzung

$$K_0(\zeta, \sigma) = \frac{1}{\overline{\omega'(\sigma)}} \frac{\partial}{\partial \zeta} \frac{\omega_0(\sigma) - \omega_0(\zeta)}{\sigma - \zeta} \tag{5'}$$

ersetzt werden.
Wir untersuchen nun die erhaltenen Integralgleichungen einzeln für das endliche und für das unendliche Gebiet und beginnen mit dem **Fall des unendlichen Gebietes**.
Mit

$$\varphi'(\sigma) = \varphi_1' + i\varphi_2'$$

und

$$K_0(\sigma_0, \sigma) = K_1 + iK_2$$

erhalten wir aus (6') durch Trennung von Real- und Imaginärteil ein System zweier reeller FREDHOLMscher Gleichungen, das sich in üblicher Weise auf eine einzige Gleichung reduzieren läßt (wir schreiben sie nicht auf, es genügt uns zu wissen, daß (6') auf eine FREDHOLMsche Integralgleichung zweiter Art zurückgeführt werden kann).
Unter der Voraussetzung, daß die Gl. (6') eine (stetige) Lösung hat, definiert die Formel (1''') (nach Einsetzen dieser Lösung in das zweite Glied auf der linken Seite) eine gewisse Funktion

$\varphi'(\zeta)$, die im Inneren von γ holomorph ist und auf γ einen bestimmten Randwert annimmt. Dieser Randwert $\varphi'(\sigma)$ stimmt offenbar mit der im zweiten Glied der linken Seite von (1‴) auftretenden Funktion überein, mit anderen Worten, die auf diese Weise definierte holomorphe Funktion $\varphi'(\zeta)$ löst tatsächlich die Funktionalgleichung (1‴)[1]). Schließlich erhalten wir eine Lösung der Funktionalgleichung (1″), wenn wir die Funktion $\varphi(\zeta)$ dadurch bestimmen, daß wir für $\varphi'(\sigma)$ im zweiten Glied auf der linken Seite von (1″) die betrachtete Lösung der Integralgleichung (6′) einsetzen.
Bei bekanntem $\varphi(\zeta)$ läßt sich $\psi(\zeta)$ aus (8) in 5.1.1. ermitteln:

$$\psi(\zeta) = \frac{1}{2\pi i}\int_\gamma \frac{\bar{f}\,d\sigma}{\sigma - \zeta} - \frac{1}{2\pi i}\int_\gamma \frac{\overline{\omega(\sigma)}}{\omega'(\sigma)}\,\frac{\varphi'(\sigma)\,d\sigma}{\sigma - \zeta} - \overline{\varphi(0)}. \tag{7}$$

Da die gefundenen Funktionen $\varphi(\zeta)$, $\psi(\zeta)$ sowie die Ableitung $\varphi'(\zeta)$ stetig bis hin zu γ sind[2]), liefern sie eine reguläre Lösung.
Somit entspricht jeder (stetigen) Lösung $\varphi'(\sigma)$ der Integralgleichung (6′) eine Lösung unseres Problems.
Wir zeigen nun, daß die Integralgleichung (6′) stets eine und nur eine Lösung hat. Dazu brauchen wir bekanntlich nur nachzuweisen, daß die zugehörige homogene Gleichung

$$\varphi'(\sigma_0) + \frac{1}{2\pi i}\int_\gamma K_0(\sigma_0, \sigma)\,\overline{\varphi'(\sigma)}\,d\sigma = 0 \tag{6″}$$

keine von Null verschiedene Lösung hat. Das ist aber auf Grund des bisher Gesagten fast offensichtlich; denn wenn diese Gleichung eine nicht triviale Lösung hätte, so könnten wir damit eine Lösung unseres Randwertproblems für $f = 0$ und $\varphi'(\zeta) \neq 0$ gewinnen, und folglich würde eine Lösung existieren, für die die am Rand angreifenden Spannungen verschwinden, während der Spannungszustand im Inneren des Körpers von Null verschieden ist. Das widerspricht aber dem Eindeutigkeitssatz (s. 2.2.12.3., 2.2.15.2. und 2.2.13.2.).
Damit haben wir die Existenz und Eindeutigkeit der Lösung des I. Problems für das unendliche Gebiet bewiesen.
Wir wenden uns nun dem **endlichen Gebiet** zu und nehmen zunächst an, daß die Konstante k in (1) beliebig gewählt werden kann. Um das Glied $k\omega(\zeta)$ in (1) zu beseitigen, substituieren wir

$$\varphi(\zeta) = -k\omega(\zeta) + \varphi_0(\zeta), \tag{8}$$

wobei $\varphi_0(\zeta)$ die neue gesuchte holomorphe Funktion ist. Damit erhalten wir

$$\varphi_0(\zeta) + \frac{1}{2\pi i}\int_\gamma \frac{\omega(\sigma) - \omega(\zeta)}{\overline{\omega'(\sigma)}\,(\sigma - \zeta)}\,\overline{\varphi_0'(\sigma)}\,d\sigma = A(\zeta); \tag{9}$$

[1]) Durch Grenzübergang $\zeta \to \sigma_0$ in Gl. (1″) und unter Beachtung der Tatsache, daß die im ersten Glied auf der linken Seite auftretende Funktion $\varphi'(\sigma)$ der Gl. (4′) genügt, überzeugen wir uns, daß $\varphi'(\zeta) \to \varphi'(\sigma_0)$ strebt.

[2]) Über $\varphi'(\zeta)$ wurde schon oben gesprochen; bezüglich $\varphi(\zeta)$ ist die Aussage offensichtlich, und für $\psi(\zeta)$ folgt dies aus dem Gang der Überlegungen selbst, aber auch aus der Tatsache, daß die Formel (7) wie folgt geschrieben werden kann:

$$\psi(\zeta) = \frac{1}{2\pi i}\int_\gamma \frac{\bar{f}\,d\sigma}{\sigma - \zeta} - \frac{1}{2\pi i}\int_\gamma \frac{\overline{\omega(\sigma)} - \overline{\omega(\zeta)}}{\omega'(\sigma)\,(\sigma - \zeta)}\,\varphi'(\sigma)\,d\sigma - \frac{\overline{\omega(\zeta)}}{\omega'(\zeta)}\,\varphi'(\zeta) - \overline{\varphi(0)}. \tag{7′}$$

hieraus folgt wie oben

$$\varphi_0'(\zeta) + \frac{1}{2\pi i} \int_\gamma K(\zeta, \sigma) \overline{\varphi_0'(\sigma)} \, d\sigma = A'(\zeta), \tag{10}$$

und für $\zeta \to \sigma_0$

$$\varphi_0'(\sigma_0) + \frac{1}{2\pi i} \int_\gamma K(\sigma_0, \sigma) \overline{\varphi_0'(\sigma)} \, d\sigma = A'(\sigma_0). \tag{11}$$

Ebenso wie (6′) können wir auch (11) auf ein System von zwei FREDHOLMschen Integralgleichungen zurückführen und das letztere in eine einzige FREDHOLMsche Gleichung (zweiter Art) umwandeln.

Weiterhin hat (11) stets eine (eindeutige) Lösung (wie später gezeigt wird).

Wir wollen uns jedoch zunächst mit der Frage befassen, wie die Lösung des Ausgangsproblems zu ermitteln ist, wenn eine (stetige) Lösung $\varphi_0'(\sigma)$ der Gl. (11) vorliegt. Zu diesem Zweck bestimmen wir zunächst $\varphi_0(\zeta)$ durch Einsetzen der gefundenen Lösung in das zweite Glied auf der rechten Seite von (9). Dann ergibt sich die Funktion $\varphi(\zeta)$ aus (8). Sie stellt die Lösung der Funktionalgleichung (1) bei vorgegebenem Wert k dar.

Nun muß k so bestimmt werden, daß $\varphi(\zeta)$ eine Lösung des Ausgangsproblems liefert. Die notwendige und hinreichende Bedingung dafür lautet gemäß (2)

$$k = \frac{\overline{\varphi'(0)}}{\overline{\omega'(0)}},$$

oder unter Beachtung der Beziehung (8)

$$k + \bar{k} = \frac{\overline{\varphi_0'(0)}}{\overline{\omega'(0)}}. \tag{12}$$

Dazu ist offenbar erforderlich, daß

$$\frac{\varphi_0'(\sigma)}{\omega'(\sigma)} = \text{reelle Größe} \tag{13}$$

ist.

Wenn wir annehmen, daß diese Bedingung erfüllt ist, wird $\operatorname{Re} k$ durch (12) festgelegt. Mit beliebig gewähltem Imaginärteil von k ergibt sich auf diese Weise ein bestimmter Wert für die gesuchte Funktion $\varphi(\zeta)$. Die zugehörige Funktion $\psi(\zeta)$ gewinnen wir aus Gl. (8) in 5.1.1. Damit erhalten wir schließlich eine reguläre Lösung des Ausgangsproblems.

Die physikalische Bedeutung der Bedingung (13) läßt sich leicht angeben. Dazu betrachten wir die Funktion $\psi_0(\sigma)$ und setzen

$$\varphi_0(\sigma) + \frac{\omega(\sigma)}{\overline{\omega'(\sigma)}} \overline{\varphi_0'(\sigma)} + \overline{\psi_0(\sigma)} = f_1 + i f_2 + \frac{\overline{\varphi_0'(0)}}{\overline{\omega'(0)}} \omega(\sigma) \tag{14}$$

oder, was dasselbe besagt,

$$\overline{\varphi_0(\sigma)} + \frac{\overline{\omega(\sigma)}}{\omega'(\sigma)} \varphi_0'(\sigma) + \psi_0(\sigma) = f_1 - i f_2 + \frac{\varphi_0'(0)}{\omega'(0)} \overline{\omega(\sigma)}. \tag{15}$$

Die Funktion $\psi_0(\sigma)$ stellt gemäß (9) den Randwert der im Inneren von γ holomorphen Funktion $\psi_0(\zeta)$ dar[1].

Nun multiplizieren wir die Gln. (14) und (15) entsprechend mit $\overline{\omega'(\sigma)}\,\mathrm{d}\bar{\sigma} = \mathrm{d}\bar{z}$ und $\omega'(\sigma)\,\mathrm{d}\sigma = \mathrm{d}z$. Durch Addition der entstandenen Gleichungen erhalten wir unter Beachtung der Beziehungen

$$\int_\gamma \varphi_0(\sigma)\,\overline{\omega'(\sigma)}\,\mathrm{d}\bar{\sigma} + \int_\gamma \overline{\omega(\sigma)}\,\varphi_0'(\sigma)\,\mathrm{d}\sigma = \int_\gamma \mathrm{d}\big[\varphi_0(\sigma)\,\overline{\omega(\sigma)}\big] = 0,$$

$$\int_\gamma \overline{\varphi_0(\sigma)}\,\omega'(\sigma)\,\mathrm{d}\sigma + \int_\gamma \omega(\sigma)\,\overline{\varphi_0'(\sigma)}\,\mathrm{d}\sigma = \int_\gamma \mathrm{d}\big[\overline{\varphi_0(\sigma)}\,\omega(\sigma)\big] = 0,$$

$$\int_\gamma \overline{\psi_0(\sigma)}\,\overline{\omega'(\sigma)}\,\mathrm{d}\bar{\sigma} = \int_\gamma \psi_0(\sigma)\,\omega'(\sigma)\,\mathrm{d}\sigma = 0,$$

$$\int_\gamma \omega(\sigma)\,\overline{\omega'(\sigma)}\,\mathrm{d}\bar{\sigma} = \int_L z\,\mathrm{d}\bar{z}, \qquad \int_\gamma \overline{\omega(\sigma)}\,\omega'(\sigma)\,\mathrm{d}\sigma = \int_L \bar{z}\,\mathrm{d}z$$

und

$$\int_L \bar{z}\,\mathrm{d}z = -\int_L z\,\mathrm{d}\bar{z}$$

nach Integration über γ

$$0 = 2\int_L (f_1\mathrm{d}x + f_2\mathrm{d}y) + \left\{\frac{\overline{\varphi_0'(0)}}{\overline{\omega'(0)}} - \frac{\varphi_0'(0)}{\omega'(0)}\right\}\int_L z\,\mathrm{d}\bar{z}.$$

Weiterhin gilt

$$\int_L z\,\mathrm{d}\bar{z} = \int_L (x\,\mathrm{d}x + y\,\mathrm{d}y) + \mathrm{i}\int_L (y\,\mathrm{d}x - x\,\mathrm{d}y) = -2\mathrm{i}S,$$

wobei S der Flächeninhalt des Gebietes S ist. Folglich ist

$$\int_L (f_1\mathrm{d}x + f_2\mathrm{d}y) = \mathrm{i}S\left\{\frac{\overline{\varphi_0'(0)}}{\overline{\omega'(0)}} - \frac{\varphi_0'(0)}{\omega'(0)}\right\}. \tag{16}$$

Der Ausdruck in geschweiften Klammern unterscheidet sich nur durch einen Faktor von $\varphi_0'(0)/\omega'(0)$. Also ist (13) gleichbedeutend mit

$$\int_L (f_1\mathrm{d}x + f_2\mathrm{d}y) = 0, \tag{17}$$

d. h. mit *der Bedingung für das Verschwinden des resultierenden Momentes der am Rand L angreifenden äußeren Spannungen.*

Wir wenden uns nun wieder der Gl. (11) zu und zeigen, daß sie eine und nur eine Lösung hat.

[1]) Wenn wir $\overline{\psi_0(\sigma)}$ aus (14) berechnen, erhalten wir unter Berücksichtigung der Gl. (9)

$$\frac{1}{2\pi\mathrm{i}}\int_\gamma \frac{\overline{\psi_0(\sigma)}\,\mathrm{d}\sigma}{\sigma - \zeta} = 0.$$

Gemäß 4.2.4.3. Satz (a) folgt daraus unsere Behauptung.

Dazu betrachten wir die zugehörige homogene Gleichung

$$\varphi_0'(\sigma_0) + \frac{1}{2\pi i} \int_\gamma K(\sigma_0, \sigma) \overline{\varphi_0'(\sigma)} \, d\sigma = 0 . \tag{11'}$$

Sie entspricht dem Fall fehlender äußerer Spannungen, d. h. $f_1 = f_2 = 0$.

Da hierbei (17) erfüllt ist, wird die Bedingung (13) offensichtlich für eine beliebige Lösung $\varphi_0'(\sigma)$ der Gl. (11′) befriedigt.

Nun wählen wir den Realteil der Konstanten k gemäß Gl. (12) und legen den Imaginärteil beliebig fest. Dann können wir die Lösung des I. Problems für $f_1 = f_2 = 0$ ausgehend von $\varphi_0'(\sigma)$ in der oben angeführten Weise bilden. Wenn die Funktion $\varphi_0'(\sigma)$ nicht überall auf γ verschwindet, entspricht die so gewonnene Lösung nicht dem spannungsfreien Zustand; denn die Funktion $\varphi(\zeta)$ wird in unserem Falle durch die Gleichung $\varphi(\zeta) = -k\omega(\zeta) + \varphi_0(\zeta)$ definiert, und bei fehlenden Spannungen muß $\varphi(\zeta) = Ci\omega(\zeta) + \text{const}$ sein, wobei C eine reelle Konstante ist. Folglich muß bei fehlenden Spannungen $\varphi_0(\zeta) = m\omega(\zeta) + \text{const}$ mit konstantem m gelten.

Durch Einsetzen dieses Wertes in die Gl. (9) erhalten wir unter Berücksichtigung von $A(\zeta) = 0$ offensichtlich $m\omega(\zeta) = \text{const}$. Das ist aber nur möglich, wenn $m = 0$ ist, d. h., wenn $\varphi_0(\zeta) = \text{const}$ und folglich $\varphi_0'(\zeta) = 0$ gilt. Die Existenz einer von Null verschiedenen Lösung der Gl. (11) würde also bedeuten, daß unser Problem eine Lösung hat, für die die am Rand angreifenden Spannungen verschwinden, während der Spannungszustand im Inneren des Körpers von Null verschieden ist. Das steht aber im Widerspruch zum Eindeutigkeitssatz.

Folglich hat die zu (11) gehörende homogene Gleichung nur die triviale Lösung, und die Gl. (11) ist somit eindeutig lösbar.

Unter der Voraussetzung, daß die Gl. (17) erfüllt ist und $\operatorname{Re} k$ gemäß (12) gewählt wird, können wir die Funktion $\varphi(\zeta)$ bei bekannter Lösung $\varphi_0(\zeta)$ nach Gl. (8) ermitteln und schließlich $\psi(\zeta)$ aus Gl. (8) in 5.1.1. bestimmen.

Damit erhalten wir dann eine Lösung des Ausgangsproblems. Der Imaginärteil von k bleibt, wie zu erwarten war, willkürlich, denn ein Glied der Gestalt $Ci\omega(\zeta)$ im Ausdruck für $\varphi(\zeta)$ mit C als reeller Konstante hat auf die Spannungsverteilung keinen Einfluß.

Wir erinnern, daß Gl. (17) die Bedingung für das Verschwinden des resultierenden Momentes der äußeren Spannungen darstellt (der resultierende Vektor ist schon auf Grund der Stetigkeit der Funktionen f_1 und f_2 gleich Null).

Auf diese Weise haben wir die Existenz der Lösung des I. Problems auch für das endliche Gebiet bewiesen und gleichzeitig damit eine (theoretische) Lösungsmethode gewonnen.

5.1.2.3. Wir betrachten nun das II. Grundproblem. Es führt, wie wir sahen, auf die Lösung der Gl. (16) in 5.1.1. Diese ist völlig analog zu der für das I. Problem erhaltenen Gl. (10) in 5.1.1. Daher sind die Lösungsmethoden für das I. und II. Problem einander so ähnlich, daß wir auf näheres Eingehen verzichten können. Ein gewisser Unterschied tritt nur im Falle des endlichen Gebietes auf, und zwar ist dort die Gl. (8) durch

$$\varphi(\zeta) = \frac{k}{\varkappa} \omega(\zeta) + \varphi_0(\zeta) \tag{18}$$

zu ersetzen, und k wird aus der Beziehung

$$k - \frac{\bar{k}}{\varkappa} = \frac{\overline{\varphi_0'(0)}}{\overline{\omega'(0)}} \tag{19}$$

bestimmt.
Damit erhalten wir für k einen wohl bestimmten Wert, ohne weitere Existenzbedingungen für die Lösung heranziehen zu müssen (wir erinnern, daß $\varkappa > 1$ ist).
Auf diese Weise wird gezeigt, daß das II. Problem eine und nur eine Lösung hat, und gleichzeitig haben wir eine (theoretische) Lösungsmethode vorliegen.

5.1.2.5. Durch eine zum Vorigen analoge Methode läßt sich das gemischte Grundproblem lösen. Hier führt die angegebene Methode nicht unmittelbar auf eine FREDHOLMsche, sondern auf eine sogenannte reguläre Integralgleichung, welche ihrerseits leicht in eine FREDHOLMsche umgewandelt werden kann. Auf diesem Wege wurde das gemischte Problem von D. I. SCHERMAN [10] behandelt. Seine Lösung läßt sich unter Benutzung der später ausgearbeiteten Theorie der singulären Integralgleichungen bedeutend vereinfachen.

5.1.2.5. Von D. I. SCHERMAN [7] stammt auch eine eingehende Untersuchung der oben erhaltenen Gleichungen für das I. und II. Problem, und zwar führt er in diese Integralgleichungen den Parameter λ ein, wie dies in der allgemeinen Theorie der FREDHOLMschen Gleichungen üblich ist[1]), und zeigt, daß alle charakteristischen Werte dieses Parameters reell sind und außerhalb des Intervalles $-1 \leqq \lambda \leqq 1$ liegen. Diese Tatsache besagt, daß die genannte Integralgleichung durch sukzessive Approximation gelöst werden kann, mit anderen Worten, daß die NEUMANNsche Reihe für die entsprechenden λ-Werte konvergiert (für das I. Problem ist $\lambda = 1$, für das II. $\lambda = -1/\varkappa$ mit $\varkappa > 1$).
Der angeführte Artikel enthält eine Reihe weiterer Ergebnisse, die von selbständigem Interesse sind. Auf die Existenzsätze für Gebiete allgemeinerer Art sowie auf einige andere Lösungsmethoden der Randwertprobleme gehen wir in 5.4. näher ein.

5.1.3. Weitere Anwendungsmöglichkeiten der vorigen Integralgleichungen

Die eben betrachteten Integralgleichungen lassen sich auch auf einige andere wichtige Probleme der Elastizitätstheorie anwenden; als Beispiel sei die näherungsweise Berechnung der Plattenbiegung genannt. Der Fall der **fest eingespannten Platte** führt, wie schon erwähnt, auf das sogenannte biharmonische Grundproblem, d. h. auf dieselbe Randwertaufgabe wie das I. Problem der ebenen Elastizitätstheorie. Der Fall der **Platte mit freien Rändern** hingegen läßt sich auf das II. Problem der ebenen Elastizitätstheorie zurückführen. Dabei braucht nur die Konstante $\varkappa$ durch eine andere ersetzt zu werden, die ebenfalls größer als 1 ist. Dies wurde von S. G. LECHNITZKI [3] und später unabhängig von ihm von I. N. WEKUA [3] gezeigt.

5.2. Lösung der Randwertprobleme für Gebiete, die sich durch rationale Funktionen auf den Kreis abbilden lassen. Näherungsweise Lösung für Gebiete allgemeiner Art

Wie wir schon gezeigt haben, ermöglichen es die CAUCHYschen Integrale, nicht nur eine theoretische, sondern auch eine praktische Lösung der Grundprobleme zu gewinnen. Hauptausgangspunkt sind dabei die Gln. (10) und (16) in 5.1.1. bzw. analoge noch anzuführende Gleichungen.

---

[1]) Hier hat λ selbstverständlich nichts mit der LAMÉschen Konstanten zu tun, die mit demselben Buchstaben bezeichnet wird.

Wenn die Abbildungsfunktion rational ist, haben wir einen besonders einfachen Fall vor uns, der sich elementar lösen läßt[1]). Der größeren Anschaulichkeit halber geben wir zunächst für einige einfache Gebiete effektive Lösungen an. Die meisten der in diesem Abschnitt dargelegten Ergebnisse sind in den Arbeiten des Autors [4, 5, 7, 8] enthalten.

5.2.1. Lösung des I. Problems für den Kreis[2])

Diese Aufgabe wurde von uns schon in 3.2.1. mit Hilfe von Reihen gelöst; die CAUCHYschen Integrale führen jedoch schneller zum Ziel und liefern eine bequemer anwendbare Lösung. Der Radius unseres Kreises sei R, seine Peripherie bezeichnen wir mit L. Dann können wir

$$z = \omega(\zeta) = R\zeta \tag{1}$$

setzen. Wir verwenden hier und im weiteren die Bezeichnungen aus 5.1.1., d. h., γ stellt die Kreisperipherie $|\zeta| = 1$ dar, und $\sigma = e^{i\vartheta}$ ist ein Punkt auf dieser Peripherie. Die Randbedingung lautet

$$\varphi(\sigma) + \overline{\sigma\varphi'(\sigma)} + \overline{\psi(\sigma)} = f_1 + if_2 = f \tag{2}$$

oder, wenn wir zu den konjugierten Werten übergehen,

$$\overline{\varphi(\sigma)} + \bar{\sigma}\varphi'(\sigma) + \psi(\sigma) = f_1 - if_2 = \bar{f}. \tag{3}$$

Wir setzen der Bestimmtheit halber $\psi(0) = 0$ und berücksichtigen, daß die rechte Seite der Gleichung

$$\psi(\sigma) = \bar{f} - \overline{\varphi(\sigma)} - \bar{\sigma}\varphi'(\sigma) \tag{3'}$$

Randwert der im Inneren von γ holomorphen und für $\zeta = 0$ verschwindenden Funktion $\psi(\zeta)$ sein muß. Damit erhalten wir gemäß Gl. (12) in 4.2.4.

$$\frac{1}{2\pi i}\int_\gamma \frac{\bar{f}\,d\sigma}{\sigma - \zeta} - \frac{1}{2\pi i}\int_\gamma \frac{\overline{\varphi(\sigma)}\,d\sigma}{\sigma - \zeta} - \frac{1}{2\pi i}\int_\gamma \frac{\bar{\sigma}\varphi'(\sigma)\,d\sigma}{\sigma - \zeta} = 0$$

und schließlich

$$\varphi(\zeta) + \frac{1}{2\pi i}\int_\gamma \frac{\sigma\overline{\varphi'(\sigma)}\,d\sigma}{\sigma - \zeta} = \frac{1}{2\pi i}\int_\gamma \frac{f\,d\sigma}{\sigma - \zeta}. \tag{4}$$

Die Funktionalgleichung stimmt im Falle $\omega(\zeta) = R\zeta$ mit Gl. (10) in 5.1.1. überein. Auch die eben angeführte Herleitung deckt sich mit der entsprechenden aus 5.1.1.

[1]) D. M. WOLKOW und A. A. NASAROW [1, 2] geben eine Methode an, mit deren Hilfe die Lösung auf elementarem Wege auch für eine größere Klasse von Fällen ermittelt werden kann. Diese Klasse wird jedoch von den Autoren nicht mit hinreichender Genauigkeit charakterisiert, deshalb läßt sich nicht von vornherein sagen, in welchen Fällen außer den von mir genannten man damit rechnen kann, eine Lösung in elementarer Weise zu gewinnen. In meinen Arbeiten zu den elementaren Methoden habe ich mich gerade deshalb auf rationale Funktionen $\omega(\zeta)$ beschränkt, um die Fälle kennzeichnen zu können, die mit Sicherheit durch Anwendung wohl bestimmter Verfahren auf elementarem Wege lösbar sind. Im übrigen bin ich nicht der Meinung, daß die Methode von D. M. WOLKOW und A. A. NASAROW auf einfachere Rechnungen führt (s. Beispiel in 5.2.12.).

[2]) Wie schon gesagt (3.2.1.) sind zahlreiche Lösungen dieses Problems bekannt. Wir verweisen hier lediglich auf G. W. KOLOSOW [1, 2], G. W. KOLOSOW und N. I. MUSSCHELISCHWILI [1] sowie auf die im Jahre 1931 veröffentlichte Arbeit von G. W. KOLOSOW [5].

In unserem Sonderfalle läßt sich die Funktionalgleichung sehr einfach lösen. Wir brauchen sie nicht auf eine Integralgleichung zurückzuführen, da das Integralglied auf der linken Seite elementar berechnet werden kann. Dazu entwickeln wir die Funktion $\varphi(\zeta)$ in eine Potenzreihe und schreiben nur die drei ersten Glieder auf (mehr benötigen wir nicht)

$$\varphi(\zeta) = a_0 + a_1\zeta + a_2\zeta^2 + \cdots \tag{5}$$

Damit ist

$$\varphi'(\zeta) = a_1 + 2a_2\zeta + \cdots,$$

und folglich gilt gemäß Gl. (17) in 4.2.4.

$$\frac{1}{2\pi i}\int\limits_\gamma \frac{\sigma\overline{\varphi'(\sigma)}\,d\sigma}{\sigma-\zeta} = \bar{a}_1\zeta + 2\bar{a}_2.$$

Aus (4) erhalten wir somit

$$\varphi(\zeta) + \bar{a}_1\zeta + 2\bar{a}_2 = \frac{1}{2\pi i}\int\limits_\gamma \frac{f\,d\sigma}{\sigma-\zeta}. \tag{6}$$

Die letzte Beziehung bestimmt die Funktion $\varphi(\zeta)$ bis auf den Ausdruck $\bar{a}_1\zeta + 2a_2$. Nun sind noch die unbekannten Konstanten a_1 und a_2 zu ermitteln. Sie stellen die Koeffizienten der Entwicklung (5) bei ζ bzw. bei ζ^2 dar[1]). Wir differenzieren Gl. (6) ein- bzw. zweimal nach ζ und setzen $\zeta = 0$. Nach Definition gilt $a_1 = \varphi'(0)$, $2a_2 = \varphi''(0)$, und damit erhalten wir[2])

$$a_1 + \bar{a}_1 = \frac{1}{2\pi i}\int\limits_\gamma f\frac{d\sigma}{\sigma^2}, \tag{7}$$

$$a_2 = \frac{1}{2\pi i}\int\limits_\gamma f\frac{d\sigma}{\sigma^3}. \tag{8}$$

Durch die letzte Formel wird die Konstante a_2 festgelegt. Weiterhin bekommen wir aus (7) mit $f = f_1 + if_2$ und $\sigma = e^{i\vartheta}$

$$a_1 + \bar{a}_1 = \frac{1}{2\pi}\int\limits_0^{2\pi} (f_1 + if_2)\,e^{-i\vartheta}d\vartheta.$$

[1]) Wenn diese Bedingung nicht erfüllt ist, befriedigt offenbar die durch (6) definierte Funktion $\varphi(\zeta)$ die Gl. (4) nicht.

[2]) Die Beziehungen (7) und (8) kann man auch wie folgt gewinnen (was nebenbei bemerkt auf dasselbe führt): Einsetzen von

$$\varphi(\zeta) = a_0 + a_1\zeta + a_2\zeta^2 + \cdots$$

und

$$\frac{1}{2\pi i}\int\limits_\gamma \frac{f\,d\sigma}{\sigma-\zeta} = \frac{1}{2\pi i}\int\limits_\gamma \frac{f\,d\sigma}{\sigma\left(1-\dfrac{\zeta}{\sigma}\right)} = \frac{1}{2\pi i}\int\limits_\gamma f\left(1 + \frac{\zeta}{\sigma} + \frac{\zeta^2}{\sigma^2} + \cdots\right)\frac{d\sigma}{\sigma}$$

$$= \frac{1}{2\pi i}\int\limits_\gamma \frac{f\,d\sigma}{\sigma} + \frac{\zeta}{2\pi i}\int\limits_\gamma \frac{f\,d\sigma}{\sigma^2} + \frac{\zeta^2}{2\pi i}\int\limits_\gamma \frac{f\,d\sigma}{\sigma^3} + \cdots$$

in Gl. (6) und Koeffizientenvergleich bei ζ und ζ^2.

Diese Gleichung kann nur dann befriedigt werden, wenn ihre rechte Seite reell ist, d. h., wenn

$$\int_0^{2\pi} (-f_1 \sin \vartheta + f_2 \cos \vartheta)\, d\vartheta = 0 \tag{9}$$

gilt. Die damit erhaltene Lösbarkeitsbedingung besagt, daß das resultierende Moment der äußeren Kräfte verschwinden muß [vgl. (3) in 3.2.1.].

Unter der genannten Voraussetzung wird der Realteil von a_1 durch Gl. (7) eindeutig bestimmt, während der Imaginärteil, wie zu erwarten war, willkürlich bleibt. Wir setzen den letzteren der Bestimmtheit halber gleich Null. Dann bekommen wir nach Gl. (7)

$$a_1 = \bar{a}_1 = \frac{1}{4\pi i} \int_\gamma \frac{f\, d\sigma}{\sigma^2} \tag{10}$$

und schließlich

$$\varphi(\zeta) = \frac{1}{2\pi i} \int_\gamma \frac{f\, d\sigma}{\sigma - \zeta} - \bar{a}_1 \zeta - 2\bar{a}_2, \tag{11}$$

wobei a_1 und a_2 aus (10) und (8) zu ermitteln sind.

Bei bekanntem $\varphi(\zeta)$ kann die Funktion $\psi(\zeta)$ sofort berechnet werden, denn ihr Randwert $\psi(\sigma)$ ergibt sich aus (3′). Wir berechnen $\psi(\zeta)$ nach der CAUCHYschen Formel und beachten dabei, daß[1])

$$\frac{1}{2\pi i} \int_\gamma \frac{\overline{\varphi(\sigma)}\, d\sigma}{\sigma - \zeta} = \overline{\varphi(0)},$$

$$\frac{1}{2\pi i} \int_\gamma \frac{\bar{\sigma} \varphi'(\sigma)\, d\sigma}{\sigma - \zeta} = \frac{1}{2\pi i} \int_\gamma \frac{\varphi'(\sigma)\, d\sigma}{\sigma (\sigma - \zeta)} = \frac{\varphi'(\zeta)}{\zeta} - \frac{a_1}{\zeta}$$

ist, dabei ergibt sich

$$\psi(\zeta) = \frac{1}{2\pi i} \int_\gamma \frac{\bar{f}\, d\sigma}{\sigma - \zeta} - \frac{\varphi'(\zeta)}{\zeta} + \frac{a_1}{\zeta} - \overline{\varphi(0)}. \tag{12}$$

Wie man leicht sieht, ist die gefundene Lösung regulär (im Sinne von 2.2.15.), wenn die Ableitung der auf dem Rand vorgegebenen Funktion f einer H-Bedingung genügt. Damit ist das Problem gelöst.

Die letzten Glieder auf der rechten Seite der Gln. (11) und (12) können weggelassen werden, da sie als additive Konstanten keinen Einfluß auf die Spannungen haben. Wir berechneten sie nur, um auch die Lösung des biharmonischen Fundamentalproblems gewinnen zu können, wo diese additiven Konstanten von Bedeutung sind. Wenn wir sie weglassen, bekommen wir anstelle von (11) und (12) die einfacheren Formeln

$$\varphi(\zeta) = \frac{1}{2\pi i} \int_\gamma \frac{f\, d\sigma}{\sigma - \zeta} - \bar{a}_1 \zeta, \tag{11′}$$

$$\psi(\zeta) = \frac{1}{2\pi i} \int_\gamma \frac{\bar{f}\, d\sigma}{\sigma - \zeta} - \frac{\varphi'(\zeta)}{\zeta} + \frac{a_1}{\zeta}. \tag{12′}$$

[1]) Wir benutzen die Gl. (18) in 4.2.4. und die Gl. (3) in 4.1.6.

Hierbei unterscheidet sich der Randwert des Ausdruckes $\frac{\partial U}{\partial x} + \mathrm{i}\frac{\partial U}{\partial y}$ möglicherweise von $f = f_1 + \mathrm{i}f_2$ durch eine additive Konstante. Hingegen ist der genannte Randwert bei Verwendung der Gln. (11) und (12) genau gleich f.
Die gewonnene Lösung ist für die Praxis sehr bequem. Das geht aus den folgenden Beispielen klar hervor.

5.2.2. Beispiele

5.2.2.1. Kreisscheibe unter Einwirkung am Rand angreifender Einzelkräfte[1])

Am Rand einer Kreisscheibe mögen in den Punkten

$$z_1 = R\,\mathrm{e}^{\mathrm{i}\alpha_1},\ z_2 = R\,\mathrm{e}^{\mathrm{i}\alpha_2},\ \dots,\ z_n = R\,\mathrm{e}^{\mathrm{i}\alpha_n} \quad (0 \leqq \alpha_1 < \alpha_2 < \dots < \alpha_n < 2\pi)$$

die Einzelkräfte

$$(X_1, Y_1),\ (X_2, Y_2),\ \dots,\ (X_n, Y_n)$$

angreifen. Den genannten Punkten entsprechen in der ζ-Ebene die Punkte

$$\sigma_1 = \mathrm{e}^{\mathrm{i}\alpha_1},\ \dots,\ \sigma_n = \mathrm{e}^{\mathrm{i}\alpha_n}.$$

Unter den angeführten Bedingungen ist der Ausdruck $f = f_1 + \mathrm{i}f_2$ auf jedem der Kurvenstücke $\sigma_1\sigma_2$, $\sigma_2\sigma_3$, ..., $\sigma_n\sigma_1$ konstant (denn diese sind frei von äußeren Spannungen). Er ändert sich jedoch beim Durchlaufen des Punktes σ_k sprunghaft[2]) um die Größe $\mathrm{i}(X_k + \mathrm{i}Y_k)$ (s. 2.2.16.). Auf dem Kurvenstück $\sigma_n\sigma_1$ setzen wir $f = 0$, dann gilt auf $\sigma_1\sigma_2$, $\sigma_2\sigma_3$, usw. entsprechend $f = \mathrm{i}(X_1 + \mathrm{i}Y_1)$, $f = \mathrm{i}(X_1 + \mathrm{i}Y_1) + \mathrm{i}(X_2 + \mathrm{i}Y_2)$ usw. Damit f bei der Rückkehr zum Kurvenstück $\sigma_n\sigma_1$ wieder den Wert Null[3]) annimmt, muß offensichtlich $X_1 + X_2 + \dots + X_n = 0$, $Y_1 + Y_2 + \dots + Y_n = 0$ sein, d. h., der resultierende Vektor der angreifenden Kräfte muß, wie zu erwarten war, verschwinden. Weiterhin gilt

$$\frac{1}{2\pi\mathrm{i}}\int_\gamma \frac{f\,\mathrm{d}\sigma}{\sigma - \zeta} = \frac{1}{2\pi\mathrm{i}}\int_{\sigma_1}^{\sigma_2} \dots + \dots + \frac{1}{2\pi\mathrm{i}}\int_{\sigma_{n-1}}^{\sigma_n} \dots + \frac{1}{2\pi\mathrm{i}}\int_{\sigma_n}^{\sigma_1} \dots = \frac{X_1 + \mathrm{i}Y_1}{2\pi}\ln\frac{\sigma_2 - \zeta}{\sigma_1 - \zeta}$$
$$+ \frac{(X_1 + \mathrm{i}Y_1) + (X_2 + \mathrm{i}Y_2)}{2\pi}\ln\frac{\sigma_3 - \zeta}{\sigma_2 - \zeta} + \dots + \frac{(X_1 + \mathrm{i}Y_1) + \dots + (X_n + \mathrm{i}Y_n)}{2\pi}\ln\frac{\sigma_1 - \zeta}{\sigma_n - \zeta}.$$

Das letzte Glied ist gleich Null, wir haben es der Symmetrie halber aufgeschrieben. Nach einfachen Umformungen bekommen wir

$$\frac{1}{2\pi\mathrm{i}}\int_\gamma \frac{f\,\mathrm{d}\sigma}{\sigma - \zeta} = -\frac{1}{2\pi}\{(X_1 + \mathrm{i}Y_1)\ln(\sigma_1 - \zeta) + (X_2 + \mathrm{i}Y_2)\ln(\sigma_2 - \zeta) + \dots$$
$$+ (X_n + \mathrm{i}Y_n)\ln(\sigma_n - \zeta)\}$$

---

[1]) Die Lösung dieses Problems wurde von HERTZ im Jahre 1883 gefunden und von MICHELL [2] eingehender untersucht; MICHELL benutzt dabei Methoden, die sich von den im Text angeführten völlig unterscheiden (s. a. LOVE [1], § 155).

[2]) Bei der Herleitung der hier benutzten Formeln im vorigen Abschnitt haben wir vorausgesetzt, daß die auf dem Rand vorgegebene Funktion $f_1 + \mathrm{i}f_2$ stetig ist (und daß ihre Ableitung einer H-Bedingung genügt). Jedoch durch unmittelbares Überprüfen des Endergebnisses kann man sich leicht davon überzeugen, daß diese Formeln auch in dem hier angeführten Falle eine Lösung liefern.

[3]) Dies ist notwendig, denn der Ausdruck $\frac{\partial U}{\partial x} + \mathrm{i}\frac{\partial U}{\partial y}$ muß im Inneren von γ eindeutig sein, da wir es mit einem einfach zusammenhängenden Gebiet zu tun haben.

und völlig analog

$$\frac{1}{2\pi i}\int_\gamma \frac{\bar{f}\,d\sigma}{\sigma-\zeta} = \frac{1}{2\pi}\{(X_1 - iY_1)\ln(\sigma_1-\zeta) + (X_2 - iY_2)\ln(\sigma_2-\zeta) + \cdots + (X_n - iY_n)\ln(\sigma_n-\zeta)\}.$$

Bleibt noch die Konstante a_1 zu bestimmen. Wir könnten dazu die Gl. (10) in 5.2.1. verwenden. Einfacher ist es aber, wie folgt vorzugehen: Da nach Voraussetzung $a_1 = \bar{a}_1 = \varphi'(0)$ ist, erhalten wir aus Gl. (11) in 5.2.1., wenn wir anstelle des Integrals auf der rechten Seite den gefundenen Wert einsetzen, nach ζ differenzieren und $\zeta = 0$ setzen

$$2a_1 = \frac{1}{2\pi}\sum_{k=1}^{n}\frac{X_k + iY_k}{\sigma_k} = \frac{1}{2\pi}\sum_{k=1}^{n}(X_k + iY_k)\,\bar{\sigma}_k.$$

Bei reellem a_1 muß notwendig die rechte Seite eine reelle Größe darstellen, und das führt, wie man leicht sieht, auf die Gleichung $\Sigma\,(x_kY_k - y_kX_k) = 0$ mit $x_k + iy_k = z_k = \sigma_kR$, d. h. auf die Bedingung für das Verschwinden des resultierenden Momentes.

Unter den oben genannten Bedingungen (bezüglich des resultierenden Vektors und des resultierenden Momentes) hat die Lösung des Problems gemäß (11′) und (12′) in 5.2.1. die Gestalt

$$\varphi(\zeta) = -\frac{1}{2\pi}\sum_{k=1}^{n}(X_k + iY_k)\ln(\sigma_k - \zeta) - \frac{\zeta}{4\pi}\sum_{k=1}^{n}(X_k + iY_k)\,\bar{\sigma}_k, \tag{1}$$

$$\psi(\zeta) = \frac{1}{2\pi}\sum_{k=1}^{n}(X_k + iY_k)\ln(\sigma_k - \zeta) - \frac{1}{2\pi}\sum_{k=1}^{n}\frac{(X_k + iY_k)\,\bar{\sigma}_k}{\sigma_k - \zeta}. \tag{2}$$

Es läßt sich leicht nachweisen, daß die Spannungsfunktion U stetig bis hin zu γ ist, so daß wir tatsächlich die gegebenen Einzelkräfte in den genannten Punkten erhalten.

Auf dem Rand der Scheibe seien beispielsweise zwei gleich große und entgegengerichtete Kräfte $(p, 0)$ und $(-p, 0)$ vorgegeben, die parallel zur x-Achse wirken und in den Punkten $z_1 = R\,e^{i\alpha}$ und $z_2 = R\,e^{i(\pi-\alpha)}$ angreifen (Bild 35). Mit $z = R\zeta$ erhalten wir in diesem Falle aus (1) und (2)

$$\varphi_1(z) = -\frac{p}{2\pi}\left\{\ln(z_1 - z) - \ln(z_2 - z) + \frac{\bar{z}_1 - \bar{z}_2}{2R^2}z\right\},$$

$$\psi_1(z) = \frac{p}{2\pi}\left\{\ln(z_1 - z) - \ln(z_2 - z) - \frac{\bar{z}_1}{z_1 - z} + \frac{\bar{z}_2}{z_2 - z}\right\},$$

$$\Phi_1(z) = \varphi_1'(z) = \frac{p}{2\pi}\left\{\frac{1}{z_1 - z} - \frac{1}{z_2 - z} - \frac{\bar{z}_1 - \bar{z}_2}{2R^2}\right\},$$

$$\Psi_1(z) = \psi_1'(z) = -\frac{p}{2\pi}\left\{\frac{1}{z_1 - z} - \frac{1}{z_2 - z} - \frac{\bar{z}_1}{(z_1 - z)^2} - \frac{\bar{z}_2}{(z_2 - z)^2}\right\}.$$

Die Spannungen ermitteln wir aus den Gleichungen

$$\sigma_x + \sigma_y = 4\operatorname{Re}\Phi_1(z), \quad \sigma_y - \sigma_x + 2i\tau_{xy} = 2[\bar{z}\Phi_1'(z) + \Psi_1(z)].$$

Durch Einsetzen der Werte Φ_1 und Ψ_1 ergibt sich mit

$$z_1 = R\,e^{i\alpha}, \quad z_2 = -R\,e^{-i\alpha}$$

und

$$z_1 - z = r_1e^{-i\vartheta_1}, \quad z_2 - z = -r_2e^{i\vartheta_2}$$

(Bezeichnungen s. Bild 35, ϑ_1 und ϑ_2 sind positiv, wenn z oberhalb der Wirkungslinie der Kräfte liegt)

$$\sigma_x + \sigma_y = \frac{2p}{\pi}\left\{\frac{\cos\vartheta_1}{r_1} + \frac{\cos\vartheta_2}{r_2} - \frac{\cos\alpha}{R}\right\},$$

$$\sigma_x - \sigma_y = \frac{p}{\pi}\left\{\frac{\cos 3\vartheta_1 + \cos\vartheta_1}{r_1} + \frac{\cos 3\vartheta_2 + \cos\vartheta_2}{r_2}\right\},$$

$$2\tau_{xy} = -\frac{p}{\pi}\left\{\frac{\sin 3\vartheta_1 + \sin\vartheta_1}{r_1} - \frac{\sin 3\vartheta_2 + \sin\vartheta_2}{r_2}\right\}$$

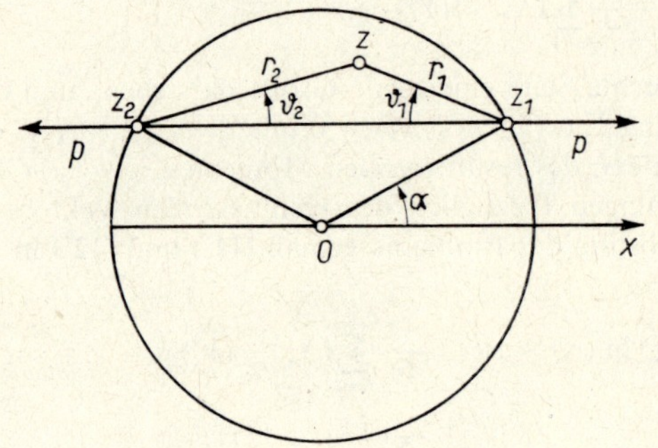

Bild 35

und damit

$$\sigma_x = \frac{2p}{\pi}\left\{\frac{\cos^3\vartheta_1}{r_1} + \frac{\cos^3\vartheta_2}{r_2}\right\} - \frac{p}{\pi R}\cos\alpha,$$

$$\sigma_y = \frac{2p}{\pi}\left\{\frac{\sin^2\vartheta_1\cos\vartheta_1}{r_1} + \frac{\sin^2\vartheta_2\cos\vartheta_2}{r_2}\right\} - \frac{p}{\pi R}\cos\alpha,$$

$$\tau_{xy} = -\frac{2p}{\pi}\left\{\frac{\sin\vartheta_1\cos^2\vartheta_1}{r_1} - \frac{\sin\vartheta_2\cos^2\vartheta_2}{r_2}\right\}.$$

Aus der Formel

$$2\mu(u + iv) = \varkappa\varphi_1(z) - z\overline{\varphi_1'(z)} - \overline{\psi_1(z)}$$

erhalten wir folgende Gleichung zur Bestimmung der Verschiebungen:

$$2\mu(u + iv) = \frac{p}{2\pi}\left\{\varkappa\ln\frac{z_2 - z}{z_1 - z} + \ln\frac{\bar z_2 - \bar z}{\bar z_1 - \bar z} + \frac{z_1 - z}{\bar z_1 - \bar z} - \frac{z_2 - z}{\bar z_2 - \bar z} - \frac{(\varkappa - 1)\cos\alpha}{R}z\right\},$$

hierbei ist für die mehrdeutigen Logarithmenfunktionen ein beliebiger Zweig zu wählen (verschiedene Zweige liefern Komponenten, die sich durch eine starre Verschiebung des Gesamtkörpers voneinander unterscheiden). Durch Trennung von Real- und Imaginärteil erhalten wir mit $\varkappa = \dfrac{\lambda + 3\mu}{\lambda + \mu}$ und $z = x + iy$

$$u = \frac{p}{4\mu\pi}\left\{\frac{2(\lambda + 2\mu)}{\lambda + \mu}\ln\frac{r_2}{r_1} + \cos 2\vartheta_1 - \cos 2\vartheta_2 - \frac{2\mu\cos\alpha}{\lambda + \mu}\frac{x}{R}\right\},$$

$$v = \frac{p}{4\mu\pi}\left\{\frac{2\mu}{\lambda + \mu}(\vartheta_1 + \vartheta_2) - \sin 2\vartheta_1 - \sin 2\vartheta_2 - \frac{2\mu\cos\alpha}{\lambda + \mu}\frac{y}{R}\right\}.$$

In der zweiten Gleichung kann y durch $y - l$ ersetzt werden, wobei l der Abstand des Mittelpunktes von der Wirkungslinie der Kräfte ist. Dadurch wird eine starre translative Verschiebung vorgenommen, die gewährleistet, daß alle auf der Wirkungslinie der Kräfte liegenden Punkte auch nach der Verformung auf dieser verbleiben.
Im Falle einer dünnen Scheibe (2.1.2.) muß λ durch λ^* ersetzt werden, und unter p ist die Größe $F/2h$ zu verstehen, wobei F die Einzelkraft darstellt und $2h$ die Dicke der Scheibe bezeichnet (denn bisher war p eine konzentrierte Kraft, die nicht in einem Punkt, sondern an einer zur x, y-Ebene senkrechten Geraden angreift und auf die Längeneinheit dieser Geraden bezogen ist).
In ähnlicher Weise lassen sich noch viele Beispiele behandeln, die für die technische Anwendung von Interesse sind. Insbesondere kann man die Lösung der von MICHELL [2] (auf anderem Wege) untersuchten Fälle sehr einfach angeben[1]).

5.2.2.2. Kreisscheibe unter dem Einfluß konzentrierter Kräfte und Momente, die an inneren Punkten angreifen

In dem genannten Falle ergibt sich die Lösung ebenfalls außerordentlich einfach aus den allgemeinen Formeln des vorigen Abschnittes. Dazu brauchen wir nur die gesuchten Funktionen φ und ψ in den Angriffspunkten der konzentrierten Kräfte und Momente gemäß dem in 3.2.1. Gesagten mit Singularitäten zu versehen. Wir überlassen es dem Leser, die allgemeine Lösung zu finden und beschränken uns der Kürze halber auf das Beispiel zweier direkt entgegengerichteter Kräfte, von denen eine im Mittelpunkt und die andere an einem beliebigen Punkt der Scheibe angreift. Ohne Einschränkung der Allgemeinheit können wir annehmen, daß der Angriffspunkt der zweiten Kraft auf der x-Achse liegt. Auf diese Weise erhalten wir die Einzelkräfte $(-p, 0)$ und $(p, 0)$ mit dem Angriffspunkt 0 bzw. z_0, wobei z_0 eine reelle Größe ist.
Die Funktionen $\varphi_1(z)$ und $\psi_1(z)$ haben hier die Gestalt (s. 3.2.5.)

$$\begin{aligned} \varphi_1(z) &= \frac{p}{2\pi(1+\varkappa)} \ln z - \frac{p}{2\pi(1+\varkappa)} \ln (z - z_0) + \varphi_1^0(z), \\ \psi_1(z) &= -\frac{\varkappa p}{2\pi(1+\varkappa)} \ln z + \frac{\varkappa p}{2\pi(1+\varkappa)} \ln (z - z_0) + \frac{p}{2\pi(1+\varkappa)} \frac{z_0}{z - z_0} + \psi_1^0(z). \end{aligned} \tag{3}$$

Nach Übergang zur neuen Veränderlichen $\zeta = z/R$ gilt

$$\begin{aligned} \varphi(\zeta) &= \frac{p}{2\pi(1+\varkappa)} \{\ln \zeta - \ln (\zeta - \zeta_0)\} + \varphi_0(\zeta), \\ \psi(\zeta) &= -\frac{\varkappa p}{2\pi(1+\varkappa)} \{\ln \zeta - \ln (\zeta - \zeta_0)\} + \frac{p}{2\pi(1+\varkappa)} \frac{\zeta_0}{\zeta - \zeta_0} + \psi_0(\zeta), \end{aligned} \tag{4}$$

dabei sind $\varphi_0(\zeta)$ und $\psi_0(\zeta)$ im Innern von γ holomorphe Funktionen und $\zeta_0 = z_0/R$.
Die Randbedingung lautet (den Rand setzen wir als spannungsfrei voraus)

$$\varphi(\sigma) + \sigma\overline{\varphi'(\sigma)} + \overline{\psi(\sigma)} = 0$$

oder nach Einsetzen der Werte (4)

$$\varphi_0(\sigma) + \sigma\overline{\varphi_0'(\sigma)} + \overline{\psi_0(\sigma)} = f_0 \tag{5}$$

[1]) S. KOLOSOW und MUSSCHELISCHWILI [1]

mit

$$f_0 = \frac{p}{2\pi(1+\varkappa)} \ln \frac{\sigma - \zeta_0}{\sigma} - \frac{\varkappa p}{2\pi(1+\varkappa)} \ln (1 - \zeta_0 \sigma) + \frac{p}{2\pi(1+\varkappa)} \left\{ \frac{\sigma - \zeta_0}{1 - \zeta_0 \sigma} \sigma - \sigma^2 \right\}, \quad (6)$$

und folglich

$$\bar{f}_0 = \frac{p}{2\pi(1+\varkappa)} \ln (1 - \sigma \zeta_0) - \frac{\varkappa p}{2\pi(1+\varkappa)} \ln \frac{\sigma - \zeta_0}{\sigma} + \frac{p}{2\pi(1+\varkappa)} \left\{ \frac{1}{\sigma} \frac{1 - \sigma \zeta_0}{\sigma - \zeta_0} - \frac{1}{\sigma^2} \right\}. \quad (6')$$

Die Funktionen $\varphi_0(\zeta)$ und $\psi_0(\zeta)$ gewinnen wir aus (11′) und (12′) in 5.2.1., dabei sind φ, ψ, f durch φ_0, ψ_0, f_0 zu ersetzen.
Die Berechnung der in diesen Gleichungen auftretenden Integrale bietet keine Schwierigkeiten. Wenn wir beachten, daß $\ln \frac{\zeta - \zeta_0}{\zeta}$ außerhalb γ holomorph ist und für $\zeta = \infty$ verschwindet, und weiterhin, daß $\ln (1 - \zeta_0 \zeta)$ im Innern von γ holomorph ist[1]), erhalten wir auf Grund der Gleichungen aus 4.1.6. nach der Cauchyschen Formel

$$\frac{1}{2\pi i} \int_\gamma \ln \frac{\sigma - \zeta_0}{\sigma} \frac{d\sigma}{\sigma - \zeta} = 0, \quad \frac{1}{2\pi i} \int_\gamma \ln (1 - \zeta_0 \sigma) \frac{d\sigma}{\sigma - \zeta} = \ln (1 - \zeta_0 \zeta).$$

Ferner gilt

$$\frac{1}{2\pi i} \int_\gamma \left\{ \frac{\sigma - \zeta_0}{1 - \sigma \zeta_0} \sigma - \sigma^2 \right\} \frac{d\sigma}{\sigma - \zeta} = \frac{\zeta - \zeta_0}{1 - \zeta_0 \zeta} \zeta - \zeta^2,$$

$$\frac{1}{2\pi i} \int_\gamma \left\{ \frac{1}{\sigma} \frac{1 - \sigma \zeta_0}{\sigma - \zeta_0} - \frac{1}{\sigma^2} \right\} \frac{d\sigma}{\sigma - \zeta} = 0.$$

Also ist

$$\frac{1}{2\pi i} \int_\gamma \frac{f_0 \, d\sigma}{\sigma - \zeta} = - \frac{\varkappa p}{2\pi(1+\varkappa)} \ln (1 - \zeta_0 \zeta) + \frac{p\zeta}{2\pi(1+\varkappa)} \left\{ \frac{\zeta - \zeta_0}{1 - \zeta_0 \zeta} - \zeta \right\},$$

$$\frac{1}{2\pi i} \int_\gamma \frac{\bar{f}_0 \, d\sigma}{\sigma - \zeta} = \frac{p}{2\pi(1+\varkappa)} \ln (1 - \zeta_0 \zeta).$$

Zur Berechnung von a_1 benutzen wir die Tatsache, daß $2a_1$ gleich dem Werte der Ableitung des vorletzten Ausdruckes für $\zeta = 0$ ist (s. 5.2.1.). Dann liefert eine einfache Rechnung

$$a_1 = \frac{(\varkappa - 1) p \zeta_0}{4\pi(1+\varkappa)}.$$

---

[1]) Die Wahl der Zweige der mehrdeutigen Funktionen $\ln \frac{\zeta - \zeta_0}{\zeta} = \ln\left(1 - \frac{\zeta_0}{\zeta}\right)$ und $\ln (1 - \zeta \zeta_0)$ hängt von uns ab. Wir müssen sie jedoch so wählen, daß sie auf γ zu einander konjugierte Größen darstellen. Für die erste Funktion benutzen wir einen Zweig, der außerhalb γ holomorph ist und für $\zeta = \infty$ verschwindet, für die zweite wählen wir einen Zweig, der im Inneren von γ holomorph ist und an der Stelle $\zeta = 0$ verschwindet.

Somit erhalten wir gemäß (11′) und (12′) in 5.2.1. nach elementaren Umformungen

$$\varphi_0(\zeta) = -\frac{\varkappa p}{2\pi(1+\varkappa)}\ln(1-\zeta_0\zeta) + \frac{p\zeta}{2\pi(1+\varkappa)}\left\{\frac{\zeta-\zeta_0}{1-\zeta_0\zeta} - \zeta\right\} - \frac{(\varkappa-1)\,p\zeta_0\zeta}{4\pi(1+\varkappa)},$$

$$\psi_0(\zeta) = \frac{p}{2\pi(1+\varkappa)}\ln(1-\zeta_0\zeta) - \frac{p}{2\pi}\,\frac{(\varkappa-1)\,\zeta_0^2+1}{(1+\varkappa)(1-\zeta_0\zeta)} - \frac{p}{2\pi(1+\varkappa)}\,\frac{1-\zeta_0^2}{(1-\zeta_0\zeta)^2}$$

(im letzten Ausdruck wurde die additive Konstante weggelassen).
Schließlich ergibt sich gemäß (4)

$$\left.\begin{aligned}\varphi(\zeta) &= \frac{p}{2\pi(1+\varkappa)}\ln\frac{\zeta}{\zeta-\zeta_0} - \frac{\varkappa p}{2\pi(1+\varkappa)}\ln(1-\zeta_0\zeta)\\ &\quad+ \frac{p\zeta}{2\pi(1+\varkappa)}\left\{\frac{\zeta-\zeta_0}{1-\zeta_0\zeta} - \zeta\right\} - \frac{(\varkappa-1)\,p\zeta_0\zeta}{2\pi(1+\varkappa)},\\ \psi(\zeta) &= -\frac{\varkappa p}{2\pi(1+\varkappa)}\ln\frac{\zeta}{\zeta-\zeta_0} + \frac{p}{2\pi(1+\varkappa)}\,\frac{\zeta_0}{\zeta-\zeta_0} + \frac{p}{2\pi(1+\varkappa)}\ln(1-\zeta_0\zeta)\\ &\quad- \frac{p}{2\pi(1+\varkappa)}\,\frac{(\varkappa-1)\,\zeta_0^2+1}{1-\zeta_0\zeta} - \frac{p}{2\pi(1+\varkappa)}\,\frac{1-\zeta_0^2}{(1-\zeta_0\zeta)^2}.\end{aligned}\right\} \quad (7)$$

Damit ist die Aufgabe gelöst. Im Falle einer dünnen Scheibe muß $\varkappa$ durch $\varkappa^*$ ersetzt werden. Genauso einfach erhält man die Lösung des Problems für ein System beliebig gelegener Kräfte (die selbstverständlich eine Gleichgewichtsgruppe bilden müssen).

5.2.2.3. Rotierende Scheibe mit Punktmassen

Eine dünne elastische Scheibe möge mit der Winkelgeschwindigkeit ω um ihren Mittelpunkt rotieren. Auf ihr seien (an beliebigen Stellen) Punktmassen beliebiger Größe befestigt. Da sich die Lösung für den allgemeinen Fall durch Superposition ergibt, können wir uns auf die Betrachtung einer einzelnen Punktmasse beschränken.
Auf eine solche Masse m wirkt eine Zentrifugalkraft vom Betrag $F = ml\omega^2$ in Radialrichtung, dabei gibt l den Abstand der Punktmasse vom Mittelpunkt der Scheibe an. Die Drehachse nimmt eine Reaktionskraft auf, die dieser Kraft entgegengesetzt gleich ist.
Die Lösung unseres Problems ergibt sich also durch Überlagerung der Lösung für die rotierende Scheibe ohne angebrachte Massen (s. 3.3.2.) und der Lösung des im vorigen Beispiel behandelten Problems. In unserem Falle gilt $p = \frac{F}{2h} = \frac{ml\omega^2}{2h}$ mit $2h$ als Scheibendicke (denn p bezieht sich auf die Dickeneinheit).
Genauso einfach läßt sich das Problem der um eine exzentrische Achse rotierenden Kreisscheibe lösen.

5.2.3. Lösung des II. Problems für den Kreis

Die Randbedingung lautet in diesem Falle mit den Bezeichnungen des vorigen Abschnittes

$$\varkappa\varphi(\sigma) - \sigma\overline{\varphi'(\sigma)} - \overline{\psi(\sigma)} = 2\mu(g_1 + ig_2) = 2\mu g \quad (1)$$

oder

$$\varkappa\overline{\varphi(\sigma)} - \bar{\sigma}\varphi'(\sigma) - \psi(\sigma) = 2\mu(g_1 - ig_2) = 2\mu\bar{g}, \quad (2)$$

wobei g_1 und g_2 die vorgegebenen Verschiebungskomponenten der Randpunkte sind. Angesichts der völligen Analogie zu 5.2.1. beschränken wir uns auf die Angabe des Endergebnisses:

$$\varkappa\varphi(\zeta) = \frac{\mu}{\pi i}\int_\gamma \frac{g\,d\sigma}{\sigma - \zeta} + \bar{a}_1\zeta + 2\bar{a}_2, \tag{3}$$

$$\psi(\zeta) = -\frac{\mu}{\pi i}\int_\gamma \frac{\bar{g}\,d\sigma}{\sigma - \zeta} - \frac{1}{\zeta}\varphi'(\zeta) + \frac{a_1}{\zeta} + \varkappa\bar{a}_0 \tag{4}$$

mit

$$\varkappa\bar{a}_0 = \varkappa\overline{\varphi(0)} = \frac{\mu}{\pi i}\int_\gamma \frac{g\,d\sigma}{\sigma} + \frac{2\mu}{\pi i\varkappa}\int_\gamma \frac{g\,d\sigma}{\sigma^3}, \tag{5}$$

$$(\varkappa^2 - 1)\,a_1 = \frac{\mu\varkappa}{\pi i}\int_\gamma \frac{g\,d\sigma}{\sigma^2} + \frac{\mu}{\pi i}\int_\gamma \bar{g}\,d\sigma, \tag{6}$$

$$\bar{a}_2 = \frac{\mu}{\pi i\varkappa}\int_\gamma \bar{g}\sigma\,d\sigma. \tag{7}$$

Die gewonnene Lösung ist sicher regulär, wenn die Ableitung der auf dem Rand vorgegebenen Funktion g einer H-Bedingung genügt.

5.2.4. Lösung des I. Problems für die unendliche Ebene mit elliptischem Loch[1])

Wir bilden S auf das Gebiet $|\zeta| > 1$, d. h. auf die unendliche Ebene mit Kreisloch[2]) ab, indem wir (s. 2.4.2.5.)

$$z = \omega(\zeta) = R\left(\zeta + \frac{m}{\zeta}\right) \qquad (R > 0, \quad 0 \leqq m < 1) \tag{1}$$

setzen. Die Peripherie $|\zeta| = 1$ entspricht der Ellipse L mit dem Koordinatenursprung als Mittelpunkt und den Halbachsen

$$a = R(1 + m), \quad b = R(1 - m).$$

Durch geeignete Wahl von R und m entstehen Ellipsen beliebiger Form und Größe. Für $m = 0$ geht die Ellipse in einen Kreis über. Im Grenzfall $m = 1$ ergibt sich ein Abschnitt auf der x-Achse. Er hat die Länge $4R$ und liegt zwischen den Punkten $x = \pm 2R$; das Gebiet S stellt hierbei die unendliche Ebene mit geradlinigem Schlitz dar[3]).
In unserem Falle gilt

$$\frac{\omega(\sigma)}{\overline{\omega'(\sigma)}} = \frac{1}{\sigma}\,\frac{\sigma^2 + m}{1 - m\sigma^2}, \qquad \frac{\overline{\omega(\sigma)}}{\omega'(\sigma)} = \sigma\,\frac{1 + m\sigma^2}{\sigma^2 - m},$$

---

[1]) Die Lösung stammt aus meiner Arbeit [4].
[2]) Man kann auch – wie in meinen früheren Arbeiten – die Abbildung auf den Kreis benutzen.
[3]) Dieser Fall ist für die Anwendung von Interesse (Theorie der Risse, s. 8.4.).

und die Randbedingung lautet

$$\varphi(\sigma) + \frac{1}{\sigma}\,\frac{\sigma^2 + m}{1 - m\sigma^2}\,\overline{\varphi'(\sigma)} + \overline{\psi(\sigma)} = f \tag{2}$$

oder nach Übergang zu den konjugierten Werten

$$\overline{\varphi(\sigma)} + \sigma\,\frac{1 + m\sigma^2}{\sigma^2 - m}\,\varphi'(\sigma) + \psi(\sigma) = \bar{f}. \tag{3}$$

Zunächst wollen wir annehmen, daß[1])

$$X = Y = 0, \quad \Gamma = \Gamma' = 0$$

ist, d. h., daß die Spannungen und die Drehung im Unendlichen sowie der resultierende Vektor der am Rand angreifenden äußeren Belastung verschwinden. Dann sind die Funktionen $\varphi(\zeta)$ und $\psi(\zeta)$ außerhalb γ einschließlich des unendlich fernen Punktes holomorph. Außerdem setzen wir $\varphi(\infty) = 0$. Für $\psi(\sigma)$ als Randwert der außerhalb γ holomorphen Funktion $\psi(\zeta)$ erhalten wir gemäß (13) in 4.2.4. die Gleichung

$$\frac{1}{2\pi i}\int\limits_{\gamma} \frac{f\,d\sigma}{\sigma - \zeta} - \frac{1}{2\pi i}\int\limits_{\gamma} \frac{\varphi(\sigma)\,d\sigma}{\sigma - \zeta} - \frac{1}{2\pi i}\int\limits_{\gamma} \frac{1}{\sigma}\,\frac{\sigma^2 + m}{1 - m\sigma^2}\,\overline{\varphi'(\sigma)}\,\frac{d\sigma}{\sigma - \zeta} = 0,$$

wobei ζ ein beliebiger Punkt außerhalb γ ist. Nach der CAUCHYschen Formel für das unendliche Gebiet Gl. (1′) in 4.1.6. ist

$$\frac{1}{2\pi i}\int\limits_{\gamma} \frac{\varphi(\sigma)\,d\sigma}{\sigma - \zeta} = -\varphi(\zeta) + \varphi(\infty) = -\varphi(\zeta),$$

und damit ergibt sich

$$-\varphi(\zeta) + \frac{1}{2\pi i}\int\limits_{\gamma} \frac{1}{\sigma}\,\frac{\sigma^2 + m}{1 - m\sigma^2}\,\overline{\varphi'(\sigma)}\,\frac{d\sigma}{\sigma - \zeta} = \frac{1}{2\pi i}\int\limits_{\gamma} \frac{f\,d\sigma}{\sigma - \zeta}. \tag{a}$$

Diese Beziehung entspricht der Funktionalgleichung (10) in 5.1.1. Sie läßt sich in unserem Falle sofort lösen; denn der Ausdruck

$$\frac{1}{\sigma}\,\frac{\sigma^2 + m}{1 - m\sigma^2}\,\overline{\varphi'(\sigma)}$$

stellt den Randwert der im Inneren von γ holomorphen Funktion[2])

$$\frac{1}{\zeta}\,\frac{\zeta^2 + m}{1 - m\zeta^2}\,\overline{\varphi'}\left(\frac{1}{\zeta}\right)$$

dar, und folglich verschwindet das Integral auf der linken Seite von (a).

---

[1]) Bezeichnung wie in 2.4.4., s. Gln. (14) und (15).

[2]) Da die Funktion $\varphi(\zeta)$ außerhalb γ holomorph ist und $\varphi(\infty) = 0$ gilt, ergibt sich

$$\varphi(\zeta) = \frac{a_1}{\zeta} + \frac{a_2}{\zeta^2} + \cdots \quad \text{für } |\zeta| > 1.$$

Folglich ist

$$\varphi'(\zeta) = -\frac{a_1}{\zeta^2} - \frac{2a_2}{\zeta^3} - \ldots \quad \text{für } |\zeta| > 1$$

und damit

$$\overline{\varphi'}\left(\frac{1}{\zeta}\right) = -\overline{a}_1\zeta^2 - 2\overline{a}_2\zeta^3 - \cdots \quad \text{für } |\zeta| < 1.$$

Zur Bestimmung von $\varphi(\zeta)$ ergibt sich somit die einfache Formel

$$\varphi(\zeta) = -\frac{1}{2\pi i}\int\limits_\gamma \frac{f d\sigma}{\sigma - \zeta}. \tag{4}$$

Demnach ist nach Gl. (3) auch der Randwert $\psi(\sigma)$ bekannt, und die Funktion $\psi(\zeta)$ kann aus der CAUCHYschen Formel [Gl. (1′) in 4.1.6.] ermittelt werden:

$$\psi(\zeta) = -\frac{1}{2\pi i}\int\limits_\gamma \frac{\psi(\sigma)\, d\sigma}{\sigma - \zeta} + \psi(\infty).$$

Wenn wir hier den Wert $\psi(\sigma)$ aus (3) einsetzen und beachten, daß

$$\frac{1}{2\pi i}\int\limits_\gamma \frac{\overline{\varphi(\sigma)}\, d\sigma}{\sigma - \zeta} = 0, \quad \frac{1}{2\pi i}\int\limits_\gamma \sigma \frac{1 + m\sigma^2}{\sigma^2 - m}\varphi'(\sigma)\frac{d\sigma}{\sigma - \zeta} = -\zeta\frac{1 + m\zeta^2}{\zeta^2 - m}\varphi'(\zeta)$$

ist[1]), erhalten wir schließlich (bis auf die Konstante[2]) $\psi(\infty)$, die keinen Einfluß auf die Spannungsverteilung hat),

$$\psi(\zeta) = -\frac{1}{2\pi i}\int\limits_\gamma \frac{\bar{f}\, d\sigma}{\sigma - \zeta} - \zeta\frac{1 + m\zeta^2}{\zeta^2 - m}\varphi'(\zeta). \tag{5}$$

Die gewonnenen Formeln liefern offensichtlich eine reguläre Lösung, wenn die Ableitung f' einer H-Bedingung genügt.

Wir behandeln nun den allgemeinen Fall und gehen dabei wie in 5.1.1. vor. Nach den Gln. (14) und (15) in 2.4.4. gilt

$$\varphi(\zeta) = \Gamma R\zeta - \frac{X + iY}{2\pi(1 + \varkappa)}\ln\zeta + \varphi_0(\zeta), \tag{6}$$

$$\psi(\zeta) = \Gamma' R\zeta + \frac{\varkappa(X - iY)}{2\pi(1 + \varkappa)}\ln\zeta + \psi_0(\zeta), \tag{7}$$

---

[1]) Man braucht nur zu beachten, daß $\overline{\varphi(\sigma)}$ der Randwert der im Inneren von γ holomorphen Funktion $\bar{\varphi}(1/\zeta)$ und

$$\sigma\frac{1 + m\sigma^2}{\sigma^2 - m}\varphi'(\sigma)$$

der Randwert einer außerhalb γ holomorphen und im Unendlichen verschwindenden Funktion ist (siehe vorige Fußnote).

[2]) Die Konstante $\psi(\infty)$ kann man aus Gl. (15) in 4.2.4. ermitteln, und zwar gilt

$$\psi(\infty) = \frac{1}{2\pi i}\int\limits_\gamma \frac{\psi(\sigma)\, d\sigma}{\sigma}.$$

Wenn man $\psi(\sigma)$ durch den Ausdruck aus (3) ersetzt, erhält man unter Beachtung der Gleichungen

$$\frac{1}{2\pi i}\int\limits_\gamma \frac{\overline{\varphi(\sigma)}\, d\sigma}{\sigma} = 0, \quad \frac{1}{2\pi i}\int\limits_\gamma \frac{1 + m\sigma^2}{\sigma^2 - m}\varphi'(\sigma)\, d\sigma = 0$$

offenbar

$$\psi(\infty) = \frac{1}{2\pi i}\int\limits_\gamma \bar{f}\frac{d\sigma}{\sigma}.$$

dabei sind die Funktionen $\varphi_0(\zeta)$ und $\psi_0(\zeta)$ im Gebiet $|\zeta| > 1$ holomorph, und $\varphi_0(\infty)$ kann gleich Null gesetzt werden. Außerdem wollen wir wie immer bei der Lösung des I. Problems annehmen, daß die Drehung im Unendlichen verschwindet, d. h., daß $\Gamma = \bar{\Gamma}$ ist.
Durch Einsetzen dieser Ausdrücke in (2) wird ersichtlich, daß $\varphi_0(\zeta)$ und $\psi_0(\zeta)$ derselben Bedingung (2) genügen müssen wie $\varphi(\zeta)$ und $\psi(\zeta)$, nur ist jetzt f durch

$$f_0 = f - \Gamma R\left(\sigma + \frac{\sigma^2 + m}{\sigma(1 - m\sigma^2)}\right) - \frac{\bar{\Gamma}' R}{\sigma} + \frac{X - \mathrm{i}Y}{2\pi}\ln\sigma + \frac{X - \mathrm{i}Y}{2\pi(1 + \varkappa)}\,\frac{\sigma^2 + m}{1 - m\sigma^2} \tag{8}$$

zu ersetzen. Wir erinnern, daß der Ausdruck f_0 eindeutig auf γ ist, denn der Zuwachs der Größe f bei einem einmaligen Umfahren von γ kompensiert sich durch den Zuwachs des logarithmischen Gliedes. Die Funktionen $\varphi_0(\zeta)$ und $\psi_0(\zeta)$ ergeben sich aus den oben angeführten Gleichungen zu

$$\varphi_0(\zeta) = -\frac{1}{2\pi\mathrm{i}}\int_\gamma \frac{f_0\,\mathrm{d}\sigma}{\sigma - \zeta}, \tag{4'}$$

$$\psi_0(\zeta) = -\frac{1}{2\pi\mathrm{i}}\int_\gamma \frac{\bar{f}_0\,\mathrm{d}\sigma}{\sigma - \zeta} - \zeta\,\frac{1 + m\zeta^2}{\zeta^2 - m}\,\varphi_0'(\zeta). \tag{5'}$$

Damit ist das Problem vollständig gelöst.

5.2.5. Beispiele

5.2.5.1. Unendliche Ebene mit elliptischem Loch unter Zug

Der Lochrand sei lastfrei. Im Unendlichen wirke auf die Ebene ein einachsiger Zug p, dessen Richtung mit der x-Achse den Winkel α bildet. Dann gilt $X = Y = 0$ und gemäß (10) in 2.2.8.

$$\Gamma = \bar{\Gamma} = \frac{p}{4}, \quad \Gamma' = -\frac{p}{2}\mathrm{e}^{-2\mathrm{i}\alpha}. \tag{1}$$

In unserem Falle ist $f = 0$, deshalb liefert die Gl. (8) in 2.2.4.

$$f_0 = -\frac{pR}{4}\left(\sigma + \frac{\sigma^2 + m}{\sigma(1 - m\sigma^2)}\right) + \frac{pR\,\mathrm{e}^{2\mathrm{i}\alpha}}{2\sigma},$$

$$\bar{f}_0 = -\frac{pR}{4}\left(\frac{1}{\sigma} + \sigma\,\frac{1 + m\sigma^2}{\sigma^2 - m}\right) + \frac{pR\,\mathrm{e}^{-2\mathrm{i}\alpha}}{2}\,\sigma.$$

Die Funktion $\dfrac{\zeta^2 + m}{\zeta(1 - m\zeta^2)}$ ist holomorph im Inneren von γ mit Ausnahme des Punktes $\zeta = 0$, wo sie einen Pol mit dem Hauptteil $\dfrac{m}{\zeta}$ hat. Die Funktion $\zeta\,\dfrac{1 + m\zeta^2}{\zeta^2 - m}$ ist außerhalb γ mit Ausnahme des unendlich fernen Punktes holomorph, sie hat im Unendlichen die Gestalt $m\zeta + O\left(\dfrac{1}{\zeta}\right)$. Somit gilt nach den Formeln aus 4.1.6.

$$\frac{1}{2\pi\mathrm{i}}\int_\gamma \frac{\sigma^2 + m}{\sigma(1 - m\sigma^2)}\,\frac{\mathrm{d}\sigma}{\sigma - \zeta} = -\frac{m}{\zeta},$$

$$\frac{1}{2\pi\mathrm{i}}\int_\gamma \sigma\,\frac{1 + m\sigma^2}{\sigma^2 - m}\,\frac{\mathrm{d}\sigma}{\sigma - \zeta} = -\zeta\,\frac{1 + m\zeta^2}{\zeta^2 - m} + m\zeta = -\frac{(1 + m^2)\zeta}{\zeta^2 - m}.$$

Weiterhin ist offensichtlich

$$\frac{1}{2\pi i}\int_\gamma \frac{\sigma\, d\sigma}{\sigma-\zeta}=0,\qquad \frac{1}{2\pi i}\int_\gamma \frac{d\sigma}{\sigma(\sigma-\zeta)}=-\frac{1}{\zeta}.$$

Deshalb ergibt sich aus (4′) und (5′) in 5.2.4.

$$\varphi_0(\zeta)=-\frac{mpR}{4\zeta}+\frac{pR\,e^{2i\alpha}}{2\zeta}=\frac{pR(2e^{2i\alpha}-m)}{4\zeta},$$

$$\psi_0(\zeta)=-\frac{pR}{4\zeta}-\frac{pR(1+m^2)\zeta}{4(\zeta^2-m)}-\zeta\,\frac{1+m\zeta^2}{\zeta^2-m}\,\varphi_0'(\zeta)$$

und schließlich gemäß (6) und (7) in 5.2.4.

$$\begin{aligned}\varphi(\zeta)&=\frac{pR}{4}\left(\zeta+\frac{2e^{2i\alpha}-m}{\zeta}\right),\\ \psi(\zeta)&=-\frac{pR}{2}\left\{e^{-2i\alpha}\zeta+\frac{e^{2i\alpha}}{m\zeta}-\frac{(1+m^2)(e^{2i\alpha}-m)}{m}\,\frac{\zeta}{\zeta^2-m}\right\}.\end{aligned}\tag{2}$$

Damit ist das Problem gelöst[1]).

Die Berechnung der Spannungs- und Verschiebungskomponenten bietet keinerlei Schwierigkeiten. Wir beschränken uns auf die Angabe der Summe

$$\sigma_\varrho+\sigma_\vartheta=4\,\mathrm{Re}\,\Phi(\zeta),$$

wobei nach den vorigen Gleichungen

$$4\Phi(\zeta)=\frac{4\varphi'(\zeta)}{\omega'(\zeta)}=p\,\frac{\zeta^2+m-2e^{2i\alpha}}{\zeta^2-m}=p\,\frac{(\varrho^2 e^{2i\vartheta}+m-2e^{2i\alpha})(\varrho^2 e^{-2i\vartheta}-m)}{(\varrho^2 e^{2i\vartheta}-m)(\varrho^2 e^{-2i\vartheta}-m)}$$

ist. Der Nenner des letzten Bruches ist reell und gleich $\varrho^4-2m\varrho^2\cos 2\vartheta+m^2$. Durch Abtrennen des Realteils im Zähler ergibt sich

$$\sigma_\varrho+\sigma_\vartheta=p\,\frac{\varrho^4-2\varrho^2\cos 2(\vartheta-\alpha)-m^2+2m\cos 2\alpha}{\varrho^4-2m\varrho^2\cos 2\vartheta+m^2}.$$

Längs des Lochrandes ist $\varrho=1$, $\sigma_\varrho=0$ und deshalb

$$\sigma_\vartheta=p\,\frac{1-m^2+2m\cos 2\alpha+2\cos 2(\vartheta-\alpha)}{1-2m\cos 2\vartheta+m^2}.$$

Diese Formel stimmt abgesehen von den Bezeichnungen mit der von PÖSCHL [1] überein[2]).

Bei **allseitigem Zug**, d. h. für

$$\sigma_{\mathrm{I}}=\sigma_{\mathrm{II}}=p,\qquad \Gamma=\frac{p}{2},\qquad \Gamma'=0$$

[1]) Die Lösung dieses Problems wurde auf völlig anderem Wege von INGLIS [1] gewonnen und 1921 von PÖSCHL [1] erneut gefunden. Sie ist offenbar als sehr einfacher Sonderfall in der von mir schon 1919 veröffentlichten allgemeinen Lösung des I. Problems für die unendliche Ebene mit elliptischem Loch enthalten. Siehe meine Arbeiten [4] sowie [7]. Ein Sonderfall des Problems (Zug in Richtung der großen Hauptachse) wurde schon 1909 von G. W. KOLOSOW [1] angegeben. Vor nicht allzu langer Zeit veröffentlichte L. FÖPPL [1] eine (sehr umständliche) Lösung für den genannten Sonderfall, die er als Illustration zu der von ihm vorgeschlagenen Lösungsmethode mit Hilfe der konformen Abbildung benutzt. Worin die (ebenfalls in diesem Artikel angeführte) Methode des Autors besteht, ist sehr schwer zu begreifen (zumindest mir gelang dies nicht).

[2]) Die von PÖSCHL in der genannten Arbeit angegebene Formel enthält einen Druckfehler.

im Unendlichen erhalten wir entweder unmittelbar oder durch Überlagerung der vorigen Lösungen für $\alpha = 0$ und $\alpha = \pi/2$

$$\varphi(\zeta) = \frac{pR}{2}\left(\zeta - \frac{m}{\zeta}\right), \quad \psi(\zeta) = -\frac{pR(1 + m^2)\zeta}{\zeta^2 - m}.$$

5.2.5.2. Elliptisches Loch unter gleichmäßigem Druck

In diesem Falle ist

$$\overset{n}{\sigma}_x = -P\cos(\mathrm{n}, x), \quad \overset{n}{\sigma}_y = -P\cos(n, y),$$

wobei P die Größe des Druckes angibt. Folglich gilt

$$\left(\overset{n}{\sigma}_x + \mathrm{i}\overset{n}{\sigma}_y\right)\mathrm{d}s = -P(\mathrm{d}y - \mathrm{id}x) = P\mathrm{i}\,\mathrm{d}z$$

und damit

$$f = \mathrm{i}\int\left(\overset{n}{\sigma}_x + \mathrm{i}\overset{n}{\sigma}_y\right)\mathrm{d}s = -Pz = -PR\left(\sigma + \frac{m}{\sigma}\right),$$

$$\bar{f} = -PR\left(\frac{1}{\sigma} + m\sigma\right).$$

Unter der Annahme, daß die Spannungen im Unendlichen verschwinden, erhalten wir durch Einsetzen des letzten Wertes in die Gln. (4) und (5) aus 5.2.4.

$$\varphi(\zeta) = -\frac{PRm}{\zeta}, \quad \psi(\zeta) = -\frac{PR}{\zeta} - \frac{PRm}{\zeta}\,\frac{1 + m\zeta^2}{\zeta^2 - m}.$$

Damit ist das Problem gelöst.

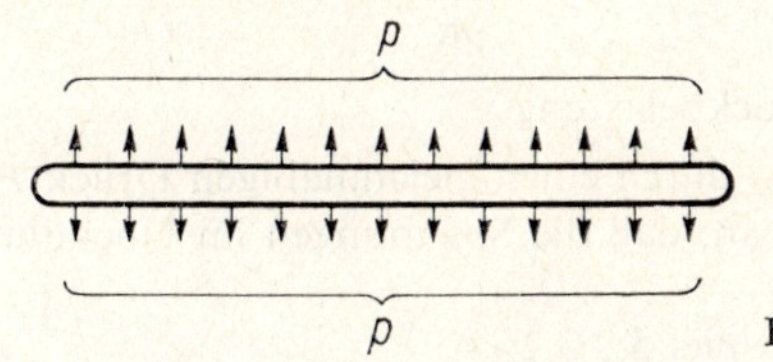

Bild 36

Bei der Berechnung der Verschiebungen und Spannungen beschränken wir uns auf den Grenzfall $m = 1$ (geradliniger Schlitz, s. Bild 36). Nach den Gln. (7), (9) und (10) in 2.4.4. ergibt sich

$$\sigma_\varrho = -P + \frac{P(\varrho^2 - 1)^3(\varrho^2 + 1)}{(\varrho^4 - 2\varrho^2\cos 2\vartheta + 1)^2},$$

$$\sigma_\vartheta = -P + \frac{P(\varrho^4 - 1)(1 + 2\varrho^2 + \varrho^4 - 4\varrho^2\cos 2\vartheta)}{(\varrho^4 - 2\varrho^2\cos 2\vartheta + 1)^2}, \quad \tau_{\varrho\vartheta} = \frac{2P\varrho^2(\varrho^2 - 1)^2\sin 2\vartheta}{(\varrho^4 - 2\varrho^2\cos 2\vartheta + 1)^2},$$

$$v_\varrho = -\frac{PR}{2\mu\varrho}\,\frac{(1 + \varkappa)\varrho^2\cos 2\vartheta + 1 - \varkappa - 2\varrho^2}{\sqrt{\varrho^4 - 2\varrho^2\cos 2\vartheta + 1}}, \quad v_\vartheta = -\frac{PR\varrho(1 - \varkappa)\sin 2\vartheta}{2\mu\sqrt{\varrho^4 - 2\varrho^2\cos 2\vartheta + 1}}.$$

Aus diesem Beispiel sind einige Eigenschaften der Spannungs- und Verschiebungsverteilung in der Nähe der Endpunkte des Schlitzes ersichtlich, die auch für den allgemeinen Fall charakteristisch sind[1]).

[1]) Siehe 8.4.

Vor allem zeigt sich, daß die Spannungen in der Nähe der Endpunkte des Schlitzes nicht beschränkt bleiben, z. B. die Spannungskomponenten σ_x, σ_y, τ_{xy} lauten für rechts vom Endpunkt $x = 2R$ auf der x-Achse liegende Punkte ($\vartheta = 0$, $\varrho > 1$, $\sigma_x = \sigma_\varrho$, $\sigma_y = \sigma_\vartheta$, $\tau_{xy} = \tau_{\varrho\vartheta}$)

$$\sigma_x = \sigma_y = -P + P\frac{\varrho^2 + 1}{\varrho^2 - 1}, \quad \tau_{xy} = 0.$$

Mit s als Abstand des betrachteten Punktes vom Endpunkt $x = 2R$ ergibt sich für $s \to 0$ offenbar

$$\sigma_x = \sigma_y = \frac{P\sqrt{R}}{\sqrt{s}} + \text{beschränkte Größe.}$$

Dasselbe trifft auf Punkte der x-Achse zu, die links vom anderen Endpunkt $x = -2R$ liegen.

Die Verschiebungen hingegen bleiben in der Nähe der Endpunkte beschränkt.

5.2.5.3. Elliptisches Loch mit gleichmäßig verteilter Schubspannung T

In diesem Falle gilt

$$\left(\overset{n}{\sigma}_x + \mathrm{i}\overset{n}{\sigma}_y\right) \mathrm{d}s = T\,\mathrm{d}z,$$

$$f = \mathrm{i}Tz = \mathrm{i}TR\left(\sigma + \frac{m}{\sigma}\right), \quad \bar{f} = -\mathrm{i}TR\left(\frac{1}{\sigma} + m\sigma\right).$$

Analog zum vorigen Beispiel erhalten wir (unter der Annahme, daß die Spannungen im Unendlichen verschwinden)

$$\varphi(\zeta) = \frac{TRm\mathrm{i}}{\zeta}, \quad \psi(\zeta) = -\frac{TR\mathrm{i}}{\zeta} + \frac{TRm\mathrm{i}}{\zeta}\,\frac{1 + m\zeta^2}{\zeta^2 - m}.$$

5.2.5.4. Elliptisches Loch mit stückweiser Druckbelastung

Nun sei lediglich das Randkurvenstück z_1Mz_2 durch einen gleichmäßigen Druck P belastet (Bild 37a). Außerdem nehmen wir wiederum an, daß die Spannungen im Unendlichen verschwinden.

Dann erhalten wir (ausgehend von z_1 vgl. Beispiel 5.2.5.2.)

$$f = -Pz = -PR\left(\sigma + \frac{m}{\sigma}\right) \quad \text{auf dem Bogen } z_1Mz_2$$

$$f = -Pz_2 \quad \text{auf dem Bogen } z_2Nz_1.$$

Bei einem einmaligen Durchlaufen des gesamten Randes (*entgegen dem Uhrzeigersinn*) erfährt f einen Zuwachs von

$$-P(z_2 - z_1) = P(z_1 - z_2).$$

Nach Gl. (8) in 5.2.4. gilt

$$f_0 = f + \frac{X + \mathrm{i}Y}{2\pi}\ln\sigma + \frac{X - \mathrm{i}Y}{2\pi(1 + \varkappa)}\,\frac{\sigma^2 + m}{1 - m\sigma^2}$$

$$= f - \frac{P(z_1 - z_2)}{2\pi\mathrm{i}}\ln\sigma + \frac{P(\bar{z}_1 - \bar{z}_2)}{2\pi\mathrm{i}(1 + \varkappa)}\,\frac{\sigma^2 + m}{1 - m\sigma^2};$$

denn $X + \mathrm{i}Y = \mathrm{i}P(z_1 - z_2)$ [s. beispielsweise Gl. (7) in 5.1.1.]. Der Umlaufsinn ist in der angeführten Formel so zu wählen, daß das vom Körper eingenommene Gebiet von ihm aus

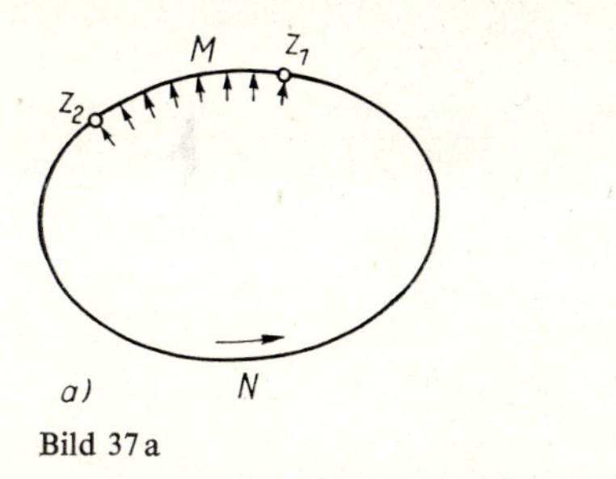

Bild 37a

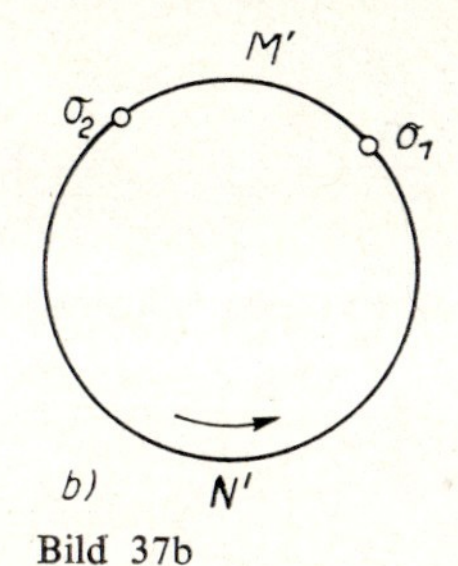

Bild 37b

zur Linken liegt (das ist in unserem Falle der Uhrzeigersinn). Der Wert der mehrdeutigen Funktion $\ln \sigma$ muß in irgendeinem Punkt (z. B. in dem z_1 entsprechenden Punkt $\sigma_1 = e^{i\vartheta_1}$) willkürlich festgelegt werden. Beim Durchlaufen von γ soll sich $\ln \sigma$ stetig ändern, so daß bei einem einmaligen Umfahren des Kreises (entgegen dem Uhrzeigersinn) ein Zuwachs von $2\pi i$ entsteht. Dann kehrt der Ausdruck f_0 dabei zum Ausgangswert zurück und ist folglich eindeutig und stetig auf dem gesamten Rand[1]).

Nun berechnen wir noch die Funktionen $\varphi_0(\zeta)$ und $\psi_0(\zeta)$ aus den Gln. (4') und (5') in 5.2.4. Wenn wir mit σ_2 den Punkt auf γ bezeichnen, der dem Punkt z_2 entspricht (Bild 37b), so gilt

$$\varphi_0(\zeta) = -\frac{1}{2\pi i}\int\limits_{\gamma}\frac{f_0\,d\sigma}{\sigma-\zeta} = \frac{PR}{2\pi i}\int\limits_{\sigma_1}^{\sigma_2}\left(\sigma+\frac{m}{\sigma}\right)\frac{d\sigma}{\sigma-\zeta} + \frac{Pz_2}{2\pi i}\int\limits_{\sigma_1}^{\sigma_2}\frac{d\sigma}{\sigma-\zeta}$$

$$+\frac{P(z_1-z_2)}{2\pi i}\,\frac{1}{2\pi i}\int\limits_{\gamma}\frac{\ln\sigma}{\sigma-\zeta}\,d\sigma - \frac{P(\bar z_1-\bar z_2)}{2\pi i(1+\varkappa)}\,\frac{1}{2\pi i}\int\limits_{\gamma}\frac{\sigma^2+m}{1-m\sigma^2}\,\frac{d\sigma}{\sigma-\zeta}.$$

Nun ist aber

$$\int\limits_{\sigma_1}^{\sigma_2}\left(\sigma+\frac{m}{\sigma}\right)\frac{d\sigma}{\sigma-\zeta} = \sigma_2-\sigma_1-\frac{m}{\zeta}\ln\frac{\sigma_2}{\sigma_1}+\left(\zeta+\frac{m}{\zeta}\right)\ln\frac{\sigma_2-\zeta}{\sigma_1-\zeta}$$

mit $\ln \sigma_2/\sigma_1 = i\theta$, wobei θ den Zentriwinkel zwischen den Punkten σ_1 und σ_2, gemessen von σ_1 aus entgegen dem Uhrzeigersinn, bezeichnet. Weiterhin ist

$$\int\limits_{\sigma_2}^{\sigma_1}\frac{d\sigma}{\sigma-\zeta} = \ln\frac{\sigma_1-\zeta}{\sigma_2-\zeta}, \quad \frac{1}{2\pi i}\int\limits_{\gamma}\frac{\sigma^2+m}{1-m\sigma^2}\,\frac{d\sigma}{\sigma-\zeta} = 0 \text{ }^{2)}$$

Zur Berechnung des Integrals

$$J(\zeta) = \frac{1}{2\pi i}\int\limits_{\gamma}\frac{\ln\sigma}{\sigma-\zeta}\,d\sigma$$

---

[1]) Wenn der Ausdruck f_0 Unstetigkeiten aufweist, so entspricht dies Einzelkräften an den Unstetigkeitsstellen, jedoch Einzelkräfte treten nach Voraussetzung nicht auf. Die Ableitung f_0' ist in den z_1 und z_2 entsprechenden Punkten unstetig, man kann jedoch unmittelbar nachprüfen, daß unsere Formeln eine Lösung des Problems liefern.

[2]) Da der Integrand holomorph im Inneren von γ ist.

bilden wir

$$\frac{dJ}{d\zeta} = \frac{1}{2\pi i}\int\limits_\gamma \frac{\ln\sigma\, d\sigma}{(\sigma-\zeta)^2} = -\frac{1}{2\pi i}\int\limits_\gamma \ln\sigma\, d\frac{1}{\sigma-\zeta} = -\frac{1}{2\pi i}\left[\frac{\ln\sigma}{\sigma-\zeta}\right]_{\sigma=\sigma_1}^{\sigma=\sigma_1} + \frac{1}{2\pi i}\int\limits_\gamma \frac{d\sigma}{\sigma(\sigma-\zeta)}.$$

Nach der Cauchyschen Formel für das unendliche Gebiet gilt

$$\frac{1}{2\pi i}\int\limits_\gamma \frac{d\sigma}{\sigma(\sigma-\zeta)} = -\frac{1}{\zeta}$$

und

$$\left[\frac{\ln\sigma}{\sigma-\zeta}\right]_{\sigma=\sigma_1}^{\sigma=\sigma_1} = \frac{2\pi i}{\sigma_1-\zeta};$$

denn $\ln\sigma$ wächst beim Umfahren von γ um $2\pi i$. Also ist

$$\frac{dJ}{d\zeta} = -\frac{1}{\zeta} - \frac{1}{\sigma_1-\zeta},$$

und folglich

$$J(\zeta) = \ln(\sigma_1-\zeta) - \ln\zeta + \text{const.}$$

Auf diese Weise erhalten wir (bis auf gewisse konstante Glieder)

$$\varphi_0(\zeta) = \frac{P}{2\pi i}\left\{-\frac{mR}{\zeta}\ln\frac{\sigma_2}{\sigma_1} + \left[R\left(\zeta-\frac{m}{\zeta}\right) - z_2\right]\ln(\sigma_2-\zeta)\right.$$
$$\left. - \left[R\left(\zeta+\frac{m}{\zeta}\right) - z_1\right]\ln(\sigma_1-\zeta) - (z_1-z_2)\ln\zeta\right\}$$

mit

$$z_1 = R\left(\sigma_1+\frac{m}{\sigma_1}\right) \quad \text{und} \quad z_2 = R\left(\sigma_2+\frac{m}{\sigma_2}\right).$$

Auf völlig gleichem Wege läßt sich $\psi_0(\zeta)$ berechnen. Nach einigen einfachen Umformungen ergibt sich

$$\varphi(\zeta) = \frac{P}{2\pi i}\left\{-\frac{mR}{\zeta}\ln\frac{\sigma_2}{\sigma_1} + \left[R\left(\zeta+\frac{m}{\zeta}\right) - z_2\right]\ln(\sigma_2-\zeta)\right.$$
$$\left. - \left[R\left(\zeta+\frac{m}{\zeta}\right) - z_1\right]\ln(\sigma_1-\zeta) - \frac{\varkappa(z_1-z_2)}{\varkappa+1}\ln\zeta\right\},$$

$$\psi(\zeta) = \frac{P}{2\pi i}\left\{-\frac{R(1+m^2)\,\zeta}{\zeta^2-m}\ln\frac{\sigma_2}{\sigma_1} + R(\sigma_1-\sigma_2)\frac{1+m\zeta^2}{\zeta^2-m}\right.$$
$$\left. -\bar{z}_2\ln(\sigma_2-\zeta) + \bar{z}_1\ln(\sigma_1-\zeta) - \frac{\bar{z}_1-\bar{z}_2}{\varkappa+1}\ln\zeta - \frac{z_1-z_2}{\varkappa+1}\,\frac{1+m^2}{\zeta^2-m}\right\}.$$

Bei Belastung des gesamten Randes gilt

$$z_1 = z_2, \quad \sigma_1 = \sigma_2, \quad \ln\frac{\sigma_2}{\sigma_1} = 2\pi i,$$

d. h., wir bekommen die einfachen Formeln, die wir oben unmittelbar für diesen Fall hergeleitet haben (s. Beispiel 5.2.5.2.).

Wenn wir den Bogen z_1Mz_2 unbeschränkt verkleinern und gleichzeitig P so wachsen lassen, daß $\lim P|z_2 - z_1| = F$ endlich und von Null verschieden bleibt, erhalten wir im Grenzfall eine am Lochrand angreifende Einzelkraft in Normalenrichtung. Das Verfahren läßt sich leicht auf beliebig viele Einzelkräfte verallgemeinern, wobei diese an Randpunkten oder im Innern des Körpers angreifen können (vgl. die analoge Lösung für die Kreisscheibe).

5.2.5.5. Biegung eines breiten Streifens mit elliptischem Loch

Der Spannungsfunktion

$$U = -\frac{1}{6}Ay^3$$

entspricht folgender Spannungszustand:

$$\sigma_x = -Ay, \quad \sigma_y = \tau_{xy} = 0. \tag{3}$$

Wenn wir aus dem Körper einen von den Geraden $y = \pm a$ begrenzten Streifen herausschneiden, so ist sein Rand frei von äußeren Spannungen.
Auf einen beliebigen zur y-Achse parallelen Querschnitt wirkt von rechts eine Normalspannung der Größe $\sigma_x = -Ay$. Diese Kraftwirkung ist insgesamt einem Moment

$$M = \int_{-a}^{+a} Ay^2 \, dy = \frac{2}{3}Aa^3 \tag{4}$$

äquivalent, dabei wird M auf die Dickeneinheit senkrecht zur x, y-Ebene bezogen.
Somit löst unsere Funktion das Biegeproblem für einen vollen Streifen (Balken), der durch ein an den Enden angreifendes Moment M beansprucht wird (Bild 38). Die der Spannungsfunktion U entsprechenden Funktionen $\varphi_1(z)$ und $\psi_1(z)$ lauten

$$\varphi_1(z) = \frac{Aiz^2}{8}, \quad \psi_1(z) = -\frac{Aiz^2}{8}. \tag{5}$$

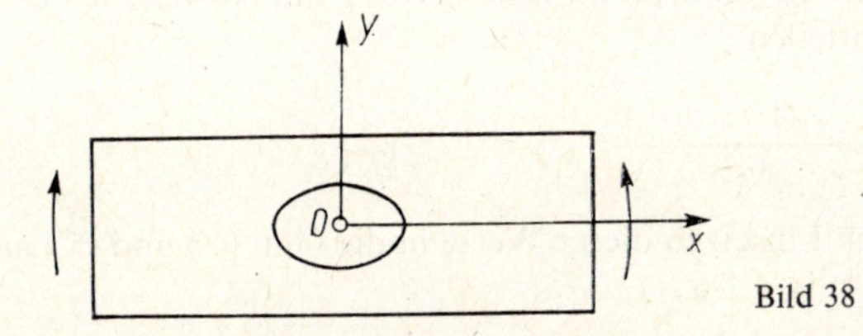

Bild 38

Aus dem Streifen soll nun ein elliptisches Loch mit dem Koordinatenursprung als Mittelpunkt herausgeschnitten werden, dessen Rand frei von äußeren Spannungen ist. Dabei wird vorausgesetzt, daß die Abmessungen des Loches klein sind im Vergleich zur Breite des Streifens[1]).
Wir lösen das Problem näherungsweise, indem wir eine Lösung für das elliptische Loch in der unendlichen Ebene unter bestimmter Belastung mit der Lösung des Streifens überlagern, so daß der Spannungszustand in großer Entfernung vom Loch den Werten (3) zustrebt und der Lochrand spannungsfrei bleibt.

[1]) Darüber wird am Ende des Abschnittes noch gesprochen.

Auf diese Weise erhalten wir

$$\begin{aligned} \varphi_1(z) &= \varphi_1^0(z) + \frac{Aiz^2}{8}, \\ \psi_1(z) &= \psi_1^0(z) - \frac{Aiz^2}{8}, \end{aligned} \tag{6}$$

wobei φ_1^0 und ψ_1^0 im Außengebiet der Ellipse einschließlich im unendlich fernen Punkt holomorphe Funktionen sind.

Der Einfachheit halber nehmen wir an, daß die große Achse der Ellipse in Richtung der Balkenachse zeigt (die Lösung für den allgemeinen Fall ist lediglich etwas umfangreicher)[1]. Durch Einführung der Veränderlichen ζ ergibt sich mit den bisherigen Bezeichnungen

$$\begin{aligned} \varphi(\zeta) &= \varphi_0(\zeta) + \frac{Ai}{8} R^2 \left(\zeta + \frac{m}{\zeta}\right)^2, \\ \psi(\zeta) &= \psi_0(\zeta) - \frac{Ai}{8} R^2 \left(\zeta + \frac{m}{\zeta}\right)^2. \end{aligned} \tag{7}$$

Wenn wir diese Werte in Gl. (2) oder (3) aus 5.2.4. einsetzen und beachten, daß $f = 0$ ist, wird ersichtlich, daß die Funktionen $\varphi_0(\zeta)$ und $\psi_0(\zeta)$ ebenfalls der genannten Randbedingung genügen müssen, wobei allerdings f und $\bar{f}$ entsprechend durch

$$f_0 = -\frac{AiR^2(1-m)^2}{8}\left(\sigma - \frac{1}{\sigma}\right)^2$$

und

$$\bar{f}_0 = \frac{AiR^2(1-m)^2}{8}\left(\sigma - \frac{1}{\sigma}\right)^2 \tag{8}$$

zu ersetzen sind.

Die beiden letzten Funktionen sind holomorph im Innern von γ mit Ausnahme des Punktes $\sigma = 0$, wo sie Pole mit den Hauptteilen

$$-\frac{R^2A(1-m)^2\,\mathrm{i}}{8\sigma^2}, \quad \frac{R^2A(1-m)^2\,\mathrm{i}}{8\sigma^2}$$

haben. Deshalb erhalten wir durch Einsetzen dieser Werte in die Gln. (4′) und (5′) aus 5.2.4. unter Berücksichtigung von Gl. (4) in 4.1.6.

$$\varphi_0(\zeta) = -\frac{1}{2\pi\mathrm{i}}\int_\gamma \frac{f_0\,\mathrm{d}\sigma}{\sigma - \zeta} = -\frac{R^2A\,(1-m)^2}{8\zeta^2},$$

$$\psi_0(\zeta) = -\frac{1}{2\pi\mathrm{i}}\int_\gamma \frac{\bar{f}_0\,\mathrm{d}\sigma}{\sigma - \zeta} - \zeta\frac{1+m\zeta^2}{\zeta^2 - m}\,\varphi_0'(\zeta) = \frac{R^2A(1-m)^2\,\mathrm{i}}{8\zeta^2} - \frac{R^2A(1-m)^2\,\mathrm{i}}{4\zeta^2}\,\frac{1+m\zeta^2}{\zeta^2 - m},$$

und damit ist das Problem gelöst.

[1]) Die Lösung für den Sonderfall, daß die große Hauptachse der Ellipse senkrecht auf der Balkenachse steht, wurde (auf anderem Wege) von A. S. Lokschin [1] gefunden.

Bei $m = 0$ ergibt sich die Lösung für das Kreisloch, bei $m = 1$ für den geradlinigen Schlitz. Im letzteren Falle ist, wie vorauszusehen war, $\varphi_0(\zeta) = \psi_0(\zeta) = 0$, d. h., der *Längsschlitz* beeinflußt den Spannungszustand nicht.

In gleicher Weise lassen sich zahlreiche analoge Aufgaben, z. B. das Problem der Querkraftbiegung, lösen.

Mit Hilfe der in diesem Buch angeführten Methoden löste und untersuchte M. I. Naiman [1] eine Reihe solcher Probleme für das elliptische und das Kreisloch sowie für einige andere Lochformen (z. B. Hypotrochoide als Näherung des Rechteckes bzw. Quadrates, s. 2.4.2.4.). Zahlreiche für die Praxis bedeutsame Probleme wurden von G. N. Sawin [2] behandelt. Er gibt bequeme Berechnungsformeln sowie Zahlentabellen an und ermöglicht es dadurch, die gewonnenen Ergebnisse mit experimentellen Daten zu vergleichen. Eine detaillierte Darlegung dazu findet der Leser in der Monographie [8]. Auf die Arbeiten Sawins wird später noch näher eingegangen (5.2.14.).

Einige Biegefälle des Balkens mit Kreisloch wurden bereits vorher von S. G. Lechnitzki [2] untersucht. Noch früher fand Tuzi [1] die Lösung für den Balken mit Kreisloch bei reiner Biegung (das entspricht in unserem Falle $m = 0$). Experimente an Modellen haben gezeigt, daß die gewonnene Näherungslösung praktisch auch dann noch hinreichend genau ist, wenn die Lochabmessungen nicht klein im Vergleich zur Breite des Streifens sind und $^3/_5$ der Balkenhöhe im Falle des Kreisloches (Tuzi) oder $^1/_3$ der Balkenhöhe im Falle des quadratischen Loches (G. N. Sawin) erreichen.

Alle bisher angeführten Ergebnisse stellen Näherungslösungen dar und beruhen auf dem von uns angegebenen Verfahren. Dagegen wurde von Howland und Stevenson [1] eine exakte Lösung des I. Problems für den unendlichen Streifen (endlicher Breite) mit symmetrisch liegendem Kreisloch angegeben, die allerdings ziemlich kompliziert ist.

5.2.6. Lösung des II. Problems für die unendliche Ebene mit elliptischem Loch

In diesem Falle lautet die Randbedingung

$$\varkappa\varphi(\sigma) - \frac{1}{\sigma}\,\frac{\sigma^2 + m}{1 - m\sigma^2}\,\overline{\varphi'(\sigma)} - \overline{\psi(\sigma)} = 2\mu(g_1 + \mathrm{i}g_2) = 2\mu g \tag{1}$$

oder

$$\varkappa\overline{\varphi(\sigma)} - \sigma\,\frac{1 + m\sigma^2}{\sigma^2 - m}\,\varphi'(\sigma) - \psi(\sigma) = 2\mu(g_1 - \mathrm{i}g_2) = 2\mu\bar{g}, \tag{2}$$

wobei g_1 und g_2 die vorgegebenen Verschiebungskomponenten auf der elliptischen Randkurve sind.

Unter der Voraussetzung, daß die Verschiebungen im Unendlichen beschränkt bleiben (daß also $X = Y = \Gamma = \Gamma' = 0$ ist), erhalten wir auf völlig gleichem Wege wie in 5.2.5.

$$\varphi(\zeta) = -\frac{2\mu}{\varkappa}\,\frac{1}{2\pi\mathrm{i}}\int\limits_{\gamma}\frac{g\,\mathrm{d}\sigma}{\sigma - \zeta}, \tag{3}$$

$$\psi(\zeta) = \frac{\mu}{\pi\mathrm{i}}\int\limits_{\gamma}\frac{\bar{g}\,\mathrm{d}\sigma}{\sigma - \zeta} - \zeta\,\frac{1 + m\zeta^2}{\zeta^2 - m}\,\varphi'(\zeta) + \psi(\infty). \tag{4}$$

Bei beliebigem $\psi(\infty)$ wird die Randbedingung bis auf eine additive Konstante befriedigt. Zur Bestimmung von $\psi(\infty)$ multiplizieren wir die Gl. (2) mit $\frac{1}{2\pi i}\frac{d\sigma}{\sigma}$ und integrieren über γ. Dann ergibt sich, wie man leicht sieht[1]),

$$\psi(\infty) = -\frac{\mu}{\pi i}\int_\gamma \bar{g}\,\frac{d\sigma}{\sigma}, \tag{5}$$

und damit ist unser Problem für den Fall beschränkter Verschiebungen im Unendlichen gelöst. Allgemein erhalten wir, wenn wir wiederum annehmen, daß $\Gamma = \bar{\Gamma}$ ist, d. h., daß die *Drehung im Unendlichen verschwindet*,

$$\varphi(\zeta) = \Gamma R\zeta - \frac{X + iY}{2\pi(1 + \varkappa)}\ln\zeta + \varphi_0(\zeta), \tag{6}$$

$$\psi(\zeta) = \Gamma' R\zeta + \frac{\varkappa(X - iY)}{2\pi(1 + \varkappa)}\ln\zeta + \psi_0(\zeta). \tag{7}$$

Durch Einsetzen dieser Ausdrücke in die Gl. (1) wird ersichtlich, daß $\varphi_0(\zeta)$ und $\psi_0(\zeta)$ den gleichen Randbedingungen wie $\varphi(\zeta)$ und $\psi(\zeta)$ genügen müssen, dabei ist allerdings $2\mu g$ durch

$$2\mu g_0 = 2\mu g - \Gamma R\left(\varkappa\sigma - \frac{1}{\sigma}\,\frac{\sigma^2 + m}{1 - m\sigma^2}\right) + \frac{\bar{\Gamma}' R}{\sigma} - \frac{X - iY}{2\pi(\varkappa + 1)}\,\frac{\sigma^2 + m}{1 - m\sigma^2} \tag{8}$$

bzw.

$$2\mu\bar{g}_0 = 2\mu\bar{g} - \Gamma R\left(\frac{\varkappa}{\sigma} - \sigma\,\frac{1 + m\sigma^2}{\sigma^2 - m}\right) + \Gamma' R\sigma - \frac{X + iY}{2\pi(\varkappa + 1)}\,\frac{1 + m\sigma^2}{\sigma^2 - m} \tag{9}$$

zu ersetzen. Folglich erhalten wir $\varphi_0(\zeta)$ und $\psi_0(\zeta)$ aus (3) und (4), indem wir dort φ_0, ψ_0 statt φ, ψ und g_0, $\bar{g}_0$ statt g, $\bar{g}$ schreiben.
Damit ergibt sich nach einigen einfachen Rechnungen (vgl. 5.2.5.1.)

$$\varphi_0(\zeta) = -\frac{2\mu}{\varkappa}\,\frac{1}{2\pi i}\int_\gamma \frac{g\,d\sigma}{\sigma - \zeta} + (\Gamma m + \bar{\Gamma}')\,\frac{R}{\varkappa\zeta}, \tag{10}$$

$$\begin{aligned}\psi_0(\zeta) = {} & \frac{\mu}{\pi i}\int_\gamma \frac{\bar{g}\,d\sigma}{\sigma - \zeta} + \Gamma R\left(\frac{\varkappa}{\zeta} - \frac{(1 + m^2)\,\zeta}{\zeta^2 - m}\right) \\ & + \frac{X + iY}{2\pi(\varkappa + 1)}\,\frac{1 + m^2}{\zeta^2 - m} - \zeta\,\frac{1 + m\zeta^2}{\zeta^2 - m}\,\varphi_0'(\zeta) + \psi_0(\infty),\end{aligned} \tag{11}$$

wobei $\psi_0(\infty)$ mit Hilfe der aus (5) und (9) hervorgegangenen Gleichung

$$\psi_0(\infty) = -\frac{\mu}{\pi i}\int_\gamma \frac{\bar{g}_0\,d\sigma}{\sigma} = -\frac{\mu}{\pi i}\int_\gamma \frac{\bar{g}\,d\sigma}{\sigma} + \frac{m(X + iY)}{2\pi(\varkappa + 1)} \tag{12}$$

bestimmt wird.
Wie man leicht sieht, ist die gewonnene Lösung regulär, falls die Ableitung der auf den Rand vorgegebenen Funktion g einer H-Bedingung genügt.
Im Grenzfall $m = 1$ erhalten wir die Lösung des II. Problems für die unendliche Ebene mit geradlinigem Schlitz.

---

[1]) Siehe zweite Fußnote auf S. 272

5.2.7. Beispiele

5.2.7.1. Unendliche Ebene mit starrem elliptischem Kern unter Zug

Wir betrachten nun eine unendliche Scheibe mit fest verbundenem starrem elliptischem Kern unter einachsigem Zug, analog Beispiel 5.2.5.1. (Bild 39). An dem Kern sollen außer den vom umgebenden Material her wirkenden Spannungen keine Kräfte angreifen, d. h., in unserem Falle gilt $X = Y = 0$.

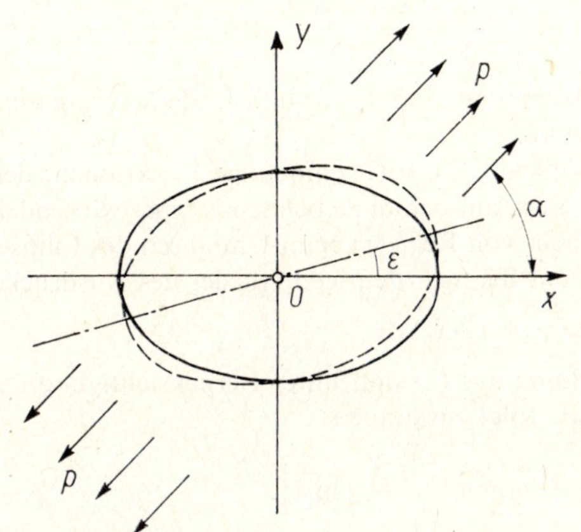

Bild 39

Mit den Bezeichnungen aus 5.2.5.1. erhalten wir

$$\Gamma = \bar{\Gamma} = \frac{p}{4}, \quad \Gamma' = -\frac{1}{2} p \, \mathrm{e}^{-2\mathrm{i}\alpha}.$$

Die angreifende Zugkraft kann eine (starre) translative Verschiebung und eine Drehung des Kernes hervorrufen. Da man die Verschiebung durch eine starre Translation des gesamten Systems rückgängig machen kann, dürfen wir sie unberücksichtigt lassen. Wir nehmen deshalb an, daß der Kern lediglich eine Drehung (von der zunächst noch unbekannten Größe ε) um den Mittelpunkt ausführt.
Die Randwerte der Verschiebungskomponenten lauten hierbei

$$g_1 = -\varepsilon y, \quad g_2 = \varepsilon x, \tag{1}$$

damit ergibt sich

$$g = \mathrm{i}\varepsilon(x + \mathrm{i}y) = \mathrm{i}\varepsilon z = \mathrm{i}\varepsilon R\left(\sigma + \frac{m}{\sigma}\right), \quad \bar{g} = -\,\mathrm{i}\varepsilon R\left(\frac{1}{\sigma} + m\sigma\right).$$

Da weiterhin

$$\frac{1}{2\pi\mathrm{i}} \int\limits_{\gamma} \frac{g \, \mathrm{d}\sigma}{\sigma - \zeta} = \mathrm{i}\varepsilon R \frac{1}{2\pi\mathrm{i}} \int\limits_{\gamma} \left(\sigma + \frac{m}{\sigma}\right) \frac{\mathrm{d}\sigma}{\sigma - \zeta} = -\frac{\mathrm{i}\varepsilon R m}{\zeta},$$

$$\frac{1}{2\pi\mathrm{i}} \int\limits_{\gamma} \frac{\bar{g} \, \mathrm{d}\sigma}{\sigma - \zeta} = \frac{\mathrm{i}\varepsilon R}{\zeta}$$

ist und gemäß (12) in 5.2.6. $\psi_0(\infty) = 0$ gilt, erhalten wir mit $X = Y = 0$ aus (6), (7), (10) und (11) in 5.2.6.

$$\varphi(\zeta) = \Gamma R\zeta + (2\mu m\varepsilon i + \Gamma m + \bar{\Gamma}') \frac{R}{\varkappa\zeta},$$

$$\psi(\zeta) = \Gamma' R\zeta + \frac{2\mu\varepsilon R i}{\zeta} + \Gamma R\left(\frac{\varkappa}{\zeta} - \frac{(1 + m^2)\zeta}{\zeta^2 - m}\right) + (2\mu m\varepsilon i + \Gamma m + \bar{\Gamma}') \frac{1 + m\zeta^2}{\zeta^2 - m} \frac{R}{\varkappa\zeta}. \tag{2}$$

Den Winkel ε bestimmen wir aus der Bedingung, daß das resultierende Moment der auf den Kern wirkenden Kräfte verschwinden muß.

In unserem Falle sind $\varphi(\zeta)$, $\psi(\zeta)$ und folglich $\varphi_1(\zeta)$, $\psi_1(\zeta)$ eindeutige Funktionen; deshalb ist das resultierende Moment M_0 der vom Kern auf den umgebenden Körper wirkenden Kräfte gemäß Gl. (5) in 2.2.5. gleich dem Zuwachs von $\operatorname{Re} \chi_1(z)$ beim Umfahren des Ellipsenrandes (im Uhrzeigersinn). Also brauchen wir nur die mehrdeutigen Glieder des Ausdruckes

$$\operatorname{Re}\chi_1(z) = \operatorname{Re} \int \psi_1(z)\, dz = \operatorname{Re} \int \psi(\zeta)\, \omega'(\zeta)\, d\zeta$$

zu berechnen. Nach der zweiten Gleichung aus (2) und unter Berücksichtigung der Beziehung $\Gamma' = B' + iC'$ setzen sich diese wie folgt zusammen:

$$\operatorname{Re}\left\{2i\mu\varepsilon R^2\left(1 + \frac{m^2}{\varkappa}\right)\ln\zeta - iC'mR^2\left(1 + \frac{1}{\varkappa}\right)\ln\zeta\right\}.$$

Demnach ist

$$M_0 = 4\pi\mu\varepsilon R^2\left(1 + \frac{m^2}{\varkappa}\right) - 2\pi m R^2 C'\left(1 + \frac{1}{\varkappa}\right). \tag{3}$$

Die Bedingung $M_0 = 0$ liefert

$$\varepsilon = \frac{m(1 + \varkappa)\, C'}{2\mu(m^2 + \varkappa)} = \frac{pm(1 + \varkappa)\sin 2\alpha}{4\mu(m^2 + \varkappa)}. \tag{4}$$

Damit ist das Problem gelöst.

Im Falle des Kreiskernes ($m = 0$) verschwindet die Drehung. Im Grenzfall eines geradlinigen Kernes, d. h. eines starren dünnen Stabes ($m = 1$), gilt

$$\varepsilon = \frac{p\sin 2\alpha}{4\mu}. \tag{4'}$$

Bei allseitigem Zug, also für

$$\Gamma = \bar{\Gamma} = \frac{p}{2}, \quad \Gamma' = 0$$

erhalten wir offensichtlich $\varepsilon = 0$ und damit

$$\varphi(\zeta) = \frac{pR}{2}\left(\zeta + \frac{m}{\varkappa\zeta}\right), \quad \psi(\zeta) = \frac{pR}{2}\left(\frac{\varkappa}{\zeta} - \frac{(1 + m^2)\zeta}{\zeta^2 - m} + \frac{1 + m\zeta^2}{\zeta^2 - m}\frac{m}{\varkappa\zeta}\right). \tag{5}$$

5.2.7.2. An der Drehung behinderter elliptischer Kern

Wenn der starre elliptische Kern unter den Bedingungen des vorigen Beispiels (einachsiger Zug) durch ein geeignetes Moment in seiner ursprünglichen Lage festgehalten wird, so gilt

$\varepsilon = 0$, und aus den Gln. (2) folgt

$$\begin{aligned} \varphi(\zeta) &= \Gamma R\zeta + (\Gamma m + \bar{\Gamma}') \frac{R}{\varkappa\zeta}, \\ \psi(\zeta) &= \Gamma' R\zeta + \Gamma R\left(\frac{\varkappa}{\zeta} - \frac{(1+m^2)\,\zeta}{\zeta^2 - m}\right) + (\Gamma m + \bar{\Gamma}') \frac{1 + m\zeta^2}{\zeta^2 - m} \frac{R}{\varkappa\zeta}. \end{aligned} \tag{6}$$

Das Moment M_0, das den Kern an der Drehung behindert, ist gemäß (3) gleich

$$M_0 = -2\pi m R^2 C'\left(1 + \frac{1}{\varkappa}\right) = -p\pi m R^2\left(1 + \frac{1}{\varkappa}\right)\sin 2\alpha. \tag{7}$$

5.2.7.3. Elliptischer Kern mit vorgegebenem Moment

Wir nehmen an, daß die Spannungen im Unendlichen verschwinden. Dann ergibt sich aus (2)

$$\varphi(\zeta) = \frac{2\mu m\varepsilon R\mathrm{i}}{\varkappa\zeta}, \quad \psi(\zeta) = \frac{2\mu\varepsilon R\mathrm{i}}{\varkappa\zeta}\left(\varkappa + m\frac{1 + m\zeta^2}{\zeta^2 - m}\right), \tag{8}$$

dabei gilt gemäß Gl. (3)

$$\varepsilon = \frac{M_0\varkappa}{4\pi\mu R^2(m + \varkappa)}. \tag{9}$$

5.2.7.4. Elliptischer Kern mit einer im Mittelpunkt angreifenden Kraft

Unter der Voraussetzung, daß die Spannungen im Unendlichen verschwinden, erfährt der Kern hierbei offenbar keine Drehung[1]). Wir können also annehmen, daß er an seiner ursprünglichen Stelle verbleibt (denn eine starre translative Verschiebung läßt sich stets rückgängig machen). Folglich gilt in den Gln. (10), (11) und (12) aus 5.2.6. $g = 0$, $\Gamma = \Gamma' = 0$, und damit ergibt sich, wenn (X, Y) die angreifende Kraft ist,

$$\varphi_0(\zeta) = 0, \quad \psi_0(\zeta) = \frac{X + \mathrm{i}Y}{2\pi(\varkappa + 1)} \frac{1 + m^2}{\zeta^2 - m} + \frac{m(X + \mathrm{i}Y)}{2\pi(\varkappa + 1)}$$

und gemäß (6), (7) in 5.2.6.

$$\varphi(\zeta) = -\frac{X + \mathrm{i}Y}{2\pi(\varkappa + 1)}\ln\zeta, \quad \psi(\zeta) = \frac{\varkappa(X - \mathrm{i}Y)}{2\pi(\varkappa + 1)}\ln\zeta + \frac{X + \mathrm{i}Y}{2\pi(\varkappa + 1)} \frac{1 + m^2}{\zeta^2 - m} + \frac{m(X + \mathrm{i}Y)}{2\pi(\varkappa + 1)}.$$

5.2.8. Allgemeine Lösung des I. Problems für Gebiete, die sich mit Hilfe eines Polynoms auf den Kreis abbilden lassen

Es ist kein Zufall, daß wir für die in den Abschnitten 5.2.1. bis 5.2.6. betrachteten Gebiete so einfache und elementare Lösungen erhalten haben, denn wenn die Abbildungsfunktion $\omega(\zeta)$ rational[2]) ist, läßt sich die Lösung unserer Probleme stets in elementarer Form, und zwar durch CAUCHYsche Integrale, ausdrücken.

---

[1]) Dies ist auf Grund der Symmetrie offensichtlich, wenn die Kraft in Richtung einer der Ellipsenachsen zeigt. Der allgemeine Fall ergibt sich als Kombination zweier solcher Sonderfälle.

[2]) Die Lösung des biharmonischen Grundproblems für den Fall, daß $\omega(\zeta)$ ein Polynom ist, wurde erstmalig von ALMANSI [1] angegeben. BOGGIO [1, 2] zeigte ein Lösungsverfahren für das II. Problem im Falle einer rationalen Funktion $\omega(\zeta)$. Unsere Methode ist von denen der genannten Autoren völlig verschieden und nach unserer Meinung wesentlich einfacher.

Wir betrachten zunächst das **I. Problem** und beginnen mit dem Fall, daß die Funktion $\omega(\zeta)$, die das Gebiet S auf den Kreis $|\zeta| < 1$ abbildet, ein Polynom[1])

$$\omega(\zeta) = c_1\zeta + c_2\zeta^2 + \cdots + c_n\zeta^n \qquad (c_1 \neq 0,\ c_n \neq 0) \tag{1}$$

darstellt. Dabei muß c_1 von Null verschieden sein, sonst verschwindet $\omega'(\zeta)$ in unserem Kreis, und die Abbildung ist nicht umkehrbar eindeutig. Das konstante Glied jedoch kann ohne Einschränkung der Allgemeinheit Null gesetzt werden, d. h., wir nehmen an, daß der Punkt $\zeta = 0$ dem Punkt $z = 0$ entspricht.

Im betrachteten Falle läßt sich die zur Bestimmung von $\varphi(\zeta)$ dienende Funktionalgleichung (10) in 5.1.1.

$$\varphi(\zeta) + \frac{1}{2\pi i}\int_\gamma \frac{\omega(\sigma)}{\overline{\omega'(\sigma)}}\,\frac{\overline{\varphi'(\sigma)}\,d\sigma}{\sigma - \zeta} = A(\zeta) \qquad (|\zeta| < 1) \tag{2}$$

elementar und sehr einfach lösen. In dieser Gleichung ist $A(\zeta)$ bekanntlich eine vorgegebene Funktion:

$$A(\zeta) = \frac{1}{2\pi i}\int_\gamma \frac{f\,d\sigma}{\sigma - \zeta}. \tag{3}$$

Wir setzen wie in 5.1.1. voraus, daß die Ableitung der auf γ vorgegebenen Funktion $f = f_1 + if_2$ existiert und einer H-Bedingung genügt.

Der Ausdruck $\omega(\sigma)/\overline{\omega'(\sigma)}$ stellt den Randwert der rationalen Funktion

$$\frac{\omega(\zeta)}{\bar\omega'\left(\dfrac{1}{\zeta}\right)} = \frac{c_1\zeta + c_2\zeta^2 + \cdots + c_n\zeta^n}{\bar c_1 + 2\bar c_2\zeta^{-1} + \cdots + n\bar c_n\zeta^{-n+1}} = \zeta^n\,\frac{c_1 + \cdots + c_n\zeta^{n-1}}{\bar c_1\zeta^{n-1} + \cdots + n\bar c_n} \tag{4}$$

dar. Diese Funktion ist holomorph im Außengebiet von γ mit Ausnahme des Punktes $\zeta = \infty$, wo sie einen Pol n-ter Ordnung hat. Deshalb können wir sie dort in der Gestalt

$$\frac{\omega(\zeta)}{\bar\omega'\left(\dfrac{1}{\zeta}\right)} = b_n\zeta^n + b_{n-1}\zeta^{n-1} + \cdots + b_1\zeta + b_0 + \sum_{k=1}^{\infty} b_{-k}\zeta^{-k} \tag{5}$$

schreiben.

Um die Lösung zu Ende zu führen, brauchen wir offenbar nicht alle Koeffizienten der Entwicklung (5) zu berechnen, sondern *es genügt, wenn wir die Größen $b_0, b_1, \ldots, b_k$ bestimmen, und dazu bedarf es bekanntermaßen nur einfachster algebraischer Operationen.*

Da $\omega(\sigma)/\overline{\omega'(\sigma)}$ die angeführte spezielle Gestalt hat, läßt sich das Integral auf der linken Seite von (2) elementar ausrechnen; denn $\overline{\varphi'(\sigma)}$ ist Randwert der außerhalb γ holomorphen Funktion $\bar\varphi'(1/\zeta)$ (4.2.4.3.), und folglich ist der Ausdruck

$$\frac{\omega(\sigma)}{\overline{\omega'(\sigma)}}\,\overline{\varphi'(\sigma)}$$

[1]) Das Gebiet S muß also in diesem Falle endlich sein. Zum Fall des unendlichen Gebietes s. Ende des Abschnittes.

Randwert der Funktion

$$\frac{\omega(\zeta)}{\bar{\omega}'\left(\frac{1}{\zeta}\right)}\bar{\varphi}'\left(\frac{1}{\zeta}\right),$$

die außerhalb γ holomorph ist mit Ausnahme des Punktes $\zeta = \infty$, wo sie einen Pol von höchstens n-ter Ordnung hat. Um den Hauptteil dieser Funktion in der Umgebung des unendlich fernen Punktes zu ermitteln, entwickeln wir sie nach Potenzen von ζ:

$$\varphi(\zeta) = a_0 + a_1\zeta + a_2\zeta^2 + \cdots + a_n\zeta^n + a_{n+1}\zeta^{n+1} + \cdots \qquad (|\zeta| < 1) \tag{6}$$

(wir weisen schon jetzt darauf hin, daß *außer den aufgeschriebenen keine weiteren Reihenglieder benötigt werden*). Hieraus ergibt sich

$$\varphi'(\zeta) = a_1 + 2a_2\zeta + \cdots + na_n\zeta^{n-1} + (n+1)\,a_{n+1}\zeta^n + \cdots$$

und folglich

$$\bar{\varphi}'\left(\frac{1}{\zeta}\right) = \bar{a}_1 + \frac{2\bar{a}_2}{\zeta} + \cdots + \frac{n\bar{a}_n}{\zeta^{n-1}} + \frac{(n+1)\,\bar{a}_{n+1}}{\zeta^n} + \cdots \qquad (|\zeta| > 1).$$

Für $|\zeta| > 1$ gilt deshalb

$$\frac{\omega(\zeta)}{\bar{\omega}'\left(\frac{1}{\zeta}\right)}\bar{\varphi}'\left(\frac{1}{\zeta}\right) = K_0 + K_1\zeta + \cdots + K_n\zeta^n + O\left(\frac{1}{\zeta}\right), \tag{7}$$

wobei $O\,(1/\zeta)$ eine außerhalb γ holomorphe und für $\zeta = \infty$ verschwindende Funktion bezeichnet, ferner ist

$$\left.\begin{aligned}
K_0 &= \bar{a}_1 b_0 + 2\bar{a}_2 b_1 + \cdots + (n-1)\,\bar{a}_{n-1}b_{n-2} + n\bar{a}_n b_{n-1} + (n+1)\,\bar{a}_{n+1}b_n,\\
K_1 &= \bar{a}_1 b_1 + 2\bar{a}_2 b_2 + \cdots + (n-1)\,\bar{a}_{n-1}b_{n-1} + n\bar{a}_n b_n,\\
K_2 &= \bar{a}_1 b_2 + 2\bar{a}_2 b_3 + \cdots + (n-1)\,\bar{a}_{n-1}b_n,\\
&\cdots\cdots\cdots\cdots\cdots\cdots\cdots\cdots\cdots\cdots\\
K_{n-1} &= \bar{a}_1 b_{n-1} + 2\bar{a}_2 b_n,\\
K_n &= \bar{a}_1 b_n.
\end{aligned}\right\} \tag{8}$$

Unter Beachtung von (7) erhalten wir nach Gl. (4′) in 4.1.6.

$$\frac{1}{2\pi\mathrm{i}}\int\limits_\gamma \frac{\omega(\sigma)\,\overline{\varphi'(\sigma)}\,\mathrm{d}\sigma}{\overline{\omega'(\sigma)}\,(\sigma-\zeta)} = K_0 + K_1\zeta + \cdots + K_n\zeta^n, \tag{9}$$

und gemäß (2)

$$\varphi(\zeta) + K_0 + K_1\zeta + \cdots + K_n\zeta^n = \frac{1}{2\pi\mathrm{i}}\int\limits_\gamma \frac{f\,\mathrm{d}\sigma}{\sigma-\zeta} = A(\zeta). \tag{10}$$

Die zunächst noch unbekannten konstanten Größen K_0, K_1, K_2, ..., K_n müssen aus der Bedingung bestimmt werden, daß die im Ausdruck (10) über die Kombination der a_1, a_2, ..., a_n, a_{n+1} auftretenden Konstanten K_0, K_1, ..., K_n tatsächlich die Koeffizienten der Entwicklung (6) darstellen. Dazu beachten wir, daß mit

$$\frac{1}{\sigma-\zeta} = \frac{1}{\sigma} + \frac{\zeta}{\sigma^2} + \frac{\zeta^2}{\sigma^3} + \cdots$$

folgende Gleichung gilt:

$$A(\zeta) = \frac{1}{2\pi i} \int_\gamma \frac{f\,d\sigma}{\sigma - \zeta} = A_0 + A_1\zeta + A_2\zeta^2 + \cdots, \tag{11}$$

wobei

$$A_k = \frac{1}{2\pi i} \int_\gamma f\sigma^{-k-1} d\sigma = \frac{1}{2\pi} \int_0^{2\pi} f e^{-ik\vartheta} d\vartheta \quad (k = 0, 1, 2, \ldots) \tag{12}$$

ist.

Durch Koeffizientenvergleich bei $\zeta, \zeta^2, \ldots, \zeta^{n+1}$ in Gl. (10) erhalten wir auf diese Weise die $(n + 1)$ Gleichungen

$$\begin{aligned} &a_k + K_k = A_k \quad (k = 1, 2, \ldots, n) \\ &a_{n+1} = A_{n+1}. \end{aligned} \tag{13}$$

Aus der letzten ergibt sich unmittelbar

$$a_{n+1} = A_{n+1} = \frac{1}{2\pi i} \int_\gamma f\sigma^{-n-2}\, d\sigma. \tag{14}$$

Die restlichen Gleichungen lassen sich gemäß (8) wie folgt schreiben:

$$\left.\begin{aligned} &a_1 \quad + \bar{a}_1 b_1 + 2\bar{a}_2 b_2 + \cdots + (n-1)\,\bar{a}_{n-1} b_{n-1} + n a_n b_n = A_1, \\ &a_2 \quad + \bar{a}_1 b_2 + 2\bar{a}_2 b_3 + \cdots + (n-1)\,\bar{a}_{n-1} b_n = A_2, \\ &\cdots\cdots\cdots\cdots\cdots\cdots\cdots\cdots\cdots\cdots\cdots\cdots \\ &a_{n-1} + \bar{a}_1 b_{n-1} + 2\bar{a}_2 b_n = A_{n-1}, \\ &a_n \quad + \bar{a}_1 b_n = A_n. \end{aligned}\right\} \tag{15}$$

Damit haben wir ein System linearer algebraischer Gleichungen zur Bestimmung der unbekannten Konstanten $a_1, a_2, \ldots, a_n$ gewonnen, das mit dem oben auf anderem Wege erhaltenen System (6″) in 3.4.1. übereinstimmt.

Wenn wir $a_k = \alpha_k + i\beta_k$ setzen und in (15) Real- von Imaginärteil trennen, bekommen wir ein System von $2n$ reellen linearen Gleichungen mit $2n$ reellen Unbekannten[1])

$$\alpha_k, \beta_k \quad (k = 1, 2, \ldots, n).$$

Das System ist lösbar, wenn das resultierende Moment der äußeren Kräfte verschwindet, d. h. wenn[2])

$$\int_L (f_1\, dx + f_2\, dy) = 0 \tag{16}$$

[1]) Anstelle dieser Gleichungen kann man ein System bezüglich der (komplexen) Unbekannten a_k, $\bar{a}_k$ $(k = 1, 2, \ldots)$ aufstellen, in dem man zu (15) die durch Übergang zu den konjugierten Werten entstehenden Gleichungen hinzunimmt.

[2]) Die Bedingung (16) ist offenbar gleichwertig mit

$$\int_L f\, d\bar{z} + \int_L \bar{f}\, dz = 0$$

oder

$$\int_\gamma f\overline{\omega'(\zeta)}\, d\bar{\zeta} + \int_\gamma \bar{f}\omega'(\zeta)\, d\zeta = 0;$$

hieraus ergibt sich unter Beachtung der Gln. (1) und (12)

$$\bar{c}_1 A_1 + 2\bar{c}_2 A_2 + \cdots + n\bar{c}_n A_n - c_1 \bar{A}_1 - 2c_2 \bar{A}_2 - \cdots - nc_n \bar{A}_n = 0.$$

ist; denn unter dieser Bedingung hat das Ausgangsproblem eine Lösung, und folglich muß dasselbe auch auf das System (15) zutreffen.
Weiterhin geht aus dem Eindeutigkeitssatz hervor, daß die unbekannten Konstanten durch das genannte System eindeutig bestimmt werden, wenn der Imaginärteil der Größe

$$\varphi_1'(0) = \frac{\varphi'(0)}{\omega'(0)} = \frac{a_1}{\omega'(0)}$$

(willkürlich) festgelegt wird.
Nachdem die Größen $a_1, a_2, \ldots, a_n$ ermittelt sind, setzen wir sie sowie den Wert (14) für a_{n+1} in die Ausdrücke für $K_0, K_1, \ldots, K_n$ ein. Die Ergebnisse substituieren wir in (10)[1]), dann bekommen wir für $\varphi(\zeta)$ eine Funktion, die die Gl. (2) identisch befriedigt, und für $\psi(\zeta)$ ergibt sich gemäß (8) in 5.1.1.:

$$\psi(\zeta) = \frac{1}{2\pi i}\int_\gamma \frac{\bar{f}\,d\sigma}{\sigma-\zeta} - \frac{1}{2\pi i}\int_\gamma \frac{\overline{\omega(\sigma)}}{\omega'(\sigma)}\,\frac{\varphi'(\sigma)\,d\sigma}{\sigma-\zeta} - \overline{\varphi(0)}. \tag{17}$$

Das zweite Integral auf der rechten Seite läßt sich elementar durch die Funktion $\varphi(\zeta)$ ausdrücken; denn

$$\frac{\overline{\omega(\sigma)}}{\omega'(\sigma)}\,\varphi'(\sigma)$$

stellt den Randwert der im Innern von γ mit Ausnahme des Punktes $\zeta = 0$ holomorphen Funktion

$$\frac{\bar{\omega}\left(\frac{1}{\zeta}\right)}{\omega'(\zeta)}\,\varphi'(\zeta)$$

dar, und zwar gilt im Innern von γ gemäß (7), wie man leicht sieht[2]),

$$\frac{\bar{\omega}\left(\frac{1}{\zeta}\right)}{\omega'(\zeta)}\,\varphi'(\zeta) = \bar{K}_1\frac{1}{\zeta} + \cdots + \bar{K}_n\frac{1}{\zeta^n} + \text{holomorphe Funktion.}$$

---

[1]) Die Konstante a_{n+1} tritt nur im Ausdruck für K_0 auf. Da man diese Konstante ohne Beeinflussung des Spannungszustandes weglassen kann, braucht man a_{n+1} und K_0 nicht zu berechnen. Außerdem erübrigt sich das Einsetzen der Größen $a_1, a_2, \ldots, a_n$ in die Ausdrücke (8) für $K_1, K_2, \ldots, K_n$, da die Werte der Konstanten $K_1, K_2, \ldots, K_n$ gemäß (13) aus den Formeln

$$K_k = A_k - a_k \quad (k = 1, 2, \ldots, n)$$

berechnet werden können. Zum Schluß sei erwähnt, daß die spezielle Gestalt des Systems algebraischer Gleichungen (15) die Anwendung spezieller Lösungsmethoden gestattet, die – wie M. M. Cholmjanski [1] zeigte – die Berechnung wesentlich vereinfachen.

[2]) Wenn wir vorübergehend

$$\frac{\bar{\omega}\left(\frac{1}{\zeta}\right)}{\omega'(\zeta)}\,\varphi'(\zeta) = \Omega(\zeta)$$

setzen, so gilt mit den Bezeichnungen aus 4.2.4.2.

$$\Omega_*(\zeta) = \bar{\Omega}\left(\frac{1}{\zeta}\right) = \frac{\omega(\zeta)}{\bar{\omega}'\left(\frac{1}{\zeta}\right)}\,\bar{\varphi}'\left(\frac{1}{\zeta}\right) \qquad \text{und} \qquad \Omega(\zeta) = [\Omega_*(\zeta)]_* = \left[\frac{\omega(\zeta)}{\bar{\omega}'\left(\frac{1}{\zeta}\right)}\,\bar{\varphi}'\left(\frac{1}{\zeta}\right)\right]_*.$$

Also ist nach (3) in 4.1.6.

$$\frac{1}{2\pi i}\int_\gamma \frac{\overline{\omega(\sigma)}\,\varphi'(\sigma)\,d\sigma}{\omega'(\sigma)\,(\sigma-\zeta)} = \frac{\bar\omega\left(\frac{1}{\zeta}\right)}{\omega'(\zeta)}\varphi'(\zeta) - \frac{\bar K_1}{\zeta} - \cdots - \frac{\bar K_n}{\zeta^n},$$

und die Gl. (17) lautet nun

$$\psi(\zeta) = \frac{1}{2\pi i}\int_\gamma \frac{\bar f(d\sigma)}{\sigma-\zeta} - \frac{\bar\omega\left(\frac{1}{\zeta}\right)}{\omega'(\zeta)}\varphi'(\zeta) + \frac{\bar K_1}{\zeta} + \cdots + \frac{\bar K_n}{\zeta^n} - \overline{\varphi(0)}. \tag{18}$$

Alles bisher Gesagte läßt sich offensichtlich mit unbedeutenden Änderungen auf ein **unendliches Gebiet** S übertragen, das durch

$$\omega(\zeta) = \frac{c}{\zeta} + c_1\zeta + \cdots + c_n\zeta^n \tag{1'}$$

auf den Kreis $|\zeta| < 1$ abgebildet wird. Dabei müssen wir das Problem zunächst auf den Fall zurückführen, daß $\varphi(\zeta)$ und $\psi(\zeta)$ im Inneren von γ holomorph sind (5.1.1.), und dann gehen wir wie oben vor.

Hier wird die Lösung sogar etwas einfacher, denn das zu (15) analoge System hat stets eine (eindeutige) Lösung, und es bedarf keiner zusätzlichen Bedingung (16).

Bemerkung 1:

Zu der eben betrachteten Lösung gelangt man auch auf einem anderen Wege, der aber im wesentlichen den gleichen Rechenaufwand wie oben erfordert.

Da die Funktion

$$\frac{\omega(\zeta)}{\bar\omega'\left(\frac{1}{\zeta}\right)}\bar\varphi'\left(\frac{1}{\zeta}\right)$$

außerhalb γ holomorph ist und im Unendlichen einen Pol von höchstens n-ter Ordnung hat, sich also in der Gestalt (7) darstellen läßt, wobei $K_0, K_1, \ldots, K_n$ zunächst noch unbekannte Konstanten sind, erhalten wir wie oben die Gl. (10). Zur Ermittlung der Konstanten $K_0, K_1, \ldots, K_n$ wird der aus (10) gewonnene Ausdruck für $\varphi(\zeta)$ in die Gl. (2) eingesetzt. Das ergibt

$$-K_0 - K_1\zeta - \cdots - K_n\zeta^n - \frac{1}{2\pi i}\int_\gamma \frac{\omega(\sigma)}{\overline{\omega'(\sigma)}}(\bar K_1 + 2\bar K_2\bar\sigma + \cdots$$

$$\cdots + n\bar K_n\bar\sigma^{n-1})\frac{d\sigma}{\sigma-\zeta} + \frac{1}{2\pi i}\int_\gamma \frac{\omega(\sigma)\,\overline{A'(\sigma)}\,d\sigma}{\overline{\omega'(\sigma)}\,(\sigma-\zeta)} = 0. \tag{19}$$

Die Integrale lassen sich wie in (9) elementar berechnen[1]). Dadurch verwandelt sich die linke Seite in ein Polynom n-ten Grades, dessen Koeffizienten die Größen $K_0, K_1, \bar K_1, \ldots, K_n, \bar K_n$ linear enthalten.

Wir setzen diese Koeffizienten gleich Null und bekommen ein lineares Gleichungssystem für die genannten Größen, auf dessen Lösung unser Ausgangsproblem damit zurückgeführt wird.

---

[1]) Dabei wird die Entwicklung (11) benutzt, genauer ihre $n + 2$ ersten Glieder.

Bemerkung 2:

Bei der Untersuchung des Systems (15) haben wir uns nicht nur auf den Eindeutigkeitssatz, sondern auch auf den in 5.1.2. bewiesenen weniger elementaren Existenzsatz gestützt. In unserem Falle, wo $\omega(\zeta)$ ein Polynom ist, können wir jedoch bei der Herleitung auf den letztgenannten verzichten. Dabei gewinnen wir einen elementaren Beweis des Existenzsatzes für unseren Sonderfall.

In der Tat läßt sich leicht nachprüfen – wir überlassen dies dem Leser –, daß gemäß Bedingung (16) eine der durch Trennung von Real- und Imaginärteil in (15) entstehenden $2n$ Gleichungen eine Linearkombination der restlichen $2n - 1$ ist[1]). Zusammen mit der Bedingung, daß der Imaginärteil der Größe $a_1/\omega'(0)$ gleich einer (willkürlichen) vorgegebenen Konstanten α (z. B. Null) ist, erhalten wir damit $2n$ lineare Gleichungen für $2n$ Unbekannte. Dieses System ist sicherlich lösbar; denn das zugehörige homogene System (für $f = 0$) hat nach dem Eindeutigkeitssatz keine von Null verschiedene Lösung.

5.2.9. Abbildung mit Hilfe rationaler Funktionen

Die Abbildung von Gebieten auf den Kreis mit Hilfe von Polynomen bzw. von Funktionen der in 5.2.8. angeführten Gestalt (1′) stellt einen Sonderfall der Abbildung durch allgemeine rationale Funktionen dar.

Auch im letzteren Falle kann die Lösung wie bisher gewonnen werden; der einzige prinzipielle Unterschied besteht darin, daß jetzt im allgemeinen die Wurzeln einer algebraischen Gleichung zu berechnen sind.

Wir betrachten die Funktionalgleichung (10) in 5.1.1.

$$\varphi(\zeta) + \frac{1}{2\pi i} \int_\gamma \frac{\omega(\sigma)}{\overline{\omega'(\sigma)}} \frac{\overline{\varphi'(\sigma)}\, d\sigma}{\sigma - \zeta} = \frac{1}{2\pi i} \int_\gamma \frac{f\, d\sigma}{\sigma - \zeta} = A(\zeta). \tag{1}$$

Hierbei stimmen die Bezeichnungen mit denen aus dem vorigen Abschnitt überein, lediglich $\omega(\zeta)$ stellt jetzt eine allgemeine rationale Funktion dar, die das gegebene Gebiet S auf den Kreis $|\zeta| < 1$ abbildet. Falls S unendlich ist, wollen wir wiederum annehmen, daß der Punkt $z = \infty$ dem Punkt $\zeta = 0$ entspricht.

Wir zeigen zunächst, daß sich das Integral auf der linken Seite von (1) auch hier noch elementar berechnen läßt. Dazu betrachten wir die Größe $\overline{\omega(\sigma)}/\omega'(\sigma)$. Sie stellt den Randwert der Funktion

$$\frac{\bar{\omega}\left(\frac{1}{\zeta}\right)}{\omega'(\zeta)}$$

dar. Da die Funktion $\omega(\zeta)$ im Außengebiet von γ neben dem unendlich fernen Punkt noch weitere Pole haben kann, weist $\bar{\omega}\,(1/\zeta)$ im Inneren von γ möglicherweise außer im Punkt $\zeta = 0$ noch weitere Pole auf (außerhalb und auf γ können, abgesehen vom Punkt $\zeta = \infty$, keine Pole dieser Funktion liegen)[2]).

---

[1]) Damit erklärt sich auch die Tatsache, daß das System unlösbar ist, wenn die Bedingungen (16) nicht erfüllt sind. Es ist zweckmäßiger, statt des im Text angegebenen Systems mit dem durch Übergang zu den konjugierten Werten aus (15) entstehenden System zu arbeiten (s. Fußnote auf S. 288).

[2]) Innerhalb und auf γ muß die Abbildungsfunktion $\omega(\zeta)$ stetig sein mit Ausnahme des Punktes $\zeta = 0$ im Falle eines unendlichen Gebietes S. Erwähnt sei ferner, daß $\omega'(\zeta)$ weder innerhalb noch auf γ verschwinden kann.

Wir bezeichnen die von $\zeta = \infty$ verschiedenen Pole[1]) der Funktion $\omega(\zeta)$ (falls solche existieren) mit $\zeta_1, \zeta_2, \ldots, \zeta_n$; sie liegen alle außerhalb γ. Dann hat die Funktion $\bar{\omega}\,(1/\zeta)$ Pole in den Punkten

$$\zeta_1' = \frac{1}{\bar{\zeta}_1}, \quad \zeta_2' = \frac{1}{\bar{\zeta}_2}, \ldots, \zeta_n' = \frac{1}{\bar{\zeta}_n}.$$

Sie liegen sämtlich im Inneren von ζ und stellen im allgemeinen zusammen mit $\zeta = 0$ alle Pole der Funktion $\bar{\omega}\left(\frac{1}{\zeta}\right)\Big/\omega'(\zeta)$ innerhalb γ dar. Deshalb läßt sich die letztere offensichtlich wie folgt schreiben:

$$\frac{\bar{\omega}\left(\dfrac{1}{\zeta}\right)}{\omega'(\zeta)} = c_0 + \sum_{l=1}^{m} \frac{c_l}{\zeta^l} + \sum_{k=1}^{n} \sum_{l=1}^{m_k} \frac{c_{kl}}{(\zeta - \zeta_k')^l} + R(\zeta), \tag{2}$$

wobei c_0, c_l, c_{kl} bekannte Konstanten sind und $R(\zeta)$ eine rationale Funktion bezeichnet, die innerhalb und auf γ holomorph ist und für $\zeta = 0$ verschwindet. Die Zahlen $m_0, m_1, \ldots, m_n$ bezeichnen entsprechend die Ordnung der Pole $0, \zeta_1', \zeta_2', \ldots, \zeta_n'$.

Wir betrachten nun das Produkt

$$\Omega(\zeta) = \frac{\bar{\omega}\left(\dfrac{1}{\zeta}\right)}{\omega'(\zeta)}\,\varphi'(\zeta).$$

Es stellt offenbar eine Funktion dar, die im Inneren von γ holomorph ist mit Ausnahme der Punkte $0, \zeta_1', \zeta_2', \ldots, \zeta_n'$, wo sie Pole mit der höchsten Ordnung $m_0, m_1, \ldots, m_n$ haben kann. Die Funktion $\Omega(\zeta)$ läßt sich deshalb analog zu (2) in der Gestalt

$$\Omega(\zeta) = C_0 + \sum_{l=1}^{m_0} \frac{C_l}{\zeta^l} + \sum_{k=1}^{n} \sum_{l=1}^{m_k} \frac{C_{kl}}{(\zeta - \zeta_k')^l} + \Omega_0(\zeta) \tag{3}$$

schreiben, wobei C_0, C_l, C_{kl} Konstanten sind und $\Omega_0(\zeta)$ eine im Innern von γ holomorphe und für $\zeta = 0$ verschwindende Funktion bezeichnet.

Wie man leicht sieht, gilt folgender für uns wichtige Sachverhalt: Die Konstanten C_l $(l = 1, 2, \ldots, m_0)$ sind Linearkombinationen der Größen

$$\varphi'(0), \varphi''(0), \ldots, \varphi^{m_0}(0) \tag{a}$$

(mit bekannten konstanten Koeffizienten) und die Konstanten C_{kl} sind analog Kombinationen der Größen

$$\varphi'(\zeta_k'), \varphi''(\zeta_k'), \ldots, \varphi^{(m_k)}(\zeta_k') \quad (k = 1, 2, \ldots, n). \tag{b}$$

In gleicher Weise setzt sich C_0 aus den Größen (a) und $\varphi^{(m_0+1)}(0)$ zusammen. Die genannten Kombinationen könnten wir explizit aufschreiben.

Wie wir später sehen werden, brauchen wir die Konstante C_0 bei der Lösung des I. Problems nicht zu berechnen, deshalb wollen wir im weiteren C_l nur für $l \geqq 1$ betrachten. Wir wenden uns nun dem im Integranden von (1) auftretenden Ausdruck

$$\frac{\omega(\sigma)}{\overline{\omega'(\sigma)}}\,\overline{\varphi'(\sigma)}$$

[1]) Um die Pole der Funktion $\omega(\zeta)$ zu bestimmen, müssen die Wurzeln der algebraischen Gleichung $1/\omega(\zeta) = 0$ ermittelt werden. Dies ist die Gleichung, von der am Anfang des vorliegenden Abschnittes die Rede war.

zu. Er bildet den Randwert der Funktion

$$\bar{\Omega}\left(\frac{1}{\zeta}\right) = \frac{\omega(\zeta)}{\bar{\omega}'\left(\frac{1}{\zeta}\right)} \bar{\varphi}'\left(\frac{1}{\zeta}\right).$$

Diese wiederum läßt sich gemäß (3) (unter Berücksichtigung der Beziehung $\bar{\zeta}_k' = 1/\zeta_k$) in der Gestalt

$$\bar{\Omega}\left(\frac{1}{\zeta}\right) = \bar{C}_0 + \sum_{l=1}^{m_0} \bar{C}_l \zeta^l + \sum_{k=1}^{n} \sum_{l=1}^{m_k} \frac{\bar{C}_{kl} \zeta_k^l \zeta^l}{(\zeta_k - \zeta)^l} + \bar{\Omega}_0\left(\frac{1}{\zeta}\right) \tag{4}$$

schreiben, wobei $\bar{\Omega}_0(1/\zeta)$ eine außerhalb γ holomorphe und für $\zeta = \infty$ verschwindende Funktion ist. Die Größen $\bar{C}_l$, $\bar{C}_{kl}$ sind offensichtlich Linearkombinationen der zu (a) und (b) konjugierten Größen. Analoges gilt für $\bar{C}_0$.
Nach Gl. (4') in 4.1.6. erhalten wir nun sofort¹)

$$\frac{1}{2\pi i} \int_\gamma \frac{\omega(\sigma)}{\overline{\omega'(\sigma)}} \frac{\overline{\varphi'(\sigma)}\, d\sigma}{\sigma - \zeta} = \bar{C}_0 + \sum_{l=1}^{m_0} \bar{C}_l \zeta^l + \sum_{k=1}^{n} \sum_{l=1}^{m_k} \frac{\bar{C}_{kl} \zeta_k^l \zeta^l}{(\zeta_k - \zeta)^l}.$$

Durch Substitution dieses Ausdruckes auf der linken Seite von (1) ergibt sich schließlich

$$\varphi(\zeta) + \bar{C}_0 + \sum_{l=1}^{m_0} \bar{C}_l \zeta^l + \sum_{k=1}^{n} \sum_{l=1}^{m_k} \frac{\bar{C}_{kl} \zeta_k^l \zeta^l}{(\zeta_k - \zeta)^l} = A(\zeta). \tag{5}$$

Hieraus folgt, daß $\varphi(\zeta)$ eine im Inneren von γ holomorphe (und bis hin zu γ stetige) Funktion darstellt; denn die Punkte ζ_k liegen außerhalb von γ.
Wir müssen nun noch zum Ausdruck bringen, daß sich die Größen (a) und (b) mit Hilfe bestimmter Ableitungen der durch (5) definierten Funktion $\varphi(\zeta)$ in den jeweiligen Punkten darstellen lassen. Dazu differenzieren wir den Ausdruck (5) entsprechend oft und setzen anstelle von ζ die Werte $\zeta_1', \zeta_2', \ldots, \zeta_n'$ ein.
Dann ist z. B.

$$\varphi'(0) + \bar{C}_1 + \sum_{k=1}^{n} \bar{C}_{k1} = A'(0).$$

Auf diese Weise erhalten wir ein System von $m_0 + m_1 + \cdots + m_n$ linearen Gleichungen (mit konstanten Koeffizienten) für die Unbekannten (a) und (b) sowie ihre konjugierten Werte. Dieses System ist (analog zum vorigen Abschnitt) eindeutig lösbar, wenn im Falle des endlichen Gebietes der Imaginärteil des Verhältnisses $\varphi'(0)/\omega'(0)$ willkürlich festgelegt wird und

¹) Den Ausdruck

$$\bar{C}_0 + \sum_{l=1}^{m_0} \bar{C}_l \zeta^l + \sum_{k=1}^{n} \sum_{l=1}^{m_k} \frac{\bar{C}_{kl} \zeta_k^l \zeta^l}{(\zeta_k - \zeta)^l}$$

kann man offenbar in der Gestalt

$$C_0' + \sum_{l=1}^{m_0} \bar{C}_l \zeta^l + \sum_{k=1}^{n} \sum_{l=1}^{m_k} \frac{C_{kl}'}{(\zeta - \zeta_k)^l}$$

(C_0', C_{kl}' sind Konstanten) oder mit den Bezeichnungen aus 4.1.6. in der Gestalt

$$G_\infty(\zeta) + G_1(\zeta) + \cdots + G_n(\zeta)$$

darstellen.

die Bedingung

$$\int_L (f_1 \, dx + f_2 \, dy) = 0 \tag{6}$$

erfüllt ist.

Sobald die Größen (a) und (b) bekannt sind, können wir auch die Werte C_l, C_{kl} berechnen. Durch Einsetzen dieser Konstanten in Gl. (5) bestimmen wir die gesuchte Funktion $\varphi(\zeta)$ bis auf die Größe $\overline{C}_0$, die keinen Einfluß auf die Spannungsverteilung hat und deshalb weggelassen werden kann. Falls jedoch C_0 aus irgendeinem Grund ermittelt werden soll, brauchen wir nur aus Gl. (5) den Wert $\varphi^{(m_0+1)}(0)$ zu berechnen und zusammen mit den Größen (a) und (b) in die entsprechende Linearkombination für C_0 einzusetzen.

Bei bekanntem $\varphi(\zeta)$ können wir $\psi(\zeta)$ aus Gl. (8) in 5.1.1. gewinnen:

$$\psi(\zeta) = \frac{1}{2\pi i} \int_\gamma \frac{\bar{f} \, d\sigma}{\sigma - \zeta} - \frac{1}{2\pi i} \int_\gamma \frac{\overline{\omega(\sigma)}}{\omega'(\sigma)} \frac{\overline{\varphi'(\sigma)}}{\sigma - \zeta} \, d\sigma - \overline{\varphi(0)}. \tag{7}$$

Mit $\dfrac{\overline{\omega(\sigma)}}{\omega'(\sigma)} \varphi'(\sigma)$ als Randwert der Funkion $\Omega(\zeta)$ erhalten wir unmittelbar

$$\psi(\zeta) = \frac{1}{2\pi i} \int_\gamma \frac{\bar{f} \, d\sigma}{\sigma - \zeta} - \frac{\bar{\omega}\left(\frac{1}{\zeta}\right)}{\omega'(\zeta)} \varphi'(\zeta) + \sum_{l=1}^{m_0} \frac{C_l}{\zeta^l} + \sum_{k=1}^{n} \sum_{l=1}^{m_k} \frac{C_{kl}}{(\zeta - \zeta_k')^l} - \overline{\varphi(0)}. \tag{8}$$

Die additive Konstante kann wiederum weggelassen werden.

Damit ist unser Problem gelöst.

Bei der Behandlung des unendlichen Gebietes ist es (vor allem wegen der größeren Übersichtlichkeit) bisweilen zweckmäßiger[1]), die Abbildung auf das Gebiet $|\zeta| > 1$ zu benutzen. Alles bisher Gesagte gilt mit leicht überschaubaren Abänderungen auch für diesen Fall.

Bemerkung:

Das in Bemerkung 1 in 5.2.8. genannte Lösungsverfahren sowie das in Bemerkung 2 zum selben Abschnitt Gesagte lassen sich leicht (mit kleinen Abwandlungen) auf den hier betrachteten Fall übertragen. Allgemein kann man die oben dargelegte Lösungsmethode verschieden abwandeln und damit in einzelnen Fällen oft bedeutende Vereinfachungen erzielen. So ist es z. B. bisweilen zweckmäßig, beide Seiten der Randbedingung mit einem geeignet gewählten Polynom zu multiplizieren. Eines dieser Verfahren wurde in den beiden ersten Auflagen des vorliegenden Buches dargelegt. Es führt im allgemeinen etwa zu demselben Rechenaufwand wie das hier geschilderte; jedoch in einigen Sonderfällen vereinfacht es die Rechnung.

5.2.10. Lösung des II. und des gemischten Problems

In den vorigen Abschnitten haben wir der Bestimmtheit halber stets das I. Problem betrachtet. Jedoch beim Vergleich der Randbedingungen des I. und II. Problems in der Gestalt aus 5.1.1. wird ersichtlich, daß sich die oben angeführten Lösungsverfahren fast ohne jede Änderung auch auf das II. Problem übertragen lassen. Deshalb erübrigt es sich, die genannte Methode in Anwendung auf das II. Problem gesondert darzulegen.

---

[1]) Aber durchaus nicht unbedingt erforderlich, denn das im Text dargelegte Verfahren bezieht sich sowohl auf endliche als auch auf unendliche Gebiete.

Die Lösung des gemischten Problems ist etwas schwieriger; aber auch in diesem Falle läßt sich eine effektive Lösung auf elementarem Wege gewinnen, wenn die Abbildungsfunktion rational ist. Eine derartige Lösung wurde von D. I. SCHERMAN in der schon genannten Arbeit [10] angegeben. Hierauf wollen wir aber nicht näher eingehen, da im folgenden Hauptabschnitt eine einfachere Methode gezeigt wird.

5.2.11. Ein weiteres Lösungsverfahren

Wir wenden uns wieder dem I. Problem zu und bemerken, daß es in einigen Fällen aus praktischen Gründen zweckmäßig ist, von der Bedingung (3) in 2.4.5. statt von (1) in 2.4.5. auszugehen.
Die Randbedingung (3) in 2.4.5. lautet

$$\left[\Phi(\sigma) + \overline{\Phi(\sigma)}\right] \overline{\omega'(\sigma)} - \sigma^2 \left[\overline{\omega(\sigma)}\, \Phi'(\sigma) + \omega'(\sigma)\, \Psi(\sigma)\right] = \left[\sigma_\varrho - \mathrm{i}\tau_{\varrho\vartheta}\right] \overline{\omega'(\sigma)}, \tag{1}$$

oder wenn wir zu den konjugierten Werten übergehen

$$\left[\Phi(\sigma) + \overline{\Phi(\sigma)}\right] \omega'(\sigma) - \bar{\sigma}^2 \left[\omega(\sigma)\, \overline{\Phi'(\sigma)} + \overline{\omega'(\sigma)}\, \Psi(\sigma)\right] = \left[\bar{\sigma}_\varrho + \mathrm{i}\tau_{\varrho\vartheta}\right] \omega'(\sigma). \tag{2}$$

Auf der rechten Seite dieser Gleichung sind die entsprechenden Randwerte zu verstehen, deren Existenz wir voraussetzen. Die im vorigen Abschnitt angegebene Methode führt auch hier auf eine elementare Lösung, wenn $\omega(\zeta)$ eine rationale Funktion ist. Die Anwendung der Methode ist nach dem oben Gesagten so leicht überschaubar, daß wir auf Einzelheiten verzichten können[1]). Wir beschränken uns daher auf das im folgenden beschriebene einfache Beispiel.
Erwähnt sei noch, daß das eben angeführte Verfahren im Falle des unendlichen Gebietes besonders bequem ist; denn dort sind $\varphi(\zeta)$ und $\psi(\zeta)$ möglicherweise mehrdeutig, während $\Phi(\zeta)$ und $\Psi(\zeta)$ im gesamten betrachteten Gebiet holomorphe Funktionen darstellen.
Analog können wir auch das Lösungsverfahren für das II. Problem abwandeln. Dazu ersetzen wir die Randbedingung (15) in 5.1.1., die hier

$$\varkappa\varphi(\sigma) - \omega(\sigma)\, \overline{\Phi(\sigma)} - \overline{\psi(\sigma)} = 2\mu\, (g_1 + \mathrm{i}g_2) \tag{3}$$

lautet, durch eine Gleichung, die sich durch Differentiation der vorigen Beziehung nach ϑ ergibt. Nach Multiplikation mit $-\mathrm{i}e^{-\mathrm{i}\vartheta}$ erhalten wir unter Berücksichtigung der Formel $\sigma = e^{+\mathrm{i}\vartheta}$ als neue Randbedingung

$$\left[\varkappa\Phi(\sigma) - \overline{\Phi(\sigma)}\right] \omega'(\sigma) + \bar{\sigma}^2 \left[\omega(\sigma)\, \overline{\Phi'(\sigma)} + \overline{\omega'(\sigma)}\, \overline{\Psi(\sigma)}\right] = 2\mu \left[\frac{\mathrm{d}g_1}{\mathrm{d}\sigma} + \mathrm{i}\, \frac{\mathrm{d}g_2}{\mathrm{d}\sigma}\right]. \tag{4}$$

5.2.12. Lösung des I. Problems für die unendliche Ebene mit Kreisloch[2])

In diesem Falle können wir

$$z = \omega(\zeta) = R\zeta \tag{1}$$

setzen, wobei R der Lochradius ist[3]).

---

[1]) Dieses Verfahren wird ausführlich in meiner Arbeit [5] dargelegt.
[2]) Dieses Beispiel wird in 3.2.3. auf anderem Wege gelöst.
[3]) Somit benutzen wir die Abbildung auf den Kreis $|\zeta| > 1$.

Die Randbedingung (1) aus 5.2.11. lautet jetzt

$$\Phi(\sigma) + \overline{\Phi(\sigma)} - \sigma\Phi'(\sigma) - \sigma^2\Psi(\sigma) = \sigma_n - \mathrm{i}\tau_n, \tag{2}$$

σ_n und τ_n bezeichnen die äußere Normal- bzw. Schubspannung bei der gleichen Vorzeichenvereinbarung wie in 3.2.3. (und zwar ist σ_n die Projektion der äußeren Spannung auf die zum Mittelpunkt gerichtete Normale n und τ_n die Projektion auf die von n aus nach links zeigende Tangente).

Der Einfachheit halber wollen wir annehmen, daß die Spannungskomponenten sowie die Drehung im Unendlichen verschwinden; dann sind die Funktionen $\Phi(\zeta)$ und $\Psi(\zeta)$ im Außengebiet von γ einschließlich des unendlich fernen Punktes holomorph und verschwinden im Unendlichen. Somit gilt für große $|\zeta|$

$$\Phi(\zeta) = \frac{a_1}{\zeta} + O\left(\frac{1}{\zeta^2}\right), \quad \Phi'(\zeta) = O\left(\frac{1}{\zeta^2}\right), \quad \psi(\zeta) = \frac{\bar{a}_1}{\zeta} + O\left(\frac{1}{\zeta^2}\right). \tag{3}$$

Wenn die Verschiebungen eindeutig sein sollen, muß außerdem die Bedingung[1])

$$\varkappa\bar{a}_1 + a_1' = 0 \tag{3'}$$

befriedigt werden.

Unsere Rechnung vereinfacht sich etwas, wenn wir beide Seiten der Gl. (2) mit $\sigma^{-1} = \mathrm{e}^{-\mathrm{i}\vartheta}$ multiplizieren; dann ergibt sich

$$\frac{1}{\sigma}\Phi(\sigma) + \frac{1}{\sigma}\overline{\Phi(\sigma)} - \Phi'(\sigma) - \sigma\Psi(\sigma) = -\left(\overset{n}{\sigma}_x - \mathrm{i}\overset{n}{\sigma}_y\right) \tag{4}$$

oder mit den konjugierten Werten

$$\sigma\Phi(\sigma) + \sigma\overline{\Phi(\sigma)} - \overline{\Phi'(\sigma)} - \bar{\sigma}\Psi(\sigma) = -\left(\overset{n}{\sigma}_x + \mathrm{i}\overset{n}{\sigma}_y\right), \tag{5}$$

denn offenbar ist

$$\sigma_n - \mathrm{i}\tau_n = -\left(\overset{n}{\sigma}_x - \mathrm{i}\overset{n}{\sigma}_y\right)\mathrm{e}^{\mathrm{i}\vartheta}. \tag{6}$$

Nun setzen wir voraus, daß jede der Funktionen $\Phi(\zeta)$, $\Phi'(\zeta)$, $\Psi(\zeta)$ stetig bis hin zum Rand ist. Da die durch (4) definierte Funktion $\sigma\Psi(\sigma)$ den Randwert der außerhalb γ holomorphen Funktion $\zeta\Psi(\zeta)$ darstellt, erhalten wir gemäß Gl. (13) in 4.2.4.

$$\frac{1}{2\pi\mathrm{i}}\int\limits_\gamma \frac{\sigma\Phi(\sigma)\,\mathrm{d}\sigma}{\sigma-\zeta} + \frac{1}{2\pi\mathrm{i}}\int\limits_\gamma \frac{\sigma\overline{\Phi(\sigma)}\,\mathrm{d}\sigma}{\sigma-\zeta} - \frac{1}{2\pi\mathrm{i}}\int\limits_\gamma \frac{\overline{\Phi'(\sigma)}\,\mathrm{d}\sigma}{\sigma-\zeta} + \frac{1}{2\pi\mathrm{i}}\int\limits_\gamma \frac{\overset{n}{\sigma}_x + \mathrm{i}\overset{n}{\sigma}_y}{\sigma-\zeta}\,\mathrm{d}\sigma = 0, \tag{7}$$

wobei ζ ein beliebiger Punkt außerhalb γ ist; hieraus folgt[2])

$$-\zeta\Phi(\zeta) + a_1 + \frac{1}{2\pi\mathrm{i}}\int\limits_\gamma \frac{\overset{n}{\sigma}_x + \mathrm{i}\overset{n}{\sigma}_y}{\sigma-\zeta}\,\mathrm{d}\sigma = 0$$

[1]) Vergleiche Formel (6) in 3.2.3. Die Koeffizienten a_1 und a_1' kann man vorher berechnen (s. 3.2.3.), doch wir werden davon keinen Gebrauch machen.

[2]) Wir benutzen die Formeln aus 4.1.6. und beachten, daß $\sigma\Phi(\sigma)$ der Randwert der im Inneren von γ holomorphen und für $\zeta = \infty$ den Wert a_1 annehmenden Funktion $\zeta\Phi(\zeta)$ ist und $\sigma\overline{\Phi(\sigma)}$, $\overline{\Phi'(\sigma)}$ Randwerte der innerhalb γ holomorphen Funktionen $\zeta\bar{\Phi}\left(\frac{1}{\zeta}\right)$, $\bar{\Phi}'\left(\frac{1}{\zeta}\right)$ sind.

und schließlich

$$\Phi(\zeta) = \frac{1}{2\pi i \zeta} \int_\gamma \frac{\overset{n}{\sigma}_x + i\overset{n}{\sigma}_y}{\sigma - \zeta} \, d\sigma + \frac{a_1}{\zeta}. \tag{8}$$

Die Konstante a_1 läßt sich nicht aus der Funktionalgleichung selbst ermitteln[1]), da diese bei beliebigem Wert a_1 befriedigt wird (wie aus der Herleitung selbst hervorgeht). Das darf uns nicht verwundern, denn wir haben bis jetzt die Eindeutigkeitsbedingung für die Verschiebungen noch nicht benutzt.

Wir berechnen nun die Funktion $\zeta\Psi(\zeta)$. Ihr Randwert ergibt sich aus Gl. (4), wenn wir unter $\Phi(\zeta)$ den Wert (8) verstehen. Um die CAUCHYsche Formel anwenden zu können, benötigen wir noch den Wert a_1' für $\zeta = \infty$. Wir finden ihn ebenfalls aus Gl. (4), und zwar multiplizieren wir dazu beide Seiten mit $\frac{1}{2\pi i} \frac{d\sigma}{\sigma}$ und integrieren über γ. Das führt auf die Gleichung[2])

$$\bar{a}_1 - a_1' = -\frac{1}{2\pi i} \int_\gamma \left(\overset{n}{\sigma}_x - i\overset{n}{\sigma}_y\right) \frac{d\sigma}{\sigma} = -\frac{1}{2\pi} \int_0^{2\pi} \left(\overset{n}{\sigma}_x - i\overset{n}{\sigma}_y\right) d\vartheta = -\frac{X - iY}{2\pi R},$$

wobei (X, Y) der resultierende Vektor der am Lochrand angreifenden äußeren Kräfte ist. Diese Beziehung bestimmt zusammen mit Gl. (3′) die Größen a_1 und a_1'[3]):

$$a_1 = -\frac{X + iY}{2\pi R(1 + \varkappa)}, \quad a_1' = \frac{\varkappa(X - iY)}{2\pi R(1 + \varkappa)}. \tag{9}$$

Auf diese Weise erhalten wir nach einigen leicht überschaubaren Vereinfachungen

$$\Psi(\zeta) = -\frac{1}{2\pi i \zeta} \int_\gamma \frac{\overset{n}{\sigma}_x - i\overset{n}{\sigma}_y}{\sigma - \zeta} \, d\sigma + \frac{\Phi(\zeta)}{\zeta^2} - \frac{\Phi'(\zeta)}{\zeta} + \frac{a_1'}{\zeta}. \tag{10}$$

Somit ist das Problem durch die Formeln (8) und (10) unter Berücksichtigung von (9) gelöst.

Als einfaches Beispiel[4]) behandeln wir den Fall, daß auf der rechten Hälfte der Randkurve, d. h. für $(-\pi/2 \leqq \vartheta \leqq \pi/2)$, eine gleichmäßig verteilte Last parallel zur x-Achse wirkt, während die andere Hälfte spannungsfrei bleibt[5]).

---

[1]) Wenn wir zum Ausdruck bringen, daß a_1 auf der rechten Seite der Gl. (8) gleich dem Koeffizienten bei ζ^{-1} in der Entwicklung von $\Phi(\zeta)$ ist, erhalten wir die Identität $a_1 = a_1$.

[2]) $\frac{1}{\sigma^2}\Phi(\sigma)$ und $\frac{1}{\sigma}\Phi'(\sigma)$ sind Randwerte einer außerhalb γ holomorphen und im Unendlichen wie ζ^{-3} verschwindenden Funktion, deshalb sind die entsprechenden Integrale gleich Null. Ferner ist $\frac{1}{\sigma^2}\overline{\Phi(\sigma)}$ der Randwert der Funktion $\frac{1}{\zeta^2}\bar{\Phi}\left(\frac{1}{\zeta}\right)$, die im Inneren von γ holomorph ist mit Ausnahme des Punktes $\zeta = 0$, wo sie einen einfachen Pol mit dem Hauptteil $\bar{a}_1/\zeta$ hat. Schließlich ist $\Psi(\sigma)$ der Randwert einer außerhalb γ holomorphen Funktion, die für große $|\zeta|$ die Gestalt

$$\frac{a_1'}{\zeta} + O\left(\frac{1}{\zeta^2}\right)$$

hat.

[3]) Wie schon gesagt, hätte man diese Werte schon vorher aufschreiben können.

[4]) Im oben genannten Artikel [1] lösen D. M. WOLKOW und A. N. NASAROW dieses spezielle Problem ohne Herleitung allgemeiner Formeln wie (8) und (10).

[5]) Man kann leicht zeigen, daß diese Formeln anwendbar sind, obwohl $\overset{n}{\sigma}_x$ Unstetigkeiten aufweist.

Hierbei gilt

$$\overset{n}{\sigma}_x = p \quad \text{für} \; -\frac{\pi}{2} \leqq \vartheta \leqq \frac{\pi}{2},$$

$$\overset{n}{\sigma}_x = 0 \quad \text{für die übrigen Werte von } \vartheta,$$

$$\overset{n}{\sigma}_y = 0 \quad \text{für alle } \vartheta.$$

Daher ist

$$X = R \int_{-\frac{\pi}{2}}^{\frac{\pi}{2}} \overset{n}{\sigma}_x \, \mathrm{d}\vartheta = \pi R p, \quad Y = 0$$

und somit

$$a_1 = -\frac{p}{2(1+\varkappa)}, \quad a_1' = \frac{\varkappa p}{2(1+\varkappa)}.$$

Nun müssen wir noch die in den Gln. (8) und (10) auftretenden Integrale berechnen. Sie sind (wegen $\overset{n}{\sigma}_y = 0$) beide gleich

$$\int_\gamma \frac{\overset{n}{\sigma}_x \, \mathrm{d}\sigma}{\sigma - \zeta} = p \int_{-\mathrm{i}}^{+\mathrm{i}} \frac{\mathrm{d}\sigma}{\sigma - \zeta} = -p \int_{-\mathrm{i}}^{+\mathrm{i}} \frac{\mathrm{d}\sigma}{\zeta - \sigma},$$

wobei das Integral in positiver Richtung über die rechte Hälfte des Kreises zu erstrecken ist. Daraus folgt

$$\int_\gamma \frac{\overset{n}{\sigma}_x \, \mathrm{d}\sigma}{\sigma - \zeta} = p \, [\ln(\zeta - \sigma)]_{\sigma=-\mathrm{i}}^{\sigma=+\mathrm{i}} = p \ln \frac{\zeta - \mathrm{i}}{\zeta + \mathrm{i}}$$

bei geeigneter Wahl des Zweiges der Logarithmusfunktion. Mit diesem Wert erhalten wir aus (8) und (10) explizite Ausdrücke für $\Phi(\zeta)$ und $\Psi(\zeta)$.

5.2.13. Weitere Beispiele. Anwendung auf einige andere Randwertprobleme

5.2.13.1. Die in 5.2.8. u. 5.2.11. dargelegte Lösungsmethode ist insbesondere auf alle einfach zusammenhängenden Gebiete anwendbar, deren konforme Abbildung auf den Kreis in 2.4.2. als Beispiel angeführt wurde. Dazu gehören die in 5.2.4. und 5.2.6. behandelte unendliche Ebene mit elliptischem Loch und das in 3.4.1. untersuchte von der PASCALschen Schnecke begrenzte endliche Gebiet.

Unser Verfahren aus 5.2.8. führt jedoch bedeutend schneller zum Ziel. Wir überlassen es dem Leser, die Randwertprobleme für diese Fälle mit Hilfe der eben genannten Methode zu lösen. Die unendliche Ebene mit Hypotrochoidenloch (2.4.2.4.) wurde von G. S. SCHAPIRO [1] in Anwendung auf einige praktisch bedeutsame Probleme mit der Methode aus 5.2.8. behandelt (vgl. auch die Arbeiten von G. N. SAWIN im folgenden Abschnitt). Die Lösung des I. Problems für das durch eine *Boothsche Lemniskate* (2.4.2.6.) begrenzte Gebiet vermittels der in 5.2.9. angeführten Methode gab G. N. BUCHARINOW [1] an. Einige weitere, besonders für die praktische Anwendung interessante Beispiele behandeln wir im folgenden Abschnitt.

5.2.13.2. Analog zu 5.2.8. bis 5.2.11. kann man das Berührungsproblem eines elastischen Körpers und eines starren Stempels bei fehlender Reibung lösen, wenn sich das vom elastischen Körper eingenommene Gebiet durch eine rationale Funktion auf den Kreis abbilden läßt. Dieses Problem wurde vom Autor in [19] und in der zweiten Auflage des vorliegenden Buches ausführlich behandelt. Eine einfachere Lösung wird später (6.4.5.) dargelegt.

5.2.13.3. Das Biegeproblem einer Platte mit Normalbelastung führt (5.1.3.) bei fest eingespanntem Rand auf das biharmonische Grundproblem, d. h. auf das I. Problem der ebenen Elastizitätstheorie, und bei freiem Rand auf das II. Problem. A. I. KALANDIA [1] und M. M. FRIDMAN [2] haben (fast gleichzeitig) gezeigt, daß man im Falle der frei aufliegenden Platte zu dem im vorigen Punkt angeführten Problem gelangt (s. 6.4.5.).
Wenn das von der Platte eingenommene Gebiet durch eine rationale Funktion auf den Kreis abgebildet wird, kann man die oben dargelegte effektive Lösungsmethode in den genannten Fällen unmittelbar (oder fast unmittelbar im dritten Fall) anwenden (s. KALANDIA [2])[1]).
Weiterhin zeigte L. A. GALIN [3], daß die Methode der komplexen Darstellung der Lösung in Verbindung mit einer konformen Abbildung auch dann noch eine exakte Lösung des I. Problems für die unendliche Ebene mit Kreisloch liefert, wenn ein Teil des Körpers, der die Öffnung vollständig umschließt, plastisch verformt wird.
Einige exakte Lösungen für das gleiche Gebiet bei verschiedenen Belastungsarten sind in der Monographie von G. N. SAWIN [8] enthalten. Ähnlich behandelt P. I. PERLIN [1, 2] das elastisch-plastische Problem für die unendliche Ebene mit einem Loch von ziemlich allgemeiner Art, wenn die plastische Zone die Öffnung entweder vollständig oder teilweise umschließt, sowie für einige zweifach zusammenhängende Gebiete. Derartige Probleme sind im allgemeinen sehr kompliziert, da die Trennungslinie zwischen elastischer und plastischer Zone nicht von vornherein bekannt ist.

5.2.14. Näherungsweise Lösung im allgemeinen Falle

Wie schon erwähnt, können die oben angegebenen effektiven Methoden zur näherungsweisen Lösung der Randwertprobleme für einfach zusammenhängende Gebiete mit praktisch beliebiger Randkurve benutzt werden. Um dies zu erläutern, betrachten wir ein vorgegebenes, von einer einfachen geschlossenen Kurve L begrenztes Gebiet, das durch eine Beziehung

$$z = \omega(\zeta) \tag{1}$$

auf den Kreis $|\zeta| < 1$ abgebildet wird. Wir setzen das Gebiet S zunächst als endlich voraus; dann ist die Funktion $\omega(\zeta)$ für $|\zeta| < 1$ holomorph und läßt sich für die genannten Werte ζ in die Reihe

$$\omega(\zeta) = c_1\zeta + c_2\zeta^2 + \cdots \tag{2}$$

entwickeln. Dabei setzen wir $c_0 = \omega(0) = 0$.
Nun berücksichtigen wir in (2) nur die n ersten Glieder, d. h., anstelle von $\omega(\zeta)$ betrachten wir das Polynom

$$\omega_n(\zeta) = c_1\zeta + c_2\zeta^2 + \cdots + c_n\zeta^n. \tag{3}$$

Die Beziehung

$$z = \omega_n(\zeta) \tag{4}$$

---

[1]) Siehe auch die früher veröffentlichten Artikel von A. I. LURJE [1, 2] und die Mitteilung von M. M. FRIDMAN [1].

bildet nicht das Gebiet S, sondern ein etwas abweichendes Gebiet S_n auf den Kreis $|\zeta| < 1$ ab. Wird jedoch n hinreichend groß gewählt, so erhalten wir, wie schon in 3.4.1. gesagt, unter bekannten sehr allgemeinen Bedingungen bezüglich des Randes L eine beliebig gute Annäherung. Praktisch genügen gewöhnlich sehr wenige Glieder der Entwicklung (2), um das Gebiet für den gegebenen Zweck hinreichend gut anzunähern.
In vielen Fällen benötigt man nur eine grobe Näherung, z. B. werden die Gleichungen der Elastizitätstheorie oft auf Körper angewendet, die nur sehr ungenau dem HOOKEschen Modellkörper entsprechen (beispielsweise in der Bodenmechanik); in diesen Fällen ist selbstverständlich eine hohe Rechengenauigkeit völlig fehl am Platze.
Bei Berücksichtigung einer für den gegebenen Zweck ausreichenden Zahl von Gliedern in (2) können wir das betreffende Problem für das Gebiet S_n praktisch lösen und erhalten damit eine Näherungslösung für das gegebene Gebiet S.
Im Falle des unendlichen Gebietes ist (2) durch

$$\omega(\zeta) = \frac{c}{\zeta} + c_1\zeta + c_2\zeta^2 + \cdots \tag{2'}$$

(mit $c_0 = 0$) und (3) durch

$$\omega_n(\zeta) = \frac{c}{\zeta} + c_1\zeta + c_2\zeta^2 + \cdots + c_n\zeta^n \tag{3'}$$

zu ersetzen; dann läßt sich alles bisher Gesagte auch auf diesen Fall übertragen. Anstelle der Entwicklung von $\omega(\zeta)$ in eine Potenzreihe können wir selbstverständlich eine beliebige andere Entwicklung nach rationalen Funktionen benutzen. Es läßt sich zeigen, daß die für das Gebiet S_n gewonnene Lösung unter bekannten allgemeinen Voraussetzungen für den Rand L und die gewählte Art der Entwicklung mit $n \to \infty$ gegen die Lösung für das gegebene Gebiet S strebt. Den Beweis findet der Leser in dem Artikel [6] des Autors und unter allgemeineren Voraussetzungen in der Arbeit [5] von D. I. SCHERMAN.
Das eben genannte Lösungsverfahren liefert auch dann noch brauchbare Ergebnisse, wenn der Rand L nicht glatt ist, sondern Eckpunkte hat, also beispielsweise ein Vieleck darstellt. Das durch ein geradliniges Vieleck begrenzte Gebiet wird bekanntlich durch die *Schwarz-Christoffelschen Formeln*[1]) auf den Kreis abgebildet. Diese Formeln haben sich in der Praxis als sehr nützlich erwiesen.
Das oben genannte Verfahren wurde von G. N. SAWIN bei der Lösung einer Reihe praktisch bedeutsamer Probleme mit Erfolg angewendet. Wir verweisen auf seine Monographie [8] sowie auf die Artikel [1, 2] und weiterhin auf die Arbeit von A. N. DINNIK, A. B. MORGAJEWSKI und G. N. SAWIN [1].
Im folgenden beschränken wir uns auf zwei Beispiele, die dem Artikel von G. N. SAWIN [1][2]) entstammen und die praktische Brauchbarkeit des uns interessierenden Verfahrens anschaulich zeigen[3]).
Als erstes betrachten wir die unendliche Ebene mit einem Loch in Form eines gleichseitigen Dreiecks. In diesem Falle kann die Abbildungsfunktion $\omega(\zeta)$ in der Gestalt

$$\omega(\zeta) = -A \int\limits_1^{\zeta} (1 - t^3)^{2/3} \frac{dt}{t^2} + \text{const}$$

[1]) Siehe beispielsweise LAURENTJEW und SCHABAT [1].
[2]) Siehe auch SAWIN [8].
[3]) Siehe auch GRAY [1].

dargestellt werden, wobei A eine reelle Konstante ist, die die Ausmaße des Dreiecks bestimmt. Durch Reihenentwicklung erhalten wir bei geeigneter Wahl der willkürlichen Konstanten auf der rechten Seite

$$\omega(\zeta) = A\left(\frac{1}{\zeta} + \frac{\zeta^2}{3} + \frac{\zeta^5}{45} + \cdots\right).$$

Bei Berücksichtigung der ersten zwei oder drei Glieder entstehen anstelle des Dreiecks die in den Bildern 40 bzw. 41 dargestellten Kurven.

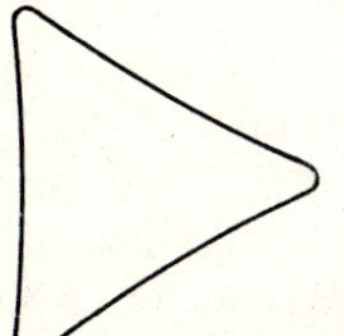

Bild 40

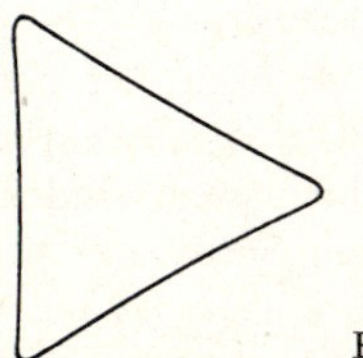

Bild 41

Als zweites Beispiel betrachten wir die unendliche Ebene mit quadratischem Loch. In diesem Falle können wir

$$\omega(\zeta) = -A \int_1^\zeta (1 + t^4)^{1/2} \frac{\mathrm{d}t}{t^2} + \text{const}$$

setzen, wobei A eine reelle Konstante ist, die die Ausmaße des Quadrates bestimmt. Durch Reihenentwicklung und geeignete Wahl der willkürlichen Konstanten auf der rechten Seite erhalten wir

$$\omega(\zeta) = A\left(\frac{1}{\zeta} - \frac{1}{6}\zeta^3 + \frac{1}{56}\zeta^7 - \frac{1}{176}\zeta^{11} + \cdots\right).$$

Wenn wir in dieser Reihe die zwei, drei oder vier ersten Glieder berücksichtigen, entstehen anstelle des Quadrates die in den Bildern 42, 43, 44 angeführten Kurven.

Bild 42

Bild 43

Bild 44

Wir sehen, daß schon drei Glieder eine hinreichend gute Näherung liefern[1]). In den zitierten Arbeiten von G. N. Sawin werden auch rechteckige Löcher mit verschiedenen Seitenverhältnissen behandelt.

Damit wir die Frage nicht nochmals aufzuwerfen brauchen, weisen wir schon hier darauf hin, daß das oben angeführte Verfahren auch auf halbunendliche Gebiete der im folgenden Abschnitt betrachteten Art angewendet werden kann.

Dasselbe trifft auf das Gebiet mit mehreren Randkurven zu; dabei wird unsere Methode mit dem sogenannten alternierenden Verfahren (Schwarzscher Algorithmus) oder mit der

---

[1]) Durch geringfügige Abänderung der verbleibenden Reihenglieder kann man eine noch bessere Näherung gewinnen; s. 8.1.5.

Methode der schrittweisen Näherung analog dem von SCHWARZ bei der Lösung des DIRICHLETschen Problems benutzten Verfahren in Verbindung gebracht. Auf diese Weise führt man die Lösung des gegebenen Randwertproblems für ein von mehreren Kurven begrenztes Gebiet auf die schrittweise Lösung des gleichen Problems für jeweils von einer Kurve begrenzte Gebiete mit nacheinander abzuändernden Randwerten zurück. Die exakte Lösung erfordert unendlich viele solcher Operationen; man erhält jedoch eine praktisch brauchbare Näherungslösung, wenn man auf einer bestimmten Etappe abbricht.
Jedes dieser Einzelprobleme kann ebenfalls durch Anwendung des oben genannten Verfahrens näherungsweise gelöst werden.
Die eben beschriebene Methode der schrittweisen Näherung wurde von S. G. MICHLIN [5, 9, 13] und D. I. SCHERMAN [5] ausgearbeitet. Ihre Ergebnisse sind im Buch von S. G. MICHLIN [13] dargelegt. Erwähnenswert sind auch die Arbeiten von A. J. GORGIDSE [1, 2]. Ein Konvergenzbeweis für den SCHWARZschen Algorithmus unter sehr allgemeinen Voraussetzungen wurde von S. L. SOBOLJEW [2] angegeben. S. G. MICHLIN [4] benutzte die Methode der schrittweisen Näherung zur Lösung des I. Problems für die Halbebene mit elliptischer Kerbe. Auf andere Weise wurde dieses Problem von D. I. SCHERMAN [4] gelöst. Wir erwähnen zum Schluß die erst vor verhältnismäßig kurzer Zeit von D. I. SCHERMAN veröffentlichten Arbeiten [24 bis 26], in denen neue, sehr brauchbare effektive Lösungsverfahren für einige praktisch bedeutsame Randwertprobleme angegeben sind.

5.3. Lösung der Randwertprobleme für die Halbebene und andere halbunendliche Gebiete

Die Untersuchung von Gebieten, deren Rand eine nach beiden Seiten ins Unendliche verlaufende offene Kurve bildet (halbunendliches Gebiet), bringt keine wesentlichen neuen Schwierigkeiten mit sich. Es ist hierbei zweckmäßig, das Gebiet konform auf die Halbebene statt auf den Kreis abzubilden[1]). Wir wollen nicht den allgemeinen Fall behandeln, sondern beschränken uns auf die Lösung unserer Probleme für die Halbebene und für halbunendliche Gebiete einer bestimmten Klasse[2]).

5.3.1. Allgemeine Formeln und Sätze für den Fall der Halbebene

5.3.1.1. Das vom Körper eingenommene Gebiet S bestehe aus der von der x-Achse begrenzten unteren Halbebene (Bild 45), d. h. aus allen Punkten, für die $y < 0$ ist.
Im folgenden (5.3.1. und 5.3.2.) kehren wir vorübergehend zu den Bezeichnungen aus 2.2. zurück, d. h., wir schreiben erneut

$$\varphi(z),\ \psi(z),\ \Phi(z),\ \Psi(z)$$

---

[1]) Selbstverständlich besteht zwischen diesen beiden Verfahren kein prinzipieller Unterschied.
[2]) Der allgemeine Fall des halbunendlichen Gebietes wurde von S. G. MICHLIN [7] behandelt. In den unlängst erschienenen Artikeln von TIFFEN [2, 3] wird eine nach meiner Meinung wesentlich umständlichere Lösung der hier betrachteten Probleme angegeben, in der ohne bemerkenswerte Änderungen die in der zweiten (1935), dritten und vierten Auflage des vorliegenden Buches enthaltene Darlegung wiedergegeben wird. Insbesondere in dem Artikel [3] wird das Lösungsverfahren mit Hilfe der konformen Abbildung auf denselben Fall einer parabolischen Randkurve angewendet wie bei mir (s. 5.3.7.). Der Artikel enthält keinerlei Hinweis auf meine Arbeiten, obwohl in den früheren Artikeln desselben Autors meine Arbeiten, insbesondere die dritte Auflage des vorliegenden Buches, angeführt sind.

und nicht

$$\varphi_1(z),\ \psi_1(z) \text{ usw.}$$

Von den Spannungskomponenten fordern wir, daß sie den bisher stets angenommenen Stetigkeits- und Differenzierbarkeitsbedingungen genügen. Außerdem setzen wir voraus, daß die *Spannungen und die Drehung*[1]) *den Grenzwert Null haben, wenn z auf einem ganz in S liegenden beliebigen Wege gegen Unendlich strebt.*

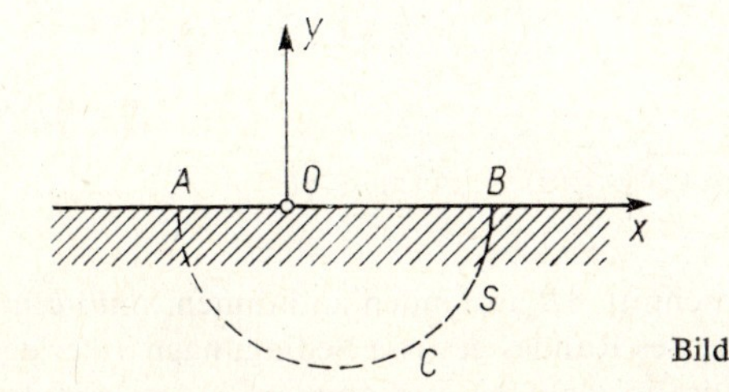

Bild 45

Im Falle einer geschlossenen Randkurve könnten wir aus dieser Bedingung folgern, daß Φ und Ψ für große $|z|$ die Gestalt

$$\Phi(z) = \frac{\gamma_1}{z} + \frac{\gamma_2}{z^2} + \cdots, \quad \Psi(z) = \frac{\gamma_1'}{z} + \frac{\gamma_2'}{z^2} + \cdots$$

haben (s. 2.2.8.).

Wir nehmen nun an, daß die Funktionen Φ und Ψ auch jetzt für große $|z|$ die Darstellung[2])

$$\Phi(z) = \frac{\gamma}{z} + o\left(\frac{1}{z}\right), \quad \Psi(z) = \frac{\gamma'}{z} + o\left(\frac{1}{z}\right), \quad \Phi' = -\frac{\gamma}{z^2} + o\left(\frac{1}{z^2}\right) \tag{1}$$

gestatten, wobei γ, γ' Konstanten sind (s. dazu auch die Bemerkung aus 5.3.4.).

Außerdem sind die Funktionen $\Phi(z)$ und $\Psi(z)$ offensichtlich in jedem zu S gehörenden endlichen Gebiet holomorph. Die Bedingung (1) ergänzen wir noch durch die Forderung[3])

$$\begin{aligned} \varphi(z) &= \gamma \ln z + o(1) + \text{const}, \\ \psi(z) &= \gamma' \ln z + o(1) + \text{const} \end{aligned} \tag{2}$$

für große $|z|$.

Hier ist für die mehrdeutige Funktion $\ln z$ irgendein Zweig, etwa $\ln(z) + i\vartheta$ zu wählen [dabei variiert ϑ (das Argument von z) zwischen $\vartheta = -\pi$ und $\vartheta = 0$].

---

[1]) Das letztere ist nicht wesentlich, vereinfacht aber die Rechnung etwas.

[2]) Das Symbol $o\left(\frac{1}{z}\right)$ bezeichnet bekanntlich eine Größe, für die

$$\left|o\left(\frac{1}{z}\right)\right| < \frac{\varepsilon}{|z|}$$

gilt, wobei ε nur vom Betrag $|z|$ abhängt und für $|z| \to \infty$ gegen Null strebt.

[3]) Bekanntlich bezeichnet $o(1)$ eine Größe, für die $|o(1)| < \varepsilon$ gilt, wobei ε nur von $|z|$ abhängt und für $|z| \to \infty$ gegen Null strebt. Die Bedingung (2) könnte man aus den Gln. (1) durch Integration erhalten, wenn man auf den rechten Seiten von (1) anstelle von $o\left(\frac{1}{z}\right)$ beispielsweise $\left(\frac{1}{z^{1+\mu}}\right)$ schreibt, wobei μ eine (beliebig kleine) positive Konstante ist.

Schließlich fordern wir noch, daß der *resultierende Vektor der am Abschnitt AB auf der x-Achse angreifenden äußeren Kräfte einen bestimmten Grenzwert hat, wenn die Endpunkte des Abschnittes nach links bzw. rechts gegen Unendlich streben*[1]).

Mathematisch formuliert führt dies auf folgende Bedingung:

Mit X', Y' als Komponenten des resultierenden Vektors der an AB angreifenden äußeren Kräfte gilt nach Gl. (2) in 2.2.5.[2])

$$X' + \mathrm{i}Y' = +\mathrm{i}\left[\frac{\partial U}{\partial x} + \mathrm{i}\frac{\partial U}{\partial y}\right]_A^B, \tag{3}$$

wobei bekanntlich

$$\frac{\partial U}{\partial x} + \mathrm{i}\frac{\partial U}{\partial y} = \varphi(z) + z\overline{\varphi'(z)} + \overline{\psi(z)} = \varphi(z) + z\overline{\Phi(z)} + \overline{\psi(z)} \tag{4}$$

ist.

Um die Gl. (2) in 2.2.5. auf den Randabschnitt AB anwenden zu können, müßte man dem Verhalten des Ausdruckes (4) in der Nähe des Randes gewisse Bedingungen auferlegen. Wir können jedoch auch ohne zusätzliche Voraussetzungen auskommen, indem wir den resultierenden Vektor an einem in S verlaufenden beliebigen einfachen Kurvenstück $A'B'$ berechnen, wobei die Endpunkte A' und B' unendlich nahe an A und B liegen (vgl. das in 2.2.7. Gesagte).

Ein solches Kurvenstück $A'B'$ entsteht beispielsweise, wenn wir von dem Halbkreis ACB (Bild 45) an jedem Ende ein unendlich kleines Stück abschneiden. Im folgenden schreiben wir der Einfachheit halber A, B statt A', B'.

Wenn A und B auf verschiedenen Seiten und hinreichend weit entfernt von O liegen, liefern die Gln. (1), (2), (4)

$$\left[\frac{\partial U}{\partial x} + \mathrm{i}\frac{\partial U}{\partial y}\right]_A^B = \gamma \ln\frac{r''}{r'} + \gamma\pi\mathrm{i} + \bar{\gamma}' \ln\frac{r''}{r'} - \bar{\gamma}'\pi\mathrm{i} + \varepsilon. \tag{3'}$$

Hierbei geben r' und r'' die Abstände der Punkte A bzw. B von O an, und ε ist eine beliebig kleine Größe (die für wachsende Werte von r' bzw. r'' gegen Null strebt).

Die notwendige und hinreichende Bedingung dafür, daß der vorige Ausdruck für alle (voneinander unabhängigen) beliebig großen Werte von r' und r'' beschränkt bleibt, lautet offenbar

$$\gamma + \bar{\gamma}' = 0. \tag{5}$$

Wir betrachten diese Bedingung als erfüllt. Dann ergibt sich der resultierende Vektor (X, Y) der an der gesamten x-Achse angreifenden äußeren Kräfte aus der Gleichung

$$X + \mathrm{i}Y = \mathrm{i}\left[\frac{\partial U}{\partial x} + \mathrm{i}\frac{\partial U}{\partial y}\right]_{-\infty}^{+\infty} = -\pi(\gamma - \bar{\gamma}'). \tag{6}$$

Weiterhin folgt aus (5) und (6)

$$\gamma = -\frac{X + \mathrm{i}Y}{2\pi}, \quad \gamma' = \frac{X - \mathrm{i}Y}{2\pi}. \tag{7}$$

[1]) Diese Bedingung ist stets erfüllt, wenn nur ein endlicher Randteil belastet ist.

[2]) Wir wählen auf der rechten Seite das Vorzeichen (+), da das Gebiet S bei der Bewegung von A nach B zur Rechten und nicht zur Linken liegt.

Damit erhalten wir schließlich für große $|z|$

$$\begin{aligned} \Phi(z) &= -\frac{X+\mathrm{i}Y}{2\pi z} + o\left(\frac{1}{z}\right), \quad \Psi(z) = \frac{X-\mathrm{i}Y}{2\pi z} + o\left(\frac{1}{z}\right), \\ \Phi'(z) &= \frac{X+\mathrm{i}Y}{2\pi z^2} + o\left(\frac{1}{z^2}\right), \end{aligned} \tag{1'}$$

$$\begin{aligned} \varphi(z) &= -\frac{X+\mathrm{i}Y}{2\pi}\ln z + o(1) + \text{const}, \\ \psi(z) &= \frac{X-\mathrm{i}Y}{2\pi}\ln z + o(1) + \text{const}. \end{aligned} \tag{2'}$$

Die Spannungskomponenten σ_x, σ_y, τ_{xy} wachsen unter den genannten Bedingungen wie $o(1/z)$, und die Verschiebungen haben für große $|z|$ die Gestalt

$$\begin{aligned} 2\mu(u+\mathrm{i}v) &= \varkappa\gamma\ln z - \bar{\gamma}'\ln\bar{z} - \bar{\gamma}\frac{z}{\bar{z}} + o(1) + \text{const} \\ &= -\frac{\varkappa(X+\mathrm{i}Y)}{2\pi}\ln z - \frac{X+\mathrm{i}Y}{2\pi}\ln\bar{z} + \frac{X-\mathrm{i}Y}{2\pi}\frac{z}{\bar{z}} + o(1) + \text{const}. \end{aligned} \tag{8}$$

Bei $X = Y = 0$ verhalten sich die Spannungen σ_x, σ_y, τ_{xy} wie $o(1/z)$, und die Größe $u + \mathrm{i}v$ ist beschränkt.
In bezug auf das Gebiet S können wir die gleichen Probleme wie in den letzten Abschnitten behandeln. Dabei muß lediglich gewährleistet sein, daß das Verhalten der auf dem Rand vorgegebenen Größen in der Umgebung des unendlich fernen Punktes den eben aufgestellten Bedingungen entspricht.

5.3.1.2. Beim I. Problem werden $\sigma_y = \sigma_n(t)$ und $\tau_{xy} = \tau_n(t)$ auf der x-Achse als Funktionen der Abszisse t vorgegeben. Gemäß (1′) sind für große $|t|$ die Bedingungen

$$\sigma_n = o\left(\frac{1}{t}\right), \quad \tau_n = o\left(\frac{1}{t}\right) \tag{9}$$

zu befriedigen.
Im Falle des II. Problems müssen die auf der x-Achse vorgegebenen Funktionen u und v gemäß (8) den Gleichungen

$$\left.\begin{aligned} 2\mu(u+\mathrm{i}v) &= -\frac{\varkappa+1}{2\pi}(X+\mathrm{i}Y)\ln t + c + o(1) \quad \text{für } t>0, \\ 2\mu(u+\mathrm{i}v) &= -\frac{\varkappa+1}{2\pi}(X+\mathrm{i}Y)\ln|t| + c \\ &\quad + \frac{\mathrm{i}(\varkappa-1)}{2}(X+\mathrm{i}Y) + o(1) \quad \text{für } t<0 \end{aligned}\right\} \tag{10}$$

genügen, wobei c eine Konstante ist.
Analoge Bedingungen für das gemischte Problem kann der Leser leicht selbst aufstellen.
Beim II. und beim gemischten Problem werden die Größen X, Y als vorgegeben betrachtet.

5.3.1.3. Die Lösung der angeführten Randwertprobleme wird später (5.3.4., 5.3.6., 6.2.2., 6.2.3.) angegeben. Hier beschränken wir uns auf die Behandlung der Eindeutigkeitssätze. Sie lassen sich in unserem Falle leicht durch ein Verfahren analog zum unendlichen Gebiet (2.2.12.) beweisen. Dazu wenden wir die Integralformel (4) in 2.2.12. auf das von AB und dem Halbkreis ACB (Bild 45) begrenzte Gebiet an und gehen zur Grenze über, d. h. lassen A und B nach verschiedenen Seiten gegen Unendlich streben.
Der angeführte Beweis gilt unmittelbar für den Fall, daß die Verschiebungs- und Spannungskomponenten stetig bis hin zum Rand sind und im unendlich fernen Punkt den oben angenommenen Bedingungen genügen. In gleicher Weise kann man die in 2.2.15. angeführten Beweise der Eindeutigkeitssätze für das I. und II. Problem auf unseren Fall übertragen, vorausgesetzt, die betrachtete Lösung ist regulär, d. h., die ihr entsprechenden Funktionen $\varphi(z)$, $\varphi'(z)$, $\psi(z)$ sind stetig fortsetzbar auf alle Punkte des Randes.
Nach den Eindeutigkeitssätzen ist die Lösung des II. und des gemischten Problems vollständig, hingegen die des I. bis auf eine **translative** Verschiebung bestimmt (die Drehung im Unendlichen und damit die des Gesamtkörpers verschwindet nach Voraussetzung).

Bemerkung 1:

Die Gln. (1), (2) bzw. (1'), (2') können durch andere ersetzt werden, die für die Untersuchung der betrachteten Funktionen in der Nähe des Randes zweckmäßiger sind, z. B. dürfen wir offenbar anstelle der Gln. (2')

$$\begin{aligned} \varphi(z) &= -\frac{X + \mathrm{i}Y}{2\pi} \ln(z - z_0) + \varphi^*(z) + \text{const}, \\ \psi(z) &= \frac{X - \mathrm{i}Y}{2\pi} \ln(z - z_0) + \psi^*(z) + \text{const} \end{aligned} \tag{2''}$$

schreiben, wobei z_0 ein beliebiger fester Punkt außerhalb S (d. h. in der oberen Halbebene) ist und $\varphi^*(z)$, $\psi^*(z)$ in S holomorphe Funktionen sind, die für große $|z|$ die Ordnung $o(1)$ haben.

Bemerkung 2: Am Rand angreifende Einzelkräfte

Wenn wir in den Gln. (2') nur die ersten Glieder berücksichtigen, d. h.

$$\varphi(z) = -\frac{X + \mathrm{i}Y}{2\pi} \ln z, \quad \psi(z) = \frac{X - \mathrm{i}Y}{2\pi} \ln z \tag{11}$$

setzen, und sie auf die gesamte Halbebene anwenden, so entsprechen sie offenbar der Wirkung einer im Koordinatenursprung angreifenden Einzelkraft (X, Y); denn der Ausdruck $\frac{\partial U}{\partial x} + \mathrm{i}\frac{\partial U}{\partial y}$ wächst beim Umfahren des Punktes O auf einem unendlich kleinen Halbkreis (der unteren Halbebene) um $\mathrm{i}(X + \mathrm{i}Y)$, und folglich ist der resultierende Vektor der an diesem Halbkreis (von oben) angreifenden Kräfte genau gleich (X, Y). Außerdem verschwindet offensichtlich das resultierende Moment derselben Kräfte in bezug auf den Ursprung.
Die den Funktionen φ und ψ (d. h. der Wirkung einer Einzelkraft) entsprechenden Spannuns gen und Verschiebungen lassen sich leicht aus den allgemeinen Formeln in 2.2.4. oder 2.2.11-berechnen. Beispielsweise ergibt sich für die Spannungskomponenten in Polarkoordinaten.

nach den Formeln aus 2.2.11.

$$\sigma_r + \sigma_\vartheta = 4\,\mathrm{Re}\,\varphi'(z) = -4\,\mathrm{Re}\,\frac{X + \mathrm{i}Y}{2\pi r}\,\mathrm{e}^{-\mathrm{i}\vartheta} = -\frac{2}{\pi r}(X\cos\vartheta + Y\sin\vartheta),$$

$$\sigma_\vartheta - \sigma_r + 2\mathrm{i}\tau_{r\vartheta} = 2[\bar{z}\varphi''(z) + \psi'(z)]\,\mathrm{e}^{2\mathrm{i}\vartheta} = \frac{2}{\pi r}(X\cos\vartheta + Y\sin\vartheta)$$

und damit

$$\sigma_r = -\frac{2}{\pi r}(X\cos\vartheta + Y\sin\vartheta), \quad \sigma_\vartheta = 0, \quad \tau_{r\vartheta} = 0. \tag{12}$$

Die von uns gewonnene Lösung für die am Rand der Halbebene angreifende Einzelkraft[1]) stimmt im wesentlichen mit der von FLAMANT gefundenen überein[2]).

5.3.2. Allgemeine Formeln für halbunendliche Gebiete

Der Rand L des Gebietes S stelle eine einfache offene Kurve dar, deren Enden im Unendlichen liegen. Die Kurve L zerlegt die Ebene in zwei Teilgebiete S und S'. Die positive Richtung auf L wählen wir so, daß das Gebiet S von ihr aus *zur Linken* liegt.
Weiterhin fordern wir von L folgende Eigenschaft: Für einen festen Punkt M_0 und zwei variable Punkte A, B auf L sollen die Verbindungsgeraden M_0A und M_0B gewisse Grenzlagen haben, wenn A und B nach verschiedenen Seiten gegen Unendlich streben.
Mit $\Pi(M_0)$ bezeichnen wir den (mit Vorzeichen versehenen) Winkel, den der Strahl M_0M überstreicht, wenn M auf L in positiver Richtung wandert und die gesamte Kurve durchläuft. Wir nennen $\Pi(M_0)$ den Winkel, unter dem L von M_0 aus erscheint.
Es ist leicht einzusehen, daß $\Pi(M_0)$ für alle auf einer Seite von L liegenden Punkte gleich ist. Wenn wir die Winkel, unter denen L von Punkten in S bzw. S' aus erscheint, mit Π und Π' bezeichnen, so gilt

$$\Pi - \Pi' = 2\pi. \tag{1}$$

Stellt beispielsweise S die untere Halbebene dar, dann bildet die x-Achse unsere Randkurve L, und die negative x-Richtung gibt die positive Richtung auf L an (denn von ihr aus muß S zur Linken liegen). In diesem Falle ist $\Pi = \pi$ für Punkte M_0 aus S, und $\Pi' = -\pi$ für Punkte M_0 aus der oberen Halbebene S'.
Die Funktionen $\Phi(z)$, $\Psi(z)$, $\Phi'(z)$ sollen auch jetzt für große $|z|$ die Gestalt (vgl. 5.3.1.)

$$\Phi(z) = \frac{\gamma}{z} + o\left(\frac{1}{z}\right), \quad \Psi(z) = \frac{\gamma'}{z} + o\left(\frac{1}{z}\right), \quad \Phi'(z) = -\frac{\gamma}{z^2} + o\left(\frac{1}{z^2}\right)$$

oder, was auf dasselbe führt,

$$\begin{aligned} \Phi(z) &= \frac{\gamma}{z - z_0} + o\left(\frac{1}{z}\right), \quad \Psi(z) = \frac{\gamma'}{z - z_0} + o\left(\frac{1}{z}\right), \\ \Phi'(z) &= -\frac{\gamma}{(z - z_0)^2} + o\left(\frac{1}{z^2}\right) \end{aligned} \tag{2}$$

[1]) Diese Aufgabe stellt das zweidimensionale Analogon zum Problem einer Einzelkraft auf dem Halbraum (mit der unendlichen Ebene als Rand), dem sogenannten Problem von BOUSSINESQUE, dar.
[2]) Siehe LOVE [1], § 149 und 150

haben, wobei z_0 ein (willkürlicher) fester Punkt aus S' ist (d. h. nicht zu S gehört). In diesen Formeln sind $o(1/z)$ und $o(1/z^2)$ Symbole für Funktionen, die in S holomorph sind und für große $|z|$ die genannte Ordnung haben. Weiterhin setzen wir voraus, daß (vgl. 5.3.1.)

$$\begin{aligned}\varphi(z) &= \gamma \ln (z - z_0) + o(1) + \text{const},\\ \psi(z) &= \gamma' \ln (z - z_0) + o(1) + \text{const}\end{aligned} \tag{3}$$

ist. Hierbei steht $o(1)$ als Symbol für Funktionen, die in S holomorph sind und für $|z| \to \infty$ gegen Null streben.

Wie im vorigen Abschnitt nehmen wir an, daß der resultierende Vektor der an AB angreifenden äußeren Kräfte einen bestimmten Grenzwert (X, Y) hat, wenn die Punkte A und B nach entgegengesetzten Seiten gegen Unendlich streben. In unserem Falle gilt anstelle der Formel (3′) in 5.3.1.

$$\left[\frac{\partial U}{\partial x} + \mathrm{i}\frac{\partial U}{\partial y}\right]_A^B = \gamma \ln \frac{r''}{r'} + \gamma \Pi' \mathrm{i} + \bar{\gamma}(\mathrm{e}^{2\mathrm{i}\beta} - \mathrm{e}^{2\mathrm{i}\alpha}) + \bar{\gamma}' \ln \frac{r''}{r'} - \bar{\gamma}' \Pi' \mathrm{i} + \varepsilon, \tag{3′}$$

hierbei ist Π' wie bisher der Winkel, unter dem die Kurve L von Punkten des Gebietes S' aus erscheint, und α, β sind die (mit Vorzeichen versehenen) Winkel zwischen der x-Achse und der Grenzlage der Strahlen M_0A und M_0B (wenn A in positiver und B in negativer Richtung auf L gegen Unendlich strebt). Weiterhin bezeichnen r' und r'' den Abstand des Punktes z_0 von A bzw. B, und ε ist eine Größe mit dem Grenzwert Null für $A \to -\infty$, $B \to +\infty$. Offenbar gilt

$$\beta - \alpha = \Pi'. \tag{4}$$

Ebenso wie im vorigen Abschnitt schließen wir, daß

$$\gamma + \bar{\gamma}' = 0 \tag{5}$$

ist und daß[1])

$$X + \mathrm{i}Y = -\mathrm{i}\left[\frac{\partial U}{\partial x} + \mathrm{i}\frac{\partial U}{\partial y}\right]_L = (\gamma - \bar{\gamma}')\,\Pi' - \mathrm{i}\,(\mathrm{e}^{2\mathrm{i}\beta} - \mathrm{e}^{2\mathrm{i}\alpha})\,\bar{\gamma}$$

oder unter Beachtung der Gl. (5)

$$X + \mathrm{i}Y = 2\,\Pi'\gamma - \mathrm{i}(\mathrm{e}^{2\mathrm{i}\beta} - \mathrm{e}^{2\mathrm{i}\alpha})\,\bar{\gamma} \tag{6}$$

sein muß.

Unter der Voraussetzung, daß $\Pi' \neq 0$ und somit $\Pi \neq 2\pi$ ist, erhalten wir, wenn wir Gl. (6) und die dazu konjugierten Werte addieren,

$$\gamma = \frac{2\,\Pi'(X + \mathrm{i}Y) + \mathrm{i}(\mathrm{e}^{2\mathrm{i}\beta} - \mathrm{e}^{2\mathrm{i}\alpha})\,(X - \mathrm{i}Y)}{4(\Pi'^2 - \sin^2 \Pi')} \tag{7}$$

und gemäß Gl. (5)

$$\gamma' = \frac{2\,\Pi'(X - \mathrm{i}Y) - \mathrm{i}(\mathrm{e}^{-2\mathrm{i}\beta} - \mathrm{e}^{-2\mathrm{i}\alpha})\,(X + \mathrm{i}Y)}{4(\Pi'^2 - \sin^2 \Pi')}. \tag{8}$$

---

[1]) In der analogen Formel aus dem vorigen Abschnitt nahmen wir an, daß die Randkurve in negativer Richtung durchlaufen wird, deshalb haben wir in dieser Formel

$$+\,\mathrm{i}\left[\frac{\partial U}{\partial x} + \mathrm{i}\frac{\partial U}{\partial y}\right]_{-\infty}^{+\infty} \quad \text{anstelle von} \quad -\,\mathrm{i}\left[\frac{\partial U}{\partial x} + \mathrm{i}\frac{\partial U}{\partial y}\right]_L$$

geschrieben.

Für $\Pi' = 0$ hingegen ergibt sich aus (6) $X = Y = 0$. Eine Lösung, die den oben gestellten Bedingungen genügt, existiert also in diesem Falle nur, wenn der resultierende Vektor der am Rand angreifenden äußeren Kräfte verschwindet.

5.3.3. Grundformeln bei konformer Abbildung auf die Halbebene

Im Falle halbunendlicher Gebiete ist es zweckmäßig, auf die Halbebene statt auf den Kreis abzubilden[1]). Im Zusammenhang mit der Abbildung führen wir wie oben in der zum elastischen Körper gehörenden z-Ebene krummlinige Koordinaten ein. Unser Gebiet bezeichnen wir wiederum mit S und seinen Rand mit L. Nun sei

$$z = \omega(\zeta) \quad (z = x + \mathrm{i}y,\ \zeta = \xi + \mathrm{i}\eta) \tag{1}$$

eine Beziehung, die S auf die untere Hälfte der ζ-Ebene, d. h. auf die Halbebene $\eta < 0$ transformiert und dabei die unendlich fernen Punkte ineinander überführt. Den Geraden $\eta = \text{const}$ dieser Halbebene entsprechen gewisse offene Kurven im Gebiet S, deren Enden beide im Unendlichen liegen. Wir bezeichnen sie mit (ξ). Genauso entsprechen den Halbgeraden $\xi = \text{const}$ aus der unteren Hälfte der ζ-Ebene in S Kurven (η), die von L ausgehen und nach Unendlich laufen (Bild 46a, 46b).

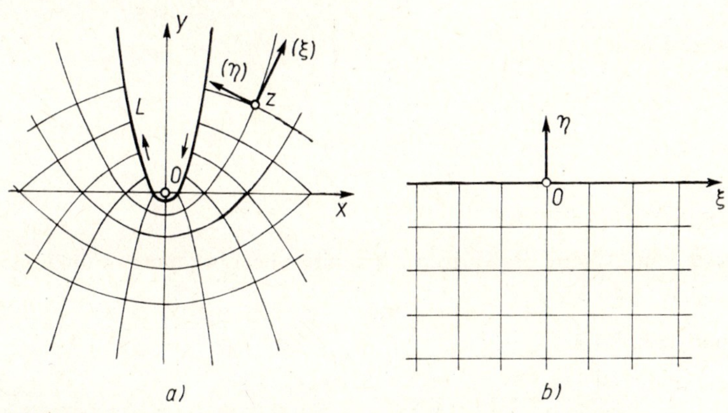

Bild 46

Da jedem Paar (ξ, η) für $\eta < 0$ im Gebiet S ein wohldefinierter Punkt $z = \omega(\xi + \mathrm{i}\eta)$ entspricht, können wir ξ und η als krummlinige Koordinaten in der z-Ebene auffassen. Die Kurven (ξ) und (η) bilden ein orthogonales Netz von Koordinatenlinien.

Nun betrachten wir einen Punkt z im Gebiet S. Wir legen von ihm aus die Tangenten in Richtung wachsender ξ bzw. η an die Kurven (ξ) und (η) und bezeichnen sie ebenfalls mit (ξ) und (η). Sie bilden analog zu 2.4.3. ein Koordinatensystem im Punkt z (Bild 46a).

Für einen Vektor A mit dem Angriffspunkt $z = \omega(\xi + \mathrm{i}\eta)$ und den Projektionen A_x, A_y auf die x- bzw. y-Achse sowie A_ξ und A_η bezüglich der Achsen (ξ) und (η) gilt wie in 2.4.3.

$$A_\xi + \mathrm{i}A_\eta = \mathrm{e}^{-\mathrm{i}\alpha}(A_x + \mathrm{i}A_y). \tag{2}$$

Hierbei ist α der Winkel zwischen (ξ) und der x-Achse, gemessen von der letzteren aus.

---

[1]) Wie schon gesagt, besteht kein prinzipieller Unterschied.

Zur Berechnung von $e^{i\alpha}$ verschieben wir den Punkt z um dz in Richtung der Tangente (ξ). Dann erfährt der Punkt ζ eine Verschiebung $d\xi > 0$ in Richtung der ξ-Achse. Es gilt offensichtlich

$$dz = |dz| \, e^{i\alpha} = |\omega'(\zeta)| \, e^{i\alpha} \, d\xi , \qquad dz = \omega'(\zeta) \, d\xi$$

und daher

$$e^{i\alpha} = \frac{\omega'(\zeta)}{|\omega'(\zeta)|}, \quad e^{-i\alpha} = \frac{\overline{\omega'(\zeta)}}{|\omega'(\zeta)|}. \tag{3}$$

Somit erhalten wir

$$A_\xi + iA_\eta = \frac{\overline{\omega'(\zeta)}}{|\omega'(\zeta)|} (A_x + iA_y). \tag{2'}$$

Mit v_ξ, v_η als Verschiebungskomponenten bezüglich der Achsen (ξ) und (η) gilt gemäß (2′)

$$v_\xi + iv_\eta = \frac{\overline{\omega'(\zeta)}}{|\omega'(\zeta)|} (u + iv), \tag{4}$$

wobei u, v die Verschiebungen im x, y-Achsensystem sind. Die Spannungen σ_ξ, σ_η, $\tau_{\xi\eta}$ und σ_x, σ_y, τ_{xy} sind durch die Beziehungen (vgl. 1.1.8.)

$$\sigma_\xi + \sigma_\eta = \sigma_x + \sigma_y, \quad \sigma_\eta - \sigma_\xi + 2i\tau_{\xi\eta} = (\sigma_y - \sigma_x + 2i\tau_{xy}) \, e^{2i\alpha} \tag{5}$$

verknüpft, wobei gemäß (3)

$$e^{2i\alpha} = \frac{\omega'(\zeta) \, \omega'(\zeta)}{\overline{\omega'(\zeta)} \, \omega'(\zeta)} = \frac{\omega'(\zeta)}{\overline{\omega'(\zeta)}} \tag{3}$$

ist.
Wenn wir mit

$$\varphi_1(z), \psi_1(z), \Phi_1(z), \Psi_1(z)$$

die aus 2. (sowie vom Anfang des vorigen Abschnittes her) bekannten Funktionen

$$\varphi(z), \psi(z), \Phi(z), \Psi(z)$$

bezeichnen und wie in 2.4.4.

$$\varphi(\zeta) = \varphi_1[\omega(\zeta)], \qquad \psi(\zeta) = \psi_1[\omega(\zeta)]$$

$$\Phi(\zeta) = \Phi_1[\omega(\zeta)] = \frac{\varphi'(\zeta)}{\omega'(\zeta)}, \quad \Psi(\zeta) = \Psi_1[\omega(\zeta)] = \frac{\psi'(\zeta)}{\omega'(\zeta)} \tag{6}$$

setzen, können wir die Verschiebungs- und Spannungskomponenten analog zu 2.4.4. durch Funktionen der komplexen Veränderlichen ζ ausdrücken.
Mit Hilfe der Beziehungen zwischen den Komponenten σ_x, σ_y, τ_{xy} und den Funktionen φ_1, ψ_1, Φ_1, Ψ_1 (2.2.4.) sowie den Gln. (5) und (3′) ergibt sich

$$\sigma_\xi + \sigma_\eta = 2\left[\Phi(\zeta) + \overline{\Phi(\zeta)}\right] = 4\operatorname{Re} \Phi(\zeta), \tag{7}$$

$$\sigma_\eta - \sigma_\xi + 2i\tau_{\xi\eta} = \frac{2}{\overline{\omega'(\zeta)}} \left\{\overline{\omega(\zeta)} \, \Phi'(\zeta) + \omega'(\zeta) \, \Psi(\zeta)\right\}. \tag{8}$$

Einen Ausdruck für $v_\xi + iv_\eta$ erhalten wir aus Gl. (4) und der Beziehung

$$2\mu(u + iv) = \varkappa\varphi(\zeta) - \frac{\omega(\zeta)}{\overline{\omega'(\zeta)}} \overline{\varphi'(\zeta)} - \overline{\psi(\zeta)}. \tag{9}$$

Schließlich bekommen wir durch Addition der Gln. (7) und (8) noch die nützliche Formel

$$\sigma_\eta + i\tau_{\xi\eta} = \Phi(\zeta) + \overline{\Phi(\zeta)} + \frac{1}{\overline{\omega'(\zeta)}} \left\{\overline{\omega(\zeta)}\, \Phi'(\zeta) + \omega'(\zeta)\, \Psi(\zeta)\right\}. \tag{10}$$

5.3.4. Lösung des I. Problems für die Halbebene

Wenn der elastische Körper S die untere Halbebene einnimmt, lautet die Bedingung des Problems

$$\sigma_y = \sigma_n(t), \quad \tau_{xy} = \tau_n(t) \text{ auf der } x\text{-Achse}, \tag{1}$$

wobei $\sigma_n(t)$ und $\tau_n(t)$ vorgegebene Funktionen der Abszisse t sind (Normal- und Schubspannung). Nach Gl. (8) in 2.2.4. gilt mit den Bezeichnungen aus 5.1.1. und 5.1.2.

$$\sigma_y - i\tau_{xy} = \Phi(z) + \overline{\Phi(z)} + z\overline{\Phi'(z)} + \Psi(z) \tag{2}$$

und damit ergibt sich die Randbedingung[1])

$$\Phi(t) + \overline{\Phi(t)} + t\overline{\Phi'(t)} + \Psi(t) = \sigma_n - i\tau_n \tag{3}$$

oder, was dasselbe besagt,

$$\Phi(t) + \overline{\Phi(t)} + t\Phi'(t) + \Psi(t) = \sigma_n + i\tau_n. \tag{4}$$

Auf der linken Seite von (3) steht der Randwert der Funktion (2); analoges trifft auf (4) zu. Wenn nicht ausdrücklich anders vereinbart, wollen wir im weiteren der Einfachheit halber annehmen, daß die Randwerte $\Phi(t)$, $\Phi'(t)$, $\Psi(t)$ der Funktionen $\Phi(z)$, $\Phi'(z)$, $\Psi(z)$ auch einzeln existieren. Weiterhin setzen wir σ_n und τ_n als Funktionen voraus, die den Bedingungen (9) in 5.3.1.

$$\sigma_n = o\left(\frac{1}{t}\right), \quad \tau_n = o\left(\frac{1}{t}\right) \tag{5}$$

genügen.

Da die durch (4) definierte Funktion $\Psi(t)$ den Randwert der in der unteren Halbebene holomorphen und im Unendlichen verschwindenden[2]) Funktion $\Psi(z)$ darstellt, erhalten wir gemäß Gl. (21) in 4.2.4.

$$\frac{1}{2\pi i}\int_{-\infty}^{+\infty} \frac{\sigma_n - i\tau_n}{t - z}\,dt - \frac{1}{2\pi i}\int_{-\infty}^{+\infty} \frac{\Phi(t)\,dt}{t - z} - \frac{1}{2\pi i}\int_{-\infty}^{+\infty} \frac{\overline{\Phi(t)}\,dt}{t - z} - \frac{1}{2\pi i}\int_{-\infty}^{+\infty} \frac{t\overline{\Phi'(t)}\,dt}{t - z} = 0,$$

wobei z ein beliebiger Punkt der unteren Halbebene ist. Da weiterhin $\Phi(t)$, $\overline{\Phi(t)}$, $t\overline{\Phi'(t)}$ die Randwerte der in der unteren bzw. oberen Halbebene holomorphen und im Unendlichen verschwindenden[3]) Funktionen $\Phi(z)$, $\bar{\Phi}(z)$, $z\overline{\Phi'(z)}$ sind, ist das zweite Integral in der vorigen Formel gemäß (2) und (2′) aus 4.1.8. gleich $-\Phi(z)$, und die beiden letzten verschwinden. Folglich gilt

$$\Phi(z) = -\frac{1}{2\pi i}\int_{-\infty}^{+\infty} \frac{\sigma_n - i\tau_n}{t - z}\,dt. \tag{6}$$

[1]) Zum Aufstellen dieser Bedingung hätten wir selbstverständlich auch die Gl. (23) in 2.2.13. benutzen können, dabei ist lediglich zu beachten, daß die hier mit τ_n bezeichnete Größe dort $-\tau_n$ heißt. Das kommt daher, daß das Gebiet S bei einer Bewegung in positiver x-Richtung zur Linken und nicht zur Rechten liegt.

[2]) Dies folgt aus (1) in 5.3.1.

[3]) Siehe vorige Fußnote.

Bei bekanntem $\Phi(z)$ läßt sich $\Psi(z)$ durch Anwendung der Formel (2′) in 4.1.8. ermitteln, denn der Randwert $\Psi(t)$ ergibt sich aus Gl. (4). Somit erhalten wir nach einigen einfachen, auf den Gleichungen aus 4.1.8. beruhenden Umformungen

$$\begin{aligned}\Psi(z) &= -\frac{1}{2\pi i}\int_{-\infty}^{+\infty}\frac{\sigma_n + i\tau_n}{t-z}\,dt - \Phi(z) - z\Phi'(z)\\ &= -\frac{1}{\pi}\int_{-\infty}^{+\infty}\frac{\tau_n\,dt}{t-z} + \frac{z}{2\pi i}\int_{-\infty}^{+\infty}\frac{\sigma_n - i\tau_n}{(t-z)^2}\,dt\\ &= -\frac{1}{2\pi i}\int_{-\infty}^{+\infty}\frac{\sigma_n + i\tau_n}{t-z}\,dt + \frac{1}{2\pi i}\int_{-\infty}^{+\infty}\frac{\sigma_n - i\tau_n}{(t-z)^2}\,t\,dt. \qquad (7)\end{aligned}$$

Nach dem in 4.1.4.1. und 4.1.7. Gesagten läßt sich leicht verifizieren, daß die für $\Phi(z)$ und $\Psi(z)$ gewonnenen Ausdrücke allen gestellten Bedingungen genügen, falls die Funktionen $\sigma_n(t)$, $\tau_n(t)$ und ihre ersten Ableitungen $\sigma_n'(t)$, $\tau_n'(t)$ in allen endlichen Punkten und die Produkte $t\sigma_n(t)$, $t\tau_n(t)$, $t^2\sigma_n'(t)$, $t^2\tau_n'(t)$ auch in der Umgebung des unendlich fernen Punktes einer H-Bedingung genügen. Insbesondere sind die Funktionen $\Phi(z)$ $\Phi'(z)$, $\Psi(z)$ stetig bis hin zum Rand, und für große $|z|$ haben sie die geforderte, durch (1) und (5) in 5.3.1. definierte Gestalt. Damit ist das Problem gelöst.

Unser Ergebnis deckt sich im wesentlichen mit dem von G. W. Kolosow [1] auf anderem Wege erhaltenen. Später fand M. A. Sadowski [1, 2] ebenfalls (unabhängig von G. W. Kolosow) eine Lösung dieser Aufgabe[1]).

Bemerkung 1:

Unter Berücksichtigung der Resultate aus 4.1.4.1. und 4.1.5.3. läßt sich leicht unmittelbar folgendes nachprüfen: Wenn $\sigma_n(t)$ und $\tau_n(t)$ (einschließlich im unendlich fernen Punkt) einer H-Bedingung genügen, so sind die unseren Funktionen $\Phi(z)$ und $\Psi(z)$ entsprechenden Verschiebungs- und Spannungskomponenten stetig bis hin zum Rand, und die Randbedingung (1) wird erfüllt. Dabei brauchen die Funktionen $\Phi'(z)$ und $\Psi(z)$ nicht stetig fortsetzbar auf den Rand zu sein, denn das wird in der Aufgabenstellung nicht verlangt (diese Eigenschaft wird nur von $\Phi(z)$ und der Kombination $\bar{z}\Phi'(z) + \Psi(z)$ gefordert).

Bemerkung 2:

Die rechten Seiten der Gln. (6) und (7) stellen offensichtlich sowohl in der unteren als auch in der oberen Halbebene holomorphe Funktionen dar. Sie sind jedoch im allgemeinen nicht analytisch auf der x-Achse. Wenn jedoch irgendein Randabschnitt unbelastet bleibt, so sind die rechten Seiten der Formeln (6) und (7) auch dort analytisch, und folglich können die Funktionen $\Phi(z)$, $\Psi(z)$ über diesen Teilabschnitt aus der unteren in die obere Halbebene analytisch fortgesetzt werden. Diese Eigenschaft der Lösung läßt sich leicht ohne Benutzung der Formeln (6) und (7) nachweisen.

Wir führen dazu die Bezeichnung

$$\Omega(z) = -\Phi(z) - z\Phi'(z) - \Psi(z) \qquad (8)$$

[1]) Bei den genannten Autoren fehlt eine strenge Untersuchung der Lösung.

ein. Da die Funktionen $\Phi(z)$ und $\Psi(z)$ nach Voraussetzung in der unteren Halbebene holomorph sind, trifft dies auch auf $\Omega(z)$ zu. Nun betrachten wir die in der oberen Halbebene holomorphen Funktionen

$$\bar{\Phi}(z), \ \bar{\Omega}(z) = -\bar{\Phi}(z) - z\bar{\Phi}'(z) - \bar{\Psi}(z).$$

Nach (3) und (4) gilt auf einem beliebigen unbelasteten Teil der x-Achse

$$\Phi(t) = \bar{\Omega}(t), \quad \bar{\Phi}(t) = \Omega(t). \tag{9}$$

Dabei verstehen wir unter $\Phi(t)$, $\Omega(t)$ die Randwerte der entsprechenden Funktionen für $z \to t$ aus der unteren Halbebene und unter $\bar{\Phi}(t)$, $\bar{\Omega}(t)$ für $t \to z$ aus der oberen Halbebene.
Nach der ersten Gleichung aus (9) ist die in der oberen Halbebene holomorphe Funktion $\bar{\Omega}(z)$ die analytische Fortsetzung der Funktion $\Omega(z)$ aus der unteren Halbebene, und damit ist gerade die analytische Fortsetzbarkeit der Funktion $\Phi(z)$ bewiesen.
Analog schließen wir aus der zweiten Gleichung von (9), daß $\Omega(z)$ in die obere Halbebene analytisch fortsetzbar ist und dort den Wert $\bar{\Phi}(z)$ annimmt. Hieraus ergibt sich gemäß (8) die analytische Fortsetzbarkeit der Funktion $\Psi(z)$, und damit ist unsere Behauptung bewiesen.
Die Funktionen $\Phi(z)$ und $\Psi(z)$ können demnach für hinreichend große $|z|$ in LAURENT-Reihen entwickelt werden, wenn nur ein endliches Teilstück des Randes belastet ist. Die hier gewonnenen Ergebnisse ermöglichen es, auf einfache Weise den Charakter der Funktionen $\Phi(z)$ und $\Psi(z)$ für große $|z|$ zu studieren, sobald das Verhalten der Spannungskomponenten im Unendlichen bekannt ist.
In 5.3.1. hatten wir von vornherein Festlegungen über das Verhalten der Funktionen $\Phi(z)$ und $\Psi(z)$ im Unendlichen getroffen. Das entspricht selbstverständlich nicht der Natur der Aufgabe.
Diesen Nachteil können wir jetzt leicht beseitigen (oder wenigstens verringern); denn offenbar haben die Funktionen $\Phi(z)$ und $\Psi(z)$ notwendig die durch (1) in 5.3.1. definierte Gestalt, solange nur ein endliches Teilstück des Randes belastet ist und die Spannungen σ_x, σ_y, τ_{xy} sowie die Größe $y \dfrac{\partial(\sigma_x + \sigma_y)}{\partial y}$ für $z \to \infty$ (selbstverständlich in der unteren Halbebene) gegen Null streben. Wir verzichten hier auf die Beweisführung, da sie der Leser leicht selbst durchführen kann.

Bemerkung 3:

In den Arbeiten von L. A. GALIN (s. seine Monographie [4]) werden die Lösungen für die Halbebene S durch zwei analytische Funktionen $\omega_1(z)$ und $\omega_2(z)$ ausgedrückt, die (mit unseren Bezeichnungen) durch die Gleichungen

$$\omega_1(z) = \frac{1}{2\pi \mathrm{i}} \int\limits_{-\infty}^{+\infty} \frac{\sigma_n \, \mathrm{d}t}{t - z}, \quad \omega_2(z) = \frac{1}{2\pi \mathrm{i}} \int\limits_{-\infty}^{+\infty} \frac{\tau_n \, \mathrm{d}t}{t - z}$$

definiert sind.
Diese Funktionen lassen sich leicht durch $\Phi(z)$ und $\Psi(z)$ darstellen. Gemäß (6) und (7) lauten sie

$$\omega_1(z) = -\Phi(z) - \frac{z}{2} \Phi'(z) - \frac{1}{2} \Psi(z),$$

$$\omega_2(z) = \frac{\mathrm{i}z}{2} \Phi'(z) + \frac{\mathrm{i}}{2} \Psi(z).$$

Und umgekehrt gilt

$$\Phi(z) = -\omega_1(z) + \mathrm{i}\omega_2(z),$$
$$\Psi(z) = -2\mathrm{i}\omega_2(z) + z\omega_1'(z) - \mathrm{i}z\omega_2'(z).$$

Deshalb führen die Funktionen $\omega_1(z)$ und $\omega_2(z)$ nicht auf prinzipiell neue Lösungsmethoden für unsere Probleme.

5.3.5. Beispiele

Wir betrachten den Fall, daß auf den Abschnitt

$$-a \leqq t \leqq +a$$

der x-Achse ein gleichmäßiger Druck p wirkt, während der übrige Teil des Randes unbelastet bleibt. Dann gilt $\tau_n = 0$ für alle t,

$$\sigma_n = -p \text{ für } -a \leqq t \leqq +a$$

und $\sigma_n = 0$ für die übrigen Werte t. Die Gln. (6) und (7) aus 5.3.4. liefern[1])

$$\Phi(z) = \frac{p}{2\pi\mathrm{i}} \int_{-a}^{+a} \frac{\mathrm{d}t}{t - z} = -\frac{p}{2\pi\mathrm{i}} \int_{-a}^{+a} \frac{\mathrm{d}t}{z - t}, \quad \Psi(z) = -\frac{zp}{2\pi\mathrm{i}} \int_{-a}^{+a} \frac{\mathrm{d}t}{(t - z)^2}$$

und damit

$$\Phi(z) = \frac{p}{2\pi\mathrm{i}} [\ln(z - t)]_{t=-a}^{t=+a} = \frac{p}{2\pi\mathrm{i}} \ln \frac{z - a}{z + a}, \quad \Psi(z) = -\frac{paz}{\pi\mathrm{i}(z^2 - a^2)}. \tag{1}$$

Unter $\ln \frac{z - a}{z + a}$ ist die Zunahme der Funktion $\ln(z - t)$ bei stetiger Änderung der Größe t von $-a$ bis $+a$ zu verstehen. Der größeren Klarheit halber setzen wir $z - t = \varrho\, \mathrm{e}^{-\mathrm{i}\theta}$, wobei $\varrho = |z - t|$ ist, während θ den Winkel zwischen dem von t nach z zeigenden Vektor und der x-Achse bezeichnet. Dieser Winkel liegt zwischen 0 und 2π; wir messen ihn von der positiven x-Achse aus im Uhrzeigersinn (Bild 47).
Dann gilt (Bezeichnungen s. Bild 47)

$$\ln(z - t) = \ln \varrho - \mathrm{i}\theta, \quad \ln \frac{z - a}{z + a} = \ln \frac{\varrho_1}{\varrho_2} - \mathrm{i}(\theta_1 - \theta_2), \tag{2}$$

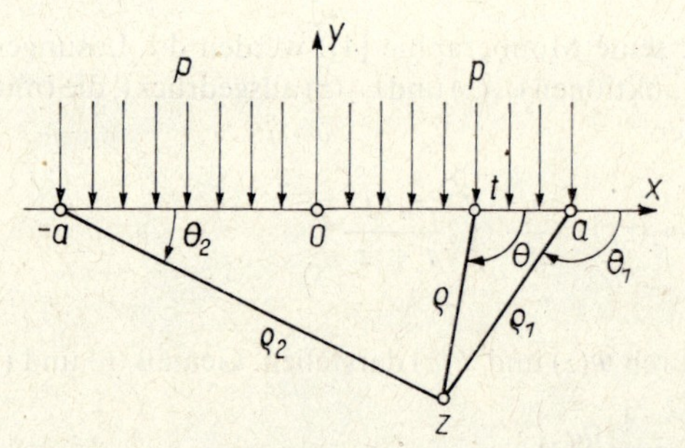

Bild 47

[1]) Wir benutzen die Resultate des vorigen Abschnittes ohne Rücksicht auf die Tatsache, daß hier die vorgegebene Funktion Unstetigkeiten aufweist. Die Richtigkeit des Endergebnisses kann unmittelbar nachgeprüft werden.

$\theta_1 - \theta_2$ ist der Winkel, unter dem der belastete Abschnitt vom Punkt z aus erscheint. Für die Spannungskomponenten erhalten wir aus den schon mehrfach angewendeten Formeln

$$\sigma_x + \sigma_y = 4\operatorname{Re} \Phi(z) = -\frac{2p}{\pi}(\theta_1 - \theta_2), \tag{3}$$

$$\begin{aligned}\sigma_y - \sigma_x + 2\mathrm{i}\tau_{xy} &= 2\,[\bar{z}\Phi'(z) + \Psi(z)] = \frac{2pa}{\pi\mathrm{i}}\,\frac{\bar{z} - z}{z^2 - a^2} \\ &= -\frac{4pay}{\pi(z^2 - a^2)} = -\frac{4pay\,(\bar{z}^2 - a^2)}{\pi(z^2 - a^2)(\bar{z}^2 - a^2)}\end{aligned} \tag{4}$$

und damit

$$\left.\begin{aligned}\sigma_x &= -\frac{p}{\pi}(\theta_1 - \theta_2) + \frac{2pay\,(x^2 - y^2 - a^2)}{\pi\,[(x^2 + y^2 - a^2)^2 + 4a^2y^2]}, \\ \sigma_y &= -\frac{p}{\pi}(\theta_1 - \theta_2) - \frac{2pay\,(x^2 - y^2 - a^2)}{\pi\,[(x^2 + y^2 - a^2)^2 + 4a^2y^2]}, \\ \tau_{xy} &= \frac{4paxy^2}{\pi\,[(x^2 + y^2 - a^2)^2 + 4a^2y^2]}.\end{aligned}\right\} \tag{5}$$

Die Lösung dieses Problems wurde erstmalig von MICHELL [3] angegeben und dann auf anderem Wege von G. W. KOLOSOW [1, 2][1]) gefunden.
Die Formel für die Spannungsverteilung wird übersichtlicher, wenn wir in Gl. (4)

$$z^2 - a^2 = \varrho_1\varrho_2\,\mathrm{e}^{-\mathrm{i}(\theta_1+\theta_2)}$$

substituieren:

$$\sigma_y - \sigma_x + 2\mathrm{i}\tau_{xy} = -\frac{4pay}{\varrho_1\varrho_2}\,\mathrm{e}^{\mathrm{i}(\theta_1+\theta_2)}. \tag{4'}$$

Dann erhalten wir unter Berücksichtigung der Gl. (3)

$$\left.\begin{aligned}\sigma_x &= -\frac{p}{\pi}(\theta_1 - \theta_2) + 2pa\,\frac{y\cos(\theta_1 + \theta_2)}{\varrho_1\varrho_2}, \\ \sigma_y &= -\frac{p}{\pi}(\theta_1 - \theta_2) - 2pa\,\frac{y\cos(\theta_1 - \theta_2)}{\varrho_1\varrho_2}, \\ \tau_{xy} &= -2pa\,\frac{y\sin(\theta_1 + \theta_2)}{\varrho_1\varrho_2}.\end{aligned}\right\} \tag{5'}$$

Diese Formeln zeigen unmittelbar, daß die Spannungskomponenten stetig bis hin zum Rand sind, wenn wir die Punkte $t = -a$ und $t = +a$ ausschließen, wo sie zwar nicht mehr stetig sind, jedoch *beschränkt bleiben*[2]). Weiterhin wird offensichtlich die Randbedingung befriedigt. Auch die Verschiebungskomponenten lassen sich leicht berechnen, und man kann sich davon überzeugen, daß sie stetig bis hin zum gesamten Rand (einschließlich der Punkte $t = \pm a$) sind, wenn man vom unendlich fernen Punkt absieht[3]).
In gleicher Weise ergibt sich die Lösung für eine konstante Schubspannung, die an einem Abschnitt des Randes angreift.

---

[1]) In beiden Arbeiten weist der Ausdruck für τ_{xy} Druckfehler auf: anstelle von a steht a^2.
[2]) Das wird klar, wenn man beachtet, daß $y = -\varrho_1 \sin\theta_1 = -\varrho_2 \sin\theta_2$ ist.
[3]) Bei $|z| \to \infty$ wachsen die Verschiebungskomponenten wie $\ln|z|$.

5.3.6. Lösung des II. Problems

In diesem Falle lautet die Randbedingung (mit den Bezeichnungen aus 5.3.1. und 5.3.2.)

$$\varkappa\varphi(t) - t\overline{\varphi'(t)} - \overline{\psi(t)} = 2\mu\,(g_1 + \mathrm{i}g_2), \tag{1}$$

oder

$$\varkappa\overline{\varphi(t)} - t\varphi'(t) - \psi(t) = 2\mu\,(g_1 - \mathrm{i}g_2). \tag{2}$$

Wir setzen voraus, daß die Verschiebungen im Unendlichen beschränkt bleiben. Das entspricht gemäß 5.3.1. der Bedingung $X = Y = 0$ (der in 5.3.1. betrachtete allgemeinere Fall läßt sich analog zu 5.1.1. leicht auf den vorigen[1]) zurückführen). Unter den früher (5.3.1.) eingeführten Bedingungen befriedigen die in der unteren Halbebene holomorphen Funktionen $\varphi(z)$, $\psi(z)$, $\varphi'(z) = \Phi(z)$, $\psi'(z) = \Psi(z)$ die Gln. (1′) und (2′) aus 5.3.1. bei $X = Y = 0$. Von diesen Bedingungsgleichungen berücksichtigen wir nun nur die folgenden

$$\varphi(z) = o(1), \quad \psi(z) = c + o(1), \quad \varphi'(z) = o\left(\frac{1}{z}\right), \tag{3}$$

wobei c eine nicht vorgegebene Konstante ist[2]).

Die additive Konstante im Ausdruck für $\varphi(z)$ haben wir weggelassen, das ist stets ohne Einschränkung der Allgemeinheit zulässig.

Weiterhin müssen wir gemäß Gl. (10) in 5.3.1. voraussetzen, daß die vorgegebenen Funktionen für große $|t|$ der Bedingung

$$g_1 + \mathrm{i}g_2 = G + o(1) \tag{4}$$

genügen, wobei G eine im allgemeinen komplexe Konstante ist. Außerdem nehmen wir an, daß $g_1 + \mathrm{i}g_2$ (einschließlich im unendlich fernen Punkt) einer H-Bedingung genügt.

Da die durch (2) definierte Funktion $\psi(t)$ den Randwert der in der unteren Halbebene holomorphen Funktion $\psi(z)$ darstellt, muß gemäß Gl. (21) in 4.2.4.

$$-\frac{\mu}{\pi\mathrm{i}}\int\limits_{-\infty}^{+\infty}\frac{g_1 + \mathrm{i}g_2}{t - z}\,\mathrm{d}t + \frac{\varkappa}{2\pi\mathrm{i}}\int\limits_{-\infty}^{+\infty}\frac{\varphi(t)\,\mathrm{d}t}{t - z} - \frac{1}{2\pi\mathrm{i}}\int\limits_{-\infty}^{+\infty}\frac{t\overline{\varphi'(t)}\,\mathrm{d}t}{t - z} = -\frac{1}{2}\,\bar{c}$$

gelten, wobei z ein beliebiger Punkt der unteren Halbebene ist; damit ergibt sich nach den Formeln aus 4.2.4.[3])

$$-\frac{\mu}{\pi\mathrm{i}}\int\limits_{-\infty}^{+\infty}\frac{g_1 + \mathrm{i}g_2}{t - z}\,\mathrm{d}t - \varkappa\varphi(z) = -\frac{1}{2}\,\bar{c}.$$

Den Wert $\bar{c}$ ermitteln wir, indem wir zur Grenze $z \to \infty$ (in der unteren Halbebene) übergehen. Dann ergibt sich nach der zweiten Gleichung aus (15) in 4.1.7.

$$\tfrac{1}{2}\,\bar{c} = -\,\mu G,$$

---

[1]) Die Gl. (1) kann man durch eine Bedingung ersetzen, die sich aus (1) durch Differentiation nach t ergibt. Dann haben wir es nur mit den Funktionen $\Phi(z)$, $\Psi(z)$ zu tun, und die durch die logarithmischen Glieder entstehenden Schwierigkeiten sind beseitigt. Auf diese Weise wird die Aufgabe in 6.2.2.2. gelöst.

[2]) Damit erweitern wir die Aufgabenstellung etwas im Vergleich zu 5.3.1.

[3]) Dabei ist insbesondere zu berücksichtigen, daß $t\overline{\varphi'(t)}$ der Randwert der in der oberen Halbebene holomorphen und im Unendlichen verschwindenden Funktion $z\overline{\varphi'}(\bar{z})$ ist.

und demnach ist

$$\varkappa\varphi(z) = -\frac{\mu}{\pi \mathrm{i}} \int_{-\infty}^{+\infty} \frac{g_1 + \mathrm{i}g_2}{t - z}\,\mathrm{d}t - \mu G. \tag{5}$$

Nun läßt sich die Funktion $\psi(z)$ leicht aus ihrem durch Gl. (2) gegebenen Randwert bestimmen, und zwar bekommen wir gemäß (2′) in 4.1.8.

$$\psi(z) = \frac{\mu}{\pi \mathrm{i}} \int_{-\infty}^{+\infty} \frac{g_1 - \mathrm{i}g_2}{t - z}\,\mathrm{d}t - \frac{\varkappa}{2\pi \mathrm{i}} \int_{-\infty}^{+\infty} \frac{\overline{\varphi(t)}\,\mathrm{d}t}{t - z} + \frac{1}{2\pi \mathrm{i}} \int_{-\infty}^{+\infty} \frac{t\varphi'(t)\,\mathrm{d}t}{t - z} + \frac{1}{2}c$$

oder durch nochmaliges Anwenden der Formeln aus 4.1.8.[1]) und Einsetzen des Wertes c

$$\psi(z) = \frac{\mu}{\pi \mathrm{i}} \int_{-\infty}^{+\infty} \frac{g_1 - \mathrm{i}g_2}{t - z}\,\mathrm{d}t - z\varphi'(z) - \mu\bar{G}. \tag{6}$$

Die gefundenen Funktionen $\varphi(z)$, $\psi(z)$ befriedigen nach dem in 4.1.7. Gesagten alle Bedingungen der Aufgabe einschließlich der Gl. (3), wenn beispielsweise der Ausdruck $g_1 + \mathrm{i}g_2$ und seine Ableitung nach t auf der x-Achse und $t(g_1 + \mathrm{i}g_2 - G)$, $t^2(g_1' + \mathrm{i}g_2')$[2]) in der Umgebung des unendlich fernen Punktes einer H-Bedingung genügen. Damit ist das Problem gelöst[3]).

5.3.7. Lösung der Randwertprobleme für Gebiete, die sich durch rationale Funktionen auf die Halbebene abbilden lassen. Halbunendliches Gebiet mit parabolischem Rand

Wenn das gegebene Gebiet S mit Hilfe einer rationalen Funktion $\omega(\zeta)$ auf die Halbebene abgebildet wird, so lassen sich die Randwertprobleme analog zu 5.2.8. und folgende elementar lösen.

Wir beschränken uns darauf, das Lösungsverfahren an einem Beispiel zu erläutern: Der Rand L stelle eine Parabel dar, und das Gebiet S bilde den außerhalb der Parabel befindlichen Teil der Ebene (der den Brennpunkt nicht enthält). Wir betrachten die Abbildung

$$z = \omega(\zeta) = \mathrm{i}(\zeta - \mathrm{i}a)^2 \quad (a > 0), \tag{1}$$

d. h.

$$x = -2\xi\,(\eta - a), \quad y = \xi^2 - (\eta - a)^2. \tag{1'}$$

Die reelle Achse $\eta = 0$ der ζ-Ebene entspricht in der xy-Ebene einer Kurve mit der Parameterdarstellung

$$x = 2a\xi, \quad y = \xi^2 - a^2,$$

d. h. der Parabel

$$x^2 = 4a^2\,(y + a^2). \tag{2}$$

---

[1]) Dabei ist insbesondere zu berücksichtigen, daß $\overline{\varphi(t)}$ der Randwert der in der oberen Halbebene holomorphen und im Unendlichen verschwindenden Funktion $\bar{\varphi}(z)$ ist.

[2]) Wenn wir erreichen wollen, daß nicht nur die Bedingungen (3), sondern auch alle Bedingungen (1′), (2′) aus 5.3.1. befriedigt werden, brauchen wir nur zusätzlich anzunehmen, daß auch $t^3(g_1'' + \mathrm{i}g_2'')$ in der Umgebung des unendlich fernen Punktes einer H-Bedingung genügt.

[3]) Eine Lösung dieses Problems (auf anderem Wege) wird auch von M. A. Sadowski [1, 2] angegeben. Man vermißt bei ihm jedoch eine strenge Untersuchung des Charakters der Lösung und der Existenzbedingungen.

Ihr Parameter ist $2a^2$, ihre Achse zeigt in y-Richtung, der Scheitel liegt im Punkt $(0, -a^2)$. Der Koordinatenursprung stellt den Brennpunkt der Parabel dar.
Wenn ζ die ξ-Achse von links nach rechts durchläuft, so bewegt sich der entsprechende Punkt z auf der Parabel ebenfalls von links nach rechts. Es läßt sich leicht verifizieren, daß die Beziehung (1) eine Abbildung des Außengebietes der Parabel auf die Halbebene $\eta < 0$ vermittelt. Die Koordinatenlinien (ξ) und (η) sind offenbar Parabeln mit dem Koordinatenursprung als gemeinsamen Brennpunkt. Die Achsen der Parabeln (ξ) und (η) zeigen nach entgegengesetzten Seiten. In Bild 46a sind einige Parabeln der (ξ)-Schar (d. h. η = const) und Teile der in S eingeschlossenen Parabeln ξ = const eingezeichnet. Wie man leicht sieht, ist der Winkel, unter dem eine Parabel von inneren Punkten aus erscheint, gleich -2π, so daß in den Formeln aus 5.3.2. jetzt

$$\Pi' = -2\pi \tag{3}$$

zu setzen ist.
Die Lösung unserer Probleme für S bietet keinerlei Schwierigkeiten. Als Beispiel betrachten wir das **I. Problem** (das II. läßt sich völlig analog behandeln).
Es sei σ ein Punkt auf der reellen Achse in der ζ-Ebene. Dann lautet die Randbedingung gemäß Gl. (10) in 5.3.3.

$$\Phi(\sigma) + \overline{\Phi(\sigma)} + \frac{\sigma + ia}{2} \Phi'(\sigma) - \frac{\sigma - ia}{\sigma + ia} \Psi(\sigma) = \sigma_n + i\tau_n, \tag{4}$$

wobei σ_n und τ_n die vorgegebenen Randwerte der Normalspannung σ_η bzw. der Schubspannung $\tau_{\xi\eta}$ sind[1]).
Wenn wir beide Seiten der Gl. (4) mit $\sigma + ia$ multiplizieren, ergibt sich[2])

$$(\sigma + ia)\,\Phi(\sigma) + (\sigma + ia)\overline{\Phi(\sigma)} + \frac{(\sigma + ia)^2}{2} \Phi'(\sigma) - (\sigma - ia)\,\Psi(\sigma) = F \tag{5}$$

mit

$$F = (\sigma_n + i\tau_n)(\sigma + ia). \tag{6}$$

Durch Übergang zu den konjugierten Werten erhalten wir aus (5) die Bedingung

$$(\sigma - ia)\,\Phi(\sigma) + (\sigma - ia)\overline{\Phi(\sigma)} + \frac{(\sigma - ia)^2}{2} \overline{\Phi'(\sigma)} - (\sigma + ia)\overline{\Psi(\sigma)} = \bar{F}. \tag{7}$$

Die in der unteren Halbebene holomorphen gesuchten Funktionen $\Phi(\zeta)$, $\Psi(\zeta)$ genügen gemäß Gl. (1) in 5.3.1. und Gl. (1) im vorliegenden Abschnitt für große $|\zeta|$ den Bedingungen

$$\Phi(\zeta) = O\left(\frac{1}{\zeta^2}\right), \quad \Psi(\zeta) = O\left(\frac{1}{\zeta^2}\right), \quad \Phi'(\zeta) = O\left(\frac{1}{\zeta^3}\right). \tag{8}$$

Die durch (5) definierte Funktion $(\sigma - ia)\,\Psi(\sigma)$ ist Randwert der in der unteren Halbebene holomorphen und im Unendlichen verschwindenden Funktion $(\zeta - ia)\,\Psi(\zeta)$, deshalb ergibt

---

[1]) Wir nehmen selbstverständlich an, daß σ_n und τ_n so vorgegeben sind, daß sie nicht den Bedingungen für das Verhalten der Spannungen im Unendlichen widersprechen (vgl. 5.3.1.).
[2]) Das unten angeführte Lösungsverfahren läßt sich selbstverständlich auch auf die Bedingung (4) direkt anwenden. Auf diese Weise ist das Problem in der zweiten Auflage des Buches behandelt worden, doch das hier angegebene Verfahren führt schneller zum Ziel.

sich nach Gl. (21) in 4.2.4.

$$-\frac{1}{2\pi i}\int_{-\infty}^{+\infty}\frac{\bar{F}\,d\sigma}{\sigma-\zeta}+\frac{1}{2\pi i}\int_{-\infty}^{+\infty}\frac{(\sigma-ia)\,\Phi(\sigma)\,d\sigma}{\sigma-\zeta}+\frac{1}{2\pi i}\int_{-\infty}^{+\infty}\frac{(\sigma-ia)\,\overline{\Phi(\sigma)}\,d\sigma}{\sigma-\zeta}$$

$$+\frac{1}{2\pi i}\int_{-\infty}^{+\infty}\frac{(\sigma-ia)^2\,\overline{\Phi'(\sigma)}\,d\sigma}{2(\sigma-\zeta)}=0,$$

wobei ζ ein Punkt der unteren Halbebene ist.
Weiterhin ist $(\sigma - ia)\,\Phi(\sigma)$ Randwert der in der unteren Halbebene holomorphen und im Unendlichen verschwindenden Funktion $(\zeta - ia)\,\Phi(\zeta)$, während $(\sigma - ia)\,\overline{\Phi(\sigma)}$ und $(\sigma - ia)^2\,\overline{\Phi'(\sigma)}$ die Randwerte der in der oberen Halbebene holomorphen und im Unendlichen verschwindenden Funktionen $(\zeta - ia)\,\bar{\Phi}(\zeta)$ bzw. $(\zeta - ia)^2\,\bar{\Phi}'(\zeta)$ darstellen. Also gilt nach den Gleichungen aus 4.1.8.

$$-\frac{1}{2\pi i}\int_{-\infty}^{+\infty}\frac{\bar{F}\,d\sigma}{\sigma-\zeta}-(\zeta-ia)\,\Phi(\zeta)=0$$

und damit

$$\Phi(\zeta)=-\frac{1}{2\pi i\,(\zeta-ia)}\int_{-\infty}^{+\infty}\frac{\bar{F}\,d\sigma}{\sigma-\zeta}. \tag{9}$$

Nun läßt sich auch die Funktion $(\zeta - ia)\,\Psi(\zeta)$ leicht aus ihrem durch Gl. (5) definierten Randwert bestimmen.
Nach einfachen Rechnungen erhalten wir

$$\Psi(\zeta)=\frac{1}{2\pi i\,(\zeta-ia)}\int_{-\infty}^{+\infty}\frac{F\,d\sigma}{\sigma-\zeta}+\frac{\zeta+ia}{\zeta-ia}\,\Phi(\zeta)+\frac{(\zeta+ia)^2}{2(\zeta-ia)}\,\Phi'(\zeta). \tag{10}$$

Die gefundene Lösung befriedigt alle geforderten Bedingungen der Aufgabe, wenn die gegebene Funktion F und ihre erste Ableitung nach σ einer H-Bedingung genügen und wenn dasselbe für σF und $\sigma^2 F$ in der Umgebung des unendlich fernen Punktes zutrifft. Damit ist das Problem gelöst.

5.4. Einige allgemeine Lösungsmethoden für die Randwertprobleme. Verallgemeinerungen [1])

Im vorliegenden Abschnitt gehen wir kurz auf weitere allgemeine Methoden ein (die sich uch für mehrfach zusammenhängende Gebiete eignen). Wir beschränken uns dabei auf Verallgemeinerungen der in 5.1. bis 5.3. dargelegten Methoden und auf Verfahren, die in irgendeiner Weise eng mit diesen in Zusammenhang stehen. Eingehend und mit vollständigen

[1]) Dieser Abschnitt kann ohne Beeinträchtigung für das Verständnis des Weiteren übergangen werden.

Beweisen behandeln wir nur eine neue Methode von D. I. SCHERMAN zur Lösung des I. und II. Problems (5.4.6., 5.4.7.). Zum Schluß (5.4.9.) geben wir einige allgemeine Probleme der Elastizitätstheorie an, die durch analoge Methoden gelöst werden können.

5.4.1. Integralgleichungen von S. G. Michlin

Die in 5.1.2. gezeigte Zurückführung der Grundprobleme auf Integralgleichungen läßt sich nicht unmittelbar auf mehrfach zusammenhängende Gebiete übertragen, denn sie erfordert eine konforme Abbildung des betrachteten Gebietes auf den Kreis. Eine solche (umkehrbar eindeutige) Abbildung ist im Falle eines mehrfach zusammenhängenden Gebietes nicht möglich. S. G. MICHLIN gelang es jedoch, die genannte Methode so abzuwandeln, daß sie auch auf den Fall mehrfach zusammenhängender Gebiete anwendbar wird.
Das Wesen dieser Modifikation besteht in folgendem: Bekanntlich[1]) ist das Problem der konformen Abbildung eines Gebietes S mit einfacher geschlossener Randkurve L auf den Kreis gleichwertig mit der Bestimmung der sogenannten GREENschen Funktion für dieses Gebiet, d. h. einer reellen Funktion $G(x, y)$ mit folgenden Eigenschaften:

(a) $G(x, y)$ ist eine reguläre harmonische Funktion im gesamten Gebiet S mit Ausnahme eines gegebenen Punktes (x_0, y_0), wo sie eine logarithmische Singularität hat:

$$G(x, y) = \ln \frac{1}{r} + G_0(x, y),$$

dabei ist r der Abstand zwischen den Punkten (x_0, y_0), (x, y); und $G_0(x, y)$ stellt eine reguläre harmonische Funktion dar.

(b) Der Randwert der Funktion $G(x, y)$ verschwindet auf L.

Wenn $H_0(x, y)$ die zu $G_0(x, y)$ konjugierte harmonische Funktion ist, bezeichnen wir

$$M(z) = \ln \frac{1}{z - z_0} + G_0(x, y) + \mathrm{i}H_0(x, y)$$

mit $z_0 = x_0 + \mathrm{i}y_0$ als komplexe GREENsche Funktion. Sie ist auf Grund des logarithmischen Gliedes mehrdeutig.
Die komplexe *Greensche Funktion* hängt außer von z auch von z_0 ab, deshalb schreiben wir statt $M(z)$ besser $M(z, z_0)$. Da das Auffinden der GREENschen Funktion und der Abbildungsfunktion eines gegebenen Gebietes auf den Kreis äquivalent ist, kann man die konforme Abbildung in der oben genannten Methode durch Einführung der Funktion $M(z, z_0)$ ersetzen. Die GREENsche Funktion ist auch für mehrfach zusammenhängende Gebiete definiert, folglich läßt sich das abgewandelte Verfahren auf mehrfach zusammenhängende Gebiete verallgemeinern.
Auf diese Weise führte S. G. MICHLIN das I. und II. Problem der ebenen Elastizitätstheorie für mehrfach zusammenhängende Gebiete auf *Fredholmsche Integralgleichungen* zurück, die (wie nicht anders zu erwarten war) etwas komplizierter als die (nur auf den Fall einfach zusammenhängender Gebiete anwendbaren) Gleichungen aus 5.1.2. sind. Sie eignen sich jedoch gut für allgemeine Untersuchungen, insbesondere für Existenzbeweise. Wir verweisen den Leser in diesem Zusammenhang auf die Arbeiten von S. G. MICHLIN [1–3, 7, 9] sowie auf sein Buch [13], das eine ziemlich vollständige Darlegung der genannten Ergebnisse ent-

[1]) Näheres s. Lehrbücher der komplexen Funktionentheorie

hält. Außer dem I. und II. Problem für mehrfach zusammenhängende Gebiete löst S. G. MICHLIN mit seiner Methode weitere interessante Randwertprobleme, beispielsweise für Körper, die in bestimmter Weise aus verschiedenen homogenen Teilen mit unterschiedlichen elastischen Konstanten zusammengesetzt sind (im ebenen Fall). Den letztgenannten Aufgaben ist die Arbeit MICHLIN [10] gewidmet, während einige Sonderfälle auf elementarem Wege in dem schon zitierten Artikel [8] behandelt werden.

5.4.2. Eine allgemeine Lösungsmethode der Randwertprobleme für mehrfach zusammenhängende Gebiete

Eine von D. I. SCHERMAN [1, 5] und S. G. MICHLIN entwickelte Methode gestattet es, die FREDHOLMsche Gleichung für ein gegebenes mehrfach zusammenhängendes Gebiet aufzustellen, wenn die allgemeine Lösung des entsprechenden Randwertproblems für die von jeweils einer einfachen Randkurve begrenzten Gebiete bekannt ist. Dabei müssen diese allgemeinen Lösungen in bestimmter Weise dargestellt sein (z. B. in der Gestalt, die sich beim Lösen der in 5.1.2. angeführten Integralgleichungen ergibt). Besonders einfache, praktisch brauchbare Gleichungen entstehen, wenn sich die angeführten Einzelgebiete durch rationale Funktionen auf den Kreis abbilden lassen, wenn also die oben dargelegten effektiven Lösungsmethoden anwendbar sind. Dazu gehört beispielsweise die Halbebene mit elliptischer Kerbe, die von D. I. SCHERMAN in dem schon erwähnten Artikel [4] behandelt wurde.
Die auf dem oben genannten Wege gewonnenen Integralgleichungen haben folgende praktisch bedeutsame Eigenschaft: Wenn man sie durch schrittweise Näherung (d. h. mit Hilfe der NEUMANNschen Reihe) löst, so stimmt der Algorithmus im wesentlichen mit der schon in 5.2.14. erwähnten Verallgemeinerung des *Schwarzschen Algorithmus* für das DIRICHLET-Problem überein. Eine Darlegung der angeführten Methode findet der Leser, außer in den schon genannten SCHERMANschen Arbeiten, im Buch von S. G. MICHLIN [13]. Die Darstellung S. G. MICHLINS unterscheidet sich ein wenig von der SCHERMANschen, da letzterer von den Integralgleichungen in 5.1.2. ausgeht, während S. G. MICHLIN die von ihm selbst stammenden, im vorigen Abschnitt angeführten Gleichungen benutzt.

5.4.3. Die Integralgleichungen des Autors

Obwohl die in 5.1.2. hergeleiteten Integralgleichungen für allgemeine Untersuchungen gut geeignet sind und in einer Reihe wichtiger Sonderfälle effektive, praktisch verwendbare Ergebnisse liefern, haben sie doch einen wesentlichen Nachteil: Um sie aufstellen zu können, muß die Abbildungsfunktion $\omega(\zeta)$ bekannt sein. Analoges gilt auch für die Gleichungen von S. G. MICHLIN (5.4.1.) (beim Aufstellen wird die komplexe GREENsche Funktion $M(z, z_0)$ benötigt).
Nun sind Integralgleichungen seit langem nicht mehr nur ein Mittel für allgemeine theoretische Untersuchungen. In der letzten Zeit wurden hinreichend effektive Methoden zu ihrer numerischen Lösung entwickelt, insbesondere für den Fall, daß sie, wie in unserem Problem, nur einfache Integrale enthalten. Es ist deshalb sehr vorteilhaft, Integralgleichungen zu gewinnen, deren Kern unmittelbar und einfach mit den Elementen der Randkurve verknüpft ist und der nicht erst durch vorheriges Lösen von Hilfsrandwertproblemen, etwa in der Art des DIRICHLETschen Problems (oder ihm äquivalenter), ermittelt werden kann, wie es beim Auffinden der Funktionen $\omega(\zeta)$ bzw. $M(z, z_0)$ der Fall ist.
Solche Integralgleichungen stellen die Gleichungen von LAURICELLA-SCHERMAN dar, die in 5.4.6. und 5.4.7. eingehend behandelt werden. Sie sind meiner Meinung nach die einfachsten und für allgemeine Untersuchungen zweckmäßigsten.

Es sei mir jedoch gestattet, hier einige Worte über die von mir früher [17, 18][1]) entwickelten Gleichungen zu verlieren, da die auf diese Gleichungen führenden Gedankengänge mit den bisherigen Ergebnissen im engen Zusammenhang stehen und da sie offenbar auch jetzt noch von selbständigem Interesse sind[2]). Außerdem wurden diese Gleichungen von einigen anderen Autoren (in erster Linie von D. I. SCHERMAN) weiterentwickelt. Die von ihnen ausgearbeiteten Untersuchungsmethoden können mit Erfolg zum Lösen weiterer analoger Probleme herangezogen werden.

Wir gehen nun zur Herleitung der genannten Gleichungen über und beginnen der größeren Klarheit halber mit dem Fall des endlichen, von einer einfachen geschlossenen glatten Kurve L begrenzten Gebietes S. Die positive Richtung auf L wählen wir wie üblich so, daß das Gebiet S von ihr aus zur Linken liegt. Wir betrachten gleichzeitig das I. und das II. Problem und schreiben die Randbedingungen folgendermaßen:

$$k\overline{\varphi(t)} + \bar{t}\varphi'(t) + \psi(t) = \overline{f(t)}. \tag{1}$$

Mit den Bezeichnungen aus 2.2.13. gilt dabei für das **I. Problem** ($k = 1$)

$$f(t) = f_1(t) + \mathrm{i}f_2(t) = \mathrm{i}\int_0^S (\overset{n}{\sigma}_x + \mathrm{i}\overset{n}{\sigma}_y)\,\mathrm{d}s \tag{2}$$

und im Falle des **II. Problems** ($k = -\varkappa$)

$$f(t) = -2\mu\,(g_1 + \mathrm{i}g_2). \tag{3}$$

Unter $\varphi(t)$, $\varphi'(t)$, $\psi(t)$ sind selbstverständlich die entsprechenden Randwerte zu verstehen, deren Existenz hiermit vorausgesetzt wird; wir suchen also eine reguläre Lösung. Auf der rechten Seite von (2) kann man eine beliebige, ein für allemal festgelegte Konstante addieren. Die rechte Seite der zu (1) äquivalenten Gleichung

$$\psi(t) = \overline{f(t)} - k\overline{\varphi(t)} - \bar{t}\varphi'(t) \tag{4}$$

muß den Randwert der in S holomorphen Funktion $\psi(z)$ darstellen. Bekanntlich ist dafür notwendig und hinreichend, daß (s. 4.2.1.)

$$\frac{1}{2\pi\mathrm{i}}\int_L \frac{\overline{f(t)} - k\overline{\varphi(t)} - \bar{t}\varphi'(t)}{t - z}\,\mathrm{d}t = 0$$

für alle z außerhalb S oder

$$\frac{k}{2\pi\mathrm{i}}\int_L \frac{\overline{\varphi(t)}\,\mathrm{d}t}{t - z} + \frac{1}{2\pi\mathrm{i}}\int_L \frac{\bar{t}\varphi'(t)\,\mathrm{d}t}{t - z} = A(z) \text{ für alle } z \text{ außerhalb } S \text{ ist,} \tag{5}$$

wobei der Kürze halber mit $A(z)$ die vorgegebene Funktion

$$A(z) = \frac{1}{2\pi\mathrm{i}}\int_L \frac{\overline{f(t)}\,\mathrm{d}t}{t - z} \tag{6}$$

bezeichnet wurde.

---

[1]) Diese Gleichungen haben zwar große Ähnlichkeit mit den Gleichungen von LAURICELLA (s. 5.4.6.), trotzdem unterscheiden sie sich prinzipiell von jenen. Bei LAURICELLA haben diese Gleichungen (zumindest äußerlich) eine ziemlich komplizierte Gestalt, so daß ich seinerzeit diese Ähnlichkeit nicht bemerkte, sondern im Gegenteil der Meinung war, daß die von mir gewonnenen Gleichungen wesentlich einfacher sind.

[2]) Siehe Fußnote auf S. 323

Wir haben somit eine Funktionalgleichung für $\varphi(z)$ erhalten. Wenn es uns irgendwie gelingt, eine in S holomorphe Funktion $\varphi(z)$ zu finden, die die Gl. (5) befriedigt, so ist das Problem gelöst, da sich die Funktion $\psi(z)$ aus (4) nach der CAUCHYschen Formel

$$\psi(z) = \frac{1}{2\pi i} \int_L \frac{\psi(t)\,dt}{t - z} = \frac{1}{2\pi i} \int_L \frac{\overline{f(t)}\,dt}{t - z} - \frac{k}{2\pi i} \int_L \frac{\overline{\varphi(t)}\,dt}{t - z} - \frac{1}{2\pi i} \int_L \frac{\bar{t}\varphi'(t)\,dt}{t - z} \tag{7}$$

bestimmen läßt (hier gehört z selbstverständlich dem Gebiet S an).

Die Funktionalgleichung (5) kann leicht in folgender Weise auf eine FREDHOLMsche Gleichung zurückgeführt werden[1]): Angenommen z strebt gegen einen gewissen Punkt t des Randes L (und bleibt dabei selbstverständlich außerhalb S), dann erhalten wir nach den Formeln von SOCHOZKI-PLEMELJ (s. 4.1.4.) unter der Voraussetzung, daß $\varphi(t)$, $\varphi'(t)$ und $f(t)$ auf L einer H-Bedingung genügen,

$$-\frac{1}{2}k\overline{\varphi(t_0)} + \frac{k}{2\pi i} \int_L \frac{\overline{\varphi(t)}\,dt}{t - t_0} - \frac{1}{2}\bar{t}_0\varphi'(t_0) + \frac{1}{2\pi i} \int_L \frac{\bar{t}\varphi'(t)\,dt}{t - t_0} = A(t_0), \tag{a}$$

der Kürze halber wurde hier mit $A(t_0)$ der Randwert der Funktion $A(z)$ für $z \to t_0$ von außen bezeichnet, d. h., es ist

$$A(t_0) = -\frac{1}{2}\overline{f(t_0)} + \frac{1}{2\pi i} \int_L \frac{\overline{f(t)}\,dt}{t - t_0} = a(t_0) + ib(t_0), \tag{8}$$

wobei $a(t_0)$, $b(t_0)$ reelle Funktionen sind, die wir als gegeben betrachten dürfen.

Die Gl. (a) können wir folgendermaßen vereinfachen: Wenn wir berücksichtigen, daß $\varphi(t)$ und $\varphi'(t)$ Randwerte in S holomorpher Funktionen sind, bekommen wir nach Gl. (1') in 4.2.1.

$$-\frac{1}{2}\varphi(t_0) + \frac{1}{2\pi i} \int_L \frac{\varphi(t)\,dt}{t - t_0} = 0,$$

$$-\frac{1}{2}\varphi'(t_0) + \frac{1}{2\pi i} \int_L \frac{\varphi'(t)\,dt}{t - t_0} = 0. \tag{b}$$

Nach Übergang zu den konjugierten Werten lautet die erste dieser Bedingungen

$$-\frac{1}{2}\overline{\varphi(t_0)} - \frac{1}{2\pi i} \int_L \frac{\overline{\varphi(t)}\,d\bar{t}}{\bar{t} - \bar{t}_0} = 0. \tag{c}$$

Nun multiplizieren wir (b) und (c) mit $-\bar{t}_0$ bzw. k und addieren sie zu Gl. (a), dann erhalten wir

$$-k\overline{\varphi(t_0)} - \frac{k}{2\pi i} \int_L \overline{\varphi(t)}\,d\ln\frac{\bar{t} - \bar{t}_0}{t - t_0} + \frac{1}{2\pi i} \int_L \varphi'(t)\,\frac{\bar{t} - \bar{t}_0}{t - t_0}\,dt = A(t_0)$$

[1]) Es wäre interessant, die Funktionalgleichung (5) selbständig zu untersuchen, ohne sie auf eine FREDHOLMsche Gleichung zurückzuführen. Das würde höchstwahrscheinlich eine Möglichkeit liefern, neue Klassen von Gebieten zu finden, für die die Grundprobleme effektiv gelöst werden können.
Die Richtigkeit dieser Bemerkung (aus den beiden letzten Auflagen) bestätigt sich im bekannten Maße durch die in den schon genannten Arbeiten von D. I. SCHERMAN [25, 26] gewonnenen Resultate (s. 5.2.14.).

und durch partielle Integration des zweiten Integrals auf der linken Seite

$$-k\overline{\varphi(t_0)} - \frac{k}{2\pi i} \int_L \overline{\varphi(t)} \, d \ln \frac{\bar{t} - \bar{t}_0}{t - t_0} - \frac{1}{2\pi i} \int_L \varphi(t) \, d \, \frac{\bar{t} - \bar{t}_0}{t - t_0} = A(t_0). \tag{9}$$

Das ist gerade die obengenannte Integralgleichung, die wir herleiten wollten. Wir können sie noch etwas umformen, indem wir

$$t - t_0 = r\, e^{i\vartheta} \tag{10}$$

setzen. Dabei ist $r = |t - t_0|$, und $\vartheta = \vartheta(t, t_0)$ bezeichnet den Winkel zwischen dem Vektor $\overline{t_0 t}$ und der x-Achse, gemessen in positiver Richtung. Dann gilt

$$\ln \frac{\bar{t} - \bar{t}_0}{t - t_0} = -2i\vartheta, \qquad \frac{\bar{t} - \bar{t}_0}{t - t_0} = e^{-2i\vartheta} = \cos 2\vartheta - i \sin 2\vartheta.$$

Nach Substitution dieser Werte in (9) ergibt sich

$$k\overline{\varphi(t_0)} - \frac{1}{\pi} \int_L \left\{k\overline{\varphi(t)} + e^{-2i\vartheta} \varphi(t)\right\} d\vartheta = -A(t_0). \tag{9'}$$

Wenn wir

$$\varphi(t) = p(t) + iq(t) \tag{11}$$

setzen, wobei $p(t)$ und $q(t)$ reelle Funktionen sind, und danach Real- und Imaginärteil trennen, entsteht aus (9′) folgendes System zweier reeller Gleichungen

$$\begin{aligned} kp(t_0) - \frac{1}{\pi} \int_L \{p(t)\,(k + \cos 2\vartheta) + q(t) \sin 2\vartheta\}\, d\vartheta &= -a(t_0), \\ kq(t_0) - \frac{1}{\pi} \int_L \{p(t) \sin 2\vartheta + q(t)\,(k - \cos 2\vartheta)\}\, d\vartheta &= b(t_0). \end{aligned} \tag{9''}$$

Hierbei ist[1])

$$d\vartheta = \frac{\partial \vartheta}{\partial s}\, ds,$$

und s bezeichnet die dem Punkt t entsprechende Bogenlänge der Randkurve. Wie man leicht sieht, gilt

$$\frac{\partial \vartheta}{\partial s} = \frac{\cos \alpha}{r},$$

wobei $\alpha = \alpha(t_0, t)$ den Winkel zwischen der äußeren Normalen im Randpunkt t und dem Vektor $\overline{t_0 t}$ darstellt.

---

[1]) Um sich davon zu überzeugen, braucht man nur zu beachten, daß nach den Cauchy-Riemannschen Bedingungen

$$\frac{\partial \vartheta}{\partial s} = \frac{\partial \ln r}{\partial n} = \frac{1}{r} \frac{\partial r}{\partial n}$$

gilt, denn $\ln r$ und ϑ sind Real- und Imaginärteil der Funktion $\ln (t - t_0)$ der komplexen Veränderlichen t (bei festgehaltenem t_0); mit n wird die von der positiven Tangente aus nach rechts gerichtete Normale bezeichnet.

Unter der Voraussetzung, daß der Winkel zwischen der Normalen (oder der Tangente) an L im Punkt t und einer gewissen festgehaltenen Richtung (als Funktion von t oder s betrachtet) einer H-Bedingung genügt, gilt offenbar[1])

$$\frac{\cos \alpha}{r} = \frac{K(t_0, t)}{r^{\mu}},$$

wobei μ eine Konstante mit $0 \leqq \mu < 1$ ist und $K(t_0, t)$ eine auf L stetige Funktion bezeichnet (die ebenfalls einer H-Bedingung genügt). Deshalb stellt (9″) ein gewöhnliches System FREDHOLMscher Gleichungen dar, und wir können auch die dem System (9″) äquivalenten Gln. (9) bzw. (9′) als FREDHOLMsche Gleichungen bezeichnen.
Obwohl die Untersuchung der gefundenen Integralgleichungen im Falle des einfach zusammenhängenden Gebietes nicht schwierig ist[2]), wollen wir darauf nicht näher eingehen und uns auf die Angabe folgender Ergebnisse beschränken[3]).
Zunächst bemerken wir, daß auf Grund der von uns angenommenen Bedingungen jede (stetige) Lösung $\varphi(t)$ der Gl. (9′) überall auf L einer H-Bedingung genügt. In unserem Falle muß dies jedoch auch auf die Ableitung $\varphi'(t)$ zutreffen[4]). Diese letzte Forderung ist offenbar erfüllt, wenn die Krümmung der Kurve L in jedem Punkt einer H-Bedingung genügt und wenn dasselbe für die Ableitung der auf L vorgegebenen Funktion $f(t)$ gilt. Das alles wollen wir hiermit voraussetzen.
Wir betrachten zunächst das **I. Problem**. Hier ist $k = 1$ und $f(t)$ ergibt sich aus Gl. (2). Da nach Voraussetzung $f(t)$ stetig auf L sein soll, ist der resultierende Vektor der äußeren Kräfte von vornherein gleich Null. Das Verschwinden des resultierenden Momentes wird durch die Bedingung (2.2.13.)

$$\int_L (f_1 \, dx + f_2 \, dy) = 0 \tag{12}$$

gewährleistet. Das aus Gl. (9″) für $a(t) = b(t) = 0$ entstehende homogene System hat offenbar die Lösung

$$p(t) + iq(t) = i\delta t + \alpha + i\beta, \tag{13}$$

wobei δ, α, β reelle Konstanten sind. Das folgt aus der Tatsache, daß wir zu $\varphi(z)$ den Ausdruck $i\delta z + \alpha + i\beta$ hinzufügen können, ohne den Spannungszustand und die rechte Seite von (1) zu ändern. Man kann sich auch leicht unmittelbar davon überzeugen, daß die durch (13) definierten Funktionen $p(t)$ und $q(t)$ das System (9″) befriedigen. Die Gl. (13) enthält linear drei willkürliche reelle Konstanten; sie liefert also drei linear unabhängige Lösungen des homogenen Systems[5]). Man kann zeigen, daß das homogene System keine weiteren linear unabhängigen Lösungen hat. Nach der allgemeinen Theorie der FREDHOLMschen Gleichungen müssen deshalb die rechten Seiten des Systems (9″) drei wohlbekannten Lösbarkeitsbedingungen genügen. Neueste Untersuchungen zeigen jedoch, daß zwei dieser Bedingungen von selbst erfüllt sind, da die Funktionen $a(t)$ und $b(t)$ nicht beliebige Werte annehmen können,

---

[1]) Siehe beispielsweise MUSSCHELISCHWILI [25]

[2]) Die Untersuchung für das einfach zusammenhängende Gebiet ist im Buch S. G. MICHLIN [13] für den Fall $k = 1$ angegeben.

[3]) Später werden spezielle Arbeiten angeführt, in denen der Leser die entsprechenden Beweise findet.

[4]) Denn bei der Herleitung der Gleichungen haben wir vorausgesetzt, daß $\varphi'(t)$ einer H-Bedingung genügt.

[5]) Drei solche Lösungen erhält man beispielsweise, wenn man $t = \xi + i\eta$ und

$$\text{a) } p = -\eta, \quad q = \xi, \quad \text{b) } p = 1, \quad q = 0, \quad \text{c) } p = 0, \quad q = 1$$

setzt.

sondern in der Kombination $a(t) + ib(t)$ den Randwert einer in S holomorphen und im Unendlichen verschwindenden Funktion darstellen. Die dritte Bedingung führt, wie zu erwarten war, auf die Gl. (12).

Unter Berücksichtigung von (12) hat also das System (9''), oder was dasselbe besagt, die Gl. (9') eine Lösung, die bis auf den Ausdruck (13) bestimmt ist. Außerdem kann man zeigen, (es ist dies von vornherein nicht offensichtlich), daß jede Lösung $\varphi(t)$ der Gl. (9') Randwert einer in S holomorphen Funktion ist. Diese Funktion $\varphi(z)$ wird nach der CAUCHYschen Formel aus $\varphi(t)$ bestimmt. Dann ermitteln wir $\psi(z)$ nach Gl. (7), und damit ist das I. Randwertproblem gelöst.

Im Falle des **II. Problems**, wo $k = -\varkappa$ ist und $f(t)$ aus Gl. (3) berechnet wird, erhalten wir völlig analoge Ergebnisse. Der Unterschied besteht lediglich darin, daß das zu (9'') gehörige homogene System nur zwei linear unabhängige Lösungen hat, die sich aus der Gleichung

$$\varphi(t) = p(t) + \mathrm{i}q(t) = \alpha + \mathrm{i}\beta \tag{14}$$

ergeben, wobei α und β willkürliche reelle Konstanten sind. Obwohl das zugehörige homogene System nichttriviale Lösungen hat, ist (9'') stets lösbar (es ist dies eine Folge der speziellen Gestalt der rechten Seite), und seine Lösung liefert, wie im vorigen Falle, eine Lösung des Ausgangsproblems.

Bisher haben wir das Gebiet S als endlich und einfach zusammenhängend vorausgesetzt. Wir gehen nun zu einem Gebiet S über, das durch mehrere einfache geschlossene Kurven $L_1, L_2, \ldots, L_m, L_{m+1}$ begrenzt wird, von denen die letzte alle übrigen umschließt (s. Bild 16). Die Randkurve L_{m+1} kann fehlen, dann ist das Gebiet S unendlich (unendliche Ebene mit Löchern).

Wir setzen voraus, daß die einzelnen Kurven L_j im Hinblick auf Glattheit den oben angeführten Bedingungen genügen. Mit $L = L_1 + \cdots + L_m + L_{m+1}$ bezeichnen wir wie immer den gesamten Rand des Gebietes S. Die positive Richtung auf L wählen wir so, daß das Gebiet S von ihr aus zur Linken liegt.

Der Unterschied zum Fall des endlichen, einfach zusammenhängenden Gebietes besteht lediglich darin, daß die gesuchten Funktionen $\varphi(z)$ und $\psi(z)$ mehrdeutig sein können (und es im allgemeinen auch sind). Gemäß (10) und (11) in 2.2.7. gilt nämlich

$$\begin{aligned} \varphi(z) &= -\frac{1}{2\pi(1+\varkappa)}\sum_{j=1}^{m}(X_j + \mathrm{i}Y_j)\ln(z - z_j) + \varphi_0(z), \\ \psi(z) &= \frac{\varkappa}{2\pi(1+\varkappa)}\sum_{j=1}^{m}(X_j - \mathrm{i}Y_j)\ln(z - z_j) + \psi_0(z), \end{aligned} \tag{15}$$

wobei (X_j, Y_j) der resultierende Vektor der am Rand L_j angreifenden äußeren Kräfte ist, während z_j einen beliebig festgelegten Punkt bezeichnet, der entsprechend innerhalb der Kurve L_j $(j = 1, \ldots, m)$ liegt. Wenn das Gebiet S endlich ist (d. h. wenn die Kurve L_{m+1} tatsächlich auftritt), sind $\varphi_0(z)$ und $\psi_0(z)$ in S holomorphe Funktionen. Für den Fall des unendlichen Gebietes S (d. h. wenn die Kurve L_{m+1} fehlt) gilt (s. 2.2.8.):

$$\varphi_0(z) = \Gamma z + \varphi^*(z), \quad \psi_0(z) = \Gamma' z + \psi^*(z), \tag{16}$$

wobei $\varphi^*(z)$, $\psi^*(z)$ Funktionen darstellen, die in S einschließlich des unendlich fernen Punktes holomorph sind.

Sowohl beim I. als auch beim II. Problem betrachten wir die Konstanten Γ, Γ' (2.2.12.) als vorgegeben. Außerdem setzen wir im Falle des II. Problems für das unendliche Gebiet voraus, daß zusätzlich die Größen

$$X = \sum_{j=1}^{m} X_j, \quad Y = \sum_{j=1}^{m} Y_j,$$

d. h. der resultierende Vektor der am gesamten Rand L des Gebietes S angreifenden Kräfte, gegeben sind.

Im weiteren wollen wir der Kürze halber annehmen, daß das Gebiet S endlich ist, d. h., daß die Kurve L_{m+1} tatsächlich auftritt. Der Fall des unendlichen Gebietes läßt sich völlig analog behandeln.

Wir beginnen mit der Betrachtung des **I. Problems**. Hier lautet die Randbedingung (wie im Falle des einfach zusammenhängenden Gebietes)

$$\overline{\varphi(t)} + \bar{t}\varphi'(t) + \psi(t) = \overline{f(t)} + \bar{C}_j \text{ auf } L_j \quad (j = 1, 2, \ldots, m, m+1), \tag{17}$$

dabei erhalten wir anstelle der Gl. (2)

$$f(t) = \mathrm{i} \int_0^s \left(\overset{n}{\sigma}_x + \mathrm{i}\overset{n}{\sigma}_y\right) \mathrm{d}s \quad \text{auf } L_j \quad (j = 1, 2, \ldots, m, m+1), \tag{18}$$

die Bogenlänge s wird auf jeder der Kurven L_j von einem willkürlich festgelegten Punkt des Randes aus (in positiver Richtung) gemessen; C_j sind Konstanten, die für verschiedene Randkurven L_j im allgemeinen unterschiedliche Werte haben. Diese Konstanten sind bis auf eine, etwa C_{m+1}, nicht vorgegeben. Letztere können wir beliebig festlegen, wir setzen $C_{m+1} = 0$.

Wenn wir die Ausdrücke (15) in (17) einsetzen, erhalten wir leicht

$$\overline{\varphi_0(t)} + \bar{t}\varphi_0'(t) + \psi_0(t) = \overline{f_0(t)} + \bar{C}_j \quad \text{auf } L_j \quad (j = 1, 2, \ldots, m, m+1) \tag{19}$$

mit

$$\begin{aligned} f_0(t) = f(t) &+ \frac{1}{2\pi(1+\varkappa)} \sum_{j=1}^{m} \{X_j + \mathrm{i}Y_j\} \{\ln(t - z_j) - \varkappa \ln(\bar{t} - \bar{z}_j)\} \\ &+ \frac{t}{2\pi(1+\varkappa)} \sum_{j=1}^{m} \frac{X_j - \mathrm{i}Y_j}{\bar{t} - \bar{z}_j}. \end{aligned} \tag{20}$$

In Gl. (19) stehen links Randwerte holomorpher (d. h. eindeutiger analytischer) Funktionen, und auf der rechten Seite haben wir ebenfalls eine eindeutige stetige Funktion vor uns (selbstverständlich bei Wahl eines bestimmten Zweiges auf jeder Randkurve L_j); denn beim Umfahren der Randkurve L_j in positiver Richtung (mit S zur Linken) wächst $f(t)$ um $\mathrm{i}(X_j + \mathrm{i}Y_j)$, und das zweite Glied auf der rechten Seite von (20) hat denselben Zuwachs, jedoch mit umgekehrten Vorzeichen. Analoges gilt für die Randkurve L_{m+1}, falls der resultierende Vektor (X, Y) aller an L angreifenden äußeren Kräfte verschwindet, was wir hiermit voraussetzen wollen. Da die Größen X_j, Y_j beim I. Problem vorgegeben sind, ist die Funktion $f_0(t)$ in (19) auf jeder Randkurve L_j definiert. Wir behandeln die Gl. (19) wie im Falle einer Randkurve und gelangen dadurch wieder zur Gl. (9) für $k = 1$ oder zu der äquivalenten Gl. (9'), nur heißt die Unbekannte diesmal $\varphi_0(t)$, und auf der rechten Seite steht $f_0(t)$ statt $f(t)$. Außerdem treten jetzt auf der rechten Seite die zunächst noch unbekannten Konstanten $C_1, C_2, \ldots, C_m$ auf, die im weiteren Verlauf der Lösung bestimmt werden müssen.

Im Falle des **II. Problems** gehen wir völlig analog vor und erhalten mit den vorigen Bezeichnungen die Randbedingung

$$-\varkappa\overline{\varphi_0(t)} + \bar{t}\varphi_0'(t) + \psi_0(t) = \overline{f_0(t)} \tag{21}$$

mit

$$f_0(t) = -2\mu(g_1 + \mathrm{i}g_2) - \frac{\varkappa}{\pi(1+\varkappa)} \sum_{j=1}^{m} (X_j + \mathrm{i}Y_j) \ln |t - z_j|$$
$$+ \frac{t}{2\pi(1+\varkappa)} \sum_{j=1}^{m} \frac{X_j - \mathrm{i}Y_j}{\bar{t} - \bar{z}_j}. \tag{22}$$

Wie im Falle einer Kurve ergibt sich wiederum die Gl. (9) für $k = -\varkappa$, wenn wir dort $\varphi(t)$ durch $\varphi_0(t)$ und $f(t)$ durch $f_0(t)$ ersetzen. Auf der rechten Seite stehen dabei jetzt außerdem die zunächst noch unbekannten Konstanten X_j, Y_j, die zusammen mit der Funktion $\varphi_0(t)$ bestimmt werden müssen. Die eben hergeleiteten Integralgleichungen bieten auch diesmal die Möglichkeit, die entsprechenden Randwertprobleme effektiv zu lösen.

Vorbereitende Untersuchungen dieser Integralgleichungen wurden vom Autor in den schon zitierten Mitteilungen [17, 18] durchgeführt, wo der Bestimmtheit halber das I. Problem betrachtet wird, und zwar unter der Voraussetzung, daß die Existenzsätze für mehrfach zusammenhängende Gebiete schon auf anderem Wege bewiesen sind. Wenig später veröffentlichte D. I. Scherman [2, 3, 6, 11] eine vollständige Untersuchung dieser Gleichungen, wobei er sich nicht auf vorhandene Existenzsätze stützte, sondern im Gegenteil diese unmittelbar mit Hilfe der betrachteten Gleichungen selbst bewies. Von D. I. Scherman stammen auch verschiedene Modifikationen der genannten Gleichungen, die für allgemeine Untersuchungen und für die praktische Anwendung bequemer sind. Insbesondere studiert er in [11] eingehend die Verteilung der charakteristischen Zahlen bestimmter Modifikationen der obigen Integralgleichungen. Dazu führt er einen Parameter λ ein, wie das in der allgemeinen Theorie der *Fredholmschen Gleichungen* üblich ist, und beweist, daß die Lösung der Integralgleichungen für die dem I. und II. Problem entsprechenden Werte von λ in *Neumannsche Reihen* entwickelt werden können, mit anderen Worten, daß man sie durch schrittweise Näherung erhält.

Mit Hilfe der oben dargelegten Methode löste D. I. Scherman [6] auch einen Sonderfall des gemischten Problems, und zwar den Fall, daß auf gewissen geschlossenen Randkurven des Gebietes äußere Spannungen und auf den übrigen Verschiebungen vorgegeben sind. Mit einer zur vorigen analogen Methode behandelte D. I. Scherman [8] das I. und II. Problem für Körper, die in bestimmter Weise aus verschiedenen homogenen Teilen zusammengesetzt sind. Wie schon in 5.4.1. gesagt, wurde dieselbe Aufgabe etwas früher von S. G. Michlin auf anderem Wege gelöst.

Später gehen wir auf weitere Arbeiten von D. I. Scherman ein, die eine andere Lösung der oben betrachteten Randwertprobleme enthalten. Durch Verallgemeinerung der hier angeführten Methoden gelang es ihm, eine Reihe neuer Probleme zu lösen. Erwähnt sei noch ein interessantes Problem, das von D. N. Sawin [7][1]) behandelt wurde. Er bestimmt den Gleichgewichtszustand einer elastischen Ebene mit unendlich vielen gleichartigen, periodisch liegenden Schlitzen unter gleichen äußeren Kräften. Eine Darlegung dieser Lösung findet der Leser auch im Buch von S. G. Michlin [13].

5.4.4. Anwendung auf Randkurven mit Eckpunkten

Die Gestalt der Gl. (9) bzw. des Systems (9″) in 5.4.3. legt den Gedanken nahe, daß sie sich auch auf Gebiete anwenden lassen, deren Randkurven bedeutend allgemeiner als bei der Herleitung vorausgesetzt sind, wenn man die auftretenden Integrale als *Stieltjes-Integrale* auffaßt.

[1]) Siehe auch Sawin [8]

L. G. MAGNARADSE [1–3] zeigte, gestützt auf die bekannten Ergebnisse von RADON und KARLEMAN, daß dem tatsächlich so ist, daß also die angeführten Gleichungen durch geeignete Verallgemeinerung beispielsweise bei Randkurven mit Eckpunkten (nicht Umkehrpunkten) anwendbar sind. Die Zahl der Eckpunkte kann sogar unendlich groß sein. Es genügt, daß der Rand des Gebietes aus Kurven mit „beschränkter Drehung" (nach RADON) besteht.
L. G. MAGNARADSE [4] erweiterte seine Ergebnisse auch auf eine sehr allgemeine Klasse dreidimensionaler elastischer Körper mit (abzählbar unendlich vielen) Kanten in der Oberfläche. Selbstverständlich müssen in diesem Falle entsprechende Integralgleichungen für dreidimensionale Körper benutzt werden.

5.4.5. Numerische Lösung von Integralgleichungen der ebenen Elastizitätstheorie

Die Gl. (9′) bzw. das ihr äquivalente System (9″) in 5.4.3. lassen sich dank ihrer Einfachheit mit Erfolg zur numerischen Lösung entsprechender Randwertprobleme der ebenen Elastizitätstheorie heranziehen. Eines der numerischen Lösungsverfahren wurde in der Veröffentlichung des Autors [21] dargelegt und von A. JA. GORGIDSE und A. K. RUCHADSE [1] eingehend untersucht. Sie überprüften es an einigen Beispielen und gaben auch Fehlerabschätzungen an. Das genannte Verfahren liefert offenbar auch dann noch befriedigende Ergebnisse, wenn der Rand des Gebietes Eckpunkte hat.

5.4.6. Die Integralgleichungen von Scherman-Lauricella

D. I. SCHERMAN [15–17] entwickelte Integralgleichungen zur Lösung des I. und II. sowie des gemischten Problems der ebenen Elastizitätstheorie, die besondere Beachtung verdienen. Zu diesen Gleichungen gelangt man am besten auf folgendem Wege[1]) (der auf der gleichen einfachen allgemeinen Idee beruht, die FREDHOLM zur Gewinnung der Integralgleichungen für das II. Problem im dreidimensionalen Fall benutzte)[2]):
Wir setzen zunächst voraus, daß das betrachtete Gebiet S endlich ist und von einer einfachen geschlossenen Kurve begrenzt wird, die den Bedingungen aus 5.4.3. genügt.
Die Randbedingungen des I. und II. Problems lauten dann mit den Bezeichnungen aus 5.4.3.

$$k\varphi(t) + \overline{t\varphi'(t)} + \overline{\psi(t)} = f(t) \tag{1}$$

(für das I. Problem gilt $k = 1$, für das II. $k = -\varkappa$).

Wir schreiben nun die Lösung des Randwertproblems (1) für den Fall auf, daß S die obere Halbebene und L die reelle Achse darstellt, und setzen dabei voraus, daß die Funktionen $\varphi(z)$, $\psi(z)$, $z\varphi'(z)$ im Unendlichen verschwinden.

---

[1]) Der Autor selbst geht unmittelbar von den unten angeführten Gln. (3), (4) aus und zeigt nicht, wie sie entstanden sind (dabei betrachtet er die Fälle $k = -\varkappa$ und $k = 1$ getrennt).
[2]) FREDHOLM [1]. Die FREDHOLMsche Idee besteht schematisch gesehen in folgendem: Wenn man anstelle des betrachteten Körpers den Halbraum wählt und zur expliziten Lösung des entsprechenden Randwertproblems die bekannten Formeln mit Hilfe bestimmter Integrale, erstreckt über die Ebene als Rand des Halbraumes, aufschreibt, so lösen zwar diese Formeln in Anwendung auf den betrachteten Körper das Randwertproblem nicht in expliziter Form (die Integration erstreckt sich dabei nicht mehr über die Ebene, sondern über den tatsächlichen Rand des Körpers), aber sie führen auf Integralgleichungen, die sich unter gewissen Voraussetzungen als FREDHOLMsche erweisen.

Diese Lösung ergibt sich aus den Formeln[1])

$$\varphi(z) = \frac{1}{2\pi\, ik}\int\limits_L \frac{f(t)\,\mathrm{d}t}{t-z}, \quad \psi(z) = \frac{1}{2\pi\mathrm{i}}\int\limits_L \frac{\overline{f(t)}\,\mathrm{d}t}{t-z} - z\varphi'(z).$$

Wenn wir in der zweiten Gleichung den Ausdruck für $\varphi'(z)$ aus der ersten substituieren und die Bezeichnung

$$\omega(t) = \frac{1}{k}f(t) \tag{2}$$

einführen, erhalten wir nach leicht überschaubaren Umformungen[2])

$$\varphi(z) = \frac{1}{2\pi\mathrm{i}}\int\limits_L \frac{\omega(t)\,\mathrm{d}t}{t-z}, \tag{3}$$

$$\psi(z) = \frac{k}{2\pi\mathrm{i}}\int\limits_L \frac{\overline{\omega(t)}\,\mathrm{d}t}{t-z} + \frac{1}{2\pi\mathrm{i}}\int\limits_L \frac{\omega(t)\,\mathrm{d}\bar{t}}{t-z} - \frac{1}{2\pi\mathrm{i}}\int\limits_L \frac{\bar{t}\omega(t)\,\mathrm{d}t}{(t-z)^2}. \tag{4}$$

Durch partielle Integration ergibt sich aus der zweiten Gleichung

$$\psi(z) = \frac{k}{2\pi\mathrm{i}}\int\limits_L \frac{\overline{\omega(t)}\,\mathrm{d}t}{t-z} - \frac{1}{2\pi\mathrm{i}}\int\limits_L \frac{\bar{t}\omega'(t)\,\mathrm{d}t}{t-z}. \tag{4'}$$

Wir wenden uns nun wieder dem Fall zu, daß S nicht die Halbebene darstellt, und versuchen die Lösung des Randwertproblems (1) in der Gestalt der Gln. (3), (4) zu finden, wobei jetzt $\omega(t)$ eine *zunächst noch unbekannte Funktion der Randpunkte* bezeichnet. Dazu setzen wir voraus, daß die Ableitung der gesuchten Funktion $\omega(t)$ einer H-Bedingung genügt; dann sind die Funktionen $\varphi(t)$, $\varphi'(t)$, $\psi(t)$ offenbar stetig bis hin zum Rand, d. h., die Lösung ist (im Sinne von 2.2.15.) regulär.
Unter Berücksichtigung der Formeln von SOCHOZKI-PLEMELJ setzen wir die Randwerte der durch (3) und (4′) definierten Funktionen $\varphi(z)$, $\psi(z)$ sowie der Funktion

$$\varphi'(z) = \frac{1}{2\pi\mathrm{i}}\int\limits_L \frac{\omega(t)\,\mathrm{d}t}{(t-z)^2} = \frac{1}{2\pi\mathrm{i}}\int\limits_L \frac{\omega'(t)\,\mathrm{d}t}{t-z}$$

(der letzte Ausdruck ergibt sich durch partielle Integration) in Gl. (1) ein, dann erhalten wir nach einigen einfachen Umformungen

$$k\omega(t_0) + \frac{k}{2\pi\mathrm{i}}\int\limits_L \omega(t)\,\mathrm{d}\ln\frac{t-t_0}{\bar{t}-\bar{t}_0} - \frac{1}{2\pi\mathrm{i}}\int\limits_L \overline{\omega(t)}\,\mathrm{d}\,\frac{t-t_0}{\bar{t}-\bar{t}_0} = f(t_0). \tag{5}$$

Das ist aber gerade die von D. I. SCHERMAN in den zitierten Artikeln [15, 16] angegebene Integralgleichung. Sie hat große Ähnlichkeit mit Gl. (9) in 5.4.3., wenn wir diese zur Erleich-

[1]) Die Lösung für $k = -\varkappa$ haben wir schon in 5.3.6. erhalten (in unserem Falle ist $G = 0$, der Unterschied in den Vorzeichen rührt daher, daß in 5.3.6. das Problem für die untere Halbebene gelöst wurde). Die Lösung für $k = 1$ ergibt sich völlig analog. Sie kann auch aus der in 5.3.4. angegebenen Lösung des I. Problems für die Halbebene gewonnen werden.

[2]) Wenn L die reelle Achse ist (wie wir bisher vorausgesetzt haben), gilt $\bar{t} = t$, $\mathrm{d}\bar{t} = \mathrm{d}t$; warum wir im zweiten Integral auf der rechten Seite von (4) $\mathrm{d}\bar{t}$ anstelle von $\mathrm{d}t$ und im dritten Integral $\bar{t}$ anstelle von t schreiben, wird im weiteren klar.

terung des Vergleichs (nach Übergang zu den konjugierten Werten) wie folgt schreiben

$$k\varphi(t_0) - \frac{k}{2\pi i}\int\limits_L \varphi(t)\,\mathrm{d}\ln\frac{t-t_0}{\bar{t}-\bar{t}_0} - \frac{1}{2\pi i}\int\limits_L \overline{\varphi(t)}\,\mathrm{d}\,\frac{t-t_0}{\bar{t}-\bar{t}_0} = -\overline{A(t_0)}. \tag{a}$$

Der wesentliche Unterschied besteht im Vorzeichen des ersten Integrals und der rechten Seite, vor allem aber in den Bedingungen, die den unbekannten Funktionen auferlegt sind. In Gl. (5) ist $\varphi(t)$ nur gewissen Stetigkeitsbedingungen unterworfen, während $\varphi(t)$ in Gl. (a) den Randwert einer in S holomorphen Funktion darstellen muß. Letzteres ist zwar für das von uns jetzt betrachtete endliche einfach zusammenhängende Gebiet von selbst erfüllt (s. 5.4.3.), jedoch im allgemeinen spielt diese Bedingung eine wesentliche Rolle.
Wenden wir uns nun wieder der Gl. (5) zu. Wenn wir wie in 5.4.3. $t - t_0 = r\,e^{i\vartheta}$ setzen, bekommen wir

$$k\omega(t_0) + \frac{1}{\pi}\int\limits_L \{k\omega(t) - e^{2i\vartheta}\,\overline{\omega(t)}\}\,\mathrm{d}\vartheta = f(t_0). \tag{5'}$$

Mit

$$\omega(t) = p(t) + iq(t), \quad f(t) = f_1(t) + if_2(t) \tag{6}$$

ergibt sich das folgende System zweier *Fredholmscher Gleichungen*

$$\left.\begin{aligned} kp(t_0) + \frac{1}{\pi}\int\limits_L \{p(t)\,(k - \cos 2\vartheta) - q(t)\sin 2\vartheta\}\,\mathrm{d}\vartheta &= f_1(t_0), \\ kq(t_0) - \frac{1}{\pi}\int\limits_L \{p(t)\sin 2\vartheta - q(t)\,(k + \cos 2\vartheta)\}\,\mathrm{d}\vartheta &= f_2(t_0). \end{aligned}\right\} \tag{5''}$$

Für $k = 1$, d. h. im Falle des I. Problems, geht (5″) in ein System über, das LAURICELLA bei der Lösung des biharmonischen Problems erhielt. Dieses ist, wie schon gesagt (unter gewissen Vereinbarungen im Falle des mehrfach zusammenhängenden Gebietes) dem I. Problem der ebenen Elastizitätstheorie äquivalent. Für $k = -\varkappa$, d. h. im Falle des II. Problems, entspricht (5″) einem ebenfalls von LAURICELLA entwickelten Gleichungssystem für das II. Problem im dreidimensionalen Falle. Jedoch bei LAURICELLA, der keine *Cauchy-Integrale* verwendet, hat der Zusammenhang zwischen den unmittelbar in den entsprechenden Aufgaben auftretenden Funktionen (biharmonische Funktion U beim biharmonischen Problem, Verschiebungskomponenten beim II. Problem) und den von den Punkten der Randkurve L abhängigen Hilfsfunktionen p, q eine (zumindest äußerlich) sehr komplizierte Form, und seine Integralgleichungen sehen bei weitem nicht so einfach aus wie das System (5″).
Dieser Umstand hat selbstverständlich keine prinzipielle Bedeutung, die Gln. (3) und (4) jedoch sind von großer Wichtigkeit; denn sie geben die Verknüpfung zwischen den Funktionen $\varphi(z)$, $\psi(z)$ und der Funktion $\omega(t)$ an. Wichtig ist auch die Form (5) der Integralgleichung, die den Zusammenhang mit den *Cauchyschen Integralen* klar aufzeigt. Gerade die Entdeckung dieses Zusammenhanges vereinfachte die Untersuchungen außerordentlich, besonders im Falle mehrfach zusammenhängender Gebiete (von dem jetzt die Rede sein wird). Außerdem ist es dadurch möglich, (relativ) einfache Lösungen für eine Reihe weiterer Randwertprobleme zu gewinnen. Wir halten es deshalb für angebracht, die Gl. (5) bzw. (5′) als Gleichungen von SCHERMAN-LAURICELLA zu bezeichnen. Im Falle des mehrfach zusam-

menhängenden Gebietes ist es zweckmäßig, die Gln. (3), (4) und die aus ihnen hervorgehenden Integralgleichungen nach einem Vorschlag von D. I. SCHERMAN etwas abzuwandeln. Dies führt auf (natürlich relativ) sehr einfache Ergebnisse, auf die wir im folgenden Abschnitt ausführlich eingehen.

5.4.7. Lösung des I. und II. Problems nach der Methode von D. I. Scherman[1])

Das Gebiet S werde von einer oder von mehreren einfachen sich nicht überschneidenden geschlossenen Kurven $L_1, \ldots, L_m, L_{m+1}$ begrenzt, von denen die letzte alle übrigen im Inneren enthält. Mit $L = L_1 + \cdots + L_{m+1}$ bezeichnen wir den gesamten Rand des Gebietes. Wir setzen weiterhin voraus, daß die Krümmung der Kurven L_j einer H-Bedingung genügt. Die von den Kurven L_j $(j = 1, 2, \ldots m)$ begrenzten endlichen Gebiete bezeichnen wir mit S_j, und das von L_{m+1} begrenzte unendliche Gebiet nennen wir S_{m+1}.
Wir betrachten zunächst das **I. Problem.** Ohne Einschränkung der Allgemeinheit können wir annehmen, daß die resultierenden Vektoren (X_k, Y_k) der an den Kurven L_k $(k = 1, 2, \ldots m)$ angreifenden äußeren Kräfte verschwinden und daß folglich die gesuchten Funktionen $\varphi(z)$ und $\psi(z)$ eindeutig sind, da wir anderenfalls ihre (von vornherein bekannten) mehrdeutigen Glieder abtrennen und auf die rechte Seite der Randbedingungsgleichung bringen können[2]). Das führt dann auf den vorigen Fall.
Für die Lösbarkeit des Problems muß offenbar außerdem vorausgesetzt werden, daß auch der resultierende Vektor der am Rand L_{m+1} angreifenden Kräfte verschwindet. Die Randbedingung lautet

$$\varphi(t) + t\overline{\varphi'(t)} + \overline{\psi(t)} = f(t) + C_j \quad \text{auf } L_j \quad (j = 1, 2, \ldots, m+1), \tag{1}$$

wobei $f(t)$ eine (auf jeder der Kurven L_j eindeutige und stetige) Funktion ist, während $C_1, \ldots, C_{m+1}$ zunächst noch unbekannte Konstanten sind, von denen eine willkürlich festgelegt werden kann; wir setzen $C_{m+1} = 0$.
Nach D. I. SCHERMAN schreiben wir für die Lösung den Ansatz

$$\varphi(z) = \frac{1}{2\pi i} \int_L \frac{\omega(t)\,dt}{t - z} + \sum_{j=1}^{m} \frac{b_j}{z - z_j}, \tag{2}$$

$$\psi(z) = \frac{1}{2\pi i} \int_L \frac{\overline{\omega(t)}\,dt}{t - z} + \frac{1}{2\pi i} \int_L \frac{\omega(t)\,d\bar{t}}{t - z} - \frac{1}{2\pi i} \int_L \frac{\bar{t}\omega(t)\,dt}{(t - z)^2} + \sum_{j=1}^{m} \frac{b_j}{z - z_j}, \tag{3}$$

wobei $\omega(t)$ eine noch zu bestimmende Funktion ist, während z_j beliebig festgehaltene (außerhalb S gelegene) Punkte der Gebiete S_j $(j - 1, 2, \ldots, m)$ bezeichnen, b_j sind *reelle* Konstanten, die mit $\omega(t)$ folgendermaßen verknüpft sind[3]):

$$b_j = i \int_{L_j} \{\omega(t)\,d\bar{t} - \overline{\omega(t)}\,dt\} \quad (j = 1, 2, \ldots, m). \tag{4}$$

Wir suchen nur (im Sinne von 2.2.15.) reguläre Lösungen des Ausgangsproblems. Deshalb genügt es vorauszusetzen, daß die Ableitung $\omega'(t)$ einer H-Bedingung genügt, was wir hiermit fordern wollen.

---

[1]) SCHERMAN [15, 16]. Wir geben hier die Artikel mit unwesentlichen Änderungen wieder.
[2]) Siehe 5.3.4., Gln. (15), (19), (20).
[3]) Durch Einführung der Größen b_j entstehen gerade die abgewandelten Integralgleichungen, von denen am Ende des vorigen Abschnittes die Rede war. Im Falle eines einfach zusammenhängenden Gebietes $(m = 0)$ verwandeln sich die Gln. (2), (3) in die Gln. (3) und (4) aus 5.4.6. für $k = 1$.

Durch Einsetzen der Randwerte der durch die Gln. (2), (3) definierten Funktionen $\varphi(z)$, $\varphi'(z)$, $\psi(z)$ in (1) erhalten wir wie im vorigen Abschnitt

$$\omega(t_0) + \frac{1}{2\pi i} \int_L \omega(t) \, d \ln \frac{t - t_0}{\bar{t} - \bar{t}_0} - \frac{1}{2\pi i} \int_L \overline{\omega(t)} \, d \, \frac{t - t_0}{\bar{t} - \bar{t}_0}$$

$$+ \sum_{j=1}^{m} \left\{ \frac{b_j}{t_0 - z_j} + \frac{\bar{b}_j}{\bar{t}_0 - \bar{z}_j} \left(1 - \frac{t_0}{\bar{t}_0 - \bar{z}_j} \right) \right\} - C_k = f(t_0) \quad \text{auf } L_k$$

$$(k = 1, 2, \ldots, m + 1). \tag{5}$$

Es ist zweckmäßig, diese Gleichungen noch etwas umzuformen, indem wir auf ihrer linken Seite den Ausdruck

$$\frac{b_{m+1}}{t_0} + \frac{\bar{b}_{m+1}}{\bar{t}_0} \left(1 - \frac{t}{\bar{t}_0} \right) \tag{a}$$

addieren, dabei ist b_{m+1} eine *rein imaginäre* Konstante, die mit $\omega(t)$ über die Gleichung[1])

$$b_{m+1} = \frac{1}{2\pi i} \int_L \left\{ \frac{\omega(t)}{t^2} \, dt + \frac{\overline{\omega(t)}}{\bar{t}^2} \, d\bar{t} \right\} \tag{6}$$

zusammenhängt. (Es wurde angenommen, daß der Koordinatenursprung im Gebiet S liegt.) Dann ergibt sich

$$\omega(t_0) + \frac{1}{2\pi i} \int_L \omega(t) \, d \ln \frac{t - t_0}{\bar{t} - \bar{t}_0} - \frac{1}{2\pi i} \int_L \overline{\omega(t)} \, d \, \frac{t - t_0}{\bar{t} - \bar{t}_0}$$

$$+ \sum_{j=1}^{m+1} \left\{ \frac{b_j}{t_0 - z_j} + \frac{\bar{b}_j}{\bar{t}_0 - \bar{z}_j} \left(1 - \frac{t_0}{\bar{t}_0 - \bar{z}_j} \right) \right\} - C_k = f(t_0) \quad \text{auf } L_k$$

$$(k = 1, 2, \ldots, m + 1). \tag{5'}$$

Die unbekannten Konstanten C_k und die gesuchte Funktion $\omega(t)$ sind über die Beziehungen

$$C_k = - \int_{L_k} \omega(t) \, ds \qquad (k = 1, 2, \ldots, m) \tag{7}$$

verknüpft, wobei ds das Differential der Bogenlänge der Randkurve L_k ist.

Wenn wir nun auf der linken Seite der Gl. (5′) für b_j und C_j die Ausdrücke (4), (6) und (7) einsetzen, verwandelt sich die Gl. (5′) in eine Integralgleichung, die *außer der Funktion* $\omega(t)$ *keine Unbekannten enthält*. Durch Trennung von Real- und Imaginärteil erhalten wir wie im vorigen Abschnitt ein System zweier *Fredholmscher Gleichungen*. Wir verzichten darauf, dieses ausführlich hinzuschreiben.

Die Integralgleichung (5′) bezeichnen wir als *Schermansche Gleichung*. Im Fall des einfach zusammenhängenden Gebietes ($m = 0$) unterscheidet sie sich von der Gl. (5) des vorigen Abschnittes nur durch das Glied

$$\frac{b_1}{t_0} + \frac{\bar{b}_1}{\bar{t}_0} \left(1 - \frac{t_0}{\bar{t}_0} \right).$$

Im weiteren fordern wir, daß die Ableitung $f'(t)$ der auf L vorgegebenen Funktion $f(t)$ einer H-Bedingung genügt. Unter dieser Voraussetzung und unter den bezüglich des Randes L

---

[1]) Siehe Fußnote[3]) auf S. 332

angenommenen Bedingungen hat offenbar jede (stetige) Lösung $\omega(t)$ eine Ableitung $\omega'(t)$, die einer H-Bedingung genügt. Wenn das resultierende Moment der äußeren Kräfte verschwindet, d. h. wenn (vgl. 2.2.13.)[1])

$$\operatorname{Re}\int_L f(t)\,\mathrm{d}\bar{t} = 0 \tag{8}$$

ist, gilt notwendig $b_{m+1} = 0$, vorausgesetzt, die Gl. (5′) ist lösbar.
Das läßt sich wie folgt beweisen: Statt (5′) können wir offenbar

$$\varphi(t) + t\overline{\varphi'(t)} + \overline{\psi(t)} + b_{m+1}\left\{\frac{1}{t} - \frac{1}{\bar{t}} + \frac{t}{\bar{t}^2}\right\} - C_j = f(t) \text{ auf } L_j \tag{1′}$$

schreiben, wobei wir unter $\varphi(t)$, $\varphi'(t)$ und $\psi(t)$ die Randwerte der durch (2) und (3) definierten Funktionen verstehen. Nun multiplizieren wir beide Seiten der letzten Gleichung mit $\mathrm{d}\bar{t}$ und integrieren über L, dann ergibt sich durch partielle Integration und nach einfachen Umformungen

$$\int_L \{\varphi(t)\,\mathrm{d}\bar{t} - \overline{\varphi(t)}\,\mathrm{d}t\} + b_{m+1}\int_L\left\{\frac{\mathrm{d}\bar{t}}{t} + \frac{\mathrm{d}t}{\bar{t}}\right\} + 2\pi \mathrm{i} b_{m+1} = \int_L f(t)\,\mathrm{d}\bar{t}.$$

Da das letzte Glied auf der linken Seite dieser Gleichung reell ist, während alle übrigen rein imaginär sind, muß $b_{m+1} = 0$ sein, was zu beweisen war.
Unter Berücksichtigung der Bedingung (8) ist folglich jede Lösung $\omega(t)$ der Gl. (5′) gleichzeitig eine Lösung der Ausgangsgleichung (5) und liefert eine Lösung des Randwertproblems (1). Die Konstanten C_j sind dabei aus (7) zu berechnen. Wir zeigen nun, daß die Gl. (5′) stets lösbar ist[2]). Dazu betrachten wir die zu (5′) gehörende homogene Gleichung $(f(t) = 0)$ und zeigen, daß diese keine von Null verschiedene Lösung hat. Es sei $\omega_0(t)$ eine Lösung der homogenen Gleichung, weiterhin seien $\varphi_0(z)$, $\psi_0(z)$, C_j^0 die entsprechend aus (2), (3), (4) und (7) für $\omega(t) = \omega_0(t)$ entstehenden Werte der Funktionen $\varphi(z)$, $\psi(z)$ und der Konstanten C_j. Insbesondere ist also gemäß (2) und (3)

$$\varphi_0(z) = \frac{1}{2\pi \mathrm{i}}\int_L \frac{\omega_0(t)\,\mathrm{d}t}{t-z} + \sum_{j=1}^{m} \frac{b_j^0}{z-z_j}, \tag{9}$$

$$\psi_0(z) = \frac{1}{2\pi \mathrm{i}}\int_L \frac{\overline{\omega_0(t)}\,\mathrm{d}t}{t-z} - \frac{1}{2\pi \mathrm{i}}\int_L \frac{\bar{t}\omega_0'(t)\,\mathrm{d}t}{t-z} + \sum_{j=1}^{m} \frac{\bar{b}_j^0}{z-z_j}, \tag{10}$$

wobci b_j^0 die nach Gl. (4) mit $\omega(t) = \omega_0(t)$ definierten Konstanten darstellen.
Der Ausdruck für $\psi_0(z)$ wurde durch partielle Integration etwas umgeformt. Die Funktionen $\varphi_0(z)$, $\psi_0(z)$ befriedigen die Randbedingungen

$$\varphi_0(t) + t\overline{\varphi_0'(t)} + \overline{\psi_0(t)} - C_j^0 = 0 \quad \text{auf } L_j \quad (j = 1, \ldots, m+1,\ C_{m+1}^0 = 0). \tag{11}$$

Dies ist aus (1′) ersichtlich, wenn man beachtet, daß in unserem Falle $f(t) = 0$ und $b_{m+1} = 0$ ist und daß offenbar die Bedingung (8) befriedigt wird.

---

[1]) Nach Voraussetzung sind die resultierenden Vektoren der an den Kurven L_k im einzelnen angreifenden Kräfte gleich Null. Dadurch ist die Stetigkeit der Funktion $f(t)$ auf jeder Kurve einzeln gewährleistet.
[2]) Wenn wir auf der linken Seite der Gl. (5) nicht den Ausdruck (a) hinzugefügt hätten, wäre diese Gleichung unr unter der Bedingung (8) lösbar.

Folglich sind $\varphi_0(z)$, $\psi_0(z)$ Lösungen des I. Problems bei verschwindenden äußeren Kräften, und auf Grund des Eindeutigkeitssatzes ist

$$\varphi_0(z) = \mathrm{i}\delta z + c, \tag{12}$$

dabei stellt δ eine reelle und c eine im allgemeinen komplexe Konstante dar.
Gemäß (11) und unter Beachtung von $C^0_{m+1} = 0$ gilt demnach

$$\psi_0(z) = -\bar{c} \tag{13}$$

mit

$$C^0_j = 0 \quad (j = 1, 2, \ldots, m + 1). \tag{14}$$

Aus (9), (10), (12) und (13) folgt

$$\mathrm{i}\delta z + c = \frac{1}{2\pi \mathrm{i}} \int\limits_L \frac{\omega_0(t)\,\mathrm{d}t}{t - z} + \sum_{j=1}^{m} \frac{b^0_j}{z - z_j}, \tag{9'}$$

$$-\bar{c} = \frac{1}{2\pi \mathrm{i}} \int\limits_L \frac{\overline{\omega_0(t)}\,\mathrm{d}t}{t - z} - \frac{1}{2\pi \mathrm{i}} \int\limits_L \frac{\bar{t}\omega'_0(t)\,\mathrm{d}t}{t - z} + \sum_{j=1}^{m} \frac{b^0_j}{z - z_j}. \tag{10'}$$

Wir führen nun die Bezeichnungen

$$\mathrm{i}\varphi^*(t) = \omega_0(t) + \sum_{j=1}^{m} \frac{b^0_j}{t - z_j} - \mathrm{i}\delta t - c, \tag{15}$$

$$\mathrm{i}\psi^*(t) = \overline{\omega_0(t)} - \bar{t}\omega'_0(t) + \sum_{j=1}^{m} \frac{b^0_j}{t - z_j} + \bar{c} \tag{16}$$

ein, dann lauten die Gln. (9'), (10')

$$\frac{1}{2\pi \mathrm{i}} \int\limits_L \frac{\varphi^*(t)\,\mathrm{d}t}{t - z} = 0, \quad \frac{1}{2\pi \mathrm{i}} \int\limits_L \frac{\psi^*(t)\,\mathrm{d}t}{t - z} = 0 \quad \text{für alle } z \text{ in } S.$$

Damit ist gezeigt (s. 4.2.2.), daß $\varphi^*(t)$, $\psi^*(t)$ die Randwerte der in den Gebieten S_1, S_2, ..., S_{m+1} holomorphen Funktionen $\varphi^*(z)$, $\psi^*(z)$ darstellen und daß dabei $\varphi^*(\infty) = \psi^*(\infty) = 0$ gilt.
Wenn wir in (6) $\omega(t)$ durch den aus (15) gewonnenen Wert $\omega_0(t)$ ersetzen und beachten, daß $b_{m+1} = 0$ ist, schließen wir leicht auf Grund der soeben angeführten Eigenschaft der Funktion $\varphi^*(t)$, daß $\delta = 0$ ist.
Durch Elimination der Funktion $\omega_0(t)$ aus den Gln. (15) und (16) ergibt sich offenbar weiterhin

$$\overline{\varphi^*(t)} + \bar{t}\varphi^{*\prime}(t) + \psi^*(t) = \mathrm{i} \sum_{j=1}^{m} b^0_j \left\{ \frac{1}{\bar{t} - \bar{z}_j} - \frac{1}{t - z_j} + \frac{\bar{t}}{(t - z_j)^2} \right\} - 2\mathrm{i}\bar{c} \quad \text{auf } L.$$

Wenn wir beide Seiten dieser Gleichung mit $\mathrm{d}t$ multiplizieren und über L_k ($k = 1, 2, \ldots, m$) integrieren, erhalten wir nach einfachen Umformungen

$$\int\limits_{L_k} \left\{ \overline{\varphi^*(t)}\,\mathrm{d}t - \varphi^*(t)\,\mathrm{d}\bar{t} \right\} = \mathrm{i} \sum_{j=1}^{m} b^0_j \int\limits_{L_k} \left\{ \frac{\mathrm{d}t}{\bar{t} - \bar{z}_j} + \frac{\mathrm{d}\bar{t}}{t - z_j} \right\} - 2\pi b^0_k.$$

Da b^0_j reelle Konstanten sind, gilt

$$b^0_k = 0 \quad (k = 1, 2, \ldots, m) \tag{17}$$

und somit

$$\overline{\varphi^*(t)} + \bar{t}\varphi^{*\prime}(t) + \psi^*(t) = -2\mathrm{i}\bar{c} \quad \text{auf } L_k \quad (k = 1, 2, \ldots, m + 1).$$

Folglich lösen die Funktionen $\varphi^*(z)$, $\psi^*(z)$ das I. Problem für Gebiete S_k $(k = 1, 2, \ldots, m)$ bei fehlender äußerer Belastung. Nach dem Eindeutigkeitssatz und auf Grund der Bedingung $\varphi^*(\infty) = \psi^*(\infty) = 0$ gilt in S_{m+1} $\varphi^*(z) = \psi^*(z) = 0$, und demnach ist $c = 0$. Weiterhin erhalten wir auf Grund des Eindeutigkeitssatzes für die Gebiete S_k $(k = 1, 2, \ldots, m)$ mit $c = 0$

$$\varphi^*(z) = \mathrm{i}\delta_k z + c_k, \quad \psi^*(z) = -\bar{c}_k \text{ auf } L_k \quad (k = 1, 2, \ldots, m).$$

Damit ergibt sich gemäß den Gln. (15) bis (17)

$$\omega_0(t) = -\delta_k t + \mathrm{i}c_k \quad \text{auf } L_k \quad (k = 1, 2, \ldots, m)$$

und außerdem wegen $\varphi^*(z) = \psi^*(z) = 0$ in S_{m+1}:

$$\omega_0(t) = 0 \quad \text{auf } L_{m+1}.$$

Wenn wir der Reihe nach die Gln. (4), (17), (7), (14) anwenden, überzeugen wir uns schließlich davon, daß für alle k $\delta_k = c_k = 0$ ist und daß deshalb überall auf L $\omega_0(t) = 0$ gilt.
Somit hat die zu (5′) gehörige homogene Gleichung keine von Null verschiedene Lösung, und die Gl. (5′) hat folglich stets eine und nur eine Lösung $\omega(t)$.
Durch Einsetzen der Funktion $\omega(t)$ in (2), (3) erhalten wir eine reguläre Lösung der gestellten Aufgabe, wenn die Bedingung (8) erfüllt ist, d. h., wenn das resultierende Moment der äußeren Kräfte verschwindet[1]) (der resultierende Vektor ist wegen der Stetigkeit der Funktion $f(t)$ auf L von vornherein gleich Null). Damit ist unsere Aufgabe gelöst.
Wir gehen nun zum **II. Problem** über. In diesem Falle lautet die Randbedingung

$$\varkappa\varphi(t) - t\overline{\varphi'(t)} - \overline{\psi(t)} = g(t) \tag{18}$$

mit

$$g(t) = 2\mu(g_1 + \mathrm{i}g_2). \tag{19}$$

Unter Beachtung der Gln. (3) und (4) in 5.4.6. (für $k = -\varkappa$) sowie der Gestalt der durch die Gln. (10) und (11) in 2.2.7. definierten Funktionen $\varphi(z)$, $\psi(z)$ schreiben wir für die Lösung den Ansatz

$$\varphi(z) = \frac{1}{2\pi\mathrm{i}} \int\limits_L \frac{\omega(t)\,\mathrm{d}t}{t - z} + \sum_{j=1}^{m} A_j \ln(z - z_j), \tag{20}$$

$$\psi(z) = -\frac{\varkappa}{2\pi\mathrm{i}} \int\limits_L \frac{\overline{\omega(t)}\,\mathrm{d}t}{t - z} + \frac{1}{2\pi\mathrm{i}} \int\limits_L \frac{\omega(t)\,\mathrm{d}\bar{t}}{t - z} - \frac{1}{2\pi\mathrm{i}} \int\limits_L \frac{\bar{t}\omega(t)\,\mathrm{d}t}{(t - z)^2} - \sum_{j=1}^{m} \varkappa\bar{A}_j \ln(z - z_j), \tag{21}$$

wobei A_j Konstanten bezeichnen, die mit der gesuchten Funktion $\omega(t)$ durch die Beziehungen

$$A_j = \int\limits_{L_j} \omega(t)\,\mathrm{d}s \tag{22}$$

verknüpft sind.
Wie man leicht sieht, sind die den Funktionen $\varphi(z)$, $\psi(z)$ entsprechenden Verschiebungen eindeutig in S.
Wir suchen wiederum reguläre Lösungen des Problems. Dazu brauchen wir nur wie bisher anzunehmen, daß die Ableitung $\omega'(t)$ einer H-Bedingung genügt, was hiermit vorausgesetzt sei.

---

[1]) Wenn diese Bedingung nicht erfüllt ist, so befriedigen $\varphi(z)$ und $\psi(z)$ nicht die Randbedingung (1), da in diesem Falle $b_{m+1} = 0$ ist und eine Lösung der Gl. (5′) nicht gleichzeitig eine Lösung der Gl. (5) darstellt.

Ebenso wie im vorigen Falle erhalten wir für $\omega(t)$ die Integralgleichung

$$\varkappa\omega(t_0) + \frac{\varkappa}{2\pi i}\int\limits_L \omega(t)\,\mathrm{d}\ln\frac{t-t_0}{\bar{t}-\bar{t}_0} + \frac{1}{2\pi i}\int\limits_L \overline{\omega(t)}\,\mathrm{d}\,\frac{t-t_0}{\bar{t}-\bar{t}_0}$$

$$+\sum_{j=1}^{m}\varkappa\{\ln(t_0-z_j)+\ln(\bar{t}_0-\bar{z}_j)\}\int\limits_{L_j}\omega(t)\,\mathrm{d}s = g(t_0) \text{ auf } L, \tag{23}$$

wobei unter $\ln(t_0 - z_j) + \ln(\bar{t}_0 - \bar{z}_j)$ die eindeutige Funktion $2\ln|t - z_j|$ zu verstehen ist. Im weiteren fordern wir, daß die Ableitung $g'(t)$ der vorgegebenen Funktion $g(t)$ einer H-Bedingung genügt. Analog zu dem über Gl. (5′) Gesagten hat dann jede (stetige) Lösung $\omega(t)$ der Gl. (23) eine Ableitung $\omega'(t)$, die einer H-Bedingung genügt.

Die Integralgleichung (23) ist stets lösbar. Um das zu zeigen, betrachten wir die zugehörige homogene Gleichung $g(t) = 0$. Es seien $\omega_0(t)$ eine Lösung derselben und $\varphi_0(z)$, $\psi_0(z)$ die entsprechenden Werte der Funktionen $\varphi(z)$ und $\psi(z)$, dann gilt

$$\varkappa\varphi_0(t) - t\overline{\varphi_0'(t)} - \overline{\psi_0(t)} = 0 \quad \text{auf } L.$$

Folglich erhalten wir auf Grund des Eindeutigkeitssatzes

$$\varphi_0(z) = c, \quad \psi_0(z) = \varkappa\bar{c},$$

wobei c eine Konstante ist. Wegen der Eindeutigkeit der Funktionen $\varphi_0(z)$, $\psi_0(z)$, die hier einfach Konstanten darstellen, ergibt sich gemäß (20) oder (21)

$$A_j^0 = 0 \quad (j = 1, 2, \ldots, m), \tag{24}$$

wobei A_j^0 mit $\omega(t) = \omega_0(t)$ aus (22) bestimmt wird. Weiterhin folgt aus (20) und (21)

$$c = \frac{1}{2\pi i}\int\limits_L \frac{\omega_0(t)\,\mathrm{d}t}{t-z},$$

$$\varkappa\bar{c} = -\frac{\varkappa}{2\pi i}\int\limits_L \frac{\overline{\omega_0(t)}\,\mathrm{d}t}{t-z} - \frac{1}{2\pi i}\int\limits_L \frac{\bar{t}\omega_0'(t)\,\mathrm{d}t}{t-z}.$$

Hieraus schließen wir leicht (vgl. I. Problem), daß die Funktionen $\varphi^*(t)$, $\psi^*(t)$, definiert durch

$$i\varphi^*(t) = \omega_0(t) - c, \quad -i\psi^*(t) = \varkappa\overline{\omega_0(t)} + \bar{t}\omega_0'(t) + \varkappa\bar{c}, \tag{25}$$

Randwerte gewisser, in den Gebieten $S_1, S_2, \ldots, S_{m+1}$ holomorpher Funktionen $\varphi^*(z)$, $\psi^*(z)$ darstellen, und daß dabei $\varphi^*(\infty) = \psi^*(\infty) = 0$ gilt.

Durch Elimination von $\omega_0(t)$ aus den Gln. (25) erhalten wir

$$\varkappa\overline{\varphi^*(t)} - \bar{t}\varphi^{*\prime}(t) - \psi^*(t) = -2i\varkappa\bar{c} \quad \text{auf } L_k \quad (k = 1, 2, \ldots, m+1). \tag{26}$$

Wenn wir den Eindeutigkeitssatz für das II. Problem auf jedes der Gebiete S_k anwenden, bekommen wir[1])

$$\varphi^*(z) = c_k, \quad \psi^*(z) = \varkappa\bar{c}_k + 2i\varkappa\bar{c} \quad \text{in } S_k \quad (k = 1, 2, \ldots, m+1).$$

[1]) Die Funktionen $\varphi^*(z) = 0$, $\psi^*(z) = 2i\varkappa\bar{c}$ lösen offensichtlich das II. Problem für S_k unter den Randbedingungen (26). Die allgemeine Lösung erhalten wir auf Grund des Eindeutigkeitssatzes, wenn wir zu $\varphi^*(z)$ eine beliebige Konstante c_k und zu $\psi^*(z)$ die Konstante $\varkappa\bar{c}_k$ addieren [s. 2.2.6., Gl. (13) und das im Anschluß daran Gesagte].

Im Gebiet S_{m+1} gilt $\varphi^*(\infty) = \psi^*(\infty) = 0$ und somit $c_{m+1} = 0$, $c = 0$. Folglich ist

$$\varphi^*(z) = c_k, \quad \psi^*(z) = \varkappa \bar{c}_k \quad \text{in } S_k \quad (k = 1, \dots, m); \quad \varphi^*(z) = \psi^*(z) = 0 \quad \text{in } S_{m+1}.$$

Damit ergibt sich gemäß Gl. (25)

$$\omega_0(t) = ic_k \quad \text{auf } L_k \quad (k = 1, \dots, m); \quad \omega_0(t) = 0 \quad \text{auf } L_{m+1}.$$

Hieraus folgt nach (24) und unter Beachtung von (22), daß alle $c_k = 0$ sind und daß somit $\omega_0(t) = 0$ ist.

Die zu (23) gehörende homogene Gleichung hat demnach keine von Null verschiedene Lösung, und deshalb hat die Gl. (23) stets eine und nur eine Lösung. Damit ist unser Problem gelöst.

Alles Gesagte läßt sich mit leicht überschaubaren unbedeutenden Abänderungen auch auf den Fall anwenden, daß die Kurve L_{m+1} fehlt und daß also S die unendliche Ebene mit Löchern darstellt.

5.4.8. Lösung des gemischten Problems sowie einiger weiterer Randwertaufgaben nach der Methode von D. I. Scherman

Das eben dargelegte Verfahren läßt sich mit Erfolg auf die Lösung einiger anderer wichtiger Randwertprobleme übertragen. In erster Linie ist hier **das gemischte Problem** zu nennen, das von D. I. Scherman [17] für Gebiete der im vorigen Abschnitt betrachteten Gestalt gelöst wurde. Er benutzte dabei dieselbe Darstellung der Funktionen $\varphi(z)$, $\psi(z)$ wie im Falle des II. Problems, d. h. die Gln. (20), (21) in 5.4.7. Jedoch ist die Integralgleichung, auf die die besagte Darstellung unmittelbar führt, nicht mehr vom *Fredholmschen Typ*, sondern sie gehört einer Klasse singulärer Integralgleichungen an, die in der Folgezeit von G. F. Mandshawidse [1, 2] untersucht wurde.

D. I. Scherman selbst gab ein Lösungsverfahren an, das auf der Zurückführung auf eine *Fredholmsche Gleichung* beruht[1]). Er verzichtete allerdings auf die Ausarbeitung einer allgemeinen Theorie und auf eingehende Untersuchungen. Eine unmittelbare und vollständige Behandlung der singulären Gleichungen von D. I. Scherman gelang G. F. Mandshawidse [2] mit Hilfe der oben genannten, von ihm selbst ausgearbeiteten Theorie.

Diese Ergebnisse sind im Kapitel V der zweiten Auflage meines Buches [25] ausführlich dargelegt. Mit einer zur vorigen analogen Methode fand D. I. Scherman [20] eine neue Lösung des I. Problems für Körper, die in bestimmter Weise aus mehreren homogenen Teilen mit unterschiedlichen Elastizitätskonstanten zusammengesetzt sind (vgl. 5.4.1., 5.4.3.). Diese Methode ist einfacher als die von S. G. Michlin [10] und ihm selbst [8] angegebene.

Schließlich fand D. I. Scherman [22] (mit Hilfe einer zum vorigen analogen Methode) die allgemeine Lösung für folgendes Problem: Gesucht ist der elastische Gleichgewichtszustand für einen (homogenen) Körper, der ein Gebiet S der im vorigen Abschnitt genannten Art einnimmt und auf dessen Rand L die Normalkomponente v_n der Verschiebung und die Schubspannungskomponente τ_n der äußeren Belastung vorgegeben sind. Für $\tau_n = 0$ entspricht dies dem Kontaktproblem des betrachteten Körpers mit einem starren Profil bei fehlender Reibung.

In 6.4.5. wird die Lösung der letztgenannten Aufgabe für den Fall angegeben, daß das Gebiet S einfach zusammenhängend ist und durch eine rationale Funktion auf den Kreis abgebildet werden kann (vgl. 5.2.13.2.).

---

[1]) Über ein anderes Lösungsverfahren für das einfach zusammenhängende Gebiet, das ebenfalls von D. I. Scherman stammt, wurde bereits in 5.1.2. gesprochen.

Analoge Methoden können bei der Behandlung von Plattenproblemen bei senkrecht auf der Mittelebene stehender Belastung angewendet werden; und zwar wenn der Rand fest eingespannt, frei oder frei drehbar gelagert ist, sowie wenn auf verschiedenen Teilen des Randes verschiedene, den eben genannten Fällen entsprechende Bedingungen vorgegeben sind. Wir beschränken uns hier auf folgende Literaturhinweise: CHALILOW [1], MANDSHAWIDSE [2], KALANDIA [1, 2, 4], FRIEDMANN [2], s. a. Kapitel V im Buch des Autors [25].

5.4.9. Verallgemeinerung auf den Fall anisotroper Körper

Die oben dargelegten Lösungsmethoden lassen sich auf homogene anisotrope Körper verallgemeinern, falls diese bestimmte elastische Symmetrieeigenschaften haben. S. G. LECHNITZKI zeigte, daß auch in solchen Fällen eine komplexe Darstellung der Lösung angegeben werden kann (die selbstverständlich komplizierter ist als im Falle des isotropen Körpers). Mit Hilfe der komplexen Darstellung und durch geeignete Verallgemeinerung der oben angegebenen Methoden wurden zahlreiche Probleme sowohl allgemeiner als auch spezieller Art gelöst. Im Rahmen dieses Buches ist es jedoch nicht möglich, auch nur kurz auf die angeführten Fragen einzugehen, deshalb beschränken wir uns mit dem Hinweis auf den Übersichtsartikel von M. M. FRIEDMANN [3], in dem ausführliche Literaturangaben enthalten sind. Wir führen auch die interessanten Arbeiten von S. G. LECHNITZKI nicht einzeln auf, da seine wichtigsten Ergebnisse in den Monographien [1, 4] zusammengestellt sind.
Von den theoretischen Arbeiten, die allgemeine Lösungen enthalten, nennen wir S. G. MICHLIN [11], G. N. SAWIN [3, 4], D. I. SCHERMAN [9, 19] und I. N. WEKUA [2][1]).
In den eben genannten Büchern von S. G. LECHNITZKI findet der Leser die Lösung zahlreicher spezieller, praktisch bedeutsamer Probleme. Dort sind außer den Ergebnissen des Autors auch Resultate anderer dargelegt. Deshalb gehen wir hier nicht weiter auf spezielle Arbeiten ein, sondern begnügen uns mit dem Hinweis auf die genannten Bücher und auf zwei Arbeiten von G. N. SAWIN [5, 6] (s. a. seine Monographie [8]).

5.4.10. Weitere Anwendungsmöglichkeiten der allgemeinen Darstellung der Lösung. Einige Verallgemeinerungen

Der allgemeinen Darstellung der Lösung partieller Differentialgleichungen mit Hilfe komplexer (willkürlicher) Funktionen wurde zu Beginn der Entwicklung der mathematischen Physik eine allzu große Bedeutung beigemessen, wie es seinerzeit analog bei der Integration gewöhnlicher Differentialgleichungen mit der Quadratur der Fall war.
Bald wurde jedoch klar, daß das Auffinden der allgemeinen Lösung ein Problem bei weitem nicht erschöpft und daß solche allgemeinen Lösungen bei der Auswertung der entsprechenden Randwertprobleme oft fast nichts aussagen. Dies rief die in solchen Fällen übliche Reaktion hervor und führte zum entgegengesetzten extremen Standpunkt, der bis in die jüngste Zeit vorherrschend war, nämlich, daß sich aus den genannten Darstellungen im allgemeinen Fall überhaupt kein Nutzen ziehen läßt. Dem ist jedoch durchaus nicht so. Die allgemeinen Lösungen erweisen sich bei zweckmäßiger Anwendung oft als überaus nützlich, besonders in Fragen angewandten Charakters. In zahlreichen Fällen besteht sogar die Möglichkeit, mit ihrer Hilfe eine völlig abgeschlossene Theorie des gegebenen Problems zu ent-

---

1) Siehe auch 8.5.1.

wickeln, und zwar einfacher und vollständiger, als man dies mit anderen bekannten Methoden erreichen kann. Als Beispiel mag die ebene Elastizitätstheorie dienen[1]).
Aus diesem Grunde ist es besonders wünschenswert, die oben angeführten Methoden (oder analoge) auf andere Zweige der Elastizitätstheorie sowie auf umfassendere Problemkreise auszudehnen. In dieser Richtung liegen bereits Ergebnisse vor, die große Aufmerksamkeit und weitere Entwicklung verdienen.
Da es uns nicht möglich ist, näher auf diese Fragen einzugehen, verweisen wir auf die Arbeiten von I. N. WEKUA, in denen die Methode der komplexen Darstellung der Lösung auf eine erweiterte Klasse von Differentialgleichungen elliptischen Typs ausgedehnt wird, zu der (im statischen Falle) auch die Gleichungen der ebenen Elastizitätstheorie gehören. Eine zusammenfassende Darstellung dieser Arbeiten ist im Buch von I. N. WEKUA [1] enthalten, deshalb führen wir sie nicht einzeln an und begnügen uns mit dem Hinweis auf seine Arbeiten zur Theorie elastischer Schalen [4, 5] (s. a. I. N. WEKUA und N. I. MUSSCHELISCHWILI [1]).
Weitere Anwendung findet die Methode der allgemeinen Darstellung in der Schwingungslehre und bei dreidimensionalen Problemen[2]), wie sie von BOUSSINESQ, B. G. GALJORKIN, P. F. PAPKOWITSCH und anderen behandelt werden. Einige zusammenfassende Hinweise darüber sind in den Lehrbüchern von L. S. LEIBINSON [1], P. F. PAPKOWITSCH [1] und LOVE [1] enthalten.
In letzter Zeit gewinnt die von I. N. WEKUA, L. BERS und anderen ausgearbeitete Theorie der verallgemeinerten analytischen Funktionen immer mehr an Bedeutung (L. BERS nennt sie pseudoanalytische Funktionen). Insbesondere in den Arbeiten von I. N. WEKUA findet diese Theorie eine wichtige Anwendung in der Membranentheorie der Schalen. Da wir nicht die Möglichkeit haben, bei diesen Fragen zu verweilen, verweisen wir den Leser auf die grundlegende Monographie von I. N. WEKUA [8].

---

[1]) Im Gegensatz dazu ist es mit Hilfe der bis heute bekannten allgemeinen Lösungen der Gleichungen der Elastizitätstheorie im dreidimensionalen Falle nicht möglich, eine abgeschlossene allgemeine Theorie zu bilden. Sie erweisen sich jedoch bei der Lösung zahlreicher Spezialfälle als nützlich und stellen ein Hilfsmittel zur Lösung gewisser allgemeiner Probleme dar.
[2]) Siehe vorige Fußnote.

6. Lösung der Randwertprobleme der ebenen Elastizitätstheorie durch Zurückführung auf das Kopplungsproblem

Viele wichtige Probleme der Elastizitätstheorie, darunter auch die in 5.2. und 5.3. betrachteten, lassen sich besonders einfach lösen, wenn man sie auf ein Randwertproblem der komplexen Funktionentheorie zurückführt, das wir als *Problem der linearen Kopplung der Randwerte* oder kürzer als *Kopplungsproblem*[1]) bezeichnen. Im folgenden wird zunächst dieses Problem formuliert, daran anschließend behandeln wir einige Sonderfälle (die wir im weiteren benötigen).

6.1. Kopplungsproblem

6.1.1. Stückweise holomorphe Funktionen

Wie in 4.1.1. sei L die Gesamtheit endlich vieler einfacher offener Kurvenstücke und einfacher geschlossener Kurven ohne gemeinsame Punkte in der Ebene der komplexen Veränderlichen z. Diese Kurvenstücke und Kurven wollen wir stets als glatt voraussetzen. Wir bezeichnen L wie bisher als einfaches glattes Kurvensystem und setzen voraus, daß auf ihm (d. h. auf jedem zu L gehörigen Kurvenstück und jeder Kurve) eine bestimmte positive Richtung definiert ist. Die Endpunkte der zu L gehörigen offenen Kurvenstücke nennen wir Endpunkte des Kurvensystems L. Die offenen Kurvenstücke bezeichnen wir meist mit ab oder, wenn mehrere vorkommen, mit $a_k b_k$ ($k = 1, 2, \ldots$). Dabei wird die Reihenfolge so gewählt, daß die positive Richtung von a nach b bzw. von a_k nach b_k zeigt. Jeder auf L liegende Punkt, der nicht zu den Endpunkten gehört, hat wie in 4.1.1. eine rechte und eine linke Umgebung.
Mit S' bezeichnen wir den Teil der Ebene, der durch Entfernen der auf L liegenden Punkte aus der vollen Ebene entsteht; mit anderen Worten stellt S' die längs L aufgeschnittene Ebene der komplexen Veränderlichen dar. Wenn L nur offene Kurvenstücke enthält, ist S' ein zusammenhängendes Gebiet. Falls jedoch geschlossene Kurven zu L gehören, so besteht S' aus mehreren zusammenhängenden Gebieten, die von geschlossenen Kurven berandet werden.

---

[1]) Viele Autoren bezeichnen diese Aufgabe als RIEMANNsches Problem, mit einem gewissen Recht könnte man auch von einem HILBERTschen Problem sprechen, wie das in der ersten Auflage des vorliegenden Buches gemacht wurde. Jetzt verwende ich die im Text angeführte Bezeichnung.

Nun sei $F(z)$ eine auf S' (jedoch nicht auf L) vorgegebene Funktion, die folgenden Bedingungen genügt:

a) Die Funktion $F(z)$ ist überall in S' holomorph;

b) sie ist von links und von rechts her stetig fortsetzbar auf alle Punkte von L, möglicherweise mit Ausnahme der Endpunkte a_k und b_k;

c) in der Nähe der Endpunkte a_k, b_k wird die Ungleichung

$$|F'(z)| < \frac{A}{|z - c|^{\mu}}, \quad 0 \leqq \mu < 1 \tag{1}$$

befriedigt, wobei c für einen beliebigen Endpunkt a_k, b_k steht, während A und μ Konstanten sind.

Eine solche Funktion $F(z)$ nennen wir *stückweise holomorph in der gesamten Ebene* oder einfach *stückweise holomorph*. Das Kurvensystem L heißt *Unstetigkeitslinie* der Funktion $F(z)$ oder *Rand*. Die linken und rechten Randwerte der Funktion $F(z)$ im Punkt t des Kurvensystems L bezeichnen wir wie in 4.1.1. mit $F^+(t)$ bzw. $F^-(t)$.
Wir werden gelegentlich auch Funktionen betrachten, die den vorigen Bedingungen überall genügen mit Ausnahme endlich vieler, nicht auf L liegender Punkte $z_1, z_2, \ldots$, wo die Funktion $F(z)$ Pole haben kann (andere Singularitäten lassen wir nicht zu). Dann sagen wir, die Funktion $F(z)$ ist überall mit Ausnahme der Punkte $z_1, z_2, \ldots$ stückweise holomorph. Insbesondere werden wir es häufig mit Funktionen zu tun haben, die überall stückweise holomorph sind mit Ausnahme des unendlich fernen Punktes, wo sie einen Pol haben, die sich also für hinreichend große $|z|$ in eine Reihe vom Typ

$$F(z) = C_m z^m + C_{m-1} z^{m-1} + \cdots + C_0 + \frac{C_{-1}}{z} + \frac{C_{-2}}{z^2} + \cdots \tag{2}$$

entwickeln lassen.
Weiterhin sagen wir, $F(z)$ verschwindet in einem Punkt t_0, der auf L liegt und nicht zu den Endpunkten gehört, wenn $F^+(t_0) = F^-(t_0) = 0$ ist. Falls t_0 jedoch ein Endpunkt ist, so sagen wir: $F(z)$ verschwindet in t_0, wenn $F(z)$ für $z \to t_0$ gegen den Grenzwert 0 strebt.

Bemerkung:

Die Definition der stückweise holomorphen Funktion läßt sich selbstverständlich auch auf den Fall erweitern, daß die Funktion nicht in der gesamten aufgeschnittenen Ebene S', sondern nur auf einem gewissen Teil derselben vorgegeben ist: Sei beispielsweise S_0 ein gewisses Gebiet, das von einer oder von mehreren Kurven begrenzt wird, deren Gesamtheit wir mit L_0 bezeichnen; und das oben betrachtete Kurvensystem L liege ganz in S_0. Wenn die in S_0 (mit Ausnahme der Punkte auf L) vorgegebene Funktion $F(z)$ die Bedingungen a) bis c) befriedigt und außerdem noch bestimmte Randwerte auf L_0 annimmt, so bezeichnen wir sie als in S_0 stückweise holomorphe Funktion.
Eine solche Funktion kann man zu einer in der gesamten Ebene (mit Ausnahme der Punkte auf L und L_0) vorgegebenen stückweise holomorphen Funktion ergänzen, indem man außerhalb S_0 beispielsweise $F(z) = 0$ setzt. Im weiteren wollen wir annehmen (wenn nicht ausdrücklich etwas anderes vereinbart wird), daß eine stückweise holomorphe Funktion in der gesamten Ebene (mit Ausnahme der Unstetigkeitslinie) vorgegeben ist.

6.1.2. Kopplungsproblem

Es sei L eine vorgegebene glatte Kurve, die den Bedingungen des vorigen Abschnittes genügt. Wir stellen uns nun folgende Aufgabe: *Gesucht ist eine stückweise holomorphe Funktion $F(z)$ mit der Unstetigkeitslinie L, deren linke und rechte Randwerte der Bedingung*

$$F^+(t) = G(t)\, F^-(t) + f(t) \quad \text{auf } L \tag{1}$$

(außer in den Endpunkten) *genügen, wobei $G(t)$ und $f(t)$ auf L vorgegebene Funktionen sind und $G(t) \neq 0$ überall auf L gilt.*

Außerdem sollen die auf L vorgegebenen Funktionen $G(t)$ und $f(t)$ einer H-Bedingung genügen. Wir vereinbaren ferner, daß die Bedingung (1) überall auf L außer in den Endpunkten erfüllt sein soll, da der Begriff des linken und rechten Randwertes für die Endpunkte des Kurvensystems L nicht definiert ist. Im weiteren soll sich diese Verabredung stets von selbst verstehen, und wir werden sie gewöhnlich nicht ausdrücklich erwähnen.

Die gestellte Aufgabe bezeichnen wir als *Problem der linearen Kopplung der Randwerte*[1]) oder einfach als *Kopplungsproblem*. Wenn auf L überall $f(t) = 0$ ist, heißt das Problem homogen.

Das homogene Problem wurde zum ersten Male von Hilbert für den Fall einer einfachen geschlossenen Kurve L angegeben, während I. I. Priwalow das inhomogene Problem (unter gewissen allgemeineren Voraussetzungen für denselben Fall) formulierte. Eine vollständige und dabei sehr einfache Lösung wurde jedoch erst unlängst gefunden. Sie ist mit entsprechenden Literaturhinweisen im Buch des Autors [25] dargelegt. Hier behandeln wir lediglich den einfachen Sonderfall $G(t) = \text{const}$; denn nur diesen benötigen wir im weiteren. Dabei betrachten wir der größeren Übersichtlichkeit halber die Fälle $G(t) = 1$ und $G(t) = g$ getrennt (g ist eine beliebige, von Eins verschiedene Konstante).

6.1.3. Bestimmung einer stückweise holomorphen Funktion aus dem vorgegebenen Sprungwert

Der einfachste Fall der soeben gestellten Aufgabe liegt vor, wenn $G(t) = 1$ ist. Er führt auf die Bestimmung einer stückweise holomorphen Funktion $F(z)$ aus dem vorgegebenen Sprungwert $f(t)$ auf L:

$$F^+(t) - F^-(t) = f(t) \quad \text{auf } L. \tag{1}$$

Die Lösung dieses Problems kann man sofort hinschreiben, wie folgende Überlegungen zeigen: Das *Cauchysche Integral*

$$F_0(z) = \frac{1}{2\pi i} \int\limits_L \frac{f(t)\,dt}{t - z}$$

stellt auf Grund des in 4.1.4. Gesagten eine stückweise holomorphe Funktion dar[2]), die im

---

[1]) Denn die Randwerte sind durch lineare Beziehungen (im allgemeinen mit veränderlichen Koeffizienten) verknüpft (gekoppelt).

[2]) Nach der Bemerkung 4 in 4.1.4. genügt die Funktion $F_0(z)$ in der Umgebung eines beliebigen Endpunktes c der Bedingung (1) aus 6.1.1., d. h., es ist

$$|F_0(z)| < \frac{A}{|z - c|^\mu}$$

für beliebig kleine positive μ.

Unendlichen verschwindet und für die nach Gl. (4) in 4.1.4.

$$F_0^+(t) - F_0^-(t) = f(t) \tag{a}$$

auf L (außer in den Endpunkten) gilt. Folglich ist $F_0(z)$ eine Lösung unseres Problems. Nun betrachten wir die Differenz $F(z) - F_0(z) = F_*(z)$, wobei $F(z)$ die gesuchte Lösung ist. Gemäß (1) und (a) ist

$$F_*^+(t) - F_*^-(t) = 0 \quad \text{auf } L.$$

Nach einem bekannten Satz über komplexe Funktionen (s. 2.2.1.3.) stellen also die linken Randwerte der Funktion $F(z)$ die analytische Fortsetzung der rechten dar und umgekehrt. Wenn wir der Funktion $F(z)$ auf L geeignete Werte zuordnen, ist sie demnach in der gesamten Ebene, möglicherweise mit Ausnahme der Endpunkte a_k, b_k, holomorph. Da jedoch nach Gl. (1) aus 6.1.1. in der Umgebung eines beliebigen Endpunktes c

$$|F_*(z)| < \frac{A}{|z - c|^\mu}, \quad 0 \leqq \mu < 1 \tag{b}$$

gilt, ist c offenbar eine hebbare Singularität[1]), und wir können $F(z)$ in der gesamten Ebene als holomorph betrachten. Nach dem Satz von LIOUVILLE ist folglich $F(z) = C = \text{const}$, und die allgemeine Lösung unseres Problems lautet $F(z) = F_0(z) + C$ oder

$$F(z) = \frac{1}{2\pi i} \int_L \frac{f(t)\,dt}{t - z} + C, \tag{2}$$

wobei C eine willkürliche Konstante ist. Wenn wir erreichen wollen, daß $F(\infty) = 0$ ist, müssen wir $C = 0$ setzen.

Nun lösen wir noch eine etwas allgemeinere Aufgabe; und zwar fordern wir, daß die gesuchte Funktion $F(z)$ überall außer im unendlich fernen Punkt stückweise holomorph sein soll; im Unendlichen darf ein Pol von höchstens m-ter Ordnung auftreten, d. h., die Funktion $F(z)$ soll die durch Gl. (2) in 6.1.1. definierte Gestalt haben. In diesem Falle bekommen wir (durch Verallgemeinerung des *Liouvilleschen Satzes*)[2])

$$F(z) = \frac{1}{2\pi i} \int_L \frac{f(t)\,dt}{t - z} + P_m(z), \tag{3}$$

wobei $P_m(z)$ ein beliebiges Polynom von höchstens m-ten Grade ist:

$$P_m(z) - C_m z^m + C_{m-1} z^{m-1} + \cdots + C_0; \tag{4}$$

$C_0, C_1, \ldots, C_m$ sind willkürliche Konstanten.

---

[1]) Gemäß (b) bleibt das Produkt $(z - c)\,F_*(z)$ in der Umgebung des Punktes c beschränkt. Folglich liegt im Punkte c lediglich eine hebbare Singularität unseres Produktes vor (s. beispielsweise PRIWALOW [1]). Deshalb können wir die Funktion $(z - c)\,F_*(z)$ in der Nähe des Punktes c als holomorph auffassen, d. h., es ist $(z - c)\,F_*(z) = F_{**}(z)$, wobei $F_{**}(z)$ eine holomorphe Funktion darstellt. Also kann $F_*(z)$ in c nur einen Pol erster Ordnung haben. Doch gemäß (b) tritt selbst dieser Pol nicht auf, denn es gilt $(z - c)\,F_*(z) \to 0$ für $z \to c$.

[2]) Dieser Satz besteht in folgendem: Wenn eine Funktion $F(z)$ in der gesamten Ebene außer im Punkt $z = \infty$ holomorph ist und für große $|z|$

$$F(z) = 0(z^m)$$

gilt, wobei m eine positive ganze Zahl ist, so stellt $F(z)$ ein Polynom von höchstens m-ten Grade dar.

Wenn wir schließlich eine Lösung $F(z)$ mit Polen der höchsten Ordnung $m_1, m_2, \ldots, m_l, m$ in den vorgegebenen Punkten $z_1, z_2, \ldots, z_l, \infty$ zulassen, so ergibt sich offenbar

$$F(z) = \frac{1}{2\pi i} \int_L \frac{f(t)\,dt}{t - z} + R(z), \tag{5}$$

wobei $R(z)$ eine beliebige rationale Funktion mit vorgegebenen Polen ist:

$$R(z) = \sum_{j=1} \left\{ \frac{C_{j1}}{z - z_j} + \frac{C_{j2}}{(z - z_j)^2} + \cdots + \frac{C_{jm_j}}{(z - z_j)^{m_j}} \right\} + C_0 + C_1 z + \cdots + C_m z^m, \tag{6}$$

dabei sind C_{jk}, C_k willkürliche Konstanten.

Bemerkung:

Aus dem Gesagten geht hervor, daß sich jede stückweise holomorphe Funktion $F(z)$ mit Hilfe eines *Cauchyschen Integrals* folgendermaßen darstellen läßt:

$$F(z) = \frac{1}{2\pi i} \int_L \frac{f(t)\,dt}{t - z} + C,$$

wobei mit $f(t)$ der Sprung der Funktion $F(z)$ auf der Unstetigkeitslinie L bezeichnet wird:

$$f(t) = F^+(t) - F^-(t),$$

während C eine Konstante ist.

Wenn nun $F(z)$ in einem gewissen Gebiet S_0, das nicht mit der gesamten Ebene zusammenfällt, stückweise holomorph ist (s. Bem. in 6.1.1.), so kann man diese Funktion stets als Summe einer in S_0 holomorphen Funktion und eines *Cauchy-Integrals* darstellen

$$F(z) = \frac{1}{2\pi i} \int_L \frac{f(t)\,dt}{t - z} + F^*(z), \tag{7}$$

wobei L die im Inneren von S_0 liegende Unstetigkeitslinie bezeichnet, $f(t) = F^+(t) - F^-(t)$ ist und $F(z)$ eine in S_0 holomorphe Funktion bedeutet.

Selbstverständlich gilt Gl. (7) überall in S_0 mit Ausnahme der Punkte auf L, wo die Funktion $F(z)$ überhaupt nicht definiert ist. Dies folgt aus der Tatsache, daß die Differenz

$$F(z) - \frac{1}{2\pi i} \int_L \frac{f(t)\,dt}{t - z} = F^*(z)$$

überall in S_0 außer in den Punkten der Kurve L holomorph ist, wobei offensichtlich

$$F^{*+}(t) - F^{*-}(t) = 0 \quad \text{auf } L$$

gilt. Demnach stellt $F^*(z)$ eine überall in S_0 holomorphe Funktion dar, wenn wir ihr auf L geeignete Werte zuordnen.

Die Funktion $F^*(z)$ kann auch als *Cauchy-Integral*, erstreckt über den Rand L_0 des Gebietes S_0, geschrieben werden.

6.1.4. Anwendung

D. I. Scherman [14] zeigte folgende interessante Anwendungsmöglichkeit der Gl. (7) in 6.1.3.: Gegeben sei eine elastische Scheibe mit endlich vielen Löchern. In diese Löcher seien Vollscheiben aus *demselben Material* eingesetzt, deren Rand im spannungsfreien Zustand etwas über den Rand der entsprechenden Löcher hinausragt. Dabei wird vorausgesetzt, daß sich die Ränder der eingesetzten Scheiben und der zugehörigen Löcher ohne Lücken berühren und fest miteinander verbunden sind (oder durch Reibungskräfte am Gegeneinandergleiten behindert werden). Den auf diese Weise entstehenden Körper bezeichnen wir mit S_0, seinen Rand mit L_0.

Wir setzen voraus, daß L_0 eine einfache geschlossene Kurve[1]) darstellt. Die Gesamtheit der Randkurven der mit Scheiben ausgefüllten Löcher nennen wir L.

Der elastische Gleichgewichtszustand des Körpers S_0 werde durch $\varphi(z)$ und $\psi(z)$ beschrieben. Beide Funktionen sind definiert und holomorph in den einzelnen Teilgebieten, in die S_0 durch das Kurvensystem L zerlegt wird[2]); jedoch beim Überschreiten von L sind sie unstetig.

Vorgegeben seien die an L_0 angreifenden äußeren Kräfte $(\overset{n}{\sigma}_x, \overset{n}{\sigma}_y)$ sowie die Sprungwerte der Verschiebungen beim Überschreiten der Trennlinie, d.h. die Werte der Differenzen

$$u^+ - u^- = g_1(t), \quad v^+ - v^- = g_2(t) \quad \text{auf } L. \tag{1}$$

Die vorgegebenen Funktionen $g_1(t)$ und $g_2(t)$ hängen von den Umrissen der Löcher und der eingesetzten Scheiben vor der Deformation ab; ferner werden sie davon beeinflußt, in welcher Weise die Randpunkte der Scheiben und des sie umgebenden Mediums vor dem Verschweißen in Berührung gebracht werden.

Unter den eben genannten Voraussetzungen lauten die Randbedingungen

$$\varphi(t) + t\overline{\varphi'(t)} + \overline{\psi(t)} = f(t) \quad \text{auf } L_0, \tag{2}$$

$$\varphi^+(t) + t\overline{\varphi'^+(t)} + \overline{\psi^+(t)} = \varphi^-(t) + t\overline{\varphi'^-(t)} + \overline{\psi^-(t)} \quad \text{auf } L, \tag{3}$$

$$\varkappa\varphi^+(t) - t\overline{\varphi'^+(t)} - \overline{\psi^+(t)} = \varkappa\varphi^-(t) - t\overline{\varphi'^-(t)} - \overline{\psi^-(t)} + 2\mu g(t) \quad \text{auf } L, \tag{4}$$

wobei mit unseren üblichen Bezeichnungen

$$f(t) = \mathrm{i} \int_0^s \left(\overset{n}{\sigma}_x + \mathrm{i}\overset{n}{\sigma}_y\right) \mathrm{d}s \quad \text{auf } L_0, \quad g(t) = g_1(t) + \mathrm{i}g_2(t) \quad \text{auf } L \tag{5}$$

vorgegebene Funktionen sind.

Die Bedingung (2) besagt, daß die am Rand L_0 angreifenden äußeren Spannungen vorgegeben sind, während (3) zum Ausdruck bringt, daß die von beiden Seiten auf die Trennlinie wirkenden Spannungen einander das Gleichgewicht halten. Schließlich beinhaltet (4) die Bedingung, daß die Verschiebungen auf der Trennlinie vorgegeben sind. Genaugenommen braucht (2) nur bis auf eine willkürliche Konstante erfüllt zu sein, und analog muß (3) nur bis auf eine willkürliche Konstante für jede zu L gehörende geschlossene Kurve befriedigt werden. Wie man leicht sieht, kann man jedoch diese Konstanten mit den gesuchten Funktionen vereinigen.

Durch Addition der Gln. (3) und (4) ergibt sich

$$\varphi^+(t) - \varphi^-(t) = \frac{2\mu g(t)}{\varkappa + 1} \quad \text{auf } L. \tag{6}$$

---

[1]) Alles im weiteren Gesagte bleibt (mit leicht überschaubaren unwesentlichen Änderungen) auch dann gültig, wenn man annimmt, daß L_0 aus mehreren geschlossenen Kurven besteht. Dies entspricht dem Fall, daß nicht alle Löcher mit Scheiben ausgefüllt sind und daß die Scheiben selbst wieder Löcher haben können.

[2]) Das ist in bezug auf die von den Scheiben eingenommenen Gebiete offensichtlich, denn sie wurden als einfach zusammenhängend vorausgesetzt. Hingegen folgt die Eindeutigkeit der Funktionen $\varphi(z)$, $\psi(z)$ in dem umgebenden Material der Scheiben aus der Tatsache, daß die resultierenden Vektoren (sowie die resultierenden Momente) der am Rand der ursprünglichen Löcher von den Scheiben her angreifenden Kräfte verschwinden.

Wenn wir in (3) zu den konjugierten Werten übergehen, erhalten wir unter Beachtung von (6)

$$\psi^+(t) - \psi^-(t) = \frac{2\mu h(t)}{\varkappa + 1} \quad \text{auf } L, \tag{7}$$

wobei

$$h(t) = -\overline{g(t)} - \bar{t}g'(t), \quad g'(t) = \frac{\mathrm{d}g(t)}{\mathrm{d}t} \tag{8}$$

gesetzt wurde (damit ist $h(t)$ eine auf L vorgegebene Funktion).
Aus (6) und (7) bekommen wir (vgl. Bem. in 6.1.3.)

$$\varphi(z) = \varphi_0(z) + \frac{\mu}{\pi\mathrm{i}(\varkappa + 1)} \int\limits_L \frac{g(t)\,\mathrm{d}t}{t - z}, \quad \psi(z) = \psi_0(z) + \frac{\mu}{\pi\mathrm{i}(\varkappa + 1)} \int\limits_L \frac{h(t)\,\mathrm{d}t}{t - z}, \tag{9}$$

wobei $\varphi_0(z)$ und $\psi_0(z)$ in S_0 holomorphe Funktionen sind. Wir setzen zur Abkürzung

$$\varphi_*(z) = \frac{\mu}{\pi\mathrm{i}(\varkappa + 1)} \int\limits_L \frac{g(t)\,\mathrm{d}t}{t - z}, \quad \psi(z) = \psi_0(z) + \frac{\mu}{\pi\mathrm{i}(\varkappa + 1)} \int\limits_L \frac{h(t)\,\mathrm{d}t}{t - z}, \tag{10}$$

dann gilt

$$\varphi(z) = \varphi_0(z) + \varphi_*(z), \quad \psi(z) = \psi_0(z) + \psi_*(z). \tag{11}$$

Die in S_0 holomorphen Funktionen $\varphi_0(z)$ und $\psi_0(z)$ sind zu ermitteln, während $\varphi_*(z)$ und $\psi_*(z)$ bekannte, durch Gl. (10) definierte stückweise holomorphe Funktionen darstellen. Nach Einsetzen von (11) in (2) erhalten wir

$$\varphi_0(t) + t\overline{\varphi_0'(t)} + \overline{\psi_0(t)} = f_0(t) \quad \text{auf } L_0, \tag{12}$$

wobei

$$f_0(t) = f(t) - \varphi_*(t) - t\overline{\varphi_*'(t)} - \overline{\psi_*(t)} \tag{13}$$

eine auf L_0 vorgegebene Funktion ist.
Damit haben wir *unsere Aufgabe auf das (gewöhnliche) I. Problem für den Körper S_0 zurückgeführt*. Bei bekanntem $\varphi_0(z)$ und $\psi_0(z)$ berechnen wir $\varphi(z)$ und $\psi(z)$ aus den Gln. (9) bzw. (11). Wenn auf L_0 nicht die Spannungen, sondern die Verschiebungen vorgegeben sind, gelangen wir auf demselben Wege zum II. Randwertproblem.
Wenn die Scheibe und der umgebende Körper unterschiedliche elastische Eigenschaften haben, liegen andere Verhältnisse vor (über die Lösung der Randwertprobleme für diesen Fall wurde bereits gesprochen).

6.1.5. Beispiel

Im einfachsten Falle ist in die Öffnung eines Kreisringes mit dem Außenradius 1 und dem Innenradius r eine Kreisscheibe eingesetzt, die vor der Verformung den Radius $r + \delta$ hat. Dann ist S_0 der Einheitskreis, L_0 seine Peripherie und L ein Kreis mit dem Radius $r < 1$.
Wir legen den Koordinatenursprung in den Mittelpunkt dieser Kreise und wählen als positive Richtung auf L (sowie auf L_0) die dem Uhrzeigersinn entgegengesetzte, dann erhalten wir (mit $z = \varrho\,\mathrm{e}^{\mathrm{i}\vartheta}$) offensichtlich

$$g(t) = -\delta(\cos\vartheta + \mathrm{i}\sin\vartheta) = -\delta\,\mathrm{e}^{\mathrm{i}\vartheta} = -\frac{\delta t}{r} \quad \text{auf } L,$$

$$h(t) = -\overline{g(t)} - \bar{t}g'(t) = \frac{2\delta\bar{t}}{r} = \frac{2\delta r}{t} \quad \text{auf } L.$$

Aus den Gln. (10) in 5.1.4. ergibt sich damit

$$\varphi_*(z) = \begin{cases} -\dfrac{2\mu\delta}{r(\varkappa+1)}\, z & \text{für } |z| < r, \\ 0 & \text{für } |z| > r, \end{cases} \qquad \psi_*(z) = \begin{cases} 0 & \text{für } |z| < r, \\ -\dfrac{4\mu\delta r}{\varkappa+1}\,\dfrac{1}{z} & \text{für } |z| > r. \end{cases}$$

Nun bestimmen wir die Funktionen $\varphi_0(z)$, $\psi_0(z)$ aus der Randbedingung

$$\varphi_0(t) + t\overline{\varphi_0'(t)} + \overline{\psi_0(t)} = f_0(t) \quad \text{auf } L_0$$

mit[1])

$$f_0(t) = f(t) + \frac{4\mu\delta r}{\varkappa+1}\, t.$$

Um eine Lösung für unser Beispiel zu finden, müssen wir also das I. Problem für den Kreis lösen und dabei zu der tatsächlich auf L_0 wirkenden, durch $f(t)$ charakterisierten Belastung noch eine fiktive Kraft addieren, die dem zweiten Glied auf der rechten Seite der letzten Gleichung entspricht. Diese fiktive Belastung stellt offenbar eine gleichmäßig verteilte Zugspannung von der Größe

$$\frac{4\mu r}{\varkappa+1}\,\delta$$

dar. Unter Verwendung der Gln. aus 5.2.1. kann man die Lösung des Problems sofort hinschreiben[2]).

6.1.6. Lösung des Problems $F^+ = gF^- + f$

Wir betrachten nun den Fall $G(t) = g$, wobei $g \neq 1$ eine im allgemeinen komplexe vorgegebene Konstante bezeichnet. Die Randbedingung lautet jetzt

$$F^+(t) - gF^-(t) = f(t) \text{ auf } L \text{ außer in den Endpunkten.} \tag{1}$$

Wir setzen voraus, daß L aus n einfachen offenen glatten Kurvenstücke L_k ($k = 1, 2, \ldots, n$) besteht, die keine gemeinsamen Punkte haben[3]). Diese Kurvenstücke nennen wir wie bisher $a_k\, b_k$, wobei a_k und b_k die Endpunkte von L_k sind. Die Bezeichnung wird so gewählt, daß die positive Richtung auf L_k von a_k nach b_k zeigt (Bild 48).

---

[1]) In unserem Falle ist $\varphi_*(t) = \varphi_*'(t) = 0$ auf L_0, denn es gilt $\varphi_*(z) = 0$ für $|z| > r$, und

$$\overline{\psi_*(t)} = -\frac{4\mu r\delta}{\varkappa+1}\,\frac{1}{\bar t} = -\frac{4\mu r\delta}{\varkappa+1}\, t$$

auf L_0.

[2]) Einige andere einfache Anwendungen werden von N. D. Tarabasow [1, 2] und A. G. Ugodschikow [1] angegeben. Ein komplizierter Fall wird von D. I. Scherman [23] behandelt.

[3]) Wenn L nur aus geschlossenen Kurven besteht, so läßt sich das Problem offensichtlich unmittelbar auf den im vorigen Abschnitt behandelten Fall zurückführen. Zum Beispiel, wenn L eine einfache Kurve darstellt, die die Ebene in zwei Teile S^+ und S^- zerlegt, die L von rechts und von links berühren, können wir anstelle der Funktion $F(z)$ die Funktion $F_*(z)$, definiert durch $F_*(z) = F(z)$ in S^+, $F_*(z) = gF(z)$ in S^-, betrachten. Dann lautet die Bedingung (1) $F_*^+(t) - F_*^-(t) = f(t)$. Analoges gilt für den Fall, daß L mehrere geschlossene Kurven enthält.

Falls L aus geschlossenen Kurven und offenen Kurvenstücken besteht, läßt sich das Problem ebenfalls leicht lösen, wir wollen jedoch darauf nicht näher eingehen.

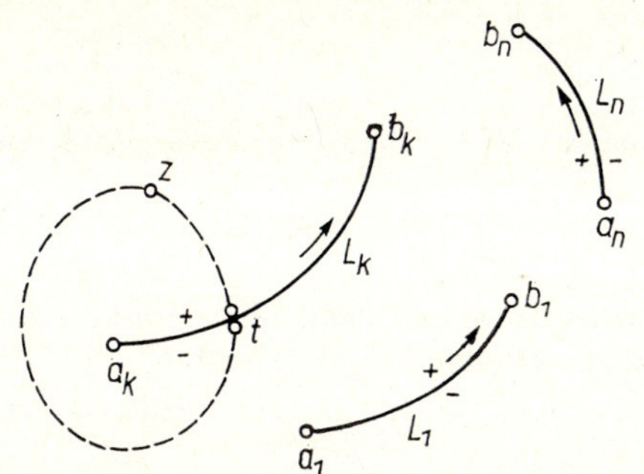

Bild 48

Wir suchen zunächst eine Lösung mit einem Pol beliebiger Ordnung im Unendlichen und beginnen mit dem homogenen Problem

$$F^+(t) - gF^-(t) = 0. \tag{1'}$$

Zur Gewinnung einer partikulären Lösung benutzen wir den Ansatz

$$X_0(z) = \prod_{j=1}^{n} (z - a_j)^{-\gamma} (z - b_j)^{\gamma - 1} \tag{2}$$

mit $\gamma = \alpha + i\beta$ als Konstante.

Unter X_0 verstehen wir den in S', d. h. in der längs L aufgeschnittenen Ebene, holomorphen Zweig, der der Bedingung $\lim\limits_{z \to \infty} [z^n X_0(z)] = 1$ genügt, der also für große $|z|$ die Gestalt

$$X_0(z) = \frac{1}{z^n} + \frac{\alpha_{-n-1}}{z^{n+1}} + \cdots \tag{3}$$

hat. Auch im weiteren werden wir stets (wenn nicht ausdrücklich anders vereinbart) diesen Zweig der Funktion X_0 wählen.

Nun soll z, ausgehend von t auf $a_k b_k$, einen geschlossenen Weg durchlaufen, der von der linken Seite des Kurvenstückes $a_k b_k$ zur rechten führt und den Endpunkt a_k bzw. b_k umschlingt, ohne L zu schneiden (Bild 48). Dabei ergibt sich aus der Änderung des Argumentes von $z - a_k$ bzw. $z - b_k$ offenbar[1])

$$X_0^-(t) = e^{-2\pi i \gamma} X_0^+(t)$$

[1]) Nach der Definition der Potenz mit komplexen Exponenten ist

$$(z - a_k)^{-\gamma} = e^{-\gamma \ln(z - a_k)} = e^{-\gamma [\ln|z - a_k| + i\vartheta]} = e^{-\gamma \ln|z - a_k|}\, e^{-i\gamma\vartheta},$$

dabei ist unter $\ln|z - a_k|$ ein reeller Wert zu verstehen, mit anderen Worten gilt

$$(z - a_k)^{-\gamma} = |z - a_k|^{-\gamma}\, e^{-i\gamma\vartheta}$$

mit $\vartheta = \arg(z - a_k)$, unter $|z - a_k|^{-\gamma}$ ist dabei der eindeutig definierte Ausdruck

$$e^{-\gamma \ln|z - a_k|}$$

zu verstehen. Wenn z von der linken Seite des Randes L_k zur rechten übergeht und dabei den Punkt a_k wie in Bild 48 umschlingt, so wächst ϑ um 2π und folglich $(-i\gamma\vartheta)$ um $-2\pi i\gamma$, darum erhält der Ausdruck $(z - a_k)^{-\gamma}$ einen Faktor $e^{-2\pi i \gamma}$.

Wenn jedoch z von der linken Seite zur rechten übergeht und dabei den Punkt b_k umschlingt, wächst $\vartheta = \arg(z - b_k)$ um (-2π) und

$$(z - b_k)^{\gamma - 1} = |z - b_k|^{\gamma - 1}\, e^{i(\gamma - 1)\vartheta}$$

erhält den Faktor $e^{-2\pi i(\gamma - 1)} = e^{-2\pi i \gamma}$, d. h. denselben wie im ersten Falle; denn es gilt $e^{2\pi i} = 1$.

oder

$$X_0^+(t) = e^{2\pi i\gamma} X_0^-(t). \tag{4}$$

Folglich befriedigt X_0 die Randbedingung (1′) für $e^{2\pi i\gamma} = g$, wenn also γ den Wert

$$\gamma = \alpha + i\beta = \frac{\ln g}{2\pi i} = \frac{\ln|g|}{2\pi i} + \frac{\theta}{2\pi} \tag{5}$$

annimmt, wobei θ das Argument der Konstanten g bezeichnet. Letzteres ist bis auf ganzzahlige Vielfache von 2π, also bis auf ein Glied der Gestalt $2k\pi$, bestimmt.
Nun wählen wir k so, daß

$$0 \leqq \theta < 2\pi \tag{6}$$

gilt, dann ist θ eindeutig definiert. Beispielsweise bei reellem g ist $\theta = 0$ für den positiven und $\theta = \pi$ für den negativen Wert.
Nun ist noch zu prüfen, ob die Ungleichung

$$|X_0(z)| < \frac{A}{|z - c|^\mu}, \quad 0 \leqq \mu < 1 \tag{7}$$

(c steht für a_k bzw. b_k) befriedigt wird, der nach Voraussetzung jede stückweise holomorphe Funktion genügen muß. Gemäß Gl. (6) gilt

$$0 \leqq \alpha < 1. \tag{8}$$

Falls g keine positive reelle Zahl darstellt, ist $\alpha \neq 0$ und $1 - \alpha < 1$; dann können wir die Ungleichung (7) stets befriedigen: Für $c = a_k$ wählen wir[1]) $\mu = \alpha$, und für $c = b_k$ setzen wir $\mu = 1 - \alpha$. Damit haben wir eine partikuläre Lösung X_0 des homogenen Problems (unter der Bedingung $\alpha \neq 0$) gewonnen; sie wird durch die Gl. (2) definiert, wobei γ aus (5) zu berechnen ist. Diese partikuläre Lösung verschwindet nirgends im Endlichen; in der Umgebung der Endpunkte a_k, b_k wächst sie unbeschränkt wie $|z - a_k|^{-\alpha}$ bzw. $|z - b_k|^{\alpha-1}$.
Wir suchen nun die allgemeine Lösung des homogenen Problems (mit einem Pol im Unendlichen). Dazu bemerken wir, daß die Funktion X_0 als Lösung des homogenen Problems der Bedingung

$$X_0^+(t) = g X_0^-(t) \quad \text{auf } L \tag{9}$$

genügt und daß somit

$$g = \frac{X_0^+(t)}{X_0^-(t)} \quad \text{auf } L \tag{9′}$$

---

[1]) Es gilt (s. vorige Fußnote)

$$(z - a_k)^{-\gamma} = (z - a_k)^{-(\alpha+i\beta)} = e^{-(\alpha+i\beta)\ln(z-a_k)} = e^{-(\alpha+i\beta)(\ln r + i\vartheta)}$$

mit $r = |z - a_k|$, $\vartheta = \arg(z - a_k)$. Deshalb ist

$$(z - a_k)^{-\gamma} = e^{-\alpha \ln r}\, \theta = \frac{\theta}{r^\alpha} = \frac{\theta}{|z - a_k|^\alpha}$$

mit $\theta = e^{\beta\vartheta - i(\alpha\vartheta - \beta\ln r)}$, hieraus folgt $|\theta| = e^{\beta\vartheta}$. Wenn z in der längs L aufgeschnittenen Ebene nahe bei a_k liegt, wird das Argument ϑ zwischen endlichen Grenzen eingeschlossen (denn z kann L nicht überschreiten), und folglich ist $|\theta|$ eine beschränkte Größe mit $|\theta| > a$, wobei a eine positive Konstante ist. Analoges gilt für die Umgebung des Punktes b_k.

ist. Wenn wir diesen Ausdruck anstelle von g in (1′) einsetzen, erhalten wir

$$\frac{F^+(t)}{X_0^+(t)} - \frac{F^-(t)}{X_0^-(t)} = 0 \quad \text{auf}\, L$$

bzw.

$$F_*^+(t) - F_*^-(t) = 0 \quad \text{auf } L,$$

wobei $F_*(z)$ für die stückweise holomorphe Funktion $F(z)/X_0(z)$ steht. Aus der letzten Gleichung ist ersichtlich, daß $F_*(z)$ in der gesamten Ebene holomorph ist, wenn wir ihr auf L, abgesehen vom Punkt $z = \infty$, geeignete Werte zuschreiben (vgl. 6.1.3.). Da $F_*(z)$ im Unendlichen höchstens einen Pol haben kann, stellt es nach dem verallgemeinerten *Liouvilleschen Satz* ein Polynom dar. Somit lautet die allgemeine Lösung des homogenen Problems

$$F(z) = X_0(z)\, P(z), \tag{10}$$

wobei $P(z)$ ein beliebiges Polynom ist. Falls eine im Unendlichen holomorphe Lösung gesucht ist, darf der Grad des Polynoms $P(z)$ den Wert n nicht überschreiten. Dies ist aus dem Verhalten der durch (3) definierten Funktion $X_0(z)$ im Unendlichen zu ersehen. Wenn außerdem $F(\infty) = 0$ gelten soll, darf $P(z)$ höchstens von $(n - 1)$ten Grade sein.
Die Lösung (10) ist im allgemeinen in der Umgebung der Endpunkte nicht beschränkt. Um eine Lösung zu gewinnen, die in der Nähe der vorgegebenen Endpunkte $C_1, C_2, \ldots, C_p$ beschränkt ist, müssen wir das Polynom $P(z)$ so wählen, daß es in diesen Punkten verschwindet; mit anderen Worten, wir müssen

$$P(z) = (z - c_1)(z - c_2) \cdots (z - c_p)\, Q(z)$$

setzen, wobei $Q(z)$ ein Polynom ist. Dann ist die Lösung $F(z)$ in der Umgebung der vorgegebenen Endpunkte nicht nur beschränkt, sondern sie verschwindet sogar in den betreffenden Punkten[1]. Mit Hilfe der Funktion

$$X_p(z) = X_0(z)(z - c_1)(z - c_2) \cdots (z - c_p) \tag{11}$$

können wir alle in der Nähe der Endpunkte $c_1, c_2, \ldots, c_p$ beschränkten Lösungen wie folgt schreiben

$$F(z) = X_p(z)\, Q(z), \tag{12}$$

wobei $Q(z)$ ein beliebiges Polynom ist. $X_p(z)$ stellt selbstverständlich ebenso wie $X_0(z)$ eine partikuläre Lösung des homogenen Problems dar. Im Gegensatz zu X_0 ist jedoch $X_p(z)$ in der Umgebung der vorgegebenen Endpunkte beschränkt und verschwindet in diesen Punkten. Dabei gilt

$$X_p(z) = |z - c_j|^{\mu}\, \theta, \; 0 < \mu < 1 \tag{13}$$

mit einer beschränkten Größe $|\theta| > a = \text{const} > 0$[2]. Besonders erwähnt seien folgende Spezialfälle: Die Lösung

$$X(z) = X_0(z) \prod_{j=1}^{n} (z - a_j)(z - b_j) = \prod_{j=1}^{n} (z - a_j)^{1-\gamma} (z - b_j)^{\gamma} \tag{14}$$

[1]) Es gibt offenbar keine Lösungen, die in der Nähe der betreffenden Endpunkte beschränkt sind und dort nicht verschwinden (wir setzen zunächst stets voraus, daß $\alpha \neq 0$ ist).
[2]) Siehe Fußnote auf der vorigen Seite.

ist in der *Umgebung sämtlicher Endpunkte beschränkt* (und verschwindet in den Punkten selbst), und die Lösung

$$X_*(z) = X_0(z) \prod_{j=1}^{n} (z - b_j) = \prod_{j=1}^{n} \left[\frac{z - b_j}{z - a_j}\right]^\gamma \tag{15}$$

bleibt in der Nähe der Endpunkte b_j $(j = 1, 2, ..., n)$ beschränkt (und verschwindet in diesen Punkten). $X(z)$ und $X_*(z)$ gestatten für große $|z|$ die Darstellung

$$X(z) = z^n + \beta_{n-1} z^{n-1} + \cdots + \beta_0 + \frac{\beta_{-1}}{z} + \cdots; \tag{16}$$

$$X_*(z) = 1 + \frac{\gamma_{-1}}{z} + \frac{\gamma_{-2}}{z^2} + \cdots. \tag{17}$$

Wir wenden uns nun dem inhomogenen Problem zu. Unter Berücksichtigung der Gl. (9′) lautet die Randbedingung (1) jetzt

$$\frac{F^+(t)}{X_0^+(t)} - \frac{F^-(t)}{X_0^-(t)} = \frac{f(t)}{X_0^+(t)}$$

oder

$$F_*^+(t) - F_*^-(t) = f_*(t)$$

mit $F_*(z) = F(z)/X_0(z), f_*(t) = f(t)/X_0^+(t)$. Nach dem in 6.1.3. Gesagten erhalten wir

$$F(z) = \frac{X_0(z)}{2\pi i} \int_L \frac{f(t)\,dt}{X_0^+(t)\,(t - z)} + X_0(z)\,P(z), \tag{18}$$

wobei $P(z)$ ein beliebiges Polynom ist. Damit haben wir die allgemeine Lösung des Problems bei Zulassung eines Pols im Unendlichen gefunden.

Um eine im Unendlichen holomorphe Lösung zu gewinnen, muß gemäß Gl. (3) vorausgesetzt werden, daß $P(z)$ ein Polynom von höchstens n-tem Grade ist:

$$P(z) = C_0 z^n + C_1 z^{n-1} + \cdots + C_{n-1} z + C_n, \tag{19}$$

wobei $C_0, C_1, ..., C_n$ willkürliche Konstanten sind. Wenn wir außerdem $F(\infty) = 0$ fordern, muß $C_0 = 0$ gesetzt werden. Die Lösung $F(z)$ ist im allgemeinen in der Umgebung der Endpunkte a_k, b_k nicht beschränkt.

Durch geeignete Wahl des Polynoms $P(z)$ können wir jedoch erreichen, daß $F(z)$ in der Nähe der vorgegebenen Endpunkte $c_1, c_2, ..., c_p$ beschränkt bleibt. Dies läßt sich am einfachsten unmittelbar dadurch zeigen, daß man die allgemeine Lösung mit der genannten Eigenschaft bildet. Dabei gehen wir wie bei der Herleitung der Gl. (18) vor. Anstelle der partikulären Lösung $X_0(z)$ setzen wir jetzt die durch (11) definierte Lösung $X_p(z)$ ein[1]). Auf diese Weise

[1]) Auch in unserem Falle gelangen wir zu der Bedingung $F_*^+(t) - F_*^-(t) = f_*(t)$, wobei diesmal

$$F_*(z) = \frac{F(z)}{X_p(z)}, \quad f_*(t) = \frac{f(t)}{X_p^+(t)}$$

ist; jetzt verschwindet jedoch $X_p(z)$ in den Endpunkten $c_1, ..., c_p$. Da aber die gesuchte Funktion nach Voraussetzung in der Umgebung dieser Endpunkte beschränkt sein soll, muß $|F_*(z)| < A/|z - c_j|^\mu$, $0 \leqq \mu < 1$ gelten, und unsere bisherigen Überlegungen bleiben in Kraft, wenn wir davon absehen, daß $f_*(t)$ im allgemeinen in der Nähe der Endpunkte c_j nicht beschränkt ist. Der letztere Umstand hat, wie man leicht zeigen kann, ebenfalls keine Bedeutung, wenn man das Verhalten der Funktion an den Endpunkten in unserem Falle berücksichtigt (s. Musschelischwili [25]). Im Text wird im wesentlichen folgendes bewiesen: Wenn eine Lösung der geforderten Gestalt existiert, so ergibt sie sich aus Gl. (20), man kann jedoch zeigen (siehe ebenda), daß das erste Glied auf der rechten Seite von (20) tatsächlich in der Nähe der Endpunkte $c_1, c_2, ..., c_p$ beschränkt bleibt.

erhalten wir die in der Umgebung der Endpunkte $c_1, c_2, \ldots, c_p$ beschränkte allgemeine Lösung

$$F(z) = \frac{X_p(z)}{2\pi i} \int_L \frac{f(t)\,dt}{X_p^+(t)\,(t-z)} + X_p(z)\,P(z), \tag{20}$$

wobei $P(z)$ ein beliebiges Polynom ist.
Nach (11) und (3) gilt für große $|z|$:

$$X_p(z) = z^{p-n} + \delta_{p-n-1} z^{p-n-1} + \cdots; \tag{21}$$

deshalb ist die Funktion $X_p(z)$ im Unendlichen nur für $p \leqq n$ holomorph. Wenn $p \leqq n + 1$ ist, bleibt das erste Glied auf der rechten Seite von (20) für $z \to \infty$ beschränkt. Wenn die Lösung für $z = \infty$ holomorph sein soll, darf $P(z)$ höchstens von $(n - p)$-tem Grade sein, falls aber $p = n + 1$ ist, muß $P(z) = 0$ gesetzt werden.
Für $p > n + 1$ existiert eine im Unendlichen holomorphe Lösung nur unter bestimmten Bedingungen, die wir im folgenden formulieren wollen.
Für große $|z|$ gilt

$$\frac{1}{t-z} = -\frac{1}{z} - \frac{t}{z^2} - \frac{t^2}{z^3} - \cdots;$$

damit ergibt sich für hinreichend große $|z|$ die Entwicklung

$$\frac{1}{2\pi i} \int_L \frac{f(t)\,dt}{X_p^+(t)\,(t-z)} = -\frac{A_1}{z} - \frac{A_2}{z^2} - \cdots \tag{22}$$

mit

$$A_k = \frac{1}{2\pi i} \int_L \frac{t^{k-1} f(t)\,dt}{X_p^+(t)} \qquad (k = 1, 2, \ldots). \tag{23}$$

Um für $p > n + 1$ eine im Unendlichen holomorphe Lösung (20) zu gewinnen, setzen wir $P(z) = 0$. Außerdem muß $f(t)$ die Bedingung $A_k = 0$ $(k = 1, 2, \ldots, p - n - 1)$, d. h.

$$\frac{1}{2\pi i} \int_L \frac{t^{k-1} f(t)\,dt}{X_p^+(t)} = 0 \qquad (k = 1, 2, \ldots, p - n - 1) \tag{24}$$

befriedigen. Somit existiert für $p > n + 1$ eine im Unendlichen holomorphe und in den Punkten $c_1, c_2, \ldots, c_p$ beschränkte Lösung nur bei Erfüllung der Gln. (24). Wenn außerdem $F(\infty) = 0$ sein soll, müssen die Gln. (24) für $k = 1, 2, \ldots, p - n$ gelten.
Bisher haben wir den Fall $\alpha = 0$, d. h., daß g eine positive reelle Zahl darstellt, ausgeschlossen. Für $\alpha = 0$ (und $g \neq 1$) können wir die durch (15) definierte partikuläre Lösung $X_*(z)$ verwenden. Da jetzt $\gamma = i\beta \neq 0$ ist, bleibt diese Lösung in der Umgebung sämtlicher Endpunkte beschränkt und verschwindet nirgends. Analog zum vorigen lautet die allgemeine Lösung des Problems

$$F(z) = \frac{X_*(z)}{2\pi i} \int_L \frac{f(t)\,dt}{X_*^+(t)\,(t-z)} + X_*(z)\,P(z), \tag{25}$$

wobei $P(z)$ ein beliebiges Polynom ist. In unserem Falle ist diese Lösung in der Umgebung sämtlicher Endpunkte notwendig beschränkt[1]). Um eine für $z = \infty$ holomorphe Lösung zu

[1]) Man kann zeigen (s. vorige Fußnote), daß das erste Glied auf der rechten Seite von (20) beschränkt bleibt.

gewinnen, müssen wir gemäß Gl. (17) $P(z) = C =$ const setzen. Wenn außerdem $F(\infty) = 0$ sein soll, muß $P(z) = 0$ gelten. Die Gl. (25) kann selbstverständlich auch im Falle $\alpha \neq 0$ benutzt werden; sie stellt dann einen Sonderfall der Gl. (20) dar und liefert sämtliche in den Endpunkten $b_1, b_2, \ldots, b_n$ beschränkten Lösungen.

Zum Schluß ermitteln wir die allgemeine Lösung unseres Problems unter der Voraussetzung, daß sie Pole der höchsten Ordnung $m_1, m_2, \ldots, m_l, m$ in den vorgegebenen Punkten $z_1, z_2, \ldots, z_l, \infty$ haben kann. Analog zum bisherigen und unter Beachtung der Gl. (5) in 6.1.3. erhalten wir die allgemeine Lösung der gewünschten Art für $\alpha \neq 0$ aus der Formel

$$F(z) = \frac{X_0(z)}{2\pi i} \int\limits_L \frac{f(t)\,dt}{X_0^+(t)\,(t-z)} + X_0(z)\,R(z), \tag{26}$$

wobei $R(z)$ eine rationale Funktion von folgender Gestalt ist [vgl. Gl. (6) in 6.1.3.]:

$$R(z) = \sum_{j=1}^{l} \left\{ \frac{C_{j1}}{z - z_j} + \frac{C_{j2}}{(z - z_j)^2} + \cdots + \frac{C_{jm_j}}{(z - z_j)^{m_j}} \right\} + P(z); \tag{27}$$

$P(z)$ stellt ein beliebiges Polynom von höchstens $(m + n)$-tem Grade dar[1]).

Für $\alpha = 0$ bekommen wir eine analoge Formel, indem wir $X_0(z)$ durch $X_*(z)$ ersetzen. In diesem Falle darf der Grad des Polynoms $P(z)$ die Zahl m nicht überschreiten[2]).

Zum Schluß gehen wir noch auf den Sonderfall $g = -1$ näher ein. Hier lautet die Randbedingung

$$F^+(t) + F^-(t) = f(t), \tag{28}$$

und es ist

$$\gamma = \alpha + i\beta = \frac{\ln(-1)}{2\pi i} = \frac{1}{2}. \tag{29}$$

Folglich gilt nach Gl. (2)

$$X_0(z) = \prod_{j=1}^{n} (z - a_j)^{-\frac{1}{2}} (z - b_j)^{-\frac{1}{2}} = \frac{1}{\sqrt{(z - a_1)(z - b_1) \cdots (z - a_n)(z - b_n)}} \tag{30}$$

und gemäß (14) und (15)

$$X(z) = \sqrt{(z - a_1)(z - b_1) \cdots (z - a_n)(z - b_n)}\,, \tag{31}$$

$$X_*(z) = \frac{\sqrt{(z - b_1) \cdots (z - b_n)}}{\sqrt{(z - a_1) \cdots (z - a_n)}}. \tag{32}$$

Die allgemeine Lösung des Problems mit einem Pol im Unendlichen ergibt sich aus Gl. (18), in der $X_0(z)$ durch den Ausdruck (30) zu ersetzen ist. Da jetzt $X_0(z) = 1/X(z)$ ist, lautet die

---

[1]) Das Polynom $P(z)$ muß so gewählt werden, daß der Pol der Funktion $P(z)X_0(z)$ im Unendlichen die Ordnung m nicht überschreitet. Jedoch, wie wir wissen, gilt für große $|z|$

$$X_0(z) = \frac{1}{z^n} + \frac{\alpha_{-n-1}}{z^{n+1}} + \cdots$$

[2]) Denn in diesem Falle gilt für große $|z|$

$$X_*(z) = 1 + \frac{\gamma_{-1}}{z} + \cdots$$

allgemeine Lösung

$$F(z) = \frac{1}{2\pi i X(z)} \int_L \frac{X^+(t) f(t) \, dt}{t - z} + \frac{P(z)}{X(z)}, \tag{33}$$

wobei $X(z)$ durch (31) definiert ist und $P(z)$ ein beliebiges Polynom darstellt. Eine im Unendlichen holomorphe Lösung erhalten wir unter der Voraussetzung, daß der Grad des Polynoms $P(z)$ die Zahl n nicht überschreitet. Eine in der Umgebung sämtlicher Endpunkte beschränkte Lösung ergibt sich aus (20) zu[1])

$$F(z) = \frac{X(z)}{2\pi i} \int_L \frac{f(t) \, dt}{X^+(t)\,(t - z)} + X(z)\, P(z). \tag{34}$$

Um eine im Unendlichen holomorphe Lösung zu gewinnen, setzen wir $P(z) = 0$; außerdem muß dabei die vorgegebene Funktion $f(t)$ die aus (24) folgenden Bedingungen

$$\frac{1}{2\pi i} \int_L \frac{t^{k-1} f(t) \, dt}{X^+(t)} = 0 \quad (k = 1, 2, \ldots, n - 1) \tag{35}$$

erfüllen.

Wenn $F(\infty) = 0$ sein soll, müssen die letzten Gleichungen für $k = 1, 2, \ldots, n$ gelten.

Bemerkung 1:

Oft lassen sich die in den genannten Formeln auftretenden Integrale elementar berechnen. Dies trifft z. B. zu, falls $f(t)$ ein Polynom ist:

$$f(t) = A_m t^m + A_{m-1} t^{m-1} + \cdots + A_0. \tag{36}$$

Um dies zu zeigen, wenden wir uns dem Integral

$$J(z) = \int_L \frac{f(t) \, dt}{X_p^+(t)\,(t - z)} \tag{37}$$

zu, das in Gl. (20) vorkommt; für $p = 0$ stellt es das Integral aus (18) dar.

Neben dem vorigen betrachten wir noch das Integral

$$\Omega(z) = \frac{1}{2\pi i} \int_\Lambda \frac{f(\zeta) \, d\zeta}{X_p(\zeta)\,(\zeta - z)}, \tag{38}$$

wobei Λ die Gesamtheit von n geschlossenen Kurven $\Lambda_1, \Lambda_2, \ldots, \Lambda_n$ bezeichnet, die entsprechend die Kurvenstücke $L_1, L_2, \ldots, L_n$ umschlingen. Als positive Richtung wählen wir den Uhrzeigersinn (s. Bild 49). Weiterhin setzen wir voraus, daß der Punkt z außerhalb dieser Kurven bleibt. Nach (21) gilt für große $|\zeta|$:

$$\frac{f(\zeta)}{X_p(\zeta)} = \alpha_q \zeta^q + \alpha_{q-1} \zeta^{q-1} + \alpha_0 + \frac{\beta_1}{\zeta} + \frac{\beta_2}{\zeta^2} + \cdots \tag{39}$$

---

[1]) In unserem Falle ist $p = 2n$, und $X_p(z)$ verwandelt sich in die von uns einfach mit $X(z)$ bezeichnete Funktion.

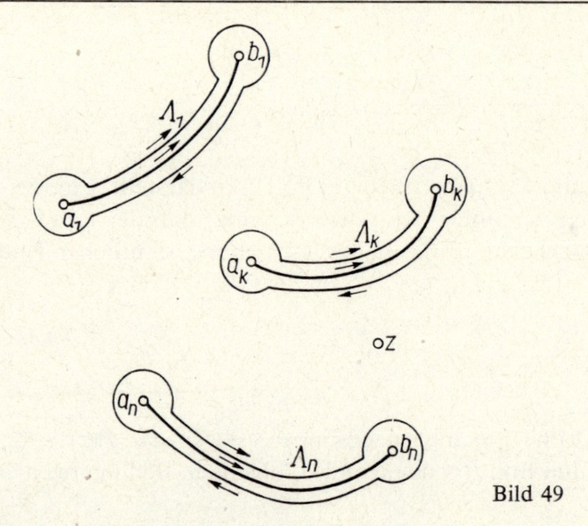

Bild 49

mit $q = n - p + m$. Die Koeffizienten $\alpha_q, \alpha_{q-1}, \ldots, \alpha_0$ (andere benötigen wir nicht) lassen sich elementar berechnen[1]); für $q < 0$ müssen sie sämtlich gleich Null sein. Deshalb erhalten wir gemäß (3′) in 4.1.6.[2])

$$\Omega(z) = \frac{f(z)}{X_p(z)} - \alpha_q z^q - \cdots - \alpha_0$$

(für $q < 0$ verschwindet das Polynom auf der rechten Seite).

Wir ziehen nun die Kurven Λ_k auf die Kurvenstücke L_k zusammen und beachten dabei, daß $X_p(\zeta)$ in (38) gegen $X_p^+(t)$ bzw. $X_p^-(t)$ strebt, je nachdem, auf welchem Teil der Kurve Λ_k sich ζ befindet, dann bekommen wir [3])

$$\int\limits_{\Lambda_k} \frac{f(\zeta)\,\mathrm{d}\zeta}{X_p(\zeta)\,(\zeta - z)} = \int\limits_{a_k b_k} \frac{f(t)\,\mathrm{d}t}{X_p^+(t)\,(t - z)} + \int\limits_{b_k a_k} \frac{f(t)\,\mathrm{d}t}{X_p^-(t)\,(t - z)}.$$

Wenn wir berücksichtigen, daß auf L_k offenbar $X_p^-(t) = (1/g)X_p^+(t)$ ist und daß das Integral beim Ersetzen von $b_k a_k$ durch $a_k b_k$ das Vorzeichen wechselt, ergibt sich ferner

$$\int\limits_{\Lambda_k} \frac{f(\zeta)\,\mathrm{d}\zeta}{X_p(\zeta)\,(\zeta - z)} = (1 - g) \int\limits_{L_k} \frac{f(t)\,\mathrm{d}t}{X_p^+(t)\,(t - z)},$$

[1]) $1/X_p(\zeta)$ ist ein Produkt aus Binomen der Gestalt $(\zeta - c)^\lambda$, die in Binomialreihen

$$(\zeta - c)^\lambda = \zeta^\lambda \left(1 - \frac{c}{\zeta}\right)^\lambda = \zeta^\lambda \left(1 - \lambda \frac{c}{\zeta} + \frac{\lambda(\lambda - 1)}{1 \cdot 2} \frac{c^2}{\zeta^2} + \cdots\right)$$

entwickelt werden können.
Die Summe der Exponenten λ ist gemäß (21) gleich $n - p$, d. h. eine ganze Zahl (oder Null).

[2]) In der genannten Formel wird das Integral über eine geschlossene Kurve erstreckt, dies hat jedoch offenbar keine Bedeutung. Der Unterschied in den Vorzeichen rührt daher, daß die positive Richtung auf dem Integrationsweg in 4.1.6. und hier verschieden gewählt werden.

[3]) Die Tatsache, daß die Funktion $1/X_p(\zeta)$ in der Nähe der Endpunkte unbeschränkt sein kann, hat offenbar keine Bedeutung, da in der Umgebung eines beliebigen Endpunktes c

$$\frac{1}{|X_p(\zeta)|} < \frac{\text{const}}{|\zeta - c|^\mu}, \quad \mu < 1$$

ist und deshalb die Integrale, erstreckt über einen unendlich kleinen Kreis um den Endpunkt (Bild 49), gegen Null streben.

und daraus folgt

$$\int_{\Lambda} \frac{f(\zeta)\, \mathrm{d}\zeta}{X_p(\zeta)\,(\zeta - z)} = (1 - g) \int_{L} \frac{f(t)\, \mathrm{d}t}{X_p^+(t)\,(t - z)}.$$

Also erhalten wir für das uns interessierende Integral

$$J(z) = \int_{L} \frac{f(t)\, \mathrm{d}t}{X_p^+(t)\,(t - z)} = \frac{2\pi\mathrm{i}}{1 - g}\, \Omega(z) = \frac{2\pi\mathrm{i}}{1 - g} \left\{ \frac{f(z)}{X_p(z)} - \alpha_q z^q - \cdots - \alpha_0 \right\}. \tag{40}$$

Integrale vom Typ

$$\int_{L} \frac{t^{k-1} f(t)\, \mathrm{d}t}{X_p^+(t)} \tag{41}$$

mit ganzzahligem k lassen sich ebenfalls leicht berechnen; für $k \leqq 0$ setzen wir dabei voraus, daß der Punkt $z = 0$ nicht auf L liegt.
Analog zum vorigen ist

$$(1 - g) \int_{L} \frac{t^{k-1} f(t)\, \mathrm{d}t}{X_p^+(t)} = \int_{\Lambda} \frac{\zeta^{k-1} f(\zeta)\, \mathrm{d}\zeta}{X_p(\zeta)},$$

wobei Λ dasselbe wie oben bedeutet. Wenn wir den Koeffizienten bei ζ^{-k} in der Entwicklung (39) mit α_{-k} bezeichnen, gilt nach dem Residuensatz

$$\int_{\Lambda} \frac{\zeta^{k-1} f(\zeta)\, \mathrm{d}\zeta}{X_p(\zeta)} = -\, 2\pi\mathrm{i}\alpha_{-k}$$

und folglich

$$\int_{L} \frac{t^{k-1} f(t)\, \mathrm{d}t}{X_p^+(t)} = -\, \frac{2\pi\mathrm{i}\alpha_{-k}}{1 - g}. \tag{42}$$

Völlig analoge Ergebnisse erhalten wir, wenn $f(t)$ eine *rationale Funktion* ist.
Wird jedoch $f(t)$ auf den einzelnen Kurvenstücken L_k durch unterschiedliche Polynome (oder rationale Funktionen) definiert, so ist die Berechnung der genannten Integrale im allgemeinen möglicherweise nicht mehr derart einfach möglich. Wenn $f(t)$ kein Polynom darstellt und L nur aus einem Kurvenstück besteht, kann man die Funktion in der Mehrzahl der praktisch interessanten Fälle mit hinreichend guter Näherung durch ein geeignetes Polynom aus wenigen Gliedern oder erst recht durch eine rationale Funktion ersetzen.

Bemerkung 2:

Bisher haben wir zur Lösung der Randwertprobleme eine in bestimmter Weise gewählte partikuläre Lösung des zugehörigen homogenen Problems benutzt. Es ändert sich jedoch offenbar nichts, wenn wir $X_p(z)$ durch $CX_p(z)$ ersetzen, wobei C eine von Null verschiedene willkürliche Konstante bezeichnet. Wichtig ist nur, daß in (20) und den daraus folgenden Formeln unter $X_p(t)$ der Wert verstanden wird, den die von uns gewählte Funktion $X_p(z)$ auf L von links her annimmt. Stellt beispielsweise L die Strecke ab auf der reellen Achse dar, so ist für $g = -1$ unter der Funktion

$$X(z) = \sqrt{(z - a)\,(z - b)}$$

in (33) gemäß der von uns oben getroffenen Vereinbarung der Zweig zu verstehen, der sich für große $|z|$ in der Gestalt

$$\sqrt{(z-a)(z-b)} = z\left(1-\frac{a}{z}\right)^{\frac{1}{2}}\left(1-\frac{b}{z}\right)^{\frac{1}{2}} = z - \frac{a+b}{2} - \frac{(a-b)^2}{8z} + \cdots$$

schreiben läßt. Diese Funktion nimmt auf ab rein imaginäre Werte an. Gelegentlich ist es aber zweckmäßiger, eine Funktion zu benutzen, die auf diesem Abschnitt reell ist. Das trifft beispielsweise für

$$\sqrt{(z-a)(b-z)} = \pm\,\mathrm{i}\sqrt{(z-a)(z-b)} = \pm\,\mathrm{i}X(z)$$

zu. Wenn wir das untere Vorzeichen wählen, d. h.

$$\sqrt{(z-a)(b-z)} = -\mathrm{i}X(z)$$

setzen, erhalten wir eine Funktion, die offenbar auf der x-Achse links von ab positive Werte annimmt. Durch diese Funktion können wir $X(z)$ ersetzen.

6.1.7. Unstetigkeit des Koeffizienten

Unser Problem ist auch dann noch ohne Schwierigkeit lösbar, wenn der Koeffizient $G(t)$ in der Randbedingung

$$F^+(t) - G(t)\,F^-(t) = f(t) \quad \text{auf } L \tag{1}$$

auf den einzelnen Teilen des Kurvensystems L konstant bleibt und sich beim Übergang von einem Teilstück zum anderen sprunghaft ändert. Unter Teilstücken verstehen wir dabei Kurvenbogen, in die L durch endlich viele Punkte c_j zerlegt werden kann. Wir müssen hierbei allerdings zulassen, daß die Funktion $F(z)$ in der Nähe der Unstetigkeitsstelle c_j unbeschränkt sein kann, wobei jedoch dieselbe Bedingung wie in der Umgebung der Endpunkte des Kurvensystems L befriedigt wird. Überhaupt spielen die Punkte c_j eine ähnliche Rolle wie die Endpunkte. Wir überlassen es dem Leser, die Lösung für den allgemeinen Fall zu entwickeln, und betrachten hier nur ein spezielles Beispiel, das wir im weiteren benötigen.

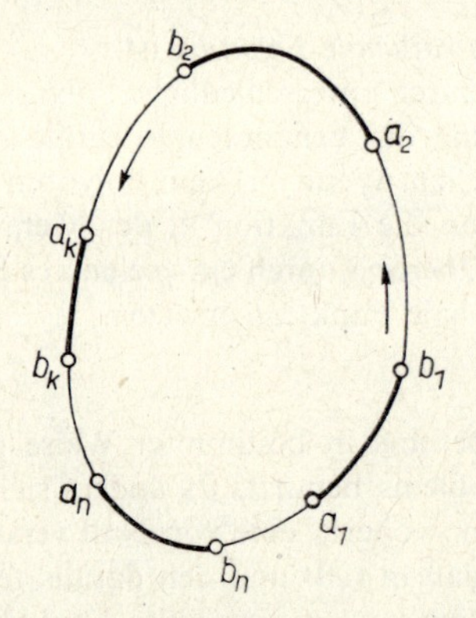

Bild 50

Es sei L eine einfache geschlossene Kurve, auf der n Kurvenstücke $L_1 = a_1b_1$, $L_2 = a_2b_2$, ..., $L_n = a_nb_n$ ohne gemeinsame Endpunkte abgeteilt sind (Bild 50). Die Bezeichnungen wählen wir so, daß die Punkte $a_1, b_1, a_2, b_2, \ldots$ beim Umfahren von L in positiver Richtung in der angeführten Reihenfolge durchlaufen werden. Unter L' verstehen wir die Gesamtheit der Kurvenstücke L_k $(k = 1, 2, \ldots, n)$ und unter L'' den restlichen Teil von L, d. h. die Gesamtheit der Kurvenstücke $b_1a_2, b_2a_3, \ldots, b_na_1$. Wir setzen voraus, daß

$$G(t) = g \quad \text{auf } L', \quad G(t) = 1 \quad \text{auf } L'' \tag{2}$$

gilt, wobei $g \neq 1$ eine im allgemeinen komplexe Konstante ist. Dann lautet die Randbedingung (1)

$$\begin{aligned} F^+(t) - gF^-(t) &= f(t) \quad \text{auf } L', \\ F^+(t) - F^-(t) &= f(t) \quad \text{auf } L''. \end{aligned} \tag{3}$$

Wir nehmen an, daß die Funktion $f(t)$ auf den Teilen L' und L'' einzeln einer H-Bedingung genügt und daß sie sich beim Durchlaufen der Punkte a_j, b_j sprunghaft ändern kann.
Nun betrachten wir zunächst das homogene Problem

$$F^+(t) - gF^-(t) = 0 \quad \text{auf } L', \quad F^+(t) - F^-(t) = 0 \quad \text{auf } L''. \tag{3'}$$

Die zweite Gleichung zeigt, daß wir die gesuchte Lösung $F(z)$ über den Teil L'' analytisch fortsetzen können, mit anderen Worten, daß der Teil L'' faktisch keine Unstetigkeitslinie darstellt. Somit gelangen wir zum gleichen homogenen Problem wie im vorigen Abschnitt

$$F^+(t) - gF^-(t) = 0 \quad \text{auf } L', \tag{3''}$$

wobei $F(z)$ eine in der längs L' aufgeschnittenen Ebene holomorphe Funktion ist. Folglich ist beispielsweise die durch (2) und (5) in 6.1.6. definierte Funktion $X_0(z)$ für $\alpha \neq 0$ eine partikuläre Lösung des Problems (3′) (wovon man sich nebenbei bemerkt leicht unmittelbar überzeugen kann). Für $\alpha = 0$ ist $X_0(z)$ durch die nach (15) in 6.1.6. definierte Funktion $X_*(z)$ zu ersetzen.
Nun wenden wir uns dem inhomogenen Problem (3) zu. Wir gehen von der Lösung $X_0(z)$ aus und beachten, daß gemäß (9′) in 6.1.6.

$$g = \frac{X_0^+(t)}{X_0^-(t)} \quad \text{auf } L' \tag{4}$$

gilt (L' entspricht hier der Kurve L aus dem vorigen Abschnitt) und daß

$$\frac{X_0^+(t)}{X_0^-(t)} = 1 \quad \text{auf } L'' \tag{5}$$

ist (die Funktion $X_0(z)$ ist überall außer auf L' holomorph). Dann können wir die Randbedingung (3) durch eine einzige Gleichung ausdrücken:

$$\frac{F^+(t)}{X_0^+(t)} - \frac{F^-(t)}{X_0^-(t)} = \frac{f(t)}{X_0^+(t)} \quad \text{auf } L;$$

und daraus folgt wie in 6.1.3.

$$F(z) = \frac{X_0(z)}{2\pi i} \int_L \frac{f(t)\,dt}{X_0^+(t)\,(t - z)} + X_0(z)\,P(z) \tag{6}$$

mit einem beliebigen Polynom $P(z)$[1]. Hierbei kann $F(z)$ im unendlich fernen Punkt einen Pol haben. Wenn $F(z)$ auch für $z = \infty$ holomorph sein soll, darf der Grad des Polynoms

---

[1]) Die Formel (6) stimmt rein äußerlich mit Gl. (18) in 6.1.6. überein, der Unterschied liegt in der Bedeutung der einzelnen Formelzeichen: In Gl. (18) aus 6.1.6. erstreckt sich das Integral nach unseren jetzigen Bezeichnungen nicht über L, sondern über L'. Die Gl. (6) des vorliegenden Abschnittes deckt sich mit Gl. (18) aus 6.1.6. nur dann vollkommen, wenn $f(t) = 0$ auf L'' gilt. Dies ist durchaus verständlich, denn in diesem Falle haben wir es faktisch mit ein und derselben Aufgabe zu tun.

$P(z)$ die Zahl n nicht überschreiten. Falls außerdem $F(\infty) = 0$ gefordert wird, darf $P(z)$ höchstens vom Grade $n - 1$ sein.
Wenn g eine positive reelle Zahl darstellt, ist $X_0(z)$ in (6) durch $X_*(z)$ zu ersetzen.
Werden Pole der Funktion $F(z)$ in vorgegebenen nicht auf L liegenden Punkten zugelassen, so ist (6) durch eine zu (26) in 6.1.6. analoge Gleichung zu ersetzen.

6.2. Lösung der Randwertprobleme für die Halbebene und für die Ebene mit geradlinigen Schlitzen

Die im vorigen Abschnitt dargelegten Methoden ermöglichen es, die wichtigsten Randwertprobleme für die Halbebene und die Ebene mit geradlinigen Schlitzen (längs einer Geraden) außerordentlich einfach zu lösen.
Im folgenden behandeln wir einige dieser Probleme, z. B. das I. und II. Randwertproblem für die Halbebene, sowie besonders wichtige Kontaktprobleme zweier elastischer Halbebenen (6.2.11.)[1].
Dabei müssen wir einige Ergebnisse des vorigen Abschnittes auf den bisher noch nicht betrachteten Fall, daß L eine unbegrenzte Gerade darstellt, verallgemeinern. Die entsprechende Erweiterung der Ergebnisse läßt sich so einfach verwirklichen, daß wir darauf nicht näher einzugehen brauchen und uns auf einige Bemerkungen an geeigneter Stelle beschränken können.

6.2.1. Transformation der allgemeinen Formeln für die Halbebene[2])

6.2.1.1. Wir setzen voraus, daß der betrachtete elastische Körper die untere Halbebene $y < 0$ einnimmt, und bezeichnen sie mit S^-. Dann fällt die positive Richtung auf der Randkurve gemäß den bisherigen Vereinbarungen mit der positiven x-Richtung zusammen. Ferner bezeichnen wir die obere Halbebene mit S^+ und die x-Achse mit L (Bild 51).

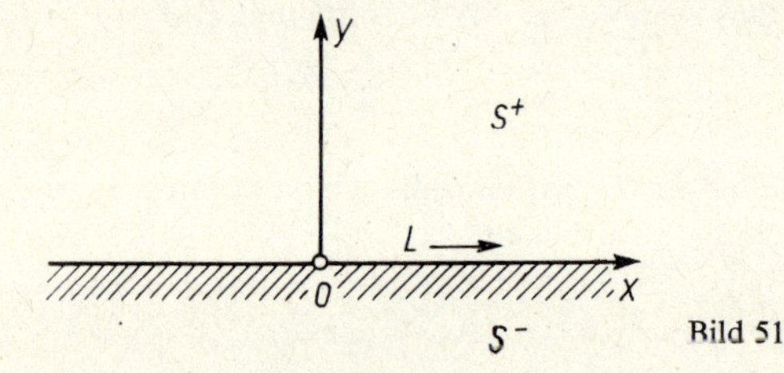

Bild 51

Wir bringen zunächst die allgemeinen Formeln in Erinnerung:

$$\sigma_x + \sigma_y = 2[\Phi(z) + \overline{\Phi(z)}] \tag{1}$$

$$\sigma_y - \sigma_x + 2i\tau_{xy} = 2[\bar{z}\Phi'(z) + \Psi(z)] \tag{2}$$

$$2\mu(u + iv) = \varkappa\varphi(z) - z\,\overline{\varphi'(z)} - \overline{\psi(z)} \tag{3}$$

mit $\Phi(z) = \varphi'(z)$ und $\Psi(z) = \psi'(z)$ als in S^- holomorphen Funktionen.

---

[1]) Zu den hier betrachteten Fragen s. die Monographie von L. A. GALIN [4] sowie die Monographie von I. J. STAJERMAN [4].
[2]) Siehe den Artikel des Autors [22]

Wie in 5.3. setzen wir voraus, daß der resultierende Vektor (X, Y) der am Rand angreifenden äußeren Kräfte endlich ist und daß *die Spannungen und die Drehung im Unendlichen verschwinden.* Dementsprechend fordern wir wie in 5.3.1., daß für große $|z|$

$$\Phi(z) = -\frac{X + \mathrm{i}Y}{2\pi z} + o\left(\frac{1}{z}\right), \quad \Phi'(z) = \frac{X + \mathrm{i}Y}{2\pi z^2} + o\left(\frac{1}{z^2}\right) \tag{4}$$

$$\Psi(z) = \frac{X - \mathrm{i}Y}{2\pi z} + o\left(\frac{1}{z}\right) \tag{4'}$$

$$\varphi(z) = -\frac{X + \mathrm{i}Y}{2\pi} \ln z + o(1) + \text{const}, \quad \psi(z) = \frac{X - \mathrm{i}Y}{2\pi} \ln z + o(1) + \text{const} \tag{5}$$

gilt.

Aus (1) und (2) ergibt sich

$$\sigma_y - \mathrm{i}\tau_{xy} = \Phi(z) + \overline{\Phi(z)} + z\overline{\Phi'(z)} + \overline{\Psi(z)}\,, \tag{6}$$

und aus (3) entsteht durch Differentiation nach x

$$2\mu(u' + \mathrm{i}v') = \varkappa\Phi(z) - \overline{\Phi(z)} - z\overline{\Phi'(z)} - \overline{\Psi(z)}; \tag{7}$$

hierbei ist

$$u' = \frac{\partial u}{\partial x}, \quad v' = \frac{\partial v}{\partial x} \tag{8}$$

(diese Bezeichnung werden wir auch überall im weiteren benutzen).

6.2.1.2. Wir erweitern nun den Definitionsbereich auf die obere Halbebene und wandeln die vorigen Formeln dementsprechend um. Das läßt sich auf verschiedene Weise erreichen, denn die Funktion $\Phi(z)$ ist in der oberen Halbebene noch in keiner Hinsicht festgelegt. Um jedoch für die Anwendung zweckmäßige Formeln zu gewinnen, müssen wir uns auf bestimmte Verfahren beschränken. Eines davon wollen wir jetzt aufzeigen[1]).

Wir definieren die Funktion $\Phi(z)$ in der oberen Halbebene so, daß ihre Werte die Funktionswerte $\Phi(z)$ aus der unteren Halbebene über die unbelasteten Teile des Randes (falls solche vorhanden) *analytisch fortsetzen.* Aus Gl. (6) schließen wir[2]), daß auf den unbelasteten Randteilen, wo also $\sigma_y^- = \tau_{xy}^- = 0$ ist,

$$\Phi^-(t) - \Phi^+(t) = 0 \tag{a}$$

gilt, wenn wir die Funktion $\Phi(z)$ in der oberen Halbebene wie folgt definieren:

$$\Phi(z) = -\bar{\Phi}(z) - z\bar{\Phi}'(z) - \bar{\Psi}(z) \quad \text{für } z \text{ in } S^+. \tag{9}$$

Mit $(+)$ und $(-)$ kennzeichnen wir die bezüglich L linken bzw. rechten Randwerte der Funktion (d. h. in unserem Falle die aus der oberen bzw. unteren Halbebene entstehenden Randwerte). Die Funktion $\bar{F}(z)$ geht aus $F(z)$ folgendermaßen hervor (4.2.4.):

$$\bar{F}(z) = \overline{F(\bar{z})}. \tag{10}$$

Wenn die Funktion $\bar{F}(z)$ in S^- (oder in S^+) holomorph ist, so trifft dasselbe in S^+ (bzw. S^-) auf $\bar{F}(z)$ zu.

---

[1]) Auf ein anderes analoges Verfahren wird im nächsten Abschnitt hingewiesen, s. Fußnote auf S. 364.

[2]) Vergleiche 5.3.4., Bemerkung 2

Ist die Funktion $F(z)$ beispielsweise in der unteren Halbebene definiert und existiert der Randwert $F^-(t)$ auf der reellen Achse, so existiert auch der Randwert $F^+(t)$ und dabei ist [vgl. (6), (6') in 4.2.4.]

$$\overline{F^-(t)} = \bar{F}^+(t). \tag{10'}$$

Analog gilt bei Vertauschung der oberen und unteren Halbebene

$$\overline{F^+(t)} = \bar{F}^-(t). \tag{10''}$$

Demnach stellt der Ausdruck auf der rechten Seite von (9) eine in der oberen Halbebene S^+ holomorphe Funktion dar, und auf den unbelasteten Randteilen gilt tatsächlich die Gl. (a). Nun ersetzen wir in (9) z durch $\bar{z}$ (dabei soll z in S^- und folglich $\bar{z}$ in S^+ liegen) und gehen auf beiden Seiten der Gleichung zu den konjugierten Werten über. Dann erhalten wir

$$\bar{\Phi}(z) = -\Phi(z) - z\Phi'(z) - \Psi(t)$$

sowie

$$\Psi(z) = -\Phi(z) - \bar{\Phi}(z) - z\Phi'(z). \tag{11}$$

Damit wird $\Psi(z)$ für z in S^- durch die auf die obere Halbebene erweiterte Funktion $\Phi(z)$ ausgedrückt[1]). Durch Einsetzen des gewonnenen Wertes $\Psi(z)$ in (2) gewinnen wir einen Ausdruck für die Spannungskomponenten durch die *eine* Funktion $\Phi(z)$, die sowohl in der oberen als auch in der unteren Halbebene definiert ist:

$$\sigma_x + \sigma_y = 2\left[\Phi(z) + \overline{\Phi(z)}\right] \tag{12}$$

$$\sigma_y - \sigma_x - 2i\tau_{xy} = 2[(\bar{z} - z)\,\Phi'(z) - \Phi(z) - \bar{\Phi}(z)]. \tag{13}$$

Hieraus[2]) oder unmittelbar aus (6) folgt

$$\sigma_y - i\tau_{xy} = \Phi(z) - \Phi(\bar{z}) + (z - \bar{z})\,\overline{\Phi'(z)}. \tag{14}$$

Weiterhin ergibt sich gemäß (7)

$$2\mu(u' + iv') = \varkappa\Phi(z) + \Phi(\bar{z}) - (z - \bar{z})\,\overline{\Phi'(z)}. \tag{15}$$

Ebenso leicht erhalten wir einen unmittelbaren Ausdruck für $2\mu(u + iv)$, indem wir $\varphi(z)$ auf die obere Halbebene fortsetzen und dabei fordern, daß auch dort $\varphi'(z) = \Phi(z)$ ist. Nach (9) gilt in der oberen Halbebene $\Phi(z) = -[z\bar{\varphi}'(z) + \bar{\psi}(z)]'$; hieraus folgt

$$\varphi(z) = -z\bar{\varphi}'(z) - \bar{\psi}(z) + \text{const} \quad \text{für } z \text{ in } S^+ \tag{16}$$

und analog zum vorigen

$$\psi(z) = -\bar{\varphi}(z) - z\varphi'(z) + \text{const} \quad \text{für } z \text{ in } S^-. \tag{17}$$

Durch Einsetzen des gewonnenen Wertes in (3) ergibt sich

$$2\mu(u + iv) = \varkappa\varphi(z) + \varphi(z) - (z - \bar{z})\,\overline{\varphi'(z)} + \text{const}. \tag{18}$$

[1]) Ohne eine solche Erweiterung hätte die Formel (11) keinen Sinn; denn sie enthält die Funktion $\bar{\Phi}(z)$, die nach Definition gleich $\overline{\Phi(\bar{z})}$ ist. Um dem Ausdruck $\Phi(\bar{z})$ für z aus der unteren (und folglich $\bar{z}$ aus der oberen) Halbebene einen bestimmten Sinn zu geben, muß die Funktion $\Phi(z)$ in der oberen Halbebene definiert sein.

[2]) Durch Addition der Gl. (12) und einer Gleichung, die aus (13) durch Übergang zu den konjugierten Werten entsteht.

Die Verschiebungskomponenten sind also bei vorgegebenem $\Phi(z)$, wie zu erwarten war, bis auf eine starre translative Verschiebung des Gesamtkörpers bestimmt[1]).
Erwähnt sei noch die aus (17) und aus (4) in 2.2.3. entstehende Formel

$$\frac{\partial U}{\partial x} + \mathrm{i}\frac{\partial U}{\partial y} = \varphi(z) - \varphi(\bar{z}) + (z - \bar{z})\,\overline{\varphi'(z)} + \text{const}. \tag{19}$$

Schließlich bemerken wir noch, daß *die Bedingungen* (4) *auch für die obere Halbebene in Kraft bleiben*, wie aus der Definition (9) der Funktion $\Phi(z)$ in der oberen Halbebene und aus den Gln. (4), (4′) (bezogen auf die untere Halbebene) hervorgeht.

6.2.1.3. Im weiteren setzen wir voraus, daß die Funktion $\Phi(z)$ von rechts und links her stetig fortsetzbar ist auf die reelle Achse, möglicherweise mit Ausnahme endlich vieler Punkte t_1, t_2, ..., t_k, auf die besonders eingegangen wird[2]), und daß

$$\lim_{z \to t} y\Phi'(z) = 0 \quad (z = x + \mathrm{i}y) \tag{20}$$

für beliebige Punkte t der reellen Achse mit möglicher Ausnahme von t_1, t_2, ..., t_k gilt. Weiterhin soll in der Umgebung der Punkte t_j die Abschätzung

$$|\varphi'(z)| = |\Phi(z)| < \frac{A}{|z - t_j|^\alpha}, \quad 0 \leqq \alpha < 1 \tag{21}$$

befriedigt werden. Mit anderen Worten, wir erweitern die in 6.1.1. gegebene Definition in natürlicher Weise auf den Fall einer unendlichen Unstetigkeitslinie. Dabei setzen wir voraus, daß die Funktion $\Phi(z)$ stückweise holomorph ist (die Unstetigkeitslinie stellt die reelle Achse dar).
Diese Bedingung gewährleistet die stetige Fortsetzbarkeit der Spannungskomponenten auf alle Randpunkte möglicherweise mit Ausnahme der Punkte t_1, t_2, ..., t_k (diese Ausnahmepunkte benötigen wir im weiteren, um gewisse, für die Praxis bedeutsame Lösungen zu gewinnen). Außerdem gewährleisten die genannten Bedingungen offenbar die stetige Fortsetzbarkeit der Verschiebungskomponenten sowie des Ausdruckes (19) auf alle endlichen Randpunkte ohne Ausnahme.
Wir erinnern, daß die stetige Fortsetzbarkeit des Ausdruckes (19) das Auftreten von Einzelkräften auf den Rand ausschließt (2.2.16.). Erwähnt sei schließlich, daß die angenommenen Bedingungen die stetige Fortsetzbarkeit der Ableitungen u', v' auf alle Randpunkte mit Ausnahme der Punkte t_1, t_2, ..., t_k nach sich zieht. Dabei sind offenbar die Ableitungen der Randwerte u, v nach t gleich den Randwerten der Ableitungen u', v', d. h.

$$\left[\frac{\partial u}{\partial x}\right]^- = \frac{\mathrm{d}u^-}{\mathrm{d}t}, \quad \left[\frac{\partial v}{\partial x}\right]^- = \frac{\mathrm{d}v^-}{\mathrm{d}t}. \tag{22}$$

6.2.2. Lösung des I. und II. Problems für die Halbebene

Nachdem wir diese Probleme schon in 5.3.4. und 5.3.6. behandelt haben, geben wir hier eine neue Lösung an, die auf den vorigen Formeln beruht und das einfachste Anwendungsbeispiel derselben darstellt.

[1]) Wenn wir zulassen, daß die Drehung im Unendlichen nicht verschwindet, so geht die willkürliche Konstante, die die starre Drehung des Gesamtkörpers beeinflußt, in die Funktion $\Phi(z)$ selbst und über sie in die auf der rechten Seite von (18) auftretende Funktion $\varphi(z)$ ein.
Unter der von uns angenommenen Voraussetzung verschwindender Drehung im Unendlichen ist die Funktion $\Phi(z)$ bei gegebenem Spannungszustand eindeutig bestimmt.

[2]) Wenn ein solcher Hinweis fehlt, so bedeutet das, daß derartige Punkte nicht vorkommen.

6.2.2.1. **I. Problem:** Vorgegeben seien der Druck[1]) $P(t) = -\sigma_y^-$ und die Schubspannung $T(t) = \tau_{xy}^-$ auf der gesamten x-Achse, die wir jetzt mit L bezeichnen.
Wir setzen voraus, daß $P(t)$ und $T(t)$ auf L einschließlich im unendlich fernen Punkt einer H-Bedingung genügen und für $t = \infty$ verschwinden.
Gemäß Gl. (14) in 6.2.1. lautet die Randbedingung

$$\Phi^+(t) - \Phi^-(t) = P(t) + \mathrm{i}T(t), \tag{1}$$

denn wenn sich z aus der unteren Halbebene dem Punkt t nähert, strebt $\Phi(z)$ gegen $\Phi^-(t)$, $\Phi(\bar{z})$ gegen $\Phi^+(t)$ und $(z - \bar{z})\,\overline{\Phi'(z)} = 2\mathrm{i}y\,\overline{\Phi'(z)}$ gemäß Gl. (20) in 6.2.1. gegen Null.
Eine im Unendlichen verschwindende Lösung des I. Problems können wir nach den Ergebnissen aus 6.1.3. sofort hinschreiben[2]):

$$\Phi(z) = \frac{1}{2\pi\mathrm{i}} \int\limits_L \frac{P(t) + \mathrm{i}T(t)}{t - z}\,\mathrm{d}t. \tag{2}$$

Damit ist die Aufgabe gelöst.
Die Spannungs- und Verschiebungskomponenten ergeben sich aus den Formeln des vorigen Abschnittes.
Die hier erhaltene Lösung stimmt mit der aus 5.3.4. überein (s. a. Bemerkung 1 in 5.3.4.).
Das Verhalten der Funktion $\Phi(z)$ im Unendlichen ist ebenfalls aus 5.3.4. zu entnehmen.

6.2.2.2. **II. Problem:** Vorgegeben seien die Randwerte der Verschiebungen u, v: $u^- = g_1(t)$, $v^- = g_2(t)$. Wir setzen voraus, daß die Ableitungen der vorgegebenen Funktionen $g_1(t)$ und $g_2(t)$ einschließlich im unendlich fernen Punkt einer H-Bedingung genügen und für $t = \infty$ verschwinden.
Aus der Randbedingung

$$u^- + \mathrm{i}v^- = g_1(t) + \mathrm{i}g_2(t) \quad \text{auf } L \tag{3}$$

ergibt sich durch Differentiation nach t

$$(u^-)' + \mathrm{i}(v^-)' = g_1'(t) + \mathrm{i}g_2'(t)$$

und unter Beachtung von (22) in 6.2.1.

$$u'^- + \mathrm{i}v'^- = g_1'(t) + \mathrm{i}g_2'(t). \tag{4}$$

Gemäß (15) in 6.2.1. lautet diese Bedingung

$$\Phi^+(t) + \varkappa\Phi^-(t) = 2\mu[g_1'(t) + \mathrm{i}g_2'(t)] \quad \text{auf } L. \tag{5}$$

Wir führen vorübergehend eine stückweise holomorphe Funktion $\Omega(z)$ ein, die wie folgt definiert ist[3]):

$$\Omega(z) = \Phi(z) \quad \text{in } S^+, \quad \Omega(z) = -\varkappa\Phi(z) \quad \text{in } S^-.$$

---

[1]) Mit $P(t)$ ist hier eine Größe bezeichnet, die in 5.3.4. $-\sigma_n(t)$ hieß.

[2]) In 6.1.3. wurde ein Problem mit endlicher Kurve L betrachtet; die Anwendbarkeit der dort gewonnenen Formeln in unserem Falle ist offensichtlich.

[3]) Die auf diese Weise eingeführte stückweise-holomorphe Funktion $\Omega(z)$ kann man wiederum mit $\Phi(z)$ bezeichnen, dann erhält man eine Erweiterung der ursprünglichen Funktion $\Phi(z)$ auf die obere Halbebene, die sich von der aus dem vorigen Abschnitt unterscheidet. Bei diesem neuen Erweiterungsverfahren ist $\Phi(z)$ in der oberen Halbebene eine analytische Fortsetzung von $\Phi(z)$ aus der unteren Halbebene über die Randabschnitte mit $u' = v' = 0$ (falls solche existieren).

Dann lautet die Gl. (5)

$$\Omega^+(t) - \Omega^-(t) = 2\mu[g_1'(t) + ig_2'(t)] \quad \text{auf } L. \tag{6}$$

Hieraus ergibt sich wie im vorigen Falle

$$\Omega(z) = \frac{\mu}{\pi i} \int\limits_L \frac{g_1'(t) + ig_2'(t)}{t - z} \, dt . \tag{7}$$

und schließlich

$$\Phi(z) = \begin{cases} \Omega(z) & \text{für } y > 0, \\ -\dfrac{1}{\varkappa}\Omega(z) & \text{für } y < 0, \end{cases} \tag{8}$$

wobei Ω durch (7) definiert ist. Das Verhalten der gewonnenen Lösung im Unendlichen geht aus 5.3.4. hervor.

Ebenso leicht läßt sich die Lösung ausgehend von (18) in 6.2.1. gewinnen, jedoch der hier angeführte Weg ist bequemer, da keine zusätzlichen Betrachtungen im Zusammenhang damit erforderlich sind, daß die Funktion $\varphi(z)$ im Unendlichen nicht holomorph ist, sondern sich wie $\ln z$ verhält (wenn der gesuchten Lösung keine einschränkenden Bedingungen wie in 5.3.6. auferlegt werden).

6.2.3. Lösung des gemischten Problems[1])

6.2.3.1. Es sei $L' = L_1 + L_2 + \cdots + L_n$ die Gesamtheit endlich vieler Abschnitte $a_k b_k$ auf der reellen x-Achse. Die Bezeichnung wählen wir so, daß die Endpunkte bei positivem Fortschreiten auf der Achse in der Reihenfolge $a_1, b_1, a_2, b_2, \ldots, a_n, b_n$ durchlaufen werden.

Auf L' seien die Verschiebungskomponenten und auf dem übrigen Teil L'' die äußeren Spannungen vorgegeben.

Wir nehmen an, daß der elastische Körper die untere Halbebene S^- einnimmt, und bezeichnen den Rand, d. h. die reelle Achse, wie bisher mit $L = L' + L''$.

Bei bekannter Lösung des I. Problems können wir das betrachtete gemischte Problem offenbar stets auf den Fall zurückführen, daß die auf L'' vorgegebenen äußeren Spannungen verschwinden. Wir setzen deshalb voraus, daß L'' unbelastet ist, d. h., daß

$$\sigma_y^- = \tau_{xy}^- = 0 \quad \text{auf } L'' \tag{1}$$

gilt (für den allgemeinen Fall kann man die Lösung ebenfalls leicht unmittelbar gewinnen, s. dazu die Bemerkung am Ende des vorliegenden Abschnittes).

Aus praktischen Gründen betrachten wir neben dem gewöhnlichen gemischten Problem in der oben formulierten Gestalt, das wir als *Problem* (A) bezeichnen, noch eine etwas abgeänderte Aufgabe, das *Problem* (B).

In beiden Fällen lautet die Randbedingung auf L'

$$u^- + iv^- = g(t) + c(t) \quad \text{auf } L', \tag{2}$$

wobei $g(t) = g_1(t) + ig_2(t)$ eine auf L' vorgegebene Funktion ist.

---

[1]) Für den Fall $n = 1$ wurde von mir eine einfache, jedoch nicht effektive Lösung dieses Problems (1935) in [20] angegeben (für $n = 1$ fallen die unten formulierten Probleme (A) und (B) zusammen). Zwei Jahre später fand W. M. Abramow [1] eine effektivere Lösung mit Hilfe von Mellin-Integralen, die auch für den Fall $n = 1$ anwendbar ist. Die hier angeführte, meinem Artikel [22] entnommene Lösung, ist wesentlich einfacher. Eine etwas kompliziertere, jedoch im wesentlichen mit der hier angegebenen gleichwertige Lösung wurde wenig später von N. I. Glagoljew [1, 2] gefunden, dem meine Arbeit [22] nicht bekannt war.

Im Problem (A) wird vorausgesetzt, daß $c(t) = c = \text{const}$ auf L' gilt und daß zusätzlich der resultierende Vektor (X, Y) der an L' angreifenden äußeren Kräfte vorgegeben ist. Ohne Einschränkung der Allgemeinheit kann man beispielsweise $c = 0$ setzen; denn der Wert c beeinflußt nur die starre translative Verschiebung des Gesamtsystems.
Im Problem (B) fordern wir, daß $c(t) = c_k = \text{const}$ auf L' gilt, wobei c_k zunächst noch unbekannte Konstanten darstellen, die im allgemeinen auf verschiedenen Abschnitten unterschiedliche Werte annehmen können. Weiterhin betrachten wir den resultierenden Vektor (X_k, Y_k) der jeweils an einem Abschnitt L_k angreifenden äußeren Kräfte als vorgegeben. Ohne Einschränkung der Allgemeinheit können wir eine der Konstanten c_k willkürlich festlegen und beispielsweise $c_1 = 0$ setzen.
Für $n = 1$ stimmen die Probleme (A) und (B) überein.
Wir erläutern nun den mechanischen Sinn der genannten Probleme. Dazu stellen wir uns vor, daß über den Randabschnitten $L_k = a_k b_k$ starre Stempel liegen, deren Grundfläche eine gegebene Form hat, und daß die Randpunkte des elastischen Körpers in bestimmter Weise mit der Stempelgrundfläche in Berührung gebracht und fest verbunden (verschweißt) werden. Weiterhin setzen wir voraus, daß die Stempel vorgegebenen Kräften unterliegen und sich *nur translativ bewegen können.*
Das Gleichgewichtsproblem der elastischen Ebene stellt unter diesen Bedingungen bei fest miteinander verbundenen Stempeln unser Problem (A) und bei unabhängig voneinander (translativ) beweglichen Stempeln das Problem (B) dar.
Der größeren Anschaulichkeit halber führen wir folgendes Beispiel an: Wir betrachten einen einzelnen Stempel, dessen Grundflächenprofil vor der Berührung mit der elastischen Halbebene die Gleichung $y = f(x)$ $(a \leqq x \leqq b)$ hat, und setzen voraus, daß der Stempel mit einer senkrecht zum Rand wirkenden vorgegebenen Kraft in die elastische Halbebene eingedrückt wird. Dabei soll die Reibung zwischen Stempel und elastischem Körper so groß sein, daß kein Gleiten eintritt.
Unter der Annahme, daß der Randabschnitt $L' = ab$ mit dem Stempel in Berührung kommt, erhalten wir somit die Randbedingung (2) mit $g(t) = g_1(t) + \mathrm{i}g_2(t)$, wobei $g_1(t) = 0$, $g_2(t) = f(t)$ ist, während $c(t) = c$ eine Konstante darstellt, die gleich Null gesetzt werden kann.
Analoges gilt für den Fall mehrerer miteinander verbundener oder voneinander unabhängiger Stempel[1]).
Das Problem läßt sich verallgemeinern, indem man nicht nur translative Verschiebungen, sondern auch Drehungen des Stempels zuläßt.
Man kann leicht zeigen, daß die Probleme (A) und (B), abgesehen von einer Verschiebung des gesamten Systems (der elastischen Halbebene und der Stempel) eindeutig lösbar sind. Dazu brauchen wir nur den in 2.2.12. [s. a. 5.3.1.3.] angeführten Beweis fast wörtlich wiederholen; denn auch im hier betrachteten Falle verschwindet das Integral des Ausdruckes $\left(\overset{n}{\sigma}_x u + \overset{n}{\sigma}_y v\right) \mathrm{d}s$, erstreckt über den Rand L des Gebietes, für die Differenz zweier möglicher Lösungen.
Und zwar ist auf dem Teil L'' des Randes $\overset{n}{\sigma}_x = \overset{n}{\sigma}_y = 0$. Wir können ferner beim Problem (A) für die Differenz der Lösungen auf dem Rand $u = v = 0$ setzen, während im Falle des Problems (B) (wo für die Differenz der Lösungen $u = \text{const}$, $v = \text{const}$ auf L_k gilt) alle

[1]) Diese Probleme stellen eine Idealisierung des Eindrückens eines Fundaments in den Baugrund dar, dabei wird die Reibung (oder besser die Zusammenhangskraft) als so groß vorausgesetzt, daß ein Gleiten oder Abstehen ausgeschlossen ist.

Integrale

$$\int_{L_k} (uX_n + vY_n)\,\mathrm{d}s = u \int_{L_k} X_n\,\mathrm{d}t + v \int_{L_k} Y_n\,\mathrm{d}t = uX_k + vY_k$$

verschwinden, da die resultierenden Vektoren (X_k, Y_k) der jeweils an einem Abschnitt L_k angreifenden äußeren Kräfte für die Differenz zweier Lösungen gleich Null sind.
Im weiteren benötigen wir den Eindeutigkeitssatz auch für den Fall, daß sich die Spannungskomponenten nicht stetig auf die Punkte a_k, b_k fortsetzen lassen. Wie schon in 2.2.12.3. erwähnt, bleibt in diesen Fällen der Eindeutigkeitssatz gültig, wenn die für die Differenz zweier Lösungen gebildeten Integrale des Ausdruckes $(\overset{n}{\sigma}_x u + \overset{n}{\sigma}_y v)\,\mathrm{d}s$, erstreckt über unendlich kleine in S^- liegende Halbkreise um die Punkte a_k, b_k, zusammen mit den Radien dieser Halbkreise gegen Null streben. In allen unten betrachteten Fällen ist diese Bedingung erfüllt, wovon sich der Leser leicht selbst überzeugen kann.
Wir nehmen wie bisher an, daß die Funktion $\Phi(z)$ den in 6.2.1.3. angeführten Bedingungen genügt, wobei die Endpunkte a_j, b_j der Abschnitte L_j hier die Rolle der Punkte t_j spielen. Außerdem vereinbaren wir, daß die erste Ableitung g' der vorgegebenen Funktion $g(t)$ auf L' einer H-Bedingung genügt.
Für beide Probleme (A) und (B) ergibt sich aus (2)

$$(u^-)' + \mathrm{i}(v^-)' = g'(t) \quad \text{auf } L'$$

und damit gemäß Gl. (15) in 6.2.1.[1])

$$\Phi^+(t) + \varkappa\Phi^-(t) = 2\mu g'(t) \quad \text{auf } L'. \tag{3}$$

Die Randbedingung (1) entspricht der Forderung, daß $\Phi^+(t) - \Phi^-(t) = 0$ auf L'' gilt, d. h., daß die Funktion $\Phi(z)$ in der längs L' aufgeschnittenen Ebene holomorph ist, was wir hiermit voraussetzen wollen.
Die Bedingung (3) unterscheidet sich von der Gl. (5) in 6.2.2. hauptsächlich dadurch, daß jetzt L' nur *einen Teil* der x-Achse darstellt.
Eine im Unendlichen verschwindende Lösung des Randwertproblems (3) kann nach Gl. (18) in 6.1.6. sofort hingeschrieben werden: In unserem Falle gilt gemäß Gl. (5) in 6.1.6.

$$\gamma = \frac{\ln(-\varkappa)}{2\pi\mathrm{i}} = \frac{\ln\varkappa}{2\pi\mathrm{i}} + \frac{1}{2}$$

oder

$$\gamma = \frac{1}{2} - \mathrm{i}\beta,$$

wobei

$$\beta = \frac{\ln\varkappa}{2\pi} \tag{4}$$

eine reelle Größe ist[2]).
Nach Gl. (2) in 6.1.6. ergibt sich somit

$$X_0(z) = \prod_{k=1}^{n} (z - a_k)^{-\frac{1}{2} + \mathrm{i}\beta} (z - b_k)^{-\frac{1}{2} - \mathrm{i}\beta}.$$

Zur Vereinfachung schreiben wir im weiteren einfach $X(z)$ statt $X_0(z)$ und $X(t)$ statt $X^+(t)$.

---

[1]) Siehe auch Gln. (20) und (22) in 6.2.1.
[2]) Hier bedeutet β eine Größe, die in 6.1.6. mit $(-\beta)$ bezeichnet wurde.

Auf diese Weise erhalten wir

$$X(z) = \prod_{k=1}^{n} (z - a_k)^{-\frac{1}{2} + i\beta} (z - b_k)^{-\frac{1}{2} - i\beta} \tag{5}$$

und

$$X(t) = X^+(t) = \prod_{k=1}^{n} (t - a_k)^{-\frac{1}{2} + i\beta} (t - b_k)^{-\frac{1}{2} - i\beta}, \tag{6}$$

wobei rechts die auf der x-Achse von oben, d. h. von links her angenommenen Werte der Funktion $X(z)$ zu verstehen sind.

Wenn der Punkt t außerhalb L', also auf L'' liegt, fallen die linken und rechten Randwerte zusammen: $X^-(t) = X^+(t) = X(t)$, während für t auf L' nach Definition $X^+(t) + \varkappa X^-(t) = 0$ und damit

$$X^-(t) = -\frac{1}{\varkappa} X^+(t) = -\frac{1}{\varkappa} X(t) \tag{7}$$

gilt. Folglich erhalten wir gemäß (18) in 6.1.6.

$$\Phi(z) = \frac{\mu X(z)}{\pi i} \int_L \frac{g'(t)\,dt}{X(t)\,(t - z)} + X(z)\,P_{n-1}(z), \tag{8}$$

wobei $P_{n-1}(z)$ ein Polynom von höchstens $(n - 1)$-tem Grade ist

$$P_{n-1}(z) = C_0 z^{n-1} + C_1 z^{n-2} + \cdots + C_{n-1} \tag{9}$$

(denn nach Voraussetzung soll die Funktion $\Phi(z)$ im Unendlichen verschwinden).

Ausgehend von den Zusatzbedingungen der Probleme (A) und (B), bestimmen wir nun noch die Koeffizienten $C_0, C_1, \ldots, C_{n-1}$ des Polynoms $P_{n-1}(z)$.

6.2.3.2. Wir betrachten zunächst das Problem (B). In diesem Falle wird die Vorgabe der resultierenden Vektoren (X_k, Y_k) als Zusatzbedingung aufgefaßt. Zu ihrer mathematischen Formulierung berechnen wir den Druck $P = -\sigma_y^-$ und die Schubspannung $T = \tau_{xy}^-$, die unter dem Stempel auf den Rand der Halbebene, d. h. auf L' wirken. Nach Gl. (14) in 6.2.1. erhalten wir für Punkte t_0 auf L'

$$P(t_0) + iT(t_0) = \Phi^+(t_0) - \Phi^-(t_0) \tag{10}$$

oder unter Beachtung von (3)

$$P(t_0) + iT(t_0) = \frac{\varkappa + 1}{\varkappa} \Phi^+(t_0) - \frac{2\mu}{\varkappa} g'(t_0) \quad \text{auf } L'. \tag{11}$$

Mit Hilfe der Formel von Sochozki-Plemelj ergibt sich aus (8)

$$\Phi^+(t_0) = \mu g'(t_0) + \frac{\mu X(t_0)}{\pi i} \int_{L'} \frac{g'(t)\,dt}{X(t)\,(t - t_0)} + X(t_0)\,P_{n-1}(t_0).$$

Weiterhin bekommen wir mit der Bezeichnung

$$\Phi_0(t_0) = \frac{\mu X(t_0)}{\pi i} \int_{L'} \frac{g'(t)\,dt}{X(t)\,(t - t_0)} \tag{12}$$

aus (11)

$$P(t_0) + \mathrm{i}T(t_0) = \frac{\mu(\varkappa - 1)}{\varkappa} g'(t_0) + \frac{\varkappa + 1}{\varkappa} \Phi_0(t_0)$$
$$+ \frac{\varkappa + 1}{\varkappa} X(t_0) P_{n-1}(t_0) \quad \text{auf } L'. \tag{13}$$

Schließlich entsteht aus

$$\int_{L_k} [P(t_0) + \mathrm{i}T(t_0)]\, \mathrm{d}t_0 = -Y_k + \mathrm{i}X_k \quad (k = 1, 2, \ldots, n) \tag{14}$$

ein System von n linearen Gleichungen zur Bestimmung der n Konstanten C_j. Dieses ist eindeutig lösbar, da das Ausgangsproblem eine eindeutige Lösung hat.

6.2.3.3. Wir wenden uns dem Problem (A) zu. Die gesuchte Lösung befriedigt auf L' die Bedingung $u'^- + \mathrm{i}v'^- = u^{-\prime} + \mathrm{i}v^{-\prime} = g'(t)$ (was man leicht durch unmittelbares Einsetzen verifizieren kann); deshalb gilt auf den Abschnitten L_k

$$u^- + \mathrm{i}v^- = g(t) + c_k$$

mit c_k als Konstanten. Nun ist noch die Bedingung

$$c_1 = c_2 = \cdots = c_n \tag{15}$$

oder gemäß dem oben Gesagten $c_1 = c_2 = \cdots = c_n = 0$ zu berücksichtigen. Dazu berechnen wir die Werte $u'^- + \mathrm{i}v'^-$ auf dem unbelasteten Teil L'' des Randes. Gemäß Gl. (15) in 6.2.1. gilt für t_0 auf L''

$$2\mu(u'^- + \mathrm{i}v'^-) = (\varkappa + 1)\, \Phi(t_0) = (\varkappa + 1)\, \Phi_0(t_0) + (\varkappa + 1)\, X(t_0)\, P_{n-1}(t_0). \tag{16}$$

Hierbei ist $\Phi_0(t_0)$ aus Gl. (12) zu berechnen (t_0 liegt hier außerhalb L' auf der x-Achse, d. h. auf L'').
Offensichtlich führt (15) auf folgende Bedingungen

$$g(a_{k+1}) - g(b_k) = \int_{b_k}^{a_{k+1}} (u'^- + \mathrm{i}v'^-)\, \mathrm{d}t_0 \quad (k = 1, 2, \ldots, n - 1). \tag{17}$$

Wenn wir hier $u'^- + \mathrm{i}v'^-$ aus (16) einsetzen, erhalten wir ein System von $n - 1$ linearen Gleichungen für C_j. Eine weitere ergibt sich aus der Bedingung, daß der resultierende Vektor (X, Y) der an L' angreifenden äußeren Kräfte vorgegeben ist. Um diese zu formulieren, gehen wir von der ersten Gleichung aus (4) in 6.2.1. aus

$$\lim_{z\to\infty} z\Phi(z) = -\frac{X + \mathrm{i}Y}{2\pi}. \tag{18}$$

Damit ergibt sich der Koeffizient C_0 bei z^{n-1} im Polynom $P_{n-1}(z)$ gemäß Gl. (8) aus der Gleichung

$$C_0 = -\frac{X + \mathrm{i}Y}{2\pi}. \tag{19}$$

Also brauchen wir nur noch die Koeffizienten $C_1, C_2, \ldots, C_{n-1}$ mit Hilfe des oben angegebenen Systems von $n - 1$ linearen Gleichungen zu bestimmen. Dieses ist analog zum vorigen Falle stets eindeutig lösbar.
Im Sonderfalle $g'(t) = 0$ (für Stempel oder Fundamente mit gerader Grundlinie parallel zur x-Achse) nehmen die Formeln (8) und (13) eine sehr einfache Gestalt an, da das Integralglied verschwindet.

6.2.3.4. Wir betrachten den Fall, daß sich die Stempel in ihrer Ebene nicht nur translativ verschieben, *sondern auch drehen können*, und beginnen mit dem Problem (A) (Stempel fest miteinander verbunden). Es sei δ der Neigungswinkel des Stempelsystems, gemessen entgegen dem Uhrzeigersinn[1]). Dann ist in der Randbedingung (2) $g(t)$ durch $g(t) + i\delta t$ zu ersetzen, d. h., in allen folgenden Formeln muß $g'(t) + i\delta$ statt $g'(t)$ geschrieben werden. Dementsprechend tritt im Ausdruck $\Phi(z)$ ein Zusatzglied auf, das δ als Faktor enthält[2]).
Die Größe δ braucht nicht unmittelbar vorgegeben zu sein. Statt dessen kann beispielsweise zusätzlich das resultierende Moment M der auf das Stempelsystem wirkenden äußeren Kräfte in bezug auf den Koordinatenursprung bekannt sein[3]). Dann erhalten wir zur Bestimmung von δ die zusätzliche Beziehung

$$M = -\int_{L'} t_0 P(t_0)\, dt_0. \tag{20}$$

Im Falle des Problems (B) können die Neigungswinkel δ_k ($k = 1, 2, \ldots, n$) der einzelnen Stempel verschieden sein.
Wenn sie nicht unmittelbar, sondern beispielsweise über die Momente M_k der auf die einzelnen Stempel wirkenden äußeren Kräfte vorgegeben sind, so erhalten wir n zusätzliche Gleichungen zur Bestimmung der δ_k:

$$M = -\int_{L_k} t_0 P(t_0)\, dt_0. \tag{21}$$

Es läßt sich leicht zeigen, daß die gegebenen Größen die Lösung bis auf eine starre translative Verschiebung des gesamten Systems eindeutig bestimmen. Der Beweis verläuft völlig analog zu dem oben für reine translative Verschiebung angeführten.

Bemerkung:
Wenn der Kurventeil L'' durch vorgegebene äußere Spannungen belastet ist, lautet die Randbedingung

$$\Phi^+(t) - k\Phi^-(t) = f(t) \quad \text{auf } L \tag{22}$$

mit

$$k = -\varkappa \quad \text{auf } L', \quad k = 1 \quad \text{auf } L'' \tag{23}$$

und

$$f(t) = 2\mu g'(t) \quad \text{auf } L', \quad f(t) = P(t) + i\tau(t) \quad \text{auf } L''. \tag{24}$$

Hier bezeichnen $P(t)$ und $T(t)$ wie in 6.2.2. den Druck bzw. die Schubspannungen. Wir setzen voraus, daß $P(t)$ und $T(t)$ auf L'' einschließlich des unendlich fernen Punktes einer H-Bedingung genügen und für $t = \infty$ verschwinden.
Auf diese Weise gelangen wir zu einer in 6.1.7. behandelten Aufgabe. Aus (6) in 6.1.7.[4])

---

[1]) Dann ergeben sich die durch den zweiten Stempel hervorgerufenen zusätzlichen Verschiebungen u_0, v_0 des Randpunktes t unter dem Stempel aus den Beziehungen $u_0 = 0$, $v_0 = t\delta$; denn die Verschiebungskomponenten u_0, v_0 eines Punktes (x, y) bei einer starren Drehung um den Koordinatenursprung mit dem Winkel δ lauten im allgemeinen Falle $u_0 = -y\delta$, $v_0 = x\delta$, auf dem Rand gilt jedoch $y = 0$, $x = t$.

[2]) Dieses Zusatzglied läßt sich in elementarer Form berechnen (s. nächsten Abschnitt, Beispiel 2.).

[3]) Unter den am Stempel angreifenden äußeren Kräften verstehen wir Kräfte, die nicht zu den an der Grundfläche von der Seite des elastischen Mediums her angreifenden gehören. Die letzteren stehen mit den äußeren Kräften am Stempel im Gleichgewicht. Der resultierende Vektor (X, Y) und das resultierende Moment M der äußeren Kräfte sind gleich dem resultierenden Vektor und dem resultierenden Moment der auf den Rand des elastischen Körpers vom Stempel aus wirkenden Kräfte.

[4]) Diese Formel wurde unter der Voraussetzung einer geschlossenen Kurve L hergeleitet. Ihre Gültigkeit in unserem Falle ist jedoch offensichtlich.

erhalten wir mit den jetzigen Bezeichnungen

$$\Phi(z) = \frac{X(z)}{2\pi i} \int_L \frac{f(t)\, dt}{X(t)\,(t-z)} + X(z)\, P_{n-1}(z), \tag{25}$$

wobei das Integral nun über den gesamten Rand L zu erstrecken ist. Die Koeffizienten des Polynoms $P_{n-1}(z)$ lassen sich analog zum vorigen bestimmen. Über das Verhalten der Funktion $\Phi(z)$ in der Nähe des unendlich fernen Punktes siehe auch 5.3.4.

6.2.4. Beispiele

6.2.4.1. Stempel mit gerader horizontaler Grundlinie

Für einen *einzelnen* Stempel ($n = 1$) mit gerader Grundlinie parallel zur x-Achse, der sich nur vertikal verschieben kann[1]), gilt

$$g'(t) = 0 \quad \text{auf } L'. \tag{1}$$

Wir setzen voraus, daß die auf den Stempel wirkende äußere Kraft senkrecht nach unten gerichtet ist, so daß

$$X = 0, \quad Y = -P_0 \tag{2}$$

gilt, wobei P_0 eine vorgegebene positive Konstante darstellt. Der mit dem Stempel in Berührung stehende Randabschnitt L' liege symmetrisch zum Koordinatenursprung und habe die Länge $2l$. Dann gilt für die Punkte t des Abschnittes L': $-l \leqq t \leqq l$. Deshalb ergibt sich

$$X(z) = (z+l)^{-\frac{1}{2}+i\beta}\,(z-l)^{-\frac{1}{2}-i\beta}, \tag{3}$$

und aus (8) in 6.2.3. erhalten wir

$$\Phi(z) = C_0 X(z)$$

oder unter Beachtung der Gl. (19) in 6.2.3.

$$\Phi(z) = \frac{iP_0}{2\pi} X(z) = \frac{iP_0}{2\pi} (z+l)^{-\frac{1}{2}+i\beta}(z-l)^{-\frac{1}{2}-i\beta}. \tag{4}$$

Damit ist unser Problem gelöst.

Wir berechnen nun noch den Druck $P(t)$ und die Schubspannung $T(t)$, die unter dem Stempel auf den Körper wirken. Nach Gl. (11) in 6.2.3. ergibt sich

$$P(t) + iT(t) = \frac{\varkappa + 1}{\varkappa} \Phi^+(t)$$

und unter Berücksichtigung der Gl. (4)

$$\begin{aligned} P(t) + iT(t) &= \frac{iP_0}{2\pi} \frac{\varkappa+1}{\varkappa} X(t) \\ &= \frac{iP_0}{2\pi} \frac{\varkappa+1}{\varkappa} (t+l)^{-\frac{1}{2}+i\beta}(t-l)^{-\frac{1}{2}-i\beta} \quad (-l \leqq t \leqq l), \end{aligned} \tag{5}$$

[1]) Wie schon gesagt, wurde von W. M. Abramow [1] eine Lösung für diesen Fall auf völlig anderem Wege gefunden.

wobei unter $X(t)$ wie vereinbart $X^+(t)$, d. h. der von der Funktion $X(z)$ auf der linken Seite des Abschnittes $(-l;\ +l)$ angenommene Wert zu verstehen ist. Wir erinnern, daß für $X(z)$ der durch die Bedingung $zX(z) \to 1$ bei $z \to \infty$ definierte Zweig gewählt werden muß. Somit gilt in unserem Falle

$$X(t) = \frac{1}{\sqrt{t^2 - l^2}} \left[\frac{t+l}{t-l}\right]^{i\beta} = \frac{1}{i\sqrt{l^2 - t^2}} e^{i\beta\left[\ln\frac{l+t}{l-t} - \pi i\right]}$$

$$= \frac{e^{\pi\beta}}{i\sqrt{l^2 - t^2}} e^{i\beta \ln\frac{l+t}{l-t}} \qquad (-l \leqq t \leqq l),$$

wobei die Wurzel $\sqrt{l^2 - t^2}$ positiv und der Logarithmus reell zu nehmen sind. Mit

$$\beta = \frac{\ln \varkappa}{2\pi} \text{ und } e^{\pi\beta} = \sqrt{\varkappa}$$

ergibt sich

$$X(t) = \frac{\sqrt{\varkappa}}{i\sqrt{l^2 - t^2}} e^{i\beta \ln\frac{l+t}{l-t}} = \frac{\sqrt{\varkappa}}{i\sqrt{l^2 - t^2}} \left\{\cos\left[\beta \ln\frac{l+t}{l-t}\right]\right.$$

$$\left. + i \sin\left[\beta \ln\frac{l+t}{l-t}\right]\right\} \qquad (-l \leqq t \leqq l). \tag{6}$$

Folglich erhalten wir aus (5) durch Trennung von Real- und Imaginärteil

$$P(t) = \frac{P_0}{\pi\sqrt{l^2 - t^2}} \frac{1+\varkappa}{\sqrt{\varkappa}} \cos\left[\frac{\ln\varkappa}{2\pi} \ln\frac{l+t}{l-t}\right], \tag{7}$$

$$\tau(t) = \frac{P_0}{\pi\sqrt{l^2 - t^2}} \frac{1+\varkappa}{\sqrt{\varkappa}} \sin\left[\frac{\ln\varkappa}{2\pi} \ln\frac{l+t}{l-t}\right]. \tag{8}$$

Diese Formeln decken sich mit den von M. N. Abramow [1] gefundenen. Aus Gl. (7) folgt, daß $P(t)$ unendlich oft das Vorzeichen wechselt, wenn t gegen $-l$ oder $+l$ strebt, so daß also an gewissen Stellen des Randes unter dem Stempel Zug- statt Druckkräfte auftreten. Diese Teilgebiete liegen in unmittelbarer Nähe der Endpunkte des Abschnittes $-l$, $+l$; denn der Punkt t, in dem die für $t = 0$ positive Größe $P(t)$ bei Annäherung an $\pm l$ zum ersten Male Null wird, berechnet sich aus der Gleichung

$$\beta \ln\frac{l+t}{l-t} = \pm\frac{\pi}{2}$$

oder

$$\ln\frac{l+t}{l-t} = \pm\frac{\pi^2}{\ln\varkappa}.$$

Damit erhalten wir

$$t = \pm l \tanh\frac{\pi^2}{2\ln\varkappa}. \tag{9}$$

Für alle realen Körper ist jedoch $1 < \varkappa < 3$[1]). Der kleinste Wert für t entsteht bei $\varkappa = 3$ und lautet (näherungsweise)

$$t = \pm 0{,}9997\, l.$$

Folglich tritt der Vorzeichenwechsel der Funktion $P(t)$ nur in einem Gebiet auf, wo unsere Lösung wegen der hohen Spannungen und der damit verbundenen Abweichungen vom HOOKEschen Gesetz den tatsächlichen Spannungszustand nur sehr ungenau beschreibt[2]).

6.2.4.2. Stempel mit gerader geneigter Grundlinie

Wir betrachten den gleichen Stempel wie im vorigen Beispiel und nehmen an, daß der resultierende Vektor der am Stempel angreifenden äußeren Kräfte gleich Null ist. Die Grundlinie des Stempels soll jetzt um den Winkel δ (gemessen in positiver Richtung) zur x-Achse gedreht sein (Bild 52). Dann gilt

$$g(t) = g_1 + \mathrm{i} g_2 = \mathrm{i}\delta t, \quad g'(t) = \mathrm{i}\delta \tag{10}$$

und

$$X = Y = 0. \tag{11}$$

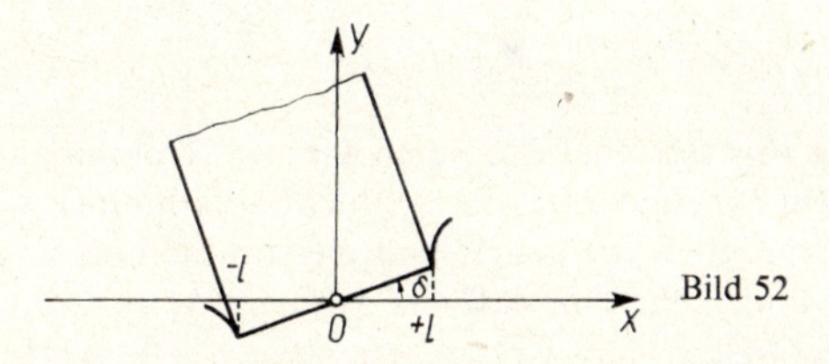

Bild 52

Damit erhalten wir nach Gl. (8) in 6.2.3. mit den dortigen Bezeichnungen

$$\Phi(z) = \frac{\delta \mu X(z)}{\pi} \int_{-l}^{+l} \frac{\mathrm{d}t}{X(t)\,(t - z)}. \tag{12}$$

Hierbei ist $X(t) = X^+(t)$, und $X(z)$ wird durch Gl. (3) definiert.
Nach dem in 6.1.6. Gesagten läßt sich das letzte Integral elementar berechnen. In unserem Falle gilt für große $|z|$

$$\frac{1}{X(z)} = (z + l)^{\frac{1}{2} - \mathrm{i}\beta} (z - l)^{\frac{1}{2} + \mathrm{i}\beta} = z\left(1 + \frac{l}{z}\right)^{\frac{1}{2} - \mathrm{i}\beta} \left(1 - \frac{l}{z}\right)^{\frac{1}{2} + \mathrm{i}\beta}$$

$$= z\left\{1 + \left(\frac{1}{2} - \mathrm{i}\beta\right)\frac{l}{z} + \cdots\right\}\left\{1 - \left(\frac{1}{2} + \mathrm{i}\beta\right)\frac{l}{z} + \cdots\right\}$$

$$= z - 2\mathrm{i}\beta l + O\left(\frac{1}{z}\right)$$

---

[1]) Wir erinnern, daß

$$\varkappa = \frac{\lambda + 3\mu}{\lambda + \mu}, \quad \lambda > 0, \, \mu > 0$$

ist.

[2]) Vergleiche Bemerkung in 3.2.5.

und gemäß (40) in 6.1.6.

$$\int_{-l}^{+l} \frac{dt}{X(t)\,(t-z)} = \frac{2\pi i}{\varkappa + 1} \left\{ \frac{1}{X(z)} - z + 2i\beta l \right\}.$$

Durch Einsetzen dieses Wertes in (12) erhalten wir

$$\Phi(z) = \frac{2\delta\mu i}{\varkappa + 1} \left\{ 1 - (z - 2i\beta l)\, X(z) \right\}, \tag{13}$$

und damit ist unser Problem gelöst.

Für Punkte t unter dem Stempel ist

$$P(t) + iT(t) = \Phi^+(t) - \Phi^-(t) = -\frac{2\delta\mu i}{\varkappa + 1} (t - 2i\beta l)\, \{X^+(t) - X^-(t)\}$$

$$= -\frac{2\delta\mu i}{\varkappa + 1} (t - 2i\beta l)\, \frac{\varkappa + 1}{\varkappa} X^+(t),$$

also mit den von uns gewählten Bezeichnungen

$$P(t) + iT(t) = -\frac{2\delta\mu i}{\varkappa} (t - 2i\beta l)\, X(t). \tag{14}$$

Wenn wir hier $X(t)$ durch den Ausdruck (6) ersetzen, bekommen wir nach Trennung von Real- und Imaginärteil explizite Ausdrücke für $P(t)$ und $T(t)$ (die wir nicht aufschreiben wollen).

Bisher haben wir den Winkel δ als vorgegeben betrachtet und das am Stempel angreifende Moment berechnet. Nun nehmen wir umgekehrt an, daß das Moment M bekannt und der entsprechende Neigungswinkel δ gesucht ist.

Das zu einem gegebenen δ gehörende Moment M ergibt sich aus der Gleichung

$$M = -\int_{-l}^{+l} tP(t)\, dt \tag{15}$$

(positiv ist der dem Uhrzeiger entgegengesetzte Drehsinn). Der Wert $P(t)$ wird durch Gl. (14) definiert. Das Integral in Gl. (15) stellt den Realteil von

$$J = \int_{-l}^{+l} t[P(t) + iT(t)]\, dt \tag{16}$$

dar. Dieser läßt sich leicht elementar berechnen; denn unter Berücksichtigung von (14) erhalten wir

$$J = \frac{2\delta\mu i}{\varkappa} \int_{-l}^{+l} t(t - 2i\beta l)\, X(t)\, dt. \tag{17}$$

Das letzte Integral läßt sich analog zu (42) in 6.1.6. berechnen. Dazu betrachten wir das Integral

$$J_0 = \int_{\Lambda} \zeta(\zeta - 2i\beta l)\, X(\zeta)\, d\zeta, \tag{18}$$

erstreckt über eine geschlossene Kurve Λ, die den Abschnitt L' $(-l \leqq t \leqq l)$ umschließt und im Uhrzeigersinn durchlaufen wird. Wenn wir Λ auf den Abschnitt L' zusammenziehen, ergibt sich

$$J_0 = \int_{-l}^{+l} t(t - 2i\beta l)\, X^+(t)\, dt + \int_{+l}^{-l} t(t - 2i\beta l)\, X^-(t)\, dt$$

oder unter Berücksichtigung der Gleichung $X^-(t) = -\frac{1}{x} X^+(t) = -\frac{1}{x} X(t)$

$$J_0 = \frac{\varkappa + 1}{\varkappa} \int_{-l}^{+l} t(t - 2\mathrm{i}\beta l)\, X(t)\, \mathrm{d}t$$

und damit

$$J = \frac{2\delta\mu\mathrm{i}}{\varkappa + 1} J_0 .$$

Andererseits gilt für große $|\zeta|$

$$\begin{aligned} X(\zeta) &= \frac{1}{\zeta}\left(1 + \frac{l}{\zeta}\right)^{-\frac{1}{2}+\mathrm{i}\beta}\left(1 - \frac{l}{\zeta}\right)^{-\frac{1}{2}-\mathrm{i}\beta} \\ &= \frac{1}{\zeta}\left\{1 - \left(\frac{1}{2} - \mathrm{i}\beta\right)\frac{l}{\zeta} + \frac{1}{2}\left(\frac{1}{2} - \mathrm{i}\beta\right)\left(\frac{3}{2} - \mathrm{i}\beta\right)\frac{l^2}{\zeta^2} + \cdots\right\} \\ &\quad \left\{1 + \left(\frac{1}{2} + \mathrm{i}\beta\right)\frac{l}{\zeta} + \frac{1}{2}\left(\frac{1}{2} + \mathrm{i}\beta\right)\left(\frac{3}{2} + \mathrm{i}\beta\right)\frac{l^2}{\zeta^2} + \cdots\right\} \\ &= \frac{1}{\zeta} + \frac{2\mathrm{i}\beta l}{\zeta^2} + \frac{(1 - 4\beta^2)\, l^2}{2\zeta^3} + \cdots \end{aligned}$$

Folglich ist der Koeffizient bei ζ^{-1} in der Entwicklung des Ausdruckes $\zeta(\zeta - 2\mathrm{i}\beta l)\, X(\zeta)$ gleich

$$\frac{l^2(1 + 4\beta^2)}{2}.$$

Mit Hilfe des Residuensatzes bekommen wir aus (18)

$$J_0 = -\pi\mathrm{i}(1 + 4\beta^2)\, l^2$$

und somit

$$J = \frac{2\pi\mu(1 + 4\beta^2)\, l^2}{\varkappa + 1}\delta .$$

J stellt also eine reelle Größe dar. Deshalb gilt $M = \operatorname{Re} J = J$ und damit

$$M = \frac{2\pi\mu(1 + 4\beta^2)\, l^2}{\varkappa + 1}\delta . \tag{19}$$

Bei vorgegebenem M ergibt sich der Neigungswinkel δ aus der Formel

$$\delta = \frac{\varkappa + 1}{2\pi\mu(1 + 4\beta^2)\, l^2} M . \tag{20}$$

Durch Einsetzen dieses Wertes in (13) erhalten wir die Lösung unseres Problems für einen Stempel bei vorgegebenem Moment M.

6.2.4.3. Exzentrisch angreifende Kraft

An einem Stempel mit gerader Grundlinie, der sich sowohl translativ verschieben als auch neigen kann, möge eine senkrecht nach unten gerichtete Kraft exzentrisch angreifen. Ihre Wirkung ist einer symmetrischen Kraft von gleicher Größe und einem Moment äquivalent. Deshalb erhalten wir die Lösung unseres Problems, indem wir die unter 1. und 2. gewonnenen Lösungen superponieren.

6.2.5. Kontaktproblem starrer Stempel ohne Berücksichtigung der Reibung[1])

Der größeren Übersichtlichkeit halber nehmen wir zunächst an, daß nur ein einzelner Stempel mit der Profilgleichung $y = f(x)$ (vor dem Eindringen) *reibungsfrei* in die elastische Halbebene eingedrückt wird.

Unter der Voraussetzung, daß der Stempel nur translativ senkrecht zum Rand verschoben werden kann, lautet die Gleichung der Grundlinie nach dem Eindringen $y = f(x) + c$, wobei c eine reelle Konstante ist.

Mit ab bezeichnen wir den Teil des Körperrandes, der mit dem Stempel in Berührung kommt. Ein Punkt auf ab mit den Koordinaten $(t, 0)$ vor der Verformung geht nach dem Eindringen des Stempels in $(t + u, v)$ über, wobei u, v die Verschiebungskomponenten des Punktes sind. Er muß dann nach Voraussetzung auf der Kurve $y = f(x) + c$ liegen, also gilt $v = f(t + u) + c$. Da u und v sowie $f(x)$ und $f'(x)$ nach unseren Vereinbarungen klein sein sollen, ergibt sich unter Vernachlässigung von Größen höherer Ordnung $v = f(t) + c$ $(a \leqq t \leqq b)$, wobei $v = v^-$ die Normalverschiebung der Randpunkte der elastischen Halbebene angibt. Analoges gilt für den Fall mehrerer Stempel.

Die Randbedingung für das Kontaktproblem mehrerer translativ verschiebbarer starrer Stempel bei verschwindender Reibung kann demnach analog zu 6.2.3. formuliert werden; der Unterschied besteht lediglich darin, daß jetzt (mit den dortigen Bezeichnungen)

$$\tau_{xy}^- = 0 \text{ überall auf } L, \quad \sigma_y^- = 0 \text{ auf } L'' \tag{1}$$

ist und auf L' nur die *Verschiebungskomponente in Normalenrichtung* vorgegeben ist:

$$v^- = f(t) + c(t) \text{ auf } L'. \tag{2}$$

Hierbei bezeichnet L wie bisher die gesamte reelle Achse, L' die Gesamtheit der Abschnitte $L_k = a_k b_k$ $(k = 1, 2, \ldots, n)$ und L'' den restlichen (unbelasteten) Teil des Randes L. Die erste Bedingung aus (1) bezieht sich auf den gesamten Rand L, da die Schubspannung infolge fehlender Reibung auch unter den Stempeln verschwindet.

In Gl. (2) bezeichnet $f(t)$ eine auf L' vorgegebene Funktion, die das Profil der Stempelgrundlinie beschreibt, d. h., für x aus L' stellt $y = f(x)$ die Gleichung der Stempelgrundlinie vor der Verformung dar. Was $c(t)$ anbetrifft, so gilt entweder $c(t) = c$ auf L' (starr verbundene Stempel) oder $c(t) = c_k$ auf $L_k = a_k b_k$ (lose Stempel), wobei c und c_k *reelle* Konstanten sind. Ohne Einschränkung der Allgemeinheit kann man im ersten Falle $c = 0$ und im zweiten beispielsweise $c_1 = 0$ setzen. Die übrigen Größen c_k stellen noch zu bestimmende Konstanten dar.

Im ersten Falle geben wir zusätzlich den resultierenden Vektor $(0, Y)$ der auf das gesamte Stempelsystem wirkenden Kräfte, im zweiten die resultierenden Vektoren $(0, Y_k)$ für jeden Stempel einzeln vor. Hier wird vorausgesetzt, daß sich die Stempel nur translativ verschieben können.

Werden auch Drehungen zugelassen, so kann man das Problem wie im vorigen Abschnitt auf den eben betrachteten Fall zurückführen; dabei müssen zusätzlich entweder die Neigungswinkel der Stempel oder die resultierenden Momente der auf sie wirkenden äußeren Kräfte vorgegeben werden.

---

[1]) Dieses Problem wurde erstmalig von M. A. Sadowski [1] für einen Sonderfall gelöst. Die zweite Auflage des vorliegenden Buches enthält die allgemeine Lösung für den Fall $n = 1$, diese wurde später von A. I. Begiaschwili [1] auf beliebige n erweitert. Die im Text angeführte bedeutend einfachere Lösung wurde vom Autor in [22] angegeben, zur gleichen Zeit fand A. W. Bizadse (unabhängig) eine Lösung, die im wesentlichen mit der letzteren übereinstimmt.

Es läßt sich leicht zeigen, daß die so gestellten Probleme stets eine bis auf translative Verschiebungen des gesamten Systems eindeutige Lösung haben. Der Beweis wird analog zu 6.2.3. geführt.

Erwähnt sei noch, daß eine translative Verschiebung der Stempel parallel zum Rand L keinerlei Einfluß auf das elastische Gleichgewicht hat (im Rahmen der Genauigkeit, auf die wir uns stets beschränken).

Nun setzen wir voraus, daß $f'(t)$ auf jedem der Abschnitte $L_k = a_k b_k$ einer H-Bedingung genügt.

Die Funktion $\Phi(z)$ ist gemäß (1) analog zu 6.2.3. in der längs L' aufgeschnittenen Ebene holomorph. Die erste Gleichung aus (1) liefert unter Berücksichtigung von (14) in 6.2.1.[1])

$$\Phi^+(t) + \overline{\Phi^+}(t) = \Phi^-(t) + \overline{\Phi^-}(t) \quad \text{überall auf } L.$$

Demnach ist die Funktion $\Phi(z) + \bar{\Phi}(z)$ in der gesamten Ebene holomorph. Da sie im Unendlichen verschwindet, muß sie folglich überall gleich Null sein. Also gilt

$$\bar{\Phi}(z) = -\Phi(z). \tag{3}$$

Die Randbedingung (2) lautet jetzt

$$v^{-\prime}(t) = f'(t) \quad \text{auf } L' \tag{4}$$

und unter Beachtung von (15) in 6.2.1.[2])

$$\Phi^+(t) + \Phi^-(t) = \frac{4\mu i f'(t)}{\varkappa + 1} \quad \text{auf } L'. \tag{5}$$

Damit gelangen wir zu dem Randwertproblem aus 6.1.6. für den Sonderfall $g = -1$.
Nach den Gln. (31) und (33) in 6.1.6. erhalten wir

$$\Phi(z) = \frac{2\mu}{\pi(\varkappa + 1)\, X(z)} \int\limits_{L'} \frac{X(t) f'(t)\, dt}{t - z} + \frac{iP_{n-1}(z)}{X(z)}. \tag{6}$$

Hier ist $iP_{n-1}(z)$ ein beliebiges Polynom von höchstens $(n-1)$-tem Grade und

$$X(z) = \sqrt{(z - a_1)(z - b_1) \cdots (z - a_n)(z - b_n)} \tag{7}$$

(für $X(z)$ ist der in der längs L' aufgeschnittenen Ebene eindeutige Zweig zu wählen, der für $z \to \infty$ der Bedingung $z^{-n} X(z) \to 1$ genügt).

Nun schreiben wir der Kürze halber einfach $X(t)$ statt $X^+(t)$; dann gilt

$$X(t) = \sqrt{(t - a_1)(t - b_1) \cdots (t - a_n)(t - b_n)} = X^+(t) \tag{8}$$

und

$$X^-(t) = -X^+(t) = -X(t). \tag{8'}$$

---

[1]) Nach der genannten Formel gilt

$$\sigma_y^- - i\tau_{xy}^- = \Phi^-(t) - \Phi^+(t),$$

hieraus ergibt sich durch Übergang zu den konjugierten Werten und unter Berücksichtigung der Gleichungen (6.2.1.) $\overline{\Phi^-(t)} = \bar{\Phi}^+(t)$, $\overline{\Phi^+(t)} = \bar{\Phi}^-(t)$

$$\sigma_y^- + i\tau_{xy}^- = \bar{\Phi}^+(t) - \bar{\Phi}^-(t)$$

und schließlich durch Subtraktion

$$-2i\tau_{xy}^- = \Phi^-(t) + \bar{\Phi}^-(t) - \Phi^+(t) - \bar{\Phi}^+(t),$$

daraus folgt aber die Behauptung im Text.

[2]) Siehe auch Gl. (22) in 6.2.1.

Jetzt muß noch die Gl. (3), d. h. die Bedingung $\bar{\Phi}(z) = -\Phi(z)$ befriedigt werden. Für das erste Glied auf der rechten Seite der Gl. (6) ist dies von selbst erfüllt[1]). Das zweite Glied genügt der Bedingung nur, wenn alle Koeffizienten des Polynoms $P_{n-1}(z)$ *reell* sind[2]).
Somit ergibt sich die allgemeine Lösung des Ausgangsproblems aus Gl. (6), wobei unter

$$P_{n-1}(z) = D_0 z^{n-1} + D_1 z^{n-2} + \cdots + D_{n-1} \tag{9}$$

ein *Polynom mit reellen Koeffizienten* zu verstehen ist.
Wie berechnen nun den Druck $P(t)$ unter den Stempeln.
Gemäß Gl. (14) in 6.2.1. gilt

$$P(t) = -\sigma_y^- = \Phi^+(t) - \Phi^-(t). \tag{10}$$

Hieraus erhalten wir leicht nach den Formeln von SOCHOZKI-PLEMELJ[3])

$$P(t_0) = \frac{4\mu}{\pi(\varkappa + 1)\, X(t_0)} \int\limits_{L'} \frac{X(t) f'(t)\, \mathrm{d}t}{t - t_0} + \frac{2\mathrm{i} P_{n-1}(t_0)}{X(t_0)}. \tag{11}$$

Die Koeffizienten D_j des Polynoms $P_{n-1}(z)$ können analog zu 6.2.3. aus den bei der Formulierung des Problems angeführten Zusatzbedingungen bestimmt werden.
Als Beispiel behandeln wir den Fall, daß die resultierenden Vektoren $(0, Y_k)$ der einzelnen Stempelkräfte gegeben sind. Dann gilt

$$-Y_k = \int\limits_{L_k} P(t_0)\, \mathrm{d}t_0 \quad (k = 1, 2, \ldots, n), \tag{12}$$

wobei unter $P(t_0)$ der Ausdruck (11) zu verstehen ist. Wir erhalten auf diese Weise ein System von n linearen Gleichungen mit den Unbekannten $D_0, D_1, \ldots, D_{n-1}$. Auf Grund des Eindeutigkeitssatzes hat dieses System stets eine eindeutige Lösung[4]).
Bisher haben wir vorausgesetzt, daß die Stempel nur translativ verschiebbar sind. Wie schon gesagt, läßt sich das Problem leicht auf das vorige zurückführen, wenn eine Neigung der Stempel zugelassen wird.

---

[1]) Wir bezeichnen vorübergehend das erste Glied mit $\Phi_0(z)$, d. h., wir setzen

$$\Phi_0(z) = \frac{2\mu}{\pi(\varkappa + 1)\, X(z)} \int\limits_{L'} \frac{X(t) f'(t)\, \mathrm{d}t}{t - z},$$

damit ergibt sich, wenn wir beachten, daß nach Definition $\bar{\Phi}_0(z) = \overline{\Phi_0(\bar{z})}$ ist,

$$\bar{\Phi}_0(z) = \frac{2\mu}{\pi(\varkappa + 1)\, \bar{X}(z)} \int\limits_{L'} \frac{\overline{X(t)} f'(t)\, \mathrm{d}t}{t - z};$$

denn $f'(t)$ ist eine reelle Funktion. Ferner gilt offenbar $\bar{X}(z) = X(z)$; denn aus Gl. (7) folgt unmittelbar, daß $\bar{X}(z)$ durch die gleiche Wurzel wie $X(z)$ ausgedrückt wird. Zweifel bestehen also nur hinsichtlich des Vorzeichens: $X(z) = \pm\bar{X}(z)$. Durch Untersuchung des Verhaltens von $X(z)$ und $\bar{X}(z)$ im Unendlichen (beide Funktionen wachsen für große $|z|$ wie z^n) kann man sich überzeugen, daß das erste Vorzeichen zutrifft. Schließlich gilt auf Grund des Vorigen und gemäß (10″) in 6.2.1.

$$\overline{X(t)} = \overline{X^+(t)} = \bar{X}^-(t) = -X(t)$$

und folglich

$$\bar{\Phi}_0(z) = -\Phi_0(z).$$

[2]) Denn es gilt (s. vorige Fußnote) $\bar{X}(z) = X(z)$.

[3]) Es ist zu beachten, daß $X^-(t_0) = -X^+(t_0) = -X(t_0)$ ist.

[4]) Mit einer analogen Methode gewinnt man auf einfache Weise die Lösung der von S. G. MICHLIN [12] formulierten und gelösten Aufgabe über den Spannungszustand in Gesteinsschichten unter Kohleflözen.

6.2.6. Weiterführende Betrachtung

Wir untersuchen nun die im vorigen Abschnitt gewonnene Lösung etwas genauer. Zur Vereinfachung der Darstellung betrachten wir einen einzelnen Stempel, der die x-Achse längs eines kontinuierlichen Abschnittes ab berührt. Den allgemeinen Fall kann man völlig analog behandeln.

6.2.6.1. Wir erhalten anstelle der Gln. (6) und (11) in 6.2.5. entsprechend

$$\Phi(z) = \frac{2\mu}{\pi(\varkappa + 1)\sqrt{(z-a)(b-z)}} \int_a^b \frac{\sqrt{(t-a)(b-t)}f'(t)\,\mathrm{d}t}{t-z} + \frac{D}{\sqrt{(z-a)(b-z)}} \tag{1}$$

und

$$P(t_0) = \frac{4\mu}{\pi(\varkappa + 1)\sqrt{(t_0-a)(b-t_0)}} \int_a^b \frac{\sqrt{(t-a)(b-t)}f'(t)\,\mathrm{d}t}{t-t_0} + \frac{2D}{\sqrt{(t_0-a)(b-t_0)}}, \tag{2}$$

wobei D eine reelle Konstante ist. In diesen Formeln ersetzen wir $X(z) = \sqrt{(z-a)(z-b)}$ durch die Funktion $\sqrt{(z-a)(b-z)}$ (s. Bemerkung 2 in 6.1.6.). Dadurch wird der Ausdruck für $P(t)$ reell. Im Intervall $a < t < b$ verstehen wir unter $\sqrt{(t-a)(b-t)}$ den positiven Wert der Wurzel und unter $\sqrt{(z-a)(b-z)}$ den Zweig, der in der längs ab aufgeschnittenen Ebene holomorph ist und an der oberen Seite von ab positive Werte annimmt. Dieser Zweig kann offenbar (s. Bemerkung 2 in 6.1.6.) dadurch charakterisiert werden, daß für große $|z|$

$$\sqrt{(z-a)(b-z)} = -\mathrm{i}z + O(1) \tag{3}$$

gilt. Die Konstante D wird aus der Bedingung

$$\int_a^b P(t)\,\mathrm{d}t = P_0 \tag{4}$$

bestimmt, wobei P_0 die vorgegebene Stempelkraft angibt und unter $P(t)$ der durch (2) definierte Ausdruck zu verstehen ist.

Noch einfacher bekommt man D, wenn man beachtet, daß aus (1) und (3) für große $|z|$

$$\Phi(z) = \frac{D\mathrm{i}}{z} + O\left(\frac{1}{z^2}\right)$$

folgt. Hieraus ergibt sich durch Vergleich mit Gl. (4) in 6.2.1.

$$D = \frac{P_0}{2\pi}. \tag{5}$$

Die gewonnene Lösung ist nur dann physikalisch sinnvoll, wenn im Intervall $a \leqq t \leqq b$ $P(t) \geqq 0$ gilt. Wir müssen also unsere Lösung daraufhin überprüfen, ob diese Bedingung erfüllt ist.

Nach unseren Vereinbarungen ist der Berührungsabschnitt ab des Stempels mit der elastischen Halbebene vorgegeben. Dies trifft beispielsweise zu, wenn der Stempel die in Bild 53 angegebene Form aufweist und die Stempelkraft so groß ist, daß die Ecken A und B den elastischen Körper berühren.

Das Vorhandensein von Ecken erklärt auch das Auftreten unendlich großer Spannungen in den mit den Eckpunkten A und B zusammenfallenden Punkten a und b des elastischen Körpers.

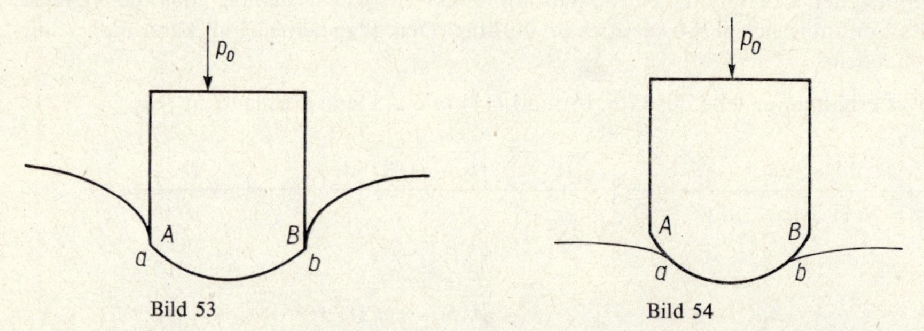

Bild 53 Bild 54

6.2.6.2. Wir betrachten nun den Fall, daß das gegen die elastische Halbebene gerückte Profil keine Ecken hat (z. B. starre Kreisscheibe) oder daß die Druckkraft nicht hinreichend groß ist, um die Eckpunkte A und B mit dem elastischen Körper in Berührung zu bringen (Bild 54). Hierbei sind die Endpunkte des Berührungsabschnittes nicht von vornherein bekannt, jedoch die gewonnenen Formeln gestatten auch in diesem Falle eine Lösung der Problems. Die Gl. (2) für den Druck $P(t_0)$ unter dem Stempel enthält nun zwei unbekannte Konstanten a und b[1]), für deren Bestimmung die beiden Beziehungen

$$P(a) = 0 \text{ und } P(b) = 0 \tag{6}$$

zur Verfügung stehen; sie besagen, daß der Druck $P(t_0)$ stetig zu Null wird, wenn t_0 die Endpunkte des Berührungsabschnittes überschreitet.

Diese Bedingung kann man durch die allgemeinere ersetzen (die außerdem physikalisch leichter einzusehen ist), daß der Druck $P(t_0)$ in der Umgebung der Endpunkte a, b beschränkt bleibt, falls sie keine Eckpunkte des Stempels darstellen. In der Tat folgen aus der Beschränktheit des Druckes $P(t_0)$ in der Nähe der Endpunkte a, b die Gln. (6). Um das zu zeigen, führen wir vorübergehend die Bezeichnung

$$Q(t) = (t - a)(b - t)$$

ein. Dann lautet die Gl. (2)

$$P(t_0) = \frac{4\mu}{\pi(\varkappa + 1)\sqrt{Q(t_0)}} \int_a^b \frac{Q(t) f'(t)\, \mathrm{d}t}{\sqrt{Q(t)}\,(t - t_0)} + \frac{2D}{\sqrt{Q(t_0)}}$$

$$= \frac{4\mu\sqrt{Q(t_0)}}{\pi(\varkappa + 1)} \int_a^b \frac{f'(t)\, \mathrm{d}t}{\sqrt{Q(t)}\,(t - t_0)}$$

$$+ \frac{4\mu}{\pi(\varkappa + 1)\sqrt{Q(t_0)}} \int_a^b \frac{Q(t) - Q(t_0)}{t - t_0} \frac{f'(t)\, \mathrm{d}t}{\sqrt{Q(t)}} + \frac{2D}{\sqrt{Q(t_0)}},$$

[1]) Die Konstante D ergibt sich aus (5).

und unter Beachtung der Beziehung

$$\frac{Q(t) - Q(t_0)}{t - t_0} = -t - t_0 + a + b,$$

ergibt sich

$$P(t_0) = \frac{4\mu\sqrt{Q(t_0)}}{\pi(\varkappa + 1)} \int_a^b \frac{f'(t)\,\mathrm{d}t}{\sqrt{Q(t)}\,(t - t_0)} + \frac{At_0 + B + 2D}{\sqrt{Q(t_0)}} \tag{a}$$

mit

$$A = -\frac{4\mu}{\pi(\varkappa + 1)} \int_a^b \frac{f'(t)\,\mathrm{d}t}{\sqrt{Q(t)}},$$

$$B = -\frac{4\mu}{\pi(\varkappa + 1)} \int_a^b \frac{tf'(t)\,\mathrm{d}t}{\sqrt{Q(t)}} + \frac{4\mu(a + b)}{\pi(\varkappa + 1)} \int_a^b \frac{f'(t)\,\mathrm{d}t}{\sqrt{Q(t)}}.$$

Das erste Glied auf der rechten Seite der Gl. (a) ist beschränkt und verschwindet in a und b[1]). Die notwendige und hinreichende Bedingung für die Beschränktheit der Funktion $P(t_0)$ in der Nähe der Punkte a und b lautet folglich $A = 0$, $B + 2D = 0$ und unter Beachtung der Gl. (5)

$$\int_a^b \frac{f'(t)\,\mathrm{d}t}{\sqrt{(t - a)(b - t)}} = 0, \quad \int_a^b \frac{tf'(t)\,\mathrm{d}t}{\sqrt{(t - a)(b - t)}} = \frac{\varkappa + 1}{4\mu} P_0. \tag{7}$$

Damit ergibt sich aus (a)

$$P(t_0) = \frac{4\mu\sqrt{(t_0 - a)(b - t_0)}}{\pi(\varkappa + 1)} \int_a^b \frac{f'(t)\,\mathrm{d}t}{\sqrt{(t - a)(b - t)}\,(t - t_0)}. \tag{8}$$

Wie gesagt, verschwindet dieser Ausdruck für $t_0 = a$ und $t_0 = b$.
Wenn wir die Gl. (1) analog zu (2) umwandeln, so gilt unter Beachtung der Gl. (7)

$$\Phi(z) = \frac{2\mu\sqrt{(z - a)(b - z)}}{\pi(\varkappa + 1)} \int_a^b \frac{f'(t)\,\mathrm{d}t}{\sqrt{(t - a)(b - t)}\,(t - z)}. \tag{9}$$

Die letzte Gleichung sowie die Gl. (7) hätten wir auch erhalten, wenn wir von Anfang an (unter Benutzung der entsprechenden Formeln aus 6.1.6.) eine in der Umgebung der Endpunkte a und b beschränkte Lösung des Randwertproblems (5) aus 6.2.5. (für unseren Sonderfall $n = 1$) gesucht hätten[2]).

---

[1]) Dies läßt sich leicht mit Hilfe der in meinem Buch [25] angegebenen Abschätzungen für die Werte der CAUCHYschen Integrale in der Nähe der Endpunkte zeigen.

[2]) Dabei fällt die erste Bedingung aus (7) mit der Existenzbedingung einer solchen Lösung zusammen, und die zweite bringt zum Ausdruck, daß der Koeffizient bei z^{-1} in der Entwicklung der Funktion $\Phi(z)$ für große $|z|$ gleich einer vorgegebenen, durch die auf den Stempel wirkenden Kraft P_0 bestimmten Größe ist.

Zur Ermittlung von a und b stehen also die beiden Gln. (7) zur Verfügung, die diese Größen im allgemeinen eindeutig bestimmen, wenn wir die Bedingung berücksichtigen, daß unter dem Stempel $P(t) \geqq 0$ gelten muß (s. u. Beispiel).

6.2.7. Beispiele

6.2.7.1. Stempel mit gerader horizontaler Grundlinie

In diesem Falle gilt $f'(t) = 0$, und die Gl. (1) in 6.2.6. liefert unter Beachtung von (5) in 6.2.6. für $a = -l$ und $b = l$, wenn l die halbe Länge der Grundlinie ist,

$$\Phi(z) = \frac{P_0}{2\pi\sqrt{l^2 - z^2}}. \tag{1}$$

Der Druck $P(t)$ unter dem Stempel ergibt sich aus der Formel $P(t) = \Phi^+(t) - \Phi^-(t)$ zu

$$P(t) = \frac{P_0}{\pi\sqrt{l^2 - t^2}}. \tag{2}$$

Diese Lösung wurde (auf anderem Wege) erstmalig von M. A. SADOWSKI [1] gefunden.

6.2.7.2. Stempel mit gerader geneigter Grundlinie

Der Neigungswinkel sei δ (vgl. 6.2.4.2., Bild 52). Dann ist $f'(t) = \delta$, und nach (1) und (5) in 6.2.6. finden wir (mit $a = -l$ und $b = l$)

$$\Phi(z) = \frac{2\mu\delta}{\pi(\varkappa + 1)\sqrt{l^2 - z^2}} \int\limits_{-l}^{+l} \frac{\sqrt{l^2 - t^2}}{t - z}\,\mathrm{d}t + \frac{P_0}{2\pi\sqrt{l^2 - z^2}}.$$

Das Integral auf der rechten Seite läßt sich nach Gl. (40) in 6.1.6. elementar berechnen. In unserem Falle ist $g = -1$, $1/X_p(z) = \sqrt{l^2 - z^2}$. Nach Gl. (3) in 6.2.6. ergibt sich

$$\sqrt{l^2 - z^2} = -\,\mathrm{i}z\left(1 - \frac{l^2}{z^2}\right)^{\frac{1}{2}} = -\mathrm{i}z\left(1 - \frac{l^2}{2z^2} + \cdots\right) = -\mathrm{i}z + \frac{\mathrm{i}l^2}{2z} + \cdots,$$

und gemäß Gl. (40) in 6.1.6. gilt folglich

$$\int\limits_{-l}^{+l} \frac{\sqrt{l^2 - t^2}}{t - z}\,\mathrm{d}t = \pi\mathrm{i}\left(\sqrt{l^2 - z^2} + \mathrm{i}z\right).$$

Demnach ist

$$\Phi(z) = -\frac{2\mu z\delta}{(\varkappa + 1)\sqrt{l^2 - z^2}} + \frac{2\mu\mathrm{i}\delta}{\varkappa + 1} + \frac{P_0}{2\pi\sqrt{l^2 - z^2}}. \tag{3}$$

Für den Druck $P(t)$ unter dem Stempel erhalten wir aus der Gleichung $P(t) = \Phi^+(t) - \Phi^-(t)$

$$P(t) = \frac{P_0}{\pi\sqrt{l^2 - t^2}} - \frac{4\mu t\delta}{(\varkappa + 1)\sqrt{l^2 - t^2}}. \tag{4}$$

Die Lösung ist physikalisch sinnvoll, wenn im Intervall $-l \leqq t \leqq +l$ $P \geqq 0$ gilt, d. h., wenn

$$P_0 \geqq \frac{4\pi\mu l}{\varkappa + 1}\,\delta \tag{5}$$

ist.

Das resultierende Moment

$$M = -\int_{-l}^{+l} tP(t)\, dt$$

der äußeren Kräfte, die den Stempel in der gegebenen Lage halten, berechnen wir nach dem Verfahren aus 6.2.4. (Beispiel 2.) oder in der üblichen elementaren Weise zu

$$M = \frac{2\pi\mu l^2}{\varkappa + 1}\,\delta. \tag{6}$$

6.2.7.3. Stempel mit abgerundeter Grundlinie

Wir betrachten einen Stempel, der durch die vertikalen Geraden $x = -l$ und $x = +l$ und den symmetrisch gelegenen nach unten konvexen Kreisbogen AB mit dem Radius R begrenzt wird (Bild 53, 54). Dabei setzen wir den Radius R als groß voraus[1]). Dann gilt mit der üblichen Genauigkeit[2])

$$f(t) = \frac{t^2}{2R},$$

und aus (1) sowie (5) in 6.2.6. folgt unter der Voraussetzung, daß der gesamte Kreisbogen AB mit dem elastischen Körper in Berührung kommt,

$$\Phi(z) = \frac{2\mu}{R\pi(\varkappa + 1)\sqrt{l^2 - z^2}} \int_{-l}^{+l} \frac{l\sqrt{l^2 - t^2}}{t - z}\, dt + \frac{P_0}{2\pi\sqrt{l^2 - z^2}}.$$

Das Integral auf der rechten Seite läßt sich auch hier elementar berechnen; denn für große $|z|$ gilt

$$z\sqrt{l^2 - z^2} = -iz^2 + \frac{il^2}{2} + O\left(\frac{1}{z}\right)$$

und damit gemäß (40) in 6.1.6.

$$\int_{-l}^{+l} \frac{t\sqrt{l^2 - t^2}}{t - z}\, dt = \pi i \left\{z\sqrt{l^2 - z^2} + iz^2 - \frac{il^2}{2}\right\}.$$

Folglich ist

$$\Phi(z) = \frac{\mu(l^2 - 2z^2)}{R(\varkappa + 1)\sqrt{l^2 - z^2}} + \frac{2\mu i z}{R(\varkappa + 1)} + \frac{P_0}{2\pi\sqrt{l^2 - z^2}}. \tag{7}$$

Den Druck $P(t)$ unter dem Stempel erhalten wir aus der Gleichung $P(t) = \Phi^+(t) - \Phi^-(t)$:

$$P(t) = \frac{2\mu(l^2 - 2t^2)}{R(\varkappa + 1)\sqrt{l^2 - t^2}} + \frac{P_0}{\pi\sqrt{l^2 - t^2}}. \tag{8}$$

---

[1]) Den Radius müssen wir als groß betrachten, damit die Deformation klein bleibt.
[2]) Damit ersetzen wir den Kreisbogen durch ein Parabelstück mit der gleichen Krümmung im Scheitel.

Die Lösung ist physikalisch sinnvoll, wenn im Intervall $-l \leqq t \leqq +l$ $P(t) \geqq 0$ ist, d. h. wenn

$$P_0 \geqq \frac{2\pi\mu l^2}{R(\varkappa + 1)} \tag{9}$$

gilt.

Wird diese Bedingung nicht befriedigt, so reicht die Kraft P_0 nicht aus, um den Kreisbogen AB zur vollen Berührung mit dem elastischen Körper zu bringen. Für diesen Fall berechnen wir nun den Bogen $A'B'$, der bei vorgegebenen P_0 tatsächlich den Körper berührt. Aus Symmetriegründen liegt die Mitte des Berührungsabschnittes $a'b'$ im Ursprung auf dem Rand der elastischen Halbebene, so daß wir $a' = -l'$ und $b' = l'$ setzen können, wenn $2l'$ die Länge des Abschnittes $a'b'$ ist.

Die einem gegebenen l' entsprechenden Funktionen $\Phi(z)$ und $P(t)$ finden wir, indem wir in den Gln. (7) und (8) l durch l' ersetzen. Aus der Bedingung $P(t) = 0$ für $t = \pm l'$ ergibt sich[1])

$$l' = \frac{\sqrt{P_0 R(\varkappa + 1)}}{\sqrt{2\pi\mu}}. \tag{10}$$

Umgekehrt können wir bei gegebenen l' die Kraft P_0 berechnen, die erforderlich ist, damit der Berührungsabschnitt die Länge $2l'$ hat. Die dem gegebenen l' entsprechenden Funktionen $\Phi(z)$ und $P(t)$ lauten

$$\Phi(z) = \frac{2\mu\sqrt{l'^2 - z^2}}{R(\varkappa + 1)} + \frac{2\mu i z}{R(\varkappa + 1)}, \tag{11}$$

$$P(t) = \frac{4\mu\sqrt{l'^2 - t^2}}{R(\varkappa + 1)}. \tag{12}$$

6.2.8. Starrer Stempel auf elastischer Halbebene unter Berücksichtigung der Reibung[2])

In den vorigen Abschnitten haben wir das Kontaktproblem eines starren Stempels auf dem Rand der elastischen Halbebene für zwei Extremfälle gelöst, nämlich für verschwindenden (6.2.5., 6.2.6.) sowie für unendlich großen (6.2.3.) Reibungskoeffizienten. Im letzteren Falle wurde zusätzlich vorausgesetzt, daß das elastische Material nicht vom Stempel abstehen kann und daß auf diese Weise (beliebig hohe) negative Drücke möglich sind.

Durch Anwendung der im vorigen Abschnitt angeführten Methode findet man die Lösung des Problems auch für endliche Reibungskoeffizienten, wie sie in Wirklichkeit vorkommen.

Bei dieser Betrachtung beschränken wir uns auf den Fall, daß sich der Stempel an der Grenze des Gleichgewichtes befindet[3]), genauer gesagt setzen wir voraus, daß am Rande der

---

[1]) Wir brauchen nur zum Ausdruck zu bringen, daß $P(t)$ für $t = \pm l'$ beschränkt bleibt. Das Resultat bleibt das gleiche, wie nach dem im vorigen Abschnitt Gesagten zu erwarten war.

[2]) Dieser Abschnitt gibt mit unbedeutenden Abänderungen den Artikel [24] des Autors wieder. Etwa gleichzeitig mit diesem Artikel wurde die Arbeit von N. I. Glagoljew [1] veröffentlicht, in der die Lösung des hier betrachteten Problems für den Sonderfall eines Stempels mit gerader Grundlinie enthalten ist. Wenig später gab N. I. Glagoljew [2] die Lösung für den Fall an, daß das Stempelprofil beliebige Form hat und daß der Reibungskoeffizient von der Kontaktstelle abhängt. L. A. Galin [1] schlug ein etwas anderes Lösungsverfahren vor (das sich auch für den antisotropen Fall eignet), s. a. L. A. Galin [4].

[3]) Die dabei gewonnene Lösung ist offenbar auch dann noch anwendbar, wenn der Stempel langsam über den Rand der Halbebene gleitet.

elastischen Halbebene unter dem Stempel $T = kP$ gilt, wobei P und T den Druck bzw. die Schubspannung bezeichnen, die an den Randpunkten der Halbebene angreifen, während k der als konstant vorausgesetzte Reibungskoeffizient ist[1]).

Den Rand der elastischen Halbebene wählen wir wie bisher als x-Achse, dann steht die y-Achse senkrecht auf ihm, und der elastische Körper nimmt das Gebiet $y < 0$ ein. Bei dieser Wahl des Achsensystems gilt $P = -\sigma_y^-$, $T = \tau_{xy}^-$. Weiterhin nehmen wir an, daß der Stempel die elastische Halbebene längs eines kontinuierlichen Streckenabschnittes $L' = ab$ berührt[2]).

Wir setzen voraus, daß der Stempel nur translativ verschoben[3]) werden kann. Dann lauten die Randbedingungen unseres Problems

$$\begin{aligned} T(t) &= kP(t) \quad \text{auf } L', \\ v^- &= f(t) + \text{const} \quad \text{auf } L', \end{aligned} \tag{1}$$

$$T(t) = P(t) = 0 \quad \text{außerhalb } L' \text{ auf der } x\text{-Achse.} \tag{2}$$

Hier bezeichnet t wie bisher die Abszisse des betrachteten Punktes auf der x-Achse, v ist die Projektion der Verschiebung auf die y-Achse, und $f(t)$ stellt eine vorgegebene Funktion dar, die das Stempelprofil beschreibt [die Gleichung des Profils lautet $y = f(x)$]. Wir nehmen an, daß die Ableitung $f'(t)$ einer H-Bedingung genügt.

Als vorgegeben betrachten wir außerdem die Größe

$$P_0 = \int_{L'} P(t)\,\mathrm{d}t, \tag{3}$$

d. h. die Druckkraft des Stempels auf die Halbebene. Die Gesamtschubkraft lautet dann offenbar $T_0 = kP_0$. Damit ist der resultierende Vektor $(X, Y) = (T_0, -P_0)$ der am Stempel angreifenden äußeren Kräfte bekannt, der den Reaktionen der elastischen Halbebene das Gleichgewicht hält.

Mit den in 6.2.1. eingeführten Bezeichnungen und allgemeinen Voraussetzungen lauten die Randbedingungen (1) und (2) in unserem Falle gemäß (14) und (15) in 6.2.1.[4])

$$(1 - \mathrm{i}k)\,\Phi^+(t) + (1 + \mathrm{i}k)\,\bar{\Phi}^+(t) = (1 - \mathrm{i}k)\,\Phi^-(t) + (1 + \mathrm{i}k)\,\bar{\Phi}^-(t) \quad \text{auf } L', \tag{4}$$

$$\varkappa\Phi^-(t) + \Phi^+(t) - \varkappa\bar{\Phi}^+(t) - \bar{\Phi}^-(t) = 4\mathrm{i}\mu f'(t) \quad \text{auf } L'. \tag{5}$$

Außerhalb L' gilt auf der x-Achse $P(t) = \tau(t) = 0$. Demnach ist die Funktion $\Phi(z)$ in der längs L' aufgeschnittenen Ebene und die Funktion $(1 - \mathrm{i}k)\,\Phi(z) + (1 + \mathrm{i}k)\,\bar{\Phi}(z)$ gemäß (4) in der gesamten Ebene holomorph. Da letztere im Unendlichen verschwindet, muß in der gesamten Ebene

$$(1 - \mathrm{i}k)\,\Phi(z) + (1 + \mathrm{i}k)\,\bar{\Phi}(z) = 0 \tag{6}$$

---

[1]) L. A. Galin [2] gibt eine interessante Lösung für den Stempel mit gerader Grundlinie an. Er teilt dabei das Kontaktgebiet in drei Teile ein: ein mittleres mit festem Zusammenhang und zwei Randgebiete, in denen Gleiten möglich ist. In einer zur gleichen Zeit veröffentlichten Arbeit löst S. W. Falkowitsch [1] dasselbe Problem unter der Voraussetzung, daß die Reibung in den Randgebieten verschwindet. Siehe auch Galin [4].

[2]) Das Resultat läßt sich leicht auf den Fall verallgemeinern, daß das Berührungsgebiet aus endlich vielen getrennten Abschnitten besteht (s. vorigen Abschnitt).

[3]) Der Fall des geneigten Stempels läßt sich leicht analog zum obigen auf den vorigen zurückführen (s. a. Beispiel 2. im folgenden Abschnitt).

[4]) Anstelle der Bedingung (2) benutzen wir wie im vorigen Abschnitt die Beziehung

$$v'^- = v^{-\prime} = f'(t).$$

gelten. Wenn wir $\bar{\Phi}(z)$ mit Hilfe dieser Gleichung durch $\Phi(z)$ ausdrücken und in (5) einsetzen, erhalten wir für $\Phi(z)$ die Randbedingung

$$\Phi^+(t) = g\Phi^-(t) + f_0(t) \quad \text{auf } L' \tag{7}$$

mit

$$g = -\frac{\varkappa + 1 + ik(\varkappa - 1)}{\varkappa + 1 - ik(\varkappa - 1)}, \quad f_0(t) = \frac{4i\mu(1 + ik) f'(t)}{\varkappa + 1 - ik(\varkappa - 1)}.$$

Zur Vereinfachung der letzten Ausdrücke führen wir eine Konstante α ein, die durch die Gleichung

$$\tan \pi\alpha = k \frac{\varkappa - 1}{\varkappa + 1}, \quad 0 \leqq \alpha < \frac{1}{2} \tag{8}$$

definiert ist (wir erinnern, daß $\varkappa > 1$, $k > 0$ ist). Dann gilt

$$\varkappa + 1 \pm ik(\varkappa - 1) = \sqrt{(\varkappa + 1)^2 + k^2(\varkappa - 1)^2}\, e^{\pm \pi i\alpha} = \frac{(\varkappa + 1)\, e^{\pm \pi i\alpha}}{\cos \pi\alpha}$$

und folglich

$$g = -e^{2\pi i\alpha}, \quad f_0(t) = \frac{4i\mu(1 + ik)\, e^{\pi i\alpha} \cos \pi\alpha}{\varkappa + 1} f'(t). \tag{9}$$

Wenn wir bei der Lösung der Aufgabe (7) das in 6.1.6. angeführte Verfahren verwenden und beachten, daß in unserem Falle[1])

$$\gamma = \frac{\ln g}{2\pi i} = \frac{1}{2} + \alpha$$

ist und daß wir in Gl. (18) aus 6.1.6. für $X_0(z)$ den Ausdruck $(z - a)^{-\frac{1}{2}-\alpha}(b - z)^{-\frac{1}{2}+\alpha}$ wählen können (s. Bemerkung 2 in 6.1.6.), so erhalten wir

$$\Phi(z) = \frac{2\mu(1 + ik)\, e^{\pi i\alpha} \cos \pi\alpha}{\pi(\varkappa + 1)(z - a)^{\frac{1}{2}+\alpha}(b - z)^{\frac{1}{2}-\alpha}} \int_a^b \frac{(t - a)^{\frac{1}{2}+\alpha}(b - t)^{\frac{1}{2}-\alpha} f'(t)\, dt}{t - z}$$
$$+ \frac{C_0}{(z - a)^{\frac{1}{2}+\alpha}(b - z)^{\frac{1}{2}-\alpha}}, \tag{10}$$

wobei C_0 eine Konstante bezeichnet und unter $(z - a)^{\frac{1}{2}+\alpha}(b - z)^{\frac{1}{2}-\alpha}$ derjenige Zweig zu verstehen ist, der in der längs *ab* aufgeschnittenen Ebene holomorph ist und an der oberen Seite dieses Abschnittes die positiven reellen Werte $(t - a)^{\frac{1}{2}+\alpha}(b - t)^{\frac{1}{2}-\alpha}$ annimmt. Der besagte Zweig wird offenbar durch die Bedingung

$$\lim_{z\to\infty} \frac{(z - a)^{\frac{1}{2}+\alpha}(b - z)^{\frac{1}{2}-\alpha}}{z} = -ie^{\pi i\alpha} \tag{11}$$

charakterisiert.

---

[1]) Nach der in 6.1.6. angenommenen Bedingung müssen wir den Wert des Logarithmus wählen, für den

$$0 \leqq \operatorname{Re} \frac{\ln g}{2\pi i} < 1$$

gilt. Die in 6.1.6. mit α bezeichnete Größe nennen wir jetzt $\frac{1}{2} + \alpha$, und statt $f(t)$ schreiben wir hier $f_0(t)$.

Die Konstante C_0 läßt sich unmittelbar aus Gl. (4) in 6.2.1. bestimmen:

$$\lim_{z\to\infty} z\Phi(z) = \frac{-T_0 + \mathrm{i}P_0}{2\pi} = \frac{\mathrm{i}P_0(1 + \mathrm{i}k)}{2\pi},$$

und daraus folgt gemäß Gl. (11)

$$C_0 = \frac{P_0(1 + ik)\,\mathrm{e}^{\pi\mathrm{i}\alpha}}{2\pi}.$$

Die Formel (10) lautet somit

$$\Phi(z) = \frac{2\mu(1 + \mathrm{i}k)\mathrm{e}^{\pi\mathrm{i}\alpha}\cos\pi\alpha}{\pi(\varkappa + 1)(z - a)^{\frac{1}{2}+\alpha}(b - z)^{\frac{1}{2}-\alpha}} \int_a^b \frac{(t - a)^{\frac{1}{2}+\alpha}(b - t)^{\frac{1}{2}-\alpha} f'(t)\,\mathrm{d}t}{t - z} + \frac{P_0(1 + \mathrm{i}k)\,\mathrm{e}^{\pi\mathrm{i}\alpha}}{2\pi(z - a)^{\frac{1}{2}+\alpha}(b - z)^{\frac{1}{2}-\alpha}}. \tag{12}$$

Es läßt sich leicht nachprüfen, daß alle Bedingungen der Aufgabe befriedigt werden, wenn $f'(t)$ wie vereinbart auf L' einer H-Bedingung genügt.
Damit ist das Problem gelöst; denn die Funktion $\Phi(z)$ beschreibt den Spannungszustand vollständig.
Selbstverständlich ist die Lösung nur dann physikalisch sinnvoll, wenn der der Funktion (12) entsprechende Druck $P(t)$ in den Punkten t unter dem Stempel der Bedingung $P(t) \geqq 0$ genügt. Dieser Druck läßt sich leicht berechnen; denn gemäß Gl. (14) in 6.2.1. gilt

$$P(t_0) + \mathrm{i}T(t_0) = P(t_0)(1 + \mathrm{i}k) = \Phi^+(t_0) - \Phi^-(t_0).$$

Nach den Formeln von SOCHOZKI-PLEMELJ ergibt sich damit

$$P(t_0) = -\frac{4\mu\sin\alpha\pi\cos\pi\alpha}{\varkappa + 1} f'(t_0) + \frac{4\mu\cos^2\pi\alpha}{\pi(\varkappa + 1)(t_0 - a)^{\frac{1}{2}+\alpha}(b - t_0)^{\frac{1}{2}-\alpha}} \int_a^b \frac{(t - a)^{\frac{1}{2}+\alpha}(b - t)^{\frac{1}{2}-\alpha} f'(t)\,\mathrm{d}t}{t - t_0} + \frac{P_0\cos\pi\alpha}{\pi(t_0 - a)^{\frac{1}{2}+\alpha}(b - t_0)^{\frac{1}{2}-\alpha}}. \tag{13}$$

Für $k = 0$ (d. h. $\alpha = 0$) erhalten wir erneut die Lösung für den Idealfall verschwindender Reibung.

6.2.9. Beispiele

6.2.9.1. Stempel mit gerader horizontaler Grundlinie

In diesem Falle gilt $f'(t) = 0$ und die Gln. (12), (13) in 6.2.8. ergeben

$$\Phi(z) = \frac{P_0(1 + k)\,\mathrm{e}^{\pi\mathrm{i}\alpha}}{2\pi(z - a)^{\frac{1}{2}+\alpha}(b - z)^{\frac{1}{2}-\alpha}}, \tag{1}$$

$$P(t) = \frac{P_0\cos\pi\alpha}{\pi(t - a)^{\frac{1}{2}+\alpha}(b - t)^{\frac{1}{2}-\alpha}}. \tag{2}$$

6.2.9.2. Stempel mit gerader geneigter Grundlinie

Der (kleine) Winkel zwischen Stempelgrundlinie und x-Achse sei δ, dann können wir $f(t) = \delta t + \text{const}, f'(t) = \delta$ setzen.
Damit erhalten wir aus (12) in 6.2.8. unter Berücksichtigung der Gl. (40) in 6.1.6. für $a = -l, b = l$[1])

$$\Phi(z) = \frac{(1 + ik)\,e^{\pi i\alpha}}{2\pi(\varkappa + 1)} \frac{P_0(\varkappa + 1) - 8\pi\mu a l\delta - 4\pi\mu z\delta}{(l + z)^{\frac{1}{2}+\alpha}\,(l - z)^{\frac{1}{2}-\alpha}} + \frac{2\mu i\delta(1 + ik)}{\varkappa + 1}. \tag{3}$$

Die Formel für den Druck $P(t)$ unter dem Stempel lautet

$$P(t) = \frac{\Phi^+(t) - \Phi^-(t)}{1 + ik} = \frac{\cos\pi\alpha}{\pi(\varkappa + 1)} \frac{P_0(\varkappa + 1) - 8\pi\mu a l\delta - 4\pi\mu t\delta}{(l + t)^{\frac{1}{2}+\alpha}(l - t)^{\frac{1}{2}-\alpha}}. \tag{4}$$

Die Lösung ist physikalisch sinnvoll, d. h., in dem Intervall $-l \leqq t \leqq +l$ gilt $P(t) \geqq 0$, wenn

$$-\frac{P_0(\varkappa + 1)}{4\pi\mu l(1 - 2\alpha)} \leqq \delta \leqq \frac{P_0(\varkappa + 1)}{4\pi\mu l(1 + 2\alpha)} \tag{5}$$

ist. Das resultierende Moment

$$M = -\int_{-l}^{+l} tP(t)\,dt$$

der auf den Stempel wirkenden äußeren Kräfte ergibt sich gemäß 6.2.4.2. aus der Gleichung

$$M = 2\alpha l P_0 + \frac{2\pi\mu(1 - 4\alpha^2)\,l^2}{\varkappa + 1}\delta. \tag{6}$$

Damit wird δ durch die Werte M und P_0 bestimmt. Insbesondere für $M = 0$, d. h. für eine im Mittelpunkt der Grundlinie angreifende Stempelkraft, gilt

$$\delta = -\frac{\alpha(\varkappa + 1)\,P_0}{\pi\mu l(1 - 4\alpha^2)}. \tag{7}$$

Wegen $0 \leqq \alpha < \frac{1}{2}$ befriedigt dieser Wert δ die Bedingung (5) und liefert eine sinnvolle Lösung.

6.2.10. Ein weiteres Lösungsverfahren für die Randwertprobleme der Halbebene

In den letzten Abschnitten haben wir die Lösung der Randwertprobleme für die untere Halbebene auf die Bestimmung der Funktion $\Phi(z)$ zurückgeführt, wobei wir diese in geeigneter Weise auf die obere Halbebene erweiterten.
Offensichtlich (vgl. die in 5. dargelegten Lösungsverfahren) hätten wir zur Lösung der genannten Probleme unmittelbar die in geeigneter Weise auf die obere Halbebene fortgesetzte Funktion $\varphi(z) = \int \Phi(z)\,dz$ benutzen können [s. Gl. (16) in 6.2.1.]. Von Nachteil ist dabei die Tatsache, daß $\varphi(z)$ im allgemeinen mehrdeutig ist. Diesen Umstand können wir jedoch vermeiden, wenn wir aus $\varphi(z)$ den mehrdeutigen Teil heraustrennen, was ohne Schwierigkeit möglich ist. Andererseits hat die Einführung der Funktion $\varphi(z)$ den Vorteil, daß sich die Differentiation beim Aufstellen von Verschiebungsrandbedingungen erübrigt.

---

[1]) In unserem Falle gilt für große $|z|$

$$\frac{1}{X_p(z)} = (l + z)^{\frac{1}{2}+\alpha}\,(l - z)^{\frac{1}{2}-\alpha} = -i\,e^{\pi i\alpha}\,(z + 2l\alpha) + O\left(\frac{1}{z}\right).$$

6.2.11. Kontaktproblem zweier elastischer Körper (verallgemeinertes Hertzsches Problem)

Wir betrachten zwei elastische Körper S_1 und S_2, die annähernd die Form von Halbebenen haben und sich längs des Randabschnittes *ab* berühren (Bild 55). Der Abschnitt *ab* ist nicht

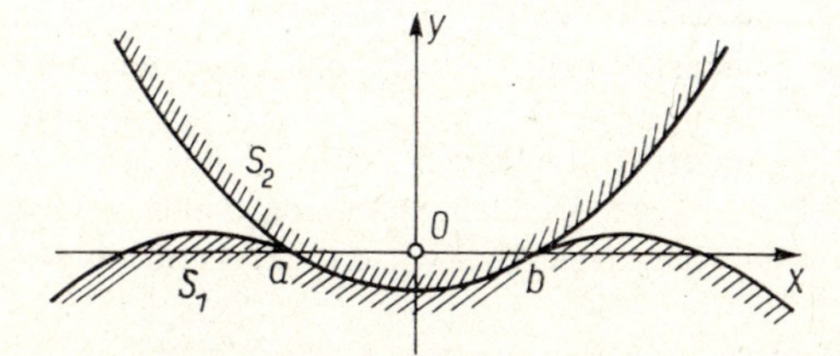

Bild 55

vorgegeben, sondern soll bestimmt werden. Vorgegeben sind die Form der (nahezu geradlinigen) Ränder vor der Berührung und der resultierende Vektor der äußeren Kräfte, die die Körper S_1 und S_2 gegeneinander drücken. Es wird angenommen, daß keine Reibung auftritt. Außerdem setzen wir voraus, daß die Spannungen und die Drehung im Unendlichen für S_1 und S_2 verschwinden. Dieses Problem ist schon an sich von großem Interesse, darüber hinaus erlangt es jedoch besondere Bedeutung, da mit seiner Hilfe das Kontaktproblem für zwei Körper beliebiger Gestalt (im zweidimensionalen Falle) gelöst werden kann, wenn der Berührungsabschnitt klein im Vergleich zu den übrigen Maßen des Körpers ist. In diesem Falle darf man nämlich bei der Berechnung der Spannungen und Verzerrungen in der Umgebung der Kontaktstelle ohne merklichen Fehler annehmen, daß die betrachteten Körper nahezu geradlinige Ränder haben.

Das Kontaktproblem zweier elastischer Körper im dreidimensionalen Falle wurde erstmalig von HERTZ unter gewissen einschränkenden Voraussetzungen aufgestellt und gelöst. Seine Voraussetzungen beinhalten insbesondere die Forderung, daß das Berührungsgebiet klein ist und daß sich die Gleichung der unverformten Fläche in der Umgebung der Berührungsstelle bei geeigneter Wahl der Koordinatenachsen mit hinreichender Genauigkeit in der Gestalt $z = Ax^2 + 2Bxy + Cy^2$ darstellen läßt[1]). Somit stellt das oben formulierte Kontaktproblem zweier Körper mit nahezu geradlinigen Randkurven ein verallgemeinertes zweidimensionales Analogon zum *Hertzschen Problem* dar. Die Verallgemeinerung besteht in folgendem: Der Berührungsabschnitt wird nicht als klein vorausgesetzt, und im Zusammenhang damit sind keine Einschränkungen in bezug auf die Form der Ränder erforderlich außer der Bedingung, daß sie annähernd die Form einer Geraden haben (und hinreichend glatt sind).

Dieses Problem wurde von mehreren Autoren untersucht. I. J. STAJERMAN [1, 3][2]) führte es auf die folgende *Fredholmsche Gleichung erster Art* zurück (wir schreiben sie mit unseren Bezeichnungen)

$$\int_a^b P(t) \ln |t - t_0| \, dt = f(t_0) + \text{const}, \tag{a}$$

wobei $P(t)$ der gesuchte Druck zwischen den Körpern im Punkt t des Berührungsabschnittes ist, während $f(t)$ eine gegebene Funktion darstellt.

---

[1]) I. J. STAJERMAN [2] führte das dreidimensionale HERTZsche Problem unter allgemeineren Voraussetzungen auf eine Integralgleichung zurück.

[2]) Siehe auch STAJERMAN [4]

Zur selben Gleichung gelangt man beim Eindrücken eines starren Stempels in die elastische Halbebene, wie es in der zweiten Auflage des vorliegenden Buches (§ 87) behandelt wurde. Diese Gleichung läßt sich bei vorgegebenen Werten a und b leicht durch Quadratur lösen (s. ebenda § 88).

A. W. BIZADSE [1] gibt für die Lösung unseres Problems eine singuläre Integralgleichung[1]) an, deren Lösung unmittelbar angegeben werden kann. Im weiteren gehen wir analog zu 6.2.5. vor, wo unser Problem für den Sonderfall gelöst wurde, daß einer der in Berührung kommenden Körper starr ist.

Wir nehmen an, daß der Körper S_1 die untere Halbebene S^- und der Körper S_2 die obere Halbebene S^+ einnimmt. Die zu S_1 bzw. S_2 gehörenden Spannungs- und Verschiebungskomponenten sowie die Konstanten λ, μ, $\varkappa$ kennzeichnen wir entsprechend mit den Indizes 1 und 2.

Nun sei $\Phi_1(z)$ eine stückweise holomorphe Funktion, die dem Körper S_1 entspricht und wie in 6.2.1. definiert ist, und $\Phi_2(z)$ stelle die analoge Funktion für den Körper S_2 dar. Beide Funktionen sind in der gesamten Ebene mit Ausnahme des Abschnittes ab auf der x-Achse holomorph; denn die Körperränder bleiben außerhalb dieses Abschnittes unbelastet. Da nach Voraussetzung keine Reibung auftreten soll, gilt auf der x-Achse $[\tau_{xy}^-]_1 = 0$. Hieraus folgt wie in 6.2.5. $\bar{\Phi}_1(z) = -\Phi_1(z)$. Ebenso läßt sich zeigen, daß $\bar{\Phi}_2(z) = -\Phi_2(z)$ ist.

Mit $P(t)$ als Druck zwischen den Körpern im Punkt t gilt weiterhin wie in 6.2.5.

$$P(t) = \Phi_1^+(t) - \Phi_1^-(t) \tag{1}$$

und völlig analog

$$P(t) = \Phi_2^-(t) - \Phi_2^+(t). \tag{2}$$

Durch Gleichsetzung erhalten wir $[\Phi_1 + \Phi_2]^+ = [\Phi_1 + \Phi_2]^-$. Demnach ist die Summe $\Phi_1(z) + \Phi_2(z)$ in der gesamten Ebene holomorph. Da sie im Unendlichen verschwindet, muß $\Phi_1(z) + \Phi_2(z) = 0$ sein. Somit lautet das Endergebnis

$$\bar{\Phi}_1(z) = -\Phi_1(z), \quad \bar{\Phi}_2(z) = -\Phi_2(z), \quad \Phi_2(z) = -\Phi_1(z). \tag{3}$$

Wenn

$$y = f_1(t), \quad y = f_2(t)$$

die Gleichungen der Ränder von S_1 bzw. S_2 vor der Verformung sind[2]), muß auf dem Berührungsabschnitt nach der Deformation[3])

$$f_1(t) + v_1^-(t) = f_2(t) + v_2^+(t)$$

und damit

$$v_1^- - v_2^+ = f(t) \quad \text{auf } ab \tag{4}$$

oder [vgl. (22) in 6.2.1.]

$$v_1'^- - v_2'^+ = v_1^{-\prime} - v_2^{+\prime} = f'(t) \quad \text{auf } ab \tag{5}$$

---

[1]) Die Gleichung von A. W. BIZADSE kann man durch Differentiation der Gl. (a) gewinnen.

[2]) $f_1(t)$ und $f_2(t)$ sowie ihre Ableitungen $f_1'(t)$ und $f_2'(t)$ müssen kleine Größen darstellen.

[3]) Vergleiche 6.2.5. Eigentlich müßte man schreiben:

$$f_1(t) + v_1^- = F(t + u_1^-), \quad f_2(t) + v_2^+ = F(t + u_2^+),$$

wenn $y = F(t)$ die Gleichung der Kontaktlinie nach der Verformung ist. Jedoch im Rahmen der von uns geforderten Genauigkeit gilt $F(t + u_1^-) = F(t + u_2^+)$, und damit erhält man die im Text angegebene Beziehung.

gelten, wobei

$$f(t) = f_2(t) - f_1(t) \tag{6}$$

gesetzt wurde.

Wir nehmen an, daß $f'(t)$ einer H-Bedingung genügt.

Wenn wir nun die Randbedingung (5) mit Hilfe der Formel (15) in 6.2.1. entsprechend für S_1 und S_2 formulieren, erhalten wir unter Beachtung der Beziehung (3)

$$\Phi_1^+(t) + \Phi_1^-(t) = \frac{\mathrm{i}f'(t)}{K} \quad \text{auf } ab \tag{7}$$

mit

$$K = \frac{\varkappa_1 + 1}{4\mu_1} + \frac{\varkappa_2 + 1}{4\mu_2}. \tag{8}$$

Auf diese Weise gelangen wir zu demselben mathematischen Randwertproblem wie beim Eindrücken eines starren Stempels in die elastische Halbebene, d. h. zu einer Aufgabe, die dem in Gl. (5) aus 6.2.5. formulierten Randwertproblem entspricht. Nur müssen wir in unserem Falle $\Phi(z)$ durch $\Phi_1(z)$ und $4\mu/(\varkappa + 1)$ auf der rechten Seite dieser Formel durch $1/K$ ersetzen. Wie in 6.2.6.2. ist auch hier der Berührungsabschnitt nicht vorgegeben, und es wird eine Lösung $\Phi_1(z)$ gesucht, die im Unendlichen verschwindet und in der Umgebung der Endpunkte a, b beschränkt bleibt.

Unter Verwendung der Formeln aus 6.2.6. oder unmittelbar nach 6.1.6. erhalten wir folgende Ergebnisse. Die Funktion $\Phi_1(z)$ ergibt sich aus der Formel [s. Gl. (9) in 6.2.6.]

$$\Phi_1(z) = \frac{\sqrt{(z-a)(b-z)}}{2\pi K} \int_a^b \frac{f'(t)\,\mathrm{d}t}{\sqrt{(t-a)(b-t)}\,(t-z)}. \tag{9}$$

Zur Bestimmung von a und b dienen die beiden Beziehungen [s. Formel (7) in 6.2.6.]

$$\int_a^b \frac{f'(t)\,\mathrm{d}t}{\sqrt{(t-a)(b-t)}} = 0 \tag{10}$$

und

$$\int_a^b \frac{tf'(t)\,\mathrm{d}t}{\sqrt{(t-a)(b-t)}} = KP_0, \tag{11}$$

wobei P_0 die Größe des resultierenden Vektors der äußeren Kräfte ist, die die Körper S_1 und S_2 gegeneinanderdrücken. Diese Größe betrachten wir als vorgegeben. Unter $\sqrt{(z-a)(b-z)}$ verstehen wir, wie in 6.2.6. den Zweig, der für große $|z|$ die Gestalt

$$\sqrt{(z-a)(b-z)} = -\mathrm{i}z + O(1) \tag{12}$$

hat, und unter $\sqrt{(t-a)(b-t)}$ für $a < t < b$ den positiven Wert der Wurzel. Der Druck $P(t_0) = \Phi_1^+(t_0) - \Phi_1^-(t_0)$ ergibt sich aus der Formel

$$P(t_0) = \frac{\sqrt{(t_0-a)(b-t_0)}}{\pi K} \int_a^b \frac{f'(t)\,\mathrm{d}t}{\sqrt{(t-a)(b-t)}}. \tag{13}$$

Wenn $f(t)$ eine gerade Funktion ist, d. h. wenn

$$f(-t) = f(t) \tag{14}$$

gilt, können wir aus Symmetriegründen von vornherein $a = -l$, $b = l$ setzen und die Größe l bestimmen. In diesem Falle ist die Bedingung (10) von selbst erfüllt, und zur Ermittlung von l bleibt uns die Beziehung

$$\int_0^l \frac{tf'(t)\,\mathrm{d}t}{\sqrt{l^2 - t^2}} = \frac{1}{2} KP_0. \tag{11'}$$

Die unter der Voraussetzung (14) mit $a = -b$ entstehenden Endformeln decken sich mit den von A. W. Bizadse im oben genannten Artikel angegebenen. Wie in 6.1.6.2. gezeigt wurde, lassen sich die in den vorigen Formeln auftretenden Integrale völlig elementar berechnen, wenn $f'(t)$ eine rationale Funktion oder insbesondere ein Polynom ist.
Mit $f(t) = At^{2n}$ (wobei A eine Konstante und n eine positive ganze Zahl ist) erhalten wir sofort die von I. J. Stajerman [1] gefundene Lösung. Falls S_1 und S_2 von Kreisen mit den Radien R_1 bzw. R_2 (die groß sind im Vergleich zu den Berührungsabschnitten) begrenzt werden, setzen wir

$$f(t) = \frac{t^2}{2}\left(\frac{1}{R_1} + \frac{1}{R_2}\right)$$

und erhalten die von L. Föppl [1] auf anderem Wege gewonnene Lösung[1]). Einige weitere Beispiele sind im Artikel [3] von A. J. Stajerman und in seinem Buch [4] angegeben.
Bei Berücksichtigung der Reibung zwischen den sich berührenden Körpern wird das Problem bedeutend schwieriger. Die Lösung einiger Kontaktprobleme bei vorhandener Reibung, die von großem praktischem Interesse sind, wurde von N. I. Glagolew veröffentlicht; ein Teil dieser Ergebnisse ist in seinem Artikel [3] enthalten.

6.2.12. Randwertproblem für die Ebene mit geradlinigen Schlitzen[2])

Mit einer zum Vorigen analogen Methode lassen sich unsere Randwertprobleme sowie einige andere Aufgaben lösen, wenn das vom Körper eingenommene Gebiet aus der Ebene mit geradlinigen Schlitzen längs einer Geraden besteht. Wir wählen die Gerade als reelle Achse und leiten zunächst einige zu 6.2.1. analoge Formeln her.

6.2.12.1. Allgemeine Formeln

Das vom elastischen Körper eingenommene Gebiet S' soll die längs der n Abschnitte $L_k = a_k b_k$ ($k = 1, 2, \ldots, n$) der x-Achse aufgeschnittene Ebene darstellen. Die Gesamtheit dieser Geradenstücke bezeichnen wir jetzt mit L. Im vorliegenden Abschnitt setzen wir nicht voraus, daß die Spannungen im Unendlichen verschwinden, sondern fordern lediglich, daß sie *im Unendlichen beschränkt bleiben*. Dann sind die Funktionen $\Phi(z)$ und $\Psi(z)$ in S' einschließlich des unendlich fernen Punktes holomorph, und für $|z|$ gilt gemäß (4) und (5) in 2.2.8.

[1]) Im Hinblick auf die Rechnung haben wir es mit dem gleichen Fall zu tun wie in 6.2.7.3.
[2]) Dieser Abschnitt gibt den Inhalt meines Artikels [23] fast ohne Änderung wieder.

$$\begin{aligned} \Phi(z) &= \Gamma - \frac{X + \mathrm{i}Y}{2\pi(1 + \varkappa)} \frac{1}{z} + O\left(\frac{1}{z^2}\right), \\ \Psi(z) &= \Gamma' + \frac{\varkappa(X - \mathrm{i}Y)}{2\pi(1 + \varkappa)} \frac{1}{z} + O\left(\frac{1}{z^2}\right), \end{aligned} \tag{1}$$

wobei (X, Y) den resultierenden Vektor der an L angreifenden äußeren Kräfte bezeichnet. Die Größen

$$\Gamma = B + \mathrm{i}C, \quad \Gamma' = B' + \mathrm{i}C' \tag{2}$$

bezeichnen Konstanten, die aus den Formeln (2.2.8.)

$$B = \frac{1}{4}(\sigma_{\mathrm{I}} + \sigma_{\mathrm{II}}), \quad C = \frac{2\mu\delta_\infty}{1 + \varkappa}, \quad \Gamma' = -\frac{1}{2}(\sigma_{\mathrm{I}} - \sigma_{\mathrm{II}})\,\mathrm{e}^{-2\mathrm{i}\alpha} \tag{3}$$

bestimmt werden. Dabei sind σ_{I} und σ_{II} die Hauptspannungen im Unendlichen. α ist der Winkel zwischen der σ_{I} entsprechenden Achse und der x-Achse. δ_∞ gibt die Drehung im Unendlichen an. Wir verwenden unsere üblichen Bezeichnungen und betrachten die Funktion

$$\Omega(z) = \bar{\Phi}(z) + z\bar{\Phi}'(z) + \bar{\Psi}(z). \tag{4}$$

Sie ist ebenfalls in S' holomorph und hat auf Grund der Formeln (1) für $|z|$ die Gestalt

$$\Omega(z) = \bar{\Gamma} + \bar{\Gamma}' + \frac{\varkappa(X + \mathrm{i}Y)}{2\pi(1 + \varkappa)} \frac{1}{z} + O\left(\frac{1}{z^2}\right). \tag{5}$$

Wenn wir in (4) z durch $\bar{z}$ ersetzen und zu den konjugierten Werten übergehen, erhalten wir

$$\Psi(z) = \bar{\Omega}(z) - \Phi(z) - z\Phi'(z). \tag{6}$$

Da sich die Spannungskomponenten durch $\Phi(z)$ und $\Psi(z)$ ausdrücken lassen, können wir sie auch mit Hilfe von $\Phi(z)$ und $\Omega(z)$ darstellen. Insbesondere gilt gemäß (8) in 2.2.4.

$$\sigma_y - \mathrm{i}\tau_{xy} = \Phi(z) + \Omega(\bar{z}) + (z - \bar{z})\,\overline{\Phi'(z)}. \tag{7}$$

Analog können die Verschiebungskomponenten berechnet werden, wenn wir anstelle von $\psi(z)$ die Funktion

$$\omega(z) = \int \Omega(z)\,\mathrm{d}z = z\bar{\Phi}(z) + \bar{\psi}(z) + \mathrm{const} \tag{8}$$

einführen, die durch die Funktionen $\Phi(z)$ und $\Psi(z)$ sowie $\varphi(z)$ und $\psi(z)$ bis auf eine additive Konstante bestimmt ist. Dann lautet die Gl. (1) in 2.2.4.

$$2\mu(u + \mathrm{i}v) = \varkappa\varphi(z) - \omega(\bar{z}) - (z - \bar{z})\,\overline{\Phi(z)} + \mathrm{const}. \tag{9}$$

Weiter setzen wir voraus, daß die Funktionen $\Phi(z)$ und $\Omega(z)$ im Sinne der Definition aus 6.1.1. holomorph sind, so daß insbesondere in der Umgebung der Endpunkte a_k, b_k

$$|\Phi(z)| < \frac{A}{|z - c|^\alpha}, \quad |\Omega(z)| < \frac{A}{|z - c|^\alpha} \tag{10}$$

gilt, wobei A und $\alpha < 1$ positive Konstanten sind und c für den entsprechenden Endpunkt steht. Außerdem fordern wir, daß für alle t auf L, die keine Endpunkte darstellen,

$$\lim_{z \to t} y\Phi'(z) = 0 \quad (z = x + \mathrm{i}y) \tag{11}$$

ist.

6.2.12.2. I. Problem[1])

Wir betrachten nun σ_y^+, τ_{xy}^+, σ_y^-, τ_{xy}^- auf L als gegeben. Mit $(+)$ und $(-)$ kennzeichnen wir wie bisher die entsprechend am oberen bzw. unteren Rand der Schlitze (Schnitte) auftretenden Randwerte. Außerdem sollen die Konstanten $\operatorname{Re} \Gamma = B$ und $\Gamma' = B' + \mathrm{i}C'$, d. h. die Werte der Spannungen im Unendlichen vorgegeben sein. Da uns nur die Spannungsverteilung interessiert, können wir ohne Einschränkung der Allgemeinheit annehmen, daß $C = 0$, d. h.

$$\Gamma = \bar{\Gamma} = B$$

gilt.

Gemäß (7) und (11) lauten die Randbedingungen

$$\Phi^+(t) + \Omega^-(t) = \sigma_y^+ - \mathrm{i}\tau_{xy}^+, \quad \Phi^-(t) + \Omega^+(t) = \sigma_y^- - \mathrm{i}\tau_{xy}^- \quad \text{auf } L. \tag{12}$$

Durch Addition und Subtraktion erhalten wir

$$[\Phi(t) + \Omega(t)]^+ + [\Phi(t) + \Omega(t)]^- = 2p(t) \quad \text{auf } L, \tag{13}$$

$$[\Phi(t) - \Omega(t)]^+ - [\Phi(t) - \Omega(t)]^- = 2q(t) \quad \text{auf } L, \tag{14}$$

wobei

$$\begin{aligned} p(t) &= \frac{1}{2}[\sigma_y^+ + \sigma_y^-] - \frac{\mathrm{i}}{2}[\tau_{xy}^+ + \tau_{xy}^-], \\ q(t) &= \frac{1}{2}[\sigma_y^+ - \sigma_y^-] - \frac{\mathrm{i}}{2}[\tau_{xy}^+ - \tau_{xy}^-] \end{aligned} \tag{15}$$

auf L vorgegebene Funktionen sind. Wir nehmen an, daß $p(t)$ und $q(t)$ auf L einer H-Bedingung genügen.

Da $\Phi(\infty) - \Omega(\infty) = -\Gamma'$ ist, ergibt sich die allgemeine Lösung des Randwertproblems (14) aus der Formel (6.1.3.)

$$\Phi(z) - \Omega(z) = \frac{1}{\pi\mathrm{i}} \int_L \frac{q(t)\,\mathrm{d}t}{t - z} - \bar{\Gamma}'. \tag{16}$$

Weiterhin erhalten wir, wenn wir

$$X(z) = \prod_{k=1}^{n} (z - a_k)^{\frac{1}{2}} (z - b_k)^{\frac{1}{2}} \tag{17}$$

setzen und die Gl. (33) in 6.1.6. anwenden, die im Unendlichen beschränkte[2]) allgemeine Lösung des Randwertproblems (13)

$$\Phi(z) + \Omega(z) = \frac{1}{\pi\mathrm{i}X(z)} \int_L \frac{X(t)\,p(t)\,\mathrm{d}t}{t - z} + \frac{2P_n(z)}{X(z)}, \tag{18}$$

wobei $P_n(z)$ ein Polynom von höchstens n-tem Grade ist:

$$P_n(z) = C_0 z^n + C_1 z^{n-1} + \cdots + C_n. \tag{19}$$

Unter $X(t)$ ist der von der Funktion $X(z)$ auf der linken Seite von L angenommene Wert zu verstehen. Aus den Formeln (16) und (18) folgt

$$\Phi(z) = \Phi_0(z) + \frac{P_n(z)}{X(z)} - \frac{1}{2}\bar{\Gamma}', \quad \Omega(z) = \Omega_0(z) + \frac{P_n(z)}{X(z)} + \frac{1}{2}\bar{\Gamma}' \tag{20}$$

[1]) Eine (weniger einfache) Lösung dieses Problems wurde von D. I. Scherman [12] angegeben.

[2]) Die letzte Bedingung ergibt sich aus (1) und (5).

mit

$$\Phi_0(z) = \frac{1}{2\pi i X(z)} \int_L \frac{X(t)\, p(t)\, dt}{t - z} + \frac{1}{2\pi i} \int_L \frac{q(t)\, dt}{t - z}, \tag{21}$$

$$\Omega_0(z) = \frac{1}{2\pi i\, X(z)} \int_L \frac{X(t)\, p(t)\, dt}{t - z} - \frac{1}{2\pi i} \int_L \frac{q(t)\, dt}{t - z}. \tag{22}$$

Die Bedingung (11) wird unter den in bezug auf $p(t)$ und $q(t)$ vereinbarten Voraussetzungen auf Grund des in 4.1.5.2. Gesagten befriedigt. Nun ist noch das Polynom $P_n(t)$ zu ermitteln. Der Bestimmtheit halber wollen wir annehmen, daß unter $X(z)$ der Zweig verstanden wird, der für große $|z|$ die Gestalt

$$X(z) = +z^n + a_{n-1} z^{n-1} + \cdots \tag{17'}$$

hat. Der Koeffizient C_0 läßt sich sofort nach der ersten Gleichung aus (20) und aus der Bedingung $\Phi(\infty) = \Gamma$ ermitteln:

$$C_0 = \Gamma + \tfrac{1}{2}\bar{\Gamma}'. \tag{23}$$

Die übrigen Koeffizienten bestimmen wir aus der Eindeutigkeitsbedingung für die Verschiebungen. Gemäß (9) besteht diese Bedingung darin, daß der Ausdruck $\varkappa\varphi(z) - \omega(\bar{z})$ wieder zu seinem ursprünglichen Wert zurückkehren muß, wenn z die $L_k = a_k b_k$ umschlingende geschlossene Kurve Λ_k durchläuft. Durch Zusammenziehen der Kurve Λ_k auf das Geradenstück L_k erhalten wir als Eindeutigkeitsbedingungen folgende Gleichungen[1]:

$$2(\varkappa + 1) \int_{L_k} \frac{P_n(t)\, dt}{X(t)} + \varkappa \int_{L_k} [\Phi_0^+(t) - \Phi_0^-(t)]\, dt + \int_{L_k} [\Omega_0^+(t) - \Omega_0^-(t)]\, dt = 0 \tag{24}$$

$$(k = 1, \ldots, n).$$

Sie stellen ein lineares System zur Bestimmung der Konstanten $C_1, C_2, \ldots, C_n$ dar. Dieses ist stets lösbar, denn das zugehörige homogene System für $\Gamma = \Gamma' = 0$, $\sigma_y^+ = \tau_{xy}^+ = \sigma_y^- = \tau_{xy}^- = 0$ kann außer $C_1 = C_2 = \cdots = C_n = 0$ keine weitere Lösung haben, da das Ausgangsproblem, wie man leicht auf dem üblichen Wege nachweist, in diesem Falle nur die triviale Lösung $\Phi(z) = \Omega(z) = 0$ hat. Folglich ist das inhomogene System (24) stets eindeutig lösbar und damit unser Problem gelöst.

In dem Sonderfall, daß der Rand der Schlitze spannungsfrei ist (*Zugproblem einer durch Schlitze geschwächten Platte*), gilt $\Phi_0(z) = \Psi_0(z) = 0$, und die Lösung nimmt die äußerst einfache Gestalt

$$\Phi(z) = \frac{P_n(z)}{X(z)} - \frac{1}{2}\bar{\Gamma}', \quad \Omega(z) = \frac{P_n(z)}{X(z)} + \frac{1}{2}\bar{\Gamma}' \tag{25}$$

an, wobei sich die Koeffizienten des Polynoms $P_n(z)$ aus den Bedingungen

$$C_0 = \Gamma + \frac{1}{2}\bar{\Gamma}', \quad \int_{L_k} \frac{P_n(t)\, dt}{X(t)} = 0 \quad (k = 1, 2, \ldots, n) \tag{26}$$

---

[1]) Die Ausdrücke $\Phi_0^+ - \Phi_0^-$ und $\Omega_0^+ - \Omega_0^-$ lassen sich leicht mit Hilfe der Formeln von Sochozki-Plemelj berechnen.

bestimmen lassen. Wenn wir im Falle $n = 1$ (ein Schlitz) $a_1 = -a$, $b_1 = a$ setzen, erhalten wir die einfache Formel

$$\Phi(z) = \frac{(2\Gamma + \bar{\Gamma}')\,z}{2\sqrt{z^2 - a^2}} - \frac{1}{2}\bar{\Gamma}', \quad \Omega(z) = \frac{(2\Gamma + \bar{\Gamma}')\,z}{2\sqrt{z^2 - a^2}} + \frac{1}{2}\bar{\Gamma}'. \tag{27}$$

Eine (nicht so einfache) Lösung des Problems für $n = 1$ ist faktisch in 5.2.5. enthalten, und zwar als Sonderfall des Problems einer Scheibe mit elliptischem Loch unter dem Einfluß vorgegebener Kräfte, die am Lochrand angreifen.

6.2.12.3. II. Problem

Wir nehmen nun an, daß auf L die Verschiebungskomponenten $u^+(t)$, $v^+(t)$ des oberen und $u^-(t)$, $v^-(t)$ des unteren Randes vorgegeben sind. Dann gilt, wenn $u(a_k)$, $v(a_k)$ und $u(b_k)$, $v(b_k)$ die (vorgegebenen) Verschiebungen der Punkte a_k, b_k bezeichnen,

$$\begin{aligned} u^+(a_k) &= u^-(a_k) = u(a_k), \quad v^+(a_k) = v^-(a_k) = v(a_k), \\ u^+(b_k) &= u^-(b_k) = u(b_k), \quad v^+(b_k) = v^-(b_k) = v(b_k). \end{aligned} \tag{28}$$

Außerdem betrachten wir die Konstanten Γ und Γ' (wir setzen jetzt nicht $C = 0$ voraus) sowie den resultierenden Vektor (X, Y) der an L angreifenden äußeren Kräfte als vorgegeben. Um nicht die möglicherweise mehrdeutigen Funktionen $\varphi(z)$ und $\psi(z)$ benutzen zu müssen, gehen wir beim Aufstellen der Randbedingungen nicht von Gl. (9), sondern von folgender, durch deren Differentiation nach x entstehenden aus:

$$2\mu(u' + \mathrm{i}v') = \varkappa\Phi(z) - \Omega(\bar{z}) - (z - \bar{z})\,\overline{\Phi'(z)}. \tag{29}$$

Dabei sind u' und v' die partiellen Ableitungen von u und v nach x. Damit lauten die Randbedingungen[1])

$$\begin{aligned} \varkappa\Phi^+(t) - \Omega^-(t) &= 2\mu(u^{+\prime} + \mathrm{i}v^{+\prime}), \\ \varkappa\Phi^-(t) - \Omega^+(t) &= 2\mu(u^{-\prime} + \mathrm{i}v^{-\prime}). \end{aligned} \tag{30}$$

Durch Addition und Subtraktion erhalten wir

$$[\varkappa\Phi(t) - \Omega(t)]^+ + [\varkappa\Phi(t) - \Omega(t)]^- = 2f(t) \quad \text{auf } L, \tag{31}$$

$$[\varkappa\Phi(t) + \Omega(t)]^+ - [\varkappa\Phi(t) + \Omega(t)]^- = 2g(t) \quad \text{auf } L, \tag{32}$$

wobei

$$\begin{aligned} f(z) &= \mu[(u^{+\prime} + u^{-\prime}) + \mathrm{i}(v^{+\prime} + v^{-\prime})], \\ g(t) &= \mu[(u^{+\prime} - u^{-\prime}) + \mathrm{i}(v^{+\prime} - v^{-\prime})] \end{aligned} \tag{33}$$

auf L vorgegebene Funktionen sind. Wir nehmen an, daß diese Funktionen auf L einer H-Bedingung genügen.

Ähnlich wie im vorigen ergibt sich die allgemeine Lösung der Randwertprobleme (32) und (31) entsprechend durch die Formeln

$$\varkappa\Phi(z) + \Omega(z) = \frac{1}{\pi\mathrm{i}} \int \frac{g(t)\,\mathrm{d}t}{t - z} + \bar{\Gamma}' + \varkappa\Gamma + \bar{\Gamma}, \tag{34}$$

$$\varkappa\Phi(z) - \Omega(z) = \frac{1}{\pi\mathrm{i}X(z)} \int_L \frac{X(t)\,f(t)\,\mathrm{d}t}{t - z} + \frac{2P_n(z)}{X(z)}. \tag{35}$$

---

[1]) Vgl. Ende 6.2.1.

Hierbei ist $X(z)$ die durch (17) definierte Funktion und $X(t)$ stellt deren Wert auf der linken Seite von L dar.

Die letzten Formeln bestimmen die gesuchten Funktionen $\Phi(z)$ und $\Psi(z)$ bis auf ein Glied, welches das Polynom

$$P_n(z) = C_0 z^n + C_1 z^{n-1} + \cdots + C_n$$

enthält. Die beiden ersten Koeffizienten C_0 und C_1 dieses Polynoms können unmittelbar aus (35) bestimmt werden, dabei ist zu beachten, daß gemäß (1) und (5) für große $|z|$

$$\varkappa\Phi(z) - \Omega(z) = \varkappa\Gamma - \bar{\Gamma}' - \frac{\varkappa(X + \mathrm{i}Y)}{\pi(\varkappa + 1)}\frac{1}{z} + O\left(\frac{1}{z^2}\right) \tag{36}$$

gelten muß. Die mit Hilfe von (9) aus den gefundenen Funktionen $\Phi(z)$ und $\Psi(z)$ entstehenden Verschiebungen u, v sind gemäß (28) und (30) eindeutig. Sie erfüllen jedoch die auf den Schlitzen L_k vorgegebenen Randwerte jeweils nur bis auf eine gewisse Konstante, die auf verschiedenen Schlitzen unterschiedliche Werte haben kann.

Nun seien $c_1, c_2, \ldots, c_n$ die Konstanten, durch die sich der aus den Funktionen $\Phi(z)$ und $\Omega(z)$ berechnete Ausdruck $2\mu(u + \mathrm{i}v)$ von dem auf den einzelnen Schlitzen $L_1, L_2, \ldots, L_n$[1]) vorgegebenen Wert unterscheidet. Die Funktionen $\Phi(z)$ und $\Omega(z)$ befriedigen nur dann die Bedingungen der Aufgabe, wenn $c_1 = c_2 = \cdots = c_n$ ist[2]).

Gemäß Gl. (29) kann man diese Bedingungsgleichungen wie folgt schreiben:

$$\int_{b_k}^{a_{k+1}} [\varkappa\Phi(t) - \Omega(t)]\,\mathrm{d}t = 2\mu\{u(a_{k+1}) - u(b_k) + \mathrm{i}[v(a_{k+1}) - v(b_k)]\} \quad (k = 1, 2, \ldots, n-1), \tag{37}$$

wobei auf der rechten Seite dieselben vorgegebenen Größen wie in Gl. (28) stehen.

Wenn wir auf der linken Seite den Ausdruck (35) einsetzen, erhalten wir ein System von $n - 1$ linearen Gleichungen zur Berechnung der noch unbestimmt gebliebenen $n - 1$ Koeffizienten $C_2, \ldots, C_n$. Analog zum vorigen ist dieses System offenbar eindeutig lösbar. Damit ist unser Problem gelöst.

Das Ergebnis für den Sonderfall $n = 1$ haben wir schon in 5.2.6. auf anderem Wege gewonnen.

Analog zum bisherigen kann man das Problem auch dann noch lösen, wenn die Verschiebungen nur bis auf gewisse konstante Glieder bekannt sind, die auf verschiedenen Schlitzen unterschiedliche Werte haben können und statt dessen zusätzlich die resultierenden Vektoren der jeweils auf die einzelnen Schlitze wirkenden äußeren Kräfte vorgegeben sind.

6.2.12.4. Ein gemischtes Problem

Zum Schluß behandeln wir noch ein Problem, das von D. I. Scherman [13] angegeben wurde. In dieser Aufgabe werden die äußeren Spannungen an den oberen und die Verschiebungen an den unteren Schlitzrändern vorgegeben[3]). Gemäß (7) und (29) lauten hier die Randbedingungen

$$\Phi^+(t) + \Omega^-(t) = \sigma_y^+ - \mathrm{i}\tau_{xy}^+, \quad \varkappa\Phi^-(t) - \Omega^+(t) = 2\mu(u^{-\prime} + \mathrm{i}v^{-\prime}) \quad \text{auf } L. \tag{38}$$

[1]) Diese Konstanten sind an der oberen und unteren Seite eines jeden Schlitzes gleich; denn wie man sich leicht auf Grund der von uns angenommenen Bedingungen überzeugen kann, strebt der Ausdruck $2\mu(u + \mathrm{i}v)$ gegen einen bestimmten Grenzwert, wenn z gegen einen der Endpunkte a_k, b_k strebt.

[2]) Dann kann man auf Kosten der auf der rechten Seite von (9) auftretenden Konstanten stets erreichen, daß $c_1 = c_2 = \cdots = c_n = 0$ gilt.

[3]) D. I. Scherman löst das Problem auf ziemlich kompliziertem Wege, indem er es auf ein (zwar einfaches) System von singulären Integralgleichungen zurückführt. Die Lösung D. I. Schermans enthält eine Unzulänglichkeit, auf die wir später eingehen.

Wenn wir die zweite Gleichung zunächst mit $-\mathrm{i}/\sqrt{\varkappa}$ und dann mit $+\mathrm{i}/\sqrt{\varkappa}$ multiplizieren und zur ersten addieren[1]), erhalten wir die Bedingungen

$$\left[\Phi(t) + \frac{\mathrm{i}}{\sqrt{\varkappa}}\Omega(t)\right]^{+} - \mathrm{i}\sqrt{\varkappa}\left[\Phi(t) + \frac{\mathrm{i}}{\sqrt{\varkappa}}\Omega(t)\right]^{-} = 2f_1(t), \tag{39}$$

$$\left[\Phi(t) - \frac{\mathrm{i}}{\sqrt{\varkappa}}\Omega(t)\right]^{+} + \mathrm{i}\sqrt{\varkappa}\left[\Phi(t) - \frac{\mathrm{i}}{\sqrt{\varkappa}}\Omega(t)\right]^{-} = 2f_2(t) \tag{40}$$

auf L, wobei $f_1(t)$ und $f_2(t)$ vorgegebene Funktionen sind. Wir nehmen an, daß diese Funktionen auf L einer H-Bedingung genügen.
Damit ergeben sich die Funktionen

$$\Phi(z) + \frac{\mathrm{i}}{\sqrt{\varkappa}}\Omega(z), \quad \Phi(z) - \frac{\mathrm{i}}{\sqrt{\varkappa}}\Omega(z)$$

als Lösung der Randwertprobleme (39) und (40). Diese wiederum stellen Sonderfälle des in 6.1.6. behandelten Problems dar. Mit den Bezeichnungen aus 6.1.6. ist für die Aufgabe (39) $g = \mathrm{i}\sqrt{\varkappa}$ und für die Aufgabe (40) $g = -\mathrm{i}\sqrt{\varkappa}$.
Wenn wir nach dem in 6.1.6. angeführten Verfahren vorgehen und das Verhalten der Funktionen $\Phi(z)$, $\Omega(z)$ im Unendlichen berücksichtigen, erhalten wir

$$\Phi(z) + \frac{\mathrm{i}}{\sqrt{\varkappa}}\Omega(z) = \frac{X_1(z)}{2\pi\mathrm{i}}\int\limits_L \frac{f_1(t)\,\mathrm{d}t}{X_1^+(t)\,(t-z)} + X_1(z)\,P_n^{(1)}(z), \tag{41}$$

$$\Phi(z) - \frac{\mathrm{i}}{\sqrt{\varkappa}}\Omega(z) = \frac{X_2(z)}{2\pi\mathrm{i}}\int\limits_L \frac{f_2(t)\,\mathrm{d}t}{X_2^+(t)\,(t-z)} + X_2(z)P_n^{(2)}(z) \tag{42}$$

mit

$$X_1(z) = \prod_1^n (z-a_k)^{-\gamma_1}(z-b_k)^{\gamma_1-1}, \quad X_2(z) = \prod_1^n (z-a_k)^{-\gamma_2}(z-b_k)^{\gamma_2-1}, \tag{43}$$

wobei

$$\gamma_1 = \frac{\ln(\mathrm{i}\sqrt{\varkappa})}{2\pi\mathrm{i}} = \frac{1}{4} + \frac{\ln\varkappa}{4\pi\mathrm{i}}, \quad \gamma_2 = \frac{\ln(-\mathrm{i}\sqrt{\varkappa})}{2\pi\mathrm{i}} = \frac{3}{4} + \frac{\ln\varkappa}{4\pi\mathrm{i}} \tag{44}$$

ist. Unter $X_1(z)$ und $X_2(z)$ sind in der längs L aufgeschnittenen Ebene holomorphe Zweige zu verstehen.
Durch Addition und Substraktion der Gln. (41) und (42) ergeben sich explizite Ausdrücke für $\Phi(z)$ und $\Omega(z)$, die wir nicht aufschreiben.
Zur Bestimmung der $2n+2$ unbekannten Koeffizienten der Polynome $P_n^{(1)}$ und $P_n^{(2)}$ stehen folgende Gleichungen zur Verfügung: Erstens die Bedingungen über das Verhalten der Funktionen $\Phi(z)$ und $\Omega(z)$ im Unendlichen gemäß (1) und (5). Die in diese Gleichungen eingehenden Größen Γ, Γ', X, Y betrachten wir als vorgegeben[2]). Zweitens die Bedingungen über die Eindeutigkeit der Verschiebungen analog zu 2. und schließlich die Bedingungen, daß der

[1]) Vgl. SCHERMAN [13], S. 333

[2]) Der resultierende Vektor der am oberen Schlitzrand angreifenden Kräfte wird aus den auf L vorgegebenen Werten σ_y^+, τ_{xy}^+ bestimmt. Außerdem betrachten wir den resultierenden Vektor der am unteren Rand angreifenden Kräfte als vorgegeben. Die Summe dieser beiden Vektoren ist gleich (X, Y).

Ausdruck $2\mu(u + iv)$ an den unteren Schlitzrändern Werte annimmt, die gemäß 3. bis auf eine für alle Schlitze gemeinsame Konstante eindeutig vorgegeben sind.

Durch mathematische Formulierung der genannten Bedingungen erhalten wir ein System von $2n + 2$ Gleichungen[1]) zur Bestimmung der $2n + 2$ unbekannten Koeffizienten.

Nach dem Eindeutigkeitssatz (der bei unseren Vereinbarungen offenbar gilt) ist dieses System stets eindeutig lösbar[2]).

Als Beispiel betrachten wir einen einzelnen Schlitz $L = ab$, der am unteren Rand festgehalten wird ($u^- = v^- = 0$ auf L) und am oberen Rand spannungsfrei ist ($\sigma_y^+ = \tau_{xy}^+ = 0$ auf L). Dabei nehmen wir an, daß die Spannungen und die Drehung im Unendlichen verschwinden ($\Gamma = \Gamma' = 0$) und daß der resultierende Vektor der am unteren Rand angreifenden Kräfte gleich $(0, -P_0)$ ist.

Dieses Beispiel kann man sich wie folgt verwirklicht denken: Am unteren Rand des Schlitzes ist ein starrer Streifen befestigt, auf den eine symmetrische Kraft P_0 senkrecht zum Rand nach unten (in Richtung negativer y) wirkt.

In unserem Falle gilt $n = 1$, $f_1(t) = f_2(t) = 0$,

$$X_1(z) = (z - a)^{-\gamma_1} (z - b)^{\gamma_1 - 1}, \quad X_2(z) = (z - a)^{-\gamma_2} (z - b)^{\gamma_2 - 1},$$

und da $\Phi(z)$ und $\Omega(z)$ im Unendlichen verschwinden sollen (denn $\Gamma = \Gamma' = 0$), erhalten wir gemäß (41) und (42)

$$\Phi(z) = C_1 X_1(z) + C_2 X_2(z), \quad \Omega(z) = -\mathrm{i}\sqrt{\varkappa}\, C_1 X_1(z) + \mathrm{i}\sqrt{\varkappa}\, C_2 X_2(z),$$

wobei C_1 und C_2 Konstanten sind.

Diese Konstanten lassen sich aus den folgenden Gleichungen bestimmen: Gemäß (1) und (5) gilt für große $|z|$

$$\Phi(z) = \frac{\mathrm{i}F_0}{2\pi(1 + \varkappa)} \frac{1}{z} + O\left(\frac{1}{z^2}\right), \quad \Omega(z) = \frac{-\mathrm{i}\varkappa F_0}{2\pi(1 + \varkappa)} \frac{1}{z} + O\left(\frac{1}{z^2}\right).$$

Hieraus erhalten wir, wenn wir unter $X_1(z)$ und $X_2(z)$ diejenigen Zweige verstehen, die für $z \to \infty$ der Bedingung $\lim zX_1(z) = \lim zX_2(z) = 1$ genügen,

$$C_1 + C_2 = \frac{\mathrm{i}F_0}{2\pi(1 + \varkappa)}, \quad -\mathrm{i}\sqrt{\varkappa}\, C_1 + \mathrm{i}\sqrt{\varkappa}\, C_2 = -\frac{\mathrm{i}\varkappa F_0}{2\pi(1 + \varkappa)},$$

d. h.

$$C_1 = \frac{\mathrm{i}F_0\left(1 - \mathrm{i}\sqrt{\varkappa}\right)}{4\pi(1 + \varkappa)}, \quad C_2 = \frac{\mathrm{i}F_0\left(1 + \mathrm{i}\sqrt{\varkappa}\right)}{4\pi(1 + \varkappa)}.$$

6.3. Lösung der Grundprobleme für kreisberandete Gebiete und für die unendliche Ebene mit Schlitzen längs einer Kreisperipherie

Völlig analog zum Vorigen lassen sich die wichtigsten Randwertprobleme für das Kreisgebiet und die unendliche Ebene mit Kreisloch behandeln. Die Lösung des I., II. und ge-

[1]) Die erste Gruppe dieser Bedingungen liefert vier Gleichungen, die zweite n, jedoch eine davon ist auf Grund der ersten vier Gleichungen eine Kombination der übrigen. Die dritte Gruppe liefert $n - 1$ Gleichungen.

[2]) Im Gegensatz zu seinem Artikel [12], in dem das I. Problem behandelt wird, gibt D. I. SCHERMAN in [13] keine Bedingungen für die Existenz der Lösung an. Deshalb enthält die von SCHERMAN gewonnene Lösung des eben betrachteten Problems gewisse Konstanten, die sich ohne zusätzliche Bedingungen nicht ermitteln lassen. Der Autor selbst untersucht die Lösung nicht näher und betrachtet die Konstanten als willkürlich.

mischten Problems für diese Gebiete sowie für einen allgemeineren Fall, den wir im folgenden Abschnitt betrachten, ist in der Dissertation von I. N. KARZIWADSE enthalten. Einen Teil dieser Ergebnisse veröffentlichte er in seinen Artikeln [1, 2], wo der Kürze halber nur das endliche Gebiet betrachtet wird. Für das unendliche Gebiet ergibt sich die Lösung völlig analog[1]).

In 6.3.1. bis 6.3.3. geben wir die Resultate von I. N. KARZIWADSE für Gebiete mit Kreisrand wieder, und in 6.3.5. behandeln wir das unendliche Gebiet mit Kreisbogenschlitzen.

6.3.1. Transformation der allgemeinen Formeln für kreisberandete Gebiete

Es sei L der Einheitskreis mit dem Koordinatenursprung als Mittelpunkt, S^+ das zugehörende Kreisgebiet und S^- der restliche Teil der Ebene (mit Ausnahme von L).

Der elastische Körper soll entweder das Gebiet S^+ oder S^- einnehmen.

Über die Beziehung

$$z = \varkappa + \mathrm{i}y = r\,\mathrm{e}^{\mathrm{i}\vartheta}$$

führen wir die Polarkoordinaten r und ϑ ein. Mit σ_r, σ_ϑ, $\tau_{r\vartheta}$ bezeichnen wir wie in 2.2.11. die Spannungskomponenten in Polarkoordinaten. Sie sind mit den Funktionen $\Phi(z)$ und $\Psi(z)$ über die Beziehungen (s. 2.2.11.)[2])

$$\sigma_r + \sigma_\vartheta = 2\left[\Phi(z) + \overline{\Phi(z)}\right], \tag{1}$$

$$\sigma_r + \mathrm{i}\tau_{r\vartheta} = \Phi(z) + \overline{\Phi(z)} - \bar{z}\,\overline{\Phi'(z)} - \frac{\bar{z}}{z}\,\overline{\Psi(z)} \tag{2}$$

verknüpft.

Mit Hilfe der Formel

$$2\mu(u + \mathrm{i}v) = \varkappa\varphi(z) - z\,\overline{\varphi'(z)} - \overline{\psi(z)} + \mathrm{const} \tag{3}$$

werden die Verschiebungen u, v (in kartesischen Koordinaten) durch die Funktionen $\varphi(z)$, $\psi(z)$ und $\Phi(z)$, $\Psi(z)$ ausgedrückt, wobei $\varphi'(z) = \Phi(z)$, $\psi'(z) = \Psi(z)$ ist.

Durch Differentiation der Gl. (3) nach ϑ ergibt sich

$$2\mu(u' + \mathrm{i}v') = \mathrm{i}z\left[\varkappa\Phi(z) - \overline{\Phi(z)} + \bar{z}\,\overline{\Phi'(z)} + \frac{\bar{z}}{z}\,\overline{\Psi(z)}\right] \tag{4}$$

mit

$$u' = \frac{\partial u}{\partial\vartheta}, \quad v' = \frac{\partial v}{\partial\vartheta}.$$

Die Funktionen $\Phi(z)$ und $\Psi(z)$ sind im betrachteten Gebiet (S^+ bzw. S^-) holomorph. Im Gebiet S^- haben die Funktionen $\Phi(z)$ und $\Psi(z)$ für große $|z|$ die Gestalt

$$\Phi(z) = \Gamma - \frac{X + \mathrm{i}Y}{2\pi(1 + \varkappa)}\,\frac{1}{z} + O\left(\frac{1}{z^2}\right), \tag{5}$$

$$\Psi(z) = \Gamma' + \frac{\varkappa(X - \mathrm{i}Y)}{2\pi(1 + \varkappa)}\,\frac{1}{z} + O\left(\frac{1}{z^2}\right) \tag{6}$$

---

[1]) B. L. MINZBERG [1] veröffentlichte die Lösung des gemischten Problems für das unendliche Gebiet mit Kreisloch, er kannte offenbar nur den ersten der angeführten Artikel von I. N. KARZIWADSE.

[2]) 2.2.11., erste Formel aus (4) und Gl. (5); in der letzteren gehen wir zu den konjugierten Werten über und schreiben $\bar{z}/z$ anstelle von $\mathrm{e}^{-2\mathrm{i}\vartheta}$.

mit

$$\Gamma = B + \mathrm{i}C, \quad \Gamma' = B' + \mathrm{i}C'; \tag{7}$$

$$B = \frac{1}{4}(\sigma_{\mathrm{I}} + \sigma_{\mathrm{II}}), \quad C = \frac{2\mu\delta_\infty}{1+\varkappa}, \quad \Gamma' = -\frac{1}{2}(\sigma_{\mathrm{I}} - \sigma_{\mathrm{II}})\,\mathrm{e}^{-2\mathrm{i}\alpha}. \tag{8}$$

Unter Benutzung der schon des öfteren angewendeten Bezeichnungen (s. 4.2.4.) setzen wir nun die ursprünglich nur in S^+ (bzw. S^-) definierte Funktion $\Phi(z)$ auf das Gebiet S^- (bzw. S^+) fort, in dem wir dort, d. h. für $|z| > 1$ (bzw. $|z| < 1$)[1])

$$\Phi(z) = -\bar{\Phi}\left(\frac{1}{z}\right) + \frac{1}{z}\bar{\Phi}'\left(\frac{1}{z}\right) + \frac{1}{z^2}\bar{\Psi}\left(\frac{1}{z}\right) \tag{9}$$

festlegen.

Wenn wir in dieser Formel, die nach Voraussetzung für $|z| > 1$ (bzw. $|z| < 1$) gültig ist, die Größe z durch $1/\bar{z}$ ersetzen, so erhalten wir für $|\bar{z}| = |z| < 1$ (bzw. $|\bar{z}| = |z| > 1$)

$$\Phi\left(\frac{1}{\bar{z}}\right) = -\bar{\Phi}(\bar{z}) + \bar{z}\bar{\Phi}'(\bar{z}) + \overline{z^2}\bar{\Psi}(\bar{z})$$

oder nach Übergang zu den konjugierten Werten

$$\Psi(z) = \frac{1}{z^2}\Phi(z) + \frac{1}{z^2}\bar{\Phi}\left(\frac{1}{z}\right) - \frac{1}{z}\Phi'(z). \tag{10}$$

Die Spannungs- und Verschiebungskomponenten sind durch die Funktionen $\Phi(z)$ und $\Psi(z)$ eindeutig bestimmt, demnach lassen sie sich auch unter Berücksichtigung der Gl. (10) durch die Funktion $\Phi(z)$ allein ausdrücken, dabei ist letztere jetzt in der gesamten Ebene (mit Ausnahme der Kurve L) definiert.

Wenn der Körper das Gebiet S^+ einnimmt, ist die Funktion $\Phi(z)$ sowohl in S^+ als auch in S^- einschließlich des unendlich fernen Punktes holomorph; dies folgt unmittelbar aus Gl. (9). Das Verhalten der Funktion $\Phi(z)$ im Unendlichen muß jedoch gewissen Bedingungen genügen, damit auch die ihr entsprechende durch (10) definierte Funktion $\Psi(z)$ in S^+ (d. h. an der Stelle $z = 0$) holomorph ist: Mit

$$\begin{aligned} \Phi(z) &= A_0 + A_1 z + A_2 z^2 + \cdots \quad \text{für } |z| < 1, \\ \Phi(z) &= B_0 + \frac{B_1}{z} + \frac{B_2}{z^2} + \cdots \quad \text{für } |z| > 1 \end{aligned} \tag{11}$$

lauten diese Bedingungen

$$A_0 + \overline{B_0} = 0, \quad B_1 = 0. \tag{12}$$

Im weiteren wollen wir die genannten Gleichungen als erfüllt betrachten.

Wenn der Körper das Gebiet S^- einnimmt, ist die Funktion $\Phi(z)$ in S^- (einschließlich des unendlich fernen Punktes) und S^+ holomorph mit Ausnahme des Punktes $z = 0$, wo sie einen Pol haben kann; denn unter Berücksichtigung von (5) und (6) erhalten wir gemäß (9)

---

[1]) Diese Erweiterung führen wir so durch, daß sich die Werte der Funktion $\Phi(z)$ zur Rechten und Linken von L einander über die unbelasteten Abschnitte analytisch fortsetzen (vgl. 6.2.1.). Da auf L

$$\bar{z} = \frac{1}{z}$$

gilt, gelangen wir damit unter Berücksichtigung der Gl. (2) leicht auf die Formel (9).

für die Umgebung des Punktes $z = 0$

$$\Phi(z) = \frac{\bar{\Gamma}'}{z^2} + \frac{\varkappa(X + iY)}{2\pi(1 + \varkappa)} \frac{1}{z} + \text{holomorphe Funktion.} \tag{13}$$

Die Spannungen lassen sich mit Hilfe der Gln. (1) und (2) durch die Funktion $\Phi(z)$ ausdrücken, wobei unter $\Psi(z)$ der Ausdruck (10) zu verstehen ist. Wenn wir den aus (10) hervorgegangenen Ausdruck

$$\overline{\Phi(z)} - \bar{z}\overline{\Phi'(z)} = \bar{z}^2\overline{\Psi(z)} - \Phi\left(\frac{1}{\bar{z}}\right)$$

in (2) einsetzen, erhalten wir die für unsere Zwecke günstigere Formel

$$\sigma_r + i\tau_{r\vartheta} = \Phi(z) - \Phi\left(\frac{1}{\bar{z}}\right) + \bar{z}\left(\bar{z} - \frac{1}{z}\right)\overline{\Psi(z)}, \tag{14}$$

wobei auf der rechten Seite unter $\Psi(z)$ der Ausdruck (10) zu verstehen ist.
Analog ergibt sich aus (4)

$$2\mu(u' + iv') = iz\left[\varkappa\Phi(z) + \Phi\left(\frac{1}{\bar{z}}\right) - \bar{z}\left(\bar{z} - \frac{1}{z}\right)\overline{\Psi(z)}\right], \tag{15}$$

wobei wiederum $\Psi(z)$ mit Hilfe von (10) definiert ist und wie bisher

$$u' = \frac{\partial u}{\partial \vartheta}, \quad v' = \frac{\partial v}{\partial \vartheta} \tag{16}$$

gilt.
Im weiteren nehmen wir an, daß die Funktion $\Phi(z)$ von S^+ und S^- aus stetig fortsetzbar auf L ist, möglicherweise mit Ausnahme endlich vieler Punkte c_k auf L, in deren Nähe

$$|\Phi(z)| < \frac{\text{const}}{|z - c_k|^\alpha}, \quad 0 \leqq \alpha < 1 \tag{17}$$

gilt. Außerdem setzen wir voraus, daß für alle Punkte t auf L mit möglicher Ausnahme der Punkte c_k

$$\lim_{z \to t} (1 - r)\,\Phi'(z) = 0 \quad (z = r\,e^{i\vartheta}) \tag{18}$$

ist. Gemäß Gl. (10) ergibt sich damit offenbar

$$\lim_{z \to t} \left(\bar{z} - \frac{1}{z}\right)\psi(z) = \lim_{z \to t} e^{-i\vartheta}\left(r - \frac{1}{r}\right)\psi(z) = 0, \tag{19}$$

möglicherweise die Werte $t = c_k$ ausgenommen.
Enthält L einen unbelasteten Abschnitt L' (d. h. für $\sigma_r = \tau_{r\vartheta} = 0$ auf L'), so gilt gemäß Gl. (14) $\Phi^+(t) - \Phi^-(t) = 0$ auf L'. Die Werte der Funktion $\Phi(z)$ innerhalb und außerhalb L setzen einander folglich über unbelastete Randabschnitte analytisch fort (wie im Falle der Halbebene). Gerade dieser Eigenschaft halber wurde die Definition (9) für die Funktion $\Phi(z)$ in S^- (bzw. S^+) gewählt.
Mit Hilfe der gewonnenen Formeln lassen sich unsere Randwertprobleme für den Kreis mühelos analog zum vorigen Abschnitt für die Halbebene lösen.

6.3.2. Lösung des I. und II. Problems für kreisberandete Gebiete

Diese Aufgaben wurden im bisherigen auf verschiedene Weise behandelt. Zur Illustration des neuen Verfahrens zeigen wir nun eine Lösung mit Hilfe der eben gewonnenen Formeln, dabei beschränken wir uns ihrer Einfachheit halber auf kurze Hinweise.

6.3.2.1. I. Problem für den Kreis

In diesem Falle nimmt der Körper das Gebiet S^+ ein, und die Randbedingung hat die Gestalt

$$\sigma_\varrho^+ + i\tau_{\varrho\vartheta}^+ = \sigma_n(t) + i\tau_n(t), \tag{1}$$

wobei σ_n und τ_n die Normal- bzw. Schubspannung auf L bezeichnen. Wir betrachten diese beiden Größen als vorgegeben und nehmen an, daß sie einer H-Bedingung genügen. Gemäß (14) in 6.3.1. lautet die Randbedingung

$$\Phi^+(t) - \Phi^-(t) = \sigma_n(t) + i\tau_n(t). \tag{2}$$

Wir gelangen auf diese Weise zu einem schon in 6.1.3. gelösten Problem.
In unserem Falle wird eine im Unendlichen beschränkte Lösung benötigt. Nach Gl. (2) in 6.1.3. erhalten wir

$$\Phi(z) = \frac{1}{2\pi i}\int\limits_L \frac{\sigma_n(t) + i\tau_n(t)}{t - z}\,dt + B_0, \tag{3}$$

wobei $B_0 = \Phi(\infty)$ eine zunächst noch unbekannte Konstante ist.
Um diese Konstante zu bestimmen und die Lösbarkeit des Problems zu untersuchen, wenden wir uns den Gln. (12) in 6.3.1. zu, die nach Voraussetzung erfüllt sein müssen.
Die Konstanten A_0 und B_1 aus (11) in 6.3.1. ergeben sich zu

$$A_0 = \Phi(0) = \frac{1}{2\pi i}\int\limits_L [\sigma_n(t) + i\tau_n(t)]\frac{dt}{t} + B_0 = \frac{1}{2\pi}\int\limits_0^{2\pi} (\sigma_n + i\tau_n)\,d\vartheta + B_0,$$

$$B_1 = \lim_{z\to\infty} z[\Phi(z) - B_0] = -\frac{1}{2\pi i}\int\limits_L [\sigma_n(t) + i\tau_n(t)]\,dt = -\frac{1}{2\pi}\int\limits_0^{2\pi} (\sigma_n + i\tau_n)\,e^{i\vartheta}d\vartheta,$$

und damit erhalten wir gemäß (12) in 6.3.1.

$$\frac{1}{2\pi}\int\limits_0^{2\pi} (\sigma_n + i\tau_n)\,d\vartheta + B_0 + \bar{B}_0 = 0,$$

$$\int\limits_0^{2\pi} (\sigma_n + i\tau_n)\,e^{i\vartheta}d\vartheta = 0. \tag{4}$$

Nach der vorletzten Gleichung muß

$$\int\limits_0^{2\pi} \tau_n\,d\vartheta = 0 \tag{5}$$

gelten. Folglich ist

$$\operatorname{Re} B_0 = -\frac{1}{4\pi}\int\limits_0^{2\pi} \sigma_n d\vartheta. \tag{6}$$

Die Gln. (4) und (5) drücken entsprechend die für die Existenz einer Lösung notwendigen Bedingungen aus, daß der resultierende Vektor und das resultierende Moment der äußeren Kräfte verschwinden müssen.
Durch Gl. (6) wird der Realteil der Konstanten B_0 bestimmt; ihr Imaginärteil bleibt, wie zu erwarten war, willkürlich, denn er ruft lediglich eine starre Drehung des Gesamtkörpers hervor. Damit ist unser Problem gelöst.

6.3.2.2. Das I. Problem für die Ebene mit Kreisloch wird völlig analog zum vorigen gelöst. In diesem Falle gilt

$$\sigma_\varrho^- + \mathrm{i}\tau_{\varrho\vartheta}^- = \sigma_n(t) + \mathrm{i}\tau_n(t), \tag{7}$$

wobei $\sigma_n(t)$ und $\tau_n(t)$ die vorgegebenen äußeren Normal- und Schubspannungen sind. Wie in 5.2.12. und 3.2.3. ist unter σ_n die Projektion auf die zum Mittelpunkt gerichtete Normale zu verstehen, während τ_n die Projektion auf die von der positiven Normalrichtung aus nach links zeigende Tangente bezeichnet. Wir nehmen an, daß $\sigma_n(t)$ und $\tau_n(t)$ einer H-Bedingung genügen.
Unter Berücksichtigung der Gl. (14) in 6.3.1. lautet die Randbedingung

$$\Phi^+(t) - \Phi^-(t) = -[\sigma_n(t) + \mathrm{i}\tau_n(t)], \tag{8}$$

sie ist zu (2) völlig analog. Gemäß (5) und (13) ist jedoch jetzt eine Lösung gesucht, die im Unendlichen den vorgegebenen Wert Γ annimmt und im Punkt $z = 0$ einen Pol mit dem Hauptteil

$$\frac{\overline{\Gamma'}}{z^2} + \frac{\varkappa(X + \mathrm{i}Y)}{2\pi(1 + \varkappa)} \frac{1}{z}$$

hat. Nach dem in 6.1.3. Gesagten erhalten wir folglich

$$\Phi(z) = -\frac{1}{2\pi\mathrm{i}} \int\limits_L \frac{\sigma_n(t) + \mathrm{i}\tau_n(t)}{t - z} \mathrm{d}t + \Gamma + \frac{\varkappa(X + \mathrm{i}Y)}{2\pi(1 + \varkappa)} \frac{1}{z} + \frac{\overline{\Gamma'}}{z^2}. \tag{9}$$

Die Größen X, Y (Komponenten des resultierenden Vektors der äußeren Kräfte) lassen sich unmittelbar aus den Randbedingungen berechnen, und zwar gilt, wie man leicht sieht,

$$X + \mathrm{i}Y = -\int\limits_0^{2\pi} (\sigma_n + \mathrm{i}\tau_n)\, \mathrm{e}^{\mathrm{i}\vartheta} \mathrm{d}\vartheta.$$

Die Größen Γ und Γ' geben die Spannungen und die Drehung im Unendlichen an und werden als bekannt vorausgesetzt. Wie man leicht nachprüft, ist die Eindeutigkeit der Verschiebungen gewährleistet. Damit ist das Problem gelöst.
Für $\Gamma = \Gamma' = 0$ stimmt die Funktion $\Phi(z)$ im Gebiet S^- mit dem in 5.2.12. gewonnenen Ausdruck überein (unter der Voraussetzung, daß die Spannungen und die Drehung im Unendlichen verschwinden).

6.3.2.3. Das II. Problem für S^+ und S^- wird völlig analog zum vorigen gelöst, dabei geht man von Gl. (15) in 6.3.1. aus. Wir überlassen dies dem Leser.

6.3.3. Das gemischte Problem für kreisberandete Gebiete

Dieses Problem wurde bisher noch nicht gelöst.

Es seien $L_k = a_k b_k$ $(k = 1, 2, \ldots, n)$ vorgegebene Bogenstücke auf dem Kreis L. Die Bezeichnung wählen wir so, daß die Endpunkte beim Umfahren des Kreises entgegen dem Uhrzeigersinn in der Reihenfolge $a_1, b_1, \ldots, a_n, b_n$, durchlaufen werden. Die Gesamtheit dieser Bogenstücke nennen wir L':

$$L' = L_1 + L_2 + \cdots + L_n,$$

den übrigen Teil des Kreises bezeichnen wir mit L''.
Auf L' seien die Verschiebungen und auf L'' die Spannungen vorgegeben.
Da die Lösung des I. Problems schon behandelt wurde, können wir das betrachtete gemischte Problem stets auf den Fall zurückführen, daß auf den Abschnitten $L_k = a_k b_k$ die Verschiebungen vorgegeben sind und der restliche Teil des Randes frei von äußeren Spannungen ist[1]).

6.3.3.1. Lösung des gemischten Problems für den Kreis

Wir betrachten zunächst den Fall, daß der Körper das Gebiet S^+, d. h. einen Kreis mit der Peripherie L, einnimmt. Dann lauten die Randbedingungen

$$u^+ + \mathrm{i}v^+ = g(t) \quad \text{auf } L', \tag{1}$$

$$\sigma_r^+ + \mathrm{i}\tau_{r\vartheta}^+ = 0 \quad \text{auf } L'', \tag{2}$$

wobei $g(t)$ eine auf L' vorgegebene Funktion ist. Wir setzen voraus, daß ihre Ableitung $g'(t)$ einer H-Bedingung genügt.
Gemäß Gl. (15) in 6.3.1. ergibt sich aus (1)

$$\varkappa\Phi^+(t) + \Phi^-(t) = 2\mu g'(t) \quad \text{auf } L' \tag{3}$$

mit

$$g'(t) = \frac{\mathrm{d}g}{\mathrm{d}t} = -\,\mathrm{i}\mathrm{e}^{-\mathrm{i}\vartheta}\,\frac{\mathrm{d}g}{\mathrm{d}\vartheta}. \tag{4}$$

Die Bedingung (2) führt, wie schon oben bemerkt, auf die Gleichung $\Phi^+(t) - \Phi^-(t) = 0$ auf L''. Sie besagt, daß die Funktion $\Phi(z)$ in der gesamten längs L' aufgeschnittenen Ebene holomorph ist.
Folglich benötigen wir zur Bestimmung der Funktion $\Phi(z)$ eine im Unendlichen beschränkte Lösung der in 6.1.6. betrachteten Aufgabe. In unserem Falle ist die in 6.1.6. mit g bezeichnete Konstante gleich $-1/\varkappa$, und es gilt

$$f(t) = \frac{2\mu}{\varkappa}\,g'(t).$$

Gemäß Gl. (5) in 6.1.6. ergibt sich

$$\gamma = \frac{1}{2\pi\mathrm{i}}\ln\left(-\frac{1}{\varkappa}\right) = -\,\frac{\ln(-\varkappa)}{2\pi\mathrm{i}} = -\,\frac{\ln\varkappa}{2\pi\mathrm{i}} + \frac{1}{2},$$

d. h.

$$\gamma = \tfrac{1}{2} + \mathrm{i}\beta$$

mit

$$\beta = \frac{\ln\varkappa}{2\pi}. \tag{5}$$

[1]) Man kann auch leicht die Lösung unmittelbar für den allgemeinen Fall angeben (s. Bemerkung am Ende des vorliegenden Abschnittes).

Nach Gl. (2) in 6.1.6. erhalten wir somit jetzt

$$X_0(z) = \prod_{k=1}^{n} (z - a_k)^{-\frac{1}{2}-i\beta} (z - b_k)^{-\frac{1}{2}+i\beta}, \tag{6}$$

wobei unter $X_0(z)$ der Zweig zu verstehen ist, der für große $|z|$ die Gestalt

$$X_0(z) = \frac{1}{z^n} + \frac{\alpha_{-n-1}}{z^{n+1}} + \cdots \tag{7}$$

hat.

Wenn wir beachten, daß die Funktion $\Phi(z)$ im Unendlichen beschränkt sein muß, bekommen wir gemäß (18) in 6.1.6.

$$\Phi(z) = \frac{\mu X_0(z)}{\pi i \varkappa} \int_{L'} \frac{g'(t)\,\mathrm{d}t}{X_0^+(t)\,(t - z)} + X_0(z)\,P_n(z), \tag{8}$$

wobei $P_n(z)$ ein Polynom von höchstens n-tem Grade ist:

$$P_n(z) = C_0 z^n + C_1 z^{n-1} + \cdots + C_n. \tag{9}$$

Nun sind noch die Konstanten $C_0, C_1, \ldots, C_n$ zu bestimmen. Dabei müssen alle Bedingungen des Ausgangsproblems erfüllt werden; das sind erstens die Gln. (12) in 6.3.1. und zweitens die Forderung, daß die Randbedingung (1) und nicht nur die aus ihr durch Differentiation nach ϑ hervorgehende Gl. (3) befriedigt wird. Dabei braucht die Gl. (1) nur bis auf eine für alle L_k gleiche Konstante erfüllt zu werden; denn dann kann man sie durch geeignete Wahl der willkürlichen Konstanten auf der rechten Seite in Gl. (3) aus 6.3.1. auch exakt befriedigen.

Diese Forderung führt offenbar auf die Gleichung

$$\int_{b_k a_{k+1}} \left[\varkappa \Phi^+(t_0) + \Phi^-(t_0)\right] \mathrm{d}t_0 = 2\mu \left[g(a_{k+1}) - g(b_k)\right] \tag{10}$$

$$(k = 1, 2, \ldots n, \quad a_{n+1} = a_1),$$

wobei unter $\Phi^+(t_0)$ und $\Phi^-(t_0)$ die aus Gl. (8) hervorgehenden Ausdrücke zu verstehen sind.

Da auf den Bogenstücken $b_k a_{k+1}$ $\Phi^+(t_0) = \Phi^-(t_0)$ gilt, ergibt sich aus den vorigen Bedingungen

$$(\varkappa + 1) \int_{b_k a_{k+1}} \Phi_0(t_0)\,\mathrm{d}t_0 + \sum_{j=0}^{n} A_{kj} C_j = 2\mu[g(a_{k+1}) - g(b_k)] \tag{11}$$

mit

$$\Phi_0(t_0) = \frac{\mu X_0(t_0)}{\pi i \varkappa} \int_{L'} \frac{g'(t)\,\mathrm{d}t}{X_0^+(t)\,(t - t_0)}, \tag{12}$$

$$A_{kj} = (\varkappa + 1) \int_{b_k a_{k+1}} X_0(t)\, t^{n-j} \mathrm{d}t. \tag{13}$$

Auf diese Weise bekommen wir n lineare Gleichungen zur Bestimmung der Konstanten $C_0, C_1, \ldots, C_n$.

Nun müssen noch die Bedingungen (12) in 6.3.1. befriedigt werden. Es läßt sich leicht zeigen, daß die zweite dieser Gleichungen eine Folge der schon angegebenen Gln. (11) ist; denn aus den zu (10) äquivalenten Bedingungen (11) ergibt sich, wie man leicht sieht[1]),

$$\int_L [\varkappa\Phi^+(t_0) + \Phi^-(t_0)]\,\mathrm{d}t_0 = 0.$$

Da jedoch $\Phi(z)$ in S^+ holomorph ist, verschwindet das Integral des ersten Gliedes und folglich ist

$$\int_L \Phi^-(t_0)\,\mathrm{d}t_0 = 0.$$

Das besagt aber gerade, daß der Koeffizient B_1 aus der Entwicklung der Funktion $\Phi(z)$ nach fallenden Potenzen von z in der Nähe des unendlich fernen Punktes verschwindet. Wir brauchen also nur noch die erste Gleichung aus (12) in 6.3.1. aufzuschreiben. Sie lautet

$$\Phi(0) + \overline{\Phi(\infty)} = 0.$$

Daraus ergibt sich gemäß (8)

$$\bar{C}_0 + X_0(0)\,C_n + \frac{\mu X_0(0)}{\pi i\varkappa} \int_{L'} \frac{g'(t)}{X_0^+(t)}\,\frac{\mathrm{d}t}{t} = 0. \tag{14}$$

Zur Bestimmung der Konstanten $C_0, C_1, \ldots, C_n$ stehen also die $n + 1$ linearen Gleichungen (11) und (14) zur Verfügung (oder besser gesagt, es liegt ein System von $2n + 2$ linearen Gleichungen für die Real- und Imaginärteile der genannten Konstanten vor).
Nun ist noch zu zeigen, daß das gewonnene System immer lösbar ist. Dazu brauchen wir nur nachzuweisen, daß das für $g(t) = \text{const}$ entstehende homogene System außer $C_0 = C_1 = \ldots = C_n = 0$ keine Lösung hat. Dies wiederum folgt sofort aus dem Eindeutigkeitssatz für das gemischte Problem.

6.3.3.2. Die Lösung des gemischten Problems für die Ebene mit Kreisloch

Sie läßt sich völlig analog zum vorigen behandeln[2]). Die Randbedingung lautet in diesem Falle

$$u^- + iv^- = g(t) \quad \text{auf } L', \tag{15}$$

$$\sigma_r^- + i\tau_{r\vartheta}^- = 0 \quad \text{auf } L''. \tag{16}$$

Aus (15) folgt gemäß (15) in 6.3.1.

$$\Phi^+(t) + \varkappa\Phi^-(t) = 2\mu g'(t), \tag{17}$$

und aus (16) ergibt sich wie im vorigen Falle $\Phi^+ - \Phi^- = 0$ auf L''. Benötigt wird eine Lösung $\Phi(z)$, die (wie im vorigen Falle) im Unendlichen beschränkt ist und wegen (13) aus 6.3.1. im Punkt $z = 0$ einen Pol von höchstens zweiter Ordnung hat.
Als vorgegeben betrachten wir die Spannungen und die Drehung im Unendlichen, d. h. die in den Gln. (5) und (6) aus 6.3.1. auftretenden Konstanten Γ und Γ', sowie den resultierenden Vektor (X, Y) der an L' angreifenden äußeren Kräfte.

---

[1]) Es ist zu beachten, daß gemäß (3)

$$\int_{a_k b_k} [\varkappa\Phi^+(t_0) + \Phi^-(t_0)]\,\mathrm{d}t_0 = 2\mu\,[g(b_k) - g(a_k)]$$

gilt.

[2]) Wie schon gesagt (Fußnote auf S. 400), wurde die Lösung für diesen Fall (unter der speziellen Voraussetzung $n = 1$) von B. L. Minzberg [1] in etwas komplizierterer Form als hier angegeben.

Zur Lösung des Problems (17) können wie im vorigen die Ergebnisse aus 6.1.6. benutzt werden. In unserem Falle gilt $f(t) = 2\mu g'(t)$ und

$$\gamma = \frac{\ln(-\varkappa)}{2\pi \mathrm{i}} = \frac{\ln \varkappa}{2\pi \mathrm{i}} + \frac{1}{2},$$

d. h.

$$\gamma = \tfrac{1}{2} - \mathrm{i}\beta,$$

wobei wie bisher

$$\beta = \frac{\ln \varkappa}{2\pi}$$

ist. Weiterhin setzen wir

$$X_0(z) = \prod_{k=1}^{n} (z - a_k)^{-\frac{1}{2} + \mathrm{i}\beta} (z - b_k)^{-\frac{1}{2} - \mathrm{i}\beta}, \tag{18}$$

dabei ist der Zweig zu wählen, der die Gestalt (7) hat.
Die den oben genannten Bedingungen genügende allgemeine Lösung des Problems (17) lautet [vgl. Gl. (26) in 6.1.6.]

$$\Phi(z) = \frac{\mu X_0(z)}{\pi \mathrm{i}} \int_{L'} \frac{g'(t)\,\mathrm{d}t}{X_0^+(t)\,(t - z)} + \left\{\frac{D_2}{z^2} + \frac{D_1}{z} + P_n(z)\right\} X_0(z), \tag{19}$$

hierbei ist $P_n(z)$ ein Polynom von höchstens n-tem Grade, und D_1, D_2 bezeichnen Konstanten, die sich unmittelbar aus der Bedingung ergeben [s. Gl. (13) in 6.3.1.], daß in der Nähe des Punktes $z = 0$

$$X_0(z) \left\{\frac{D_2}{z^2} + \frac{D_1}{z}\right\} = \frac{\bar{\Gamma}'}{z^2} + \frac{\varkappa(X + \mathrm{i}Y)}{2\pi(\varkappa + 1)} \frac{1}{z} + O(1) \tag{20}$$

gilt.

Auch die Koeffizienten C_0 und C_1 des Polynoms $P_n(z)$ lassen sich sofort bestimmen, und zwar aus der Bedingung [s. Gl. (5) in 6.3.1.], daß für große $|z|$

$$\Phi(z) = \Gamma - \frac{X + \mathrm{i}Y}{2\pi(\varkappa + 1)} \frac{1}{z} + O\left(\frac{1}{z^2}\right) \tag{21}$$

sein muß. Hieraus folgt insbesondere $C_0 = \Gamma$. Die übrigen Koeffizienten $C_2, \ldots, C_n$ werden analog zu (10) ermittelt. Wie man leicht sieht, ist dabei die Eindeutigkeit der Verschiebungen gewährleistet.

Bemerkung:

Wir haben bisher den Randteil L'' als spannungsfrei vorausgesetzt. Jedoch auch für den Fall, daß dieser Teil einer beliebig vorgegebenen Belastung unterworfen ist, können wir die Lösung sofort hinschreiben. Wir brauchen dazu nur das in 6.1.7. Gesagte anzuwenden (vgl. Bemerkung in 6.2.3.).

6.3.4. Beispiel[1])

Das Randkurvenstück $L' = ab$ eines Kreisloches vom Radius 1 soll mit einem starren Stempel in Berührung stehen, der die Form eines Kreisbogens vom selben Radius hat. Der Stempel sei unverschiebbar mit dem elastischen Körper verbunden und werde durch eine symmetrisch angreifende Normalkraft von der Größe P_0 angedrückt. Es wird vorausgesetzt, daß die Spannungen und die Drehung im Unendlichen verschwinden.
Wir nehmen an, daß die Mitte des Bogens ab auf dem positiven Teil der y-Achse liegt und daß folglich $X = 0$, $Y = P_0$ ist. Dann gilt $n = 1$, $g(t) = \text{const}$, $g'(t) = 0$, $\Gamma = \Gamma' = 0$. Aus Gl. (19) in 6.3.3. ergibt sich damit

$$\Phi(z) = X_0(z)\left\{C_0 z + C_1 + \frac{D_1}{z} + \frac{D_2}{z^2}\right\}$$

mit

$$X_0(z) = (z-a)^{-\frac{1}{2}+i\beta}(z-b)^{-\frac{1}{2}-i\beta}$$

und der Bedingung $\lim\limits_{z\to\infty} zX_0(z) = 1$.

Für $\Gamma' = 0$, $X + iY = iP_0$ folgt aus (20) in 6.3.3.

$$D_2 = 0, \quad D_1 X_0(0) = \frac{i\varkappa P_0}{2\pi(\varkappa+1)}.$$

Da $\Gamma = 0$ ist und für große $|z|$ $X_0(z) = z^{-1} + O(1)$ gilt, erhalten wir aus (21) in 6.3.3.

$$C_0 = 0, \quad C_1 = -\frac{iP_0}{2\pi(\varkappa+1)}.$$

Aus der Änderung der Argumente von $(z-a)$ und $(z-b)$ beim Übergang des Punktes z aus einer entfernten Lage auf der x-Achse in den Punkt $z = 0$ geht hervor, daß

$$X_0(0) = ie^{\omega\beta}$$

ist, wobei ω den zu ab gehörenden Zentriwinkel bezeichnet. Folglich ist

$$D_1 = \frac{\varkappa P_0 e^{-\omega\beta}}{2\pi(\varkappa+1)}.$$

Durch Einsetzen der gewonnenen Werte erhalten wir schließlich

$$\Phi(z) = \frac{P_0}{2\pi(\varkappa+1)}(z-a)^{-\frac{1}{2}+i\beta}(z-b)^{-\frac{1}{2}-i\beta}\left\{\frac{\varkappa e^{-\omega\beta}}{z} - i\right\},$$

und damit ist das Problem gelöst.

6.3.5. Randwertprobleme für die längs gewisser Kreisbogen aufgeschnittene Ebene[2])

Der elastische Körper nehme die unendliche Ebene ein und sei längs der auf ein und demselben Kreis liegenden Bogen $L_1 = a_1b_1, \ldots, L_k = a_kb_k$ aufgeschnitten. Wir setzen wie bisher

---

[1]) Dieses Beispiel wird in dem oben zitierten Artikel von B. L. Minzberg [1] angeführt. Der Autor geht dabei von seiner allgemeinen Formel aus, die etwas komplizierter als die hier angegebene ist. Deshalb muß er einige Integrale berechnen, während sich die Lösung nach dem im Text angegebenen Verfahren fast ohne Rechnung aufschreiben läßt. Das gleiche gilt auch für die übrigen Beispiele aus dem genannten Artikel.
[2]) Die Lösung dieser Probleme wurde, soviel dem Autor bekannt ist, noch nirgends veröffentlicht (Fußnote aus der dritten Auflage).

voraus, daß die Endpunkte der Bogen beim Umfahren des Kreises entgegen dem Uhrzeigersinn in der Reihenfolge $a_1, b_1, \dots, a_k, b_k$ durchlaufen werden. Die Gesamtheit dieser Bogen bezeichnen wir mit L:

$$L = L_1 + L_2 + \cdots + L_n.$$

Den Kreisradius wählen wir gleich 1, und den Koordinatenursprung legen wir in den Mittelpunkt.

Die Lösung der Randwertprobleme für den betrachteten Körper kann völlig analog zur Ebene mit geradlinigen Schlitzen (6.2.12.) ermittelt werden. Dabei gehen wir von den Formeln (1) bis (3) in 6.3.1. aus, wobei die Funktionen $\Phi(z)$ und $\Psi(z)$ in der gesamten längs L aufgeschnittenen Ebene definiert sind. Anstelle von $\Psi(z)$ führen wir die Funktion $\Omega(z)$ ein, die wie folgt definiert ist:

$$\Omega(z) = \bar{\Phi}\left(\frac{1}{z}\right) - \frac{1}{z}\bar{\Phi}'\left(\frac{1}{z}\right) - \frac{1}{z^2}\bar{\Psi}\left(\frac{1}{z}\right), \tag{1}$$

d. h.

$$\Psi(z) = \frac{1}{z^2}\Phi(z) - \frac{1}{z^2}\bar{\Omega}\left(\frac{1}{z}\right) - \frac{1}{z}\Phi'(z). \tag{2}$$

Nach (1) ist die Funktion $\Omega(z)$ überall in der längs L aufgeschnittenen Ebene (einschließlich des Punktes $z = \infty$) holomorph außer im Punkt $z = 0$, wo sie einen Pol von höchstens 2. Ordnung hat; und zwar gilt in der Nähe des Punktes $z = 0$ gemäß (5) und (6) in 6.3.1. offenbar

$$\Omega(z) = -\frac{\bar{\Gamma}'}{z^2} - \frac{\varkappa(X + \mathrm{i}Y)}{2\pi(\varkappa + 1)}\frac{1}{z} + \text{holomorphe Funktion}^{1)}. \tag{3}$$

Damit die durch (2) definierte Funktion $\Psi(z)$ in der Umgebung des Punktes $z = 0$ holomorph ist, muß die Funktion $\Omega(z)$ gewissen Bedingungen genügen. Wenn

$$\begin{aligned} \Phi(z) &= A_0 + A_1 z + \cdots \quad \text{für } |z| < 1, \\ \Omega(z) &= B_0 + \frac{B_1}{z} + \cdots \quad \text{für } |z| > 1 \end{aligned} \tag{4}$$

gilt, lautet die notwendige und hinreichende Bedingung dafür, daß $\Psi(z)$ in der Nähe des Punktes $z = 0$ holomorph ist,

$$A_0 = \bar{B}_0, \quad B_1 = 0. \tag{5}$$

Ferner gilt für große $|z|$

$$\Phi(z) = \Gamma - \frac{X + \mathrm{i}Y}{2\pi(\varkappa + 1)}\frac{1}{z} + O\left(\frac{1}{z^2}\right). \tag{6}$$

Da die Spannungen und Verschiebungen aus den Funktionen $\Phi(z)$ und $\Psi(z)$ berechnet werden können, lassen sie sich auch durch die Funktionen $\Phi(z)$ und $\Omega(z)$ ausdrücken:

$$\sigma_r + \mathrm{i}\tau_{r\vartheta} = \Phi(z) + \Omega\left(\frac{1}{\bar{z}}\right) + \bar{z}\left(\bar{z} - \frac{1}{z}\right)\overline{\Psi(z)} \tag{7}$$

[1]) Wenn die Bedingung (3) erfüllt ist, so befriedigt die durch (2) definierte Funktion $\Psi(z)$ offenbar die Bedingung (6) aus 6.3.1.

und

$$2\mu(u' + \mathrm{i}v') = \mathrm{i}z\left[\varkappa\Phi(z) - \Omega\left(\frac{1}{\bar{z}}\right) - \bar{z}\left(\bar{z} - \frac{1}{z}\right)\overline{\Psi(z)}\right]; \tag{8}$$

hier ist unter $\Psi(z)$ der Ausdruck (2) zu verstehen und

$$u' = \frac{\partial u}{\partial \vartheta}, \quad v' = \frac{\partial v}{\partial \vartheta}.$$

Im weiteren wollen wir annehmen, daß die Funktionen $\Phi(z)$ und $\Omega(z)$ auf alle Punkte $t = e^{i\vartheta}$ auf L außer den Endpunkten a_k, b_k von links und rechts her stetig fortsetzbar sind und daß

$$\lim_{z \to t} (1 - r)\, \Psi(z) = 0 \tag{9}$$

ist. Außerdem setzen wir voraus, daß in der Nähe der Endpunkte c

$$|\Phi(z)| < \frac{\text{const}}{|z - c|^\alpha}, \quad |\Omega(z)| < \frac{\text{const}}{|z - c|^\alpha}, \quad 0 \leqq \alpha < 1 \tag{10}$$

gilt.

Die eben angeführten Formeln ermöglichen es, die in 6.2.12. für geradlinige Schlitze gelösten Randwertprobleme hier in völlig analoger Weise zu behandeln. Wir beschränken uns deshalb auf *die Lösung des I. Problems*, wo auf beiden Seiten von L die äußeren Spannungen, d. h. die Werte $\sigma_r^+ + \mathrm{i}\tau_{r\vartheta}^+$ und $\sigma_r^- + \mathrm{i}\tau_{r\vartheta}^-$ auf L vorgegeben sind.

Außerdem setzen wir die Spannungen im Unendlichen, d. h. die Werte der durch (8) in 6.3.1. definierten Konstanten B und Γ' als bekannt voraus. Die Drehung im Unendlichen sei gleich Null, dann gilt $C = 0$ und folglich $\Gamma = \bar{\Gamma} = B$. Gemäß (7) und (9) ergibt sich

$$\Phi^+(t) + \Omega^-(t) = \sigma_r^+ + \mathrm{i}\tau_{r\vartheta}^+, \quad \Phi^-(t) + \Omega^+(t) = \sigma_r^- + \mathrm{i}\tau_{r\vartheta}^- \quad \text{auf } L \tag{11}$$

und durch Addition und Subtraktion

$$[\Phi(t) + \Omega(t)]^+ + [\Phi(t) + \Omega(t)]^- = 2p(t) \tag{12}$$

$$[\Phi(t) - \Omega(t)]^+ - [\Phi(t) - \Omega(t)]^- = 2q(t), \quad \text{auf } L \tag{13}$$

wobei $p(t)$ und $q(t)$ auf L vorgegebene Funktionen sind:

$$p(t) = \frac{1}{2}[\sigma_r^+ + \sigma_r^-] + \frac{\mathrm{i}}{2}[\tau_{r\vartheta}^+ + \tau_{r\vartheta}^-],$$
$$q(t) = \frac{1}{2}[\sigma_r^+ - \sigma_r^-] + \frac{\mathrm{i}}{2}[\tau_{r\vartheta}^+ - \tau_{r\vartheta}^-]. \tag{14}$$

Wir setzen voraus, daß diese Funktionen auf L einer H-Bedingung genügen.

Da die Funktion $\Phi(z) - \Omega(z)$ im Unendlichen beschränkt ist und gemäß Gl. (3) im Punkt $z = 0$ einen Pol mit dem Hauptteil

$$\frac{\bar{\Gamma}'}{z^2} + \frac{\varkappa(X + \mathrm{i}Y)}{2\pi(\varkappa + 1)}\,\frac{1}{z}$$

hat, erhalten wir aus (13) unter Berücksichtigung von (5) in 6.1.3.

$$\Phi(z) - \Omega(z) = \frac{1}{\pi \mathrm{i}} \int_L \frac{q(t)\,\mathrm{d}t}{t - z} + D_0 + \frac{\varkappa(X + \mathrm{i}Y)}{2\pi(\varkappa + 1)}\,\frac{1}{z} + \frac{\bar{\Gamma}'}{z^2},$$

wobei D_0 eine Konstante ist.

Analog ergibt sich aus (12) gemäß (26) in 6.1.6.[1])

$$\Phi(z) + \Omega(z) = \frac{1}{\pi \mathrm{i} X(z)} \int_L \frac{X(t)\, p(t)\, \mathrm{d}t}{t - z} + \frac{1}{X(z)} \left\{ P_n(z) + \frac{D_1}{z} + \frac{D_2}{z^2} \right\}.$$

Hierbei bezeichnet $X(z)$ einen in der längs L aufgeschnittenen Ebene eindeutigen Zweig der Funktion

$$X(z) = \sum_{k=1}^{n} (z - a_k)^{\frac{1}{2}} (z - b_k)^{\frac{1}{2}}, \tag{15}$$

und $X(t)$ steht für den Wert $X^+(t)$, den die Funktion $X(z)$ auf der linken Seite von L annimmt. Ferner sind D_1 und D_2 Konstanten und

$$P_n(z) = C_0 z^n + C_1 z^{n-1} + \cdots + C_n \tag{16}$$

ist ein Polynom von höchstens n-tem Grade.

Auf diese Weise erhalten wir

$$\Phi(z) = \frac{1}{2\pi \mathrm{i} X(z)} \int_L \frac{X(t)\, p(t)\, \mathrm{d}t}{t - z} + \frac{1}{2\pi \mathrm{i}} \int_L \frac{q(t)\, \mathrm{d}t}{t - z}$$

$$+ \frac{1}{2X(z)} \left\{ P_n(z) + \frac{D_1}{z} + \frac{D_2}{z^2} \right\} + \frac{D_0}{2} + \frac{\varkappa(X + \mathrm{i}Y)}{4\pi(\varkappa + 1)} \frac{1}{z} + \frac{\Gamma'}{2z^2}, \tag{17}$$

$$\Omega(z) = \frac{1}{2\pi \mathrm{i} X(z)} \int_L \frac{X(t)\, p(t)\, \mathrm{d}t}{t - z} - \frac{1}{2\pi \mathrm{i}} \int_L \frac{q(t)\, \mathrm{d}t}{t - z}$$

$$+ \frac{1}{2X(z)} \left\{ P_n(z) + \frac{D_1}{z} + \frac{D_2}{z^2} \right\} - \frac{D_0}{2} - \frac{\varkappa(X + \mathrm{i}Y)}{4\pi(\varkappa + 1)} \frac{1}{z} - \frac{\Gamma'}{2z^2}. \tag{18}$$

Die Konstanten D_1 und D_2 werden aus Gl. (3) bestimmt, die gemäß (18) in der Nähe des Punktes $z = 0$ die Gestalt

$$\frac{1}{2X(z)} \left\{ \frac{D_1}{z} + \frac{D_2}{z^2} \right\} = - \frac{\varkappa(X + \mathrm{i}Y)}{4\pi(\varkappa + 1)} \frac{1}{z} - \frac{\Gamma'}{2z^2} + O(1) \tag{19}$$

annimmt. Wenn die Konstanten D_1 und D_2 dieser Bedingung genügen (sie werden dadurch eindeutig bestimmt), so ist die rechte Seite der Gl. (17) in der Nähe des Punktes $z = 0$ holomorph. Die in den vorigen Formeln auftretenden restlichen $n + 2$ Konstanten

$$D_0, C_0, C_1, \ldots, C_n \tag{20}$$

werden aus der Bedingung $\Phi(\infty) = \Gamma$, aus der Gl. (5) und aus der Bedingung der Eindeutigkeit der Verschiebungen ermittelt. Die letzten n Bedingungsgleichungen lassen sich analog zum Fall geradliniger Schlitze in 6.2.12.2. formulieren.

[1]) In unserem Falle gilt $X_0(z) = 1/X(z)$, wobei $X(z)$ durch Gl. (15) des vorliegenden Abschnittes definiert ist.

Mit Hilfe des Eindeutigkeitssatzes kann man leicht zeigen, daß diese Bedingungen die gesuchten Konstanten eindeutig bestimmen[1]).
Die Lösung des II. sowie des gemischten Problems, wo beispielsweise am linken Rand die äußeren Spannungen und am rechten die Verschiebungen vorgegeben sind, überlassen wir dem Leser.

6.3.6. Ebene mit Kreisbogenschlitz unter Zug

Die elastische Ebene sei längs des Kreisbogens ab aufgeschnitten. Wir nehmen an, daß die Schnittufer frei von äußeren Spannungen sind, und betrachten die Spannungen im Unendlichen, d. h. die Konstanten Γ und Γ' als vorgegeben, wobei $\Gamma = \bar{\Gamma}$ sei (letzteres besagt, daß die Drehung im Unendlichen verschwindet).
Den Radius des Kreises wählen wir wiederum gleich 1, und den Koordinatenursprung legen wir in den Mittelpunkt, dabei soll die x-Achse durch den Mittelpunkt des Bogens ab gehen, so daß

$$a = e^{-i\theta}, \quad b = e^{i\theta} \tag{1}$$

gilt, wenn 2θ den zum Bogen ab gehörenden Zentriwinkel bezeichnet. In unserem Falle ist $n = 1$, $p(t) = q(t) = 0$, $X = Y = 0$.
Nach (17) und (18) in 6.3.5. erhalten wir

$$\Phi(z) = \frac{1}{2X(z)}\left\{C_0 z + C_1 + \frac{D_1}{z} + \frac{D_2}{z^2}\right\} + \frac{D_0}{2} + \frac{\bar{\Gamma}'}{2z^2}, \tag{2}$$

$$\Omega(z) = \frac{1}{2X(z)}\left\{C_0 z + C_1 + \frac{D_1}{z} + \frac{D_2}{z^2}\right\} - \frac{D_0}{2} - \frac{\bar{\Gamma}'}{2z^2}, \tag{3}$$

wobei in unserem Falle

$$X(z) = \sqrt{(z-a)(z-b)} = \sqrt{z^2 - 2z\cos\theta + 1} \tag{4}$$

ist. Wir nehmen an, daß $z^{-1}X(z) \to 1$ für $z \to \infty$. Wie man leicht sieht, ist unter dieser Bedingung $X(0) = -1$, und folglich gilt in der Nähe des Punktes $z = 0$

$$\begin{aligned}\frac{1}{X(z)} &= -\left(1 - \frac{z}{a}\right)^{-\frac{1}{2}}\left(1 - \frac{z}{b}\right)^{-\frac{1}{2}} \\ &= -\left(1 + \frac{z}{2a} + \frac{3}{8}\frac{z^2}{a^2} + \cdots\right)\left(1 + \frac{z}{2b} + \frac{3}{8}\frac{z^2}{b^2} + \cdots\right) \\ &= -1 - z\cos\theta - \frac{1 + 3\cos 2\theta}{4}z^2 + \cdots\end{aligned} \tag{5}$$

und damit für kleine $|z|$

$$\frac{1}{2X(z)}\left(\frac{D_1}{z} + \frac{D_2}{z^2}\right) = -\frac{D_2}{2z^2} - \frac{D_1 + D_2\cos\theta}{2z} - \frac{D_1\cos\theta}{2} - \frac{1 + 3\cos 2\theta}{8}D_2 + \cdots \tag{6}$$

---

[1]) Die Zahl der genannten Bedingungen zur Bestimmung der Konstanten (20) beträgt $n + 3$, d. h., sie ist um eins größer als die Zahl der Unbekannten. Das kommt daher, daß wir die in (3) auftretende Größe $X + iY$ vorher aus den Randspannungen berechnet haben. Wenn wir diese nicht als vorgegeben betrachten, dann wird sie zusammen mit den Konstanten (20) aus den genannten Gleichungen bestimmt.
In ähnlicher Weise könnten wir annehmen, daß der Koeffizient bei z^{-2} in Gl. (3) nicht vorgegeben ist, dann muß zu den aufgezählten Bedingungen noch die Gleichung $\Psi(\infty) = \Gamma'$ hinzugenommen werden.

Die Bedingung (19) in 6.3.5. liefert

$$D_2 = \bar{\Gamma}', \quad D_1 = -\bar{\Gamma}' \cos\theta. \tag{7}$$

Zur Bestimmung der Konstanten D_0, C_0, C_1 können wir die Gln. (5) in 6.3.5. sowie die Gln. (6) in 6.3.5. heranziehen, letztere lauten in unserem Falle für große $|z|$

$$\Phi(z) = \Gamma + O\left(\frac{1}{z^2}\right). \tag{8}$$

Da für große $|z|$

$$\frac{1}{X(z)} = \frac{1}{z} + \frac{\cos\theta}{z^2} + \cdots \tag{9}$$

gilt, erhalten wir gemäß (2) und (8)

$$C_0 + D_0 = 2\Gamma, \quad C_1 + C_0 \cos\theta = 0. \tag{a}$$

Die zweite Gleichung aus (5) in 6.3.5. liefert nichts Neues (sie stimmt mit der letzten Gleichung überein).

Zur Formulierung der ersten angeführten Bedingung beachten wir, daß gemäß (2), (6) und (7)

$$A_0 = \Phi(0) = \frac{C_1}{2X(0)} - \frac{D_1 \cos\theta}{2} - \frac{1 + 3\cos 2\theta}{8} D_2 + \frac{D_0}{2} = -\frac{C_1}{2} + \frac{D_0}{2} + \frac{\bar{\Gamma}' \sin^2\theta}{4}$$

ist und daß nach (3)

$$B_0 = \Omega(\infty) = \frac{C_0 - D_0}{2}$$

gilt. Deshalb liefert die erste Bedingung aus (5) in 6.3.5.

$$C_0 - D_0 = -\bar{C}_1 + \bar{D}_0 + \tfrac{1}{2}\Gamma' \sin^2\theta. \tag{b}$$

Mit Hilfe der Gln. (a) und (b) lassen sich alle gesuchten Konstanten bestimmen. Eine einfache Rechnung ergibt

$$C_0 = \frac{1}{2}(\Gamma' - \bar{\Gamma}') \sin^2\frac{\theta}{2} + \frac{4\Gamma + (\Gamma' + \bar{\Gamma}') \sin^2\frac{\theta}{2} \cos^2\frac{\theta}{2}}{2\left(1 + \sin^2\frac{\theta}{2}\right)}, \tag{10}$$

$$C_1 = -C_0 \cos\theta, \quad D_0 = 2\Gamma - C_0. \tag{11}$$

Wie man leicht nachprüft, ist die Eindeutigkeit der Verschiebungen gewährleistet[1]).

Wenn sich die Spannungen im Unendlichen auf eine Zugspannung p zurückführen lassen, deren Richtung mit der x-Achse den Winkel α bildet (Bild 56), erhalten wir für diesen Sonderfall

$$\Gamma = \frac{p}{4}, \quad \Gamma' = -\frac{p}{2} e^{-2i\alpha}. \tag{12}$$

Im Falle eines allseitigen Zuges p gilt

$$\Gamma = \frac{p}{2}, \quad \Gamma' = 0, \tag{13}$$

---

[1]) Wir brauchten sie nicht heranzuziehen, da wir andere Bedingungen benutzt haben, die die Eindeutigkeit der Verschiebungen gewährleisten.

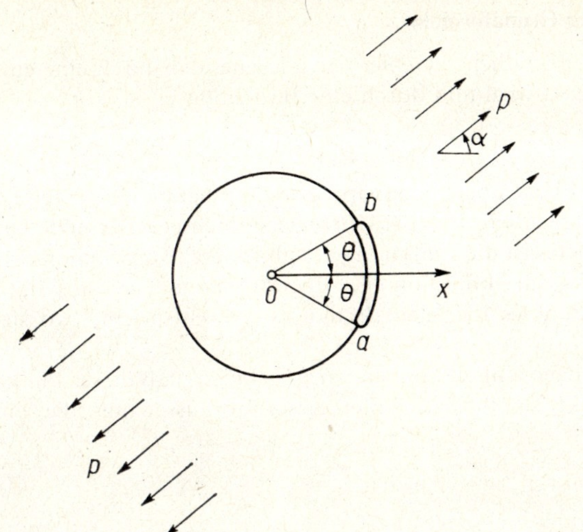

Bild 56

und wir erhalten

$$D_1 = D_2 = 0, \quad C_0 = \frac{p}{1 + \sin^2 \frac{\theta}{2}}, \quad C_1 = -\frac{p \cos \theta}{1 + \sin^2 \frac{\theta}{2}}, \quad D_0 = \frac{p \sin^2 \frac{\theta}{2}}{1 + \sin^2 \frac{\theta}{2}} \tag{14}$$

und folglich

$$\begin{aligned} \Phi(z) &= \frac{p}{2\left(1 + \sin^2 \frac{\theta}{2}\right)} \left\{ \frac{z - \cos \theta}{\sqrt{1 - 2z \cos \theta + z^2}} + \sin^2 \frac{\theta}{2} \right\}, \\ \Omega(z) &= \frac{p}{2\left(1 + \sin^2 \frac{\theta}{2}\right)} \left\{ \frac{z - \cos \theta}{\sqrt{1 - 2z \cos \theta + z^2}} - \sin^2 \frac{\theta}{2} \right\}. \end{aligned} \tag{15}$$

Im Sonderfall eines halbkreisförmigen Schlitzes ($\theta = \pi/2$) lauten diese Formeln

$$\Phi(z) = \frac{p}{3} \left\{ \frac{z}{\sqrt{z^2 + 1}} + \frac{1}{2} \right\}, \quad \Omega(z) = \frac{p}{3} \left\{ \frac{z}{\sqrt{z^2 + 1}} - \frac{1}{2} \right\}. \tag{16}$$

6.4. Lösung der Randwertprobleme für Gebiete, die sich mit Hilfe rationaler Funktionen auf den Kreis abbilden lassen

Die in den vorigen Abschnitten dargelegten Methoden zur Lösung von Randwertproblemen können auf Gebiete übertragen werden, die sich vermittels rationaler Funktionen auf den Kreis abbilden lassen. Wie wir im vorigen Hauptabschnitt sahen, ist die Lösung des I. und II. Problems für solche Gebiete leicht in geschlossener Form möglich. Das im weiteren dargelegte neue Verfahren führt zum selben Ergebnis, dabei ist der Rechenaufwand insgesamt etwa der gleiche wie für das in 5. angeführte Verfahren. Mit Hilfe der zu behandelnden Methode lassen sich leicht auch das *gemischte Problem* sowie einige andere Randwertprobleme sehr einfach lösen.

6.4.1. Transformation der Grundformeln[1])

Es sei S ein endliches oder unendliches Gebiet der z-Ebene, das durch eine einfache glatte geschlossene Kurve L begrenzt wird und durch eine Beziehung

$$z = \omega(\zeta) \tag{1}$$

auf den Kreis $|\zeta| < 1$ der ζ-Ebene abgebildet wird. Die Peripherie dieses Kreises bezeichnen wir mit γ, und als positiv wählen wir die dem Uhrzeigersinn entgegengesetzte Drehrichtung. Im Falle des endlichen Gebietes ist die Funktion $\omega(\zeta)$ im Inneren von γ holomorph. Im Falle des unendlichen Gebietes S ist die Funktion $\omega(\zeta)$ überall im Inneren von γ holomorph mit Ausnahme eines einzigen Punktes (der dem Punkt $z = \infty$ entspricht), wo sie einen einfachen Pol hat.

Ohne Einschränkung der Allgemeinheit können wir annehmen, daß dieser Punkt im Mittelpunkt von γ, d. h. im Punkt $\zeta = 0$ liegt. Unter dieser Voraussetzung, die wir als erfüllt betrachten, gilt

$$z = \omega(\zeta) = \frac{c}{\zeta} + \omega_0(\zeta), \tag{1'}$$

wobei die Funktion $\omega_0(\zeta)$ im Inneren von γ holomorph ist und c eine von Null verschiedene Konstante darstellt.

Nach 2.4.4. sind die Spannungs- und Verschiebungskomponenten in den entsprechenden krummlinigen Koordinaten mit den Funktionen $\Phi(\zeta)$ und $\Psi(\zeta)$ der komplexen Veränderlichen $\zeta = \varrho\, e^{i\vartheta}$ über die Gleichungen

$$\sigma_\varrho + \sigma_\vartheta = 2[\Phi(\zeta) + \overline{\Phi(\zeta)}], \tag{2}$$

$$\sigma_\varrho + i\tau_{\varrho\vartheta} = \Phi(\zeta) + \overline{\Phi(\zeta)} - \frac{\bar{\zeta}^2}{\varrho^2\overline{\omega'(\zeta)}}\{\omega(\zeta)\,\overline{\Phi'(\zeta)} + \overline{\omega'(\zeta)}\,\overline{\Psi(\zeta)}\}, \tag{3}$$

$$2\mu|\omega'(\zeta)|(v_\varrho + iv_\vartheta) = \frac{\bar{\zeta}}{\varrho}\,\overline{\omega'(\zeta)}\,\{\varkappa\varphi(\zeta) - \omega(\zeta)\,\overline{\Phi(\zeta)} - \overline{\psi(\zeta)}\} \tag{4}$$

verknüpft, dabei gelten zwischen den Funktionen $\varphi(\zeta)$, $\psi(\zeta)$ und $\Phi(\zeta)$, $\Psi(\zeta)$ die Beziehungen

$$\varphi'(\zeta) = \Phi(\zeta)\,\omega'(\zeta), \quad \psi'(\zeta) = \Psi(\zeta)\,\omega'(\zeta). \tag{5}$$

Meist ist es zweckmäßiger, anstelle der Gl. (4) folgenden Ausdruck für die Verschiebungskomponenten u, v in kartesischen Koordinaten zu benutzen:

$$2\mu\,(u + iv) = \varkappa\varphi(\zeta) - \omega(\zeta)\,\overline{\Phi(\zeta)} - \overline{\psi(\zeta)}. \tag{6}$$

Bei vorgegebenen $\varphi(\zeta)$ und $\psi(\zeta)$ sind die Funktionen $\Phi(\zeta)$ und $\Psi(\zeta)$ eindeutig definiert. Werden jedoch die Funktionen $\Phi(\zeta)$ und $\Psi(\zeta)$ unmittelbar vorgegeben, so sind die Funktionen $\varphi(\zeta)$ und $\psi(\zeta)$ nur bis auf willkürliche Konstanten bestimmt. Deshalb können wir die Gl. (6) im letzteren Falle wie folgt schreiben (die willkürliche Konstante wird abgetrennt):

$$2\mu\,(u + iv) = \varkappa\varphi(\zeta) - \omega(\zeta)\,\overline{\Phi(\zeta)} - \overline{\psi(\zeta)} + \text{const.} \tag{6'}$$

Nun setzen wir $\omega(\zeta)$ als *rationale Funktion* voraus, dann können wir das Definitions-

---

[1]) Die in 6.4.1. bis 6.4.3. dargelegten Resultate stammen von I. N. Karziwadse [2], der Autor des vorliegenden Buches nahm einige Vereinfachungen vor.

gebiet der Funktion $\Phi(\zeta)$ auf $|\zeta| > 1$ erweitern[1]), indem wir

$$\omega'(\zeta)\,\Phi(\zeta) = -\omega'(\zeta)\,\bar{\Phi}\left(\frac{1}{\zeta}\right) + \frac{1}{\zeta^2}\,\omega(\zeta)\,\bar{\Phi}'\left(\frac{1}{\zeta}\right) + \frac{1}{\zeta^2}\,\bar{\omega}'\left(\frac{1}{\zeta}\right)\bar{\Psi}\left(\frac{1}{\zeta}\right) \quad \text{für } |\zeta| > 1 \tag{7}$$

setzen. Damit erhalten wir leicht, wenn wir ζ durch $\bar{\zeta}^{-1}$ ($|\bar{\zeta}| = |\zeta| < 1$) ersetzen und zu den konjugierten Werten übergehen,

$$\omega'(\zeta)\,\Psi(\zeta) = \frac{1}{\zeta^2}\,\bar{\omega}'\left(\frac{1}{\zeta}\right)\left\{\Phi(\zeta) + \bar{\Phi}\left(\frac{1}{\zeta}\right)\right\} - \bar{\omega}\left(\frac{1}{\zeta}\right)\Phi'(\zeta). \tag{8}$$

Diese Formel drückt $\Psi(\zeta)$ für $|\zeta| < 1$ (für andere Werte benötigen wir diese Funktion nicht) durch Werte von $\Phi(\zeta)$ aus den Gebieten $|\zeta| < 1$ und $|\zeta| > 1$ aus. Das Definitionsgebiet der Funktion $\varphi(\zeta)$ können wir ebenfalls auf $|\zeta| > 1$ erweitern, indem wir dort

$$\varphi(\zeta) = \int \Phi(\zeta)\,\omega'(\zeta)\,d\zeta \tag{9}$$

setzen. Durch Integration der Gl. (7) über ζ erhalten wir, wenn wir die willkürliche Konstante weglassen,

$$\varphi(\zeta) = -\omega(\zeta)\,\bar{\Phi}\left(\frac{1}{\zeta}\right) - \bar{\Psi}\left(\frac{1}{\zeta}\right) \quad \text{für } |\zeta| > 1, \tag{7'}$$

und damit ergibt sich analog zum Vorigen

$$\psi(\zeta) = -\bar{\varphi}\left(\frac{1}{\zeta}\right) - \bar{\omega}\left(\frac{1}{\zeta}\right)\Phi(\zeta) \quad \text{für } |\zeta| < 1. \tag{8'}$$

Auf diese Weise werden die Spannungs- und Verschiebungskomponenten durch die eine Funktion $\Phi(\zeta)$ ausgedrückt, die nun sowohl für $|\zeta| < 1$, als auch für $|\zeta| > 1$ definiert ist. Der Ausdruck (2) für $\sigma_\varrho + \sigma_\vartheta$ bleibt erhalten, und der Ausdruck (3) für $\sigma_\varrho + i\tau_{\varrho\vartheta}$ lautet jetzt offenbar[2])

$$\sigma_\varrho + i\tau_{\varrho\vartheta} = \Phi(\zeta) - \Phi\left(\frac{1}{\bar{\zeta}}\right) + \bar{\zeta}^2\left\{\frac{\omega(\bar{\zeta}^{-1})}{\omega'(\bar{\zeta}^{-1})} - \frac{\omega(\zeta)}{\varrho^2\omega'(\zeta)}\right\}\overline{\Phi'(\zeta)} + \bar{\zeta}^2\overline{\omega'(\zeta)}\left\{\frac{1}{\omega'(\bar{\zeta}^{-1})} - \frac{1}{\varrho^2\omega'(\zeta)}\right\}\overline{\Psi(\zeta)}, \tag{10}$$

wobei unter $\Psi(\zeta)$ der durch (8) definierte Wert zu verstehen ist. Für die Verschiebungskomponenten u, v bekommen wir, wenn $\psi(\zeta)$ in (6′) durch (8′) ersetzt wird,

$$2\mu\,(u + iv) = \varkappa\varphi(\zeta) + \varphi\left(\frac{1}{\bar{\zeta}}\right) - \left\{\omega(\zeta) - \omega\left(\frac{1}{\bar{\zeta}}\right)\right\}\overline{\Phi(\zeta)} + \text{const.} \tag{11}$$

[1]) Die angegebene Erweiterung führen wir so durch, daß sich die Werte der Funktion $\Phi(\zeta)$ zur Rechten und Linken von γ analytisch fortsetzen über die den unbelasteten Randteilen auf L entsprechenden Abschnitte, d. h. über die Abschnitte mit $\sigma_\varrho = \tau_{\varrho\vartheta} = 0$, dabei berücksichtigen wir die Gl. (3).

[2]) Zur Gewinnung der Gl. (10) gehen wir wie folgt vor: Wir ziehen auf der rechten Seite von (3) die Funktion $\Phi(1/\bar{\zeta})$ ab und addieren dafür den für diese Funktion aus (8) nach Übergang zu den konjugierten Werten entstehenden Ausdruck.

Analog ergibt sich aus (4) in 2.4.4.

$$\frac{\partial U}{\partial \varkappa} + \mathrm{i}\,\frac{\partial U}{\partial y} = \varphi(\zeta) - \varphi\left(\frac{1}{\xi}\right) + \left\{\omega(\zeta) - \omega\left(\frac{1}{\xi}\right)\right\} \overline{\Phi(\zeta)} + \text{const.} \tag{12}$$

Im weiteren benötigen wir außerdem einen Ausdruck für $u' + \mathrm{i}v'$, wobei

$$u' = \frac{\partial u}{\partial \vartheta}, \quad v' = \frac{\partial v}{\partial \vartheta}$$

ist. Dazu differenzieren wir die Gl. (6) nach ϑ und formen das Ergebnis analog zur rechten Seite von (3) um. Dann ergibt sich

$$2\mu\,(u' + \mathrm{i}v') = \mathrm{i}\zeta\omega'(\zeta)\left\{\varkappa\Phi(\zeta) + \Phi\left(\frac{1}{\xi}\right)\right\} - \mathrm{i}\varrho^2\omega'(\zeta)\left\{\frac{\xi\omega(\xi^{-1})}{\omega'(\xi^{-1})} - \frac{\omega(\zeta)}{\zeta\omega'(\zeta)}\right\}\overline{\Phi'(\zeta)}$$
$$- \mathrm{i}\varrho^2\omega'(\zeta)\,\overline{\omega'(\zeta)}\left\{\frac{\xi}{\omega'(\xi^{-1})} - \frac{1}{\zeta\omega'(\zeta)}\right\}\overline{\Psi(\zeta)}. \tag{13}$$

Unter unseren üblichen Voraussetzungen sind die Funktionen $\Phi(\zeta)$ und $\Psi(\zeta)$ im Inneren von γ holomorph.

Wir müssen nun noch das Verhalten der durch (7) auf $|\zeta| > 1$ erweiterten Funktionen $\Phi(\zeta)$ im Gebiet außerhalb γ untersuchen. Dazu betrachten wir das Produkt $\Phi(\zeta)\,\omega'(\zeta) = \varphi'(\zeta)$. Die rationale Funktion $\omega(\zeta)$ kann Pole lediglich in endlich vielen Punkten haben, die alle außerhalb γ liegen mit Ausnahme des Pols 1. Ordnung an der Stelle $\zeta = 0$ im Falle des unendlichen Gebietes.

Wir bezeichnen mit $\zeta_1, \zeta_2, \ldots, \zeta_r$ die außerhalb γ liegenden Pole der Funktion $\omega(\zeta)$; dazu zählen wir nicht den Punkt $\zeta = \infty$, der ebenfalls einen Pol darstellen kann.

Nun sei $m_1 - 1, m_2 - 1, \ldots, m_r - 1$ die Ordnung der entsprechenden Pole unserer Funktion, dann hat $\omega'(\zeta)$ in den gleichen Punkten Pole der Ordnung $m_1, m_2, \ldots, m_r$. Wenn ferner $m + 1$ die Ordnung des Pols der Funktion $\omega(\zeta)$ im Unendlichen ist, so hat $\omega'(\zeta)$ dort einen Pol m-ter Ordnung.

Folglich hat die Funktion $\Phi(\zeta)\,\omega'(\zeta)$ Pole der höchsten Ordnung $m_1, m_2, \ldots, m_r$ in den Punkten $\zeta_1, \zeta_2, \ldots, \zeta_r$. Sie rühren von den beiden ersten Gliedern auf der rechten Seite der Gl. (7) her; denn das dritte Glied ist offenbar außerhalb γ einschließlich des unendlich fernen Punktes holomorph. Außerdem kann im Punkt $\zeta = \infty$ ein Pol der höchsten Ordnung m auftreten.

Im Falle des unendlichen Gebietes kann die Funktion $\Phi(\zeta)\,\omega'(\zeta)$ im Inneren von γ an der Stelle $\zeta = 0$ einen Pol von höchstens 2. Ordnung haben.

Damit sind uns *von vornherein alle möglichen Pole der Funktion $\Phi(\zeta)\,\omega'(\zeta)$ und ihre maximale Ordnung bekannt.*

Zum Schluß erwähnen wir, daß einer vorgegebenen, sowohl innerhalb als auch außerhalb γ definierten Funktion $\Phi(\zeta)$ mit Polen der angeführten Art nicht immer eine Funktion $\Psi(\zeta)$ zu entsprechen braucht, die, wie es unsere Bedingungen erfordern, im Inneren von γ holomorph ist; denn gemäß (8) hat die der gegebenen Funktion $\Psi(\zeta)$ entsprechende Funktion $\Phi(\zeta)$ möglicherweise in den innerhalb γ liegenden Punkten

$$\zeta_1' = \frac{1}{\xi_1}, \ldots, \quad \zeta_r' = \frac{1}{\xi_r}$$

sowie in $\zeta = 0$ Pole. Die Holomorphiebedingungen für die Funktion $\Psi(\zeta)$ in den angeführten Punkten liefern uns[1]) eine bekannte (endliche) Anzahl von linearen Beziehungen, die endlich viele Koeffizienten der Entwicklungen (in der Umgebung der Punkte $\zeta_1', \ldots, \zeta_r'$)

$$\Phi(\zeta) = A_{k0} + A_{k1}(\zeta - \zeta_k') + A_{k2}(\zeta - \zeta_k')^2 + \cdots \quad (k = 1, 2, \ldots, r)$$

mit den Koeffizienten der Hauptteile der Funktion $\Phi(\zeta)\,\omega'(\zeta)$ in den Punkten $\zeta_1, \zeta_2, \ldots, \zeta_r$ verknüpfen. Analoges gilt für den Punkt $\zeta = 0$. Diese Beziehungen geben wir nicht explizit an, sondern bezeichnen sie kurz mit

$$F_1 = 0, \quad F_2 = 0, \ldots, \quad F_N = 0. \tag{14}$$

Sie können für jedes konkrete Gebiet, d. h. für jede Abbildungsfunktion $\omega(\zeta)$, leicht aufgeschrieben werden. Dies ist besonders einfach, wenn $\omega(\zeta)$ ein Polynom

$$\omega(\zeta) = c_1\zeta + c_2\zeta^2 + \cdots + c_{m+1}\zeta^{m+1} \tag{15}$$

für das endliche Gebiet S oder

$$\omega(\zeta) = \frac{c}{\zeta} + c_1\zeta + \cdots + c_{m+1}\zeta^{m+1} \tag{16}$$

für das unendliche Gebiet darstellt.

In diesem Falle kann die Funktion $\Phi(\zeta)\,\omega'(\zeta)$ Pole nur an der Stelle $\zeta = \infty$ und, falls das Gebiet S endlich ist, im Punkt $\zeta = 0$ haben. Für das unendliche Gebiet S gilt in der Nähe des Punktes $\zeta = 0$ [s. Gln. (14) und (15) in 2.4.4.]

$$\Phi(\zeta)\,\omega'(\zeta) = -\frac{\Gamma c}{\zeta^2} + \frac{X + iY}{2\pi(\varkappa + 1)}\frac{1}{\zeta} + O(1), \tag{17}$$

$$\Psi(\zeta)\,\omega'(\zeta) = -\frac{\Gamma' c}{\zeta^2} - \frac{\varkappa(X - iY)}{2\pi(\varkappa + 1)}\frac{1}{\zeta} + O(1), \tag{18}$$

dabei ist c die in (1′) enthaltene Konstante, und mit unseren üblichen Bezeichnungen gilt

$$\begin{aligned} \Gamma &= B + iC = \frac{1}{4}(\sigma_I + \sigma_{II}) + \frac{2\mu\delta_\infty}{\varkappa + 1}i, \\ \Gamma' &= B' + iC' = -\frac{1}{2}(\sigma_I - \sigma_{II})\,e^{-2i\alpha}, \end{aligned} \tag{19}$$

---

[1]) Dabei ist zu beachten, daß sich der Hauptteil des Pols der Funktion

$$\overline{\omega}'\left(\frac{1}{\zeta}\right)\overline{\Phi}\left(\frac{1}{\zeta}\right)$$

im Punkte ζ_k' sofort aus dem Hauptteil des Pols der Funktion

$$\omega'(\zeta)\,\Phi(\zeta)$$

im Punkte ζ_k ergibt; denn in der Umgebung des Punktes ζ_k gilt

$$\omega'(\zeta)\,\Phi(\zeta) = \frac{B_l}{(\zeta - \zeta_k)^l} + \cdots + \frac{B_1}{\zeta - \zeta_k} + \textit{holomorphe Funktion},$$

und in der Nähe des Punktes $\zeta_k' = \bar{\zeta}_k^{-1}$ ist

$$\overline{\omega}'\left(\frac{1}{\zeta}\right)\overline{\Phi}\left(\frac{1}{\zeta}\right) = \frac{(-1)^l\,\overline{B}_l\zeta_k'^l\zeta^l}{(\zeta - \zeta_k')^l} + \cdots + \frac{\overline{B}_1\zeta_1'\zeta}{\zeta - \zeta_k'} + \textit{holomorphe Funktion}.$$

Analoges gilt für den Pol im Punkt $\zeta = 0$.

ferner sind X, Y wie immer die Komponenten des resultierenden Vektors der am Rand angreifenden äußeren Kräfte. Im weiteren wollen wir annehmen, daß die für $|\zeta| < 1$ und $|\zeta| > 1$ definierte Funktion $\Phi(\zeta)$ sowohl von links als auch von rechts her stetig fortsetzbar ist auf alle Punkte σ der Peripherie γ, möglicherweise mit Ausnahme endlich vieler Punkte $\gamma_k = e^{i\vartheta_k}$, in deren Nähe

$$|\Phi(\zeta)| < \frac{\text{const}}{|\zeta - \gamma_k|^\alpha}, \quad 0 \leqq \alpha < 1 \tag{20}$$

gilt. Außerdem setzen wir voraus, daß für alle Punkte $\sigma = e^{i\vartheta}$ auf γ möglicherweise mit Ausnahme der eben genannten Punkte

$$\lim_{\zeta \to \sigma} (1 - \varrho)\, \Phi'(\zeta) = 0 \quad (\zeta = \varrho\, e^{i\vartheta}) \tag{21}$$

oder gemäß (8)

$$\lim_{\zeta \to \sigma} (1 - \varrho)\, \Psi(\zeta) = 0 \tag{22}$$

ist.

Das Auftreten von Punkten γ_k werden wir stets ausdrücklich vereinbaren. Unterbleibt ein solcher Hinweis, so nehmen wir an, daß keine derartigen Punkte vorkommen.

Bemerkung 1:

Gemäß (21) und (22) streben die beiden letzten Glieder auf der rechten Seite der Gln. (10) und (13) für $\zeta \to \sigma$ gegen Null, wiederum möglicherweise mit Ausnahme der Punkte $\sigma = \gamma_k$.

Bemerkung 2:

Bisweilen ist es im Falle des unendlichen Gebietes zweckmäßiger, die Abbildung auf das Gebiet $|\zeta| > 1$ statt der auf den Kreis $|\zeta| < 1$ zu benutzen, dabei treten jedoch keine prinzipiellen Unterschiede auf. Der Leser kann die entsprechenden Abänderungen der vorigen Formeln leicht selbst vornehmen.

6.4.2. Lösung des I. und II. Problems

Für die betrachteten Gebiete wurden diese Aufgaben schon in 5. gelöst. Die in 6.4.1. angegebenen Formeln führen jedoch ebenfalls sehr einfach auf die Lösung der genannten Probleme. Im Falle des I. Problems beispielsweise lautet die Randbedingung

$$\sigma_\varrho^+ + i\tau_{\varrho\vartheta}^+ = \sigma_n(\sigma) + i\tau_n(\sigma); \tag{1}$$

dabei sind $\sigma_n(\sigma)$ und $\tau_n(\sigma)$ auf γ vorgegebene Funktionen von σ; sie stellen die äußere Normal- und Schubspannung in den σ entsprechenden Punkten t des Randes L dar. Gemäß Gl. (10) in 6.4.1. gilt

$$\Phi^+(\sigma) - \Phi^-(\sigma) = \sigma_n(\sigma) + i\tau_n(\sigma). \tag{2}$$

Somit wird die Funktion $\Phi(\zeta)$ aus derselben Randbedingung wie im Falle des Kreisgebietes (6.3.1.1.) bestimmt. Der wesentliche Unterschied besteht lediglich darin, daß die gesuchte Funktion $\Phi(\zeta)$ diesmal Pole außerhalb γ haben kann; dieser Umstand ist bei der Bildung der allgemeinen Lösung des Randwertproblems (2) zu berücksichtigen.

Aus praktischen Gründen ist es zweckmäßig, die Gl. (2) etwas abzuändern und in der Gestalt

$$[\Phi(\sigma)\, \omega'(\sigma)]^+ - [\Phi(\sigma)\, \omega'(\sigma)]^- = [\sigma_n(\sigma) + i\tau_n(\sigma)]\, \omega'(\sigma) \tag{2'}$$

zu schreiben. Als gesuchte Funktion wird jetzt $\Phi(\zeta)\, \omega'(\zeta)$ aufgefaßt.

Die Polverteilung dieser Funktion wurde im vorigen Abschnitt ausführlich dargelegt. Wir erinnern, daß $\Phi(\zeta)\,\omega'(\zeta)$ im Falle des unendlichen Gebietes S auch im Inneren von γ, und zwar im Punkte $\zeta = 0$, einen Pol (von höchstens zweiter Ordnung) haben kann.
Die allgemeine Lösung der Aufgabe (2') lautet

$$\Phi(\zeta)\,\omega'(\zeta) = \frac{1}{2\pi i} \int\limits_{\gamma} \frac{\sigma_n(\sigma) + i\tau_n(\sigma)}{\sigma - \zeta}\,\omega'(\sigma)\,d\sigma + R(\zeta), \tag{3}$$

wobei $R(\zeta)$ eine rationale Funktion ist, die wir leicht aufschreiben können, da uns alle möglichen Pole der Funktion $\Phi(\zeta)\,\omega'(\zeta)$ und ihre maximale Ordnung bekannt sind.
Die in den Ausdruck für $R(\zeta)$ eingehenden unbestimmten konstanten Koeffizienten werden aus folgenden zusätzlichen Bedingungen bestimmt:

(a) Die durch (8) in 6.4.1. definierte Funktion $\Psi(\zeta)$ muß im Inneren von γ holomorph sein.

(b) Im Falle des unendlichen Gebietes S müssen die Spannungen im Unendlichen vorgegebene Werte annehmen und die Verschiebungen eindeutig sein.

Die Bedingung (a) entspricht den Gln. (14) in 6.4.1. Diese stellen lineare algebraische Gleichungen für die Real- und Imaginärteile der gesuchten Koeffizienten dar. Die Bedingung (b) führt auf analoge Gleichungen. Dadurch werden die gesuchten Größen eindeutig definiert mit Ausnahme einer reellen Konstanten, die im Zusammenhang damit auftritt, daß die Funktion $\Phi(\zeta)$ nur bis auf ein Glied iC bestimmt ist, wobei C eine beliebige reelle Konstante bezeichnet.
Im Falle des endlichen Gebietes sind die angeführten Gleichungen nur dann verträglich, wenn der resultierende Vektor und das resultierende Moment der äußeren Kräfte verschwinden. Dies folgt unmittelbar aus dem Eindeutigkeits- und Existenzsatz für die Lösung[1]).
Völlig analog ergibt sich auch die Lösung des II. Problems. Sie führt gemäß (13) in 6.4.1. auf die Bestimmung der Funktion $\Phi(\zeta)$ aus der Randbedingung

$$[\varkappa\Phi(\sigma)\,\omega'(\sigma)]^+ + [\Phi(\sigma)\,\omega'(\sigma)]^- = 2\mu g'(\sigma) \tag{4}$$

mit

$$g'(\sigma) = \frac{dg}{d\sigma} = -\,i\,e^{-i\vartheta}\,\frac{dg}{d\vartheta}, \tag{5}$$

dabei ist $g(\sigma) = g_1 + ig_2$, und g_1, g_2 stellen die Randwerte der Verschiebungskomponenten u, v dar. Die Lösung des I. und II. Problems nach den hier angeführten Verfahren erfordert etwa den gleichen Rechenaufwand wie die in 5. dargelegte Methode. Deshalb gehen wir hier nicht auf Einzelheiten ein, zumal das I. und II. Problem als Sonderfälle im gemischten Problem enthalten sind, das im folgenden Abschnitt ausführlich behandelt wird.

Bemerkung 1:

Die auf das I. Problem für das unendliche Gebiet S bezogene Bedingung (b) kann man durch die Gln. (17), (18) in 6.4.1. ausdrücken, dabei ist $\mathrm{Re}\,\Gamma = B$ und die Konstante Γ' als vorgegeben zu betrachten, denn diese Größen werden durch die Spannungskomponenten im Unendlichen definiert.

---

[1]) Durch eingehendere Untersuchung kann man diese Behauptung allein aus dem Eindeutigkeitssatz beweisen, ohne den Existenzsatz heranzuziehen (vgl. Bemerkung 2 in 5.2.8.). Siehe den zitierten Artikel von I. N. Karziwadse.

Die Größen X, Y bleiben zunächst unbestimmt. Sie ergeben sich von selbst aus den oben genannten Bedingungen. Wir können sie jedoch auch sofort aus den vorgegebenen Spannungsrandwerten berechnen; dann erhalten wir aus (17) und (18) zusätzliche Gleichungen, die wir anstelle anderer, weniger einfacher Beziehungen zwischen den gesuchten Größen verwenden können.
Im Falle des II. Problems für das unendliche Gebiet sind die Größen X, Y sowie die Konstanten Γ und Γ' als vorgegeben zu betrachten.

Bemerkung 2:

Bei der Lösung des I. und II. Problems kann man selbstverständlich auch von den Gln. (11) und (12) in 6.4.1. ausgehen. Das empfiehlt sich besonders für das endliche Gebiet, denn dort ist die gesuchte Funktion $\varphi(\zeta)$ eindeutig. Doch auch im Falle des unendlichen Gebietes läßt sich die Mehrdeutigkeit der gesuchten Funktion durch Abtrennen des logarithmischen Gliedes analog zum vorigen Abschnitt leicht beseitigen.

6.4.3. Lösung des gemischten Problems[1])

Es seien $L_1 = a_1b_1, L_2 = a_2b_2, \ldots, L_n = a_nb_n$ Kurvenstücke auf dem Rand L des elastischen Körpers S. Die Bezeichnungen wählen wir so, daß die Punkte $a_1, b_1, \ldots, a_n, b_n$ beim Umfahren von L in positiver Richtung (mit dem Gebiet S zur Linken) in der angegebenen Reihenfolge durchlaufen werden.
Wir bezeichnen die Gesamtheit der genannten Kurvenstücke mit L':
und den übrigen Teil des Randes mit L''.

$$L' = L_1 + \cdots + L_n.$$

Auf L' seien die Verschiebungen und auf L'' die äußeren Spannungen vorgegeben. Ohne Einschränkung der Allgemeinheit können wir voraussetzen, daß der Teil L'' frei von äußeren Spannungen ist[2]).
Mit α_k, β_k bezeichnen wir die den Werten a_k, b_k entsprechenden Punkte auf γ, mit γ' den L' entsprechenden Teil der Peripherie und mit γ'' den restlichen Teil derselben. Die Punkte α_k, β_k übernehmen die Rolle der Punkte γ_k aus 6.4.1. Dann lauten die Randbedingungen des Problems gemäß (10) und (13) in 6.4.1.

$$\Phi^+(\sigma) - \Phi^-(\sigma) = 0 \quad \text{auf } \gamma'', \tag{1}$$

$$[\Phi(\sigma)\,\omega'(\sigma)]^+ + \frac{1}{\varkappa}\,[\Phi(\sigma)\,\omega'(\sigma)]^- = f(\sigma) \quad \text{auf } \gamma' \tag{2}$$

mit

$$f(\sigma) = -\frac{2\mu \mathrm{i}}{\varkappa}\,\bar{\sigma}\left\{\frac{\mathrm{d}g_1}{\mathrm{d}\vartheta} + \mathrm{i}\,\frac{\mathrm{d}g_2}{\mathrm{d}\vartheta}\right\} = \frac{2\mu}{\varkappa}\left\{\frac{\mathrm{d}g_1}{\mathrm{d}\sigma} + \mathrm{i}\,\frac{\mathrm{d}g_2}{\mathrm{d}\sigma}\right\}; \tag{3}$$

wobei g_1, g_2 die Randwerte der auf L' vorgegebenen Verschiebungskomponenten u, v sind. Wir setzen voraus, daß $f(\sigma)$ auf γ' einer H-Bedingung genügt.

---

[1]) Eine (im Sinne des Charakters des Ergebnisses) analoge, jedoch kompliziertere Lösung wurde erstmals von D. I. Scherman [10] angegeben.

[2]) Das Problem läßt sich auch leicht unmittelbar für den allgemeinen Fall lösen (s. Bemerkung am Ende des vorliegenden Abschnittes).

Aus (1) ist ersichtlich, daß γ'' für die Funktion $\Phi(\zeta)$ keine Unstetigkeiten darstellt, d. h., daß $\Phi(\zeta)$ in der längs γ' aufgeschnittenen Ebene holomorph ist mit Ausnahme endlich vieler Punkte, wo sie Pole haben kann. Dasselbe gilt selbstverständlich auch für die Funktion $\Phi(\zeta)\,\omega'(\zeta)$.

Die letzte Funktion ermitteln wir aus Gl. (2), diese stimmt mit der Bedingung überein, welche wir bei der Lösung des gemischten Problems für das Kreisgebiet benutzten (s. 6.3.3.1.). Die gesuchte Funktion kann jedoch jetzt Pole der höchsten Ordnung $m_1, m_2, \ldots, m_r, m$ in den vorgegebenen Punkten $\zeta_1, \zeta_2, \ldots, \zeta_r, \infty$ haben (6.4.1.). Im Falle des unendlichen Gebietes S kann noch im Punkt $\zeta = 0$ ein Pol von höchstens 2. Ordnung auftreten.

Wenn wir wie in 6.3.3.1.

$$\beta = \frac{\ln \varkappa}{2\pi}, \tag{4}$$

$$X_0(\zeta) = \prod_{k=1}^{n} (\zeta - \alpha_k)^{-\frac{1}{2} - i\beta} (\zeta - \beta_k)^{-\frac{1}{2} + i\beta} \tag{5}$$

setzen und der für $X_0(\zeta)$ gewählte Zweig der Bedingung

$$\lim_{\zeta \to \infty} \zeta^n X_0(\zeta) = 1 \tag{6}$$

genügt, erhalten wir gemäß Gl. (26) in 6.1.6.

$$\omega'(\zeta)\,\Phi(\zeta) = \frac{X_0(\zeta)}{2\pi i} \int_{\gamma'} \frac{f(\sigma)\,d\sigma}{X_0^+(\sigma)\,(\sigma - \zeta)} + X_0(\zeta)\,R(\zeta), \tag{7}$$

wobei $R(\zeta)$ eine rationale Funktion ist:

$$R(\zeta) = \frac{D_2}{\zeta^2} + \frac{D_1}{\zeta} + C_0 + C_1\zeta + \cdots + C_{m+n}\zeta^{m+n} + \sum_{k=1}^{r} \sum_{l=1}^{m_r} \frac{B_{kl}}{(\zeta - \zeta_k)^l} \tag{8}$$

(im Falle des endlichen Gebietes gilt $D_1 = D_2 = 0$).

Die in (8) auftretenden Konstanten D_j, C_j, B_{kl} bestimmen wir aus folgenden Bedingungen:

(a) Die gemäß (8) mit Hilfe von $\Phi(\zeta)$ gebildete Funktion $\Psi(\zeta)$ muß im Inneren von γ holomorph sein. Diese Bedingung wird durch die Gl. (14) in 6.4.1. ausgedrückt.

(b) Im Falle des unendlichen Gebietes S müssen die Spannungen und die Drehung im Unendlichen sowie die Komponenten des resultierenden Vektors der an L' angreifenden Kräfte vorgegebene Werte annehmen und die Verschiebungen eindeutig sein.

Diese Bedingungen sind bei vorgegebenen Werten Γ, Γ', X, Y äquivalent mit den Gln. (17) und (18) in 6.4.1.

(c) Schließlich ist noch folgendes zu berücksichtigen: Wenn die bisher genannten Bedingungen erfüllt sind, lassen sich die Verschiebungskomponenten u, v auf den Kurvenstücken α_k, β_k aus den vorgegebenen Werten nur bis auf gewisse Konstanten c_k $(k = 1, 2, \ldots, n)$ bestimmen, denn beim Lösen der Aufgabe benutzen wir lediglich die Ableitungen von u und v nach ϑ. Folglich müssen wir noch die Bedingungen

$$c_1 = c_2 = \cdots = c_n = 0 \tag{9}$$

oder etwas abgeschwächt

$$c_1 = c_2 = \cdots = c_n \tag{10}$$

aufnehmen (bei Befriedigung der letzteren können auf Kosten der in Gl. (6') aus 6.4.1. auftretenden willkürlichen Konstanten auch die Gln. (9) erfüllt werden). Die Bedingungen (10) führen völlig analog zu 6.3.3. (für den Kreis) auf gewisse Gleichungen, die wir nicht aufschreiben wollen.

Aus den eben aufgezählten Bedingungen erhalten wir eine bekannte Anzahl linearer algebraischer Gleichungen zur Ermittlung der unbekannten Konstanten. Diese haben eine eindeutige Lösung, wie man leicht aus dem Eindeutigkeits- und Existenzsatz schließen kann[1]). Besonders einfache Resultate ergeben sich, wenn der Rand L nur aus zwei Kurvenstücken $a_1 b_1 = L'$ und $b_1 a_1 = L''$ besteht ($n = 1$); dann entfallen nämlich die Bedingungen (10).

Bemerkung 1:

Auch wenn L'' nicht spannungsfrei ist, sondern einer vorgegebenen Belastung unterworfen wird, läßt sich unser Problem leicht unmittelbar lösen. In diesem Falle lauten die Randbedingungen für die Funktion $\Phi(\zeta)$:

$$\begin{aligned} &[\Phi(\sigma)\,\omega'(\sigma)]^+ + \frac{1}{\varkappa}\,[\Phi(\sigma)\omega'(\sigma)]^- = f(\sigma) \quad \text{auf } \gamma', \\ &[\Phi(\sigma)\,\omega'(\sigma)]^+ - [\Phi(\sigma)\,\omega'(\sigma)]^- = f(\sigma) \quad \text{auf } \gamma'', \end{aligned} \tag{11}$$

mit vorgegebenem $f(\sigma)$ auf γ

$$\begin{aligned} &f(\sigma) = \frac{2\mu}{\varkappa}\left\{\frac{\mathrm{d}g_1}{\mathrm{d}\sigma} + \mathrm{i}\,\frac{\mathrm{d}g_2}{\mathrm{d}\sigma}\right\} \quad \text{auf } \gamma', \\ &f(\sigma) = \omega'(\sigma)\,\{\sigma_n(\sigma) + \mathrm{i}\tau_n(\sigma)\} \quad \text{auf } \gamma''; \end{aligned} \tag{12}$$

dabei bezeichnen $\sigma_n(\sigma)$ und $\tau_n(\sigma)$ dasselbe wie in 6.4.2. Wir setzen voraus, daß die Funktion $f(\sigma)$ auf den Kurvenstücken γ' und γ'' jeweils einer H-Bedingung genügt (sie kann sich jedoch beim Durchlaufen der Punkte α_k, β_k sprunghaft ändern).
Nach dem in 6.1.7. Gesagten erhalten wir die zu (7) analoge Formel

$$\Phi(\zeta) = \frac{X_0(\zeta)}{2\pi\mathrm{i}} \int_\gamma \frac{f(\sigma)\,\mathrm{d}\sigma}{X_0^+(\sigma)\,(\sigma - \zeta)} + X_0(\zeta)\,R(\zeta); \tag{13}$$

dabei werden $X_0(\zeta)$ und $R(\zeta)$ wie oben aus (5) und (6) berechnet; die Integration erstreckt sich jedoch jetzt über die gesamte Peripherie γ, und $f(\sigma)$ ist durch die Gln. (12) definiert. Die weitere Behandlung erfolgt wie oben.

Bemerkung 2:

Bei der Lösung des Problems ist es bisweilen zweckmäßiger, von den einfacheren Gln. (11) und (12) in 6.4.1. auszugehen (vgl. Bemerkung 2 in 6.4.3.). Dabei ist zu beachten, daß die Funktion $\varphi(\zeta)$ in der Nähe der Punkte α_k, β_k beschränkt sein muß. Dies folgt aus der entsprechenden Bedingung für $\Phi(\zeta)$.

---

[1]) Den Eindeutigkeitssatz haben wir in 2.2.12. bewiesen. Die Existenz der Lösung wird in den schon zitierten Artikeln von D. I. Scherman [17] und G. F. Mandschawidse [2] gezeigt. Durch eine etwas eingehendere Untersuchung des im Text angeführten Systems algebraischer Gleichungen kann man dessen eindeutige Lösbarkeit allein aus dem Eindeutigkeitssatz zeigen, ohne den Existenzsatz heranzuziehen (vgl. Bemerkung 2 in 5.2.8.).

6.4.4. Lösung des gemischten Problems für die Ebene mit elliptischem Loch

Mit den Bezeichnungen aus 2.4.2.4. lautet die konforme Abbildungsfunktion auf den Kreis $|\zeta| < 1$[1])

$$\omega(\zeta) = R\left(\frac{1}{\zeta} + m\zeta\right), \quad R > 0, \quad 0 \leqq m < 1. \tag{1}$$

Die Gln. (7) und (8) in 6.4.1. haben in unserem Falle die Gestalt

$$\omega'(\zeta)\,\Phi(\zeta) = R\left(\frac{1}{\zeta^2} - m\right)\bar{\Phi}\left(\frac{1}{\zeta}\right) + \frac{R}{\zeta^2}\left(\frac{1}{\zeta} + m\zeta\right)\bar{\Phi}'\left(\frac{1}{\zeta}\right)$$

$$- R\left(1 - \frac{m}{\zeta^2}\right)\bar{\Psi}\left(\frac{1}{\zeta}\right) \quad \text{für } |\zeta| > 1; \tag{2}$$

$$\omega'(\zeta)\,\Psi(\zeta) = -R\left(1 - \frac{m}{\zeta^2}\right)\Phi(\zeta) - R\left(1 - \frac{m}{\zeta^2}\right)\bar{\Phi}\left(\frac{1}{\zeta}\right)$$

$$- R\left(\zeta + \frac{m}{\zeta}\right)\Phi'(\zeta) \quad \text{für } |\zeta| < 1. \tag{3}$$

Die Gln. (17) und (18) ergeben

$$\omega'(\zeta)\,\Phi(\zeta) = -\frac{R\Gamma}{\zeta^2} + \frac{X + \mathrm{i}Y}{2\pi(\varkappa + 1)}\frac{1}{\zeta} + O(1); \tag{4}$$

$$\omega'(\zeta)\,\Psi(\zeta) = -\frac{R\Gamma'}{\zeta^2} - \frac{\varkappa(X - \mathrm{i}Y)}{2\pi(\varkappa + 1)}\frac{1}{\zeta} + O(1). \tag{5}$$

Der Einfachheit halber wollen wir annehmen, daß $n = 1$ ist, d. h., daß der Lochrand L in zwei Teile a_1a_2 und a_2a_1 zerfällt, wobei auf dem ersten die Verschiebungen vorgegeben sind und der zweite frei von äußeren Spannungen ist.
Mit σ_1 und σ_2 bezeichnen wir die Punkte der Peripherie γ, welche den Punkten a_1 bzw. a_2 auf der Ellipse entsprechen, dann erhalten wir

$$X_0(\zeta) = (\zeta - \sigma_1)^{-\frac{1}{2} - \mathrm{i}\beta}(\zeta - \sigma_2)^{-\frac{1}{2} + \mathrm{i}\beta}, \quad \beta = \frac{\ln\varkappa}{2\pi}. \tag{6}$$

Wir setzen

$$\sigma_1 = \mathrm{e}^{\mathrm{i}\vartheta_1}, \quad \sigma_2 = \mathrm{e}^{\mathrm{i}\vartheta_2}, \quad \vartheta_1 = \vartheta_0 - \frac{\omega}{2}, \quad \vartheta_2 = \vartheta_0 + \frac{\omega}{2}; \tag{7}$$

dabei ist ϑ_0 das zum Mittelpunkt des Kreisbogens $\sigma_1\sigma_2$ gehörende Argument und ω der diesem Bogen entsprechende Zentriwinkel.
Für große $|\zeta|$ gilt

$$X_0(\zeta) = \frac{1}{\zeta} + \frac{\alpha}{\zeta^2} + \cdots \tag{8}$$

mit

$$\alpha = \frac{\sigma_1 + \sigma_2}{2} + \mathrm{i}\beta(\sigma_1 - \sigma_2) = \mathrm{e}^{\mathrm{i}\vartheta_0}\left(\cos\frac{\omega}{2} + 2\beta\sin\frac{\omega}{2}\right). \tag{9}$$

---

[1]) Man kann auch die Abbildung auf das Gebiet $|\zeta| > 1$ benutzen (das ist sogar etwas zweckmäßiger), wir verwenden hier die Abbildung auf den Kreis, um die Formeln aus dem vorigen Abschnitt unmittelbar heranziehen zu können.

Ferner ist offenbar

$$X_0(0) = -e^{-\beta\omega - i\vartheta_0}, \tag{10}$$

somit bekommen wir für kleine $|\zeta|$

$$X_0(\zeta) = X_0(0)\left[1 - \frac{\zeta}{\sigma_1}\right]^{-\frac{1}{2} - i\beta}\left[1 - \frac{\zeta}{\sigma_2}\right]^{-\frac{1}{2} + i\beta} = X_0(0)\,[1 + \alpha_0\zeta + \cdots] \tag{11}$$

mit

$$\alpha_0 = \frac{\bar{\sigma}_1 + \bar{\sigma}_2}{2} + i\beta\,(\bar{\sigma}_1 - \bar{\sigma}_2) = e^{-i\vartheta_0}\left(\cos\frac{\omega}{2} - 2\beta\sin\frac{\omega}{2}\right). \tag{12}$$

Nach Gl. (2) ist die Funktion $\omega'(\zeta)\,\Phi(\zeta)$ außerhalb γ einschließlich des unendlich fernen Punktes holomorph. Da die Funktion $\Phi(\zeta)$ im Inneren von γ holomorph ist, hat $\omega'(\zeta)\,\Phi(\zeta)$ an der Stelle $\zeta = 0$ einen Pol von höchstens 2. Ordnung.
Gemäß Gl. (7) in 6.4.3. gilt deshalb

$$\omega'(\zeta)\,\Phi(\zeta) = \frac{X_0(\zeta)}{2\pi i}\int\limits_{\sigma_1\sigma_2}\frac{f(\sigma)\,d\sigma}{X_0^+(\sigma)\,(\sigma - \zeta)} + \left\{C_0 + C_1\zeta + \frac{D_1}{\zeta} + \frac{D_2}{\zeta^2}\right\}X_0(\zeta), \tag{13}$$

wobei C_0, C_1, D_1, D_2 noch zu bestimmende Konstanten sind.
Die Konstanten D_1 und D_2 lassen sich sofort aus Gl. (4) ermitteln, denn gemäß (13) und (11) ist der Hauptteil der Funktion $\omega'(\zeta)\,\Phi(\zeta)$ im Punkt $\zeta = 0$ gleich

$$X_0(0)\left\{\frac{D_2}{\zeta^2} + \frac{D_1 + \alpha_0 D_2}{\zeta}\right\}.$$

Daraus ergibt sich durch Vergleich mit (4):

$$X_0(0)\,D_2 = -R\Gamma, \quad X_0(0)\,(D_1 + \alpha_0 D_2) = \frac{X + iY}{2\pi\,(\varkappa + 1)}. \tag{14}$$

Aus diesen Formeln erhalten wir Werte für D_2 und D_1, die wir nicht aufschreiben.
Die Koeffizienten C_0 und C_1 werden aus Gl. (5) bestimmt. Dazu benutzen wir den Hauptteil der durch (3) definierten Funktion $\omega'(\zeta)\,\Psi(\zeta)$ im Pol $\zeta = 0$. Eine einfache Rechnung zeigt, daß dieser Hauptteil gleich

$$\frac{\bar{C}_1 - mD_2X_0(0)}{\zeta^2} + \frac{\bar{C}_0 + \alpha\bar{C}_1}{\zeta}$$

ist.
Durch Vergleich mit (5) bekommen wir unter Berücksichtigung der ersten Beziehung aus (14) nach Übergang zu den konjugiert-komplexen Werten

$$C_1 = -R(m\bar{\Gamma} + \bar{\Gamma}'), \quad C_0 + \alpha C_1 = -\frac{\varkappa\,(X + iY)}{2\pi\,(\varkappa + 1)}. \tag{15}$$

Damit sind alle Konstanten bestimmt und die Aufgabe ist gelöst.
Für $m = 0$ erhalten wir die Lösung für die unendliche Ebene mit Kreisloch. Dieser Fall wurde in 6.3.3.2. unmittelbar behandelt.

6.4.5. Kontaktproblem mit starrem Profil

6.4.5.1. Aufgabenstellung – Eindeutigkeit der Lösung

In der Praxis ergeben sich die Randwerte oft aus der Berührung eines elastischen Körpers mit der Oberfläche anderer Körper. Einige Sonderfälle dieses Aufgabentyps wurden schon früher in 3.7.2., 6.2.5. bis 6.2.11. behandelt.

Wir betrachten nun den Fall, daß der gegebene elastische Körper mit einem starren Körper von gegebener Form in Berührung kommt, wobei *die Berührung längs des gesamten Randes des elastischen Gebietes stattfindet.* Wir nehmen ferner an, daß die Oberfläche der Körper absolut glatt ist, so daß keine Reibungskräfte auftreten.

Diese Aufgabe wurde, soweit dem Autor bekannt ist, erstmalig von Hadamard [2] für die elastische Kugel formuliert und gelöst. Für ebene Gebiete, die sich vermittels rationaler Funktionen auf den Kreis abbilden lassen, wurde die Lösung des Problems vom Autor im Artikel [19] angegeben und mit einigen Zusätzen in die zweite Auflage des vorliegenden Buches aufgenommen. Im folgenden geben wir die Lösung in etwas abgewandelter Form wieder (s. 6.4.5.2.).

Wir beschränken uns im weiteren auf den ebenen Fall und nehmen an, daß der Rand des betrachteten Körpers aus einer einfachen geschlossenen Kurve besteht. Dabei kann der Körper das endliche oder das unendliche Gebiet (unendliche Scheibe mit Loch) einnehmen. Wir betrachten also den

(a) Fall des endlichen Gebietes

In einem starren Körper befindet sich ein Loch mit vorgegebener Kontur. In dieses Loch wird eine elastische Scheibe eingesetzt, deren Rand vor der Verformung in seiner Gestalt und seiner Lage wenig vom Rand des Loches abweicht.

(b) Fall des unendlichen Gebietes

In einem unendlichen elastischen Körper befindet sich ein Loch, in das eine starre Scheibe eingesetzt wird, deren Rand sich wenig vom Rand des Loches vor der Deformation unterscheidet. Die Lage der starren Scheibe wird als vorgegeben betrachtet[1]).

In diesem Falle (des unendlichen Gebietes) wird vorausgesetzt, daß die Spannungen und die Drehung im Unendlichen (d. h. mit den früheren Bezeichnungen die Werte der Konstanten Γ und Γ') sowie der resultierende Vektor X, Y der von der Scheibe auf den umgebenden Körper wirkenden äußeren Kräfte vorgegeben sind. Der Vektor (X, Y) ist offensichtlich gleich dem resultierenden Vektor der Kräfte, die von außen an der starren Scheibe angreifen (dazu gehören nicht die vom elastischen Körper aus auf den starren Rand wirkenden Kräfte).

Wir formulieren nun die unserem Problem entsprechenden Randbedingungen, dabei könnten wir zwar einfach auf das in 6.2.5. Gesagte verweisen (das sich allerdings nur auf den Sonderfall eines geradlinigen Randes bezieht), doch wir wollen sie hier in etwas anderer, möglicherweise anschaulicherer Weise herleiten sowie einige Bemerkungen anfügen.

Wegen der fehlenden Reibung gilt auf dem Rand des elastischen Körpers

$$\tau_n = 0,$$

wobei τ_n die Schubspannungskomponente in bezug auf die Randkurve darstellt.

Als nächstes formulieren wir die Bedingung für das Berühren der Ränder des elastischen und des starren Körpers. Wie schon gesagt, nehmen wir überall im weiteren an, daß die Berührung längs des gesamten Randes stattfindet.

---

[1]) Denn wir betrachten wie immer kleine Verzerrungen und Verschiebungen.

Der größeren Übersichtlichkeit halber behandeln wir zunächst nur den Fall (a). Dabei stellen wir uns den Sachverhalt wie folgt vor. Die elastische Scheibe wird erst auf das Loch des starren Körpers (in der Art eines Deckels) aufgelegt, wobei ihr Rand etwas über den Lochrand hinausragt. Nun erteilen wir den Randpunkten der Scheibe durch geeignete, am Rand angreifende Kräfte eine Normalverschiebung v_n[1]), die gerade so groß ist, daß der Scheibenrand mit dem Lochrand zur Deckung kommt. Danach wird die Scheibe in das Loch eingesetzt und sich selbst überlassen. In der Scheibe stellt sich nun ein gewisser elastischer Gleichgewichtszustand ein, den es zu bestimmen gilt. Da die Punkte des Scheibenrandes am Rand des Loches frei gleiten können, ist die tangentiale Verschiebungskomponente v_t der Randpunkte von vornherein nicht bekannt. Dafür kennen wir die Normalkomponente v_n dieser Verschiebung, denn sie wird durch die gegenseitige Lage des Lochrandes und des Scheibenrandes vor der Deformation bestimmt.
Auf diese Weise ergeben sich folgende Randbedingungen für unser Problem:

$$\tau_n = 0,\ v_n = f \quad \text{auf dem Rand,} \tag{1}$$

wobei f eine vorgegebene reelle Funktion der Bogenlänge der Randkurve ist.
Dabei ist folgendes zu beachten: Das Zusammendrücken der Scheibe auf die Ausmaße des Loches (durch die Normalverschiebung v_n) läßt sich aus verschiedenen Ausgangslagen vor der Deformation heraus durchführen. All diese Lagen gehen aus einer einzigen durch starre Verschiebung der Scheibe als Ganzes hervor (wie immer werden selbstverständlich kleine Verschiebungen betrachtet). Wenn sich die Lage der Scheibe (vor der Deformation) von der bei der Herleitung der zweiten Gleichung aus (1) benutzten unterscheidet, hat die in dieser Bedingung auftretende Größe f einen neuen Wert f', dieser entsteht aus f durch Überlagerung der Normalkomponente der entsprechenden starren Verschiebung, die die eine ursprüngliche Lage der Scheibe in die andere überführt.
Die Randbedingungen lauten somit

$$\tau_n = 0, \quad v_n = f' \quad \text{auf dem Rand.} \tag{1'}$$

Die Lösung des Problems (1') ergibt sich offenbar aus der Lösung des Problems (1) durch Überlagerung der eben angeführten starren Verschiebung, die bekanntlich auf die Spannungsverteilung keinen Einfluß hat. In derselben Weise können wir die Lösung des Problems (1') aus der Lösung des Problems (1) gewinnen.
Nun wenden wir uns dem Fall (b) (unendliches Gebiet) zu. Analog zum oben Gesagten gelangen wir wiederum zu den Gln. (1), die jetzt noch durch die früher genannten Bedingungen zu ergänzen sind (d. h., die Größen Γ, Γ', X, Y müssen vorgegeben sein). Erwähnt sei noch, daß sich die starre Verschiebung des elastischen Körpers in unserem Falle auf eine translative beschränkt, da die Größe C[2]), die die Drehung im Unendlichen charakterisiert, nach Voraussetzung vorgegeben ist.
Es läßt sich leicht zeigen, daß die den Randbedingungen (1) entsprechende Aufgabe nicht zwei verschiedene Lösungen haben kann. Beim Eindeutigkeitsbeweis der Lösung spielt bekanntlich das Verschwinden des Ausdruckes

$$\overset{n}{\sigma}_x u + \overset{n}{\sigma}_y v,$$

[1]) Angesichts der kleinen Abweichung zwischen Scheibe und Rand ist es gleichgültig, ob n senkrecht auf dem Scheiben- oder auf dem Lochrand steht.
[2]) Nach unseren üblichen Bezeichnungen ist bekanntlich $\Gamma = B + iC$.

gebildet für die Differenz zweier Lösungen, (auf dem Rand) die wichtigste Rolle (2.2.12.). Dieser Ausdruck verschwindet auch in unserem Falle, denn er ist gleich dem Skalarprodukt aus dem Vektor $\left(\overset{n}{\sigma}_x, \overset{n}{\sigma}_y\right)$ der am Rand angreifenden Spannungen und dem Verschiebungsvektor (u, v) der Randpunkte. Da ferner für die Differenz zweier Lösungen, die der Randbedingung (1) genügen,

$$\tau_n = 0, \quad v_n = 0$$

gilt, stehen die Vektoren $\left(\overset{n}{\sigma}_x, \overset{n}{\sigma}_y\right)$ und (u, v) senkrecht aufeinander, und ihr Skalarprodukt ist folglich gleich Null. Analog zu 2.2.12. läßt sich also zeigen, daß die Spannungskomponenten in beiden Lösungen gleich sind und daß sich die Verschiebungen nur durch eine starre Verschiebung des Gesamtkörpers unterscheiden können.

Mit Ausnahme des kreisförmigen elastischen Körpers ist selbst dieser Unterschied in den Verschiebungen nicht möglich. Im Falle der Kreisscheibe können sich die Lösungen offenbar durch eine starre Drehung um den Mittelpunkt unterscheiden. Jedoch für die unendliche Ebene mit Kreisloch liegt wieder volle Bestimmtheit vor; denn wir nehmen an, daß die Drehung im Unendlichen vorgegeben ist.

Wir haben bisher gezeigt, daß die Lösung unseres Problems – falls eine solche existiert – stets eindeutig ist. Die Existenz der Lösung wurde von D. I. Scherman [22] bewiesen. Wir gehen darauf nicht näher ein, statt dessen zeigen wir ein effektives Lösungsverfahren für Gebiete, die sich mit Hilfe rationaler Funktionen auf den Kreis abbilden lassen[1]).

6.4.5.2. Lösung für Gebiete, die vermittels rationaler Funktionen auf den Kreis abgebildet werden

Die Lösungsmethode für unser Problem ist völlig analog zu dem in 6.4.2. für das I. und II. Problem dargelegten Verfahren[2]). Deshalb geben wir hier nur allgemeine Hinweise und erläutern dann die Anwendung der Methode an Beispielen.

Das Gebiet S werde durch die Beziehung

$$z = \omega(\zeta) \tag{2}$$

auf den Kreis $|\zeta| < 1$ abgebildet[3]), wobei $\omega(\zeta)$ nach Voraussetzung eine rationale Funktion ist.

Die Peripherie $|\zeta| = 1$ bezeichnen wir wiederum mit γ; als positiv wählen wir die dem Uhrzeigersinn entgegengesetzte Drehrichtung.

Die Randbedingungen (1) lauten mit den Bezeichnungen aus 2.4.4.

$$\tau_{\varrho\vartheta} = 0, \quad v_\varrho = f \quad \text{auf dem Rand.} \tag{3}$$

Die Größen $\tau_{\varrho\vartheta}$ und v_ϱ werden mit Hilfe der Gln. (11) bzw. (7) in 2.4.4. durch komplexe Funktionen ausgedrückt. Dazu subtrahieren wir die Gl. (11) in 2.4.4. von ihrer konjugiert-komplexen (dann steht auf der linken Seite $2i\tau_{\varrho\vartheta}$). Analog bekommen wir einen Ausdruck für v_ϱ aus Gl. (7) in 2.4.4. Durch Einsetzen dieser Werte in (3) erhalten wir die Randbedin-

---

[1]) Bezüglich des rechteckigen Randes s. G. N. Poloschi [1], dort finden sich auch weitere Hinweise auf andere Arbeiten desselben Autors.

[2]) In meinem schon zitierten Artikel (sowie in der zweiten Auflage des vorliegenden Buches) wird das Problem mit der von uns im vorigen Abschnitt zur Lösung der Grundprobleme benutzten Methode behandelt.

[3]) Man kann auch die Abbildung auf das Gebiet $|\zeta| > 1$ benutzen.

gungen des Problems in folgender Gestalt:

$$\sigma^2\omega'(\sigma)\,\overline{\{\omega(\sigma)\,\Phi'(\sigma) + \omega'(\sigma)\,\Psi(\sigma)\}} - \bar{\sigma}^2\overline{\omega'(\sigma)}\,\{\omega(\sigma)\,\overline{\Phi'(\sigma)} + \overline{\omega'(\sigma)}\;\overline{\Psi(\sigma)}\} = 0,$$

$$\sigma\omega'(\sigma)\left\{\varkappa\overline{\varphi(\sigma)} - \frac{\overline{\omega(\sigma)}}{\omega'(\sigma)}\,\varphi'(\sigma) - \psi(\sigma)\right\}$$

$$+ \bar{\sigma}\overline{\omega'(\sigma)}\left\{\varkappa\varphi'(\sigma) - \frac{\omega(\sigma)}{\overline{\omega'(\sigma)}}\,\overline{\varphi'(\sigma)} - \overline{\psi(\sigma)}\right\} \doteq 4\mu\, f(\sigma)\,|\omega'(\sigma)|\,.$$

Dabei sind die Randwerte der betrachteten Funktionen für $\zeta \to \sigma$ aus dem Inneren von γ heraus zu verstehen. $f(\sigma)$ bezeichnet eine vorgegebene reelle Funktion des Randpunktes σ, von der wir annehmen, daß sie einer H-Bedingung genügt.

Wir setzen zunächst voraus, daß der resultierende Vektor (X, Y) der am Lochrand (d. h. am Rand des Gebietes S) angreifenden äußeren Kräfte im Falle des unendlichen Gebietes S gleich Null ist. Außerdem nehmen wir an, daß die Spannungen im Unendlichen verschwinden. Dann sind die Funktionen $\varphi(\zeta)$ und $\psi(\zeta)$ im Inneren von γ holomorph. Dasselbe gilt für die Funktionen $\Phi(\zeta)$ und $\Psi(\zeta)$.

Nun führen wir die (mit Ausnahme endlich vieler Pole) stückweise holomorphen Funktionen $\Omega_1(\zeta)$, $\Omega_2(\zeta)$ ein, die wie folgt definiert sind:

$$\Omega_1(\zeta) = \begin{cases} \zeta^2\omega'(\zeta)\left[\bar{\omega}\left(\dfrac{1}{\zeta}\right)\Phi'(\zeta) + \omega'(\zeta)\,\Psi(\zeta)\right] & \text{für } |\zeta| < 1, \\[2ex] \dfrac{1}{\zeta^2}\,\bar{\omega}'\left(\dfrac{1}{\zeta}\right)\left[\omega(\zeta)\,\bar{\Phi}'\left(\dfrac{1}{\zeta}\right) + \bar{\omega}'\left(\dfrac{1}{\zeta}\right)\bar{\Psi}\left(\dfrac{1}{\zeta}\right)\right] & \text{für } |\zeta| > 1, \end{cases} \tag{4}$$

$$\Omega_2(\zeta) = \begin{cases} \dfrac{\varkappa}{\zeta}\,\bar{\omega}'\left(\dfrac{1}{\zeta}\right)\varphi(\zeta) - \zeta\bar{\omega}\left(\dfrac{1}{\zeta}\right)\varphi'(\zeta) - \zeta\omega'(\zeta)\,\psi(\zeta) & \text{für } |\zeta| < 1, \\[2ex] -\varkappa\zeta\,\omega'(\zeta)\,\bar{\varphi}\left(\dfrac{1}{\zeta}\right) + \dfrac{1}{\zeta}\,\omega(\zeta)\,\bar{\varphi}'\left(\dfrac{1}{\zeta}\right) + \dfrac{1}{\zeta}\,\bar{\omega}'\left(\dfrac{1}{\zeta}\right)\bar{\psi}\left(\dfrac{1}{\zeta}\right) & \text{für } |\zeta| > 1. \end{cases} \tag{5}$$

Damit lauten die vorigen Randbedingungen offenbar

$$\Omega_1^+(\sigma) - \Omega_1^-(\sigma) = 0, \tag{6}$$

$$\Omega_2^+(\sigma) - \Omega_2^-(\sigma) = 4\mu\,|\omega'(\sigma)|\,f(\sigma). \tag{7}$$

Die Funktionen $\Omega_1(\zeta)$, $\Omega_2(\zeta)$ sind, wie schon gesagt, stückweise holomorph mit Ausnahme endlich vieler Pole, d. h., sie sind holomorph in jedem der Gebiete $|\zeta| < 1$, $|\zeta| > 1$ mit Ausnahme endlich vieler Punkte, wo sie Pole haben.

Diese Pole und ihre maximale Ordnung sind von vornherein bekannt, da sie von den Polen der rationalen Funktion $\omega(\zeta)$ und den Faktoren ζ^{-1}, ζ auf der rechten Seite von (5) herrühren. Wie man leicht sieht, entspricht jedem innerhalb (außerhalb) γ gelegenen Pol ζ_k ein außerhalb (innerhalb) γ gelegener Pol $\zeta_k' = 1/\bar{\zeta}_k$ derselben Ordnung.

Wir wenden nun die Ergebnisse aus 6.1.3. auf die Lösung der Randwertaufgaben (6) und (7) an und erhalten entsprechend

$$\Omega_1(\zeta) = R_1(\zeta), \tag{8}$$

$$\Omega_2(\zeta) = \frac{2\mu}{\pi \mathrm{i}} \int\limits_\gamma \frac{|\omega'(\sigma)|\,f(\sigma)\,\mathrm{d}\sigma}{\sigma - \zeta} + R_2(\zeta), \tag{9}$$

wobei $R_1(\zeta)$ und $R_2(\zeta)$ rationale Funktionen mit unbestimmten Koeffizienten sind, die in den vorgegebenen Punkten Pole von bekannter höchster Ordnung haben. Ihre allgemeinen Ausdrücke lassen sich leicht angeben; wir verzichten darauf und bemerken lediglich folgendes: Gemäß (4) und (5) gilt für die Funktionen $\Omega_1(\zeta)$ und $\Omega_2(\zeta)$

$$\bar{\Omega}_1\left(\frac{1}{\zeta}\right) = \Omega(\zeta), \quad \bar{\Omega}_2\left(\frac{1}{\zeta}\right) = -\Omega_2(\zeta).$$

Nach (8) und (9) müssen also die rationalen Funktionen $R_1(\zeta)$ und $R_2(\zeta)$ stets die Gleichungen

$$\bar{R}_1\left(\frac{1}{\zeta}\right) = R_1(\zeta), \tag{10}$$

$$\bar{R}_2\left(\frac{1}{\zeta}\right) = -R_2(\zeta) - \frac{2\mu}{\pi i}\int_\gamma |\omega'(\sigma)|\, f(\sigma)\frac{d\sigma}{\sigma} \tag{11}$$

befriedigen. Bei der Herleitung der letzten Bedingungen benutzten wir folgende Tatsache: Wenn $f(\sigma)$ eine reelle Funktion darstellt und

$$F(\zeta) = \frac{2\mu}{\pi i}\int_\gamma \frac{f(\sigma)\, d\sigma}{\sigma - \zeta}$$

ist, gilt

$$\bar{F}\left(\frac{1}{\zeta}\right) = -\frac{2\mu}{\pi i}\int_\gamma \frac{f(\sigma)\, d\bar{\sigma}}{\bar{\sigma} - \dfrac{1}{\zeta}}$$

oder wegen $\bar{\sigma} = 1/\sigma$

$$\bar{F}\frac{1}{\zeta} = \frac{2\mu}{\pi i}\int_\gamma \frac{\zeta f(\sigma)\, d\sigma}{\sigma(\zeta - \sigma)} = -\frac{2\mu}{\pi i}\int_\gamma \frac{f(\sigma)\, d\sigma}{\sigma - \zeta} + \frac{2\mu}{\pi i}\int_\gamma f(\sigma)\frac{d\sigma}{\sigma}.$$

Durch die Gln. (10), (11) werden den Koeffizienten der rationalen Funktionen $R_1(\zeta)$ und $R_2(\zeta)$ bestimmte Bedingungen auferlegt. Diese dienen zusammen mit anderen, die wir später angeben, zur Bestimmung der genannten Koeffizienten.

Aus den Gln. (8), (9) erhalten wir für Punkte innerhalb γ gemäß (4) und (5)

$$\zeta^2\omega'(\zeta)\left\{\bar{\omega}\left(\frac{1}{\zeta}\right)\Phi'(\zeta) + \omega'(\zeta)\,\Psi(\zeta)\right\} = R_1(\zeta), \tag{12}$$

$$-\zeta\bar{\omega}\left(\frac{1}{\zeta}\right)\varphi'(\zeta) - \zeta\omega'(\zeta)\,\psi(\zeta) + \frac{\varkappa}{\zeta}\bar{\omega}'\left(\frac{1}{\zeta}\right)\varphi(\zeta) = \frac{2\mu}{\pi i}\int_\gamma \frac{f(\sigma)\,|\omega'(\sigma)|\, d\sigma}{\sigma - \zeta} + R_2(\zeta). \tag{13}$$

Die Anwendung der Gln. (8), (9) auf außerhalb γ gelegene Punkte liefert nichts Neues, sondern führt nur auf die Bedingungen (10), (11), die wir als erfüllt betrachten. Deshalb können wir uns auf die vorigen Gleichungen beschränken. Wir dividieren diese Gleichungen durch $\zeta^2\omega'(\zeta)$ bzw. $\zeta\omega'(\zeta)$ und beachten, daß

$$\omega'(\zeta)\,\Phi(\zeta) = \varphi'(\zeta), \quad \omega'(\zeta)\,\Psi(\zeta) = \psi'(\zeta)$$

ist, dann erhalten wir

$$\psi'(\zeta) + \bar{\omega}\left(\frac{1}{\zeta}\right)\left[\frac{\varphi'(\zeta)}{\omega'(\zeta)}\right]' = G(\zeta), \tag{14}$$

$$-\psi(\zeta) - \frac{\bar{\omega}\left(\frac{1}{\zeta}\right)}{\omega'(\zeta)}\varphi'(\zeta) + \frac{\varkappa}{\zeta^2}\frac{\bar{\omega}'\left(\frac{1}{\zeta}\right)}{\omega'(\zeta)}\varphi(\zeta) = H(\zeta), \tag{15}$$

wobei $G(\zeta)$ und $H(\zeta)$ bekannte Funktionen sind, die eine gewisse Zahl zunächst noch unbekannter Konstanten linear enthalten.

Aus den letzten Gleichungen läßt sich die Funktion $\psi(\zeta)$ leicht eliminieren, indem wir die zweite differenzieren und zur ersten addieren. Nach einfachen Umformungen ergibt sich

$$(\varkappa + 1)\,\Omega(\zeta)\,\varphi'(\zeta) + \varkappa\Omega'(\zeta)\,\varphi(\zeta) = G(\zeta) + H'(\zeta) \tag{16}$$

mit

$$\Omega(\zeta) = \frac{\bar{\omega}'\left(\frac{1}{\zeta}\right)}{\zeta^2\omega'(\zeta)}. \tag{17}$$

Folglich genügt die Funktion $\varphi(\zeta)$ der linearen Differentialgleichung erster Ordnung

$$\varphi'(\zeta) + \nu\frac{\Omega'(\zeta)}{\Omega(\zeta)}\varphi(\zeta) = F(\zeta), \tag{18}$$

dabei ist

$$F(\zeta) = \frac{G(\zeta) + H'(\zeta)}{(\varkappa + 1)\,\Omega(\zeta)} \tag{19}$$

eine bekannte Funktion, die eine gewisse Zahl unbekannter Konstanten linear enthält, und

$$\nu = \frac{\varkappa}{\varkappa + 1} \qquad \left(\frac{1}{2} < \nu < 1\right). \tag{20}$$

Durch Integration der Gl. (18) erhalten wir

$$\varphi(\zeta) = [\Omega(\zeta)]^{-\nu}\left[K + \int F(\zeta)\,[\Omega(\zeta)]^{\nu}\,\mathrm{d}\zeta\right], \tag{21}$$

wobei K eine Konstante ist.

Bei bekanntem $\varphi(\zeta)$ ergibt sich $\psi(\zeta)$ aus Gl. (15). Die in den Ausdrücken für $\varphi(\zeta)$ und $\psi(\zeta)$ auftretenden unbekannten Konstanten werden aus den Gln. (10), (11) sowie aus der Holomorphie-Bedingung dieser Funktionen im Inneren von γ bestimmt.

Wir setzen im Falle des unendlichen Gebietes S voraus, daß die Spannungen im Unendlichen verschwinden. Dies bedeutet keine wesentliche Einschränkung; denn wenn die Spannungen im Unendlichen vorgegebene endliche Werte haben, behalten die vorigen Überlegungen ihre Gültigkeit. Es ist lediglich zu beachten, daß die Funktionen $\varphi(\zeta)$ und $\psi(\zeta)$ in diesem Falle bei $\zeta = 0$ einen Pol erster Ordnung mit vorgegebenem Hauptteil haben. Das kann sich nur auf die Gestalt der rationalen Funktionen $R_1(\zeta)$, $R_2(\zeta)$ auswirken.

Wir setzten außerdem voraus, daß der resultierende Vektor (X, Y) im Falle des unendlichen Gebietes verschwindet. Wenn er von Null verschieden ist, läßt sich das Problem leicht mit Hilfe des schon häufig angewendeten Verfahrens auf den vorigen Fall zurückführen (siehe nächsten Abschnitt, Beispiel 6.4.6.2.).

Bemerkung:

Völlig analog läßt sich eine etwas allgemeinere Aufgabe lösen, bei der die Bedingung $\tau_n = 0$ durch die Forderung ersetzt wird, daß τ_n eine vorgegebene Funktion von t ist.

6.4.6. Beispiele

6.4.6.1. Kreisscheibe

In diesem Falle können wir

$$z = \omega(\zeta) = R\zeta \tag{1}$$

setzen, wobei R der Radius der Scheibe ist. Die Randbedingungen (6), (7) in 6.4.5. lauten ausführlich geschrieben (wir dividieren die erste Bedingung durch R^2 und die zweite durch R)

$$[\sigma\Phi'(\sigma) = \sigma^2\Psi(\sigma)]^+ - \left[\frac{1}{\sigma}\,\bar{\Phi}'\left(\frac{1}{\sigma}\right) + \frac{1}{\sigma^2}\,\bar{\Psi}\left(\frac{1}{\sigma}\right)\right]^- = 0, \tag{2}$$

$$\left[\frac{\varkappa}{\sigma}\,\varphi(\sigma) - \varphi'(\sigma) - \sigma\psi(\sigma)\right]^+ - \left[-\varkappa\sigma\,\bar{\varphi}\left(\frac{1}{\sigma}\right) + \bar{\varphi}'\left(\frac{1}{\sigma}\right) + \frac{1}{\sigma}\,\bar{\psi}\left(\frac{1}{\sigma}\right)\right]^- = 4\mu f(\sigma). \tag{3}$$

Die weiteren Rechnungen werden etwas einfacher, wenn wir

$$\varphi(0) = 0 \tag{4}$$

setzen; das bedeutet keine Einschränkung der Allgemeinheit.

Nun lösen wir die Randwertprobleme (1), (3) und beachten, daß die Funktionen

$$\frac{1}{\zeta}\,\bar{\Phi}'\left(\frac{1}{\zeta}\right) + \frac{1}{\zeta^2}\,\bar{\Psi}\left(\frac{1}{\zeta}\right), \quad -\varkappa\zeta\bar{\varphi}\left(\frac{1}{\zeta}\right) + \bar{\varphi}'\left(\frac{1}{\zeta}\right) + \frac{1}{\zeta}\,\bar{\psi}\left(\frac{1}{\zeta}\right)$$

für $|\zeta| > 1$ holomorph[1]) sind und daß die erste von ihnen im Unendlichen verschwindet. Ferner sind die Funktionen

$$\zeta\Phi'(\zeta) + \zeta^2\Psi(\zeta), \quad \frac{\varkappa}{\zeta}\,\varphi(\zeta) - \varphi'(\zeta) - \zeta\psi(\zeta)$$

für $|\zeta| < 1$ holomorph. Damit gilt im Inneren von γ

$$\zeta\Phi'(\zeta) + \zeta^2\Psi(\zeta) = 0, \tag{5}$$

$$-\varphi'(\zeta) - \zeta\psi(\zeta) + \frac{\varkappa}{\zeta}\,\varphi(\zeta) = \frac{2\mu}{\pi i}\int\limits_\gamma \frac{f(\sigma)\,d\sigma}{\sigma - \zeta} + a, \tag{6}$$

wobei a eine Konstante ist. Die Gl. (10) in 6.4.5. wird von selbst befriedigt, und die Gl. (11) in 6.4.5. liefert

$$a + \bar{a} = -\frac{2\mu}{\pi i}\int\limits_\gamma f(\sigma)\,\frac{d\sigma}{\sigma} = -\frac{2\mu}{\pi}\int\limits_0^{2\pi} f(\sigma)\,d\vartheta \tag{7}$$

(der Faktor $|\omega'(\sigma)| = R$ tritt auf der rechten Seite nicht auf, da wir oben durch R dividiert haben).

---

[1]) Die Holomorphie der zweiten Funktion bei $\zeta = \infty$ folgt aus (4).

Wir vergleichen nun die Beziehungen (5), (6) mit den Gln. (14), (15) in 6.4.5., dabei ergibt sich mit den Bezeichnungen aus 6.4.5.

$$G(\zeta) = 0, \quad H(\zeta) = \frac{A(\zeta) + a}{\zeta}. \tag{8}$$

Hierbei wurde zur Abkürzung

$$A(\zeta) = \frac{2\mu}{\pi \mathrm{i}} \int_{\gamma} \frac{f(\sigma)\,\mathrm{d}\sigma}{\sigma - \zeta} \tag{9}$$

gesetzt.
Gemäß (17) und (19) in 6.4.5. erhalten wir in unserem Falle

$$\Omega(\zeta) = \frac{1}{\zeta^2}, \quad F(\zeta) = \frac{\zeta A'(\zeta) - A(\zeta)}{\varkappa + 1} - \frac{a}{\varkappa + 1},$$

und nach Gl. (21) in 6.4.5. gilt

$$\varphi(\zeta) = K\zeta^{2\nu} + \frac{\zeta^{2\nu}}{\varkappa + 1} \int [\zeta A'(\zeta) - A(\zeta)]\, \zeta^{-2\nu}\, \mathrm{d}\zeta + \frac{a\zeta}{\varkappa - 1},$$

wobei K eine Konstante bezeichnet, und folglich ist

$$\varphi(\zeta) = K\zeta^{2\nu} + \frac{\zeta^{2\nu}}{\varkappa + 1} \int_0^{\zeta} [\zeta A'(\zeta) - A(\zeta) + A(0)]\, \zeta^{-2\nu}\, \mathrm{d}\zeta + \frac{A(0)\,\zeta}{\varkappa - 1} + \frac{a\zeta}{\varkappa - 1}. \tag{10}$$

Die untere Grenze des Integrals in der letzten Formel können wir Null setzen, denn wie man leicht sieht, beginnt die Entwicklung des Ausdruckes

$$[A(\zeta) - A(0) - \zeta A'(\zeta)]\, \zeta^{-2\nu}$$

in der Nähe des Koordinatenursprunges mit einem Glied, das $\zeta^{-2\nu+2}$ enthält, wobei bekanntlich

$$1 < 2\nu = \frac{2\varkappa}{\varkappa + 1} < 2$$

ist.
Die Konstanten K und a sind aus der Holomorphiebedingung der Funktion $\varphi(\zeta)$ innerhalb γ und aus Gl. (7) zu bestimmen; denn die Gl. (4) ist schon erfüllt. Die Funktion $\varphi(\zeta)$ ist offenbar dann und nur dann holomorph[1]), wenn $K = 0$ ist, denn 2ν ist keine ganze Zahl (sie liegt zwischen 1 und 2). Die Gl. (7) bestimmt den Realteil der Größe a. Ihr Imaginärteil bleibt, wie zu erwarten war[2]), willkürlich.
Wenn wir diesen Imaginärteil Null setzen und beachten, daß die rechte Seite der Gl. (7) gleich $-A(0)$ ist, erhalten wir

$$a = \bar{a} = -\tfrac{1}{2} A(0)$$

---

[1]) Das zweite Glied auf der rechten Seite von (10) ist offenbar eine holomorphe Funktion, denn die Mehrdeutigkeit des Faktors $\zeta^{-2\nu}$ im Integranden wird durch die Mehrdeutigkeit des Faktors $\zeta^{2\nu}$ vor dem Integral kompensiert. Wir nehmen selbstverständlich an, daß die Zweige $\zeta^{2\nu}$ und $\zeta^{-2\nu}$ so gewählt sind, daß $\zeta^{-2\nu} = 1/\zeta^{2\nu}$ gilt.

[2]) Denn der Im a hat nur auf die starre Verschiebung der Scheibe Einfluß.

und schließlich gemäß Gl. (10)

$$\varphi(\zeta) = \frac{\zeta^{2\nu}}{1+\varkappa} \int\limits_0^\zeta [\zeta A'(\zeta) - A(\zeta) + A(0)]\, \zeta^{-2\nu}\, d\zeta + \frac{A(0)}{2(\varkappa - 1)}\, \zeta. \tag{11}$$

Danach wird $\psi(\zeta)$ aus Gl. (6) berechnet:

$$\psi(\zeta) = \frac{\varkappa}{\zeta^2}\varphi(\zeta) - \frac{1}{\zeta}\varphi'(\zeta) - \frac{1}{\zeta}A(\zeta) + \frac{A(0)}{2\zeta}. \tag{12}$$

Die rechte Seite ist, wie man leicht nachprüft, im Punkte $\zeta = 0$ holomorph. Damit ist unsere Aufgabe gelöst.

6.4.6.2. Unendliche Ebene mit Kreisloch

Wir gehen in diesem Falle von der Abbildung auf das Gebiet $|\zeta| > 1$ aus; dann bleibt die Gl. (1) in Kraft. Wenn wir unter f die Normalverschiebung verstehen, deren positive Richtung ins Innere des Körpers, d. h. vom Mittelpunkt weg zeigt, lauten die Randbedingungen (nach Division durch R^2 bzw. R)

$$[\sigma\Phi'(\sigma) + \sigma^2\Psi(\sigma)]^- - \left[\frac{1}{\sigma}\bar{\Phi}'\left(\frac{1}{\sigma}\right) + \frac{1}{\sigma^2}\bar{\Psi}\left(\frac{1}{\sigma}\right)\right]^+ = 0, \tag{13}$$

$$\left[\frac{\varkappa}{\sigma}\varphi(\sigma) - \varphi'(\sigma) - \sigma\psi(\sigma)\right]^- - \left[-\varkappa\sigma\bar{\varphi}\left(\frac{1}{\sigma}\right) + \bar{\varphi}'\left(\frac{1}{\sigma}\right) + \frac{1}{\sigma}\bar{\psi}\left(\frac{1}{\sigma}\right)\right]^+ = 4\mu f(\sigma). \tag{14}$$

Wir nehmen zunächst an, daß der resultierende Vektor (X, Y) gleich Null ist und daß die Spannungen und die Drehung im Unendlichen verschwinden. Dann sind die Funktionen $\varphi(\zeta)$, $\psi(\zeta)$ für $|\zeta| > 1$ einschließlich des unendlich fernen Punktes holomorph, und für große $|\zeta|$ gilt

$$\Phi(\zeta) = O\left(\frac{1}{\zeta^2}\right), \quad \Psi(\zeta) = O\left(\frac{1}{\zeta^2}\right),$$

außerdem können wir ohne Einschränkung der Allgemeinheit $\psi(\infty) = 0$ setzen.

Unter Berücksichtigung der oben angeführten Eigenschaften der gesuchten Funktionen erhalten wir nach dem Lösen der Randwertprobleme (13), (14) für Punkte des Gebietes $|\zeta| > 1$

$$\zeta\Phi'(\zeta) + \zeta^2\Psi(\zeta) = a, \tag{15}$$

$$\varphi'(\zeta) + \zeta\psi(\zeta) - \frac{\varkappa}{\zeta}\varphi(\zeta) = \frac{2\mu}{\pi i}\int\limits_\gamma \frac{f(\sigma)\, d\sigma}{\sigma - \zeta} + b, \tag{16}$$

wobei a und b unbekannte Konstanten sind, die wir jetzt sofort bestimmen können.

Aus Gl. (10) in 6.4.5. ergibt sich

$$a = \bar{a}$$

und aus Gl. (11) in 6.4.5. (da durch R dividiert wurde)

$$b + \bar{b} = -\frac{2\mu}{\pi i}\int\limits_\gamma f(\sigma)\frac{d\sigma}{\sigma} = -\frac{2\mu}{\pi}\int\limits_0^{2\pi} f(\sigma)\, d\vartheta.$$

Wenn wir in den Gleichungen (15) und (16) ζ gegen ∞ streben lassen und beachten, daß[1])

$$[\zeta^2 \Psi(\zeta)]_{\zeta=\infty} = -\frac{1}{R} [\zeta \psi(\zeta)]_{\zeta=\infty}$$

ist, erhalten wir

$$b = -Ra.$$

Aus den letzten Gleichungen folgt

$$b = -Ra = -\frac{\mu}{\pi} \int_0^{2\pi} f(\sigma) \, d\vartheta. \tag{17}$$

Durch Vergleich von (15), (16) mit (14), (15) in 6.4.5. überzeugt man sich leicht davon, daß in unserem Falle

$$G(\zeta) = -\frac{b}{\zeta^2}, \quad H(\zeta) = -\frac{A(\zeta)}{\zeta} - \frac{b}{\zeta}$$

gilt, wobei $A(\zeta)$ durch Formel (9) definiert ist (ζ liegt allerdings jetzt außerhalb γ).
Auf diese Weise gelangen wir wieder zu den Gln. (18) in 6.4.5., dabei ist jetzt

$$F(\zeta) = \frac{G(\zeta) + H'(\zeta)}{(\varkappa + 1)\, \Omega(\zeta)} = \frac{A(\zeta) - \zeta A'(\zeta)}{\varkappa + 1}.$$

Gemäß Gl. (21) in 6.4.5. gilt folglich

$$\varphi(\zeta) = K\zeta^{2\nu} + \frac{\zeta^{2\nu}}{\varkappa + 1} \int_\infty^\zeta [A(\zeta) - \zeta A'(\zeta)]\, \zeta^{-2\nu} \, d\zeta.$$

Als untere Integrationsgrenze wählen wir ∞. Dazu sind wir berechtigt; denn das Integral konvergiert offenbar, und die Grenze darf bekanntlich beliebig gewählt werden.
Die Funktion $\varphi(\zeta)$ ist nur für $K = 0$ holomorph[2]); also erhalten wir schließlich

$$\varphi(\zeta) = \frac{\zeta^{2\nu}}{\varkappa + 1} \int_\infty^\zeta [A(\zeta) - \zeta A'(\zeta)]\, \zeta^{-2\nu} \, d\zeta. \tag{18}$$

---

[1]) Bekanntlich gilt

$$\Psi(\zeta) = \frac{\psi'(\zeta)}{\omega'(\zeta)} = \frac{\psi'(\zeta)}{R},$$

wenn also für große $|\zeta|$

$$\psi(\zeta) = \frac{A}{\zeta} + O\left(\frac{1}{\zeta^2}\right)$$

ist, folgt daraus

$$\Psi(\zeta) = -\frac{A}{R\zeta^2} + O\left(\frac{1}{\zeta^3}\right).$$

[2]) Denn 2ν ist keine ganze Zahl (vgl. das in 6.4.6.1. Gesagte).

Nachdem $\varphi(\zeta)$ bekannt ist, ergibt sich $\psi(\zeta)$ aus Gl. (16) zu

$$\psi(\zeta) = \frac{\varkappa}{\zeta^2}\,\varphi(\zeta) - \frac{1}{\zeta}\,\varphi'(\zeta) + \frac{1}{\zeta}\,A(\zeta) + \frac{b}{\zeta}, \tag{19}$$

wobei b durch (17) definiert ist.

Wir haben bisher vorausgesetzt, daß der resultierende Vektor der von der Scheibe auf die Ebene wirkenden Druckkräfte verschwindet. Wenn er von Null verschieden ist[1]), gelangen wir mit Hilfe des Verfahrens aus 5.1.1. (für das analoge I. und II. Problem) auf die Lösungen

$$\varphi(\zeta) + \varphi_0(\zeta), \quad \psi(\zeta) + \psi_0(\zeta),$$

dabei sind $\varphi(\zeta)$ und $\psi(\zeta)$ die obigen Funktionen und

$$\varphi_0(\zeta) = -\frac{X + \mathrm{i}Y}{2\pi\,(1 + \varkappa)}\ln\zeta - \frac{X + \mathrm{i}Y}{4\pi\varkappa}, \tag{20}$$

$$\psi_0(\zeta) = \frac{\varkappa\,(X - \mathrm{i}Y)}{2\pi\,(1 + \varkappa)}\ln\zeta - \frac{(\varkappa - 1)\,(X + \mathrm{i}Y)}{4\pi\,(1 + \varkappa)\,\zeta^2}. \tag{21}$$

Man kann leicht unmittelbar nachprüfen, daß die Funktionen $\varphi_0(\zeta)$ und $\psi_0(\zeta)$ unser Randwertproblem bei $f = 0$ und vorgegebenem resultierendem Vektor (X, Y) befriedigen.

Die Lösung $\varphi + \varphi_0$, $\psi + \psi_0$ entspricht dem Fall, daß auf die in die elastische Ebene eingesetzte starre Scheibe äußere Kräfte wirken, die in ihrer Gesamtheit einer am Mittelpunkt angreifenden Kraft (X, Y) äquivalent sind[2]).

Ebenso leicht läßt sich das Problem lösen, wenn die Spannungen im Unendlichen nicht verschwinden, sondern vorgegebene (endliche) Werte annehmen.

6.4.6.3. Unendliche Ebene mit elliptischem Loch

Wir könnten auch hier, wie im Falle des I. und II. Problems, die Abbildung auf das Gebiet $|\zeta| > 1$ benutzen. Die Rechnungen vereinfachen sich jedoch etwas, wenn wir die Abbildung auf den Kreis $|\zeta| < 1$ verwenden. Also setzen wir

$$z = \omega(\zeta) = R\left(\frac{1}{\zeta} + m\zeta\right), \quad R > 0, \quad 0 < m < 1. \tag{22}$$

Dann gilt

$$\omega'(\zeta) = -\frac{R}{\zeta^2}(1 - m\zeta^2), \quad \bar{\omega}\left(\frac{1}{\zeta}\right) = R\left(\zeta + \frac{m}{\zeta}\right), \quad \bar{\omega}'\left(\frac{1}{\zeta}\right) = R\,(m - \zeta^2). \tag{22'}$$

Wir nehmen an, daß die Spannungen und die Drehung im Unendlichen verschwinden. Außerdem setzen wir voraus, daß der resultierende Vektor der am Lochrand angreifenden Kräfte gleich Null ist (den allgemeinen Fall können wir stets mit Hilfe des schon häufig angewendeten Verfahrens auf den vorliegenden zurückführen).

Unter diesen Voraussetzungen sind $\varphi(\zeta)$ und $\psi(\zeta)$ im Inneren von γ holomorph, und außerdem gilt in der Nähe des Ursprunges

$$\Phi(\zeta) = \frac{\varphi'(\zeta)}{\omega'(\zeta)} = O(\zeta^2), \quad \Psi(\zeta) = \frac{\psi'(\zeta)}{\omega'(\zeta)} = O(\zeta^2). \tag{23}$$

---

[1]) Wie bisher nehmen wir an, daß die Spannungen sowie die Drehung im Unendlichen verschwinden.

[2]) Wenn diese Kraft nicht durch den Mittelpunkt geht, ist die Scheibe nicht im Gleichgewicht; denn auf Grund der Bedingung $\tau_n = 0$ verschwindet das resultierende Moment der am Rand angreifenden Kräfte (in bezug auf den Mittelpunkt).

Wie man leicht nachprüft, ist die durch Gl. (4) in 6.4.5. definierte Funktion $\Omega_1(\zeta)$ sowohl innerhalb als auch außerhalb γ (einschließlich des Punktes $\zeta = \infty$) holomorph. Die durch (5) in 6.4.5. definierte Funktion $\Omega_2(\zeta)$ kann jedoch im Punkt $\zeta = 0$ einen Pol von 1. Ordnung mit dem Hauptteil

$$\frac{R}{\zeta}\{\varkappa m\,\varphi(0) + \psi(0)\}$$

haben.

An dieser Stelle sei folgendes bemerkt (was die weitere Rechnung bedeutend erleichtert): Ohne die Verschiebungen (und damit die Spannungen) zu ändern, können wir bekanntlich gleichzeitig zur Funktion $\varphi(\zeta)$ eine beliebige komplexe Konstante α und zur Funktion $\psi(\zeta)$ die Konstante $\varkappa\bar{\alpha}$ addieren. Durch geeignete Wahl der Größe α läßt sich erreichen, daß[1])

$$\varkappa m\,\varphi(0) + \psi(0) = 0 \tag{24}$$

gilt.

Also dürfen wir ohne Einschränkung der Allgemeinheit annehmen, daß die letzte Gleichung gilt. Dann ist die Funktion $\Omega_2(\zeta)$ sowohl für $|\zeta| < 1$ als auch für $|\zeta| > 1$ einschließlich des unendlich fernen Punktes holomorph.

Folglich sind die Funktionen $R_1(\zeta)$ und $R_2(\zeta)$ aus (8), (9) in 6.4.5. in unserem Falle einfach Konstanten, die wir entspechend mit a und b bezeichnen, und die Gln. (12), (13) in 6.4.5. lauten

$$\zeta^2\omega'(\zeta)\left\{\bar{\omega}\left(\frac{1}{\zeta}\right)\Phi'(\zeta) + \omega'(\zeta)\,\Psi(\zeta)\right\} = a, \tag{25}$$

$$-\zeta\bar{\omega}\left(\frac{1}{\zeta}\right)\varphi'(\zeta) - \zeta\omega'(\zeta)\,\psi(\zeta) + \frac{\varkappa}{\zeta}\,\bar{\omega}'\left(\frac{1}{\zeta}\right)\varphi(\zeta) = A(\zeta) + b \tag{26}$$

(für $|\zeta| < 1$) mit

$$A(\zeta) = \frac{2\mu}{\pi \mathrm{i}}\int\limits_{\gamma}\frac{f(\sigma)\,|\omega'(\sigma)|\,\mathrm{d}\sigma}{\sigma - \zeta}. \tag{27}$$

Aus den Gln. (10), (11) in 6.4.5. erhalten wir entsprechend

$$a = \bar{a},\ b + \bar{b} = -\frac{2\mu}{\pi \mathrm{i}}\int\limits_{\gamma} f(\sigma)\,|\omega'(\sigma)|\,\frac{\mathrm{d}\sigma}{\sigma} = -\frac{2\mu}{\pi}\int\limits_{0}^{2\pi} f(\sigma)\,|\omega'(\sigma)|\,\mathrm{d}\vartheta. \tag{28}$$

Durch Vergleich von (25), (26) und (14), (15) in 6.4.5. ergibt sich mit den Bezeichnungen aus 6.4.5.

$$G(\zeta) = \frac{a}{\zeta^2\omega'(\zeta)}, \quad H(\zeta) = \frac{A(\zeta)}{\zeta\omega'(\zeta)} + \frac{b}{\zeta\omega'(\zeta)}.$$

Da in unserem Falle

$$\Omega(\zeta) = \frac{\bar{\omega}'\left(\dfrac{1}{\zeta}\right)}{\zeta^2\omega'(\zeta)} = -\frac{m - \zeta^2}{1 - m\zeta^2}$$

---

[1]) Wir erinnern, daß $m \neq 1$ $(m < 1)$ ist.

ist, bekommen wir aus (19) in 6.4.5.

$$F(\zeta) = \frac{B(\zeta)}{R(\varkappa + 1)} + \frac{2b}{R(\varkappa + 1)(m - \zeta^2)(1 - m\zeta^2)} + \frac{a - b}{R(\varkappa + 1)(m - \zeta^2)} \tag{29}$$

mit der Abkürzung

$$B(\zeta) = \frac{1}{m - \zeta^2}\left\{\zeta A'(\zeta) + \frac{1 + m\zeta^2}{1 - m\zeta^2} A(\zeta)\right\}. \tag{30}$$

Die Funktion $\varphi(\zeta)$ wird aus (21) in 6.4.5. berechnet, letztere lautet jetzt

$$\varphi(\zeta) = K\left(\frac{1 - m\zeta^2}{m - \zeta^2}\right)^\nu + \left(\frac{1 - m\zeta^2}{m - \zeta^2}\right)^\nu \int\limits_{-\sqrt{m}}^{\zeta} F(\zeta)\left(\frac{m - \zeta^2}{1 - m\zeta^2}\right)^\nu \mathrm{d}\zeta, \tag{31}$$

wobei K eine Konstante ist. Der Integrand hat im Inneren von γ nur zwei singuläre Punkte: $\zeta = \pm\sqrt{m}$; denn es gilt $m < 1$. Das Integral auf der rechten Seite konvergiert offenbar (wegen $\nu > 0$). Wie man weiterhin leicht sieht, bleibt das zweite Glied auf der rechten Seite von (31) für $\zeta \to -\sqrt{m}$ endlich. Also ist die Funktion $\varphi(\zeta)$ in der Nähe des Punktes $\zeta = -\sqrt{m}$ holomorph, wenn $K = 0$ ist. Somit gilt

$$\varphi(\zeta) = \left(\frac{1 - m\zeta^2}{m - \zeta^2}\right)^\nu \int\limits_{-\sqrt{m}}^{\zeta} F(\zeta)\left(\frac{m - \zeta^2}{1 - m\zeta^2}\right)^\nu \mathrm{d}\zeta. \tag{32}$$

Weiterhin lautet offensichtlich die notwendige Bedingung dafür, daß $\varphi(\zeta)$ für $\zeta \to +\sqrt{m}$ endlich bleibt,

$$\int\limits_{-\sqrt{m}}^{+\sqrt{m}} F(\zeta)\left(\frac{m - \zeta^2}{1 - m\zeta^2}\right)^\nu \mathrm{d}\zeta = 0. \tag{33}$$

Unter dieser Bedingung ist die rechte Seite von (32) im Inneren von γ holomorph.

Wir nehmen an, daß die Bedingung (33) erfüllt ist, und setzen den für $\varphi(\zeta)$ gefundenen Ausdruck in (26) ein. Dann erhalten wir einen Ausdruck für $\psi(\zeta)$, der ebenfalls im Inneren von γ holomorph ist.

Außerdem läßt sich leicht zeigen, daß die Gl. (24) befriedigt wird.

Wir haben nun noch die in den Ausdrücken für $\varphi(\zeta)$ und $\psi(\zeta)$ auftretenden Konstanten a, b zu bestimmen. Dazu benutzen wir die Gln. (28) und (33). Wir können annehmen, daß das Integral auf der rechten Seite von (33) über den Abschnitt $-\sqrt{m}, +\sqrt{m}$ der reellen Achse erstreckt wird und daß der Ausdruck

$$\left(\frac{m - \zeta^2}{1 - m\zeta^2}\right)^\nu$$

auf diesem Integrationsweg positiv ist. Dann lautet Gl. (33)

$$J + (2K_1 - K_2)\, b + K_2 a = 0 \tag{34}$$

mit

$$J = \int_{-\sqrt{m}}^{+\sqrt{m}} B(\zeta) \left(\frac{m - \zeta^2}{1 - m\zeta^2} \right)^{\nu} \mathrm{d}\zeta, \tag{35}$$

$$K_1 = \int_{-\sqrt{m}}^{+\sqrt{m}} \frac{(m - \zeta^2)^{\nu-1}}{(1 - m\zeta^2)^{\nu+1}} \mathrm{d}\zeta, \quad K_2 = \int_{-\sqrt{m}}^{+\sqrt{m}} \frac{(m - \zeta^2)^{\nu-1}}{(1 - m\zeta^2)^{\nu}} \mathrm{d}\zeta. \tag{36}$$

Die Konstanten K_1 und K_2 sind reelle Größen, die wir für eine Ellipse mit vorgegebener Exzentrizität (denn m hängt nur von der Exzentrizität ab) als bekannt betrachten können. Wie man leicht sieht, ist $K_2 < K_1$.

Die Größe J ist ebenfalls als bekannt zu betrachten, denn die Funktion $f(\sigma)$ ist vorgegeben.

Aus (34) und (28) berechnen wir a und b. Wenn wir von (34) die durch Übergang zu den konjugierten Werten erhaltene Gleichung subtrahieren, ergibt sich

$$b - \bar{b} = \frac{\bar{J} - J}{2K_1 - K_2}. \tag{37}$$

Aus dieser Beziehung und der zweiten Gleichung von (28) wird b bestimmt. Danach läßt sich a aus (34) ermitteln. Damit ist unsere Aufgabe gelöst.

Die gewonnene Lösung läßt sich leicht auf den Fall verallgemeinern, daß die Spannungen im Unendlichen vorgegebene endliche Werte haben und daß der resultierende Vektor (X, Y) verschieden von Null ist.

7. Zug, Torsion und Biegung homogener und zusammengesetzter Stäbe[1])

Im folgenden werden Zug-, Torsions- und Biegeprobleme für zylindrische (prismatische) Stäbe betrachtet, die in vielen Gebieten der Technik große Bedeutung haben. Der erste Abschnitt ist den klassischen Ergebnissen gewidmet, die sich auf Torsions- und Biegeprobleme homogener Stäbe beziehen (die Lösung des Zugproblems ist in diesem Falle trivial) und im wesentlichen von SAINT-VENANT stammen.
Diese Ergebnisse werden in allen Lehrbüchern der Elastizitätstheorie ausführlich behandelt. Deshalb gehen wir hier nur auf die Grundlagen der Theorie ein. Etwas näher betrachten wir lediglich einige Resultate des Autors, die die Anwendung komplexer Funktionen betreffen.
Die übrigen Abschnitte enthalten Zug-, Torsions- und Biegeprobleme für Stäbe, die aus unterschiedlichen Werkstoffen zusammengesetzt sind. Diese Problematik entstand in der Baumechanik bei der Anwendung von Eisenbeton. Die Ergebnisse stammen im wesentlichen vom Autor des vorliegenden Buches.

7.1. Torsion und Biegung homogener Stäbe (Saint-Venantsches Problem)

7.1.1. Aufgabenstellung

Wir betrachten einen homogenen isotropen Stab, der von einer zylindrischen (prismatischen) Fläche (Mantelfläche) und zwei Ebenen (Grundflächen) senkrecht zur Mantelfläche begrenzt wird. Wir setzen voraus, daß keine Volumenkräfte auftreten und daß die Mantelfläche des Stabes frei von äußeren Spannungen ist, während an seinen Grundflächen vorgegebene Kräfte angreifen (die selbstverständlich den Gleichgewichtsbedingungen des starren Körpers

---

[1]) Die Abschnitte 7.1. bis 7.3. werden hier (bis auf unbedeutende redaktionelle Änderungen) unverändert aus der ersten (1933) und zweiten Auflage (1935) übernommen. In der dritten Auflage wurde die Untersuchung des Zug-Druck- und Biegeproblems des aus verschiedenen Werkstoffen mit unterschiedlichen POISSON-Zahlen zusammengesetzten Stabes (7.4.2., 7.4.3., 7.4.5.) wesentlich ergänzt, ferner wurde die Lösung des Problems der Querkraftbiegung (7.4.6.) angefügt, die im wesentlichen von A. K. RUCHADSE stammt.
In der vorliegenden (fünften) Auflage ist der Text der dritten ohne wesentliche Änderungen wiedergegeben. Da es nicht möglich war, auch nur andeutungsweise auf die interessanten Ergebnisse von A. J. GORGIDSE und A. K. RUCHADSE bezüglich der (näherungsweisen) Lösung der Zug-Druck-, Biege- und Torsionsprobleme für fastprismatische Verbundstäbe aus verschiedenen Materialien sowie auf den „Sekundäreffekt“ für prismatische Stäbe einzugehen, beschränkte ich mich auf den Hinweis auf die Arbeiten A. J. GORGIDSE [3 bis 10], A. K. RUCHADSE [4 bis 7], A. J. GORGIDSE und A. K. RUCHADSE [2, 3].

genügen). Wir legen die z-Achse parallel zu den Erzeugenden der Mantelfläche und die x,y-Ebene in eine der Grundflächen des Stabes, die wir als untere bezeichnen. Die obere Grundfläche liegt dann in der Höhe $z = +l$, wobei l die Länge des Stabes angibt.
Wenn wir die Frage nach dem elastischen Gleichgewicht unseres Stabes unter den angeführten Bedingungen in ihrer ganzen Vollständigkeit stellen, so führt dies auf folgendes mathematische Problem (s. 1.3.5.): Gesucht sind die Größen $\sigma_x, \sigma_y, \sigma_z, \tau_{xy}, \tau_{yz}, \tau_{xz}, u, v, w$, die in dem vom Stab eingenommenen Gebiet V den Gleichungen

$$\left.\begin{aligned} \frac{\partial \sigma_x}{\partial x} + \frac{\partial \tau_{xy}}{\partial y} + \frac{\partial \tau_{xz}}{\partial z} = 0, \\ \frac{\partial \tau_{xy}}{\partial x} + \frac{\partial \sigma_y}{\partial y} + \frac{\partial \tau_{yz}}{\partial z} = 0, \\ \frac{\partial \tau_{xz}}{\partial x} + \frac{\partial \tau_{yz}}{\partial y} + \frac{\partial \sigma_z}{\partial z} = 0, \end{aligned}\right\} \tag{1}$$

$$\begin{aligned} &\sigma_x = \lambda\theta + 2\mu \frac{\partial u}{\partial x}, \quad \sigma_y = \lambda\theta + 2\mu \frac{\partial v}{\partial y}, \quad \sigma_z = \lambda\theta + 2\mu \frac{\partial w}{\partial z}, \\ &\tau_{xy} = \mu \left(\frac{\partial v}{\partial x} + \frac{\partial u}{\partial y} \right), \quad \tau_{yz} = \mu \left(\frac{\partial w}{\partial y} + \frac{\partial v}{\partial z} \right), \quad \tau_{xz} = \left(\frac{\partial u}{\partial z} + \frac{\partial w}{\partial x} \right) \end{aligned} \tag{2}$$

mit

$$\theta = \frac{\partial u}{\partial x} + \frac{\partial v}{\partial y} + \frac{\partial w}{\partial z}$$

genügen und außerdem folgende Randbedingungen auf der Mantelfläche befriedigen

$$\left.\begin{aligned} \sigma_x \cos(n, x) + \tau_{xy} \cos(n, y) = 0 \\ \tau_{xy} \cos(n, x) + \sigma_y \cos(n, y) = 0 \\ \tau_{xz} \cos(n, x) + \tau_{yz} \cos(n, y) = 0 \end{aligned}\right\} \text{ auf der Mantelfläche;} \tag{3}$$

ferner sind

$\tau_{xz}, \tau_{yz}, \sigma_z$ vorgegebene Funktionen auf den Grundflächen, d. h. für $z = 0, z = l$. (4)

Die in dieser Weise gestellte Aufgabe bietet bedeutende mathematische Schwierigkeiten, wenn nicht bloß eine theoretische, sondern eine für praktische Berechnungen geeignete Lösung ermittelt werden soll. Zum Glück ist es für praktische Zwecke nicht erforderlich (und auch nicht sinnvoll), die Aufgabe in dieser Vollständigkeit zu stellen; denn die *tatsächliche* Verteilung der äußeren Spannungen an den Grundflächen ist in den seltensten Fällen bekannt. Lediglich der resultierende Vektor und das resultierende Moment dieser Spannungen sind gewöhnlich vorgegeben. Mit anderen Worten: Wir kennen die *Kräfte und Momente*, die den an den Grundflächen angreifenden Spannungen *in ihrer Gesamtheit* äquivalent sind.
Andererseits brauchen wir im Falle eines schlanken Stabes (dessen Länge im Vergleich zu den Ausmaßen der Grundfläche groß ist) auf Grund des SAINT-VENANTschen Prinzips nur dafür zu sorgen, daß der resultierende Vektor und das resultierende Moment der an jeder Grundfläche wirkenden Kräfte vorgegebene Werte annehmen. Die tatsächliche Spannungsverteilung an den Grundflächen hat praktisch keinen Einfluß auf Stabteile, die nicht in der Nähe der Grundflächen liegen.

Auf diese Weise ergibt sich eine ziemliche Willkür in der Wahl der Lösungen. Dies benutzt man, um die Aufgabe wie folgt zu vereinfachen: Man gibt die Gestalt der Lösungen teilweise vor und läßt sie jedoch dabei soweit allgemein, daß an den Grundflächen des Stabes Spannungen entstehen, die in ihrer Gesamtheit den gegebenen statisch äquivalent sind (*halbinverse Methode von Saint-Venant*). Dabei brauchen wir uns nur um eine Grundfläche zu kümmern, denn die Vorgabe des resultierenden Vektors und des resultierenden Momentes der Spannungen an der einen Grundfläche bestimmt diese Elemente auch für die andere, da die an beiden Grundflächen wirkenden Kräfte eine Gleichgewichtsgruppe bilden (d. h. den Gleichgewichtsbedingungen des starren Körpers genügen) müssen. Andererseits liefert jede Lösung der Gln. (1) an der Oberfläche des Körpers stets eine Spannungsverteilung, die statisch äquivalent Null ist (s. 1.3.5.). Das große Verdienst SAINT-VENANTS besteht darin, daß er die vollständige theoretische Lösung des Problems in der solchermaßen vereinfachten (ebenfalls von ihm stammenden) Aufgabenstellung gefunden und auf eine Reihe technisch wichtiger Fälle angewendet hat. Seine Ergebnisse sind in den Denkschriften [1, 2] und in einer Reihe anderer Arbeiten, insbesondere in den umfangreichen Bemerkungen zur französischen Übersetzung des Buches von CLEBSCH [2] enthalten. A. CLEBSCH (1833–1872), ein bedeutend jüngerer und früh verstorbener Zeitgenosse SAINT-VENANTS, fand eine sehr elegante Lösung des uns interessierenden Problems (CLEBSCH [1, 2]). Er zeigte folgendes: Wenn man von vornherein im Gebiet V

$$\sigma_x = \sigma_y = \tau_{xy} = 0 \tag{5}$$

setzt, so besteht gerade noch die Möglichkeit, die Bedingungen an der Mantelfläche und an den Grundflächen zu befriedigen. Mit Hilfe dieses Ansatzes gelangt man zu den von SAINT-VENANT auf anderem (längerem) Wege gewonnenen Lösungen.

CLEBSCH nannte die Bestimmung des elastischen Gleichgewichts eines Zylinders (mit unbelasteter Mantelfläche) unter der zusätzlichen Bedingung (5) *Saint-Venantsches Problem.*

Die Gln. (5) haben offenbar folgenden physikalischen Sinn: Wenn wir uns den gegebenen Zylinder aus einer Reihe von Längsfasern (d. h. dünnen Längsprismen) zusammengesetzt denken, so üben diese Fasern keinen Druck aufeinander aus und leiten keine Schubkräfte in *Querrichtung* weiter, d. h., die Fasern können nur durch Schubbeanspruchung in Längsrichtung aufeinander wirken. Gemäß (5) führen die Gln. (3) offenbar auf folgende einzige Bedingung an der Mantelfläche

$$\tau_{xz} \cos(n, x) + \tau_{yz} \cos(n, y) = 0; \tag{3'}$$

denn die beiden ersten Gleichungen aus (3) werden von selbst befriedigt.

Wir wollen uns hier bei der Darstellungsweise von CLEBSCH nicht aufhalten[1]) und verwenden eine weniger elegante, doch dafür einfachere Methode, die im wesentlichen mit der von LOVE [1] (Kap. XIV und XV) benutzten übereinstimmt. Erwähnt sei noch, daß man die SAINT-VENANTschen Ergebnisse auch aus folgender von W. VOIGT[2]) stammenden Aufgabenstellung bekommt: Gesucht ist das elastische Gleichgewicht eines Zylinders (mit unbelasteter Mantelfläche) unter der Voraussetzung, daß die Spannungskomponenten linear von der Koordinate z abhängen.

Der Bestimmtheit halber betrachten wir die an der oberen Grundfläche angreifenden Kräfte. Die Gesamtheit dieser Kräfte ist statisch einer in einem gewissen (beliebigen) Punkt O'

---

[1]) Eine sehr gute Darlegung findet der Leser bei WEBSTER [1], s. a. TODHUNTER und PEARSON [1].

[2]) Siehe LOVE [1], Kap. XVI.

angreifenden Kraft und einem Moment äquivalent. Als Punkt O' wählen wir den Schnittpunkt der z-Achse mit der oberen Grundfläche. Die Kraft können wir in zwei Komponenten zerlegen, von denen eine in z-Richtung zeigt, während die andere senkrecht auf ihr steht. Ebenso können wir das Moment in eine Komponente parallel zur z-Achse (Torsionsmoment) und eine in der Grundfläche liegende (Biegemoment) aufspalten. Dementsprechend zerfällt unsere Aufgabe in folgende vier Teilprobleme:

a) Torsion durch Kräftepaare, die in der Ebene der Grundfläche wirken.

b) Zug (oder Druck) durch Längskräfte, die an den Grundflächen angreifen.

c) Biegung durch Kräftepaare, deren Ebene senkrecht zu den Grundflächen ist.

d) Biegung durch eine Querkraft, die an einer der Grundflächen angreift und in ihrer Ebene wirkt (an der anderen Grundfläche muß folglich eine gleich große und entgegengesetzt gerichtete Kraft sowie ein Kräftepaar angreifen, so daß das gesamte System im Gleichgewicht ist).

Es ist zu beachten, daß überall im weiteren selbstverständlich nicht von konzentrierten Kräften und Momenten die Rede ist, sondern von Kräften und Momenten, die statisch einer gewissen Spannungsverteilung an den Grundflächen äquivalent sind.

7.1.2. Einige Formeln

Wir bringen zur Erleichterung des Nachschlagens in Erinnerung, daß die Gln. (2) in 7.1.1. durch folgende gleichwertige ersetzt werden können (s. 1.3.4.):

$$\left.\begin{aligned}
&\frac{\partial u}{\partial x} = \frac{1}{E}[\sigma_x - \nu(\sigma_y + \sigma_z)], \quad \frac{\partial v}{\partial y} = \frac{1}{E}[\sigma_y - \nu(\sigma_z + \sigma_x)],\\
&\frac{\partial w}{\partial z} = \frac{1}{E}[\sigma_z - \nu(\sigma_x + \sigma_y)],\\
&\frac{\partial v}{\partial x} + \frac{\partial u}{\partial y} = \frac{2(1+\nu)}{E}\tau_{xy}, \quad \frac{\partial w}{\partial y} + \frac{\partial v}{\partial z} = \frac{2(1+\nu)}{E}\tau_{yz},\\
&\frac{\partial u}{\partial z} + \frac{\partial w}{\partial x} = \frac{2(1+\nu)}{E}\tau_{xy},
\end{aligned}\right\} \tag{1}$$

dabei ist E der *Youngsche Modul* und ν der *Poissonkoeffizient*; die beiden letzten Größen sind mit λ und μ über die Beziehungen (1.3.4.)

$$E - \frac{\mu(3\lambda + 2\mu)}{\lambda + \mu}, \quad \nu = \frac{\lambda}{2(\lambda + \mu)}; \tag{2}$$

$$\lambda = \frac{E\nu}{(1+\nu)(1-2\nu)}, \quad \mu = \frac{E}{2(1+\nu)} \tag{3}$$

verknüpft. Die Verträglichkeitsbedingungen von BELTRAMI-MICHELL (1.3.7.) lauten in unserem Falle (bei fehlenden Volumenkräften)

$$\begin{aligned}
&\Delta\sigma_x + \frac{1}{1+\nu}\frac{\partial^2\theta}{\partial x^2} = 0, \quad \Delta\sigma_y + \frac{1}{1+\nu}\frac{\partial^2\theta}{\partial y^2} = 0, \quad \Delta\sigma_z + \frac{1}{1+\nu}\frac{\partial^2\theta}{\partial z^2} = 0,\\
&\Delta\tau_{xy} + \frac{1}{1+\nu}\frac{\partial^2\theta}{\partial x\,\partial y} = 0, \quad \Delta\tau_{yz} + \frac{1}{1+\nu}\frac{\partial^2\theta}{\partial y\,\partial z} = 0, \quad \Delta\tau_{xz} + \frac{1}{1+\nu}\frac{\partial^2\theta}{\partial x\,\partial z} = 0
\end{aligned} \tag{4}$$

mit

$$\theta = \sigma_x + \sigma_y + \sigma_z. \tag{5}$$

Jedes System von Funktionen $\sigma_x, \ldots, \tau_{xy}$, die diesen Bedingungen (die wir im weiteren einfach als Verträglichkeitsbedingungen bezeichnen) und den Gln. (1) in 7.1.1. genügen, entspricht einer möglichen Spannungsverteilung im Körper (unter Voraussetzung eindeutiger Verschiebungen). Im weiteren verstehen wir unter den *elastostatischen Gleichungen* die Gln. (1) und (2) in 7.1.1. und unter den *Gleichgewichtsbedingungen* wie bisher die Gln. (1) in 7.1.1.

7.1.3. Allgemeine Lösung des Torsionsproblems

Wir gehen nun zur Lösung der gestellten Aufgaben über und beginnen mit der Torsion. Die Koordinatenachsen wählen wir wie in 7.1.1. und nehmen an, daß sie ein *Rechtssystem* bilden.

An jeder Grundfläche sollen nun Kräfte angreifen, die in ihrer Gesamtheit einem gewissen Torsionsmoment (d. h. einem Moment um die Balkenachse) äquivalent sind. Mit M bezeichnen wir das an der oberen Grundfläche wirkende Moment (es gilt $M > 0$, wenn das Moment von oben gesehen entgegen dem Uhrzeigersinn dreht, denn nach Voraussetzung ist unser Koordinatensystem ein Rechtssystem).

Auf den ersten Blick erscheint die einfache Annahme naheliegend, daß alle Querschnitte des Zylinders eben bleiben und sich lediglich (jeder in seiner Ebene) um einen gewissen Winkel δ um die z-Achse drehen.

Bei festgehaltener unterer Grundfläche können wir annehmen, daß der Winkel δ dem Abstand z des betrachteten Querschnittes von der unteren Grundfläche proportional ist, d. h. daß

$$\delta = \Theta z \tag{1}$$

gilt, wobei θ eine Konstante ist, die den Winkel der relativen Verdrehung zweier Querschnitte im Abstand 1 angibt und als *bezogener Drehwinkel* oder als *Drillung* bezeichnet wird.

Damit lauten die Verschiebungskomponenten[1])

$$u = -y\delta = -\Theta zy, \quad v = \Theta zx, \quad w = 0.$$

Die aus diesen Werten berechneten Spannungen befriedigen die Gln. (1) in 7.1.1., jedoch die Bedingungen (3) in 7.1.1. werden nicht erfüllt, sofern wir es nicht mit einem Kreiszylinder zu tun haben (das wird aus dem unten Dargelegten offensichtlich). Hieraus geht hervor, daß unsere Hypothese zu sehr einschränkend ist.

Als nächstes gehen wir von der Annahme aus (die, wie wir sehen, zum Ziele führt), daß die Querschnitte nicht eben bleiben, sondern sich verwölben (und zwar alle gleichartig).

Damit gelangen wir offenbar zu folgenden Ausdrücken für die Verschiebungen:

$$u = -\Theta zy, \quad v = \theta zx, \quad w = \Theta\varphi(x, y), \tag{2}$$

hierbei ist Θ eine Konstante (die Drillung), und $\varphi(x, y)$ stellt eine noch zu bestimmende Funktion von x, y dar (den Faktor Θ im Ausdruck für w führen wir der Bequemlichkeit halber ein).

---

[1]) Bei einer unendlich kleinen starren Drehung einer ebenen Figur in der x,y-Ebene um den Koordinatenursprung mit dem Winkel δ gilt

$$u = -y\delta, \quad v = x\delta.$$

Die den Verschiebungen (2) entsprechenden Spannungskomponenten lauten gemäß (2) in 7.1.1.

$$\tau_{xz} = \mu\Theta\left(\frac{\partial\varphi}{\partial x} - y\right), \quad \tau_{yz} = \mu\Theta\left(\frac{\partial\varphi}{\partial y} + x\right), \tag{3}$$

$$\sigma_x = \sigma_y = \sigma_z = \tau_{xy} = 0. \tag{4}$$

Diese Werte befriedigen die Gln. (1) in 7.1.1., wenn

$$\frac{\partial^2\varphi}{\partial x^2} + \frac{\partial^2\varphi}{\partial y^2} = 0 \tag{5}$$

ist, mit anderen Worten, wenn φ in dem vom Körper eingenommenen Gebiet eine harmonische Funktion der beiden Veränderlichen x und y ist. Da φ nicht von z abhängt, brauchen wir offenbar nur einen einzigen Normalquerschnitt S unseres Zylinders zu betrachten.
Die Bedingung (3′) in 7.1.1. (die das Fehlen äußerer Spannungen an der Mantelfläche ausdrückt) lautet jetzt

$$\left(\frac{\partial\varphi}{\partial x} - y\right)\cos(n, x) + \left(\frac{\partial\varphi}{\partial y} + x\right)\cos(n, y) = 0 \quad \text{auf } L,$$

dabei bezeichnet L den Rand des Gebietes S, und n ist die äußere (d. h. in bezug auf S nach außen gerichtete) Normale an die Kurve L.
Da ferner

$$\frac{\partial\varphi}{\partial x}\cos(n, x) + \frac{\partial\varphi}{\partial y}\cos(n, y) = \frac{\partial\varphi}{\partial n}$$

ist, nehmen die Randbedingungen schließlich folgende Gestalt an:

$$\frac{\partial\varphi}{\partial n} = y\cos(n, x) - x\cos(n, y) \quad \text{auf } L. \tag{6}$$

Also gelten für φ, die sogenannte *Torsionsfunktion*, folgende Bedingungen: Sie muß in S eindeutig[1]) und harmonisch sein, und ihre Normalableitung muß auf dem Rand des Gebietes S die vorgegebenen Werte

$$y\cos(n, x) - x\cos(n, y)$$

annehmen.
Die Bestimmung der Funktion φ führt somit auf eine spezielle Aufgabe der Potentialtheorie, auf das sogenannte *Neumannsche Problem*, das schon an anderer Stelle (4.2.5.) angeführt wurde.
Das *Neumannsche Problem*[2]), d. h. die Bestimmung der im Gebiet S harmonischen Funktion $\varphi(x, y)$ aus der Randbedingung

$$\frac{\partial\varphi}{\partial n} = f \quad \text{auf } L,$$

---

[1]) Denn anderenfalls wäre die Verschiebungskomponente w eine mehrdeutige Funktion, wir betrachten hier aber keine mehrdeutigen Verschiebungen.
[2]) Später (7.2.2.) wird die Lösung eines allgemeineren Problems angegeben.

mit einer auf L vorgegebenen stetigen Funktion f hat bekanntlich dann und nur dann eine Lösung, wenn

$$\int_L f\,\mathrm{d}s = 0$$

ist, wobei ds das Bogenelement der Randkurve L bezeichnet.
Bei Erfüllung dieser Bedingung läßt sich die Lösung bis auf eine willkürliche Konstante angeben[1]). Die Konstante ist für uns nicht von Bedeutung, denn wenn φ durch φ + const ersetzt wird, tritt gemäß (3) keine Änderung des Spannungszustandes auf. Wie man aus den Gln. (2) leicht ersieht, erfolgt dadurch lediglich eine starre translative Verschiebung des gesamten Stabes in Richtung der z-Achse.
Es läßt sich leicht zeigen, daß in unserem Falle die Existenzbedingung für die Lösung des NEUMANNschen Problems erfüllt ist. Dazu wählen wir die positive Richtung auf L so, daß das Gebiet S von ihr aus zur Linken liegt, und verstehen unter s die auf L in dieser Richtung gemessene Bogenlänge. Dann erhalten wir

$$\cos(n, x) = \cos(t, y) = \frac{\mathrm{d}y}{\mathrm{d}s}, \quad \cos(n, y) = -\cos(t, x) = -\frac{\mathrm{d}x}{\mathrm{d}s},$$

wobei t die positive Tangente ist, und folglich gilt

$$\int_L f\,\mathrm{d}s = \int_L [y\cos(n, x) - x\cos(n, y)]\,\mathrm{d}s = \int_L (y\,\mathrm{d}y + x\,\mathrm{d}x) = \int_L \mathrm{d}\,\tfrac{1}{2}(x^2 + y^2) = 0,$$

was zu beweisen war.
Wir können also die Funktion $\varphi(x, y)$ bestimmen, indem wir das NEUMANNsche Problem lösen.
Die Gln. (3), (4) zeigen, daß an den Grundflächen des Stabes nur Schubspannungen wirken. Wenn φ den oben genannten Bedingungen genügt, verschwindet offenbar der resultierende Vektor dieser Spannungen, d. h., es gilt

$$\iint_S \tau_{xz}\,\mathrm{d}x\,\mathrm{d}y = 0, \quad \iint_S \tau_{yz}\,\mathrm{d}x\,\mathrm{d}y = 0; \tag{7}$$

denn nach der letzten Gleichung aus (1) in 7.1.1. ergibt sich

$$\frac{\partial\tau_{xz}}{\partial x} + \frac{\partial\tau_{yz}}{\partial y} = 0,$$

und folglich ist

$$\iint_S \tau_{xz}\,\mathrm{d}x\,\mathrm{d}y = \iint_S \left\{\tau_{xz} + x\left(\frac{\partial\tau_{xz}}{\partial x} + \frac{\partial\tau_{yz}}{\partial y}\right)\right\}\mathrm{d}x\,\mathrm{d}y$$

$$= \iint_S \left\{\frac{\partial(x\tau_{xz})}{\partial x} + \frac{\partial(x\tau_{yz})}{\partial y}\right\}\mathrm{d}x\,\mathrm{d}y = \int_L x\,\{\tau_{xz}\cos(n, x) + \tau_{yz}\cos(n, y)\}\,\mathrm{d}s.$$

Das letzte Integral verschwindet jedoch gemäß (3′) in 7.1.1. Damit ist die erste Gleichung aus (7) bewiesen. Analoges gilt für die zweite.

---

[1]) Das Gesagte gilt selbstverständlich unter gewissen (sehr allgemeinen) Voraussetzungen in bezug auf den Rand L des Gebietes S.

Das resultierende Moment der an der unteren Grundfläche angreifenden äußeren Spannungen lautet

$$M = \iint\limits_S (x\tau_{yz} - y\tau_{xz})\,\mathrm{d}x\,\mathrm{d}y = \mu\theta \iint\limits_S \left(x^2 + y^2 + x\frac{\partial\varphi}{\partial y} - y\frac{\partial\varphi}{\partial x}\right)\mathrm{d}x\,\mathrm{d}y,$$

d. h., es gilt

$$M = \Theta D \tag{8}$$

mit

$$D = \mu \iint\limits_S \left(x^2 + y^2 + x\frac{\partial\varphi}{\partial x} - y\frac{\partial\varphi}{\partial y}\right)\mathrm{d}x\,\mathrm{d}y. \tag{9}$$

Gemäß Gl. (8) ist das Torsionsmoment der Drillung proportional. Der Proportionalitätsfaktor D heißt *Torsionssteifigkeit*, er ist gleich dem Produkt aus dem Schubmodul μ und einer Größe, die nur von der Form des Querschnittes, nicht aber vom Material abhängt. Wenn die Torsionsfunktion φ bekannt ist, können wir auch D berechnen.
Wir zeigen nun, daß stets $D > 0$ ist. Deshalb können wir die Konstante Θ bei vorgegebenem Torsionsmoment M aus Gl. (8) bestimmen, und damit ist das Problem gelöst.
Um zu zeigen, daß $D > 0$ ist, betrachten wir die im tordierten Stab aufgespeicherte potentielle Energie. Sie ergibt sich bekanntlich aus der Gleichung (s. Bem. in 1.3.9.)

$$U = \tfrac{1}{2} \iint (\overset{n}{\sigma}_x u + \overset{n}{\sigma}_y v + \overset{n}{\sigma}_z w)\,\mathrm{d}S,$$

wobei das Integral über die gesamte Oberfläche des Stabes zu erstrecken ist. In unserem Falle verschwindet der Integrand auf der Mantelfläche und auf der unteren Grundfläche. Somit bleibt nur das Integral über die obere Grundfläche übrig. Dort gilt (für $z = l$)

$$u = -\Theta l y, \quad v = \Theta l x, \quad \overset{n}{\sigma}_x = \tau_{xz}, \quad \overset{n}{\sigma}_y = \tau_{yz}, \quad \overset{n}{\sigma}_z = \sigma_z = 0,$$

und folglich ist

$$U = \frac{1}{2} \iint\limits_S (u\tau_{xz} + v\tau_{yz})\,\mathrm{d}x\,\mathrm{d}y = \frac{\Theta l}{2} \iint\limits_S (x\tau_{yz} - y\tau_{xz})\,\mathrm{d}x\,\mathrm{d}y = \frac{\Theta^2 l D}{2}.$$

Da bei einer von Null verschiedenen Deformation $U > 0$ ist, ergibt sich $D > 0$, was zu beweisen war.
Unsere Behauptung läßt sich auch unmittelbar überprüfen: Gemäß (6) ist

$$\iint\limits_S \left(x\frac{\partial\varphi}{\partial y} - y\frac{\partial\varphi}{\partial x}\right)\mathrm{d}x\,\mathrm{d}y = \iint\limits_S \left(\frac{\partial(x\varphi)}{\partial y} - \frac{\partial(y\varphi)}{\partial x}\right)\mathrm{d}x\,\mathrm{d}y$$

$$= -\int\limits_L \varphi\,\{y\cos(n, x) - x\cos(n, y)\}\,\mathrm{d}s = -\int\limits_L \varphi\frac{\mathrm{d}\varphi}{\mathrm{d}n}\,\mathrm{d}s.$$

Nach einer bekannten Formel gilt jedoch für jede harmonische Funktion

$$\int\limits_L \varphi\frac{\mathrm{d}\varphi}{\mathrm{d}n}\,\mathrm{d}s = \iint\limits_S \left\{\left(\frac{\partial\varphi}{\partial x}\right)^2 + \left(\frac{\partial\varphi}{\partial y}\right)^2\right\}\mathrm{d}x\,\mathrm{d}y.$$

Damit erhalten wir

$$0 = \iint\limits_S \left\{x \frac{\partial \varphi}{\partial y} - y \frac{\partial \varphi}{\partial x} + \left(\frac{\partial \varphi}{\partial x}\right)^2 + \left(\frac{\partial \varphi}{\partial y}\right)^2\right\} \mathrm{d}x \, \mathrm{d}y .$$

Wenn wir die letzte Gleichung mit μ multiplizieren und zu (9) addieren, ergibt sich die Gleichung

$$D = \mu \iint\limits_S \left\{\left[\frac{\partial \varphi}{\partial x} - y\right]^2 + \left[\frac{\partial \varphi}{\partial y} + x\right]^2\right\} \mathrm{d}x \, \mathrm{d}y, \tag{9'}$$

aus der unsere Behauptung folgt[1]).

Bemerkung 1:

Zu den gefundenen Werten u, v, w können wir offenbar entsprechend die Terme

$$\alpha + qz - ry, \quad \beta + rx - pz, \quad \gamma + py - qx$$

addieren. Sie haben keinen Einfluß auf den Spannungszustand, da sie lediglich eine starre Verschiebung des gesamten Stabes zum Ausdruck bringen.

Bemerkung 2:

Die beiden ersten Gleichungen aus (2) beschreiben eine starre Drehung des Querschnittes um die z-Achse. Da wir von diesen Formeln ausgingen, könnte der Eindruck entstehen, daß sich eine neue Lösung des Problems ergibt, wenn wir anstelle der z-Achse eine andere, zu ihr parallele wählen und die Drehung des Querschnittes auf diese beziehen. Dem ist jedoch nicht so; denn wenn $O_1(a, b)$ der Schnittpunkt der neuen Achse mit der x,y-Ebene ist, gilt

$$u_1 = -\Theta z (y - b), \quad v_1 = \Theta z (x - a), \quad w_1 = \Theta \varphi_1 (x, y), \tag{2'}$$

dabei sind u_1, v_1, w_1 die Verschiebungskomponenten, und φ_1 ist die der neuen Achse entsprechende Torsionsfunktion.
Die zugehörenden Spannungen lauten

$$\tau_{xz} = \mu\Theta \left(\frac{\partial \varphi_1}{\partial x} - y + b\right), \quad \tau_{yz} = \mu\Theta \left(\frac{\partial \varphi_1}{\partial y} + x - a\right). \tag{3'}$$

Genau wie oben läßt sich zeigen, daß die Funktion φ_1 harmonisch sein und auf L die Bedingung

$$\begin{aligned} \frac{\mathrm{d}\varphi_1}{\mathrm{d}n} &= (y - b) \cos (n, x) - (x - a) \cos (n, y) \\ &= y \cos (n, x) - x \cos (n, y) - b \cos (n, x) + a \cos (n, y) \end{aligned}$$

befriedigen muß. Die letzte Gleichung kann man offenbar wie folgt umformen:

$$\frac{\mathrm{d}}{\mathrm{d}n} (\varphi_1 + bx - ay) = y \cos (n, x) - x \cos (n, y).$$

---

[1]) Wenn $D = 0$ wäre, müßte im gesamten Gebiet S

$$\frac{\partial \varphi}{\partial x} = y, \quad \frac{\partial \varphi}{\partial y} = -x$$

gelten, das ist aber offensichtlich nicht möglich, denn $y \, \mathrm{d}x - x \, \mathrm{d}y$ ist kein vollständiges Differential.

Somit erhalten wir für die harmonische Funktion $\varphi_1 + bx - ay$ dieselben Bedingungen wie für φ. Daraus folgt, daß sich beide Funktionen lediglich durch eine Konstante unterscheiden können, d. h., daß

$$\varphi_1(x, y) = \varphi(x, y) + ay - bx + \text{const} \tag{10}$$

ist. Somit gilt gemäß (2) und (2′)

$$u_1 = u + \Theta bz, \quad v_1 = v - \Theta az, \quad w_1 = w + \Theta ay - \Theta bx + \text{const.} \tag{11}$$

Die Größen u, v, w unterscheiden sich also von u_1, v_1, w_1 nur durch eine starre Verschiebung, die keinen Einfluß auf die Spannungen hat. Dieses Ergebnis läßt sich auch leicht unmittelbar anhand der Gln. (3′) nachprüfen. Sie liefern die gleichen Spannungswerte wie die Formeln (3).

7.1.4. Komplexe Torsionsfunktion. Spannungsfunktion

Bisweilen ist es zweckmäßig, anstelle der Torsionsfunktion $\varphi(x, y)$ die zu ihr konjugierte harmonische Funktion $\psi(x, y)$ zu betrachten, die mit $\varphi(x, y)$ über die CAUCHY-RIEMANNschen Gleichungen

$$\frac{\partial\varphi}{\partial x} = \frac{\partial\psi}{\partial y}, \quad \frac{\partial\varphi}{\partial y} = -\frac{\partial\psi}{\partial x} \tag{1}$$

verknüpft ist.
Die Randbedingung (6) in 7.1.3. läßt sich leicht mit Hilfe der Funktion ψ formulieren. Wir setzen der größeren Allgemeinheit halber voraus, daß der Stab (zylindrische) Längsbohrungen aufweisen kann, so daß der Rand L des Gebietes S aus mehreren einfachen geschlossenen Kurven $L_1, L_2, \ldots, L_{m+1}$ besteht, von denen die letzte alle vorhergehenden umschlingt (Bild 16, S. 105). Ferner sei t die positive Tangente an L_k (so daß das Gebiet S von ihr aus zur Linken liegt). Dann gilt

$$\cos(n, x) = \cos(t, y) = \frac{dy}{ds}, \quad \cos(n, y) = -\cos(t, x) = \frac{dx}{ds},$$

wobei s die Bogenlänge der Randkurve L_k ist. Hieraus folgt gemäß (1)

$$\frac{d\varphi}{dn} = \frac{\partial\varphi}{\partial x}\cos(n, x) + \frac{\partial\varphi}{\partial y}\cos(n, y) = \frac{\partial\psi}{\partial x}\frac{dx}{ds} + \frac{\partial\psi}{\partial y}\frac{dy}{ds} = \frac{d\psi}{ds},$$

d. h.

$$\frac{d\varphi}{dn} = \frac{d\psi}{ds}. \tag{2}$$

Außerdem gilt

$$y\cos(n, x) - x\cos(n, y) = x\frac{dx}{ds} + y\frac{dy}{ds} = \frac{d}{ds}\frac{1}{2}(x^2 + y^2), \tag{3}$$

somit lautet die Bedingung (6) in 7.1.3.

$$\frac{d\psi}{ds} = \frac{d}{ds}\frac{1}{2}(x^2 + y^2),$$

und daraus ergibt sich

$$\psi = \tfrac{1}{2}(x^2 + y^2) + C_k \quad \text{auf } L_k, \tag{4}$$

wobei C_k Konstanten sind, die auf verschiedenen Randkurven L_k unterschiedliche Werte haben können.

Die Konjugierte einer gegebenen eindeutigen harmonischen Funktion kann im allgemeinen mehrdeutig sein[1]). Doch in unserem Falle trifft dies nicht zu, da die Funktion ψ gemäß Gl. (4) beim Umfahren eines beliebigen Randes L_k zu ihrem Ausgangswert zurückkehrt.

Die Funktion φ ist bekanntlich bis auf eine willkürliche Konstante bestimmt. Folglich sind ihre Ableitungen eindeutig, und die Funktion φ wird durch die Gln. (1) bis auf eine beliebige Konstante definiert.

Hieraus schließen wir, daß die in den Randbedingungen (4) auftretenden Konstanten C_1, C_2, ..., C_{m+1} nicht willkürlich festgelegt werden dürfen, lediglich eine von ihnen ist frei wählbar[2]), d. h., wir können beispielsweise $C_{m+1} = 0$ setzen. Alle übrigen Konstanten nehmen eindeutig bestimmte (zunächst noch unbekannte) Werte an.

Wir wählen nun vorübergehend für die Konstanten C_k beliebige Werte. Dann ist zur Bestimmung von ψ erforderlich, eine harmonische Funktion aus ihren vorgegebenen Randwerten zu ermitteln, d. h., das schon in 3.3.5. (Bemerkung) und in 4.2.6. angeführte DIRICHLETsche Problem zu lösen, das bekanntlich stets eine eindeutige Lösung hat.

Wenn ψ ermittelt ist, können wir φ aus (1) berechnen. Für beliebige Werte der Konstanten C_k ist jedoch die Funktion φ im allgemeinen mehrdeutig. *Die Größen C_k müssen also aus der Eindeutigkeitsbedingung für die Funktion $\varphi(x, y)$ bestimmt werden*, wobei, wie gesagt, eine von ihnen frei wählbar ist.

Aus diesem Grunde ist es im Falle eines mehrfach zusammenhängenden Gebietes im allgemeinen zweckmäßiger, unmittelbar von der Funktion φ und nicht von ψ auszugehen. Für ein einfach zusammenhängendes, von einer einfachen geschlossenen Kurve L begrenztes Gebiet hingegen ist die Eindeutigkeit der Funktion φ von selbst gewährleistet, denn in der Randbedingung tritt nur eine einzige Konstante auf, die wir willkürlich festlegen können. In diesem Falle ist es häufig bedeutend bequemer, die Funktion ψ zu verwenden.

Oft ist es auch zweckmäßig, eine Funktion $F(\mathfrak{z})$ der komplexen Veränderlichen[3]) $\mathfrak{z} = x + iy$ einzuführen, die durch die Gleichung

$$F(\mathfrak{z}) = \varphi + i\psi \tag{5}$$

definiert ist, dabei stellt φ die Torsionsfunktion und ψ die zu ihr konjugierte Funktion dar. Die Funktion $F(\mathfrak{z})$ kann man als *komplexe Torsionsfunktion* bezeichnen. Sie ist offensichtlich im Gebiet S holomorph.

Gemäß (3) in 7.1.3. gilt

$$\tau_{xz} - i\tau_{yz} = \mu\Theta\left(\frac{\partial\varphi}{\partial x} - i\frac{\partial\varphi}{\partial y} - y - ix\right) = \mu\Theta\left[\frac{\partial\varphi}{\partial x} + i\frac{\partial\psi}{\partial x} - i(x - iy)\right].$$

Daraus ergibt sich mit unseren üblichen Bezeichnungen

$$\tau_{xz} - i\tau_{yz} = \mu\Theta\,\{F'(\mathfrak{z}) - i\bar{\mathfrak{z}}\}. \tag{6}$$

Mit gutem Erfolg wird auch gelegentlich die sogenannte *Spannungsfunktion* benutzt, die durch die Gleichung

$$\Psi(x, y) = \psi(x, y) - \tfrac{1}{2}(x^2 + y^2) \tag{7}$$

---

[1]) Siehe Anhang III

[2]) Die Tatsache, daß wir über eine der Konstanten frei verfügen können, wird klar, wenn wir beachten, daß wir zur Funktion ψ eine beliebige Konstante addieren dürfen.

[3]) $x + iy$ bezeichnen wir jetzt mit $\mathfrak{z}$ und nicht mit z, weil z hier die dritte Koordinate darstellt.

definiert ist. Mit ihrer Hilfe lassen sich die Spannungskomponenten wie folgt ausdrücken:

$$\tau_{xz} = \mu\Theta \frac{\partial \Psi}{\partial y}, \quad \tau_{yz} = -\mu\Theta \frac{\partial \Psi}{\partial x}. \tag{8}$$

Die Funktion Ψ ist nicht harmonisch. Sie genügt offensichtlich der Gleichung

$$\triangle\Psi = -2. \tag{9}$$

Auf dem Rand L befriedigt die Spannungsfunktion die Bedingung

$$\Psi = C_k \quad \text{auf } L_k \quad (k = 1, 2, \ldots, m + 1), \tag{10}$$

wobei C_k die Konstanten aus Gl. (4) sind.
Die in der Querschnittsfläche S durch die Gleichung

$$\Psi(x, y) = \text{const} \tag{11}$$

definierten Kurven sind *Schubspannungslinien*, d. h., die Tangenten an diese Kurven, zeigen in jedem gegebenen Punkt in Richtung des auf das zugehörige Flächenelement wirkenden Spannungsvektors (τ_{xz}, τ_{yz}). Dies folgt unmittelbar aus den Gln. (8). Offensichtlich sind die Ränder des Querschnittes a priori Schubspannungslinien.
Aus praktischen Gründen ist das Auffinden der Punkte des Querschnittes von großem Interesse, wo der absolute Betrag der Schubspannung

$$\tau = \sqrt{\tau_{xz}^2 + \tau_{yz}^2} \tag{12}$$

seinen größten Wert annimmt; denn dort besteht die größte Bruchgefahr. Es läßt sich leicht zeigen, daß diese Punkte *auf dem Rand des Gebietes liegen*; denn es gilt

$$\tau^2 = \mu^2\Theta^2 \left[\left(\frac{\partial \Psi}{\partial x} \right)^2 + \left(\frac{\partial \Psi}{\partial y} \right)^2 \right],$$

und nach einer einfachen Rechnung erhalten wir gemäß Gl. (9)

$$\triangle(\tau^2) = 2\mu^2\Theta^2 \left\{ \left(\frac{\partial^2 \Psi}{\partial x^2} \right)^2 + \left(\frac{\partial^2 \Psi}{\partial y^2} \right)^2 + 2 \left(\frac{\partial^2 \Psi}{\partial x \, \partial y} \right)^2 \right\}.$$

Also ist im gesamten Gebiet $\triangle(\tau^2) > 0$[1]), und nach einem bekannten Satz[2]) kann die Funktion τ^2 ihr Maximum nur auf dem Rand des Gebietes annehmen, was zu beweisen war.

7.1.5. Lösung des Torsionsproblems für verschiedene Sonderfälle

Das Torsionsproblem kann, wie wir sahen, entweder auf das NEUMANNsche (in bezug auf die Funktion φ) oder auf das DIRICHLETsche Problem (in bezug auf ψ) zurückgeführt werden

---

[1]) Das Gleichheitszeichen kann hier nicht stehen, da wenigstens eine der Größen $\partial^2\Psi/\partial x^2$, $\partial^2\Psi/\partial y^2$ dem Betrag nach kleiner 1 ist (eine völlig elementare Betrachtung zeigt übrigens, daß $\triangle(\tau^2) \geqq 4\mu^2\Theta^2$ ist).
[2]) Wenn eine Funktion U mit stetigen partiellen Ableitungen zweiter Ordnung im Gebiet S der Ungleichung $\triangle U > 0$ genügt, so kann diese Funktion ihr Maximum nur auf dem Rand erreichen. Um dies zu zeigen, nehmen wir an, daß U sein Maximum in einem inneren Punkt (x_0, y_0) hat. Wenn wir um diesen Punkt einen Kreis γ mit hinreichend kleinem Radius schlagen, gilt $\mathrm{d}U/\mathrm{d}n \leqq 0$, wobei n die äußere Normale an dem Kreis ist. Andererseits erhalten wir nach der bekannten GREENschen Formel

$$\int\limits_{\gamma} \frac{\mathrm{d}U}{\mathrm{d}n} \,\mathrm{d}s = \int\limits_{\sigma} \triangle U \,\mathrm{d}x \,\mathrm{d}y,$$

wobei σ das von γ begrenzte Kreisgebiet darstellt. Da $\triangle U > 0$ ist, ergibt sich ein Widerspruch, und damit ist unsere Behauptung bewiesen.

(im Falle eines mehrfach zusammenhängenden Gebietes sind außerdem die Konstanten C_k aus der Eindeutigkeitsbedingung für φ zu bestimmen, s. vorigen Abschnitt). Zu seiner Lösung können folglich alle bekannten, in der letzten Zeit sehr weitgehend ausgearbeiteten Lösungsmethoden für das *Neumannsche* bzw. *Dirichletsche Problem* herangezogen werden.
Angesichts der besonders einfachen Randwerte für ψ bzw. $\mathrm{d}\varphi/\mathrm{d}n$ ist jedoch zu erwarten, daß speziellere, direkt auf den uns interessierenden Fall zugeschnittene Methoden zum Erfolg führen.

SAINT-VENANT selbst löste das Torsionsproblem für zahlreiche technisch interessante Querschnitte verschiedener Art. Er unterzog diese Beispiele einer eingehenden Untersuchung und stellte die Ergebnisse in Tabellen und graphischen Darstellungen zusammen. Für viele Querschnitte (Ellipse, gleichseitiges Dreieck usw.) fand er die Lösung mit Hilfe einfachster Mittel. Für den Rechteckquerschnitt gab er eine Lösung durch gut konvergierende Reihen an.

Wir verweisen den Leser auf die Denkschrift SAINT-VENANTS [1], auf die Lehrbücher der Elastizitätstheorie und auf das speziell der Torsion gewidmete kleine Buch von A. N. DINNIK [1], wo die Lösungen für zahlreiche Querschnitte zu finden sind, s. a. TODHUNTER und PEARSON [1]. Außerdem erschien unlängst eine umfangreiche Monographie von N. CH. ARUTJUNJAN und B. L. ABRAMJAN [1], in der Torsionsfragen sehr ausführlich behandelt werden.

Wir führen hier (die von vornherein fast offensichtliche) Lösung für den Fall des Kreis- bzw. Kreisringquerschnittes an.

Wenn wir den Koordinatenursprung in den Mittelpunkt legen, gilt auf dem Rand offensichtlich $y \cos(n, x) - x \cos(n, y) = 0$. Deshalb muß auf den gesamten Rand

$$\frac{\mathrm{d}\varphi}{\mathrm{d}n} = 0$$

sein. Also ist $\varphi = \text{const}$, und wir können $\varphi = 0$ setzen.

Die Verschiebungen und Spannungen ergeben sich aus den Gleichungen

$$u = -\Theta z y, \quad v = \Theta z x, \quad w = 0 \tag{1}$$

$$\tau_{xz} = -\mu\Theta y, \quad \tau_{yz} = \mu\Theta x \tag{2}$$

(die übrigen Spannungskomponenten sind gleich Null).

Wie man sieht, bleiben die Querschnitte in unserem Sonderfall eben, was sonst nicht zutrifft.

Die Torsionssteifigkeit ist gemäß Gl. (9) in 7.1.3. gleich

$$D = \mu \iint_S (x^2 + y^2)\,\mathrm{d}x\,\mathrm{d}y = \mu I_p, \tag{3}$$

wobei I_p das polare Trägheitsmoment in bezug auf den Mittelpunkt ist. Für einen Kreisquerschnitt mit dem Radius R ist bekanntlich

$$I_p = \frac{\pi R^4}{2}, \tag{4}$$

und für den Kreisringquerschnitt gilt

$$I_p = \frac{\pi}{2}(R_2^4 - R_1^4); \tag{5}$$

dabei bezeichnen R_1 und R_2 den inneren bzw. äußeren Radius.

7.1.6. Anwendung der konformen Abbildung[1])

Das Torsionsproblem kann als gelöst betrachtet werden, wenn es gelingt, das Gebiet S auf den Kreis abzubilden (in diesem Falle muß S selbstverständlich einfach zusammenhängend sein). Um dies zu zeigen, nehmen wir an, daß das Gebiet S vermittels der Beziehung

$$\mathfrak{z} = x + \mathrm{i}y = \omega(\zeta) \tag{1}$$

auf den Kreis $|\zeta| < 1$ abgebildet wird. Die Kreisperipherie bezeichnen wir wie bisher mit γ. Wenn wir die komplexe Torsionsfunktion $F(\mathfrak{z})$ durch ζ ausdrücken und

$$\varphi + \mathrm{i}\psi = F(\mathfrak{z}) = f(\zeta) \tag{2}$$

setzen, so ist $f(\zeta)$ eine im Inneren von γ holomorphe Funktion. Der Realteil ψ der Funktion

$$\frac{1}{\mathrm{i}} f(\zeta) = \psi - \mathrm{i}\varphi \tag{3}$$

genügt auf γ folgender Randbedingung [s. Gl. (4) in 7.1.4.]

$$\psi = \tfrac{1}{2}(x^2 + y^2) + \text{const} = \tfrac{1}{2}\,\mathfrak{z}\bar{\mathfrak{z}} + \text{const}$$

oder gemäß Gl. (1), wenn wir wie stets mit $\sigma = e^{i\vartheta}$ einen Punkt auf γ bezeichnen,

$$\psi = \tfrac{1}{2}\,\omega(\sigma)\,\overline{\omega(\sigma)} \quad \text{auf } \gamma. \tag{4}$$

Die willkürliche Konstante auf der rechten Seite wurde weggelassen.

Zur Bestimmung einer im Inneren von γ holomorphen Funktion aus den Randwerten ihres Realteiles haben wir jedoch schon eine fertige Formel, und zwar erhalten wir aus Gl. (5) in 4.2.5.

$$\frac{1}{\mathrm{i}} f(\zeta) = \frac{1}{\pi \mathrm{i}} \int\limits_{\gamma} \frac{\omega(\sigma)\,\overline{\omega(\sigma)}}{2(\sigma - \zeta)}\,\mathrm{d}\sigma + \text{const}$$

und schließlich

$$f(\zeta) = \frac{1}{2\pi} \int\limits_{\gamma} \frac{\omega(\sigma)\,\overline{\omega(\sigma)}}{\sigma - \zeta}\,\mathrm{d}\sigma + \text{const}. \tag{5}$$

Damit ist das Problem gelöst.

Wenn $\omega(\zeta)$ eine *rationale Funktion* darstellt, so ist das Produkt $\omega(\sigma)\,\overline{\omega(\sigma)} = \omega(\sigma)\,\bar{\omega}\,(1/\sigma)$ ebenfalls rational bezüglich σ. Das Integral auf der rechten Seite von (5) läßt sich in diesem Falle ohne jegliche Schwierigkeit mit Hilfe des Residuensatzes lösen und liefert offensichtlich eine rationale Funktion von ζ, so daß die *Lösung* des Problems *durch elementare Funktionen ausgedrückt* werden kann.

Wenn der Ausdruck $\omega(\sigma)\,\bar{\omega}\,(1/\sigma)$, als Funktion von σ betrachtet, eine eindeutige, innerhalb (bzw. außerhalb) γ analytische, bis hin zu γ stetige Funktion darstellt, die innerhalb (bzw. außerhalb) γ endlich viele Pole hat, so läßt sich das Integral auf der rechten Seite von (5) sofort mit Hilfe des Residuensatzes bestimmen.

Für die Berechnung der Torsionssteifigkeit D leiten wir nun eine einfache Formel her[2]).

---

[1]) Die im vorliegenden Abschnitt dargelegten Resultate entstammen dem Artikel des Autors [12, 13]. Eine eingehendere Darstellung dieser Ergebnisse mit einigen neuen Beispielen findet der Leser in dem Buch von I. S. SOKOLNIKOFF [1].

[2]) Diese Formel wurde in den Arbeiten des Autors [12, 13] angegeben.

Es gilt (7.1.3.)

$$D = \mu \iint_S (x^2 + y^2)\,\mathrm{d}x\,\mathrm{d}y + \mu \iint_S \left(x\frac{\partial\varphi}{\partial y} - y\frac{\partial\varphi}{\partial x}\right)\mathrm{d}x\,\mathrm{d}y = \mu I_p + \mu D_0 \tag{6}$$

dabei ist I_p das polare Trägheitsmoment der Fläche S und

$$D_0 = \iint_S \left(x\frac{\partial\varphi}{\partial y} - y\frac{\partial\varphi}{\partial x}\right)\mathrm{d}x\,\mathrm{d}y = \iint_S \left\{\frac{\partial}{\partial y}(x\varphi) - \frac{\partial}{\partial x}(y\varphi)\right\}\mathrm{d}x\,\mathrm{d}y. \tag{7}$$

Mit Hilfe der Formeln von OSTROGRADSKI-GREEN erhalten wir

$$D_0 = -\int_L \varphi(x\,\mathrm{d}x + y\,\mathrm{d}y) = -\int_L \varphi\,\mathrm{d}(\tfrac{1}{2}r^2), \tag{8}$$

wobei L den Rand des Gebietes bezeichnet.

Da auf dem Rand $r^2 = \mathfrak{z}\bar{\mathfrak{z}} = \omega(\sigma)\,\overline{\omega(\sigma)}$ gilt und

$$\varphi = \tfrac{1}{2}\left[f(\sigma) + \overline{f(\sigma)}\right]$$

ist, können wir die letzte Gleichung wie folgt umformen:

$$D_0 = -\tfrac{1}{4}\int_\gamma \{f(\sigma) + \overline{f(\sigma)}\}\mathrm{d}\,\{\omega(\sigma)\,\overline{\omega(\sigma)}\}. \tag{9}$$

Wenn $\omega(\zeta)$ eine rationale Funktion darstellt, so ist $f(\zeta)$ ebenfalls rational (s. o.). Dasselbe trifft auch auf die Funktionen $\bar{f}(1/\sigma)$, $\bar{\omega}(1/\sigma)$ zu. Also läßt sich das vorige Integral mit Hilfe des Residuensatzes leicht elementar berechnen.

In diesem Falle ist es oft zweckmäßig, auch den Ausdruck

$$I_p = \iint_S (x^2 + y^2)\,\mathrm{d}x\,\mathrm{d}y = \iint_S \left\{\frac{\partial}{\partial y}(x^2 y) + \frac{\partial}{\partial x}(x y^2)\right\}\mathrm{d}x\,\mathrm{d}y = -\int_L xy\,(x\,\mathrm{d}x - y\,\mathrm{d}y)$$

umzuformen. Wenn wir beachten, daß

$$x = \frac{\mathfrak{z} + \bar{\mathfrak{z}}}{2}, \quad y = \frac{\mathfrak{z} - \bar{\mathfrak{z}}}{2\mathrm{i}}$$

ist, erhalten wir leicht

$$I_p = -\frac{1}{8\mathrm{i}}\int_L (\mathfrak{z}^2 - \bar{\mathfrak{z}}^2)\,(\mathfrak{z}\,\mathrm{d}\mathfrak{z} + \bar{\mathfrak{z}}\,\mathrm{d}\bar{\mathfrak{z}}),$$

offenbar gilt jedoch

$$\int_L \mathfrak{z}^3\,\mathrm{d}\mathfrak{z} = \int_L \bar{\mathfrak{z}}^3\,\mathrm{d}\bar{\mathfrak{z}} = 0, \quad \int_L \mathfrak{z}^2\bar{\mathfrak{z}}\,\mathrm{d}\bar{\mathfrak{z}} = \int_L \mathfrak{z}^2\,\mathrm{d}(\tfrac{1}{2}\bar{\mathfrak{z}}^2) = -\int_L \bar{\mathfrak{z}}^2\mathfrak{z}\,\mathrm{d}\mathfrak{z}$$

(die letzte Gleichung entsteht durch partielle Integration). Damit ergibt sich

$$I_p = \frac{1}{4\mathrm{i}}\int_L \bar{\mathfrak{z}}^2\mathfrak{z}\,\mathrm{d}\mathfrak{z} = \frac{1}{4\mathrm{i}}\int_\gamma \overline{\omega^2(\sigma)}\,\omega(\sigma)\,\mathrm{d}\omega(\sigma). \tag{10}$$

Falls die Funktion $\omega(\zeta)$ rational ist, gestattet diese Formel, I_p in elementarer Weise zu berechnen. Ebenso leicht läßt sich das Torsionsproblem im Falle des zweifach zusammenhängenden Gebietes lösen, wenn die Funktion $\omega(\zeta)$ bekannt ist, die das betreffende Gebiet auf den Kreisring abbildet; und zwar wird das Problem in diesem Falle auf die Bestimmung einer im Inneren des Kreisringes holomorphen Funktion $f(\zeta)$ zurückgeführt, die folgenden Randbedingungen genügen muß:

$$\operatorname{Re}\frac{1}{\mathrm{i}}f(\zeta)=\frac{1}{2}\,\omega(\zeta)\,\overline{\omega(\zeta)}+C_1\quad\text{auf }\gamma_1,\tag{11}$$

$$\operatorname{Re}\frac{1}{\mathrm{i}}f(\zeta)=\frac{1}{2}\,\omega(\zeta)\,\overline{\omega(\zeta)}+C_2\quad\text{auf }\gamma_2,$$

wobei γ_1 und γ_2 die Kreisperipherien sind, die den Ring begrenzen, während C_1, C_2 zwei reelle Konstanten darstellen, von denen eine beliebig festgelegt werden kann.
Wir gelangen auf diese Weise zu der in 3.3.5. (Bemerkung) gelösten Aufgabe. In unserem Falle wird $F(z)$ durch die Funktion $\frac{1}{\mathrm{i}}f(\zeta)$ ersetzt, und in der Entwicklung (7) aus 3.3.5. (mit ζ anstelle von z) ist $A=0$; denn sonst wäre $f(\zeta)$ mehrdeutig. Die Rolle der Funktionen $f_1(\vartheta)$ und $f_2(\vartheta)$ in 3.3.5. übernehmen entsprechend die Funktionen

$$\tfrac{1}{2}\,\omega(\varrho_1\,\mathrm{e}^{\mathrm{i}\vartheta})\,\overline{\omega(\varrho_1\,\mathrm{e}^{\mathrm{i}\vartheta})}+C_1,\quad \tfrac{1}{2}\,\omega(\varrho_2\,\mathrm{e}^{\mathrm{i}\vartheta})\,\overline{\omega(\varrho_2\,\mathrm{e}^{\mathrm{i}\vartheta})}+C_2,\tag{12}$$

dabei stehen hier die Größen ϱ_1, ϱ_2 für R_1 und R_2.
Wenn wir $C_2=0$ setzen, wird die Konstante C_1 durch die Gl. (9) in 3.3.5. bestimmt.
Bei bekanntem $f(\zeta)$ können wir zur Berechnung der Spannungen entweder zu den alten Veränderlichen x, y zurückkehren oder die Spannungskomponenten durch die der konformen Abbildung entsprechenden krummlinigen Koordinaten ausdrücken (s. 2.4.3.).
Wir bezeichnen den in einem Punkt des Querschnittes S wirkenden Schubspannungsvektor mit τ. Seine Projektionen auf die x- bzw. y-Achse heißen τ_{xz}, τ_{yz}. Die Projektionen τ_ϱ, τ_ϑ desselben Vektors auf die ϱ- bzw. ϑ-Achse des krummlinigen Koordinatensystems ergeben sich aus Gl. (4) in 2.4.3. Diese lautet nach Übergang zu den konjugierten Werten

$$\tau_\varrho-\mathrm{i}\tau_\vartheta=\frac{\zeta\omega'(\zeta)}{\varrho\,|\omega'(\zeta)|}\,(\tau_{xz}-\mathrm{i}\tau_{yz}).$$

Wenn wir anstelle von $\tau_{xz}-\mathrm{i}\tau_{yz}$ den Wert (6) aus 7.1.4. einsetzen und beachten, daß

$$F'(\mathfrak{z})=\frac{\mathrm{d}F}{\mathrm{d}\mathfrak{z}}=\frac{\mathrm{d}f}{\mathrm{d}\zeta}\,\frac{1}{\omega'(\zeta)}$$

ist, erhalten wir schließlich die sehr einfache und bequeme Formel

$$\tau_\varrho-\mathrm{i}\tau_\vartheta=\frac{\mu\theta\zeta}{\varrho\,|\omega'(\zeta)|}\,\{f'(\zeta)-\mathrm{i}\overline{\omega(\zeta)}\,\omega'(\zeta)\}.\tag{13}$$

Auf dem Rand des Gebietes gilt $\tau_\varrho=0$. Mit Hilfe dieser Formel können wir die Randwerte der Schubspannung τ_ϑ unmittelbar berechnen und insbesondere ihr Maximum finden.

7.1.7. Beispiele

Wir wenden nun die im vorigen Abschnitt dargelegte Methode auf einige spezielle Beispiele an.

7.1.7.1. Epitrochoidenquerschnitt

Der Querschnitt S sei durch die in 2.4.2.3. angegebene Epitrochoide begrenzt (s. Bild 23, Seite 153. In diesem Falle ist[1])

$$\mathfrak{z}=\omega(\zeta)=b(\zeta^n+a\zeta)\ (n>1\text{ ganzzahlig},\ b>0,\ a\geqq n).\tag{1}$$

[1]) Wir ändern hier die Bezeichnungen aus 2.4.2. etwas ab. Und zwar schreiben wir b anstelle von $R\,m$ und $1/a$ anstelle von m.

Nach Gl. (5) in 7.1.6. gilt (wenn wir $\bar{\sigma}$ durch $1/\sigma$ ersetzen)

$$f(\zeta) = \frac{1}{2\pi} \int_\gamma b^2(\sigma^n + a\sigma)\left(\frac{1}{\sigma^n} + \frac{a}{\sigma}\right)\frac{d\sigma}{\sigma - \zeta} + \text{const}$$

$$= \frac{ib^2}{2\pi i} \int_\gamma \left(1 + a^2 + a\sigma^{n-1} + \frac{a}{\sigma^{n-1}}\right)\frac{d\sigma}{\sigma - \zeta} + \text{const}.$$

Hieraus erhalten wir gemäß Gl. (3) in 4.1.6. sofort

$$f(\zeta) = ib^2 a\zeta^{n-1} \tag{2}$$

(die beliebige Konstante haben wir weggelassen), und das Problem ist damit gelöst.
Für die Spannungskomponenten τ_ϱ, τ_ϑ ergibt sich aus Gl. (13) in 7.1.6.

$$\tau_\varrho - i\tau_\vartheta = \mu\Theta\zeta \frac{iab^2 (n-1)\,\zeta^{n-2} - ib^2 (\bar{\zeta}^n + a\bar{\zeta})(n\zeta^{n-1} - a)}{\varrho\,|\omega'(\zeta)|}$$

oder mit $\zeta = \varrho\, e^{i\vartheta}$ durch Trennung von Real- und Imaginärteil

$$\tau_\varrho = -\frac{\mu\Theta ab^2 (n-1)\,\varrho^{n-2} (1 - \varrho^2) \sin (n-1)\,\vartheta}{|\omega'(\zeta)|}$$

$$\tau_\vartheta = -\mu\Theta b^2 \frac{a\varrho^{n-2}\,[n - 1 - (n+1)\,\varrho^2] \cos (n-1)\,\vartheta - n\varrho^{2n-1} - a^2\varrho}{|\omega'(\zeta)|}$$

wobei

$$|\omega'(\zeta)| = \sqrt{\omega'(\zeta)\,\overline{\omega'(\zeta)}} = b\sqrt{n^2\varrho^{2n-2} + 2an\varrho^{n-1} \cos (n-1)\,\vartheta + a^2}$$

ist. Auf dem Rand (d. h. für $\varrho = 1$) gilt $\tau_\varrho = 0$ und

$$\tau = \tau_\vartheta = \mu\Theta b \frac{n + 2a \cos (n-1)\,\vartheta + a^2}{\sqrt{n^2 + 2an \cos (n-1)\,\vartheta + a^2}}.$$

Wenn $n < a$ ist, d. h., wenn die Randkurve keine Umkehrpunkte aufweist, tritt der Maximalwert für τ in den durch die Gleichung $\cos (n-1)\,\vartheta = -1$ definierten Randpunkten auf. Dies sind Punkte, die dem Mittelpunkt am nächsten liegen. Der Maximalwert lautet

$$\tau_{\max} = \mu\Theta b \frac{a^2 - 2a + n}{a - n}.$$

Wenn a gegen n strebt, wächst $\tau_{\max}$ unbeschränkt. Falls die Randkurve wie in Bild 23 Umkehrpunkte hat, wird τ in diesen Punkten unendlich groß.
Die Torsionssteifigkeit ergibt sich gemäß (9) und (10) in 7.1.6. zu

$$D = \frac{\mu\pi b^4}{2}(a^4 + 4a^2 + n).$$

7.1.7.2. BOOTHsche Lemniskate[1])

Die Abbildungsfunktion des durch diese Kurve begrenzten Gebietes wurde in 2.4.2.6. ange-

[1]) Die Lösung dieses Beispiels (sowie der anderen im vorliegenden Abschnitt angeführten) wurde vom Autor 1929 in den oben zitierten Artikeln angegeben und in die erste Auflage dieses Buches aufgenommen. 1942 veröffentlichte T. J. HIGGINS eine auf komplizierterem Wege gewonnene Lösung der gleichen Probleme (s. SOKOLNIKOFF [1], S. 184).

geben (Bild 27). Wir ändern die Bezeichnungen etwas ab und setzen

$$\omega(\zeta) = \frac{k\zeta}{\zeta^2 + a} \qquad (a > 1,\, k > 0). \tag{3}$$

Dann ergibt sich $f(\zeta)$ aus der Formel

$$f(\zeta) = \frac{1}{2\pi} \int_\gamma \frac{k^2\sigma^2\, d\sigma}{(\sigma^2 + a)(1 + a\sigma^2)(\sigma - \zeta)}.$$

Der Integrand hat, als Funktion von σ betrachtet, außerhalb γ zwei einfache Pole $\sigma_1 = i\sqrt{a}$ und $\sigma_2 = -i\sqrt{a}$. Für große $|\sigma|$ hat er die Ordnung $1/\sigma^3$. Nach dem Residuensatz gilt folglich

$$f(\zeta) = -i(A_1 + A_2),$$

wobei A_1 und A_2 die den Punkten σ_1 und σ_2 entsprechenden Residuen sind

$$A_1 = \left[(\sigma - i\sqrt{a})\, \frac{k^2\sigma^2}{(\sigma^2 + a)(1 + a\sigma^2)(\sigma - \zeta)}\right]_{\sigma = i\sqrt{a}} = -\frac{k^2\sqrt{a}}{2i\,(1 - a^2)\,(i\sqrt{a} - \zeta)}$$

und analog

$$A_2 = -\frac{k^2\sqrt{a}}{2i\,(1 - a^2)\,(i\sqrt{a} + \zeta)}.$$

Damit erhalten wir schließlich

$$f(\zeta) = \frac{iak^2}{(a^2 - 1)(\zeta^2 + a)}. \tag{4}$$

Die Spannungskomponenten werden wie im vorigen Beispiel ermittelt. Wir beschränken uns auf die Berechnung des Wertes $\tau = \tau_\varrho$ auf dem Rand.
Nach einfachen Umformungen erhalten wir

$$\tau = \frac{\mu\Theta k\,(1 + a^2)}{(a^2 - 1)\sqrt{1 - 2a\cos\vartheta + a^2}}.$$

Der Maximalwert tritt an der Stelle $\cos 2\vartheta = 1$, d. h. an den Endpunkten der kleinen Achsen, auf:

$$\tau_{\max} = \frac{\mu\Theta k\,(a^2 + 1)}{(a + 1)(a - 1)^2}.$$

Für die Torsionssteifigkeit bekommen wir

$$D = \frac{\mu\pi k^4\,(a^4 + 1)}{2(a^2 - 1)^4}$$

7.1.7.3. Schleife der Lemniskate

Wir führen noch das Beispiel eines einfach zusammenhängenden Gebietes an, für das $\omega(\zeta)$ keine rationale Funktion darstellt, und zwar setzen wir für $|\zeta| < 1$

$$\mathfrak{z} = \omega(\zeta) = a\sqrt{1 + \zeta} \quad (a > 0); \tag{5}$$

dabei wird derjenige Zweig der mehrdeutigen Funktion $\sqrt{1+\zeta}$ gewählt, der für $\zeta = 0$ zu 1 wird, mit anderen Worten ist (Bild 57a)

$$\omega(\zeta) = a\sqrt{r}\,\mathrm{e}^{\frac{\mathrm{i}\varphi}{2}}\left(-\frac{\pi}{2} \leqq \varphi \leqq \frac{\pi}{2}\right).$$

Wenn ζ die Peripherie γ mit dem Radius 1 durchläuft, ist

$$\varphi = \frac{\vartheta}{2}\,(-\pi \leqq \vartheta \leqq \pi)$$

und

$$r = 2\cos\frac{\vartheta}{2},$$

folglich gilt

$$\mathfrak{z} = a\sqrt{2\cos\frac{\vartheta}{2}}\,\mathrm{e}^{\frac{\mathrm{i}\vartheta}{4}}.$$

Mit R und ψ als Modul und Argument von $\mathfrak{z}$ erhalten wir nach dieser Formel

$$R = a\sqrt{2\cos\frac{\vartheta}{2}}, \quad \psi = \frac{\vartheta}{4}$$

und damit

$$R = a\sqrt{2\cos 2\psi}. \tag{6}$$

Also beschreibt $\mathfrak{z}$ eine Schleife der BERNOULLIschen Lemniskate (Bild 57b), und die Beziehung (5) bildet das innerhalb der Schleife eingeschlossene Gebiet auf den Kreis $|\zeta| < 1$ ab.

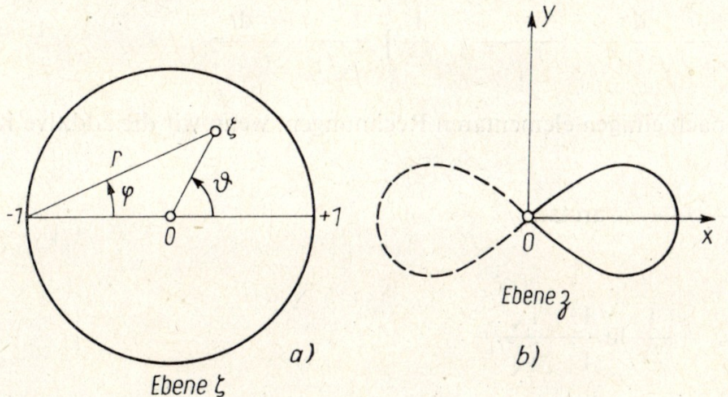

Bild 57

Für die Funktion $f(\zeta)$ ergibt sich die Formel

$$f(\zeta) = \frac{a^2}{2\pi}\int_\gamma \sqrt{1+\sigma}\,\sqrt{1+\frac{1}{\sigma}}\,\frac{\mathrm{d}\sigma}{\sigma-\zeta} = \frac{a^2}{2\pi}\int_\gamma \frac{1+\sigma}{\sqrt{\sigma}}\,\frac{\mathrm{d}\sigma}{\sigma-\zeta}, \tag{7}$$

wobei der auf γ positive Zweig der Funktion $(1+\sigma)/\sqrt{\sigma}$, d. h.

$$\sqrt{\sigma} = \mathrm{e}^{\frac{\mathrm{i}\vartheta}{2}}$$

zu wählen ist.

Der Integrand ist in dem von γ begrenzten und gemäß Bild 58 aufgeschnittenen Gebiet eindeutig. Deshalb gilt (mit den im Bild angegebenen Bezeichnungen, wo insbesondere γ_1 einen unendlich kleinen Kreis bezeichnet)

$$\frac{1}{2\pi i}\left[\int_\gamma + \int_\alpha + \int_\beta + \int_{\gamma_1}\right] = A$$

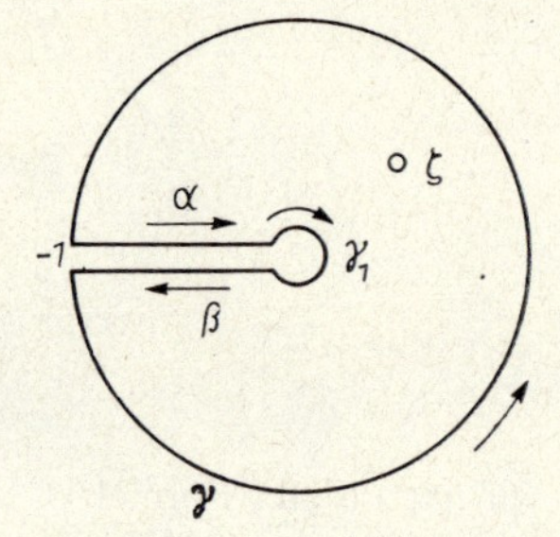

Bild 58

dabei ist A, das dem Punkt $\sigma = \zeta$ entsprechende Residuum, offenbar gleich

$$\frac{1+\zeta}{\sqrt{\zeta}}.$$

Durch eine einfache Umformung der über α und β erstreckten Integrale ergibt sich (das Integral über γ_1 ist offensichtlich unendlich klein)

$$\frac{1}{2\pi i}\int_\gamma \frac{1+\sigma}{\sqrt{\sigma}}\,\frac{d\sigma}{\sigma-\zeta} = \frac{1+\zeta}{\sqrt{\zeta}} - \frac{1}{\pi}\int_0^1 \frac{1-t}{\sqrt{t}}\,\frac{dt}{t+\zeta}, \tag{8}$$

daraus erhalten wir nach einigen elementaren Rechnungen, wenn wir die additive Konstante weglassen,

$$f(\zeta) = \frac{2ia^2}{\pi}\,\frac{1+\zeta}{\sqrt{\zeta}}\arctan\sqrt{\zeta},$$

wobei unter

$$\arctan\sqrt{\zeta} = \frac{1}{2i}\ln\frac{1+i\sqrt{\zeta}}{1-i\sqrt{\zeta}}$$

der durch die Reihe

$$\arctan\sqrt{\zeta} = \sqrt{\zeta} - \frac{(\sqrt{\zeta})^3}{3} + \frac{(\sqrt{\zeta})^5}{5} - \cdots = \sqrt{\zeta}\left(1 - \frac{\zeta}{3} + \frac{\zeta^2}{5} - \cdots\right)$$

definierte Zweig zu verstehen ist. Damit ist unsere Aufgabe gelöst.

7.1.7.4. Konfokale Ellipsen, exzentrische Kreise

Für den Fall, daß der Querschnitt des (Hohl-) Zylinders von zwei konfokalen Ellipsen oder zwei (exzentrischen) Kreisen begrenzt wird, läßt sich die Lösung ebenfalls leicht mit Hilfe der Abbildung auf den Kreisring gewinnen. Die Lösung für den letzteren Fall können wir unmittelbar aus der unten angeführten Lösung des Beispiels 7.2.3.1. gewinnen.

7.1.8. Zug-Druck-Problem bei Längskräften

In diesem Falle ist die Lösung völlig elementar. Wir haben sie im wesentlichen schon in 1.3.4. angegeben. Wir setzen

$$\sigma_z = \frac{F}{S}, \quad \sigma_x = \sigma_y = \tau_{xy} = \tau_{yz} = \tau_{xz} = 0, \tag{1}$$

dabei bezeichnet F die Größe der gegebenen Kraft (die im Falle des Zuges als positiv betrachtet wird), und S gibt den Flächeninhalt der Querschnittsfläche des Stabes an. Damit werden offenbar alle geforderten Bedingungen befriedigt.
Die gewonnene Lösung entspricht einer gleichmäßig verteilten Normalspannung an den Grundflächen. Die an den Grundflächen wirkenden Spannungen sind jeweils einer in deren Schwerpunkt angreifenden Kraft F äquivalent. Wenn der Angriffspunkt der vorgegebenen Kraft nicht im Schwerpunkt liegt, können wir ihn dorthin übertragen, indem wir ein Moment hinzufügen, dessen Vektor parallel zur Grundfläche ist (Biegemoment). In diesem Falle müssen wir also zu unserer bisherigen Lösung noch die Lösung eines Biegeproblems überlagern, wie sie im folgenden Abschnitt behandelt wird.
Die den Spannungen (1) entsprechenden Verschiebungen lauten, wie man unmittelbar nachprüft,

$$u = -\frac{\nu F}{S_E}x, \quad v = -\frac{\nu F}{S_E}y, \quad w = \frac{F}{S_E}z, \tag{2}$$

alle anderen unterscheiden sich von den letzteren durch eine starre Verschiebung des gesamten Stabes. Die Größe S_E stellt den Proportionalitätsfaktor zwischen der Zugkraft F und der Dehnung des Stabes dar und kann als *Zug- (Druck-) Steifigkeit* bezeichnet werden.

7.1.9. Reine Biegung

Auch in diesem Falle ist die Lösung völlig elementar. Wie allgemein üblich, stellen wir den Stab (Balken) in der Zeichenebene horizontal liegend dar, so daß, wie in Bild 59, die z-Achse

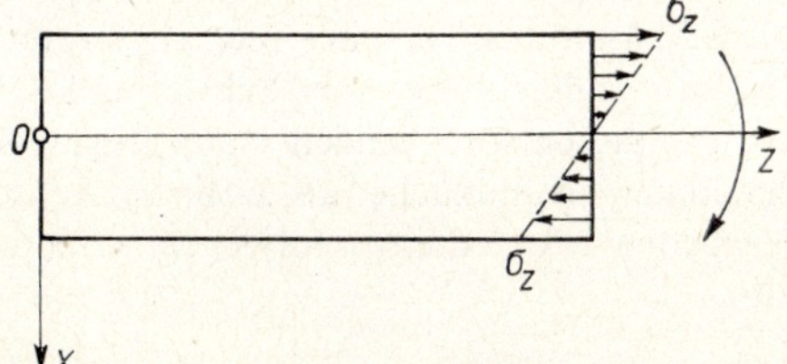

Bild 59

von links nach rechts und die x-Achse senkrecht nach unten zeigt (die y-Achse ist nicht dargestellt; sie ist vom Betrachter weg gerichtet, da die Achsen ein Rechtssystem bilden sollen). Die bisher als untere und obere bezeichneten Grundflächen nennen wir nun entsprechend linke und rechte. Den Koordinatenursprung legen wir in den Schwerpunkt der linken Grundfläche, so daß die z-Achse zur Mittellinie wird, d. h., die durch die Schwerpunkte der Querschnitte gehende Achse darstellt.
Für die Lösung des Problems benutzen wir folgenden Ansatz:

$$\sigma_z = ax, \quad \sigma_x = \sigma_y = \tau_{xy} = \tau_{yz} = \tau_{xz} = 0. \tag{a}$$

Diese Werte genügen offenbar den Gleichgewichts- und Verträglichkeitsbedingungen (7.1.2.). Wir untersuchen nun, ob die (von rechts) an einem beliebigen Querschnitt S angreifenden

Spannungen einem Biegemoment äquivalent sind[1]). Der resultierende Vektor dieser Kräfte verschwindet wegen

$$\iint_S \sigma_z \, dx \, dy = a \iint_S x \, dx \, dy = 0 .$$

Das letzte Integral ist gleich Null, da der Koordinatenursprung im Schwerpunkt des Querschnittes liegt. Das resultierende Moment der angeführten Spannungen in bezug auf die durch den Schwerpunkt des Querschnittes gehende und in y-Richtung zeigende Achse ist gleich

$$M = -\iint_S \sigma_z x \, dx \, dy = -a \iint_S x^2 \, dx \, dy = -a I_y , \tag{b}$$

wobei I_y das Trägheitsmoment der Grundfläche in bezug auf die y-Achse bezeichnet. Schließlich ist das resultierende Moment dieser Kräfte in bezug auf die durch den Schwerpunkt des Querschnittes gehende und in x-Richtung zeigende Achse gleich

$$\iint_S \sigma_z y \, dx \, dy = a \iint_S xy \, dx \, dy . \tag{c}$$

Wenn

$$\iint_S xy \, dx \, dy = 0$$

ist, d. h., wenn die x- und y-Achse Schwerpunkt-Hauptträgheitsachsen des Querschnittes S sind, verschwindet das Moment (c), und die Kraftwirkungen sind einem Moment äquivalent, dessen Vektor parallel zur y-Achse ist und durch Formel (b) definiert wird.
Bei vorgegebenem M ergibt sich die Konstante a aus der Gleichung

$$a = -\frac{M}{I_y} .$$

Wir nehmen an, daß die Koordinatenachsen in der eben genannten Weise gewählt sind. Dann erhalten wir die Lösung des Biegeproblems für den Balken durch zwei an den Enden angreifende Momente, deren Vektor parallel zu einer der Hauptträgheitsachsen des Querschnittes ist.
Wir fassen nun die gewonnenen Ergebnisse zusammen. An der rechten Grundfläche des Balkens greife ein Moment an, dessen Vektor in Richtung einer Schwerpunkt-Hauptträgheitsachse des Querschnittes zeigt. Wenn wir die entsprechenden Hauptträgheitsachsen in einem beliebigen Querschnitt, z. B. in der linken Grundfläche, als x- und y-Achsen wählen und dabei die y-Achse parallel zum gegebenen Momentenvektor legen, erhalten wir die Lösung des Biegeproblems in der Gestalt

$$\sigma_z = -\frac{M}{I_y} x , \quad \sigma_x = \sigma_y = \tau_{xy} = \tau_{yz} = \tau_{xz} = 0 . \tag{1}$$

Hierbei bezeichnet I_y das Trägheitsmoment der Grundfläche in bezug auf die y-Achse und M die Größe des Momentes (M ist positiv, wenn der Momentenvektor in y-Richtung zeigt).
Wie man leicht unmittelbar nachprüft, ergeben sich die der vorigen Spannungsverteilung entsprechenden Verschiebungen aus den Formeln

$$u = \frac{M}{2 I_y E} (z^2 + \nu x^2 - \nu y^2) , \quad v = \frac{M}{I_y E} \nu xy , \quad w = -\frac{M}{I_y E} xz . \tag{2}$$

[1]) Die an der rechten Grundfläche angreifenden Kräfte und die an einem beliebigen Querschnitt von rechts angreifenden Kräfte haben offenbar ein und dasselbe resultierende Moment.

Auf den rechten Seiten kann man noch Glieder addieren, die eine starre Verschiebung des gesamten Balkens beschreiben.
Die Ebene $x = 0$ stellt die „neutrale Fläche" dar. Die in ihr liegenden Fasern werden weder gezogen noch gedrückt. Die auf der einen Seite der neutralen Fläche befindlichen Fasern werden auf Zug, die auf der anderen auf Druck beansprucht.
Die *Normalspannung* hat gemäß Gl. (1) *über dem Querschnitt einen linearen Verlauf* (s. Bild 59). Punkte der Mittellinie mit den Koordinaten $(0, 0, z)$ vor der Deformation gehen gemäß (2) in Punkte mit den Koordinaten ξ, η, ζ über, wobei

$$\xi = \frac{M}{2IE} z^2, \quad \eta = 0, \quad \zeta = z \tag{3}$$

ist.
Die Mittellinie verbleibt also in der x,z-Ebene, letztere wird deshalb als *Biegeebene* bezeichnet. Sie ist in unserem Falle parallel zur Wirkungsebene des Biegemomentes.
Der Krümmungsradius R der genannten Linie (nach der Verformung) läßt sich (bis auf kleine Größen höherer Ordnung) aus der Gleichung[1])

$$\frac{1}{R} = \frac{\mathrm{d}^2\xi}{\mathrm{d}z^2}$$

ermitteln (wir setzen $R < 0$, wenn die konvexe Seite nach unten zeigt). Daraus ergibt sich die wichtige Beziehung

$$\frac{1}{R} = \frac{M}{EI}, \tag{4}$$

sie bringt das sogenannte *Bernoulli-Eulersche Gesetz* zum Ausdruck: *die Krümmung der Mittellinie ist dem Biegemoment proportional.* Die Größe EI heißt *Biegesteifigkeit.*
Da sich für R ein konstanter Wert ergab, stellt die Mittellinie im verformten Zustand einen Kreis mit dem Radius R dar[2]). Wenn wir nur kleine Deformationen zulassen, können wir den Radius R als groß voraussetzen, und zwar soll die Größe $1/R$ von derselben Ordnung klein sein wie die Verzerrungen.
Punkte, die vor der Deformation auf dem senkrecht zur Balkenachse stehenden Querschnitt $z = c$ liegen, gehen bei der Verformung in Punkte mit den Koordinaten ξ, η, ζ über, dabei gilt nach der letzten Formel aus (2) insbesondere

$$\zeta = c + w = c - \frac{M}{EI} xc = c\left(1 - \frac{x}{R}\right).$$

Wenn wir auf der rechten Seite x durch ξ ersetzen (dazu sind wir wegen der Kleinheit des Faktors $1/R$ berechtigt), so erhalten wir

$$\zeta = c\left(1 - \frac{\xi}{R}\right).$$

---

[1]) Nach einer bekannten Formel gilt

$$\frac{1}{R} = \frac{\xi''}{(1 + \xi'^2)^{3/2}} = \xi''(1 + \xi'^2)^{-3/2} = \xi''\left(1 - \frac{3}{2}\xi'^2 + \cdots\right),$$

wobei die Striche die Ableitung nach z bezeichnen. Wegen der Kleinheit der Deformation kann man alle Glieder außer dem ersten weglassen; das führt auf die im Text angegebene Formel.

[2]) Die Parabelgleichung (3) dieser Linie widerspricht nicht dieser Behauptung, da sich diese Parabel vom Kreis mit dem Radius R nur durch kleine Größen höherer Ordnung unterscheidet.

Das ist die Gleichung einer Ebene (senkrecht zur Biegeebene). *Ebene Querschnitte* (senkrecht zur Mittellinie) *bleiben also eben.*

Wenn der Biegemomentvektor nicht in Richtung einer Hauptachse zeigt, können wir ihn stets in zwei Komponenten zerlegen, von denen jede einzeln diese Forderung erfüllt. Die Lösung unseres Problems erhalten wir dann durch Überlagerung zweier Lösungen der eben angeführten Art.

In diesem Falle stimmt die Biegeebene nicht mit der Wirkungsebene des Momentes überein, sie steht jedoch noch immer senkrecht auf der auch hier existierenden neutralen Fläche. Wir überlassen es dem Leser, diese einfachen Eigenschaften zu beweisen.

7.1.10. Querkraftbiegung

Wir benutzen dasselbe Achsensystem wie im vorigen Abschnitt, d. h., wir legen den Koordinatenursprung in den Schwerpunkt einer der Grundflächen – etwa der linken – und die x- bzw. y-Achse in die Schwerpunkt-Hauptträgheitsachsen dieses Querschnittes.

Die an der rechten Grundfläche wirkenden äußeren Spannungen seien einer Kraft W äquivalent, die im Schwerpunkt angreift und parallel zur x-Achse gerichtet ist (Bild 60a, 60b).

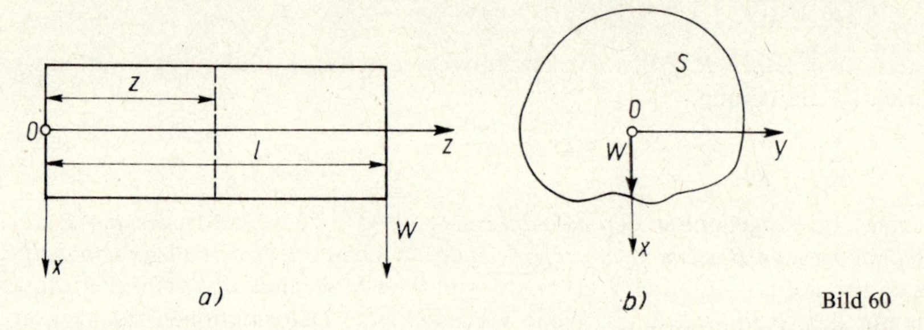

Bild 60

Wir betrachten nun einen beliebigen Querschnitt S mit dem Abstand z von der linken Grundfläche. Das resultierende Moment M der an diesem Querschnitt angreifenden Spannungen in bezug auf die in die y-Richtung zeigende Schwerpunktachse lautet

$$M = W(l - z), \tag{1}$$

dabei ist l die Balkenlänge.

Wenn im betrachteten Querschnitt lediglich das Moment M angreifen würde, könnten wir nach den Ergebnissen des vorigen Abschnittes

$$\sigma_z = -\frac{M}{I}x$$

setzen, wobei I das Trägheitsmoment des Querschnittes in bezug auf die in y-Richtung zeigende Schwerpunktachse ist.

Wir versuchen nun, das vorliegende Problem mit Hilfe desselben Ansatzes zu lösen, und schreiben

$$\sigma_z = -\frac{M}{I}x = -\frac{W(l-z)}{I}x. \tag{2}$$

Wir können jedoch jetzt offensichtlich nicht annehmen, daß alle übrigen Spannungskomponenten verschwinden; denn dabei würden die auf den Querschnitt wirkenden Kräfte nicht den in der Querschnittsebene liegenden Vektor W ergeben.

Wir setzen deshalb lediglich

$$\sigma_x = \sigma_y = \tau_{xy} = 0\,. \tag{3}$$

Durch Substitution dieser Werte in die Gl. (1) aus 7.1.1. erhalten wir

$$\frac{\partial \tau_{xz}}{\partial z} = 0, \quad \frac{\partial \tau_{yz}}{\partial z} = 0$$

und

$$\frac{\partial \tau_{xz}}{\partial x} + \frac{\partial \tau_{yz}}{\partial y} + \frac{Wx}{I} = 0. \tag{4}$$

Die beiden ersten Gleichungen besagen, daß τ_{xz} und τ_{yz} nicht von z abhängen. Die Gl. (4) können wir wie folgt umformen:

$$\frac{\partial \tau_{xz}}{\partial x} + \frac{\partial}{\partial y}\left(\tau_{yz} + \frac{Wxy}{I}\right) = 0.$$

Daraus ergibt sich

$$\tau_{xz} = \frac{\partial \Omega}{\partial y}, \quad \tau_{yz} = -\frac{\partial \Omega}{\partial x} - \frac{Wxy}{I}, \tag{5}$$

wobei Ω eine gewisse Funktion von x und y ist.

Den Ausdruck für die Spannungskomponenten setzen wir in die Verträglichkeitsbedingungen (4) aus 7.1.2. ein. Die erste, zweite, dritte und sechste Gleichung werden identisch befriedigt. Die beiden übrigen liefern

$$\frac{\partial \triangle \Omega}{\partial x} = 0, \quad \frac{\partial \triangle \Omega}{\partial y} = -\frac{W}{(1+\nu)\,I},$$

und daraus folgt

$$\triangle \Omega = -\frac{Wy}{(1+\nu)\,I} - 2\mu\Theta, \tag{6}$$

wobei mit $-2\mu\Theta$ eine Konstante bezeichnet wird.

Unter Beachtung der Identität

$$\triangle\left\{-\frac{W}{2(1+\nu)\,I}\left[\frac{1}{2}\,\nu x^2 y + \left(1 - \frac{\nu}{2}\right)\frac{y^3}{3}\right] - \frac{\mu\Theta}{2}(x^2 + y^2)\right\} = -\frac{Wy}{(1+\nu)\,I} - 2\mu\Theta$$

erhalten wir

$$\Omega = \psi_1 - \frac{W}{2(1+\nu)\,I}\left\{\frac{1}{2}\,\nu x^2 y + \left(1 - \frac{\nu}{2}\right)\frac{y^3}{3}\right\} - \frac{\mu\Theta}{2}(x^2 + y^2), \tag{7}$$

dabei ist ψ_1 eine harmonische Funktion. Mit φ_1 bezeichnen wir die zu ψ_1 konjugierte harmonische Funktion, so daß

$$\frac{\partial \varphi_1}{\partial x} = \frac{\partial \psi_1}{\partial y}, \quad \frac{\partial \varphi_1}{\partial y} = -\frac{\partial \psi_1}{\partial x}$$

gilt. Dann lauten die Gln. (5) offenbar

$$\left.\begin{aligned} \tau_{xz} &= \frac{\partial \varphi_1}{\partial x} - \mu\Theta y - \frac{W}{2(1+\nu)\,I}\left\{\frac{1}{2}\,\nu x^2 + \left(1 - \frac{\nu}{2}\right) y^2\right\}, \\ \tau_{yz} &= \frac{\partial \varphi_1}{\partial y} + \mu\Theta x - \frac{W(2+\nu)}{2(1+\nu)\,I}\,xy. \end{aligned}\right\} \tag{8}$$

Weiterhin können wir stets

$$\varphi_1 = \mu\Theta\varphi - \frac{W}{2(1+\nu)\,I}\,\chi \tag{9}$$

setzen, dabei ist φ die oben (7.1.3.) definierte Torsionsfunktion, und χ stellt eine gewisse neue harmonische Funktion dar.

Damit erhalten wir schließlich

$$\left.\begin{aligned} \tau_{xz} &= \mu\Theta\left(\frac{\partial \varphi}{\partial x} - y\right) - \frac{W}{2(1+\nu)\,I}\left\{\frac{\partial \chi}{\partial x} + \frac{1}{2}\,\nu x^2 + \left(1 - \frac{\nu}{2}\right) y^2\right\}, \\ \tau_{yz} &= \mu\Theta\left(\frac{\partial \varphi}{\partial y} + x\right) - \frac{W}{2(1+\nu)\,I}\left\{\frac{\partial \chi}{\partial y} + (2+\nu)\,xy\right\}, \\ \sigma_z &= -\frac{W(l-z)}{I}\,x. \end{aligned}\right\} \tag{10}$$

Die diesen Spannungen entsprechenden Verschiebungen lassen sich ohne Schwierigkeiten berechnen[1]). Der Leser kann leicht selbst nachprüfen, daß folgende Ausdrücke die Gln. (2) in 7.1.1. befriedigen.

$$\left.\begin{aligned} u &= -\Theta zy + \frac{W}{EI}\left\{\frac{\nu}{2}(l-z)(x^2 - y^2) + \frac{1}{2}\,lz^2 - \frac{1}{6}\,z^3\right\}, \\ v &= \Theta zx + \frac{W}{EI}\,\nu(l-z)\,xy, \\ w &= \Theta\varphi - \frac{W}{EI}\left\{x(lz - \frac{1}{2}\,z^2) + \chi + xy^2\right\}. \end{aligned}\right\} \tag{11}$$

Die allgemeinen Ausdrücke für die Verschiebungen erhalten wir durch Addition einer starren Verschiebung des gesamten Balkens.

Da w und φ eindeutig sind, muß nach der letzten Gleichung aus (11) auch χ eindeutig sein.

In die Randbedingung auf der Mantelfläche

$$\tau_{xz}\cos(n, x) + \tau_{yz}\cos(n, y) = 0 \tag{a}$$

setzen wir die Ausdrücke (10) ein; dann erhalten wir unter Beachtung der Gl. (6) in 7.1.3., der die Torsionsfunktion φ genügen muß,

$$\frac{d\chi}{dn} = -\left[\frac{\nu}{2}\,x^2 + \left(1 - \frac{\nu}{2}\right) y^2\right]\cos(n, x) - (2+\nu)\,xy\cos(n, y) \tag{12}$$

auf dem Rand L des Gebietes S.

---

[1]) Diese Rechnungen kann man nach den allgemeinen Formeln aus 1.2.7. durchführen, man kann aber auch einfache elementare Ansätze machen (s. beispielsweise LOVE [1], Kap. XV).

Zur Ermittlung der Funktion χ muß also ebenso wie zur Bestimmung der Torsionsfunktion ein *Neumannsches Problem* gelöst werden.
Die Existenzbedingung für die Lösung des NEUMANNschen Problems lautet offenbar

$$\int_L \left\{\left[\frac{\nu}{2} x^2 + \left(1 - \frac{\nu}{2}\right) y^2\right] \cos(n, x) + (2 + \nu)\, xy \cos(n, y)\right\} \mathrm{d}s = 0 .$$

Sie ist in unserem Falle erfüllt; denn nach der Formel von OSTROGRADSKI-GREEN wird die linke Seite zu

$$2(1 + \nu) \iint_S x \,\mathrm{d}x \,\mathrm{d}y;$$

dieses Integral verschwindet aber, da der Schwerpunkt des Querschnittes S nach Voraussetzung im Ursprung liegt.
Es läßt sich leicht verifizieren, daß der resultierende Vektor der an der rechten Grundfläche angreifenden äußeren Spannungen in x-Richtung zeigt und dem Betrage nach gleich W ist. Und zwar erhalten wir unter Berücksichtigung der Gl. (4)

$$\begin{aligned}
\iint_S \tau_{xz} \,\mathrm{d}x \,\mathrm{d}y &= \iint_S \left\{\tau_{xz} + x\left(\frac{\partial \tau_{xz}}{\partial x} + \frac{\partial \tau_{yz}}{\partial y} + \frac{Wx}{I}\right)\right\} \mathrm{d}x \,\mathrm{d}y \\
&= \iint_S \left\{\frac{\partial (x\tau_{xz})}{\partial x} + \frac{\partial (x\tau_{yz})}{\partial y}\right\} \mathrm{d}x \,\mathrm{d}y + \frac{W}{I} \iint_S x^2 \,\mathrm{d}x \,\mathrm{d}y \\
&= \int_L x\,[\tau_{xz} \cos(n, x) + \tau_{yz} \cos(n, y)]\,\mathrm{d}s + W = W,
\end{aligned}$$

da das letzte Integral gemäß Gl. (a) verschwindet. Analog gilt

$$\begin{aligned}
\iint_S \tau_{yz} \,\mathrm{d}x \,\mathrm{d}y &= \iint_S \left\{\tau_{yz} + y\left(\frac{\partial \tau_{xz}}{\partial x} + \frac{\partial \tau_{yz}}{\partial y} + \frac{Wx}{I}\right)\right\} \mathrm{d}x \,\mathrm{d}y \\
&= \iint_S \left\{\frac{\partial (y\tau_{xz})}{\partial x} + \frac{\partial (y\tau_{yz})}{\partial y}\right\} \mathrm{d}x \,\mathrm{d}y + \frac{W}{I} \iint_S xy \,\mathrm{d}x \,\mathrm{d}y \\
&= \int_L y\,[\tau_{xz} \cos(n, x) + \tau_{yz} \cos(n, y)]\,\mathrm{d}s + \frac{W}{I} \iint_S xy \,\mathrm{d}x \,\mathrm{d}y = 0;
\end{aligned}$$

denn das erste Integral auf der rechten Seite verschwindet gemäß (a) und das zweite auf Grund der Tatsache, daß die x- und y-Achse Hauptträgheitsachsen des Querschnittes S sind.
Bei beliebigem θ liefern die an der genannten Grundfläche angreifenden Spannungen ein Torsionsmoment; denn die Glieder mit θ ergeben das durch die Gl. (8) in 7.1.3. definierte Moment und die Glieder mit W das Moment

$$\frac{W}{2(1 + \nu) I} \iint_S \left\{y \frac{\partial \chi}{\partial x} - x \frac{\partial \chi}{\partial y} + \left(1 - \frac{\nu}{2}\right) y^3 - \left(2 + \frac{\nu}{2}\right) x^2 y\right\} \mathrm{d}x \,\mathrm{d}y . \tag{13}$$

Damit das Torsionsmoment verschwindet, müssen wir θ so wählen, daß die Summe der genannten Momente zu Null wird. Die Glieder mit W bestimmen die Biegung des Stabes.

Auch hier stellt die Ebene $x = 0$ die neutrale Fläche und die x, z-Ebene die Biegeebene dar. Die Mittellinie (d. h. die durch die Schwerpunkte der Querschnitte gehende Kurve $x = 0$, $y = 0$) verbleibt in der x, z-Ebene, für ihren Krümmungsradius (im gegebenen Punkt mit der Koordinate z) gilt wiederum das *Bernoulli-Eulersche Gesetz*

$$\frac{1}{R} = \frac{M}{EI} \tag{14}$$

mit

$$M = W(l - z)$$

als Moment der (von rechts) auf den betrachteten Querschnitt wirkenden Spannungen bezüglich einer in y-Richtung zeigenden Achse des Querschnittes.
Die Glieder mit θ rufen im Stab eine Verdrehung um die z-Achse hervor.
Es leuchtet unmittelbar ein, daß für einen zur x-Achse symmetrischen Querschnitt $\theta = 0$ gilt und somit keine Torsion auftritt.
Falls die Kraft W nicht parallel zu einer der Hauptträgheitsachsen der Grundfläche ist und nicht durch den Schwerpunkt geht, überträgt man den Angriffspunkt in den Schwerpunkt, indem man ein geeignetes Torsionsmoment anbringt, und zerlegt danach die Kraft in zwei zu den Hauptträgheitsachsen parallele Komponenten.
Wir wenden uns nun wieder dem oben betrachteten Fall zu. Anstelle der Funktion χ können wir die zu ihr konjugierte Funktion χ' einführen. Diese ist durch die Gleichungen

$$\frac{\partial \chi}{\partial x} = \frac{\partial \chi'}{\partial y}, \quad \frac{\partial \chi}{\partial y} = -\frac{\partial \chi'}{\partial x}$$

definiert. Unter Beachtung der Beziehung [vgl. (2) in 7.1.4.]

$$\frac{\mathrm{d}\chi}{\mathrm{d}n} = \frac{\mathrm{d}\chi'}{\mathrm{d}s}$$

erhalten wir für χ' die Randbedingung

$$\chi' = F_k(s) + C_k \quad \text{auf } L_k \quad (k = 1, 2, \ldots, m + 1), \tag{15}$$

dabei bezeichnen L_k wie in 7.1.4. geschlossene Kurven, die zum Rand L des Gebietes S gehören, C_k sind Konstanten und

$$\begin{aligned} F_k(s) &= -\int \left[\frac{1}{2}\nu x^2 + \left(1 - \frac{\nu}{2}\right) y^2\right] \cos(n, x)\,\mathrm{d}s - (2 + \nu) \int xy \cos(n, y)\,\mathrm{d}s \\ &= -\int \left[\frac{1}{2}\nu x^2 + \left(1 - \frac{\nu}{2}\right) y^2\right] \mathrm{d}y + (2 + \nu) \int xy\,\mathrm{d}x \\ &= -\frac{1}{3}\left(1 - \frac{\nu}{2}\right) y^3 + \int \left\{(2 + \nu)\, xy\,\mathrm{d}x - \frac{1}{2}\nu x^2\,\mathrm{d}y\right\} + \text{const}, \end{aligned}$$

die Integrale sind über L_k, und zwar von einem beliebigen Punkt der Kurve zum variablen Punkt x, y zu erstrecken. Bei Berücksichtigung der Beziehung

$$\int x^2\,\mathrm{d}y = x^2 y - 2 \int xy\,\mathrm{d}x + \text{const}$$

lautet die vorige Gleichung

$$F_k(s) = -\left(1 - \frac{\nu}{2}\right)\frac{y^3}{3} - \nu\,\frac{x^2 y}{2} + 2(1 + \nu) \int xy\,\mathrm{d}x + \text{const} \tag{16}$$

Da das letzte Integral beim Durchlaufen des gesamten Randes L_k im allgemeinen nicht verschwindet[1]), wird die Funktion χ' mehrdeutig. Jedoch im Falle eines einfach zusammenhängenden, durch eine geschlossene Kurve L begrenzten Querschnittes verschwindet das über L erstreckte Integral[2]), und χ' stellt, wie zu erwarten war, eine eindeutige Funktion dar. Bisweilen ist es zweckmäßig, die komplexe Funktion

$$G(\mathfrak{z}) = \chi + \mathrm{i}\chi' \tag{17}$$

zu betrachten (wie im Falle der Torsion).

7.1.11. Lösung des Biegeproblems für verschiedene Querschnitte

Saint-Venant hat in seiner grundlegenden Denkschrift über die Biegung [2] sowie in anderen Arbeiten die Lösung des Biegeproblems für eine Reihe von Querschnitten, insbesondere für das Rechteck angegeben und wie im Falle der Torsion anhand von numerischen Beispielen und graphischen Darstellungen eingehend untersucht. Wir verweisen den Leser auf die genannte Denkschrift, auf die Lehrbücher der Elastizitätstheorie und auf das Buch von Todhunter und Pearson [1].

Bei der Behandlung des Biegeproblems leistet die konforme Abbildung dieselben guten Dienste wie bei der Torsion. Insbesondere läßt sich das in 7.1.6. Gesagte (mit leicht überschaubaren Abänderungen) auf den uns interessierenden Fall[3]) übertragen. Auf diese Weise gewinnt man die Lösung des Biegeproblems für alle in 7.1.7. angeführten Querschnitte. Wir wollen jedoch darauf nicht näher eingehen und beschränken uns auf das im folgenden Abschnitt betrachtete einfache Beispiel.

7.1.12. Beispiel. Biegung eines Kreiszylinders oder Rohres[4])

Der betrachtete Querschnitt werde durch zwei konzentrische Kreise L_1, L_2 mit den Radien R_1 und R_2 $(R_1 < R_2)$ begrenzt. Dann gilt im Inneren des Ringgebietes (vgl. 3.3.5. Bemerkung)

$$G(\mathfrak{z}) = \chi + \mathrm{i}\chi' = A \ln \mathfrak{z} + \sum_{-\infty}^{+\infty} (a_k + \mathrm{i} b_k)\, \mathfrak{z}^k, \tag{1}$$

und demnach mit $\mathfrak{z} = r\, \mathrm{e}^{\mathrm{i}\vartheta}$

$$\chi = A \ln r + \sum_{-\infty}^{+\infty} (a_k \cos k\vartheta - b_k \sin k\vartheta)\, r^n. \tag{2}$$

Wenn wir auf beiden Seiten der Gl. (12) in 7.1.10. unter n die vom Mittelpunkt wegzeigende Normale verstehen, ist offenbar

$$\cos(n, x) = \cos\vartheta, \quad \cos(n, y) = \sin\vartheta.$$

---

1) Nach der Formel von Ostrogradski-Green ist

$$\int_{L_k} xy\, \mathrm{d}x = \mp \iint_{S_k} x\, \mathrm{d}x\, \mathrm{d}y,$$

wobei S_k den von L_k eingeschlossenen Teil der Ebene bezeichnet. Das obere Vorzeichen gilt für den Rand L_{m+1}, das untere für alle übrigen Ränder. Das angegebene Integral verschwindet nur, wenn der Schwerpunkt S_k auf der y-Achse liegt.

2) Siehe vorige Fußnote; wir erinnern, daß der Schwerpunkt nach Voraussetzung im Koordinatenursprung liegt.

3) Siehe D. S. Awasaschwili [1] und Ghosh [1]

4) Vgl. Love [1], Kap. XV

Unter Berücksichtigung der einfachen Umformung

$$\left[\frac{1}{2}\nu x^2 + \left(1 - \frac{\nu}{2}\right) y^2\right] \cos\vartheta + (2+\nu)\, xy \sin\vartheta = \left(\frac{3}{4} + \frac{\nu}{2}\right) r^2 \cos\vartheta - \frac{3}{4} r^2 \cos 2\vartheta$$

und der Gleichung

$$\frac{d\chi}{dn} = \frac{\partial\chi}{\partial r}$$

lauten die Randbedingungen

$$\frac{A}{r} + \sum_{-\infty}^{+\infty} k\,(a_k \cos k\vartheta - b_k \sin k\vartheta)\, r^{k-1}$$

$$= -\left(\frac{3}{4} + \frac{\nu}{2}\right) r^2 \cos\vartheta + \frac{3}{4} r^2 \cos 3\vartheta \quad \text{für } r = R_1, R_2. \tag{3}$$

Durch Koeffizientenvergleich bei $\cos k\vartheta$, $\sin k\vartheta$ ergibt sich

$$A = 0, \quad b_k = 0 \quad (k = \pm 1, \pm 2, \ldots),$$

$$a_k = 0 \quad (k \neq 0, \pm 1, \pm 3),$$

$$a_1 - R_1^{-2} a_{-1} = -\left(\frac{3}{4} + \frac{\nu}{2}\right) R_1^2, \quad a_1 - R_2^{-2} a_{-1} = -\left(\frac{3}{4} + \frac{\nu}{2}\right) R_2^2,$$

$$3a_3 R_1^2 - 3a_{-3} R_1^{-4} = \frac{3}{4} R_1^2, \quad 3a_3 R_2^2 - 3a_{-3} R_2^{-4} = \frac{3}{4} R_2^2$$

und folglich

$$a_1 = -\left(\frac{3}{4} + \frac{\nu}{2}\right)(R_1^2 + R_2^2), \quad a_{-1} = -\left(\frac{3}{4} + \frac{\nu}{2}\right) R_1^2 R_2^2,$$

$$a_3 = \frac{1}{4}, \quad a_{-3} = 0.$$

Die Größen a_0, b_0 bleiben frei wählbar, wie zu erwarten war.

Im Endergebnis erhalten wir für $\chi(x, y)$ den Ausdruck

$$\chi = -\left(\frac{3}{4} + \frac{\nu}{2}\right) \left\{(R_1^2 + R_2^2)\, r + \frac{R_1^2 R_2^2}{r}\right\} \cos\vartheta + \frac{1}{4} r^3 \cos 3\vartheta + \text{const}. \tag{4}$$

Damit ist das Problem gelöst.

Wenn wir $R_1 = 0$ setzen, bekommen wir die Lösung für den Vollstab mit Kreisquerschnitt.

7.2. Torsion von Stäben, die aus verschiedenartigen Werkstoffen zusammengesetzt sind[2])

7.2.1. Allgemeine Formeln

7.2.1.1. Wir gehen nun zur Untersuchung des Torsionsproblems für Stäbe über, die aus prismatischen (zylindrischen), entlang der Mantelfläche fest miteinander verbundenen Teilkörpern aus unterschiedlichem Material bestehen. Jeden Teilkörper setzen wir als homogen

[1]) Die im vorliegenden Hauptabschnitt angegebenen Resultate entstammen den Artikeln des Autors [14, 15].

und isotrop voraus. Der Querschnitt S zerfällt somit in mehrere Teilgebiete $S_0, S_1, S_2, \ldots, S_m$, die den verschiedenen Werkstoffen entsprechen und von gewissen Kurven (Trennlinien) berandet werden. Wenn wir im weiteren vom Teil S_j sprechen, wollen wir darunter den Teil des Stabes verstehen, der das Gebiet S_j als Querschnitt hat.

Obwohl die meisten unten dargelegten Ergebnisse für den allgemeinen Fall gültig sind, beschränken wir uns im weiteren der Bestimmtheit halber gelegentlich auf einen Fall, den wir als *fundamental* bezeichnen und der wie folgt definiert ist: Der betrachtete Stab besteht aus einer Anzahl paralleler kompakter Stäbe, die sich gegenseitig nicht berühren, und einem umgebenden elastischen Medium, das den Raum zwischen den Einzelstäben ausfüllt und nach außen von einer Zylinderfläche begrenzt wird, deren Erzeugende parallel zu den Einzelstäben liegt. Der Querschnitt S eines solchen Stabes setzt sich also zusammen aus den den Einzelstäben entsprechenden Gebieten $S_1, S_2, \ldots, S_m$ und dem Gebiet S_0, das zum umgebenden Material gehört. Den Rand der Gebiete S_j $(j = 1, 2, \ldots, m)$ bezeichnen wir mit L_j, während der Rand des Gebietes S_0 aus den geschlossenen Kurven $L_1, L_2, \ldots, L_m, L_{m+1}$ besteht, von denen die letztere alle übrigen im Inneren enthält (Bild 61).

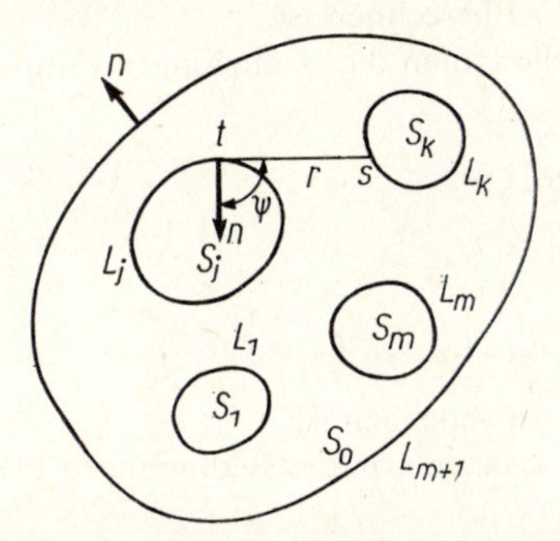

Bild 61

7.2.1.2. Zur Lösung des Torsionsproblems setzen wir nun wie im Falle des homogenen Stabes

$$u = -\Theta zy, \quad v = \Theta zx, \quad w = \Theta\varphi(x, y), \tag{1}$$

dabei ist die Konstante Θ (Drillung) und die Funktion $\varphi(x, y)$ zu bestimmen. Die Funktion φ bezeichnen wir wie bisher als *Torsionsfunktion*.

Dann gilt gemäß Gl. (2) in 7.1.1. wie beim homogenen Stab in jedem Gebiet S_j $(j = 1, 2, \ldots, m)$

$$\tau_{xz} = \Theta\mu_j\left(\frac{\partial\varphi}{\partial x} - y\right), \quad \tau_{yz} = \Theta\mu_j\left(\frac{\partial\varphi}{\partial y} + x\right), \tag{2}$$

dabei ist μ_j der zum Gebiet S_j gehörende Schubmodul. Die übrigen Spannungskomponenten verschwinden.

Nach Einsetzen dieser Werte führen die Gln. (1) in 7.1.1. wie im Falle des homogenen Stabes auf die Laplace-Gleichung

$$\Delta\varphi = 0.$$

Also muß die Funktion φ auch hier in jedem Einzelgebiet S_j harmonisch sein.

Der Unterschied zum homogenen Stab tritt erst in den Randbedingungen in Erscheinung. Diese bestehen in folgendem:

(a) Die (äußere) Mantelfläche des Stabes ist frei von äußeren Spannungen.

(b) Die auf die Elemente der Trennflächen zwischen den einzelnen Materialien wirkenden Kräfte haben gleiche Größe und sind entgegengerichtet.

(c) Die Verschiebungskomponenten u, v, w bleiben beim Überschreiten der Trennflächen stetig (denn nach Voraussetzung sind die einzelnen Teile des Stabes fest miteinander verbunden).

Offensichtlich führt die Bedingung (a) auf die Gleichung

$$\tau_{xz} \cos(n, x) + \tau_{yz} \cos(n, y) = 0 \tag{3}$$

am Rand des Gebietes S, und die Bedingung (b) auf die Gleichung

$$[\tau_{xz} \cos(n, x) + \tau_{yz} \cos(n, y)]_j = [\tau_{xz} \cos(n, x) + \tau_{yz} \cos(n, y)]_k \tag{4}$$

auf den Trennlinien zwischen den Teilgebieten S_j, S_k.
Hierbei bezeichnet n die Normale an die entsprechende Kurve, sie hat auf beiden Seiten der Gl. (4) ein und dieselbe Richtung. Die Indizes j und k besagen, daß der Klammerausdruck jeweils für das in S_j bzw. S_k befindliche Material zu berechnen ist.
In dem von uns als fundamental bezeichneten Falle lauten die Bedingungen (3) und (4) mit den in 7.2.1.1. eingeführten Bezeichnungen

$$\tau_{xz} \cos(n, x) + \tau_{yz} \cos(n, y) = 0 \quad \text{auf } L_{m+1} \tag{3'}$$

bzw.

$$[\tau_{xz} \cos(n, x) + \tau_{yz} \cos(n, y)]_j$$
$$= [\tau_{xz} \cos(n, x) + \tau_{yz} \cos(n, y)]_0 \quad \text{auf } L_1, L_2, \ldots, L_m, \tag{4'}$$

wobei unter n die *in bezug auf S_0 äußere Normale* zu verstehen ist.
Wenn wir τ_{xz}, τ_{yz} durch die Werte (2) ersetzen, können wir die Bedingungen (3) und (4) zu einer Gleichung vereinigen:

$$\mu_k \left(\frac{d\varphi}{dn}\right)_k - \mu_j \left(\frac{d\varphi}{dn}\right)_j = (\mu_k - \mu_j)\,[y \cos(n, x) - x \cos(n, y)] \tag{5}$$

auf den Trennlinien; dabei zählen wir auch die den freien Flächen entsprechenden Randkurven zu den Trennlinien, indem wir *für den freien Raum $\mu_j = 0$ setzen. Im Fundamentalfalle* lauten die vorigen Bedingungen

$$\mu_0 \left(\frac{d\varphi}{dn}\right)_0 - \mu_j \left(\frac{d\varphi}{dn}\right)_j = (\mu_0 - \mu_j)\,[y \cos(n, x) - x \cos(n, y)] \quad \text{auf } L_j \tag{5'}$$

$$(j = 1, \ldots, m + 1)$$

mit $\mu_{m+1} = 0$.
Die Bedingung (3) führt offenbar auf die Forderung, daß die *Funktion φ* beim Übergang von einem Material zum anderen *stetig bleibt.* Mit anderen Worten soll die *Funktion φ im gesamten Gebiet*

$$S = S_0 + S_1 + \cdots + S_m$$

einschließlich der Trennlinien *stetig sein.*
Wenn die Funktion φ diese Bedingung erfüllt, verschwindet offensichtlich der resultierende Vektor (X, Y, Z) der an einer beliebigen Grundfläche – etwa der oberen – angreifenden Kräfte. Das läßt sich wie folgt zeigen: Zunächst ist klar, daß $Z = 0$ ist (denn σ_z ist überall

gleich Null). Da ferner in jedem der Gebiete S_j $(j = 1, 2, ..., m)$

$$\frac{\partial \tau_{xz}}{\partial x} + \frac{\partial \tau_{yz}}{\partial y} = 0$$

gilt, erhalten wir

$$X = \iint\limits_S \tau_{xz} \, \mathrm{d}x \, \mathrm{d}y = \iint\limits_S \left\{ \frac{\partial(x\tau_{xz})}{\partial x} + \frac{\partial(x\tau_{yz})}{\partial y} \right\} \mathrm{d}x \, \mathrm{d}y$$

$$= \sum_{j=0}^{m} \iint\limits_{S_j} \left\{ \frac{\partial(x\tau_{xz})}{\partial x} + \frac{\partial(x\tau_{yz})}{\partial y} \right\} \mathrm{d}x \, \mathrm{d}y .$$

Durch Umformen der letzten Integrale nach der *Formel von Ostrogradski-Green* ergibt sich schließlich

$$X = \sum_j \int\limits_{L_j} x[\tau_{xz} \cos(\tilde{n}, x) + \tau_{yz} \cos(\tilde{n}, y)] \, \mathrm{d}s ,$$

dabei bezeichnet L_j den Rand des Teilgebietes S_j, und $\tilde{n}$ ist die in bezug auf S_j äußere Normale. Die Integration über die Trennlinien zweier Teilgebiete erfolgt zweimal, da diese Kurven zwei Gebieten angehören. Dabei hat der Ausdruck $\tau_{xz} \cos(\tilde{n}, x) + \tau_{yz} \cos(\tilde{n}, y)$ gemäß (4) jeweils entgegengesetzte Vorzeichen, und der absolute Wert ändert sich nicht[1]. Folglich heben sich die Integrale über die Trennlinien gegenseitig auf.

Die Integrale über dem Rand des Gebietes S verschwinden gemäß (3) ebenfalls. Somit gilt $X = 0$ und völlig analog $Y = 0$. Aus all dem folgt, daß die an den Grundflächen angreifenden Kräfte lediglich Torsionsmomente hervorrufen. Das beispielsweise an der oberen Grundfläche auftretende Moment M erhalten wir als resultierendes Moment der genannten Kräfte in bezug auf die z-Achse:

$$M = \Theta D, \tag{6}$$

dabei ist

$$D = \sum_{j=0}^{m} \iint\limits_{S_j} \mu_j \left(x^2 + y^2 + x \frac{\partial \varphi}{\partial y} - y \frac{\partial \varphi}{\partial x} \right) \mathrm{d}x \, \mathrm{d}y \tag{6'}$$

die Torsionssteifigkeit. Völlig analog zu 7.1.3. kann man zeigen, daß stets $D > 0$ ist. Bei vorgegebenem M läßt sich die Konstante Θ aus Gl. (6) berechnen.

Somit führt die Aufgabe letzten Endes auf die Bestimmung der im gesamten Gebiet S stetigen harmonischen Funktion φ, deren Normalableitungen auf dem Rand des Gebietes S vorgegeben sind und auf den Trennlinien zwischen den Teilgebieten S_j vorgegebene Unstetigkeiten haben. Die entsprechenden Werte sind aus den Gln. (5) zu entnehmen, wobei wir diese im oben genannten Sinne verstehen.

In dem von uns als fundamental bezeichneten Falle ist die gesuchte, im gesamten Gebiet S stetige harmonische Funktion φ aus den Bedingungen (5') zu ermitteln.

7.2.1.3. Im folgenden Abschnitt geben wir für den Fundamentalfall die Lösung eines etwas allgemeineren Problems an. Dazu ersetzen wir die Gl. (5') durch die Bedingung

$$\mu_0 \left(\frac{\mathrm{d}\varphi}{\mathrm{d}n} \right)_0 - \mu_j \left(\frac{\mathrm{d}\varphi}{\mathrm{d}n} \right)_j = f_j \quad \text{auf } L_j \; (j = 1, 2, ..., m + 1), \tag{7}$$

wobei f_j eine auf dem Rand L_j vorgegebene Funktion bezeichnet.

[1]) In Gl. (4) wird vorausgesetzt, daß für die Randkurve benachbarter Teilgebiete nur eine positive Normale n festgelegt wird, die Normale $\tilde{n}$ hat dann jeweils entgegengesetzte Richtung.

Im Falle des Torsionsproblems ist

$$f_j = (\mu_0 - \mu_j)\,[y \cos(n, x) - x \cos(n, y)]. \tag{8}$$

Es läßt sich leicht zeigen, daß die angeführten Bedingungen die gesuchte Funktion bis auf eine beliebige Konstante bestimmen. Dazu betrachten wir die Gleichung

$$\sum_{j=1}^{m+1} \int_{L_j} \varphi f_j \,\mathrm{d}s = \sum_{j=1}^{m+1} \int_{L_j} \varphi \left[\mu_0 \left(\frac{\mathrm{d}\varphi}{\mathrm{d}n}\right)_0 - \mu_j \left(\frac{\mathrm{d}\varphi}{\mathrm{d}n}\right)_j\right] \mathrm{d}s$$

$$= \mu_0 \int_L \varphi \left(\frac{\mathrm{d}\varphi}{\mathrm{d}n}\right)_0 \mathrm{d}s - \sum_{j=1}^{m} \mu_j \int_{L_j} \varphi \left(\frac{\mathrm{d}\varphi}{\mathrm{d}n}\right)_j \mathrm{d}s,$$

wobei L die Gesamtheit der Kurven $L_1, L_2, \ldots, L_{m+1}$ bezeichnet. Weiterhin gilt für jede im Gebiet S harmonische Funktion

$$\int_L \varphi \frac{\mathrm{d}\varphi}{\mathrm{d}n} \,\mathrm{d}s = \iint_S \left[\left(\frac{\partial\varphi}{\partial x}\right)^2 + \left(\frac{\partial\varphi}{\partial y}\right)^2\right] \mathrm{d}x\,\mathrm{d}y,$$

wobei $\mathrm{d}\varphi/\mathrm{d}n$ die Ableitung in Richtung der äußeren Normalen angibt.
Da n für die Gebiete $S_1, S_2, \ldots, S_m$ nach unserer Bezeichnungsweise die innere Normale darstellt, erhalten wir schließlich

$$\sum_{j=1}^{m+1} \int_{L_j} \varphi f_j \,\mathrm{d}s = \sum_{j=0}^{m} \mu_j \iint_{S_j} \left[\left(\frac{\partial\varphi}{\partial x}\right)^2 + \left(\frac{\partial\varphi}{\partial y}\right)^2\right] \mathrm{d}x\,\mathrm{d}y. \tag{9}$$

Für $f_j = 0$ auf allen Randkurven L_j gilt nach der letzten Gleichung im gesamten Gebiet S

$$\frac{\partial\varphi}{\partial x} = \frac{\partial\varphi}{\partial y} = 0,$$

und folglich ist $\varphi = \text{const}$. Wenn nun φ_1 und φ_2 zwei Lösungen unseres Problems darstellen, so ist

$$\varphi = \varphi_1 - \varphi_2$$

ebenfalls eine Lösung, sie entspricht dem Fall $f_j = 0$ auf allen Randkurven. Daraus folgt

$$\varphi_1 - \varphi_2 = \text{const},$$

was zu beweisen war.
Wir wenden uns nun dem Existenzbeweis und der Ermittlung der Lösung zu. Aus Gl. (7) ergibt sich

$$\sum_{j=1}^{m+1} \int_{L_j} f_j \,\mathrm{d}s = \mu_0 \int_L \left(\frac{\mathrm{d}\varphi}{\mathrm{d}n}\right)_0 \mathrm{d}s - \sum_{j=1}^{m} \mu_j \int_{L_j} \left(\frac{\mathrm{d}\varphi}{\mathrm{d}n}\right)_j \mathrm{d}s.$$

Da das Integral der Normalableitung einer im gegebenen Gebiet harmonischen Funktion, erstreckt über den Rand des Gebietes, verschwindet, gilt

$$\sum_{j=1}^{m+1} \int_{L_j} f_j \,\mathrm{d}s = 0. \tag{10}$$

Diese Bedingung ist notwendig für die Existenz einer Lösung; wie wir später sehen werden, erweist sie sich auch als hinreichend.

Im Falle des Torsionsproblems ist die Gl. (10) stets erfüllt; denn wenn f_j die Gestalt (8) hat, gilt

$$\int_{L_j} f_j \, ds = 0$$

für jede Randkurve L_j einzeln (s. 7.1.3.). Erst recht ist also die Gl. (10) erfüllt.

7.2.2. Lösung mit Hilfe von Integralgleichungen[1])

Wir beschränken uns im weiteren auf den Fundamentalfall (7.2.1.1.). Da die gesuchte Funktion φ im gesamten Gebiet S stetig ist und ihre Normalableitung auf den Randkurven L_j gewisse Unstetigkeiten aufweist, liegt es nahe, diese Funktion als Potential einer über die Randkurven L_j verteilten einfachen Schicht darzustellen, denn das Potential der einfachen Schicht hat gerade die genannten Eigenschaften.

Wir gelangen auf diese Weise zu einer Verallgemeinerung des bekannten Problems von ROBENA-POINCARE[2]). Wir setzen also

$$\varphi(x, y) = \int_L \varrho(s) \ln \frac{1}{r} \, ds = \sum_{j=1}^{m+1} \int_{L_j} \varrho(s) \ln \frac{1}{r} \, ds, \tag{1}$$

wobei r den Abstand des Punktes (x, y) von dem auf einer der Randkurven L_j liegenden Punkte s angibt und $\varrho(s)$ (Schichtdichte) eine gesuchte stetige Funktion des Punktes s ist. Mit s bezeichnen wir auch gleichzeitig die Bogenlänge auf der Randkurve L_j, über die integriert wird.

Auf Grund der bekannten Eigenschaften des Potentials der einfachen Schicht ist die durch die vorige Gleichung definierte Funktion φ im gesamten Gebiet stetig; ihre Normalableitung hingegen weist beim Überschreiten der Kurve L_j eine Unstetigkeit auf. Es gelten die bekannten Beziehungen

$$\begin{aligned} \left(\frac{d\varphi}{dn}\right)_j &= -\pi\varrho(t) + \int_L \varrho(s) \frac{\cos\psi}{r} \, ds \quad (j = 1, 2, \dots, m), \\ \left(\frac{d\varphi}{dn}\right)_0 &= \pi\varrho(t) + \int_L \varrho(s) \frac{\cos\psi}{r} \, ds, \end{aligned} \tag{2}$$

dabei sind die Werte $(d\varphi/dn)_j$ und $(d\varphi/dn)_0$ im Punkt t auf der entsprechenden Kurve zu bilden; r bezeichnet den Abstand zwischen den Punkten s und t, und ψ ist der Winkel zwischen dem Vektor ts und der Normalen n im Punkt t (wir erinnern, daß n stets die bezüglich S_0 äußere Normale bedeutet, Bild 61). Die Randbedingungen (7) in 7.2.1. lauten gemäß (2)

$$\pi(\mu_0 + \mu_j) \, \varrho(t) + (\mu_0 - \mu_j) \int_{L_j} \varrho(s) \frac{\cos\psi}{r} \, ds = f_j(t), \tag{3}$$

wobei t einen Punkt auf der Randkurve L_j bezeichnet.

---

[1]) Falls der Leser nicht mit der Theorie der Integralgleichungen vertraut ist, kann er diesen Abschnitt übergehen.

[2]) Wir verwenden hier die Bezeichnungen aus PLEMELJ [2].

Wir gelangen auf diese Weise zu einer *Fredholmschen Gleichung*, die wir wie folgt schreiben können:

$$\varrho(t) + \int_L K(t, s)\, \varrho(s)\, \mathrm{d}s = f(t) \tag{4}$$

mit

$$K(t, s) = \frac{\mu_0 - \mu_j}{\pi(\mu_0 + \mu_j)} \frac{\cos\psi}{r}, \quad f(t) = \frac{f_j(t)}{\pi(\mu_0 + \mu_j)} \quad \text{für } t \text{ auf } L_j. \tag{5}$$

Wir untersuchen nun, unter welchen Bedingungen die Gl. (4) eine Lösung hat. Die homogene Gleichung

$$\varrho(t) + \int_L K(t, s)\, \varrho(s)\, \mathrm{d}s = 0, \tag{6}$$

die aus (4) entsteht, wenn wir $f(t) = 0$, d. h.

$$f_j(t) = 0 \quad (j = 1, 2, \ldots, m + 1)$$

setzen, hat eine einzige linear unabhängige Lösung. Das läßt sich wie folgt zeigen: Die durch (1) definierte Funktion φ befriedigt die Randbedingungen (7) in 7.2.1. für $f_j = 0$, wenn $\varrho(s)$ eine Lösung der homogenen Gleichung (6) ist. Nach dem im vorigen Abschnitt Gesagten ist eine solche Funktion φ im gesamten Gebiet S konstant.
Für $\varphi = \text{const}$ folgt jedoch aus (2)

$$2\pi\varrho(t) = \left(\frac{\mathrm{d}\varphi}{\mathrm{d}n}\right)_0 - \left(\frac{\mathrm{d}\varphi}{\mathrm{d}n}\right)_j = 0 \quad \text{auf } L_j \quad (j = 1, 2, \ldots, m).$$

Die Lösung ϱ der homogenen Gleichung (6) gibt also die Dichte einer über dem äußeren Rand L_{m+1} verteilten Schicht an, die in diesem Gebiet ein konstantes Potential hervorruft. Somit liegt hier ein zweidimensionales Analogon zur „natürlichen Verteilung" der Ladung auf einem Leiter vor. Bekanntlich[1]) ist die Dichte einer solchen Verteilung bis auf einen konstanten Faktor bestimmt, und damit ist unsere Behauptung bewiesen.
Nach einem der bekannten *Fredholmschen Sätze* hat die adjungierte homogene Gleichung, d. h. die Gleichung

$$\varrho(s) + \int_L K(t, s)\, \varrho(t)\, \mathrm{d}t = 0, \tag{7}$$

ebenfalls eine einzige (linear unabhängige) Lösung. Diese läßt sich ohne Schwierigkeiten angeben; sie lautet, wie man leicht nachprüft,

$$\varrho^*(t) = \mu_0 + \mu_j \quad (\text{für } t \text{ auf } L_j,\ j = 1, 2, \ldots, m + 1). \tag{8}$$

Und zwar gilt, wenn s auf L_j ($j < m + 1$) liegt,

$$\int_{L_j} K(t, s)\, \mathrm{d}t = \frac{\mu_0 - \mu_j}{\pi(\mu_0 + \mu_j)} \int_{L_j} \frac{\cos\psi}{r}\, \mathrm{d}t = \frac{\mu_0 - \mu_j}{\mu_0 + \mu_j},$$

$$\int_{L_i} K(t, s)\, \mathrm{d}t = \frac{\mu_0 - \mu_i}{\pi(\mu_0 + \mu_i)} \int_{L_i} \frac{\cos\psi}{r}\, \mathrm{d}t = 0 \quad (i \neq j,\ i \neq m + 1),$$

$$\int_{L_{m+1}} K(t, s)\, \mathrm{d}t = \frac{\mu_0}{\pi\mu_0} \int_{L_{m+1}} \frac{\cos\psi}{r}\, \mathrm{d}t = -2.$$

[1]) Siehe beispielsweise Plemelj [2], S. 63

Diese Gleichungen beruhen auf den bekannten Formeln

$$\int_{L_j} \frac{\cos\psi}{r}\,\mathrm{d}t = \begin{cases} 0 & \text{für } s \text{ außerhalb } L_j, \\ \pi & \text{für } s \text{ auf } L_j, \\ 2\pi & \text{für } s \text{ innerhalb } L_j \end{cases}$$

(für L_{m+1} ändert sich das Vorzeichen, da n hierbei die äußere Normale an die Randkurve und nicht die innere – wie bei den übrigen Kurven L_j – darstellt).
Unter Berücksichtigung der angegebenen Gleichungen befriedigt die durch (8) definierte Größe ϱ^* die Gl. (7), wenn der Punkt s auf L_j ($j < m + 1$) liegt. Für s auf L_{m+1} gilt analog zum Vorigen

$$\int_{L_j} K(t, s)\,\mathrm{d}t = 0 \quad (j < m + 1), \quad \int_{L_{m+1}} K(t, s)\,\mathrm{d}t = -1.$$

Daraus folgt, daß die Gl. (7) auch in diesem Falle befriedigt wird.
Somit ist die durch Gl. (8) definierte Größe ϱ^* eine Lösung der Gl. (7). Alle übrigen Lösungen können sich von der letzteren nur durch einen konstanten Faktor unterscheiden.
Nach einem der *Fredholmschen Sätze* hat die Ausgangsintegralgleichung dann und nur dann eine Lösung, wenn die Bedingung

$$\int_L \varrho^* f\,\mathrm{d}s = 0,$$

also gemäß (8) und (5) die Gleichung

$$\sum_{j=1}^{m+1} \int_{L_j} f_j\,\mathrm{d}s = 0 \tag{9}$$

erfüllt ist.
Unter dieser Voraussetzung ist die Lösung der Gl. (4) bis auf ein Glied $K\varrho^{**}$ bestimmt, dabei bezeichnet K eine beliebige Konstante, und ϱ^{**} eine Lösung der homogenen Gleichung (6). Das diesem Glied entsprechende Potential ist konstant. Folglich wird die Funktion φ bis auf eine beliebige Konstante bestimmt.
Für das Torsionsproblem ist die Existenzbedingung der Lösung, d. h. die Gl. (9), wie schon gesagt, stets erfüllt. Folglich hat unser Torsionsproblem immer eine Lösung der angegebenen Gestalt. Die Torsionsfunktion wird bis auf eine beliebige Konstante bestimmt, die keinen Einfluß auf die Spannungen und Verzerrungen hat.
Völlig analog läßt sich das Torsionsproblem für einen zusammengesetzten Stab lösen, der aus einer Anzahl ineinandergefügter, entlang der Mantelflächen fest miteinander verbundener Hohlzylinder besteht, so daß die Trennlinien zwischen den den einzelnen Werkstoffen entsprechenden Teilgebieten des Querschnittes S geschlossene Kurven bilden (zusammengesetztes Rohr). Auch wenn die einzelnen Teile noch Längsbohrungen aufweisen, treten keine prinzipiellen Schwierigkeiten auf.
Hierbei wurde selbstverständlich bisher überall vorausgesetzt, daß die geschlossenen Kurven L_1, L_2 usw. bestimmte Regularitätsbedingungen befriedigen, beispielsweise daß die betrachteten Kurven in jedem Punkt eine stetig veränderliche Tangente und beschränkte Krümmung haben.

7.2.3. Beispiele

In einigen Sonderfällen kann man die Lösung des Problems selbstverständlich auch ohne Verwendung von Integralgleichungen gewinnen. Die konforme Abbildung leistet hierbei gute Dienste, wie das erste der folgenden Beispiele zeigt.

7.2.3.1. Torsion eines Kreiszylinders, verstärkt durch einen Kreisstab aus anderem Material[1])

Der Querschnitt S des Stabes bestehe aus dem von L_1 begrenzten Kreisgebiet S_1 und einem Gebiet S_2, das zwischen dem Kreis L_1 und dem diesen umfassenden Kreis L_2 liegt. Der Schubmodul sei im ersten Gebiet μ_1 und im zweiten μ_2.

Wenn die Kreise L_1 und L_2 konzentrisch sind und der Mittelpunkt als Koordinatenursprung gewählt wird, ist die Torsionsfunktion offenbar konstant. Also erfolgt die Torsion des Stabes und des ihn umgebenden Hohlzylinders so, als ob beide nicht miteinander verbunden wären. Die Torsionssteifigkeit des zusammengesetzten Stabes ist demnach gleich der Summe der Einzelsteifigkeiten.

Falls jedoch L_1 und L_2 nicht konzentrisch sind, ist das Problem bedeutend schwieriger. Wir benutzen die Bezeichnungen aus 2.4.2.1. und schreiben $\mathfrak{z}$ anstelle von $z = x + \mathrm{i}y$.

Nun sei

$$x + \mathrm{i}y = \mathfrak{z} = \frac{\zeta}{1 - a\zeta} = \omega(\zeta) \tag{1}$$

eine Beziehung, die die $\mathfrak{z}$-Ebene auf die ζ-Ebene abbildet und dabei die Kreise L_1, L_2 in die konzentrischen Kreise γ_1, γ_2 mit den Radien ϱ_1, $\varrho_2 (\varrho_1 < \varrho_2)$ überführt. Die Radien ϱ_1, ϱ_2 und die Konstante a sind mit den Radien r_1, r_2 der Kreise L_1, L_2 über die Gln. (7) und (8) in 2.4.2. verknüpft. Bekanntlich gilt (s. 2.4.2.)

$$0 < \varrho_1 < \varrho_2 < \frac{1}{a}. \tag{2}$$

Dem Gebiet S_1 entspricht gemäß (1) der Kreis $|\zeta| < \varrho_1$ und dem Gebiet S_2 der Kreisring $\varrho_1 < |\zeta| < \varrho_2$.

Mit φ_1 und φ_2 bezeichnen wir die Werte der Torsionsfunktion in den Gebieten S_1 und S_2 und mit ψ die zu φ konjugierte Funktion (sie ist in den Gebieten S_1 und S_2 einzeln definiert); ihre Werte in S_1 und S_2 bezeichnen wir mit ψ_1 bzw. ψ_2.

Die Funktionen φ_1, φ_2, ψ_1, ψ_2 sind in den entsprechenden Gebieten harmonisch.

Die Randbedingungen für φ_1 und φ_2 lauten (s. 7.1.2.)

$$\left.\begin{aligned} &\frac{\mathrm{d}\varphi_2}{\mathrm{d}n} = y\cos(n, x) - x\cos(n, y) && \text{auf } L_2, \\ &\varphi_1 = \varphi_2 && \text{auf } L_1, \\ &\mu_2\frac{\mathrm{d}\varphi_2}{\mathrm{d}n} - \mu_1\frac{\mathrm{d}\varphi_1}{\mathrm{d}n} = (\mu_2 - \mu_1)\left[y\cos(n, x) - x\cos(n, y)\right] && \text{auf } L_1. \end{aligned}\right\} \tag{3}$$

Im vorliegenden Abschnitt verstehen wir unter n die vom Mittelpunkt des entsprechenden Kreises wegzeigende Normale; und s ist die Bogenlänge, gemessen entgegen dem Uhrzeigersinn.

Wenn die partiellen Ableitungen erster Ordnung der Funktionen φ_1, ψ_1, φ_2, ψ_2 stetig bis hin zum Rand ihrer Definitionsgebiete sind (dies bestätigt sich nach Erhalt der Lösung), können wir die Gln. (3) unter Beachtung der aus den *Cauchy-Riemannschen Differential-*

---

[1]) Die Lösung für diesen Fall wurde von I. N. Wekua und A. K. Ruchadse (während ihrer Aspirantur) berechnet und in [1] veröffentlicht. Einen Teil dieses Artikels geben wir hier fast ohne Änderung wieder. Für den Fall, daß statt des Stabes ein Hohlraum vorhanden ist, gab MacDonald [1] eine Lösung an. Eine andere Lösung desselben Problems stammt von Weinel [1]. S. a. Bartels [1].

gleichungen hervorgehenden Beziehungen

$$\frac{d\varphi_1}{dn} = \frac{d\psi_1}{ds}, \quad \frac{d\varphi_1}{ds} = -\frac{d\psi_1}{dn}, \quad \frac{d\varphi_2}{dn} = \frac{d\psi_2}{ds}, \quad \frac{d\varphi_2}{ds} = -\frac{d\psi_2}{dn} \tag{4}$$

durch folgende Bedingungen ersetzen:

$$\left.\begin{array}{ll} \psi_2 = \frac{1}{2}(x^2 + y^2) + \text{const} & \text{auf } L_2, \\ \dfrac{d\psi_1}{dn} = \dfrac{d\psi_2}{dn} & \text{auf } L_1, \\ \mu_2\psi_2 - \mu_1\psi_1 = \frac{1}{2}(\mu_2 - \mu_1)(x^2 + y^2) + \text{const} & \text{auf } L_1. \end{array}\right\} \tag{3'}$$

Nun sei $F(\mathfrak{z}) = \varphi + i\psi$ die komplexe Torsionsfunktion und

$$f(\zeta) = \varphi + i\psi \tag{5}$$

dieselbe Funktion, ausgedrückt durch die Veränderliche ζ, ferner seien f_1 und f_2 die Werte dieser Funktion in den Gebieten σ_1 und σ_2, wobei mit σ_1 der Kreis $|\zeta| < \varrho_1$ und mit σ_2 der Kreisring $\varrho_1 < |\zeta| < \varrho_2$ bezeichnet wird.

Dann gilt

$$f_1(\zeta) = \sum_{k=0}^{\infty} (a'_k + ib'_k)\, \zeta^k \qquad \text{im Gebiet } \sigma_1, \tag{6}$$

$$f_2(\zeta) = \sum_{k=-\infty}^{+\infty} (a''_k + ib''_k)\, \zeta^k \quad \text{im Gebiet } \sigma_2, \tag{7}$$

und mit $\zeta = \varrho\, e^{i\vartheta}$ erhalten wir daraus

$$\psi_1 = b'_0 + \sum_{1}^{\infty} (a'_k \sin k\vartheta + b'_k \cos k\vartheta)\, \varrho^k, \tag{6'}$$

$$\psi_2 = b''_0 + \sum_{1}^{\infty} (\varrho^k a''_k - \varrho^{-k} a''_{-k}) \sin k\vartheta + (\varrho^k b''_k + \varrho^{-k} b''_{-k}) \cos k\vartheta. \tag{7'}$$

Ferner ist

$$\frac{1}{2}(x^2 + y^2) = \frac{1}{2}\mathfrak{z}\bar{\mathfrak{z}} = \frac{1}{2}\frac{\zeta\xi}{(1 - a\zeta)(1 - a\xi)} = \frac{1}{2}\frac{\varrho^2}{(1 - a\zeta)(1 - a\xi)}$$

und

$$\begin{aligned} \frac{1 - a^2\varrho^2}{(1 - a\zeta)(1 - a\xi)} &= 1 + \frac{a\zeta}{1 - a\zeta} + \frac{a\xi}{1 - a\xi} \\ &= 1 + (a\zeta + a^2\zeta^2 + \cdots) + (a\xi + a^2\xi^2 + \cdots) \\ &= 1 + 2a\varrho \cos\vartheta + 2a^2\varrho^2 \cos 2\vartheta + \cdots \end{aligned}$$

Diese Reihe konvergiert (absolut) für $\varrho < 1/a$. Also ergibt sich

$$\frac{1}{2}(x^2 + y^2) = \frac{\varrho^2}{1 - a^2\varrho^2}\left\{\frac{1}{2} + \sum_{1}^{\infty} a^k\varrho^k \cos k\vartheta\right\}. \tag{8}$$

Durch Einsetzen der Reihen (6′), (7′) und (8) in die Gln. (3′)[1]) erhalten wir durch Koeffizientenvergleich bei $\cos k\vartheta$ und $\sin k\vartheta$ für $k \geqq 1$

$$\left.\begin{aligned} & a_k' = a_k'' = a_{-k}'' = 0, \\ & \varrho_2^{2k} b_k'' + b_{-k}'' = c_2 a^{k-1} \varrho_2^{2k}, \\ & \tilde{\mu} \varrho_1^{2k} b_k'' + b_{-k}'' = \tilde{\mu}\, c_1 a^{k-1} \varrho_1^{2k}, \\ & b_k' = b_k'' - \varrho_1^{-2k} b_{-k}'' \end{aligned}\right\} \tag{9}$$

mit

$$\tilde{\mu} = \frac{\mu_2 - \mu_1}{\mu_2 + \mu_1}, \quad c_1 = \frac{a \varrho_1^2}{1 - a^2 \varrho_1^2}, \quad c_2 = \frac{a \varrho_2^2}{1 - a^2 \varrho_2^2}. \tag{10}$$

Die Größen c_1 und c_2 geben den Mittelpunktsabstand der Kreise L_1 und L_2 vom Koordinatenursprung an [s. Gl. (6) in 2.4.2.]. Die Konstanten b_0' und b_0'' bleiben völlig willkürlich, wie zu erwarten war. Die Stetigkeitsbedingung für φ liefert offenbar $a_0' = a_0''$. Der gemeinsame Wert a_0', a_0'' bleibt frei wählbar. Wir können deshalb

$$b_0' = b_0'' = a_0' = 0$$

setzen. Aus den Gln. (9) folgt

$$\left.\begin{aligned} & b_k'' = c_2 a^{k-1} + \frac{\tilde{\mu} l \alpha^k}{1 - \tilde{\mu} \alpha^k} a^{k-1}, \\ & b_{-k}'' = -\, l \tilde{\mu} \frac{\varrho_1^{2k}}{1 - \tilde{\mu} \alpha^k} a^{k-1}, \\ & b_k' = c_2 a^{k-1} + l \tilde{\mu} \frac{1 + \alpha^k}{1 - \tilde{\mu} \alpha^k} a^{k-1} \end{aligned}\right\} \tag{11}$$

mit

$$\alpha = \frac{\varrho_1^2}{\varrho_2^2}, \quad l = c_2 - c_1. \tag{12}$$

Wenn wir diese Werte in (6) und (7) einsetzen, erhalten wir schließlich

$$\begin{aligned} & f_1(\zeta) = \frac{\mathrm{i} c_2 \zeta}{1 - a\zeta} + \mathrm{i} l \tilde{\mu} \sum_{k=1}^{\infty} \frac{1 - \alpha^k}{1 - \tilde{\mu} \alpha^k} a^{k-1} \zeta^k, \\ & f_2(\zeta) = \frac{\mathrm{i} c_2 \zeta}{1 - \alpha\zeta} + \mathrm{i} l \tilde{\mu} \sum_{k=1}^{\infty} \frac{\alpha^k a^{k-1} \zeta^k}{1 - \tilde{\mu} \alpha^k} - \mathrm{i} l \tilde{\mu} \sum_{k=1}^{\infty} \frac{\varrho_1^{2k} a^{k-1}}{1 - \tilde{\mu} \alpha^k} \frac{1}{\zeta^k}. \end{aligned} \tag{13}$$

Die gewonnenen Reihen und ihre Ableitungen konvergieren offenbar absolut und gleichmäßig in den entsprechenden Gebieten einschließlich der Ränder.

Für $\tilde{\mu} = 0$, d. h. wenn $\mu_1 = \mu_2$ gilt, erhalten wir für f_1 und f_2 den gleichen Ausdruck

$$f(\zeta) = \frac{\mathrm{i} c_2 \zeta}{1 - a\zeta},$$

[1]) Die mittlere kann durch folgende ersetzt werden: $\frac{\partial \psi_1}{\partial \varrho} = \frac{\partial \psi_2}{\partial \varrho}$ (für $\varrho = \varrho_1$); denn offenbar unterscheiden sich $\frac{\mathrm{d}\psi_1}{\mathrm{d}n}$, $\frac{\mathrm{d}\psi_2}{\mathrm{d}n}$ nur durch einen Faktor von $\frac{\partial \psi_1}{\partial \varrho}$, $\frac{\partial \psi_2}{\partial \varrho}$.

und es ist

$$F(\mathfrak{z}) = \mathrm{i}c_2\mathfrak{z} = \mathrm{i}c_2(x + \mathrm{i}y).$$

Das ist die dem homogenen Zylinder entsprechende komplexe Torsionsfunktion.
Wenn wir den Koordinatenursprung in den Mittelpunkt legen, ergibt sich (s. 7.1.3. Bemerkung 2)

$$F(\mathfrak{z}) = \text{const}.$$

Die durch die zweite Gleichung aus (13) definierte Funktion $f_2(\zeta)$ besteht also aus zwei Teilen; der erste entspricht dem homogenen Vollstab (erstes Glied), und der zweite drückt die vom Innenstab hervorgerufene „Störung" aus.
Wenn die Funktionen $f_1(\zeta)$ und $f_2(\zeta)$ bekannt sind, bietet die Berechnung der Spannungskomponenten mit Hilfe der Formeln aus 7.1.6. keinerlei Schwierigkeiten[1]).
Die Torsionssteifigkeit D läßt sich ebenfalls leicht nach den Gleichungen aus 7.1.6. ermitteln. Eine einfache Rechnung ergibt

$$D = \mu_2 I_p + (\mu_1 - \mu_2) I_p' - \frac{\pi l^2 r_1^2(\mu_1 - \mu_2)^2}{\mu_1 + \mu_2} - 2\mu_2\pi l^2 \tilde{\mu}\varrho_1^2 \sum_{k=1}^{\infty} \frac{\alpha^k \tilde{\mu}^k}{(1 - a^2\varrho_1^2\alpha^k)^2} \tag{14}$$

mit

$$I_p = \frac{\pi r_2^4}{2}, \quad I_p' = \frac{\pi r_1^4}{2} + \pi r_1^2 l^2. \tag{15}$$

I_p stellt das polare Trägheitsmoment des Vollkreises mit dem Radius r_2 in bezug auf den Mittelpunkt dar, und I_p' ist das polare Trägheitsmoment des Vollkreises mit dem Radius r_1 in bezug auf den Mittelpunkt des erstgenannten Kreises.
Wenn D' die Torsionssteifigkeit des Stabes mit dem Schubmodul μ_1 *allein* bezeichnet und D'' die Torsionssteifigkeit des umgebenden Hohlzylinders nach Entfernen des Stabes ist[2]), gilt

$$D' = \mu_1(I_p' - \pi l^2 r_1^2),$$

$$D'' = \mu_2(I_p - I_p') - \mu_2\pi l^2 r_1^2 - 2\mu_2\pi l^2\varrho_1^2 \sum_{k=1}^{\infty} \frac{\alpha^k}{(1 - a^2\varrho_1^2\alpha^k)^2}. \tag{16}$$

Aus den Gln. (16), (14) ergibt sich

$$D - (D' + D'') = \frac{4\pi\mu_1\mu_2 l^2 r_1^2}{\mu_1 + \mu_2} + 2\mu_2\pi l^2\varrho_1^2 \sum_{k=1}^{\infty} \frac{\alpha^k(1 - \tilde{\mu}^{k+1})}{(1 - a^2\varrho_1^2\alpha^k)^2}, \tag{17}$$

und folglich ist

$$D' + D'' < D, \tag{18}$$

wie vorauszusehen war.
Im Falle des homogenen Zylinders ($\mu_1 = \mu_2$) erhalten wir für D den Wert

$$D_0 = \mu_2 I_p.$$

Im allgemeinen Falle gilt für kleine r_1 unter Vernachlässigung der vierten und höheren Potenzen von ϱ_1 näherungsweise

$$D = \mu_2 I_p + \frac{2\mu_2(\mu_1 - \mu_2)}{\mu_1 + \mu_2} I_p',$$

---

[1]) Siehe den angeführten Artikel von I. N. Wekua und A. K. Ruchadse.
[2]) Die letzte Größe ergibt sich aus Gl. (14) für $\mu_1 = 0$.

daraus folgt die Näherungsformel

$$\frac{D}{D_0} = 1 + \frac{2(\mu_1 - \mu_2)}{\mu_1 + \mu_2} \frac{I'_p}{I_p}. \tag{19}$$

Diese Beziehung stimmt bei $\mu_1 = 0$ mit der Formel von MACDONALD [1] für den Hohlzylinder überein.

Wenn der Zylinder nicht von einem, sondern von mehreren Stäben aus einheitlichem Material verstärkt wird und die Stäbe so weit voneinander entfernt und so schlank sind, daß sich die Bezirke der von ihnen hervorgerufenen Störungen praktisch nicht überschneiden, dann kann die Näherungsformel (19) offenbar auch auf diesen Fall übertragen werden, wobei unter I'_p die Summe der Trägheitsmomente der genannten Querschnitte in bezug auf den Mittelpunkt des Kreises L_2 zu verstehen ist.

Noch einfacher läßt sich das Torsionsproblem lösen, wenn L_1 und L_2 konfokale Ellipsen[1]) sind oder wenn die Ränder in bestimmter Weise angeordnete Epitrochoiden[2]) darstellen.

7.2.3.2. Torsion eines Rechteckstabes, der aus zwei rechteckigen Teilstäben zusammengesetzt ist[3])

Auch in den bei der Zurückführung auf eine Integralgleichung ausgeschlossenen Fällen, z. B. wenn die Randkurven Eckpunkte aufweisen, läßt sich das Torsionsproblem oft mit unseren Mitteln lösen. Ein solches Beispiel wird im folgenden untersucht.

Wir betrachten einen Rechteckstab, dessen Querschnitt sich aus zwei Rechtecken mit den Seiten a_1, $2b$ und $2b$, a_2 zusammensetzt. Wir nehmen an, daß die Teilstäbe entlang der Seitenflächen mit der Breite $2b$ fest verbunden sind (Bild 62). Den Schubmodul der beiden Werkstoffe bezeichnen wir entsprechend mit μ_1 und μ_2.

Wir legen die y-Achse in die Trennlinie zwischen den Gebieten S_1 und S_2 und wählen den Mittelpunkt dieser Linie als Koordinatenursprung. Mit φ_1 und φ_2 bezeichnen wir die Werte der Torsionsfunktion φ in den Gebieten S_1 bzw. S_2. Ferner führen wir die harmonische Funktion $\Phi = \varphi + xy$ ein und bezeichnen ihre Werte in den Gebieten S_1 und S_2 mit Φ' bzw. Φ''.

Wie man leicht unmittelbar nachprüft, ergeben sich damit folgende Randbedingungen:

$$\frac{\partial \Phi'}{\partial x} = 2y \quad (x = -a_1, -b \leqq y \leqq b); \qquad \frac{\partial \Phi''}{\partial x} = 2y \quad (x = a_2, -b \leqq y \leqq b), \tag{a}$$

$$\mu_1 \frac{\partial \Phi'}{\partial x} - \mu_2 \frac{\partial \Phi''}{\partial x} = 2(\mu_1 - \mu_2)\, y \quad (x - 0, -b \leqq y \leqq b), \tag{b}$$

$$\Phi' = \Phi'' \ (x = 0, \ -b \leqq y \leqq b), \tag{c}$$

$$\left.\begin{aligned} &\frac{\partial \Phi'}{\partial y} = 0 \quad (y = \pm b, \ -a_1 \leqq x \leqq 0), \\ &\frac{\partial \Phi''}{\partial y} = 0 \quad (y = \pm b, \ 0 \leqq x \leqq a_2). \end{aligned}\right\} \tag{d}$$

---

1) Siehe I. N. WEKUA und A. K. RUCHADSE [2]

2) Siehe A. K. RUCHADSE [2]

3) Zur SAINT-VENANTschen Lösung des Problems für den homogenen Stab, s. beispielsweise LOVE [1], § 221

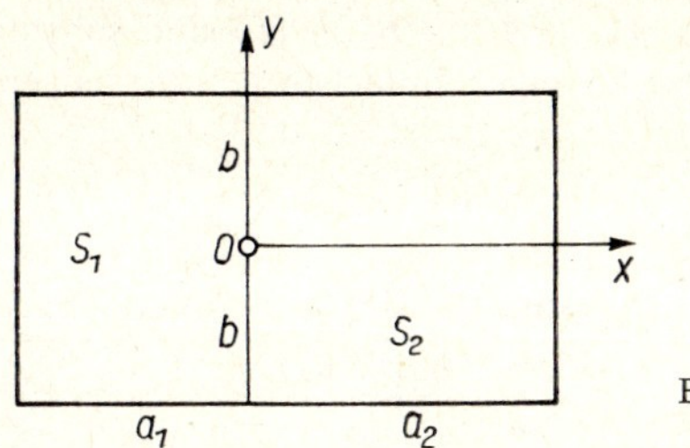

Bild 62

Für die harmonischen Funktionen Φ' und Φ'' schreiben wir den Ansatz

$$\Phi' = \sum_{n=0}^{\infty} (A'_{2n+1} \sinh mx + B_{2n+1} \cosh mx) \sin my, \tag{e}$$

$$\Phi'' = \sum_{n=0}^{\infty} (A''_{2n+1} \sinh mx + B_{2n+1} \cosh mx) \sin my$$

mit der Abkürzung

$$m = \frac{(2n+1)\,\pi}{2b}. \tag{f}$$

Jedes Glied der beiden letzten Reihen ist offenbar selbst eine harmonische Funktion. Die Zahl m wird so gewählt, daß die Bedingungen (d) erfüllt sind. Außerdem leuchtet unmittelbar ein, daß die Gl. (c) befriedigt wird.
Nun sind noch die Bedingungen (a) und (b) zu berücksichtigen. Dazu beachten wir, daß die Funktion $2y$ im Intervall $(-b, +b)$ als Reihe[1])

$$2y = \sum_{n=0}^{\infty} mA_{2n+1} \sin my \tag{g}$$

dargestellt werden kann, wobei zur Abkürzung

$$mA_{2n+1} = 4b \left(\frac{2}{\pi}\right)^2 \frac{(-1)^n}{(2n+1)^2}, \tag{h}$$

d. h.

$$A_{2n+1} = 4b^2 \left(\frac{2}{\pi}\right)^3 \frac{(-1)^n}{(2n+1)^3}$$

gesetzt wurde.
Gemäß (g) werden die Gln. (a) und (c) befriedigt, wenn

$$A'_{2n+1} \cosh ma_1 - B_{2n+1} \sinh ma_1 = A_{2n+1},$$

$$A''_{2n+1} \cosh ma_2 + B_{2n+1} \sinh ma_2 = A_{2n+1}$$

bzw.

$$\mu_1 A'_{2n+1} - \mu_2 A''_{2n+1} = (\mu_1 - \mu_2)\, A_{2n+1}$$

---

[1]) Diese Reihe stellt die Fourier-Entwicklung der folgendermaßen im Intervall $(-2b, +2b)$ definierten Funktion dar:

$2y$ im Intervall $(-b, +b)$,
$4b - 2y$ im Intervall $(b, 2b)$,
$-4b - 2y$ im Intervall $(-b, -2b)$.

gilt. Diese drei Gleichungen lösen wir nach A'_{2n+1}, A''_{2n+1}, B_{2n+1} auf und substituieren die gefundenen Werte in (e), dann erhalten wir nach einigen einfachen Umformungen

$$\Phi' = 4b^2 \left(\frac{2}{\pi}\right)^3 \sum_{n=0}^{\infty} \frac{(-1)^n}{(2n+1)^3} \sin my$$

$$\times \frac{[\mu_2 + (\mu_1 - \mu_2)\cosh ma_2]\cosh m(x + a_1) + \mu_2 \sinh ma_2 \sinh mx - \mu_1 \cosh ma_2 \cosh mx}{\mu_1 \cosh ma_2 \sinh ma_1 + \mu_2 \cosh ma_1 \sinh ma_2},$$

$$\Phi'' = 4b^2 \left(\frac{2}{\pi}\right)^3 \sum_{n=0}^{\infty} \frac{(-1)^n}{(2n+1)^3} \sin my$$

$$\times \frac{[-\mu_1 + (\mu_1 - \mu_2)\cosh ma_1]\cosh m(x - a_2) + \mu_1 \sinh ma_1 \sinh mx + \mu_2 \cosh ma_1 \cosh mx}{\mu_1 \cosh ma_2 \sinh ma_1 + \mu_2 \cosh ma_1 \sinh ma_2}.$$

Die Gestalt der Koeffizienten zeigt, daß die gewonnenen Reihen ziemlich schnell konvergieren (und zwar gleichmäßig und absolut). Ferner ist offenbar eine gliedweise Differentiation zulässig, wie wir sie im Verlaufe der Herleitung benutzt haben.
Die Torsionsfunktion ergibt sich zu

$$\varphi_1 = \Phi' - xy \quad \text{in } S_1, \quad \varphi_2 = \Phi'' - xy \quad \text{in } S_2.$$

Die Torsionssteifigkeit D lautet gemäß Gl. (6) in 7.2.1.

$$D = \mu_1 \iint_{S_1} \left(x^2 + y^2 + x\frac{\partial \varphi_1}{\partial y} - y\frac{\partial \varphi_1}{\partial x}\right) \mathrm{d}x\,\mathrm{d}y + \mu_2 \iint_{S_2} \left(x^2 + y^2 + x\frac{\partial \varphi_2}{\partial y} - y\frac{\partial \varphi_2}{\partial x}\right) \mathrm{d}x\,\mathrm{d}y.$$

Wenn wir hier die Ausdrücke für φ_1 und φ_2 einsetzen, erhalten wir nach einigen elementaren Rechnungen[1]) (vgl. den Fall des homogenen Stabes, LOVE [1], § 225)

$$D = \frac{8}{3}(\mu_1 a_1 + \mu_2 a_2)\, b^3$$

$$+ \left(\frac{4}{\pi}\right)^5 b^4 \sum_{n=0}^{\infty} \frac{\mu_1^2 \cosh ma_2 + \mu_2^2 \cosh ma_1 - (\mu_1^2 + \mu_2^2)\cosh ma_1 \cosh ma_2}{(2n+1)^5 (\mu_1 \cosh ma_2 \sinh ma_1 + \mu_2 \cosh ma_1 \sinh ma_2)}$$

$$- \left(\frac{4}{\pi}\right)^5 b^4 \mu_1 \mu_2 \sum_{n=0}^{\infty} \frac{\cosh ma_1 + \cosh ma_2 - \cosh m(a_1 - a_2) - 1}{(2n+1)^5 (\mu_1 \cosh ma_2 \sinh ma_1 + \mu_2 \cosh ma_1 \sinh ma_2)}.$$

Falls a_1 und a_2 groß im Vergleich zu b sind (praktisch für $a_1 > 5b$, $a_2 > 5b$), können wir mit hinreichender Genauigkeit

$$\frac{\sinh ma_1}{\cosh ma_1} = 1, \quad \frac{\sinh ma_2}{\cosh ma_2} = 1, \quad \frac{1}{\sinh ma_1} = \frac{1}{\cosh ma_1} = \frac{1}{\sinh ma_2} = \frac{1}{\cosh ma_2} = 0$$

[1]) Wir benutzen insbesondere die bekannte Beziehung

$$\sum_{n=0}^{\infty} \frac{1}{(2n+1)^4} = \frac{\pi^4}{96}.$$

setzen. Dann gilt für D näherungsweise (vgl. den analogen Wert im Falle des homogenen Stabes, LOVE [1], § 225)

$$D = \frac{8}{3}(\mu_1 a_1 + \mu_2 a_2) b^3 - \frac{\mu_1^2 + \mu_2^2}{\mu_1 + \mu_2} b^4 \left(\frac{4}{\pi}\right)^5 \sum_{n=0}^{\infty} \frac{1}{(2n+1)^5}$$

$$= \frac{8}{3}(\mu_1 a_1 + \mu_2 a_2) b^3 - 3{,}361\, b^4 \frac{\mu_1^2 + \mu_2^2}{\mu_1 + \mu_2}.$$

7.3.2.3. Zum Abschluß sei der vor verhältnismäßig kurzer Zeit erschienene Artikel von D. I. SCHERMAN [27] erwähnt. Dort wird das Torsionsproblem für den durch einen Kreisstab verstärkten elliptischen Zylinder gelöst. Das in diesem Artikel angeführte Lösungsverfahren läßt sich mit Erfolg zur näherungsweisen Lösung von Aufgaben des uns interessierenden Typs und für eine Reihe anderer praktisch interessanter Fälle benutzen.

7.3. Zug-Druck- und Biegeproblem für Stäbe, die aus verschiedenartigen Werkstoffen mit gleicher Poissonzahl zusammengesetzt sind[1])

Wir wenden uns nun den übrigen in 7.1.1. aufgezählten Problemen zu und betrachten Stäbe, die gemäß 7.2.1.1. aus unterschiedlichen Werkstoffen bestehen.
Im vorliegenden Abschnitt setzen wir voraus, daß die *einzelnen Werkstoffe der Stabteile ein und denselben Poissonkoeffizienten*, jedoch im allgemeinen verschiedene Elastizitätsmoduln haben.
Da sich die ν-Werte zahlreicher Werkstoffe wenig voneinander unterscheiden, ist diese Einschränkung nicht wesentlich[2]). Andererseits vereinfacht sie aber die Rechnung bedeutend. Den allgemeinen Fall behandeln wir in 7.4.
In 7.3.2. und 7.3.3. wird gezeigt, daß insbesondere beim Zug-Druck-Problem und bei der reinen Biegung im Vergleich zum homogenen Stab keine zusätzlichen Schwierigkeiten auftreten.

7.3.1. Bezeichnungen[3])

Wir betrachten die Größe

$$S_E = \iint_S E \, dx \, dy = \sum_j S_j E_j, \tag{1}$$

dabei bezeichnet E den Elastizitätsmodul im betreffenden Punkt des Querschnittes; er soll in den einzelnen Teilgebieten S_j des Querschnittes die den unterschiedlichen Werkstoffen entsprechenden konstanten Werte E_j annehmen. Den Flächeninhalt der Teilgebiete bezeichnen wir ebenfalls mit dem Buchstaben S_j.
Wenn wir den Teilflächen des Querschnittes eine Flächendichte von der Größe des entsprechenden Moduls zuschreiben, erhalten wir den sogenannten reduzierten Schwerpunkt

---

[1]) Der Inhalt des vorliegenden Abschnittes ist dem Artikel des Autors [15] entnommen.
[2]) Nach der älteren Theorie von POISSON muß die Größe ν für alle (homogenen, isotropen) Werkstoffe gleich $^1/_4$ sein. Dies wurde jedoch durch die Praxis nicht bestätigt. Trotzdem ist die Schwankung der ν-Werte verschiedener Materialien wesentlich geringer als die der E-Werte. Zum Beispiel für Kupfer ist $1/\nu = 2{,}87$; $E = 1\,250\,000$ kp/cm² und für Aluminium $1/\nu = 2{,}92$; $E = 740\,000$ kp/cm² (s. a. Bemerkung 2 in 7.4.2.).
[3]) Die im vorliegenden Abschnitt eingeführten Begriffe und die entsprechenden Formeln sind auch dann noch anwendbar, wenn die einzelnen Werkstoffe verschiedene POISSON-Koeffizienten haben.

des Querschnittes. Liegt der Koordinatenursprung in diesem Punkt, so gilt offenbar

$$\iint_S Ex \,\mathrm{d}x \,\mathrm{d}y = \iint_S Ey \,\mathrm{d}x \,\mathrm{d}y = 0. \tag{2}$$

In analoger Weise definieren wir reduzierte Trägheitsmomente. Insbesondere gilt also für das reduzierte Trägheitsmoment bezüglich der in der Querschnittsebene liegenden y-Achse, das wir mit I_E bezeichnen,

$$I_E = \iint_S Ex^2 \,\mathrm{d}x \,\mathrm{d}y = \sum_j E_j I_j, \tag{3}$$

wobei I_j das axiale Trägheitsmoment der Fläche S_j in bezug auf die genannte Achse ist. Schließlich führen wir noch die entsprechenden reduzierten Hauptträgheitsachsen des Querschnittes ein.

Wenn die x- und y-Achsen mit den reduzierten Hauptträgheitsachsen zusammenfallen, gilt

$$\iint_S Exy \,\mathrm{d}x \,\mathrm{d}y = \sum_j E_j \iint_{S_j} xy \,\mathrm{d}x \,\mathrm{d}y = 0. \tag{4}$$

Hier und im folgenden (7.3.2., 7.3.3. und am Anfang von 7.3.4.) brauchen wir uns nicht auf den Fundamentalfall (s. 7.2.1.1.) zu beschränken. Wir setzen lediglich voraus, daß der Stab aus einer Anzahl homogener isotroper (voller oder hohler) Zylinder besteht, die entlang der Mantelflächen fest miteinander verbunden sind.

7.3.2. Zug-Druck-Problem

Wird ein Stab durch Längskräfte beansprucht, die im reduzierten Schwerpunkt des Querschnittes angreifen, ergeben sich mit unseren Bezeichnungen folgende Formeln [vgl. (1), (2) in 7.1.8.]:

$$\sigma_z = \frac{E_j F}{S_E} \text{ im Gebiet } S_j \tag{1}$$

(die übrigen Spannungskomponenten verschwinden) und

$$u = -\frac{\nu F}{S_E} x, \quad v = -\frac{\nu F}{S_E} y, \quad w = \frac{F}{S_E} z.$$

Hierbei ist F die (mit Vorzeichen versehene) Größe der Längskraft ($F < 0$ bei Druck) und S_E die Zug-Druck-Steifigkeit (vgl. 7.1.8.).

7.3.3. Reine Biegung

Die Biegung durch ein Moment, dessen Vektor in der Ebene der Grundfläche liegt, unterscheidet sich ebenfalls wenig von dem analogen Problem für den homogenen Stab (7.1.9.). Wir legen den Koordinatenursprung in den reduzierten Schwerpunkt der linken Grundfläche und wählen die reduzierten Hauptträgheitsachsen als x- bzw. y-Achse. Wenn das an der rechten Grundfläche angreifende Moment parallel zur y-Achse ist und die (mit Vorzeichen versehene) Größe M hat, ergibt sich die Lösung aus den Formeln

$$\sigma_z = -\frac{ME_j}{I_E} x \quad \text{im Gebiet } S_j \tag{1}$$

(die übrigen Spannungskomponenten sind gleich Null) und

$$u = \frac{M}{2I_E}(z^2 + \nu x^2 - \nu y^2), \quad v = \frac{M}{I_E}\nu xy, \quad w = -\frac{M}{I_E}xz. \tag{2}$$

Durch unmittelbares Einsetzen kann man zeigen, daß diese Werte die elastostatischen Gleichungen befriedigen und daß die Randbedingungen erfüllt sind.
Der resultierende Vektor der beispielsweise an der rechten Grundfläche angreifenden äußeren Spannungen verschwindet; denn gemäß Gl. (2) in 7.3.1. gilt

$$\iint_S \sigma_z \,\mathrm{d}x\,\mathrm{d}y = 0.$$

Das Moment dieser Spannungen in bezug auf die y-Achse ergibt sich aus Gl. (3) in 7.3.1. zu

$$-\iint_S x\sigma_z \,\mathrm{d}x\,\mathrm{d}y = \frac{M}{I_E}\iint_S Ex^2 \,\mathrm{d}x\,\mathrm{d}y = M.$$

Schließlich ist das Moment in bezug auf die x-Achse nach Gl. (4) in 7.3.1. gleich

$$\iint_S y\sigma_z \,\mathrm{d}x\,\mathrm{d}y = \frac{M}{I_E}\iint_S Exy \,\mathrm{d}x\,\mathrm{d}y = 0.$$

Somit befriedigt unsere Lösung alle Bedingungen des Problems. Auch jetzt gilt offenbar wieder das Gesetz von BERNOULLI-EULER; es kommt durch die Gleichung

$$\frac{1}{R} = \frac{M}{I_E} \tag{3}$$

zum Ausdruck. Die Biegesteifigkeit ist gleich I_E.

7.3.4. Querkraftbiegung

Auch in diesem Falle legen wir den Koordinatenursprung in den reduzierten Schwerpunkt der linken Grundfläche und die x- bzw. y-Achse in die reduzierten Hauptträgheitsachsen. Wir können das Problem stets auf den Fall zurückführen, daß die an der rechten Grundfläche angreifende Querkraft im reduzierten Schwerpunkt angreift und in x-Richtung zeigt (vgl. 7.1.10.). Analog zu den für den homogenen Stab geltenden Gln. (10) und (11) in 7.1.10. schreiben wir für die Verschiebungen folgenden Ansatz:

$$\left.\begin{aligned} u &= -\Theta yz + A\left[\frac{1}{2}\nu(l-z)(x^2-y^2) + \frac{1}{2}lz^2 - \frac{1}{6}z^3\right],\\ v &= \Theta xz + A\nu(l-z)\,xy,\\ w &= \Theta\varphi - A\left[x\left(lz - \frac{1}{2}z^2\right) + \chi + xy^2\right], \end{aligned}\right\} \tag{1}$$

dabei bezeichnet φ die im vorigen Abschnitt angeführte Torsionsfunktion, und $\chi = \chi(x, y)$ ist eine noch zu bestimmende Funktion, l gibt die Stablänge an, und Θ, A sind gewisse Konstanten.

Die diesen Verschiebungen entsprechenden Spannungskomponenten lauten $\sigma_x = \sigma_y = \tau_{xy} = 0$ (wie im Falle des homogenen Stabes) und

$$\left.\begin{aligned} \tau_{xz} &= \mu_j \Theta \left(\frac{\partial \varphi}{\partial x} - y \right) - B_j \left\{ \frac{\partial \chi}{\partial x} + \frac{1}{2} \nu x^2 + \left(1 - \frac{1}{2} \nu \right) y^2 \right\}, \\ \tau_{yz} &= \mu_j \Theta \left(\frac{\partial \varphi}{\partial y} + x \right) - B_j \left\{ \frac{\partial \chi}{\partial y} + (2 + \nu) \, xy \right\}, \\ \sigma_z &= -K_j (l - z) \, x \end{aligned}\right\} \tag{2}$$

in den Gebieten S_j ($j = 1, 2, \ldots, m$), dabei sind B_j, K_j Konstanten, die für verschiedene Gebiete S_j unterschiedliche Werte annehmen können; und zwar ist

$$B_j = A\mu_j = \frac{AE_j}{2(1 + \nu)}, \quad K_j = AE_j. \tag{3}$$

Durch Einsetzen der Ausdrücke (2) in die Gleichgewichtsbedingungen, d. h. in die Gln. (1) aus 7.1.1., überzeugt man sich leicht, daß die Funktion χ ebenso wie die Funktion φ in jedem Teilgebiet S_j der LAPLACE-Gleichung genügen muß. Umgekehrt werden die Gleichgewichtsbedingungen befriedigt, wenn die LAPLACE-Gleichung erfüllt ist.

Wir wenden uns nun den Randbedingungen zu. Damit die Verschiebungen u, v, w im gesamten Körper stetig sind, muß χ offenbar im gesamten Querschnitt S stetig sein (denn dasselbe trifft nach Definition ebenfalls im gesamten Gebiet S auf die Torsionsfunktion φ zu).

Die Spannungsrandbedingungen besagen wie bei der Torsion, daß der Ausdruck

$$\tau_{xz} \cos (n, x) + \tau_{yz} \cos(n, y) \tag{a}$$

an der freien Mantelfläche verschwinden und beim Überschreiten der Trennflächen zwischen den verschiedenen Werkstoffen stetig sein muß.

Wir berechnen nun den resultierenden Vektor und das resultierende Moment der auf die rechte Grundfläche wirkenden Spannungen.

Die z-Komponente des resultierenden Vektors verschwindet offenbar, die x-Komponente ist gleich

$$X = \iint\limits_S \tau_{xz} \, \mathrm{d}x \, \mathrm{d}y \, .$$

Da die Ausdrücke (2) die Gleichgewichtsbedingungen, also insbesondere die Gleichung

$$\frac{\partial \tau_{xz}}{\partial x} + \frac{\partial \tau_{yz}}{\partial y} + \frac{\partial \sigma_z}{\partial z} = 0$$

identisch befriedigen, erhalten wir, wenn wir σ_z durch den entsprechenden Ausdruck aus (2) ersetzen,

$$\frac{\partial \tau_{xz}}{\partial x} + \frac{\partial \tau_{yz}}{\partial y} + AE_j x = 0 \, .$$

Hieraus folgt

$$\begin{aligned} X &= \sum_j \iint\limits_{S_j} \left\{ \tau_{xz} + x \left(\frac{\partial \tau_{xz}}{\partial x} + \frac{\partial \tau_{yz}}{\partial y} \right) + AE_j x^2 \right\} \mathrm{d}x \, \mathrm{d}y \\ &= \sum_j \iint\limits_{S_j} \left\{ \frac{\partial (x\tau_{xz})}{\partial x} + \frac{\partial (x\tau_{yz})}{\partial y} \right\} \mathrm{d}x \, \mathrm{d}y + A \sum_j E_j \iint\limits_{S_j} x^2 \mathrm{d}x \, \mathrm{d}y \, . \end{aligned}$$

Nach dem in 7.2.1. Gesagten gilt unter den oben genannten Bedingungen bezüglich (a)

$$\sum_j \iint_{S_j} \left\{ \frac{\partial (x\tau_{xz})}{\partial x} + \frac{\partial (x\tau_{yz})}{\partial y} \right\} \mathrm{d}x\, \mathrm{d}y = 0$$

und somit

$$X = A \sum_j E_j \iint_{S_j} x^2 \,\mathrm{d}x\, \mathrm{d}y = A I_E. \tag{4}$$

Weiterhin muß nach Voraussetzung $X = W$ sein, wobei W die vorgegebene Kraft ist. Diese Bedingung dient zur Bestimmung der Konstanten A:

$$A = \frac{W}{I_E}. \tag{5}$$

Für die y-Komponente des resultierenden Vektors erhalten wir völlig analog

$$Y = \iint_S \tau_{yz} \,\mathrm{d}x\, \mathrm{d}y = A \sum_j E_j \iint_{S_j} xy \,\mathrm{d}x\, \mathrm{d}y.$$

Hieraus folgt gemäß (4) in 7.3.1. $Y = 0$. Da schließlich für $z = l$ offenbar $\sigma_z = 0$ gilt, tritt in der rechten Grundfläche kein Biegemoment auf. Das Torsionsmoment lautet

$$M = \Theta D + \frac{W}{2(1+\nu) I_E} \sum_{j=0}^{m} E_j \iint_{S_j} \left\{ y \frac{\partial \chi}{\partial x} - x \frac{\partial \chi}{\partial y} + \left(1 - \frac{1}{2}\nu\right) y^3 - \left(2 + \frac{1}{2}\nu\right) x^2 y \right\} \mathrm{d}x\, \mathrm{d}y, \tag{6}$$

dabei ist D die Torsionssteifigkeit. Die Konstante Θ wird aus der Bedingung $M = 0$ bestimmt, das ist stets möglich, wenn die Funktionen φ und χ bekannt sind.

Die Größe φ können wir nach dem im vorigen Abschnitt Gesagten berechnen. Nun müssen wir noch die Funktionen χ ermitteln.

Wenn wir der Bestimmtheit halber den Fundamentalfall (7.2.1.1., Bild 61) betrachten, dann führen die Randbedingungen gemäß (2), (3) mit den Bezeichnungen aus den vorigen Abschnitten auf folgende Gleichungen[1])

$$\mu_0 \left(\frac{\mathrm{d}\chi}{\mathrm{d}n}\right)_0 - \mu_j \left(\frac{\mathrm{d}\chi}{\mathrm{d}n}\right)_j = f_j \quad \text{auf } L_j \ (j = 1, 2, \ldots, m+1) \tag{7}$$

mit

$$f_j = -(\mu_0 - \mu_j) \left\{ \left[\frac{1}{2}\nu x^2 + \left(1 - \frac{\nu}{2}\right) y^2 \right] \cos(n, x) + (2 + \nu)\, xy \cos(n, y) \right\}. \tag{8}$$

Auf diese Weise gelangen wir zur gleichen Aufgabe wie im Falle der Torsion, nur haben die auf den Rändern vorgegebenen Funktionen f_j hier andere Werte als im genannten Falle. Nun ist noch zu prüfen, ob die Existenzbedingung für die Lösung [Gl. (9) in 7.2.2.] erfüllt

[1]) Nicht zu vergessen ist, daß nach Voraussetzung $\mu_{m+1} = 0$ gilt.

ist. Es gilt

$$\sum_{j=1}^{m+1} \int_{L_j} f_j \, \mathrm{d}s$$

$$= -\mu_0 \int_L \left\{ \left[\frac{1}{2} \nu x^2 + \left(1 - \frac{1}{2} \nu\right) y^2 \right] \cos(n, x) + (2 + \nu) xy \cos(n, y) \right\} \mathrm{d}s$$

$$+ \sum_{j=1}^{m} \mu_j \int_{L_j} \left\{ \left[\frac{1}{2} \nu x^2 + \left(1 - \frac{1}{2} \nu\right) y^2 \right] \cos(n, x) + (2 + \nu) xy \cos(n, y) \right\} \mathrm{d}s$$

oder nach Umformung der Integrale mit Hilfe der *Formel von Ostrogradski-Green*

$$\sum_{j=1}^{m+1} \int_{L_j} f_j \, \mathrm{d}s = - \iint_{S_0} 2(1 + \nu) \mu_0 x \, \mathrm{d}x \, \mathrm{d}y$$

$$- \sum_{j=1}^{m} \iint_{S_j} 2(1 + \nu) \mu_j x \, \mathrm{d}x \, \mathrm{d}y = - \iint_S Ex \, \mathrm{d}x \, \mathrm{d}y .$$

Das letzte Integral verschwindet aber, da der Koordinatenursprung nach Voraussetzung im reduzierten Schwerpunkt liegt. Also ist die Existenzbedingung erfüllt, und unser Problem hat stets eine Lösung, die wir aus der Integralgleichung des vorigen Abschnittes mit den durch (8) definierten Werten f_j erhalten.

Insbesondere bleibt die im vorigen Abschnitt gemachte *Bemerkung bezüglich der Anwendbarkeit der Lösung auf andere Arten von Querschnitten*, z. B. für zusammengesetzte Rohre, in Kraft.

Schließlich ergibt sich aus der Formel für u, d. h. aus der ersten Gleichung von (1), folgende Beziehung für die Krümmung der Mittellinie (die die reduzierten Schwerpunkte der Querschnitte verbindet):

$$\frac{1}{R} = \frac{W}{I_E} (l - z) .$$

Das Gesetz von Bernoulli-Euler gilt also auch in diesem Falle.

7.3.5. Beispiel

Querkraftbiegung eines zusammengesetzten Kreisrohres

Der Querschnitt des Stabes bestehe aus zwei konzentrischen Kreisringen S_1 und S_2, von denen der erste den zweiten umschließt (Bild 63). Mit R_2, R_1, R_0 bezeichnen wir entspre-

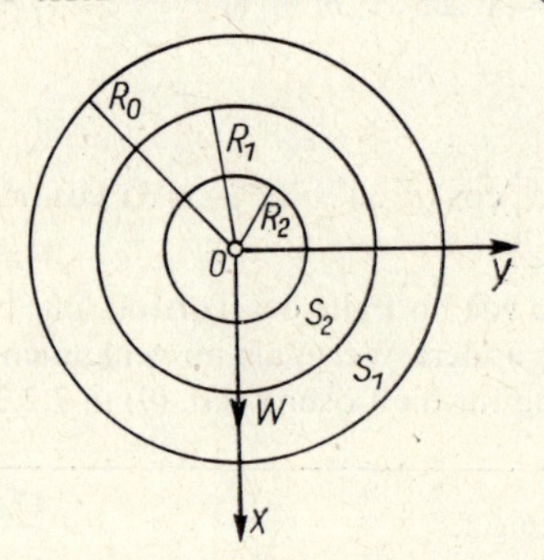

Bild 63

chend die Radien des inneren, mittleren und äußeren Kreises und mit E_1, E_2 den zu S_1 bzw. S_2 gehörenden Elastizitätsmodul. Die Querkraft greife im Mittelpunkt der Kreise an und sei parallel zur x-Achse.
Wegen der vollständigen Symmetrie gilt offenbar $\Theta = 0$; es findet also keine Torsion statt. Wir ermitteln nun die Funktion $\chi(x, y)$. Ihre Werte in den Gebieten S_1 und S_2 bezeichnen wir mit χ_1 bzw. χ_2. Ferner seien r, ϑ die Polarkoordinaten in der x,y-Ebene.
Dann gilt gemäß Gl. (3) in 7.1.12.

$$\left[\frac{1}{2}\nu x^2 + \left(1 - \frac{1}{2}\nu\right)y^2\right]\cos\vartheta + (2 + \nu)\,xy\sin\vartheta$$

$$= -\frac{3}{4}r^2\cos 3\vartheta + \left(\frac{3}{4} + \frac{1}{2}\nu\right)r^2\cos\vartheta. \tag{a}$$

Dementsprechend lauten die Randbedingungen

$$\left.\begin{aligned}
&\frac{\partial\chi_1}{\partial r} = -kR_0^2\cos\vartheta + \frac{3}{4}R_0^2\cos 3\vartheta \quad \text{für } r = R_0,\\
&\left.\begin{aligned}
&\chi_1 = \chi_2,\\
&E_1\frac{\partial\chi_1}{\partial r} - E_2\frac{\partial\chi_2}{\partial r_2} = (E_1 - E_2)\left(-kR_1^2\cos\vartheta + \frac{3}{4}R_1^2\cos 3\vartheta\right)
\end{aligned}\right\}\ \text{für } r = R_1,\\
&\frac{\partial\chi_2}{\partial r} = -kR_2^2\cos\vartheta + \frac{3}{4}R_2^2\cos 3\vartheta \quad \text{für } r = R_2
\end{aligned}\right\} \tag{b}$$

mit

$$\frac{3}{4} + \frac{1}{2}\nu = k$$

als Abkürzung, dabei wurden in den mittleren Gleichungen anstelle der Schubmoduln μ_1, μ_2 die denselben proportionalen Elastizitätsmoduln E_1, E_2 eingeführt.
Wenn wir die Funktionen χ_1 und χ_2 nach den bekannten Formeln in Reihen entwickeln und in die vorigen Gleichungen einsetzen, erhalten wir die gesuchten Funktionen. Offenbar werden jedoch die eben genannten Bedingungen durch den Ansatz

$$\chi_1 = \left(a_1 r + \frac{a_1'}{r}\right)\cos\vartheta + \frac{1}{4}r^3\cos 3\vartheta \qquad (R_1 \leqq r \leqq R_0),$$

$$\chi_2 = \left(a_2 r + \frac{a_2'}{r}\right)\cos\vartheta + \frac{1}{4}r^3\cos 3\vartheta \qquad (R_2 \leqq r \leqq R_1)$$

befriedigt (vgl. die in 7.1.12. angegebene Lösung für den homogenen Hohlzylinder).
Wenn wir diese Ausdrücke in die Beziehungen (b) einsetzen, werden alle Bedingungen befriedigt, falls

$$a_1R_0^2 - a_1' = -kR_0^4, \quad a_2R_2^2 - a_2' = -kR_2^4,$$

$$a_2R_1^2 + a_2' = a_1R_1^2 + a_1',$$

$$E_1(a_1R_1^2 - a_1') - E_2(a_2R_1^2 - a_2') = -k(E_1 - E_2)\,R_1^4$$

ist. Die gewonnenen Gleichungen liefern für a_1, a_2 die Ausdrücke

$$a_1 = -k \frac{E_1(R_0^4 - R_1^4)(R_1^2 + R_2^2) + E_2(R_1^2 - R_2^2)[(R_1^2 + R_2^2)^2 + R_0^4 - R_2^4]}{E_1(R_1^2 + R_2^2)(R_0^2 - R_1^2) + E_2(R_0^2 + R_1^2)(R_1^2 - R_2^2)},$$

$$a_2 = -k \frac{E_1(R_0^2 - R_1^2)[(R_0^2 + R_1^2)^2 - R_0^4 + R_2^4] + E_2(R_1^4 - R_2^4)(R_0^2 + R_1^2)}{E_1(R_1^2 + R_2^2)(R_0^2 - R_1^2) + E_2(R_0^2 + R_1^2)(R_1^2 - R_2^2)}$$

und für a_1', a_2' die Werte

$$a_1' = a_1 R_0^2 + kR_0^4, \quad a_2' = a_2 R_2^2 + kR_2^4.$$

Damit ist unsere Aufgabe gelöst.

A. K. Ruchadse [1] gibt die Lösung für den Fall exzentrischer Kreise an. Den Fall konfokaler Ellipsen behandeln I. N. Wekua und A. K. Ruchadse [2]. Von A. K. Ruchadse [2] wird der Fall epitrochoidenförmiger Ränder untersucht. Das Biegeproblem für den in 7.2.3. betrachteten Rechteckstab läßt sich ebenfalls leicht lösen.

7.4. Zug-Druck- und Biegeproblem bei unterschiedlichen Poissonzahlen[1])

Im allgemeinen Fall, wo die Poissonkoeffizienten der einzelnen Werkstoffe unterschiedliche Werte aufweisen, bieten das Zug-Druck- und das Biegeproblem bedeutend größere Schwierigkeiten; denn hierbei ist es nicht mehr statthaft (wie im Saint-Venantschen Falle und bei gleichen Poisson-Zahlen), $\sigma_x = \sigma_y = \tau_{xy} = 0$ zu setzen. Infolgedessen führen die weiteren Betrachtungen auf ein Hilfsproblem der ebenen Deformation, auf das wir jetzt näher eingehen wollen.

7.4.1. Ein Hilfsproblem

Das eben angeführte Hilfsproblem besteht in folgendem: Gesucht ist der elastische Gleichgewichtszustand in einem Stab, der wie oben (Anfang 7.2.1.) beschrieben aus verschiedenartigen Werkstoffen zusammengesetzt ist und einer zur x,y-Ebene parallelen *ebenen Deformation* unterworfen wird ($w = 0$, u, v nur von x, y, nicht aber von z abhängig), wobei folgende Bedingungen gelten sollen:

(a) Die an der Mantelfläche angreifenden äußeren Spannungen verschwinden

$$\overset{n}{\sigma}_x = 0, \quad \overset{n}{\sigma}_y = 0, \tag{1}$$

wobei wie bisher

$$\overset{n}{\sigma}_x = \sigma_x \cos(n, x) + \tau_{xy} \cos(n, y), \quad \overset{n}{\sigma}_y = \tau_{xy} \cos(n, x) + \sigma_y \cos(n, y)$$

ist und n die Normale an die Mantelfläche bezeichnet.

(b) Auf den Trennflächen zwischen den einzelnen Werkstoffen gilt

$$[\overset{n}{\sigma}_x]_j = [\overset{n}{\sigma}_x]_k, \quad [\overset{n}{\sigma}_y]_j = [\overset{n}{\sigma}_y]_k, \tag{2}$$

wobei n die in eine bestimmte Richtung zeigende Normale an die (zylindrische) Trennfläche ist; die Indizes j, k besagen, daß die Materialwerte aus dem an die Trennflächen angrenzenden

[1]) Das Zug-Druck-Problem und das Problem der reinen Biegung wurden vom Autor in [15] gelöst. Hier wird eine neue, eingehendere Untersuchung der Lösung angegeben (Fußnote zur dritten Auflage).

Gebiet mit der Nummer j bzw. k zu nehmen sind. Die Bedingung (b) bringt zum Ausdruck, daß sich die an den Elementen der Trennfläche von beiden Seiten angreifenden Spannungen gegenseitig aufheben.

(c) An den Trennflächen haben die Verschiebungen vorgegebene Unstetigkeiten, d. h.

$$u_j - u_k = g, \quad v_j - v_k = h, \tag{3}$$

wobei (u_j, v_j), (u_k, v_k) die Verschiebungen auf den entsprechenden Seiten der Trennfläche sind, und g, h dort vorgegebene (nicht von z abhängende) Funktionen bezeichnen. Falls eine Lösung des eben angegebenen Problems existiert, so ist sie – wie man leicht auf dem üblichen Wege zeigt – eindeutig (bis auf starre Verschiebungen des Gesamtkörpers). Die Existenz der Lösung kann man als physikalisch offensichtlich betrachten; denn unser Problem läßt sich leicht physikalisch deuten (der Kürze halber beschränken wir uns hierbei auf zwei Teilstäbe mit den Querschnitten S_1, S_2 und der Trennlinie L): Dazu betrachten wir zwei Stäbe aus dem gleichen Werkstoff wie die ebengenannten, deren Querschnitte S_1', S_2' von S_1, S_2 verschieden sind. Außerdem nehmen wir an, daß S_1' aus S_1 und S_2' aus S_2 durch eine Verschiebung $(-u_1, -v_1)$ bzw. $(-u_2, -v_2)$ der Trennlinie L hervorgeht, dabei soll

$$u_1 - u_2 = g, \quad v_1 - v_2 = h$$

gelten.

Nun bringen wir die Mantelflächenteile unserer Stäbe mit den Querschnitten S_1' und S_2' so in Berührung, daß entsprechende Punkte aufeinanderfallen, verbinden die Flächen fest miteinander und achten darauf, daß die Deformation eben bleibt. In dem so entstehenden Verbundstab treten Spannungen und Verzerrungen auf, die gerade unserem Hilfsproblem entsprechen.

Die Existenz der Lösung läßt sich – unter gewissen (üblichen) allgemeinen Voraussetzungen – auch mathematisch beweisen. Dies wurde von D. I. Scherman in der schon in 5.4.8. erwähnten Arbeit [20] gezeigt. Er beschränkt sich dabei auf den Fundamentalfall (7.2.1.1.) Auf den Beweis gehen wir hier nicht näher ein.

Für das Weitere erinnern wir daran, daß beim ebenen Verzerrungszustand

$$\tau_{xz} = \tau_{yz} = 0 \quad \text{im gesamten Stab} \tag{4}$$

und

$$\sigma_z = \lambda_j \left(\frac{\partial u}{\partial x} + \frac{\partial v}{\partial y} \right) = \nu_j(\sigma_x + \sigma_y) \quad \text{in den Gebieten } S_j \tag{5}$$

gilt, dabei ist λ_j die Lamésche Konstante und ν_j der Poisson-Koeffizient für das Teilgebiet S_j.

7.4.2. Zug-Druck-Problem und reine Biegung

Im Falle des zusammengesetzten Stabes mit gleichen Poisson-Zahlen ließen sich das Zug-Druck-Problem und das Problem der reinen Biegung ziemlich einfach lösen. Dabei war es möglich, das Zug-Druck-Problem für eine Kraft mit der z-Achse als Wirkungslinie und das Biegeproblem durch Momente parallel zur x- bzw. y-Achse *einzeln* zu betrachten. Diese Möglichkeit beruhte auf der speziellen Wahl des x,y-Achsensystems in der Ebene der linken (unteren) Grundfläche (und zwar wurden der Koordinatenursprung O in den reduzierten Schwerpunkt und die x- bzw. y-Achse in die reduzierten Hauptträgheitsachsen dieser Grundfläche gelegt).

Aus dem Weiteren geht hervor, daß es bei unterschiedlichen Poisson-Koeffizienten durch die eben angeführte Wahl der Koordinatenachsen im allgemeinen nicht möglich ist, die genannten Probleme einzeln zu behandeln[1]). Deshalb wählen wir im vorliegenden Abschnitt ein beliebiges (rechtwinkliges) x,y-Achsensystem in der Ebene der linken Grundfläche S und nehmen nicht an, daß die Wirkungsebene des Biegemomentes parallel zur x,z- oder y,z-Ebene liegt.

7.4.2.1. Mit M_x und M_y bezeichnen wir die Projektion des Biegemomentvektors auf die x- bzw. y-Achse, und unter F verstehen wir die Größe der Längskraft mit der z-Achse als Wirkungslinie.

Wir versuchen zunächst, ausgehend von der Gestalt der Lösung bei *gleichen Poissonzahlen*, die Bedingungen unserer Probleme durch eine Linearkombination folgender drei Lösungen zu befriedigen:

$$\sigma_z = E_j x, \quad u = -\tfrac{1}{2}(z^2 + \nu_j x^2 - \nu_j y^2), \quad v = -\nu_j xy, \quad w = xz, \tag{1}$$

$$\sigma_z = E_j y, \quad u = -\nu_j xy, \quad v = -\tfrac{1}{2}(z^2 + \nu_j y^2 - \nu_j x^2), \quad w = yz, \tag{2}$$

$$\sigma_z = E_j, \quad u = -\nu_j x, \quad v = -\nu_j y, \quad w = z \tag{3}$$

in den Gebieten S_j (die übrigen Spannungskomponenten verschwinden).

Wenn alle POISSON-Koeffizienten gleich wären und die Koordinatenachsen die am Anfang des Abschnittes angegebene Lage hätten, würden diese Ausdrücke, multipliziert mit geeigneten Konstanten[2]), die Lösung des Biegeproblems für jeweils ein Moment in x- und y-Richtung sowie für das Zug-Druck-Problem mit einem in der z-Achse liegenden Kraftvektor liefern.

Tatsächlich befriedigen aber die in dieser Weise konstruierten Lösungen die Bedingungen der angeführten Probleme schon deshalb nicht, weil die entsprechenden Verschiebungen an den Trennlinien der Teilgebiete S_j, S_k Unstetigkeiten aufweisen. Um diese Sprünge zu beseitigen, lösen wir drei Hilfsprobleme der ebenen Deformation (Sonderfälle der in 7.4.1. formulierten Aufgabe) entsprechend für die folgenden Werte der in Gl. (3) aus 7.4.1. auftretenden Funktionen g und h:

$$g_1 = \tfrac{1}{2}(\nu_j - \nu_k)(x^2 - y^2), \quad h_1 = (\nu_j - \nu_k)\,xy, \tag{1a}$$

$$g_2 = (\nu_j - \nu_k)\,xy, \quad h_2 = \tfrac{1}{2}(\nu_j - \nu_k)(y^2 - x^2), \tag{2a}$$

$$g_3 = (\nu_j - \nu_k)\,x, \quad h_3 = (\nu_j - \nu_k)\,y \tag{3a}$$

auf den Trennlinien der Gebiete S_j, S_k.

Diese drei Aufgaben bezeichnen wir der Kürze halber als Problem (1a), (2a), (3a) und betrachten sie als gelöst.

Die diesen drei Hilfsproblemen entsprechenden Verschiebungs- und Spannungskomponenten versehen wir mit den oberen Indizes 1, 2, 3; insbesondere gilt also in den Gebieten S_j

$$\sigma_z^{(1)} = \nu_j(\sigma_x^{(1)} + \sigma_y^{(1)}), \tag{1b}$$

$$\sigma_z^{(2)} = \nu_j(\sigma_x^{(2)} + \sigma_y^{(2)}), \tag{2b}$$

$$\sigma_z^{(3)} = \nu_j(\sigma_x^{(3)} + \sigma_y^{(3)}). \tag{3b}$$

Durch Superposition der Lösungen (1), (2), (3), multipliziert mit gewissen Konstanten a_1, a_2, a_3, und der Lösungen (1a), (2a), (3a), multipliziert mit denselben Konstanten, erhalten

---

[1]) Jedoch wie wir in 7.4.4. sehen werden, kann man auch in unserem Falle ein spezielles Koordinatensystem wählen, in dem die beiden Probleme einzeln betrachtet werden können. Die Bestimmung dieses Systems ist aber mit der Lösung einiger Hilfsprobleme verbunden.

[2]) Multiplikation einer Lösung mit einer Konstanten heißt Multiplikation der Spannungs- und Verschiebungskomponenten mit dieser Konstanten.

wir die Lösung des Biege-Zug-Problems für den Stab bei folgenden Werten des Biegemomentes und der Zugkraft:

$$\left.\begin{aligned} -M_y &= (I_{11} + K_{11})\, a_1 + (I_{12} + K_{12})\, a_2 + (I_{13} + K_{13})\, a_3, \\ M_x &= (I_{21} + K_{21})\, a_1 + (I_{22} + K_{22})\, a_2 + (I_{23} + K_{23})\, a_3, \\ F &= (I_{31} + K_{31})\, a_1 + (I_{32} + K_{32})\, a_2 + (I_{33} + K_{33})\, a_3. \end{aligned}\right\} \tag{4}$$

Hierbei wurden folgende Bezeichnungen eingeführt:

$$I_{\alpha\beta} = \iint_S E x^{(\alpha)} x^{(\beta)}\, \mathrm{d}x\, \mathrm{d}y = \Sigma\, E_j \iint_S x^{(\alpha)} x^{(\beta)}\, \mathrm{d}x\, \mathrm{d}y, \tag{5}$$

$$K_{\alpha\beta} = \iint_S x^{(\alpha)} \sigma_z^{(\beta)}\, \mathrm{d}x\, \mathrm{d}y, \tag{6}$$

mit $\alpha, \beta = 1, 2, 3$; unter $x^{(1)}, x^{(2)}, x^{(3)}$ ist entsprechend x, y, und 1 zu verstehen. Ausführlich geschrieben ergibt sich

$$\left.\begin{aligned} I_{11} &= \iint_S E x^2\, \mathrm{d}x\, \mathrm{d}y, \quad I_{22} = \iint_S E y^2\, \mathrm{d}x\, \mathrm{d}y, \quad I_{12} = I_{21} = \iint_S E x y\, \mathrm{d}x\, \mathrm{d}y, \\ & \qquad I_{33} = \iint_S E\, \mathrm{d}x\, \mathrm{d}y = S_E, \\ I_{13} &= I_{31} = \iint_S E x\, \mathrm{d}x\, \mathrm{d}y = S_E x_0, \quad I_{23} = I_{32} = \iint_S E y\, \mathrm{d}x\, \mathrm{d}y = S_E y_0 \end{aligned}\right\} \tag{5'}$$

dabei bezeichnet $S_E = \sum\limits_j E_j S_j$ dasselbe wie bisher, und x_0, y_0 sind die Koordinaten des reduzierten Schwerpunktes der Grundfläche S.

I_{11} und I_{22} stellen die reduzierten Trägheitsmomente der Grundfläche S in bezug auf die y- bzw. x-Achse dar, und $I_{12} = I_{21}$ ist das reduzierte Zentrifugalmoment in bezug auf dieselben Achsen.

Ferner gilt

$$\left.\begin{aligned} K_{11} &= \iint_S x\sigma_z^{(1)}\, \mathrm{d}x\, \mathrm{d}y, & K_{12} &= \iint_S x\sigma_z^{(2)}\, \mathrm{d}x\, \mathrm{d}y, & K_{13} &= \iint_S x\sigma_z^{(3)}\, \mathrm{d}x\, \mathrm{d}y, \\ K_{21} &= \iint_S y\sigma_z^{(1)}\, \mathrm{d}x\, \mathrm{d}y, & K_{22} &= \iint_S y\sigma_z^{(2)}\, \mathrm{d}x\, \mathrm{d}y, & K_{23} &= \iint_S y\sigma_z^{(3)}\, \mathrm{d}x\, \mathrm{d}y, \\ K_{31} &= \iint_S \sigma_z^{(1)}\, \mathrm{d}x\, \mathrm{d}y, & K_{32} &= \iint_S \sigma_z^{(2)}\, \mathrm{d}x\, \mathrm{d}y, & K_{33} &= \iint_S \sigma_z^{(3)}\, \mathrm{d}x\, \mathrm{d}y. \end{aligned}\right\} \tag{6'}$$

Diese Konstanten setzen wir als bekannt voraus.

Unser Problem ist gelöst, wenn wir die Unbekannten a_1, a_2, a_3 aus (4) bei gegebenen Werten M_x, M_y, F bestimmt haben.

Die Determinante dieses Systems

$$\Delta = \begin{vmatrix} I_{11} + K_{11} & I_{12} + K_{12} & I_{13} + K_{13} \\ I_{21} + K_{21} & I_{22} + K_{22} & I_{23} + K_{23} \\ I_{31} + K_{31} & I_{32} + K_{32} & I_{33} + K_{33} \end{vmatrix}$$

ist, wie im folgenden (s. 7.4.2.3.) gezeigt wird, stets verschieden von Null, genauer gesagt ist $\Delta > 0$. Somit werden die Konstanten a_1, a_2, a_3 durch das System (4) eindeutig bestimmt, und damit kann unser Problem als gelöst betrachtet werden.

7.4.2.2. Bevor wir zum Beweis der Ungleichung $\Delta > 0$ übergehen, betrachten wir zunächst einige Formeln, die die potentielle Formänderungsenergie betreffen und im weiteren benötigt werden.

In 1.3.5. haben wir den Ausdruck

$$2W(\varepsilon) = \lambda(\varepsilon_x + \varepsilon_y + \varepsilon_z)^2 + 2\mu(\varepsilon_x^2 + \varepsilon_y^2 + \varepsilon_z^2 + \tfrac{1}{2}\gamma_{xy}^2 + \tfrac{1}{2}\gamma_{yz}^2 + \tfrac{1}{2}\gamma_{xz}^2) \tag{7}$$

eingeführt; er gibt die auf die Volumeneinheit bezogene doppelte potentielle Energie an, die einer Verzerrung mit den Komponenten $\varepsilon_x, \ldots, \gamma_{xz}$ entspricht. Diesen Verzerrungszustand bezeichnen wir kurz mit (ε) und schreiben dementsprechend nun $W(\varepsilon)$ statt W.

Der Ausdruck $W(\varepsilon)$ stellt eine positiv definite quadratische Form[1]) der Verzerrungskomponenten (ε) dar und verschwindet also nur für $(\varepsilon) = 0$ (d. h. für $\varepsilon_x = \varepsilon_y = \varepsilon_z = \gamma_{xy} = \gamma_{yz} = \gamma_{xz} = 0$).

Wir erinnern, daß die Verzerrungen (ε) mit den zugehörenden Spannungskomponenten über die Beziehung

$$\left.\begin{aligned} &\sigma_x = \lambda e + 2\mu\varepsilon_x, \quad \sigma_y = \lambda e + 2\mu\varepsilon_y, \quad \sigma_z = \lambda e + 2\mu\varepsilon_z, \\ &\tau_{xy} = \mu\gamma_{xy}, \quad \tau_{yz} = \mu\gamma_{yz}, \quad \tau_{xz} = \mu\gamma_{xz} \\ &\qquad (e = \varepsilon_x + \varepsilon_y + \varepsilon_z) \end{aligned}\right\} \tag{8}$$

verknüpft sind und daß der Ausdruck (7) dementsprechend auch wie folgt geschrieben werden kann:

$$2W(\varepsilon) = \sigma_x\varepsilon_x + \sigma_y\varepsilon_y + \sigma_z\varepsilon_z + \tau_{xy}\gamma_{xy} + \tau_{yz}\gamma_{yz} + \tau_{xz}\gamma_{xz}. \tag{9}$$

Nun betrachten wir zwei verschiedene Deformationen (ε') und (ε'') und versehen die zugehörenden Verzerrungs- und Spannungskomponenten mit einem bzw. zwei Strichen. Ferner führen wir den zu (9) analogen Ausdruck

$$\begin{aligned} 2W(\varepsilon', \varepsilon'') &= \sigma_x'\varepsilon_x'' + \sigma_y'\varepsilon_y'' + \sigma_z'\varepsilon_z'' + \tau_{xy}'\gamma_{xy}'' + \tau_{yz}'\gamma_{yz}'' + \tau_{xz}'\gamma_{xz}'' \\ &= \sigma_x''\varepsilon_x' + \sigma_y''\varepsilon_y' + \sigma_z''\varepsilon_z' + \tau_{xy}''\gamma_{xy}' + \tau_{yz}''\gamma_{yz}' + \tau_{xz}''\gamma_{xz}' \end{aligned} \tag{10}$$

ein.

Wenn wir die Spannungen σ_x' usw. σ_x'' usw. durch ihre Ausdrücke ε_x' usw. ε_x'' usw. ersetzen, so stellt $W(\varepsilon', \varepsilon'')$ eine bilineare Form der letztgenannten Komponenten dar.

Die Gleichheit der beiden Ausdrücke in der ersten und zweiten Zeile der Gl. (10) kann man durch Einsetzen unmittelbar zeigen. Damit wird bewiesen, daß

$$W(\varepsilon', \varepsilon'') = W(\varepsilon'', \varepsilon') \tag{10'}$$

gilt, d. h., daß *die bilineare Form symmetrisch ist*, wenn die Verzerrungen (ε') und (ε'') übereinstimmen, d. h., für $(\varepsilon') = (\varepsilon'') = (\varepsilon)$ gilt

$$W(\varepsilon, \varepsilon) = W(\varepsilon), \tag{11}$$

wobei $W(\varepsilon)$ dasselbe wie in Gl. (7) bzw. (9) bedeutet.

In 1.3.5. wurde die Gleichung

$$\iint\limits_{\Sigma} \left(\overset{n}{\sigma}_x u + \overset{n}{\sigma}_y v + \overset{n}{\sigma}_z w\right) \mathrm{d}\,\Sigma = 2 \iiint\limits_V W(\varepsilon)\, \mathrm{d}x\, \mathrm{d}y\, \mathrm{d}z = 2U \tag{12}$$

bewiesen, wobei V das vom verformten Körper eingenommene Gebiet, Σ seine Oberfläche und n die äußere Normale bezeichnet. U gibt die potentielle Formänderungsenergie des gesamten Körpers an.

---

[1]) Eine quadratische Form $\Omega(x_1, x_2, \ldots, x_n)$ der Veränderlichen $x_1, x_2, \ldots, x_n$ heißt bekanntlich positiv definit, wenn $\Omega(x_1, x_2, \ldots, x_n) > 0$ für alle (reellen) Werte der Veränderlichen außer $x_1 = x_2 = \cdots = x_n = 0$ gilt. Die Form heißt positiv semidefinit, wenn für alle Werte der Veränderlichen $\Omega(x_1, x_2, \ldots, x_n) \geqq 0$ gilt, wobei auch (reelle) Werte $x_1, x_2, \ldots, x_n$ existieren, die nicht sämtlich gleich Null sind und für die $\Omega(x_1, x_2, \ldots, x_n) = 0$ ist.

Völlig analog lassen sich folgende Formeln beweisen (wir überlassen dies dem Leser):

$$\begin{aligned} 2U_{12} &= \iint\limits_{\Sigma} \left(\overset{n}{\sigma}{}'_x u'' + \overset{n}{\sigma}{}'_y v'' + \overset{n}{\sigma}{}'_z w''\right) \mathrm{d}\Sigma = 2 \iiint\limits_{V} W(\varepsilon', \varepsilon'') \,\mathrm{d}x\,\mathrm{d}y\,\mathrm{d}z, \\ 2U_{21} &= \iint\limits_{\Sigma} \left(\overset{n}{\sigma}{}''_x u' + \overset{n}{\sigma}{}''_y v' + \overset{n}{\sigma}{}''_z w'\right) \mathrm{d}\Sigma = 2 \iiint\limits_{V} W(\varepsilon'', \varepsilon') \,\mathrm{d}x\,\mathrm{d}y\,\mathrm{d}z. \end{aligned} \tag{13}$$

Die Bezeichnungen U_{12} und U_{21} wurden zur Abkürzung eingeführt.
Aus (10′) folgt $U_{12} = U_{21}$ oder ausführlicher geschrieben

$$\iint\limits_{\Sigma} \left(\overset{n}{\sigma}{}'_x u'' + \overset{n}{\sigma}{}'_y v'' + \overset{n}{\sigma}{}'_z w''\right) \mathrm{d}\Sigma = \iint\limits_{\Sigma} \left(\overset{n}{\sigma}{}''_x u' + \overset{n}{\sigma}{}''_y v' + \overset{n}{\sigma}{}''_z w'\right) \mathrm{d}\Sigma. \tag{14}$$

Diese Gleichungen bringen den sogenannten *Satz von Betti* zum Ausdruck (genauer gesagt wird als Satz von Betti eine etwas allgemeinere Gleichung bezeichnet, die auch für den Fall vorhandener Volumenkräfte gilt).
Wir benötigen die vorigen Formeln nur für die ebenen Deformationen eines Stabes. In diesem Falle gilt $\tau_{xz} = \tau_{yz} = w = 0$, dabei sind alle betrachteten Funktionen unabhängig von z. Deshalb ist

$$\begin{aligned} W(\varepsilon', \varepsilon'') &= \sigma'_x \varepsilon''_x + \sigma'_y \varepsilon''_y + \tau'_{xy} \gamma''_{xy} = \sigma''_x \varepsilon'_x + \sigma''_y \varepsilon'_y + \tau''_{xy} \gamma'_{xy} \\ &= \lambda(\varepsilon'_x + \varepsilon'_y)(\varepsilon''_x + \varepsilon''_y) + 2\mu(\varepsilon'_x \varepsilon''_x + \varepsilon'_y \varepsilon''_y + \tfrac{1}{2}\gamma'_{xy}\gamma''_{xy}) \end{aligned} \tag{15}$$

und

$$W(\varepsilon, \varepsilon) = W(\varepsilon) = \lambda(\varepsilon_x + \varepsilon_y)^2 + 2\mu(\varepsilon_x^2 + \varepsilon_y^2 + \tfrac{1}{2}\gamma_{xy}^2). \tag{16}$$

Im Falle des ebenen Verzerrungszustandes ist es zweckmäßiger, die Gln. (12) bis (14) nicht auf den gesamten Stab, sondern auf eine Schicht der Höhe 1 zwischen zwei Querschnittsflächen anzuwenden. Dann erhalten wir anstelle der Gl. (12) offenbar

$$\int\limits_{L} \left(\overset{n}{\sigma}_x u + \overset{n}{\sigma}_y v\right) \mathrm{d}s = 2 \iint\limits_{S} W(\varepsilon) \,\mathrm{d}x\,\mathrm{d}y = 2U, \tag{17}$$

wobei U jetzt die auf die Längeneinheit des Stabes bezogene potentielle Energie bezeichnet, und anstelle der Gln. (13) und (14)

$$\begin{aligned} 2U_{12} = 2U_{21} &= \int\limits_{L} \left(\overset{n}{\sigma}{}'_x u'' + \overset{n}{\sigma}{}'_y v''\right) \mathrm{d}s = \int\limits_{L} \left(\overset{n}{\sigma}{}''_x u' + \overset{n}{\sigma}{}''_y v'\right) \mathrm{d}s \\ &= 2 \iint\limits_{S} W(\varepsilon', \varepsilon'') \,\mathrm{d}x\,\mathrm{d}y. \end{aligned} \tag{18}$$

In diesen Formeln bezeichnet S den Querschnitt des Balkens und L die entsprechenden Randkurven.
Falls die Verschiebungskomponenten, wie z. B. in den Hilfsproblemen der ebenen Deformation aus 7.4.1., an den Trennlinien der Teilstücke S_j Sprünge aufweisen, ist *unter L die Gesamtheit der Ränder dieser Gebiete zu verstehen.* Wenn also L_j der Rand des Flächenstückes S_j ist, dann ist das Integral über alle L_j zu erstrecken. Dabei werden diejenigen Teile der lRänder L_j, die zum Rand zweier benachbarter Teilflächen S_k, S_l gehören, zweimal durchaufen, einmal als Rand des Teilstückes S_k, zum anderen als Rand des Teilstückes S_l [s. u. Gl. (21) und (22)].

7.4.2.3. Nun wenden wir uns wieder unserem ursprünglichen Problem zu. Wir bezeichnen mit $(\varepsilon^{(1)})$, $(\varepsilon^{(2)})$, $(\varepsilon^{(3)})$ die den Hilfsproblemen der ebenen Deformation (1a), (2a), (3a) entsprechenden Verzerrungen und mit $U_{\alpha\beta}$ $(\alpha, \beta = 1, 2, 3)$ die Ausdrücke (18) für $(\varepsilon^{(\alpha)})$, $(\varepsilon^{(\beta)})$ und beweisen, daß

$$K_{\alpha\beta} = 2U_{\alpha\beta} \quad (\alpha, \beta = 1, 2, 3) \tag{19}$$

ist, wobei $K_{\alpha\beta}$ die durch (6) definierten Konstanten darstellen. Daraus folgt insbesondere, daß $K_{\alpha\beta} = K_{\beta\alpha}$ ist.

Zum Beweis formen wir die Gleichung

$$2U_{\alpha\beta} = \int_L \left[\overset{n}{\sigma}{}_x^{(\alpha)} u^{(\beta)} + \sigma_y^{(\alpha)} v^{(\beta)}\right] ds \tag{20}$$

etwas um: Wie schon gesagt, verstehen wir unter L die Gesamtheit aller Ränder, die die Teilstücke S_j begrenzen, deshalb gilt

$$2U_{\alpha\beta} = \sum_j \int_{L_j} \left[\overset{n}{\sigma}{}_x^{(\alpha)} u_j^{(\beta)} + \overset{n}{\sigma}{}_y^{(\alpha)} v_j^{(\beta)}\right] ds, \tag{21}$$

wobei L_j der Rand des Gebietes S_j ist und $u_j^{(\beta)}$, $v_j^{(\beta)}$ die Randwerte der Komponenten $u^{(\beta)}$, $v^{(\beta)}$ auf L_j von S_j aus bezeichnen; n stellt die in bezug auf S_j äußere Normale an L_j dar. Da auf dem Rand des Gebietes S nach Voraussetzung $\overset{n}{\sigma}_x = \overset{n}{\sigma}_y = 0$ gilt und die Trennlinien L_{kl} zweier Teilflächen S_k, S_l bei der Integration zweimal durchlaufen werden, kann die Gl. (21) wie folgt geschrieben werden:

$$2U_{\alpha\beta} = \sum_{k,l} \int_{L_{kl}} \left\{\overset{\tilde{n}}{\sigma}{}_x^{(\alpha)} (u_k^{(\beta)} - u_l^{(\beta)}) + \overset{\tilde{n}}{\sigma}{}_y^{(\alpha)} (v_k^{(\beta)} - v_l^{(\beta)})\right\} ds, \tag{22}$$

wobei über L_{kl} jetzt nur einmal zu integrieren ist und $\tilde{n}$ die von S_k nach S_l gerichtete Normale bezeichnet. Mit Hilfe dieser Formel läßt sich die Richtigkeit der Gln. (19) leicht beweisen. Als Beispiel zeigen wir, daß $K_{12} = K_{21} = 2U_{12}$ ist.

Nach der vorigen Formel gilt

$$2U_{12} = \sum_{k,l} \int_{L_{kl}} \left\{\overset{\tilde{n}}{\sigma}{}_x^{(1)} (u_k^{(2)} - u_l^{(2)}) + \overset{\tilde{n}}{\sigma}{}_y^{(1)} (v_k^{(2)} - v_l^{(2)})\right\} ds.$$

Wenn wir beachten, daß gemäß (2a)

$$u_k^{(2)} - u_l^{(2)} = (\nu_k - \nu_l)\, xy, \quad v_k^{(2)} - v_l^{(2)} = \tfrac{1}{2}(\nu_k - \nu_l)(y^2 - x^2)$$

ist, erhalten wir durch Einsetzen in die letzte Gleichung

$$2U_{12} = \sum_{k,l} (\nu_k - \nu_l) \int_{L_{kl}} \left\{\overset{\tilde{n}}{\sigma}{}_x^{(1)} xy + \tfrac{1}{2}\, \overset{\tilde{n}}{\sigma}{}_y^{(1)} (y^2 - x^2)\right\} ds.$$

Diesen Ausdruck formen wir in ähnlicher Weise wie die Gln. (21) und (22) um, jedoch in umgekehrter Reihenfolge. Dann ergibt sich

$$2U_{12} = \sum_j \nu_j \int_{L_j} \left[\overset{n}{\sigma}{}_x^{(1)} xy + \tfrac{1}{2}\, \overset{n}{\sigma}{}_y^{(1)} (y^2 - x^2)\right] ds,$$

wobei L_j und n dasselbe wie in Gl. (21) bezeichnen.

Mit

$$\overset{n}{\sigma}{}_x^{(1)} = \sigma_x^{(1)} \cos(n, x) + \tau_{xy}^{(1)} \cos(n, y),$$

$$\overset{n}{\sigma}{}_y^{(1)} = \tau_{xy}^{(1)} \cos(n, x) + \sigma_y^{(1)} \cos(n, y)$$

erhalten wir, wenn wir die Integrale nach der *Formel von Ostrogradski-Green* umwandeln[1]),

$$2U_{12} = \sum_j \nu_j \iint_{S_j} y(\sigma_x^{(1)} + \sigma_y^{(1)})\, dx\, dy$$

[1]) Dabei ist zu beachten, daß

$$\frac{\partial \sigma_x^{(1)}}{\partial x} + \frac{\partial \tau_{xy}^{(1)}}{\partial y} = 0, \quad \frac{\partial \tau_{xy}^{(1)}}{\partial x} + \frac{\partial \sigma_y^{(1)}}{\partial y} = 0$$

ist.

und schließlich unter Beachtung der Gl. (1 b)

$$2U_{12} = \iint_S y\sigma_z^{(1)}\,\mathrm{d}x\,\mathrm{d}y = K_{21}.$$

Genauso gelangen wir mit Hilfe der Gleichung $2U_{12} = 2U_{21}$ und der Formel

$$2U_{12} = \int_L \left[\overset{n}{\sigma}{}_x^{(2)} u^{(1)} + \overset{n}{\sigma}{}_y^{(2)} v^{(1)}\right] \mathrm{d}s$$

auf die Beziehung $2U_{12} = K_{12}$. Folglich ist $2U_{12} = K_{12} = K_{21}$, was zu beweisen war. Die übrigen Gleichungen aus (19) kann man völlig analog beweisen. Wir überlassen dies dem Leser.

Gemäß Gl. (19) können wir die Determinante Δ als Diskriminante folgender quadratischer Form in a_1, a_2, a_3 betrachten:

$$2\Omega(a_1, a_2, a_3) = 2G_0(a_1, a_2, a_3) + 2G(a_1, a_2, a_3) \tag{23}$$

mit

$$2G_0(a_1, a_2, a_3) = \sum_{\alpha=1}^{3} \sum_{\beta=1}^{3} I_{\alpha\beta} a_\alpha a_\beta, \tag{24}$$

$$2G(a_1, a_2, a_3) = \sum_{\alpha=1}^{3} \sum_{\beta=1}^{3} K_{\alpha\beta} a_\alpha a_\beta = 2\sum_{\alpha=1}^{3} \sum_{\beta=1}^{3} U_{\alpha\beta} a_\alpha a_\beta. \tag{25}$$

Wie man leicht sieht, ist die quadratische Form G_0 positiv definit, d. h., es gilt $G_0(a_1, a_2, a_3) > 0$, wenn nicht alle a_1, a_2, a_3 gleich Null sind; denn aus der Definition der Konstanten $I_{\alpha\beta}$ folgt

$$2G_0(a_1, a_2, a_3) = \iint_S E(a_1 x + a_2 y + a_3)^2\,\mathrm{d}x\,\mathrm{d}y,$$

und daraus ergibt sich sofort unsere Behauptung.

Die Größe $G_0(a_1, a_2, a_3)$ bezeichnet, wie man leicht mit Hilfe der Gl. (12) nachprüft, die auf die Längeneinheit des Stabes bezogene potentielle Formänderungsenergie für einen Verzerrungszustand, der sich durch Überlagerung der mit a_1, a_2, a_3 multiplizierten Lösungen (1) bis (3) ergibt (also unter der Annahme, daß sich die Einzelteile des Stabes unabhängig voneinander verformen und somit nicht miteinander verbunden sind). Ebenso leicht läßt sich nachweisen, daß die quadratische Form $G(a_1, a_2, a_3)$ positiv definit ist, wenn nicht alle Poisson-Koeffizienten gleich sind (im Falle gleicher Poisson-Zahlen sind offenbar alle $K_{\alpha\beta}$ gleich Null, und die Form $G(a_1, a_2, a_3)$ verschwindet identisch).

Ferner kann man zeigen, daß $G(a_1, a_2, a_3)$ die auf die Längeneinheit des Stabes bezogene potentielle Formänderungsenergie darstellt, die der Überlagerung der Lösungen der Hilfsprobleme (1 a), (2 a), (3 a), multipliziert mit a_1, a_2, a_3, entspricht. Dazu betrachten wir die zu den Problemen (1 a), (2 a), (3 a) gehörenden (ebenen) Deformationen $(\varepsilon^{(1)})$, $(\varepsilon^{(2)})$, $(\varepsilon^{(3)})$ und bezeichnen mit (ε) die Deformation

$$(\varepsilon) = a_1(\varepsilon^{(1)}) + a_2(\varepsilon^{(2)}) + a_3(\varepsilon^{(3)}),$$

deren Komponenten $\varepsilon_x, \ldots, \gamma_{xz}$ entsprechend gleich

$$\varepsilon_x = a_1\varepsilon_x^{(1)} + a_2\varepsilon_x^{(2)} + a_3\varepsilon_x^{(3)}, \ldots, \quad \gamma_{xz} = a_1\gamma_{xz}^{(1)} + a_2\gamma_{xz}^{(2)} + a_3\gamma_{xz}^{(3)}$$

sind.

Die auf die Längeneinheit bezogene Formänderungsenergie lautet in diesem Falle gemäß Gl. (17)

$$2U = \iint_S W(\varepsilon)\,\mathrm{d}x\,\mathrm{d}y,$$

wobei $W(\varepsilon)$ durch (16) definiert wird. Wie man leicht sieht, ist

$$W(\varepsilon) = a_1^2 W(\varepsilon^{(1)}) + a_2^2 W(\varepsilon^{(2)}) + a_3^2 W(\varepsilon^{(3)}) + 2a_2a_3 W(\varepsilon^{(2)}, \varepsilon^{(3)}) + 2a_3a_1 W(\varepsilon^{(3)}, \varepsilon^{(1)}) + 2a_1a_2 W(\varepsilon^{(1)}, \varepsilon^{(2)}),$$

und demnach gilt unter Beachtung der Definition der Größen $U_{\alpha\beta}$ offenbar $2U = 2G(a_1, a_2, a_3)$, was zu beweisen war.

Wenn nicht alle POISSON-Zahlen gleich sind und wenigstens eine der Größen a_1, a_2, a_3 von Null verschieden ist, findet notwendig eine Deformation statt,[1]) und folglich gilt $U > 0$. Damit ist unsere Behauptung bewiesen.

Die Form $\Omega(a_1, a_2, a_3)$ ist als Summe zweier positiver Formen G_0 und G, von denen eine, und zwar G_0, sicher definit ist, ebenfalls positiv definit; die Diskriminante Δ einer solchen Form ist bekanntlich stets positiv. Damit ist die am Ende von 7.4.2.1. bezüglich Δ gemachte Behauptung bewiesen.

Bemerkung 1:

Die Tatsache, daß die Form $\Omega(a_1, a_2, a_3)$ positiv definit ist, hätten wir auch einfacher beweisen können, ohne sie in die Summe von G und G_0 zu zerlegen; denn $\Omega = G_0 + G$ stellt, wie man leicht unmittelbar nachprüft, die potentielle Energie des Verzerrungszustandes für die oben angegebene Kombination der Lösungen (1) bis (3) und (1a) bis (3a) dar.

Wir sind anders vorgegangen, weil wir die Zusatzkoeffizienten $K_{\alpha\beta}$ explizit angeben wollten; sie bringen zum Ausdruck, welchen Einfluß die Ungleichheit der POISSON-Zahlen der verschiedenen Werkstoffe hat.

Bemerkung 2:

Die Koeffizienten $K_{\alpha\beta}$ sind sehr klein, wenn sich die POISSON-Zahlen der einzelnen Werkstoffe wenig voneinander unterscheiden, genauer gesagt *haben sie die gleiche Ordnung wie die Quadrate und Produkte der Differenzen* $\nu_j - \nu_k$. Um das zu zeigen, bezeichnen wir vorübergehend die auf der rechten Seite der Formeln (1a) bis (3a) auftretenden Differenzen $\nu_j - \nu_k$ mit ν_{jk} und betrachten sie als unabhängige Größen. Die den Gln. (1a) bis (3a) entsprechenden Lösungen der Hilfsprobleme hängen offenbar linear von ν_{jk} ab. Unter Beachtung der Gl. (22) und der linearen Beziehung zwischen $\tilde{\tilde{\sigma}}_x^{(\alpha)}$, $\tilde{\tilde{\sigma}}_y^{(\alpha)}$ und ν_{jk} wird ersichtlich, daß $K_{\alpha\beta}$ linear von den Quadraten und Produkten der Größen ν_{jk} abhängt, und damit ist unsere Behauptung bewiesen.

7.4.3. **Sonderfälle**

7.4.3.1. Stab mit Symmetrieachse unter Zug-Druck

Wir nehmen an, daß die z-Achse eine Symmetrieachse des Stabes bildet, dabei ist die Symmetrie sowohl in geometrischer Hinsicht als auch im Sinne der elastischen Eigenschaften zu ver-

---

[1]) Wenn keine Verformung auftritt, so gilt auf den Trennlinien L_{jk} zwischen den Gebieten S_j, S_k

$$u_j - u_k = -c_{jk}y + \alpha_{jk}, \quad v_j - v_k = c_{jk}x + \beta_{jk},$$

wobei c_{jk}, α_{jk}, β_{jk} Konstanten sind. Andererseits muß auf diesen Trennlinien gemäß (1a) bis (3a)

$$u_j - u_k = (\nu_j - \nu_k)\left[\frac{1}{2}a_1(x^2 - y^2) + a_2xy + a_3x\right],$$

$$v_j - v_k = (\nu_j - \nu_k)\left[a_1xy + \frac{1}{2}a_2(y^2 - x^2) + a_3y\right]$$

gelten. Durch Vergleich dieser Ausdrücke kann man sich durch elementare Überlegungen leicht davon überzeugen, daß in diesem Falle für $\nu_j \neq \nu_k$ notwendig $a_1 = a_2 = a_3 = 0$, $c_{jk} = \alpha_{jk} = \beta_{jk} = 0$ sein muß.

stehen. Dann stellt O offenbar den reduzierten Schwerpunkt der linken Grundfläche dar. Wenn wir die x- und die y-Achse in die reduzierten Hauptträgheitsachsen dieser Grundflächen legen, gilt $I_{12} = 0$. Auf Grund der Symmetrie und der Gestalt der Funktionen g_3, h_3 aus Gl. (3a) in 7.4.2. läßt sich leicht schließen, daß die Lösung des entsprechenden Hilfsproblems der ebenen Deformation ebenfalls in bezug auf O symmetrisch ist und daß insbesondere

$$\sigma_z^{(3)}(-x, -y) = \sigma_z^{(3)}(x, y)$$

gilt.
Folglich ist

$$K_{31} = K_{13} = \iint_S x\sigma_z^{(3)}\,\mathrm{d}x\,\mathrm{d}y = 0, \quad K_{32} = K_{23} = \iint_S y\sigma_z^{(3)}\,\mathrm{d}x\,\mathrm{d}y = 0,$$

und die Gln. (4) aus 7.4.2. lauten (wenn wir beachten, daß in unserem Falle $x_0 = y_0 = 0$ ist)

$$\begin{aligned} -M_y &= (I_{11} + K_{11})\,a_1 + K_{12}a_2, \\ M_x &= K_{21}a_1 + (I_{22} + K_{22})\,a_2, \\ F &= (S_E + K_{33})\,a_3. \end{aligned}$$

Zur Lösung des Zug-Druck-Problems für eine Längskraft F mit der Symmetrieachse z als Wirkungslinie müssen wir in den letzten Gleichungen $M_y = M_x = 0$ setzen. Damit erhalten wir

$$a_1 = a_2 = 0,$$

$$a_3 = \frac{F}{S_E + K_{33}}. \tag{1}$$

Falls die verschiedenen Werkstoffe, aus denen der Stab besteht, alle gleiche POISSON-Zahlen haben, gilt $K_{33} = 0$, und wir gelangen zu den früher gewonnenen Resultaten. Wenn jedoch nicht alle POISSON-Koeffizienten gleich sind, so gilt notwendig $K_{33} > 0$[1]).
Da a_3 die Dehnung des Stabes durch die Zugkraft F angibt, stellt $S_E + K_{33}$ die Zug-Druck-Steifigkeit dar. Die Formel (1) zeigt, daß unterschiedliche POISSON-Zahlen (bei unverändertem S_E) unabhängig vom Vorzeichen der Differenz $\nu_j - \nu_k$ eine Erhöhung der Zug-Druck-Steifigkeit bewirken.

7.4.3.2. Stab mit Symmetrieebene bei reiner Biegung

Wir nehmen an, daß die x,y-Ebene eine Symmetrieebene des Stabes (sowohl im Sinne der Geometrie als auch der elastischen Eigenschaften) darstellt. Den Ursprung O legen wir in den reduzierten Schwerpunkt der linken Grundfläche und die x- bzw. y-Achse in die reduzierten Hauptträgheitsachsen dieser Grundfläche bezüglich O.
Bei der eben genannten Wahl der Achsen gilt in den Gln. (4) des letzten Abschnittes $I_{13} = I_{23} = I_{12} = 0$.
Auf Grund der Symmetrie und der Gestalt der Funktionen g_1, h_1 in den Gln. (1a) des letzten Abschnittes schließen wir, daß die Lösung des entsprechenden Hilfsproblems der ebenen Deformation ebenfalls symmetrisch in bezug auf die x-Achse ist und daß insbesondere

$$\sigma_z^{(1)}(x, -y) = \sigma_z^{(1)}(x, y)$$

gilt. In analoger Weise bekommen wir

$$\sigma_z^{(2)}(x, -y) = -\sigma_z^{(2)}(x, y).$$

---

[1]) In diesem Falle ist die Form $2G\,(a_1, a_2, a_3)$ positiv definit, und folglich sind die Koeffizienten K_{11}, K_{22}, K_{33} sämtlich positiv, das letztere ergibt sich aus der Formel $K_{11} = 2G\,(1, 0, 0)$ und analog für K_{22} und K_{33}.

Folglich ist

$$K_{12} = K_{21} = \iint_S y\sigma_z^{(1)}\,\mathrm{d}x\,\mathrm{d}y = 0, \quad K_{23} = K_{32} = \iint_S \sigma_z^{(2)}\,\mathrm{d}x\,\mathrm{d}y = 0,$$

und die Gln. (4) des vorigen Abschnittes lauten

$$\left.\begin{aligned} -M_y &= (I_{11} + K_{11})\,a_1 + K_{13}a_3, \\ M_x &= (I_{22} + K_{22})\,a_2, \\ F &= K_{31}a_1 + (S_E + K_{33})\,a_3. \end{aligned}\right\} \tag{2}$$

Zur Lösung des Biegeproblems für ein Moment, dessen Wirkungsebene senkrecht auf der Symmetrieebene steht, müssen wir $M_y = 0$, $F = 0$ setzen. Damit erhalten wir

$$\begin{aligned} a_1 &= a_3 = 0, \\ a_2 &= \frac{M_x}{I_{22} + K_{22}}. \end{aligned} \tag{3}$$

Wenn nicht alle Poisson-Zahlen gleich sind, ist $K_{22} > 0$.
Um das Biegeproblem für ein Moment zu lösen, dessen Wirkungsebene parallel zur Symmetrieebene liegt, müssen wir $M_x = 0$, $F = 0$ setzen und erhalten damit

$$a_2 = 0, \quad a_3 = -\frac{a_1 K_{31}}{S_E + K_{33}}, \quad -a_1 = \frac{M_y}{I_{11} + K}, \tag{4}$$

wobei wir zur Abkürzung

$$K = K_{11} - \frac{K_{13}^2}{S_E + K_{33}} = \frac{S_E K_{11} + K_{11}K_{33} - K_{13}^2}{S_E + K_{33}} \tag{5}$$

schreiben.
Wenn nicht alle Poisson-Zahlen gleich sind, ist $K > 0$, denn $K_{11}K_{33} - K_{13}^2 > 0$[1]). Offenbar gilt in beiden betrachteten Fällen das *Bernoulli-Eulersche Gesetz*. Die Biegesteifigkeit ist im ersten Falle gleich

$$I_{22} + K_{22} \tag{6}$$

und im zweiten gleich

$$I_{11} + K. \tag{7}$$

Dabei sind I_{22} und I_{11} die reduzierten Trägheitsmomente in bezug auf die x- bzw. y-Achse. In beiden Fällen *bewirken unterschiedliche Poissonzahlen (bei unveränderten I_{11} und I_{22}) unabhängig vom Vorzeichen der Differenz $\nu_j - \nu_k$ eine Erhöhung der Biegesteifigkeit.*
In 7.4.5. geben wir einige einfache Beispiele an.

7.4.4. Zughauptachse und Biegehauptebene

Die Gln. (4) in 7.4.2. lassen sich wesentlich vereinfachen, wenn man anstelle des beliebigen x,y-Achsensystems in der Ebene der linken (unteren) Grundfläche ein neues x',y'-System in derselben Ebene einführt (wobei also die neue z'-Achse in Richtung der alten z-Achse zeigt). Dieses neue Koordinatensystem kann man, wie wir später sehen werden, so wählen,

---

[1]) $K_{11}K_{33} - K_{13}$ ist die Diskriminante der positiv definiten quadratischen Form der Veränderlichen a_1, a_3:

$$2G(a_1, 0, a_3) = K_{11}a_1^2 + 2K_{13}a_1a_3 + K_{33}a_3^2.$$

daß auf den rechten Seiten der Gln. (4) aus 7.4.2. alle nicht in der Hauptdiagonalen stehenden Koeffizienten verschwinden. Mit $K'_{\alpha\beta}$ bezeichnen wir Konstanten, die für das x',y'-Achsensystem genauso ermittelt werden wie die Konstanten $K_{\alpha\beta}$ für das x,y-System. Man kann leicht Beziehungen angeben, die die Größen $K'_{\alpha\beta}$ mit den $K_{\alpha\beta}$ verknüpfen. Wir überlassen es dem Leser, diese Umwandlungsformeln zu finden (s. a. Bemerkung am Ende des Abschnittes), und leiten nur diejenigen her, die wir im Verlauf der weiteren Überlegungen benötigen.

Der größeren Übersichtlichkeit halber führen wir den Übergang zu den neuen Achsen in zwei Schritten durch, indem wir zunächst die Verschiebung des Ursprungs und danach eine Drehung des Achsensystems vornehmen.

Das neue x',y'-Achsensystem soll sich zunächst vom alten x,y-System nur durch die Lage des Ursprunges unterscheiden. Und zwar seien a, b die Koordinaten des neuen Ursprunges O' in bezug auf die alten Achsen, dann gilt für die alten und neuen Koordinaten ein und desselben Punktes

$$x' = x - a, \quad y' = y - b.$$

Es läßt sich leicht zeigen, daß in unserem Falle $K'_{33} = K_{33}$ ist. Dazu betrachten wir das den Gln. (3a) in 7.4.2. entsprechende, jedoch in bezug auf das neue x',y'-System aufgestellte Hilfsproblem. Die Verschiebungssprünge an den Trennlinien lauten in diesem Falle

$$u_j - u_k = (\nu_j - \nu_k)\, x' = (\nu_j - \nu_k)(x - a) = (\nu_j - \nu_k)\, x + \text{const},$$
$$v_j - v_k = (\nu_j - \nu_k)\, y' = (\nu_j - \nu_k)(y - b) = (\nu_j - \nu_k)\, y + \text{const},$$

und es ist klar, daß die Lösung dieses Problems auf die gleiche Spannungsverteilung führt wie die Lösung des Problems bei folgenden Sprüngen:

$$u_j - u_k = (\nu_j - \nu_k)\, x, \quad v_j - v_k = (\nu_j - \nu_k)\, y,$$

denn die auf der rechten Seite der vorigen Gleichungen auftretenden Konstanten kann man durch eine starre Verschiebung der Stabteile beseitigen.

Insbesondere erhalten wir somit für die Spannungskomponenten dieser Hilfsprobleme im x,y- und x',y'-System gleiche Werte.

Also bleibt die Größe $K_{33} = \iint\limits_S \sigma_z^{(3)}\, \mathrm{d}x\, \mathrm{d}y$ beim Übergang zum neuen System unverändert.

Nun berechnen wir noch die Größen $K'_{13} = K'_{31}$ und $K'_{23} = K'_{32}$. Unter Beachtung der Gl. (6') in 7.4.2. und des eben bezüglich $\sigma_z^{(3)}$ Gesagten ergibt sich

$$K'_{13} = \iint\limits_S x' \sigma_z^{(3)}\, \mathrm{d}x'\, \mathrm{d}y' = \iint\limits_S (x - a)\, \sigma_z^{(3)}\, \mathrm{d}x\, \mathrm{d}y$$

und somit

$$K'_{13} = K_{13} - aK_{33}. \tag{1}$$

Analog ist

$$K'_{23} = K_{23} - bK_{33}. \tag{2}$$

Wenn wir mit $I'_{\alpha\beta}$ eine Größe bezeichnen, die für das x',y'-System genauso berechnet wird wie die Größe $I_{\alpha\beta}$ für das x,y-System, und a, b so wählen, daß

$$I'_{13} + K'_{13} = S_E x'_0 + K'_{13} = 0, \quad I'_{23} + K'_{23} = S_E y'_0 + K'_{23} = 0$$

gilt, dann erhalten wir mit $x'_0 = x_0 - a$, $y'_0 = y_0 - b$ aus den vorigen Formeln

$$a = \frac{S_E x_0 + K_{13}}{S_E + K_{33}}, \quad b = \frac{S_E y_0 + K_{23}}{S_E + K_{33}}. \tag{3}$$

Nach Einsetzen dieser Werte nehmen die den Gln. (4) aus 7.4.2. entsprechenden, für das neue Achsensystem gebildeten Beziehungen folgende einfachere Gestalt an:

$$\left.\begin{aligned} -M_y &= (I_{11} + K_{11})\, a_1 + (I_{12} + K_{12})\, a_2, \\ M_x &= (I_{21} + K_{21})\, a_1 + (I_{22} + K_{22})\, a_2, \\ F &= (S_E + K_{33})\, a_3. \end{aligned}\right\} \tag{4}$$

Zur Abkürzung der Schreibweise haben wir die Striche weggelassen und M_y, M_x, $I_{\alpha\beta}$, $K_{\alpha\beta}$ anstelle von M_y', M_x', $I_{\alpha\beta}'$, $K_{\alpha\beta}'$ geschrieben. Dementsprechend bezeichnen wir nun das neue x',y'-System wieder mit x,y. Die neue z-Achse nennen wir *Zug- (Druck-) Hauptachse*[1]). Diese Bezeichnung ist durch folgenden Sachverhalt gerechtfertigt: Greift an den Grundflächen des Stabes eine Zugkraft F mit der Zughauptachse als Wirkungslinie an, so müssen wir in der Lösung für das Zugproblem

$$a_1 = a_2 = 0,$$

$$a_3 = \frac{F}{S_E + K_{33}}$$

setzen, d. h., die Zug- (Druck-) Verformung wird nicht von einer Biegung begleitet. Nach der letzten Formel ist die Zug-Druck-Steifigkeit gleich

$$S_E + K_{33}. \tag{5}$$

Da bei ungleichen Poisson-Zahlen $K_{33} > 0$ gilt, *bewirken unterschiedliche Poissonkoeffizienten (bei unveränderlichem S_E) unabhängig vom Vorzeichen der Differenz $\nu_j - \nu_k$ eine Erhöhung der Zug-Druck-Steifigkeit.* Diese Aussage war uns bisher nur für den axialsymmetrischen Sonderfall bekannt. Die Gln. (4) lassen sich durch eine Drehung des x,y-Achsensystems in seiner Ebene noch weiter vereinfachen.
Wenn das neue x',y'-System im Vergleich zum alten um den Winkel α gedreht wird, so gilt nach den bekannten Formeln

$$x = x' \cos\alpha - y' \sin\alpha, \quad y = x' \sin\alpha + y' \cos\alpha; \tag{6}$$

$$x' = x \cos\alpha + y \sin\alpha, \quad y' = -x \sin\alpha + y \cos\alpha. \tag{7}$$

Wir drücken nun die in bezug auf das neue System gebildeten Größen K_{11}', $K_{12}' = K_{21}'$, K_{22}' durch die Größen K_{11}, $K_{12} = K_{21}$, K_{22} aus. Dazu vergleichen wir die den Gln. (1a), (2a) in 7.4.2. entsprechenden Hilfsprobleme der ebenen Deformation mit den für das neue System gebildeten.
Die Verschiebungssprünge lauten im alten System für das erste Problem

$$u_j - u_k = \tfrac{1}{2}(\nu_j - \nu_k)(x^2 - y^2), \quad v_j - v_k = (\nu_j - \nu_k)\, xy \tag{I}$$

und für das zweite

$$u_j - u_k = (\nu_j - \nu_k)\, xy, \quad v_j - v_k = \tfrac{1}{2}(\nu_j - \nu_k)(y^2 - x^2). \tag{II}$$

---

[1]) Die Zug-Druck-Hauptachse kann man auch wie folgt bestimmen: Man setzt in den Gln. (4) aus 7.4.2. $a_1 = a_2 = 0$, $a_3 = 0$; dann ergibt sich

$$M_y = -(S_E x_0 + K_{13})\, a_3, \quad M_x = (S_E y + K_{23})\, a_3, \quad F = (S_E + K_{33})\, a_3,$$

d. h., die an der „rechten" Grundfläche angreifenden Kräfte sind gleichwertig mit einer Zugkraft $F = 0$ in z-Richtung und einem Moment senkrecht auf dieser Richtung. Ein solches Kräftesystem ist jedoch einer Kraft von gleicher Größe und Richtung äquivalent, deren Wirkungslinie gerade die im Text definierte Zug-Druck-Hauptachse darstellt.

Bezüglich des neuen Systems erhalten wir entsprechend

$$u_j' - u_k' = \tfrac{1}{2}(\nu_j - \nu_k)(x'^2 - y'^2), \quad v_j' - v_k' = (\nu_j - \nu_k)\, x'y' \tag{I'}$$

und

$$u_j' - u_k' = (\nu_j - \nu_k)\, x'y', \quad v_j' - v_k' = \tfrac{1}{2}(\nu_j - \nu_k)(y'^2 - x'^2). \tag{II'}$$

Um diese Probleme vergleichen zu können, drücken wir die Randbedingungen (I′) und (II′) unter Verwendung des alten x,y-Systems aus. Dazu setzen wir in die Gln. (I′) anstelle von x', y' die Ausdrücke (7) ein, dann bekommen wir

$$u_j' - u_k' = \tfrac{1}{2}(\nu_j - \nu_k)(x^2 - y^2)\cos 2\alpha + (\nu_j - \nu_k)\, xy \sin 2\alpha,$$
$$v_j' - v_k' = (\nu_j - \nu_k)\, xy \cos 2\alpha - \tfrac{1}{2}(\nu_j - \nu_k)(x^2 - y^2)\sin 2\alpha.$$

Wenn wir nun die Sprungwerte $u_j' - u_k'$, $v_j' - v_k'$ durch die Komponenten $u_j - u_k$, $v_j - v_k$ in den alten Koordinaten ersetzen, erhalten wir mit

$$u_j - u_k = (u_j' - u_k')\cos\alpha - (v_j' - v_k')\sin\alpha,$$
$$v_j - v_k = (u_j' - u_k')\sin\alpha + (v_j' - v_k')\cos\alpha$$

folgende Beziehungen:[1])

$$\begin{aligned} u_j - u_k &= \tfrac{1}{2}(\nu_j - \nu_k)(x^2 - y^2)\cos\alpha + (\nu_j - \nu_k)\, xy \sin\alpha, \\ v_j - v_k &= (\nu_j - \nu_k)\, xy \cos\alpha + \tfrac{1}{2}(\nu_j - \nu_k)(y^2 - x^2)\sin\alpha. \end{aligned} \tag{8}$$

Hieraus ist ersichtlich, daß die den Gln. (I′) entsprechende Lösung des Problems durch Multiplikation der den Bedingungen (I) und (II) entsprechenden Lösungen mit $\cos\alpha$ bzw. $\sin\alpha$ und nachfolgende Addition entstehen.

Wenn wir die beim Problem (I′) auftretende Spannung σ_z mit $\sigma_z'^{(1)}$ und die den Aufgaben (I), (II) entsprechende mit $\sigma_z^{(1)}$ bzw. $\sigma_z^{(2)}$ bezeichnen, so gilt

$$\sigma_z'^{(1)} = \sigma_z^{(1)}\cos\alpha + \sigma_z^{(2)}\sin\alpha, \tag{9}$$

analog erhalten wir für das Probelm (II′)

$$\sigma_z'^{(2)} = -\sigma_z^{(1)}\sin\alpha + \sigma_z^{(2)}\cos\alpha. \tag{10}$$

Unter Verwendung der Gln. (9) und (10) lassen sich die K_{11}', K_{12}', K_{22}' leicht durch K_{11}, K_{12}, K_{22} ausdrücken. Zum Beispiel für K_{12}' ergibt sich

$$\begin{aligned} K_{12}' = K_{21}' &= \iint_S y'\sigma_z'^{(1)} \mathrm{d}x'\mathrm{d}y' \\ &= \iint_S (-x\sin\alpha + y\cos\alpha)(\sigma_z^{(1)}\cos\alpha + \sigma_z^{(2)}\sin\alpha)\,\mathrm{d}x\,\mathrm{d}y \end{aligned}$$

und damit

$$K_{12}' = K_{12}\cos 2\alpha - \tfrac{1}{2}(K_{11} - K_{22})\sin 2\alpha. \tag{11}$$

Wir überlassen es dem Leser, die Formeln für K_{11}' und K_{22}' zu ermitteln (s. a. Bemerkung am Ende des Abschnittes).

Nun berechnen wir noch das reduzierte Zentrifugalmoment I_{12}' in bezug auf das neue System. Es gilt

$$I_{12}' = \iint_S E x'y'\mathrm{d}x'\mathrm{d}y' = \iint_S E(x\cos\alpha + y\sin\alpha)(-x\sin\alpha + y\cos\alpha)\,\mathrm{d}x\,\mathrm{d}y$$

---

[1]) Die Herleitung der Gln. (8) kann man vereinfachen, wenn man $\mathfrak{z} = x + iy$ anstelle von x, y und $u + iv$ anstelle von u, v betrachtet.

und somit

$$I'_{12} = I_{12} \cos 2\alpha - \tfrac{1}{2}(I_{11} - I_{22}) \sin 2\alpha . \tag{12}$$

Diese Formel ist völlig analog zu (11) (s. a. Bemerkung am Ende des Abschnittes).
Wir wählen nun den Winkel α so, daß

$$I'_{12} + K'_{12} = I'_{21} + K'_{21} = 0 \tag{13}$$

ist. Mit Hilfe von (11) und (12) erhalten wir

$$(I_{12} + K_{12}) \cos 2\alpha - \tfrac{1}{2}(I_{11} + K_{11} - I_{22} - K_{22}) \sin 2\alpha = 0,$$

und daraus folgt

$$\tan 2\alpha = \frac{2(I_{12} + K_{12})}{I_{11} + K_{11} - I_{22} - K_{22}}. \tag{14}$$

Wenn wir für α einen der Werte wählen, die diese Bedingung befriedigen (die übrigen unterscheiden sich von ihm durch ganzzahlige Vielfache von $\pi/2$), so gelangen wir zu einem x',y'-System, in dem die Gln. (4) die am Anfang des Abschnittes angekündigte sehr einfache Gestalt

$$-M_{y'} = (I'_{11} + K'_{11})\, a_1, \quad M_{x'} = (I'_{22} + K'_{22})\, a_2, \quad F = (S_E + K_{33})\, a_3$$

annehmen. Denn wie man leicht sieht, gilt auch für das neue System $I'_{13} + K'_{13} = S_E x'_0 + K'_{13} = 0$, $I'_{23} + K'_{23} = S_E y'_0 + K'_{23} = 0$ sowie $K'_{33} = K_{33}$.
Die x',z- und y',z-Ebene nennen wir *Biegehauptebenen.* Wenn die z-Achse mit der Zughauptachse und die x',z- sowie die y',z-Ebene mit den Biegehauptebenen zusammenfallen, dann können wir das Zug-Druck-Problem für eine Kraft mit der z-Achse als Wirkungslinie und das Biegeproblem für Momente, deren Wirkungsebene parallel zur x',z- bzw. y',z-Ebene liegen, unabhängig voneinander lösen.
Die letzten Gleichungen lauten, wenn wir die Striche weglassen,

$$-M_y = (I_{11} + K_{11})\, a_1, \quad M_x = (I_{22} + K_{22})\, a_2, \quad F = (S_E + K_{33})\, a_3 . \tag{15}$$

Wie man leicht sieht, gilt auch hier das *Gesetz von Bernoulli-Euler* für die reine Biegung um die x- bzw. y-Achse, dabei ist die Biegesteifigkeit entsprechend gleich

$$I_{11} + K_{11}, \; I_{22} + K_{22}. \tag{16}$$

Die Zug-Druck-Steifigkeit ist, wie schon gesagt, gleich

$$S_E + K_{33}.$$

Bemerkung:

Die Größen $K_{\alpha\beta}$ werden beim Übergang vom x,y- zum x',y'-System *nach den gleichen Formeln wie die Größen $I_{\alpha\beta}$ transformiert* (den Beweis überlassen wir dem Leser)[1].
Beispielsweise beim Verschieben des Koordinatenursprunges O in die neue Lage $O'(a, b)$ gilt

$$I'_{11} = \iint_S E x'^2 \mathrm{d}x' \mathrm{d}y' = \iint_S E(x - a)^2 \, \mathrm{d}x \, \mathrm{d}y = I_{11} - 2aI_{13} + a^2 I_{33}$$

und dementsprechend

$$K'_{11} = K_{11} - 2aK_{13} + a^2 K_{33}.$$

---

[1]) Anstelle der einfachen Überprüfung kann man die genannte Eigenschaft durch Betrachtung des allgemeinen Ausdruckes für die potentielle Energie des verformten Stabes herleiten.

Die Schreibweise vereinfacht sich also, wenn man nicht die Größen $K_{\alpha\beta}$ und $I_{\alpha\beta}$, sondern ihre Summe $I^*_{\alpha\beta} = I_{\alpha\beta} + K_{\alpha\beta}$ betrachtet; denn nur diese tritt in den Gln. (4) aus 7.4.2. in Erscheinung. Wir haben davon keinen Gebrauch gemacht, da wir die Glieder $K_{\alpha\beta}$ angeben wollten, die nur im Falle unterschiedlicher Poisson-Koeffizienten auftreten (vgl. Bemerkung 1 in 7.4.2.).

7.4.5. Anwendung der komplexen Darstellung. Beispiele

7.4.5.1. Bei der Lösung der von uns betrachteten Hilfsprobleme der ebenen Deformation sowie in vielen anderen Fällen ist es zweckmäßig, Funktionen der komplexen Veränderlichen

$$\mathfrak{z} = x + \mathrm{i}y$$

zu verwenden. Die allgemeine Lösung der Gleichungen der ebenen Elastizitätstheorie für den homogenen isotropen Körper (2.2.4.) lautet dann

$$u + \mathrm{i}v = \alpha\varphi(\mathfrak{z}) - \beta\,\overline{\mathfrak{z}\varphi'(\mathfrak{z})} - \beta\,\overline{\psi(\mathfrak{z})}, \tag{1}$$

$$\sigma_x + \sigma_y = 4\,\mathrm{Re}\,\varphi'(\mathfrak{z}), \quad \sigma_y - \sigma_x + 2\mathrm{i}\tau_{xy} = 2[\bar{\mathfrak{z}}\varphi''(\mathfrak{z}) + \psi'(\mathfrak{z})], \tag{2}$$

wobei $\varphi(\mathfrak{z})$, $\psi(\mathfrak{z})$ analytische Funktionen der komplexen Veränderlichen $\mathfrak{z}$ im betrachteten Gebiet sind. Wir führten hier die neuen Bezeichnungen

$$\alpha = \frac{\varkappa}{2\mu} = \frac{\lambda + 3\mu}{2\mu(\lambda + \mu)} = \frac{(3 - 4\nu)(1 + \nu)}{E}, \quad \beta = \frac{1}{2\mu} = \frac{1 + \nu}{E} \tag{3}$$

ein.

Für das uns interessierende Hilfsproblem aus 7.4.1. nehmen die Konstanten α, β in den einzelnen Gebieten S_j des Stabquerschnittes S unterschiedliche Werte α_j, β_j an, und die Funktionen $\varphi(\mathfrak{z})$, $\psi(\mathfrak{z})$ sind in jedem dieser Gebiete holomorph[1]).

Die am Element ds einer beliebigen Randkurve von der Seite der positiven Normalen n her angreifenden Spannungen $\overset{n}{\sigma}_x$, $\overset{n}{\sigma}_y$ sind durch folgende Gleichungen definiert:

$$(\overset{n}{\sigma}_x + \mathrm{i}\overset{n}{\sigma}_y)\,\mathrm{d}s = -\mathrm{i}\,\mathrm{d}\big[\varphi(\mathfrak{z}) + \mathfrak{z}\overline{\varphi'(\mathfrak{z})} + \overline{\psi(\mathfrak{z})}\big], \tag{4}$$

dabei wird vorausgesetzt, daß die positive Normale n und das Element ds wie die x- und y-Achse zueinander liegen.

Die Bedingungen (1) und (2) aus 7.4.1. lauten somit

$$\varphi(\mathfrak{z}) + \mathfrak{z}\overline{\varphi'(\mathfrak{z})} + \overline{\psi(\mathfrak{z})} = \mathrm{const} \tag{5}$$

auf dem Rand des Gebietes S und

$$\big[\varphi(\mathfrak{z}) + \mathfrak{z}\overline{\varphi'(\mathfrak{z})} + \overline{\psi(\mathfrak{z})}\big]_j = \big[\varphi(\mathfrak{z}) + \mathfrak{z}\overline{\varphi'(\mathfrak{z})} + \overline{\psi(\mathfrak{z})}\big]_k + \mathrm{const} \tag{6}$$

auf den Trennlinien der Teilgebiete S_j, S_k. Ferner ergibt sich für die Bedingung (3) in 7.4.1.

$$\big[\alpha\varphi(\mathfrak{z}) - \beta\mathfrak{z}\overline{\varphi'(\mathfrak{z})} - \beta\overline{\psi(\mathfrak{z})}\big]_j - \big[\alpha\varphi(\mathfrak{z}) - \beta\mathfrak{z}\overline{\varphi'(\mathfrak{z})} - \beta\overline{\psi(\mathfrak{z})}\big]_k = f \tag{7}$$

[1]) Die mehrdeutigen Glieder in den Funktionen φ, ψ entfallen hier, da die resultierenden Vektoren der an den Rändern der Gebiete S_j angreifenden Kräfte sämtlich verschwinden.

auf den Trennlinien der Gebiete S_j, S_k, dabei ist f eine auf diesen Linien vorgegebene Funktion, die in den Fällen (1a), (2a), (3a) aus 7.4.2. folgende Werte annimmt:

$$f = g_1 + \mathrm{i}h_1 = \tfrac{1}{2}(\nu_j - \nu_k)\,\mathfrak{z}^2, \tag{8.1}$$

$$f = g_2 + \mathrm{i}h_2 = -\frac{\mathrm{i}}{2}(\nu_j - \nu_k)\,\mathfrak{z}^2, \tag{8.2}$$

$$f = g_3 + \mathrm{i}h_3 = (\nu_j - \nu_k)\,\mathfrak{z}. \tag{8.3}$$

7.4.5.2. Als Beispiel betrachten wir einen aus zwei Teilen bestehenden Stab, dessen freie Oberfläche und Trennfläche koaxiale Kreiszylinder sind.

Das Gebiet S_1 werde durch einen Kreis mit dem Radius R_1 und das Gebiet S_2 von demselben Kreis und einem Kreis mit dem Radius $R_2 > R_1$ begrenzt. Den gemeinsamen Mittelpunkt wählen wir als Koordinatenursprung.

Aus Symmetriegründen fallen offensichtlich die z-Achse mit der Zughauptachse, die x,z- und y,z-Ebene mit den Hauptbiegeebenen zusammen. Die Lösung der Hilfsprobleme ermitteln wir, indem wir die Funktionen φ und ψ in S_1 nach positiven und in S_2 nach positiven und negativen Potenzen von $\mathfrak{z}$ entwickeln.

Durch Einsetzen in die Gln. (5), (6) und (7) werden die Koeffizienten bestimmt. Die übrigbleibenden willkürlichen Konstanten haben keinerlei Einfluß auf die Spannungsverteilung (das folgt aus der Eindeutigkeit der Lösung des Problems).

Die uns interessierenden Fälle sind jedoch so einfach, daß man die Gestalt der Lösung leicht sofort angeben kann und statt der unendlichen Reihen von vornherein nur einige Glieder zu nehmen braucht (s. u.).

7.4.5.3. Wir lösen nun zunächst das Zug-Druck-Problem. Am zweckmäßigsten setzt man hier

$$\varphi_1(\mathfrak{z}) = A_1\mathfrak{z}, \quad \psi_1(\mathfrak{z}) = 0 \quad \text{im Gebiet } S_1,$$

$$\varphi_2(\mathfrak{z}) = A_2\mathfrak{z}, \quad \psi_2(\mathfrak{z}) = \frac{B_2}{\mathfrak{z}} \quad \text{im Gebiet } S_2,$$

dabei sind A_1, A_2, B_2 reelle Konstanten, und die Indizes 1, 2 bei φ und ψ weisen auf die Zugehörigkeit der Funktionen zum Gebiet S_1 bzw. S_2 hin.

Die Gln. (5), (6) und (7) lauten für $f = (\nu_1 - \nu_2)\,\mathfrak{z}$, wenn wir die beliebigen Konstanten weglassen,

$$\begin{aligned} &2A_2\mathfrak{z} + B_2\bar{\mathfrak{z}}^{-1} = 0 \qquad \text{für } |\mathfrak{z}| = R_2, \\ &2A_1\mathfrak{z} = 2A_2\mathfrak{z} + B_2\bar{\mathfrak{z}}^{-1} \quad \text{für } |\mathfrak{z}| = R_1, \\ &(\alpha_1 - \beta_1)\,A_1\mathfrak{z} = (\alpha_2 - \beta_2)\,A_2\mathfrak{z} - \beta_2 B_2\bar{\mathfrak{z}}^{-1} + (\nu_1 - \nu_2)\,\mathfrak{z} \quad \text{für } |\mathfrak{z}| = R_1. \end{aligned} \tag{9}$$

Wir setzen $\mathfrak{z} = r\,\mathrm{e}^{\mathrm{i}\vartheta}$, $\bar{\mathfrak{z}} = r\,\mathrm{e}^{-\mathrm{i}\vartheta}$ und kürzen mit $\mathrm{e}^{\mathrm{i}\vartheta}$, dann erhalten wir

$$2A_2R_2 + \frac{B_2}{R_2} = 0, \quad 2A_1R_1 = 2A_2R_1 + \frac{R_2}{R_1},$$

$$(\alpha_1 - \beta_1)\,A_1R_1 = (\alpha_2 - \beta_2)\,A_2R_1 - \frac{\beta_2 B_2}{R_1} + (\nu_1 - \nu_2)\,R_1.$$

Aus diesen Gleichungen ergeben sich für die Koeffizienten A_1, A_2, B_2 folgende Werte:

$$\left.\begin{aligned} A_1 &= \frac{(\nu_1 - \nu_2)(R_2^2 - R_1^2)}{(\alpha_1 - \beta_1)(R_2^2 - R_1^2) + (\alpha_2 - \beta_2) R_1^2 + 2\beta_2 R_2^2}, \\ A_2 &= -\frac{(\nu_1 - \nu_2) R_1^2}{(\alpha_1 - \beta_1)(R_2^2 - R_1^2) + (\alpha_2 - \beta_2) R_1^2 + 2\beta_2 R_2^2}, \\ B_2 &= \frac{2(\nu_1 - \nu_2) R_1^2 R_2^2}{(\alpha_1 - \beta_1)(R_2^2 - R_1^2) + (\alpha_2 - \beta_2) R_1^2 + 2\beta_2 R_2^2}. \end{aligned}\right\} \tag{10}$$

Für die Größen α_1, β_1, α_2, β_2 bekommen wir gemäß (3), wenn wir E und ν mit den entsprechenden Indizes versehen,

$$\alpha_1 - \beta_1 = \frac{2(1 + \nu_1)(1 - 2\nu_1)}{E_1}, \quad \alpha_2 - \beta_2 = \frac{2(1 + \nu_2)(1 - 2\nu_2)}{E_2}, \quad \beta_2 = \frac{1 + \nu_2}{E_2}.$$

Da die Poisson-Koeffizienten ν stets kleiner als $\frac{1}{2}$ sind, haben die letzten Größen alle positive Werte.

Durch Überlagerung der mit a_3 multiplizierten Lösung des Hilfsproblems und der ebenfalls mit a_3 multiplizierten Lösung (3) in 7.4.2. erhalten wir die Lösung des Ausgangsproblems, wenn a_3 den Wert

$$a_3 = \frac{F}{S_E + K_{33}} \tag{11}$$

annimmt; dabei ist F die Größe der Zugkraft. Dann gilt

$$S_E = S_1 E_1 + S_2 E_2 = \pi[R_1^2 E_1 + (R_2^2 - R_1^2) E_2] \tag{12}$$

und

$$K_{33} = \iint_S \sigma_z^{(3)} \, dx \, dy$$

mit $\sigma_z^{(3)} = \nu_j(\sigma_x^{(3)} + \sigma_y^{(3)})$ in S_j $(j = 1, 2)$; wir benutzen hier die Bezeichnungen aus 7.4.2. In unserem Falle ist

$$\nu_j(\sigma_x^{(3)} + \sigma_y^{(3)}) = 4\nu_j \operatorname{Re} \varphi_j'(\mathfrak{z}) = 4\nu_j A_j \quad \text{in } S_j \ (j = 1, 2).$$

Deshalb gilt

$$K_{33} = 4(S_1 \nu_1 A_1 + S_2 \nu_2 A_2) = \frac{4\pi(\nu_1 - \nu_2)^2 (R_2^2 - R_1^2) R_1^2}{(\alpha_1 - \beta_1)(R_2^2 - R_1^2) + (\alpha_2 - \beta_2) R_1^2 + 2\beta_2 R_2^2}. \tag{13}$$

Wie zu erwarten war, ist $K_{33} > 0$ für $\nu_1 \neq \nu_2$, und es enthält den Faktor $(\nu_1 - \nu_2)^2$.

7.4.5.4. Wir wenden uns nun dem Problem der reinen Biegung zu und nehmen an, daß die Wirkungsebene des Momentes parallel zur x,z-Ebene ist. In diesem Falle benutzen wir zur Lösung des Hilfsproblems der ebenen Deformation mit f aus (8.1) den Ansatz

$$\begin{aligned} &\varphi_1 = A_1 \mathfrak{z}^2, \quad \psi_1 = 0 \quad \text{in } S_1, \\ &\varphi_2 = A_2 \mathfrak{z}^2, \quad \psi_2 = \frac{B_2}{\mathfrak{z}^2} + C_2 \quad \text{in } S_2, \end{aligned} \tag{14}$$

wobei A_1, A_2, B_2, C_2 reelle Konstanten sind.

Durch Einsetzen dieser Werte in die Gln. (5), (6) und (7) für $f = \frac{1}{2}(\nu_1 - \nu_2)\,\mathfrak{z}^2$ ergeben sich zur Bestimmung der Konstanten A_1, A_2, B_2, C_2 vier Gleichungen, die sich ohne Schwierigkeiten lösen lassen. Wir schreiben nur die Werte der drei ersten Konstanten auf, da C_2 keinen Einfluß auf die Spannungsverteilung hat:

$$\left.\begin{aligned} A_1 &= \frac{1}{2}\,\frac{(\nu_1-\nu_2)(R_2^4-R_1^4)}{\alpha_1(R_2^4-R_1^4)+\alpha_2R_1^4+\beta_2R_2^4}, \\ A_2 &= -\frac{1}{2}\,\frac{(\nu_1-\nu_2)\,R_1^4}{\alpha_1(R_2^4-R_1^4)+\alpha_2\,R_1^4+\beta_2R_2^4}, \\ B_2 &= \frac{1}{2}\,\frac{(\nu_1-\nu_2)\,R_1^4R_2^4}{\alpha_1(R_2^4-R_1^4)+\alpha_2R_1^4+\beta_2R_2^4}. \end{aligned}\right\} \tag{15}$$

Die diesem Hilfsproblem entsprechende Spannung $\sigma_z^{(1)}$ lautet

$$\sigma_z^{(1)} = \nu_j(\sigma_x^{(1)}+\sigma_y^{(1)}) = 4\nu_j \mathrm{Re}\varphi'(\mathfrak{z}) = 8\nu_jA_jx \quad \text{in } S_j \ (j=1,2).$$

Folglich gilt mit den Bezeichnungen aus 7.4.2.

$$\begin{aligned} K_{11} &= \iint_S x\sigma_z^{(1)}\,\mathrm{d}x\,\mathrm{d}y = 8\nu_1A_1\iint_{S_1} x^2\,\mathrm{d}x\,\mathrm{d}y + 8\nu_2A_2\iint_{S_2} x^2\,\mathrm{d}x\,\mathrm{d}y \\ &= 2\pi\nu_1A_1R_1^4 + 2\pi\nu_2A_2(R_2^4-R_1^4) \end{aligned}$$

oder gemäß (15)

$$K_{11} = \frac{\pi(\nu_1-\nu_2)^2\,(R_2^4-R_1^4)\,R_1^4}{\alpha_1(R_2^4-R_1^4)+\alpha_2R_1^4+\beta_2R_2^4}. \tag{16}$$

Die Biegesteifigkeit ist gleich

$$I_E + K_{11} \tag{17}$$

(wir schreiben I_E anstelle von I_{11}), hierbei wird K_{11} aus der vorigen Formel berechnet, und

$$I_E = \frac{\pi}{4}\,[E_1R_1^4 + E_2(R_2^4-R_1^4)]. \tag{18}$$

Wie zu erwarten war, ist $K_{11} > 0$ für $\nu_1 \neq \nu_2$, und es enthält den Faktor $(\nu_1-\nu_2)^2$.

7.4.6. Querkraftbiegung[1])

Wir legen die z-Achse in die Zughauptachse, als x,z- und y,z-Ebene wählen wir die Biegehauptebenen (7.4.4.). Dann gilt mit den Bezeichnungen aus 7.4.2.

$$\begin{aligned} &I_{13}+K_{13} = S_Ex_0+K_{13} = 0, \quad I_{23}+K_{23} = S_Ey_0+K_{23} = 0, \\ &I_{12}+K_{12} - 0, \end{aligned} \tag{1}$$

hierbei sind x_0, y_0 die Koordinaten des reduzierten Schwerpunktes der linken Grundfläche. Wir nehmen an, daß die Biegekraft W im Schnittpunkt der z-Achse und der rechten (oberen) Grundfläche angreift und daß sie parallel zur x-Achse gerichtet ist.

Nun kombinieren wir die dem angeführten Fall entsprechende Lösung, eine analoge, die durch Vertauschung von x und y entsteht, und die Lösung eines Torsionsproblems (7.2.1.); auf diese Weise gewinnen wir die allgemeine Lösung des Problems.

---

[1]) Die in diesem Abschnitt angeführte Lösung entstammt dem Artikel A. K. RUCHADSE [3]. Es sind jedoch nicht alle in dieser Arbeit aufgestellten Behauptungen richtig. Sie sind erst dann voll gültig, wenn man unter dem x,y-System das von uns im Text verwendete (und nicht das von A. K. RUCHADSE benutzte) versteht und wenn man in seinen Überlegungen eine (unwesentliche) Änderung vornimmt.

Ausgehend von den in 7.3.4. für gleiche POISSON-Koeffizienten erhaltenen Lösungen benutzen wir in unserem Fall den Ansatz

$$\left.\begin{aligned} u^{(0)} &= -\Theta yz + A\left[\frac{1}{2}\nu_j(l-z)(x^2-y^2) + \frac{1}{2}lz^2 - \frac{1}{6}z^3\right], \\ v^{(0)} &= \Theta xz + A\nu_j(l-z)\,xy, \\ w^{(0)} &= \Theta\varphi(x,y) - A\left[\chi(x,y) + x\left(lz - \frac{1}{2}z^2\right) + xy^2\right] \end{aligned}\right\} \quad (2)$$

in den Gebieten, die den Querschnitten S_j entsprechen. In diesen Formeln sind Θ, A noch zu bestimmende Konstanten, $\varphi(x, y)$ ist die in 7.2.1. definierte Torsionsfunktion, und $\chi(x, y)$ stellt eine zu bestimmende, *im gesamten Gebiet S stetige Funktion* dar.
Die den Verschiebungen (2) entsprechenden Spannungen in den Gebieten mit den Querschnitten S_j lauten

$$\sigma_x^{(0)} = \sigma_y^{(0)} = \tau_{xy}^{(0)} = 0, \quad (3)$$

$$\left.\begin{aligned} \tau_{xz}^{(0)} &= \Theta\mu_j\left(\frac{\partial\varphi}{\partial x} - y\right) - B_j\left[\frac{\partial\chi}{\partial x} + \frac{1}{2}\nu_j x^2 + \left(1 - \frac{1}{2}\nu_j\right)y^2\right], \\ \tau_{yz}^{(0)} &= \Theta\mu_j\left(\frac{\partial\varphi}{\partial y} + x\right) - B_j\left[\frac{\partial\chi}{\partial y} + (2+\nu_j)\,xy\right], \\ \sigma_z^{(0)} &= -K_j(l-z)\,x \end{aligned}\right\} \quad (4)$$

mit

$$B_j = A\mu_j, \quad K_j = AE_j. \quad (5)$$

Die Verschiebungen (2) können jedoch die Bedingungen des Problems nicht befriedigen, da die Werte u, v beim Überschreiten der Trennlinie zwischen S_j und S_k nicht stetig sind; auf den genannten Kurven gilt

$$\left.\begin{aligned} u_j^{(0)} - u_k^{(0)} &= \tfrac{1}{2}A(\nu_j - \nu_k)(l-z)(x^2-y^2), \\ v_j^{(0)} - v_k^{(0)} &= A(\nu_j - \nu_k)(l-z)\,xy. \end{aligned}\right\} \quad (6)$$

Diese Unstetigkeiten lassen sich nicht durch Überlagerung der Lösung eines ebenen Deformationsproblems beseitigen, da die Unstetigkeiten auch von der Koordinate z abhängen.
Wir gehen trotzdem von der Lösung des in 7.4.1. formulierten Hilfsproblems der ebenen Deformation aus, und zwar für folgende Verschiebungssprünge auf den Trennlinien:

$$u_j - u_k = g = \tfrac{1}{2}(\nu_j - \nu_k)(x^2-y^2), \quad v_j - v_k = h = (\nu_j - \nu_k)\,xy. \quad (7)$$

Sie entsprechen der Aufgabe in 7.4.2.1.
Wir kennzeichnen die aus diesem Problem entstehenden Verschiebungs- und Spannungskomponenten wie in 7.4.2. mit dem oberen Index 1 und betrachten das Hilfsproblem als gelöst.
Nun wenden wir uns dem räumlichen Verzerrungszustand zu, der durch die Verschiebungen

$$u^* = (l-z)\,u^{(1)}, \quad v^* = (l-z)\,v^{(1)}, \quad w^* = 0 \quad (8)$$

charakterisiert wird. Die diesen Verschiebungen entsprechenden Spannungen lauten

$$\sigma_x^* = (l-z)\,\sigma_x^{(1)}, \quad \sigma_y^* = (l-z)\,\sigma_y^{(1)}, \quad \tau_{xy}^* = (l-z)\,\tau_{xy}^{(1)}, \quad (9)$$

$$\sigma_z^* = (l-z)\,\sigma_z^{(1)} = \nu_j(l-z)(\sigma_x^{(1)} + \sigma_y^{(1)}), \quad (10)$$

$$\tau_{xz} = -\mu_j u^{(1)}, \quad \tau_{yz} = -\mu_j v^{(1)} \quad (11)$$

in den zu den Querschnitten S_j gehörenden Gebieten.

Zum Schluß überlagern wir die Verschiebungen (2) und die mit $-A$ multiplizierten Verschiebungen (8)

$$u = u^{(0)} - Au^*, \quad v = v^{(0)} - Av^*, \quad w = w^{(0)} \tag{12}$$

und bilden die entsprechenden Verzerrungen. Die zugehörenden Spannungskomponenten lauten

$$\begin{aligned} \sigma_x &= \sigma_x^{(0)} - A\sigma_x^*, \quad \sigma_y = \sigma_y^{(0)} - A\sigma_y^*, \quad \sigma_z = \sigma_z^{(0)} - A\sigma_z, \\ \tau_{xy} &= \tau_{xy}^{(0)} - A\tau_{xy}^*, \quad \tau_{yz} = \tau_{yz}^{(0)} - A\tau_{yz}^*, \quad \tau_{xz} = \tau_{xz}^{(0)} - A\tau_{xz}^*. \end{aligned} \tag{13}$$

Wie man durch Einsetzen dieser Werte zeigen kann, werden die Gleichgewichtsbedingungen befriedigt, wenn die Funktion $\chi(x, y)$ in jedem der Gebiete S_j der Gleichung

$$\triangle\chi(x, y) = \varrho(x, y) \tag{14}$$

genügt, dabei wird $\varrho(x, y)$ durch folgende Formeln definiert:

$$\varrho(x, y) = \frac{\lambda_j + \mu_j}{\mu_j} e^{(1)}, \quad e^{(1)} = \frac{\partial u^{(1)}}{\partial x} + \frac{\partial v^{(1)}}{\partial y} \quad \text{in den Gebieten } S_j. \tag{15}$$

Diese Funktionen betrachten wir als bekannt, da wir annehmen, daß das Hilfsproblem der ebenen Deformation gelöst ist.

Der Bestimmtheit halber beschränken wir uns auf den Fundamentalfall des zusammengesetzten Stabes (7.2.1.1.), dann lautet die Randbedingung auf der freien Mantelfläche und auf den Trennflächen mit den bisherigen Bezeichnungen

$$\mu_0 \left(\frac{d\chi}{dn}\right)_0 - \mu_j \left(\frac{d\chi}{dn}\right)_j = f_j \quad \text{auf } L_j \; (j = 1, 2, \dots, m+1, \mu_{m+1} = 0), \tag{16}$$

dabei ist f_j die auf L_j vorgegebene Funktion

$$\begin{aligned} f_j = &- \left\{\frac{1}{2}(\mu_0\nu_0 - \mu_j\nu_j)\, x^2 \right. \\ &\left. + \left[\mu_0\left(1 - \frac{\nu_0}{2}\right) - \mu_j\left(1 - \frac{\nu_j}{2}\right)\right] y^2 - \mu_0 u_0^{(1)} + \mu_j u_j^{(1)}\right\} \cos(n, x) \\ &- \{[\mu_0(2 + \nu_0) - \mu_j(2 + \nu_j)]\, xy - \mu_0 v_0^{(1)} + \mu_j v_j^{(1)}\} \cos(n, y). \end{aligned} \tag{17}$$

Wir gelangen auf diese Weise zu dem bekannten Randwertproblem (16), nur muß diesmal die gesuchte Funktion $\chi(x, y)$ nicht der LAPLACE-Gleichung $\triangle\chi = 0$, sondern der etwas allgemeineren POISSONschen Gleichung (14) genügen.

Diese Aufgabe läßt sich jedoch leicht auf eine LAPLACE-Gleichung zurückführen. Dazu nehmen wir an, $\chi_0(x, y)$ sei eine partikuläre Lösung der Gl. (14) (eine solche läßt sich stets angeben)[1]). Nun setzen wir

$$\chi(x, y) = \chi_0(x, y) + \chi^*(x, y) \tag{18}$$

---

[1]) Eine solche partikuläre Lösung stellt beispielsweise das logarithmische Potential

$$\chi_0(x, y) = \frac{1}{2\pi} \iint_S \varrho(\xi, \eta) \ln r \, d\xi \, d\eta$$

mit $r^2 = (x - \xi)^2 + (y - \eta)^2$ dar. In der Praxis ist es jedoch meist zweckmäßiger, eine partikuläre Lösung mit Hilfe elementarer Ansätze zu gewinnen.

und betrachten $\chi^*(x, y)$ als neue gesuchte Funktion. Sie muß offenbar der Gleichung $\triangle\chi^* = 0$ genügen. Dann lautet die Randbedingung

$$\mu_0 \left(\frac{d\chi^*}{dn}\right)_0 - \mu_j \left(\frac{d\chi^*}{dn}\right)_j = f_j^* \quad \text{auf } L_j \; (j = 1, 2, \ldots, m + 1; \mu_{m+1} = 0) \tag{19}$$

mit

$$f_j^* = f_j - \mu_0 \left(\frac{d\chi_0}{dn}\right)_0 + \mu_j \left(\frac{d\chi_0}{dn}\right)_j \quad \text{auf } L_j. \tag{20}$$

Die Lösbarkeitsbedingung des Problems (19) besteht in folgendem:

$$\sum_{j=1}^{m+1} \int_{L_j} f_j^* ds = 0. \tag{21}$$

Diese Gleichung wandeln wir etwas ab: Durch Einsetzen des Ausdruckes (20) für f_j^* erhalten wir

$$\sum_{j=1}^{m+1} \int_{L_j} f_j \, ds - \mu_0 \sum_{j=1}^{m+1} \int_{L_j} \left(\frac{d\chi_0}{dn}\right)_0 ds + \sum_{j=1}^{m} \mu_j \int_{L_j} \left(\frac{d\chi_0}{dn}\right)_j ds = 0$$

oder, wenn wir das letzte Integral nach der bekannten GREENschen Formel umformen,

$$\sum_{j=1}^{m+1} \int_{L_j} f_j \, ds - \mu_0 \iint_{S_0} \triangle\chi_0 \, dx \, dy - \sum_{j=1}^{m} \mu_j \iint_{S_j} \triangle\chi_0 \, dx \, dy$$
$$= \sum_{j=1}^{m+1} \int_{L_j} f_j \, ds - \iint_S \mu \triangle\chi_0 \, dx \, dy = 0.$$

Unter Beachtung der Gleichung $\triangle\chi_0 = \varrho(x, y)$ ergibt sich damit

$$\sum_{j=1}^{m+1} \int_{L_j} f_j \, ds - \iint_S \mu\varrho \, dx \, dy = 0. \tag{22}$$

Nun prüfen wir noch, ob diese Bedingung in unserem Falle erfüllt ist.
Dazu setzen wir den durch (17) definierten Wert für f_j in Gl. (22) ein und wandeln die Integrale nach der Formel von OSTROGRADSKI-GREEN um. Dann führt die Gl. (22) auf folgende Bedingung:

$$-\iint_S 2\mu(1 + \nu) \, x \, dx \, dy + \iint_S \mu e^{(1)} dx \, dy - \iint_S \mu\varrho \, dx \, dy = 0$$

oder mit

$$2\mu(1 + \nu) = E, \quad \mu\varrho = (\lambda + \mu) \, e^{(1)}, \quad \lambda e^{(1)} = \sigma_z^{(1)}$$

auf die Bedingung

$$-\iint_S Ex \, dx \, dy - \iint_S \sigma_z^{(1)} dx \, dy = 0,$$

d. h.

$$S_E x_0 + K_{13} = 0.$$

Die letzte Gleichung ist jedoch gemäß (1) erfüllt.
Das Randwertproblem (16) ist also in unserem Falle lösbar. Seine Lösung wird bis auf eine willkürliche additive Konstante bestimmt, die keinen Einfluß auf die Spannungsverteilung hat.

Die eben genannte Lösung $\chi(x, y)$ setzen wir in die Gln. (2) ein. Dann liefern die Formeln (12), (13) eine Lösung unseres Ausgangsproblems, die alle geforderten Bedingungen auf der Mantelfläche und an den Trennflächen befriedigt.

Wir zeigen nun noch, daß die Konstanten A und Θ stets so gewählt werden können, daß die an der rechten (oberen) Grundfläche angreifenden Kräfte ebenfalls den geforderten Bedingungen genügen. Dazu berechnen wir den resultierenden Vektor (X, Y, Z) und das resultierende Moment dieser Kräfte. Für $z = l$ gilt $\sigma_z^{(0)} = \sigma_z^* = 0$, also ist offensichtlich $Z = 0$.

Weiterhin ist

$$X = \iint\limits_S \tau_{xz} \, \mathrm{d}x \, \mathrm{d}y .$$

Diese Formel können wir wie folgt umformen: Nach der Gleichgewichtsbedingung gilt

$$\frac{\partial \tau_{xz}}{\partial x} + \frac{\partial \tau_{yz}}{\partial y} + \frac{\partial \sigma_z}{\partial z} = 0 . \tag{23}$$

Wenn wir hier anstelle von $\sigma_z = \sigma_z^{(0)} - A\sigma_z^*$ den aus den Gln. (4), (5) und (10) hervorgehenden Wert einsetzen, ergibt sich

$$\frac{\partial \tau_{xz}}{\partial x} + \frac{\partial \tau_{yz}}{\partial y} + A(E_j x + \sigma_z^{(1)}) = 0 \quad \text{in } S_j . \tag{24}$$

Also ist

$$\tau_{xz} = \frac{\partial (x\tau_{xz})}{\partial x} + \frac{\partial (x\tau_{yz})}{\partial y} + A(E_j x + \sigma_z^{(1)})\, x$$

in S_j. Damit lautet die Formel (23) jetzt

$$X = \iint\limits_S \left\{ \frac{\partial (x\tau_{xz})}{\partial x} + \frac{\partial (x\tau_{yz})}{\partial y} \right\} \mathrm{d}x \, \mathrm{d}y + A \left\{ \iint\limits_S E x^2 \, \mathrm{d}x \, \mathrm{d}y + \iint\limits_S x \sigma_z^{(1)} \, \mathrm{d}x \, \mathrm{d}y \right\} .$$

Das erste Integral verschwindet, wie in 7.2.1. gezeigt wurde. Folglich gilt mit den Bezeichnungen aus 7.4.2.

$$X = A(I_{11} + K_{11}) . \tag{25}$$

Analog erhalten wir für das Integral

$$Y = \iint\limits_S \tau_{yz} \, \mathrm{d}x \, \mathrm{d}y$$

den Ausdruck

$$Y = A(I_{12} + K_{12}) .$$

Gemäß (1) ist folglich $Y = 0$.

Der resultierende Vektor der an der rechten Grundfläche angreifenden Kräfte ist also parallel zur x-Achse.

Das resultierende Moment dieser Kräfte in bezug auf den Schnittpunkt der z-Achse und der rechten Grundfläche zeigt in Richtung der z-Achse; seine Größe M ergibt sich aus der Formel

$$M = \Theta D + A \sum_j \mu_j \iint\limits_{S_j} \left\{ y \frac{\partial \chi}{\partial x} - x \frac{\partial \chi}{\partial y} + \left(1 - \frac{1}{2} \nu_j\right) y^3 \right.$$

$$\left. - \left(2 + \frac{1}{2} \nu_j\right) x^2 y \right\} \mathrm{d}x \, \mathrm{d}y + A \sum_j \mu_j \iint\limits_{S_j} (x v^{(1)} - y u^{(1)}) \, \mathrm{d}x \, \mathrm{d}y, \tag{26}$$

wobei D die Torsionssteifigkeit bezeichnet (bekanntlich ist stets $D > 0$).
Folglich werden alle Bedingungen der Aufgabe befriedigt, wenn wir die Konstanten A, Θ so wählen, daß $X = W$ und $M = 0$ ist. Aus der ersten Bedingung ergibt sich unter Berücksichtigung der Gl. (25) für A der Wert

$$A = \frac{W}{I_{11} + K_{11}}. \tag{27}$$

Die zweite Bedingung ermöglicht gemäß (26) und (27) die Ermittlung von Θ, denn $D = 0$.
Damit ist unsere Aufgabe gelöst.
Wie man leicht sieht, gilt das *Gesetz von Bernoulli-Euler* auch in diesem Falle, und die Biegesteifigkeit ist wie bei der reinen Biegung gleich

$$I_{11} + K_{11}. \tag{28}$$

Falls die Trennlinie und der äußere Rand des Gebietes S wie im vorigen Abschnitt konzentrische Kreise bilden, läßt sich die Aufgabe elementar lösen.

8. Kurzer Überblick über einige neuere Arbeiten[1])

Seit dem Erscheinen der vierten Auflage (1954) und der englischen Übersetzung des vorliegenden Buches von J. R. M. RADOK[2]) nach der dritten russischen Auflage von 1949 wurden zahlreiche Arbeiten veröffentlicht, die mit den im Haupttext dargelegten Methoden in engem Zusammenhang stehen. Im folgenden geben wir einen kurzen Überblick über die von verschiedenen Autoren gewonnenen neuen Resultate. Dabei wird ein Zeitraum von etwa zehn Jahren nach der Drucklegung der vorigen Auflage des Buches erfaßt.
Es war jedoch völlig unmöglich, alle Arbeiten zu berücksichtigen, die in einer oder anderer Hinsicht an die im vorliegenden Buche dargelegten Methoden anknüpfen, da die Zahl dieser Arbeiten außerordentlich groß ist. Es machte sich deshalb erforderlich, eine bestimmte Auswahl zu treffen. Aus verständlichen Gründen war diese Aufgabe ziemlich schwierig; sie wurde allerdings dadurch erleichtert, daß in den letzten Jahren umfangreiche Überblicksartikel[3]) über die hier berührten Fragen veröffentlicht wurden und daß eine systematische Darlegung der ebenen Elastizitätstheorie in den Büchern von GREEN und ZERNA [1] sowie von SNEDDON und BERRY [1] vorliegt. Ferner sind einige Arbeiten zu erwähnen, die noch vor der vierten Auflage erschienen, aber aus verschiedenen Gründen dort nicht aufgenommen wurden.

Wir halten es für richtig, wenn wir hier wenig oder fast gar nicht auf anisotrope Körper eingehen, da sie auch im Haupttext des Buches nicht behandelt werden und diesen Fragen die bekannten in 5.4.9. erwähnten Monographien von S. G. LECHNIZKI [1, 4] und G. N. SAWIN [8] gewidmet sind.

---

[1]) Der vorliegende Hauptabschnitt wurde von G. I. BARENBLATT, A. I. KALANDIJA und G. F. MANDSCHAWIDSE geschrieben.

[2]) N. I. MUSKHELISHVILI, Some basic problems of the mathematikal theory of elasticity. P. Noordhoff, Groningen 1953 (1963 erschien die zweite Auflage).

[3]) Es seien hier folgende Überblicksartikel genannt: GOODIER und HODGE [1], DVORAK [1], D. I. SCHERMAN [36]. Erwähnt sei ferner das Buch von BABUŠKA, REKTORYS und VYČICHLO [1], in dem die wichtigsten Resultate des vorliegenden Buches mit einigen Abänderungen und Ergänzungen wiedergegeben werden.
Einiges Erstaunen verursachte das unlängst erschienene Buch von MILNE-THOMSON [1] durch seine ungewöhnliche Art, die in ihm eingehend dargelegten, schon früher von anderen Autoren gewonnenen Resultate zu zitieren. Diese Autoren werden entweder gar nicht oder im Zusammenhang mit zweitrangigen Fragen angegeben.

Wie schon gesagt, interessieren uns in erster Linie Untersuchungen, die auf den im Haupttext des vorliegenden Buches dargelegten Lösungsmethoden der Elastizitätstheorie aufbauen. Von all den unmittelbar mit dem Namen N. I. Musschelischwili verbundenen Methoden finden diejenigen, welche den Apparat der Cauchyschen Integrale und der konformen Abbildung gleichzeitig ausnützen (5.1.1. bis 5.2.9.), dank ihrer außerordentlichen Einfachheit und Effektivität die weitgehendste Anwendung.
Überall im weiteren werden wir deshalb, wenn wir ohne Hinweis und Erläuterung von der *Mußchelischwili-Methode* sprechen, eben diese Methode im Auge haben.
Ferner benutzen wir im folgenden einige Fachausdrücke, die im Haupttext nicht vorkommen, jedoch weite Verbreitung gefunden haben. So werden beispielsweise die analytischen Funktionen $\varphi(z)$ und $\psi(z)$ der komplexen Veränderlichen $z = x + iy$ in den Formeln der allgemeinen komplexen Darstellung der Verschiebungen und Spannungen [Gl. (1), (9), (10) in 2.2.4.] in der Literatur häufig als *komplexes Potential von Kolosow-Mußchelischwili* bezeichnet. In unserer Darlegung verwenden wir gelegentlich den Ausdruck „komplexes Potential" in diesem Sinne.

8.1. Homogene Körper mit einem oder mehreren Löchern

Die effektivsten Lösungsverfahren für die Randwertprobleme der ebenen Elastizitätstheorie, die den Apparat der komplexen Funktionentheorie verwenden, beruhen auf der Möglichkeit, Funktionen in einfacher analytischer Gestalt (als Polynom oder rationale Funktion) zu konstruieren, die die exakte oder näherungsweise konforme Abbildung des gegebenen Gebietes auf den Einheitskreis vermitteln. Aus diesem Grunde sind die funktionentheoretischen Methoden zur effektiven Lösung der Probleme für mehrfach zusammenhängende Gebiete noch wenig entwickelt. Trotzdem gelingt es, für bestimmte Klassen mehrfach zusammenhängender Gebiete hinreichend effektive Lösungen zu gewinnen. Diesen Fragen sind die folgenden Abschnitte gewidmet.

8.1.1. Effektive Methoden zur Lösung von Randwertproblemen für zweifach zusammenhängende Gebiete. Die Methode von D. I. Scherman

In der letzten Zeit wurde ein effektives Verfahren zur Lösung von Randwertproblemen der ebenen Elastizitätstheorie für eine bestimmte Klasse zweifach zusammenhängender Gebiete ausgearbeitet. Dazu gehören endliche und unendliche Gebiete, die von zwei geschlossenen Kurven spezieller Art begrenzt werden. Zur Abgrenzung der genannten Klasse betrachten wir das bezüglich einer der geschlossenen Randkurven äußere bzw. innere Gebiet, das die entsprechende andere Randkurve in seinem Inneren enthält, und fordern, daß das zu untersuchende Problem für dieses einfach zusammenhängende Gebiet eine effektive Lösung hat. Somit kann der gesamte Rand des Gebietes aus Kreisen, Ellipsen, regelmäßigen Vielecken mit abgerundeten Ecken usw. bestehen.
Das genannte Verfahren wurde von D. I. Scherman [24, 28] vorgeschlagen und in seiner ursprünglichen Version zur Lösung von Torsions- und Biegeproblemen elastischer Stäbe benutzt, in der Folgezeit aber auch auf Probleme der ebenen Deformation angewendet.
Bei der Auswahl konkreter Beispiele standen spezielle Fragen der ebenen Elastizitätstheorie im Vordergrund, die für die mathematische Untersuchung von Problemen der Geomechanik von Interesse sind. Insbesondere wurden in diesem Zusammenhang zahlreiche konkrete Aufgaben über die durch zwei Löcher geschwächte Ebene bzw. Halbebene unter Eigengewicht betrachtet.

Dabei wird vorausgesetzt, daß die Löcher in der Halbebene hinreichend weit vom geradlinigen Rand entfernt sind. Unter dieser Annahme kann man durch Vernachlässigung der sogenannten „Anfangsspannungen" von einer exakten Befriedigung der Randbedingung am Rand der Halbebene absehen. Bei der Bestimmung zusätzlicher, durch Kerben hervorgerufener Spannungen ist es dabei gestattet, die Halbebene ohne merkliche Verfälschung des Spannungszustandes in der Nähe des Loches durch die gesamte komplexe Ebene zu ersetzen.

Wir geben nun eine kurze Beschreibung des Verfahrens. Es wird vorausgesetzt, daß das betrachtete homogene und isotrope elastische Medium ein endliches oder unendliches zweifach zusammenhängendes Gebiet S ausfüllt, dessen Rand aus zwei einfachen doppelpunktfreien geschlossenen Kurven L_1 und L_2 besteht. Im Falle des endlichen Gebietes soll L_2 der äußere und L_1 der innere Rand des Mediums sein. Das Problem führt auf die Bestimmung der im Gebiet S holomorphen Funktionen $\varphi_0(z)$ und $\psi_0(z)$ aus den Randbedingungen (s. 2.2.13., wir ändern hier die Bezeichnung etwas ab)

$$\varphi_0(t) + t\,\overline{\varphi_0'(t)} + \overline{\psi_0(t)} = 2f(t) + C_j \quad \text{auf } L_j \ (j = 1, 2). \tag{1}$$

Hierbei ist $2f(t)$ eine vorgegebene stetige Funktion auf L (in 2.2.13. wurde sie mit $f_1^0 + if_2^0$ bezeichnet), die im Falle des endlichen Gebietes der Bedingung

$$\operatorname{Re} \int_L f(t)\,\overline{dt} = 0$$

genügen muß, und C_j sind noch zu bestimmende Konstanten.

Falls S ein endliches Gebiet darstellt, ist eine der Konstanten C_j frei wählbar. Im Falle des unendlichen Gebietes sind beide Konstanten eindeutig bestimmt, wenn man annimmt, daß die Lösungen φ_0, ψ_0 im Unendlichen verschwinden.

Mit Hilfe des dargelegten Verfahrens werden die betrachteten Probleme für das zweifach zusammenhängende Gebiet auf ein Hilfsproblem für ein einfach zusammenhängendes zurückgeführt. Wenn das letztere gelöst ist, gelangt man zu einer *Fredholmschen Gleichung* für eine Hilfsfunktion, die nur auf einer der Randkurven L_1, L_2 eingeführt wird.

Für eine wichtige Klasse von Aufgaben ist diese FREDHOLMsche Gleichung vom praktischen Gesichtspunkt aus bedeutend einfacher als die bekannten FREDHOLMschen Gleichungen, die bei der Anwendung anderer Verfahren entstehen.

Wir betrachten der Bestimmtheit halber das endliche Gebiet und führen die auf einer der Randkurven, sagen wir auf L_2, definierte Hilfsfunktion $\omega(t)$ gemäß der Gleichung

$$\varphi_0(t) \quad t\,\overline{\varphi_0'(t)} - \overline{\psi_0(t)} = 2\omega(t) \quad \text{auf } L_2 \tag{2}$$

ein.

Durch gliedweise Addition und Subtraktion der Gln. (1) für $j = 2$ und (2) erhalten wir mit $C_2 = 0$ offenbar

$$\varphi_0(t) = \omega(t) + f(t),$$

$$\psi_0(t) = -[\overline{\omega(t)} + \bar{t}\omega'(t)] + [\overline{f(t)} - \bar{t}f'(t)].$$

Wir ermitteln nun die Funktionen φ_0 und ψ_0, dabei setzen wir sie im Außengebiet der Kurve L_2 gleich Null.

Nach den bekannten Formeln für den Grenzübergang im *Cauchyschen Integral* folgt aus den letzten Gleichungen, daß die im Gebiet S holomorphen Funktionen $\varphi(z)$ und $\psi(z)$, definiert durch die Beziehungen

$$\begin{aligned}\varphi(z) &= \varphi_0(z) - \frac{1}{2\pi i}\int_{L_2} \frac{\omega(t)\,dt}{t-z} - F(z),\\ \psi(z) &= \psi_0(z) + \frac{1}{2\pi i}\int_{L_2} \frac{\overline{\omega(t)} + \bar{t}\omega'(t)}{t-z}\,dt - G(z)\end{aligned} \tag{3}$$

mit

$$F(z) = \frac{1}{2\pi i}\int_{L_2} \frac{f(t)\,dt}{t-z}, \quad G(z) = \frac{1}{2\pi i}\int_{L_2} \frac{\overline{f(t)} - \bar{t}f'(t)}{t-z}\,dt$$

über den Rand hinaus analytisch fortsetzbar und somit außerhalb L_1 überall regulär sind. Für diese neu eingeführten Funktionen φ und ψ hat die Randbedingung (1) auf der Randkurve L_1 die Gestalt

$$\varphi(t) + t\,\overline{\varphi'(t)} + \overline{\psi(t)} = \Omega[\omega(t)] \quad \text{auf } L_1, \tag{4}$$

wobei Ω ein linearer Operator ist.

Die Gl. (4) stellt die Randbedingung des I. Problems für das von der Kurve L_1 begrenzte unendliche einfach zusammenhängende Gebiet S_1 dar, dabei ist die rechte Seite Ω zunächst noch unbekannt. Diese Aufgabe bezeichnen wir als Hilfsproblem.

Wir betrachten vorübergehend die Funktion $\omega(t)$ als gegeben und nehmen außerdem an, daß φ und ψ effektiv aus der Randbedingung (4) ermittelt wurden. Dann können wir uns diese Funktionen in Gestalt gewisser wohldefinierter von $\omega(t)$ abhängiger Operatoren dargestellt denken.

Durch Einsetzen der entsprechenden Werte $\varphi(z)$ und $\psi(z)$ in die Gl. (2) erhalten wir dann die gesuchte Beziehung zur Bestimmung der Hilfsfunktion $\omega(t)$. Unter bestimmten Voraussetzungen bezüglich der Randkurve L_1 stellt diese Beziehung eine *Fredholmsche Integralgleichung zweiter Art* dar. Insbesondere trifft dies zu, wenn das von der Kurve L_1 begrenzte Gebiet mit Hilfe einer rationalen Funktion konform auf den Kreis abgebildet wird und das Hilfsproblem durch die *Methode von Mußchelischwili* gelöst werden kann. Die Gleichung enthält die unbekannte Größe C_1 nicht, genauer, diese tritt nur in Gestalt eines bestimmten Funktionals der gesuchten Funktion $\omega(t)$ auf.

Wir wollen uns hier nicht mit der Untersuchung der erhaltenen Integralgleichung befassen, die eine getrennte Betrachtung des endlichen und unendlichen Gebietes erforderlich macht. Einzelheiten findet der Leser in den oben genannten Arbeiten von D. I. SCHERMAN. Wir vermerken nur, daß es auf diese Weise möglich ist, die Lösung für eine erweiterte Klasse von Fällen bis zum Endergebnis durchzurechnen. Die oben angeführte FREDHOLMsche Integralgleichung läßt sich in allen betrachteten konkreten Fällen unmittelbar durch Zurückführung auf ein unendliches System linearer algebraischer Gleichungen bezüglich der komplexen FOURIER-Koeffizienten von $\omega(t)$ lösen.

Bei der Behandlung des dabei entstehenden Systems, die in der Regel einen sehr wesentlichen Teil der Lösung des Problems ausmacht, zeigt es sich, daß dieses System in allen betrachteten Fällen für beliebige Abmessungsverhältnisse des Gebietes regulär ist. Wenn die Randkurven L_1 und L_2 nicht sehr nahe beieinanderliegen, ist das System völlig regulär und gestattet eine Lösung durch schrittweise Näherung.

8.1.2. Einige konkrete Probleme

Die Methode von D. I. SCHERMAN wurde in Anwendung auf ebene Probleme der Elastizitätstheorie erstmals an dem verhältnismäßig einfachen Beispiel der durch zwei ungleiche kreisförmige Löcher geschwächten Halbebene unter Eigengewicht demonstriert (SCHERMAN [24]). In späteren Untersuchungen (z. B. [29]) arbeitete der Autor die Methode mehrfach wesentlich um. Im Endergebnis wurde die Zahl der Teiletappen und der Umfang der numerischen Operationen in bedeutendem Maße verringert. Dadurch gelang es, den gesamten Lösungsprozeß übersichtlicher zu machen und ihn in seinem Hauptteil rekursiv zu gestalten.
Später lösten D. I. SCHERMAN und seine Schüler zahlreiche konkrete, vom Gesichtspunkt der Anwendung her interessante Probleme der ebenen Elastizitätstheorie. Wir führen einige von ihnen an: Von D. I. SCHERMAN selbst stammt die Lösung folgender Aufgaben für die elastische Halbebene unter Eigengewicht: Halbebene mit zwei nahe beieinander liegenden elliptischen bzw. Kreislöchern [30], mit periodisch liegenden Kreisbohrungen bzw. Löchern anderer Form [31], [32] (s. a. 8.1.3.), schließlich mit einem elliptischen Loch in der Nähe des geradlinigen Randes [33] und anderer analoger Probleme. L. N. KIESLER [1] löste das Problem der Ebene unter Eigengewicht mit elliptischen und Kreislöchern in einer etwas allgemeineren Aufgabenstellung, wo die Löcher beliebig zueinanderliegen. Durch geringfügige Abwandlung der einzelnen Zwischenetappen des Rechenprozesses vereinfachte sich das Rechenschema wesentlich. Dadurch wurden die numerischen Rechnungen bedeutend erleichtert und eine eingehende Analyse des Spannungsfeldes für gewisse praktisch sehr interessante Fälle der gegenseitigen Lage der Löcher möglich. Den Sonderfall zweier kreisförmiger, nicht symmetrisch bezüglich des geradlinigen Randes liegender Löcher, untersuchte L. N. KIESLER etwas früher [2].
I. G. ARAMANOWITSCH [1] betrachtet das für die Praxis interessante Problem der Spannungsbestimmung in der elastischen Halbebene mit einem kreisförmigen Loch, das durch einen elastischen Ring aus anderem Material verstärkt wird. Die äußeren Einwirkungen können dabei verschiedenartig sein: z. B. Rand des eingesetzten Ringes unter Innendruck, Halbebene unter Zug parallel zum geradlinigen Rand, konzentrierte Belastung am Rand der Halbebene usw.
Durch Anwendung der oben dargelegten Methode erhält I. G. ARAMANOWITSCH eine FREDHOLMsche Integralgleichung über der reellen Achse. Diese ersetzt er durch ein unendliches System linearer algebraischer Gleichungen, das für beliebigen Abstand des Kreisloches vom Rand der Halbebene quasiregulär ist. Unter den in seiner Arbeit betrachteten konkreten Beispielen, die bis zum Endergebnis durchgerechnet werden und für die numerische Resultate vorliegen, ist besonders der Fall nahe beieinander liegender Ränder von Interesse. In einer anderen Arbeit behandelt I. G. ARAMANOWITSCH [2] eine durch Kreislöcher geschwächte Halbebene mit gemischten Randbedingungen auf dem geradlinigen Rand des Mediums (Gleichgewicht eines starren Stempels auf dem Rand einer durch Löcher geschwächten Halbebene). Der Autor wandelt die Methode von D. I. SCHERMAN etwas ab und führt das Problem zunächst auf eine FREDHOLMsche Integralgleichung und anschließend auf ein unendliches System linearer algebraischer Gleichungen zurück, das für beliebige Abmessungsverhältnisse des Gebietes quasiregulär ist. In der Folgezeit wurde dieses Verfahren mehrfach zur Untersuchung des Spannungszustandes in endlichen und unendlichen zweifach zusammenhängenden Gebieten bei ziemlich allgemeinen Randformen benutzt (PERLIN [3], [4], GURJEV [1], MOSCHKIN [1], [2]).
Weiterhin seien einige Arbeiten über zweifach zusammenhängende Gebiete erwähnt, in denen andere Verfahren zur Anwendung gelangen. M. S. NARODJETZKI [1] berechnet die Lösung

für den Spezialfall einer unbegrenzten Scheibe mit zwei Kreislöchern unter Innendruck. SOLOMON und DRAGHICESKU [1] sowie SEIKA [1] wenden den verallgemeinerten SCHWARZschen Algorithmus auf gewisse endliche Gebiete an. In der erstgenannten Arbeit wird ein durch ein symmetrisches quadratisches Loch geschwächtes Quadrat unter einfachster Belastung betrachtet und in der zweiten ein konfokaler elliptischer Ring mit zwei entgegengesetzt gerichteten Einzelkräften, die in Punkten des äußeren Randes angreifen und parallel zur großen Achse der Ellipse sind. Die Untersuchung beruht in beiden Fällen auf der *Methode von Mußchelischwili*. Diese wird abwechselnd zur Lösung des ebenen Problems für das einfach zusammenhängende Außen- bzw. Innengebiet benutzt. Im Falle der Quadrate kommt man durch konforme Abbildung (mit Hilfe SCHWARZ-CHRISTOFFELscher Integrale) und Anwendung *Cauchyscher Integrale* zum Ziel, im Falle der Ellipsen durch Abbildung auf den Kreisring und nachfolgende Potenzreihenentwicklung. An konkreten Beispielen werden ausführliche Berechnungen durchgeführt.
SEIKA betrachtet in seiner Arbeit [2] einen durch ein symmetrisch liegendes quadratisches Loch geschwächten Kreis. Ein direkter und bequemer Algorithmus für den konfokalen elliptischen Ring wurde etwas früher von M. P. SCHERMETJEW [2] vorgeschlagen, der die *Methode der Funktionalgleichungen von Mußchelischwili* in Verbindung mit Potenzreihenentwicklung erfolgreich anwendet. Nach diesem Verfahren lassen sich offenbar verhältnismäßig einfache Lösungen auch in anderen Fällen gewinnen.
YI-YUAN YU [2] behandelt mit Hilfe der Potenzreihenmethode eine sehr interessante Aufgabe über den in einem Punkt gestützten Kreisring unter Eigengewicht.
M. S. NARODZKI [2] untersuchte das durch eine symmetrische kreisförmige Kerbe geschwächte Quadrat, an dessen gegenüberliegenden Seiten gleichmäßig verteilte Zugspannungen angreifen. Dabei wählt der Autor Näherungsausdrücke für die gesuchten komplexen Potentiale in Gestalt spezieller Polynome von z und $1/z$ und erhält zur Bestimmung der unbekannten Koeffizienten der Polynome ein endliches System linearer algebraischer Gleichungen. Für einige konkrete Werte der Parameter werden numerische Berechnungen vorgenommen und die Verläufe der Normalspannungen am Kerbrand angegeben.

8.1.3. Scheiben mit mehreren Löchern. Periodische Probleme

D. I. SCHERMAN schlug eine verbesserte Variante der Potenzreihenmethode für unendliche oder halbunendliche Gebiete mit zwei gleichen Kreislöchern vor. Die Erfahrung bei der numerischen Berechnung konkreter Aufgaben zeigte, daß die unter Verwendung von Potenzreihen für die komplexen Potentiale φ und ψ entstehenden unendlichen Systeme linearer algebraischer Gleichungen in zahlreichen Fällen eine sehr unzweckmäßige Struktur haben, außerdem konvergieren die Reihen für die Spannungen in der Regel sehr langsam. Zur Beseitigung dieser Unzulänglichkeit führt D. I. SCHERMAN anstelle der Funktion $\psi(z)$ die neue Funktion

$$\chi(z) = z\varphi'(z) + \psi(z)$$

ein, die (zumindest auf der reellen Achse) unmittelbar mit dem Spannungskomponenten verknüpft ist.
Analog zu den in 5.1.1. bei der Konstruktion der Funktionalgleichung (18) angegebenen Überlegungen läßt sich die neueingeführte Funktion χ eliminieren; die dabei entstehende Funktionalgleichung führt nach geeigneter Potenzreihenentwicklung der Funktion φ unmittelbar auf ein System algebraischer Gleichungen. Das auf diese Weise gewonnene System

ist für die Untersuchung bequemer, und man gelangt damit bedeutend schneller zum Ziel[1]). Diese Überlegungen wurden von D. I. SCHERMAN bei der Untersuchung von periodischen Problemen der ebenen Elastizitätstheorie benutzt, auf die wir jetzt näher eingehen wollen. Wir stellen uns ein isotropes und homogenes unendliches elastisches Medium vor, das durch unendlich viele gleichartige und periodisch liegende Kreislöcher geschwächt wird. Die Mittelpunkte der Löcher sollen sämtlich ein und derselben Geraden angehören. Im Falle der Halbebene wird zusätzlich vorausgesetzt, daß die genannte Gerade parallel zum Rand der Halbebene läuft und daß ihr Randabstand bedeutend größer als der Lochradius ist. Schon im Jahre 1935 schlug HOWLAND [1] ein Verfahren zur effektiven Gewinnung der Lösung des periodischen Problems in der angegebenen Aufgabenstellung vor. Der Autor betrachtet eine unendliche Scheibe unter einer zur Linie der Lochmittelpunkte parallelen oder senkrechten Zugbelastung. Die effektive Lösung beruht in dieser Arbeit auf einem Algorithmus der schrittweisen Näherung, dessen Konvergenz für kleine Werte des Verhältnisses aus Lochradius und Mittelpunktsabstand bewiesen wird. In den numerisch durchgerechneten Beispielen hat das angeführte Verhältnis den Wert $\varepsilon = 0{,}25$.
D. I. SCHERMAN [31] behandelt das Periodizitätsproblem (ebenfalls mit Kreislöchern) für die Halbebene unter Eigengewicht mit Hilfe der von ihm für den Fall zweier gleichartiger Kreislöcher angewendeten Methode [34]. Das Wesen dieses Verfahrens besteht, wie gesagt, in der gleichzeitigen Verwendung speziell ausgewählter Potenzreihendarstellungen der komplexen Potentiale und einer zu der aus 5.1.1. analogen Funktionalgleichung. Die Lösung des Problems führt wie in den oben betrachteten unperiodischen Fällen auf ein unendliches System linearer algebraischer Gleichungen. Mit Hilfe dieses Verfahrens gelang es D. I. SCHERMAN, die Spannungsverteilung in der Nähe der Löcher für einen beträchtlichen Variationsbereich des oben genannten Verhältnisses ε zu verfolgen und die Analyse des Spannungsfeldes für hinreichend nahe beieinanderliegende Löcher durchzuführen. In einer anderen Arbeit [32] untersucht D. I. SCHERMAN den allgemeineren Fall nichtkreisförmiger periodischer Löcher. Die das Medium schwächenden Löcher haben hier die Form eines krummlinigen Quadrates, dessen Außengebiet durch eine zweigliedrige Formel (die ζ und ζ^{-3} enthält) auf das Äußere des Kreises abgebildet wird. Die Betrachtung beruht ebenfalls auf der oben genannten Methode und führt auf ein System linearer Gleichungen. Das periodische Problem für krummlinige Löcher mit ziemlich allgemeinen Umrissen wurde schon vorher in einer Arbeit von I. I. WOROWITSCH und A. S. KOSMODAMIANSKI [1] untersucht. Unter Ausnutzung der geometrischen und Belastungssymmetrie ihres Problems gelangen die Autoren zu einer Integraldarstellung der gesuchten komplexen periodischen Funktionen durch neue, ebenfalls komplexe Funktionen, die in der mit einem Loch versehenen unendlichen Ebene holomorph sind und im Unendlichen verschwinden. Danach werden die neu eingeführten Funktionen in Reihen nach Potenzen des als klein vorausgesetzten Parameters d/l entwickelt, wobei d der Durchmesser des Loches und l der Abstand der Mittelpunkte zweier benachbarter Löcher ist. Damit wird die Aufgabe auf eine unendliche Folge schrittweise lösbarer ebener Probleme für einfach zusammenhängende Gebiete (Ebene mit einem Loch) zurückgeführt. Diese Behandlung gestattet im Prinzip immer dann die Angabe numerischer Formeln, wenn sich das Außengebiet des Loches mit Hilfe rationaler Funktionen auf das Äußere eines Kreises abbilden läßt. Die Konvergenz des Prozesses ist nicht untersucht worden. Eine eingehende Analyse durch numerische Rechnungen wird für den Fall gleichartiger und gleich

[1]) Es ist zu erwähnen, daß durch Einführung der Funktion $\chi(z)$ im allgemeinen das Lösungsschema der Grundprobleme nicht nur bei Anwendung der Potenzreihenmethode vereinfacht wird.

orientierter elliptischer Löcher angegeben, dabei wird die Scheibe im Unendlichen von Kräften gezogen, die mit der x-Achse, der Verbindungslinie der Lochmittelpunkte, den Winkel α bilden. Die Lochränder werden als unbelastet vorausgesetzt.
Numerische Ergebnisse liegen auch für den Fall vor, daß bei derselben äußeren Belastung in die Kreislöcher der Ebene starre Scheiben eingesetzt sind (II. Problem). In allen numerischen Berechnungen hat das Verhältnis ε den Wert 0,15. Aus den in der Arbeit angeführten grafischen Darstellungen für die Maximalspannungen ist ersichtlich, daß im Falle des I. Problems für $\alpha = 0$ (Zugkraft parallel zur Verbindungslinie der Mittelpunkte) der größte Einfluß benachbarter Löcher bei kleinem Halbachsenverhältnis a/b auftritt (a ist die Halbachse in x-Richtung). Die Maximalspannung in der Ebene ist dabei im Vergleich zum Medium mit nur einem Loch kleiner. Im Gegensatz dazu entsteht die größte Störung bei Zug senkrecht zu der Verbindungslinie der Mittelpunkte für ein großes Verhältnis a/b, und die maximale Spannung nimmt beim Übergang von einem Loch zu einer Reihe von Löchern zu. Im Falle des II. Problems ergibt sich das umgekehrte Bild. Hier wachsen die Spannungskonzentrationen für $\alpha = 0$ in der Nähe der Löcher beim Übergang von einem Loch zu einer Reihe von Löchern, und für $\alpha = \pi/2$ verringern sie sich. Der Fall endlich vieler gleicher Kreislöcher bei spezieller Art der äußeren Belastung im Unendlichen wurde mit der Methode von D. I. Scherman [34] von A. S. Kosmodamianski [1] untersucht.
In dieser Hinsicht ist noch die Arbeit einer Gruppe chinesischer Wissenschaftler zu erwähnen: sie behandeln Fragen der Spannungskonzentration in der Ebene mit endlich vielen Löchern verschiedener Form und machen einige Angaben über die Anwendungsmöglichkeiten der genannten Methode. Eine vollständige Bibliographie dieser Arbeiten kann der Leser im Artikel von Tschen Lin-Si [1] finden.
Mit derselben Methode lösen P. I. Perlin und L. F. Toltschenova [2] das Problem für den durch zwei Reihen von Kreislöchern geschwächten Kreisring unter zentralsymmetrischen Bedingungen. Die Lochmittelpunkte jeder Reihe gehören dabei ein und demselben zum Ring konzentrischen Kreis an. Für nahe beieinander liegende Löcher wendet A. S. Kosmodamianski [2] ein Verfahren an, das auf der *Methode von Bubnow-Galjorkin* beruht. In Verbindung damit ist es in einer Reihe von Fällen sowohl für endlich viele als auch für unendlich viele gleichartige krummlinige Löcher zweckmäßig (s. A. S. Kosmodamianski [3]), zur praktischen Berechnung ein auf der *Mußchelischwili-Methode* beruhendes Schema zu verwenden.
Die oben angeführten Näherungsverfahren benutzt A. S. Kosmodamianski [4, 5] bei der Untersuchung des Spannungszustandes einer Scheibe, die durch endlich viele Löcher verschiedener Form geschwächt ist. Im Falle ungleichartiger Löcher (A. S. Kosmodamianski [6]) wendet er die Methode der schrittweisen Näherung an. W. M. Buiwol [1] untersucht den Spannungszustand in einem Kreisgebiet mit endlich vielen gleichartigen Kreislöchern in konstantem Abstand, deren Mittelpunkte ein und demselben zum Rand konzentrischen Kreis angehören. Zur Lösung des Problems benutzt der Autor die *Gleichung von Lauricella-Scherman* (5.4.6.), die hierbei infolge der Rotationssymmetrie des Problems auf eine einfachere, für die numerische Rechnung bequemere Gestalt gebracht werden kann. Die abgewandelte Gleichung wird dann durch numerische Verfahren, wie sie in der Arbeit von A. J. Gorgidze und A. K. Ruchadze [1] angeführt sind, gelöst.
Theoretisch und praktisch sehr interessante Aufgaben über das Spannungsfeld in einem unendlichen elastischen Körper mit einem doppeltperiodischen System kongruenter Löcher beliebiger Form werden in den unlängst erschienenen Arbeiten von Koiter [1, 2] in ihrer allgemeinsten Art formuliert und gelöst. Der Untersuchung der elastizitätstheoretischen

Probleme stellt KOITER eine spezielle mathematische Arbeit voran (KOITER [1]), in der die Eigenschaften eines in geeigneter Weise *verallgemeinerten Cauchyschen Integrals* untersucht werden. Die Verallgemeinerung besteht darin, daß anstelle des üblichen CAUCHYschen Kerns $1/t - z$ der Kern $\zeta(z - t)$ eingeführt wird, wobei ζ die WEIERSTRASSsche ζ-Funktion ist. Für die in dieser Weise definierten Integrale gibt KOITER die Verallgemeinerung der Formeln von SOCHOZKI-PLEMELJ (4.1.4.) an. Er formuliert und beweist einen entsprechenden Satz über die Randwerte doppeltperiodischer und quasiperiodischer Funktionen. Für den Fall kreisförmiger Löcher untersucht er die Entwicklung solcher Funktionen.
In seiner Arbeit [2] betrachtet KOITER das I. Problem der Elastizitätstheorie für einen Körper mit einem doppeltperiodischen System von Löchern und führt es unter Verwendung der in 2. angegebenen komplexen Darstellungen auf die Bestimmung doppeltperiodischer analytischer Funktionen des in seiner Arbeit [1] betrachteten Typs zurück.
Weiterhin beweist er die Eindeutigkeit der Lösung der in dieser Weise gestellten Aufgabe und leitet eine Funktionalgleichung für die Funktion $\Phi(z) = \varphi'(z)$ her, die auf eine *Fredholmsche Gleichung 2. Art* führt. Diese Gleichung stellt die entsprechende Verallgemeinerung der zum einfach zusammenhängenden Gebiet gehörenden Gl. (9) in 5.4.3. auf den Fall des unendlichfach zusammenhängenden Gebietes dar. Mit Hilfe der gewonnenen FREDHOLMschen Integralgleichung und ihrer bekannten Eigenschaften beweist KOITER in seiner Arbeit [2] die Existenz der Lösung des gestellten Problems; ferner untersucht er gewisse Grenzfälle.
Das ebene Problem der Elastizitätstheorie für den unendlichen Körper mit einem doppeltperiodischen System von Kreislöchern wurde erstmalig von W. J. NATANSON [1] und später von SAITO [1] behandelt. Diese Autoren gelangen durch Reihenentwicklung der beiden komplexen Potentiale φ und ψ zu einem zweifach unendlichen Gleichungssystem für die Koeffizienten der genannten Entwicklung. Der Vorteil der oben angeführten Betrachtungen von KOITER besteht in ihrem allgemeineren Charakter (die Löcher können beliebige Form haben) sowie in ihrer größeren Effektivität bei theoretischen Untersuchungen.
Ferner sind Arbeiten von HORWAY [1, 2] zu erwähnen, in denen Probleme der Elastizitätstheorie (bei Berücksichtigung von Temperaturgliedern) für Körper mit einem doppeltperiodischen System von Löchern durch ein bestimmtes Näherungsverfahren gelöst werden.
Viele der oben angeführten Aufgaben, insbesondere die Probleme der Halbebene mit Löchern unter Eigengewicht, stehen im Zusammenhang mit der wichtigen Frage nach dem Spannungszustand eines Bergmassivs mit Gängen verschiedener Ausmaße und Querschnittsformen. Dergleichen Aufgaben sind besonders schwierig, wenn man mehr als einen Gang berücksichtigen muß und wenn der gegenseitige Einfluß benachbarter Löcher als wichtigster Faktor für die Bestimmung des Spannungszustandes im Körper auftritt. Für den Fall zweier kreisförmiger bzw. elliptischer Löcher und später auch für den Fall unendlich vieler periodisch liegender Löcher wurde der Charakter und der Grad des gegenseitigen Einflusses von D. I. SCHERMAN und seinen Schülern eingehend untersucht.
Dadurch war es in der letzten Zeit möglich, gewisse Aussagen über Stolleneinstürze in Bergwerken zu machen (D. I. SCHERMAN [30]).

8.1.4. Unendliche Ebene mit einem Loch

Der Fall *eines Loches* in einem homogenen unendlichen Medium läßt sich verhältnismäßig leicht untersuchen. Die Frage der Spannungskonzentration in diesem Fall zog seit langem die Aufmerksamkeit der Wissenschaftler auf sich, so daß sie zum gegenwärtigen Zeitpunkt hinreichend vollständig erforscht ist. Hier ergänzen wir das, worüber in 5.2.14. kurz gesprochen wurde.

Wenn die Funktion, die die konforme Abbildung des Außengebietes des Loches auf den Kreis vermittelt, rational ist, so treten bei der Lösung des Problems keine prinzipiellen Schwierigkeiten auf. Im Fall allgemeinerer Randkurven, wo die Abbildungsfunktion nicht mehr rational ist, wendet man gewöhnlich Lösungsverfahren an, die auf der näherungsweisen konformen Abbildung beruhen.

Eine solche Methode wurde seinerzeit von G. N. SAWIN vorgeschlagen. Wir bringen das Wesen dieser Methode kurz in Erinnerung (s. 5.2.14.). Dazu betrachten wir eine unendliche Scheibe mit einem Loch, das die Gestalt eines Vieleckes mit geraden Seiten hat. Das gegebene Gebiet bilden wir mit Hilfe des *Christoffel-Schwarzschen Integrals* auf den Einheitskreis der Hilfsebene ab. Die Abbildungsfunktion stellen wir als Potenzreihe von ζ dar. Wenn wir in dieser Reihe nur endlich viele Glieder berücksichtigen, erhalten wir eine näherungsweise Abbildung, die den Kreis mit Hilfe einer rationalen Funktion in der Gestalt

$$z = \omega(\zeta) = C\left(\frac{1}{\zeta} + \sum_{k=1}^{n} C_k \zeta^k\right) \tag{1}$$

oder im Sonderfalle

$$z = C\left(\frac{1}{\zeta} + m\zeta^n\right), \tag{2}$$

wobei C, C_k, n gewisse Konstanten sind, in eine der Ausgangskurve angenäherten Kurve überführt. Durch Variation der Zahl n und der Konstanten C, C_k ergeben sich Löcher verschiedener Gestalt und Ausmaße. Als Sonderfall entstehen Löcher in der Gestalt eines Kreises, einer Ellipse, eines krummlinigen Vierecks bzw. Dreiecks, eines Ovals, einer fast rechteckigen Form mit halbkreisförmig abgerundeten kurzen Seiten usw. Die letzte der aufgezählten Lochformen ist von bedeutendem praktischem Interesse und ergibt sich mit Hilfe der Abbildung (1) für $n = 3$ und $C_2 = 0$.

Das ebene Problem im Falle eines solchen Loches wurde erstmalig von GREENSPAN [1] untersucht. Wenn die Abbildungsfunktion die eben angeführte Gestalt hat, führt die *Methode von Mußchelischwili* sofort auf das gewünschte Ergebnis. Mit diesem Verfahren behandelten G. N. SAWIN und seine Schüler zahlreiche konkrete Probleme für den Fall krummliniger Löcher der genannten Art bei verschiedenen Anordnungen derselben, bei unterschiedlichen äußeren Belastungen und für verschiedene Abmessungsverhältnisse. Die Lösungen liegen in fast allen Fällen in übersichtlicher Form vor und sind mit graphischen Darstellungen der Spannungsverteilung über dem Lochrand, Tabellen und Diagrammen versehen. Ein großer Teil dieser Ergebnisse wird in der Monographie von G. N. SAWIN [8] ausführlich dargelegt.

Das Verfahren von G. N. SAWIN ermöglicht in hohem Maße die Anwendung von Methoden der Funktionentheorie zur effektiven Erforschung einer bekannten Klasse konkreter praktischer Probleme. Im Ergebnis dieser Untersuchungen wuchs das Interesse für Kerbspannungsprobleme stark an. Der Fragenkreis erweiterte sich wesentlich und wurde Forschungsgegenstand vieler Autoren. Nach G. N. SAWIN behandelt A. A. BOIM [1] die Halbebene unter Eigengewicht mit gewölbeartigem Loch, dessen Außengebiet durch einen viergliedrigen Ansatz vom Typ (1) auf den Kreis abgebildet wird (s. a. BOIM [2]).

G. S. GRUSCHKO [1] untersucht das Spannungsfeld in der Nähe eines halbkreisförmigen Loches in einem isotropen Balken bei reiner Biegung, wobei das Loch näherungsweise durch einen fünfgliedrigen Ausdruck vom Typ (1) abgebildet wird.

Bei der Berechnung einer in ihrer Ebene gebogenen Scheibe mit rechteckigem Loch benutzt W. N. Koschewnikow [1] Glieder bis zur neunten Potenz von ζ in der Reihenentwicklung der Abbildungsfunktion.

In den Arbeiten von Yi-Yuan Yu [3] und E. S. Chatschijan [1] wird ein ovales Loch betrachtet, das durch einen dreigliedrigen Ausdruck definiert ist, wobei in der erstgenannten Arbeit die Spannungen in der Nähe einer starren Verstärkung und in der zweiten in einer gezogenen Scheibe ohne Verstärkung untersucht werden.

E. F. Burmistrow [1, 2] betrachtet eine allgemeinere Klasse krummliniger Löcher bei ebener Deformation sowie in Anwendung auf ein Biegeproblem dünner Platten und führt an konkreten Beispielen ausführliche Berechnungen durch. Analoge Aufgaben werden auch in den Arbeiten von Evan-Iwanowski [1], E. P. Anikin [1] und Isida [1] behandelt.

Conroy [1] untersucht den allgemeinen Fall eines axialsymmetrischen Loches in einem homogenen Körper, der im Unendlichen unbelastet ist, wenn an symmetrischen und dem Zentriwinkel nach gleichen Abschnitten des Lochumrisses gleichmäßige Normalkräfte gleicher Intensität angreifen. Die Lösungsmethode beruht hierbei auf der Anwendung der konformen Abbildung und der in 3.4.1. angeführten Potenzreihen.

8.1.5. Fortsetzung der Betrachtungen

Bisher wurde die Form der Lochkonturen mit Hilfe konkreter Abbildungsfunktionen angegeben, die in der Mehrzahl der Fälle aus endlich vielen Gliedern der Reihenentwicklung des Christoffel-Schwarzschen Integrals hervorgehen. Für viele praktisch wichtige Lochformen ist jedoch die näherungsweise Abbildung durch endlich viele Glieder der angeführten Reihen bei weitem nicht ausreichend.

Die Spannungsverteilung in der Umgebung der Löcher hängt wesentlich von den Differentialeigenschaften des Lochrandes ab, und deshalb ist das Auffinden genauer Abbildungen außerordentlich wichtig. Es muß natürlich gewährleistet sein, daß der folgende Rechenaufwand in einem angemessenen Rahmen bleibt. Für die Abbildung eines regelmäßigen geradlinigen Vielecks mit abgerundeten Ecken benutzt M. I. Naiman (s. z. B. [1]) neben Teilen von Reihen, die durch Entwicklung des *Christoffel-Schwarzschen Integrals* entstehen, dazu analoge Polynome mit unbestimmten Koeffizienten. Letztere ermittelt er aus der Bedingung, daß die Krümmung in den einzelnen Punkten des Randes verschwinden muß. Er erreicht auf diese Weise eine bemerkenswerte Streckung der Vieleckseiten im Vergleich zur Entwicklung des Christoffel-Schwarzschen Integrals bei gleicher Anzahl mitgenommener Glieder in der Abbildungsfunktion.

Vom gleichen Autor wurden auch einige andere Lochformen untersucht; die gefundenen Abbildungen wendet er mit gutem Erfolg auf Torsionsprobleme bei Kreiszylindern mit verschiedenen Längsbohrungen an. Ähnliche Abbildungsfunktionen werden in der letzten Zeit auch bei der ebenen Deformation einfacher Profile benutzt.

Ein etwas anderes Verfahren schlägt Kikukawa [1] vor. Er geht bei der Betrachtung eines unendlichen elastischen Körpers mit einer Kerbe von einer einfachen näherungsweisen Abbildung aus [z. B. im Falle des geradseitigen Vielecks mit abgerundeten Ecken von der Gl. (1) in 8.1.4. bei Berücksichtigung weniger Glieder] und verbessert dann das Verfahren mit Hilfe der bekannten Formel der sogenannten Näherungsabbildung[1])

$$\omega(\zeta) = \omega_0(\zeta) + \frac{\zeta\omega_0'(\zeta)}{2\pi \mathrm{i}} \int\limits_{\gamma} \frac{\delta n_0(\sigma)}{|\omega_0'(\sigma)|} \, \frac{\sigma + \zeta}{\sigma - \zeta} \, \frac{\mathrm{d}\sigma}{\sigma}. \tag{1}$$

[1]) Siehe beispielsweise M. A. Laurentjew und B. W. Schabat [1]

Hierbei ist γ die Peripherie des Einheitskreises in der ζ-Ebene und $\sigma = e^{i\vartheta}$ ein Punkt auf ihr, während $\delta n_0(\sigma)$ den Normalabstand zwischen der gegebenen exakten Kurve und der ihr entsprechenden näherungsweisen Abbildung $\omega_0(\zeta)$ bezeichnet.
Durch Potenzreihenentwicklung des Integrals auf der rechten Seite von (1) gewinnt der Autor bei Berücksichtigung endlich vieler Glieder eine Abbildungsfunktion, die genauer ist als $\omega_0(\zeta)$. Die auf diese Weise in expliziter Form gefundene Funktion $\omega(\zeta)$ wird zur Abbildung benutzt. Alles übrige läuft wie bei der Potenzreihenmethode in Verbindung mit konformer Abbildung ab (s. 3.). Die vom Autor aufgestellten Ausgangsrandbedingungen in krummlinigen Koordinaten stellen die bekannten Bedingungsgleichungen (des I. Problems) in der von G. W. Kolosow vorgeschlagenen Gestalt dar [s. Gl. (11) in 2.2.13.].
Die Betrachtung endet mit der Zurückführung auf ein System linearer algebraischer Gleichungen, das durch Näherungsverfahren gelöst werden kann.
Kikukawa untersucht eine Reihe verschiedener Kerbformen und gibt für zahlreiche konkrete Beispiele numerische Ergebnisse an. Neben unendlichen Gebieten mit endlichen geschlossenen Randkurven betrachtet er auch eine gewisse Klasse von Gebieten mit unendlichen Randkurven. Wie aus den numerischen Rechnungen hervorgeht, bewirkt das Zusatzglied in der Abbildungsfunktion (1) eine wesentliche Änderung der Spannungsverteilung in der Umgebung der Löcher, z. B., im Falle eines Loches von der Gestalt eines Rhombus mit abgerundeten Ecken haben nur die beiden Glieder aus der Entwicklung des zusätzlichen Integrals einen merklichen Einfluß auf die Spannungskonzentration.
Trotzdem ist es in der Mehrzahl der Fälle erforderlich, eine große Anzahl von Gliedern der Reihenentwicklung mitzuführen, um ein genaueres Bild des Spannungszustandes zu gewinnen.
Mit Hilfe der Methode von Kikukawa untersucht Brčič [1] ein konkretes Problem für den Fall der unendlichen Ebene mit beiderseitigen Kerben in Form geradliniger Halbstreifen mit abgerundeten Ecken.

8.2. Stückweise homogene Medien. Verstärkte Löcher

Vom Gesichtspunkt der praktischen Anwendung her ist die Bestimmung des Spannungszustandes in zusammengesetzten Körpern von großem Interesse. Speziell betrachten wir hier den Spannungszustand in Scheiben mit Löchern, in die kompakte oder selbst wieder mit Löchern versehene Kerne nach vorgegebener elastischer Passung eingesetzt sind. Die Vereinigung der Teile wird in der Praxis gewöhnlich durch Aufschrumpfen oder Pressen im heißen bzw. kalten Zustand verwirklicht. Es wird vorausgesetzt, daß die Ränder der verbundenen elastischen Teile ohne Lücken in Berührung kommen und am Gegeneinandergleiten behindert sind[1]). Der gesamte Rand L des in dieser Weise entstehenden Verbundkörpers besteht offenbar aus dem äußeren Rand der Scheibe, – falls dieser nicht im Unendlichen liegt –, aus den Rändern der unverstärkten Löcher und schließlich aus den Rändern der eingesetzten Kerne (soweit solche vorhanden sind). Die Belastung des Körpers kann von der Passung herrühren, und außerdem können beliebige äußere Kräfte auftreten, die im

[1]) Wenn der Scheibenrand im unverformten Zustand mit dem entsprechenden Lochrand in der Ebene übereinstimmt, setzen wir voraus, daß die Scheibe längs des Randes mit der Ebene verschweißt ist, oder wir lassen große Reibungskräfte zwischen der (eingesetzten) Scheibe und der umgebenden Ebene zu. Unter anderen Voraussetzungen (abgesehen von sehr speziellen Belastungsfällen des Verbundkörpers) erhält man ein gemischtes Problem der Elastizitätstheorie.

Inneren oder am Rand angreifen. Auf L erhalten wir für beliebige Belastung die üblichen Randbedingungen (wir haben stets das I. Problem im Auge). Auf den Trennlinien der in Berührung stehenden Teile müssen die Verschiebungssprünge im Zusammenhang mit den entsprechenden äußeren Spannungen vorgegeben sein.

8.2.1. Einschlüsse aus gleichem Material

Für den Fall, daß die Scheibe endlich viele Löcher hat und die miteinander in Verbindung stehenden Teile aus ein und demselben elastischen Material bestehen, schlägt D. I. SCHERMAN [14] eine allgemeine Methode zur Untersuchung des Problems vor. Dieses Verfahren ist in 6.1.4. dargelegt.

Wir bringen einige diesbezügliche Fakten in Erinnerung und nehmen dabei der Einfachheit halber an, daß die in die Löcher eingesetzten elastischen Teile Vollscheiben darstellen. In diesem Falle führt das betrachtete Problem nach dem angeführten Verfahren auf ein gewöhnliches ebenes Problem für ein vollständiges Gebiet, das von den in Berührung stehenden Körpern eingenommen wird (ohne irgendwelche Bedingungen an den Trennlinien). Die Zusammenhangszahl des Verbundkörpers ist offenbar um die Zahl der in ihm eingesetzten Kerne kleiner als die Zusammenhangszahl des von der Scheibe eingenommenen Gebietes. Dabei entspricht jedoch das neue Problem etwas veränderten äußeren Kräften. Die Trennlinie kann man auf Kosten geeignet gewählter Zusatzkräfte am Gesamtsystem beseitigen. Falls die elastischen Einschlüsse Kreisform haben, läßt sich das entsprechende Zusatzglied auf der rechten Seite der Randbedingung explizit angeben. Es hat besonders einfache Gestalt, wenn die Verschiebungssprünge senkrecht auf der Trennlinie stehen und konstant sind. Die *Methode von Mußchelischwili* führt bei kreisförmigen Einschlüssen in allen Löchern der Scheibe auf eine geschlossene Lösung, wenn das vom Verbundkörper eingenommene einfach zusammenhängende Gebiet durch eine rationale Funktion konform auf den Kreis abgebildet wird.

Nach dieser Methode wurden zahlreiche Fälle geschlossen gelöst und numerisch berechnet. Neben ebenen Problemen wurden auch analoge Aufgaben über die Biegung dünner Platten behandelt. Eine Reihe konkreter Ergebnisse dieser Art findet der Leser in den Aufsätzen J. A. AMENSADE und S. A. ALESKEROW [1], D. W. WEINBERG und A. G. UGODTSCHIKOW [1], P. I. PERLIN und L. F. TOLTSCHENOWA [1], A. G. UGODTSCHIKOW [1 bis 5], N. D. TARABASOW [4 bis 6] und W. W. TUNIN [1]. In der Arbeit von A. G. UGODTSCHIKOW [1] kann der Verbundkörper ein beliebiges endliches einfach zusammenhängendes Gebiet der komplexen Ebene einnehmen. Bei der effektiven Anwendung der *Mußchelischwili-Methode* ist das genannte Gebiet selbstverständlich durch ein angenähertes zu ersetzen, das einer Polynomabbildung auf den Kreis entspricht. Diese Näherungsabbildung wird mit einer vom selben Autor (s. [6]) ausgearbeiteten Methode zur elektrischen Modellierung der konformen Abbildung ermittelt.

In der Arbeit von HAMPLE [1] ist eine elementare Lösung des Problems für den Fall zweier gleichartiger kreisförmiger bzw. für unendlich viele periodische kreisförmige Einschlüsse in einer unbegrenzten Scheibe angegeben. Die Lösung erhält man unmittelbar aus der Spannungsfunktion ohne Heranziehung des komplexen Apparates.

8.2.2. Einschlüsse aus anderem Material

Die starre Verstärkung der Löcher ist im Hinblick auf die Schwierigkeiten bei der Lösung gleichwertig mit dem Fall völlig unverstärkter Löcher. Im ersten Falle sind an der Kontur des Loches die Randbedingungen des II. Problems und im zweiten Falle die analogen Bedingungen des I. Problems zu berücksichtigen. Beide Fälle unterscheiden sich nicht wesentlich voneinander. Deshalb wollen wir das Problem der starren Kerne nicht gesondert behandeln. Anders liegen die Dinge für Einschlüsse, die sich in ihren elastischen Eigenschaften von der umgebenden Scheibe unterscheiden; hier wird das Problem bedeutend schwieriger. Ein zu 8.1.1. (für zweifach zusammenhängende Gebiete) analoges Lösungsverfahren verwendet D. I. Scherman [35] zur Berechnung der Spannungen in stückweise homogenen Medien, und zwar für den Fall, daß der inhomogene Körper ein endliches einfach zusammenhängendes Gebiet einnimmt und aus zwei miteinander verbundenen Teilen mit unterschiedlichen elastischen Eigenschaften besteht. Ein Loch in einer homogenen von zwei geschlossenen Kurven berandeten Scheibe mit endlichen Abmessungen wird durch einen Vollkern aus anderem Material ausgefüllt. Auf dem äußeren Rand der Scheibe werden die üblichen Bedingungen des I. Problems vorgegeben, und auf der Trennlinie zwischen den beiden Medien fordert man, daß die Spannungen gleich sind und daß die elastischen Verschiebungen einen vorgegebenen Sprungwert haben. Zur Ermittlung der hierbei auf dem Rand der Scheibe eingeführten Hilfsfunktionen $\omega(t)$ ergibt sich wie früher ein System Fredholmscher Integralgleichungen, das das Ausgangsproblem im theoretischen Sinne vollständig löst. Im Sonderfalle einer Kreisscheibe mit exzentrischer Kreisbohrung, der zur Illustration der Methode betrachtet wird, entsteht anstelle des Integralgleichungssystems ein unendliches System linearer algebraischer Gleichungen.

Hardiman [1] behandelt die unbegrenzte Ebene mit einem ohne Vorspannung eingeschweißten elliptischen Kern unter homogenem Zug im Unendlichen. Die Lösung dieses Problems wird in geschlossener Form angegeben. Interessant ist, daß das unter diesen Bedingungen in der elliptischen Scheibe induzierte Spannungsfeld ebenfalls homogen ist. Der Fall konzentrischer Kreiseinschlüsse in der Ebene läßt sich leicht mit Hilfe der Potenzreihenmethode effektiv lösen, wenn die nacheinander in die jeweilige Öffnung eingesetzten einzelnen Teile konzentrische Kreisringe darstellen. Die Lösung dieses Problems ist seit langem bekannt (s. beispielsweise G. N. Sawin [8]). Eine solche Lösung für einen einzelnen Einschluß bei gewissen einfachsten Belastungsarten im Unendlichen und am Innenrand des Verstärkungsringes ist ebenfalls in dem Artikel [2] von Hardiman enthalten. In Anwendung auf das Problem ringförmiger Verstärkungen von Löchern ist die Potenzreihenmethode immer dann zur effektiven Lösung geeignet, wenn sich das vom Verbundkörper eingenommene einfach zusammenhängende unendliche Gebiet mit Hilfe einer rationalen Funktion konform auf das Außengebiet eines Kreises abbilden läßt und wenn der Verstärkungsring dabei in einen konzentrischen Kreisring übergeht. Eine effektive Lösung des Problems für den Fall der Abbildung vom Typ (2) in 8.1.4. wird von M. P. Scheremetjew [3, 7] angegeben; er kombiniert die Potenzreihenmethode mit der *Methode der Cauchy-Integrale*. Der Sonderfall einer Verstärkung in Form eines konfokalen elliptischen Ringes ($n = 1$) wurde später in den Arbeiten von Oda [1] und Levin [1] betrachtet. In der erstgenannten Arbeit behandelt der Autor zwei numerische Beispiele, die das Druckproblem lockerer Gesteinsmassen auf einen Tunnelausbau mit kreisförmigem bzw. elliptischem Querschnitt betreffen. In der zweiten Arbeit werden zur Lösung Potenzreihen herangezogen, die für die numerischen Berechnungen hinreichend bequem sind.

I. A. Trusow [1] untersucht die Verstärkung eines Loches in der gezogenen Ebene durch einen Ring mit veränderlichem Querschnitt, der nach außen durch einen Kreis und nach innen durch eine Ellipse begrenzt wird. Die Aufgabe wird näherungsweise durch Zurückführung auf ein lineares Kopplungsproblem gelöst, analog zu der erstmals von N. I. Mussche-

LISCHWILI [22] bei der Lösung der ebenen Elastizitätsprobleme angewendeten Methode. In einer weiteren Arbeit behandelt I. A. PRUSOW [2] die Halbebene mit verstärktem Kreisloch nach derselben Methode. Schon früher wurde dieses Problem in der in 8.1.2. erwähnten Arbeit von I. G. ARAMANOWITSCH [1] mit einer anderen Methode gelöst.

8.2.3. Verstärkung von Löchern durch schmale Ringe

Die ebenen Probleme der Lochverstärkung durch Ringe (sowie die dazu analogen Aufgaben, die sich auf die Biegung dünner Platten beziehen) lassen sich bedeutend vereinfachen, wenn der Verstärkungsring in der Ebene einen schmalen krummlinigen Streifen darstellt. Einen solchen Ring betrachtet man gewöhnlich als elastische Linie, deren Spannungs- und Deformationszustand durch die elementaren Gleichungen der Festigkeitslehre beschrieben werden. Die von der umgebenden Scheibe auf den Ring wirkenden Kräfte $\overset{n}{\sigma}_x$, $\overset{n}{\sigma}_y$ setzt man vorübergehend als bekannt voraus. Ausgehend von der Theorie kleiner Deformationen krummliniger Stäbe bestimmt man dann den Spannungszustand im Ring unter einer äußeren Belastung, die am gesamten Rand vorgegeben ist[1]). Danach lassen sich alle zur Charakterisierung der Ringverformung notwendigen Grundgrößen, wie Biegemoment, Längs- und Querkraft, elastische Verschiebung der Ringachse; durch die äußere Belastung elementar ausdrücken. Wenn man nun die gefundenen Ausdrücke für die elastische Verschiebung des äußeren Ringrandes in die entsprechende Kopplungsbedingung auf der Trennlinie der Medien einsetzt, ergeben sich zwei komplexe Beziehungen für die im Plattengebiet definierten Funktionen φ und ψ. In diese gehen die unbekannten Kräfte $\overset{n}{\sigma}_x$, $\overset{n}{\sigma}_y$ ein. Der Einfluß der Verstärkung mit Hilfe eines schmalen Ringes drückt sich also dadurch aus, daß die Randlasten und -verschiebungen unter den üblichen Bedingungen des I. und II. Problems am Lochumriß neben bekannten Größen zwei im Laufe des Lösungsganges zu bestimmende reelle Funktionen enthalten. Die Anwendung der im vorliegenden Buch dargelegten Methoden führt demnach auf eine effektive Lösung des Problems, wenn sich das Außengebiet der Trennlinie mit Hilfe einer rationalen Funktion auf das Außengebiet eines Kreises abbilden läßt.
In ähnlicher Weise wurde dieses Problem für eine bestimmte Klasse von Löchern unter verschiedenen Voraussetzungen in bezug auf den Charakter der Ringdeformation und der Scheibenbelastung untersucht. Wesentliche Ergebnisse in dieser Richtung sind in den Arbeiten von G. N. SAWIN, M. P. SCHEREMETJEW, RADOK, N. P. FLEISCHMANN und anderer Autoren enthalten. Wir gehen auf einige verhältnismäßig neue Publikationen kurz ein.
M. P. SCHEREMETJEW [14] behandelt die in zwei Richtungen gezogene unendliche Ebene mit verstärktem Loch. Der Verstärkungsring hat konstanten Querschnitt und wird als ein auf Biegung und Zug beanspruchter ebener elastischer Stab betrachtet. Der Autor leitet allgemeine Beziehungen her, die die Deformation eines solchen Stabes beschreiben. Anschließend formuliert er das Problem entsprechend dem oben dargelegten Schema mit Hilfe komplexer Funktionen und löst es für den Fall eines Kreisloches durch Potenzreihenentwicklung. Dasselbe Problem wurde in der gleichen Vollständigkeit etwas später von RADOK [1] behandelt, dem offenbar die Arbeit von M. P. SCHEREMETJEW nicht bekannt war.
Weiterhin untersucht SCHEREMETJEW [5] das Biegeproblem einer mit einem Ring von konstantem Querschnitt verstärkten dünnen unendlichen Platte unter am Rand angreifenden Momenten und Normalkräften. Der Ring, der den Lochrand in der Platte (bzw. den Platten-

---

[1]) Es wird vorausgesetzt, daß auf dem inneren Rand Bedingungen vorgegeben sind, die dem I. Problem entsprechen.

rand) verstärkt, wird als undehnbare elastische Linie aufgefaßt, die auf Biegung und Torsion beansprucht wird. Das Lösungsverfahren ist dabei völlig analog zu dem oben für den ebenen Spannungszustand angeführten. Eine eingehende Analyse beschränkt sich wiederum auf den Fall des Kreisloches bei homogenem Spannungsfeld im Unendlichen, wobei im Unendlichen gleichmäßig verteilte Biege- und Torsionsmomente wirken. Dem Einfluß ringförmiger Verstärkungen auf Biegeplatten sind auch die Arbeiten von N. P. FLEISCHMANN [1, 2] gewidmet. Auf derselben Grundlage wie in den vorigen Arbeiten gelingt es dem Autor, das Lösungsschema im Falle des Kreisloches wesentlich zu vereinfachen. Er untersucht zwei Beispiele zur Biegung der unbegrenzten Platte, und zwar den Fall einseitiger Biegemomente und den Fall allseitiger Torsionsmomente. An diesen Beispielen demonstriert der Autor ein effektives Verfahren zur Wahl einer optimalen Verstärkung, bei der die Spannungskonzentration völlig oder fast völlig beseitigt wird.

Das Problem eines elliptischen Loches in einer Biegeplatte mit kreisförmiger Unstetigkeitslinie wird von M. P. SCHEREMETJEW [6] auf ein lineares Randwertproblem vom Typ der linearen Kopplungsprobleme zurückgeführt. Das letztere Problem läßt sich durch schrittweise Näherung berechnen, wobei die Lösung für das Kreisloch als Ausgangsnäherung benutzt wird.

G. N. SAWIN und N. P. FLEISCHMANN [1] behandeln das allgemeine Problem der Randverstärkung einer Platte durch einen sehr dünnen Stab mit veränderlichem Querschnitt, der auf Biegung (bei Biegung der Platte) und auf Zug (im Falle des ebenen Spannungszustandes) beansprucht wird. Sie gewinnen einige angenäherte Bedingungen auf dem verstärkten Plattenrand, die die bekannten Randbedingungen der Grundprobleme der ebenen Elastizitätstheorie und der Biegetheorie dünner Platten verallgemeinern. Die entstehende funktionentheoretische Aufgabe hat, ähnlich wie die ebenen Probleme, eine Lösung in geschlossener Form, wenn sich das Plattengebiet mit Hilfe einer rationalen Funktion auf den Kreis abbilden läßt. Dies wird am Beispiel des elliptischen Loches in einer unendlichen Platte demonstriert. Da es uns nicht möglich ist, auf diese Fragen näher einzugehen, verweisen wir den Leser, falls er sich mit Einzelheiten oder Verallgemeinerungen auf weitere Randverstärkungsformen bekannt machen möchte, auf das Buch von M. P. SCHEREMETJEW [7] sowie auf die Arbeiten von A. N. KULIK [1] und T. L. MARTINOWITSCH [1, 2][1]).

8.3. Homogenes Medium (Sonderfälle). Spezialprobleme

Die Untersuchung des Spannungszustandes in elastischen Scheiben konzentrierte sich in den letzten Jahren hauptsächlich auf Teile, die ihrer Form und Belastung nach sehr kompliziert und demzufolge einer genaueren Analyse schwer zugängig sind, die jedoch für die praktische Anwendung besondere Bedeutung haben.

Große Aufmerksamkeit widmete man unendlichen Scheiben mit Kerben verschiedener Form am Rand, den Polygonscheiben sowie Scheiben verschiedener Gestalt unter der Einwirkung unstetiger Belastungen.

8.3.1. Scheiben mit Polygonalumriß

Die Methoden der komplexen Funktionentheorie wurden in der letzten Zeit mit Erfolg auf endliche Polygonalscheiben angewendet. Dazu stellt man die Abbildungsfunktion, die das

[1]) Nach Abgabe des Manuskriptes erschien die Monographie von G. N. SAWIN und N. P. FLEISCHMANN [2], in der dieser Fragenkreis ausführlich behandelt wird.

belastete Gebiet auf den Kreis transformiert, mit Hilfe des *Christoffel-Schwarzschen Integrals* explizit (durch eine Potenzreihe) dar und benutzt dann die Potenzreihenmethode. Dabei werden häufig die *Funktionalgleichungen von Mußchelischwili* (4.2.4.) herangezogen, besonders wenn die Funktion der Randwirkung nicht regulär ist. Wir führen einige für diese Methode charakteristische Arbeiten an.

Vor allem ist der Artikel Gray [1] zu nennen. Als Einleitung seiner Arbeit gibt der Autor den Inhalt des Abschnittes 5.2.8. in etwas abgewandelter Form wieder. Die Abweichung besteht vor allem darin, daß der Autor nicht die Funktionen

$$\frac{\omega(\zeta)}{\bar{\omega}'(\zeta)}, \quad \varphi(\zeta)$$

wie in 5.2.8., sondern die Funktionen

$$\omega(\zeta), \quad \frac{\varphi'(\zeta)}{\omega'(\zeta)}$$

in Potenzreihen entwickelt. Deshalb unterscheiden sich die von Gray gefundenen algebraischen Gleichungssysteme etwas von den entsprechenden aus 5.2.8. Als Beispiel wird in der genannten Arbeit ein Quadrat betrachtet, das an zwei gegenüberliegenden Ecken durch Einzelkräfte in Diagonalrichtung gezogen wird. Bemerkenswert ist dabei, daß sich das Gleichungssystem in diesem Falle durch Iteration lösen läßt.

Im Zusammenhang mit der Berechnung eines pfeilförmigen Flügels untersuchen Hoskin und Radok [1] den Spannungszustand in einer quadratischen Scheibe unter komplizierter Belastung: Die Scheibe wird an zwei gegenüberliegenden Ecken durch Einzelkräfte in Diagonalrichtung gezogen, und an zwei benachbarten Seiten greifen nach einem bestimmten Gesetz verteilte Schubspannungen an. Das Quadrat wird näherungsweise durch ein krummliniges Viereck mit abgerundeten Ecken ersetzt, dessen Abbildungsfunktion aus einem fünfgliedrigen Ausdruck besteht. Die Lösung erfolgt mit Hilfe der *Funktionalgleichungen von Mußchelischwili.* Besondere Aufmerksamkeit wird der quantitativen Analyse des untersuchten elastischen Zustandes gewidmet. Zur Auswertung der numerischen Ergebnisse werden Tabellen und graphische Darstellungen angegeben.

Winslow [1] behandelt eine rechteckige Scheibe mit Belastungsgrößen $\overset{n}{\sigma}_x$ und $\overset{n}{\sigma}_y$ in Gestalt von Polynomen in x und y.

Deveral [1] wendet die in 3.4.1. dargelegte Potenzreihenmethode auf Polygonplatten bei Querkraftbiegung an. Unter Berücksichtigung von drei bzw. vier Gliedern in der Abbildungsfunktion gewinnt der Autor eine Näherungslösung für das Quadrat, das Rechteck und das gleichseitige Dreieck unter gleichmäßiger Belastung. Die numerischen Rechnungen gestatten einen Vergleich der maximalen Durchsenkung der Platte mit den von anderen Autoren auf anderem Wege gefundenen Werten.

Für Gebiete mit stückweise geradlinigen Rändern untersucht G. N. Poloschi [1 bis 3] das III. Problem der Elastizitätstheorie. Darunter versteht man das Kontaktproblem mit einem starren Profil bei vorgegebenen Normalverschiebungen und Schubspannungen auf dem Rand des Mediums (6.4.5.). In den Randbedingungen dieses Problems erscheint nach geeigneter Umformung bei den höchsten Ableitungen der gesuchten Funktionen ein Koeffizient, der die Krümmung der Randkurve als Faktor enthält. Deshalb vereinfacht sich die Aufgabe wesentlich, wenn der Rand aus Geradenabschnitten besteht; sie führt in diesem Falle auf zwei nacheinander lösbare Randwertprobleme der Theorie der analytischen Funktionen.

Auf diesem Wege gewinnt G. N. POLOSCHI die Lösung für ein endliches bzw. unendliches Gebiet mit einem ziemlich allgemeinen Polygonzug als Randkurve. Im Zusammenhang damit formuliert der Autor einige physikalische Bedingungen über das Anwachsen der Spannungen in der Nähe der Eckpunkte, die die Eindeutigkeit der Lösung gewährleisten.

W. E. SCHUKOW [1] betrachtet den für die Anwendung interessanten Fall eines speziellen Vielecks mit stark veränderlichen linearen Abmessungen. Nach der näherungsweisen Abbildung durch eine endliche Reihe nach CHRISTOFFEL-SCHWARZ wendet der Autor bei der Lösung die *Methode von Mußchelischwili* in etwas abgewandelter Form an, die auf D. M. WOLKOW (beispielsweise [1]) zurückgeht. Für ein konkretes Beispiel mit unstetiger Belastung (an einzelnen Teilabschnitten des Scheibenrandes greifen nach einem bestimmten Gesetz verteilte Zugspannungen an) gibt der Autor numerische Ergebnisse an, dabei enthält die Abbildungsfunktion ein Glied mit ζ^{25}.

M. M. FRIEDMANN [4], G. G. TSCHANKWETADSE [1] und etwas später YI-YUAN YU [4] gewinnen mit Hilfe der *Methode von Mußchelischwili* eine geschlossene Lösung für das Biegeproblem einer Kreisplatte unter der Einwirkung konzentrierter Kräfte und Momente, die an Randpunkten sowie an inneren Punkten der Plattenmittelebene angreifen.

BASSALI [1] findet mit derselben Methode die Lösung des Problems für einen etwas allgemeineren Fall, wo auf die Kreisplatte außer Einzelkräften noch Kräfte wirken, die über die Fläche eines exzentrischen Kreises verteilt sind. Diese Belastung hat die Gestalt $p_1 = p_0 R_0^{n-2}$, wobei p_0 eine Konstante, R_0 der Abstand eines variablen Punktes vom Mittelpunkt des Kreises und $n = 2$ ist. In einer anderen Arbeit desselben Autors (BASSALI [2]) wird das gleiche Problem für eine Platte mit Kreisloch behandelt.

BASSALI und DAWOUD [1] geben eine geschlossene Lösung für das Biegeproblem einer am Rand eingespannten Platte unter der Einwirkung konzentrierter Belastungen an. Dabei wird vorausgesetzt, daß das Plattengebiet (Ebene mit krummlinigem Loch) einer zwei- bzw. dreigliedrigen Abbildungsfunktion vom Typ (1) in 8.1.4. entspricht. Ferner verweisen wir auf die Arbeit BASSALI und NASSIF [1], wo ein am Rand elastisch befestigter Kreis betrachtet wird, der durch eine Normalbelastung gebogen wird, die über eine mit dem Kreis konzentrische Ellipsenfläche gleichmäßig verteilt ist. Von BASSALI und seinen Mitautoren wurden zahlreiche Arbeiten über konkrete Aufgaben der Biegetheorie dünner Platten veröffentlicht. Hinweise dazu findet der Leser in dem eben genannten Artikel BASSALI und NASSIF [1].

8.3.2. Scheiben mit unendlichen Rändern

GRAY [2] wendet das in seiner oben zitierten Arbeit [1] angegebene Lösungsverfahren auf das Problem der ebenen Deformation eines geradlinigen Streifens an, der in seiner Ebene durch eine konzentrierte Belastung gebogen wird, wobei die Belastung in einem Randpunkt senkrecht zur Randlinie angreift. Das in diesem Falle entstehende Gleichungssystem ist nicht durch Iteration lösbar, läßt sich aber mit Hilfe gewisser Transformationen in eine bequeme Gestalt bringen. Danach wird das System numerisch gelöst und der Spannungszustand eingehend analysiert. Hier sei erwähnt, daß der Autor die vorgegebene Einzelkraft auf dem Rand des Streifens durch zwei Systeme am Rand angreifender Einzelkräfte ersetzt und die gesuchte Lösung auf diese Weise durch Überlagerung zweier Teilprobleme für denselben Streifen gewinnt. Eine dieser Teilaufgaben ist nach dem Schema des Autors verhältnismäßig leicht lösbar. Es handelt sich dabei um einen Streifen, der von außen durch zwei direkt gegenüberliegende, senkrecht auf dem Rand stehende Einzelkräfte gedrückt wird. Dieses Problem läßt sich übrigens mit verschiedenen Methoden geschlossen lösen.

Die von SONNTAG [1] angegebene, auf der konformen Abbildung des Streifens beruhende Lösung unterscheidet sich von den früher bekannten durch schnelleres Konvergieren der auftretenden uneigentlichen Integrale.

N. S. KURDIN [1] zeigt eine geschlossene Lösung für das Außengebiet einer Parabel unter einer am Rand angreifenden Einzelkraft.

In der Arbeit BUCHWALD und TIFFEN [1] wird das Biegeproblem einer am Rand frei aufliegenden unbegrenzten dünnen Platte untersucht, wobei die Mittelfläche eine Halbebene oder einen geradlinigen Streifen darstellt.

Die freie Lagerung führt, wie oben gesagt, zu einer Entartung der Randbedingung auf den geradlinigen Randabschnitten. Dadurch gelingt es den Autoren, die Lösung für die betrachteten Fälle durch *Cauchy*- und *Fourierintegrale* auszudrücken. Der Artikel enthält ferner einen Beweis des Eindeutigkeitssatzes für den elastischen Zustand bei den bekannten Bedingungen im Unendlichen sowie die ausführliche Lösung für den Sonderfall einer konzentrierten Belastung (in inneren Punkten).

Einigen einfach zusammenhängenden Gebieten mit unendlichen Randkurven sind auch die Arbeiten von SEIKA [3] und SHOIYA [1] gewidmet. In der erstgenannten wird die ebene Deformation einer im Unendlichen durch gleichmäßige Kräfte gezogenen Halbebene untersucht, die an ihrem geradlinigen Rand durch eine symmetrische Kerbe geschwächt ist. Die Zugkräfte zeigen in Richtung des Randes $y = 0$. Der Rand selbst ist dabei spannungsfrei. Die Halbebene mit der genannten, näherungsweisen halbovalförmigen Kerbe wird mit Hilfe der Funktion

$$z = R\left(\zeta + \frac{m}{\zeta} + \frac{n}{\zeta^3}\right), \tag{1}$$

wobei R, m, n reelle Konstanten sind, auf die Halbebene mit einem am Rand ausgesparten Halbkreis abgebildet.

Die gesuchten Potentiale werden (wie bei solchen Aufgaben üblich) als Summe zweier Funktionen dargestellt, wobei die erste den Spannungszustand in der ungekerbten Halbebene beschreibt, während die zweite die infolge der Kerbung auftretenden zusätzlichen Spannungen angibt. Dann entwickelt der Autor die gesuchten Funktionen in speziell gewählte *Laurentreihen* (ohne dies ausreichend zu begründen). Die Einführung der genannten Potenzreihen ermöglicht es, das Problem auf ein unendliches System linearer Gleichungen zurückzuführen, das sich dann näherungsweise mit den Methoden der Störungsrechnung lösen läßt. Als Störungsparameter dienen die in (1) auftretenden, als klein vorausgesetzten Zahlen m und n, die die Gestalt und die Abmessungen der Kerbe charakterisieren.

Nach dem gleichen Verfahren behandelt SHOIYA in der genannten Arbeit [1] das (einachsige) Biegeproblem der Halbebene mit einer halbelliptischen Kerbe am Rand.

In beiden Arbeiten werden für verschiedene Parameter numerische Resultate angegeben, die in Form von Tabellen für die Kerbfaktoren sowie von Spannungs- und Momentenverläufen zusammengestellt sind. Den numerischen Ergebnissen nach zu urteilen, kann man auf dem genannten Wege offenbar ein Bild des Spannungszustandes bekommen, das dem wahren hinreichend nahe kommt. Trotzdem erfordert dieses Verfahren noch eine ausreichende Fundierung.

8.3.3. Verschiedene spezielle Fragen

Unlängst gelang es S. M. BELONOSOW [1 bis 3], Integralgleichungen für das ebene Problem aufzustellen, die im allgemeinen auch beim Auftreten von Ecken anwendbar sind[1]). Das betrachtete (endliche oder unendliche) von der stückweise glatten Kurve L begrenzte Gebiet wird auf die rechte Hälfte $\operatorname{Re}\zeta > 0$ der Hilfsvariablen $\zeta = \xi + i\eta$ abgebildet. Dann ergeben sich analog zu 5.1.1. für die gesuchten, auf der rechten Halbebene regulären komplexen Potentiale φ und ψ Funktionalgleichungen; diese führen nach einer einmaligen *Laplace-transformation* auf eine Integralgleichung mit reellem symmetrischem Kern für die unbekannte Dichtefunktion der Integraldarstellung. Wenn die Randkurve L hinreichend glatt ist und insbesondere keine Ecken aufweist, ist der für beide Veränderlichen auf einer unendlichen Geraden definierte Kern vom FREDHOLMschen Typ. Im allgemeinen Falle (bei vorhandenen Eckpunkten) trifft dies nicht mehr zu, sondern es ergibt sich ein Kern vom sogenannten *Carlemanschen Typ*. Im Sonderfalle des Keils und des unendlichen Streifens läßt sich die Integralgleichung nach der *Formel von Riemann-Mellin* rücktransformieren, und die Lösung des Problems kann in geschlossener Form (mit Hilfe von Quadraturen) angegeben werden. Die Kerne der in die Lösung eingehenden Integraloperatoren lassen sich zwar nicht durch elementare Funktionen ausdrücken, jedoch sie können stets durch einfache stückweise analytische Funktionen hinreichend gut angenähert werden. In der oben genannten Arbeit [2] behandelt S. M. BELONOSOW (unter Angabe numerischer Resultate) einen Keil mit einer in gewissem Abstand von der Spitze an der Keilwange angreifenden Einzelkraft. Ein analoges Problem wird im Artikel von GODFREY [1] mit Hilfe der *Mellintransformation* gelöst.

Auf demselben Wege gewinnt S. M. BELONOSOW in [4] analoge Integralgleichungen für ein beliebiges zweifach zusammenhängendes Gebiet mit Hilfe der konformen Abbildung auf den Kreisring und nachfolgender (nicht mehr umkehrbar eindeutiger) Abbildung auf die rechte Halbebene $\operatorname{Re}\zeta > 0$. Eine am Beispiel des Kreisringes durchgeführte eingehende Untersuchung dieser Gleichungen gestattet dem Autor, die Lösung in diesem Falle für beide Grundprobleme in geschlossener Form (mit Hilfe von Quadraturen) anzugeben. Die gewonnenen Ergebnisse für das II. Problem werden mit der aus der Literatur bekannten Lösung in Potenzreihen verglichen[2]).

Verschiedene Integralgleichungen zur allgemeinen Untersuchung von Randwertproblemen ermöglichen es in zahlreichen praktisch interessanten Fällen, unmittelbar eine effektive Lösung anzugeben. Gemeint sind dabei in erster Linie die *Gleichungen von Lauricella-Scherman* (5.4.6.). Die Möglichkeit der praktischen Anwendung von Integralgleichungen beruht auf folgenden Überlegungen: Angenommen, uns sei die Funktion bekannt, die das vom Körper eingenommene Gebiet oder das entsprechende Komplementärgebiet auf den Einheitskreis abbildet. Mit Hilfe dieser Funktion führen wir in der genannten Integralgleichung des ebenen Problems eine Variablentransformation durch und erhalten auf diese Weise eine Integralgleichung, die sich über die Peripherie des Einheitskreises erstreckt und deren Kern explizit durch die Randwerte der Abbildungsfunktion ausgedrückt wird.

---

[1]) Wie L. G. MAGNARADSE (s. 5.4.4.) zeigte, sind die Integralgleichungen von MUSSCHELISCHWILI (5.4.3.) auch für Ränder mit Ecken anwendbar, wenn man die in die Gleichungen eingehenden Integrale in etwas allgemeinerem Sinne auffaßt. Die durch vorherige konforme Abbildung (s. u.) gebildeten Integralgleichungen von S. M. BELONOSOW unterscheiden sich von den MUSSCHELISCHWILIschen Gleichungen.

[2]) Die hier angeführten Resultate sind ausführlich in der unlängst erschienenen Monographie von S. M. BELONOSOW [5] dargelegt.

Bei den elementaren Polynomabbildungen vom Typ (1) in 8.1.4. behält dieser Kern seine einfache Struktur, und zur Lösung der Integralgleichung kann die übliche *Fourierreihenmethode* herangezogen werden. Dieses erstmals von D. I. SCHERMAN am Problem einer Vollellipse demonstrierte Lösungsverfahren kam in der letzten Zeit bei zahlreichen konkreten Beispielen zur Anwendung. Wir begnügen uns hier mit dem Hinweis auf die Arbeiten von L. D. KORBUKOWA [1, 2] und N. D. TARABASOW [4].
HILL [1] entdeckte eine interessante Beziehung zwischen den Lösungen des I. und II. Problems für inkompressibles Material ($\sigma = \frac{1}{2}$): Es seien φ und ψ Lösungen des ebenen Problems beispielsweise für gewisse auf dem Rand des Körpers vorgegebene äußere Kräfte $\overset{n}{\sigma}_x$ und $\overset{n}{\sigma}_y$. Dann lassen sich die den komplexen Potentialen $\varphi^* = i\varphi$ und $\psi^* = i\psi$ entsprechenden elastischen Verschiebungen der Randpunkte, wie HILL zeigte, unmittelbar aus den vorgegebenen Werten $\overset{n}{\sigma}_x$ und $\overset{n}{\sigma}_y$ bestimmen, ohne daß die Lösung des Problems selbst bekannt ist. Somit kann das I. Problem stets auf die Lösung des II., in dem genannten Sinne konjugierten Problems der Elastizitätstheorie zurückgeführt werden und umgekehrt.

8.4. Gemischte und Kontaktprobleme der ebenen Elastizitätstheorie

Das gemischte Problem und Aufgaben über die Berührung elastischer Körper gehören zu den für die praktische Anwendung wichtigsten und zugleich auch schwierigsten Problemen der linearen Elastizitätstheorie. Eine allgemeine Lösungsmethode für einen bestimmten Typ von gemischten und Kontaktproblemen, die auf dem Apparat der komplexen Funktionentheorie beruht, sowie zahlreiche konkrete Beispiele sind im Hauptabschnitt 6. des vorliegenden Buches enthalten (s. a. MUSSCHELISCHWILI [25], zweite Auflage Kap. V).

8.4.1. Das gemischte Problem der ebenen Elastizitätstheorie und die Theorie der Plattenbiegung

Wie schon in 5.8.4. erwähnt, gibt D. I. SCHERMAN [17] ein Verfahren zur Lösung des gemischten Problems der ebenen Elastizitätstheorie für mehrfach zusammenhängende Gebiete an. G. F. MANDSCHAWIDSE [1, 2] untersucht eingehend die dabei auftretende singuläre Integralgleichung und löst mit ihrer Hilfe das gemischte Biegeproblem einer dünnen isotropen Platte bei Querbelastung für den Fall, daß ein Teil des Randes frei und der restliche fest eingespannt ist. Wenn das von der Platte eingenommene Gebiet mit Hilfe eines Polynoms auf den Kreis abgebildet werden kann, läßt sich dieses Problem (sowie das gemischte Problem 6.4.3.) effektiv lösen. Die entsprechenden Ergebnisse findet der Leser in den Artikeln von M. E. KARAPETJAN [1] und STANESCU [1]. A. J. KALANDIJA [2] stellt ein *System singulärer Integralgleichungen* zur Lösung des allgemeinen Biegeproblems für die Platte auf, und zwar für den Fall, daß ein Teil des Randes frei, ein anderer frei aufliegend und der übrige fest eingespannt ist. Vom selben Autor wird ein System *Fredholmscher Integralgleichungen* zur Lösung des Biegeproblems einer Platte angegeben, wenn ein Teil des Plattenrandes fest eingespannt und der Rest frei aufliegend gelagert ist (KALANDIJA [1]). Die Arbeit von A. J. KALANDIJA [10] enthält ein Verfahren zur Ermittlung einer Näherungslösung für einige Biegeprobleme dünner Platten sowie für ebene Probleme der Elastizitätstheorie, wenn das Medium einen Halbkreis ausfüllt. Diese Probleme werden durch Zurückführung auf eine singuläre Integralgleichung und deren näherungsweise numerische Behandlung gelöst. Als Beispiel betrachtet A. J. KALANDIJA das Biegeproblem einer halbkreisförmigen Platte, die am kreisförmigen Teil der Randkurve fest eingespannt und längs des Durchmessers frei ist.

D. I. SCHERMAN [37, 38] benutzt reguläre unendliche algebraische lineare Systeme zur Lösung des Biegeproblems einer gleichmäßig belasteten Kreisplatte, deren Rand zu einem Teil frei aufliegend gelagert, zum anderen fest eingespannt oder frei ist.
ZORSKI [1 bis 4] löst mit Hilfe der Methode der singulären Integralgleichungen und der Theorie der linearen Kopplung gewisse Biegeprobleme für Platten, die die Form einer Halbebene, eines Quadrates oder eines Halbstreifens haben, bei gemischten Randbedingungen (der Plattenrand ist teilweise fest eingespannt, frei aufliegend oder frei).
Mit Hilfe der *Methode der Fredholmschen Integralgleichungen* behandeln NOWACKI [1] und KALISKI und NOWACKI [1] gemischte Probleme für Rechteckplatten.
L. M. KURSCHIN [1] stellt zur Lösung des gemischten Problems für den Quadranten eine Integralgleichung auf und betrachtet den Fall, daß an der einen Seite des Quadranten die Verschiebungen und an der anderen die äußeren Spannungen verschwinden, während an einem inneren Punkt des Quadranten eine Einzelkraft angreift.
Mit Hilfe der *Mellintransformation* löst J. S. UFLJAND [1] das ebene Problem für einen Keil mit vorgegebener Verschiebung auf der einen und vorgegebenen Spannungen auf der anderen Seite.
Die Anwendung der Integraltransformationen auf Probleme der Elastizitätstheorie wird ausführlich in den Monographien von SNEDDON [2] und J. S. UFLJAND [2] behandelt.
I. G. ALPERIN [1] löst folgendes Problem vom gemischten Typ: Ein unendlicher Streifen wird in Querrichtung durch halbunendliche starre Scheiben um eine konstante Größe reibungsfrei zusammengedrückt.
M. J. BELENKI [1] behandelt ein gemischtes Problem für den Streifen, auf dessen Rand zu einem Teil die Normalverschiebungen und zum anderen die Normalspannungen vorgegeben sind, während die Schubspannung längs des gesamten Randes verschwindet. Zur Ermittlung der Normalspannung gibt er eine Integralgleichung an und untersucht diese eingehend. Für ein spezielles Beispiel liegt ein Näherungsverfahren vor.
Zahlreiche Autoren widmen sich der Lösung gemischter Probleme für den Streifen mit Hilfe der *Methode von Wiener-Hopf*. Durch näherungsweise Lösung einer *Integralgleichung vom Wiener-Hopfschen Typ* erhält KOITER [3] die Lösung des Biegeproblems für eine streifenförmige Platte, die an der einen Seite fest eingespannt oder frei aufliegend gelagert ist und an der anderen teilweise fest eingespannt und teilweise frei aufliegend gelagert ist. Mit derselben Methode löst SOKOLOWSKI [2] das oben genannte, von I. G. ALPERIN [1] formulierte Problem; außerdem untersucht er den Fall, daß sich Normalverschiebung nach einem Potenzgesetz ändert.
Mit der *Methode von Wiener-Hopf* behandeln SOKOLOWSKI [1] und MATCZYNSKI [1] einige Aufgaben vom gemischten Typ für den Streifen (Teil des Streifens frei aufliegend, der Rest elastisch gelagert; Teil des Streifens spannungsfrei, der Rest elastisch zusammengedrückt).
Mit Hilfe der *linearen Kopplungstheorie* löst G. P. TSCHEREPANOW [1] ein allgemeines gemischtes Problem der ebenen Elastizitätstheorie für die Ebene mit Schlitzen, die auf einer Geraden liegen (vgl. 6.2.12.). Von ihm (TSCHEREPANOW [2]) stammt auch die Lösung des ebenen Problems für eine inhomogene ebene Scheibe mit Schlitzen längs einer Geraden oder längs eines Kreises.
In 6.4.5. wurde die Arbeit D. I. SCHERMAN [22] erwähnt, in der eine *Fredholmsche Gleichung* zur Lösung des dort betrachteten Kontaktproblems zwischen einem elastischen Körper und einem starren Profil hergeleitet wird. In einer späteren Arbeit [39] gibt D. I. SCHERMAN ein anderes bequemeres *System Fredholmscher Gleichungen* zur Lösung desselben Problems an.

8.4.2. Kontaktprobleme der ebenen Elastizitätstheorie

Mit Hilfe der in 6.2.12. dargelegten Methode lösen W. I. Mossakowski und P. A. Sagushenko [1] das Kontaktproblem für die unendliche elastische Ebene mit einem geradlinigen Schlitz, der von Kräften zusammengedrückt wird, welche unter einem Winkel zur Schlitzlinie geneigt sind. Im unverformten Zustand wird die Schlitzbreite als konstant vorausgesetzt. Nach der Verformung berühren sich die gegenüberliegenden Ränder im Mittelteil. Die Grenzen des Berührungsgebietes werden aus der Endlichkeitsbedingung für die Spannungen an den Endpunkten analog zu 6.2.6. bestimmt.

Wie schon erwähnt, benutzt I. G. Aramanowitsch [1] ein quasi-reguläres unendliches lineares Gleichungssystem zur Lösung des Kontaktproblems beim Eindrücken eines Stempels mit gerader Grundlinie in die Halbebene mit einem Kreisloch, das symmetrisch zum Berührungsgebiet liegt.

M. P. Scheremetjew [1] untersucht den elastischen Gleichgewichtszustand in der unendlichen Ebene mit Kreisloch, in das eine kreisförmige starre bzw. elastische Scheibe vom gleichen Radius eingesetzt ist. Zur Lösung benutzt er *Integro-Differentialgleichungen vom Typ der Prandtlschen Gleichung* der Tragflügeltheorie.

Ebenfalls mit Hilfe einer Integro-Differentialgleichung behandelt W. W. Panosjuk [1] das Kontaktproblem einer unendlichen Scheibe mit einem Kreisloch, in das ein starrer Kern vom gleichen Radius eingesetzt ist, der durch eine Einzelkraft belastet wird.

W. W. Panasjuk [2, 3] verallgemeinert die Integro-Differentialgleichung des Kontaktproblems auf den Fall eines Stempels von beliebiger (nahezu kreisförmiger) Gestalt in einem Kreisloch, wobei das Berührungsgebiet nicht als klein betrachtet werden braucht.

A. I. Kalandija [6] gewinnt dieselbe Gleichung mit Hilfe einer anderen Methode. Außerdem wird in der letztgenannten Arbeit eine Integro-Differentialgleichung für folgendes Kontaktproblem hergeleitet: Auf ein Kreisloch in der unendlichen elastischen Ebene drückt ein elastischer kreisförmiger Kern mit gleichem Radius, jedoch im allgemeinen mit anderen elastischen Konstanten. Die angeführte Integro-Differentialgleichung hat gewisse Ähnlichkeit mit der *Prandtlschen Gleichung* aus der Tragflügeltheorie. Zur Lösung dieser Gleichungen wird das *Näherungsverfahren von Multopp* vorgeschlagen. In seiner Arbeit [7] gibt A. I. Kalandija eine Begründung der Multoppschen Näherungsmethode sowie einige Anwendungen derselben auf ebene Kontaktprobleme an.

A. I. Kalandija [8, 9] löst das Kontaktproblem auch für den Fall, daß in ein Kreisloch der unendlichen Ebene ein elastischer Kern aus anderem Material eingesetzt ist, der von vornherein einen etwas kleineren Radius hat.

M. P. Scheremetjew [8] gibt ein Näherungsverfahren zur Lösung der in seiner Arbeit [1] aufgestellten Gleichung vom *Prandtlschen Typ* an.

A. G. Ugodtschikow und A. J. Krylow [1] behandeln das Kontaktproblem zwischen einer im Mittelpunkt mit einer Einzelkraft belasteten Kreisscheibe und einem Kreisring, auf dessen äußeren Rand eine vorgegebene Belastung wirkt.

Bufler [1] betrachtet ein System von zwei singulären Integralgleichungen zur Ermittlung des Spannungszustandes in zwei Scheiben, die nahezu die Gestalt von Halbebenen haben und sich längs eines Randabschnittes berühren.

8.5. Einige Probleme, die auf verallgemeinerte biharmonische Funktionen führen

Dieser Abschnitt ist zwei Fragen gewidmet, die auf den ersten Blick wenig gemeinsam haben, tatsächlich aber eng miteinander verknüpft sind, da beide auf eine Gleichung vierter Ordnung, die verallgemeinerte biharmonische Gleichung, führen.

8.5.1. Das ebene elastostatische Problem für anisotrope Körper mit einer Symmetrieebene der elastischen Eigenschaften

Diese Problemstellung wurde in 5.4.9. kurz erwähnt. Hier gehen wir etwas ausführlicher darauf ein.
Die Methoden der komplexen Funktionentheorie lassen sich, wie als erster S. G: LECHNIZKI zeigte (seine Arbeiten wurden in den dreißiger Jahren veröffentlicht, s. z. B. [1]), auch auf den Fall eines homogenen anisotropen Körpers anwenden, der in jedem Punkt eine elastische Symmetrieebene parallel zur gegebenen Ebene hat. Die letztere wird als x, y-Ebene gewählt. Wenn der Körper einer ebenen Deformation parallel zu dieser Ebene unterworfen wird, dann genügt die *Airysche Spannungsfunktion* bei verschwindenden Volumenkräften statt der biharmonischen der allgemeineren Gleichung

$$a_0 \frac{\partial^4 U}{\partial x^4} + a_1 \frac{\partial^4 U}{\partial x^3 \partial y} + a_2 \frac{\partial^4 U}{\partial x^2 \partial y^2} + a_3 \frac{\partial^4 U}{\partial x \partial y^3} + a_4 \frac{\partial^4 U}{\partial y^4} = 0, \tag{1}$$

wobei $a_0, \ldots, a_4$ reelle Konstanten sind, die von den elastischen Eigenschaften des betrachteten Körpers abhängen (eine analoge Gleichung gilt auch für den ebenen Spannungszustand). In diesem Falle kann eine allgemeine Darstellung der Lösung für die Probleme der ebenen Elastizitätstheorie mit Hilfe zweier komplexer Funktionen angegeben werden. Diese hängt wesentlich von den Wurzeln der sogenannten charakteristischen Gleichung

$$a_0 + a_1 s + a_2 s^2 + a_3 s^3 + a_4 s^4 = 0 \tag{2}$$

ab, die, wie S. G. LECHNIZKI zeigte, nicht reell sein können. Hat die Gl. (2) die Doppelwurzeln

$$s = \alpha + i\beta, \quad \bar{s} = \alpha - i\beta,$$

so lautet die allgemeine reelle Lösung der Gl. (1) wie im Falle des isotropen Körpers

$$2U = \bar{z}\varphi(z) + \overline{z\varphi(z)} + \chi(z) + \overline{\chi(z)}, \tag{3}$$

doch hierbei hat die komplexe Veränderliche z die Gestalt

$$z = x + sy = (x + \alpha y) + i\beta y$$

mit (x, y) in S, wobei S das vom Körper eingenommene Gebiet bezeichnet. Mit Hilfe der affinen Transformation

$$x' = x + \alpha y, \quad y' = \beta y \tag{4}$$

gelangen wir zu der üblichen komplexen Veränderlichen $z' = x' + iy'$. Diese variiert in dem aus S durch die affine Transformation (4) entstehenden Gebiet S'. Die Gl. (3) und die aus ihr hervorgehenden, von uns nicht angegebenen Ausdrücke für die Spannungs- und Verschiebungskomponenten zeigen, daß dieser Fall, d. h. der Fall vielfacher Wurzeln der Gl. (2), völlig analog zum Fall des isotropen Körpers behandelt werden kann (deshalb gehen wir hier nicht näher darauf ein).
Wenn die Gl. (2) jedoch keine vielfachen, sondern vier verschiedene paarweise konjugiert komplexe Wurzeln

$$s_1 = \alpha_1 + i\beta_1, \quad \bar{s}_1 = \alpha_1 - i\beta_1, \quad s_2 = \alpha_2 + i\beta_2, \quad \bar{s}_2 = \alpha_2 - i\beta_2$$

hat, läßt sich die allgemeine reelle Lösung der Gl. (1) in der Gestalt

$$2U(x, y) = F_1(z_1) + \overline{F_1(z_1)} + F_2(z_2) + \overline{F_2(z_2)} \tag{5}$$

darstellen, und zwar mit Hilfe zweier analytischer Funktionen der Veränderlichen

$$z_1 = x + s_1 y, \quad z_2 = x + s_2 y,$$

die man durch die üblichen komplexen Variablen

$$z' = x' + iy', \quad z'' = x'' + iy''$$

ersetzen kann. Letztere gehören dann den Gebieten S' bzw. S'' an, die aus S durch entsprechende zu (4) analoge affine Transformationen hervorgehen. Die Ränder dieser Gebiete bezeichnen wir mit L' bzw. L''.

Der Einfachheit halber setzen wir das vom Körper eingenommene Gebiet als einfach zusammenhängend voraus.

Das besagte Problem ist offensichtlich bedeutend schwieriger als im Falle des isotropen Körpers, da hier Funktionen zweier verschiedener komplexer Veränderlicher auftreten, die unterschiedlichen Variabilitätsgebieten angehören. Aber auch jetzt gelingt es, die Lösung der Randwertprobleme mit Hilfe von Methoden analog zum Haupttext zu gewinnen (die jedoch wesentlich schwieriger als die dort behandelten sind). Zahlreiche wichtige Ergebnisse auf diesem Gebiet stammen von S. G. Lechnizki, S. G. Michlin, G. N. Sawin, D. I. Scherman u. a. Wir beschränken uns hier auf die Angabe eines allgemeinen, doch sehr wichtigen Resultates.

Im allgemeinen Falle läßt sich das I. und das II. Problem auf folgende Randwertprobleme der komplexen Funktionentheorie zurückführen: Es sind zwei in S' bzw. S'' analytische Funktionen $\Phi_1(z')$ und $\Phi_2(z'')$ aus folgender Randbedingung zu ermitteln:

$$\Phi_2(t'') = A_1\Phi_1(t') + A_2\overline{\Phi_1(t)} + F(t'), \tag{6}$$

hierbei sind A_1 und A_2 bestimmte Konstanten, $F(t')$ ist eine vorgegebene Funktion der Randpunkte von L' bzw. L'', und t'' ist der dem Punkt t' entsprechende Randpunkt auf L''.

Das gemischte Problem führt ebenfalls auf eine Aufgabe vom Typ (6), jedoch sind die Koeffizienten A_1 und A_2 in diesem Falle stückweise konstant, und die Funktion $F(t')$ ist bis auf ein zunächst noch unbekanntes stückweise konstantes Glied vorgegeben.

Mit Hilfe der konformen Abbildung der Gebiete S' und S'' auf ein vorgegebenes Gebiet – etwa den Einheitskreis, wenn das Gebiet S einfach zusammenhängend ist – erhalten wir ein Randwertproblem der Gestalt

$$\varphi_2(\alpha(t)) = a_1\varphi_1(t) + a_2\overline{\varphi_1(t)} + f(t), \tag{7}$$

dabei sind a_1, a_2, f und α auf dem Rand Γ des Gebietes Σ vorgegebene Funktionen ($\alpha(t)$ bildet dabei den Rand Γ umkehrbar eindeutig auf sich selbst ab), und φ_1, φ_2 stellen gesuchte, im Gebiet Σ analytische Funktionen dar.

Die Randwertprobleme (6) und (7) gehören einem Aufgabentyp an, den man als „Kopplungsproblem mit Verschiebung" bezeichnet, da die Punkte, in denen die Randwerte der gesuchten Funktionen gekoppelt sind, gegeneinander verschoben sind. Aufgaben dieser Art wurden in der letzten Zeit eingehend von D. A. Kweselawa, N. P. Wekua (s. z. B. die zweite Auflage des Buches von N. I. Musschelischwili [25]) u. a. untersucht. Vom selben Gesichtspunkt aus betrachtet G. F. Mandschawidse [3] das gemischte ebene Problem für anisotrope Körper.

8.5.2. Stationäre dynamische gemischte Probleme

Im Zusammenhang mit den Methoden der komplexen Funktionentheorie wurden stationäre gemischte dynamische Probleme erstmals in den Arbeiten von L. A. Galin [1, 4] formuliert und untersucht. Der Autor behandelt das Problem eines Stempels, der sich mit konstanter Geschwindigkeit V auf dem Rand der elastischen Halbebene bewegt, wobei V kleiner als die Ausbreitungsgeschwindigkeit $c_2 = \sqrt{\frac{\mu}{\varrho}}$ von Transversalwellen ist[1]). Er geht von den *dynamischen Gleichungen der Elastizitätstheorie* in Verschiebungen aus.

Durch Übergang von den ortsfesten Koordinaten $\tilde{x}$, $\tilde{y}$ zu den mitbewegten Koordinaten $x = \tilde{x} + Vt$, $y = \tilde{y}$, in denen das Problem stationär wird, drückt L. A. GALIN die Verschiebungen durch die zweiten Ableitungen einer gewissen Funktion aus, für die er nach Transformation der Variablen eine lineare partielle Differentialgleichung vierter Ordnung mit konstanten Koeffizienten erhält. Diese ist analog zu der Gleichung, die wir für die Spannungsfunktion beim ebenen Problem des anisotropen Körpers bekommen haben.

Nach der Methode von S. G. LECHNIZKI ermittelt L. A. GALIN die allgemeine Lösung der genannten Gleichung. Diese ergibt folgende Ausdrücke für die Spannungen und Verschiebungen:

$$\begin{aligned}
u &= -2\,\mathrm{Im}\,[A\varphi(z_1) + B\psi(z_2)],\\
\sigma_x &= -2\,\mathrm{Im}\,[L\varphi'(z_1) + F\psi'(z_2)],\\
\sigma_y &= -2\,\mathrm{Im}\,[G\varphi'(z_1) + H\psi'(z_2)],\\
\tau_{xy} &= 2\mathrm{Re}\,[M\varphi'(z_1) + N\psi'(z_2)],\\
v &= 2\mathrm{Re}\,[C\varphi(z_1) + D\psi(z_2)],
\end{aligned}$$

wobei $A, B, C, D, L, F, G, H, M, N$ Größen sind, die von den elastischen Konstanten des Materials und der dimensionslosen Geschwindigkeit $m = v/c_2$ des Stempels abhängen. Hier und im weiteren werden die Bezeichnungen

$$k_1^2 = 1 - \frac{v^2}{c_1^2}, \quad k_2^2 = 1 - \frac{v^2}{c_2^2}, \quad c_1^2 = \frac{\lambda + 2\mu}{\varrho}, \quad c_2^2 = \frac{\mu}{\varrho}, \quad m = \frac{v}{c_2}$$

verwendet, λ, μ sind die *Laméschen Konstanten* und ϱ ist die Dichte des Materials. $\varphi(z_1)$ und $\psi(z_2)$ stellen analytische Funktionen der komplexen Veränderlichen $z_1 = x + ik_1y$, $z_2 = x + ik_2y$ dar, deren Ableitungen durch lineare Beziehungen mit den analytischen Funktionen w_1 und w_2 verknüpft sind. Die letzteren werden durch die Formeln

$$w_1 = u_1 - iv_1 = \int_{-\infty}^{\infty} (\sigma_y)_{y=0} \frac{d\zeta}{\zeta - z}, \qquad w_2 = u_2 - iv_2 = \int_{-\infty}^{\infty} (\tau_{xy})_{y=0} \frac{d\zeta}{\zeta - z}$$

definiert. Ferner gilt

$$\left(\frac{\partial v}{\partial x}\right)_{y=0} = \frac{1}{\pi p} \int_{-\infty}^{\infty} (\sigma_y)_{y=0} \frac{d\zeta}{\zeta - x} + \frac{q}{p} (\tau_{xy})_{y=0}$$

mit

$$p = \frac{2E}{(1+\sigma)\,m^2} \left\{\sqrt{1-m^2}\sqrt{1 - \frac{1-2\sigma}{2(1-\sigma)} m^2} - \left(1 - \frac{m^2}{2}\right)\right\} \left[1 - \frac{1-2\sigma}{2(1-\sigma)} m^2\right]^{-\frac{1}{2}},$$

$$q = \frac{2}{m^2} \left\{\left(1 - \frac{m^2}{2}\right) - \sqrt{1-m^2}\sqrt{1 - \frac{1-2\sigma}{2(1-\sigma)} m^2}\right\} \left[1 - \frac{1-2\sigma}{2(1-\sigma)} m^2\right]^{-\frac{1}{2}}.$$

---

[1]) Die Arbeiten von L. A. GALIN enthalten Ungenauigkeiten, wir geben seine Gleichungen in korrigierter Form wieder.

Nach den *Formeln von Sochozki-Plemelj* (4.1.4.) gilt auf dem Rand der Halbebene für $z = x$:

$$u_1 = \int_{-\infty}^{\infty} (\sigma_y)_{y=0} \frac{d\zeta}{\zeta - x}, \quad v_1 = \pi(\sigma_y)_{y=0}.$$

Mit Hilfe dieser Gleichungen kann das Problem des stationär bewegten Stempels auf das *Riemann-Hilbertsche Problem* für die Funktionen w_1 und w_2 zurückgeführt werden. L. A. GALIN setzt voraus, daß an der Stempeloberfläche *Coulombsche Reibungskräfte* mit dem Reibungskoeffizienten k auftreten, so daß $k(\sigma_y)_{y=0} = (\tau_{xy})_{y=0}$ ist.
Wenn sich der Stempel von $x = a$ bis $x = b$ erstreckt, lautet das *Riemann-Hilbertsche Problem* zur Bestimmung der in der unteren Halbebene analytischen Funktion

$$v_1 = 0 \quad (-\infty < x \leqq a, \quad b \leqq x < \infty, \quad y = 0),$$
$$-p\pi f'(x) = u_1 + kqv_1 \quad (a \leqq x \leqq b, \quad y = 0).$$

Im Sonderfalle verschwindender Reibung entsteht bei der Ermittlung von $w_1(z)$ ein gemischtes Problem, das mit dem für den unbewegten Stempel übereinstimmt.
Wenn $w_1(z)$ bekannt ist, findet man $w_2(z)$ auf elementare Weise. Durch Anwendung wohlbekannter Methoden (s. MUSSCHELISCHWILI [25]) erhält man die Lösung dieser Probleme in geschlossener Form.
L. A. GALIN behandelt ausführlich verschiedene Sonderfälle (insbesondere den parabolischen Stempel) und berechnet die Verteilung der Normal- und Schubspannung unter dem Stempel.
Unabhängig von L. A. GALIN untersuchte später SNEDDON [4] die stationären dynamischen Probleme für die Halbebene mit einer ähnlichen Methode; er betrachtet auch den Sonderfall einer gleichförmig über den Rand der Halbebene bewegten Einzelkraft. RADOK gelangt ebenfalls unabhängig zu der dargelegten Methode. Er geht dabei von den Spannungsgleichungen aus. Als Beispiel behandelt er den bewegten parabolischen Stempel, eine fortschreitende Versetzung und einen wandernden Riß konstanter Länge im homogenen Zugspannungsfeld. Dazu muß erwähnt werden, daß die beiden letzten Probleme schon früher in den Arbeiten ESHELBY [1] und YOFFE [1] mit einer anderen Methode untersucht wurden.
Mit Hilfe der oben genannten Methode betrachtet CRAGGS [1] das Problem eines halbunendlichen geradlinigen Risses, der sich mit konstanter Geschwindigkeit unter der Einwirkung einer mit der gleichen Geschwindigkeit fortschreitenden Last ausbreitet.
Etwa zur gleichen Zeit veröffentlichten G. I. BARENBLATT und G. P. TSCHEREPANOW ihre Arbeit [2] über das stationäre Problem des Aufspaltens eines spröden Körpers durch einen mit konstanter Geschwindigkeit fortschreitenden dünnen starren halbunendlichen Keil. Vor dem Keil bewegt sich dabei ein freier Riß.
In den beiden letztgenannten Arbeiten stieß man auf eine interessante Tatsache: Wenn die Verschiebungsgeschwindigkeit der Last (bzw. des Keils) gegen die Ausbreitungsgeschwindigkeit der *Raleighschen Oberflächenwellen* strebt (die etwas kleiner als die Ausbreitungsgeschwindigkeit der Transversalwellen ist), tritt eine eigenartige Resonanzerscheinung auf. Und zwar streben dabei die Spannungen in allen Punkten des Körpers gegen Unendlich, und die Länge des freien Risses vor dem Keil geht gegen Null. Die Autoren der genannten Arbeiten folgern daraus, daß die RALEIGH-Geschwindigkeit die Grenzgeschwindigkeit für die Ausbreitung eines Risses darstellt. Erwähnt sei noch, daß die Resonanzerscheinungen beim Annähern an die RALEIGH-Geschwindigkeit nicht nur bei Rißproblemen, sondern auch bei bewegten Stempeln und anderen stationären dynamischen Problemen des eben betrachteten Typs auftreten.

In den bisher genannten Arbeiten wurde die Fortbewegungsgeschwindigkeit kleiner als die Schallgeschwindigkeit vorausgesetzt.
Cole und Huth [1] behandeln das erstmals von Sneddon [4] formulierte Problem der Verschiebung einer Einzelkraft auf den Rand der Halbebene für beliebige Geschwindigkeiten, darunter für solche im Intervall zwischen der Ausbreitungsgeschwindigkeit der Transversal- und der Longitudinalwellen, sowie für Werte, die größer als die Ausbreitungsgeschwindigkeit der Longitudinalwellen sind.
Eringen [1] untersucht eine Scheibe, auf deren Oberfläche eine Last mit konstanter Geschwindigkeit wandert. Er verallgemeinert damit in natürlicher Weise das oben betrachtete Problem einer mit konstanter Geschwindigkeit auf der Halbebene fortschreitenden Last.

8.6. Rißtheorie

In den letzten Jahren wird den mit der mathematischen *Theorie des Sprödbruches* verknüpften Problemen der Rißtheorie große Aufmerksamkeit geschenkt. Die Theorie des Sprödbruches setzt voraus, daß der Körper die Eigenschaft der linearen Elastizität (*verallgemeinertes Hookesches Gesetz*) bis zum Bruch beibehält, sie wurde in dieser Form von Griffith [1, 2] begründet.
Lange Zeit nahm man an, ihre Anwendbarkeit sei auf wenige Stoffe, wie beispielsweise Glas, beschränkt, da bei der Zerstörung merkliche plastische Gebiete auftreten. Eine intensive Entwicklung der Theorie des Sprödbruches begann erst nach dem Erscheinen der Arbeiten von Irwin [1] und Orowan [1]. Dort wird gezeigt, daß sich der Bruch in zahlreichen praktisch bedeutsamen Fällen ,,quasispröde“ vollzieht, daß also das plastische Gebiet zwar existiert, jedoch sehr kleine Ausmaße hat und sich auf die unmittelbare Umgebung des Risses konzentriert. Dieser wichtige Gedanke ermöglicht eine Anwendung der Theorie des Sprödbruches auf zahlreiche praktische Probleme.
Die im vorliegenden Buch entwickelten Methoden finden in der Theorie des Sprödbruches weitgehende Verwendung.
Bei der Darlegung der Rißtheorie gehen wir – wie überall im vorliegenden Abschnitt – hauptsächlich von den Methoden des Haupttextes aus; deshalb stellen wir die Ergebnisse verschiedener Autoren gelegentlich etwas anders dar, als sie ursprünglich gewonnen wurden.

8.6.1. Formulierung der Probleme. Grundvorstellungen

Ein Riß stellt mathematisch gesehen eine Unstetigkeitsfläche für die Verschiebungen im unverformten Körper dar. Sie wird von einer glatten Kurve, der Kontur des Risses, begrenzt. Der Einfachheit halber beschränken wir uns auf die Darlegung der Rißtheorie für einen Normalverschiebungssprung, wo also nur die Normalkomponente der Verschiebung eine Unstetigkeit aufweist. Eine Erweiterung auf den allgemeinen Fall ist ohne Schwierigkeit möglich.
Für die folgenden Betrachtungen wählen wir zu einem beliebigen Punkt O auf der glatten Kontur der Unstetigkeitsfläche eine Umgebung aus, deren charakteristische Abmessungen im Vergleich zum Krümmungsradius der Kontur im Punkt O klein sind. Der Formänderungszustand kann in dieser Umgebung als eben betrachtet werden. Ferner nehmen wir an, daß er der Deformation eines geradlinigen Schlitzes in der unendlichen Ebene entspricht, wenn diese durch ein zur Schlitzfläche symmetrisches System von Kräften beansprucht wird.

Die Belastung kann an der Schlitzfläche und im Inneren des Körpers angreifen. Ohne Einschränkung der Allgemeinheit dürfen wir annehmen, daß an der Schlitzfläche nur Normalspannungen auftreten.

Die elastischen Elemente lassen sich als Summe zweier Felder darstellen (Bild 64). Das erste entspricht dem vollen elastischen Körper unter der Einwirkung von Kräften, die im Inneren des Körpers angreifen, und das zweite dem aufgeschnittenen Körper unter der Einwirkung einer symmetrischen Belastung, die an der Schlitzfläche angreift. Die Gestalt der verformten Schlitzfläche wird nur durch den zweiten Spannungszustand beeinflußt, da die vom ersten Spannungsfeld herrührende Normalverschiebung am Riß aus Symmetriegründen verschwindet.

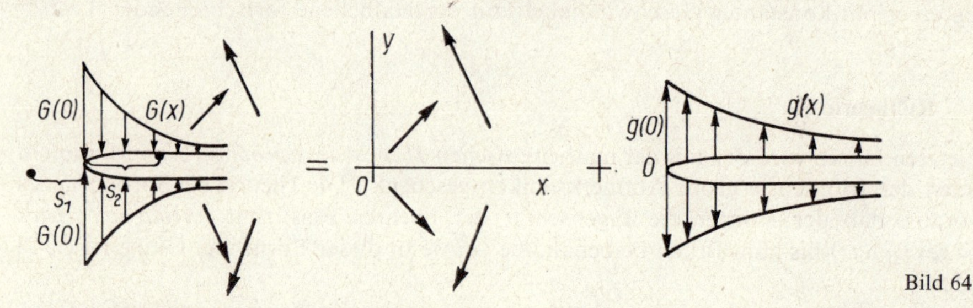

Bild 64

Die Zurückführung der angreifenden Kräfte auf eine über die Unstetigkeitsfläche verteilte Belastung wurde in ihrer allgemeinsten Form von Bueckner [1] begründet. Die Analyse des ersten Spannungszustandes erfolgt mit den üblichen Methoden, er kann als bekannt betrachtet werden.

Wir nehmen an, daß die Schlitzlinie (Schnitt durch die Schlitzfläche) der positiven Halbachse entspricht. Die im zweiten Spannungszustand an der Schlitzlinie angreifenden Normalspannungen $g(x)$ sind gleich der Differenz der im Summenfeld $G(x)$ an der Schlitzfläche angreifenden und der dem ersten Spannungszustand entsprechenden Spannungen an der Stelle des Schlitzes. Zur Bestimmung des zweiten Spannungszustandes benutzen wir die Methode aus 6.2.12.

Nach den Gln. (8) in 2.2.4. sowie den Gln. (7) und (9) in 6.2.12. gilt

$$\sigma_x^{(2)} + \sigma_y^{(2)} = 4\operatorname{Re}\Phi(z), \tag{1}$$

$$\sigma_y^{(2)} - \mathrm{i}\tau_{xy}^{(2)} = \Phi(z) + \Omega(\bar{z}) + (z - \bar{z})\,\overline{\Phi'(z)}, \tag{2}$$

$$2\mu(u^{(2)} + \mathrm{i}v^{(2)}) = \varkappa\varphi(z) - \omega(\bar{z}) - (z - \bar{z})\,\overline{\Phi(z)} \tag{3}$$

(mit dem Index 2 sind Größen gekennzeichnet, die sich auf den zweiten Spannungszustand beziehen).

Aus den Gln. (20) bis (22) in 6.2.12., die sich ohne weiteres auf den halbunendlichen Schlitz verallgemeinern lassen, erhalten wir

$$\Phi(z) = \Omega(z) = \frac{1}{2\pi\mathrm{i}\sqrt{z}} \int_0^\infty \frac{\sqrt{t}\,g(t)\,\mathrm{d}t}{t - z} \tag{4}$$

$$\varphi(z) = \omega(z) = -\frac{1}{2\pi\mathrm{i}} \int_0^\infty g(t) \ln \frac{\sqrt{t} + \sqrt{z}}{\sqrt{t} - \sqrt{z}}\,\mathrm{d}t. \tag{5}$$

Am Schlitz ($x \geqq 0$, $y = 0$) und an seiner Fortsetzung ($x \leqq 0$, $y = 0$) gelten die Beziehungen

$$\sigma_x^{(2)} = \sigma_y^{(2)} = 2\mathrm{Re}\Phi(z), \quad \tau_{xy}^{(2)} = 0, \quad v^{(2)} = \frac{4(1-\sigma^2)}{E}\,\mathrm{Im}\,\varphi(z). \tag{6}$$

Hieraus und aus den Formeln, die das Verhalten des *Cauchy-Integrals* in der Nähe der Endpunkte des Integrationsweges beschreiben, ergibt sich ein Ausdruck für die Normalspannung auf der Fortsetzung des Schlitzes in der Nähe des Endpunktes:

$$\sigma_y^{(2)} = -\frac{1}{\pi\sqrt{s_1}}\int\limits_0^\infty \frac{g(t)\,\mathrm{d}t}{\sqrt{t}} + g(0) + O\left(\sqrt{s_1}\right) \tag{7}$$

(s_1 ist der kleine Abstand des betrachteten Punktes vom Ende des Schlitzes). Für die Verteilung der Normalverschiebungen auf der Schlitzlinie erhalten wir in der Nähe des Schlitzendpunktes

$$v^{(2)} = \pm\frac{4(1-\nu^2)}{\pi E}\sqrt{s_2}\int\limits_0^\infty \frac{g(t)\,\mathrm{d}t}{\sqrt{t}} + O(s_2^{3/2}) \tag{8}$$

(s_2 ist der Abstand des betrachteten Punktes auf der Schlitzlinie vom Ende des Schlitzes, die Vorzeichen Plus und Minus entsprechen dem oberen und unteren Schlitzufer).
Aus den Gln. (7) und (8) ergeben sich unmittelbar Formeln für die Charakteristika des Summenspannungszustandes in der Nähe der Kontur einer beliebigen Unstetigkeitsfläche

$$\sigma_y = \frac{N}{\sqrt{s_1}} + G(0) + O\left(\sqrt{s_1}\right), \quad v = \mp\frac{4(1-\nu^2)\,N\sqrt{s_2}}{E} + O(s_2^{3/2}), \tag{9}$$

dabei ist N der „*Koeffizient der Spannungsintensität*", also eine Größe, die von der Belastung, von der Konfiguration des Körpers und der Unstetigkeitsfläche sowie von den Koordinaten des betrachteten Punktes abhängt.
Im Hinblick auf das Vorzeichen der Größe N unterscheiden wir im allgemeinen drei Möglichkeiten: Wenn $N > 0$ ist, wirkt im Punkt O auf der Kontur der Unstetigkeitsfläche eine unendlich große Zugspannung. Die verformte Unstetigkeitsfläche und die Normalspannungsverteilung in der Nähe des Punktes O haben die in Bild 65a angegebene Gestalt. Wenn

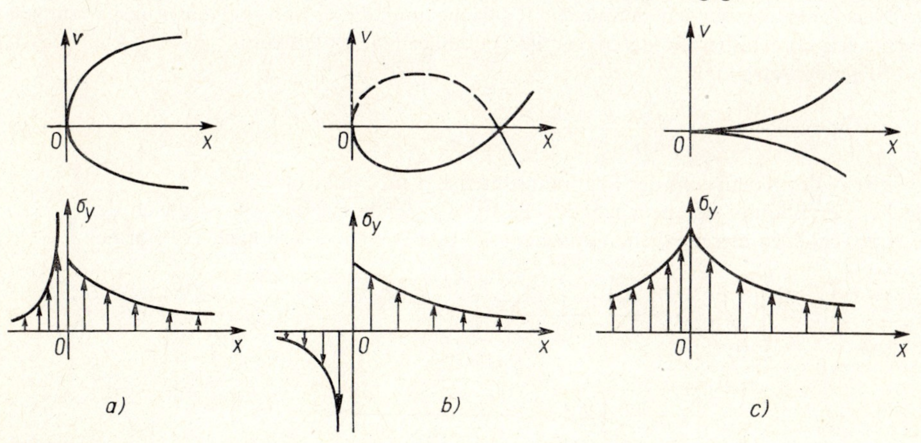

Bild 65

$N < 0$ ist, wirkt im Punkt O eine unendlich große Druckspannung. Die Gestalt der deformierten Rißoberfläche und die Verteilung der Spannungen σ_y in der Nähe des Punktes O sind in Bild 65b dargestellt. In diesem Falle überlappen (durchdringen) sich die gegenüberliegenden Ufer des Risses. Man sieht unmittelbar ein, daß dieser Fall physikalisch nicht realisierbar ist.

Für $N = 0$ schließlich ist die in der Nähe der Kontur wirkende Zugspannung beschränkt; bei Annäherung an den Konturpunkt O strebt die Spannung gegen die in diesem Punkt angreifende Normalspannung, so daß auf der Kontur die Stetigkeit der Spannung σ_y und ein schleifendes Zusammenlaufen der beiden Ufer der Rißoberfläche gewährleistet ist (Bild 65c).

Die Untersuchung der Spannungs- und Verschiebungsverteilung im Randgebiet der Unstetigkeitsfläche wurde von WESTERGAARD [1, 2], SNEDDON [1, 2], SNEDDON und ELLIOTT [1] begonnen und von G. I. BARENBLATT [1], WILLIAMS [1] und IRWIN [2 bis 4] fortgesetzt. Die gewonnenen Ergebnisse beziehen sich auf eine beliebige Unstetigkeitsfläche der Normalverschiebungen.

Wir zeigen nun, daß für einen im Gleichgewicht stehenden Riß in allen Punkten der Kontur $N = 0$ gilt. Dazu betrachten wir einen virtuellen Zustand des elastischen Systems, der sich vom wirklichen Gleichgewichtszustand durch eine gewisse Formänderung der Rißkontur in einer kleinen Umgebung des beliebigen Konturpunktes O unterscheidet (Bilder 66a, b). Die neue Kontur stellt eine Kurve dar, die den Punkt O umschließt und in der Ebene des Risses liegt. Sie geht in den nahe bei O liegenden Punkten A und B in die ursprüngliche Rißkontur über und bleibt in allen übrigen Stellen unverändert. Da die Punkte A, B sehr nahe bei O liegen, kann man den Abschnitt AB auf der ursprünglichen Rißkontur als geradlinig betrachten.

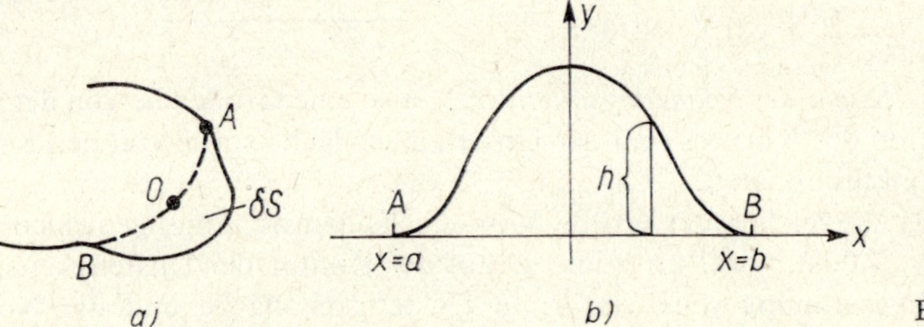

Bild 66

Die Normalverschiebungen der neuen Rißfläche und die entsprechenden Zugspannungen haben nach dem bisher Gesagten vor der Veränderung der Rißkontur (bis auf kleine Größen) folgende Verteilung:

$$v = \pm \frac{4(1 - \nu^2)\, N \sqrt{h - y}}{E}, \quad \sigma_y = \frac{N}{\sqrt{y}}, \tag{10}$$

dabei ist N der Koeffizient der Spannungsintensität im Punkt O.

Die bei der Bildung der neuen Rißfläche frei werdende Energie δW ist gleich der Arbeit, die zum Schließen dieser Fläche notwendig ist, und berechnet sich nach der Formel

$$\delta W = \int\limits_{\delta S} \sigma_y |v| \, \mathrm{d}S = \frac{4(1 - \nu^2)\, N^2}{E} \int\limits_a^b \mathrm{d}x \int\limits_0^h \sqrt{\frac{h - y}{y}} \, \mathrm{d}y$$

$$= \frac{2(1 - \nu^2)\, \pi N^2}{E} \int\limits_a^b h \, \mathrm{d}x = \frac{2(1 - \nu^2)\, \pi N^2 \delta S}{E}, \tag{11}$$

wobei δS den Flächeninhalt des neu hinzugekommenen Teils der Rißfläche bezeichnet. Der im Gleichgewicht stehende Riß unterscheidet sich von einer beliebigen Unstetigkeitsfläche dadurch, daß die frei werdende Energie δW zu Null wird. Hieraus und aus (11) folgt

$$N = 0. \tag{12}$$

Somit können wir über die Struktur des im Gleichgewicht befindlichen Risses in der Nähe der Kontur folgende wichtige Aussage treffen:

a) *Die Zugspannung an der Rißkontur ist endlich.*

b) *Die gegenüberliegenden Rißufer laufen in der Kontur schleifend zusammen.*

Die Endlichkeit der Spannungen und das schleifende Zusammenlaufen der gegenüberliegenden Ufer an der Kontur wurde als hypothetische Bedingung erstmalig von S. A. Christianowitsch angenommen (Scheltow und Christianowitsch [1], Barenblatt und Christianowitsch [1]). Der oben dargelegte Beweis dieser Bedingung stammt aus der Arbeit von G. I. Barenblatt [2].

Ohne Berücksichtigung der Endlichkeitsbedingung für die Spannungen und des schleifenden Zusammenlaufens der Ränder wurde die Formel (11) für den ebenen Deformationszustand von Irwin [2 bis 4] angegeben.

Die Bedingung (12) von S. A. Christianowitsch gestattet eine Formulierung des Rißproblems im Gleichgewichtsfalle, sofern die auf den Körper wirkenden Kräfte vorgegeben sind.

Im einfachsten Falle, wenn durch die Symmetrie des Körpers und der angreifenden Kräfte eine geradlinige Rißbildung gewährleistet ist, lautet dieses Problem im Rahmen der ebenen Theorie folgendermaßen: Für das gegebene Rißsystem sind bei bekannten, am Körper angreifenden Kräften die Spannungen, die Verzerrungen und die Koordinaten der Rißendpunkte so zu bestimmen, daß die Gleichgewichts- und Randbedingungen sowie die Bedingungen *endlicher Spannungen und des schleifenden Zusammenlaufens der gegenüberliegenden Schnittufer an der Kontur* erfüllt werden.

Wir demonstrieren die Lösung dieses Problems am Beispiel eines isolierten geradlinigen Risses in einem unendlichen elastischen Körper unter allseitigem Druck, wobei der Riß durch zwei in gegenüberliegenden Punkten seiner Oberfläche angreifende Einzelkräfte P offengehalten wird (Bild 67). Mit Hilfe der Ergebnisse aus 5.2.5. können wir für beliebige Rißlänge $2l$ eine Lösung der Gleichgewichtsbedingungen ermitteln, die die Randbedingungen befriedigt. Die Spannungen und Verschiebungen erhält man dabei aus den Gln. (1) und (8) in 2.2.4. für

$$\Phi(z) = \frac{2\zeta^2}{l(\zeta^2 - 1)} \left\{ \frac{P}{\pi(\zeta^2 + 1)} - \frac{ql(\zeta^2 + 1)}{4\zeta^2} \right\}, \tag{13}$$

$$z = \frac{l}{2}\left(\zeta + \frac{1}{\zeta}\right).$$

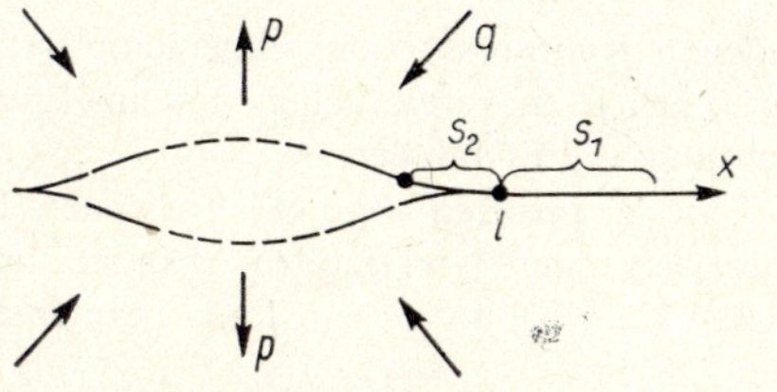

Bild 67

Die Gleichgewichts- und Randbedingungen *geben keinen Aufschluß* über die Rißlänge $2l$. Die Spannungen σ_y auf der Verlängerung des Risses und die Normalverschiebungen v auf der Rißlinie in der Nähe der Endpunkte lauten

$$\sigma_y = \left(\frac{P}{\pi l} - q\right)\sqrt{\frac{l}{8s_1}} + O(1),$$

$$v = \pm\frac{(1-\sigma^2)}{E}\left(\frac{P}{\pi l} - q\right)\sqrt{8s_2 l} + O(s_2^{3/2}). \tag{14}$$

Die Endlichkeit der Spannungen und das schmiedende Zusammenlaufen der Rißufer an den Endpunkten sind gewährleistet, wenn

$$l = \frac{P}{\pi q}$$

ist. Diese Beziehung dient bei gegebener Belastung P und q zur Bestimmung der Rißlänge.
Nun berechnen wir noch die Rißlänge $2l$ eines isolierten geradlinigen Risses in einem unendlichen Körper, der im Unendlichen durch die homogene Spannung p_0 senkrecht zum Riß gezogen wird. Wenn wir annehmen, daß die Enden des Risses spannungsfrei sind, erhalten wir gemäß 5.2.5.1. auf der Verlängerung des Risses folgende Abhängigkeiten zwischen der Spannung σ_y und dem Abstand s_1 vom Endpunkt

$$\sigma_y = \frac{p_0\sqrt{l}}{\sqrt{2s_1}} + O(1).$$

Offenbar gibt es keinen Wert l, für den die Spannung σ_y am Ende des Risses endlich wird; demnach existiert kein im Gleichgewicht stehender Riß.
Dieses Paradoxon läßt sich wie folgt erklären: Wegen der Voraussetzung einer spannungsfreien Rißoberfläche werden in unserem Falle die in der Nähe der Endpunkte auf der Oberfläche wirkenden Kohäsionskräfte nicht berücksichtigt.
Und somit kann die auf den Körper wirkende Belastung nur unvollständig widergespiegelt werden.
Beim Aufstellen einer adäquaten Rißtheorie des Sprödbruches macht es sich erforderlich, vom klassischen Modell des elastischen Körpers zum Modell eines spröden Körpers überzugehen, in dem man die in der Nähe des Randes an der Rißoberfläche angreifenden Kohäsionskräfte berücksichtigt.
Die Intensität der zwischen zwei Körpern wirkenden Kohäsionskräfte hängt bekanntermaßen wesentlich vom Abstand dieser Körper ab. Sie wächst anfangs mit der Vergrößerung des Abstandes bis zu einem sehr großen Maximalwert an und fällt dann schnell ab.
Gegenwärtig existieren keine zuverlässigen Angaben über die Abhängigkeit der Kohäsionskräfte vom Abstand, geschweige denn über die Verteilung dieser Kräfte auf der Rißoberfläche.
Trotzdem ermöglichen es uns die vorhandenen Kenntnisse, sehr allgemeine Sätze zu formulieren, die es gestatten, die Analyse wesentlich zu vereinfachen und im Endeffekt die Kohäsionskräfte überhaupt aus der Betrachtung auszuschließen.
Es liegt nahe, die Rißoberfläche in zwei Teile zu zerlegen (Bild 68). Im ersten Teil – *dem Innengebiet des Risses* – haben die gegenüberliegenden Ufer großen Abstand voneinander, so daß ihre Wechselwirkung vernachlässigbar klein ist. In diesem Falle betrachten wir die Rißoberfläche als frei von Kohäsionskräften.

In dem an der Rißkontur angrenzenden zweiten Teil – *dem Randgebiet des Risses* – liegen die beiden Ufer nahe beieinander, so daß die auf diesen Teil der Oberfläche wirkenden Kohäsionskräfte eine merkliche Intensität haben (im Falle des Quasisprödbruches ist als Rißoberfläche die Trennfläche zwischen plastischem und elastischem Gebiet zu wählen, das Randgebiet schließt also die plastische Zone ein).

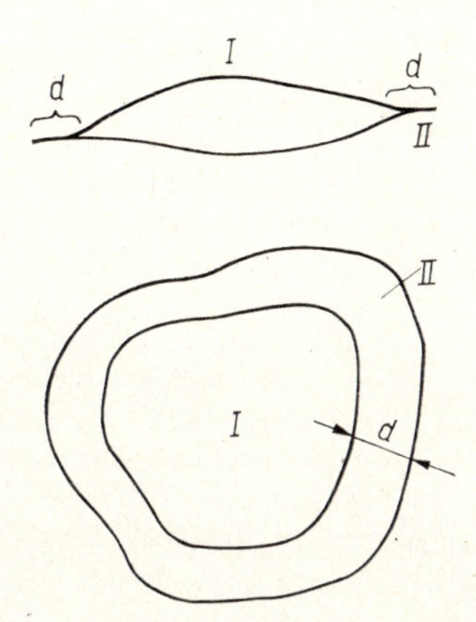

Bild 68

Aus physikalischen Untersuchungen ergeben sich folgende grundlegenden Hypothesen:

Erste Hypothese. Die Breite d des Randgebietes ist klein im Vergleich zu den Ausmaßen des gesamten Risses.

Zweite Hypothese. Die Form eines senkrechten Schnittes durch die Rißoberfläche im Randgebiet (und damit die lokale Verteilung der Kohäsionskräfte auf der Rißoberfläche), hängt nicht von der anliegenden Belastung ab, sondern ist für ein bestimmtes Material unter gegebenen Bedingungen (Temperatur, Zusammensetzung und Druck der äußeren Atmosphäre usw.) stets gleich. Unter einem senkrechten Schnitt verstehen wir hierbei einen Schnitt der Rißoberfläche mit einer zur Rißkontur senkrechten Ebene.

Die zweite Hypothese besagt insbesondere, daß die Gestalt der Rißoberfläche in der Nähe der Endpunkte unter den Bedingungen des ebenen Problems stets gleich ist. Das Randgebiet verschiebt sich also bei einer Vergrößerung der Rißfläche gleichsam translativ.

Die zweite Hypothese ist nur für solche Punkte der Rißkontur anwendbar, in denen die maximal mögliche Intensität der Kohäsionskräfte erreicht wird, so daß bei einer beliebig kleinen Zunahme der angreifenden Belastung in diesem Punkte eine Fortpflanzung des Risses erfolgt. Wenn am Riß Gleichgewicht herrscht und auf seiner Kontur wenigstens ein solcher Punkt vorhanden ist, sprechen wir vom *beweglichen Gleichgewicht*, im Gegensatz zum *unbeweglichen Gleichgewicht*, bei dem der Riß diese Eigenschaft nicht hat und bei einer unendlich kleinen Belastungszunahme nicht weiter reißt.

Die oben angeführten Hypothesen sind die einzigen Voraussetzungen, die der Rißtheorie zugrunde liegen. In expliziter Form wurden sie in den Arbeiten von G. I. Barenblatt [3 bis 7] formuliert.

Der betrachtete Körper ist nach Voraussetzung linear-elastisch bis zum Bruch, so daß man das Feld der elastischen Elemente im Körper als Summe zweier Felder darstellen kann:

Das erste wird ohne Berücksichtigung der Kohäsionskräfte berechnet, und das zweite entspricht den Kohäsionskräften allein.
Folglich können wir die in Gl. (9) auftretende Größe N (die bekanntlich gleich Null ist) in der Gestalt $N = N_0 + N_m$ schreiben, dabei entspricht N_0 der auf den Körper wirkenden Belastung ohne Berücksichtigung der Kohäsionskräfte, während N_m bei derselben Rißkonfiguration ausschließlich für die Kohäsionskräfte berechnet wird.
Nach der ersten Hypothese können wir bei der Bestimmung von N_m annehmen, daß das elastische Feld der oben betrachteten Konfiguration einem unendlichen Körper mit halbunendlichem geradlinigem Schlitz entspricht, an dessen Oberfläche symmetrische Normalspannungen angreifen. Demnach und gemäß (7) ist

$$N_m = -\frac{1}{\pi}\int_0^\infty \frac{G(t)\,\mathrm{d}t}{\sqrt{t}} = -\frac{1}{\pi}\int_0^d \frac{G(t)\,\mathrm{d}t}{\sqrt{t}}, \tag{15}$$

wobei $G(t)$ die Verteilung der nur im Randgebiet $0 \leqq t \leqq d$ von Null verschiedenen Kohäsionskräfte bezeichnet.
Auf Grund der zweiten Hypothese stellt das Integral auf der rechten Seite von (15) eine Konstante K dar:

$$K = \int_0^d \frac{G(t)\,\mathrm{d}t}{\sqrt{t}}. \tag{16}$$

Diese kann als charakteristische Größe für das vorliegende Material unter gegebenen Bedingungen dienen. Wir bezeichnen sie als *Kohäsionsmodul.*
Außer K wird unter den angenommenen Voraussetzungen keine weitere Kohäsionsgröße bei der Formulierung des Rißproblems benötigt.
Einige Autoren verwenden als charakteristische Größe für die Kohäsionskräfte die Dichte T der Oberflächenenergie; sie gibt den Energieaufwand bei der Bildung einer neuen Rißfläche von der Größe der Flächeneinheit an. Die Werte K und T sind über die Beziehung

$$K^2 = \frac{\pi E T}{1 - \sigma^2} \tag{17}$$

miteinander verknüpft.
Für Punkte der Rißkontur, in denen die maximale Intensität der Kohäsionskräfte erreicht wird (und somit die zweite Hypothese erfüllt ist), gilt gemäß (15) und (16) die Bedingung

$$N_0 = \frac{1}{\pi} K. \tag{18}$$

Die ohne Berücksichtigung der Kohäsionskräfte berechnete Normalspannung strebt also auf der Verlängerung des Risses nach dem Gesetz

$$\sigma_y = \frac{K}{\pi\sqrt{s}} + O(1) \tag{19}$$

gegen Unendlich, wobei s der kleine Abstand zum Rißendpunkt ist.

Wenn die Bedingung (18) oder (19) für einen der Rißendpunkte erfüllt ist, hat das Rißsystem im betrachteten Körper den beweglichen Gleichgewichtszustand erreicht. Dies ist

jedoch im allgemeinen nicht mit dem Beginn einer instabilen schnellen Rißausbreitung oder gar mit der völligen Zerstörung des Körpers gleichzusetzen.
Es ist vielmehr so, daß der im beweglichen Gleichgewicht stehende Riß sowohl stabil als auch instabil sein kann; und nur im Falle der Instabilität des beweglichen Gleichgewichtes stellt die Gl. (18) eine Bedingung für den Beginn einer schnellen Rißausbreitung dar.
Wenn auf der Rißkontur Punkte existieren, in denen die Intensität der Kohäsionskräfte kleiner als die maximal mögliche ist (z. B. Konturpunkte nicht aufgeweiteter Risse oder Konturpunkte von Spalten, die durch Verringerung der Belastung aus solchen mit höherer Belastung entstehen), so ist in diesen Punkten die zweite Hypothese nicht anwendbar. Die im Randgebiet der Rißfläche wirkenden Kohäsionskräfte sind in der Nähe der eben genannten Punkte kleiner als die Kohäsionskräfte in der Umgebung der Punkte vom oben betrachteten Typ. Deshalb gilt für solche Punkte die Bedingung

$$N_0 < \frac{1}{\pi} K. \tag{20}$$

Bei Erhöhung der Belastung nehmen die Kohäsionskräfte im Randgebiet zu und gewährleisten, daß die Spannungen endlich bleiben und daß die Rißufer schleifend zusammenlaufen. Die Rißfläche vergrößert sich dabei nicht. Erst wenn die Kohäsionskräfte im gegebenen Randgebiet ihre maximale Intensität erreicht haben [so daß die zweite Hypothese anwendbar ist und die Gl. (18) gilt], kommt es zu einer Vergrößerung der Rißfläche.
Mit Hilfe der Bedingungen (18) und (19) kann man die Kohäsionskräfte bei der Ermittlung des Rißendpunktes aus der Betrachtung eliminieren und auf ihren summarischen Effekt – den Kohäsionsmodul – zurückführen. Wie spezielle Abschätzungen zeigen, beeinflussen die Kohäsionskräfte das Spannungs- und Verschiebungsfeld nur in einer Umgebung des Rißendpunktes, deren Ausmaß von der Ordnung der Randgebietsbreite d ist.
Die Kohäsionskräfte bestimmen die Struktur des Risses in der Nähe der Kontur; über ihre Integralcharakteristik K kann man die Lage des Endpunktes berechnen.
Mit Hilfe der gewonnenen Bedingungen sind wir in der Lage, das Grundproblem der Rißtheorie zu formulieren. Es lautet wie folgt: Vorgegeben sei ein System von Rissen sowie ein Belastungsprozeß, d. h. ein System von Kräften, die am Körper angreifen und von einem monoton wachsenden Parameter λ abhängen. Für den Ausgangszustand kann man $\lambda = 0$ setzen. Gesucht ist die Gestalt der einzelnen Risse sowie die Spannungs- und Verschiebungsverteilung im Körper für beliebige $\lambda > 0$. Dabei wird vorausgesetzt, daß die Belastungsänderung hinreichend langsam vor sich geht, so daß man keine dynamischen Effekte zu berücksichtigen braucht.
Im allgemeinen Falle krummliniger Risse bietet die Lösung dieses Problems große Schwierigkeiten. Im Prinzip läßt sie sich stets durch ein schrittweises Verfahren verwirklichen. Dabei wird die Richtung der Rißentwicklung durch die aus der zweiten Hypothese hervorgehenden Bedingungen des lokalsymmetrischen Spannungszustandes in der Nähe des Risseendpunktes bestimmt.
Einfacher liegen die Dinge, wenn infolge der Symmetrie des Körpers, der Belastung und des Ausgangsrisses eine geradlinige Rißentwicklung gewährleistet ist und die angreifenden Kräfte mit der Vergrößerung von λ monoton wachsen. Dann wird die Konfiguration des Rißsystems im Körper allein durch die laufende Belastung bestimmt, ohne daß man – wie im allgemeinen Falle – die gesamte Belastungsgeschichte zu berücksichtigen braucht.
Unter dieser Voraussetzung läßt sich das Problem der Rißtheorie wie folgt formulieren: In einem Körper mit dem Rand Σ ist ein System geradliniger Ausgangsrisse Γ_0 vorgegeben.

Gesucht ist das Feld der elastischen Elemente sowie die Lage eines Rißsystems Γ, das das Ausgangssystem Γ_0 einschließt und der gegebenen Belastung, d. h. dem gegebenen Wert λ entspricht.
Die so gestellte Aufgabe führt mathematisch auf die Lösung der Gleichgewichtsbedingungen der Elastizitätstheorie in dem vom Rand Σ und den geradlinigen Rissen begrenzten Gebiet, dabei müssen die Randbedingungen der gegebenen Belastung entsprechen.
Die Endpunkte des Rißsystems Γ sind so zu bestimmen, daß im System Γ_0 die Bedingungen (18) oder (20) erfüllt sind.
Das eben formulierte Problem hat möglicherweise keine Lösung. In diesem Falle liegt die aufgebrachte Belastung höher als die Bruchlast, und es kommt zur Zerstörung des Körpers. Der Grenzwert des Parameters λ, für den gerade noch eine Lösung des Problems existiert, entspricht der Bruchlast.

8.6.2. Spezielle Probleme

Im weiteren gehen wir etwas näher auf einige konkrete Probleme der Rißtheorie ein, die in letzter Zeit behandelt wurden. Wie aus dem in 8.4.1. Gesagten zu ersehen ist, besteht die Hauptetappe bei der Lösung von Gleichgewichtsproblemen der Rißtheorie in der Berechnung des Intensitätskoeffizienten N für jedes Rißende. Die meisten bisher gewonnenen Ergebnisse beruhen auf der Anwendung der im vorliegenden Buch dargelegten Methoden.
Als erstes Beispiel betrachten wir einen isolierten geradlinigen Riß. Wir setzen voraus, daß die Kohäsionskräfte an seinen beiden Endpunkten die maximale Intensität erreicht haben, d. h., daß er sich im beweglichen Gleichgewicht befindet. Der Riß soll sich in der unendlichen Ebene von $x = a$ bis $x = b$ erstrecken. Mit $p(x)$ bezeichnen wir die Verteilung der an der Stelle des Risses in der Vollebene (bei der gleichen Belastung) auftretenden Normalspannung. Diese Verteilung läßt sich mit den üblichen Methoden ermitteln und wird als bekannt vorausgesetzt.
Zur Berechnung des elastischen Feldes ohne Berücksichtigung der Kohäsionskräfte kann man die Ergebnisse aus 6.2.12. benutzen. Es gilt

$$\Phi(z) = \Omega(z) = \frac{1}{2\pi i \sqrt{(z-a)(z-b)}} \int_a^b \frac{\sqrt{(t-a)(t-b)}\, p(t)\, dt}{t-z}. \tag{1}$$

Damit lauten die Koeffizienten der Spannungsintensität in den Endpunkten a und b (ohne Berücksichtigung der Kohäsionskräfte)

$$N_a = \frac{1}{\pi\sqrt{b-a}} \int_a^b p(x) \sqrt{\frac{b-x}{x-a}}\, dx, \quad N_b = \frac{1}{\pi\sqrt{b-a}} \int_a^b p(x) \sqrt{\frac{x-a}{b-x}}\, dx. \tag{2}$$

Gemäß (18) in 8.4.1. ergibt sich für die Punkte a und b

$$\int_a^b p(x) \sqrt{\frac{x-a}{b-x}}\, dx = K\sqrt{b-a}, \quad \int_a^b p(x) \sqrt{\frac{b-x}{x-a}}\, dx = K\sqrt{b-a}. \tag{3}$$

Im Sonderfalle des symmetrischen Risses gilt $a = -b = -l$, $p(x) = p(-x)$ und folglich

$$\int_0^l \frac{p(x)\,\mathrm{d}x}{\sqrt{l^2 - x^2}} = \frac{K}{\sqrt{2l}}. \tag{4}$$

Die Gln. (3) und (4) dienen zur Bestimmung der Koordinaten der Rißendpunkte. Im Prinzip sind sie gleichwertig mit den Gln. (10), (11) bzw. (11') in 6.2.11., die die Endpunkte der Berührungsfläche für den eingedrückten Stempel definieren.
Wir geben nun noch einige wichtige Sonderfälle an.
Für $p(x) = p_0 = \text{const}$ (homogenes Spannungsfeld) folgt aus Gl. (4)

$$l = \frac{2K^2}{\pi^2 p_0^2}. \tag{5}$$

Diese Beziehung wurde von GRIFFITH [1, 2] auf weitaus schwierigerem Wege unter Benutzung der Lösung von INGLIS [1] gefunden.
Für $p(x) = P\delta(x)$ [$\delta(x)$ bezeichnet die *Delta-Funktion*[1]); diese Formel entspricht einem Riß mit zwei Einzelkräften P, die in der Mitte der gegenüberliegenden Ufer angreifen] ergibt sich aus (4)

$$l = \frac{P^2}{2K^2}. \tag{6}$$

Von besonderem Interesse ist die Entwicklung eines isolierten Risses bei proportionaler Belastung (wenn alle Kräfte proportional λ sind). Im Falle des symmetrischen geradlinigen Risses gilt dann $p(x) = \lambda f(x)$. Nach Übergang zu den dimensionslosen Veränderlichen $\xi = x/l$ lautet die Gl. (4)

$$\frac{\sqrt{2}\lambda}{K} = \varphi(l) = \left[\sqrt{l}\int_0^1 \frac{f(l\xi)\,\mathrm{d}\xi}{\sqrt{1-\xi^2}}\right]^{-1}. \tag{7}$$

Die Funktion $\varphi(l)$ bestimmt demnach eindeutig die Abhängigkeit der Rißlänge l vom Belastungsparameter λ. Die Funktion $\varphi(l)$ hat folgende Eigenschaften:

(a) Wenn am Rand des Risses keine Einzelkräfte angreifen, strebt $\varphi(l)$ für $l = 0$ nach der Formel

$$\varphi(l) = \frac{2}{\pi f(0)\sqrt{l}} \tag{8}$$

gegen Unendlich.

(b) Wenn die am Körper zu beiden Seiten des Risses angreifende Belastung beschränkt und gleich λP ist, strebt $\varphi(l)$ für $l \to \infty$ ebenfalls gegen Unendlich, und zwar nach der Formel

$$\varphi(l) = \frac{2\sqrt{l}}{P}. \tag{9}$$

[1]) Diese verallgemeinerte Funktion genügt den Gleichungen

$$\delta(x) \equiv 0 \quad (x \neq 0), \quad \int_{-\infty}^{\infty} \delta(x)\,\mathrm{d}x = 1.$$

Die Funktion $\varphi(l)$ hat folglich unter den angenommenen Voraussetzungen mindestens ein positives Minimum und einen ansteigenden sowie einen abfallenden Kurventeil. Falls die Belastung an den Rißufern nicht beschränkt ist, fehlt möglicherweise der ansteigende Teil.

Die genannten Eigenschaften der Funktion $\varphi(l)$ sind für die Stabilitätsuntersuchung des Risses von Bedeutung.

Nach Definition *heißt ein Riß stabil*, wenn eine hinreichend kleine Verlagerung seiner Endpunkte nicht zum Auftreten von Kräften führt, die den Körper weiter aus dem verletzten Gleichgewichtszustand entfernen. Im unbeweglichen Gleichgewichtszustand ist ein Riß offenbar stets stabil.

Wie man leicht zeigt, ist für die Stabilität eines im beweglichen Gleichgewichtszustand befindlichen Risses notwendig, daß seine Länge l bei Vergrößerung des Belastungsparameters zunimmt.

Daraus und aus (7) folgt, daß ein im beweglichen Gleichgewicht befindlicher Riß nur dann stabil sein kann, wenn $\varphi'(l) > 0$ ist, d. h., wenn der entsprechende Teil der Kurve (7) ansteigt. Dieser Sachverhalt ermöglicht es, die Entwicklung eines isolierten geradlinigen Risses bei proportionaler Belastung vollständig zu analysieren.

Angenommen, die Funktion $\varphi(l)$ hat die in Bild 69 angegebene Gestalt, und die Ausgangsrißlänge l_0 entspricht bei verschwindender Belastung dem ersten instabilen Kurvenstück.

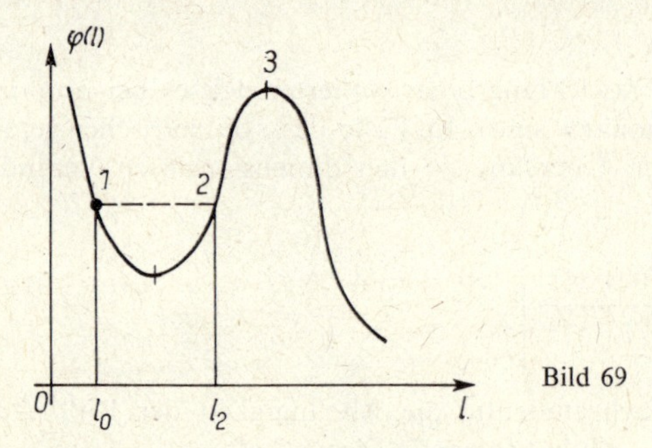

Bild 69

In diesem Falle ändert sich die Rißlänge bei wachsendem λ nicht, solange $\varphi(l)$ unter einem durch die Ordinate im Punkt 1 definierten Wert bleibt; der Riß befindet sich im unbeweglichen Gleichgewicht.

Beim Erreichen des Punktes 1 ist der Riß im beweglichen Gleichgewicht; bei der geringsten Belastungszunahme geht der Bildpunkt auf den stabilen Zweig der Kurve $\varphi(l)$ über. Dabei ändert sich die Rißlänge sprunghaft von l_0 auf l_2. Bei weiterer Erhöhung des Belastungsparameters λ vergrößert sich die Rißlänge stetig bis zum Erreichen des Punktes 3. Danach erfolgt die vollständige Zerstörung des Körpers. Der dem Punkt 3 entsprechende Parameterwert λ gibt die Bruchlast an.

Völlig analog kann die Entwicklung eines isolierten geradlinigen Risses bei proportionaler Belastung für beliebige andere Abhängigkeitsformen der Funktion $\varphi(l)$ analysiert werden. Bei beschränkter Belastung der beiden Rißufer ist der der Bruchlast entsprechende Parameter λ offensichtlich unendlich.

Weitere Probleme zur Entwicklung eines isolierten geradlinigen Risses unter verschiedenen Bedingungen enthalten die Arbeiten von SNEDDON und ELLIOTT [1], J. P. SCHELTOW und S. A. CHRISTIANOWITSCH [1], J. P. SCHELTOW [1], MASUBUCHI [1], DUGDALE [1], W. W. PA-

NASJUK [4, 5], M. J. LEONOW und W. W. PANASJUK [1], E. A. MOROSOWA und W. S. PARTON [1].
Die oben wiedergegebene Analyse der Entwicklung eines isolierten geradlinigen Risses ist den Arbeiten von G. I. BARENBLATT [1, 4, 5, 8] entnommen.
Von großer praktischer Bedeutung ist die Untersuchung von Rissen, die auf die Oberfläche des Körpers hinausreichen. Die effektive Gewinnung analytischer Lösungen ist in diesem Falle schwierig, da die entsprechenden Gebiete nicht mit Hilfe rationaler Funktionen auf die Halbebene abgebildet werden können. Man ist deshalb gezwungen, numerische Verfahren anzuwenden.
BOWIE [1] behandelt ein System von k symmetrisch liegenden Rissen gleicher Länge in einem Kreisloch der unendlichen Ebene (Bild 70). Der Körper wird dabei im Unendlichen durch allseitigen oder einachsigen Zug beansprucht (im letzteren Falle beschränkt sich der Autor auf einen bzw. zwei Risse senkrecht zur Zugrichtung). Die näherungsweise Lösung des Problems beruht auf der Methode aus 5.2.14. Dabei wird das in Bild 70 dargestellte Gebiet auf das Außengebiet des Einheitskreises abgebildet.
Um eine hinreichend genaue Beschreibung des Spannungs- und Verschiebungsfeldes zu ermöglichen, wählt BOWIE die Ableitung der Abbildungsfunktion in der Gestalt

$$\omega'(\zeta) = (1 - \zeta^{-k})\, g(\zeta), \tag{10}$$

hierbei ist $g(\zeta)$ ein Polynom, dessen Nullstellen sämtlich innerhalb des Einheitskreises liegen. Die Funktion $\Phi(\zeta)$ wird ebenfalls durch ein Polynom angenähert. Aus der Bedingung, daß die positiven Potenzen der LAURENT-Reihe für $\Psi(\zeta)$ verschwinden müssen, ergibt sich ein System linearer algebraischer Gleichungen für die Koeffizienten des oben genannten Polynoms. Um eine hinreichende Genauigkeit der numerischen Rechnung zu gewährleisten, berücksichtigt BOWIE in der Darstellung der Abbildungsfunktion annähernd dreißig Glieder (numerische Resultate liegen für $k = 1$ und $k = 2$ vor). Aus der Näherungslösung berechnet der Autor die Änderung der potentiellen Energie infolge der vorhandenen Risse; ferner bestimmt er die kritische Spannung (bei der der bewegliche Gleichgewichtszustand erreicht wird).
WIGGLESWORTH [1] und IRWIN [5] betrachten unabhängig voneinander einen geradlinigen Riß im freien Rand der Halbebene (Bild 71). WIGGLESWORTH geht von einer beliebigen Verteilung der Normal- und Schubspannungen auf der Rißoberfläche aus. Im Falle der symmetrischen Spannungsverteilung führt er das Problem analog zu 6.2. auf folgende Integralgleichung für die Funktion $w(x) = u(x) + iv(x)$ zurück, [$u(x)$ und $v(x)$ sind die elastischen

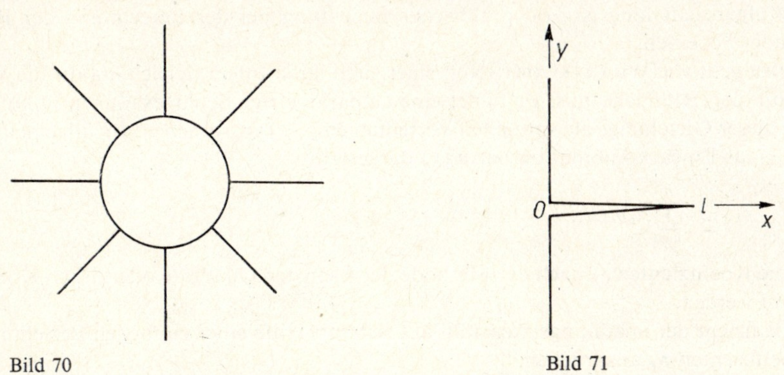

Bild 70 Bild 71

Verschiebungen des oberen Rißrandes]:

$$\int_0^x L(x, t)\, w(t)\, \mathrm{d}t = -\frac{4(1-\nu^2)}{E} \int_0^x p(x)\, \mathrm{d}x; \tag{11}$$

dabei ist $L(x, t)$ ein singulärer Kern, und $p(x)$ wird durch die auf dem Riß vorgegebene Spannungsverteilung ausgedrückt. Die Gl. (11) löst der Autor durch Integraltransformation. Für den Sonderfall konstanter Normalspannung und verschwindender Schubspannung liegen ausführliche numerische Ergebnisse vor. Mit deren Hilfe bestimmt der Autor den Koeffizienten der Spannungsintensität und unter Benutzung der Gl. (18) in 8.6.1. die kritische Spannung.

IRWIN [5] untersucht den Sonderfall eines spannungsfreien Risses am Rand der Halbebene, wobei letztere im Unendlichen durch eine konstante Spannung parallel zum Rand gezogen wird. Er stellt die gesuchte Lösung als Summe dreier Felder dar: Das erste entspricht einem Riß im unendlichen Körper unter konstanter Zugspannung. Im zweiten wird auf der Oberfläche desselben Risses eine symmetrische Normalspannung $\sigma_y = Q(x)$ vorgegeben. Das dritte schließlich bezieht sich auf die Halbebene $x \geqq 0$ ohne Riß mit einer symmetrischen Normalspannung $\sigma_x = P(y)$ auf dem Rand $x = 0$.

Aus den Randbedingungen für den Riß und die Halbebene ergibt sich ein System von Integralgleichungen bezüglich $Q(x)$ und $P(y)$, das sich durch schrittweise Näherung lösen läßt.

Mit Hilfe der gefundenen Lösung gewinnt IRWIN einen Ausdruck für den Koeffizienten der Spannungsintensität und damit für die kritische Spannung.

Etwas ausführlicher als BOWIE [1] untersucht WIGGLESWORTH [2] einen Riß im Rand eines spannungsfreien Kreisloches. Auf der Rißoberfläche werden dabei nach einem beliebigen Gesetz verteilte Normal- und Schubspannungen vorgegeben. Das Problem führt analog zu 6.3. auf eine singuläre Integralgleichung, die sich durch Integraltransformation lösen läßt (s. a. GREEN und ZERNA [1]).

Unabhängig von WIGGLESWORTH behandelt BUECKNER [2] einen geradlinigen Riß im Rand eines Kreisloches der unendlichen Ebene.

Dabei wird vorausgesetzt, daß die Spannungen im Unendlichen und am Lochrand sowie die Schubspannungen an der Rißoberfläche verschwinden. Die Normalspannungen an der Rißfläche müssen symmetrisch sein und können ansonsten eine beliebig vorgegebene Verteilung $p(x)$ haben.

Diese Aufgabenstellung ist von praktischer Bedeutung bei der Berechnung der Bruchlast rotierender Scheiben.

BUECKNER geht wie WIGGLESWORTH von einer singulären Integralgleichung für die Verschiebung auf der Rißfläche aus. Er bildet eine einparametrige Schar exakter partikulärer Lösungen dieser Gleichung, die speziellen Verteilungen $p_n(x)$ entsprechen. Im allgemeinen Falle wird $p(x)$ als Linearkombination der $p_n(x)$ dargestellt:

$$p(x) = \sum_{n=0}^{m} \alpha_n p_n(x),$$

wobei die Koeffizienten α_n nach der Methode der kleinsten Quadrate oder durch Kollokation bestimmt werden.

Der Koeffizient der Spannungsintensität läßt sich mit Hilfe einer einfachen Beziehung durch die Koeffizienten α_n ausdrücken.

Wenn die Rißlänge viel kleiner als der Radius des Kreisloches ist, ergibt sich im Grenzfall das Problem für den geradlinigen Rand. Die Berechnungen BUECKNERS stimmen in diesem Sonderfalle für $p(x) = \text{const}$ gut mit den von WIGGLESWORTH [1] und IRWIN [5] gewonnenen Ergebnissen überein.

In derselben Arbeit behandelt BUECKNER einen Riß auf der Oberfläche eines unendlichen Streifens endlicher Breite bei beliebiger zur Rißlinie symmetrischer Belastung. Er zeigt, daß man die dabei entstehende Integralgleichung mit hohem Genauigkeitsgrad durch eine Gleichung mit ausgeartetem Kern ersetzen kann. Numerische Resultate werden in dieser Arbeit für eine Momentenbelastung im Unendlichen angegeben.

In allen Arbeiten über Risse am Rand eines Loches beziehen sich die Ergebnisse auf den instabilen Gleichgewichtszustand, d. h., bei anwachsender Belastung tritt solange keine Rißvergrößerung auf, bis das bewegliche Gleichgewicht erreicht ist, danach kommt es zum Bruch des Körpers. Folglich stimmt die Belastung, bei der der Ausgangsriß den beweglichen Gleichgewichtszustand erreicht, mit der Bruchlast überein, was im allgemeinen nicht zutrifft.

Wir gehen nun zur Untersuchung von Rissen in endlichen Körpern und von Rißsystemen über.

Ein geradliniger Riß in einem Streifen endlicher Breite wird von G. I. BARENBLATT und G. P. TSCHEREPANOW [1] sowie in einer unveröffentlichten Arbeit von TAIT (s. SNEDDON [3]) behandelt. Der betrachtete Riß ist symmetrisch zur Streifenmittellinie, seine Ausbreitungsrichtung senkrecht zum Streifenrand. Die Belastung der Rißoberfläche wird als symmetrisch zur Rißlinie und zur Streifenmittellinie vorausgesetzt.

Bei der Anwendung der in 5.2.14. angeführten Näherungsmethode ist es zweckmäßig, die Lösung des elastischen Problems für das Außengebiet eines periodischen Rißsystems als erste Näherung zu wählen. G. I. BARENBLATT und G. P. TSCHEREPANOW [1] geben dazu zwei Methoden an: Lösung durch Grenzübergang $n \to \infty$ für die Ebene mit n gleichen und gleichartig belasteten Rissen nach der in 6.2.12. angegebenen Methode oder unmittelbar durch Abbildung des Außengebietes des periodischen Rißsystems auf eine *unendlich vielblättrige Riemannsche Fläche* und Lösen des entsprechenden Randwertproblems.

In der angeführten Arbeit wird die Genauigkeit der ersten Näherung abgeschätzt. Aus den gewonnenen Resultaten ergeben sich Beziehungen zur Bestimmung der Rißabmessungen bei vorgegebener Belastung.

TAIT stellt die Lösung des betrachteten Problems durch Reihen dar und benutzt dabei die von TRANTER [1] entwickelte Methode zur Lösung des entstehenden dualen Integralgleichungssystems.

Mit Hilfe einer analogen Methode und in derselben Näherung behandelt TAIT ferner Probleme über eine Paar symmetrischer und beliebig symmetrisch belasteter Risse am Rand eines Streifens. Für Sonderfälle des im Inneren eines Streifens liegenden Risses wurden schon früher Lösungen (in gleicher Näherung) angegeben: WESTERGAARD [1] und unabhängig von ihm KOITER [1] behandelten den Fall gleichmäßiger Belastung. KOITER gewinnt die Lösung mit Hilfe des Grenzüberganges $n \to \infty$ aus der Lösung für gleichartige Risse in der Ebene unter Zug.

Durch geeignete Wahl des *Westergaardschen Potentials* (s. 2.2.5.) erhält IRWIN [2, 3] die Lösung für ein periodisches Rißsystem mit gleichgroßen und entgegengerichteten Einzelkräften an gegenüberliegenden Punkten der Rißoberfläche.

Auch für Systeme gerader kolinearer Risse liegt eine Reihe von Ergebnissen vor.

Mit Hilfe der in 6.2.12. dargelegten Methoden ist es offenbar stets möglich, die Lösung solcher Probleme auf Quadraturen zurückzuführen. Eines der einfachsten Probleme dieser Art

behandelt die Entwicklung zweier kolinearer gerader Risse gleicher Länge in einem unendlichen Körper unter Zug.
Dieses Problem wurde von WILLMORE [1] und später von W. W. PANASJUK und B. L. LOSOW [1] gelöst.
Die in der Arbeit von WINNE und WUNDT [1] angegebene Lösung des Problems ist fehlerhaft. Unter Anwendung der in 6.2.12. dargelegten Methode behandeln G. I. BARENBLATT und G. P. TSCHEREPANOW [1] zwei gleiche geradlinige Risse mit gleichartiger beliebiger symmetrischer Normalbelastung auf der Rißoberfläche. Für eine Belastung durch Einzelkräfte werden numerische Resultate angegeben. Das gleiche Problem löst TRANTER [2] mit Hilfe der *Fouriertransformation* durch geeignete Verallgemeinerung der Lösungsmethode für duale Integralgleichungen.
Nach der Methode aus 6.2.12. behandeln W. W. PANASJUK und B. L. LOSOW [2] ein System aus zwei kolinearen Rissen ungleicher Länge in einem unendlichen Körper unter Zug.
W. W. PANASJUK und B. L. LOSOW [3] untersuchen Biegeprobleme für einen Streifen mit Querriß. Als Sonderfälle betrachten sie die reine Biegung, die Biegung eines einseitig fest eingespannten Balkens und die Biegung eines Balkens unter gleichmäßiger Belastung. Wie BUECKNER [7] gewinnen die Autoren eine Näherungslösung nach 5.2.4.5). Dabei wird berücksichtigt, daß sich Teile der Rißoberfläche berühren können, so daß im entsprechenden Randgebiet Schubspannungen auftreten, die dem COULOMBschen Gesetz gehorchen. Die Autoren führen die Probleme in der genannten Näherung auf eine singuläre Integralgleichung zurück. Die Ränder des Berührungsgebietes werden aus den in 6.2.6. angegebenen Bedingungen über die Endlichkeit der Verschiebungen bestimmt. Aus Gl. (18) in 8.1.6. ergibt sich die Grenzlast, bei der der Riß den beweglichen Gleichgewichtszustand erreicht.
Infolge der Instabilität des beweglichen Gleichgewichtes stimmt die Grenzlast in allen betrachteten Problemen mit der Bruchlast überein.
In der Arbeit von KOITER [2] wird eine unendliche Folge paralleler Risse im homogenen Schubspannungsfeld untersucht. Unter der Voraussetzung, daß der Abstand $2b$ zwischen den Rissen groß ist im Vergleich zur Rißlänge $2c$, gewinnt der Autor eine Näherungslösung, indem er die Lösung für isolierte Risse (6.2.12.) in geeigneter Weise summiert und anschließend eine Reihenentwicklung nach dem kleinen Parameter c/b vornimmt. Im entgegengesetzten Falle, d. h., wenn der Abstand zwischen den Rissen klein ist im Vergleich zur Rißlänge, führt die näherungsweise Lösung durch *Fourier-Transformation* und mit Hilfe der *Methode von Wiener-Hopf* auf das gemischte Problem für einen unendlichen Streifen.
Wie numerische Untersuchungen zeigen, stimmen die bei der Berechnung der elastischen Energie entstehenden Asymptotika in einem gewissen Wertbereich des Verhältnisses von Rißlänge zu Rißabstand mit großer Genauigkeit überein, deshalb kann man sich bei der Ermittlung der elastischen Energie und folglich auch der kritischen Spannungen im genannten Intervall des Parameters c/b auf diese Asymptotika beschränken.
Im Zusammenhang mit der Rißtheorie ist das sogenannte Keilproblem von besonderem Interesse. Es bezieht sich auf die Rißentwicklung in einem elastischen Körper durch Eintreiben eines starren Keils.
Das Keilproblem stellt ein gemischtes Problem der Elastizitätstheorie dar. Es wurde bis jetzt nur für unendliche Körper untersucht. Charakteristisch für das Eintreiben eines Keiles ist die Tatsache, daß die Keilfläche niemals vollständig mit dem elastischen Körper in Berührung kommt. Die Spitze des Keiles ist stets spannungsfrei, denn vor dem Keil bildet sich ein freier Riß, der sich in einem gewissen Abstand von der Keilspitze schließt (Bilder 72a u. 72b)

Das Aufspalten eines halbunendlichen Körpers durch einen starren Keil wurde in den Arbeiten von G. I. BARENBLATT und S. A. CHRISTIANOWITSCH [1], von G. I. BARENBLATT [4] und G. I. BARENBLATT und G. P. TSCHEREPANOW [2] behandelt. Der homogene isotrope Körper soll durch einen schmalen symmetrischen halbunendlichen starren Keil mit der Breite $2h$ im Unendlichen aufgespalten werden (Bilder 72a, b). Vor dem Keil bildet sich

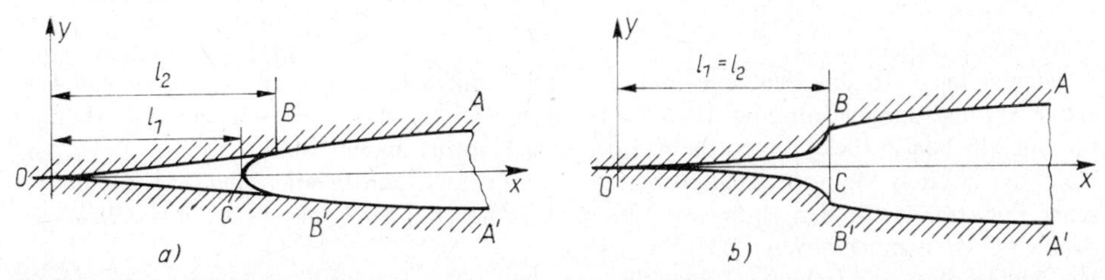

Bild 72

ein freier Riß, dessen Ufer im Punkt O schleifend zusammenlaufen. Die Lage des Punktes O in bezug auf die Keilspitze C ist nicht von vornherein bekannt und muß im Laufe des Lösungsganges bestimmt werden. Wenn der Keil vorn eine Rundung aufweist, so ist die Lage der Berührungspunkte des Keiles mit der Rißoberfläche ebenfalls unbekannt und bei der Lösung zu bestimmen.

Wenn jedoch der Keil eine abgeschnittene Spitze (Bild 72b) oder überhaupt konstante Breite hat, dann ist die Lage der Berührungspunkte bekannt; sie fallen mit den Ecken des Keilvorderteils zusammen. In den Berührungspunkten treten jedoch unendliche Spannungen auf.

Die elastischen Elemente genügen im Außengebiet des Risses den Gleichungen der Elastizitätstheorie.

Da der Keil als schmal vorausgesetzt wurde, kann man die Randbedingungen auf der gesamten Rißlinie für die x-Achse formulieren (Bilder 72a und b). Wenn wir annehmen, daß die Reibungskräfte im Berührungsgebiet zwischen Keil und gespaltenem Körper verschwinden, lauten die Randbedingungen (ohne Berücksichtigung der im Endgebiet des Risses wirkenden Kräfte)

$$\begin{aligned} &\tau_{xy} = 0, \ \sigma_y = 0 \quad (0 \leqq x \leqq l_2, \ y = 0), \\ &v = \pm f(x - l_1), \quad \tau_{xy} = 0 \quad (l_2 \leqq x < \infty, \ \ y = 0), \end{aligned} \tag{12}$$

dabei geben l_1 und l_2 den Abstand des Rißendpunktes von der Keilspitze bzw. von den ersten Berührungspunkten des Keils mit der Rißfläche an, und $f(t)$ ist die Funktion der Keilfläche in einem Koordinatensystem mit der Keilspitze als Ursprung. Die Vorzeichen Plus und Minus entsprechen dem oberen und unteren Rißufer. Wie man sieht, ist das Keilproblem vom gemischten Typ, es bildet eine spezielle Kombination vom Kontaktproblem der Elastizitätstheorie und Problem der Rißtheorie.

Die Lage des ersten Berührungspunktes von Keil und Körper im Falle eines Keils mit abgerundetem Vorderteil sowie der Abstand des Rißendpunktes von der Keilspitze ergeben sich aus folgenden Bedingungen:

(a) Die Spannungen im Berührungspunkt zwischen Keil und Rißfläche müssen endlich sein (vgl. analoge Bedingung für das Kontaktproblem in 6.2.6.).

(b) Die Spannungen im Rißendpunkt sind endlich oder, was dasselbe besagt, die gegenüberliegenden Rißufer laufen im Endpunkt schleifend zusammen. Da die Intensität der Kohäsionskräfte am Rißende ihren größten Wert erreicht, muß die ohne Berücksichtigung der Kohäsionskräfte berechnete Zugspannung σ_y in der Nähe der Rißendpunkte gemäß Gl. (19) in 8.6.1. gegen Unendlich streben.

In den oben zitierten Arbeiten werden zur Lösung des eben formulierten Problems zwei Methoden angegeben.
Bei der ersten wird das Problem analog zu 5.3.7. auf eine *Fredholmsche Integralgleichung* erster Art und danach auf eine singuläre Integralgleichung mit einer bestimmten Bedingung im Unendlichen zurückgeführt, deren Lösung sich sofort angeben läßt.
Nach der zweiten Methode gelangt man zu einem gemischten Problem der Theorie analytischer Funktionen für den Halbraum. Dieses läßt sich mit Hilfe der *Formeln von Keldysch-Sedow* (s. MUSSCHELISCHWILI [25]) lösen.
Die beiden oben angegebenen Bedingungen führen auf folgendes Gleichungssystem zur Bestimmung der unbekannten Konstanten l_1 und l_2:

$$\begin{aligned} h &= \int_{l_2}^{\infty} f'(t-l_1)\sqrt{\frac{t}{t-l_2}}\,\mathrm{d}t, \\ h &= \int_{l_2}^{\infty} f'(t-l_1)\sqrt{\frac{t-l_2}{t}}\,\mathrm{d}t + \frac{2K\sqrt{l_2}\,(1-\nu^2)}{E}. \end{aligned} \tag{13}$$

Bei konstanter Keilbreite ist die erste Gleichung aus (13) durch die Bedingung $l_1 = l_2 = l$ zu ersetzen. Die zweite liefert in diesem Falle einen Ausdruck für die freie Rißlänge vor dem eingetriebenen Keil:

$$l = \frac{E^2h^2}{4(1-\nu^2)^2\,K^2}. \tag{14}$$

G. I. BARENBLATT und G. P. TSCHEREPANOW [2] betrachten weitere spezielle Keilformen: einen Keil mit abgerundetem Vorderteil und einen Keil, der durch eine Potenzfunktion beschrieben wird.
Bei der Untersuchung des erstgenannten Beispiels zeigt es sich, daß eine kleine Rundung nur unbedeutenden Einfluß auf die freie Rißlänge vor dem Keil hat. In dieser Arbeit wird auch der Fall *Coulombscher Reibungskräfte* an den Keilwangen behandelt.
I. A. MARKUSON [1] untersucht das Aufspalten eines unendlichen Körpers durch einen Keil endlicher Länge. Numerische Resultate liegen für einen Keil konstanter Breite vor. Außerdem bestimmt der Autor den Einfluß eines homogenen Zug- oder Druckfeldes auf die entstehende freie Rißlänge.
G. P. TSCHEREPANOW [1] formuliert und löst ein lineares Kopplungsproblem für zwei Funktionen, das dem allgemeinen gemischten Problem der Elastizitätstheorie für das Außengebiet eines beliebigen Systems kolinearer Risse entspricht und für viele Probleme der Rißtheorie von Bedeutung ist. Die Lösung dieses Problems kann in geschlossener Form angegeben werden. In diesem Zusammenhang betrachtet G. P. TSCHEREPANOW ein konkretes Beispiel über das Aufspalten eines unendlichen Körpers durch einen halbunendlichen Keil

konstanter Breite; er nimmt dabei an, daß zwischen Keil und Körper eine feste Bindung besteht, so daß ein Gleiten (wie im oben betrachteten Falle fehlender Reibung an den Keilwangen) verhindert wird. Für die freie Rißlänge gibt der Autor einen sehr einfachen Ausdruck an. Aus den Ergebnissen ist ersichtlich, daß die Rißlänge infolge der vollständigen Haftung nur eine unbedeutende Änderung erfährt.

8.7. Torsion und Biegung von Stäben

Seit dem Erscheinen der letzten Auflage des vorliegenden Buches wurden zahlreiche Arbeiten über die Torsion und Biegung von prismatischen Stäben veröffentlicht. Wir beschränken uns auf eine kurze Information über diese Arbeiten und verweisen den Leser darüber hinaus auf das Buch von N. Ch. ARUTJUNJAN und G. L. ABRAMJAN [1], das speziell den Torsionsproblemen elastischer Körper gewidmet ist und eine ausführliche Literaturübersicht enthält. Erwähnt seien ferner die Monographien über die Torsion elastischer Stäbe von TSJAN WEI-TSCHAN, LIN CHUN-SUN, CHU CHAI-TSCHAN und E KAI-YUAN [1] sowie von WEBER und GÜNTHER [1].

8.7.1. Homogene Stäbe

Wie in 7.1.4. gezeigt wurde, läßt sich das Torsionsproblem für einen prismatischen Stab mit (zylindrischen) Längsbohrungen lösen, indem man die im Querschnittsgebiet harmonische Funktion $\psi(x, y)$ aus der Randbedingung

$$\psi = \tfrac{1}{2}(x^2 + y^2) + C_k \quad \text{auf } L_k \tag{1}$$

ermittelt ($k = 1, 2, \ldots, m + 1$; $L_1, L_2, \ldots, L_{m+1}$ bilden den vollständigen Rand des Querschnittes) oder, was dasselbe besagt, wenn man die eindeutige analytische Funktion $f(\zeta) = \mathrm{i}F(\zeta)$ [$F(\zeta)$ ist die sogenannte komplexe Torsionsfunktion] aus der Randbedingung

$$f(t) + \overline{f(t)} = |t|^2 + c_k \quad \text{auf } L_k \tag{2}$$

bestimmt, dabei sind C_k, c_k reelle Konstanten, von denen jeweils eine willkürlich festgelegt werden kann.

Analog erhält man die Lösung für die Querkraftbiegung solcher Stäbe (7.1.11.) durch Berechnung einer analytischen (im allgemeinen nicht eindeutigen) Funktion $f(\zeta)$ aus der Randbedingung

$$f(t) + \overline{f(t)} = \lambda_k(t) + c_k \quad \text{auf } L_k, \tag{3}$$

hierbei sind c_k reelle Konstanten, von denen eine beliebig gewählt werden kann, und $\lambda_k(t)$ stellen vorgegebene Funktionen dar:

$$\lambda_k(t) = -(2 + \nu)\frac{y^3}{3} - \nu x^2 y + 4(1 + \nu) \int xy \, \mathrm{d}x.$$

D. I. SCHERMAN schlug folgende Methode zur effektiven Lösung dieser Probleme für bestimmte zweifach zusammenhängende Gebiete vor[1]): Auf einer der Randkurven des Querschnittes definiert man eine Hilfsfunktion, die man aus einer FREDHOLMschen Integralgleichung ermitteln kann. Die Lösung erfolgt durch Reihenentwicklung der Hilfsfunktion nach Potenzen eines Parameters, der von den Querschnittsabmessungen und vor allem vom

[1]) Über ein analoges Verfahren wurde schon in 8.1.1. gesprochen.

Abstand der Randkurven abhängt. Dabei wird schon nach wenigen Näherungsschritten eine hohe Genauigkeit erreicht.
Mit Hilfe dieser Methode lösen D. I. SCHERMAN [40, 41, 44 bis 47], D. I. SCHERMAN und M. S. NARODEZKI [1] verschiedene Torsions- und Biegeprobleme für Stäbe mit zweifach zusammenhängendem Querschnitt (z. B. mit Kreis und Ellipse, Kreis und Quadrat mit abgerundeten Ecken, zwei Ellipsen usw. als Randkurven).
R. D. STEPANOW und D. I. SCHERMAN [1] untersuchen das Torsionsproblem für einen Kreisstab mit zwei kreiszylindrischen Längsbohrungen.
D. I. SCHERMAN [1] löst die in den eben genannten Arbeiten (SCHERMAN [40], STEPANOW und SCHERMAN [1]) anfallenden unendlichen Gleichungssysteme.
Ähnlichen Fragen (Torsion und Biegung von Stäben mit zweifach zusammenhängenden Querschnittsflächen) sind die Arbeiten von AMENSADE [1 bis 4, 6 bis 9], BACHTIJAROW [1], ISMAILOW [1] u. a. gewidmet.
JACOB [1] untersucht die Torsion als abgewandeltes *Dirichletsches Problem* und benutzt dabei die in den Arbeiten von JACOB und MUSSCHELISCHWILI angeführten Lösungen. Außerdem wird eine geschlossene Lösung (durch Quadratur) für die Torsion eines Kreiszylinders mit radialen Schlitzen angegeben.
Nach den Resultaten aus 7.1.6. kann das Torsionsproblem als gelöst betrachtet werden, wenn man die Abbildungsfunktion des Querschnittes auf den Kreis (im Falle eines einfach zusammenhängenden Gebietes) kennt[1]). In diesem Zusammenhang erwähnen wir die Arbeiten von A. W. BATYREW [1], E. A. SCHIRJAJEW [1, 2], BASSALI [3], HAMBURGER, DINCA und MANEA [1], HERZIG [1] u. a., in denen das Torsionsproblem für spezielle einfach zusammenhängende Gebiete gelöst wird.
Mitunter ist es dabei zweckmäßig, die Abbildung auf den Halbkreis zu verwenden (siehe DEUTSCH [1, 2, 5]). Im Falle zweifach zusammenhängender Gebiete spielt die Abbildung auf den Kreisring die gleiche wesentliche Rolle (wobei das Problem häufig durch näherungsweise Bestimmung der Abbildungsfunktion gelöst wird).
M. I. NAIMAN [2] behandelt das Torsionsproblem für den Kreiszylinder mit einer Bohrung in Gestalt eines regelmäßigen geradlinigen Vielecks mit abgerundeten Ecken und verwendet dabei die Abbildung aus 8.1.5.
In der Arbeit von O. I. BABAKOWA [2] wird das Torsionsproblem eines Hohlstabes durch näherungsweise konforme Abbildung eines speziellen zweifach zusammenhängenden Gebietes auf den Kreisring gelöst. Die Abbildung beschreibt der Autor in seiner Arbeit [1].
Zum selben Fragenkreis gehören auch die Artikel von L. K. KAPANJAN [1]; G. A. TIRSKI [1], W. N. JAKOWLJEWA [1 bis 3], DINCA und BOICU [1], DEUTSCH [3], MORRIS und HAWLEY [1] u. a.
UGODSCHIKOW [7, 8] zeigt eine Methode zur Lösung von Torsionsproblemen für Stäbe mit einfach und zweifach zusammenhängenden Querschnitten, wobei die konforme Abbildung durch Elektromodellierung gefunden wird.
Ausgehend von den Gln. (8) in 7.1.11. untersucht MILNE-THOMSON [2] ein Biegeproblem, das auf die Ermittlung einer eindeutigen analytischen Funktion $\Phi(z)$ aus der Randbedingung[2])

$$\operatorname{Im}\left[\frac{dt}{ds}\,\Phi(t)\right] = a(t) \tag{4}$$

[1]) Dasselbe gilt offenbar auch für das Biegeproblem.
[2]) Die Aufgabe (4) stellt einen Sonderfall des RIEMANN-HILBERTschen Problems (s. MUSSCHELISCHWILI [25]) dar. Für einfach und zweifach zusammenhängende Gebiete hat die Aufgabe (4) einen nicht negativen Index, in allen übrigen Fällen ist der Index negativ.

führt, dabei ist $a(t) = \mathrm{Im}\left[\frac{\mathrm{d}t}{\mathrm{d}s}(p + q\bar{t} + rt)\,\bar{t}\right]$, und p, q, r stellen bekannte Konstanten dar.
SOLOMON [1, 2] und DEUTSCH [4, 6] entwickeln diese Methode weiter.

8.7.2. Zusammengesetzte Stäbe

Mit Hilfe der im vorigen Abschnitt angegebenen Methode löst D. I. SCHERMAN [42] das Torsionsproblem für einen elliptischen Zylinder, der durch einen Kreisstab aus anderem Material verstärkt wird.
J. A. AMENSADE [5] untersucht die Torsion eines Stabes mit quadratischem Querschnitt, der durch einen Kreisstab verstärkt ist.
I. W. SUCHAREWSKI [1] stellt neue Integralgleichungen für das Torsionsproblem eines zusammengesetzten Stabes auf, deren Lösung unmittelbar die Schubspannungsverteilung am Rand liefert.
In den folgenden Arbeiten werden effektive Lösungen von Torsions- bzw. Biegeproblemen für spezielle zusammengesetzte Stäbe angegeben: KUTATELADSE [1], CHATTARJI [1], DINCA und BOICU [2], DUMITRESCU und STANESCU [1] u. a.
Bisher wurde stets vorausgesetzt, daß die Mantelfläche frei von äußeren Spannungen ist. ALMANSI [4] und MICHELL [4] formulieren und lösen ein Deformationsproblem für einen homogenen Stab, auf dessen Mantelfläche äußere, nicht von z abhängige Kräfte wirken (die z-Achse zeigt in Richtung der Zylinderachse). Für den Fall, daß diese Kräfte von einem Polynom in z abhängen, wird das Problem in der Arbeit von ALMANSI [4] und später mit einer anderen Methode von G. J. DSCHANELIDSE [1, 2] gelöst.
G. M. CHATIASCHWILI [1 bis 6] untersucht die eben angeführten Probleme für Stäbe, die aus verschiedenen Materialien zusammengesetzt sind. Für einige Sonderfälle gibt er effektive Lösungen an.

8.8. Achsensymmetrische räumliche Probleme der Elastizitätstheorie

Seit einiger Zeit wendet man die auf dem komplexen Apparat beruhenden Lösungsmethoden für ebene Probleme auf bestimmte axialsymmetrische räumliche Probleme an. Das ist möglich, da zwischen axialsymmetrischen und ebenen Problemen gewisse Zusammenhänge bestehen, die man unter bestimmten Voraussetzungen explizit angeben kann.

8.8.1. Superposition ebener Lösungen

Aus dem vorgegebenen ebenen Verzerrungszustand eines Vollzylinders kann man unter zusätzlichen Symmetriebedingungen der elastischen Felder einen achsensymmetrischen Zustand gewinnen. Dies erreicht man durch Superposition ebener Lösungen, die durch Drehung des ebenen Deformationszustandes (in analytischer Hinsicht analog zur Integraltransformation) verwirklicht wird. Der umgekehrte Übergang vom axialsymmetrischen Zustand zum ebenen Hilfszustand wird durch eine lineare Verschiebung des gegebenen achsensymmetrischen Zustandes vollzogen.
Die analytische Formulierung dieser Zusammenhänge (A. J. ALEXANDROW s. u.) gestattet es, die Spannungen und Verschiebungen des axialsymmetrischen Zustandes durch analytische Funktionen einer komplexen Veränderlichen auszudrücken. Dadurch ist es möglich, axialsymmetrische elastische Probleme auf Randwertprobleme der Theorie analytischer

Funktionen zurückzuführen. Letztere kann man in zahlreichen Fällen durch Potenzreihenentwicklung lösen.
Mit Hilfe dieser komplexen Darstellungen des axialsymmetrischen Spannungszustandes gelingt es in Sonderfällen, z. B. für die Kugel oder für den unendlichen Raum mit Kugelaussparung, die Lösung der Grundprobleme in geschlossener Form (durch Quadraturen) anzugeben.
Diese und ähnliche Ergebnisse über die Anwendung der Theorie analytischer Funktionen auf räumliche Probleme der Elastizitätstheorie findet der Leser in den Arbeiten von A. J. ALEXANDROW [1 bis 6], A. J. ALEXANDROW und W. S. WOLPERT [1], A. J. ALEXANDROW und J. I. SOLOWJEW [1], W. I. MOSSAKOWSKI [1] und N. A. ROSTOWZEW [1, 2]. Ferner verweisen wir noch auf die Arbeit von M. J. BELENKI [2], in der ein Vorschlag von WEBER [1] über die Transformation der AIRYschen Funktion in eine Spannungsfunktion für den axialsymmetrischen Fall verwirklicht wird.

8.8.2. Anwendung *p*-analytischer Funktionen

Auf axialsymmetrische Probleme wendet G. N. POLOSCHI [4, 5] sogenannte *p-analytische Funktionen* einer komplexen Veränderlichen an. Dazu betrachtet er zwei reelle Funktionen $u_1(r, \xi)$ und $v_1(r, \xi)$ der reellen Veränderlichen r, ξ, die den Gleichungen

$$\frac{\partial u_1}{\partial r} = \frac{1}{p} \frac{\partial v_1}{\partial \xi}, \quad \frac{\partial u_1}{\partial \xi} = -\frac{1}{p} \frac{\partial v_1}{\partial r}$$

genügen, wobei p eine vorgegebene Funktion derselben Argumente ist. Die Funktion $f(\zeta) = u_1 + iv_1$ wird unter den genannten Voraussetzungen als p-analytische Funktion des komplexen Argumentes $\zeta = r + i\xi$ mit der Charakteristik p bezeichnet. Mit r, θ, ξ als Zylinderkoordinaten kann man nach G. N. POLOSCHI [4] im axialsymmetrischen Falle die Kombination $2\mu(ru + iw)$ (u, w sind die Verschiebungen in r- und ξ-Richtung) durch zwei p-analytische Funktionen von $\zeta = r + i\xi$ mit der Charakteristik $p = 1/r$ ausdrücken. Die Darstellung ist analog zu der von KOLOSOW-MUSSCHELISCHWILI für den ebenen Fall.
Auch zu den *Cauchyschen Integralen* findet man durch geeignete Definition analoge Formeln. Mit ihrer Hilfe läßt sich die Lösung der Randwertprobleme im betrachteten Falle auf gewisse eindimensionale Integralgleichungen für die Randwerte der p-analytischen Funktionen zurückführen.
Außerdem gibt G. N. POLOSCHI Beziehungen zwischen den Elementen des Spannungszustandes im axialsymmetrischen und ebenen Falle an. Damit kann man zahlreiche axialsymmetrische Probleme geschlossen lösen. Den interessierten Leser verweisen wir auf die oben angeführten Arbeiten von G. N. POLOSCHI [4, 5], auf die Artikel von G. N. POLOSCHI und W. S. TSCHEMERIS [1, 2] sowie von G. N. POLOSCHI, O. M. KAPSCHIWI [1] und W. S. TSCHEMERIS [1, 2].

Anhang

I. Der Tensorbegriff

I.1. Die Tensorrechnung erobert sich schnell ihren festen Platz in den modernen Zweigen der reinen und angewandten Mathematik, und sie beginnt auch in die technische Literatur, speziell auf dem Gebiet der Elastizitätstheorie, vorzudringen.
Wir halten es deshalb für erforderlich, wenigstens die elementarsten Kenntnisse über den *Tensorbegriff* zu vermitteln, dabei beschränken wir uns der Einfachheit halber auf rechtwinklige Koordinaten[1]).
Um die später angeführte Tensordefinition verständlich zu machen, beginnen wir mit einigen Bemerkungen über den Begriff des Vektors (der Vektor stellt einen Sonderfall des Tensors dar, und zwar einen Tensor erster Stufe). Die übliche Definition des Vektors als gerichtete Strecke setzen wir als bekannt voraus.
Im weiteren bezeichnen wir die Koordinatenachsen mit x_1, x_2, x_3 (statt der in der elementaren analytischen Geometrie üblichen x, y, z). Analog schreiben wir für die Komponenten des Vektors $\boldsymbol{P}$ nicht ξ, η, ζ, wie im Haupttext des Buches, sondern ξ_1, ξ_2, ξ_3.
Wir interessieren uns ferner nur für die Länge und die Richtung des Vektors, nicht aber für die Lage seines Angriffspunktes. Deshalb betrachten wir den Vektor als vollständig vorgegeben, wenn seine Komponenten ξ_1, ξ_2, ξ_3 (die Projektionen auf die Koordinatenachsen) bekannt sind. Für einen Vektor $\boldsymbol{P}$ mit den Komponenten ξ_1, ξ_2, ξ_3 schreiben wir (ξ_1, ξ_2, ξ_3) oder kürzer (ξ_i), der Index i durchläuft dabei die Zahlen 1, 2, 3.
Ein Vektor im Raum wird also durch *drei* skalare Größen bestimmt.
Es gibt zahlreiche physikalische und geometrische Größen, die *bei einer bestimmten Wahl der Koordinatenachsen* ebenfalls durch drei skalare Größen charakterisiert werden, z. B. die Geschwindigkeit, die (in einem bestimmten Punkt angreifende) Kraft usw. Doch nicht jede dieser Größen läßt sich – wie beispielsweise die Geschwindigkeit und die Kraft – zweckmäßig als Vektor darstellen. Das hat folgende Gründe: Es seien ξ_1, ξ_2, ξ_3 drei Zahlen, die eine gegebene physikalische Größe *bei bestimmter Wahl der Koordinatenachsen* charakterisieren. Wir können selbstverständlich stets den Vektor

$$\boldsymbol{P} = (\xi_1, \xi_2, \xi_3)$$

mit den Komponenten ξ_1, ξ_2, ξ_3 bilden und sagen, daß er die betreffende physikalische Größe *bei vorgegebener Wahl der Koordinatenachsen* darstellt. Die Übereinstimmung zwi-

---

[1]) Nebenbei sei bemerkt, daß sich die wichtigsten Vorzüge der Tensorrechnung erst bei der Verwendung krummliniger Koordinaten zeigen.

schen der gegebenen physikalischen Größe und dem Vektor kann jedoch bei einer Koordinatentransformation verlorengehen. Dann stimmen die Zahlen ξ'_1, ξ'_2, ξ'_3, die unsere physikalische Größe im neuen Koordinatensystem charakterisieren, nicht mit den Komponenten des Vektors $\boldsymbol{P}$ in diesem neuen System überein, und der Vektor $\boldsymbol{P}'$ mit den Komponenten ξ'_1, ξ'_2, ξ'_3 (im neuen System) unterscheidet sich von $\boldsymbol{P}$. Damit die Darstellung unserer physikalischen Größe nicht von der zufälligen Wahl des Koordinatensystems abhängt, ist offensichtlich notwendig, daß sich die entsprechenden Größen ξ_1, ξ_2, ξ_3 beim Übergang von einem Koordinatensystem zum anderen nach dem gleichen Gesetz ändern wie die Vektorkomponenten. Nur in diesem Falle werden wir sagen, daß sich die gegebene physikalische Größe durch einen Vektor darstellen läßt oder daß sie eine vektorielle Größe ist. Die vektorielle Größe bezeichnen wir oft einfach als Vektor, indem wir sie mit dem entsprechenden Vektor identifizieren.

Wir bringen nun das Gesetz in Erinnerung, das die Änderung der Vektorkomponenten beim Übergang von einem System zum anderen beschreibt. Dabei wandeln wir die im Haupttext benutzte Schreibweise etwas ab und bezeichnen die Kosinus der Winkel zwischen den alten und neuen Achsen des Systems folgendermaßen:

	x_1	x_2	x_3
x'_1	l_{11}	l_{12}	l_{13}
x'_2	l_{21}	l_{22}	l_{23}
x'_3	l_{31}	l_{32}	l_{33}

(A)

Die Beziehungen zwischen den neuen Komponenten ξ'_1, ξ'_1, ξ'_3 des Vektors $\boldsymbol{P}$ und den alten Komponenten ξ_1, ξ_2, ξ_3 lauten dann

$$\xi_k = \sum_{i=1}^{3} l_{ik}\xi'_i, \quad \xi'_i = \sum_{k=1}^{3} l_{ik}\xi_k. \tag{1}$$

Zwischen den Elementen der Tabelle (A) bestehen die bekannten Beziehungen

$$\sum_{i=1}^{3} l_{ki}l_{mi} = \delta_{km}, \quad \sum_{i=1}^{3} l_{ik}l_{im} = \delta_{km}, \tag{2}$$

wobei das Symbol δ_{km} folgende Bedeutung hat: Für $k = m$ ist $\delta_{km} = 1$ und für $k \neq m$ ist $\delta_{km} = 0$. Wir betrachten nun zwei Vektoren

$$\boldsymbol{A} = (a_1, a_2, a_3) \text{ und } \boldsymbol{P} = (\xi_1, \xi_2, \xi_3).$$

Das skalare Produkt dieser Vektoren ist gleich

$$\boldsymbol{A} \cdot \boldsymbol{P} = a_1\xi_1 + a_2\xi_2 + a_3\xi_3 = \sum_{i=1}^{3} a_i\xi_i.$$

Aus der bekannten Definition des skalaren Produktes[1])

$$\boldsymbol{A} \cdot \boldsymbol{P} = A \cdot P \cdot \cos(A, P)$$

ist ersichtlich, daß es nicht von der Wahl der Koordinatenachsen abhängt, d. h., daß

$$a'_1\xi'_1 + a'_2\xi'_2 + a'_3\xi'_3 = a_1\xi_1 + a_2\xi_2 + a_3\xi_3 \tag{3}$$

ist.

Der Leser kann das auch unmittelbar mit Hilfe der Gln. (1) und (2) nachprüfen.

---

[1]) Mit den Buchstaben A, P in gewöhnlicher Schrift bezeichnen wir die Länge der Vektoren A, P und mit (A, P) den Winkel zwischen beiden.

Umgekehrt gilt: Wenn a_1, a_2, a_3 drei Zahlen sind, die mit den Koordinatenachsen so verknüpft sind, daß die lineare Form

$$F = a_1\xi_1 + a_2\xi_2 + a_3\xi_3 = \sum_{i=1}^{3} a_i\xi_i \tag{4}$$

beim Übergang von einem Koordinatensystem zum anderen für einen *beliebigen Vektor* mit den Komponenten ξ_1, ξ_2, ξ_3 invariant bleibt, dann stellt das Zahlentripel (a_1, a_2, a_3) eine vektorielle Größe (d. h. einen Vektor) dar. Um dies zu zeigen, brauchen wir nur nachzuweisen, daß die Größen a_1, a_2, a_3 beim Übergang von einem Koordinatensystem zum anderen nach demselben Gesetz (1) transformiert werden wie die Komponenten eines Vektors. Das wollen wir nun nachprüfen.

Nach Voraussetzung gilt

$$\sum_{i=1}^{3} a_i'\xi_i' = \sum_{k=1}^{3} a_k\xi_k.$$

Wenn wir auf der rechten Seite anstelle von ξ_k den Ausdruck (1) einsetzen, erhalten wir

$$\sum_{i=1}^{3} a_i'\xi_i' = \sum_{k=1}^{3}\sum_{i=1}^{3} a_k l_{ik}\xi_i' = \sum_{i=1}^{3} \xi_i' \sum_{k=1}^{3} l_{ik}a_k.$$

Da diese Gleichung für beliebige Werte ξ_1', ξ_2', ξ_3' gelten soll, müssen die Koeffizienten bei ξ_i' gleich

$$a_i' = \sum_{k=1}^{3} l_{ik}a_k$$

sein. Diese Bedingung stimmt mit der zweiten Gleichung aus (1) überein, wenn wir dort ξ durch a ersetzen. Damit ist unsere Behauptung bewiesen.

Wenn also die lineare Form

$$\sum_{i=1}^{3} a_i\xi_i$$

invariant gegenüber Koordinatentransformation ist und ξ_i die Komponenten eines beliebigen Vektors sind, so stellen auch die Größen a_i Komponenten eines gewissen Vektors dar.

I.2. Wir legen der Verallgemeinerung des Vektorbegriffes die eben angeführte Eigenschaft zugrunde und gelangen so auf natürliche Weise zum Begriff des Tensors, und zwar betrachten wir anstelle der Linearform (4) aus I.1. die *Bilinearform*

$$\begin{aligned} F = \sum_{i=1}^{3}\sum_{j=1}^{3} a_{ij}\xi_i\eta_j = \sum_{i,j=1}^{3} a_{ij}\xi_i\eta_j &= a_{11}\xi_1\eta_1 + a_{12}\xi_1\eta_2 + a_{13}\xi_1\eta_3 \\ &+ a_{21}\xi_2\eta_1 + a_{22}\xi_2\eta_2 + a_{23}\xi_2\eta_3 \\ &+ a_{31}\xi_3\eta_1 + a_{32}\xi_3\eta_2 + a_{33}\xi_3\eta_3 \end{aligned} \tag{1}$$

welche linear von der Komponenten eines jeden der *beiden* Vektoren

$$\boldsymbol{P} = (\xi_1, \xi_2, \xi_3) \text{ und } \boldsymbol{Q} = (\eta_1, \eta_2, \eta_3)$$

abhängt. Von den Koeffizienten a_{ij} fordern wir, daß sie sich beim Übergang von einem Achsensystem zum anderen nach einem Gesetz ändern, das die Form F invariant läßt. Unter dieser Voraussetzung werden wir sagen: *Die Gesamtheit der von den beiden Indizes i, j abhängenden neun Größen a_{ij} bildet einen Tensor zweiter Stufe* (nach der Zahl der Indizes). Die Größen a_{ij} nennen wir *Komponenten* des Tensors in bezug auf das gegebene Achsensystem. Den Tensor selbst bezeichnen wir mit dem Symbol (a_{ij}).

Das Transformationsgesetz für die Komponenten a_{ij} beim Übergang von einem Koordinatensystem zum anderen läßt sich auf Grund der Definition leicht angeben: Es seien a'_{ij} die Komponenten des Tensors (a_{ij}) und ξ'_i, η'_i die Komponenten der Vektoren $\boldsymbol{P}$, $\boldsymbol{Q}$ im neuen System. Nach Definition gilt

$$\sum_{i,j=1}^{3} a'_{ij}\xi'_i\eta'_j = \sum_{k,m=1}^{3} a_{km}\xi_k\eta_m .$$

Wenn wir auf der rechten Seite die Ausdrücke

$$\xi_k = \sum_{i=1}^{3} l_{ik}\xi'_i , \quad \eta_m = \sum_{j=1}^{3} l_{jm}\eta'_j$$

einsetzen, erhalten wir nach Vertauschung der Summenzeichen

$$\sum_{i,j=1}^{3} a'_{ij}\xi'_i\eta'_j = \sum_{i,j=1}^{3} \xi'_i\eta'_j \sum_{k,m=1}^{3} l_{ik}l_{jm}a_{km} .$$

Damit ergibt sich durch Koeffizientenvergleich bei den Produkten $\xi'_i\, \eta'_j$

$$a'_{ij} = \sum_{k,m=1}^{3} l_{ik}l_{jm}a_{km} , \tag{2}$$

das sind die gesuchten Transformationsformeln.

Ein Tensor zweiter Stufe heißt *symmetrisch*, wenn $a_{ij} = a_{ji}$ ist. Aus (2) ist ersichtlich, daß die Symmetrieeigenschaft beim Übergang von einem Koordinatensystem zum anderen erhalten bleibt.

Zur Definition des symmetrischen Tensors können wir anstelle der Bilinearform (1) die quadratische Form $2\Omega\,(\xi_1, \xi_2, \xi_3)$ heranziehen; sie entsteht aus F, wenn wir $\xi_i = \eta_i$ setzen. Damit ergibt sich die in 1.1.5. des vorliegenden Buches angeführte Definition (s. Fußnote auf Seite 24).

Die in 1.1.5. angegebenen Transformationsformeln für die Komponenten des Spannungstensors stimmen mit den Beziehungen (2) überein, wenn wir letztere in den alten Bezeichnungen schreiben.

Der einfachste symmetrische Tensor ist der Tensor (δ_{ij}), definiert durch

$$\delta_{ij} = \begin{cases} 1 & \text{für } i = j, \\ 0 & \text{für } i \neq j. \end{cases} \tag{3}$$

Die Größe (δ_{ij}) stellt tatsächlich einen Tensor dar, denn der Ausdruck

$$\sum_{i,j=1}^{3} \delta_{ij}\xi_i\eta_j = \xi_1\eta_1 + \xi_2\eta_2 + \xi_3\eta_3$$

ist als Skalarprodukt der Vektoren $\boldsymbol{P}$ und $\boldsymbol{Q}$ invariant. Den Tensor (δ_{ij}) nennen wir *Einheitstensor*.

Ein Tensor heißt *antisymmetrisch*, wenn $a_{ij} = -a_{ji}$ ist. Da dann insbesondere $a_{ii} = -a_{ii}$ sein muß, gilt für den antisymmetrischen Tensor $a_{11} = a_{22} = a_{33} = 0$. Ein antisymmetrischer Tensor wird folglich durch insgesamt drei Größen p_1, p_2, p_3 charakterisiert, wobei zur Abkürzung

$$p_1 = a_{32} = -a_{23}, \quad p_2 = a_{13} = -a_{31}, \quad p_3 = a_{21} = -a_{12}$$

gesetzt wurde.

Wie man leicht aus (2) ersieht, bleibt die Eigenschaft der Antisymmetrie beim Übergang von einem Koordinatensystem zu einem anderen erhalten.

I.3. Zwei Tensoren (a_{ij}) und (b_{ij}) heißen *gleich*, wenn $a_{ij} = b_{ij}$ ist. Als Summe der Tensoren (a_{ij}) und (b_{ij}) bezeichnen wir den Tensor (c_{ij}), dessen Komponenten gleich der Summe der entsprechenden Komponenten der gegebenen Tensoren sind.

$$c_{ij} = a_{ij} + b_{ij}.$$

Die Größe (c_{ij}) stellt tatsächlich einen Tensor dar, denn es gilt

$$\sum_{i,j=1}^{3} c_{ij}\xi_i\eta_j = \sum_{i,j=1}^{3} a_{ij}\xi_i\eta_j + \sum_{i,j=1}^{3} b_{ij}\xi_i\eta_j.$$

Da die Glieder auf der rechten Seite invariant sind, muß auch die linke Seite invariant sein, und damit ist der Tensorcharakter der Größe (c_{ij}) erwiesen. Analog wird die Differenz definiert.

Wenn (a_{ij}) ein Tensor ist, stellen die Größen $a_{ij}^* = a_{ji}$ einen gewissen Tensor (a_{ij}^*) dar. Das folgt ebenfalls unmittelbar aus der Definition des Tensors.

Jeder Tensor (a_{ij}) läßt sich (eindeutig) als Summe eines symmetrischen Tensors (e_{ij}) und eines antisymmetrischen Tensors (p_{ij}) darstellen. Um das zu zeigen, setzen wir $a_{ij} = e_{ij} + p_{ij}$. Durch Vertauschung der Indizes i und j erhalten wir, wenn wir beachten, daß nach Voraussetzung $e_{ij} = e_{ji}$, $p_{ij} = -p_{ji}$ ist, $a_{ji} = e_{ji} - p_{ji}$.

Durch Vereinigung mit der vorigen Gleichung ergibt sich

$$e_{ij} = \tfrac{1}{2}(a_{ij} + a_{ji}), \quad p_{ij} = \tfrac{1}{2}(a_{ij} - a_{ji}). \tag{1}$$

Es ist ersichtlich, daß die Tensoren (e_{ij}) und (p_{ij}) den gestellten Bedingungen genügen.

Wir führen nun einige Beispiele von Tensoren an. Es seien (a_i) und (b_i) zwei Vektoren. Wir setzen $c_{ij} = a_i b_j$. Die Gesamtheit der Größen (c_{ij}) bildet einen Tensor. Das läßt sich wie folgt zeigen: Wenn (ξ_i) und (η_j) zwei beliebige Vektoren sind, gilt

$$\sum_{i,j=1}^{3} c_{ij}\xi_i\eta_j = \sum_{i,j=1}^{3} a_i b_j \xi_i\eta_j = \sum_{i=1}^{3} a_i\xi_i \sum_{j=1}^{3} b_j\eta_j.$$

Die rechte Seite ist invariant (Produkt zweier Invarianten). Folglich ist auch die linke Seite invariant, und damit ist unsere Behauptung bewiesen.

Wir wissen, daß (c_{ij}^*) mit $c_{ij}^* = c_{ji} = a_j b_j$ ebenfalls ein Vektor ist. Wenn wir also

$$p_{ij} = c_{ij}^* - c_{ij} = a_j b_i - a_i b_j \tag{2}$$

setzen, so ist (p_{ij}) ebenfalls ein Tensor, und zwar offensichtlich ein antisymmetrischer. Dieser Tensor wird als *Vektorprodukt zweier gegebener Vektoren* bezeichnet.

In der Vektorrechnung wird das Vektorprodukt nicht als Tensor, sondern als Vektor geschrieben. Um dies verständlich zu machen, bemerken wir folgendes: Wir führen die Bezeichnung

$$p_1 = p_{32} = a_2 b_3 - a_3 b_2, \; p_2 = p_{13} = a_3 b_1 - a_1 b_3, \; p_3 = p_{21} = a_1 b_2 - a_2 b_1 \tag{3}$$

ein und prüfen nach, ob die Gesamtheit der Größen (p_1, p_2, p_3) einen Vektor darstellt. Dazu benutzen wir das am Ende von I.1. angeführte Kriterium, d. h., wir betrachten einen beliebigen Vektor (ξ_1, ξ_2, ξ_3) und untersuchen, ob der Ausdruck

$$p_1\xi_1 + p_2\xi_2 + p_3\xi_3$$

invariant ist. Offensichtlich gilt

$$p_1\xi_1 + p_2\xi_2 + p_3\xi_3 = \begin{vmatrix} \xi_1 & \xi_2 & \xi_3 \\ a_1 & a_2 & a_3 \\ b_1 & b_2 & b_3 \end{vmatrix}. \tag{4}$$

Aus der analytischen Geometrie ist bekannt, daß diese Determinante das Volumen des über den Vektor (ξ_i), (a_i), (b_i) konstruierten Parallelepiped angibt. Dabei ist dieses Volumen mit einem Vorzeichen versehen, das von der Wahl der Orientierung der Koordinatenachsen abhängt. Das Volumen ändert sein Vorzeichen, wenn wir von einem Linkssystem zu einem Rechtssystem übergehen und umgekehrt; es ändert sich nicht, wenn wir uns nur auf Rechts- bzw. Linkssysteme beschränken. Nur unter dieser Bedingung ist der Ausdruck (4) eine Invariante, und die Gesamtheit der Größen p_1, p_2, p_3 kann als ein Vektor aufgefaßt werden, der nicht von der Wahl der Koordinatenachsen abhängt[1]).
Wir zeigen schließlich, daß jeder antisymmetrische Tensor zweiter Stufe unter den eben angeführten Einschränkungen bezüglich der Wahl der Koordinatenachsen als Vektor dargestellt werden kann[2]). Dazu betrachten wir einen beliebigen antisymmetrischen Tensor zweiter Stufe (p_{ij}) und bilden die Summe

$$\sum_{i,j=1}^{3} p_{ij}\xi_i\eta_j = -(p_1\zeta_1 + p_2\zeta_2 + p_3\zeta_3), \tag{a}$$

wobei (ξ_i), (η_j) zwei beliebige Vektoren sind und

$$\begin{aligned} p_1 &= p_{32} = -p_{23}, \quad p_2 = p_{13} = -p_{31}, \quad p_3 = p_{21} = -p_{12}, \\ \zeta_1 &= \xi_2\eta_3 - \xi_3\eta_2, \quad \zeta_2 = \xi_3\eta_1 - \xi_1\eta_3, \quad \zeta_3 = \xi_1\eta_2 - \xi_2\eta_1 \end{aligned} \tag{5}$$

gesetzt wurde. Nach dem oben Gesagten ist $(\zeta_1, \zeta_2, \zeta_3)$ ein Vektor. Andererseits ist die linke Seite der Gl. (a) invariant. Folglich stellt auch die rechte Seite eine Invariante dar, wenn $(\zeta_1, \zeta_2, \zeta_3)$ einen beliebigen Vektor bezeichnet. Also ist (p_1, p_2, p_3) ein Vektor, was zu beweisen war.

I.4. Analog zur Einführung des Tensors zweiter Stufe kann man den Begriff des Tensors beliebiger n-ter Stufe bilden. Dazu braucht man nur anstelle der bilinearen Form eine n-lineare Form zu betrachten, die jeweils linear von den Komponenten der n beliebigen Vektoren abhängt, z. B. die Gesamtheit der Koeffizienten a_{ijk} der trilinearen Form

$$F = \sum_{i=1}^{3} \sum_{j=1}^{3} \sum_{k=1}^{3} a_{ijk}\xi_i\eta_j\zeta_k,$$

mit ξ_i, η_j, ζ_i als Komponenten dreier beliebiger Vektoren definiert einen *Tensor dritter Stufe* (a_{ijk}), dessen Komponenten die Zahlen a_{ijk} sind. Genauso läßt sich ein Tensor (beliebiger) n-ter Stufe einführen. Von diesem Gesichtspunkt aus ist der Vektor als Tensor erster Stufe aufzufassen, denn er wird mit Hilfe der linearen Form

$$\sum_{i=1}^{3} a_i\xi_i$$

definiert.

I.5. Wir wenden uns wieder dem Tensor zweiter Stufe (a_{ij}) zu. Es sei (ξ_i) ein gewisser Vektor. Die Größe $(\xi_i^*) = (\xi_1^*, \xi_2^*, \xi_3^*)$ mit

$$\xi_i^* = \sum_{j=1}^{3} a_{ij}\xi_j \tag{1}$$

[1]) Es läßt sich leicht zeigen (wir überlassen dies dem Leser), daß der durch die Gln. (2) und (3) definierte Vektor (p_1, p_2, p_3) beim Übergang von einem Rechts- zu einem Linkssystem seine Richtung umkehrt.
[2]) Hier ist die ganze Zeit vom dreidimensionalen Raum die Rede. Im anderen Falle ist diese Behauptung unrichtig.

stellt offenbar einen Vektor dar; denn für einen beliebigen Vektor (η_i) ist

$$\sum_{i=1}^{3} \xi_i^* \eta_i = \sum_{i,j=1} a_{ij} \eta_i \xi_j$$

eine Invariante, da die rechte Seite nach der Definition des Tensors invariant ist. Umgekehrt gilt folgendes: Wenn die durch Gl. (1) definierten Größen ξ_1^*, ξ_2^*, ξ_3^* Komponenten eines Vektors sind und ξ_1, ξ_2, ξ_3 einen beliebigen Vektor darstellt, so sind die Größen a_{ij} Komponenten eines Tensors.

Somit ordnet die Beziehung (1) jedem Vektor (ξ_i) einen wohl definierten Vektor (ξ_i^*) zu. Wir bezeichnen deshalb den Vektor (ξ_i^*) als die durch den Tensor (a_{ij}) definierte *lineare Vektorfunktion* von (ξ_i). Ein Beispiel dazu ist im Abschnitt 1.1.3. enthalten: Die Gl. (2) in 1.1.3. besagt, daß der auf das Flächenelement mit der Normalen n wirkende Spannungsvektor $(\overset{n}{\sigma}_x, \overset{n}{\sigma}_y, \overset{n}{\sigma}_z)$ eine durch den Spannungstensor definierte lineare Vektorfunktion des Vektors $\boldsymbol{n}$ ist. Hierbei bezeichnet $\boldsymbol{n}$ den Normaleneinheitsvektor.

Von besonderem Interesse sind symmetrische Tensoren (a_{ij}) (für die also $a_{ij} = a_{ji}$ gilt). Wir wollen darauf etwas näher eingehen. Dazu betrachten wir die quadratische Form

$$2\Omega(\xi_1, \xi_2, \xi_3) = \sum_{i,j=1}^{3} a_{ij}\xi_i\xi_j = a_{11}\xi_1^2 + a_{22}\xi_2^2 + a_{33}\xi_3^2 + 2a_{23}\xi_2\xi_3 + 2a_{31}\xi_3\xi_1 + 2a_{12}\xi_1\xi_2 \quad (2)$$

und schreiben die Gl. (1) in der Gestalt

$$\xi_i^* = \frac{\partial \Omega}{\partial \xi_i}. \quad (3)$$

Wir beweisen nun folgenden wichtigen Satz: *Durch geeignete Wahl der neuen Koordinatenachsen* x_1', x_2', x_3' [1]) *kann jede quadratische Form* (2) *auf die kanonische Gestalt*

$$2\Omega = \lambda_1\xi_1'^2 + \lambda_2\xi_2'^2 + \lambda_3\xi_3'^2 \quad (4)$$

gebracht werden, dabei sind $\lambda_1, \lambda_2, \lambda_3$ *reelle Konstanten* (*wir setzen voraus, daß die Größen* a_{ij} *reell sind*), d. h., bei geeigneter Wahl der neuen Koordinatenachsen kann man erreichen, daß die dem gegebenen symmetrischen Tensor (a_{ij}) entsprechenden neuen Komponenten mit ungleichen Indizes verschwinden, so daß

$$a_{23}' = a_{31}' = a_{12}' = 0$$

gilt, die übrigen, d. h. die Diagonalkomponenten

$$a_{11}' = \lambda_1, \quad a_{22}' = \lambda_2, \quad a_{33}' = \lambda_3$$

sind dabei im allgemeinen von Null verschieden.

Wenn die Form 2Ω die angeführte kanonische Gestalt hat, lauten die Gln. (3) im neuen Koordinatensystem

$$\xi_1'^* = \lambda_1\xi_1', \quad \xi_2'^* = \lambda_2\xi_2', \quad \xi_3'^* = \lambda_3\xi_3'. \quad (5)$$

Diese Beziehungen besagen folgendes: Wenn der Vektor (ξ_i') in die Richtung einer der neuen Koordinatenachsen zeigt, dann ist der entsprechende Vektor $(\xi_i'^*)$ parallel zu ihm, z. B. einem zur x_1'-Achse parallelen Vektor ξ_1', 0, 0 mit $\xi_1' \neq 0$ entspricht ein Vektor mit den Komponenten $\xi_1'^* = \lambda_1\xi_1'$, 0, 0, d. h., er ist parallel zum erstgenannten.

---

[1]) Hier ist stets von geradlinigen rechtwinkligen Koordinaten die Rede.

Um also die Form 2Ω auf die geforderte Gestalt zu bringen, müssen wir vor allem die Richtungen mit der eben angegebenen Eigenschaft suchen. Das führt auf die Frage, für welche Richtungen der von Null verschiedene Vektor (ξ_i) parallel zu dem gemäß (1) gebildeten Vektor (ξ_i^*) ist.

Notwendig und hinreichend dafür, daß die beiden Vektoren (ξ_i) und (ξ_i^*) parallel sind, ist bekanntlich

$$\xi_1^* = \lambda\xi_1, \quad \xi_2^* = \lambda\xi_2, \quad \xi_3^* = \lambda\xi_3,$$

wobei λ eine gewisse Zahl ist. Wenn wir hier für ξ_i^* die Werte (1) einsetzen, bekommen wir

$$\left.\begin{aligned} (a_{11}-\lambda)\,\xi_1 + a_{12}\xi_2 + a_{13}\xi_3 &= 0,\\ a_{21}\xi_1 + (a_{22}-\lambda)\,\xi_2 + a_{23}\xi_3 &= 0,\\ a_{31}\xi_1 + a_{32}\xi_2 + (a_{33}-\lambda)\,\xi_3 &= 0. \end{aligned}\right\} \tag{6}$$

Die notwendige und hinreichende Bedingung dafür, daß dieses lineare homogene Gleichungssystem bezüglich ξ_1, ξ_2, ξ_3 eine von $\xi_1 = \xi_2 = \xi_3 = 0$ verschiedene Lösung hat, besteht bekanntlich im Verschwinden der Determinante des Systems:

$$\begin{vmatrix} a_{11}-\lambda & a_{12} & a_{13} \\ a_{21} & a_{22}-\lambda & a_{23} \\ a_{31} & a_{32} & a_{33}-\lambda \end{vmatrix} = 0. \tag{7}$$

Damit erhalten wir eine Gleichung dritten Grades für λ. Sie hat, wie später gezeigt wird, nur reelle Wurzeln.

Zunächst benutzen wir lediglich die Tatsache, daß diese Gleichung wegen des ungeraden Grades mindestens eine reelle Wurzel hat. Wir bezeichnen sie mit λ_3. Nun setzen wir in (6) für λ den Wert λ_3 ein und erhalten damit eine nichttriviale Lösung $\xi_1^0, \xi_2^0, \xi_3^0$. Wenn ein beliebiger Vektor (ξ_i^0) parallel zu der durch (ξ_i) definierten Richtung ist, so trifft dies auch auf den Vektor (ξ_i^*) zu. Eine solche Richtung bezeichnen wir als zum Tensor (a_{ij}) gehörende *Hauptachsenrichtung*.

Wir wählen jetzt ein neues Achsensystem x_1'', x_2'', x_3'' und legen die x_3''-Achse in die gefundene Hauptachsenrichtung. Die beiden anderen Achsen (senkrecht zu dieser und untereinander) lassen wir zunächst beliebig.

Die Komponenten der Tensoren und Vektoren in bezug auf das neue System schreiben wir mit den gleichen Buchstaben wie bisher und versehen sie mit zwei Strichen.

Das Gleichungssystem (6) lautet in abgekürzter Schreibweise

$$\xi_i^* = \lambda\xi_i,$$

in den neuen Koordinaten hat es die Gestalt

$$\xi_i''^* = \lambda\xi_i''$$

mit

$$\xi_i''^* = \sum_{j=1}^{3} a_{ij}''\xi_j''$$

Ausführlich geschrieben erhalten wir

$$\begin{aligned} (a_{11}''-\lambda)\,\xi_1'' + a_{12}''\xi_2'' + a_{13}''\xi_3'' &= 0,\\ a_{21}''\xi_1'' + (a_{22}''-\lambda)\,\xi_2'' + a_{23}''\xi_3'' &= 0,\\ a_{31}''\xi_1'' + a_{32}''\xi_2'' + (a_{33}''-\lambda)\,\xi_3'' &= 0. \end{aligned}$$

Für $\lambda = \lambda_3$ müssen diese Gleichungen die Lösung $(0, 0, \xi_3'')$ mit $\xi_3'' \neq 0$ haben. Hieraus folgt

$$a_{13}'' = 0, \quad a_{23}'' = 0, \quad a_{33}'' = \lambda.$$

Demnach nimmt die quadratische Form 2Ω im neuen Koordinatensystem die Gestalt

$$2\Omega = a_{11}''\xi_1''^2 + 2a_{12}''\xi_1''\xi_2'' + a_{22}''\xi_2''^2 + \lambda_3\xi_3''^2 \tag{8}$$

an. Wenn $a_{12}'' = 0$ ist, haben wir unser Ziel erreicht. Falls dies nicht zutrifft, drehen wir die x_1''- und x_2''-Achse in ihrer Ebene (unter Beibehaltung der x_3''-Achse), bis im Ausdruck für 2Ω das Glied mit dem Produkt $\xi_1''\xi_2''$ verschwindet. Das läßt sich stets erreichen.
Zum Beweis führen wir die neuen Achsen x_1', x_2', x_3' ein, dabei soll die x_1'-Achse mit der x_1''-Achse den Winkel α bilden. Dann erhalten wir

$$\xi_1'' = \xi_1' \cos\alpha - \xi_2' \sin\alpha, \quad \xi_2'' = \xi_1' \sin\alpha + \xi_2' \cos\alpha, \quad \xi_3'' = \xi_3'.$$

Wenn wir diese Ausdrücke in (8) einsetzen, ergibt sich nach einfachen Umformungen

$$2\Omega = a_{11}'\xi_1'^2 + 2a_{12}'\xi_1'\xi_2' + a_{22}'\xi_2'^2 + \lambda_3\xi_3'^2, \tag{9}$$

wobei insbesondere

$$\begin{aligned} a_{12}' &= -(a_{11}'' - a_{22}'')\sin\alpha\cos\alpha + a_{12}''(\cos^2\alpha - \sin^2\alpha) \\ &= -\tfrac{1}{2}(a_{11}'' - a_{22}'')\sin 2\alpha + a_{12}''\cos 2\alpha \end{aligned}$$

gilt. Offensichtlich ist $a_{12}' = 0$ für

$$\tan 2\alpha = \frac{2a_{12}''}{a_{11}'' - a_{22}''}. \tag{10}$$

Wenn α_0 ein Winkel ist, der dieser Gleichung genügt, so wird diese auch durch

$$\alpha_0 + \frac{\pi}{2}$$

sowie alle Winkel der Gestalt

$$\alpha_0 + \frac{k\pi}{2}$$

mit k als ganzer Zahl befriedigt.
Auf diese Weise finden wir stets zwei zueinander senkrechte Achsen, die der gestellten Bedingung genügen (beide Achsen stehen senkrecht auf der x_3'-Achse, die mit der x_3''-Achse zusammenfällt). Wir wählen nun eine davon als x_1'-Achse (und die zu ihr senkrechte als x_2'-Achse); dann nimmt die Form 2Ω die geforderte Gestalt (4) an, wobei λ_1, λ_2, λ_3 reelle Zahlen sind.
Damit wurde nicht nur nachgewiesen, daß die genannte Umformung stets möglich ist, sondern wir haben auch ein Verfahren gewonnen, das zur praktischen Durchführung derselben verwendet werden kann und uns die Richtung der entsprechenden neuen Achsen liefert.
Wir wissen, daß λ_3 eine Wurzel der Gl. (7) ist. Nun zeigen wir noch, daß λ_1 und λ_2 die beiden übrigen Wurzeln dieser Gleichung darstellen. Dazu bemerken wir zunächst, daß die Determinante

$$D_0 = \begin{vmatrix} a_{11} & a_{12} & a_{13} \\ a_{21} & a_{22} & a_{23} \\ a_{31} & a_{32} & a_{33} \end{vmatrix} \tag{11}$$

invariant ist, sich also bei einer Achsentransformation nicht ändert (sie wird als *Diskriminante* der quadratischen Form 2Ω bezeichnet).
Beim Übergang zu den neuen Achsen x_1', x_2', x_3' verwandelt sich die Determinante in

$$D_0' = \begin{vmatrix} a_{11}' & a_{12}' & a_{13}' \\ a_{21}' & a_{22}' & a_{23}' \\ a_{31}' & a_{32}' & a_{33}' \end{vmatrix},$$

dabei gilt gemäß Gl. (2) in I.2.

$$a_{ij}' = \sum_{k=1}^{3} \sum_{m=1}^{3} l_{ik} l_{jm} a_{km} = \sum_{k=1}^{3} l_{ik} b_{kj},$$

wenn wir vorübergehend die Bezeichnung

$$b_{kj} = \sum_{m=1}^{3} l_{jm} a_{km}$$

einführen.
Nach einem bekannten Satz über die Multiplikation von Determinanten ergibt sich

$$D_0' = \Delta \begin{vmatrix} b_{11} & b_{12} & b_{13} \\ b_{21} & b_{22} & b_{23} \\ b_{31} & b_{32} & b_{33} \end{vmatrix} \quad \text{mit } \Delta = \begin{vmatrix} l_{11} & l_{12} & l_{13} \\ l_{21} & l_{22} & l_{23} \\ l_{31} & l_{32} & l_{33} \end{vmatrix}$$

sowie

$$\begin{vmatrix} b_{11} & b_{12} & b_{13} \\ b_{21} & b_{22} & b_{23} \\ b_{31} & b_{32} & b_{33} \end{vmatrix} = \Delta \begin{vmatrix} a_{11} & a_{12} & a_{13} \\ a_{21} & a_{22} & a_{23} \\ a_{31} & a_{32} & a_{33} \end{vmatrix} = \Delta D_0 .$$

Folglich ist $D_0' = \Delta^2 D_0$. Für die Richtungskosinus l_{ij} gilt jedoch bekanntlich $\Delta = \pm 1$. Daraus folgt $D_0' = D_0$, was zu beweisen war.
Wir betrachten nun den Tensor mit den Komponenten $A_{ik} = a_{ik} - \lambda \delta_{ik}$, wobei λ eine beliebige Zahl und (δ_{ik}) der Einheitstensor ist. Die aus den Komponenten des Tensors (A_{ij}) gebildete Determinante

$$D_\lambda = \begin{vmatrix} a_{11} - \lambda & a_{12} & a_{13} \\ a_{21} & a_{22} - \lambda & a_{23} \\ a_{31} & a_{32} & a_{33} - \lambda \end{vmatrix}$$

hängt auf Grund des Gesagten nicht von der Wahl der Koordinaten ab, d. h., D_λ ist eine Invariante.
Die neuen Achsen x_1', x_2', x_3' wählen wir so, daß die neuen Komponenten a_{ik}' des Tensors (a_{ik}) mit verschiedenen Indizes verschwinden; dann hat die quadratische Form 2Ω die Gestalt

$$\lambda_1 \xi_1'^2 + \lambda_2 \xi_2'^2 + \lambda_3 \xi_3'^2$$

und die in bezug auf die neuen Achsen gebildete Determinante lautet

$$\begin{vmatrix} \lambda_1 - \lambda & 0 & 0 \\ 0 & \lambda_2 - \lambda & 0 \\ 0 & 0 & \lambda_3 - \lambda \end{vmatrix} = (\lambda_1 - \lambda)(\lambda_2 - \lambda)(\lambda_3 - \lambda).$$

Somit gilt die Identität

$$D_\lambda = \begin{vmatrix} a_{11} - \lambda & a_{12} & a_{13} \\ a_{21} & a_{22} - \lambda & a_{23} \\ a_{31} & a_{32} & a_{33} - \lambda \end{vmatrix} = (\lambda_1 - \lambda)(\lambda_2 - \lambda)(\lambda_3 - \lambda).$$

Hieraus ist ersichtlich, daß die reellen Zahlen $\lambda_1, \lambda_2, \lambda_3$ die Wurzeln der Gleichung

$$D_\lambda = 0$$

darstellen.

Wir haben auf diese Weise nebenbei einen wichtigen Satz der Algebra bewiesen, welcher besagt, daß alle Wurzeln der Gl. (7) – der sogenannten Säkulargleichung – reell sind (unter der wesentlichen Voraussetzung, daß alle a_{ij} reell sind und daß außerdem $a_{ij} = a_{ji}$ gilt).

Wir wenden uns nun wieder der durch (1) definierten linearen Vektorfunktion zu, wobei wir weiterhin $a_{ij} = a_{ji}$ voraussetzen. Wie wir sahen, können wir stets mindestens drei zueinander senkrechte Hauptachsen angeben. Wenn wir diese als Koordinatenachsen wählen, dann hat die Form 2Ω die Gestalt

$$\lambda_1 \xi_1^2 + \lambda_2 \xi_2^2 + \lambda_3 \xi_3^2,$$

und die Beziehung (1) lautet

$$\xi_1^* = \lambda_1 \xi_1, \quad \xi_2^* = \lambda_2 \xi_2, \quad \xi_3^* = \lambda_3 \xi_3 \tag{12}$$

(wir haben hier die Striche bei den Vektorkomponenten in bezug auf das neue System weggelassen).

Nun besteht noch die Frage, ob es – außer den bisher benutzten – weitere, von diesen verschiedene Hauptachsen gibt. Wenn (ξ_1, ξ_2, ξ_3) ein Vektor ist, der in die Richtung einer Hauptachse zeigt, so muß der Vektor (ξ_i^*) nach Definition parallel zum Vektor (ξ_i) sein, d. h., es gilt

$$\xi_1^* = \lambda \xi_1, \quad \xi_2^* = \lambda \xi_2, \quad \xi_3^* = \lambda \xi_3.$$

Gemäß (12) erhalten wir hieraus

$$(\lambda_1 - \lambda)\,\xi_1 = 0, \quad (\lambda_2 - \lambda)\,\xi_2 = 0, \quad (\lambda_3 - \lambda)\,\xi_3 = 0, \tag{13}$$

woraus nochmals zu ersehen ist, daß λ nur einen der drei Werte $\lambda_1, \lambda_2, \lambda_3$ annehmen kann (anderenfalls müßte $\xi_1 = \xi_2 = \xi_3 = 0$ sein).

Zunächst setzen wir voraus, daß alle Werte $\lambda_1, \lambda_2, \lambda_3$ untereinander verschieden sind. Wenn wir in (13) $\lambda = \lambda_1$ setzen, können diese Gleichungen nur durch folgende Werte befriedigt werden: ξ_1 = beliebige Größe, $\xi_2 = \xi_3 = 0$. Der dem Wert $\lambda = \lambda_1$ entsprechende Vektor (ξ_i) ist also parallel zur x_1'-Achse. Wir erhalten somit eine der möglichen (schon bekannten) Hauptachsen. Analog gelangen wir mit $\lambda = \lambda_2$ und $\lambda = \lambda_3$ zur x_2'- bzw. x_3'-Achse.

Wenn die drei Wurzeln der Gl. (7) untereinander verschieden sind, existieren also genau drei Hauptachsenrichtungen, und sie stehen senkrecht aufeinander.

Nun sei $\lambda_1 = \lambda_2 \neq \lambda_3$, dann erhalten wir für $\lambda = \lambda_3$ wieder nur eine Richtung, und zwar die Richtung der x_3-Achse. Jedoch für $\lambda = \lambda_1 = \lambda_2$ bekommen wir folgende Lösung der Gln. (13): ξ_2 = beliebige Zahl, ξ_1 = beliebige Zahl, $\xi_3 = 0$. Folglich definieren alle auf der x_3-Achse senkrechten Geraden (und nur diese) Hauptachsenrichtungen zum Wert λ. Aus diesen können wir stets unendlich viele Paare zueinander senkrechter Achsen auswählen (die selbstverständlich auf der x_3-Achse senkrecht stehen).

Wenn schließlich $\lambda_1 = \lambda_2 = \lambda_3$ ist, werden die Gln. (13) für $\lambda = \lambda_1 = \lambda_2 = \lambda_3$ durch alle beliebigen Werte ξ_1, ξ_2, ξ_3 befriedigt. Mit anderen Worten, in diesem Falle ist jede Richtung eine Hauptachsenrichtung.

II. Bestimmung einer Funktion aus ihrem vollständigen Differential in einem mehrfach zusammenhängenden Gebiet

II.1. Wir beginnen mit dem zweidimensionalen Fall. Es sei S ein Gebiet in der x,y-Ebene. Wir betrachten nur *zusammenhängende*[1]) Gebiete, die von einer oder von mehreren einfachen[2]) geschlossenen Kurven berandet werden; solche Gebiete können auch unendlich sein (unendliche Ebene mit Löchern). Doch zunächst beschränken wir uns auf endliche Gebiete.

Ein Gebiet S heißt *einfach zusammenhängend*, wenn jeder Schnitt von einem Randpunkt zu einem anderen den Zusammenhang aufhebt, d. h. das Gebiet in getrennte Teile zerlegt.

Ein Gebiet heißt *mehrfach zusammenhängend*, wenn es Schnittführungen zwischen zwei verschiedenen Randpunkten gibt, die das Gebiet nicht in getrennte Teile zerlegen. Es leuchtet unmittelbar ein, daß ein Gebiet, das von einer einfachen geschlossenen Kurve begrenzt wird, einfach zusammenhängend ist. Andererseits ist ein Gebiet, das von mehreren einfachen geschlossenen Kurven begrenzt wird, mehrfach zusammenhängend. Um dies zu beweisen, nehmen wir an, daß der Rand des Gebietes aus den Kurven $L_1, L_2, \ldots, L_m, L_{m+1}$ besteht, von denen die letzte alle übrigen umschließt (Bild 73). Nun schneiden wir das Gebiet längs

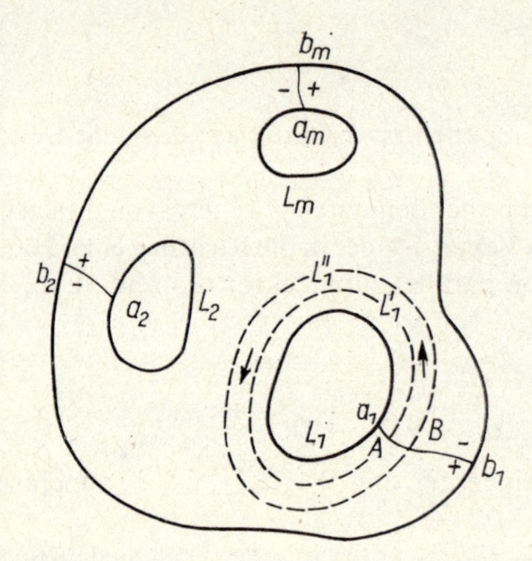

Bild 73

einer Linie a_1b_1 zwischen dem Punkt a_1 des Randes L_1 und dem Punkt b_1 des äußeren Randes L_{m+1} auf. Durch einen solchen Schnitt (Trennlinie) wird der Zusammenhang nicht zerstört.

Auch analoge Trennlinien $a_2b_2, \ldots, a_mb_m$, die sich gegenseitig nicht überschneiden, heben den Zusammenhang nicht auf. Jedoch jeder weitere Schnitt zerlegt das Gebiet in getrennte Teile. Somit wird unser Gebiet durch m Schnitte $a_1b_1, \ldots, a_mb_m$ in ein einfach zusammenhängendes verwandelt.

Wenn genau m Schnitte erforderlich sind, bis aus dem gegebenen Gebiet ein einfach zusammenhängendes entsteht, dann sagen wir, das Gebiet ist $(m + 1)$-fach zusammenhängend, oder die Zusammenhangszahl beträgt $m + 1$. Wir sehen also, daß die Zusammenhangzahl des Gebietes in unserem Falle gleich der Zahl der geschlossenen Randkurven ist. Beispiels-

[1]) Ein Gebiet heißt zusammenhängend, wenn man zwei beliebige Punkte aus ihm durch eine stetige Kurve verbinden kann, die nicht aus dem Gebiet herausführt.

[2]) Einfach heißt eine Kurve, die sich nicht selbst schneidet.

weise das zwischen zwei konzentrischen Kreisen eingeschlossene Gebiet ist zweifach zusammenhängend.
Das einfach zusammenhängende Gebiet unterscheidet sich von einem mehrfach zusammenhängenden noch durch folgende Eigenschaft: Wenn wir im Inneren eines zusammenhängenden Gebietes S eine beliebige einfache geschlossene Kurve beschreiben, so gehört das von dieser Kurve begrenzte Gebiet ganz dem Gebiet S an, und die Kurve läßt sich durch stetige Deformation auf einen Punkt zusammenziehen, ohne aus dem Gebiet herauszuführen.
Im Falle eines mehrfach zusammenhängenden Gebietes hingegen existieren Kurven, die diese Eigenschaft nicht besitzen. In Bild 73 stellt beispielsweise L_1' eine solche Kurve dar. Sie läßt sich nicht auf einen Punkt zusammenziehen, ohne sie aus dem Gebiet herauszuführen oder zu zertrennen.

II.2. Wir betrachten nun den Differentialausdruck

$$P(x, y)\,\mathrm{d}x + Q(x, y)\,\mathrm{d}y, \tag{1}$$

wobei $P(x, y)$ und $Q(x, y)$ eindeutige und stetige Funktionen mit stetigen Ableitungen erster Ordnung in einem gewissen Gebiet S sind, und untersuchen, welchen Bedingungen die Funktionen P und Q genügen müssen, damit dieser Ausdruck das vollständige Differential einer eindeutigen Funktion $F(x, y)$ ist, d. h., wir fragen, wann eine eindeutige Funktion $F(x, y)$ existiert, die der Bedingung

$$\mathrm{d}F = P\,\mathrm{d}x + Q\,\mathrm{d}y \tag{2}$$

oder, was dasselbe besagt, den Gleichungen

$$\frac{\partial F}{\partial x} = P(x, y), \quad \frac{\partial F}{\partial y} = Q(x, y) \tag{2'}$$

genügt.
Obwohl diese Frage selbst in den elementarsten Lehrbüchern der Analysis behandelt wird, halten wir es doch für erforderlich, näher darauf einzugehen und die Aufmerksamkeit des Lesers auf einige für unsere Zwecke sehr wesentliche Umstände zu richten.
Zunächst setzen wir voraus, daß das Gebiet S einfach zusammenhängend ist. In diesem Gebiet wählen wir einen beliebigen konstanten Punkt $M_0(x_0, y_0)$ und verbinden ihn durch eine beliebige, nicht aus S herausführende Kurve M_0M mit dem variablen Punkt $M(x, y)$.
Wenn eine Funktion $F(x, y)$ existiert, die der Bedingung (2) genügt, so erhalten wir durch Integration der beiden Seiten dieser Gleichung über M_0M folgende Formel:

$$F(x, y) = \int_{M_0M} (P\,\mathrm{d}x + Q\,\mathrm{d}y) + C, \tag{3}$$

dabei stellt $C = F(x_0, y_0)$ eine Konstante dar.
Nach Voraussetzung ist $F(x, y)$ eine eindeutige Funktion von x und y, d. h., ihr Wert im Punkt $M(x, y)$ darf nur von der Lage des Punktes M, nicht aber vom Integrationsweg M_0M abhängen. Wenn also die genannte Funktion $F(x, y)$ existiert, so darf das *Kurvenintegral*

$$\int_{M_0M} (P\,\mathrm{d}x + Q\,\mathrm{d}y)$$

nicht von dem (selbstverständlich in S liegenden) *Integrationsweg abhängen.*
Diese Bedingung kann man auch wie folgt formulieren: Das Integral

$$\int_L (P\,\mathrm{d}x + Q\,\mathrm{d}y)$$

über einer beliebigen (ganz in S verlaufenden) geschlossenen Kurve L muß verschwinden. Denn wenn wir zwei beliebige Punkte A und B auf einer geschlossenen Kurve L mit M_0 bzw. M verbinden (Bild 74), erhalten wir nach Voraussetzung

$$\int_{M_0ADBM} - \int_{M_0AD'BM} = 0.$$

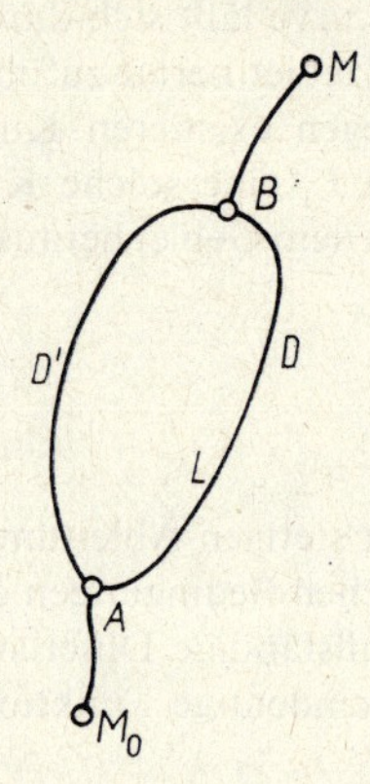

Bild 74

Da aber die Integrale über M_0A und MB in beiden Gliedern der linken Seite gleich sind, ergibt sich

$$0 = \int_{ADB} - \int_{AD'B} = \int_L,$$

was zu beweisen war.

Nach der bekannten Formel von OSTROGRADSKI-GREEN gilt

$$\int_L (P\,\mathrm{d}x + Q\,\mathrm{d}y) = \iint_\sigma \left(\frac{\partial Q}{\partial x} - \frac{\partial P}{\partial y}\right) \mathrm{d}x\,\mathrm{d}y, \tag{4}$$

wobei σ das von der Kurve L begrenzte Gebiet bezeichnet. Folglich muß das Integral auf der rechten Seite für jedes Teilgebiet σ aus S verschwinden. Das ist nur möglich, wenn der Integrand in jedem Punkt des Gebietes S gleich Null ist, d. h., wenn im gesamten Gebiet

$$\frac{\partial Q}{\partial x} = \frac{\partial P}{\partial y} \tag{5}$$

gilt.

Diese Bedingung ist also notwendig für die Existenz der genannten Funktion $F(x, y)$. Sie erweist sich auch als *hinreichend*.

Das läßt sich wie folgt zeigen: Wenn diese Bedingung erfüllt ist, hängt das Kurvenintegral

$$\int (P\,\mathrm{d}x + Q\,\mathrm{d}y)$$

nicht vom Integrationsweg, sondern nur von seinem Anfangs- und Endpunkt ab. Dies folgt unmittelbar aus dem Vorhergehenden: Sind A und B zwei beliebige Punkte aus S und ADB, $AD'B$ zwei beliebige Werte, die diese Punkte verbinden, so ist

$$\int_{ADB} = \int_{AD'B}$$

denn (Bild 74)

$$\int_{ADB} - \int_{AD'B} = \int_{L}.$$

Das letzte Integral verschwindet aber gemäß (4) und (10). Wir nehmen dabei an, daß sich die Wege ADB und $AD'B$ nicht überschneiden, so daß ihre Vereinigung eine einfache geschlossene Kurve bildet. Man kann sich jedoch leicht davon überzeugen, daß diese Annahme unwesentlich ist; denn wenn sich die Wege in einem oder in mehreren Punkten schneiden, läßt sich die Differenz der Integrale über diese Wege auf eine Summe von Integralen über zwei oder mehrere geschlossene Kurven zurückführen.
Das Integral auf der rechten Seite der Gl. (3) stellt bei festgehaltenem $M_0(x_0, y_0)$ eine eindeutige Funktion von x und y dar. Die Gl. (3) definiert also eine eindeutige Funktion $F(x, y)$, wenn wir für C einen (beliebigen) konstanten Wert wählen. Ferner läßt sich leicht nachprüfen, daß tatsächlich die Gl. (2′) erfüllt ist; denn wenn wir den Integrationsweg in (3) durch den zur x-Achse parallelen geradlinigen Abschnitt MM' mit $M'(x + \Delta x, y)$ verlängern, so ergibt sich offenbar

$$F(x + \Delta x, y) = F(x, y) + \int_{x}^{x+\Delta x} P(x, y)\,\mathrm{d}x,$$

daraus folgt

$$\frac{\partial F}{\partial x} = \lim_{\Delta x \to 0} \frac{F(x + \Delta x, y) - F(x, y)}{\Delta x} = \lim_{\Delta x \to 0} \frac{1}{\Delta x} \int_{x}^{x+\Delta x} P(x, y)\,\mathrm{d}x = P(x, y),$$

d. h. die erste Gleichung aus (2′). In gleicher Weise läßt sich auch die zweite beweisen.
Die Bedingung (5) ist also notwendig und hinreichend für die Existenz einer eindeutigen Funktion $F(x, y)$, die den Gln. (2) bzw. (2′) genügt.
Bei Erfüllung dieser Bedingung wird die Funktion $F(x, y)$ durch die Gl. (3) bis auf eine beliebige Konstante C bestimmt.
Bisher haben wir das Gebiet S als einfach zusammenhängend vorausgesetzt. Wir untersuchen nun, welche Zusätze im Falle eines mehrfach zusammenhängenden Gebietes erforderlich sind. Die Bedingung (5) ist auch hier notwendig. Der Beweis dieser Aussage unterscheidet sich in keiner Weise von der für das einfach zusammenhängende Gebiet. Lediglich bei der Anwendung der Gl. (4) müssen jetzt die Kurven L so gewählt werden, daß das von ihnen begrenzte Gebiet σ ganz in S liegt (im Falle des einfach zusammenhängenden Gebietes ist dies von selbst erfüllt).
Nun wenden wir uns der Frage zu, ob diese Bedingung auch hinreichend ist. Dazu zeigen wir, daß sie auch in unserem Falle die Existenz einer durch (3) definierten Funktion $F(x, y)$ gewährleistet, daß diese Funktion aber im allgemeinen mehrdeutig ist.
Zunächst sei folgendes bemerkt: Wenn wir das Gebiet S wie im vorigen Abschnitt durch die Trennlinien

$$a_1 b_1, \ldots, a_m b_m$$

aufschneiden, entsteht ein einfach zusammenhängendes Gebiet, das wir mit S^* bezeichnen. Längs jeder Trennlinie $a_k b_k$ berühren sich zwei Ränder des aufgeschnittenen Gebietes; jeder Punkt dieser Linie tritt also zweimal auf, einmal gehört er zu dem einen Rand und einmal zum anderen. Dementsprechend unterscheiden wir auf jeder Schnittkurve zwei Ufer, die wir mit den Zeichen (−) und (+) versehen.

Da das Gebiet S^* einfach zusammenhängend ist, muß die durch (3) definierte Funktion $F(x, y)$ nach dem oben Gesagten in S^* eindeutig sein, solange der Integrationsweg nicht aus S^* herausführt, d. h. keine Trennlinie schneidet.
Das besagt jedoch nicht, daß die Funktion F in den zu verschiedenen Ufern ein und derselben Trennlinie gehörenden Punkten gleiche Werte annimmt (denn diese sind als verschiedene Punkte des Gebietes S^* aufzufassen). Zur Illustration dieses Sachverhaltes wählen wir uns einen Punkt A auf der Trennlinie a_1b_1 und bezeichnen mit F^+ und F^- den Wert der Funktion F in den zum Rand $(+)$ bzw. $(-)$ gehörenden Punkten A^+ und A^-, die in dem geometrischen Punkt A vereinigt sind.
Nach Gl. (3) ist

$$F^- = \int_{M_0A^-} (P\,dx + Q\,dy) + C, \quad F^+ = \int_{M_0A^+} (P\,dx + Q\,dy) + C,$$

dabei erstreckt sich das erste Integral über die beliebige Kurve M_0A^-, die ganz in S^* liegt und von M_0 aus auf der Seite $(-)$ zum Punkt A führt. Das zweite Integral wird über den Weg M_0A^+ erstreckt, der ebenfalls von M_0 ausgeht, jedoch A von der Seite $(+)$ aus erreicht (Bild 73, der Punkt M_0 und die angeführten Integrationswege sind jedoch dort nicht eingezeichnet). Als Integrationsweg für das zweite Integral verwenden wir den Weg M_0A^- des ersten Integrals und ergänzen ihn durch die Kurve L_1', die die Kurve L_1 einmal umschlingt und vom Rand $(-)$ zum Rand $(+)$ führt, ohne das aufgeschnittene Gebiet S zu verlassen. Auf diese Weise erhalten wir

$$F^+ = \int_{M_0A^-} + \int_{L_1'} + C = F^- + I_1,$$

mit

$$I_1 = \int_{L_1'} (P\,dx + Q\,dy),$$

wobei L_1' eine einfache geschlossene Kurve ist, die im Gebiet S vom Rand $(-)$ zum Rand $(+)$ der Trennlinie a_1b_1 führt und keine andere Trennlinie schneidet (Bild 73). Diese Kurve durchdringt die Trennlinie a_1b_1 von der $(+)$-Seite zur Seite $(-)$. Wie man leicht sieht, hängt L_1 nicht von der Wahl der Kurve L_1' ab, sofern diese die Kurve L_1 einmal umschlingt und im Gebiet S^* vom Rand $(-)$ zum Rand $(+)$ der Trennlinie a_1b_1 führt. Um dies zu zeigen, wählen wir eine andere derartige Kurve L_1'', die a_1b_1 in einem gewissen Punkt B schneidet. Nun betrachten wir eine ganz in S^* liegende geschlossene Kurve, die aus dem Abschnitt AB auf dem positiven Schnittrand und der in *negativer* Richtung[1]) durchlaufenen Kurve L_1'', ferner aus dem Abschnitt BA auf dem negativen Schnittrand und schließlich aus der Kurve L_1' besteht. Dann gilt

$$\int (P\,dx + Q\,dy) = 0,$$

wobei das Integral über die eben angeführte geschlossene Kurve erstreckt wird. Da sich die Integrale über AB und BA gegenseitig aufheben, erhalten wir

$$-\int_{L_1''} (P\,dx + Q\,dy) + \int_{L_1'} (P\,dx + Q\,dy) = 0,$$

und damit ist unsere Behauptung bewiesen (das erste Integral hat das Vorzeichen $(-)$; denn L_1'' bezeichnet den in positiver Richtung durchlaufenen Weg).

[1]) d. h. im Gebiet S^* vom Rand $(+)$ zum Rand $(-)$ führend.

Völlig analog gilt für eine beliebige Schnittkurve $a_k b_k$

$$F^+ = F^- + I_k,$$

dabei ist

$$I_k = \int_{L_k'} (P\,\mathrm{d}x + Q\,\mathrm{d}y), \tag{6}$$

und L_k' bezeichnet eine beliebige geschlossene Kurve, die L_k umschlingt und nur die Trennlinie $a_k b_k$ von der Seite (+) zur Seite (−) durchdringt. Das Integral in (6) kann über die Randkurve L_k selbst erstreckt werden, wenn die Funktionen P und Q stetig bis hin zum Rand sind.

Nun läßt sich leicht angeben, welche Funktion $F(x, y)$ durch die Formel (3) im *unaufgeschnittenen* Gebiet (wenn der Integrationsweg die Schnittkurven kreuzt) definiert wird.

Mit $F_0(x, y)$ bezeichnen wir den Wert der Formel (3) im aufgeschnittenen Gebiet, d. h., wenn der Integrationsweg die Trennlinien nicht schneidet. Nun betrachten wir einen beliebigen Integrationsweg M_0M (Bild 75) und nehmen an, daß er die Trennlinien mehrfach – und zwar

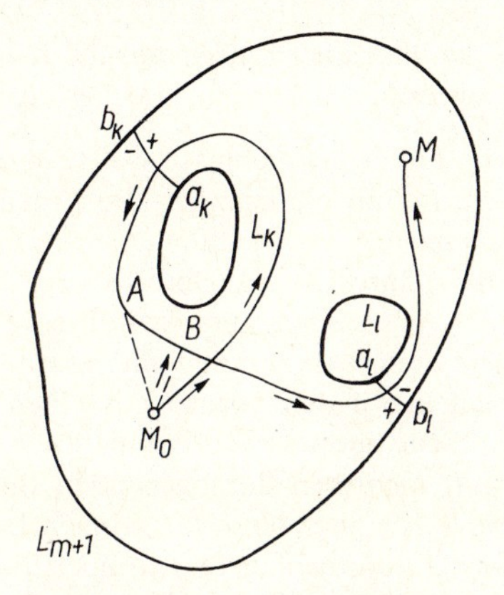

Bild 75

n-mal – durchdringt. Wir verfolgen den Integrationsweg vom Punkt M_0 aus bis zum ersten Auftreffen auf einer der Trennlinien $a_k b_k$. Auf dem anschließenden Teil des Integrationsweges zwischen dem eben genannten und dem nächsten Schnittpunkt mit einer Trennlinie wählen wir zwei aufeinanderfolgende Punkte A und B. Dann ersetzen wir das Teilstück AB des Integrationsweges durch die Linie AM_0B, die von A aus nach M_0 und von dort nach B führt, ohne eine einzige Trennlinie zu überqueren; dabei ändert sich der Wert des Integrals nicht (denn wir bleiben dabei im aufgeschnittenen Gebiet). Den ursprünglichen Weg von M_0 nach M ersetzen wir auf diese Weise durch die geschlossene Kurve M_0AM_0, die die Randkurve L_k einmal umschlingt, und den Weg M_0BM, der die Trennlinie $a_k b_k$ nicht mehr n-mal, sondern nur $(n-1)$-mal schneidet. Das über die geschlossene Kurve M_0AM_0 erstreckte Integral ist gemäß (6) gleich $+L_k$ oder $-L_k$, dabei hängt das Vorzeichen von der Richtung ab, in der der Integrationsweg die Trennlinie $a_k b_k$ schneidet. Den geschlossenen Teil M_0AM_0 können wir folglich aus dem Integrationsweg entfernen, wenn wir im Endergebnis den Wert $\pm I_k$ hinzufügen. Nun fahren wir in dieser Weise fort, bis wir zu einem Integrationsweg gelangen, der keine Trennlinie schneidet.

Das über diesen Weg erstreckte Integral müssen wir durch die Größen $\pm I_k$ ergänzen, und zwar wird jede dieser Größen so oft addiert, wie der ursprüngliche Integrationsweg die entsprechende Trennlinie schneidet. Das Vorzeichen (+) ist beim Durchdringen von der Seite (+) zur Seite (−) zu wählen, das Vorzeichen (−) gilt im entgegengesetzten Falle. Da ein Integrationsweg, der die Trennlinie nicht überquert, den Wert $F_0(x, y)$ liefert, erhalten wir das Endergebnis in folgender Gestalt:

$$F(x, y) = F_0(x, y) + n_1 I_1 + n_2 I_2 + \cdots + n_m I_m, \tag{7}$$

dabei sind $n_1, \ldots, n_m$ (positive oder negative) ganze Zahlen, die sich nach dem oben Gesagten aus der Zahl der Überschneidungen des Weges M_0M mit den Trennlinien leicht berechnen lassen (hierbei ist die Übergangsrichtung zu beachten). Zum Beispiel im Falle des Bildes 75 ist

$$F(x, y) = F_0(x, y) + I_k + I_l.$$

Die notwendige und hinreichende Bedingung für die Eindeutigkeit der Funktion $F(x, y)$ besagt, daß neben der Bedingung (5) noch die Bedingungen

$$I_1 = I_2 = \cdots = I_m = 0 \tag{8}$$

gelten müssen. Alles Bisherige läßt sich auch auf den Fall übertragen, daß die Kurve L_{m+1} im Unendlichen liegt, wenn also das Gebiet S eine unendliche Ebene mit Löchern darstellt.

II.3. Im dreidimensionalen Falle erhalten wir völlig analoge Ergebnisse. Auch hier ist zwischen einfach zusammenhängenden und mehrfach zusammenhängenden dreidimensionalen Gebieten (Körpern) zu unterscheiden. *Einfach zusammenhängend* heißt ein Gebiet, wenn jede im Inneren des Körpers liegende geschlossene Kurve durch stetige Deformation auf einen Punkt zusammengezogen werden kann, ohne aus dem Gebiet herauszuführen (Beispiel: Kugel und Würfel). Im anderen Falle ist das Gebiet mehrfach zusammenhängend. Als Beispiel für mehrfach zusammenhängende Gebiete nennen wir den Torus (d. h. einen Körper, der durch Rotation eines Kreises um eine in seiner Ebene liegende und ihn nicht schneidende Achse entsteht) und den Würfel mit einer oder mit mehreren durchgehenden Bohrungen usw. Der Torus ist ein *zweifach zusammenhängender* Körper, denn wir können ihn durch einen einzigen Schnitt (Trennfläche) in einen einfach zusammenhängenden überführen. Der Schnitt ist hier im Gegensatz zum zweidimensionalen Falle keine Kurve, sondern eine Fläche.
Allgemein heißt ein Körper $(n + 1)$-*fach zusammenhängend*, wenn er mit Hilfe von n Schnitten in einen einfach zusammenhängenden verwandelt werden kann.
Erwähnt sei noch, daß ein Körper, der durch *eine* geschlossene Oberfläche begrenzt wird, nicht unbedingt einfach zusammenhängend zu sein braucht (Beispiel Torus). Andererseits kann ein Körper von mehreren geschlossenen Flächen begrenzt werden und trotzdem einfach zusammenhängend sein (Beispiel: das zwischen zwei konzentrischen Kugelflächen eingeschlossene Gebiet).
Nun betrachten wir den Differentialausdruck

$$P(x, y, z)\,\mathrm{d}x + Q(x, y, z)\,\mathrm{d}y + R(x, y, z)\,\mathrm{d}z, \tag{1}$$

wobei P, Q, R eindeutige stetige Funktionen mit stetigen ersten Ableitungen in einem gewissen *einfach zusammenhängenden Gebiet V* sind. Völlig analog zu dem im vorigen Abschnitt Gesagten kann man folgendes zeigen: Die notwendige und hinreichende Bedingung für die Existenz einer eindeutigen Funktion $F(x, y, z)$, die der Bedingung

$$\mathrm{d}F = P\,\mathrm{d}x + Q\,\mathrm{d}y + R\,\mathrm{d}z \tag{2}$$

genügt, lautet

$$\int_L (P\,dx + Q\,dy + R\,dz) = 0, \tag{3}$$

wobei L eine beliebige geschlossene Kurve im Gebiet V ist.
Unter dieser Voraussetzung wird die Funktion F durch die Formel

$$F(x, y, z) = \int_{M_0M} (P\,dx + Q\,dy + R\,dz) + C \tag{4}$$

definiert, dabei ist C eine beliebige Konstante, und das Integral erstreckt sich über einen beliebigen (in V liegenden) Weg, der den konstanten Punkt M_0 mit dem variablen Punkt $M(x, y, z)$ verbindet. Die Bedingung (3) läßt sich wie folgt umformen: Nach dem *Satz von Stokes* gilt

$$\int_L (P\,dx + Q\,dy + R\,dz) = \iint_\sigma \left\{ \left(\frac{\partial R}{\partial y} - \frac{\partial Q}{\partial z}\right) \cos(n, x) + \left(\frac{\partial P}{\partial z} - \frac{\partial R}{\partial x}\right) \cos(n, y) + \left(\frac{\partial Q}{\partial x} - \frac{\partial P}{\partial y}\right) \cos(n, z) \right\} d\sigma, \tag{5}$$

wobei σ eine beliebige offene (ganz in V liegende) Fläche mit der Randkurve L ist, während n die nach einer bestimmten Seite gerichtete Normale dieser Fläche bezeichnet.
Damit lautet Gl. (3)

$$\iint_\sigma \left\{ \left(\frac{\partial R}{\partial y} - \frac{\partial Q}{\partial z}\right) \cos(n, x) + \left(\frac{\partial P}{\partial z} - \frac{\partial R}{\partial x}\right) \cos(n, y) + \left(\frac{\partial Q}{\partial x} - \frac{\partial P}{\partial y}\right) \cos(n, z) \right\} d\sigma = 0. \tag{6}$$

Diese Beziehung muß für beliebige (im Inneren von V liegende) Flächen σ gelten. Ist σ ein senkrecht auf der x-Achse stehendes Flächenstück, so gilt

$$\iint_\sigma \left(\frac{\partial R}{\partial y} - \frac{\partial Q}{\partial z}\right) dy\,dz = 0.$$

Daraus ergibt sich (infolge der Beliebigkeit von σ) die erste der folgenden Gleichungen:

$$\frac{\partial R}{\partial y} = \frac{\partial Q}{\partial z}, \quad \frac{\partial P}{\partial z} = \frac{\partial R}{\partial x}, \quad \frac{\partial Q}{\partial x} = \frac{\partial P}{\partial y} \tag{7}$$

(die beiden anderen entstehen durch zyklische Vertauschung).
Umgekehrt ist mit (7) auch (3) erfüllt und damit die Existenz der durch (3) definierten Funktion $F(x, y, z)$ gewährleistet.
Im Falle eines *mehrfach zusammenhängenden Gebietes* kann die durch (4) definierte Funktion $F(x, y, z)$ trotz Befriedigung der Gln. (7) mehrdeutig sein; denn analog zum Vorigen muß folgendes beachtet werden: Wir denken uns m Schnitte (Trennflächen) so gelegt, daß sich das gegebene $(m + 1)$fach zusammenhängende Gebiet in ein einfach zusammenhängendes verwandelt, und bezeichnen mit $F_0(x, y, z)$ die durch (4) unter der Bedingung definierte Funktion, daß der Integrationsweg die Trennfläche nicht durchdringt. Dann erhalten wir für einen beliebigen Integrationsweg

$$F(x, y, z) = F_0(x, y, z) + n_1 I_1 + \cdots + n_m I_m, \tag{8}$$

dabei sind $m_1, m_2, \ldots, m_n$ ganze Zahlen, und $I_1, I_2, \ldots, I_n$ bezeichnen Konstanten, die Integrale über geschlossene Kurven darstellen, und zwar gilt

$$I_k = \int_{L_k} (P\,dx + Q\,dy + R\,dz), \tag{9}$$

wobei L_k eine einfache geschlossene Kurve ist, die lediglich die Trennfläche mit der Nummer k von der Seite (+) zur Seite (−) durchstößt. Die ganzen Zahlen m_k werden wie im vorigen Abschnitt gefunden.
Um die Eindeutigkeit der Funktion F zu gewährleisten, ist es notwendig und hinreichend, daß neben den Gln. (7) noch die Bedingungen

$$I_1 = I_2 = \cdots = I_m = 0 \tag{10}$$

befriedigt werden.

III. Bestimmung einer komplexen analytischen Funktion aus dem vorgegebenen Realteil

III.1. Das unbestimmte Integral einer holomorphen Funktion

Es sei

$$p(x, y) + iq(x, y) = f(z) \tag{1}$$

eine Funktion der komplexen Veränderlichen $z = x + iy$, die in einem gewissen Gebiet S der z-Ebene holomorph ist. Bekanntlich sind in diesem Falle der Realteil p und der Imaginärteil q durch die *Cauchy-Riemannschen Beziehungen*

$$\frac{\partial p}{\partial x} = \frac{\partial q}{\partial y}, \quad \frac{\partial p}{\partial y} = -\frac{\partial q}{\partial x} \tag{2}$$

verknüpft.
Aus der Theorie der komplexen Funktionen ist bekannt, daß umgekehrt $p + iq$ eine holomorphe Funktion der Veränderlichen z im gegebenen Gebiet darstellt, wenn die beiden eindeutigen reellen Funktionen p und q stetige erste Ableitungen haben und durch die Beziehungen (2) verknüpft sind[1]).
Die mit der gegebenen Funktion p über die Beziehungen (2) verknüpfte Funktion q heißt zu ihr konjugiert. Nicht jede Funktion p kann Realteil einer holomorphen komplexen Funktion sein, denn wenn wir die Gl. (2) einmal nach x und dann nach y differenzieren und addieren, erhalten wir

$$\frac{\partial^2 p}{\partial x^2} + \frac{\partial^2 p}{\partial y^2} = \Delta p = 0. \tag{3}$$

Die Funktion p muß also harmonisch sein. Genauso läßt sich zeigen, daß q harmonisch sein muß.
Unter einer harmonischen Funktion wollen wir im weiteren eine Funktion verstehen, die (im gegebenen Gebiet S) die Gleichung (3) befriedigt und stetige Ableitungen bis zur 2. Ordnung hat. Außerdem wollen wir überall im weiteren annehmen, daß die Funktion p eindeutig

[1]) Eine holomorphe Funktion hat bekanntlich Ableitungen beliebig hoher Ordnung (und läßt sich darüber hinaus in der Umgebung jedes beliebigen Punktes in eine Taylorreihe entwickeln). Folglich haben auch die Funktionen p und q diese Eigenschaften.

ist. Es läßt sich leicht zeigen, daß zu jeder harmonischen Funktion p eine konjugierte Funktion q existiert, und zwar erhalten wir gemäß (2) zur Bestimmung von q die Beziehung

$$\mathrm{d}q = -\frac{\partial p}{\partial y}\,\mathrm{d}x + \frac{\partial p}{\partial x}\,\mathrm{d}y.$$

Die Existenzbedingung für die Funktion q (s. II.) führt in unserem Falle auf folgende Gleichung

$$-\frac{\partial^2 p}{\partial y^2} = \frac{\partial^2 p}{\partial x^2},$$

die nach Gl. (3) erfüllt ist. Folglich läßt sich die Funktion q bis auf eine willkürliche Konstante aus der Gleichung

$$q(x, y) = \int\limits_{M_0 M} \left(-\frac{\partial p}{\partial y}\,\mathrm{d}x + \frac{\partial p}{\partial x}\,\mathrm{d}y\right) + C \tag{4}$$

bestimmen, wobei M_0M ein beliebiger Weg ist, der den (willkürlichen) konstanten Punkt M_0 mit dem variablen Punkt $M(x, y)$ verbindet und nicht aus dem gegebenen Gebiet S herausführt.

Die Gl. (4) kann man noch etwas umformen. Dazu bezeichnen wir mit t die Tangente an den Integrationsweg (die in Bewegungsrichtung von M_0 nach M zeigt) und mit n die von der t-Richtung aus nach rechts gerichtete Normale (Bild 15); dann gilt

$$\mathrm{d}x = \mathrm{d}s\cos(t, x) = -\mathrm{d}s\cos(n, y), \quad \mathrm{d}y = \mathrm{d}s\cos(t, y) = \mathrm{d}s\cos(n, x),$$

wobei $\mathrm{d}s$ das Linienelement des Integrationsweges ist, und folglich

$$-\frac{\partial p}{\partial y}\,\mathrm{d}x + \frac{\partial p}{\partial x}\,\mathrm{d}y = \left\{\frac{\partial p}{\partial y}\cos(n, y) + \frac{\partial p}{\partial x}\cos(n, x)\right\}\mathrm{d}s = \frac{\mathrm{d}p}{\mathrm{d}n}\,\mathrm{d}s.$$

Damit lautet die Gl. (4)[1])

$$q(x, y) = \int\limits_{M_0 M} \frac{\mathrm{d}p}{\mathrm{d}n}\,\mathrm{d}s + C. \tag{4'}$$

Im Falle eines einfach zusammenhängenden Gebietes S ist die durch (4) bzw. (4′) definierte Funktion q eindeutig, und die Funktion

$$f(z) = p + \mathrm{i}q$$

ist im Gebiet S holomorph; *sie wird durch ein vorgegebenes p bis auf eine rein imaginäre Konstante* $\mathrm{i}C$ *eindeutig bestimmt*. Im Falle eines mehrfach zusammenhängenden Gebietes ist die Funktion $f(z) = p + \mathrm{i}q$ mit q aus (4) bzw. (4′) in jedem auf S abgeteilten einfach zusammenhängenden Gebiet holomorph (insbesondere also auch in dem aufgeschnittenen Gebiet S^*, s. II.).

---

[1]) Die Gl. (4′) kann man sofort hinschreiben, wenn man beachtet, daß

$$\frac{\mathrm{d}q}{\mathrm{d}s} = \frac{\mathrm{d}p}{\mathrm{d}n}$$

ist. Diese Beziehung läßt sich unmittelbar aus den CAUCHY-RIEMANNschen Gleichungen herleiten.

Wenn wir jedoch den Integrationsweg keiner einschränkenden Bedingung unterwerfen (außer daß er in S liegt), dann kann sich die Funktion $F(z)$ als mehrdeutig erweisen. Das läßt sich wie folgt zeigen: Beim Umfahren einer geschlossenen Kurve, die eine der Randkurven L_k umschlingt (Bezeichnungen wie in II.), wächst die Funktion q um einen gewissen konstanten Wert B_k, und die Funktion $F(z)$ hat folglich einen rein imaginären Zuwachs $\mathrm{i}B_k$. Die Konstanten B_k ergeben sich aus der Gleichung

$$B_k = \int\limits_{L'_k} \left(-\frac{\partial p}{\partial y} \mathrm{d}x + \frac{\partial p}{\partial x} \mathrm{d}y \right) \mathrm{d}s = \int\limits_{L'_k} \frac{\mathrm{d}p}{\mathrm{d}n} \mathrm{d}s \quad (k = 1, \ldots, m). \tag{5}$$

Wenn die partiellen Ableitungen der Funktion p stetig bis hin zum Rand sind, kann auch über die Kurven L_k selbst integriert werden. Für die Eindeutigkeit der Funktion $f(z)$ in einem mehrfach zusammenhängenden Gebiet S ist notwendig und hinreichend, daß alle Konstanten B_k verschwinden.

III.2. Über das unbestimmte Integral einer im Gebiet S holomorphen Funktion $f(z)$ ist im Zusammenhang mit dem bisher Gesagten folgendes zu bemerken: Unter dem unbestimmten Integral $\int f(z)\,\mathrm{d}z$ verstehen wir eine Funktion, die durch die Gleichung

$$F(z) = \int\limits_{z_0}^{z} f(z)\,\mathrm{d}z + \text{const} \tag{1}$$

definiert ist, dabei erstreckt sich das Integral über einen beliebigen Weg, der nicht aus S herausführt und einen beliebigen festen Punkt z_0 mit dem variablen Punkt z verbindet, während const eine willkürliche (im allgemeinen komplexe) Konstante bezeichnet.
Wenn S ein einfach zusammenhängendes Gebiet darstellt, so ist $F(z)$ eine eindeutige Funktion. Dies folgt aus der Tatsache, daß das Integral

$$\int f(z)\,\mathrm{d}z,$$

erstreckt über einen beliebigen geschlossenen Weg, nach dem bekannten CAUCHYschen Satz verschwindet und daß somit

$$\int\limits_{z_0}^{z} f(z)\,\mathrm{d}z$$

nicht vom Integrationsweg abhängt (vgl. die analoge Überlegung in II.2.). Wenn jedoch S ein mehrfach zusammenhängendes Gebiet ist (wir nehmen an, daß es die in II.1. angeführte Gestalt hat), so kann sich die Funktion $F(z)$ als mehrdeutig erweisen; denn beim Umfahren der Kurve L'_k, die L_k einmal umschlingt (Bezeichnung s. II.), wächst sie um die Größe

$$\alpha_k + \mathrm{i}\beta_k = \int\limits_{L'_k} f(z)\,\mathrm{d}z. \tag{2}$$

Das Integral auf der rechten Seite ist im allgemeinen von Null verschieden; denn das innerhalb L'_k eingeschlossene Gebiet gehört nicht vollständig zum Gebiet S. Die Größe $\alpha_k + \mathrm{i}\beta_k$ hängt nicht von der Wahl der Kurve L'_k ab, wenn diese den Rand L_k nur einmal umschlingt, keine Trennlinie außer $a_k b_k$ schneidet und in bestimmter Richtung umfahren wird. Das läßt sich analog zu II.2. zeigen. Somit kann die durch Gl. (1) definierte Funktion $F(z)$ in der Gestalt

$$F(z) = F_0(z) + n_1(\alpha_1 + \mathrm{i}\beta_1) + \cdots + n_m(\alpha_m + \mathrm{i}\beta_m) \tag{3}$$

geschrieben werden, dabei ist $F_0(z)$ eine im aufgeschnittenen Gebiet S^* eindeutige Funktion, und $n_1, \ldots, n_m$ bezeichnen ganze Zahlen, die wie in II. zu bestimmen sind.

IV. Eine Herleitung der Formeln der komplexen Darstellung

IV.1. In 2. wurde eine einfache Herleitung der Formeln für die allgemeine Darstellung der Lösung der Gleichungen der ebenen Elastizitätstheorie bei verschwindenden Volumenkräften gezeigt, die im wesentlichen auf die Gleichungen von G. W. Kolosow führte.
Diese Formeln lassen sich selbstverständlich auch auf andere Weise gewinnen. Eine solche Möglichkeit stellt das von G. W. Kolosow [1, 2] selbst benutzte Verfahren dar. Wir gingen darauf im Haupttext nicht näher ein, da das Herleitungsverfahren keine besondere Bedeutung hat. Wesentlich ist nur, wie diese Formeln zur Lösung konkreter Probleme anzuwenden sind.
Jedoch mit Rücksicht darauf, daß einige Autoren dem Herleitungsverfahren der genannten Formeln eine gewisse (nach meiner Ansicht übertriebene) Bedeutung beimessen, erachte ich es hier für notwendig, etwas ausführlicher auf die genannte Methode einzugehen. Wir behandeln deshalb eines dieser Verfahren (das auch den Fall vorhandener Volumenkräfte einschließt).

IV.2. Die meisten der von verschiedenen Autoren angeführten Herleitungsverfahren beruhen auf folgendem: Anstelle der reellen Veränderlichen x, y werden die komplexen Veränderlichen

$$z = x + \mathrm{i}y, \quad \bar{z} = x - \mathrm{i}y$$

eingeführt, so daß eine beliebige Funktion der reellen Veränderlichen, etwa $f(x, y)$, als Funktion der beiden Veränderlichen z, $\bar{z}$ dargestellt werden kann:

$$f(x, y) = f\left(\frac{z + \bar{z}}{2}, \frac{z - \bar{z}}{2}\right) = \varphi(z, \bar{z}). \tag{*}$$

Dabei behandelt man die Funktion $\varphi(z, \bar{z})$ bisweilen als Funktion zweier *unabhängiger* komplexer Veränderlicher z und $\bar{z}$; z. B. die allgemeine Lösung der Gleichung

$$\frac{\partial \Phi}{\partial \bar{z}} = \varphi(z, \bar{z}), \tag{**}$$

mit $\varphi(z, \bar{z})$ als vorgegebener und $\Phi = \Phi(z, \bar{z})$ als gesuchter Funktion schreibt man in der Gestalt

$$\Phi(z, \bar{z}) = \int \varphi(z, \bar{z})\, d\bar{z} + \Psi(z), \tag{***}$$

wobei $\Psi(z)$ eine willkürliche (selbstverständlich analytische) Funktion von z ist. Offensichtlich kann man solchen Überlegungen nur in Sonderfällen (Beispiel s. IV.3.) und unter gewissen, sehr wesentlichen Vereinbarungen[1]) einen bestimmten Sinn zuschreiben.
Formeln der Gestalt (***) wurden auch von G. W. Kolosow benutzt (s. z. B. sein Buch [6], § 8 und den Artikel [3]). Es ist jedoch zu bemerken, daß die in seinen (den vorigen vorausgehenden) Hauptarbeiten [1, 2] angegebenen Herleitungen der Formeln für die allgemeine Darstellung (bei fehlenden Volumenkräften) ganz strikt durchgeführt sind, wenn man gewisse (übrigens ganz offensichtliche) Erklärungen hinzufügt. Später (IV.4.) geben wir eine zur oben genannten analoge, jedoch streng begründete Herleitung an. Aber zunächst führen wir einige vorbereitende Überlegungen an.

---

[1]) Wenn man von der gewöhnlichen Definition einer Funktion $f(x, y)$ zweier Veränderlicher x, y ausgeht, hat die Darstellung einer solchen Funktion in der Gestalt (*) keinen bestimmten Sinn, denn sie läßt sich in unendlich vielfacher Weise schreiben (wie man es häufig auch tut): $f(x, y) = \varphi(z)$ oder $f(x, y) = \psi(\bar{z})$, wenn wir darunter verstehen, daß jedem Wert $z = x + \mathrm{i}y$ bzw. $z = x - \mathrm{i}y$ bestimmte Werte von $f(x, y)$ entsprechen.

IV.3. Wir betrachten folgende Operationen:

$$\frac{\partial}{\partial \bar{z}} = \frac{1}{2}\left(\frac{\partial}{\partial x} + \mathrm{i}\frac{\partial}{\partial y}\right), \quad \frac{\partial}{\partial z} = \frac{1}{2}\left(\frac{\partial}{\partial x} - \mathrm{i}\frac{\partial}{\partial y}\right). \tag{1}$$

Sie sind auf beliebige, in einem gewissen Gebiet S differenzierbare Funktionen $F(x, y) = U(x, y) + \mathrm{i}V(x, y)$ anwendbar, wenn U und V reelle Funktionen der reellen Veränderlichen x, y sind

$$\begin{aligned} \frac{\partial F}{\partial \bar{z}} &= \frac{1}{2}\left[\frac{\partial F}{\partial x} + \mathrm{i}\frac{\partial F}{\partial y}\right] = \frac{1}{2}\left[\frac{\partial U}{\partial x} - \frac{\partial V}{\partial y}\right] + \frac{\mathrm{i}}{2}\left[\frac{\partial U}{\partial y} + \frac{\partial V}{\partial x}\right], \\ \frac{\partial F}{\partial z} &= \frac{1}{2}\left[\frac{\partial F}{\partial x} - \mathrm{i}\frac{\partial F}{\partial y}\right] = \frac{1}{2}\left[\frac{\partial U}{\partial x} + \frac{\partial V}{\partial y}\right] - \frac{\mathrm{i}}{2}\left[\frac{\partial U}{\partial y} - \frac{\partial V}{\partial x}\right]. \end{aligned} \tag{2}$$

Falls

$$\frac{\partial F}{\partial \bar{z}} = 0$$

ist, erhalten wir nach den *Cauchy-Riemannschen Bedingungen* $F(x, y) = \varphi(z)$, wobei $\varphi(z)$ eine *analytische Funktion* von z ist, und umgekehrt; und wenn

$$\frac{\partial F}{\partial z} = 0$$

ist, so gilt $F(x, y) = \overline{\varphi(z)}$, wobei $\varphi(z)$ eine analytische Funktion von z ist, und umgekehrt.
Nun betrachten wir die Differentialgleichung

$$\frac{\partial F}{\partial \bar{z}} = f(x, y) = f_1(x, y) + \mathrm{i}f_2(x, y), \tag{3}$$

wobei $F = F(x, y)$ die gesuchte und $f(x, y)$ eine vorgegebene Funktion ist. Ausführlich geschrieben ergibt sich damit das Differentialgleichungssystem

$$\frac{\partial U}{\partial x} - \frac{\partial V}{\partial y} = 2f_1(x, y), \quad \frac{\partial U}{\partial y} + \frac{\partial V}{\partial x} = 2f_2(x, y). \tag{3a}$$

Für $f(x, y) = 0$ ist die Gl. (3) und das ihr äquivalente System (3a) homogen und entspricht den *Cauchy-Riemannschen Bedingungen*. Es leuchtet unmittelbar ein, daß die allgemeine Lösung der zu (3) gehörigen homogenen Gleichung eine beliebige analytische Funktion $F(z)$ der komplexen Veränderlichen z ist und daß wir die allgemeine Lösung der inhomogenen Gleichung (3) gewinnen können, indem wir zu irgendeiner partikulären Lösung derselben eine beliebige analytische Funktion von z hinzufügen.
Eine partikuläre Lösung erhalten wir unter gewissen allgemeinen Voraussetzungen (s. u.) in Gestalt der Funktion $F_0(x, y)$, definiert durch die Formel[1])

$$F_0(x, y) = -\frac{1}{\pi}\iint_S \frac{f(\xi, \eta)\,\mathrm{d}\xi\,\mathrm{d}\eta}{\zeta - z}, \tag{4}$$

dabei ist $z = x + \mathrm{i}y$ ein beliebiger Punkt des Gebietes S und $\zeta = \xi + \mathrm{i}\eta$. Hier und im weiteren wollen wir annehmen, daß das Gebiet S denselben allgemeinen Bedingungen unter-

[1]) Diese Formel wurde offenbar erstmals vom POMPEIU [1, 2] angegeben.

worfen wird, wie im Haupttext des Buches, und daß im Falle des unendlichen Gebietes

$$f(x, y) = O\left(\frac{1}{|z|^{1+\alpha}}\right) \quad \text{für } z \to \infty, \quad \alpha = \text{const} > 0 \tag{4a}$$

gilt.

Die Richtigkeit der Behauptung, daß die durch Formel (4) definierte Funktion $F_0(x, y)$ eine (partikuläre) Lösung der Gleichung (3) darstellt, kann man unter gewissen Voraussetzungen in bezug auf die Funktion $F(x, y)$ unmittelbar durch Einsetzen verifizieren. Nebenbei bemerkt ist dies nicht ganz einfach, da die Differentiation unter dem Integralzeichen hier infolge der starken Singularität des Integranden nicht statthaft ist[1]). In IV.5. führen wir einen Beweis an, der sich auf den Fall anwenden läßt, daß die Funktion $F(x, y)$ im Gebiet S stetig differenzierbar ist. In IV.6. werden noch allgemeinere Bedingungen angegeben, für die unsere Behauptung gültig bleibt.

Die allgemeine Lösung der Gleichung (3) ergibt sich aus der Formel

$$F(x, y) = F_0(x, y) + \Omega(z),$$

wobei $\Omega(z)$ eine beliebige analytische Funktion ist. Analog erhalten wir eine partikuläre Lösung $F_0^*(x, y)$ für die Gleichung

$$\frac{\partial F}{\partial z} = f(x, y) = f_1(x, y) + \mathrm{i} f_2(x, y) \tag{5}$$

aus der Formel

$$F_0^*(x, y) = -\frac{1}{\pi} \iint\limits_S \frac{f(\xi, \eta)\, \mathrm{d}\xi\, \mathrm{d}\eta}{\bar{\zeta} - \bar{z}}, \tag{6}$$

und die allgemeine Lösung lautet

$$F(x, y) = F_0^*(x, y) + \overline{\Omega(z)},$$

wobei $\overline{\Omega(z)}$ eine beliebige analytische Funktion ist.

Erwähnt sei noch, daß man die Lösung der Gln. (3) bzw. (5) in vielen Sonderfällen völlig elementar gewinnen kann. Wenn beispielsweise $f(x, y)$ ein Polynom oder, allgemeiner, eine rationale Funktion von x, y ist, läßt sich diese Funktion in Gestalt eines Polynoms oder einer rationalen Funktion von z und $\bar{z}$ schreiben:

$$f(x, y) = f\left(\frac{z + \bar{z}}{2}, \quad \frac{z - \bar{z}}{2}\right) = f_0(z, \bar{z})$$

(jetzt hat eine solche Darstellung schon einen bestimmten Sinn); dann lautet offenbar beispielsweise die Lösung der Gleichung (5)

$$F(x, y) = \int f_0(z, \bar{z})\, \mathrm{d}z + \overline{g(z)}, \tag{7}$$

[1]) Wenn die Differentiation unter dem Integral erlaubt wäre, ergäbe sich

$$\frac{\partial F_0}{\partial \bar{z}} = 0,$$

was offenbar unrichtig ist.

wobei $g(z)$ eine beliebige analytische Funktion von z ist; das Integral wird dabei so berechnet, als ob die Größe $\bar{z}$ eine Konstante wäre[1]).

Wie schon in IV.2. gesagt, verliert die Gl. (7) im allgemeinen Falle ihren Sinn. In der Praxis kann man häufig unter Benutzung eines geeigneten Verfahrens ohne die Gln. (4) bzw. (6) auskommen. Wir führen zwei einfache Beispiele an, die wir im weiteren benötigen.

Angenommen, wir suchen die Lösung einer Gleichung vom Typ (5):

$$\frac{\partial F}{\partial z} = -\frac{1}{\pi} \iint_S \frac{f(\xi, \eta)\, d\xi\, d\eta}{\zeta - z}, \tag{8}$$

wobei $f(\xi, \eta)$ eine in S vorgegebene stetige Funktion ist, die im Falle des unendlichen Gebietes der Bedingung (4a) für $\alpha > 1$ genügt.

Mit

$$\frac{1}{\zeta - z} = -\frac{\partial}{\partial z} [\ln(\zeta - z) + \overline{\ln(\zeta - z)}] = -2 \frac{\partial}{\partial z} \ln|\zeta - z|$$

lautet die Gl. (8)

$$\frac{\partial F}{\partial z} = \frac{2}{\pi} \iint_S f(\xi, \eta) \frac{\partial}{\partial z} \ln|\zeta - z|\, d\xi\, d\eta = \frac{2}{\pi} \frac{\partial}{\partial z} \iint_S f(\xi, \eta) \ln|\zeta - z|\, d\xi\, d\eta$$

(die Differentiation unter dem Integralzeichen ist hier zulässig). Daraus folgt unmittelbar, daß

$$F_0(x, y) = \frac{2}{\pi} \iint_S f(\xi, \eta) \ln|\zeta - z|\, d\xi\, d\eta \tag{9}$$

eine partikuläre Lösung der Gl. (8) ist. Durch analoges Vorgehen ergibt sich eine partikuläre Lösung der Gleichung

$$\frac{\partial F}{\partial z} = -\frac{1}{\pi} \iint_S \frac{f(\xi, \eta)\, d\xi\, d\eta}{\bar{\xi} - \bar{z}} \tag{10}$$

in der Gestalt

$$F_0(x, y) = \frac{1}{\pi} \iint_S \frac{\zeta - z}{\bar{\xi} - \bar{z}} f(\xi, \eta)\, d\xi\, d\eta. \tag{11}$$

IV.4. Wir kommen nun zu der oben angekündigten Herleitung[2]) der Formel für die komplexe Darstellung und gehen dabei von den Verschiebungsgleichungen (4) in 2.1.3. aus:

$$\mu \Delta u + (\lambda + \mu) \frac{\partial e}{\partial x} + X = 0, \quad \mu \Delta v + (\lambda + \mu) \frac{\partial e}{\partial y} + Y = 0 \tag{1}$$

im Gebiet S mit

$$e = \frac{\partial u}{\partial x} + \frac{\partial v}{\partial y},$$

---

[1]) Dieses Verfahren läßt sich unter gewissen Absprachen auf den Fall erweitern, daß $f(x, y)$ eine analytische Funktion von x, y ist. S. beispielsweise I. N. Wekua [1].

[2]) Diese Herleitung stammt von I. N. Wekua, sie wurde in dem Artikel von I. N. Wekua und N. I. Musschelischwili [1] veröffentlicht.

wobei wie bisher u, v die Verschiebungen und X, Y die Komponenten der Volumenkräfte sind.
Aus (1) ergibt sich die komplexe Gleichung

$$4\mu \frac{\partial^2 W}{\partial \bar{z}\, \partial z} + 2(\lambda + \mu) \frac{\partial e}{\partial \bar{z}} + F = 0 \tag{2}$$

mit

$$W = u + \mathrm{i}v, \quad F = F(x, y) = X + \mathrm{i}Y \tag{3}$$

und

$$e = \frac{\partial W}{\partial z} + \frac{\partial \bar{W}}{\partial \bar{z}}.$$

Unter $\frac{\partial^2 W}{\partial z\, \partial \bar{z}}$ verstehen wir $\frac{\partial}{\partial \bar{z}}\left(\frac{\partial W}{\partial z}\right)$; dabei sind die Operationen $\frac{\partial}{\partial \bar{z}}$ und $\frac{\partial}{\partial z}$ wie in Gl. (1) aus IV.3. auszuführen. Die Gl. (2) kann man auch in der Gestalt

$$\frac{\partial}{\partial \bar{z}} \left[4\mu \frac{\partial W}{\partial z} + 2(\lambda + \mu)\, e\right] = -F \tag{3'}$$

schreiben. Daraus ergibt sich nach Gl. (4) in IV.3.

$$4\mu \frac{\partial W}{\partial z} + 2(\lambda + \mu)\, e = \frac{1}{\pi} \iint_S \frac{F(\xi, \eta)\, \mathrm{d}\xi\, \mathrm{d}\eta}{\zeta - z} + 2(1 + \varkappa)\, \varphi'(z) \tag{4}$$

mit $\zeta = \xi + \mathrm{i}\eta$. Hierbei ist $\varphi'(z)$ die Ableitung einer beliebigen analytischen Funktion. Der Faktor $2(1 + \varkappa)$ wurde der Bequemlichkeit halber eingeführt. Weiterhin gilt wie bisher

$$\varkappa = \frac{\lambda + 3\mu}{\lambda + \mu} = 3 - 4\nu.$$

Durch Addition der Gl. (4) und der aus ihr durch Übergang zu den konjugierten Werten entstehenden Gleichung ergibt sich

$$e = \frac{\varkappa - 1}{2\mu\,(1 + \varkappa)} \operatorname{Re} \left\{2(1 + \varkappa)\, \varphi'(z) + \frac{1}{\pi} \iint_S \frac{F(\xi, \eta)\, \mathrm{d}\xi\, \mathrm{d}\eta}{\zeta - z}\right\}.$$

Wenn wir diesen Wert e in (4) einsetzen, erhalten wir gemäß (9) und (10) in IV.3. nach einigen einfachen Umformungen bei Einführung geeigneter Bezeichnungen folgende Gleichung:

$$\begin{aligned} 2\mu W &= 2\mu\,(u + \mathrm{i}v) \\ &= \varkappa\varphi(z) - z\overline{\varphi'(z)} - \overline{\psi(z)} - \frac{\varkappa}{1 + \varkappa} \frac{1}{\pi} \iint_S F(\xi, \eta) \ln |\zeta - z|\, \mathrm{d}\xi\, \mathrm{d}\eta \\ &\quad + \frac{1}{2(1 + \varkappa)} \frac{1}{\pi} \iint_S \overline{F(\xi, \eta)} \frac{\zeta - z}{\bar{\zeta} - \bar{z}}\, \mathrm{d}\xi\, \mathrm{d}\eta, \end{aligned} \tag{5}$$

wobei $\psi(z)$ eine beliebige analytische Funktion ist.
Die Gl. (5) gibt die allgemeine Darstellung der Lösung der Gleichungen der ebenen Elastizitätstheorie in Verschiebungen an. Wenn wir in (5) $F(\xi, \eta) = 0$ setzen, erhalten wir die Formel für den Fall verschwindender Volumenkräfte, die wir im Haupttext dauernd be-

nutzten, und für $\varphi(z) = \psi(z) = 0$ ergibt sich die partikuläre Lösung der genannten Gleichungen bei vorhandenen Volumenkräften, die auf anderem Wege in 3.2.6. hergeleitet wurde.

Zur Gewinnung der Formeln für die Spannungskomponenten benutzten wir die aus (2) in 2.1.1. entstehenden Beziehungen

$$\sigma_x + \sigma_y = 2(\lambda + \mu)\left(\frac{\partial W}{\partial z} + \frac{\partial \overline{W}}{\partial \bar{z}}\right),$$

$$\sigma_x - \sigma_y + 2\mathrm{i}\tau_{xy} = 4\mu \frac{\partial W}{\partial \bar{z}}.$$

Durch Einsetzen des Ausdruckes (5) für W ergibt sich hieraus

$$\sigma_x + \sigma_y = \operatorname{Re}\left[\frac{2}{(\varkappa + 1)\pi} \iint\limits_S \frac{F(\xi, \eta)\, \mathrm{d}\xi\, \mathrm{d}\eta}{\zeta - z} + 4\varphi'(z)\right],$$

$$\sigma_y - \sigma_x + 2\mathrm{i}\tau_{xy} = -\frac{\varkappa}{\varkappa + 1} \frac{1}{\pi} \iint\limits_S \overline{\frac{F(\xi, \eta)}{\zeta - z}}\, \mathrm{d}\xi\, \mathrm{d}\eta$$

$$-\frac{1}{\varkappa + 1} \frac{1}{\pi} \iint\limits_S F(\xi, \eta) \frac{\bar{\xi} - \bar{z}}{(\zeta - z)^2}\, \mathrm{d}\xi\, \mathrm{d}\eta + 2[\bar{z}\varphi''(z) + \psi(z)]. \tag{6}$$

Diese Gleichungen stimmen bei verschwindenden Volumenkräften, d. h. für $F(x, y) = 0$, mit den im Haupttext angeführten überein. Analoge Herleitungen der Formeln für die allgemeine Darstellung bei vorhandenen Volumenkräften sind auch in verschiedenen Arbeiten von G. W. Kolosow (z. B. [6]) enthalten. Diese können jedoch nicht als streng angesehen werden (zumindest nicht ohne wesentliche Vereinbarungen), da der Autor das in IV.2. genannte Verfahren, insbesondere die Beziehung (***), benutzt.

Von S. G. Michlin [10] wurden die Formeln der allgemeinen Darstellung für den Fall angegeben, daß die Volumenkräfte ein Potential haben, wenn also

$$X = -\frac{\partial V}{\partial x}, \quad Y = -\frac{\partial V}{\partial y}$$

gilt, wobei $V = V(x, y)$ ist. Später behandelte Stevenson [1, 2] denselben Fall. Dabei benutzt er in seiner ersten Arbeit Gleichungen vom Typ (***) aus IV.2., in der zweiten jedoch leitet er die Formeln der allgemeinen Darstellung ohne Verwendung dieser Gleichungen her. In den von ihm gewonnenen Formeln tritt eine gewisse Funktion $W(z, \bar{z})$ auf, die durch die Bedingungen

$$\frac{\partial}{\partial z} W(z, \bar{z}) = U(z, \bar{z}), \quad U(z, \bar{z}) = V(x, y)$$

definiert ist und für die der Autor keinen expliziten Ausdruck angibt.

Die Formeln der allgemeinen Darstellung bei vorhandenen Volumenkräften und einige Anwendungen derselben werden auch von Yi-Yuan Yu [1] und F. Schelengowski [1] behandelt.

IV.5. Zum Schluß zeigen wir noch den von uns zunächst zurückgestellten Beweis der Behauptung, daß die Gl. (4) in IV.3. eine partikuläre Lösung der Gl. (3) aus IV.3. liefert. Dieser relativ einfache Beweis wurde mir von I. N. WEKUA mitgeteilt.
Zur Vereinfachung der Bezeichnungen schreiben wir nun $f(\zeta)$ statt $f(\xi, \eta)$, wobei wie bisher $\zeta = \xi + \mathrm{i}\eta$ ist, und $F(x, y)$ bzw. $F(z)$ anstelle von $F_0(x, y)$. Dann lautet die Gl. (4) in IV.3.

$$F(x, y) = F(z) = -\frac{1}{\pi} \iint_S \frac{f(\zeta)\, \mathrm{d}\xi\, \mathrm{d}\eta}{\zeta - z}. \tag{1}$$

Im Falle des unendlichen Gebietes setzen wir wiederum voraus, daß für große $|\zeta|$

$$|f(\zeta)| = O\left(\frac{1}{|\zeta|^{1+\alpha}}\right), \quad \alpha > 0 \tag{1a}$$

gilt. Außerdem nehmen wir an, daß die Funktion $f(\zeta)$, d. h. die Funktion $f(\xi, \eta)$ aus Gl. (4) in IV.3., stetig differenzierbar ist, also stetige partielle Ableitungen nach ξ und η hat.
Nun ist zu zeigen, daß in einem beliebigen Punkt $z = x + \mathrm{i}y$ des Gebietes S

$$\frac{\partial F(z)}{\partial \bar{z}} \equiv \frac{1}{2}\left[\frac{\partial F}{\partial x} + \mathrm{i}\frac{\partial F}{\partial y}\right] = f(z) \tag{2}$$

gilt. Offenbar brauchen wir dazu nur die Gültigkeit dieser Gleichung für eine beliebige kleine Umgebung S_0 eines beliebigen festgehaltenen Punktes z_0 aus S zu beweisen. Als Umgebung S_0 wählen wir den ganz in S gelegenen Kreis mit dem Radius ε und dem Mittelpunkt z_0. Im weiteren verstehen wir unter z einen Punkt aus dem Inneren des Kreises S_0.
Die Funktion $F(z)$ können wir nun in der Gestalt

$$F(z) = F_0(z) + F_1(z)$$

darstellen, wobei $F_0(z)$ und $F_1(z)$ Integrale vom Typ (1), erstreckt über die Gebiete S_0 bzw. $S - S_0$, bezeichnen.
Offensichtlich ist $F_1(z)$ eine in S holomorphe Funktion, und deshalb gilt

$$\frac{\partial F_1}{\partial \bar{z}} = 0$$

im Gebiet S_0. Folglich bleibt zu zeigen, daß in diesem Gebiet

$$\frac{\partial F_0}{\partial \bar{z}} = f(z)$$

mit

$$F_0 = F_0(z) = -\frac{1}{\pi} \iint_{S_0} \frac{f(\zeta)\, \mathrm{d}\xi\, \mathrm{d}\eta}{\zeta - z} \tag{3}$$

gilt. Wir setzen nun die in dem vorigen Integral auftretende und im Kreis S_0 gegebene Funktion $f(\zeta)$ auf die gesamte Ebene fort und fordern, daß die dabei entstehende, in der gesamten Ebene definierte und im Gebiet S_0 mit der Funktion $f(\zeta)$ zusammenfallende neue Funktion $f_*(\zeta)$ überall stetig und stetig differenzierbar ist und der Bedingung (1a) genügt. Eine solche Erweiterung läßt sich, wie man leicht sieht, durch unendlich viele verschiedene Verfahren verwirklichen.

Wir setzen nun

$$F_*(z) = -\frac{1}{\pi}\iint\limits_P \frac{f_*(\zeta)\,\mathrm{d}\xi\,\mathrm{d}\eta}{\zeta - z} = F_0(z) + F_{**}(z),$$

dabei bezeichnet P die gesamte Ebene, und $F_0(z)$, $F_{**}(z)$ sind Integrale, die entsprechend über die Gebiete S_0 bzw. $P - S_0$ erstreckt werden.
Es leuchtet unmittelbar ein, daß $F_{**}(z)$ eine in S_0 holomorphe Funktion ist und daß deshalb

$$\frac{\partial F_{**}(z)}{\partial \bar{z}} = 0$$

gilt. Somit brauchen wir nur noch zu zeigen, daß im Gebiet S_0

$$\frac{\partial F_*(z)}{\partial \bar{z}} = f_*(z) = f(z)$$

ist. Durch Transformation der Integrationsvariablen können wir die Funktion $F_*(z)$ in der Gestalt[1])

$$F_*(z) = -\frac{1}{\pi}\iint\limits_P \frac{f_*(\zeta + z)}{\zeta}\,\mathrm{d}\xi\,\mathrm{d}\eta$$

darstellen. Demnach ist die Funktion $F_*(z)$ in der gesamten Ebene P stetig differenzierbar. Durch Differentiation unter dem Integralzeichen (das ist jetzt zulässig) erhalten wir

$$\frac{\partial F_*(z)}{\partial \bar{z}} = -\frac{1}{\pi}\iint\limits_P \frac{1}{\xi}\left[\frac{\partial}{\partial \bar{z}} f_*(\zeta + z)\right]\mathrm{d}\xi\,\mathrm{d}\eta = -\frac{1}{\pi}\iint\limits_P \frac{1}{\zeta}\left[\frac{\partial}{\partial \bar{\xi}} f_*(\zeta + z)\right]\mathrm{d}\xi\,\mathrm{d}\eta$$

oder

$$\frac{\partial F_*(z)}{\partial \bar{z}} = -\frac{1}{\pi}\lim_{h\to 0}\iint\limits_{P_h} \frac{\partial}{\partial \bar{\xi}}\left[\frac{f_*(\zeta + z)}{\zeta}\right]\mathrm{d}\xi\,\mathrm{d}\eta,$$

wobei P_h das zwischen den konzentrischen Kreisen $|\zeta| = h$ und $|\zeta| = 1/h$ eingeschlossene Gebiet bezeichnet und h eine positive Größe ist.
Nun wandeln wir das Doppelintegral mit Hilfe der Formel von Ostrogradski-Green in ein einfaches um. Wie man leicht sieht, lautet diese Formel in komplexer Schreibweise

$$\iint\limits_S \frac{\partial F}{\partial \bar{\xi}}\,\mathrm{d}\xi\,\mathrm{d}\eta = \frac{1}{2\mathrm{i}}\int\limits_L F\,\mathrm{d}\zeta,$$

wobei S ein gewisses endliches Gebiet der Ebene und L dessen mit einer positiven Richtung versehene Randkurve ist. Wir setzen voraus, daß das Gebiet S und seine Randkurve L denselben Bedingungen wie im Haupttext des Buches gehorchen. In unserem Falle liefert die

[1]) Wir hätten eine solche Umformung auch im Integral (3) durchführen können. Jedoch dabei wäre das Integrationsgebiet veränderlich (z-abhängig) geworden, und dieser Umstand hätte bei der Differentiation des Integrals berücksichtigt werden müssen.

letzte Gleichung

$$\frac{\partial F_*}{\partial \bar{z}} = \frac{1}{\pi} \lim_{h \to 0} \left\{ \frac{1}{2i} \int\limits_{|\zeta|=h} \frac{f_*(\zeta + z)}{\zeta} d\zeta - \frac{1}{2i} \int\limits_{|\zeta|=\frac{1}{h}} \frac{f_*(\zeta + z)}{\zeta} d\zeta \right\}$$

$$= \frac{1}{\pi} \lim_{h \to 0} \left\{ \frac{1}{2} \int\limits_0^{2\pi} f_*(h\,e^{i\vartheta} + z)\, d\vartheta - \frac{1}{2} \int\limits_0^{2\pi} f_*\left(\frac{1}{h} e^{i\vartheta} + z\right) d\vartheta \right\}$$

$$= \frac{1}{2\pi} \int\limits_0^{2\pi} f_*(z)\, d\vartheta - \frac{1}{2\pi} \int\limits_0^{2\pi} f(\infty)\, d\vartheta = f_*(z) = f(z),$$

und damit ist unsere Behauptung bewiesen.

IV.6. Es läßt sich zeigen, daß die Gl. (2) aus IV.5. auch dann gilt, wenn die Funktion $f(z) = f(x, y)$ nicht differenzierbar ist, sondern lediglich einer *Hölderbedingung*[1]) genügt. Der Beweis dieses Satzes ist in der Monographie von I. N. Wekua [8] Kapitel 1 § 8 enthalten. Wenn die Funktion $F(x, y)$ lediglich stetig ist, dann verliert die Gl. (2) in IV.5. im allgemeinen ihre Gültigkeit, da die Funktion $f(x, y)$ in diesem Falle keine partiellen Ableitungen nach x und y im gewöhnlichen Sinne zu haben braucht.
Den Begriff der partiellen Ableitung kann man jedoch derart verallgemeinern, daß die Funktion $F(x, y)$ auch in diesem Falle differenzierbar bleibt. Faßt man beispielsweise die partiellen Ableitungen im Soboljewschen Sinne auf, so gilt die Gl. (2) aus IV.5. fast überall in S, auch wenn die Funktion $f(x, y)$ nur stetig oder nur Lesbeque-integrierbar ist. Der Beweis dieser Sätze ist im Buch von I. N. Wekua [8] angegeben.

---

[1]) D. h. der Bedingung

$$|f(x_2, y_2) - f(x_1, y_1)| \leqq \text{const}\,[|x_2 - x_1|^\mu + |y_2 - y_1|^\mu], \quad \mu = \text{const} > 0$$

Literaturverzeichnis

Abramow W. M., Абрамов В. М.
[1] Kontaktproblem der elastischen Halbebene mit einem starren Fundament unter Berücksichtigung von Reibungskräften. Проблема контакта упругой полуплоскости с абсолютно жестким фундаментом при учете сил трения. Докл. АН СССР, т. XVII, № 4, 1937, стр. 173–178.

Alexandrow A. J., Александров А. Я.
[1] Einige Abhängigkeiten zwischen den Lösungen des ebenen und des achsensymmetrischen Problems der Elastizitätstheorie für die unendliche Platte. Некоторые зависимости между решениями плоской и осесимметричной задач теории упругости бесконечной плиты. Докл. АН СССР, т. 128, № 1, 1959, стр. 57–60.
[2] Einige Abhängigkeiten zwischen den Lösungen des ebenen und des achsensymmetrischen Problems der Elastizitätstheorie und die Lösung achsensymmetrischer Probleme mit Hilfe analytischer Funktionen. Некоторые зависимости между решениями плоской и осесимметричной задач теории упругости и решение осесимметричных задач при помощи аналитических функций. Докл. АН СССР, т. 129, № 4, 1959, стр. 754–757.
[3] Die Lösung achsensymmetrischer Probleme der Elastizitätstheorie mit Hilfe analytischer Funktionen. Решение осесимметричных задач теории упругости при помощи аналитических функций. Докл. АН СССР, т. 139, № 2, 1961, стр. 337–340.
[4] Die Lösung achsensymmetrischer Probleme der Elastizitätstheorie durch Methoden der komplexen Funktionentheorie. О решении осесимметричных задач теории упругости методами теории функций комплексного переменного. Сб. «Некоторые проблемы математики и механики». Сиб. отд. АН СССР, 1961, стр. 42–46.
[5] Die Lösung achsensymmetrischer Probleme der Elastizitätstheorie mit Hilfe des Zusammenhangs zwischen achsensymmetrischem und ebenem Zustand. Решение осесимметричных задач теории упругости при помощи зависимостей между осесимметричными и плоскими состояниями. Прикл. матем. и механ., т. XXV, вып. 5, 1961, стр. 912–920.
[6] Über die Lösung eines räumlichen achsensymmetrischen elastischen Problems mit Volumenkräften oder Temperaturspannungen durch analytische Funktionen. О решении пространственной осесимметричной упругой задачи с объемными силами или температурными напряжениями при помощи аналитических функций. Изв. АН СССР, ОТН, Механ. и машиностр., № 4, 1962, стр. 130–133.

Alexandrow A. J. und Wolpert W. S., Александров А. Я. и Вольперт В. С.
[1] Über die Anwendung einer Lösungsmethode für achsensymmetrische Probleme der Elastizitätstheorie auf das Problem einer Kugel bzw. des Raumes mit Kugelaussparung. О применении одного метода решения осесимметричных задач теории упругости к задаче о шаре и о пространстве с шаровой полостью. Изв. АН СССР, Механ. и машиностр., № 6, 1961, стр. 106–109.

Alexandrow A. J. und Solowjew J. I., Александров А. Я. и Соловьев Ю. И.

[1] Eine Form der Lösung räumlicher achsensymmetrischer Probleme der Elastizitätstheorie mit Hilfe komplexer Funktionen und Lösung dieser Probleme für die Kugel. Одна форма решения пространственных осесимметричных задач теории упругости при помощи функций комплексного переменного и решение этих задач для сферы. Прикл. матем. и механ., т. XXVI, вып. 1, 1962, стр. 138–145.

Almansi E.

[1] Sulle ricerca delle funzioni poli-armoniche in un'area piana semplicemente connessa per date condizioni al contorno. Rend. Circ. Math. Palermo, t. XII, 1899, p. 225–262.

[2] Sull'integrazione dell'equazione differenziale $\triangle^{2n} = 0$. Ann. Mat. Pura Appl., ser. III, t. 2, 1899, p. 1–51.

[3] Un teorema sulle deformazioni elastiche dei solidi isotropi. Rend. R. Accad. Lincei, ser. 5, v. XVI, 1907, p. 865–868.

[4] Sopra la deformazione dei cilindri sollecitate lateralmente. Rend. R. Accad. Lincei, ser. 5, v. X, 1901, p. 333–338, 400–408.

Alperin I. G., Альперин И. Г.

[1] Spannungen in einem unendlichen Streifen unter gleichmäßigem Druck in der Mitte. Напряжения в бесконечной полосе равномерно сжатой на пловине длины. Харьковский гос. унив. Уч. зап., т. XXVIII; Зап. научн.-иссл. и-та матем. и механ. и Харьковск. матем. общества, серия 4, т. XX, 1950, стр. 109–118.

Amensade J. A., Амензаде Ю. А.

[1] Über die Regularisation eines unendlichen Gleichungssystems für das Biegeproblem eines prismatischen Kreisstabes mit elliptischer Längsbohrung. О регуляризации бесконечной системы уравнений в задаче изгиба круглого призматического бруса с эллиптической полостью. Докл. АН Аз. ССР, т XI, № 3, 1955, стр. 155–160.

[2] Zur Frage der Biegung hohler prismatischer Stäbe. К вопросу изгиба полых призматических стержней. Тр. Аз. НИИ по добыче нефти, вып. 1, 1954, стр. 54–60.

[3] Biegung eines prismatischen Kreisstabes mit elliptischer Bohrung. Исгиб круглого призматического бруса с эллиптической полостью. Инж. сб., т. XXIV, 1956, стр. 97–113.

[4] Biegung eines prismatischen Stabes mit Kreisbohrung. Изгиб призматического бруса, ослабленного круговою полостью. Тр. Аз. НИИ им. М. Азизбекова, вып. XIV, 1956; ДАН СССР, т. 114, № 1, 1957; Изв. АН Арм. ССР, сер. физ.-мат. наук, т. X, № 3, 1957, стр. 47–63.

[5] Torsion eines prismatischen Stabes mit quadratischem Querschnitt, armiert durch einen Kreisstab. Кручение призматического бруса с квадратным сечением, армированного круговым стержнем. Сообщ. АН Груз ССР, т. XVIII, № 3, 1957; Изв. АН Аз. ССР, № 2, 1958, стр. 35–53.

[6] Örtliche Spannungen bei der Torsion eines prismatischen Kreisstabes mit elliptischer nichtkoaxialer Längsbohrung. Местные напряжения при кручении круглого призматического бруса с эллиптическим несоосным отверстием. Докл. АН СССР, т. 119, № 6, 1958.

[7] Örtliche Spannungen bei der Biegung eines prismatischen Kreisstabes mit elliptischer nichtkoaxialer Längsbohrung. Местные напряжения при изгибе круглого призматического бруса с эллиптической несоосной полостью, Докл. АН СССР, т. 122, № 3, 1958, стр. 356–359.

[8] Örtliche Spannungen bei der Torsion eines prismatischen Stabes mit quadratischem Querschnitt und einer nichtkoaxialen Kreisbohrung. Местные напряжения при кручении призматического бруса квадратного сечения с круглым несоосным отверстием. Изв. АН СССР, ОТН, Механ. и машиностр., 1959, № 5, стр. 143–148.

[9] Örtliche Spannungen bei der Biegung eines prismatischen Kreisstabes mit einer nichtkoaxialen elliptischen Längsbohrung. Місцеві напруження при згіні круглого призматичного бруса з еліпсоідальною неспіввісною порожниною. Прикладна механ., т. VII, вып. 2, 1961, 135–147.

Amensade J. A. und Aleskerowa S. A., Амензаде Ю. А. и Алескерова С. А.
[1] Scheiben der Glieder einer Rollenkette unter einachsigem Zug. Однонаправленное растяжение пластин звена втулочно-роликовой цепи. Докл. АН Аз. ССР, т. 15, № 2, 1959, стр. 111–117.

Anikin E. P., Аникин Е. П.
[1] Spannungskonzentration in einer Platte mit rechteckigem Schlitz. Концентрация напряжений в пластинке с прямоугольным вырезом. Тр. Дальневосточного политехн. ин-та, вып. 45, 1956, стр. 63–81.

Aramanowitsch I. G., Араманович И. Г.
[1] Über die Spannungsverteilung in der elastischen Halbebene mit einem verstärkten Kreisloch. О распределении напряжений в упругой полуплоскости, ослабленной подкрепленным круговым отверстием. Докл. АН СССР, т. 104, № 3, 1955, стр. 372–375.
[2] Kontaktproblem eines Stempels auf der elastischen Halbebene mit Kreisloch. Задача о давлении штампа на упругую полуплоскость с круговым отверстием. Докл. АН СССР, т. 112, № 4, 1957, стр. 611–614.

Arutjunjan N. Ch. und Abramjan B. L., Арутюнян Н. Х. и Абрамян Б. Л.
[1] Torsion elastischer Körper. Кручение упругих тел, Физматгиз, Москва, 1963.

Awasaschwili D. S., Авазашвили Д. З.
[1] Über die Anwendung der komplexen Funktionentheorie auf Torsions- und Biegeprobleme. О применении теории функций комплексного переменного к задачам кручения и изгиба. Прикл. матем. и механ., т. IV, вып. 1, 1940, стр. 129–134.

Bachtijarow I. A., Бахтияров И. А.
[1] Torsion prismatischer Stäbe mit Kastenprofil. Кручение призматического бруса коробчатого профиля. Изв. АН СССР, сер. физ.-мат. и техн. наук, № 6, 1959, стр. 145–158.

Babakowa O. I., Бабакова О. И.
[1] Über die näherungsweise konforme Abbildung eines zweifach zusammenhängenden Gebietes auf den Ring. О приближенном конформном отображении двусвязной области на кольцо. Тр. Харьк. политехн. ин-та им. В. И. Ленина, т. V, сер. инж.-физ., вып. 1, 1955, стр. 35–50.
[2] Torsion eines Stabes mit quadratischem Querschnitt und Kreisbohrung. Кручение стержня квадратного сечения с круглым отверстием. Тр. Харьк. политехн. ин-та им. В. И. Ленина, т. XIV, сер. инж.-физ., вып. 2, 1958, стр. 53–58.

Babuška I., Rektorys K., Vyčichlo F.
[1] Matematická theorie rovinné pruznosti, Praha, 1955.

Barenblatt G. I., Баренблатт Г. И.
[1] Über einige Probleme der Elastizitätstheorie, die bei der Untersuchung des Mechanismus des hydraulischen Reißens erdölhaltiger Schichten entstehen. О некоторых задачах теории упругости, возникающих при исследовании механизма гидравлического разрыва нефтеносного пласта. Прикл. матем. и механ., т. XX, вып. 4, 1956, стр. 475–486.
[2] Über die Endlichkeitsbedingungen in der Mechanik der deformierbaren Medien. Statische Probleme der Elastizitätstheorie. Об условиях конечности в механике сплошных сред. Статические задачи теории упругости. Прикл. матем. и механ., т. XXIV, вып. 2, 1960, стр. 316–332.
[3] Über das Gleichgewicht von Rissen beim Sprödbruch. Allgemeine Vorstellungen und Hypothesen. Achsensymmetrische Risse. О равновесных трещинах, образующихся при хрупком разрушении. Общие представления и гипотезы. Осесимметричные трещины. Прикл. матем. и механ., т. XXIII, № 3, 1959, стр. 434–444.
[4] Über das Gleichgewicht von Rissen beim Sprödbruch. Geradlinige Risse in ebenen Scheiben. О равновесных трещинах, образующихся при хрупком разрушении. Прямолинейные трещины в плоских пластинках. Прикл. матем. и механ., т. XXIII, № 4, 1959, стр. 706–721.

[5] Über das Gleichgewicht von Rissen beim Sprödbruch. Stabilität isolierter Risse. Zusammenhang mit Energietheorien. О равновесных трещинах, образующихся при хрупком разрушении. Устойчивость изолированных трещин. Связь с энергетическими теориями. Прикл. матем. и механ., т. XXIII, № 5, 1959, стр. 893–900.
[6] Über das Gleichgewicht von Rissen beim Sprödbruch. О равновесных трещинах, образующихся при хрупком разрушении. Докл. АН СССР, т. 127, № 1, 1959, стр. 47–50.
[7] Über die grundlegenden Vorstellungen der Theorie des Gleichgewichts von Rissen beim Sprödbruch. Об основных представлениях теории равновесных трещин, образующихся при хрупком разрушении. Сб. «Проблемы механики сплошных сред», Изд. АН СССР, М.-Л., 1961, стр. 41–58.
[8] Mathematische Theorie des Gleichgewichts von Rissen beim Sprödbruch. Математическая теория равновесных трещин, образующихся при хрупком разрушении. Ж. прикл. механ. и техн. физ., 1961, № 4, стр. 3–56.

Barenblatt G. I. und Christianowitsch S. A., Баренблатт Г. И. и Христианович С. А.

[1] Über Firsteinstürze bei Stollenausbauten. Об обрушении кровли при горных выработках. Изв. АН СССР, ОТН, № 11, 1955, стр. 73–86.

Barenblatt G. I. und Tscherepanow G. P., Баренблатт Г. И. и Черепанов Г. П.

[1] Über den Einfluß der Ränder auf die Entwicklung von Rissen beim Sprödbruch. О влиянии границ на развитие трещин хрупкого разрушения. Изв. АН СССР, ОТН, сер. механ. и машиностр., 1960, № 3, стр. 79–88. Поправки: там же, 1962, № 1, стр. 153–154; и Ж. прикл. механ. и техн. физ., 1966, № 1.
[2] Über das Reißen spröder Körper. О расклинивании хрупких тел. Прикл. матем. и механ., т. XXIV, № 4, 1960, стр. 667–682.

Bartels R. C. F.

[1] Torsion of hollow cylindres. Trans. Amer. Math. Soc., v. 53, N. 1, 1943, p. 1–13.

Bassali W. A.

[1] The transverse flexure of thin elastic plates supported at several points. Proc. Cambridge Philos. Soc., v. 53, N. 3, 1957, p. 728–743.
[2] The transverse flexure of thin perforated elastic plates supported at several points. Proc. Cambridge Philos. Soc., v. 53, N. 3, 1957, p. 744–754.
[3] The torsion of elastic cylinders with regular curvilinear cross sections. J. Math. and Phys., v. XXXVIII, N. 4, 1960, p. 232–245.

Bassali W. A. and Dawoud R. H.

[1] Green's functions for thin isotropic plates containing holes. Proc. Cambridge Philos. Soc., v. 53, N. 3, 1957, p. 755–763.

Bassali W. A. and Nassif M.

[1] A thin circular plate normally and uniformly loaded over a concentric elliptic patch. Proc. Cambridge Philos. Soc., v. 55, N. 1, 1959, p. 101–109.

Batyrjew A. W., Батырев А. В.

[1] Torsion zylindrischer Stäbe. Кручение цилиндрических стержней. Уч. зап. Ростовск. гос. ун-та, т. XVIII, вып. 3, 1953, стр. 3–16.

Begiaschwili A. I., Бегиашвили А. И.

[1] Lösung des Kontaktproblems eines Systems starrer Profile auf dem geradlinigen Rand der elastischen Halbebene. Решение задачи давления системы жестких профилей на прямолинейную границу упругой полуплоскости. Докл. АН СССР, т. XXVII, № 9, 1940, стр. 914–916.

Belenkij M. J., Беленький М. Я.

[1] Das gemischte Problem der Elastizitätstheorie für einen unendlich langen Streifen. Смешанная задача теории упругости для бесконечно длинной полосы. Прикл. матем. и механ., т. XVI, вып. 3, 1952, стр. 283–292.

[2] Einige achsensymmetrische Probleme der Elastizitätstheorie. Некоторые осесимметричные задачи теории упругости. Прикл. матем. и механ., т. XXIV, вып. 3, 1960, стр. 582–584.

Belonosow S. M., Белоносов С. М.

[1] Eine neue Form von Integralgleichungen des statischen ebenen Problems der Elastizitätstheorie. Новая форма интегральных уравнений плоской статической задачи теории упругости. Тр. Воронежск. гос. ун-та, физ.-мат. сб., т. 27, 1954, стр. 30–42.

[2] Das ebene Problem der Elastizitätstheorie für einen Keil mit vorgegebenen Randspannungen oder -verschiebungen. Плоская задача теории упругости для клина при заданных на границе напряжениях или смещениях. Докл. АН СССР, т. 131, № 5, 1960, стр. 1042–1045.

[3] Das ebene Problem der Elastizitätstheorie für einen unendlichen Streifen mit vorgegebenen Randspannungen oder -verschiebungen. Плоская задача теории упругости для бесконечной полосы при заданных на границе напряжениях и смещениях. Докл. АН СССР, т. 131, № 6, 1960, стр. 1291–1293.

[4] Über eine Lösungsmethode statischer ebener Probleme der Elastizitätstheorie für zweifach zusammenhängende Gebiete. Об одном методе решения плоских статических задач теории упругости для двусвязных областей. Сиб. матем. журн., 1961, т. II, № 3, стр. 341–365.

[5] Die statischen ebenen Grundprobleme der Elastizitätstheorie für einfach und zweifach zusammenhängende Gebiete. Основные плоские статические задачи теории упругости для односвязных и двусвязных областей. Изд. Сиб. отд. АН СССР. 1962.

Bernstein S. N., Бернштейн С. Н.

[1] Über die absolute Konvergenz trigonometrischer Reihen. Об абсолютной сходимости тригонометрических рядов. Сообщ. Харьковск. матем. об-ва, сер. II, т. XIV, № 3, 1914, стр. 139–144; № 5, 1915, стр. 200–201.

Bizadse A. W., Бицадзе А. В.

[1] Über die örtlichen Verzerrungen beim Drücken elastischer Körper. О местных деформациях при сжатии упругих тел. Сообщ. АН Груз. ССР, т. V, № 8, 1944, стр. 761–770.

Boggio T.

[1] Sull'equilibrio delle membrane elastiche piane. Atti Accad. Torino, v. XXXV, 1900, p. 219–239.

[2] Sull'equilibrio delle membrane elastiche piane. Atti R. Ist. Veneto, t. LXI_2, 1901/2, p. 619–636.

[3] Integrazione dell'equazione $\triangle^2\triangle^2 = 0$ in un'area ellittica. Atti R. Ist. Veneto, t. LX_2, 1900/1, p. 591–609.

[4] Sulle funzioni di variabile complessa in un'area circolare. Atti Accad. Torino, v. 47, 1911/12, p. 22–37.

Boim A. A., Бойм А. А.

[1] Über die elastische Halbebene mit einem gewölbeartigen Loch unter Eigengewicht. Про напруги у вагомій півплощині, ослабленій склепистим отвором. Прикладна механ. АН УРСР, т. II, вып. 4, 1956, стр. 388–391.

[2] Über die Spannungen in einer gedrückten unendlichen Scheibe mit einem trapezförmigen oder gewölbeartigen Loch, dessen Rand durch einen elastischen Ring verstärkt ist. Про напруження в безконечній стиснутій пластинці, послабленій трапецоїдальним або склепистим отвором, край якого підкріплений пружним кільцем. Прикладна механ. АН УРСР, т. III, вып. 4, 1957, стр. 471–476.

Born M.

[1] Dynamik der Kristallgitter. Leipzig u. Berlin, 1915.

Bowie O. L.
[1] Analysis of an infinite plate containing radial cracks originating at the boundary of an internal circular hole. J. Math. and Phys., v. 35, 1956, p. 60–71.

Brčič V.
[1] Contribution à la solution du problème plan d'élasticité. Actes IX Congr. Internat. Mécan. Appl., t. 6, Bruxelles, 1957.

Bucharinow G. N., Бухаринов Г. Н.
[1] Lösung des ebenen Problems der Elastizitätstheorie für ein Gebiet mit krummlinigem Rand spezieller Art. Решение плоской задачи теории упругости для области, ограниченной криволинейным контуром частного вида. Сб. «Экспер. методы определения напряжений и т. д.» (работы Лаборатории оптического метода Ин-та мат. и мех. Ленинградск. гос. ун-та, Л.-М., 1935, стр. 135–149.

Buchwald T. and Tiffen R.
[1] Boundary-value problems of simply-supported elastic plates. Quart. J. Mech. Appl. Math., v. 9, N. 4, 1956, p. 489–498.

Bueckner H. F.
[1] The propagation of cracks and the energy of elastic deformation. Trans. ASME, v. 80, N. 6, 1958, p. 1225–1230.
[2] Some stress singularities and their computation by means of integral equations. In: «Boundary Problems in Differential Equations», Univ. Wisconsin Press, 1960, p. 215–230.

Bufler H.
[1] Einige strenge Lösungen für den Spannungszustand in ebenen Verbundkörpern. Z. Angew. Math. Mech., Bd. 39, H. 5/6, 1959, S. 218–236.

Buiwol W. M., Буйвол В. М.
[1] Das biharmonische Problem für zentralsymmetrische mehrfach zusammenhängende Systeme. Бігармонічна задача для багатозв'язних систем з циклічною симетріэю. Прикладна механ. АН УРСР, т. V, вып. 3, 1959, стр. 276–287.

Burgatti P.
[1] Teoria matematica della elasticità. Bologna, 1931.

Burmistrow E. F., Бурмистров Е. Ф.
[1] Über die Spannungskonzentration an einem ovalen Loch bestimmter Art. О концентрации напряжений около овальных отверстий некоторого вида. Инж. сб., т. 17, 1953, стр. 199–202.
[2] Zur Frage der Spannungskonzentration an nichtkreisförmigen Löchern in gebogenen dünnen Platten. К вопросу о концентрации напряжений около некруглых отверстий в изгибаемых тонких плитах. Инж. сб., т. 30, 1960, стр. 99–106.

Chalilow S. I., Халилов З. И.
[1] Lösung des allgemeinen Biegeproblems einer frei aufliegenden elastischen Platte. Решение общей задачи изгиба опертой упругой пластинки. Прикл. матем. и механ., т. XVI, вып. 4, 1950, стр. 405–414.

Chatiaschwili G. M., Хатиашвили Г. М.
[1] Zur Frage der Verformung eines zylindrischen Verbundstabes mit belasteter Mantelfläche. К вопросу о деформации цилиндрического составного бруса с нагруженной боковой поверхностью. Сообщ. АН Груз. ССР. т. XIII, № 6, 1952, стр. 335–341.
[2] Zur Frage der Verformung eines zylindrischen Verbundstabes mit einer längs der Erzeugenden des Zylinders veränderlichen Belastung der Mantelfläche. К вопросу о деформации составного цилиндрического бруса с боковой нагрузкой, меняющейся вдоль образующей цилиндра. Сообщ. АН Груз. ССР, т. XIV, № 4, 1953, стр. 197–204.

[3] Elastisches Gleichgewicht eines zusammengesetzten zylindrischen Stabes mit belasteter Mantelfläche im Falle unterschiedlicher Poisson-Zahlen. Упругое равновесие составного цилиндрического бруса с нагруженной боковой поверхностью в случае различных коэффициентов Пуассона. Сообщ. АН Груз. ССР, т. XVI, № 1, 1955, стр. 20–25.
[4] Elastisches Gleichgewicht eines zusammengesetzten zylindrischen Stabes mit einer längs der Erzeugenden des Zylinders veränderlichen Belastung der Mantelfläche. Упругое равновесие составного цилиндрического бруса при меняющейся вдоль образующей цилиндра боковой нагрузке. Сообщ. АН Груз. ССР, т. XVIII, № 4, 1957, стр. 393–400.
[5] Elastisches Gleichgewicht eines kreiszylindrischen Stabes, der aus zwei unterschiedlichen Werkstoffen zusammengesetzt ist. Упругое равновесие кругового цилиндрического бруса, составленного из двух различных упругих материалов. Тр. Вычисл. центра АН Груз. ССР, т. I, 1960, стр. 181–199.
[6] Das Problem von Almansi-Michell für den Verbundstab. Задача Альманси-Митчеля для составного бруса. Тр. Вычисл. центра АН Груз. ССР, т. II, 1961, стр. 213–239.

Chatschijan E. E., Хачиян Э. Е.
[1] Scheibe mit ovalem Loch unter Zug. Растяжение пластинки с овалообразным отверстием. Тр. Ереванск. ун-та, № 8, 1958, стр. 185–196.

Chattarji P. P.
[1] Torsion of composite epitrochoidal sections. Z. Angew. Math. Mech., Bd. 39, H. 3/4, 1959, S. 135–138.

Cholmjanski M. M., Холмянский М. М.
[1] Zur Lösung eines Systems algebraischer Gleichungen für die Grundprobleme der Elastizitätstheorie. К решению систем алгебраический уравнений основных задач плоской теории упругости. Прикл. матем. и механ., т. XV, вып. 3, 1951, стр. 317–322.

Clebsch A.
[1] Theorie der Elastizität der festen Körper. Leipzig, 1862.
[2] Theorie de l'élasticité des corps solides, Paris, 1883.

Coker E. C. and Filon L. N. G.
[1] A treatise on photoelasticity, Cambridge, 1931.

Cole J. D. and Huth I.
[1] Stresses produced in a halfplane by moving loads. Appl. Mech., v. 25, N. 4, 1958, p. 433–436.

Conroy M. F.
[1] The elastic stresses at the boundary of a symmetrically shaped hole in an infinite plate loaded by normal boundary forces in the plane of the plate. Bull. Calcutta Math. Soc., v. 48, N. 1, 1956, p. 47–54.

Craggs I. W.
[1] On the propagation of a crack in an elastic-brittle material. J. Mech. Phys. Solids. v. 8, N. 1, 1960, p. 66–75.

Deutsch E.
[1] Sur le problème de la torsion de certains cylindres élastiques isotropes. C. R. Acad. Sci. Paris, t. 251, N. 21, 1960, p. 2281–2283.
[2] On the flexure of some prismatic beams. Quart. J. Mech. Appl. Math., v. XIV, N. 4, 1961, p. 471–479.
[3] Asupra torsiunii barelor prismatice cu secţiune dublu conexă. Studi şi cercetări matematice. An. XII, N. 1, 1961, p. 275–287.

[4] Incovoierea unei bare prismatice avînd secţiunea transversală mărginită de lemniscata lui Booth. Studii şi cercetări de mecanică aplicată, An. XII, N. 6, 1961, p. 1399–1405.
[5] Torsion of an elastic cylinder whose cross-section is a half elliptic limacon. Bull. Acad. Polon. Sér. Sci. Techn., v. X, N. 2, 1962, p. 85–90.
[6] On the flexure problem. Quart. J. Mech. Appl. Math., v. XV, part 3. 1962, p. 303–315, 317–324.

Deverall L. I.
[1] Solution of problems in bending of plates by method of Muskhelishvili. J. Appl. Mech., v. 24, N. 2, 1957, p. 295–298.

Dincă Fl., Ţoicu N.
[1] Asupra torsiunii unor bare cilindrice cu secţiune dublu conexă. Studii şi cercetări de mecanică aplicată, An. IX, N. 3, 1958, p. 733–739.
[2] Asupra torsiunii unor bare cilindrice neomogene. Studii şi cercetări de mecanică aplicată, An. X, N. 1. 1959, p. 265–270.

Dini U.
[1] Sulla integrazione della equazione $\triangle^2 u = 0$. Ann. di Mat., ser. II, t. V, 1871/3.

Dinnik A. N., Динник А. Н.
[1] Torsion. Theorie und Anwendung . Кручение. Теория и приложения. М.-Л., 1938.

Dinnik A. N., Morgajewski A. B. und Sawin G. N., Динник А. Н., Моргаевский А. Б. и Савин Г. Н.
[1] Spannungsverteilung an unterirdischen Stollenausbauten. Распределение напряжений вокруг подземных горных выработок, Тр. Совещания по управлению горным давлением, Изд. АН СССР, 1938, стр. 7–55.

Dschanelidse G. J., Джанелидзе Г. Ю.
[1] Statik elastisch-plastischer Stäbe. Статика упруго-пластических стержней. Автореферат дисс. на соиск. уч. степени доктора физ.-мат. наук, Ленинградск. политехн. ин-т, 1949.
[2] Das Problem von Almansi. Задача Альманзи. Тр. Ленинградск. политехн. ин-та имени М. И. Калинина, № 210, 1960, стр. 25–38

Dugdale D. S.
[1] Yielding of steel sheets containing slits. J. Mech. Phys. Solids, v. 8, N. 2, 1960, p. 100–104.

Dumitrescu L., Stanescu C.
[1] Torsiunea unei bare cilindrice neomogene. Studii şi cercetări de mecanică aplicată, An. VIII, N. 1, 1957, p. 11–114.

Dvořák I.
[1] Koncentrace napětí v okoli otvorů. Aplikace matematiky, sv. 5, č. 2, 3, 1960, str. 81–108, 170–194.

Eringen A. C.
[1] Response of an elastic disk to impact and moving loads. Quart. J. Mech. pl. Math., v. 8, part 4, 1955, p. 385–393.

Eshelby I. D.
[1] Uniformly moving dislocation. Proc. Phys. Soc., A 62, p. 5, N. 353 A, 1949.

Evan-Iwanowski R. M.
[1] Stress solutions for an infinite plate with triangular inlay. J. Appl. Mech. v. 23, N. 3, 1956, p. 336–338.

Falkowitsch S. W., Фалькович С. В.
[1] Über das Eindrücken eines starren Stempels in die elastische Halbebene beim Auftreten von Abschnitten fester Verbindung und von Gleitgebieten. О давлении жесткого штампа на упругую

полуплоскость при наличии участков сцепления и скольжения. Прикл. матем. и механ., т. IX. вып. 5, 1945, стр. 425–432.

Filon L. N. G.
[1] On an approximative solution for the bending of a beam of rectangular cross-section etc. Philos. Trans. Roy. Soc. London, Ser. A, v. 201, 1903, p. 63–155.
[2] On the relation between corresponding problems in plane stress and in generalized plane stress. Quart. J. Math. Oxford Ser., v. 1, 1930, p. 289–299.
[3] On stresses in multiply-connected plates. British Association for the Advancement of Science. Report of the eighty-ninth meeting (1921). London, 1922, p. 305–315.

Fleischman N. P., Флейшман Н. П.
[1] Biegung einer unendlichen Platte mit verstärktem Kreisloch. Изгиб бесконечной плиты с подкрепленным круговым отверстием. Уч. зап. Львов. ун-та, сер. мех.-мат., т. 29, вып. 1 (6), 1954, стр. 105–111.
[2] Biegung einer Kreisringplatte, deren Rand durch einen dünnen Ring verstärkt ist. Изгиб круглой кольцевой плиты, край которой подкреплен тонким упругим кольцом. Уч. зап. Львов. ун-та, сер. физ.-мат., т. 22, вып. 5, 1953, стр. 84–95.

Fok W. A., Фок В. А.
[1] Sur la réduction du problème plan d'élasticité à une équation intégrale de Fredholm. C. R. Paris. t. 182, 1926, p. 264.
[2] Zurückführung des ebenen Problems der Elastizitätstheorie auf eine Fredholmsche Integralgleichung. Приведение плоской задачи теории упругости к интегральному уравнению Фредгольма. ЖРФХО, ч. физ., т. 58, 1927, вып. 1, стр. 11–20.

Fok W. A. und Mußchelischwili N. I., Фок В. А. и Мусхелишвили Н. И.
[1] Sur l'équivalence de deux méthodes de réduction de problème plan biharmonique dà une equation intégrale. C. R. Paris, t. 196, 1933, p. 1947.

Föppl A.
[1] Vorlesungen über technische Mechanik. Bd. V, 4. Aufl., 1922.

Föppl L.
[1] Konforme Abbildung ebener Spannungszustände. Z. Angew. Math. Mech., Bd. 11, 1931, S. 81–92.

Fredholm I.
[1] Solution d'un problème fondamental de la théorie de l'élasticité. Ark. Mat. Astronom. Fys. Bd. 2, N. 28, 1906, p. 3–8.

Friedman M. M., Фридман М. М.
[1] Biegung einer dünnen isotropen Platte mit krummlinigem Loch. Изгиб тонкой изотропной плиты с криволинейным отверстием. Прикл. матем. и механ., т. IX, вып. 4, 1945, 334–338.
[2] Lösung des allgemeinen Biegeproblems einer dünnen isotropen elastischen frei aufliegend gelagerten Platte. Решение общей задачи об изгибе тонкой изотропной упругой плиты, опертой вдоль края. Прикл. матем. и механ., т. XVI, 1952, стр. 429–436.
[3] Mathematische Elastizitätstheorie anisotroper Medien. Математическая теория упругости анизотропных сред. Прикл. матем. и механ., т. XIV, вып. 3, 1950, стр. 321–340.
[4] Biegung einer Kreisplatte durch Einzelkräfte. Изгиб круглой плиты сосредоточенными силами. Прикл. матем. и механ., т. 15, вып. 2, 1951, стр. 258–260.

Galin L. A., Галин Л. А.
[1] Das gemischte Problem der Elastizitätstheorie für die Halbebene unter Berücksichtigung von Reibungskräften. Смешанная задача теории упругости с силами трения для полуплоскости. Докл. АН СССР, т. XXXIX, № 3, 1943, стр. 88–93.

[2] Eindrücken eines Stempels bei vorhandenen Reibungs- und Kohäsionskräften. Вдавливание штампа при наличии трения и сцепления. Прикл. матем. и механ., т. IX, вып. 5, 1945, стр. 413–424.
[3] Das ebene elastisch-plastische Problem. Plastische Gebiete an Kreislöchern in Platten und Balken. Плоская упруго-пластическая задача. Пластические области у круговых отверстий в пластинках и балках. Прикл. матем. и механ., т. X, вып. 3, 1946, стр. 367–386.
[4] Kontaktprobleme der Elastizitätstheorie. Контактные задачи теории упругости. М.-Л., 1953.

Gegelija T. G., Гегелия Т. Г.
[1] Über einige räumliche Grundprobleme der Elastizitätstheorie. О некоторых основных пространственных задачах теории упругости. Тр. Тбилисск. матем. ин-та, т. 28, 1962, стр. 53–78.

Ghosh S.
[1] On the flexure of an isotropic elastic cylinder. Bull. Calcutta Math. Soc., v. 39, N. 1, 1947, p. 1–14.

Glagoljew N. I., Глаголев Н. И.
[1] Elastische Spannungen längs des Fußes eines Dammes. Упругие напряжения вдоль основания плотины. Докл. АН СССР, т. XXXIV, № 7, 1942, стр. 203–208.
[2] Spannungsbestimmung beim Eindrücken eines starren Stempelsystems. Определение напряжений при давлении системы жестких профилей. Прикл. матем. и механ., т. VII, вып. 5, 1943, стр. 383–388.
[3] Rollreibung zylindrischer Körper. Сопротивление перекатыванию цилиндрических тел. Прикл. матем. и механ., т. IX, вып. 4, 1945, стр. 318–333.

Godfrey D. E. R.
[1] Generalized plane stress in an elastic wedge under isolated loads. Quart. J. Mech. Appl. Math., v. 8, N. 2, 1955, p. 226–236.

Golowin Ch., Головин Х.
[1] Ein Problem der Statik des elastischen Körpers. Одна из задач статики упругого тела. Изв. СПб. технолог. ин-та за 1880–1881 гг., СПб., 1882.

Goodier J. N. and Hodge P. G.
[1] Elasticity and plasticity. N. Y. J. Wiley, 1958.

Gorgidse A. J., Горгидзе А. Я.
[1] Methode der schrittweisen Näherung in Anwendung auf das ebene Problem der Elastizitätstheorie. Метод последовательных приближений в применении к плоской задаче теории упругости. Докл. АН СССР, 1934, т. IV, № 5–6, стр. 254–256.
[2] Über eine Anwendung der Methode der schrittweisen Näherung in der Elastizitätstheorie. Об одном применении метода последовательных приближений в теории упругости. Тр. Тбилисск. матем. ин-та, т. IV, 1938, стр. 13–42.
[3] Sekundäreffekte beim Zug-Druck-Problem eines aus unterschiedlichen Werkstoffen zusammengesetzten Stabes. Вторичные эффекты в задаче растяжения бруса, составленного из различных материалов. Сообщ. АН Груз. ССР, т. IV, № 2, 1943, стр. 111–114.
[4] Sekundäreffekte bei der Torsion eines zusammengesetzten Stabes. Вторичные эффекты кручения составного бруса. Сообщ. АН Груз. ССР, т. VII, № 8, 1946, стр. 515–519.
[5] Zug und Torsion fastprismatischer zusammengesetzter Stäbe. Растяжение и кручение составных брусьев, близких к призматическим. Сообщ. АН Груз. ССР, т. VIII, № 9–10, 1947, стр. 605–612.
[6] Torsion eines vorgespannten prismatischen, aus unterschiedlichen Werkstoffen zusammengesetzten Stabes. Кручение растянутого призматического бруса, составленного из различных материалов. Сообщ. АН Груз. ССР, т. IX, № 3, 1948, стр. 161–165.

[7] Torsion und Biegung fastprismatischer zusammengesetzter Stäbe. Кручение и изгиб составных брусьев, близких к призматическим. Тр. Тбилисск. матем. ин-та, т. XVI, 1948, стр. 117–141 (на груз. яз., с кратким резюме на русском яз.).

[8] Reine Biegung eines aus unterschiedlichen Werkstoffen zusammengesetzten vorgespannten prismatischen Stabes. Изгиб парой сил растянутого призматического бруса, составленного из различных материалов. Сообщ. АН Груз. ССР, т. IX, № 9–10, 1948, стр. 539–545.

[9] Reine Biegung eines tordierten zusammengesetzten Stabes. Изгиб парой сил закрученного составного стержня. Тр. Грузинск. политехн. ин-та, № 17, 1948, стр. 79–87.

[10] Zug und reine Biegung natürlich tordierter Stäbe. Растяжение и изгиб парой сил естественно закрученных брусьев. Сообщ. АН Груз. ССР. XIII, № 2, 1952, стр. 73–80.

Gorgidse A. J. und Ruchadse A. K., Горгидзе А. Я. и Рухадзе А. К.

[1] Über die numerische Lösung von Integralgleichungen der ebenen Elastizitätstheorie. О численном решении интегральных уравнений плоской задачи теории упругости. Сообщ. АН Груз. ССР, т. I, № 4, 1940, стр. 255–258.

[2] Über die Sekundäreffekte bei der Torsion armierter Kreiszylinder. О вторичных эффектах при кручении армированного кругового цилиндра. Сообщ. АН Груз. ССР, т. III, № 8, 1942, стр. 759–766.

[3] Sekundäreffekte bei Zug und reiner Biegung eines aus unterschiedlichen Werkstoffen zusammengesetzten Stabes. Вторичные эффекты в задаче растяжения и изгиба парой бруса, составленного из различных материалов. Тр. Тбилисск. матем. ин-та, т. XII, 1943, стр. 79–94.

Goursat E.

[1] Cours d'analyse mathématique, t. III, 3-me éd., Paris, 1927.

[2] Sur l'équation $\triangle\triangle u = 0$. Bull. Soc. Math. France, v. 26, 1898, p. 236.

Grammel R.

[1] Mechanik der elastischen Körper. Bearbeitet von G. Angenheister, A. Busemann, O. Föppl, J. W. Geckeller, A. Nadai, P. Pfeiffer, Ph. Pöschl, P. Rieckert, E. Trefftz, redigiert von R. Grammel. Berlin, 1928. Handbuch der Physik (Springer).

Gray C. A. M.

[1] Polynomial approximations in plane elastic problems. Quart. J. Mech. Appl. Math., v. IV, 1951, p. 444–448.

[2] An iterative solution to the effects of concentrated loads applied to long rectangular beams. Quart. Appl. Math., v. 11, N. 3, 1953, p. 263–271.

Green A. E. and Zerna W.

[1] Theoretical elasticity. Oxford, Clarendon Press, 1954.

Greenspan H.

[1] Effect of a small hole on the stresses in a uniformly loaded plate. Quart. Appl. Math., v. 2, N. 1, 1944, p. 60–71.

Griffith A. A.

[1] The phenomenon of rupture and flow in solids. Philos. Trans. Roy. Soc. London Ser. A., v. 221 1920, p. 163–198.

[2] The theory of rupture. Proc. First Internat. Congress Appl. Mech. Delft, 1924, p. 55–63.

Gruschko G. S., Грушко Г. С.

[1] Biegung einer dünnen isotropen Platte mit einem krummlinigen Loche. Згин тонкої ізотропної плити, ослабленної отвором у формі півкола. Прикладна механ., АН УРСР, т. I, вып. 2, 1955, стр. 177–181.

Gurjew M. F., Гурьев М. Ф.
[1] Spannungsverteilung in einer gezogenen endlichen Rechteckscheibe mit Kreisloch. Распределение напряжений в растягиваемой конечной прямоугольной пластинке, ослабленной круговым отверстием. Докл. АН УССР, вып. 2, 1953, стр. 133–139.

Hadamard J.
[1] Mémoire sur le problème d'analyse relatif à l'équilibre des plaques élastiques encastrées. Mém. des Savants Etrangers, v. 33, N. 4, Paris, 1908.
[2] Sur l'équilibre des plaques élastiques circulaires libres ou appuyées et celui de la sphère isotrope. Ann. Ecole Norm. Sup., 3-me sér., t. XVIII, 1901, p. 313–342.

Hamburger L., Dincă Fl., Manea V.
[1] Asupra torsiunii unor bare cilindrice. Studii şi cercetări de mecanică aplicată, An. VIII, N. 4, 1957, p. 1091–1100.

Hample M.
[1] Stress in an infinite plane with a) two, b) an infinite row of shrink-fitted circular pins. Actes IX Congr. Internat. Mécan. Appl., t. 6, Bruxelles, 1957.

Hardiman N. I.
[1] Elliptic elastic inclusion in an infinite elastic plate. Quart. J. Mech. Appl. Math., v. 7, part 2, 1954, p. 226–230.
[2] Two-dimensional problems in elasticity involving different media. Proc. London Math. Soc., v. 7, N. 28, 1957, p. 584–597.

Harnack A.
[1] Beiträge zur Theorie des Cauchyschen Integrals. Ber. d. k. Sächs. Ges. d. Wiss., 1885; Bd. 35, 1899, S. 1–18.

Herzig A.
[1] Zur Torsion von Stäben. Z. Angew. Math. Mech., Bd. 33, N. 12, 1953, S. 410–428.

Hill R.
[1] On related pairs of plane elastic states. J. Mech. Phys. Solids, v. 4, N. 1, 1955, p. 1–9.

Horvay G.
[1] Thermal stresses in perforated plates. Proc. First US National Congr. Appl. Mech., 1952, p. 247–258.
[2] The plane-stress problem of perforated plates. J. Appl. Mech., v. 19, 1952, p. 355.

Hoskin B. C. and Radok J. R. M.
[1] The root section of a swept wing. A problem of plane elasticity. J. Appl. Mech., v. 22, N. 3, 1955, p. 337–347.

Howland R. C. I.
[1] Stress in a plate containing an infinite row of holes. Proc. Roy. Soc. Ser. A. v. 148, 1935, p. 471 to 491.

Howland R. C. I. and Stevenson A. C.
[1] Biharmonic analysis in a perforated strip. Philos. Trans. Roy. Soc. London Ser. A., v. 232, 1933, p. 155–222.

Inglis C. E.
[1] Stresses in a plate due to the presence of cracks and sharp corners. Trans. Inst. Naval Architects London, v. LV, 1913, p. 219–230.

Irwin G. R.

[1] Fracture dynamics. In: «Fracturing of Metals», ASM, Cleveland, 1948, p. 147–166.

[2] Analysis of stresses and strains near the end of a crack traversing a plate. J. Appl. Mech., v. 24, 1957, p. 361–364.

[3] Relation of stresses near a crack to the crack extension force. Proc. IX Internat. Congr. Appl. Mech. Brussels, 1957, p. 245–251.

[4] Fracture. In: «Handbuch der Physik», Bd. VI, Springer, Berlin, 1958, p. 551–590.

[5] The crack extension force for a crack at a free surface boundary. NRL Report, N. 5120, 1958.

Isida M.

[1] On the tension of an infinite strip containing a square hole with rounded corners. Bull. JSME, v. 3, N. 10, 1960, p. 254–259.

Ismailow M. U., Исмаилов М. У.

[1] Über die Spannungsbestimmung in einem tordierten Kreiszylinderstab mit einer prismatischen Aussparung. Об определении напряжений в скручиваемом круглом брусе, ослабленном призматической полостью. Уч. зап. Аз. ун-та, 1957, № 11, стр. 39–48.

Jacob C.

[1] Asupra torsiunii barelor cilindrice. Bul. stiinţ., secţ. de ştiinţe matematice şi fisice, An. IV, N. 4, 1952, p. 669–677.

Jakowljewa W. I., Яковлева В. И.

]1] Über die Torsion prismatischer Hohlzylinder. Про кручения деяких порожнистих призматичних стержнів. Прикладна механ., т. II, вып. 3, 1956, стр. 325–332.

[2] Über die Torsion eines prismatischen Hohlstabes mit elliptischem Querschnitt. О кручении, полого призматического стержня эллиптического сечения. Тр. Грузинск. политехн. ин-та, № 1 (42), 1956, стр. 107–112.

[3] Anwendung der konformen Abbildung zur Lösung gewisser Torsionsprobleme. Применение конформного отображения к решению некоторых задач кручения. Научн. зап. Ук. полиграф. ин-та, 12, № 1, 1958, стр. 231–249.

Jantschewski S. A., Янчевский С. А.

[1] Funktionen einer komplexen Veränderlichen. Функции комплексного переменного, Л., 1934.

Jeffery G. B.

[1] Plane stress and plane strain in bipolar coordinates. Philos. Trans. Roy. Soc. London, Ser. A, v. 221, 1921, p. 265–293.

Kalandija A. I., Каландия А. И.

[1] Über ein gemischtes Problem bei der Biegung einer elastischen Platte. Об одной смешанной задаче изгиба упругой пластинки. Прикл. матем. и механ., т. XVI, вып. 3, 1952, стр. 271–282.

[2] Das allgemeine gemischte Problem bei der Biegung einer elastischen Platte. Общая смешанная задача изгиба упругой пластинки. Прикл. матем. и механ., т. XVI, 1952, вып. 5, стр. 513–532.

[3] Lösung einiger Probleme über die Biegung einer elastischen Platte. Решение некоторых задач об изгибе упругой пластинки. Прикл. матем. и механ., т. XVII, вып. 3, 1953, стр. 293–310.

[4] Über das Problem des elastischen Gleichgewichts einer Platte mit aufliegenden Rändern. О задаче равновесия упругой пластинки с опертыми краями. Тр. Тбилисск. матем. ин-та, т. XIX, 1953, стр. 193–210.

[5] Biegung einer elastischen Platte von der Form eines elliptischen Ringes. Изгиб упругой пластинки в виде эллиптического кольца. Прикл. матем. и механ., т. XVII, вып. 6, 1953, стр. 691–704.

[6] Zu den Kontaktproblemen der Elastizitätstheorie. К контактным задачам теории упругости. Прикл. матем. и механ., т. XXI, вып. 3, 1957, стр. 389–398.

[7] Über ein direktes Lösungsverfahren für die Gleichung der Tragflügeltheorie und ihre Anwendung in der Elastizitätstheorie. Об одном прямом методе решения уравнения теории крыла и его применении в теории упругости. Матем. сб., т. 42, вып. 2, 1957, стр. 249–272.
[8] Ein ebenes Problem vom Hertzschen Typ über das Zusammendrücken zylindrischer Körper. Плоская задача типа Герца о сжатии цилиндрических тел. Сообщ. АН Груз. ССР, т. XXI, № 1, 1958, стр. 3–10.
[9] Zum Hertzschen Problem über das Zusammenpressen elastischer Körper. О задаче Герца о сжатии упругих тел. Тр. вычисл. центра АН Груз. ССР, т. I, 1960, стр. 113–123.
[10] Über ein Lösungsverfahren der Probleme der Elastizitätstheorie für den Halbkreis. Об одном способе решения задач теории упругости для полукруга. Сб. Проблемы механики сплошной среды. Москва, Изд. АН СССР, 1961, стр. 161–169.

Kaliski S. and Nowacki W.
[1] Some problems of structural analysis of plates with mixed boundary conditions. Arch. Mech. Stos., t. VIII, N. 4, 1956, p. 413–448.

Kantorowitsch L. W. und Krylow W. I., Канторович Л. В. и Крылов В. И.
[1] Näherungsmethoden der höheren Analysis. Приближенные методы высшего анализа, Л.-М., 5-е изд. 1962.

Kapanjan L. K., Капанян Л. К.
[1] Wahl der Abbildungsfunktion bei der Lösung des Torsionsproblems für prismatische Hohlstäbe. Выбор отображающих функций при решении задачи о кручении полых призматических стержней. Сб. научн. тр. Ереванск. политехн. ин-та, 1958, № 14, стр. 13–19.

Karapetjan M. E., Карапетян М. Е.
[1] Über ein gemischtes Problem bei der Biegung einer elastischen Platte. Об одной смешанной задаче изгиба упругой пластинки. Тр. Тбилисск. ин-та инж. ж.-д. трансп., 1957, вып. 31, стр. 63–70.

Karziwadse I. N., Карцивадзе И. Н.
[1] Grundprobleme der Elastizitätstheorie für einen elastischen Kreis. Основные задачи теории упругости для упругого круга. Тр. Тбилисск. матем. ин-та, т. XII, 1943, стр. 95–104 (на груз. яз., с кратким резюме на русском яз.).
[2] Effektive Lösung der Grundprobleme der Elastizitätstheorie für gewisse Gebiete. Эффективное решение основных задач теории упругости для некоторых областей. Сообщ. АН Груз. ССР, т. VII, № 8, 1946, стр. 507–513.

Kikukawa M.
[1] On plane-stress problems in domains of arbitrary profiles. Proc. Japan Nation. Congr. Appl. Mech., 3, 4, 1953, 1954.

Kirchhoff G.
[1] Vorlesungen über mathematische Physik. Bd. I, Mechanik, 4. Aufl., Leipzig, 1897.

Kisler L. N., Кислер Л. Н.
[1] Über die Bestimmung des Spannungsfeldes in der Halbebene mit elliptischem oder Kreisloch unter Eigengewicht. Об определении поля напряжений в весомой полуплоскости с эллиптическим и круговым отверстиями. Изв. АН СССР, ОТН, механ. и машиностр., № 2, 1961, стр. 159–163.
[2] Über die Spannungen in der Halbebene mit zwei nicht symmetrisch liegenden Kreislöchern unter Eigengewicht. О напряжениях в весомой полуплоскости, ослабленной двумя круговыми несимметрично расположенными отверстиями. Изв. АН СССР, ОТН, Механ. и машиностр., № 3, 1960, стр. 34–42.

Koiter W. T.
[1] Some general theorems on doubly-periodic and quasiperiodic functions. Proc. Kon. Ned. Akad. Wet., Ser. A, v. 62, N. 2, 1959, p. 120–128.
[2] Stress distribution in an infinite elastic sheet with doubly-periodic set of equal holes. In: «Boundary Problems in Differential Equations», R. E. Langer, ed. Univ. of Wisconsin Press, Madison, 1960, p. 191–213.
[3] Approximate solution of Wiener-Hopf type integral equations with applications. Proc. Kon. Ned. Akad. Wet., v. LVII, Ser. B, N. 5, 1954, p. 558–564, 565–574, 575–579.
[4] An infinite row of collinear cracks in an infinite elastic sheet. Ing.-Arch., Bd. 28, 1959, p. 168–172.
[5] An infinite row of parallel cracks in an infinite elastic sheet. In: «Problems of Continuum Mechanics», contrib. in honour of the 70th birthday of acad. N. I. Muskhelishvili. Philadelphia, Pennsylvania, 1961, p. 246–259.

Kolosow G. W., Колосов Г. В.
[1] Über eine Anwendung der komplexen Funktionentheorie auf das ebene Problem der mathematischen Elastizitätstheorie. Об одном приложении теории функций комплексного переменного к плоской задаче математической теории упругости, Юрьев, 1909.
[2] Über einige Eigenschaften des ebenen Problems der Elastizitätstheorie. Ztschr. f. Math. u. Phys., Bd. 62, 1914, S. 383–409.
[3] Einfluß der Elastizitätskoeffizienten auf die Spannungsverteilung beim ebenen Problem der Elastizitätstheorie. Влияние коэффициентов упругости на распределение напряжений в плоской задаче теории упругости. Изв. Электротехн. ин-та, вып. 17, Л., 1931, стр. 85–88.
[4] Sur l'extension d'un théorème de Maurice Levy. C. R. Paris. t. 188, 1929, p. 1593.
[5] Sur une application des formules de M. Schwarz, de M. Villat et de M. Dini au problème plan de l'élasticit. C. R. Paris, t. 193, 1931, p. 389.
[6] Anwendung einer komplexen Veränderlichen in der Elastizitätstheorie. Применение комплексной переменной к теории упругости, М.-Л., 1935.

Kolosow G. W. und Mußchelischwili N. I., Колосов Г. В. и Мусхелишвили Н. И.
[1] Über das Gleichgewicht elastischer Kreisscheiben. О равновесии упругих круглых дисков. Изв. Электротехн. ин-та, т. XII, Петроград, 1915, стр. 39–55.

Korbukowa L. D., Корбукова Л. Д.
[1] Biegung einer fest eingespannten elliptischen anisotropen Platte. Изгиб эллиптической анизотропной пластинки, заделанной по краю. Изв. АН СССР, ОТН, Механ. и машиностр., № 12, 1958, стр. 78–84.
[2] Biegung einer fest eingespannten quadratischen anisotropen Platte. Изгиб квадратной анизотропной пластинки, заделанной по краю. Изв. АН СССР, ОТН, Механ. и машиностр., № 3, 1959, стр. 184–189.

Korn A.
[1] Sur les équations de l'élasticité. Ann. Sci. Ecole Norm. Sup., 3-me sér., t. 24, 1907, p. 9–75.
[2] Über die Lösung des Grundproblems der Elastizitätstheorie. Math. Ann., Bd. 75, 1914, S. 497 bis 544.
[3] Solution générale du problème d'équilibre dans la théorie de l'élasticité dans le cas où les efforts sont données à la surface. Ann. Fac. Sci. Univ. Toulouse, 2-me sér., t. X, 1908, p. 165–269.
[4] Sur l'équilibre des plaques élastiques encastrées. Ann. Sci. Ecole Norm. Sup., 3-me sér., t. 25, 1908, p. 529–583.

Koschewnikowa W. N., Кожевникова В. Н.
[1] Spannungsverteilung an einem rechteckigen Loch in einer unendlichen Scheibe, die in ihrer Ebene gebogen wird. Распределение напряжений возле прямоугольного отверстия в бесконечной пластинке, изгибаемой в своей плоскости. Уч. зап. Львовск. гос. ун-та, т. 29, 1954, стр. 112–130.

Kosmodamianski A. S., Космодамианский А. С.

[1] Ein Näherungsverfahren zur Bestimmung des Spannungszustandes in einer isotropen Platte mit endlich vielen Kreisbohrungen. Приближенный метод определения напряженного состояния изотропной пластинки с конечным числом круговых отверстий. Изв. АН СССР, ОТН, Механ. и машиностр., № 2, 1960, стр. 132–135.

[2] Über den Spannungszustand in einer isotropen Platte mit endlich vielen unendlichen Reihen von Kreislöchern. Про напружений стан ізотропної пластинки, ослабленої скінченним числом нескінченних рядів кругових отворів. Доповіді АН УРСР, 1961, стр. 1444–1449.

[3] Über den Spannungszustand in einem Bergmassiv mit zahlreichen Ausbauten von quadratischem Querschnitt. О напряженном состоянии горного массива, ослабленного большим количеством выработок квадратного сечения. Тд. ВНИМИ., сб. 45, Л., 1962, стр. 194–203.

[4] Elastisches Gleichgewicht einer isotropen Platte mit endlich vielen krummlinigen Löchern. Пружна рівновага ізотропної пластинки, ослабленої скінченним числом криволінійних отворів. Прикладна механ., т. VII, вип. 6, 1961, стр. 663–671.

[5] Näherungsmethoden zur Bestimmung des Spannungszustandes in einem Bergmassiv mit Ausbauten von Kreisquerschnitt. Приближенные методы определения напряженного состояния упругого горного массива, в котором пройдены выработки круглого сечения. Тр. ВНИМИ, сб. 45, Л., 1962, стр. 180–193.

[6] Über den Spannungszustand in einem elastischen isotropen Massiv mit kreisförmigen Ausbauten. О напряженном состоянии упругого изотропного массива, в котором пройдены выработки круглого сечения. Тр. ВНИМИ, сб. 42, Л., 1961, стр. 20–31.

Kulik A. N., Кулик А. Н.

[1] Quadratische Scheibe mit verstärktem Kreisloch unter Zug. Розтяг квадратної пластинки з підкріпленим круговим отвором. Прикладна механ. АН УРСР, т. II, вып. 4, 1956, стр. 378–387.

Kupradse W. D., Купрадзе В. Д.

[1] Potentialmethoden in der Elastizitätstheorie. Методы потенциала в теории упругости, Москва, 1963.

Kurdin N. S., Курдин Н. С.

[1] Über den Spannungszustand in halbunendlichen Gebieten unter der Wirkung von Einzelkräften. О напряженном состоянии в полубесконечных областях при действии сосредоточенных сил. Инженерный ж., № 4, 1962, стр. 303–311.

Kurschin L. M., Куршин Л. М.

[1] Das gemischte ebene Problem der Elastizitätstheorie für den Quadranten. Смешанная плоская задача теории упругости для квадранта. Прикл. матем. и механ., т. XXIII, вып. 5, 1959, стр. 981–984.

Kutateladse G. A., Кутателадзе Г. А.

[1] Torsion und Querkraftbiegung eines aus unterschiedlichen elastischen Materialien zusammengesetzten zylindrischen Stabes, dessen Querschnitt von Hypotrochoiden begrenzt wird (grusinisch). Кручение и изгиб поперечной силой цилиндрического бруса, составленного из различных упругих материалов, поперечное сечение которого разграничено гипертрохоидами (на груз. яз.). Тр. Груз. политехн. ин-та, № 1 (42), 1956, стр. 1–6.

Lamé G.

[1] Leçons sur la théorie mathématique de l'élasticité des corps solides. Paris, 1852.

Laurentjew M. A. und Schabat B. W., Лаврентьев М. А. и Шабат Б. В.

[1] Methoden der komplexen Funktionentheorie. Методы теории функций комплексного переменного, изд. 3-е, «Наука», М., 1965.

Lauricella G.
[1] Sull'integrazione delle equazioni dell'equilibrio dei corpi elastici isotropi. Rend. R. Accad. Lincei, ser. 5, v. XV, 1906, p. 426–432.
[2] Alcune applicazioni della teoria delle equazioni funzionali alla fisica-matematica. Il Nuovo Cimento, ser. 5, t. XIII, 1907, p. 104–118, 155–174, 237–262, 501–518.
[3] Sur l'integration de l'équation relative à l'équilibre des plaques élastiques encastrées. Acta Math., t. 32, 1909, p. 201–256.

Lechnizki S. G., Лехницкий С. Г.
[1] Anisotrope Platten. Анизотропные пластинки, М.-Л., 1947, 2-е изд., 1957.
[2] Über den Einfluß eines Kreisloches auf die Spannungsverteilung in Balken. О влиянии кругового отверстия на распределение напряжения в балках. Сб. Оптический метод изучения напряжений в деталях машин, М.-Л., 1935.
[3] Über einige Fragen im Zusammenhang mit der Biegetheorie dünner Platten. О некоторых вопросах, связанных теорией изгиба тонких плит. Прикл. матем. и механ., т. II, вып. 2, 1938, стр. 181–210.
[4] Elastizitätstheorie des anisotropen Körpers. Теория упругости анизотропного тела. М.-Л., Гос. изд. техн.-теорет. лит., 1950.

Leibenson L. S., Лейбензон Л. С.
[1] Lehrbuch der Elastizitätstheorie. Курс теории упругости. 2-е изд., М.-Л., 1947.

Leonow M. J. und Panasjuk W. W., Леонов М. Я. и Панасюк В. В.
[1] Entwicklung eines isolierten Spaltes in einem festen Körper. Развиток найдрібніших тріщим в твердому тілі. Прикладна механ. АН УРСР, т. V, вып. 4, 1959, стр. 391–401.

Levin E.
[1] Elastic equilibrium of a plate with a reinforced elliptical hole. J. Appl. Mech., v. 27, N. 2, 1960, p. 283–288.

Levy M.
[1] Sur la légitimité de la règle dite du trapèze dans l'étude de la résistance des barrages en maconnerie. C. R. Acad. Sci. Paris, t. 126, 1898, p. 1235.

Lichtenstein L.
[1] Über die erste Randwertaufgabe der Elastizitätstheorie. Math. Z., Bd. 20, 1924, S. 21–28.

Lokschin A. S., Локшин А. С.
[1] Sur l'influence d'un trou elliptique dans la poutre qui éprouve une flexion. C. R. Paris, t. 190, 1930, p. 1178.

Love A. E. H.
[1] A treatise on the mathematical theory of elasticity, 4th edit., Cambridge, 1927.

Lurje A. I., Лурье А. И.
[1] Zum Gleichgewichtsproblem einer Platte mit frei aufliegenden Rändern. К задаче равновесия пластинки с опертыми краями. Изв. Ленинградск. политехн. ин-та, т. XXXI, 1928, стр. 305–320.
[2] Einige Probleme zur Biegung einer Kreisplatte. Некоторые задачи об изгибе круглой пластинки. Прикл. матем. и механ., т. IV, вып. 1, 1940, стр. 93–102.

MacDonald H. M.
[1] On the torsional strength of a hollow shaft. Proc. Cambridge Philos. Soc., v. 8, 1893, p. 62–68.

Magnaradse L. G., Магнарадзе Л. Г.
[1] Grundprobleme der ebenen Elastizitätstheorie für Ränder mit Eckpunkten. Основные задачи плоской теории упругости для контуров с угловыми точками. Докл. АН СССР, т. XVI, № 3, 1937, стр. 157–161.

[2] Zur Lösung der Grundprobleme der ebenen Elastizitätstheorie für Ränder mit Eckpunkten. К решению основных задач плоской теории упругости для контуров с угловыми точками. Докл. АН СССР, т. XIX, № 9, 1938, стр. 673–676.
[3] Grundprobleme der ebenen Elastizitätstheorie für Ränder mit Eckpunkten. Основные задачи плоской теории упругости для контуров с угловыми точками. Тр. Тбилисск. матем. ин-та, т. IV, 1938, стр. 43–76.
[4] Einige Randwertprobleme der mathematischen Physik für Oberflächen mit Kanten. Некоторые граничные задачи математической физики для поверхностей с угловыми линиями. Тр. Тбилисск. матем. ин-та, т. VII, 1939, стр. 25–46.

Mandschawidse G. F., Манджавидзе Г. Ф.
[1] Über eine Klasse singulärer Integralgleichungen mit unstetigen Koeffizienten. Об одном классе сингулярных интегральных уравнений с разрывными коэффициентами. Сообщ. АН Груз. ССР, т. XI. № 5, 1950, стр. 269–274.
[2] Über eine singuläre Integralgleichung mit unstetigen Koeffizienten und ihre Anwendung in der Elastizitätstheorie. Об одном сингулярном интегральном уравнении с разрывными коэффициентами и его применении в теории упругости. Прикл. матем. и механ., т. XV, вып. 3, 1951, стр. 279–296.
[3] Singuläre Integralgleichungen als Apparat zur Lösung gemischter Probleme der ebenen Elastizitätstheorie. Сингулярные интегральные уравнения как аппарат решения смешанных задач плоской теории упругости. Международный симпозиум по приложениям теории функций в механике сплошной среды (Тбилиси, сентябрь, 1963). Аннотации докладов, М., 1963.

Markuson I. A., Маркузон И. А.
[1] Über das Aufspalten eines spröden Körpers durch einen Keil endlicher Länge. О расклинивании хрупкого тела клином конечной длины. Прикл. матем. и механ., т. XXV, № 3, 1961, стр. 356-361.

Markuschewitsch A. I., Маркушевич А. И.
[1] Theorie analytischer Funktionen. Теория аналитических функций. М.-Л., 1950.

Martinowitsch T. L., Мартинович Т. Л.
[1] Biegung einer Platte von der Form eines konfokalen elliptischen Ringes mit verstärktem Rand. Згин пластинки у вигляді еліптичного конфокального кільця з підкріпленим краем. Прикладна механ. АН УРСР, т. IV, вып. 1, 1958, стр. 70–79.
[2] Biegung einer unendlichen Platte mit quadratischem Loch, verstärkt durch einen dünnen elastischen Ring. Згин бесконечної пластинки з квадратним отвором, підкріпленим тонким пружним кільцем. Прикладна механ. АН УРСР, т. IV, вып. 3, 1958, стр. 343–348.

Masubuchi K.
[1] Dislocation and strain energy release during crack propagation in residual stress field. Proc. 8th Japan Nation. Congr. Appl. Mech. 1958–1959, p. 147–150.

Matczyński M.
[1] Plane state of stress in a plate strip with discontinuous boundary conditions. Bull. Acad. Polon. Sci. Sér. Sci. Techn., v. X, N. 7, 1962, p. 262–267.

Michell J. H.
[1] On the direct determination of stress in an elastic solid, with applications to the theory of plates. Proc. London Math. Soc., v. 31, 1900, p. 100–124.
[2] Elementary distributions of plane stress. Ibid., v. 32, 1901, p. 35–61.
[3] The inversion of plane stress. Ibid., v. 34, 1902, p. 134–142.
[4] The theory of uniformly loaded beams. Quart. J. Math., v. 32, 1900, p. 28–42.

Michlin S. G., Михлин С. Г.
[1] Le problème fondamental biharmonique à qeux dimensions. C. R. Paris, t. 197, 1933, p. 608.
[2] Zurückführung der Grundprobleme der ebenen Elastizitätstheorie auf Fredholmsche Integralgleichungen. Приведение основных задач плоской теории упругости к интегральному уравнению Фредгольма. Докл. АН СССР, новая серия, 1934, т. I, стр. 295.
[3] La solution du problème plan biharmonique et des problèmes de la théorie statique d'elasticite à deux dimensions. Тр. Сейсмолог. ин-та, АН СССР, № 37, 1934.
[4] Über die Spannungsverteilung in der Halbebene mit elliptischer Kerbe. О распределении напряжений в полуплоскости с эллиптическим вырезом. Тр. Сейсмолог. ин-та АН СССР, № 29, 1934.
[5] Methode der schrittweisen Näherung für biharmonische Probleme. Метод последовательных приближений в бигармонической проблеме. Тр. Сейсмолог. ин-та АН СССР, № 39, 1934.
[6] Der Eindeutigkeitssatz für das biharmonische Grundproblem. Теорема единственности для основной бигармонической проблемы. Матем. сб., т. 41, вып. 2, 1934, стр. 284–291.
[7] Quelques remarques relatives à la solution des problèmes plans d'elasticite. Матем. сб., т. 41. вып. 3. 1934, стр. 408–420.
[8] Einige Fälle des ebenen Problems der Elastizitätstheorie für inhomogene Medien. Некоторые случаи плоской задачи теории упругости для неоднородной среды. Прикл. матем. и механ., т. II, вып. 1, 1934, стр. 82–90.
[9] Das ebene Problem der Elastizitätstheorie. Плоская задача теории упругости. Тр. Сейсмолог. ин-та АН СССР, № 65, 1935.
[10] Das ebene Problem der Elastizitätstheorie für ein inhomogenes Medium. Плоская задача теории для неоднородной среды. Тр. Сейсмолог. ин-та АН СССР, № 66, 1935.
[11] Der ebene Verzerrungszustand im anisotropen Medium. Плоская деформация в анизотропной среде. Тр. Сейсмолог. ин-та АН СССР, № 76, 1936.
[12] Über Spannungen im Gestein unter Kohleflözen. О напряжениях в породе над угольным пластом. Изв. АН СССР, ОТН, 1942, № 7–8, стр. 13–28.
[13] Anwendungen von Integralgleichungen auf einige Probleme der Mechanik, der mathematischen Physik und der Technik. Приложения интегральных уравнений к некоторым проблемам механики, математической физики и техники, М.-Л., 1947.
[14] Mehrdimensionale singuläre Integrale und Integralgleichungen. Многомерные сингулярные интегралы и интегральные уравнения, Москва, 1962.

Milne-Thomson L. M.
[1] Plane elastic systems. Berlin–Göttingen–Heidelberg, Springer, 1960.
[2] Flexure. Trans. Amer. Math. Soc., v. 90, N. 1, 1959, p. 143–160.

Minzberg B. L., Минцберг Б. Л.
[1] Gemischtes Randwertproblem der Elastizitätstheorie für die Ebene mit Kreisloch. Смешанная граничная задача теории упругости для плоскости с круговым отверстием. Прикл. матем. и механ., т. XII, вып. 4, 1948, стр. 415–422.

Morosowa E. A. und Parton W. S., Морозова Е. А. и Партон В. З.
[1] Über den Einfluß von Verstärkungsrippen auf die Entwicklung von Rissen. О влиянии подкрепляющих ребер на распространение трещин. Ж. прокл. механ. и техн. физ., № 5, 1961, стр. 112–114.

Morris R. M. and Hawley F. J.
[1] Torsion and flexure of solid cylinders with cross-sections transformable to a ringspace. Quart. J. Mech. Appl. Math., v. XI, part 4, 1958, p. 462–477.

Moschkin P. N., Мошкин П. Н.
[1] Problem der elastischen Halbebene mit zwei Löchern, von denen eines einen Kreis, das andere

eine Ellipse darstellt. Задача об упругой полуплоскости с двумя отверстиями, одно из которых есть круг, а второе – эллипс. Уч. зап. Новосиб. пед. ин-та, вып. 13, 1958, стр. 17–47.
[2] Problem der elastischen Halbebene mit zwei elliptischen Löchern unter Eigengewicht. Задача о весомой упругой полуплоскости с двумя эллиптическими отверстиями. Уч. зап. Новосиб. пед. ин-та, вып. 13, 1958, стр. 49–62.

Mossakowski W. I., Моссаковский В. И.

[1] Über ein gemischtes Problem der Elastizitätstheorie für den Halbraum mit einer kreisförmigen Trennlinie der Randbedingungen. Основная смешанная задача теории упругости для полупространства с круговой линией раздела граничных условий. Прикл. матем. и механ., т. XVIII, вып. 2, 1954, стр. 187–196.

Mossakowski W. I. und Sagubischenko P. A., Моссаковский В. И. и Загубиженко П. А.

[1] Über ein gemischtes Problem der Elastizitätstheorie für die Ebene mit geradlinigem Schlitz. Об одной смешанной задаче теории упругости для плоскости, ослабленной прямолинейной щелью. Докл. АН СССР, т. XCIV, № 3, 1954, стр. 409–412.

Mußchelischwili N. I., Мусхелишвили Н. И.

[1] Über Wärmespannungen beim ebenen Problem der Elastizitätstheorie. О тепловых напряжениях в плоской задаче теории упругости. Изв. Электротехн. ин-та, т. XIII, Петроград, 1916, стр. 23–37.
[2] Sur l'équilibre des corps elastiques sommis a l'action de la chaleur. Изв. Тифлисск. ин-та, № 3, 1923.
[3] Sulla deformatione piana di un cilindre elastico isotropo. Rendiconti d. R. Acad. dei Lincei, 5 ser., v. XXXI, 1922, p. 548–551.
[4] Sur l'intégration de l'équation biharmonique. Изв. Росс. Акад. наук, 1919, стр. 663–686.
[5] Application des intégrales analogues a celles de Cauchy à quelques problèmes de la Physique Mathematique. Tiflis, édition, de L'Université, 1922.
[6] Sur l'intégration approchée de l'équation biharmonique. C. R. Paris, t. 185, 1927, p. 1184.
[7] Sur la solution du problème biharmonique pour l'aire extérieure à une ellipse. Math. Ztschr., Bd. 26, 1927, S. 700–705.
[8] Praktische Lösung der fundamentalen Randwertaufgaben der Elastizitätstheorie in der Ebene für einige Berandungsformen. Ztschr. f. Angew. Math. u. Mech., Bd. 13, 1933, S. 264–282.
[9] Nouvelle méthode de réduction de problème biharmonique fondamental à une équation de Fredholm. C. R. Paris, t. 192, 1931, p. 77.
[10] Théorèmes d'existence relatifs au problème biharmonique et aux problèmes d'élasticité à deux dimensions. Ibid., p. 221.
[11] Recherches sur les problèmes aux limites relatifs à l'équation biharmonique et aux équations de l'élasticité à deux dimensions. Math. Ann., Bd. 107, 1932, S. 282–312.
[12] Sur le problème de torsion des cylindres élastiques isotropes. Rendic. d. R. Acad. dei Lincei, 6 ser., v. IX, 1929, p. 295–300.
[13] Zum Problem der Torsion der homogenen isotropen Prismen. Изв. Тифлисск. политехн. ин-та, т. I, 1929, стр. 1–20.
[14] Sur le problème du torsion des poutres élastiques composées. C. R. Paris, t. 194, 1932, p. 1435.
[15] Zum Problem der Torsion und Biegung elastischer Stäbe, die aus unterschiedlichem Material zusammengesetzt sind. К задаче кручения и изгиба упругих брусьев, составленных из различных материалов. Изв. АН СССР, 1932, вып. 7, стр. 907–945.
[16] Lösung des ebenen Problems der Elastizitätstheorie für eine Vollellipse. Решение плоской задачи теории упругости для сплошного эллипса. Прикл. матем. и механ., т. I, 1933, стр. 5–16.
[17] Ein neues allgemeines Lösungsverfahren der Randwertprobleme der ebenen Elastizitätstheorie. Новый общий способ решения основных контурных задач плоской теории упругости. Докл. АН СССР, 1934, т. III, № 1, стр. 7–11.

[18] Untersuchung neuer Integralgleichungen der ebenen Elastizitätstheorie. Исследование новых интегральных уравнений плоской теории упругости. Докл. АН СССР, 1934, т. III, № 2, стр. 73–77.

[19] Über ein neues Randwertproblem der Elastizitätstheorie. Об одной новой контурной задаче теории упругости. Докл. АН СССР, 1934, т. III, № 3, стр. 141–144.

[20] Lösung des gemischten Grundproblems der ebenen Elastizitätstheorie für die Halbebene. Решение основной смешанной задачи теории упругости для полуплоскости. Докл. АН СССР, т. VIII, № 2, 1935, стр. 51–54.

[21] Über die numerische Lösung eines ebenen Problems der Elastizitätstheorie. О численном решении плоской задачи теории упругости. Тр. Тбилисск. матем. ин-та, т. I, 1937, стр. 83–87 (на груз. яз., с кратким резюме на русском яз.).

[22] Die Randwertgrundprobleme der Elastizitätstheorie für die Halbebene. Основные граничные задачи теории упругости для полуплоскости. Сообщ. АН Груз. ССР, т. II, № 10, 1941, стр. 873–880.

[23] Die Randwertgrundprobleme der Elastizitätstheorie für die Ebene mit geradlinigen Schlitzen. Основные граничные задачи теории упругости для плоскости с прямолинейными разрезами. Сообщ. АН Груз. ССР, т. III, № 2, 1942, стр. 103–110.

[24] Zum Gleichgewichtsproblem eines starren Stempels auf dem Rand der elastischen Halbebene bei Berücksichtigung der Reibung. К задаче равновесия жесткого штампа на границе упругой полуплоскости при наличии трения. Сообщ. АН Груз. ССР, т. III, № 5, 1942, стр. 413–418.

[25] Singuläre Integralgleichungen, Randwertprobleme der Funktionentheorie und ihre Anwendung in der mathematischen Physik. Сингулярные интегральные уравнения, граничные задачи теории функций и некоторые их приложения к математической физике. М.-Л., 1946 (2-е издание, 1962).

Naiman M. I., Найман М. И.

[1] Spannungen in einem Balken mit krummlinigem Loch. Напряжения в балке с криволинейным отверстием. Тр. ЦАГИ, вып. 313, Москва, 1937.

[2] Torsion eines Kreiszylinders mit einer koaxialen Aussparung von Vieleckquerschnitt. Кручение кругового цилиндра, имеющего соосную многогранную полость. В сб. Расчеты на прочность, вып. 3, 1958, стр. 170–193.

Narodezki M. S., Народецкий М. З.

[1] Ein geschlossen lösbares Problem der ebenen Elastizitätstheorie. Об одной задаче плоской теории упругости, разрешаемой в замкнутой форме. Сообщ. Груз. ССР, т. 19, № 3, 1957, стр. 263–266.

[2] Quadratische Scheibe mit Kreisloch im Mittelpunkt unter Zug. Растяжение квадратной пластинки, ослабленной круговым вырезом в центре. Инж. сб., т. 14, 1953, стр. 101–108.

Natanson W. J., Натанзон В. Я.

[1] Über die Spannungen in einer gezogenen Scheibe mit gleichartigen Löchern in schachbrettartiger Anordnung. О напряжениях в растягиваемой пластинке, ослабленной одинаковыми отверстиями, расположенными в шахматном порядке. Матем. сб., т. 42, № 5, 1935, стр. 617–636.

Nowacki W.

[1] Plyty prostokatne o mieszanych warunkach brzegowych. Arch. Mech. Stos., t. III, N. 3–4, 1951; t. V, N. 2, 1953, p. 193–220.

Oda I.

[1] Spannungsverteilung an einem verstärkten elliptischen Tunnel. О распределении напряжений возле эллиптического туннеля с креплением. Trans. Japan Soc. Civil. Eng., N. 24, 1955, p. 12–28 (in japanischer Sprache).

Orowan E. O.

[1] Fundamentals of brittle behavior of metals. In: «Fatigue and Fracture of Metals», N. Y., Wiley, 1950, p. 139–167.

Osgood W. F.
[1] Lehrbuch der Funktionentheorie, Bd. I, Leipzig 1912.

Panasjuk W. W., Панасюк В. В.
[1] Druck einer Scheibe auf ein Kreisloch in der elastischen Ebene. Давление диска на круговое отверстие в упругой плоскости. Научн. зап. ин-та маш. и автомат. АН УССР, т. I, 1953, стр. 110–120.
[2] Kontaktproblem für ein Kreisloch. Контактная задача для кругового отверстия. Научн. зап. ин-та маш. и автомат. АН УССР, т. III, сер. машин., вып. 2, 1954, стр. 59–79.
[3] Eindrücken eines Stempels in den Rand eines Kreisloches. Тиск штампа на границу кругового отвору. Доповіді Академії наук УРСР, № 1, 1954, стр. 37–40.
[4] Bestimmung der Spannungen und Verzerrungen an Mikrorissen. Определение напряжений и деформаций в близи мельчайшей трещины. Научн. зап. ин-та маш. и автомат. АН УССР, 1960, т. 7, стр. 114–127.
[5] Über die Theorie der Entwicklung von Rissen bei der Verformung eines spröden Körpers. До теорії поширення тріщин при деформації крихкого тіла. Доповіді Академії наук УРСР, № 9, 1960, стр. 1185–1189.

Panasjuk W. W. und Losowoi B. L., Панасюк В. В. и Лозовой Б. Л.
[1] Berechnung der kritischen Spannung für eine Platte mit zwei Rissen gleicher Größe. Вивчения величини рустнусочих напружень для пластини з двома тріщинами рівної довжини. Доповіді Академії наук УРСР, № 7, 1961, стр. 876–880.
[2] Bestimmung der kritischen Spannung für die elastische Ebene mit zwei ungleichen Rissen unter Zug. Определение предельных напряжений при растяжении упругой плоскости с двумя неравными трещинами. Сб. Вопросы механики реального твердого тела, вып. 1, Изд. УССР, 1962, стр. 37–56.
[3] Einige Biegeprobleme für den unendlichen Streifen mit geradlinigem Schlitz. Некоторые задачи изгиба полосы с прямолинейной трещиной. Изв. АН СССР, ОТН, Механ. и машиностр. № 1, 1962, стр. 138–143.

Papkowitsch P. F., Папкович П. Ф.
[1] Elastizitätstheorie. Теория упругости, Л.-М., 1939.

Perlin P. I., Перлин П. И.
[1] Elastisch-plastische Spannungsverteilung an Löchern. Упруго-пластическое распределение напряжений вокруг отверстий. В сб. Исследования по механике и прикладной матем. Тр. Моск. физ.-техн. ин-та, № 5, 1960, стр. 30–40.
[2] Lösung ebener elastisch-plastischer Probleme für zweifach zusammenhängende Gebiete. Решение плоских упруго-пластических задач для двухсвясных областей. Инженерный ж., № 4, 1961, стр. 68–75.
[3] Methode zur Berechnung eines Rezipienten für das ebene Strangpressen. Метод расчета контейнеров для прессования из плоского слитка. Вестн. машин., № 5, 1959, стр. 57–58.
[4] Über die Eigenschaften unendlicher Gleichungssysteme in Problemen der Elastizitätstheorie zweifach zusammenhängender Körper. О свойствах бесконечных систем уравнений в задачах теории упругости двухсвязных тел. В сб. Исследования по механике и прикладной матем. Тр. Моск. физ.-техн. ин-та, вып. 5, 1960, стр. 125–133.

Perlin P. I. und Toltschenowa L. F., Перлин П. И. и Толченова Л. Ф.
[1] Rezipienten für ebene Stränge. Контейнеры для плоских слитков. Тр. ВНИИ мет. маш., № 1, 1960.

Plemelj J.
[1] Ein Ergänzungssatz zur Cauchyschen Integraldarstellung analytischer Funktionen, Randwerte betreffend. Monatsh. Math. Phys., XIX Jahrgang, 1908, S. 205–210.
[2] Potentialtheoretische Untersuchungen. Leipzig, 1911.

Poloschi G. N., Положий Г. Н.
[1] Lösung des III. Grundproblems der ebenen Elastizitätstheorie für ein beliebiges endliches konvexes Vieleck. Решение третьей основной задачи плоской теории упругости для произвольного конечного выпуклого многоугольника. Докл. АН СССР, т. 73, № 1, 1950, стр. 49–52.
[2] Lösung einiger Probleme der ebenen Elastizitätstheorie für Gebiete mit Ecken. Решение некоторых задач плоской теории упругости для областей с угловыми точками. Укр. матем. ж., № 4, 1949, стр. 16–41.
[3] Allgemeine Lösung des Kontaktproblems mit einem starren Profil für ein beliebiges Vieleck und ein beliebiges Vieleckloch. Общее решение задачи соприкасания с жестким профилем для произвольного многоугольника и произвольного многоугольного отверстия. Наукові записки Київ. ун-ту, т. 16, вып. 2, 1957, стр. 35–51.
[4] Zur Frage der (p, q)-analytischen Funktion einer komplexen Veränderlichen und ihre Anwendung. К вопросу о (p, q)-аналитических функциях комплексного переменного и их применениях. Revue des Mathem. pures et appl. t. II, 1957, p. 331–361.
[5] Über eine Integraltransformation verallgemeinerter analytischer Funktionen. Про одне інтегральне перетворення узагальнених аналітичних функцій. Вістник КДУ, сер. астр. мат. механ., вып. 1, № 2, 1959, стр. 19.

Poloschi G. M. und Kapschiwi O. M., Положий Г. М. и Капшивий О. М.
[1] Über die Lösung achsensymmetrischer Probleme der Elastizitätstheorie für den endlichen Zylinder. Про розв'язання осесимметричних задач теорії пружності для скінченного циліндра. Прикладна механ., т. VII, вып. 6, 1961, стр. 616–627.

Poloschi G. M. und Tschemeris W. S., Положий Г. М. и Чемерис В. С.
[1] Über Integralgleichungen der achsensymmetrischen Elastizitätstheorie. Об интегральных уравнениях осесимметричной теории упругости. Исследования по современным проблемам теории функций комплексного переменного (сб. статей), Москва, 1961, стр. 399–412.
[2] Über die Anwendung p-analytischer Funktionen in der achsensymmetrischen Elastizitätstheorie. До питання про застосовування p-аналітичних функцій в осесимметричній теорії пружності. Доповіді Академії наук УРСР, № 12, 1958, стр. 1284–1287.

Pompeiu D.
[1] Sur une classe de fonctions d'une variable complexe. Rend. Circ. Mat. Palermo, v. 33, 1912, p. 108–113.
[2] Sur une classe de fonctions d'une variable complexe et sur certaines équations intégrales. Ibid., v. 35, 1913, p. 277–281.

Poritsky H.
[1] Thermal stresses in cylindrical pipes. Philos. Mag., ser. 7, v. 24, N. 160, 1937, p. 209–223.
[2] Application of analytic functions to two-dimensional biharmonic analysis. Trans. Amer. Math. Soc., v. 59, N. 2, 1946, p. 248–279.

Pöschl. T.
[1] Über eine partikuläre Lösung des biharmonischen Problems für den Außenraum der Ellipse. Math. Z., Bd. 11, 1921, S. 89–96.

Priwalow I. I., Привалов И. И.
[1] Einführung in die komplexe Funktionentheorie. Введение в теорию функций комплексного переменного, 8-е изд., М.-Л., 1948.

Prusow I. A., Прусов И. А.
[1] Unendliche Scheibe mit Kreisloch, verstärkt durch einen Ring veränderlicher Dicke, unter Zug. Розтяг бесконечної пластинки з круговим отвором, підкріпленим кільцем змінного перерізу. Наук. зап. Львів. ун-ту, серія мех.-мат., т. 44, вып. 8, 1957.

[2] Elastische Halbebene mit verstärktem Kreisloch. Пружна півплощина з підкріпленим круговим отвором. Наук. зап. Львів. ун-ту, серія мех.-мат., т. 44, вып. 8, 1957, стр. 17–21.

Radok J. R. M.
[1] Problems of plane elasticity for reinforced boundaries. J. Appl. Mech., v. 22, N. 2, 1955, p. 249–254.
[2] On the solutions of problems of dynamic plane elasticity. Quart. Appl. Math., v. XIV, N. 3, 1956, p. 289–298.

Rostowzew N. A., Ростовцев Н. А.
[1] Komplexe Spannungsfunktionen beim achsensymmetrischen Kontaktproblem der Elastizitätstheorie. Комплексные функции напряжений в осесимметричной контактной задаче теории упругости. Прикл. матем. и механ., т. XVII, вып. 5. 1953, стр. 611–614.
[2] Komplexe Potentiale beim Problem eines Kreisstempels in der Ebene. Комплексные потенциалы в задаче о штампе круглом в плане. Прикл. матем. и механ., т. XXI, вып. 1, 1957, стр. 77–82.

Ruchadse A. K., Рухадзе А. К.
[1] Querkraftbiegung eines Kreiszylinders, verstärkt durch einen Längsstab mit Kreisquerschnitt. Изгиб поперечной силой кругового цилиндра, армированного продольным круговым стержнем. Изв. АН СССР, 1933, № 9, стр. 1297–1308.
[2] Torsion und Biegung eines Stabes aus zwei elastischen Werkstoffen, die durch Epitrochoiden begrenzt werden. Кручение и изгиб бруса, составленного из двух упругих материалов, ограниченных эпитрохоидами. Тр. Тбилисск. матем. ин-та, т. I, 1937, стр. 125–139 (на груз. яз., с кратким резюме на русском яз.).
[3] Zum Biegeproblem elastischer, aus unterschiedlichen Werkstoffen zusammengesetzter Balken. К задаче изгиба упругих брусьев, составленных из различных материалов. Сообщ. АН Груз. ССР, т. I, № 2, 1940, стр. 107–114.
[4] Sekundäreffekte bei der reinen Biegung eines aus unterschiedlichen Werkstoffen zusammengesetzten Balkens. Вторичные эффекты в задаче изгиба парой бруса, составленного из различных материалов. Сообщ. АН Груз. ССР, т. IV, № 2, 1943, стр. 115–122.
[5] Zur Frage der Deformation fastprismatischer, aus unterschiedlichen elastischen Materialien zusammengesetzter Stäbe. К вопросу деформации брусьев, близких к призматическим, составленных из различных упругих материалов. Тр. Груз. политехн. ин-та, № 23, 1951, стр. 23–37.
[6] Zum Zug-Druck-Problem natürlich tordierter, aus unterschiedlichen elastischen Materialien zusammengesetzter prismatischer Stäbe. Задача растяжения силой естественно закрученных призматических брусьев, составленных из различных упругих материалов. Сообщ. АН Груз. ССР, т. XIII, № 3, 1952, стр. 137–144.
[7] Problem der reinen Biegung natürlich tordierter, aus unterschiedlichen elastischen Materialien zusammengesetzter prismatischer Stäbe. Задача изгиба парой естественно закрученных призматических брусьев, составленных из различных упругух материалов. Сообщ. АН Груз. ССР, т. XIII, № 5, 1952, стр. 265–272.

Saint-Venant B., de
[1] Mémoire sur la torsion des prismes, etc. Mém. des Savants Etrangers, t. XIV, Paris, 1855, p. 233–560.
[2] Mémoire sur la flexion des prismes, etc. Journ. de Math. (Liouville), 2-me sér., t. 1, 1856, p. 89–189.

Saito H.
[1] Stress in a plate containing infinite parallel rows of holes. Ztschr. f. Angew. Math. u. Mech., Bd. 37, N. 3–4, 1957, S. 111–115.

Sadowski M. A., Садовский М. А.
[1] Zweidimensionale Probleme der Elastizitätstheorie. Ztschr. f. Angew. Math. u. Mech. Bd. 8, 1928, S. 107–121.

[2] Über Randwertaufgaben für die elastische Halbebene und die geschlitzte elastische Vollebene. Ibid., Bd. 10, 1930, S. 77–81.

Sawin G. N., Савин Г. Н.

[1] Spannungsverteilung in einem durch beliebige Löcher geschwächten Feld. Распределение напряжений в плоском поле, ослабленном какими-либо отверстиями. Тр. Днепропетровск. инж.-строит. ин-та. Сообщ. 10, 1936.

[2] Spannungskonzentration an kleinen Löchern im inhomogenen ebenen Spannungsfeld. Концентрация напряжений возле малых отверстий в неоднородно напряженном плоском поле. Тр. Днепропетровск. инж.-стр. ин-та, вып. 20, 1937.

[3] Ebenes statisches Grundproblem der Elastizitätstheorie für anisotrope Medien. Основна плоска статична задача теорії пружності для анізотропного середовища. Наукові праці Інст. будівельн. механіки АН УРСР, № 32, 1938.

[4] Über ein Lösungsverfahren des ebenen statischen Grundproblems der Elastizitätstheorie für anisotrope Medien. Про один метод розв'язання основної плоскої статичної задачі теорії пружності анізотропного середовища. Збірник праць інст. мат. АН УРСР, № 3, 1939, стр. 123–139.

[5] Eindrücken eines starren Stempels in ein elastisches anisotropes Medium. Тиск абсолютно твердого штампа на пружне анізотропне середовище. Доповіді АН УРСР, відділ техн. наук, № 6, 1939, стр. 27–34.

[6] Einige Probleme der Elastizitätstheorie für anisotrope Medien. Некоторые задачи теории упругости анизотропной среды. Докл. АН СССР, т. XXIII, № 3, 1939, стр. 217–220.

[7] Spannungen in der elastischen Ebene mit einer unendlichen Reihe gleicher Löcher. Напряжения в упругой плоскости с бесконечным рядом равных вырезов. Докл. АН СССР, т. XXIII, № 6, 1939, стр. 515–518.

[8] Spannungskonzentration an Löchern. Концентрация напряжений около отверстий, М.-Л., 1951.

Sawin G. M. und Fleischman N. P., Савин Г. М. и Флейшман Н. П.

[1] Platten, deren Rand durch dünne Rippen verstärkt ist. Пластинки краї яких підкріплені тонкими ребрами. Прикладна механ. АН УРСР. т. VII, в. 4, 1961, стр. 349–361.

[2] Platten und Schalen mit Verstärkungsrippen. Пластинки и оболочки с ребрами жесткости. Наукова думка, Киев, 1964.

Schapiro G. S., Шапиро Г. С.

[1] Spannungen an einem Loch in einem unendlichen Keil. Напряжения у отверстия в бесконечном клине. Тр. Ленинградск. политехн. ин-та, № 3, 1941, стр. 184–199.

Schelengowski F., Шеленговский Ф.

[1] Lösung eines ebenen Problems der Elastizitätstheorie in rechtwinkligen Koordinaten unter Berücksichtigung der Wirkung von Massenkräften. Решение плоской задачи теории упругости в прямоугольных координатах с учетом действия массовых сил. Бюлл. Польск. Ак. наук, отд. 4, т. 4, № 2, 1956, стр. 113–118.

Scheltow J. P., Желтов Ю. П.

[1] Über die Bildung vertikaler Spalte in einer Schicht durch eindringende Flüssigkeit. Об образовании вертикальных трещин в пласте при помощи фильтрующейся жидкости. Изв. АН СССР, ОТН, 1957, № 8, стр. 56–62.

Scheltow J. P. und Christianowitsch S. A., Желтов Ю. П. и Христианович С. А.

[1] Über den Mechanismus des hydraulischen Reißens erdölhaltiger Schichten. О механизме гидравлического разрыва нефтеносного пласта. Изв. АН СССР, ОТН, № 5, 1955, стр. 3–41.

Scheremetjew M. P., Шереметьев М. П.

[1] Das elastische Gleichgewicht einer unendlichen Scheibe mit eingesetztem starrem bzw. elastischem

Kern. Упругое равновесие бесконечной пластинки с вложенной абсолютно жесткой или упругой шайбой. Прикл. матем. и механ., т. XVI, вып. 4, 1952, стр. 437–448.
[2] Das elastische Gleichgewicht eines elliptischen Ringes. Упругое равновесие эллиптического кольца. Прикл. матем. и механ., т. XVII, вып. 1, 1953, стр. 107–113.
[3] Einfluß eines elastischen Ringes in einem krummlinigen Loch auf das ebene homogene Spannungsfeld. Влияние упругого кольца, впаянного в криволинейное отверстие, на однородно напряженное плоское поле. Укр. матем. ж., № 3, 1949, стр. 68–80.
[4] Der ebene Spannungszustand in einer Scheibe mit verstärktem Kreisloch. Плоско-напряженное состояние пластинки с подкрепленным круговым отверстием. Инж. сб., т. 14, 1953, стр. 81–100.
[5] Biegung dünner Platten mit verstärktem Rand. Изгиб тонких плит с подкрепленным краем. Укр. матем. ж., т. 5, № 1, 1953, стр. 58–79.
[6] Biegung einer unendlichen Platte mit einem elliptischen Loch, dessen Rand durch einen dünnen Ring verstärkt wird. Изгиб бесконечной пластинки, ослабленной эллиптическим отверстием, край которой подкреплен тонким кольцом. Инж. сб., т. 25, 1959, стр. 51–63.
[7] Platten mit verstärktem Rand. Пластинки с подкрепленным краем, Львов, Изд. Львовск. ун-та, 1960.
[8] Lösung einer Gleichung für gewisse Kontaktprobleme der Elastizitätstheorie (Gleichung vom Prandtlschen Typ). Решение уравнения некоторых контактных задач теории упругости (уравнение типа Прандтля). Сб. Проблемы механики сплошной среды, Изд. АН СССР, Москва 1961, стр. 508–526.

Scherman D. I., Шерман Д. И.

[1] Über eine Lösungsmethode des elastostatischen Problems für ebene, mehrfach zusammenhängende Gebiete. Об одном методе решения статической задачи о напряжениях для плоских многосвязных областей. Докл. АН СССР, новая серия, т. I, № 7, 1934, стр. 376–378.
[2] Zur Lösung des II. Grundproblems der Elastizitätstheorie für mehrfach zusammenhängende ebene Gebiete. К решению второй основной задачи теории упругости для плоских многосвязных областей. Докл. АН СССР, т. IV, (IX), № 3, 1935, стр. 119–122.
[3] Zu einer neuen Methode von N. I. Mußchelischwili für das ebene Problem der Elastizitätstheorie. К новому методу Н. И. Мусхелишвили в плоской задаче теории упругости. Докл. АН СССР, т. I (X), № 5, 1936, стр. 201–206.
[4] Spannungsbestimmung in der Halbebene mit elliptischer Kerbe. Определение напряжений в полуплоскости с эллиптическим вырезом. Тр. Сейсмол. ин-та АН СССР, № 53, 1935.
[5] Über ein Lösungsverfahren des ebenen elastostatischen Problems für mehrfach zusammenhängende Gebiete. Об одном методе решения статической плоской задачи теории упругости для многосвязных областей. Тр. Сейсмол. ин-та АН СССР, № 54, 1935.
[6] Statische ebene Probleme der Elastizitätstheorie. Статические плоские задачи теории упругости. Тр. Тбилисск. матем. ин-та, т. II, 1937, стр. 163–225.
[7] Über die Verteilung der charakteristischen Zahlen von Integralgleichungen der Elastizitätstheorie. О распределении характеристических чисел интегральных уравнений плоской теории упругости. Тр. Сейсмол. ин-та, АН СССР, № 82, 1938.
[8] Ein elastostatisches Problem für isotrope inhomogene Körper. Статическая плоская задача теории упругости для изотропных неоднородных сред. Тр. Сейсмол. ин-та АН СССР, № 86, 1938, стр. 1–50.
[9] Das ebene Problem der Elastizitätstheorie für anisotrope Körper. Плоская задача теории упругости для анизотропной среды. Тр. Сейсмол. ин-та АН СССР, № 86, 1938, стр. 51–78.
[10] Das ebene Problem der Elastizitätstheorie mit gemischten Randbedingungen. Плоская задача теории упругости со смешанными предельными условиями. Тр. Сейсмол. ин-та АН СССР, № 88, 1938.
[11] Über einige Eigenschaften von Integralgleichungen der Elastizitätstheorie. О некоторых свойствах интегральных уравнений теории упругости. Тр. Сейсмол. ин-та АН СССР, № 100, 1940.

[12] Die elastische Ebene mit geradlinigen Schlitzen. Упругая плоскость с прямолинейными разрезами. Докл. АН СССР, т. XXVI, № 7, 1940, стр. 635–638.
[13] Das gemischte Problem der Potentialtheorie und der Elastizitätstheorie für die Ebene mit endlich vielen geradlinigen Schlitzen. Смешанная задача теории потенциала и теории упругости для плоскости с конечным числом прямолинейных разрезов. Докл. АН СССР, т. XXVII, № 4, 1940, стр. 330–334.
[14] Über ein Problem der Elastizitätstheorie. Об одной задаче теории упругости. Докл. АН СССР т. XXVII, № 9, 1940, стр. 907–910.
[15] Zur Lösung des ebenen elastostatischen Problems bei vorgegebenen Randverschiebungen. К решению плоской статической задачи теории упругости при заданных на границе смещениях. Докл. АН СССР, т. XXXVII, № 9, 1940, стр. 911–913.
[16] Zur Lösung des ebenen elastostatischen Problems bei vorgegebenen äußeren Kräften. К решению плоской статической задачи теории упругости при заданных внешних силах. Докл. АН СССР, т. XXVIII, № 1, 1940, стр. 25–28.
[17] Das gemischte elastostatische Problem für mehrfach zusammenhängende ebene Gebiete. Смешанная задача статической теории упругости для плоских многосвязных областей. Докл. АН СССР, т. XXVIII, № 1, 1940, стр. 29–32.
[18] Über die Spannungen in einer elliptischen Platte. О напряжениях в эллиптической пластинке. Докл. АН СССР, т. XXXI, № 4, 1941, стр. 309–310.
[19] Eine neue Lösung des ebenen Problems der Elastizitätstheorie für anisotrope Körper. Новое решение плоской задачи теории упругости для анизотропной среды. ДАН СССР, т. XXXII, № 5, 1941, стр. 314–315 (см. еще Прикл. матем. и механ., т. VI, вып. 6, 1942, стр. 509–514).
[20] Der ebene Verzerrungszustand in einem isotropen inhomogenen Körper. Плоская деформация в изотропной неоднородной среде. Прикл. матем. и механ., т. VII, вып. 4, 1943, стр. 301–309.
[21] Das räumliche elastostatische Problem mit vorgegebenen Randverschiebungen. Пространственная статическая задача теории упругости с заданными смещениями на границе. Прикл. матем. и механ., т. VII, вып. 5, 1943, стр. 341–360.
[22] Über ein gemischtes Problem der Elastizitätstheorie. Об одной смешанной задаче теории упругости. Прикл. матем. и механ., т. VII, вып. 6, 1943, стр. 413–420.
[23] Über den Spannungszustand in gewissen Preßteilen. О напряженном состоянии некоторых запрессованных деталей. Изв. АН СССР, ОТН, № 9, 1948, стр. 1371–1388.
[24] Über die Spannungen in der Halbebene mit zwei Kreislöchern unter Eigengewicht. О напряжениях в весомой полуплоскости, ослабленной двумя круговыми отверстиями. Прикл. матем. и механ., т. XV, вып. 3, 1951, стр. 297–316.
[25] Über die Spannungen in einem ebenen Körper mit zwei gleichartigen symmetrisch liegenden Löchern. О напряжениях в плоской весомой среде с двумя одинаковыми симметрично расположенными отверстиями. Прикл. матем. и механ., вып. 6, 1951, стр. 751–761.
[26] Zur Frage des Spannungszustandes in Zwischenkammerpfeilern. Elastischer Körper mit zwei elliptischen Löchern unter Eigengewicht. К вопросу о напряженном состоянии междукамерных целиков. Упругая весомая среда, ослабленная двумя отверстиями эллиптической формы. Изв. АН СССР, ОТН, № 6, 1952, стр. 840–857; № 7, 1952, стр. 992–1010.
[27] Torsion eines elliptischen Zylinders, armiert durch einen Kreisstab. Кручение эллиптического цилиндра, армированного круговым стержнем. Инж. сб., т. X, 1951, стр. 81–108.
[28] Über ein Lösungsverfahren für gewisse Probleme der Elastizitätstheorie für zweifach zusammenhängende Gebiete. Об одном методе решения некоторых задач теории упругости для двухсвязных областей. Докл. АН СССР, т. 55, № 8, 1947, стр. 701–704.
[29] Zur Frage des Spannungszustandes in einer Halbebene mit zwei Kreislöchern unter Eigengewicht. К вопросу о напряженном состоянии весомой полуплоскости с двумя заглубленными круговыми отверстиями. Тр. Ин-та физ. Земли АН СССР, т. 3, 1959.
[30] Über die Spannungen in einem Körper mit elliptischen oder Kreislöchern unter Eigengewicht. О напряжениях в весомой среде, ослабленной эллиптическим и круговым отверстиями. Инж. сб., т. 27–28, 1960, стр. 124–156.

[31] Körper mit periodisch liegenden Kreislöchern unter Eigengewicht. Весомая среда, ослабленная периодически расположенными отверстиями круговой формы, ч. 1, Инж. сб., т. 31, 1961, стр. 24–75.
[32] Körper mit periodisch liegenden Löchern von Kreis- oder anderer Form unter Eigengewicht. Весомая среда, ослабленная периодически расположенными отверстиями круговой и некруглой формы, ч. 2, Инж. журнал, т. I, вып. 1, 1961, стр. 92–104.
[33] Elastische Halbebene mit elliptischem Loch hinreichend nahe am Rand unter Eigengewicht. Упругая весомая полуплоскость, ослабленная отверстием эллиптической формы, достаточно близко расположенным от ее границы. В сб. Пробл. механ. сплош. среды, Изд. АН СССР, 1961, стр. 527–563.
[34] Über die Spannungen in einem ebenen Körper mit zwei gleichen symmetrisch liegenden Kreislöchern unter Eigengewicht. О напряжениях в плоской весомой среде с двумя одинаковыми симметрично расположенными круговыми отверстиями. Прикл. матем. и механ., т. 15, вып. 6, 1951, стр. 751–761.
[35] On the Problem of plane strain in nonhomogeneous media. Symposium held in Warsaw. Pergamon Press, 1958.
[36] Methode der Integralgleichungen für ebene und räumliche elastostatische Probleme. Метод интегральных уравнений в плоских и пространственных задачах статической теории упругости. Труды Всесоюзного съезда по теоретической и прикладной механике. Изд. АН СССР, М.-Л., 1962, стр. 405–467.
[37] Über die Biegung einer Kreisplatte, die am Rand zum Teil frei aufliegt, zum anderen fest eingespannt ist. Об изгибе круглой пластинки, частично защемленной и частично опертой по контуру. Докл. АН СССР, т. 101, № 4, 1955, стр. 623–626.
[38] Über die Biegung einer Kreisplatte, die am Rand zum Teil frei aufliegt, zum anderen frei ist. Об изгибе круглой пластинки, частично опертой и частично свободной по контуру. Докл. АН СССР, т. 105, № 6, 1955, стр. 1180–1183.
[39] Über ein Problem der Elastizitätstheorie mit gemischten homogenen Randbedingungen. Об одной задаче теории упругости со смешанными однородными условиями. Докл. АН СССР, т. 114, № 4, 1957, стр. 733–736.
[40] Über ein Torsionsproblem. Об одной задаче кручения. Докл. АН СССР, 1948, т. XIII, № 5, стр. 499–502.
[41] Über die Spannungen in einem tordierten Kreisstab mit einer Längsbohrung. О напряжениях в скручиваемом круговом брусе, ослабленном призматической полостью. Изв. АН СССР, ОТН, № 7, 1951, стр. 969–995.
[42] Torsion eines elliptischen Zylinders, armiert durch einen Kreisstab. Кручение эллиптического цилиндра, армированного круговым стержнем. Инж. сб., т. X, 1951, стр. 81–108.
[43] Über die Eigenschaften unendlicher Gleichungssysteme für Torsionsprobleme bei gewissen zweifach zusammenhängenden Profilen. О свойствах бесконечных систем уравнений в задачах кручения некоторых двухсвязных профилей. Прикл. матем. и механ., т. XVII, вып. 4, 1953, стр. 470–476.
[44] Querkraftbiegung eines elliptischen Stabes mit einer Längsbohrung von Kreisquerschnitt. Изгиб поперечной силой эллиптического бруса, ослабленного продольно круговой цилиндрической полостью. Инж. сб., т. XVII, 1953, стр. 121–150.
[45] Über ein Lösungsverfahren für Probleme der Torsion, der Biegung und der ebenen Elastizitätstheorie für mehrfach zusammenhängende Gebiete. Про один метод розв'язання деяких задач кручення, згину і плоскої теорії пружності для неоднозв'язних областей. Прикладна механ., т. III, вып. 4, 1957, стр. 363–377.
[46] Über den Spannungszustand in einem tordierten quadratischen Stab mit symmetrischer Kreisbohrung. Про напружений стан скручуваного квадратного бруса з симетричною круговою порожниною. Прикладна механ., т. IV, вып. 3, 1958, стр. 250–262.
[47] Zur Frage der Torsion eines elliptischen Stabes mit einer elliptischen Längsbohrung. К вопросу о кручении эллиптического бруса, продольно ослабленного эллиптической же полостью. Инж. сб., т. XXV, 1959, стр. 2–19.

Scherman D. I. und Narodezki M. S., Шерман Д. И., и Народецкий М. З.
[1] Über die Torsion gewisser prismatischer Hohlkörper. О кручении некоторых призматических полых тел. Инж. сб., т. VI, 1950, стр. 17–46.

Schirjajew E. A., Ширяев Е. А.
[1] Torsion eines Kreisstabes mit einem Spalt auf einem Kreisbogen oder auf dem Radius. О кручении круглого бруса с трещиной по дуге окружности или по радиусу. Прикл. матем. и механ., т. XX, вып. 4, 1956, стр. 555–558.
[2] Torsion eines Kreisstabes mit zwei Schlitzen. Кручение круглого бруса с двумя вырезами. Прикл. матем. и механ., т. XXII, вып. 4, 1958, стр. 549–553.

Schukow W. E., Жуков В. Е.
[1] Spannungen in einer Platte mit unstetiger Dicke. Напряжения в пластинке с резко меняющейся шириной. Тр. Ленинградск. корабл. ин-та, вып. II, 1953, стр. 62–76.

Seika M.
[1] The stresses in an elliptic ring under concentrated loading. Z. Angew. Math. Mech., Bd. 38, H. 3–4, 1958, S. 99–105.
[2] Stresses in a thick cylinder having a square hole. J. Appl. Mech., v. 25, N. 4, 1958, p. 571–574.
[3] Stresses in a semi-infinite plate containing a V-type notch under uniform tension. Ing.-Arch., Bd. 27, N. 5, 1960, p. 285–294.

Shoiya S.
[1] On the transverse flexure of a semi-infinite plate with an elliptic notch. Ing.-Arch., Bd. 29, N. 2, 1960, p. 93–99.

Smirnow W. I., Смирнов В. И.
[1] Lehrgang der Höheren Mathematik Bd. II, III. Курс высшей математики, т. II, III.
[2] Über die Randzuordnung bei konformer Abbildung. Math. Ann. Bd. 104, 1932.

Sneddon I. N.
[1] The distribution of stress in the neighbourhood of a crack in an elastic solid. Proc. Roy. Soc., Ser. A, v. 187, 1946, p. 229–260.
[2] Fourier transforms, N. Y., 1951.
[3] Crack problem in the mathematical theory of elasticity. North Carolina State College. File N. ERD – 126/1, Contr. N. Nour 486 (06), 1961.
[4] Stress produced by a pulse of pressure moving along the surface of a semi-infinite solid. Rend. Circ. Mat. Palermo, t. 2, 1952, p. 57–62.

Sneddon I. N. and Berry D. S.
[1] The classical theory of elasticity. Handbuch der Physik, Berlin–Göttingen–Heidelberg, Springer-Verlag, 1958.

Sneddon I. N. and Elliot H. A.
[1] The opening of a Griffith crack under internal pressure. Quart. Appl. Math., v. 4, N. 3, 1946, p. 262–267.

Soboljew S. L., Соболев С. Л.
[1] Über ein Randwertproblem für polyharmonische Gleichungen. Об одной краевой задаче для полигармонических уравнений. Матем. сб., т. 2 (44), вып. 3, 1937, стр. 465–499.
[2] Der Schwarzsche Algorithmus in der Elastizitätstheorie. Алгорифм Шварца в теории упругости. Докл. АН СССР, нов. сер., т. XIII. 1936, стр. 235–238.

Sochozki J. W., Сохоцкий Ю. В.
[1] Über bestimmte Integrale in Funktionen, die bei Reihenentwicklungen verwendet werden. Об определенных интегралах в функциях, употребляемых при разложениях в ряды, С.-Петербург, 1873.

Sokolow P., Соколов П.
[1] Spannungsverteilung in einem ebenen Feld mit beliebigem Loch. Распределение напряжений в плоском поле, ослабленном каким-либо отверстием. Бюлл. Научно-техн. ком. УВМС РККА, вып. IV, 1930, стр. 39–71.

Sokolowski M.
[1] Some problems of a plate strip with discontinuous boundary conditions. Arch. Mech. Stos., t. 13, N. 2, 1961, p. 239–256.
[2] Stresses in a rigidly clamped plate strip. Arch. Mech. Stos., t. 14, N. 2, 1962, p. 271–283.

Sokolnikow I. S.
[1] Mathematical theory of elasticity. N. Y. – London 1946, second edition, 1956.

Solomon L.
[1] In legătură cu problemă lui Saint-Venant. Com. Acad. R. P. Romîne, t. XI, 1961, N. 7/1, p. 807–814; N. 7/2, p. 815–820; N. 11, p. 1315–1323; t. XII, 1962, N. 1, p. 7–17.
[2] Some remarks on Saint-Venant's problem. Arch. Mech. Stos., v. 14, N. 5, 1962, p. 841–864.

Solomon L., Drăghicescu D.
[1] Asupra utilizarii transformarilor conforme in problema plana a elasticitatii pentru domenii dublu conexe. Studii şi cercetări de mecanică aplicată, An. 8, N. 4, 1957, p. 1115–1132.

Sonntag R.
[1] Die Methode der konformen Abbildung ebener Spannungszustände von L. Föppl, angewandt auf Probleme des Parallelstreifens. Z. Angew. Math. Mech., Bd. 34, N. 10–11, 1954, S. 435–438.

Stajerman I. J., Штаерман И. Я.
[1] Zur Hertzschen Theorie lokaler Verzerrungen bei der Berührung elastischer Körper. К теории Герца местных деформаций при сжатии упругих тел. Докл. АН СССР, т. XXV, № 5, 1939, стр. 360–362.
[2] Eine Verallgemeinerung der Hertzschen Theorie der lokalen Verzerrungen bei der Berührung elastischer Körper. Обобщение теории Герца местных деформаций при сжатии упругих тел. Докл. АН СССР, т. XXIX, № 3, 1940, стр. 179–181.
[3] Einige Sonderfälle des Kontaktproblems. Некоторые особые случаи контактной задачи. Докл. АН СССР, т. XXXVIII, № 7, 1943, стр. 220–224.
[4] Kontaktprobleme der Elastizitätstheorie. Контактные задачи теории упругости, М.-Л., 1949.

Stanescu C.
[1] O problemă de tip mixt din incovoierea plăcilor elastice. Studii şi cercetări di mecanică aplicată, An. IX, N. 2, 1958, p. 411–421.

Stepanow R. D. und Scherman D. I., Степанов Р. Д. и Шерман Д. И.
[1] Torsion eines Kreisstabes mit einer kreisförmigen Längsbohrung. Кручение круглого бруса, ослабленного продольными цилиндрическими круговыми полостями. Инж. сб., т. XI, 1952, стр. 127–150.

Stevenson A. C.
[1] Complex potentials in two-dimensional elasticity. Proc. Roy. Soc. Ser. A, v. 184, N. 997, 1945, p. 129–179, 218–229.
[2] Some boundary problems of two-dimensional elasticity. Philos. Mag., v. 347, N. 238, 1943, p. 766–793.

Sucharewski I. W., Сухаревский И. В.
[1] Zum Torsionsproblem eines mehrfach zusammenhängenden Verbundstabes. К задаче о кручении составного многосвязного бруса. Инж. сб., т. 19, 1954, стр. 107–124.

Tarabasow N. D., Тарабасов Н. Д.

[1] Spannungsbestimmung in einer Scheibe mit mehreren eingepreßten Kernen. Определение напряжений в пластинке с несколькими запрессованными в нее шайбами. Докл. АН СССР, т. 63, № 1, 1948, стр. 15–18.

[2] Festigkeitsberechnungen in Preßverbindungen. Расчеты на прочность прессовых соединений. Докл. АН СССР, т. 67, № 4, 1949, стр. 615–618.

[3] Festigkeitsberechnungen in zusammengesetzten Ringteilen. Расчеты на прочность составных кольцевых деталей. Докл. АН СССР, т. 70, № 6, 1950, стр. 977–980.

[4] Preßverbindung bei Maschinenbauelementen und ihre Berechnung. Напряженные соединения машиностроительных деталей и их расчеты. В сб. Расчеты на прочность, вып. 3, 1958.

[5] Spannungsbestimmung in Maschinenteilen bei Preßpassung. Определение в некоторых деталях напряжений, возникающих от напряженной посадки. В сб. Расчеты на прочность, вып. 2, 1958.

[6] Spannungszustand in einer mehrfach zusammenhängenden Halbebene, der durch Einpressen von Scheiben entsteht. Напряженное состояние многосвязной полуплоскости от запрессовки в нее дисков. Инж. сб., т. 25, 1959, стр. 136–144.

Tedone O.

[1] Sui problemi di equilibrio elastico a dui dimensioni-Ellisse. Atti Accad. Torino, v. 41 (1905–1906), 1906, p. 86–101.

Tiffen R.

[1] Uniqueness theorems of two-dimensional elasticity theory. Quart. J. Mech. Appl. Math., v. V, N. 2, 1952, p. 237–252.

[2] Boundary-value problems of the elastic half-plane. Ibid., p. 344–351.

[3] Solution of two-dimensional elastic problems by conformal mapping on to half-plane. Ibid., p. 352–360.

Timoschenko S. P., Тимошенко С. П.

[1] Lehrbuch der Elastizitätstheorie. Курс теории упругости, Петроград, ч. I, 1914; ч. II, 1916.

[2] History of strength of materials. New York, 1953.

Timoschenko S. P. and Goodier J. N.

[1] Theory of elasticity, 2nd ed., New York, 1951.

Timpe A.

[1] Probleme der Spannungsverteilung in ebenen Systemen, einfach gelöst mit Hilfe der Airyschen Funktion. Z. Math. Phys., Bd. 52, 1905, S. 348–383.

[2] Die Airysche Funktion für den Ellipsenring. Math. Z., Bd. 17, 1923, S. 189–205.

Tirski G. A., Тирский Г. А.

[1] Torsion eines Hohlstabes mit Schukowski-Tschaplygin-Flügelprofil. Кручение полого стержня, ограниченного крыловыми профилями Жуковского-Чаплыгина. Изв. АН СССР, ОТН, Механ. и машиностр., № 2, 1959, стр. 114–121.

Todhunter I. and Pearson K.

[1] A history of theory of elasticity and of the strength of materials, v. I, 1886; v. II_1, II_2, Cambridge, 1893.

Tranter C. J.

[1] Dual trigonometrical series. Proc. Glasgow Math. Assoc., v. 4, part 2, 1959, p. 49–57.

[2] The opening of a pair of coplanar Griffith cracks under internal pressure. Quart. J. Mech. Appl. Math., v. 14, part 3, 1961, p. 283–292.

Tschankwetadse G. M., Чанкветадзе Г. М.
[1] Biegung einer in mehreren Punkten unterstützten Kreisplatte. Изгиб круглой пластинки, опертой в нескольких точках. Инж. сб., т. 14, 1953, стр. 73–80.

Tschaplygin S. A., Чаплыгин С. А.
[1] Gesammelte Werke. Собрание сочинений, т. III, М.-Л., 1950.

Tschemeris W. S., Чемерис В. С.
[1] Eindimensionale Integralgleichungen der achsensymmetrischen Elastizitätstheorie. Одномірні інтегральні рівняння осесиметричної теорії пружності. Вест. Киевск. ун-та, № 3, сер. мат.-мех., вып. 2, 1960, стр. 105–113.
[2] Über die Anwendung *p*-analytischer Funktionen in der achsensymmetrischen Elastizitätstheorie. До питання про застосовування *p*-аналітичних функцій в осесиметричній теорії пружності. Доповіді АН УССР, № 7, 1960, стр. 903–906.

Tschen Lin-si, Чен Лин-Си
[1] Zur Frage der Spannungskonzentration beim Auftreten vieler Löcher. К вопросу о концентрации напряжений при наличии многих отверстий. Сб. Проблемы механики сплошной среды. Москва, Изд. АН СССР, 1961, стр. 494–498.

Tscherepanow G. P., Черепанов Г. П.
[1] Lösung eines Riemannschen Randwertproblems für zwei Funktionen und ihre Anwendung auf gewisse gemischte Probleme der Elastizitätstheorie. Решение одной краевой задачи Римана для двух функций и ее приложение к некоторым смешанным задачам плоской теории упругости. Прикл. матем. и механ., т. XXVI, вып. 5, 1962, стр. 907–912.
[2] Über den Spannungszustand in einer inhomogenen Platte mit Schlitzen. О напряженном состоянии в неоднородной пластинке с разрезами. Изв. АН СССР, сер. механ. и машиностр., № 1, 1962, стр. 131–138.

Tsjan Wei-tschan, Lin Chun-sun, Chu Chai-tschan und E Kai-yuan
[1] Theorie der Torsion zylindrischer Körper (in chinesischer Sprache). Peking 1956.

Tunin W. W., Тунин В. В.
[1] Über das Einpressen einer elliptischen Scheibe in ein Loch in einer Kreisplatte. Про запресування еліптичної шайби у отвір круглої плити. Прикладна механ. АН УРСР, т. VI, вып. 1, 1960, стр. 106–109.

Tuzi Z.
[1] Effect of a circular hole on the stress distribution in a beam under uniform bending moment Philos. Mag., ser. 7, v. 9, N. 56, 1930, p. 210–224.

Ugodtschikow A. G., Угодчиков А. Г.
[1] Spannungsbestimmung beim Einpressen eines Kreiskernes in eine Scheibe mit spezieller Randkurve. Определение напряжений при запрессовке круглых шайб в пластинку, ограниченную кривой частного вида. Докл. АН СССР 77, № 2, 1951, стр. 213–216.
[2] Lösung des ebenen Problems für ein zusammengesetztes isotropes Medium mit Hilfe der Elektromodellierung der konformen Abbildung. До розв'язання плоскої задачі для складового ізотропного середовища за допомогою електромоделювання конформного перетворення. Доповіді АН УРСР, № 4, 1957, стр. 343–347.
[3] Über die Berechnung von Preßspannungen in Maschinenbauelementen. Про розрахунок посадочних напружень в машинобудівельних деталях. Прикладна механ., АН УРСР, т. III, вып. 2, 1957, 202–208.
[4] Über eine Analogie bei der Spannungskonzentration in der Nähe von Löchern. Про одну аналогію при дослідженні концентрації напружень поблизу отворів. Прикладна механ., АН УРСР, т. VI, вып. 4, 1960, стр. 429–434.

[5] Spannungsbestimmung beim Einpressen mehrerer Kreiskerne in eine Scheibe mit veränderlichem Übermaß. Определение напряжений при запрессовке в пластину нескольких круглых шайб с переменным натягом. Инж. сб., т. 27, 1960, стр. 157–161.
[6] Elektromodellierung der konformen Abbildung eines Kreises auf ein vorgegebenes einfach zusammenhängendes Gebiet. Электромоделирование задачи конформного преобразования круга на наперед заданную односвязную область. Укр. матем. ж., т. 7, № 2, 1955, стр. 221–230.
[7] Torsion eines isotropen zylindrischen Stabes mit einfach zusammenhängendem Querschnitt. Розрахунок на кручення призматичних ізотропних стержнів з однозв'язним поперечним перерізом. Прикладна механ., т. II, вып. 1, 1956, стр. 67–72.
[8] Torsion prismatischer Stäbe. Кручения порожнистих призматичних стержнів. Прикладна механ. т. II, вып. 2, 1956, стр. 217–223.

Ugodtschikow A. G. und Krylow A. J., Угодчиков А. Г. и Крилов А. Я.
[1] Über die Lösung eines Kontaktproblems. До розв'язання однієї контактної задачі. Прикладна механ., т. VIII, вып. 1, 1962, стр. 20–31.

Ufljand J. S., Уфлянд Я. С.
[1] Das gemischte Problem der Elastizitätstheorie für den Keil. Смешанная задача теории упругости для клина. Изв. АН СССР, ОТН, Механ. и машиностр., № 2, 1959, стр. 156–158.
[2] Integraltransformationen in Aufgaben der Elastizitätstheorie. Интегральные преобразования в задачах теории упругости. Изд. АН СССР, М.-Л., 1963.

Volterra V.
[1] Sur l'équilibre des corps élastiques multiplement connexes. Ann. Sci. Ecole Norm. Sup., 3-me sér., t. 24, 1907, p. 401–517.
[2] Drei Vorlesungen über neuere Fortschritte der Mathematischen Physik, gehalten im September 1909 an der Clark-University. Deutsch von E. Lamla, Leipzig u. Berlin, 1914.
[3] Leçons sur l'intégration des équations différentielles aux dérivées partielles professées à Stockholm, Paris, 1912.

Weber C.
[1] Achsensymmetrische Deformation von Umdrehungskörpern. Z. Angew. Math. Mech., Bd. 5, H. 6, 1925, S. 466–468.

Weber C. und Günther W.
[1] Torsionstheorie. Berlin, 1958.

Webster A. G.
[1] The dynamics of particles and of rigid, elastic and fluid bodies. Leipzig, 1904.

Weinberg D. W., Вайнберг Д. В.
[1] Der Spannungszustand in zusammengesetzten Scheiben und Platten. Напряженное состояние составных дисков и пластин. Киев, 1952.

Weinberg D. W. und Ugodtschikow A. G., Вайнберг Д. В. и Угодчиков А. Г.
[1] Biegespannungen in einer vorgespannten dünnen Platte. Напряжения изгиба в тонкой плите при соединениях с натягом. Прикладна механ. АН УРСР, т. IV, вып. 4, 1958, стр. 396–400.

Weinel E.
[1] Das Torsionsproblem für den exzentrischen Kreisring. Ing.-Arch., Bd. III, H. 1, 1932, S. 67–75.

Wekua I. N., Векуа И. Н.
[1] Neue Lösungsmethoden für elliptische Gleichungen. Новые методы решения эллиптических уравнений. М.-Л., 1948.

[2] Anwendung der Methode des Akademiemitgliedes N. Mußchelischwili auf die Lösung von Randwertproblemen der ebenen Elastizitätstheorie anisotroper Körper. Приложение метода акад. Н. Мусхелишвили к решению граничных задач плоской теории упругости анизотропной среды. Сообщ. АН Груз. ССР, т. 1, № 10, 1940, стр. 719–724.
[3] Über die Biegung einer Platte mit freiem Rand. Об изгибе пластинки со свободным краем. Сообщ. АН Груз. ССР, т. III, № 7, 1942, стр. 641–648.
[4] Integration der Gleichungen für sphärische Schalen. Интегрирование уравнений сферической оболочки. Прикл. матем. и механ., т. IX, вып. 5, 1945, стр. 368–388.
[5] Zur Theorie dünner flacher elastischer Schalen. К теории тонких пологих упругих оболочек. Прикл. матем. и механ., т. XII, вып. 1, 1948, стр. 69–74.
[6] Über die Lösung von Randwertproblemen der Schalentheorie. О решении граничных задач теории оболочек. Сообщ. АН Груз. ССР, т. XV, № 1, 1954, стр. 3–6.
[7] Über ein Berechnungsverfahren für prismatische Schalen. Об одном методе расчета призматических оболочек. Тр. Тбилисск. матем. ин-та, т. 21, 1955, стр. 191–215.
[8] Verallgemeinerte analytische Funktionen. Обобщенные аналитические функции. Москва, 1959.

Wekua I. N. und Mußchelischwili N. I., Векуа И. Н. и Мусхелишвили Н. И.
[1] Methoden der Theorie analytischer Funktionen in der Elastizitätstheorie. Методы теории аналитических функций в теории упругости. Тр. Всесоюзного съезда по теорет. и прикл. механике (27 янв.–3 фев. 1960). Изд. АН СССР, 1962, стр. 310–338.

Wekua I. N. und Ruchadse A. K., Векуа И. Н. и Рухадзе А. К.
[1] Torsionsproblem eines Kreiszylinders, armiert durch einen Längsstab mit Kreisquerschnitt. Задача кручения кругового цилиндра, армированного продольным круговым стержнем. Изв. АН СССР, № 3, 1933, стр. 373–386.
[2] Torsion und Querkraftbiegung eines zusammengesetzten Stabes aus zwei Werkstoffen, die durch konfokale Ellipsen begrenzt werden. Кручение и изгиб поперечной силой бруса, составленного из двух материалов, ограниченных конфокальными эллипсами. Прикл. матем. и механ., т. I, вып. 2, Л., 1933, стр. 167–178.

Westergaard H. M.
[1] Bearing pressures and cracks. J. Appl. Mech., v. 6, N. 2, 1939, p. A49–A53.
[2] Stresses at a crack, size of the crack and the bending of reinforced concrete. J. Amer. Concr. Inst., v. 5, N. 2, 1933/1934, p. 93–102.

Weyl H.
[1] Das asymptotische Verteilungsgesetz der Eigenschwingungen eines beliebig gestalteten elastischen Körpers. Rend. Circ. Mat. Palermo, t. XXXIX, 1915, p. 1–49.

Wigglesworth L. A.
[1] Stress distribution in a notched plate. Mathematika, v. 4, 1957, p. 76–96.
[2] Stress relief in a cracked plate. Mathematika, v. 5, N. 9, 1958, p. 67–81.

Williams M. L.
[1] On the stress distribution at the base of a stationary crack. J. Appl. Mech., v. 24, N. 1, 1957, p. 109–114.

Willmore T. J.
[1] The distribution of stress in the neighborhood of a crack. Quart. J. Mech. Appl. Math., v. 2, N. 1, 1949, p. 53–64.

Winne D. H. and Wundt B. M.
[1] Application of the Griffith-Irwin theory of propagation to the bursting behavior of disks including analytical and experimental studies. Trans. ASME, v. 80, 1958, p. 1643–1658.

Winslow A. M.
[1] Stress solutions for rectangular plates by conformal transformation. Quart. J. Mech. Appl. Meth., v. 10, N. 2, 1957, p. 160–168.

Wolkow D. M., Волков Д. М.
[1] Einige effektive Lösungsmethoden für statische ebene Probleme der Elastizitätstheorie. Некоторые эффективные методы решения плоских статических задач теории упругости. Ученые записки Ленинградск. ун-та, № 96, 1948.

Wolkow D. M. und Nasarow A. A., Волков Д. М. и Назаров А. А.
[1] Über ein Grenzwertproblem und seine Anwendung auf die ebene Elastizitätstheorie. Об одной предельной задаче и ее применении к плоской теории упругости. Матем. сб., т. 40, вып. 2, 1933, стр. 210–228.
[2] Das ebene Problem der Elastizitätstheorie im Falle einfach und zweifach zusammenhängender Gebiete. Плоская задача теории упругости в случае односвязной и двухсвязной областей. Прикл. матем. и механ., т. 1, вып. 2, Л., 1933, стр. 209–227.

Worowitsch I. I. und Kosmodamianskij A. S., Ворович И. И. и Космодамианский А. С.
[1] Das elastische Gleichgewicht isotroper Scheiben mit einer Reihe gleichartiger krummliniger Löcher. Упругое равновесие изотропной пластинки, ослабленной рядом одинаковых криволинейных отверстий. Изв. АН СССР, ОТН, Механ. и машиностр., № 4, 1959, стр. 69–76.

Yi-Yuan Yu
[1] On the complex representation of the general extensional and flexural problems of thin plates and their analogies. J. Franklin Inst., v. 260, N. 4, 1955, p. 269–283.
[2] Gravitational stresses in a circular ring resting on concentrated support. J. Appl. Mech., v. 22, N. 1, 1955, p. 103–106.
[3] Solution for the exterior of a general ovaloid under arbitrary loading and its application to square rigid core problems. Proc. First US Nation. Congr. Appl. Mech., Publ. ASME, N. Y., 1952, p. 227 to 238.
[4] Bending of isotropic thin plates by concentrated edge couples and forces. J. Appl. Mech., v. 21, N. 2, 1954, p. 129–139.

Yoffe E. H.
[1] The moving Griffith crack. Philos. Mag. v. 42 N. 330, 1951, p. 739–750.

Zorski H.
[1] Plates with discontinuous supports. I. Bull. Acad. Polon., Sci. Sér. Sci. Techn., v. VI, N. 3, 1958, p. 127–132.
[2] Plates with discontinuous supports, II. Bull. Acad. Polon. Sci. Sér. Sci. Techn., v. VI, N. 3, 1958, p. 133–140.
[3] Plates with discontinuous supports. Arch. Mech. Stos., t. X, N. 3, 1958, p. 271–313.
[4] A semi-infinite strip with discontinuous boundary conditions. Arch. Mech. Stos., t. X, N. 3, 1958, p. 371–398.

Namenverzeichnis

Sachwortverzeichnis